JEAN-PIERRE COUWENBERGH

GUIDE DE RÉFÉRENCE

AutoCAD 2008

EYROLLES

Éditions Eyrolles
61, bld Saint-Germain
75240 Paris Cedex 05
www.editions-eyrolles.com

Direction de la collection « Guide de référence » : gheorghi@grigorieff.com

Maquette et mise en page : M2M

© Groupe Eyrolles, 2007, ISBN : 978-2-212-12207-7

Sommaire

Préface

Bienvenue dans AutoCAD 2008, le leader incontesté des systèmes de DAO (Dessin Assisté par Ordinateur) avec plus de 6 millions de licences dans le monde. Premier logiciel de dessin développé sur micro-ordinateur, AutoCAD a vu le jour en Californie en décembre 1982 au sein de la société Autodesk, elle-même fondée en avril de la même année. Autodesk fête donc ses 25 ans cette année. Depuis cette époque, l'ordinateur devient progressivement le principal outil de travail du dessinateur ou du concepteur, qui peut dessiner ou concevoir en deux ou trois dimensions directement à l'écran de son ordinateur grâce aux multiples fonctions d'AutoCAD. Grâce à sa très grande flexibilité et à sa polyvalence, les champs d'application d'AutoCAD sont très variés : architecture, mécanique, cartographie, électronique... Pour chacune de ces disciplines, il existe également une série de modules complémentaires permettant de rendre l'utilisation du logiciel encore plus efficace.

La version 2008 d'AutoCAD offre une série importante de nouvelles fonctionnalités très performantes au niveau de l'annotation et de la gestion des dessins. Il s'agit en particulier des textes, des tableaux, des calques, des présentations, des échelles d'annotation, de la cotation, des lignes de repères, de l'extraction de données et des liens avec Excel. En outre, la nouvelle version 2008 d'AutoCAD, permet aussi, grâce à une série de nouveautés dans le domaine de l'éclairage et des matériaux, d'obtenir des résultats encore plus réalistes au niveau des rendus.

Fidèle à l'esprit de la collection « Guide de référence », cet ouvrage poursuit un but unique : procurer au lecteur, qu'il soit débutant ou déjà expérimenté, tous les éléments indispensables à son travail, lui expliquer les commandes, lui montrer ce qu'elles permettent de réaliser et reprendre, point par point, la marche à suivre pour parvenir à ses fins (réaliser un dessin, le modifier, l'habiller, le mettre en page et l'imprimer). Très pratique cet ouvrage présente ainsi de manière concise à travers 28 chapitres progressifs toutes les techniques pour réaliser un dessin en 2D ou concevoir un projet en 3D.

Bonne lecture !

CHAPITRE 1
DÉMARRER AVEC AutoCAD

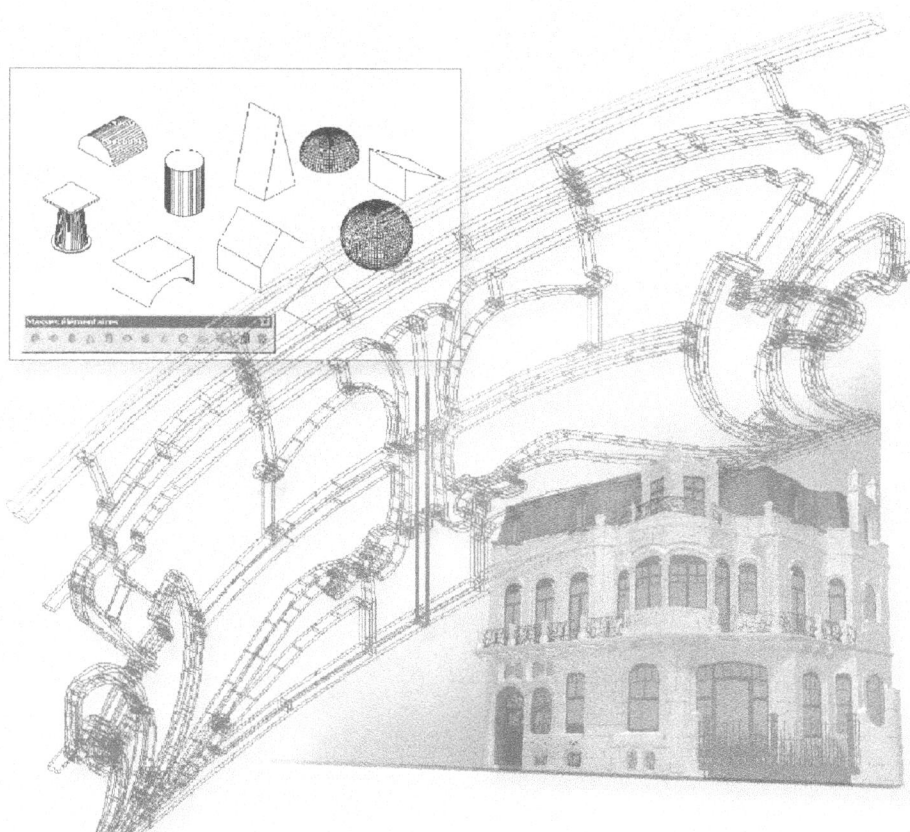

Introduction à AutoCAD

Un peu d'histoire

Autodesk fête cette année son 25e anniversaire et
sort la 22e version d'AutoCAD. La société Autodesk
Inc. a en effet vu le jour en Californie en avril 1982.
Elle fut fondée par seize personnes (fig.1.1) dont
John Walker (le président), Dan Drake (vice-prési-
dent et principal concepteur d'Autocad), Mike
Riddle (concepteur du programme Interact qui fut à
la base de la première version d'Autocad), Richard
Handyside (fondateur de la filiale de Londres) et
Rudolf Kuenzli (fondateur de la filiale suisse).

La première présentation d'Autocad (appelée
MicroCad à cette époque) date du mois d'août 1982.
Quant à la première version officielle (1.0), encore

Fig.1.1
(Doc. Autodesk)

appelée Autocad- 80, elle date de décembre 1982 et fut une version tournant
sous CPM/80. La première version pour IBM-PC (Autocad- 86) date de
janvier 1983. Depuis cette époque de nombreuses versions ont vu le jour,
dont les principales furent :

- Version 1.0 (Release 1) de décembre 1982
- Version 1.2 (Release 2) d'avril 1983
- Version 1.3 (Release 3) d'août 1983
- Version 1.4 (Release 4) d'octobre 1983
- Version 2.0 (Release 5) d'octobre 1984
- Version 2.1 (Release 6) de mai 1985

- ▶ Version 2.5 (Release 7) de juin 1986
- ▶ Version 2.6 (Release 8) d'avril 1987
- ▶ Release 9 de septembre 1987
- ▶ Release 10 d'octobre 1988
- ▶ Release 11 d'octobre 1990
- ▶ Release 12 de juin 1992
- ▶ Release 13 de septembre 1994
- ▶ Release 14 de mars 1997
- ▶ Release 2000 d'avril 1999
- ▶ Release 2000i de juillet 2000
- ▶ Release 2002 de juin 2001
- ▶ Release 2004 de janvier 2003
- ▶ Release 2005 de mars 2004
- ▶ Release 2006 de mars 2005
- ▶ Release 2007 de mars 2006
- ▶ Release 2008 de mars 2007

Les améliorations et les nouveautés de la version 2008

Proposant des innovations constantes, la version 2008 d'AutoCAD fera le bonheur des dessinateurs car la majorité des nouvelles fonctionnalités se situe au niveau des annotations et de la mise en forme du dessin.

Les améliorations

AutoCAD est un logiciel en perpétuelle évolution depuis sa création il y a 25 ans. Si l'on remonte deux versions en arrière on se rappellera qu'AutoCAD 2006 a permis aux concepteurs d'exécuter plus rapidement et intelligemment un large éventail de tâches quotidiennes, avec de nouvelles fonctions de dessin dont certaines d'une puissance inédite telles que les blocs dynamiques et la saisie dynamique. Quant à AutoCAD 2007, il s'est attaché à améliorer la capacité des concepteurs à créer et à visualiser en 3D leurs conceptions, puis à présenter clairement et à documenter facilement leurs projets en s'aidant de l'ensemble des outils de dessin d'AutoCAD. Aujourd'hui, AutoCAD 2008 aide en priorité les concepteurs à documenter rapidement et facilement leurs conceptions, en leur offrant un niveau de contrôle qui leur permettra de donner à leurs dessins le fini professionnel qu'ils méritent.

Lorsque nous pensons au contenu d'un dessin, nous pensons généralement en priorité aux lignes, aux arcs et aux cercles qui définissent la géométrie de la conception. Pourtant, il existe un autre composant essentiel à tout dessin, que nous appelons l'annotation. Une annotation est constituée des cotes, du texte, des tableaux, des motifs de hachure, etc., qui annotent ou décrivent les informations figurant dans le dessin lui même. Les annotations sont essentielles pour définir clairement et précisément une conception. AutoCAD 2008 permet de simplifier et de rendre plus intuitive la création, la modification et la gestion des échelles, des tableaux, des textes et des repères d'annotation. Ces nouveaux outils, de même que l'amélioration d'une série d'autres fonctions, permettront d'éviter la duplication d'informations, minimisant ainsi le risque que le nombre d'erreurs augmente avec les révisions des conceptions tout comme le temps passé à recourir à des solutions de contournement.

Les principales nouveautés sont les suivantes :

- ▶ **Mise à l'échelle des annotations :** AutoCAD 2008 introduit le concept d'échelle d'annotation en tant que propriété objet. Les concepteurs peuvent définir l'échelle courante d'une fenêtre ou d'une vue de l'espace objet, puis l'appliquer à chaque objet et spécifier sa taille, son positionnement et son apparence en fonction de l'échelle définie. En d'autres termes, la mise à l'échelle des annotations est maintenant automatisée.

- ▶ **Calques par fenêtre :** le gestionnaire de calques a été amélioré afin de permettre aux utilisateurs de forcer la couleur, l'épaisseur de ligne, le type de ligne ou le style de tracé dans une fenêtre d'une présentation. Ces modifications peuvent être facilement activées ou désactivées lors de l'ajout ou la suppression des fenêtres.

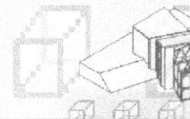

▸ **Tableaux améliorés :** les utilisateurs peuvent à présent combiner des données tabulaires d'Excel et d'AutoCAD dans un tableau AutoCAD unique. Ce tableau peut être lié dynamiquement afin que des notifications apparaissent dans AutoCAD et Excel lors de la mise à jour des données. Les utilisateurs peuvent ensuite sélectionner ces notifications, et ainsi mettre instantanément à jour les informations de l'un ou l'autre des documents source.

▸ **Améliorations apportées aux textes :** l'éditeur MTEXT amélioré permet désormais de spécifier le nombre de colonnes nécessaires et insère le nouveau texte dans celles-ci au fur et à mesure des modifications apportées par les utilisateurs. L'espace défini entre chaque colonne de texte et la marge sont également personnalisables. L'ensemble de ces variables peut être défini sur des valeurs spécifiques dans la boîte de dialogue, ou être ajusté de manière interactive à l'aide des nouvelles poignées de texte multicolonne.

▸ **Repères multiples :** le nouveau volet de repères multiples du tableau de bord est doté d'outils améliorés permettant d'automatiser la création de repères multiples et leur orientation (point d'ancrage ou contenu en premier) avec les notes.

▸ **Visualisation :** des nouveaux matériaux procéduraux viennent compléter la bibliothèque existante. L'éclairage photométrique est à présent aussi disponible afin d'obtenir des images encore plus réalistes.

Installer AutoCAD

Avant d'installer AutoCAD, vous devez vérifier la configuration système requise, savoir quels droits d'administrateur sont requis, localiser le numéro de série d'AutoCAD 2008 et fermer toutes les applications en cours d'exécution. Une fois ces tâches terminées, vous pouvez installer AutoCAD.

Configuration matérielle et logicielle requise		
Matériel/logiciels	Configuration requise	Notes
Système d'exploitation	*(Version 32 bits)* Windows XP Professionnel, Service Pack 2 Windows XP Edition familiale, Service Pack 2 Windows 2000, Service Pack 4 Windows Vista Enterprise Windows Vista Business Windows Vista Ultimate Windows Vista Home Premium Windows Vista Home Basic Programme de démarrage de Windows Vista *(Version 64 bits)* Windows XP Professionnel Windows Vista Enterprise Windows Vista Business Windows Vista Ultimate Windows Vista Home Premium Windows Vista Home Basic	Il est recommandé d'installer des versions de langue non anglaise d'AutoCAD sur un système d'exploitation dont la langue de l'interface utilisateur correspond à la page de code de la langue d'AutoCAD. La page de code permet la prise en charge des jeux de caractères utilisés dans les différentes langues. Pendant l'installation d'AutoCAD, le système détermine automatiquement si le système d'exploitation Windows est la version 32 bits ou 64 bits. La version appropriée d'AutoCAD sera installée. La version 32 bits d'AutoCAD ne peut pas être installée sur une version 64 bits de Windows.
Navigateur Web	Microsoft Internet Explorer 6.0, Service Pack 1 (ou version ultérieure)	Vous ne pouvez pas installer AutoCAD si Microsoft Internet Explorer 6.0, Service Pack 1 (ou ultérieur) n'est pas installé sur la station de travail.
Processeur	Pentium III ou IV (Pentium IV recommandé) 800 Mhz	
RAM	512 Mo (recommandés)	
Carte graphique	VGA 1 024 x 768 avec Couleurs vraies (minimum) Carte vidéo 3D compatible Open GL (facultatif)	• Une carte graphique compatible Windows est nécessaire. • Pour les cartes graphiques prenant en charge l'accélération matérielle, DirectX 9.0c (ou version ultérieure) doit être installé. • Effectuer l'installation à partir du fichier ACAD.msi n'installe pas DirectX 9.0c (ou version ultérieure). Dans cette situation, l'installation manuelle de DirectX est nécessaire à la configuration de l'accélération matérielle.
Disque dur	Installation : 750 Mo	

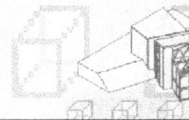

Configuration matérielle et logicielle requise (suite)		
Matériel/logiciels	Configuration requise	Notes
Périphérique de pointage	Souris, trackball ou autre périphérique	
CD-ROM	Toute vitesse (pour l'installation uniquement)	
Matériel en option	Imprimante ou traceur Scanner Modem ou une connexion Internet Carte réseau	

Recommandations supplémentaires sur l'utilisation de la 3D		
Matériel/logiciels	Configuration requise	Notes
Système d'exploitation	Windows XP Professionnel, Service Pack 2	Il est recommandé d'installer des versions de langue non anglaise d'AutoCAD sur un système d'exploitation dont la langue de l'interface utilisateur correspond à la page de code de la langue d'AutoCAD. La page de code permet la prise en charge des jeux de caractères utilisés dans les différentes langues.
Processeur	3.0 GHz ou supérieur	
RAM	2 Go ou supérieur	
Carte graphique	OpenGL 128 Mo ou supérieur pour station de travail	Pour les cartes graphiques prenant en charge l'accélération matérielle, DirectX 9.0c (ou version ultérieure) doit être installé. Effectuer l'installation à partir du fichier ACAD.msi n'installe pas DirectX 9.0c (ou version ultérieure). Dans cette situation, l'installation manuelle de DirectX est nécessaire à la configuration de l'accélération matérielle.
Disque dur	2 Go (en plus de 750 Mo requis pour l'installation)	

Pour utiliser le produit, vous devez l'installer, l'enregistrer et l'activer, puis le démarrer.

Deux méthodes sont disponibles pour installer le logiciel :

▸ **Valeurs par défaut :** il s'agit de la méthode la plus rapide d'installation d'AutoCAD sur votre système. Seules les valeurs par défaut étant utilisées, il s'agit d'une installation standard installée dans C:\Program Folders\AutoCAD 2008. Les paramètres par défaut d'éditeur de texte de Windows Bloc-notes et des outils Express Tools sont inclus.

▸ **Valeurs définies :** cette méthode d'installation permet d'ajuster avec précision les composants installés en utilisant l'option Configurer. En procédant à une installation configurée, vous pouvez changer de type d'installation, de chemin d'installation, de type de licence et d'éditeur de texte par défaut. Vous pouvez également choisir d'installer des bibliothèques de matériaux.

Pour installer AutoCAD avec l'une des méthodes sur un ordinateur autonome, la procédure est la suivante :

1. Insérez le DVD ou le CD 1 d'AutoCAD 2008 dans le lecteur de votre ordinateur.

2. Dans l'assistant d'installation d'AutoCAD, cliquez sur **Installer les produits** (fig.1.2).

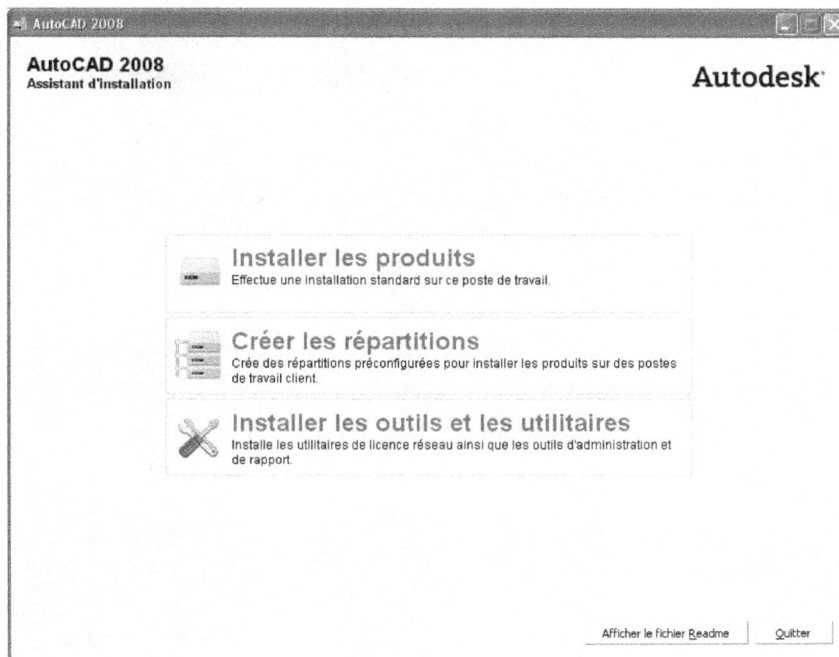

Fig.1.2

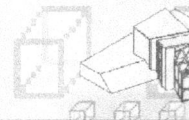

3 Sur la page **Bienvenue dans l'Assistant d'installation d'Auto-CAD 2008**, cliquez sur **Suivant** (fig.1.3).

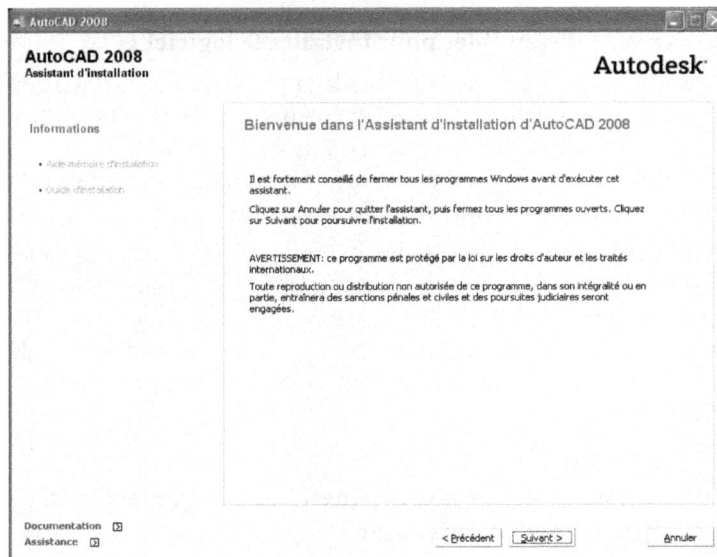

Fig.1.3

4 Sélectionnez le ou les produits que vous souhaitez installer (AutoCAD 2008 et DWF Viewer), puis cliquez sur **Suivant** (fig.1.4).

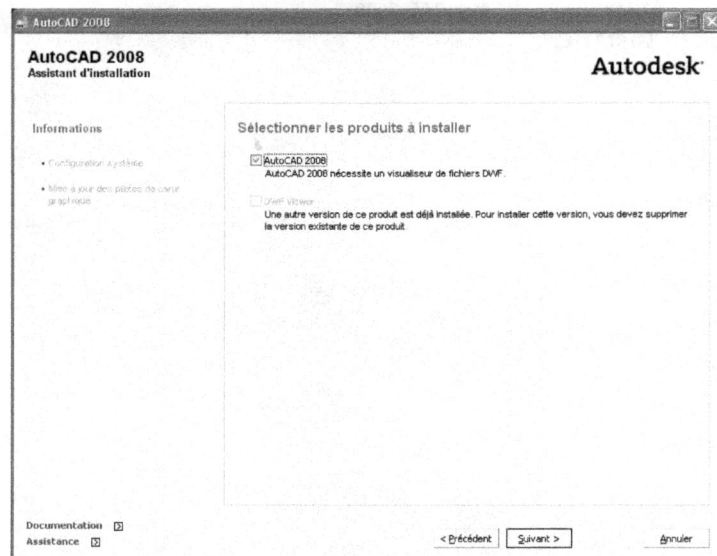

Fig.1.4

5. Lisez l'accord de licence du logiciel Autodesk correspondant à votre pays. Vous devez accepter cet accord pour continuer l'installation. Sélectionnez votre pays et cliquez sur **J'accepte**, puis sur **Suivant** (fig.1.5).

6. Sur la page Personnaliser les produits, entrez vos informations utilisateur, puis cliquez sur **Suivant** (fig.1.6). Les informations que vous saisissez ici sont définitives et apparaissent dans la fenêtre **A propos** d'AutoCAD. Vous n'avez pas la possibilité de modifier ces informations ultérieurement sans désinstaller le produit. Par conséquent, vérifiez l'exactitude de ces données à ce stade.

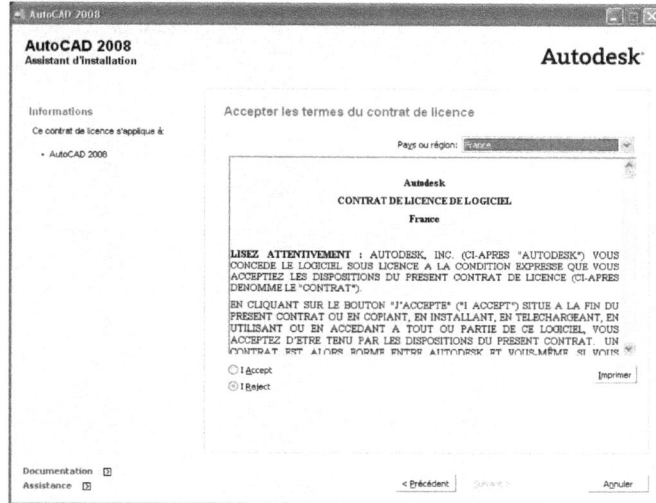

Fig.1.5

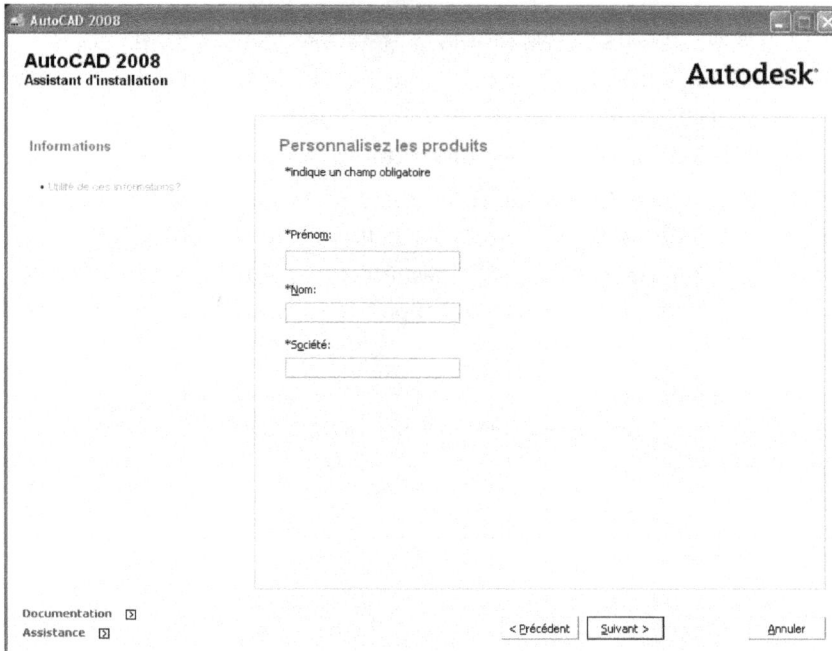

Fig.1.6

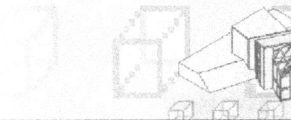

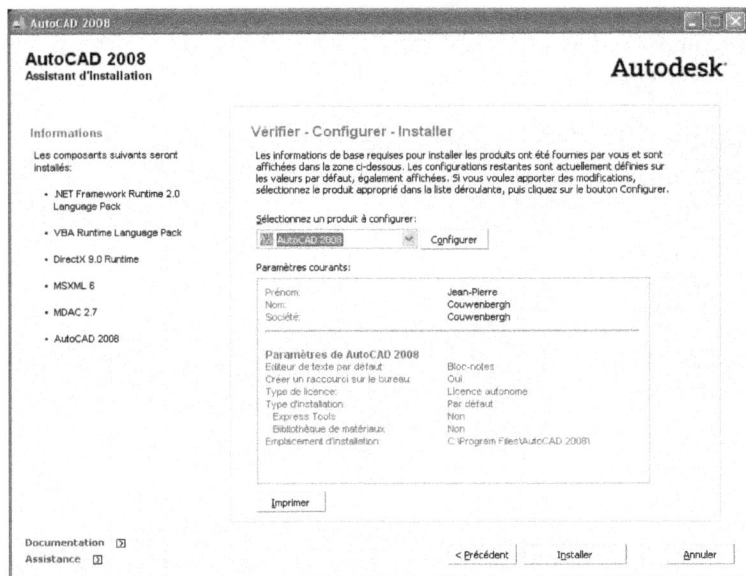

Fig.1.7

7 Sur la page **Vérifier – Configurer – Installer** (fig.1.7), cliquez sur **Installer** pour commencer l'installation par défaut ou cliquez sur Configurer pour apporter des modifications à la configuration. Dans le premier cas, l'assistant effectue les tâches suivantes :

■ Effectue une installation standard, qui installe les fonctionnalités d'application les plus courantes.

■ Inclut la bibliothèque Express Tools d'outils de production, qui accroît la puissance d'AutoCAD.

■ Installe AutoCAD dans le dossier d'installation par défaut sous C:\Program Files\ AutoCAD 2008.

Dans le second cas vous pouvez apporter des modifications à la configuration, telles que changer de type d'installation, installer des outils facultatifs ou changer de chemin d'installation.

8 Cliquez par exemple sur **Configurer.**

9 Sur la page **Sélectionner le type d'installation**, vous pouvez apporter les modifications suivantes à la configuration (fig.1.8) :

■ **Par défaut** : installe les fonctionnalités d'application les plus courantes et permet d'apporter les modifications suivantes aux outils facultatifs :

Express Tools	Contient les utilitaires et les outils de support
Bibliothèque de matériaux	Contient plus de 300 matériaux de construction professionnelle que vous pouvez appliquer à un modèle

■ **Personnalisée** : installe uniquement les fonctionnalités d'application que vous sélectionnez dans la liste **Sélectionnez les fonctionnalités à installer** :

Norme CAO	Contient les outils permettant de vérifier la conformité des fichiers de conception avec vos normes
Bases de données	Contient les outils permettant d'accéder à la base de données
Dictionaries	Contient les dictionnaires orthographiques multilingues
Encodage de dessin	Permet d'utiliser la boîte de dialogue Options de sécurité pour protéger un dessin à l'aide d'un mot de passe
Express Tools	Contient les utilitaires et les outils de support
Fonts	Contient les polices du programme. (Les polices True Type sont automatiquement installées avec le programme.)
Bibliothèque de matériaux	Contient plus de 300 matériaux de construction professionnelle que vous pouvez appliquer à un modèle
Atelier des nouvelles fonctionnalités	Contient des démonstrations animées, des exercices et des exemples de fichiers conçus pour aider les utilisateurs à se familiariser avec les nouvelles fonctionnalités
Utilitaire de licence mobile	Intègre un outil permettant de migrer une licence autonome d'un ordinateur à un autre
Migration de paramètres personnalisés	Permet de migrer des paramètres et des fichiers personnalisés à partir de versions précédentes
Gestionnaire des références	Permet d'afficher et de modifier le chemin des fichiers référencés en externe et associés à un dessin
Samples	Contient plusieurs fichiers d'exemple de fonctionnalité
Didacticiels	Contient des leçons sur le produit
Contient les didacticiels de support VBA	Contient Microsoft Visual Basic pour les fichiers de support des applications

■ **Chemin d'installation du produit :** permet de spécifier le lecteur et l'emplacement où installer AutoCAD.

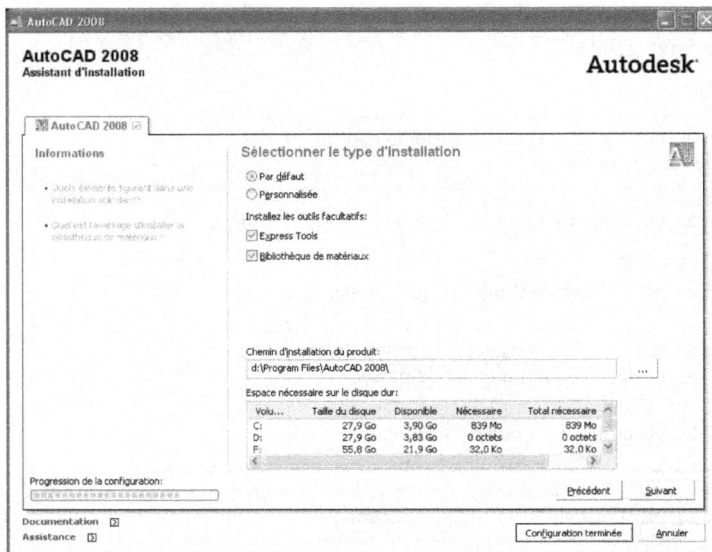

Fig.1.8

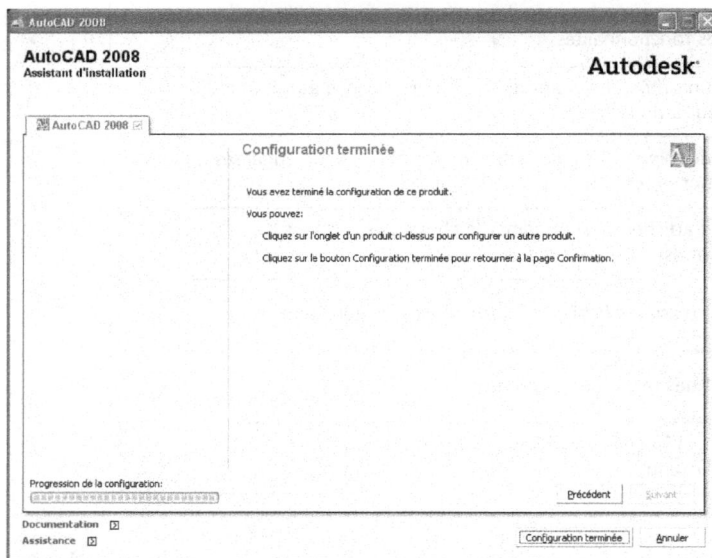

Fig.1.9

10. Cliquez sur **Suivant** pour continuer la configuration.

11. Sur la page **Sélectionner le type de licence**, sélectionnez **Licence autonome**, puis cliquez sur **Suivant**.

12. Sur la page **Sélectionner les préférences utilisateur**, définissez les paramètres suivants :

   - **Choix d'un éditeur de texte :** sélectionnez un éditeur de texte si vous souhaitez modifier des fichiers texte tels que les fichiers de dictionnaire PGP et CUS. Vous pouvez accepter l'éditeur de texte proposé par défaut ou en sélectionner un dans la liste. En outre, le bouton Parcourir vous permet de rechercher un éditeur de texte non répertorié.

   - **Créer un raccourci sur le bureau :** choisissez d'afficher ou non l'icône de raccourci d'AutoCAD sur votre bureau. L'icône du produit y figure par défaut. Désactivez la case à cocher si vous ne souhaitez pas que l'icône de raccourci apparaisse.

13. Cliquez sur **Suivant**.

14. Cliquez sur **Configuration terminée** pour retourner à la page **Vérifier – Configurer – Installer** (fig.1.9).

15 Cliquez sur **Installer** pour démarrer l'installation du logiciel (fig.1.10-1.11).

16 Sur la page **Installation terminée**, vous pouvez éventuellement cocher le champ **Afficher le fichier Readme**. Le fichier Readme s'ouvre à partir de cette page lorsque vous cliquez sur Terminer. Ce fichier contient des informations qui n'étaient pas disponibles lors de la préparation de la documentation d'AutoCAD 2008. Si vous ne souhaitez pas afficher le fichier Readme, désactivez la case à cocher correspondante.

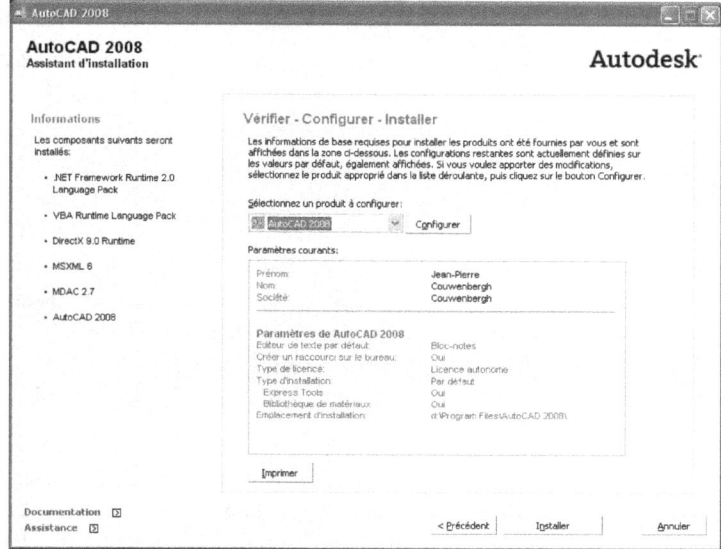

Fig.1.10

17 Cliquez sur **Terminer** pour terminer l'installation.

Vous avez correctement installé AutoCAD. Vous pouvez maintenant enregistrer votre produit et l'utiliser.

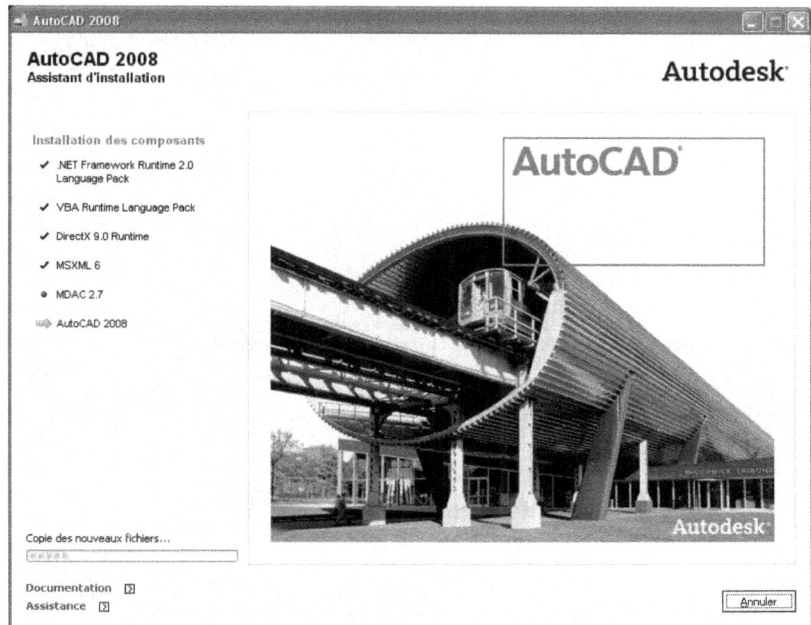

Fig.1.11

Enregistrement et activation d'AutoCAD

La première fois que vous démarrez AutoCAD, l'assistant d'activation du produit s'affiche. Vous pouvez activer AutoCAD dès ce moment ou choisir de l'exécuter et de l'activer ultérieurement. Tant que vous n'avez pas enregistré AutoCAD et entré son code d'activation, le programme s'exécute en mode d'essai et l'assistant d'activation du produit s'affiche pendant 30 jours à partir de la première exécution du programme. Si au bout de 30 jours d'utilisation d'AutoCAD en mode d'essai vous n'avez pas enregistré AutoCAD ni fourni de code d'activation valide, votre seule possibilité est d'enregistrer et d'activer AutoCAD. L'exécution en mode d'essai n'est plus possible une fois la période de 30 jours expirée. Une fois AutoCAD enregistré et activé, l'assistant d'activation du produit n'apparaît plus.

La méthode la plus rapide et la plus fiable pour enregistrer et activer votre produit consiste à utiliser Internet. Vous devez simplement entrer vos informations d'enregistrement et les envoyer à Autodesk par le biais d'Internet. Une fois les informations fournies, l'enregistrement et l'activation sont effectués quasiment instantanément.

Pour enregistrer et activer AutoCAD, la procédure est la suivante:

1. Lancez AutoCAD à partir du menu Démarrer de Windows ou cliquez sur l'icône correspondante sur le bureau.

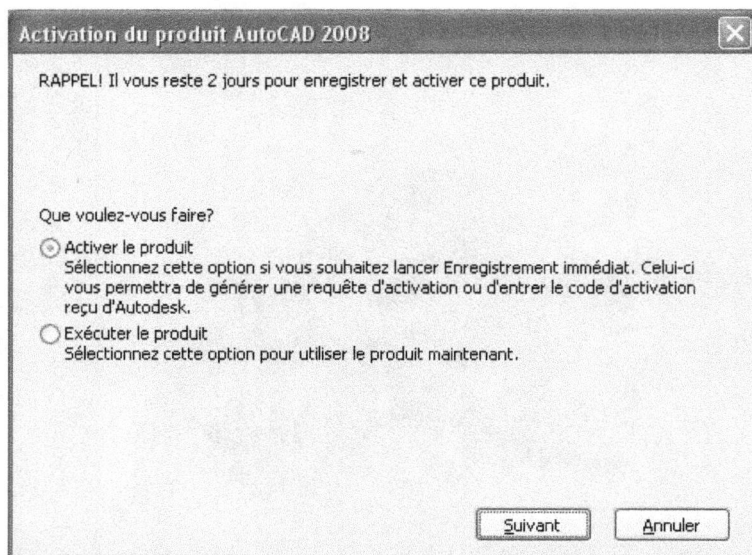

2. L'assistant d'activation du produit AutoCAD 2008 s'affiche à l'écran (fig.1.12).

3. Sélectionnez **Activer le produit**, puis cliquez sur **Suivant**. Ceci lance le processus Enregistrement immédiat.

4. Choisissez **Enregistrement et activation** (pour obtenir un code d'activation).

5. Cliquez sur **Suivant** pour confirmer l'autorisation.

Fig.1.12

Si vous ne disposez pas d'un accès à Internet ou si vous souhaitez utiliser une autre méthode d'enregistrement, vous pouvez enregistrer et activer AutoCAD de l'une des manières suivantes :

- E-mail : créez un message électronique avec vos informations d'enregistrement et envoyez-le à Autodesk à l'adresse indiquée.

- Télécopie ou courrier : entrez vos informations d'enregistrement et envoyez-les par télécopie ou courrier à Autodesk.

Les espaces de travail et l'interface d'AutoCAD

Les espaces de travail correspondent à des ensembles de menus, de barres d'outils, palettes et de panneaux de configuration du tableau de bord qui sont regroupés et organisés de manière à vous permettre de travailler dans un environnement de dessin personnalisé, selon les différentes tâches que vous devez accomplir.

Lorsque vous utilisez un espace de travail, seuls sont affichés les menus, les barres d'outils et les palettes en rapport avec les tâches de l'espace de travail en question.

Trois espaces de travail organisés par tâche sont déjà définis dans le produit :

- Dessin 2D et annotation

- Modélisation 3D

- AutoCAD classique

Ainsi, par exemple, lorsque vous créez des modèles 3D, vous pouvez utiliser l'espace de travail Modélisation 3D, lequel contient uniquement des menus, des palettes et des barres d'outils en rapport avec la modélisation 3D. Les éléments d'interface dont vous n'avez pas besoin pour la modélisation 3D sont masqués, ce qui optimise la zone de l'écran disponible pour votre travail.

Pour changer d'espace de travail, se rendre dans la barre d'outils **Espaces de travail** (Workspaces) et sélectionner celui auquel vous souhaitez passer (fig.1.13).

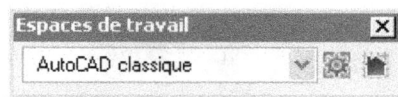

Fig.1.13

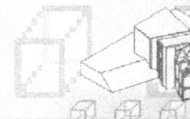

L'espace de travail « AutoCAD classique » correspond à l'interface classique des versions précédentes d'AutoCAD. Il est divisé en trois parties principales et comporte une série de barres d'outils pour le dessin de base (fig.1.14).

▶ **La partie supérieure ou zone « menus » :** compte trois rangées de menus. La première rangée contient la barre des menus que l'on retrouve dans la plupart des applications Windows (Fichier, Edition...). La deuxième rangée, que l'on nomme « barre d'outils standard », regroupe sous la forme d'icônes, les principales commandes concernant la gestion des fichiers et de l'affichage écran. Enfin, la troisième rangée la barre d'outils « Propriétés des objets» qui contient les commandes ayant trait au calque (layer) et aux qualités graphiques (type de ligne, couleur, etc.).

▶ **La partie centrale ou zone « dessin » :** affiche le dessin en cours, représenté dans une ou plusieurs fenêtres. Les entités sont dessinées dans cette zone à l'aide d'un curseur, activé par une souris ou une tablette graphique. Elle comprend dans sa partie inférieure les onglets **Objet** (Model), **Présentation1** (Layout1) et **Présentation2** (Layout2) permettant de passer de l'environnement de création à l'environnement de mise en page. Cette partie peut aussi contenir des barres d'outils flottantes (par défaut les barres d'outils Dessiner et Modifier) et est entourée en bas et à droite de barres de défilement qui permettent de modifier le champ de vision sur le dessin.

▶ **La partie inférieure ou zone « commande » :** permet d'entrer les commandes d'AutoCAD au clavier. C'est également dans cette zone qu'AutoCAD indique les opérations à effectuer lorsqu'une commande est sélectionnée. Habituellement composée de trois lignes, cette zone peut être agrandie ou rétrécie et également déplacée en haut de l'écran ou être flottante. La partie inférieure comporte également une « barre d'état » qui affiche la position du curseur à l'aide des coordonnées, et le statut des modes Resol (Snap), Grille (Grid), Ortho, Polaire (Polar), Accrobj (Osnap), Reperobj (Otrack), DYN, EL (Lwt) et Objet/Papier (Model/Paper).

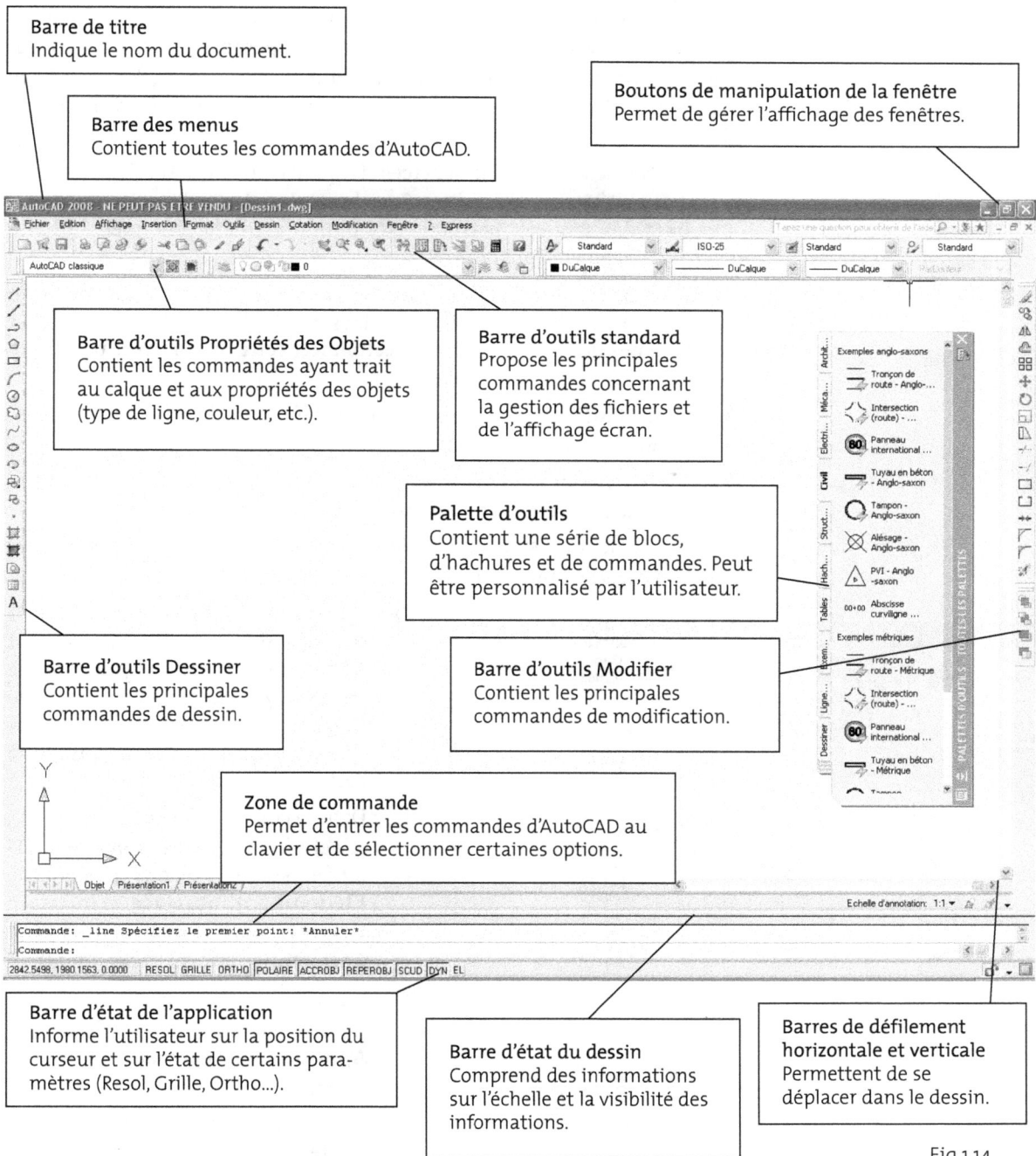

Barre de titre
Indique le nom du document.

Boutons de manipulation de la fenêtre
Permet de gérer l'affichage des fenêtres.

Barre des menus
Contient toutes les commandes d'AutoCAD.

Barre d'outils Propriétés des Objets
Contient les commandes ayant trait au calque et aux propriétés des objets (type de ligne, couleur, etc.).

Barre d'outils standard
Propose les principales commandes concernant la gestion des fichiers et de l'affichage écran.

Palette d'outils
Contient une série de blocs, d'hachures et de commandes. Peut être personnalisé par l'utilisateur.

Barre d'outils Dessiner
Contient les principales commandes de dessin.

Barre d'outils Modifier
Contient les principales commandes de modification.

Zone de commande
Permet d'entrer les commandes d'AutoCAD au clavier et de sélectionner certaines options.

Barre d'état de l'application
Informe l'utilisateur sur la position du curseur et sur l'état de certains paramètres (Resol, Grille, Ortho...).

Barre d'état du dessin
Comprend des informations sur l'échelle et la visibilité des informations.

Barres de défilement horizontale et verticale
Permettent de se déplacer dans le dessin.

Fig.1.14

Fig.1.15

Le contenu de la barre d'état peut être contrôlée en cliquant sur le bouton **Menu barre d'état** (Status Bar Menu) situé à l'extrême droite. Ce menu permet d'activer ou non les différents composants de la barre d'état (fig.1.15). L'option **Paramètres barre d'état** (Tray Settings) gère l'affichage des icônes et des notifications dans la barre d'état système, à l'extrême droite de la barre d'état :

▶ **Afficher les icônes des services** (Display icons from services) : affiche la barre d'état système, à l'extrême droite de la barre d'état, et affiche les icônes des services. Lorsque cette option est désélectionnée, la barre d'état système n'apparaît pas.

▶ **Afficher les notifications des services** (Display notifications from services) : affiche les notifications des services. Lorsque l'option Afficher les icônes des services est désélectionnée, cette option n'est pas disponible.

▶ **Durée d'affichage** (Display Time) : définit la durée d'affichage (en secondes) d'une notification.

▶ **Afficher jusqu'à fermeture** (Display until closed) : affiche une notification jusqu'à ce que vous cliquiez sur le bouton Fermer.

Il est également possible de modifier la couleur de la zone de travail et des autres parties de l'interface, il convient pour cela de :

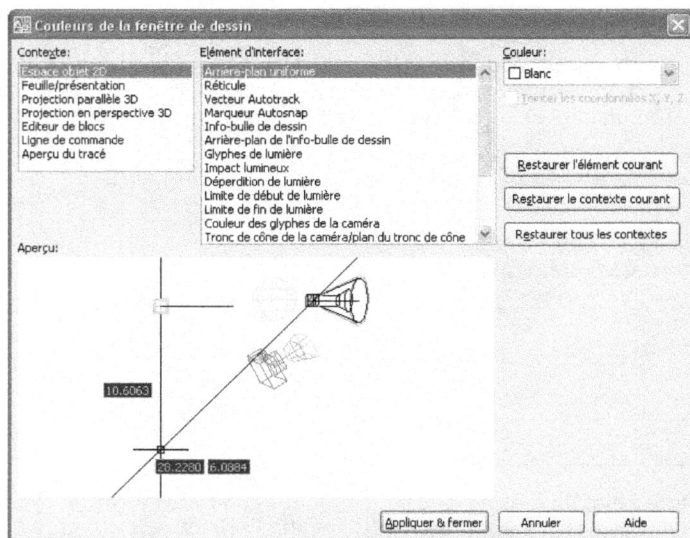

Fig.1.16

[1] Dans le menu **Outils** (Tools) cliquer sur **Options**. Cliquer sur l'onglet **Affichage** (Display) puis sur le bouton **Couleurs** (Colors). La boîte **Couleurs de la fenêtre de dessin** (Drawing Window Colors) s'affiche à l'écran (fig.1.16).

[2] Dans la colonne **Contexte** (Context), sélectionner **Espace objet 2D** (2D model space) et dans la colonne **Elément d'interface** (Interface element) sélectionner **Arrière-plan uniforme** (Uniform background).

[3] Dans la liste **Couleur** (Color), sélectionner la bonne couleur. Cliquer sur **Appliquer et Fermer** (Apply and Close).

[4] Pour enregistrer les modifications et quitter la boîte de dialogue, cliquer sur OK.

L'onglet **Affichage** (Display) permet également de modifier la taille du curseur. Il suffit de déplacer la glissière dans la zone **Taille du réticule** (Crosshair size). Les valeurs possibles vont de 1 (min) à 100 (max).

Dialoguer avec AutoCAD

Le dialogue avec AutoCAD s'effectue grâce à des fonctions qui peuvent être activées à l'aide de la souris ou du clavier. Les fonctions sont disponibles à partir des menus à l'écran, à partir des barres d'outils, à partir de boîtes de dialogue ou du tableau de bord.

Utilisation de la souris

Atout principal de l'utilisateur de AutoCAD, la souris se manifeste sous deux formes principales : un pointeur représenté par une flèche ou un curseur graphique en forme de croix. Le pointeur permet de sélectionner un menu ou de cliquer sur un bouton d'une barre d'outils. Le curseur graphique apparaît lorsqu'on se place dans la zone de dessin et intervient pour la création et les modifications du dessin. Les manipulations de la souris obéissent à un vocabulaire spécifique. Cliquer (à gauche) consiste à enfoncer le bouton gauche de la souris. Pour valider l'exécution d'une commande (en cliquant sur une icône) ou indiquer la position d'un point dans la zone graphique. Cliquer à droite consiste à enfoncer le bouton droit de la souris. Pour donner un retour chariot, qui permet de terminer une instruction (le tracé de lignes, par exemple), ou s'il n'y en a pas, de répéter la dernière instruction. Les différentes options du clic droit seront détaillées au point 5.2. Dans le cas d'une souris à trois boutons, le bouton central permet d'activer la fonction PAN ou d'afficher un menu déroulant comportant les options d'accrochages aux objets. Dans ce dernier cas, il faut mettre la variable MBUTTONPAN= 0.

La souris IntelliMouse ou équivalente

Ce type de souris est dotée de deux boutons entre lesquels se trouve une roulette. Les boutons de gauche et de droite ont les mêmes fonctions que ceux d'une souris standard. La roulette permet d'effectuer des zooms et des panoramiques dans le dessin sans utiliser les commandes d'AutoCAD. Des actions sont disponibles (voir page suivante).

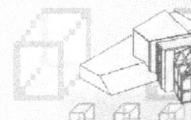

Objectif	Action
Effectuer un zoom avant ou arrière	Faire tourner la roulette vers l'avant ou vers l'arrière. La variable ZOOMFACTOR permet de modifier le facteur de zoom qui est réglé à 10% par défaut.
Effectuer un zoom sur l'étendue du dessin.	Cliquer deux fois sur le bouton de la roulette.
Panoramique	Faire glisser la souris en maintenant le bouton de la roulette enfoncé.
Effectuer un panoramique	Faire glisser la souris tout en maintenant la touche Ctrl et le bouton de la roulette enfoncés.
Afficher le menu Accrochage aux objets.	Mettre la variable système MBUTTONPAN sur 0. Cliquer ensuite sur le bouton de la roulette.

Configuration du comportement du bouton droit de la souris

Il est possible de déterminer dans AutoCAD si le fait de cliquer avec le bouton droit de la souris dans la zone de dessin permet d'afficher un menu contextuel ou équivaut à appuyer sur Entrée.

La procédure est la suivante :

1. Sélectionner **Options** dans le menu Outils.

2. Cliquer sur l'onglet **Préférences utilisateur** (User Preferences).

3. Cliquer sur le bouton **Signification du bouton droit** (Right-click Customization).

4. Sélectionner les options dans le cas des 3 comportements possibles (fig.1.17) :

   - Aucune commande n'est active (mode par défaut), un clic droit a pour effet :

     - De répéter la dernière commande (repeat last command).

     - D'afficher le menu contextuel (shortcut menu).

   - Un ou plusieurs objets sont sélectionnés (mode d'édition), un clic droit a pour effet :

     - De répéter la dernière commande (repeat last command).

     - D'afficher le menu contextuel (shortcut menu).

- Une commande est en cours (mode de commande), un clic droit a pour effet :
  - Un effet identique a l'appui sur la touche Entrée.
  - D'afficher un menu contextuel.
  - D'afficher un menu contextuel uniquement si la commande possède des options.

Depuis AutoCAD 2004, il est possible d'affecter en même temps les options Entrée et Menu contextuel au bouton droit de la souris. L'activation de l'une ou l'autre option s'effectue selon la durée du clic :

▶ Un clic rapide correspond à Entrée.

▶ Un clic plus long affiche un menu contextuel.

Pour activer cette option, il suffit de cocher le champ **Activer le clic avec le bouton droit** (Turn on time-sensitive right-click).

Utilisation du clavier

L'entrée des données dans AutoCAD s'effectue également grâce à des « Commandes » qui peuvent être activées directement à partir du clavier. Il suffit de taper directement le nom de la commande ou de son expression abrégée. Exemple : Commande : LINE (LIGNE) puis Entrée ou Commande : L puis Entrée.

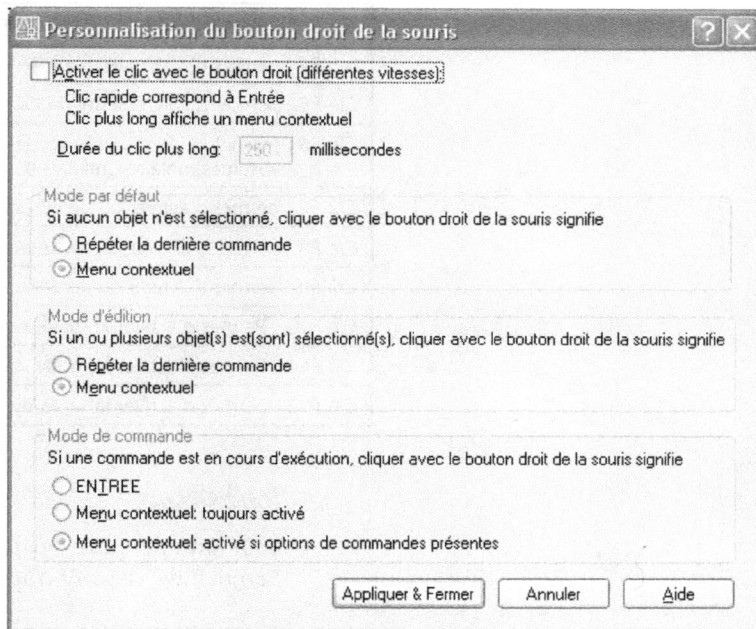

Fig.1.17

Les commandes et les options peuvent être entrées en lettres majuscules ou minuscules. Pour les options, il suffit de taper la ou les lettres écrites en majuscule. Ainsi dans le cas du tracé d'une polyligne, il suffit de taper A (Arc), si l'on souhaite dessiner une partie courbe, ou LA (LArgueur) si l'on souhaite modifier la largeur de la polyligne. Les expressions abrégées ou « alias » sont listées dans le fichier ACAD.PGP (situé dans le répertoire Support d'AutoCAD) qu'il suffit de lire avec le Bloc-Notes de Windows.

Le clavier comporte également une série de touches de fonctions qui permettent d'accéder directement à certaines commandes. Ces touches sont localisées en rangées en haut du clavier et fonctionnent pour la plupart comme un interrupteur actif-inactif. Voici la liste des principales touches :

Clé F1 : permet d'obtenir de l'aide sur AutoCAD ou sur la commande en cours.
Clé F2 : permet de permuter la fenêtre graphique et la fenêtre texte.
Clé F3 : permet d'activer les outils d'accrochage (OSNAP).
Clé F4 : permet d'activer le mode TABLET (Tablette).
Clé F5 : permet d'activer le mode ISOPLANE (Isometr).
Clé F6 : permet de contrôler le mode d'affichage des coordonnées (fixes, mouvantes, absolues, polaires, relatives).
Clé F7 : permet d'activer ou de désactiver la grille (GRID) à l'écran.
Clé F8 : permet d'activer ou de désactiver le mode ORTHO.
Clé F9 : permet d'activer ou de désactiver le mode SNAP (RESOL).
Clé F10 : Permet d'activer le mode polaire (Polar).
Clé F11 : Permet d'activer le mode repérage d'objet (Otrack).
Clé F12 : permet d'activer la saisie dynamique des données (DYN)

REMARQUE

Pour annuler une opération en cours et retourner à l'indicatif Commande :, il suffit d'appuyer une ou deux fois sur la touche Echap.

Les menus déroulants

Ils regroupent l'ensemble des commandes d'AutoCAD. Pour accéder à une commande, il faut dérouler le menu qui l'abrite, en cliquant sur son nom dans la barre des menus. Ensuite, au moyen de la souris, on sélectionne l'instruction souhaitée (qui apparaît en blanc sur fond bleu), puis on valide son choix en cliquant une nouvelle fois. Généralement, ces actions suffisent pour effectuer une action. Toutefois, les menus présentent plusieurs types de commandes. Celles suivies d'une flèche font appel à un menu d'options et celles suivies de trois points font appel à une boîte de dialogue, composée elle-même d'une série impressionnante d'instructions (fig.1.18).

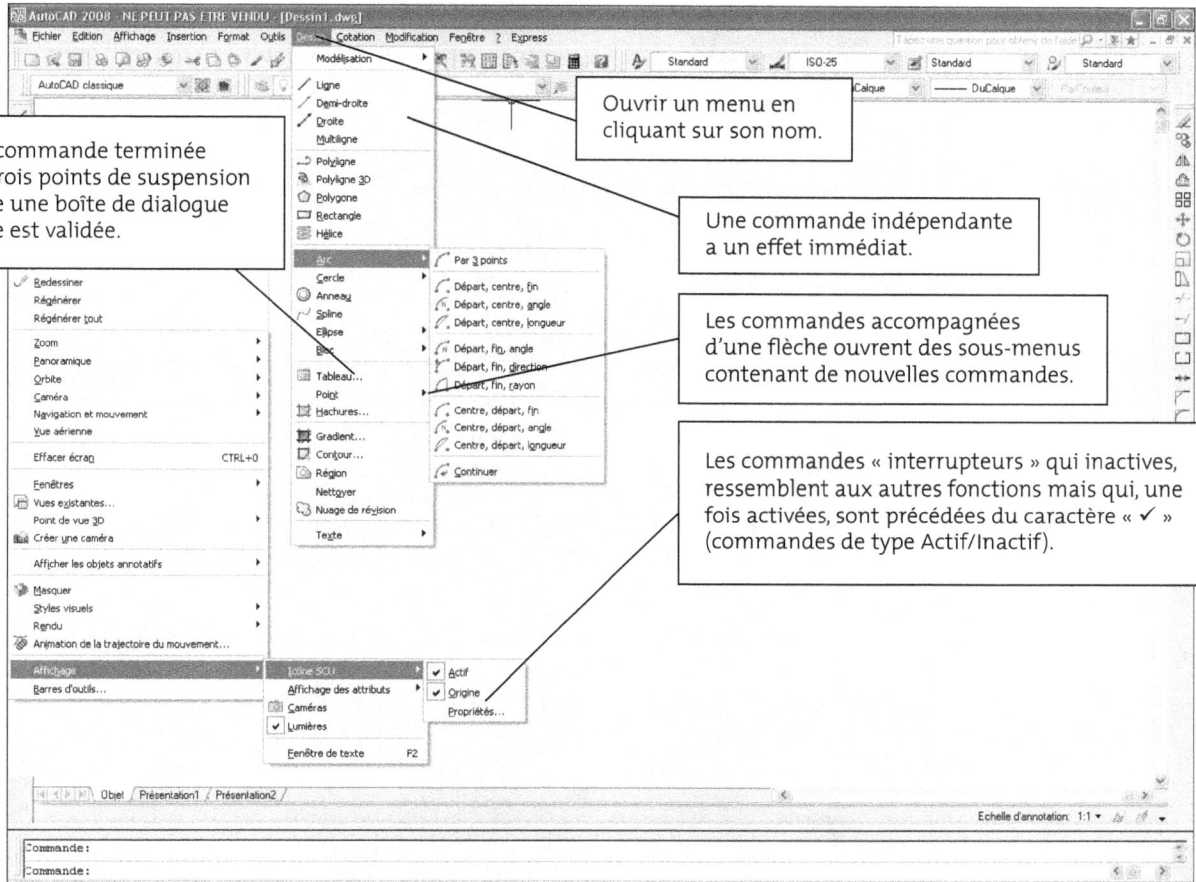

Une commande terminée par trois points de suspension ouvre une boîte de dialogue si elle est validée.

Ouvrir un menu en cliquant sur son nom.

Une commande indépendante a un effet immédiat.

Les commandes accompagnées d'une flèche ouvrent des sous-menus contenant de nouvelles commandes.

Les commandes « interrupteurs » qui inactives, ressemblent aux autres fonctions mais qui, une fois activées, sont précédées du caractère « ✓ » (commandes de type Actif/Inactif).

Fig.1.18

REMARQUE

Pour fermer un menu inutile ou ouvert par erreur, il suffit d'appuyer sur la touche [Echap].

Les barres d'outils

Les barres d'outils contiennent des icônes classées par thème et correspondant aux commandes les plus fréquemment utilisées. Plutôt que de sélectionner le menu Fichier, puis l'instruction Imprimer..., on cliquera sur l'icône représentant une imprimante. Plus rapide, l'utilisation des icônes évite parfois le passage par une plusieurs boîtes de dialogue. Comme dans le cas

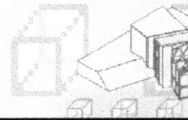

des menus déroulants, les icônes des barres d'outils ont trois types de fonction différents : exécuter directement une commande, ouvrir une boîte de dialogue ou afficher d'autres options sous la forme d'une barre en cascade. Cette dernière fonction est facile à reconnaître : l'icône concernée affiche un petit triangle noir dans le coin inférieur droit. Notez qu'AutoCAD propose une bonne vingtaine de barres d'outils spécialisées. Par défaut, il affiche la barre d'outils standard, la barre d'outils Propriétés des objets, la barre d'outils Dessiner et la barre d'outils Modifier.

Pour afficher une barre, il suffit d'effectuer un clic droit sur n'importe quelle barre d'outils existante puis de sélectionner la barre à afficher. Une fois la barre sélectionnée, elle s'affiche librement à l'écran. Elle peut ensuite rester « flottante » sur l'écran ou être ancrée sur l'un des côtés de la fenêtre de dessin. Dans le premier cas, il suffit de pointer en continu sur le titre de la barre pour effectuer un déplacement.

Pour ancrer une barre d'outils, il convient de suivre la procédure suivante (fig.1.19) :

1. Placez le curseur sur le titre de la barre d'outils et maintenir le bouton de validation enfoncé (en général le bouton gauche de la souris).

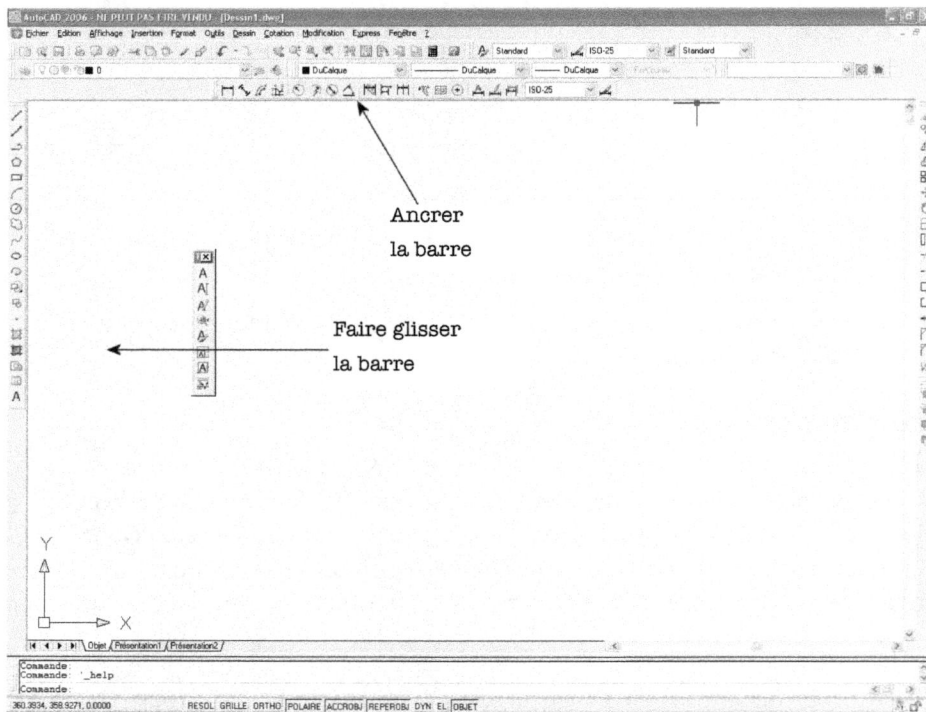

Ancrer la barre

Faire glisser la barre

Fig.1.19

2. Glissez la barre vers l'une des zones d'ancrage : en haut, en bas, à gauche et à droite de la fenêtre de dessin.

3. Lorsque le contour de la barre apparaît sur la zone d'ancrage, relâchez le bouton de validation.

Certaines icônes comportent un petit triangle noir dans le coin inférieur droit et donnent accès à des « icônes déroulantes » contenant d'autres commandes.

Pour exécuter une de ces commandes, la procédure est la suivante (fig.1.20) :

1. Placez le pointeur sur l'icône représentant l'outil (exemple : le zoom).

2. Maintenez le bouton de validation enfoncé jusqu'à ce que la palette apparaisse.

3. Déplacez le pointeur sur la palette et relâchez celui-ci sur l'icône représentant l'option souhaitée (exemple : différents types de zoom).

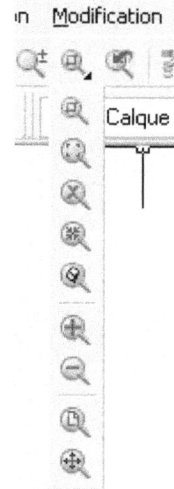

Fig.1.20

Le verrouillage des barres d'outils et des fenêtres

A partir d'AutoCAD 2006, il est possible de verrouiller la position et la taille des barres d'outils et des fenêtres telles que DesignCenter et la palette **Propriétés**. Celles-ci peuvent néanmoins être ouvertes et fermées et il est possible d'y ajouter et d'y supprimer des éléments. Une icône de verrou dans la barre d'état indique si les barres d'outils et les fenêtres sont verrouillées. Il suffit de cliquer sur l'icône pour afficher les options de verrouillage (fig.1.21-1.22).

Pour les déverrouiller temporairement, maintenez la touche Ctrl enfoncée.

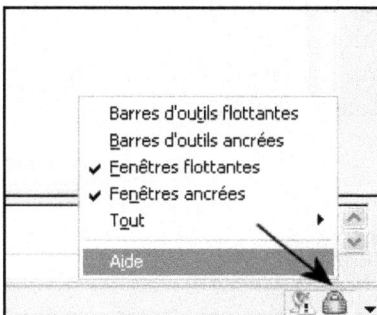

Fig.1.21

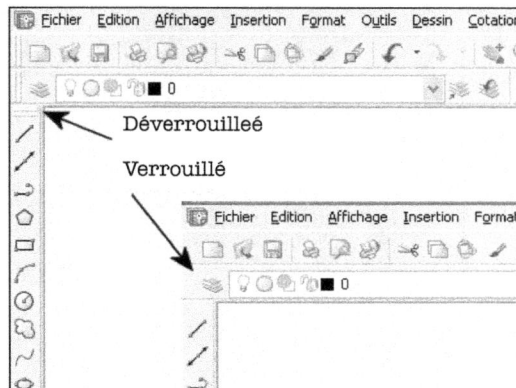

Fig.1.22

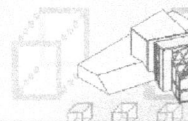

Les boîtes de dialogue

Les boîtes de dialogue permettent une interaction plus directe avec l'utilisateur. Elles permettent de visualiser à l'écran, en une seule opération, plusieurs commandes portant sur une action déterminée. Ainsi par exemple, la boîte **Style de texte** (Text Style) permet d'afficher directement à l'écran les différentes paramètres de création de style (fig.1.23). Les boîtes sont activées à partir des options, se terminant par des points de suspension, du menu déroulant ou à l'aide de commandes spécifiques, comme DDATTDEF (boîte de dialogue pour la définition des attributs), DDOSNAP (boîte de dialogue pour définir par défaut des options d'accrochage), DDSTYLE (boîte de dialogue pour définir les styles de texte), etc.

Il est possible de contrôler l'affichage de certaines boîtes de dialogue par l'utilisation des variables suivantes, qu'il suffit de taper au clavier :

▸ FILEDIA : contrôle l'affichage des boîtes de dialogue du menu **Fichier** (File).

▸ CMDDIA : contrôle l'affichage des boîtes de dialogue des commandes **TRACEUR** (Plot) et **ASE**.

▸ ATTDIA : contrôle l'affichage de la boîte de dialogue concernant les attributs.

Pour ces trois variables, la valeur 1 active la fonction et la valeur 0 désactive la fonction.

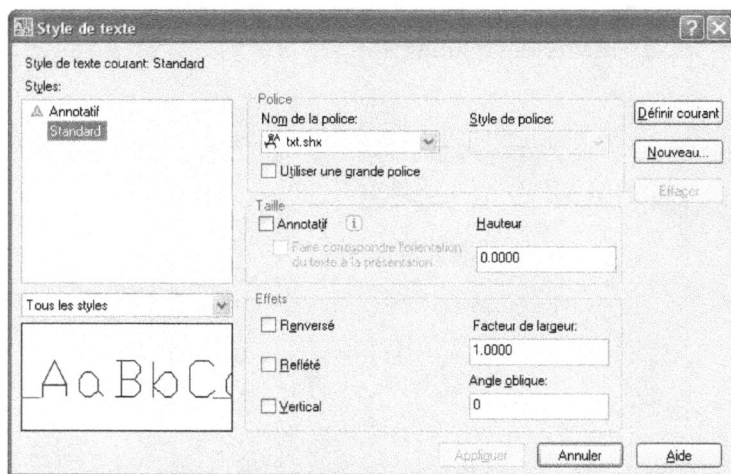

Pour les commandes entrées au clavier, il est possible de désactiver la boîte de dialogue et de rentrer les informations dans la zone commande en plaçant un trait d'union « - » devant la commande. Par exemple, CALQUE ouvre la boîte de dialogue **Gestionnaire des propriétés** des calques tandis que –CALQUE implique l'entrée des données dans la zone Commande (fig.1.24).

Fig.1.23

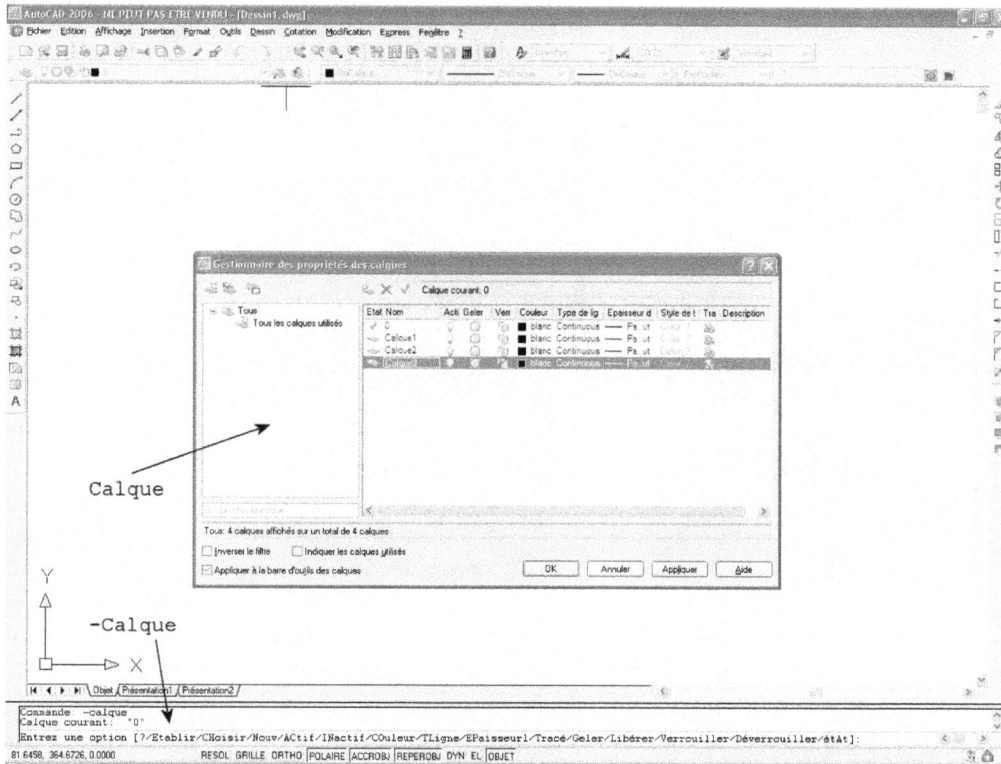

Fig.1.24

Les palettes d'outils

Les palettes d'outils sont des zones à onglets dans la fenêtre **Palettes d'ou-tils**, qui permettent d'organiser, de partager et de placer des blocs, des hachures et des commandes (ligne, cercle, cotation...).

Il peut ainsi être utile de placer sur la palette les blocs et les hachures les plus couramment utilisés. Pour ajouter un bloc ou une hachure dans un dessin, il suffit de les faire glisser de la palette d'outils vers le dessin.

Les blocs et les hachures se trouvant sur une palette d'outils sont appelés outils ; plusieurs propriétés d'outil (échelle, rotation et calque, par exemple) peuvent être définies individuellement pour chaque outil.

Les blocs placés avec cette méthode doivent souvent subir une rotation ou être mis à l'échelle par la suite. Lorsque l'on fait glisser un bloc d'une palette d'outils vers un dessin, il est mis à l'échelle automatiquement en fonction

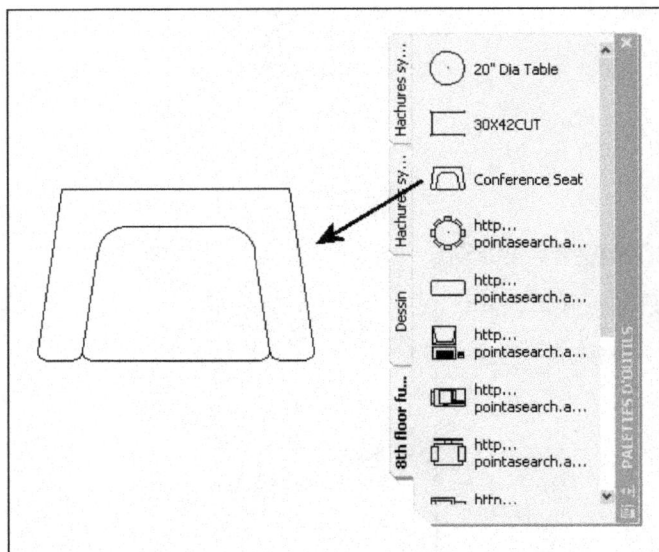

Fig.1.25

du rapport des unités défini dans le bloc et dans le dessin courant. Par exemple, si le dessin utilise les mètres comme unités et qu'un bloc est défini en centimètres, le rapport des unités est 1 m/100 cm. Lorsque vous faites glisser le bloc dans le dessin, il est inséré avec une échelle de 1/100 (fig.1.25).

Il est possible de modifier les propriétés d'insertion ou les propriétés de motif de n'importe quel outil d'une palette. Par exemple, on peut modifier l'échelle d'insertion d'un bloc ou l'angle d'un motif de hachures. Pour modifier les propriétés d'un outil, il faut cliquer avec le bouton droit de la souris sur l'outil, puis cliquer sur **Propriétés** (Properties) dans le menu contextuel. Il est ensuite possible de modifier les propriétés dans la boîte de dialogue **Propriétés de l'outil** (Tool Properties). Cette boîte de dialogue contient deux catégories de propriétés : la catégorie des propriétés d'insertion ou de motif, et la catégorie des propriétés générales (fig.1.26).

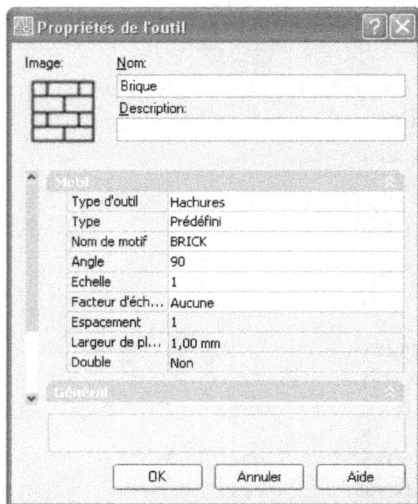

Fig.1.26

▶ **Propriétés d'insertion ou de motif :** contrôlent les propriétés propres à un objet telles que l'échelle, la rotation et l'angle.

▶ **Propriétés générales :** contrôlent les paramètres de propriété du dessin courant tels que le calque, la couleur, le type de ligne, etc.

Dans certains cas, on peut affecter des propriétés propres à un outil. Par exemple, on peut placer automatiquement une hachure sur un calque prédéfini, indépendamment du paramètre de calque courant. Cette fonction permet de gagner du temps et de réduire les risques d'erreur en définissant automatiquement des propriétés lorsque l'on crée certains objets. La boîte de dialogue **Propriétés de l'outil** (Tool Properties) contient des champs pour chaque propriété éventuelle que l'on définit. Le remplacement des propriétés de calque a une incidence sur la couleur, le type de ligne, l'épaisseur de ligne, le style de tracé et le tracé. Le remplacement des propriétés de calque est résolu de la façon suivante :

▶ Si un calque fait défaut sur le dessin, il est créé automatiquement.

▶ Si un calque est désactivé ou gelé, le bloc ou la hachure est créé sur le calque courant.

Il est possible de créer de nouvelles palettes d'outils en utilisant le bouton **Propriétés** (Properties) situé tout au-dessous sur la barre de titre de la fenêtre **Palettes d'outils** puis en cliquant sur l'option **Nouvelle Palette** (New Tool Palette) (fig.1.27). Pour ajouter ensuite des outils à une palette d'outils il convient d'utiliser l'une des méthodes suivantes :

▶ Glissez des dessins, des blocs et des hachures du DesignCenter vers la palette d'outils (fig.1.28). Les dessins que l'on ajoute à une palette d'outils sont insérés en tant que blocs lorsqu'on les fait glisser ensuite vers le dessin.

▶ On peut créer directement un onglet de palette d'outils complet en cliquant avec le bouton droit de la souris sur un dossier, un fichier de dessin ou un bloc dans l'arborescence DesignCenter. Il faut cliquer ensuite sur **Créer une palette d'outils** (Create Tool Palette) dans le menu contextuel.

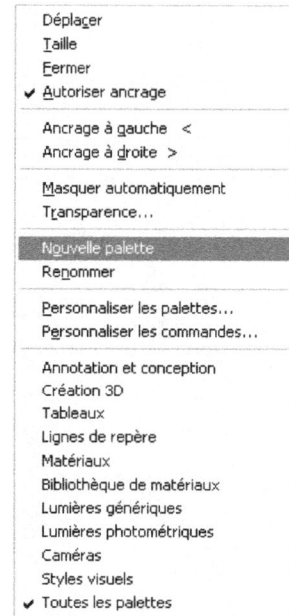

Fig.1.27

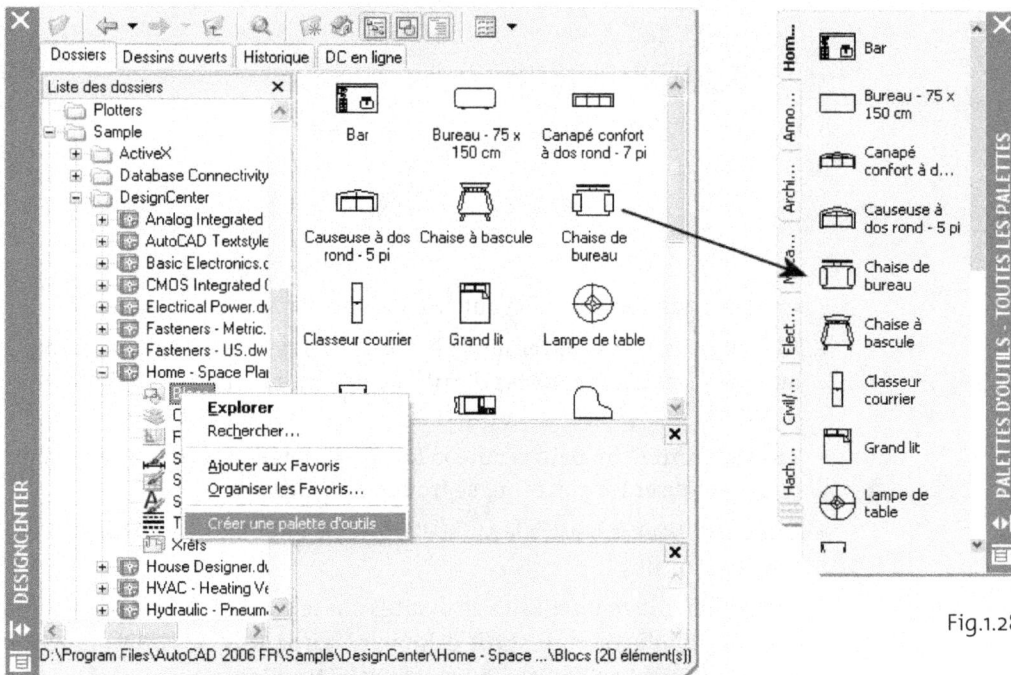

Fig.1.28

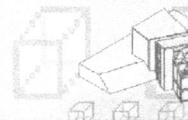

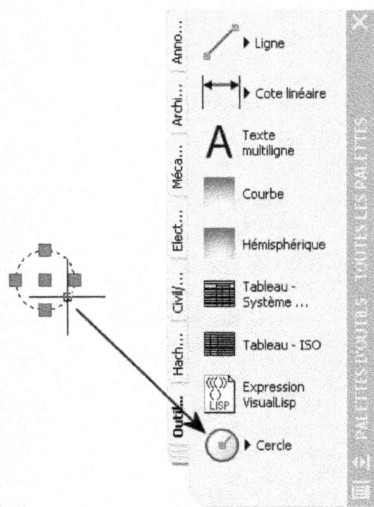

Fig.1.29

▶ Sélectionnez un bloc ou une entité de dessin dans le dessin en cours et glissez-le simplement dans la palette (fig.1.29).

▶ Il est également possible de glisser une commande d'une barre d'outils vers la palette. Pour cela il suffit d'effectuer un clic droit dans une zone vide de la palette, de sélectionner l'option **Personnaliser** dans le menu contextuel, puis de glisser la commande de la barre d'outils vers la palette (fig.1.30). La boîte de dialogue **Personnaliser** doit être ouverte mais n'est pas utilisée.

▶ Utilisez les fonctions Couper, Copier et Coller pour déplacer ou copier des outils d'une palette d'outils à une autre.

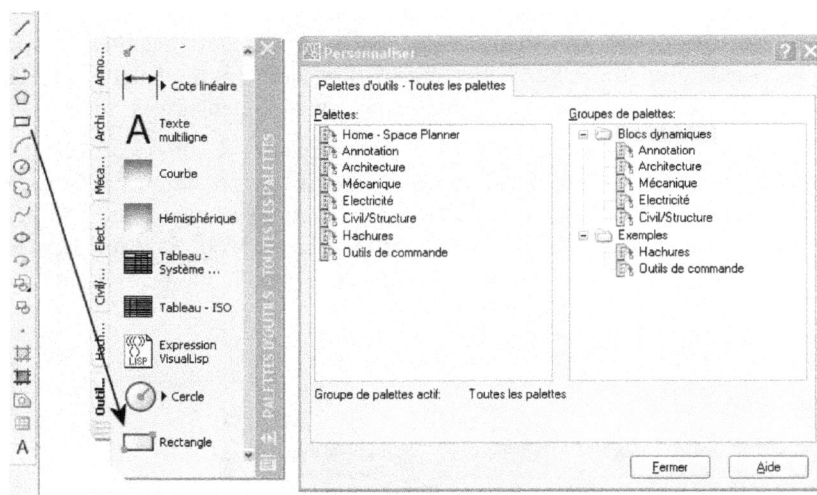

Fig.1.30

L'aspect des palettes d'outils peut être modifié de plusieurs façons :

▶ **Masquer automatiquement** : on peut afficher ou masquer automatiquement la fenêtre **Palettes d'outils** en plaçant le curseur sur sa barre de titre.

▶ **Transparence** : on peut rendre la fenêtre **Palettes d'outils** transparente pour visualiser les objets qui se trouvent au-dessous.

▶ **Vues** : on peut modifier le style d'affichage et la taille des icônes d'une palette d'outils.

On peut ancrer la fenêtre Palettes d'outils sur le bord droit ou gauche de la fenêtre de l'application. Il suffit d'appuyer sur la touche Ctrl pour éviter l'ancrage lorsque l'on déplace la fenêtre **Palettes d'outils**.

Pour activer ou désactiver le masquage et l'affichage automatiques de la fenêtre Palettes d'outils :

1. Cliquez sur le bouton **Masquer automatiquement** (Autohide) situé en bas de la barre de titre de la fenêtre **Palettes d'outils** (fig.1.31).

> ### REMARQUE
>
> Le masquage et l'affichage automatiques sont disponibles uniquement lorsque la fenêtre **Palettes d'outils** n'est pas ancrée.

Pour modifier la transparence de la fenêtre Palettes d'outils :

1. Cliquez avec le bouton droit de la souris sur la barre de titre de la fenêtre **Palettes d'outils**, puis cliquez sur **Transparence** (Transparency) dans le menu qui apparaît.

2. Dans la boîte de dialogue **Transparence** (Transparency), ajustez le niveau de transparence de la fenêtre **Palettes d'outils**. Cliquez sur **OK** (fig.1.32).

> ### REMARQUE
>
> La fonction **Transparence** est disponible uniquement lorsque la fenêtre **Palettes d'outils** n'est pas ancrée.

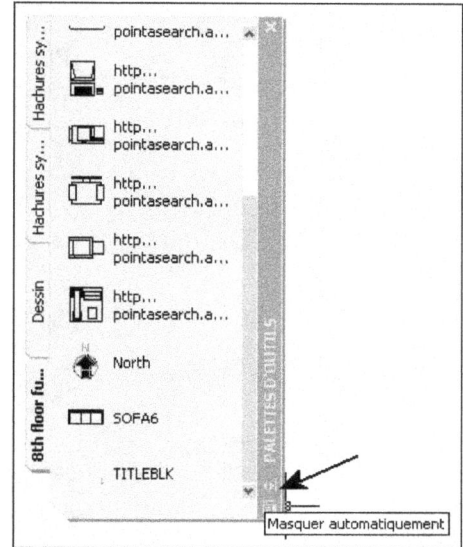

Fig.1.31

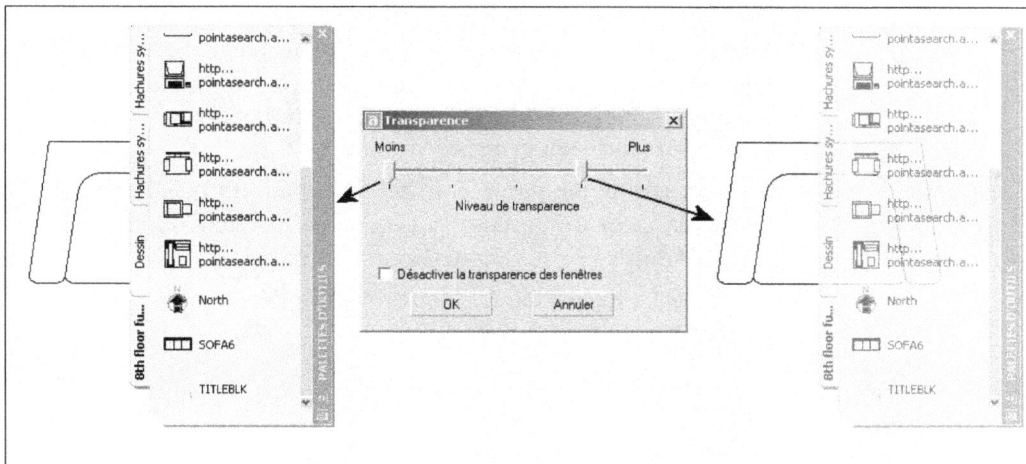

Fig.1.32

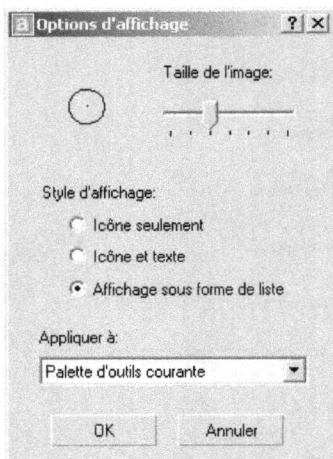

Fig.1.33

Pour modifier le style d'affichage des icônes dans la fenêtre Palettes d'outils :

[1] Cliquez avec le bouton droit de la souris sur la zone vide de la fenêtre **Palettes d'outils**, puis cliquez sur **Options d'affichage** (View Options) dans le menu qui apparaît.

[2] Dans la boîte de dialogue **Options d'affichage** (View Options), cliquez sur l'option d'affichage d'icône que l'on souhaite définir. On peut également modifier la taille des icônes (fig.1.33).

[3] Sélectionnez **Palette d'outils courante** (Current Tool Palette) ou **Toutes les Palettes d'outils** (All Tool Palettes) dans la liste située sous **Appliquer à** (Apply to). Cliquer sur **OK**.

La création de groupes de palettes

Il peut être utile d'organiser les palettes d'outils en groupes et de sélectionner ensuite le groupe qui doit s'afficher. Par exemple, si plusieurs palettes d'outils contiennent des motifs de hachures, vous pouvez créer un groupe nommé Motifs de hachures. Vous pouvez alors ajouter toutes les palettes d'outils qui contiennent des motifs de hachures au groupe Motifs de hachures. Lorsque vous définissez ce groupe comme étant le groupe actif, seules les palettes d'outils qu'il contient s'affichent.

Pour créer un groupe de palettes d'outils, la procédure est la suivante :

[1] Cliquez avec le bouton droit de la souris sur la barre de titre d'une palette d'outils. Cliquez sur **Personnaliser les palettes** (Customize Palettes).

[2] Dans l'onglet **Palettes d'outils** (Tool Palettes) de la boîte de dialogue **Personnaliser** (Customize), sous **Groupes de palettes** (Palette Groups), cliquez avec le bouton droit sur la zone inférieure vide. Cliquez sur **Nouveau groupe** (New group).

Si aucun groupe ne figure dans le champ Groupes de palettes, vous pouvez en créer un en faisant glisser une palette d'outils du champ Palettes d'outils vers le champ Groupes de palettes.

[3] Entrez le nom du groupe de palettes d'outils. Par exemple : Architecture (fig.1.34).

[4] Cliquez sur **Fermer** (Close).

Pour ajouter une palette d'outils à un groupe de palettes d'outils, la procédure est la suivante :

1. Cliquez avec le bouton droit de la souris sur la barre de titre d'une palette d'outils. Cliquez sur **Personnaliser les palettes** (Customize Palettes).

2. Dans l'onglet **Palettes d'outils** (Tool Palettes) de la boîte de dialogue **Personnaliser** (Customize), faites glisser une palette de la zone **Palettes d'outils** (Palettes) vers un groupe de la zone **Groupes de palettes** (Palette Groups) (fig.1.35).

3. Cliquez sur **Fermer** (Close).

Pour supprimer une palette d'outils d'un groupe de palettes d'outils, la procédure est la suivante :

1. Cliquez avec le bouton droit de la souris sur la barre de titre d'une palette d'outils. Cliquez sur **Personnaliser les palettes** (Customize Palettes).

2. Dans l'onglet **Palettes d'outils** (Tool Palettes) de la boîte de dialogue **Personnaliser** (Customize), sous **Groupes de palettes** (Palettes Groups), cliquez avec le bouton droit de la souris sur le nom de la palette d'outils que vous voulez supprimer. Cliquez sur **Supprimer** (Remove).

   Vous pouvez également faire glisser la palette d'outils dans le champ Palettes d'outils pour le supprimer d'un groupe.

3. Cliquez sur **Fermer** (Close).

Pour afficher un groupe de palettes d'outils, la procédure est la suivante :

1. Cliquez avec le bouton droit de la souris sur la barre de titre d'une palette d'outils.

2. Cliquez sur le nom du groupe de palettes d'outils à afficher (fig.1.36).

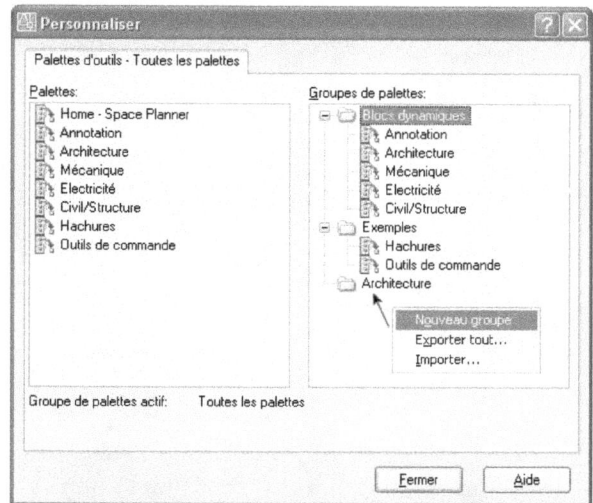

Fig.1.34

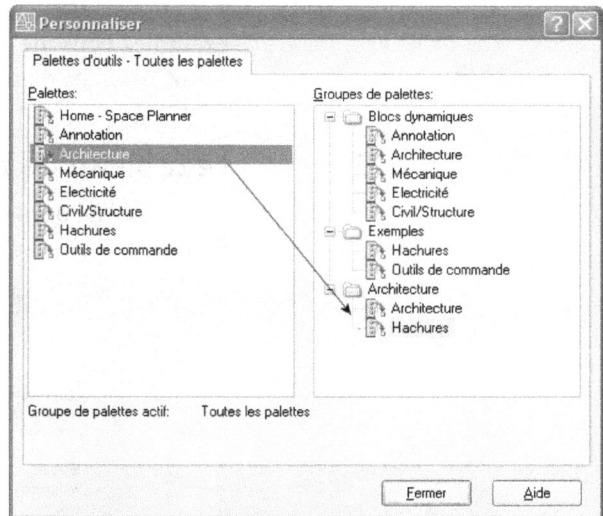

Fig.1.35

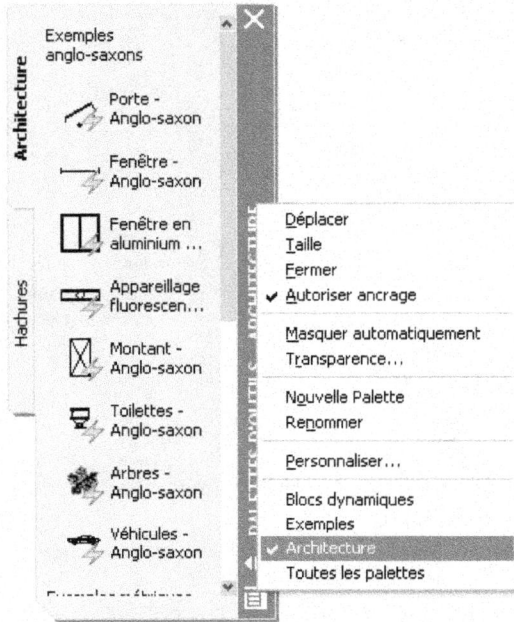

Pour afficher toutes les palettes d'outils, la procédure est la suivante :

[1] Cliquez avec le bouton droit de la souris sur la barre de titre d'une palette d'outils. Cliquez sur l'option **Toutes les palettes** (All palettes).

Pour enregistrer et partager une palette d'outils

Il est possible d'enregistrer et de partager une palette d'outils en l'exportant ou en l'important en tant que fichier de palette d'outils. Il suffit pour cela d'effectuer un clic droit sur la palette concernée dans la boîte de dialogue **Personnaliser** (Customize) puis de sélectionner **Importer** (Import) ou **Exporter** (Export). Les fichiers de palette d'outils possèdent l'extension.xtp (fig.1.37).

Les palettes d'outils peuvent uniquement être utilisées dans la version d'AutoCAD de création. Par exemple, vous ne pouvez pas utiliser une palette d'outils créée dans AutoCAD 2008 dans AutoCAD 2007.

Fig.1.36

Le tableau de bord

Le tableau de bord est une palette spéciale qui affiche des boutons et des options associés à un espace de travail. Il évite d'afficher un grand nombre de barres d'outils et limite ainsi l'encombrement de la fenêtre de l'application. Cela vous permet d'optimiser la zone disponible pour travailler de manière rapide et confortable à l'aide d'une seule interface.

Le tableau de bord s'ouvre automatiquement par défaut lorsque vous utilisez l'espace de travail « Dessin 2D et annotation » ou « Modélisation 3D ».

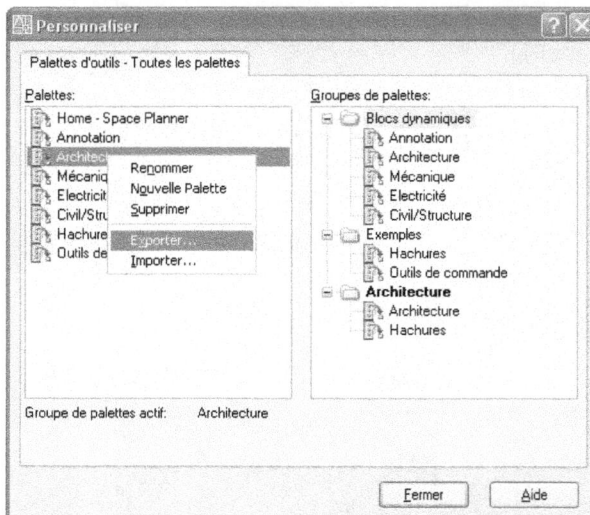

Fig.1.37

Vous pouvez ouvrir le tableau de bord manuellement selon la procédure suivante :

▶ Cliquez sur le menu **Outils** (Tools) puis **Palettes** et ensuite **Tableau de bord** (Dashboard).

▶ Sur la ligne de commande, entrez **TABLEAUDE-BORD** (Dashboard).

Organisation et fonctionnement du tableau de bord

Le tableau de bord est constitué de différents panneaux de configuration. Chaque panneau de configuration comporte des outils et des options associés qui sont similaires aux outils des barres d'outils et aux options des boîtes de dialogue (fig.1.38).

Les icônes de grande taille affichées à gauche du tableau de bord sont appelées icônes de panneau de configuration. Chaque icône de panneau de configuration identifie l'objectif du panneau de configuration. Dans certains panneaux de configuration, un panneau contenant d'autres outils et options s'ouvre en parallèle lorsque vous cliquez sur l'icône. Ce panneau se ferme automatiquement lorsque vous cliquez sur une autre icône de panneau de configuration. Vous ne pouvez afficher qu'un seul panneau annexe à la fois.

Affichage du tableau de bord

Vous pouvez personnaliser l'affichage du tableau de bord comme suit :

▶ Dimensionnez le tableau de bord horizontalement. Si l'espace disponible ne permet pas d'afficher tous les outils sur une rangée, une flèche noire de dépassement pointée vers le bas est affichée.

▶ Utilisez le menu contextuel pour contrôler le comportement du masquage automatique et de l'ancrage (fig.1.39). Avec l'ancrage, le tableau de bord est affiché sous la forme d'un bandeau étroit occupant le côté gauche ou droit de la zone de dessin.

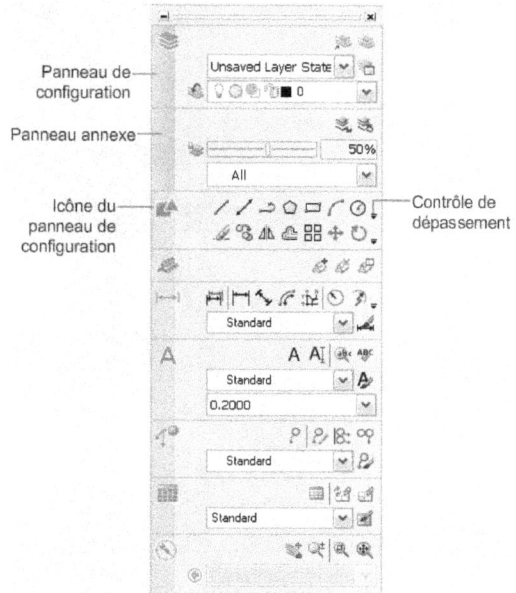

Fig.1.38

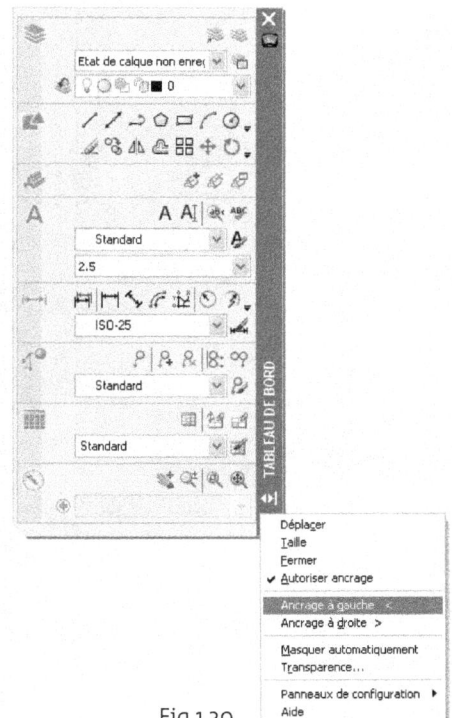

Fig.1.39

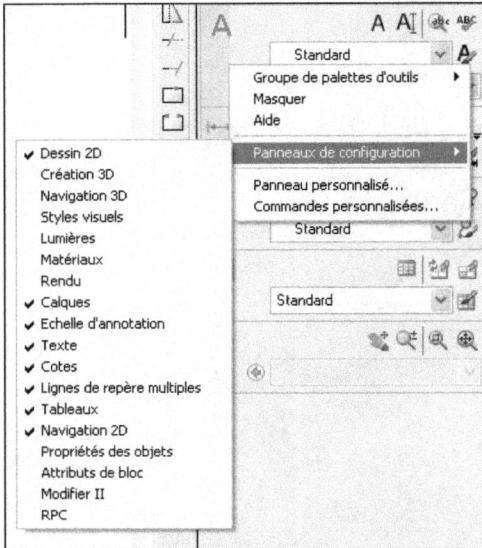

Fig.1.40

Personnalisation du tableau de bord

Vous pouvez personnaliser le tableau de bord comme suit :

▸ Pour créer et modifier les panneaux du tableau de bord à l'aide de la boîte de dialogue **Personnaliser l'interface utilisateur** (voir chapitre 25).

▸ Pour définir les panneaux de configuration que vous souhaitez afficher, cliquez avec le bouton droit de la souris sur le tableau de bord. Puis sélectionnez ou désélectionnez le nom des panneaux de configuration dans le menu contextuel (fig.1.40).

▸ Il est possible d'associer un groupe de palettes d'outils personnalisable à chacun des panneaux de configuration du tableau de bord. Cliquez avec le bouton droit de la souris sur le panneau de configuration afin d'afficher une liste des groupes de palettes d'outils disponibles. Par exemple, effectuez un clic droit sur le panneau **Lignes de repère multiples** puis cliquez sur Groupe de palettes d'outils et sélectionnez **Lignes de repère**. En cliquant par la suite sur l'icône Lignes de repère multiples du tableau de bord, la palette d'outils **Lignes de repère** s'affichera à l'écran (fig.1.41).

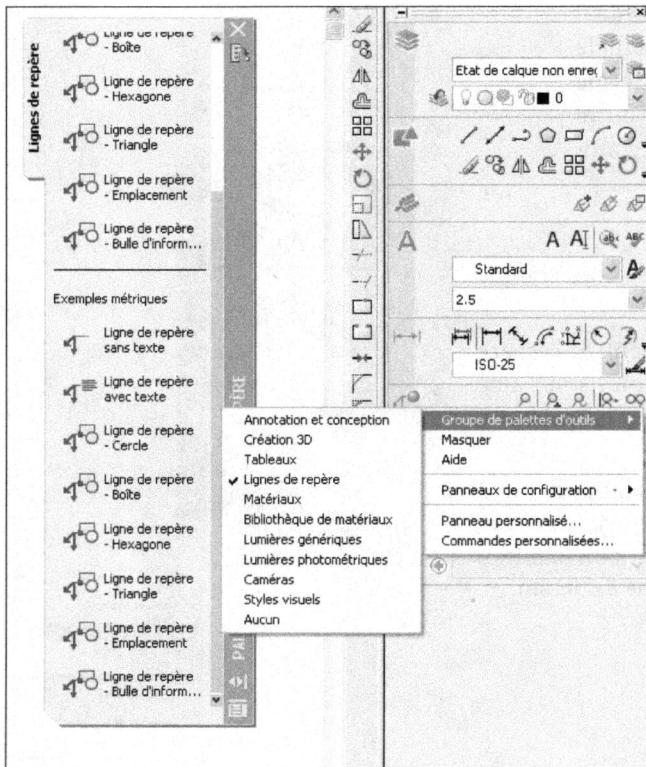

Fig.1.41

Comprendre le fonctionnement d'AutoCAD

Avant de se lancer dans la réalisation d'un nouveau dessin avec AutoCAD, il convient de comprendre la philosophie de base d'AutoCAD par rapport au dessin traditionnel. Pour démarrer un nouveau dessin, le dessinateur non informatisé effectue habituellement quelques opérations préliminaires : analyse du projet et détermination des dimensions principales, choix de l'échelle, choix des unités et en finale choix du format de papier qui découle des autres paramètres. Si dans la méthode traditionnelle ces choix ne peuvent être modifiés facilement une fois la décision prise et le dessin en cours d'exécution, il n'en est pas de même avec AutoCAD. En effet, dans ce dernier cas l'entrée des données se fait toujours en vraie grandeur et il est possible, lors de la mise en page ou de l'impression des documents, de préciser le format et l'échelle du dessin souhaités.

Avant d'aller plus loin, il est important de bien comprendre certaines caractéristiques d'AutoCAD :

▶ AutoCAD ne dispose pas de commande spécifique pour choisir l'unité de travail, car il fonctionne avec une unité neutre. C'est donc à l'utilisateur de déterminer et de retenir mentalement la valeur de cette unité (m, cm, mm, etc.).

▶ AutoCAD travaille toujours en vraie grandeur. Il convient donc de rentrer les valeurs réelles des éléments que l'on dessine et ne pas tenir compte de l'échelle du plan, comme c'est le cas pour le dessin traditionnel.

▶ AutoCAD dispose d'un espace illimité pour représenter son dessin. Pour rendre son travail plus aisé, AutoCAD permet de réduire librement cette zone en délimitant l'espace utile. Ces limites ainsi fixées ne sont pas statiques et peuvent être modifiées à tout moment.

D'autre part, il est également important dans AutoCAD, de distinguer la phase de conception d'une pièce ou d'un projet de celle de la présentation et de la diffusion des documents. En effet, AutoCAD dispose de deux environnements de travail distincts : l'espace « objet » et l'espace « papier » (ou « présentation ») (fig.1.42-1.43-1.44) L'espace « objet » est utilisé pour la conception (ou modélisation) des objets.

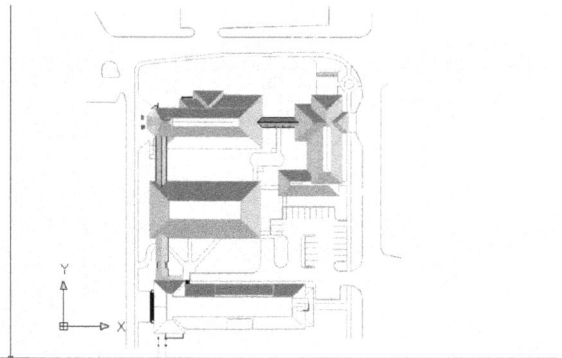

Fig.1.42
Création du projet dans l'espace Objet.

Fig.1.43
Création des fenêtres dans l'espace Papier (Présentation).

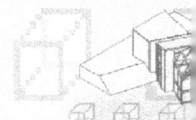

Il s'agit d'un environnement bi- et tridimensionnel où les objets sont représentés en vraie grandeur. Lorsqu'on débute un nouveau dessin dans AutoCAD, on se situe habituellement dans l'espace-objet. Il est reconnaissable grâce à une icône située dans le coin inférieur gauche du dessin, et qui représente la direction des axes de coordonnées X et Y. Il est également caractérisé par un onglet **Objet** situé en bas de la feuille de dessin.

L'espace « papier » (ou de présentation) quant à lui est un autre espace de travail et est utilisé pour la mise en page du projet. Il s'agit d'un environnement bidimensionnel qui permet de placer sur une même feuille de papier différentes vues du projet, d'afficher des détails selon diverses échelles, d'ajouter un cadre, un cartouche et des légendes. Il est reconnaissable grâce à une icône triangulaire située dans le coin inférieur gauche du dessin (fig.1.45). Il est également caractérisé par un onglet **Présentation** (Layout) situé en bas de la feuille de dessin.

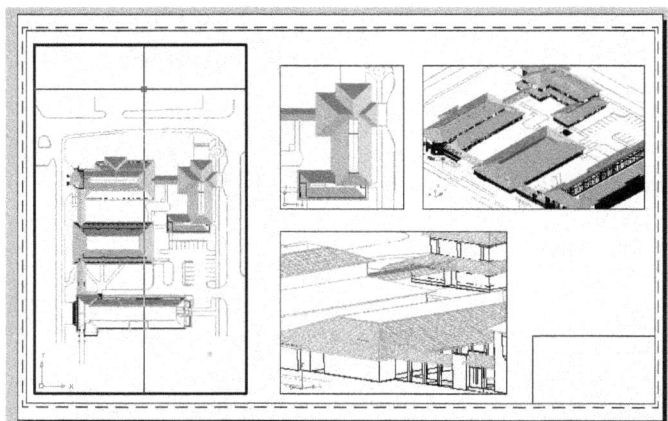

Fig.1.44
Ouverture des fenêtres et sélection
des zones à afficher dans chaque fenêtre.

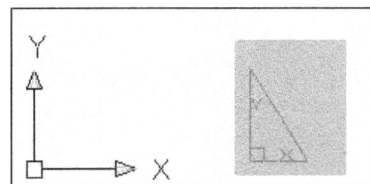

Fig.1.45

En résumé, il suffit de démarrer son dessin directement dans l'espace « objet » sans se préoccuper de la mise en page, puis une fois le dessin terminé de passer dans l'espace « papier » et d'y réaliser la mise en page avec cadre et cartouche.

Créer un nouveau dessin

La création d'un nouveau dessin s'effectue à l'aide des commandes **Nouveau** (New) du menu **Fichier** (Files) ou **Rapnouv** (Qnew) de la barre d'outils standard.

Pour créer un nouveau dessin, AutoCAD propose deux boîtes de dialogue distinctes :

▶ La boîte **Sélectionner un gabarit**, qui permet de commencer un nouveau dessin basé sur un gabarit existant. Il s'agit d'un modèle de fond de plan prêt à l'usage.

▶ La boîte **Créer un nouveau dessin** qui permet de choisir entre trois options pour le démarrage d'un nouveau dessin.

   ▪ **Commencer avec un brouillon** (Start from Scratch) : pour commencer un dessin sans paramétrage préalable. Pour créer un dessin utilisant le système de mesure métrique il suffit de choisir **Métrique** (Metric).

   ▪ **Utiliser un gabarit** (Use a Template) : pour commencer un dessin basé sur un gabarit existant (modèle de fond de plan).

   ▪ **Utiliser un assistant** (Use a Wizard) : pour définir les paramètres d'un dessin (unités et limites de l'espace de travail).

AutoCAD affiche par défaut, la boîte de dialogue **Sélectionner un gabarit**. Le choix de la boîte s'effectue à l'aide de la variable **STARTUP** qu'il convient de taper sur la ligne de commande. Cette variable peut prendre deux valeurs :

▶ 0 = affichage de la boîte **Sélectionner un gabarit**.

▶ 1= affichage de la boîte **Créer un nouveau dessin**.

Pour une première utilisation d'AutoCAD, il est conseillé d'utiliser l'une des deux options suivantes (fig.1.46) :

▶ Boîte de dialogue **Créer un nouveau dessin** et l'option **Commencer avec un brouillon** (Start from Scratch).

▶ Boîte de dialogue **Sélectionner un gabarit** et sélectionner le gabarit « acadiso.dwt »

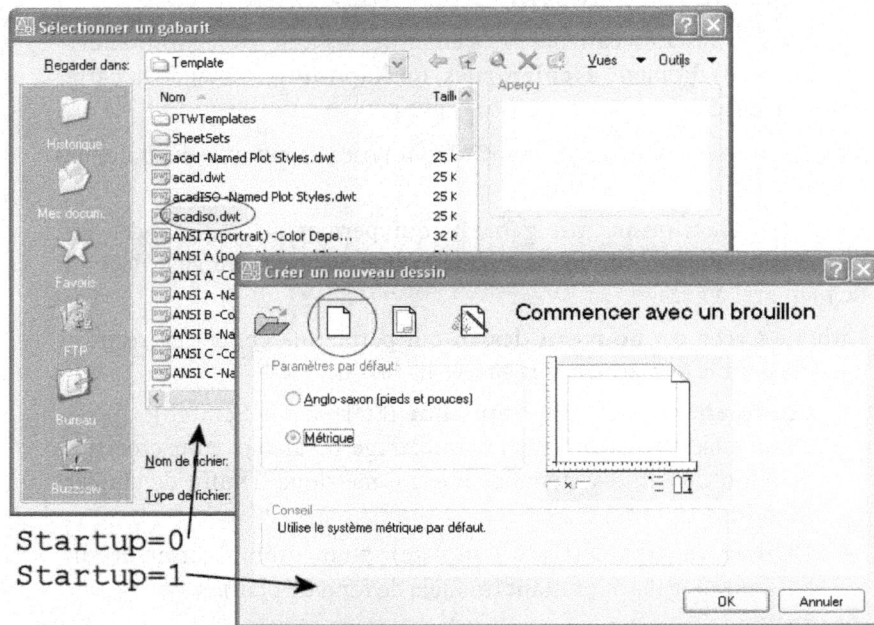

Fig.1.46

Startup=0
Startup=1

Dans les deux cas, AutoCAD crée un dessin dont la zone de travail visible à l'écran est par défaut de 420 x 297 unités.

Une procédure plus directe pour commencer un nouveau dessin consiste à le créer automatiquement à l'aide d'un fichier de gabarit de dessin par défaut. Avec cette méthode, aucune boîte de dialogue n'apparaît.

La procédure est la suivante :

1. Entrez la variable système **STARTUP** sur la ligne de commande et donner une valeur égale à 0 (inactive).

2. Dans la boîte de dialogue **Options** accessible à partir du menu **Outils** (Tools) sélectionnez l'onglet **Fichiers** (Files).

3. Cliquez sur le signe + situé devant **Paramètres du gabarit** (Template Settings)

4. Sélectionnez la ligne **Aucune** (None) située sous **Nom fichier de gabarit par défaut pour RAPNOUV** (Default Template File Name for QNEW).

[5] Cliquez sur **Parcourir** (Browse) et spécifier un chemin d'accès et un fichier gabarit de dessin. Par exemple, acadiso.dwt (fig.1.47).

[6] Cliquez sur **OK**.

[7] Cliquez sur **Rapnouv** (Qnew) dans la barre d'outils **Standard**. A ce stade, un nouveau dessin est immédiatement créé sur la base du fichier gabarit de dessin par défaut spécifié.

Un dessin créé en mode « brouillon » ou avec le gabarit « acadiso.dwt » est paramétré par défaut avec les valeurs suivantes :

▶ Affichage de l'espace de travail (les limites du dessin) : 420 x 297 unités AutoCAD

▶ Système d'unité décimal avec 4 décimales pour la précision des longueurs et 0 décimale pour les mesures d'angle.

Fig.1.47

Pour modifier ce paramétrage, il convient de faire appel manuellement aux fonctions **UNITES** (Units) et **LIMITES** (Limits). Ces fonctions sont détaillées ci-après.

Définir le système d'unité : la commande UNITES (Units)

Cette commande permet de déterminer le système d'unités pour les coordonnées, les distances et les angles, ainsi que la précision de travail. Elle ne permet pas de définir le type d'unité comme mm, cm ou m. Cette option n'est pas disponible dans AutoCAD.

La procédure est la suivante :

[1] Choisissez le menu **Format**.

[2] Sélectionnez la commande **Contrôle des unités** (Units)

[3] Modifiez les options souhaitées (fig.1.48) :

- Longueur (Length), Type : permet de choisir le système d'unité.
- Longueur (Length), Précision : permet de déterminer le nombre de chiffres pour les décimales : 0 à 8.

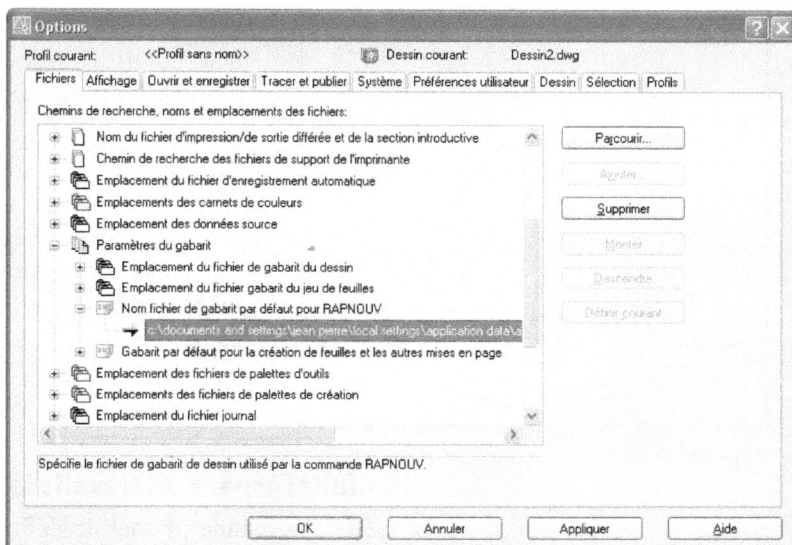

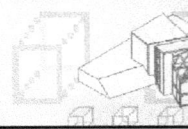

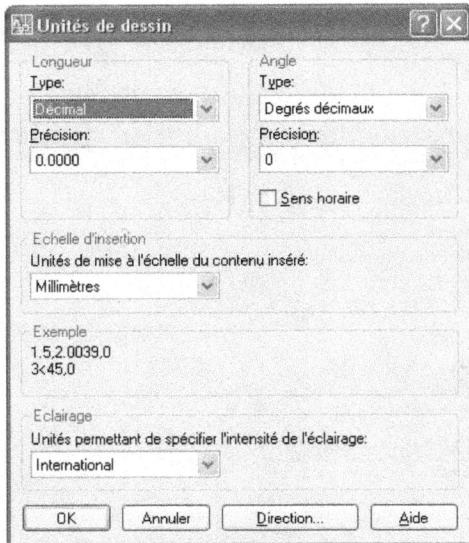

Fig.1.48

- Angle, Type : permet de choisir le système d'unité des angles.
- Angle, Précision : permet de déterminer le nombre de décimales à afficher pour les angles : 0 à 8.
- Direction : permet de définir la direction de l'angle 0.
- Sens horaire (Clockwise) : permet de déterminer le sens de la mesure des angles : sens horaire ou non.
- Echelle de glisser et déposer (Drag and drop scale) : permet de définir l'unité de mesure (m, cm, mm...) utilisée dans le plan en cours pour une adaptation automatique de l'échelle des blocs en provenance du DesignCenter, des palettes d'outils ou des outils i-drop. Ainsi un bloc de 120 cm sera automatiquement transformé en un bloc de 1,2 m, si l'unité du plan en cours est le m.

Définir l'espace de travail : la commande LIMITES (LIMITS)

Cette commande permet de définir le format de la zone de travail dans AutoCAD et d'une certaine manière l'image de la feuille de dessin qui sortira par la suite de l'imprimante (si on l'imprime à partir de l'espace objet). Les limites ont une influence sur l'affichage de la grille et sur certaines options de zoom (voir chapitre 3).

La procédure est la suivante :

[1] Exécutez la commande à l'aide d'une des méthodes suivantes :

Menu : choisissez le menu déroulant **Format** puis l'option **Limites du dessin** (Drawing Limits).

Clavier : tapez la commande **LIMITES** (Limits).

[2] Spécifiez le coin inférieur gauche (Lower left corner) <0,0> : tapez sur la touche Entrée pour accepter la valeur par défaut ou entrez de nouvelles valeurs

[3] Spécifiez le coin supérieur droit (Upper right corner) <420, 297> : tapez sur la touche Entrée pour accepter la valeur ou entrez de nouvelles valeurs. Par exemple : 297,210 (fig.1.49).

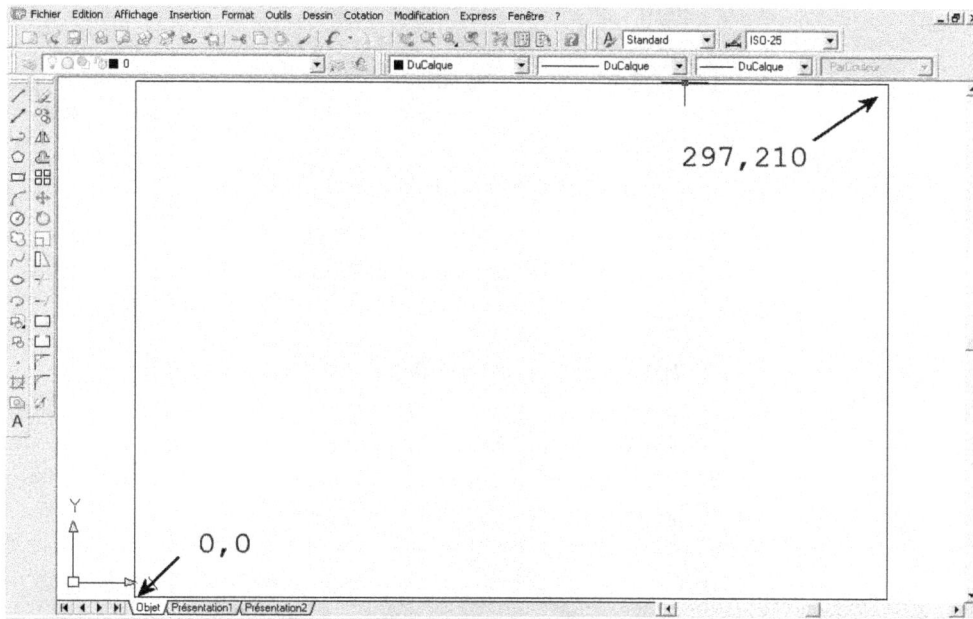

Fig.1.49

REMARQUE

Si l'environnement de mise en page et d'impression est l'espace papier, il est cependant toujours possible d'imprimer directement à partir de l'espace objet. Dans ce dernier cas, il est utile de définir des limites appropriées en fonction de l'unité utilisée et de l'échelle d'impression. Cela permet de s'assurer que le dessin rentrera correctement dans le format de la feuille d'impression.

Pour déterminer facilement dans l'espace objet, les valeurs des limites du dessin en fonction des unités, de l'échelle et du format de papier, il suffit d'appliquer la formule suivante :

$$Lx, Ly = \frac{\text{Format de la feuille transposé dans l'unité de travail}}{\text{Échelle}}$$

Ainsi par exemple pour une feuille A3 (42 x 29,7 cm) avec comme unité le mètre et l'échelle 1/50, on a comme limites :

- 42 cm transposés en mètre (l'unité de travail), soit 0,42 divisé par 1/50 (l'échelle d'impression), ce qui donne 21.

- 29,7 cm transposés en mètre, soit 0,297 divisé par 1/50, ce qui donne 14,85.

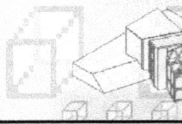

Les limites sont donc : (0,0) et (21, 14,85).

Pour matérialiser les limites et donc la feuille de travail, il peut être utile de dessiner un cadre sur la feuille aux mêmes dimensions que les limites. Il suffit pour cela d'utiliser la fonction Rectangle avec les valeurs suivantes :

- Spécifier le premier coin (First corner) : 0,0.
- Spécifier un autre coin (Other corner) : 21, 14,85.

Pour adapter l'affichage écran aux nouvelles valeurs des limites, il suffit d'effectuer un Zoom avec l'option Tout (All) (voir chapitre 3).

Créer un nouveau dessin à l'aide d'assistants

Les assistants sont conçus pour guider l'utilisateur pas à pas dans la définition de la feuille de travail. Deux possibilités sont offertes : une définition rapide (quick setup) ou une définition avancée (advanced setup). Dans le premier cas l'assistant permet de définir le style de l'unité de travail pour les longueurs et le format de la feuille, dans le second cas l'assistant permet de définir en plus l'angle de mesure, la précision et la direction des angles.

La procédure est la suivante :

1. Vérifiez que la variable **STARTUP** a bien la valeur 1.
2. Cliquez sur **Nouveau** (New) dans le menu **Fichier** (Files).
3. Cliquez sur l'option **Utiliser un assistant** (Use a Wizard) puis **Définition rapide** (Quick Setup) (fig.1.50).
4. Choisissez le système d'unité souhaité. Par défaut, Decimal. Cliquez sur **Suivant** (Next) (fig.1.51).

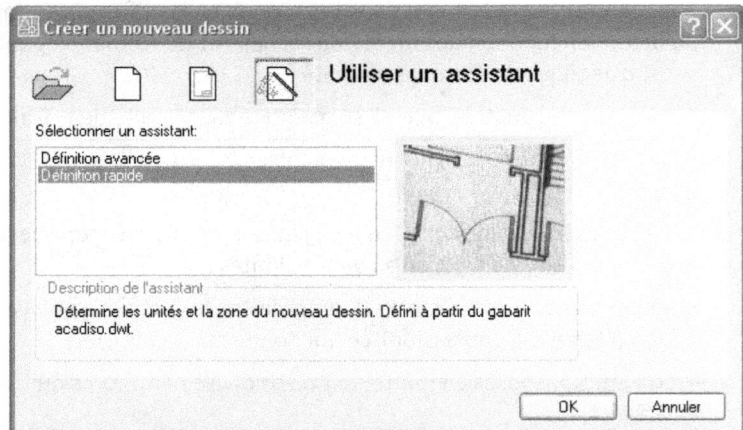

Fig.1.50

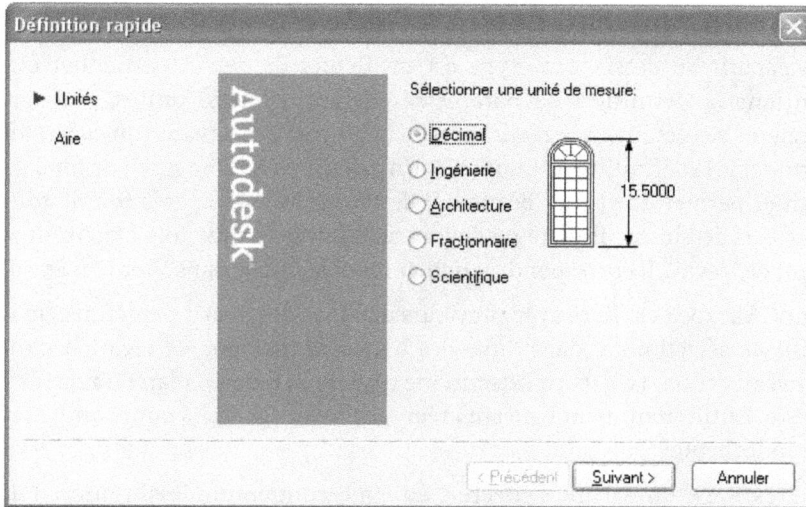

Fig.1.51

5. Définir les limites du dessin en entrant une largeur (Width) et une longueur (Length) (fig.1.52) : Par exemple 297 et 210.

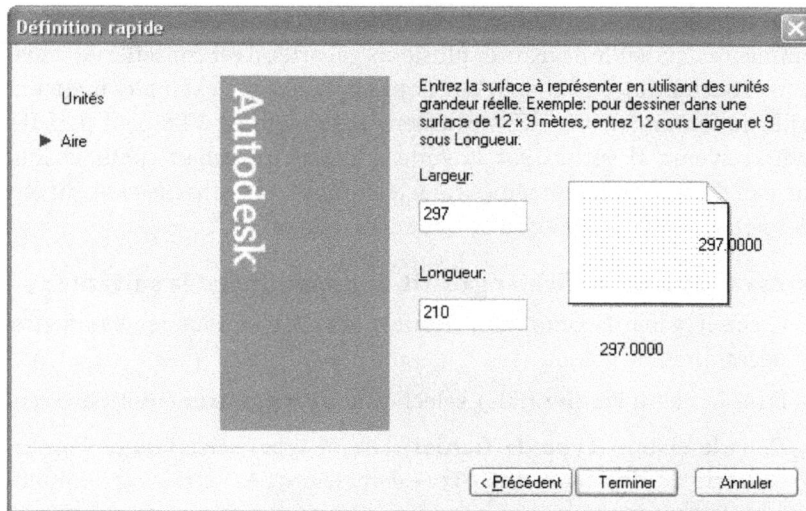

Fig.1.52

6. Cliquer sur **Terminé** (Done) pour terminer la définition.

Créer un nouveau dessin à l'aide d'un gabarit

Un gabarit ou dessin prototype est un fichier de dessin particulier qui contient la définition de paramètres divers (limites, unités...) et des éléments nécessaires à la réalisation de la plupart des dessins (un cadre, un cartouche, la définition de calques...). Un gabarit peut donc servir de fond de plan et permet de gagner beaucoup de temps lors de la création de tout nouveau dessin car il évite de devoir redéfinir à chaque fois l'environnement de travail. Il correspond au fichier modèle utilisé dans Word ou Excel.

AutoCAD 2008 est livré avec plusieurs dizaines de gabarit prédéfinis, qu'il suffit de sélectionner dans l'une des boîtes de dialogue de création d'un nouveau dessin. Le gabarit sélectionné devient le fond de plan du nouveau dessin. L'utilisateur peut bien sûr créer ses propres gabarits pour compléter la bibliothèque.

La création d'un gabarit s'effectue, en effet, comme un dessin normal. Il suffit d'y mettre les informations souhaitées, c'est-à-dire, par exemple :

► la définition des limites ;

► la définition des calques (layers) ;

► la définition de paramètres (style de texte, style de cotation...) ;

► le dessin du cadre et du cartouche, etc.

Comme il est possible de réaliser plusieurs gabarits, il est conseillé de sauvegarder chacun de ceux-ci sous un nom explicite. Par exemple, pour une feuille au format A1 orientée verticalement, le nom A1-VER peut parfaitement convenir. Il suffira par la suite d'utiliser ce gabarit pour chaque nouveau dessin ayant les mêmes caractéristiques. Les gabarits peuvent être créés pour l'espace objet et/ou pour l'espace papier.

Pour sauvegarder un fichier gabarit, la procédure est la suivante :

1. Créez le gabarit comme un dessin normal avec tous les paramètres nécessaires.

2. Dans le menu **Fichier** (File), sélectionnez **Enregistrer sous** (Save As).

3. Dans le champ **Type de fichier** (File of type) sélectionnez l'option **Gabarit de dessin AutoCAD** (∗.dwt) (AutoCAD Drawing Template (.dwt)) (fig.1.53).

4. Dans le champ **Nom du fichier** (File Name), tapez le nom du fichier, par exemple A1-VER.

5. Cliquez sur **Enregistrer** (Save).

REMARQUE

Les fichiers DWT doivent être enregistrés au format Auto-CAD 2007 (format de base pour les versions 2007-2008). Pour créer un fichier DWT aux formats AutoCAD 2000 ou 2004, il convient de l'enregistrer d'abord au format DWG d'AutoCAD 2000, puis de le renommer avec l'extension .dwt.

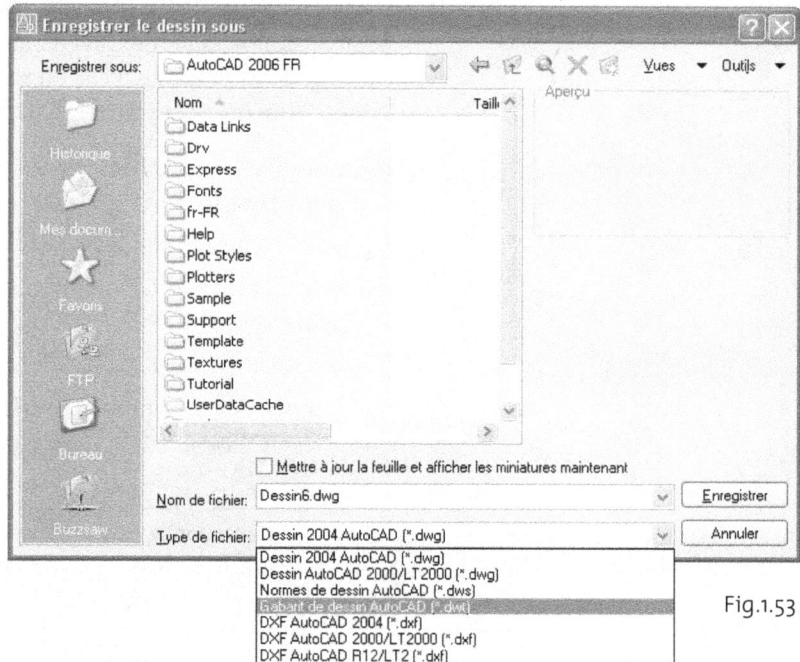

Fig.1.53

Ouvrir un dessin existant

Si l'on souhaite reprendre un dessin commencé la veille. Il suffit d'aller le rechercher dans l'armoire à plans. Toutefois, une prudence naturelle encourage à préserver le travail déjà effectué. C'est pourquoi on en réalise une copie que l'on dépose sur sa table, l'original demeurant dans l'armoire. Ainsi, aucun risque de perdre le travail effectué la veille ! Dans AutoCAD, la même procédure s'effectue en ouvrant un fichier dessin (déjà existant). Pour être vraiment précis, on en ouvre une copie, AutoCAD conservant l'original dans le disque dur. Lorsqu'on aura effectué quelques modifications au sein de la copie placée sur la table (c'est-à-dire l'écran), on pourra demander à AutoCAD de remplacer l'original (se trouvant sur le disque) par cette copie modifiée en l'enregistrant (voir section suivante). La démarche à suivre pour ouvrir un dessin existant dépend de la phase de travail dans laquelle on se situe et du paramétrage d'AutoCAD. Si l'on est au début d'une séance de travail, c'est-à-dire si l'on vient d'ouvrir AutoCAD, la fenêtre **Démarrage** (Create New Drawing) s'affiche à l'écran (si Startup = 1) et donne la possibilité d'ouvrir un dessin en utilisant l'historique ou en

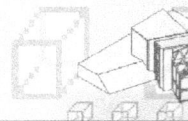

navigant (browse). En revanche si l'on souhaite ouvrir un dessin existant pendant une session de travail sur un autre dessin, il convient d'utiliser la commande **OUVRIR** (Open) du menu **Fichier** (File) ou de la barre d'outils standard qui ouvre la boîte de dialogue **Sélectionner un fichier** (Select File).

Pour ouvrir un fichier avec cette dernière boîte de dialogue, il convient ensuite de (fig.1.54) :

1. Sélectionnez le bon répertoire dans le champ **Regarder dans** (Look In).

2. Spécifiez le type de fichier à ouvrir, par défaut : Dessin (∗.dwg). Seuls ces fichiers sont affichés.

3. Sélectionnez le nom du fichier à ouvrir en cliquant dessus.

4. Cliquez sur le bouton **Ouvrir** (Open) pour effectuer l'ouverture. La boîte de dialogue fait place au document qui occupe tout l'écran.

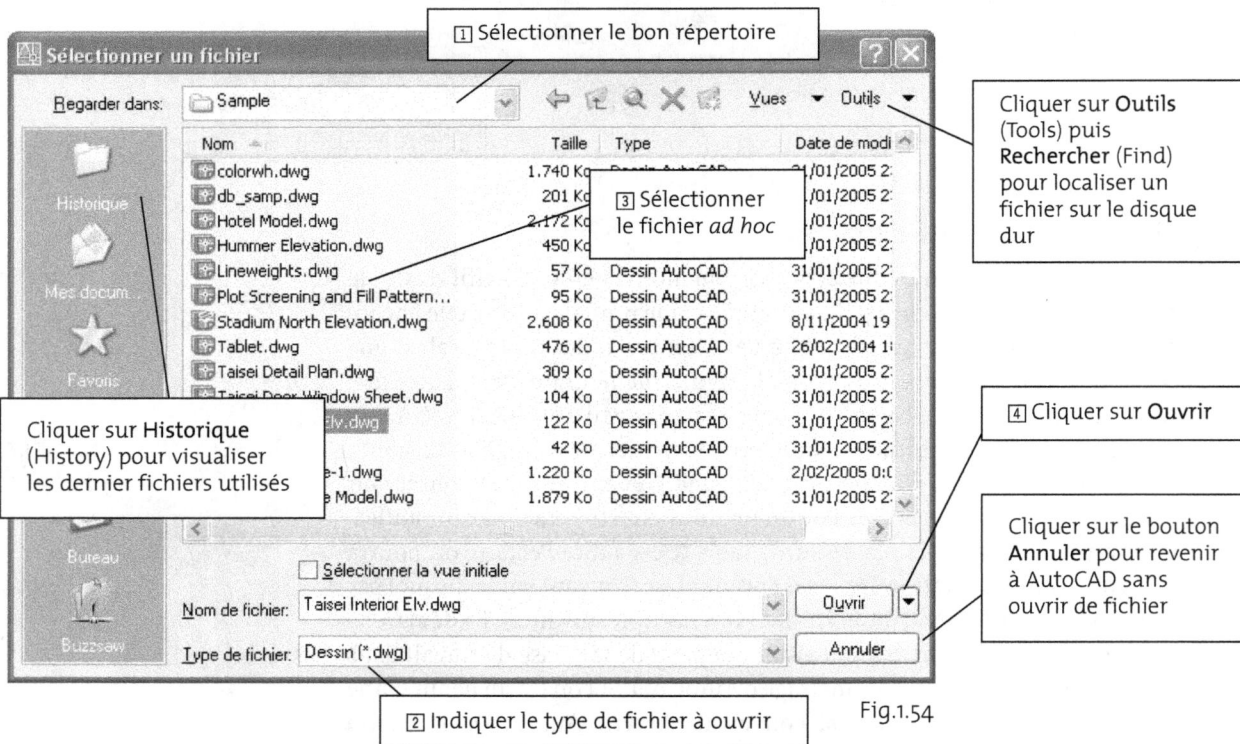

Fig.1.54

Les options de la boîte de dialogue Sélectionner un fichier (Select File) sont les suivantes :

Liste des emplacements :

- **Historique** (History) : affiche les raccourcis vers les derniers fichiers ouverts dans cette boîte de dialogue.

- **Mes Documents** (My Documents) : affiche le contenu du dossier Mes Documents pour le profil utilisateur courant. Le nom de cet emplacement dépend de la version du système d'exploitation.

- **Favoris** (Favorites) : affiche le contenu du dossier Favoris pour le profil utilisateur courant. Ce dossier se compose de raccourcis vers les fichiers ou dossiers ajoutés à la liste Favoris à l'aide de l'option **Outils** puis **Ajouter aux favoris** de la boîte de dialogue.

- **FTP** (FTP) : affiche les sites FTP que l'on peut parcourir dans la boîte de dialogue standard de sélection de fichiers. Pour ajouter des adresses FTP à cette liste ou pour modifier une adresse existante, choisir l'option **Outils** puis **Ajouter/Modifier des adresses FTP** de cette boîte de dialogue.

- **Bureau** (Desktop) : affiche le contenu du bureau de l'utilisateur courant.

- **Buzzsaw** (Buzzsaw) : permet d'accéder aux projets hébergés par Buzzsaw.com, place d'échanges inter-entreprise pour la conception architecturale et l'industrie du bâtiment.

La barre d'outils située en haut à droite présente les options suivantes :

- **Retour à** (Back) : renvoie à l'emplacement de fichiers précédent.

- **Dossier parent** (Up one level) : remonte d'un niveau dans l'arborescence du chemin d'accès courant.

- **Rechercher sur le Web** (Search the Web) : affiche la boîte de dialogue **Rechercher sur le Web**, qui permet d'accéder à des fichiers AutoCAD sur Internet ou d'y enregistrer vos fichiers.

- **Supprimer** (Delete) : supprime le fichier ou le dossier sélectionné.

- **Créer un dossier** (Create New Folder) : crée un nouveau dossier dans le chemin d'accès courant sous le nom indiqué.

- **Vues** (Views) : gère l'aspect de la liste des fichiers et indique si une image d'aperçu doit être affichée.

- **Liste** (List) : affiche le contenu de la liste des fichiers sous la forme d'une liste à plusieurs colonnes.

- **Détails** (Details) : affiche le contenu de la liste des fichiers sous la forme d'une liste à une seule colonne dans laquelle figurent des informations détaillées sur les fichiers.

- **Aperçu** (Preview) : affiche une image bitmap du fichier sélectionné. Si vous ne sélectionnez aucun fichier, la zone Aperçu reste vide. Pour enregistrer une image bitmap avec un fichier dessin, utilisez l'option **Enregistrer** une image miniature d'aperçu dans l'onglet **Ouvrir** et enregistrer de la boîte de dialogue **Options**.

- **Images miniatures** : affiche le contenu sous la forme de petites images

▶ **Outils** (Tools) : fournit les outils suivants :

- **Rechercher** (Find) : affiche la boîte de dialogue **Rechercher**, dans laquelle des filtres vous permettent de rechercher des fichiers par nom, par emplacement ou par date.

- **Chercher** (Locate) : utilise le chemin de recherche d'AutoCAD pour localiser le fichier indiqué dans la zone Nom du fichier. Vous définissez ce chemin de recherche sous l'onglet **Fichiers** de la boîte de dialogue **Options**.

- **Ajouter/Modifier des adresses FTP** (Add/Modify FTP Locations) : affiche la boîte de dialogue **Ajouter/Modifier des adresses FTP**, dans laquelle vous pouvez préciser les sites FTP à parcourir. Pour atteindre ces sites, choisir FTP dans la liste des emplacements.

- **Ajouter le dossier courant aux lecteurs réseau** (Add Current Folder to PLaces) : ajoute une icône dans la liste des emplacements pour le dossier sélectionné, permettant d'accéder rapidement à ce dernier à partir de toutes les boîtes de dialogue standard de sélection de fichiers. Pour supprimer l'icône, cliquer dessus avec le bouton droit de la souris et choisir Supprimer.

- **Ajouter aux Favoris** (Add to Favorites) : crée un raccourci vers l'emplacement Regarder dans courant ou vers le fichier ou dossier sélectionné. Le raccourci est placé dans le dossier Favoris pour le profil utilisateur en cours, auquel vous pouvez accéder en choisissant Favoris dans la liste des emplacements.

Le menu déroulant situé à droite du bouton **Ouvrir** (Open) contient les options suivantes :

▶ **Ouvrir en lecture seule** : (Open Read-Only) : ouvre un fichier en lecture seule. Dans ce cas, il est impossible d'enregistrer des modifications dans le fichier en utilisant son nom d'origine.

▶ **Ouverture partielle** (Partial open) : affiche la boîte de dialogue **Ouverture partielle** (Partial open). Il est possible d'ouvrir et de charger partiellement un dessin, y compris les figures géométriques sur une vue ou un calque spécifique.

▶ **Ouverture partielle en lecture seule** (Partial Open Read only) : ouvre les portions de dessin spécifiées en mode de lecture seule.

> ### REMARQUE
>
> A partir d'AutoCAD 2000, il est possible d'ouvrir plusieurs dessins dans une même session de travail. Dans ce cas, pour passer d'un dessin à un autre il suffit de garder la touche Ctrl enfoncée et d'appuyer temporairement sur la touche de tabulation pour passer d'une feuille à une autre.
>
> Il est aussi possible de créer un bouton par dessin dans la barre des tâches de Windows en donnant la valeur 1 à la variable **Taskbar**.
>
> Pour afficher deux dessins côte à côte, il suffit de choisir **Mosaïque verticale** (Tile Vertically) dans le menu **Fenêtre** (Window).

Sauvegarder un dessin

Au bureau, afin d'éviter toute perte intempestive de plans, on prend la sage précaution de faire un tirage ou une photocopie du document de travail et de la remiser dans l'armoire à archives. La version présente dans l'armoire est donc périodiquement remplacée par une copie plus récente. On peut ainsi retrouver à tout moment la dernière version du document. Avec AutoCAD, cette opération automatique consiste à enregistrer un document, tout nouvel enregistrement mettant à jour la copie présente sur le disque dur. On distingue trois types d'enregistrements : l'enregistrement d'un dessin anonyme (c'est-à-dire qui n'a pas encore de nom précis), l'enregistrement d'un dessin auquel on a donné un nom et l'enregistrement sous un autre nom (ou à une autre place) d'un dessin enregistré. Pour enregistrer un

document anonyme, il faut valider la commande **Fichier/Enregistrer** (File/Save) et passer par la boîte de dialogue **Enregistrer le dessin sous** (Save Drawing As) (fig. 1.55). Pour enregistrer un document possédant un nom (on dit alors qu'on le « met à jour » comme on replacerait la copie présente dans l'armoire par une copie plus récente), il suffit de cliquer sur l'icône en forme de disquette sans effectuer davantage de modification. Pour enregistrer un dessin existant sous un autre nom, on validera la commande **Fichier/Enregistrer sous** (File/SaveAS). Il convient de noter qu'après cette opération, on disposera de deux dessins identiques... aux noms différents. On peut ainsi modifier un des deux jumeaux tout en conservant l'autre intact. AutoCAD 2008 permet d'enregistrer son dessin selon plusieurs formats. Ainsi, si l'on souhaite regarder son dessin sur un autre ordinateur qui ne possède pas la dernière version d'AutoCAD, il est possible de sélectionner dans la rubrique **Type de fichier** (File Type), la version souhaitée : AutoCAD 2000/2004 (∗.dwg) ou les formats DXF.

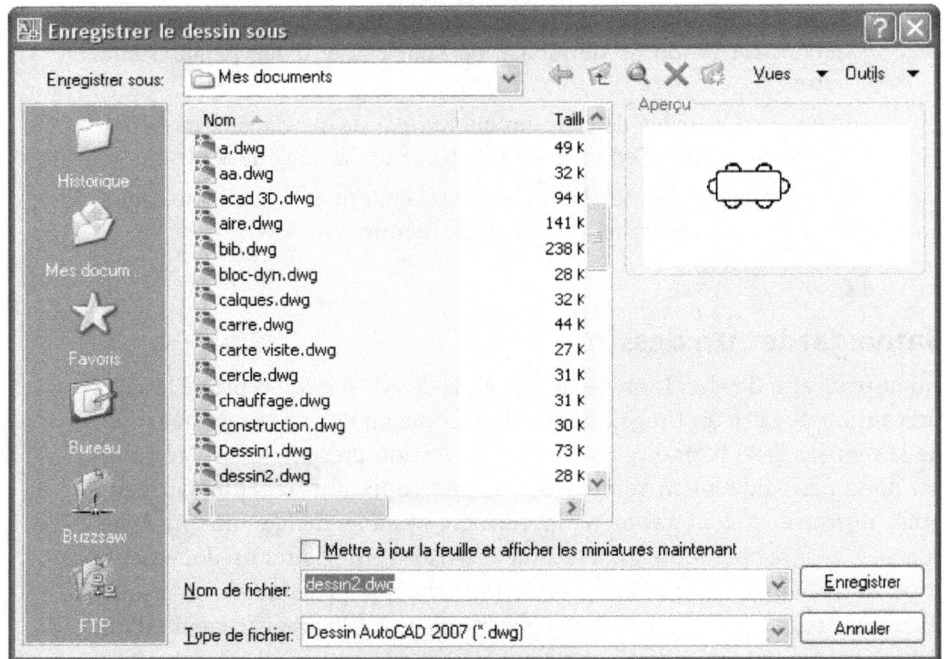

Fig.1.55

Pour sauvegarder un dessin, il suffit donc de :

1. Sélectionnez le dossier (répertoire) d'accueil du nouveau document dans la liste **Enregistrer sous** (Save In). Il est important à ce stade de réfléchir à la structure des répertoires pour retrouver facilement ses dessins par la suite. Plusieurs possibilités existent :

   - un répertoire pour tous les dessins ;
   - un répertoire distinct par projet ou par client ;
   - un répertoire pour les dessins en cours et un autre pour les dessins terminés, etc.

2. Dans la zone **Nom du fichier** (File Name), entrez au clavier le nom choisi pour le fichier. Il faut être attentif à la version d'AutoCAD mentionné dans la rubrique **Type de fichier** (Files of type) située dans la partie inférieure de la boîte de dialogue. Par défaut, il s'agit de Dessin d'AutoCAD 2007.

3. Cliquez sur le bouton **Enregistrer** (Save).

Fermer un dessin et quitter AutoCAD

Depuis AutoCAD 2000, il est possible d'ouvrir plusieurs dessins dans une même session de travail. Fermer un dessin et quitter AutoCAD ne sont donc plus deux opérations obligatoirement liées comme auparavant. Pour fermer un dessin, il suffit de cliquer sur l'icône de fermeture située dans le coin supérieur droit de la feuille de dessin. Pour quitter AutoCAD, il existe deux possibilités distinctes. La plus simple consiste à cliquer sur le bouton de fermeture d'AutoCAD située dans le coin supérieur droit de l'interface. L'autre méthode consiste à utiliser la commande **Quitter** (Exit) du menu **Fichier** (File). Lors de cette opération, AutoCAD vérifie toujours que les dernières modifications apportées au fichier à fermer soient correctement enregistrées. Dans le cas contraire, il ouvre une boîte de message demandant s'il doit procéder à l'enregistrement. Si l'on clique sur **Oui** (Yes), il ouvre la boîte de dialogue **Enregistrer sous** (Save as). Une fois le fichier enregistré, il poursuivra la procédure de fermeture.

Chapitre 2
STRUCTURER LE DESSIN
À L'AIDE DE CALQUES

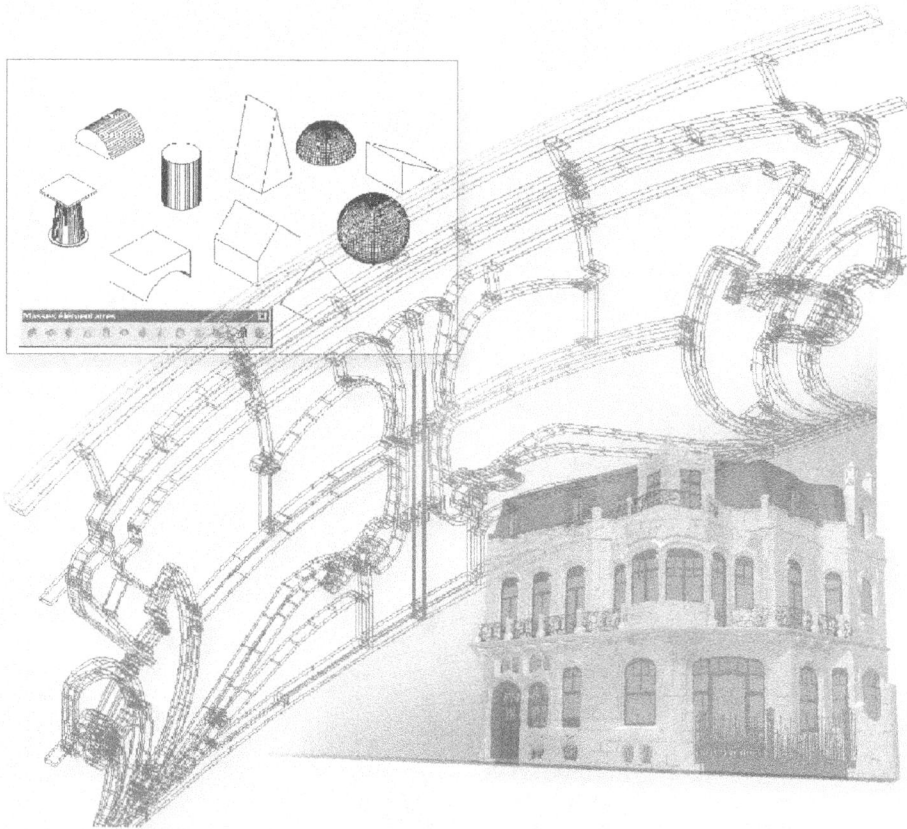

La notion de calque

Une des premières choses à faire après avoir ouvert AutoCAD et avant de dessiner est de structurer son dessin à l'aide de calques. Un calque (layer) dans AutoCAD peut être considéré comme une feuille de calque transparente qu'il est possible de superposer à une autre, afin de répartir les données du dessin. Un architecte pourra ainsi créer le dessin d'une habitation à l'aide d'une série de calques superposés, chacun reprenant des données spécifiques à une technique particulière : le gros œuvre, l'électricité, la plomberie, le mobilier, etc. Ces différents calques peuvent être activés (visibles) ou non (invisibles), et cela aussi bien à l'écran que lors du tracé sur traceur. Il est possible d'associer à chacun de ces calques, une couleur, un type de ligne, une épaisseur de trait, etc. Le nombre de calques est illimité. La gestion des calques est donc une tâche importante dans le processus de dessin sur ordinateur car elle permet de bien structurer l'information. (fig.2.1). La gestion des calques est aussi importante pour le travail collaboratif. En effet, l'échange informatisé de données graphiques entre les divers partenaires d'un projet, quel qu'il soit, est devenu une pratique courante. En particulier, dans le secteur de la construction, les échanges sont fréquents entre les maîtres d'ouvrage, les architectes, les bureaux d'études et les entreprises. Les grands projets de construction de ces dernières années, comme la Bibliothèque de France, le Parlement Européen, le Stade de France en sont des exemples concrets.

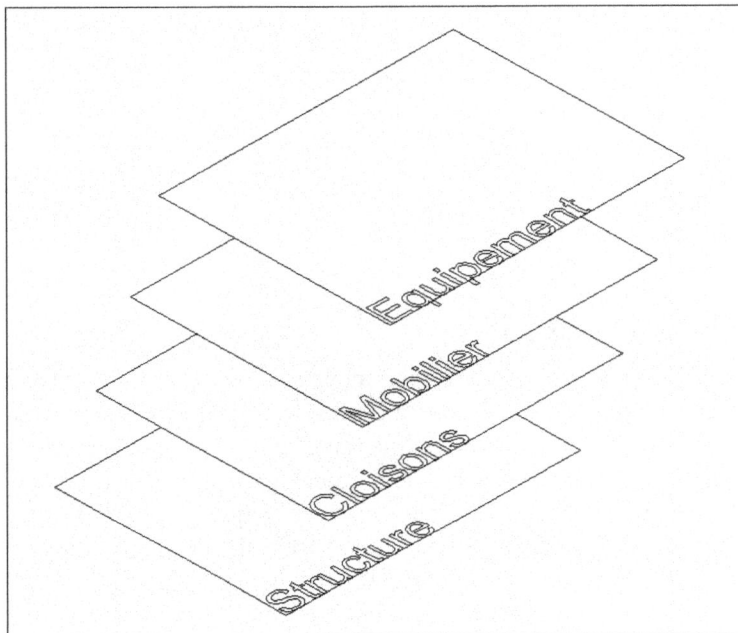

Fig.2.1

En fonction des besoins, l'organisation des calques peut se faire de façon fonctionnelle (par exemple, les calques : éléments de structure, cloisonnement, équipement électrique, mobilier, etc.) ou graphique (par exemple les calques : cotations, textes, hachures, lignes de construction, etc.). La combinaison des deux systèmes reste aussi possible.

Outre l'aspect de la structuration des données, d'autres possibilités sont offertes par l'utilisation des calques :

▸ Rendre les objets d'un calque visibles dans l'une ou l'autre des fenêtres.

▸ Spécifier le tracé des objets.

▸ Déterminer la couleur attribuée à tous les objets d'un calque.

▸ Décider du type et de l'épaisseur de ligne qui seront attribués par défaut à tous les objets d'un calque.

▸ Déterminer si les objets d'un calque peuvent être modifiés.

REMARQUE

Au niveau des standards, il existe la norme ISO 13567, intitulée « Organisation et dénomination des couches de CAO ». Elle établit les principes généraux de la structuration en couches au sein des fichiers de CAO. Les recommandations de cette norme sont applicables à toutes les parties impliquées dans la préparation et l'utilisation de documentation technique sur ordinateur.

La création des calques

Chaque dessin possède un calque 0. Le calque 0 ne peut être ni supprimé, ni renommé. Il a deux fonctions :

▸ Garantir que chaque dessin contienne au moins un calque.

▸ Fournir un calque spécial permettant de contrôler les couleurs dans les blocs.

Pour créer et nommer un nouveau calque la procédure est la suivante :

[1] Sélectionner la commande **CALQUE** (Layer) à l'aide d'une des méthodes suivantes :

Menus : choisissez le menu déroulant **Format** puis l'option **Calques** (Layers).

Icône : cliquez sur l'icône **Gestionnaire des propriétés de calque** (Layers) dans la barre d'outils **Calques** (Layers).

Tableau de bord : cliquez sur l'icône gestionnaire des propriétés des calques (Layer Properties Manager) de la palette calques (layers)

Clavier : tapez la commande **CALQUE** (Layer).

[2] La boîte de dialogue **Gestionnaire des propriétés des calques** (Layer Properties Manager) s'affiche à l'écran. Elle se compose de deux parties, à gauche la liste des groupes de calques et à droite la liste des calques avec les propriétés de visibilités et les attributs.

[3] Cliquez sur le bouton **Nouveau calque** (New Layer). Un nom de calque, comme CALQUE1, est automatiquement ajouté à la liste des calques.

[4] Entrez un nouveau nom de calque en le tapant à la place du nom affiché en surbrillance. Un nom de calque peut contenir un maximum de 255 caractères : lettres, chiffres et caractères spéciaux, dollars ($), trait d'union(-) et trait de soulignement (_). Utilisez une apostrophe fermante () avant les autres caractères spéciaux pour que ceux-ci ne soient pas considérés comme des caractères génériques. Les espaces ne sont pas autorisés.

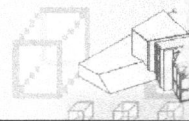

5 Modifier éventuellement les propriétés et cliquer sur **OK** (fig.2.2).

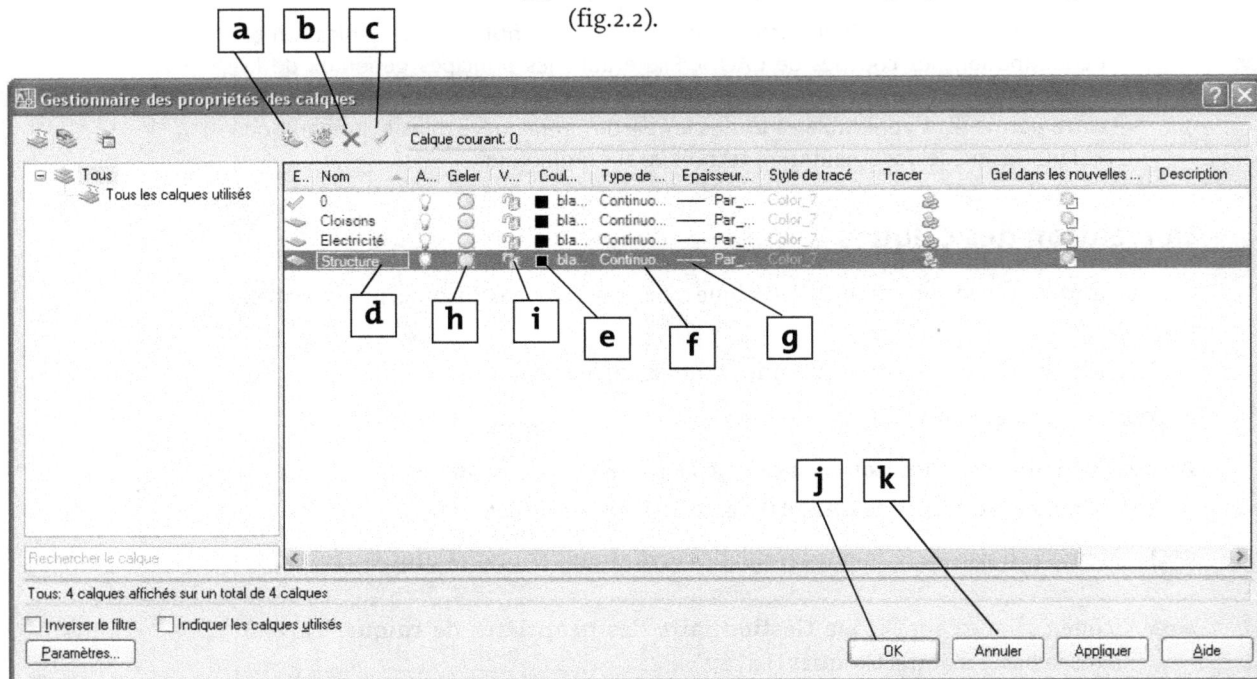

Fig.2.2

---

a) Cliquer pour créer un nouveau calque
b) Cliquer pour supprimer le calque sélectionné
c) Cliquer pour activer le calque sélectionné
d) Rentrer le nom du nouveau calque
e) Sélectionner la couleur du calque
f) Sélectionner le type de ligne
g) Sélectionner l'épaisseur des entités du calque
h) Cliquer pour activer ou désactiver le calque
i) Cliquer pour verrouiller ou déverrouiller le calque
j) Cliquer pour valider les paramètres
k) Cliquer pour annuler les paramètres

Pour définir les attributs du calque (couleur, type de ligne ....) la procédure est la suivante :

1 Toujours dans la boîte de dialogue **Gestionnaire des propriétés des calques** (Layer Properties Manager), sélectionnez le calque puis cliquer sur le symbole de la couleur dans la colonne **Couleur** (Color). AutoCAD dispose de plusieurs gammes de couleurs :

- **Couleurs de l'index** (Index Color) : comprend les 256 couleurs de base d'AutoCAD

- **Couleurs vraies** (True Color) : comprend 16,7 millions de couleurs, sélectionnables à partir des modèles TLS (HSL) ou RVB (RGB)

- **Carnets de couleurs** (Color Books) : comprend les carnets Pantone et RAL

Si la couleur permet de distinguer facilement les calques entre eux, il faut cependant être prudent quant à son utilisation, car la couleur sera bien sûr présente lors de l'impression, mais elle est aussi un des moyens disponibles dans AutoCAD pour lier les traits du dessin à des épaisseurs de plume (fig.2.3).

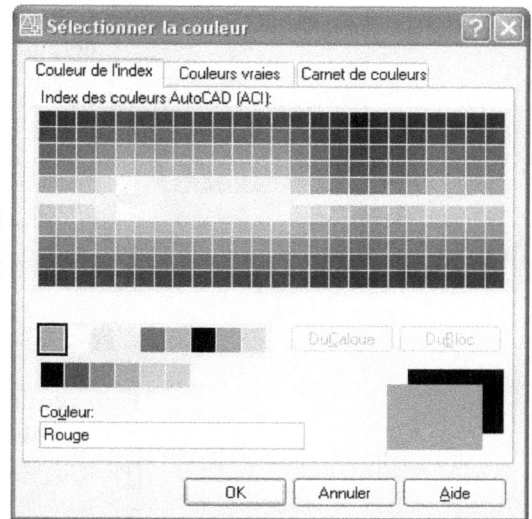

Fig.2.3

[2] Cliquez dans la colonne **Type de ligne** (Linetype) pour choisir un type de ligne pour le calque sélectionné. Si la liste ne contient pas le modèle souhaité, il faut au préalable charger d'autres types de ligne par l'option **Charger** (Load) disponible en cliquant sur le type de ligne dans la colonne **Type de ligne** (Linetype). Il n'est pas obligatoire de définir un type de ligne dès le départ du dessin. La modification peut être effectuée plus tard. De même il est aussi possible d'avoir plusieurs types de ligne sur le même calque.

[3] A partir de la version 2000 d'AutoCAD, il est également possible de définir de manière directe l'épaisseur des traits d'un calque sans passer par une définition de couleur. Il suffit pour cela de cliquer dans la colonne **Epaisseur des lignes** (Lineweight) et de sélectionner l'épaisseur souhaitée.

[4] Il est en outre possible de définir un style d'impression pour le calque via la colonne **Style de tracé** (Plot Style) (voir le chapitre sur l'impression). L'option **Tracer** (Plot) permet d'activer ou non l'impression du calque sélectionné. Il n'est donc pas obligatoire d'éteindre le calque pour qu'il ne soit pas imprimé.

L'utilisation des calques

Après la création des calques, il est possible de manipuler ceux-ci de diverses manières.

Pour rendre un calque courant, deux possibilités sont offertes :

[1] Toujours dans la boîte de dialogue **Gestionnaire des propriétés des calques** (Layer Properties Manager), cliquer sur le calque concerné dans la liste, puis cliquer sur le bouton **Courant** (Current). Cliquer sur **OK** pour quitter la boîte de dialogue.

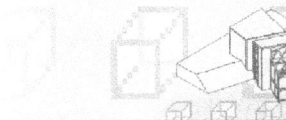

2 Dans la barre d'outils **Propriétés des objets** (Layers), cliquer sur la liste déroulante **Contrôle des calques** (Layer Control), puis cliquer sur le calque à rendre courant (fig.2.4).

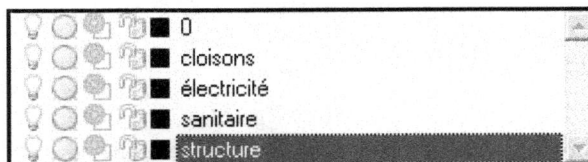

Fig.2.4

Pour rendre le calque d'un objet sélectionné courant, la procédure est la suivante :

1 Sélectionnez l'objet dans le dessin.

2 Cliquez sur le bouton **Rendre le calque de l'objet courant** (Make Object's Layer Current) situé dans la barre d'outil **Calques** à droite de la liste déroulante des calques.

3 Le calque de l'objet sélectionné devient le calque courant.

Pour contrôler la visibilité d'un calque, plusieurs points sont à prendre en compte :

▶ **L'utilité** : pour augmenter la lisibilité d'un plan à l'écran, il peut être intéressant d'éteindre à certains moments des informations non utiles. Par exemple, un ingénieur peut éteindre le calque mobilier dans un plan d'architecte, car cette information n'est pas utile pour sa mission. De même, pour imprimer son plan de stabilité, le même ingénieur a la possibilité d'éteindre tous les calques non indispensables.

▶ **Les méthodes de contrôle** : pour rendre un calque visible ou invisible, AutoCAD dispose de deux fonctions distinctes : **Activé/Désactivé** (On/Off) et **Geler/Libérer** (Freeze/Thaw). Dans le premier cas un calque « invisible » est toujours considéré comme existant par AutoCAD, celui-ci en tient donc compte lors d'un zoom, d'une régénération de l'écran ou d'un calcul de faces cachées en 3D. Dans le second cas, un calque « gelé » est considéré comme inexistant par AutoCAD. Celui-ci n'en tient donc pas compte lors d'un zoom, d'une régénération de l'écran ou d'un calcul de faces cachées. Par ailleurs, les calques **Désactivés** (Off) sont également supprimés lors de l'utilisation de la fonction **Effacer** (Erase) avec l'option **Tout** (All). Ce qui n'est pas le cas avec les calques Gelés. Il est donc conseillé d'utiliser plutôt l'option **Geler** (Freeze) que **Désactivé** (Off).

Le contrôle de la visibilité des calques s'effectue par l'une des méthodes suivantes :

☐ Dans la boîte de dialogue **Gestionnaire des propriétés des calques** (Layer Properties Manager), cliquez sur le(s) calques concernés en maintenant la touche Maj (Shift) ou Ctrl enfoncée. Cliquez ensuite sur le symbole de l'ampoule (pour désactiver le calque) ou du soleil (pour geler le calque).

☐ Dans la barre d'outils **Calques** (Layers), cliquez sur la liste déroulante **Contrôle des calques** (Layer Control), puis cliquez sur l'un des symboles (ampoule ou soleil) en regard du calque concerné pour activer l'option.

Le verrouillage d'un calque est une autre option intéressante qui permet de garder un calque visible mais empêche toute modification des entités situées sur celui-ci. Cela permet donc de protéger un calque contre toute erreur de manipulation. Il est cependant possible de s'accrocher aux objets du calque ainsi verrouillé.

La procédure de verrouillage est la suivante (deux méthodes) :

☐ Dans la boîte de dialogue **Gestionnaire des propriétés des calques** (Layer Properties Manager), cliquez sur les calques concernés en maintenant la touche Maj (Shift) ou Ctrl enfoncée. Cliquez ensuite sur le symbole du cadenas.

☐ Dans la barre d'outils **Calques** (Layers), cliquez sur la liste déroulante **Contrôle des calques** (Layer Control), puis cliquez sur le symbole du cadenas en regard du calque concerné pour activer l'option.

Pour changer le calque d'un objet (ou en d'autres mots déplacer un objet d'un calque sur un autre), la procédure est la suivante :

☐ Sélectionnez la commande **Propriétés** (Properties) du menu **Modification** (Modify) ou cliquez sur l'icône correspondante dans la barre d'outils standard.

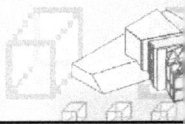

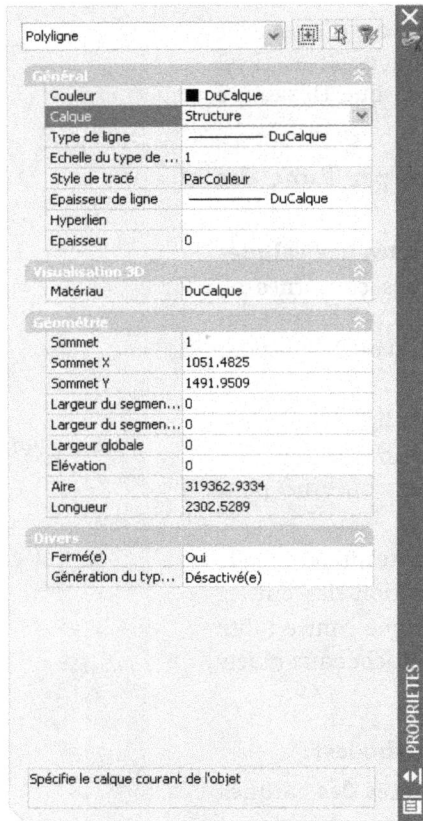

Fig.2.5

[2] Cliquea sur l'objet à déplacer.

[3] Dans la boîte de dialogue **Propriétés** (Properties), cliquez sur le champ **Calque** (Layer) et sélectionnez le nouveau calque dans la liste déroulante (fig.2.5).

Une méthode plus rapide, consiste à sélectionner l'objet dans le dessin, puis à sélectionner le calque de destination dans la liste des calques (fig.2.6).

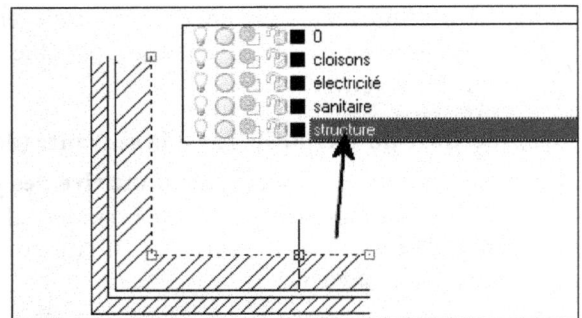

Fig.2.6

Pour sauvegarder la situation des calques à un moment donné sous un nom, la procédure est la suivante :

[1] Dans la boîte de dialogue **Gestionnaire des propriétés des calques** (Layer Properties Manager), cliquez sur le bouton **Gestionnaire des états de calque** (Layer States Manager). La boîte de dialogue **Gestionnaire des états de calque** (Layer State Manager) s'affiche à l'écran (fig.2.7).

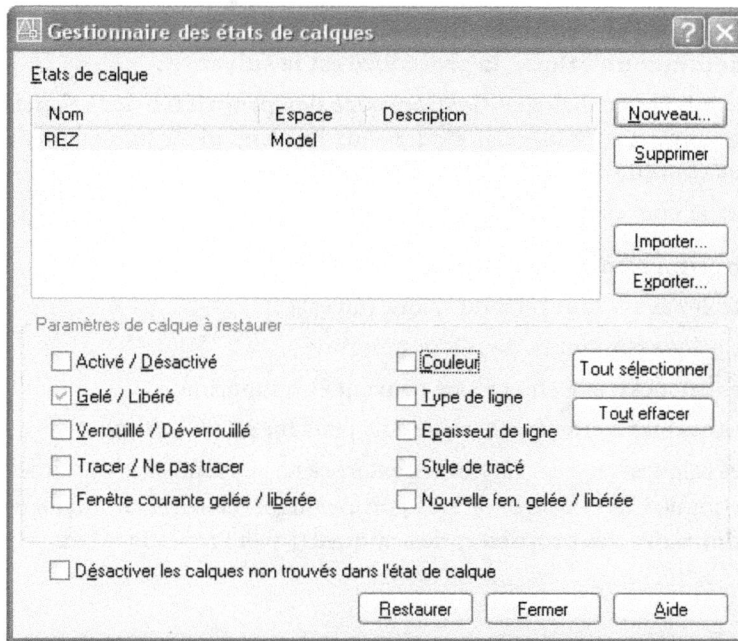

Fig.2.7

[2] Cliquez sur **Nouveau** (New) puis entrer un nom dans le champ **Nouveau nom d'état de calque** (New Layer State Name). Par exemple : Rez (fig.2.8).

[3] Dans la zone **Propriétés de calques à restaurer** (Layer settings to restore), sélectionnez les états de calque qui doivent être sauvegardés. Par exemple : **Geler/Libérer** (Freeze/Thaw).

[4] Cliquez sur **Fermer** (Close) pour confirmer. L'ensemble des calques nécessaires pour le dessin ou le tracé du plan du Rez-de-chaussée est regroupé sous le nom Rez.

[5] Il est possible d'activer à tout moment la sélection des calques ainsi sauvegardés, en cliquant sur le bouton **Gestionnaire des états de calques** (Layer State Manager) puis sur **Restaurer** (Restore).

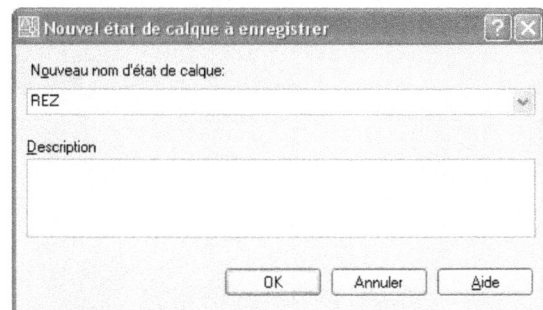

Fig.2.8

Pour renommer un calque, la procédure est la suivante :

1. Dans la boîte de dialogue **Gestionnaire des propriétés des calques** (Layer Properties Manager), cliquez deux fois lentement sur le nom du calque concerné pour le mettre en surbrillance.

2. Entrez le nouveau nom du calque.

Pour supprimer un calque, la procédure est la suivante :

1. Contrôlez avant tout l'état du calque (layer) car :
   - le calque courant ne peut être supprimé ;
   - les calques o et Defpoints ne peuvent être supprimés ;
   - les calques contenant des objets ne peuvent être supprimés ;
   - les calques liés à des références externes ne peuvent être supprimés.

2. Sélectionnez le(s) calque(s) à supprimer dans la boîte de dialogue **Gestionnaire des propriétés des calques** (Layer Properties Manager).

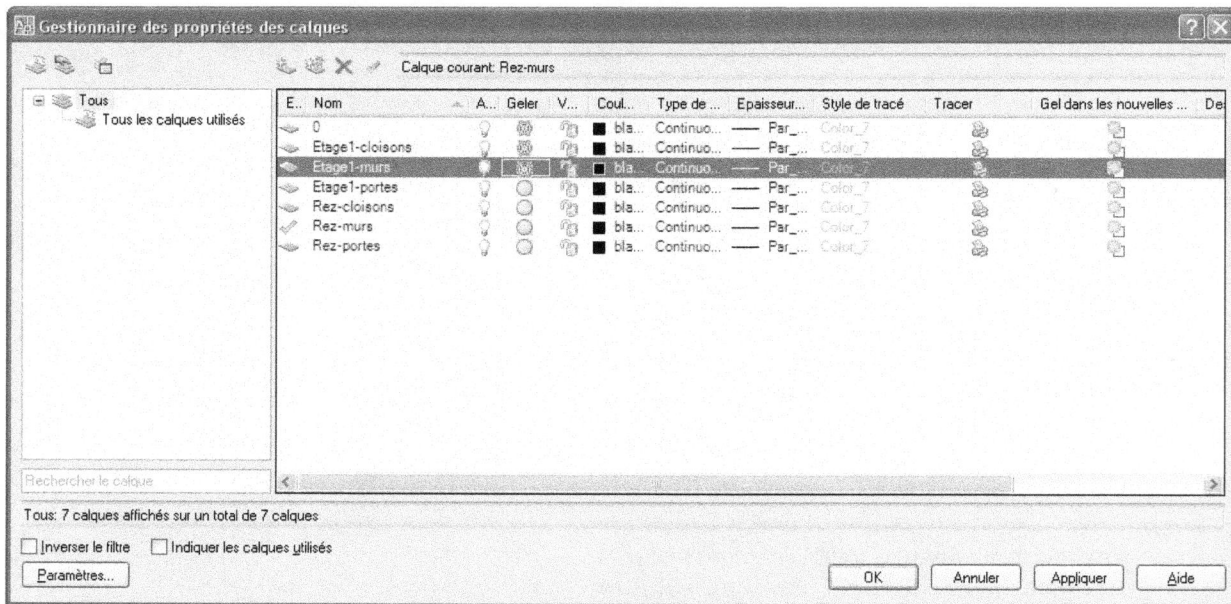

Fig.2.9

3. Cliquez sur l'icône **Supprimer calque** (Delete layer).

Pour transformer le contenu d'un calque en un fichier de dessin, la procédure est la suivante :

1. Dans la boîte de dialogue **Gestionnaire des propriétés des calques** (Layer Properties Manager), sélectionnez le calque à transformer en fichier et le rendre courant.

2. Gelez tous les autres calques. Il suffit pour cela de sélectionner tous les calques et de cliquer sur l'icône **Geler** (Freeze). Le calque courant ne sera de toute façon pas gelé.

3. Cliquez sur **OK** pour confirmer.

4. Utilisez la commande **Wbloc** (voir chapitre sur le blocs) pour créer un fichier avec le contenu du calque non gelé (fig.2.9). Ce fichier peut ensuite être ouvert comme un dessin normal.

La création de filtres de calques

Les types de filtre

Dans le cas de l'utilisation d'un nombre important de calques, il peut être utile de filtrer l'affichage des calques selon certains critères pour n'afficher que les calques utiles pour l'opération en cours.

Un filtre de calque limite l'affichage des noms des calques dans le gestionnaire des propriétés des calques et dans la liste des calques de la barre d'outils **Calques** (Layers).

Il existe deux types de filtres de calque :

▸ **Filtres des propriétés des calques** : incluent des calques qui partagent des noms ou d'autres propriétés. Par exemple, on peut définir un filtre regroupant tous les calques rouges et dont les noms contiennent les lettres REZ.

▸ **Filtres des groupes de calques** : incluent des calques ajoutés au filtre lors de leur définition, indépendamment de leurs noms ou propriétés.

L'arborescence du gestionnaire des propriétés des calques (partie gauche de la boîte de dialogue) affiche les filtres de calque par défaut et tout filtre nommé créé et enregistré dans le dessin courant. L'icône en regard d'un filtre de calque indique le type de filtre. Trois filtres par défaut s'affichent :

▸ **Tout** (All) : Affiche tous les calques du dessin courant.

▶ **Utilisés** (Used) : Affiche tous les calques sur lesquels sont dessinés les objets du dessin courant. Les calques non utilisés ne sont donc pas affichés.

▶ **Xréf** : si des Xréfs sont associés au dessin, tous les calques référencés depuis les autres dessins s'affichent.

Une fois un filtre de calque nommé et défini, vous pouvez le sélectionner dans l'arborescence (à gauche) pour afficher les calques dans la liste (à droite). Vous pouvez également appliquer le filtre à la barre d'outils **Calques** afin que la commande **Calque** n'affiche que les calques du filtre courant.

Lorsque vous sélectionnez un filtre dans l'arborescence et que vous cliquez avec le bouton droit de la souris, des options permettent de contrôler la visibilité, de verrouiller, de supprimer, de renommer ou de modifier les filtres disponibles. Vous pouvez aussi transformer un filtre de propriété de calque en filtre de groupe de calque. L'option Isoler groupe désactive tous les calques du dessin qui ne sont pas dans le filtre sélectionné.

La définition d'un filtre de propriété de calque

Un filtre de propriété de calque est défini dans la boîte de dialogue **Propriétés du filtre de calque**, où vous pouvez sélectionner les propriétés suivantes à inclure à la définition du filtre :

▶ Nom, couleur, type de ligne, épaisseur de ligne et style de tracé du calque.

▶ Selon que les calques sont utilisés.

▶ Selon que les calques sont activés ou désactivés.

▶ Selon que les calques sont gelés ou libérés dans la fenêtre courante ou toutes les fenêtres.

▶ Selon que les calques sont verrouillés ou déverrouillés.

▶ Traçage des calques.

Vous pouvez utiliser des caractères génériques pour filtrer les calques par nom. Par exemple, si vous souhaitez n'afficher que des calques commençant par les lettres REZ, vous pouvez saisir REZ*.

Les calques d'un filtre de propriété de calque peuvent varier en fonction des modifications apportées aux propriétés des calques. Par exemple, si vous définissez un filtre de propriété de calque nommé Site contenant tous les calques commençant par les lettres site et doté d'un type de ligne CONTINU et que vous modifiez le type de ligne de certains de ces calques, les calques dotés du nouveau type de ligne ne font plus partie du filtre Site et ne s'affichent plus lorsque vous appliquez ce filtre.

Les filtres de propriété de calque peuvent être imbriqués dans d'autres filtres de propriété ou de groupe.

Pour filtrer les calques par propriété de calque, la procédure est la suivante :

1. Dans le gestionnaire des propriétés des calques, cliquez sur le bouton **Nouveau filtre de propriété** (New property filter) (fig.2.10).

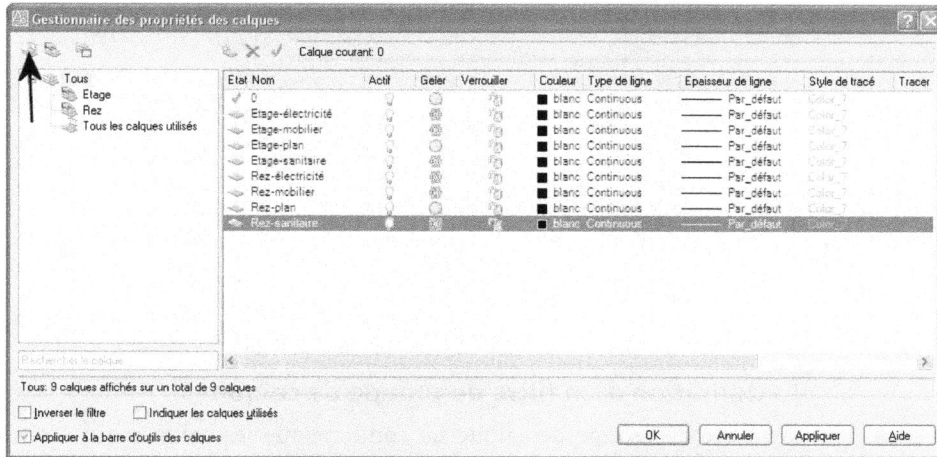

Fig.2.10

2. Dans la boîte de dialogue **Propriétés du filtre de calque** (Layer Filter Properties), attribuer un nom au filtre. Par exemple : Vues en plan.

3. Dans **Définition du filtre** (Filter definition), définissez les propriétés de calque que l'on souhaite utiliser pour définir le filtre. Par exemple, pour ne prendre que les calques dégelés, il convient de cliquer sur l'icône **Dégeler** (Thaw) dans la colonne **Geler** (Freeze). Les options sont les suivantes (fig.2.11) :

   - Pour filtrer par nom, utiliser des caractères génériques.

   - Pour filtrer par propriété, cliquer dans la colonne de la propriété souhaitée. Certaines propriétés affichent une boîte de dialogue lorsque vous cliquez sur le bouton [...].

   - Pour sélectionner plusieurs valeurs pour une propriété, cliquer avec le bouton droit de la souris sur la rangée dans la définition du filtre. Cliquer sur **Doublons** (Duplicate), puis sélectionner une autre valeur pour cette propriété dans la rangée suivante. Par exemple, la définition d'un filtre qui n'affiche que les calques actifs jaunes ou rouges se compose de deux lignes. La première ligne de la définition de filtre contient l'icône Actif et la couleur rouge. La seconde ligne contient l'icône Actif et la couleur jaune.

4. Cliquez sur **OK** pour enregistrer et fermer.

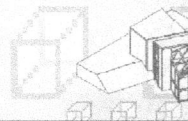

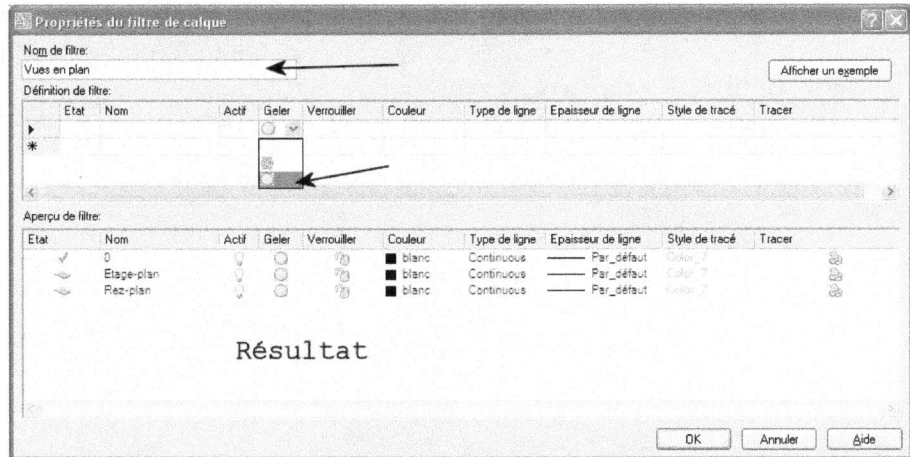

Fig.2.11

La définition d'un filtre de groupe de calque

Un filtre de groupe de calque ne contient que les calques qui y ont été affectés. Si les propriétés des calques affectés au filtre changent, les calques font toujours partie du filtre. Les filtres de groupe de calque peuvent être imbriqués dans d'autres filtres de groupe de calque.

Pour créer un filtre de groupe, la procédure est la suivante :

1. Dans l'arborescence du gestionnaire des propriétés des calques, cliquez sur l'icône **Nouveau filtre de groupe** (New Group Filter).

2. Entrez le nom du filtre de groupe. Par exemple : REZ.

3. Dans la liste des calques, sélectionner ceux qui doivent faire partie du groupe REZ ; les glisser ensuite vers le nom du groupe (fig.2.12).

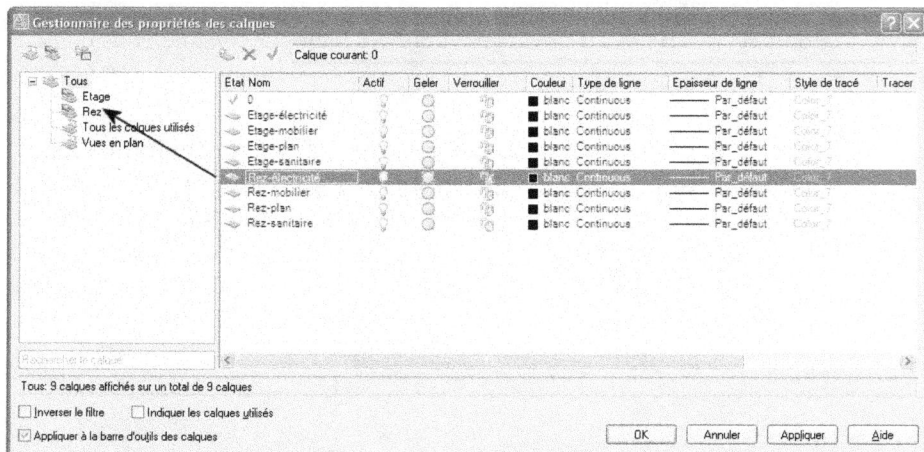

Fig.2.12

[4] En cliquant sur le filtre REZ, seules les calques faisant partie du groupe s'affichent dans la liste des calques à droite (fig.2.13).

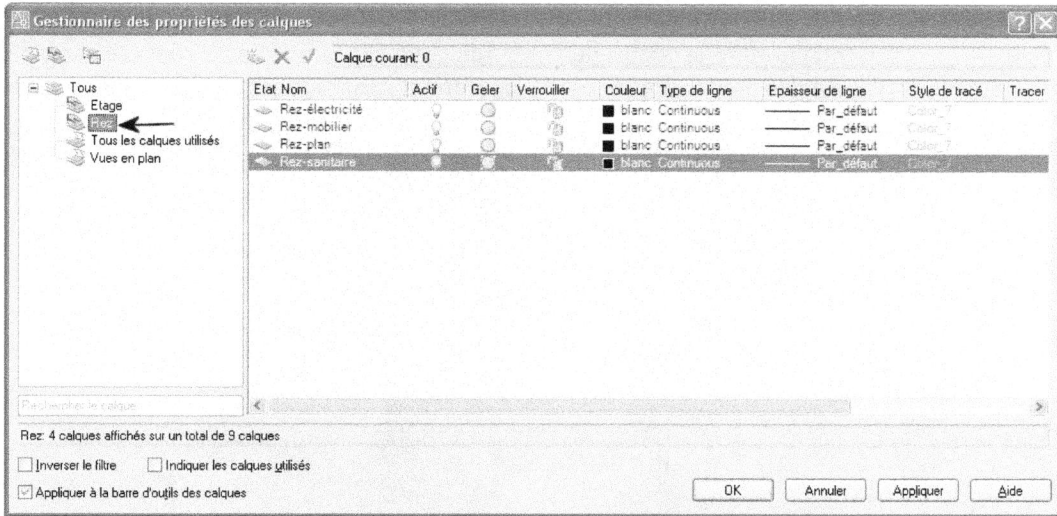

Fig.2.13

[5] Pour n'afficher à l'écran que les calques du groupe REZ, il suffit de geler le contenu des autres groupes (fig.2.14).

REMARQUE

Pour appliquer l'effet des filtres à l'affichage des calques dans la barre d'outils Calque (Layer), il convient de cocher le champ **Appliquer à la barre d'outils des calques** (Apply to layers toolbar) situé en bas de la boîte de dialogue **Paramètres de calques**.

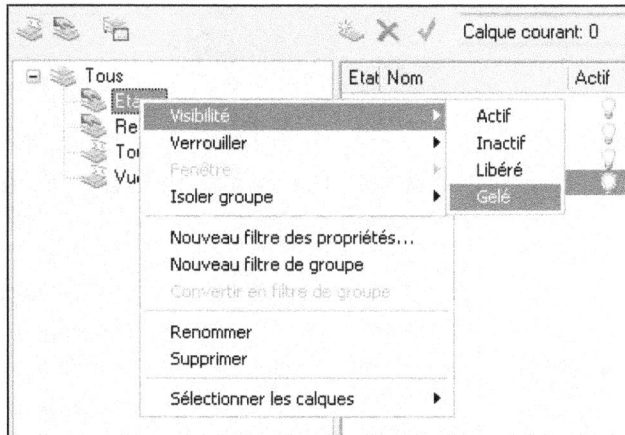

Fig.2.14

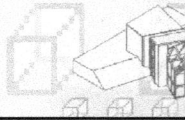

Trier les calques

Une fois les calques créés, il est aussi possible de trier les calques par nom ou par d'autres propriétés (visible, gelé...). Dans le gestionnaire des propriétés des calques, il suffit de cliquer sur l'intitulé des colonnes pour trier les calques en fonction de la propriété contenue dans chacune d'entre elles. Les noms de calques peuvent être triés par ordre alphabétique croissant ou décroissant (fig.2.15).

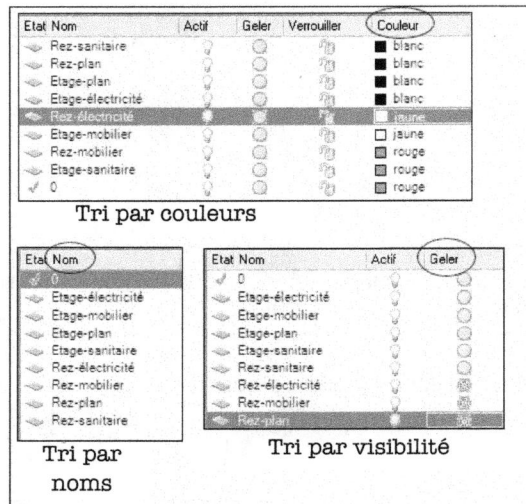

Fig.2.15

La gestion des calques dans les présentations

Principe

Vous pouvez pour chaque fenêtre de présentations (espace papier) afficher les objets différemment en définissant des remplacements de propriétés pour la couleur, le type de ligne, l'épaisseur de ligne et le style de tracé.

L'utilisation des remplacements de propriétés constitue une méthode efficace pour afficher des objets avec des paramètres de propriétés différents dans des fenêtres individuelles sans modifier leurs propriétés DuCalque ou DuBloc. Par exemple, vous pouvez faire en sorte que les objets s'affichent de manière plus proéminente en modifiant leur couleur. Dans la mesure où les remplacements de propriétés de calques ne changent pas les propriétés globales du calque, vous pouvez afficher des objets différemment dans diverses fenêtres sans devoir créer de géométrie dupliquée ou utiliser des Xréfs comportant différents paramètres de calques.

Lorsque vous accédez au gestionnaire des propriétés des calques à partir d'un onglet de calque, quatre colonnes de remplacements de propriétés de calques apparaissent :

- ▶ Couleur de fenêtre
- ▶ Epaisseur de ligne de fenêtre
- ▶ Type de ligne de fenêtre
- ▶ Style de tracé de fenêtre (disponible uniquement dans les dessins de style de tracé nommé)

Lorsqu'un remplacement de propriété est défini pour un calque, un filtre **Remplacements de fenêtre** est automatiquement créé dans le gestionnaire des propriétés des calques.

Si vous ne souhaitez pas afficher ou tracer les remplacements de propriétés, définissez la variable système **VPLAYEROVERRIDESMODE** sur o. Les objets seront affichés et tracés avec leurs propriétés de calques globales.

Les remplacements de propriétés figurant sur des calques Xréf ne sont pas conservés lorsque la variable système **VISRETAIN** est définie sur o.

Les calques comportant des remplacements de propriétés peuvent être identifiés dans le gestionnaire des propriétés des calques lorsqu'ils sont ouverts à partir d'un onglet de présentation. Les éléments suivants indiquent quels calques comportent des remplacements :

- ▶ Une couleur d'arrière-plan apparaît pour chaque nom, remplacement et paramètre de propriété global correspondant des calques.
- ▶ Une info-bulle affiche des informations de remplacement de propriété lorsque le curseur est placé sur l'icône d'état du calque contenant des remplacements.
- ▶ Une icône différente apparaît dans la colonne Etat.

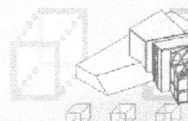

▶ Un filtre prédéfini nommé **Remplacements de fenêtre** apparaît dans l'arborescence répertoriant tous les calques qui comportent des remplacements de fenêtre.

Remplacement des propriétés de calques

Pour attribuer des remplacements de propriétés pour la fenêtre de présentation courante, la procédure est la suivante :

[1] Dans l'onglet de présentation, cliquez deux fois dans une fenêtre pour qu'elle devienne la fenêtre courante (fig.2.16).

[2] Cliquez sur l'icône du gestionnaire des propriétés des calques dans la barre d'outils **Calques** (Layers).

[3] Dans le gestionnaire des propriétés des calques, sélectionnez les propriétés globales à remplacer dans les colonnes **Couleur de fenêtre**, **Type de ligne de fenêtre**, **Epaisseur de ligne de fenêtre** et **Style de tracé de fenêtre** (fig.2.17).

[4] Cliquez sur **Appliquer**.

Ces modifications de propriétés ne sont valables que pour le(s) calque(s) sélectionné(s) dans la fenêtre active. Elles n'affectent donc pas les mêmes calques dans les autres fenêtres ni dans l'espace objet.

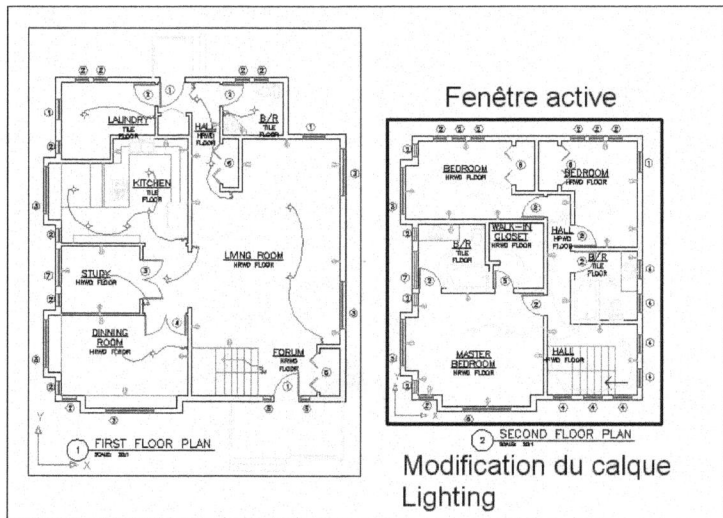

Fig.2.16

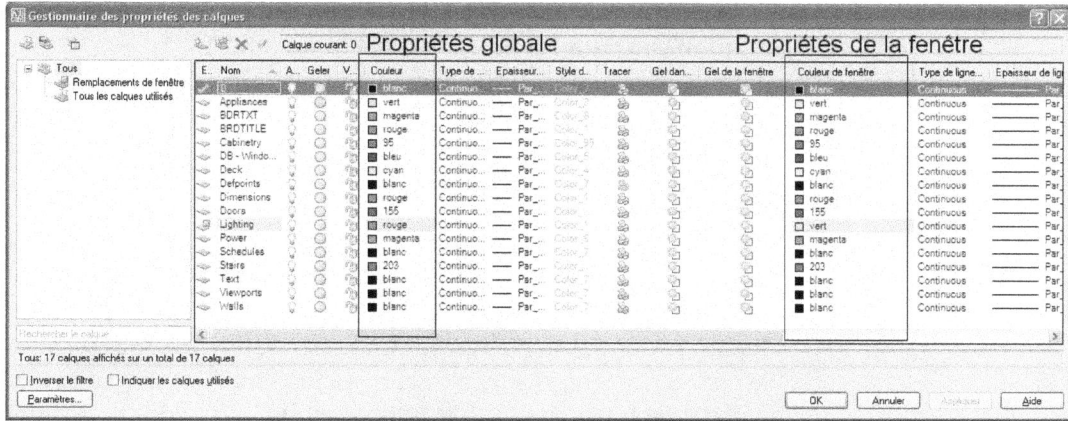

Fig.2.17

Pour supprimer tous les remplacements d'un calque de la fenêtre de présentation courante, la procédure est la suivante :

1. Dans l'onglet de présentation, cliquez deux fois dans une fenêtre pour qu'elle devienne la fenêtre courante.

2. Cliquez sur l'icône du gestionnaire des propriétés des calques dans la barre d'outils **Calques** (Layers).

3. Dans le gestionnaire des propriétés des calques, cliquez avec le bouton droit de la souris sur le calque à supprimer. Par exemple : Lighting

4. Cliquez sur **Supprimer les remplacements de fenêtre** pour (Remove Viewport Overrides for) puis **Calques sélectionnés** (Selected Layers) puis **Dans la fenêtre courante seulement** (In Current Viewport only) (fig.2.18).

5. Cliquez sur **Appliquer** (Apply).

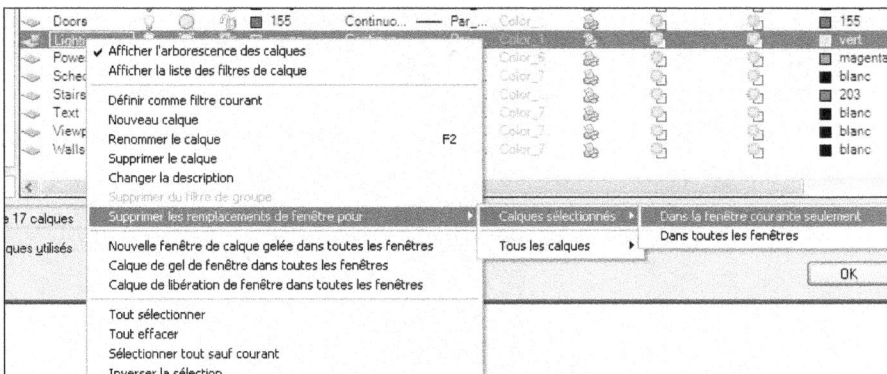

Fig.2.18

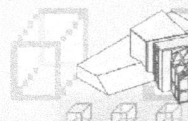

Pour supprimer un remplacement d'un calque de la fenêtre de présentation courante, la procédure est la suivante :

☐1 Dans l'onglet de présentation, cliquez deux fois dans une fenêtre pour qu'elle devienne la fenêtre courante.

☐2 Cliquez sur l'icône du gestionnaire des propriétés des calques dans la barre d'outils **Calques** (Layers).

☐3 Dans le gestionnaire des propriétés des calques, cliquez avec le bouton droit de la souris sur la propriété du calque à supprimer. Par exemple : Couleur du calque Lighting

☐4 Cliquez sur **Supprimer les remplacements de fenêtre pour** (Remove Viewport Overrides for) puis **Calques sélectionnés** (Selected Layers) puis **Dans la fenêtre courante seulement** (In Current Viewport only) (fig.2.19).

☐5 Cliquez sur **Appliquer** (Apply).

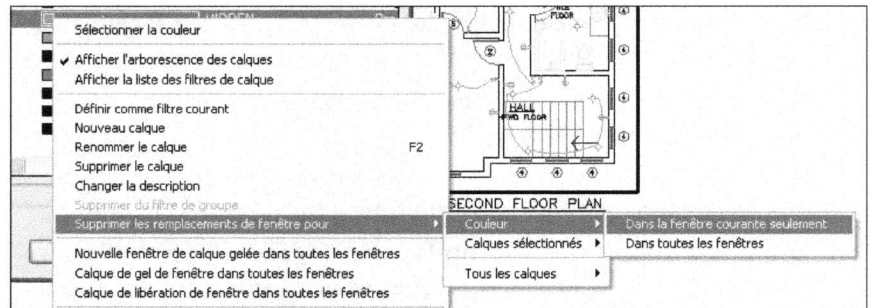

Fig.2.19

D'une manière générale on peut supprimer les remplacements de propriétés de calques selon les cas suivants :

■ Un remplacement d'un calque de la fenêtre de présentation courante

■ Un remplacement d'un calque pour toutes les fenêtres de la présentation

■ Tous les remplacements d'un calque de la fenêtre de présentation courante

■ Tous les remplacements d'un calque pour toutes les fenêtres de la présentation

Le ou les remplacements peuvent être affectés à plusieurs calques qu'il convient dans ce cas de sélectionner en maintenant la touche Ctrl enfoncée.

Utilitaires pour les remplacements des propriétés de calques

Plusieurs fonctions sont disponibles pour la gestion des remplacements de propriétés de calques

Pour vérifier si la fenêtre de présentation courante contient des remplacements de propriétés de calques, la procédure est la suivante :

1. Cliquez deux fois dans une fenêtre ou sélectionnez sa bordure pour l'activer.

2. Sur la ligne de commande, entrez VPLAYEROVERRIDES.

   Si VPLAYEROVERRIDES affiche 1, la fenêtre sélectionnée contient des remplacements de fenêtres de calques. Si 0 s'affiche, aucun remplacement n'est trouvé.

Pour ne pas afficher ou tracer les remplacements de fenêtres de calques, la procédure est la suivante :

1. Sur la ligne de commande, entrez VPLAYEROVERRIDES.

2. Entrez 0.

Pour modifier la couleur d'arrière-plan des remplacements de propriétés, la procédure est la suivante :

1. Cliquez sur l'icône du gestionnaire des propriétés des calques dans la barre d'outils **Calques** (Layers).

2. Dans le gestionnaire des propriétés des calques, cliquez sur **Paramètres** (Settings).

3. Dans la boîte de dialogue **Paramètres de calque** (Layer Settings), sélectionnez une couleur pour la couleur d'arrière-plan du remplacement de fenêtre (fig.2.20).

4. Cliquez sur **OK**.

5. Cliquez sur **OK** pour quitter le gestionnaire des propriétés des calques.

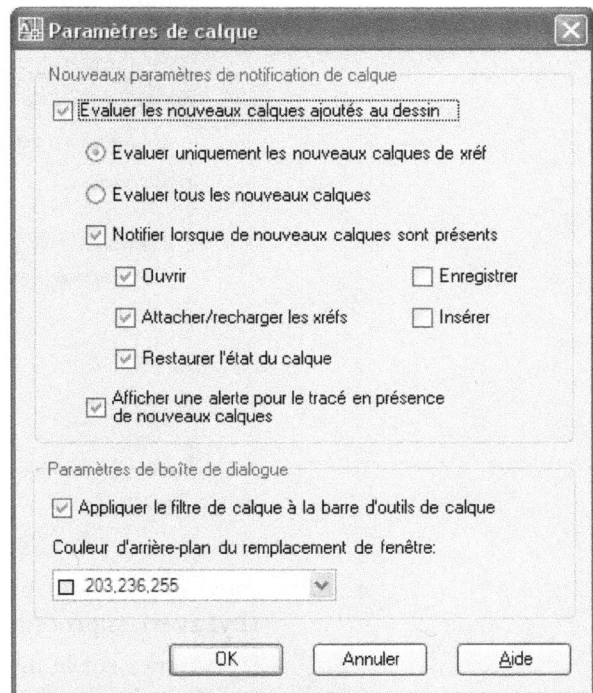

Fig.2.20

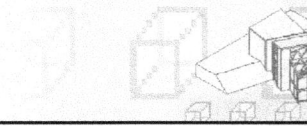

Pour enregistrer des remplacements de fenêtres de calques dans un état de calque, la procédure est la suivante :

1. Dans un onglet de présentation, cliquez deux fois dans une fenêtre pour l'activer.

2. Cliquez sur l'icône du gestionnaire des propriétés des calques dans la barre d'outils **Calques** (Layers).

3. Cliquez sur le bouton **Gestionnaire des états de calque** (Layer States Manager).

4. Dans le gestionnaire des états de calque, cliquez sur **Nouveau** (New).

5. Dans la boîte de dialogue **Nouvel état de calque à enregistrer** (New Layer State to Saveaa), entrez le nom du nouvel état de calque ou sélectionnez un nom dans la liste. Ajoutez éventuellement une description (fig.2.21).

6. Cliquez sur **Fermer** (OK).

7. Cliquez sur **Fermer** (Close) pour quitter le gestionnaire des états de calque.

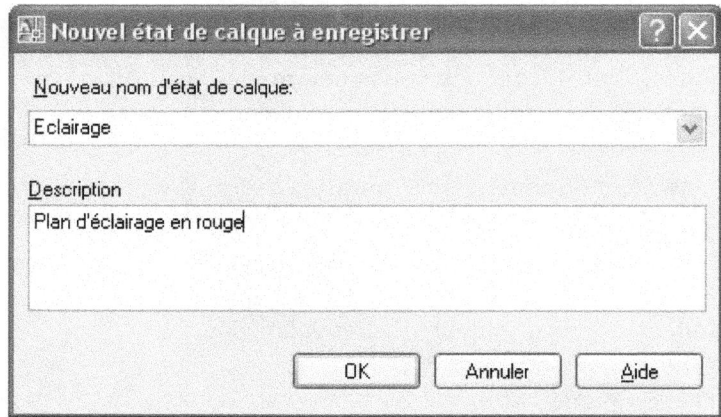

Fig.2.21

Pour modifier le paramètre de propriété d'un objet en DuCalque (ByLayer), la procédure est la suivante :

1. Cliquez sur le menu **Modification** (Modify) et sélectionnez l'option **Remplacer par DuCalque** (Change to ByLayer).

2. Entrez D pour spécifier les propriétés (couleur, type de ligne, etc.) à changer en DuCalque (ByLayer) ou sélectionnez les objets par une méthode de sélection standard et appuyez sur Entrée.

Contrôle de l'estompage des calques

Lorsque vous travaillez avec un dessin complexe sur lequel sont affichés de nombreux objets avec différentes couleurs, on peut très vite se tromper dans la sélection des objets. Auparavant, la seule possibilité était de désactiver complètement ou de geler certains calques. Avec la nouvelle version 2008, il est à présent possible d'estomper les calques au lieu de les désactiver.

L'atténuation des objets s'effectue à l'aide du verrouillage des calques. La valeur de l'atténuation est contrôlée par la variable **LAYLOCKFADECTL**.

La plage des valeurs permettant de contrôler l'atténuation des objets sur des calques verrouillés s'étend de -90 à 90. La valeur d'atténuation est limitée à 90 pour cent pour éviter toute confusion avec les calques désactivés ou gelés.

Les options sont les suivantes :

- ▶ 0 : les calques verrouillés ne sont pas atténués.

- ▶ >0 : lorsque la valeur est positive, contrôle le pourcentage d'atténuation à un maximum de 90 pour cent.

- ▶ <0 : lorsque la valeur est négative, les calques verrouillés ne sont pas atténués mais la valeur est enregistrée pour pouvoir passer à cette valeur en changeant le signe.

Pour estomper un calque la procédure est la suivante :

1. Dans le menu **Format**, sélectionnez l'option **Outils de calque** (Layer tools) puis **Isolement de calque** (Layer Isolate) ou utilisez l'option Isolement de calque du Panneau **Calque** (Layer) du Tableau de bord.

2. Sélectionnez un objet sur le calque à isoler, puis appuyez sur Entrée.

3. Sur la ligne de commande, entrez **LAYLOCKFADECTL** et saisissez 80 pour le pourcentage d'estompe (fig.2.22). Cette valeur peut aussi être modifiée par la glissière Estompage de calque verrouillé (Locked Layer fading) situé sur le Panneau **Calque** (Layer) du Tableau de bord.

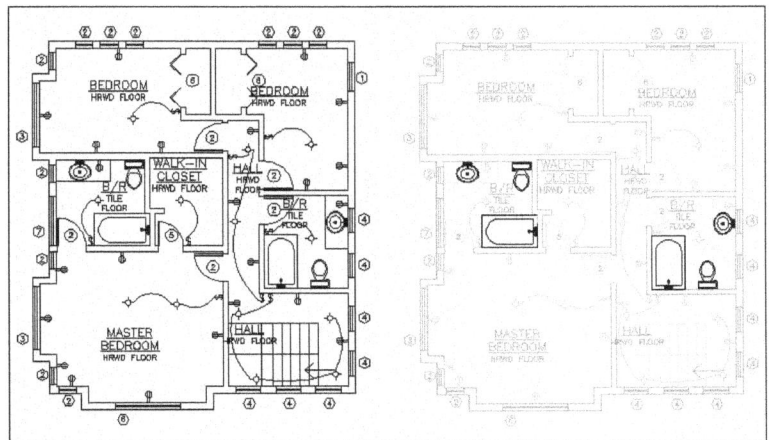

Fig.2.22

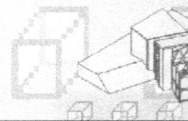

4 Pour désactiver ensuite l'isolement de calque, il suffit de sélectionner l'option **Associer les calques** (Layer unisolate) disponible via le menu **Format** et **Outils de calque** (Layer Tools). Vous pouvez aussi utiliser l'option **Associer les calques** (Layer unisolate) du Panneau **Calque** (Layer) du Tableau de bord.

CHAPITRE 3
LES OUTILS DU DESSINATEUR

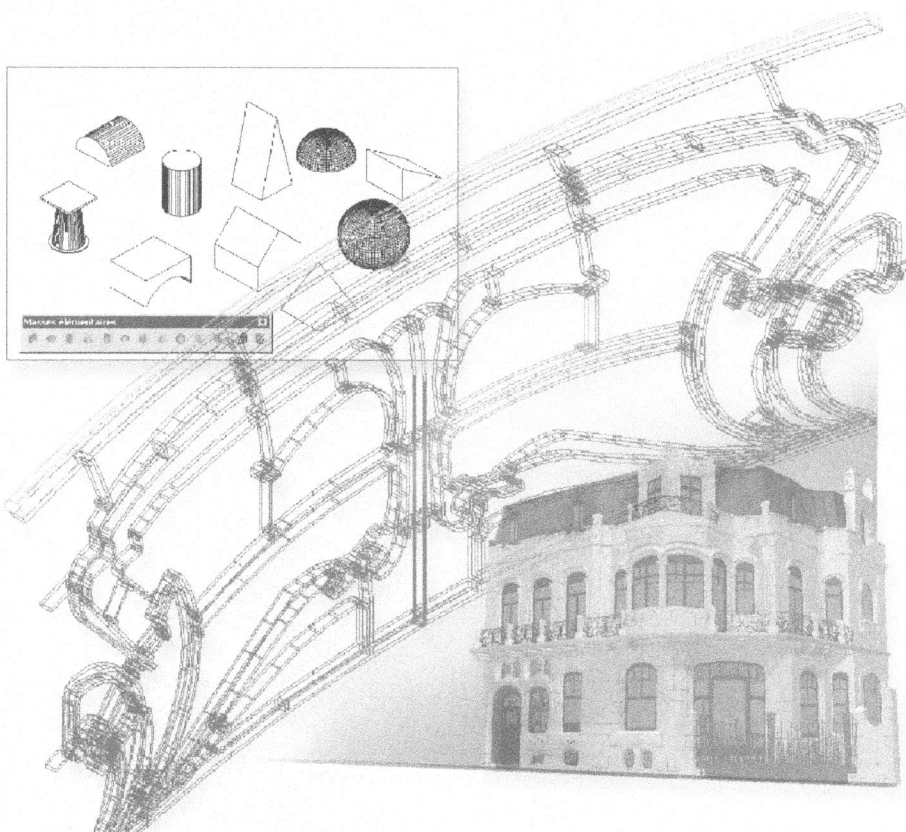

Introduction aux outils d'aide

Face à une feuille blanche, le dessinateur a depuis la nuit des temps toujours eu besoin d'une série d'instruments pour lui permettre de réaliser avec plus ou moins de précision son dessin. L'équerre, la latte, le compas, le rapporteur, la gomme, la balayette... constituent ainsi une série d'outils d'aide prolongeant sa main. A l'ère du dessin assisté par ordinateur ces outils existent toujours mais s'expriment évidemment sous une forme différente. Dans le cas d'AutoCAD, le dessinateur pourra ainsi glisser une feuille de papier millimétré sous son dessin et s'accrocher aux points de la grille, utiliser une équerre, effacer ses erreurs ou annuler la dernière opération effectuée, etc.

Les fonctions correspondant à ces différents outils d'aide peuvent être regroupées en catégories, suivant leur équivalent en dessin traditionnel :

Le papier millimétré, pour créer une trame de fond.

▸ RESOL (SNAP) : création d'une trame aimantée, invisible à l'écran, forçant le curseur à se déplacer pas par pas.

▸ GRILLE (GRID) : dessin d'une grille composée de points visibles à l'écran.

L'équerre (fixe ou orientable), pour dessiner en mode orthogonal ou polaire.

▸ ORTHO : permet le dessin rapide de lignes verticales et/ou horizontales.

▸ POLAIRE (POLAR) : permet de définir une ou plusieurs directions et d'utiliser celles-ci comme repères pour le dessin. Par exemple : 15, 30, 45.

L'aimant, pour s'accrocher avec précision sur des points géométriques du dessin.

▸ ACCROBJ (OSNAP) : permet de pointer avec grande précision des points d'accrochage à l'écran.

▸ REPEROBJ (OTRACK) : permet d'effectuer un repérage à l'aide d'alignements définis par rapport à des points d'accrochage.

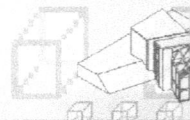

Le compteur, pour suivre le déplacement du curseur à l'aide des coordonnées.

▸ COORDS : permet l'affiche des coordonnées absolues, relatives et polaires.

La loupe, pour agrandir le dessin à l'écran.

▸ ZOOM : permet de visualiser de manière plus précise une partie du dessin.

▸ PAN : permet de translater la feuille de dessin à l'écran.

La balayette, pour rafraîchir l'écran.

▸ REGEN : régénère l'écran et supprime les marques.

La gomme, pour effacer des éléments du dessin.

▸ EFFACER (ERASE) : permet de supprimer des parties ou l'ensemble d'un dessin.

La latte, pour mesurer les distances et les surfaces.

▸ DISTANCE : permet de mesurer la distance entre deux points.

▸ AIRE (AREA) : permet de mesurer l'aire d'une surface.

La calculatrice, pour calculer une expression géométrique.

▸ CAL : permet de calculer des données utiles pour le dessin. Par exemple, dessiner une ligne dont la longueur est égale au tiers d'une autre ligne.

▸ CALCRAPIDE (QUICKCALC) : permet, grâce à une interface similaire à celle d'une calculatrice de poche, d'effectuer des calculs mathématiques, scientifiques et géométriques, convertir des unités de mesure, manipuler les propriétés d'un objet et interpréter des expressions.

Le mode de saisie dynamique, pour entrer les données plus facilement.

Créer une trame de fond

La création d'une trame de fond de plan s'effectue à l'aide des commandes : GRILLE (Grid) et RESOL (Snap). La commande GRILLE (Grid) permet d'afficher à l'écran une série de points dont les espacements en X et Y sont définis par l'utilisateur. Cette grille n'est qu'une aide visuelle pour le dessin à l'écran, on ne pourra donc pas la sortir sur une table traçante.

Cette grille visible peut être complétée par une autre, invisible mais « aimantée », qui force le curseur à se déplacer uniquement sur les points de la trame, dont le pas peut être défini par l'utilisateur via la commande RESOL (Snap). Cette commande permet donc une entrée de données rapide et très précise car il est impossible de pointer entre deux points de cette trame.

La grille, comme la trame « aimantée », est dynamique, c'est-à-dire qu'il est possible de modifier ses valeurs à tout moment.

La mise en place d'une grille s'effectue de la manière suivante :

1 Sélectionner le menu déroulant **OUTILS** (Tools) puis l'option **Aides au dessin** (Drafting Settings) et ensuite l'onglet **Résolution/Grille** (Snap and Grid). Une autre possibilité consiste à effectuer un clic droit sur le bouton **RESOL** (Snap) puis à sélectionner l'option **Paramètres** (Settings).

2 Activer les champs **Accrochage à la grille** (Grid snap) et **Accrochage Rectangulaire** (Rectangular snap) dans la zone **Type et style de l'accrochage** (Snap type and style) pour pouvoir définir une grille et un accrochage rectangulaire (fig.3.1).

3 Déterminer le pas de la grille en X et Y (fig.3.2) :

■ Espacement X de la grille (Grid X Spacing) : exemple 1

■ Espacement Y de la grille (Grid Y Spacing) : exemple 1

4 Cliquer dans le champ **Grille activée** (Grid ON), pour activer le dessin de la grille à l'écran selon les valeurs définies précédemment.

Il est également possible d'activer ou de désactiver la Grille par la touche de fonction F7 ou le bouton correspondant de la barre d'état en bas de l'écran.

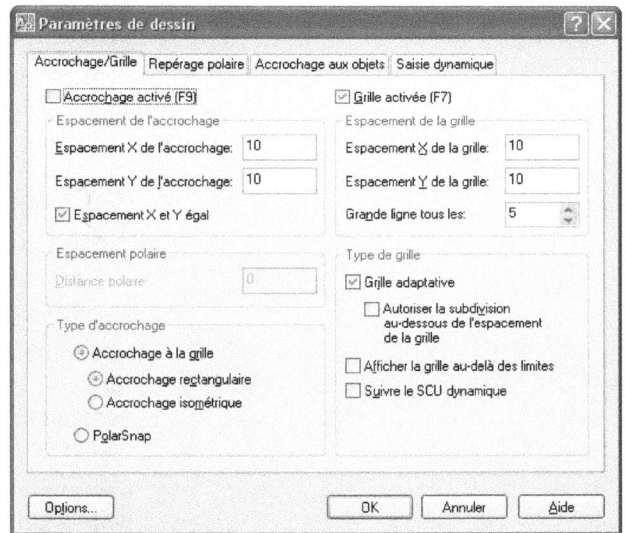

Fig.3.1

5 Déterminer le pas de la trame aimantée (invisible) en X et Y :

■ Espacement X de l'accrochage (Snap X Spacing) : 1

■ Espacement Y de l'accrochage (Snap Y Spacing) : 1

6 Cliquer dans le champ **Accrochage activé** (Snap On), pour activer la trame « aimantée » selon les valeurs définies précédemment.

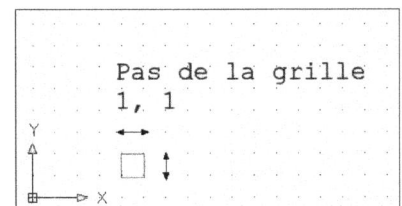

Fig.3.2

7 Modifier éventuellement les options de la section **Type de grille** (Grid behavior). Elle contrôle l'apparence des lignes de grille affichées lorsque le style visuel courant est autre que Filaire 2D. Les options sont :

■ **Grille adaptative** (Adaptive grid) : limite la densité de la grille lors d'un zoom arrière.

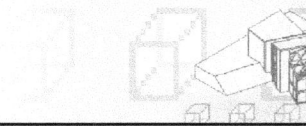

- **Autoriser la sous-division sous l'espacement de la grille**
  (Allow subdivision below grid spacing) : génère des lignes de grille
  supplémentaires, à espacement plus proche, lors d'un zoom avant.
  La fréquence de ces lignes de grille est déterminée par la fréquence
  des grandes lignes de grille.

- **Afficher la grille au-delà des limites** (Display grid beyond
  Limits) : affiche la grille au-delà de la zone spécifiée par la
  commande LIMITES.

- **Suivre le SCU dynamique** (Follow Dynamic UCS) : modifie le
  plan de grille afin qu'il suive le plan XY du SCU dynamique.

Il est également possible d'activer ou de désactiver le mode RESOL (SNAP)
par la touche de fonction F9 ou le bouton correspondant de la barre d'état
en bas de l'écran.

REMARQUE

L'affichage de la grille ne dépasse jamais les limites du dessin définies
lors de la configuration de la feuille de travail. Pour augmenter la zone
couverte par la grille, il convient donc de modifier les limites du dessin.

Si le nombre de points de la grille est trop important pour un affichage
correct à l'écran, AutoCAD supprime la grille et affiche : **Grille trop
dense pour apparaître** (Grid too dense to display). Il convient alors de
définir un pas de grille plus large.

Il est conseillé, pour la facilité du travail, d'avoir la même valeur du pas
pour la grille visible et la trame aimantée.

Travailler en mode orthogonal

Le travail en mode orthogonal s'effectue grâce à la commande **ORTHO** qui
permet de forcer le système à ne dessiner que des lignes perpendiculaires
entre elles. Ce qui, dans le style de résolution standard, donne uniquement
des lignes horizontales et verticales selon la position du dernier point entré.

La procédure à suivre :

Le travail en mode « ortho » est contrôlé par la commande **ORTHO** qui
peut être activée par une des options suivantes :

Ligne d'état : Cliquer sur le bouton **ORTHO**.

Touche : La clef de fonction F8 permet d'activer ou de désactiver le
mode Ortho.

Clavier : Taper la commande **ORTHO** puis choisir **Actif** (ON) ou
Inactif (OFF).

Le mode Ortho fonctionne également dans le cas d'une grille avec rotation et d'une grille isométrique. La rotation de la grille peut s'effectuer à l'aide de la fonction transparente 'SNAPANG (fig.3.3).

Le mode Ortho peut être activé ou désactivé à tout moment au cours d'une session de dessin.

Dans le cas du dessin de lignes, la combinaison du mode Ortho et de l'entrée de données en coordonnées relatives permet de réaliser très rapidement un dessin précis.

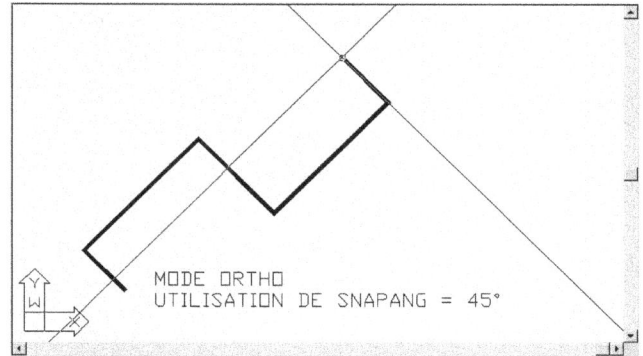

MODE ORTHO
UTILISATION DE SNAPANG = 45°

Fig.3.3

Travailler en mode polaire

Le travail en mode polaire s'effectue grâce à la commande **POLAIRE** (POLAR) qui permet de positionner le curseur sur des chemins d'alignement temporaires définis par des angles polaires à l'aide des options **Du point** et **Au point** d'une commande de dessin.

Par défaut, l'angle d'incrémentation du repérage polaire est fixé à 90 degrés (orthogonal). Il est possible de modifier cet angle et définir les incréments auxquels le curseur s'accroche aux chemins d'alignement polaire lorsque le repérage polaire et le mode résolution sont tous deux activés.

Il est également possible de modifier la façon dont AutoCAD mesure les angles polaires. La mesure absolue des angles polaires base ces angles sur les axes X et Y du système de coordonnées UCS (SCU) courant. La mesure relative des angles polaires base ces angles sur les axes X et Y de la dernière ligne créée (ou de la ligne située entre les deux derniers points créés) pendant une commande active.

Pour modifier les paramètres de repérage polaire, la procédure est la suivante :

1. Dans le menu **Outils** (Tools), choisir **Aides au dessin** (Drafting Settings) ou effectuer un clic droit sur le bouton **Polaire** (Polar) et sélectionner **Paramètres** (Settings).

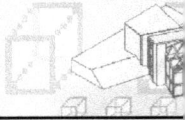

[2] Sur l'onglet **Repérage polaire** (Polar Tracking) de la boîte de dialogue **Paramètres de dessin** (Drafting Settings), sélectionner l'option **Repérage polaire activé** (Polar Tracking On) pour activer le repérage polaire (fig.3.4).

[3] Sous **Angle d'incrémentation** (Increment angle), choisir un angle d'incrémentation. Par exemple : 30. AutoCAD va prendre en considération 30° et tous les multiples de 30° (60, 90, 120...).

[4] D'autres angles peuvent être ajoutés. Il faut pour cela sélectionner activer le champ **Angles supplémentaires** (Additional angles) puis cliquer sur **Nouveau** (New) pour ajouter d'autres angles. Ces angles sont uniques, c'est-à-dire qu'AutoCAD ne prend pas en compte leurs multiples.

[5] Sous **Mesure d'angle polaire** (Polar Angle measurement), choisir une méthode de calcul :

- **Absolue** (Absolute) : l'angle est calculé par rapport à l'orientation de l'axe des X courant.
- **Par rapport au dernier segment** (Relative to last segment) : l'angle est calculé par rapport à l'orientation du dernier segment dessiné.

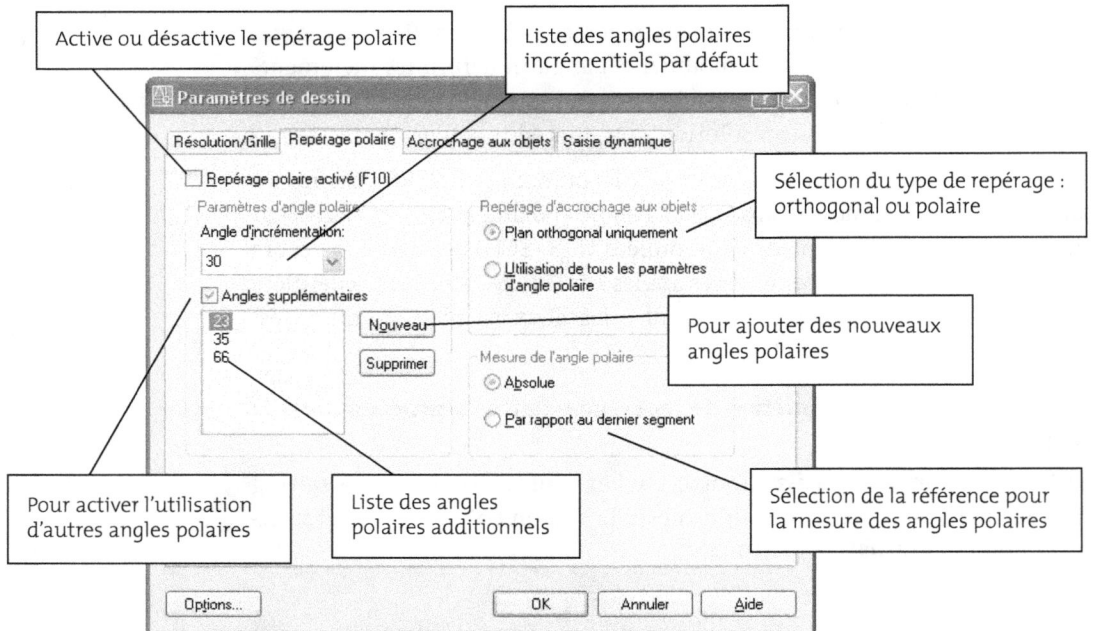

[6] Cliquer sur **OK**.

Fig.3.4

AutoCAD fournit par défaut neuf angles polaires incrémentiels que l'on peut utiliser avec le repérage Polaire. D'autres angles peuvent être rajoutés. Il est également possible d'ajouter des angles non incrémentiels. On peut ainsi, par exemple, ajouter un angle polaire de 66 degrés pour effectuer un repérage selon cet angle.

Pour ajouter ou supprimer des angles polaires, la procédure est la suivante :

1 Dans le menu **Outils** (Tools), choisir **Aides au dessin** (Drafting Settings), ou effectuer un clic droit sur le bouton **Polaire** (Polar) et sélectionner **Paramètres** (Settings).

2 Sur l'onglet **Repérage polaire** (Polar Tracking) de la boîte de dialogue **Paramètres de dessin** (Drafting Settings), sous **Angles supplémentaires** (Additional angles), effectuer l'une des opérations suivantes :

- Pour ajouter un angle, choisir **Nouveau** (New), puis entrer un nouvel angle, dans le champ à gauche. Exemple : 66.

- Pour supprimer un angle, il faut le sélectionner et choisir **Supprimer** (Delete).

Pour activer le repérage polaire, la procédure est la suivante :

Appuyer sur la touche F10 ou cliquer sur le bouton **POLAIRE** (POLAR) dans la barre d'état.

Pour dessiner des objets en utilisant le repérage polaire, la procédure est la suivante :

1 Activer le repérage polaire et lancer une commande de dessin comme Arc, Cercle ou Ligne. Par exemple Ligne (fig.3.5).

2 Pointer le point de départ (pt.1).

3 Orienter le curseur plus ou moins dans la bonne direction. Quand la direction s'approche d'une des valeurs d'angle prédéfinies, un chemin d'alignement s'affiche.

4 Pointer le point suivant sur ce chemin (pt.2).

5 Orienter le curseur dans une autre direction et pointer le point suivant quand le second chemin d'alignement s'affiche à l'écran (pt.3).

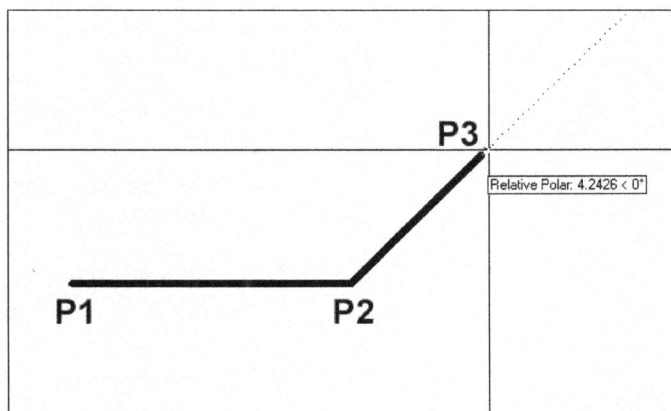

Relative Polar: 4.2426 < 0°

P3

P1   P2

Fig.3.5

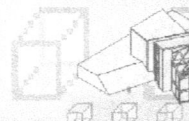

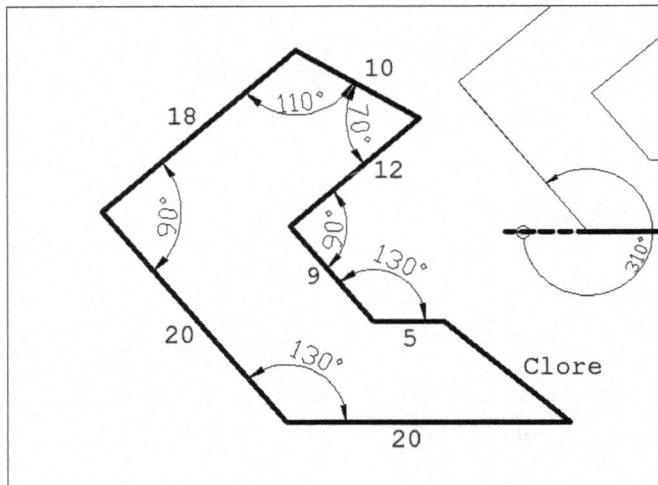

Fig.3.6

Exercice

Pour réaliser l'exercice de la figure 3.6, il convient de sélectionner l'option **Par rapport au dernier segment** (Relative to last segment) et de rentrer les angles supplémentaires suivants : 90, 250, 270, 290, 310. En effet, les angles doivent être mesurés dans le sens antihoraire par rapport au dernier segment (fig.3.6).

Utiliser les outils d'accrochage aux objets

Pour construire géométriquement un dessin, de manière très rapide et avec grande précision, AutoCAD dispose d'un utilitaire très performant, dénommé ACCROBJ (OSNAP), qui permet de s'accrocher aux objets déjà existants dans le dessin. Il est ainsi, par exemple, très facile de tracer, à partir d'un point, une droite tangente à un cercle, ou perpendiculaire à une autre droite, ou encore passant par l'intersection de deux autres droites.

La sélection des points d'accrochage s'effectue grâce à une « cible » carrée qui se superpose au curseur d'AutoCAD quand le mode ACCROBJ (OSNAP) est activé.

La commande OSNAP (ACCROBJ) peut s'utiliser de deux manières différentes :

▶ **En mode transparent** : comme interruption d'une autre commande. Les diverses options d'ACCROBJ (OSNAP) sont alors disponibles soit via la barre d'outils **Accrochage aux objets** (Object Snap), ou en activant la touche Maj (Shift) du clavier puis la touche droite de la souris, ou enfin pour une souris à trois boutons via le bouton du milieu (la variable MBUTTONPAN doit être mise à 0).

▶ **En mode permanent** : il est possible d'imposer un mode d'accrochage qui devient alors constant jusqu'à l'annulation de la commande ou jusqu'au choix d'un autre mode d'accrochage.

L'accrochage en Mode transparent :

☐1 Choisir une commande de dessin : exemple **LIGNE** (LINE).

☐2 Spécifier le premier point (From Point) : sélectionner une option d'accrochage dans la barre à outils **Accrochage aux objets** (Object Snap) ou dans le menu contextuel activé par la souris. Par exemple : EXTrémité (ENDpoint).

☐3 Spécifier le point suivant (To Point) : sélectionner à nouveau une option d'accrochage (exemple : MILieu (MIDpoint) (fig.3.7). Pour rappel, la barre des outils d'accrochage n'est pas installée par défaut. Il faut le faire via la commande **Barres d'outils** (Toolbars) du menu **Affichage** (View).

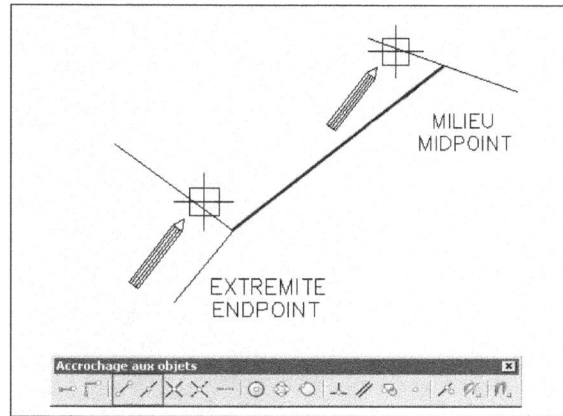

Fig.3.7

L'accrochage en Mode permanent :

Le choix des modes d'accrochage s'effectue par l'une des procédures suivantes :

Menu : choisir le menu déroulant **Outils** (Tools) puis l'option **Aides au dessin** (Drafting Settings) et ensuite l'onglet **Accrochage aux objets** (Object Snap). Activer le champ à cocher situé à gauche de l'option souhaitée.

Icône : cliquer sur l'icône **Accrochage aux objets** (Object Snap Settings) de la barre d'outils **Accrochage aux objets** (Object Snap) et sélectionner l'option. Il est également possible d'effectuer un clic droit sur le bouton **ACCROBJ** (Osnap) et de sélectionner l'option **Paramètres** (Settings).

Clavier : taper la commande **ACCROBJ** (Osnap), puis l'option souhaitée.

Le mode permanent est très utile pour joindre les mêmes points géométriques d'une figure. Il est ainsi très facile, par exemple, de dessiner un carré à l'intérieur d'un autre carré en joignant les points milieux du premier carré (fig.3.8).

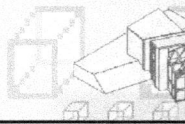

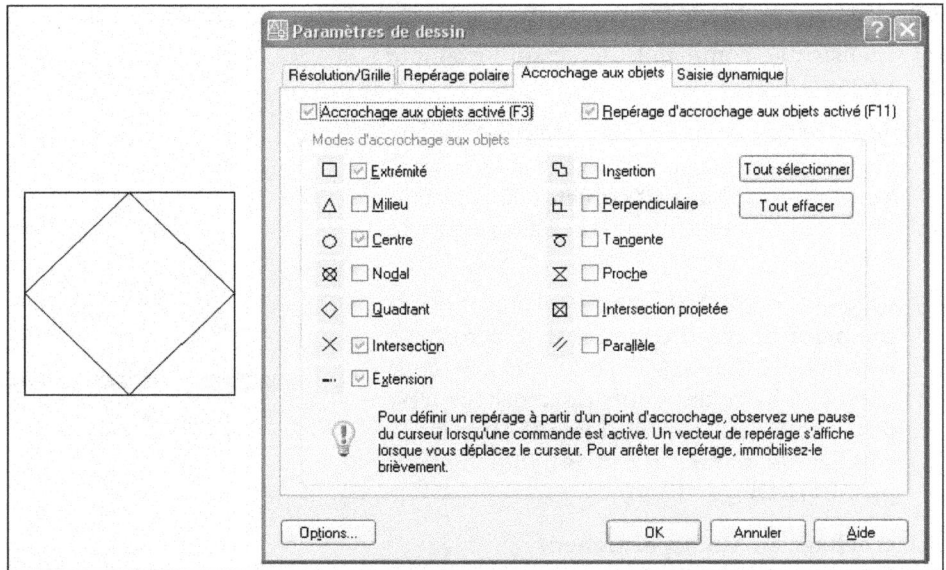

Fig.3.8

Les principaux modes d'accrochage sont les suivants (fig.3.9) :

Fig.3.9

- ▶ **Repérage** (Tracking) : permet d'activer un point aligné avec les trajectoires orthogonales passant par deux autres points. Cette option peut être utilisée en combinaison avec une autre.
- ▶ **Depuis** (From) : permet d'activer un point situé à une distance relative d'un autre point. Cette option peut être utilisée en combinaison avec une autre.
- ▶ **Extrémité** (Endpoint) : accrochage à l'extrémité la plus proche d'une ligne ou d'un arc.
- ▶ **Milieu** (Midpoint) : accrochage au milieu d'une ligne ou d'un arc.
- ▶ **Intersection** (Intersec) : accrochage à l'intersection de lignes, cercles, arcs... et de leurs combinaisons (ligne/cercle...).

▸ **Intersection Projetée** (App Int) : accrochage à l'intersection « virtuelle » de deux entités.

▸ **Extension** (Extension) : accrochage au prolongement de l'extrémité d'une entité.

▸ **Centre** (Center) : accrochage au centre d'un cercle ou d'un arc. Il faut placer la cible n'importe où sur le cercle ou l'arc.

▸ **Insertion** (Insert) : accrochage au point d'insertion d'un texte ou d'un symbole (block).

▸ **Proche** (Nearest) : accrochage au point d'une ligne, d'un arc, d'un cercle, etc., le plus proche de la cible du curseur.

▸ **Node** (Nodal) : accrochage à une entité point.

▸ **Parallèle** (Parallel) : permet de tracer une ligne parallèle à une ligne existante, qu'il convient de survoler sans la sélectionner.

▸ **Perpend :** permet de tracer une perpendiculaire d'un point à une ligne, un cercle ou un arc.

▸ **Quadrant :** accrochage au point quadrant le plus proche, d'un cercle ou d'un arc. Les quadrants sont les points situés à 0, 90, 180 et 270° d'un cercle ou d'un arc.

▸ **Tangent :** permet de tracer une tangente d'un point à un cercle ou à un arc.

REMARQUES

• L'option **ACCROBJ** (Osnap) peut être désactivée et réactivée par le bouton **ACCROBJ** (OSNAP) situé dans la barre inférieure de l'écran. Il ne faut donc pas oublier d'activer ce bouton pour que les options d'accrochage soient opérationnelles.

• La taille et la couleur de la cible utilisée par les options **ACCROBJ** (OSNAP) peuvent être paramétrées via l'onglet **Dessin** (Drawing) de le boîte d'outils **Options** disponible via le menu **Outils** (Tools).

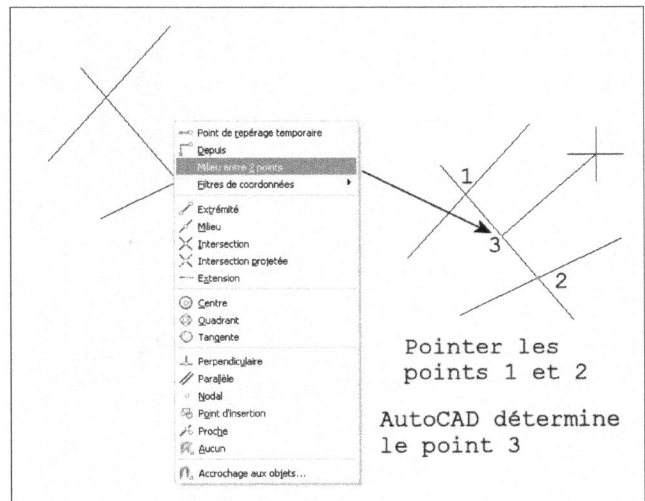

Fig.3.10

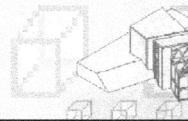

• Une option d'accrochage supplémentaire **M2P** permet de trouver le milieu entre deux points pointés à l'écran. Elle doit être entrée au clavier ou via le menu contextuel des accrochages aux objets (touche Maj + clic droit sur la souris) (fig.3.10).

Utiliser le repérage d'accrochage aux objets (Autotrack)

Le repérage par accrochage aux objets permet d'effectuer facilement un repérage à l'aide de chemins d'alignement définis par rapport aux points d'accrochage. Ce type d'accrochage est étroitement lié aux modes d'accrochage aux objets. Il convient donc de définir un mode d'accrochage aux objets avant de pouvoir effectuer un repérage à partir d'un point d'accrochage d'objet. A titre d'exemple, il est très facile de trouver par cet outil le centre d'un rectangle en sélectionnant les points milieu de deux côtés jointifs.

Pour activer le repérage par accrochage, la procédure est la suivante :

1. Activer un mode ou plusieurs modes d'accrochage par défaut.
2. Activer le mode Polaire.
3. Appuyer sur F11 ou cliquer sur **REPEROBJ** (OTRACK) dans la barre d'état.

Pour utiliser le repérage par accrochage, la procédure est la suivante :

1. Lancer une commande de dessin. Par exemple, Circle (Cercle).
2. Amener le curseur sur un point d'accrochage (pt1) pour qu'il acquière ses coordonnées. Il est inutile de cliquer sur le point, une brève pause du curseur suffit. Une fois un point acquis, les chemins d'alignement horizontaux, verticaux ou polaires par rapport à ce point s'affichent dès que l'on amène le curseur dessus.
3. Amener le curseur sur un autre point d'accrochage (pt2) pour acquérir ses coordonnées.
4. Déplacer le curseur sur le chemin d'alignement horizontal afin de positionner l'extrémité (pt3) alignée avec le chemin vertical en provenance du premier point sélectionné (fig.3.11).

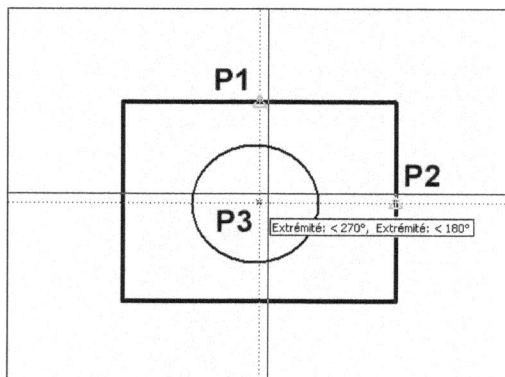

Fig.3.11

⑤ Cliquer pour confirmer le point. Il s'agit du centre du cercle.

⑥ Définir le rayon du cercle et le tour est joué.

REMARQUE

Pour supprimer un point acquis, il suffit d'amener à nouveau le curseur sur le marqueur d'acquisition du point. Chaque invite de commande entraîne la suppression automatique des points acquis.

Pour modifier les paramètres du repérage par accrochage aux objets, la procédure est la suivante :

① Dans le menu **Outils** (Tools), choisir **Aides au dessin** (Drafting Settings).

② Sur l'onglet **Repérage polaire** (Polar Tracking) de la boîte de dialogue **Paramètres de dessin** (Drafting Settings), sous **Repérage d'accrochage aux objets** (Object Snap Tracking Settings), sélectionner l'une des options suivantes (fig.3.12) :

■ **Plan orthogonal uniquement** (Track orthogonally only) : affiche seulement les points de repérage orthogonaux (axes horizontal et vertical) à partir d'un point acquis sur un objet.

■ **Utilisation de tous les paramètres d'angle polaire** (Track using all polar angle settings) : applique les paramètres de repérage polaire au repérage par accrochage aux objets. A titre d'exemple, si l'on sélectionne un incrément d'angle polaire de 30 degrés, les chemins d'alignement pour le repérage s'affichent également par incréments de 30 degrés.

③ Cliquer sur **OK**.

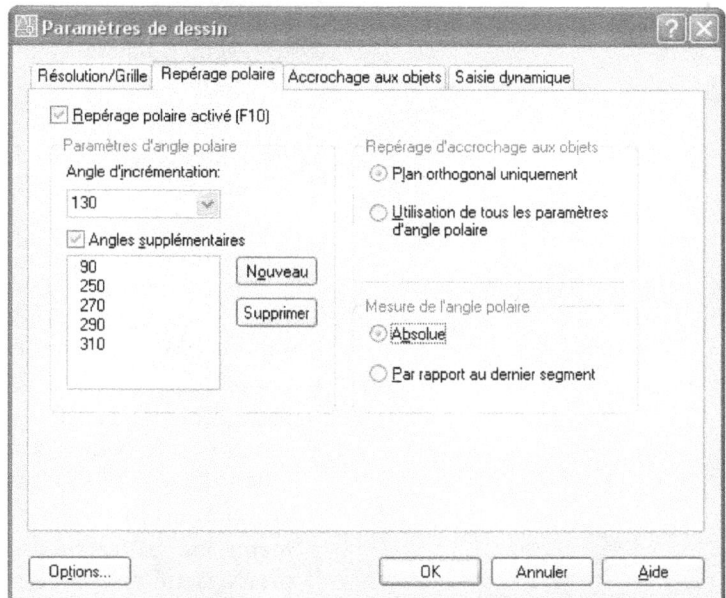

Fig.3.12

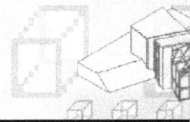

Visualiser correctement son dessin

Pour la plupart des applications professionnelles, il est impossible de visualiser correctement l'ensemble d'un projet à l'écran, étant donné sa taille limitée par rapport à la table de dessin traditionnelle. Pour remédier à cet état de choses, AutoCAD fournit au concepteur un ensemble de commandes, dont **ZOOM** et **PAN**, lui permettant de visualiser son dessin dans les moindres détails.

La commande **ZOOM** fonctionne comme le zoom en photographie et permet d'agrandir ou de rétrécir une partie du dessin. Cette commande ne modifie en rien la précision et les dimensions réelles du dessin.

La commande **PAN** permet de faire une translation de l'écran de visualisation dans n'importe quelle direction sans changer les caractéristiques du dessin, ni le facteur de **ZOOM**.

Les commandes **ZOOM** et peuvent aussi être utilisées en temps réel, ce qui permet de naviguer beaucoup plus facilement et de manière plus intuitive au sein des dessins, quelle que soit leur taille.

La procédure pour effectuer un Zoom est la suivante :

Menu : choisir le menu déroulant **AFFICHAGE** (View) puis l'option **Zoom**.

Icône : cliquer sur l'une des trois icônes de la barre d'outils standard ou utiliser les options de la barre d'outils **Zoom**.

Clavier : taper la commande **ZOOM**, puis l'option souhaitée.

Les options sont les suivantes (fig.3.13) :

▸ **Zoom Temps réel** (Realtime) : permet de visualiser le dessin en temps réel à l'écran. Il suffit de pointer au milieu de l'écran puis de déplacer la souris vers le haut (Zoom +) ou vers le bas (Zoom -) en maintenant la touche de la souris en permanence enfoncée.

▸ **Zoom Total** (All) : permet de visualiser l'ensemble du dessin à l'écran, même les parties situées en dehors des limites définies au départ du projet. Cette option permet donc de ravoir une vue générale après un zoom sur une partie du dessin.

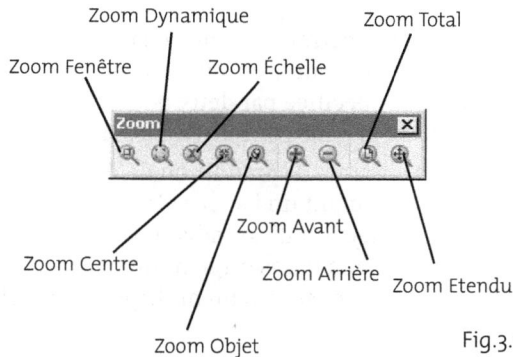

Fig.3.13

▶ **Zoom Centre** (Center) : permet de spécifier un point du dessin qui deviendra le centre de l'écran. Il convient de préciser également la hauteur de la fenêtre que l'on souhaite visualiser dans le zoom, en pointant deux points ou en entrant une valeur au clavier.

▶ **Zoom Objet** (Object) : permet d'afficher de manière aussi large que possible un ou plusieurs objets sélectionnés au centre de la zone d'image. Il est possible de sélectionner des objets avant ou après le lancement de la commande ZOOM (fig.3.14).

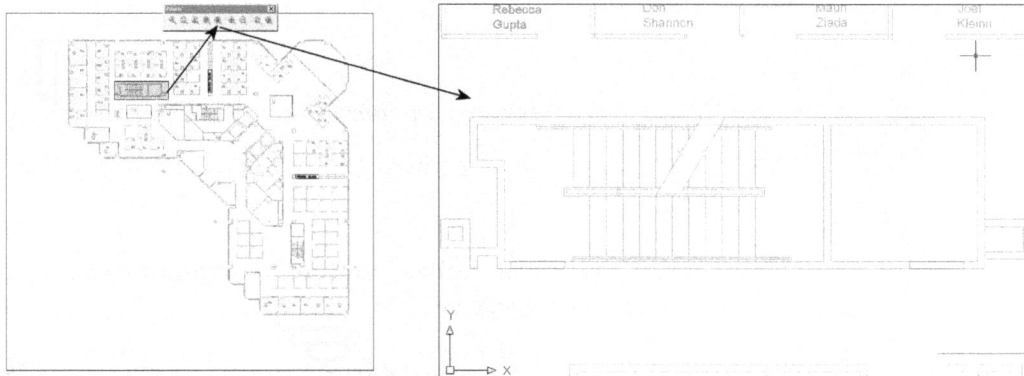

Fig.3.14

▶ **Zoom Dynamique** (Dynamic) : permet d'agrandir ou de rétrécir une partie du dessin à l'aide d'une fenêtre mobile (cadre avec un « X » au centre) se déplaçant sur l'ensemble de la feuille de travail. Cette fenêtre peut être agrandie horizontalement et/ou verticalement par l'utilisateur.

▶ **Zoom Etendu** (Extents) : cette option permet également de voir l'ensemble du dessin, comme dans le cas du zoom Tout (all), mais ici le dessin est affiché en plein écran.

▶ **Zoom Précédent** (Previous) : permet de revenir à un zoom précédent. Suivant les versions AutoCAD, on peut ainsi revenir 5 ou 10 zooms en arrière sans devoir obligatoirement repasser par un zoom « all » (total).

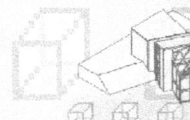

▸ **Zoom Fenêtre** (Window) : permet en cours de travail d'agrandir rapidement une partie du dessin pour y travailler avec grande précision. La zone à agrandir doit être spécifiée par deux points formant la diagonale d'un rectangle entourant la zone concernée (fig.3.15).

▸ **Zoom Echelle** (Scale) : permet d'agrandir ou de rétrécir la visualisation d'un dessin à l'écran en donnant un facteur d'échelle. Si ce facteur est un nombre seul (ex. : 0.5), le facteur d'agrandissement sera un multiple des limites fixées au départ. Dans le cas où le nombre est suivi d'un X (ex. : 0.5X), la nouvelle surface affichée sera un multiple de la surface en cours.

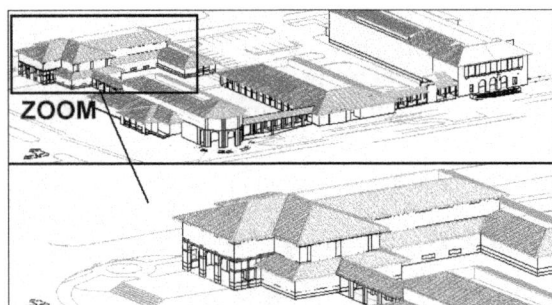

Fig.3.15

REMARQUE

Pour effectuer rapidement un zoom en temps réel, il est conseillé d'utiliser la roulette centrale d'une souris type Intellimouse.

La procédure pour effectuer un panoramique est la suivante :

Menu : choisir le menu déroulant **AFFICHAGE** (View) puis l'option **Pan**.

Icône : cliquer sur l'icône **Panoramique dynamique** (Pan Realtime) de la barre d'outils standard.

Clavier : taper la commande **PAN** pour un panoramique en temps réel et -**PAN** pour réaliser un panoramique en pointant deux points.

Options

▸ **Temps réel** (Realtime) : permet de déplacer la feuille en temps réel. Il convient de garder la touche de la souris enfoncée pendant le déplacement.

▸ **Point** : permet de pointer deux points pour effectuer le panoramique : un point de départ et un point d'arrivé (fig.3.16).

▸ **Gauche** (Left), **Droite** (Right), **En haut** (Up), **En bas** (Down) : permet de déplacer la feuille à gauche, à droite, vers le haut ou vers le bas.

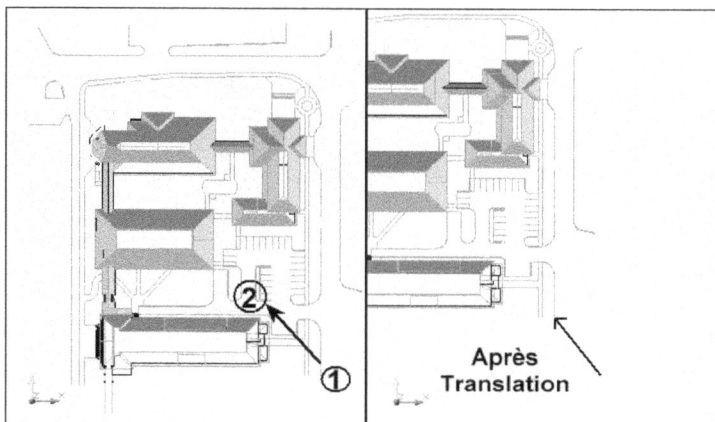

Fig.3.16

REMARQUES

• Pour effectuer rapidement un panoramique en temps réel, il est conseillé d'utiliser le bouton central de la souris ou la roulette d'une souris type Intellimouse. La variable **MBUTTONPAN** doit être sur 1.

• Il est possible d'annuler en une seule action des zoom et pan consécutifs. Il suffit pour cela d'activer le champ **Associer les commandes de zoom et de panoramique** (Combine zoom and pan commands) de l'onglet **Préférences utilisateur** (User Preferences) de la boîte de dialogue **Options** (menu **Outils > Options**).

Rafraîchir son écran

Il s'avère parfois nécessaire de rafraîchir l'écran afin de visualiser correctement le contenu et d'obtenir un meilleur contraste des objets. Deux commandes sont disponibles dans AutoCAD pour effectuer ce nettoyage : **REDESS** (Redraw), pour rafraîchir l'affichage à l'écran et **REGEN** pour régénérer le dessin au complet. Cette dernière fonction, qui est plus longue que la première, est parfois nécessaire pour afficher la nouvelle taille ou le nouvel aspect de certains objets.

La procédure de rafraîchissement est la suivante :

Menu : choisir le menu déroulant **AFFICHAGE** (View) puis l'option **Redessiner** (Redraw) ou **Regénérer** (Regen).

Clavier : taper la commande **REDESS** (Redraw) ou taper la commande **REGEN**.

Sélectionner les entités du dessin

Il existe plusieurs moyens pour sélectionner des entités du dessin : le dernier créé, un par un, par une fenêtre de sélection, tous les objets, etc. Le tableau suivant reprend les différentes options disponibles :

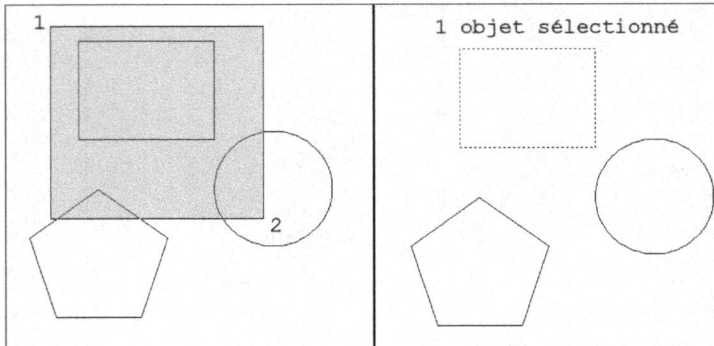

Fig.3.17

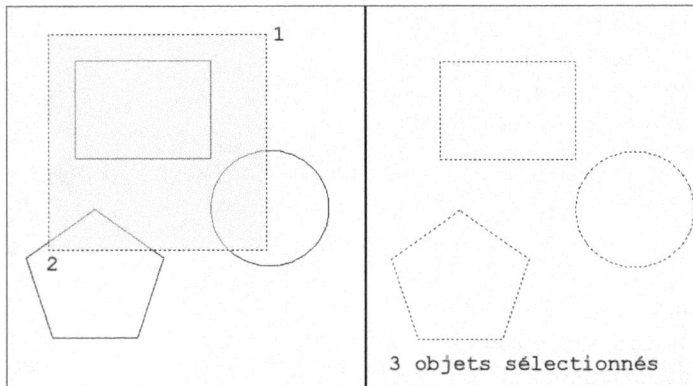

Fig.3.18

- ▸ **Fenêtre** (Window) : permet de sélectionner les entités contenues entièrement dans la fenêtre de sélection. Il convient de pointer un point de base puis d'agrandir la fenêtre de sélection vers la droite (fig.3.17). La fenêtre de sélection est de couleur bleue.
- ▸ **Capturé** (Crossing) : permet de sélectionner les entités contenues entièrement ou partiellement dans la fenêtre de sélection. Il convient de pointer un point de base puis d'agrandir la fenêtre de sélection vers la gauche (fig.3.18). La fenêtre de sélection est de couleur verte.
- ▸ **Dernier** (Last) : permet de sélectionner la dernière entité dessinée dans la zone affichée à l'écran.
- ▸ **Précédent** (Previous) : permet de sélectionner les entités contenues dans la dernière opération de sélection.
- ▸ **Retirer** (Remove) : permet de retirer des entités non désirables dans la sélection en cours. Il est également possible de retirer des entités du dessin en tenant la touche Maj (Shift) enfoncée et en sélectionnant les entités concernées.
- ▸ **Ajouter** (Add) : permet d'ajouter, une par une, des entités dans la sélection en cours (option par défaut).
- ▸ **Annulation** (Undo) : élimine la dernière entité sélectionnée.
- ▸ **Boîte** (Box) : si l'on déplace le curseur vers la droite on obtient une fenêtre de type « Window » (fenêtre) et vers la gauche une fenêtre de type « Crossing » (capturé).

▸ **Auto** : si l'on pointe en dehors de toute entité à l'écran, le point deviendra le premier coin d'une fenêtre de type Box.

▸ **Unique** (Single) : l'entité est activée dès la sélection (pas besoin de confirmer par Return). Cette option doit accompagner une autre option comme **Dernier** (Last), **Ajouter** (Add), etc.

▸ **Tout** (All) : sélectionne toutes les entités du dessin.

▸ **CPolygone** (CPolygon) : permet de sélectionner les entités contenues entièrement ou partiellement dans le polygone (de forme quelconque) de sélection (fig.3.19).

▸ **Trajet** (Fence) : permet de sélectionner les entités qui coupent la ligne du trajet.

▸ **FPolygone** (WPolygon) : permet de sélectionner les entités contenues entièrement dans le polygone (de forme quelconque) de sélection.

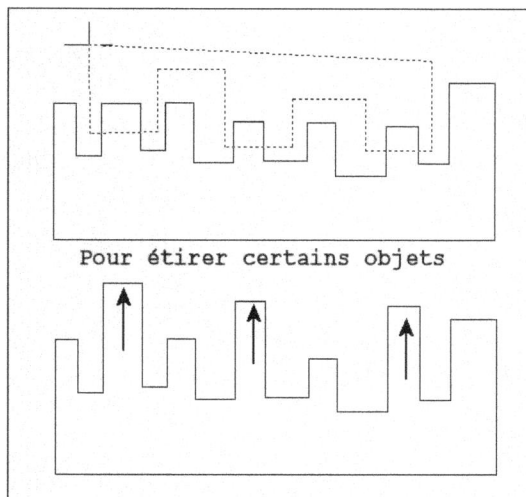

Pour étirer certains objets

Fig.3.19

REMARQUE

Pour désélectionner un ou plusieurs objets, il suffit d'enfoncer la touche Maj (Shift) et de sélectionner les objets à supprimer de la sélection.

Effacer des objets et les récupérer

AutoCAD permet d'effacer toutes les entités dessinées à l'aide des différentes méthodes de sélection disponibles. Les objets ainsi effacés peuvent être récupérés directement en cas de fausse manœuvre par la **commande REPRISE** (OOPS) ou la commande générale d'annulation **ANNULER** (UNDO).

La procédure pour effacer des objets est la suivante :

1. Exécuter la commande d'effaçage à l'aide d'une des méthodes suivantes :

Menu : choisir le menu déroulant **Modification** (Modify) puis l'option **Effacer** (Erase).

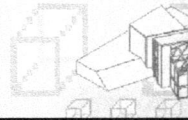

Icône : choisir l'icône **Effacer** (Erase) de la barre d'outils **Modification** (Modify).

Clavier : taper la commande **EFFACER** (Erase) ou cliquer sur la touche Suppr (Del) après avoir sélectionné le(s) objets.

2 Sélectionner les objets à effacer à l'aide d'une des options de sélection. Par exemple le polygone et le cercle avec l'option **Fenêtre** (fig.3.20).

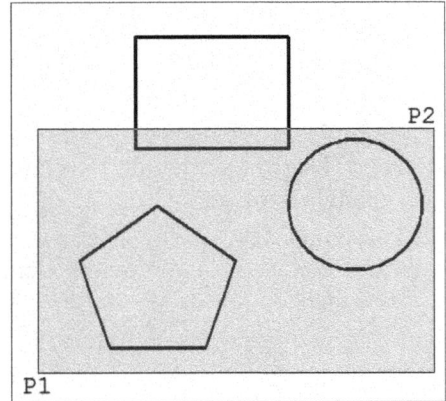

Fig.3.20

Procédure pour récupérer les objets effacés :

1 Exécuter la commande de récupération à l'aide de la méthode suivante :

Icône : cliquer sur l'icône **Annuler** (Undo) de la barre d'outils principale.

Clavier : taper la commande **REPRISE** (Oops) ou **ANNULER** (Undo).

Outre le fait d'annuler l'effacement d'objets, la commande Annuler (Undo) permet d'annuler plusieurs opérations selon la procédure suivante :

1 Dans la barre d'outils standard, cliquer sur la flèche de l'icône **Annuler** (Undo) pour ouvrir la liste déroulante (fig.3.21). La liste des opérations que l'on peut annuler apparaît et affiche, en premier, l'action la plus récente.

2 Glisser le curseur pour sélectionner les opérations à annuler.

3 Cliquer pour annuler les opérations sélectionnées.

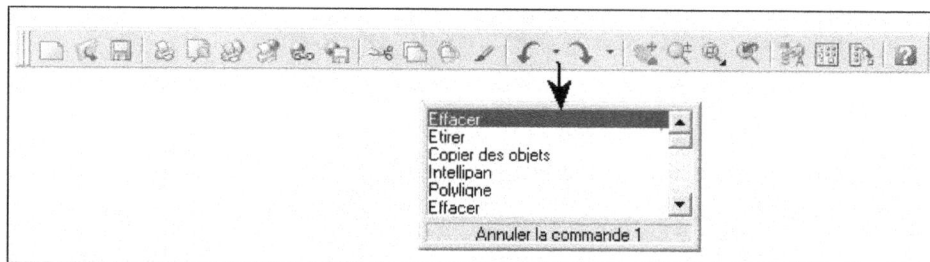

Fig.3.21

Il est ensuite possible de rétablir une ou plusieurs opérations.

Pour rétablir une opération, la procédure est la suivante :

▶ Dans le menu **Edition** (Edit), choisir l'option **Rétablir**.

L'option **Rétablir** (Redo) ne peut inverser que l'opération précédant immédiatement la commande **ANNULER** (Undo).

Pour rétablir un nombre donné d'opérations, la procédure est la suivante :

[1] Dans la barre d'outils Standard, cliquer sur la flèche de l'icône **Rétablir** (Redo) pour ouvrir la liste déroulante (fig.3.22). La liste des opérations annulées que l'on peut rétablir apparaît et affiche, en premier, l'action la plus récente.

[2] Glisser le curseur pour sélectionner les opérations à rétablir.

[3] Cliquer pour rétablir les opérations sélectionnées.

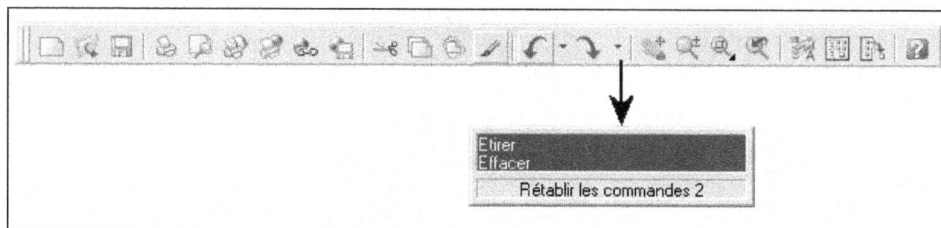

Fig.3.22

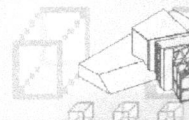

Mesurer la distance entre deux points

En dessinant avec AutoCAD, il est important de pouvoir contrôler à tout moment la distance entre deux points.

La procédure est la suivante :

☐ Sélectionner la commande **Distance** à l'aide d'une des méthodes suivantes :

Menu : choisir le menu déroulant **Outils** (Tools) puis l'option **Renseignement** (Inquiry) et ensuite **Distance**.

Icône : cliquer sur l'icône **Distance** de la barre d'outils **Renseignements** (Inquiry).

Clavier : taper la commande **DISTANCE** (Dist).

☐ Sélectionner le premier (P1) et le second point (P2) de la distance à mesurer (fig.3.23).

☐ AutoCAD affiche la distance ainsi mesurée. Si la zone de commande ne comprend pas suffisamment de lignes pour afficher le résultat, il suffit d'enfoncer la touche F2 pour ouvrir la fenêtre texte de Windows.

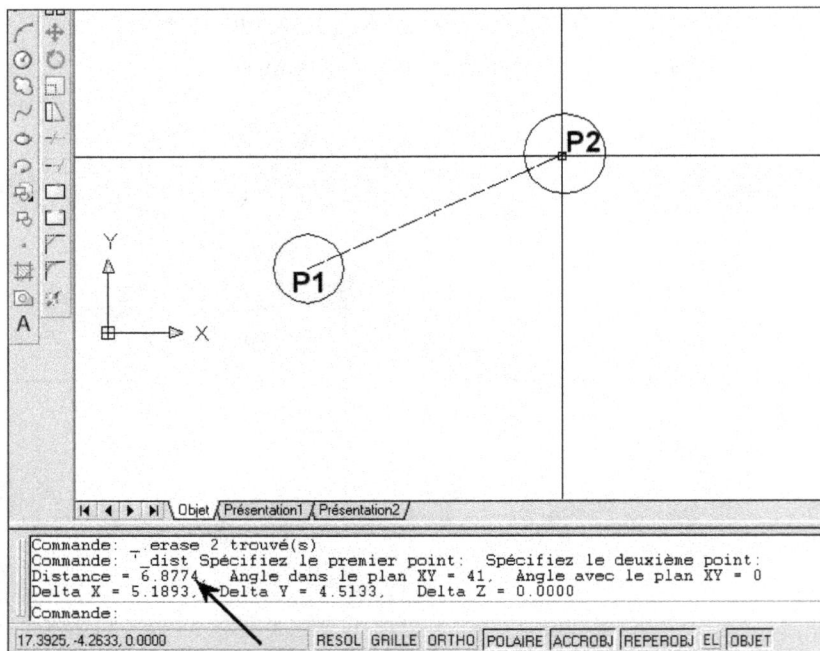

Fig.3.23

Mesurer l'aire d'une surface

En dessinant avec AutoCAD, il est aussi important de pouvoir contrôler en cas de besoin l'aire d'une surface. Pour effectuer cette opération, AutoCAD dispose de la commande **AIRE** (Aera). Il est aussi possible d'effectuer des additions et/ou des soustractions de surfaces.

La procédure est la suivante :

1 Sélectionner la commande **Aire** (Area) à l'aide d'une des méthodes suivantes :

Menu : choisir le menu déroulant **Outils** (Tools) puis l'option **Renseignement** (Inquiry) et ensuite **Aire** (Area).

Icône : cliquer sur l'icône **Aire** (Area) de la barre d'outils **Renseignements** (Inquiry).

Clavier : taper la commande **AIRE** (Area).

2 Sélectionner la surface à mesurer ou pointer les différents points du contour. Dans le cas du calcul de la surface d'un carré moins celui d'un cercle, on a (fig.3.24) :

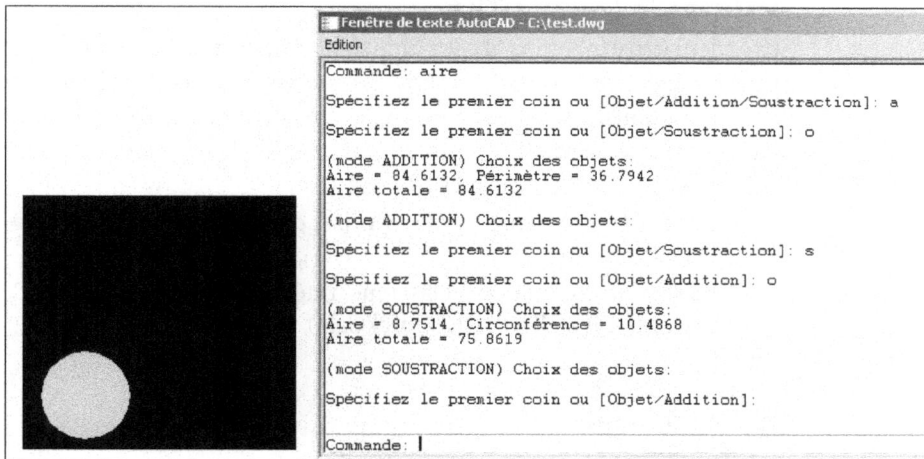

Fig.3.24

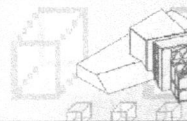

Commande : AIRE (AREA)

Spécifier le premier coin ou [Objet/Addition/Soustraction] : taper A (pour addition)

Spécifier le premier coin ou [Objet/Soustraction] : taper O (pour objet)

(mode ADDITION) Choix des objets : sélectionner le rectangle

Aire = 16166.0537, Périmètre = 508.6297

Aire totale = 16166.0537

(mode ADDITION) Choix des objets : faire Entrée (Enter)

Spécifier le premier coin ou [Objet/Soustraction] : taper S (pour soustraction)

Spécifier le premier coin ou [Objet/Addition] : taper O (pour objet)

(mode SOUSTRACTION) Choix des objets : sélectionner le cercle

Aire = 2281.5319, Circonférence = 169.3239

Aire totale = 13884.5219 (c'est le résultat)

(mode SOUSTRACTION) Choix des objets : faire Entrée (Enter) pour sortir de la commande.

Utiliser la calculatrice

La calculatrice d'AutoCAD est une fonction fort utile pour extraire et utiliser des données mathématiques d'entités déjà tracées dans le dessin. Les expressions utilisables sont de nature mathématique (addition, soustraction...) ou vectorielle (comprend des points de coordonnées). La calculatrice existe sous deux formes :

▶ Comme fonction transparente à utiliser dans une autre commande : c'est la commande **CAL**.

▶ Comme une calculatrice classique intégrée dans AutoCAD : c'est la commande **CALCRAPIDE** (QuickCalc).

La fonction CAL

La fonction **CAL** peut être utilisée de façon transparente, en réponse à un message d'AutoCAD, en la faisant précéder d'une apostrophe ('CAL).

On souhaite, par exemple, tracer un cercle sur la base de données existantes dans le dessin (fig.3.25), en tenant compte des paramètres suivants :

▶ le centre : situé au milieu de l'axe de la figure ;
▶ le rayon : équivalent à 1/5 du rayon de l'arc supérieur.

La procédure est la suivante :

1. Sélectionner la commande **CERCLE** (Circle).

2. Taper la commande transparente **'CAL** (avec l'apostrophe devant).

3. Expression : taper (mid+qua)/2.

4. Sélectionner un objet pour l'accrochage MID (Select entity for MID snap) : sélectionner la ligne du bas (P1).

5. Sélectionner un objet pour l'accrochage QUA (Select entity for QUA snap) : sélectionner la partie supérieure du cercle (P2).

6. Spécifier le rayon ou [Diamètre] (Radius or Diameter) : taper 'CAL.

7. Expression : 1/5*Rad.

2. Sélectionner le cercle, le segment d'arc ou de polyligne pour la fonction RAD (Select circle, arc or polyline segment for RAD function) : sélectionner l'arc (P3).

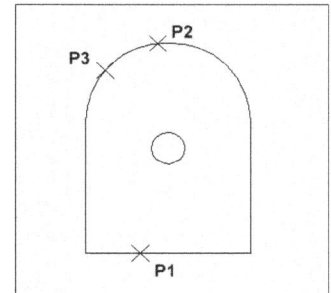

Fig.3.25

Pour rendre l'utilisation de la calculatrice plus efficace, il existe dans AutoCAD une série de fonctions pré-programmées très faciles à utiliser. Les expressions suivantes sont ainsi à taper après l'affichage du message >>Expression.

Abréviation	Fonctions	Description
DEE	DIST(END,END)	Calcul de la distance entre deux extrémités
ILLE	ILL(END,END,END,END)	Intersection de deux droites définies par deux extrémités
MEE	(END,END)/2	Le point milieu d'une droite définie par 2 extrémités
NEE	NOR(END,END)	Vecteur unitaire dans le plan X,Y et normal à une droite définie par deux extrémités
VEE	VEC(END,END)	Vecteur entre deux extrémités
VEE1	VEC1(END,END)	Vecteur unitaire entre deux extrémités

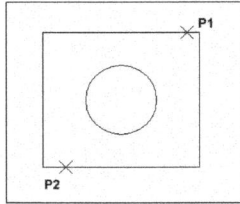

Fig.3.26

Ainsi, pour tracer par exemple un cercle au milieu d'un carré, il suffit d'utiliser l'expression MEE : (fig.3.26) :

Commande : Cercle (Circle)

Spécifier le centre du cercle ou [3P/2P/TTR] (Center point or [3P/2P/TTR])> : 'CAL.

>>Expression : MEE.

>>Sélectionner une extrémité pour MEE (Select one endpoint for MEE) : sélectionner le coin gauche du carré (P1).

>>Sélectionner une autre extrémité pour MEE (Select another endpoint for MEE) : sélectionner le coin opposé du carré (P2).

Spécifier le rayon du cercle ou [Diameter] (Radius or [Diameter]) : taper une valeur.

La calculatrice rapide

La calculatrice CalcRapide (QuickCalc) contient des fonctionnalités élémentaires identiques aux calculatrices mathématiques les plus courantes. En outre, elle possède des fonctionnalités spécifiques à AutoCAD, telles que des fonctions géométriques, une zone Conversion des unités et une zone Variables.

Avec la calculatrice CalcRapide, il est possible de :

- ▸ Réaliser des calculs mathématiques et trigonométriques.
- ▸ Accéder aux calculs précédemment saisis et les interpréter de nouveau.
- ▸ Utiliser la calculatrice avec la palette **Propriétés** pour modifier les propriétés d'un objet.
- ▸ Convertir des unités de mesure.
- ▸ Effectuer des calculs géométriques associés à des objets spécifiques.
- ▸ Copier et coller des valeurs et des expressions dans la palette **Propriétés** et la ligne de commande ou à partir de celles-ci.
- ▸ Réaliser des calculs avec des nombres mixtes (fractions) ainsi qu'en pieds et pouces.
- ▸ Définir, stocker et utiliser les variables de la calculatrice.
- ▸ Utiliser des fonctions géométriques depuis la commande CAL.

La calculatrice se compose des zones et fonctions suivantes (fig.3.27) :

Barre d'outils supérieure : elle permet d'effectuer des calculs rapides à partir de fonctions courantes. Elle comprend les fonctions :

▶ **Effacer :** vide la zone de saisie.

▶ **Effacer l'historique** : vide la zone d'historique.

▶ **Obtenir les coordonnées :** affiche les coordonnées de l'emplacement d'un point à sélectionner dans le dessin.

▶ **Distance entre deux points :** calcule la distance entre deux emplacements de points qu'il convient de pointer dans le dessin.

▶ **Angle de ligne défini par deux points** : calcule l'angle d'une ligne virtuelle définie par deux emplacements de points qu'il convient de pointer dans le dessin.

▶ **Intersection de deux lignes définies par quatre points :** calcule l'intersection de quatre emplacements de points qu'il convient de pointer dans le dessin.

▶ **Aide** : affiche l'aide pour la fonction **CalcRapide** (QuickCalc).

Zone Historique : elle affiche une liste des expressions évaluées préalablement.

Zone de saisie : elle permet d'entrer et d'extraire des expressions. Lorsque l'on clique sur la touche = (égal) ou que l'on appuie sur Entrée, CalcRapide évalue une expression et affiche les résultats.

Bouton Plus/Moins : permet d'afficher ou de masquer toutes les zones de fonction de CalcRapide.

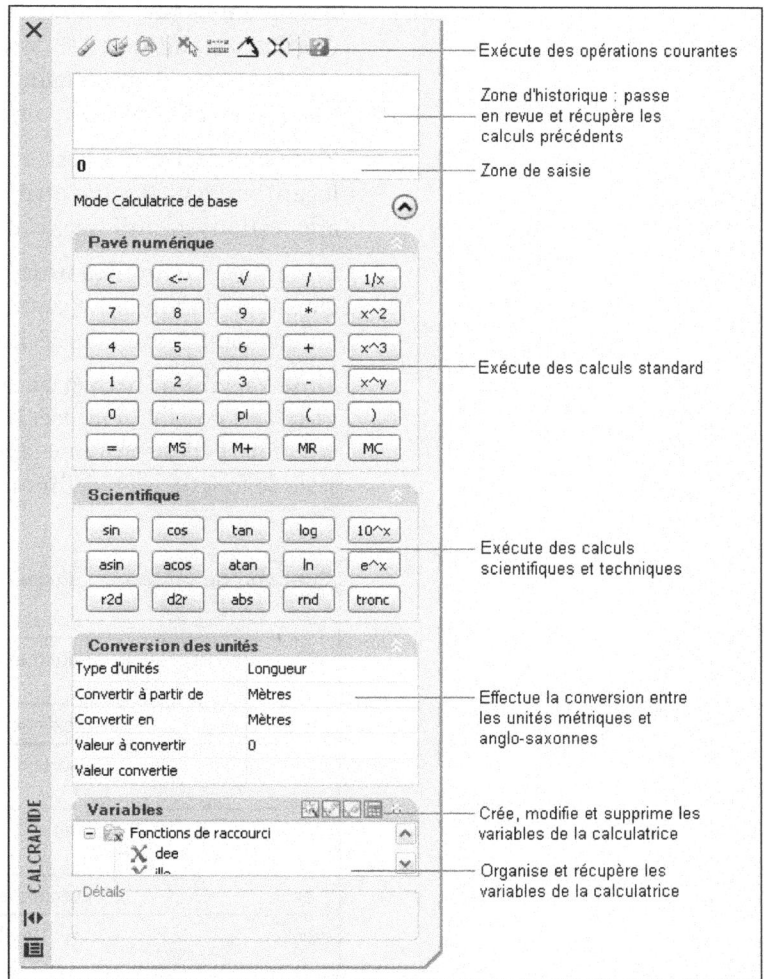

Fig.3.27

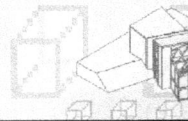

Pavé numérique : constitue un clavier de calculatrice standard qui permet de saisir des chiffres et des symboles pour des expressions arithmétiques. Il convient d'entrer des valeurs et des expressions, puis de cliquer sur le signe égal (=) pour évaluer l'expression.

Zone Scientifique : permet d'évaluer les expressions trigonométriques, logarithmiques, exponentielles et toutes celles généralement liées à des applications scientifiques et d'ingénierie.

Zone Conversion des unités : permet de convertir les unités de mesure d'un type d'unité à un autre. La zone de conversion des unités accepte uniquement des valeurs décimales sans unités.

Zone Variables : permet d'accéder aux fonctions et aux constantes prédéfinies. Il est possible d'utiliser la zone Variables pour définir et enregistrer des fonctions et des constantes supplémentaires. Le tableau suivant décrit une série de fonctions prédéfinies.

Fonction de raccourci	Raccourci	Description
dee	dist(ext,ext)	Distance entre deux extrémités
ille	ill(ext,ext,ext,ext)	Intersection de deux lignes définies par quatre extrémités
mee	(ext+ext)/2	Milieu entre deux extrémités
nee	nor(ext,ext)	Vecteur d'une unité dans le plan XY et normale de deux extrémités
rad	rad	Rayon d'un cercle, d'un arc ou d'un arc de polyligne sélectionné
vee	vec(ext,ext)	Vecteur à partir de deux extrémités
vee1	vec1(ext,ext)	Vecteur d'une unité à partir de deux extrémités

La saisie dynamique des données

La saisie dynamique des données offre une interface de commande proche du curseur qui permet à l'utilisateur de se concentrer sur la zone de dessin et non plus sur la zone de commande. Lorsque la saisie dynamique est activée, les info-bulles affichent des informations à proximité du curseur qui sont mises à jour de façon dynamique au gré des déplacements du curseur. Les actions requises pour terminer une commande sont identiques à celles exécutées sur la ligne de commande, à cette différence près que l'attention de l'utilisateur peut rester concentrée sur le curseur.

Pour activer ou désactiver la saisie dynamique, il suffit de cliquer sur le bouton **Dyn** dans la barre d'outils. Il est possible de la désactiver temporairement en maintenant la touche F12 enfoncée. La saisie dynamique comporte trois composants : la saisie du pointeur, la saisie dimensionnelle et les invites dynamiques. Il convient de cliquer avec le bouton droit de la souris sur **Dyn** puis de sélectionner **Paramètres** (Settings) pour contrôler l'affichage pour chaque composant lorsque la saisie dynamique est activée (fig.3.28).

Les options sont les suivantes :

Saisie du pointeur (Pointer Input)

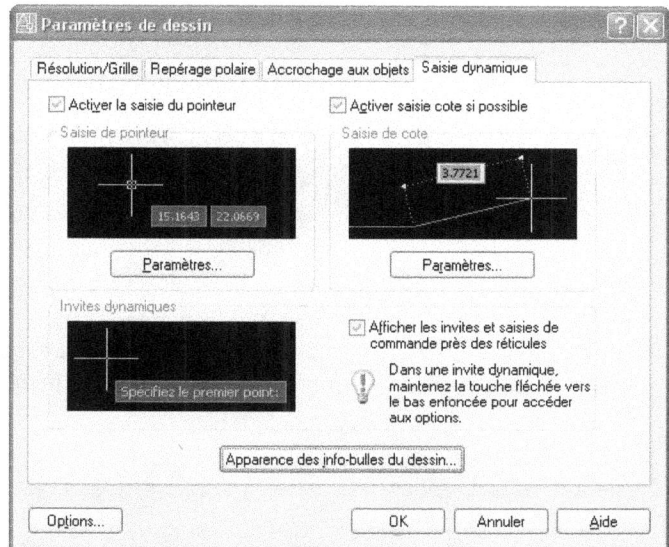

Fig.3.28

Lorsque la saisie du pointeur est activée et qu'une commande est active, l'emplacement des réticules s'affiche sous forme de coordonnées dans une info-bulle placée à côté du curseur. Il est possible d'entrer des valeurs de coordonnées absolues dans l'info-bulle plutôt que sur la ligne de commande. Par exemple : 10,15. Le second point par défaut et les points suivants sont des coordonnées polaires relatives (cartésiennes relatives pour la commande RECTANG). Il n'est pas nécessaire de taper le signe (@). Si l'on souhaite utiliser des coordonnées absolues, il convient de taper le signe dièse (#) en préfixe. Par exemple : #20,12.

Le format par défaut peut être modifié en cliquant sur le bouton **Paramètres** (Settings) (fig.3.29) :

▶ **Format polaire** (Polar format) : affiche l'info-bulle pour le deuxième point ou le point suivant dans le format de coordonnées polaires. Entrer une virgule (,) pour passer au format cartésien.

▶ **Format cartésien** (cartesian format) : affiche l'info-bulle pour le deuxième point ou le point suivant dans le format de coordonnées cartésien. Entrer un symbole d'angle (<) pour passer au format polaire.

▶ **Cordonnées relatives** (Relative coordinates) : affiche l'info-bulle pour le deuxième point ou le point suivant dans le format de coordonnées relatives. Entrer un signe dièse (#) pour passer au format absolu.

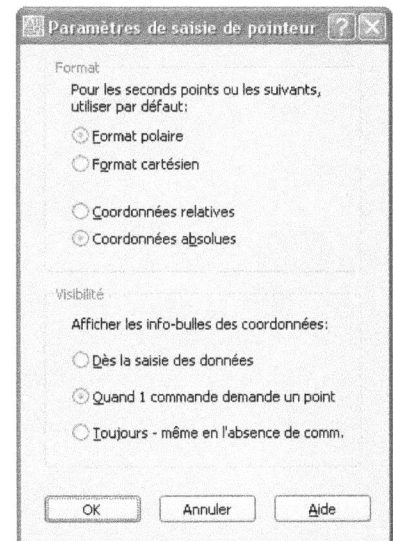

Fig.3.29

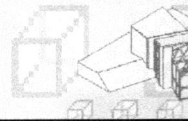

▶ **Coordonnées absolues** (Absolute) : affiche l'info-bulle pour le deuxième point ou le point suivant dans le format de coordonnées absolues. Entrer un signe arobase (@) pour passer au format relatif.

Saisie de cote (Dimension Input)

Gère l'affichage des info-bulles pendant l'étirement de poignées, lorsque la saisie de cote est activée (fig.3.30). Ainsi lors de l'étirement de l'extrémité d'une ligne par exemple, il est possible d'afficher plus ou moins d'info-bulles pour paramétrer les déplacements du point. Les options sont les suivantes :

▶ **Afficher 1 seul champ de saisie de cote à la fois** (Show only 1 dimension input field at a time) : affiche uniquement l'info-bulle indiquant le changement de longueur lors de l'utilisation des poignées pour étirer un objet.

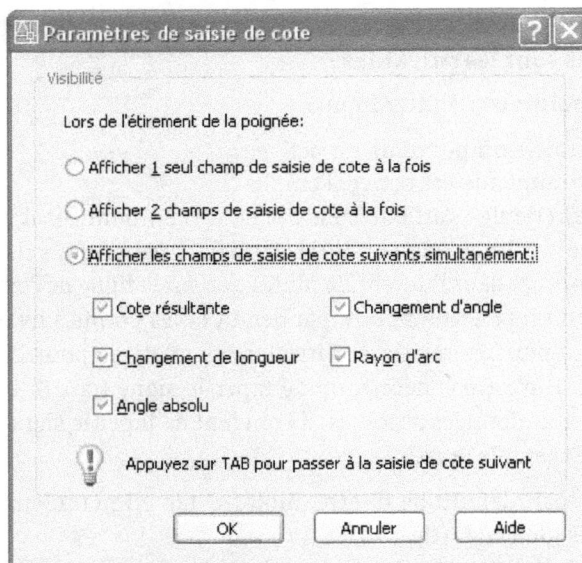

Fig.3.30

▶ **Afficher 2 champs de saisie de cote à la fois** (Show 2 dimension input fields at a time) : affiche l'info-bulle indiquant le changement de longueur et celle indiquant la nouvelle longueur lors de l'utilisation des poignées pour étirer un objet.

▶ **Afficher les champs de saisie de cote suivants simultanément** (Show the following dimension input fields simultaneously) : affiche les info-bulles suivantes lors de l'utilisation des poignées pour étirer un objet (fig.3.31) :

- **Cote résultante** (Resulting Dimension) : affiche une info-bulle de cote de longueur qui est mise à jour lors du déplacement de la poignée.

- **Changement de longueur** (Length Change) : affiche le changement de longueur à mesure que l'on déplace la poignée.

- **Angle absolu** (Absolute Angle) : affiche une info-bulle de cote d'angle qui est mise à jour lors du déplacement de la poignée.

- **Changement d'angle** (Angle Change) : affiche le changement d'angle à mesure que l'on déplace la poignée.

- **Rayon d'arc** (Arc Radius) : affiche le rayon d'un arc qui est mis à jour lors du déplacement de la poignée.

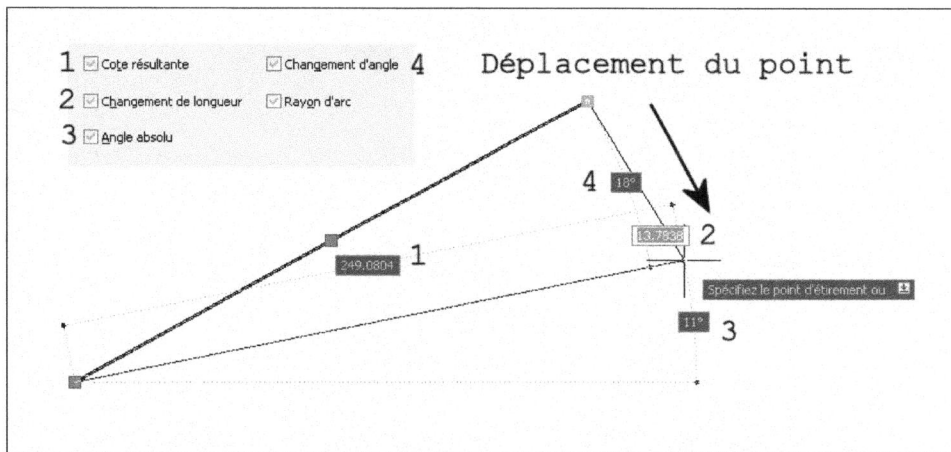

Fig.3.31

REMARQUE

L'utilisation de la saisie dynamique est abordée au chapitre 4.

CHAPITRE 4
DESSINER EN 2D AVEC AutoCAD

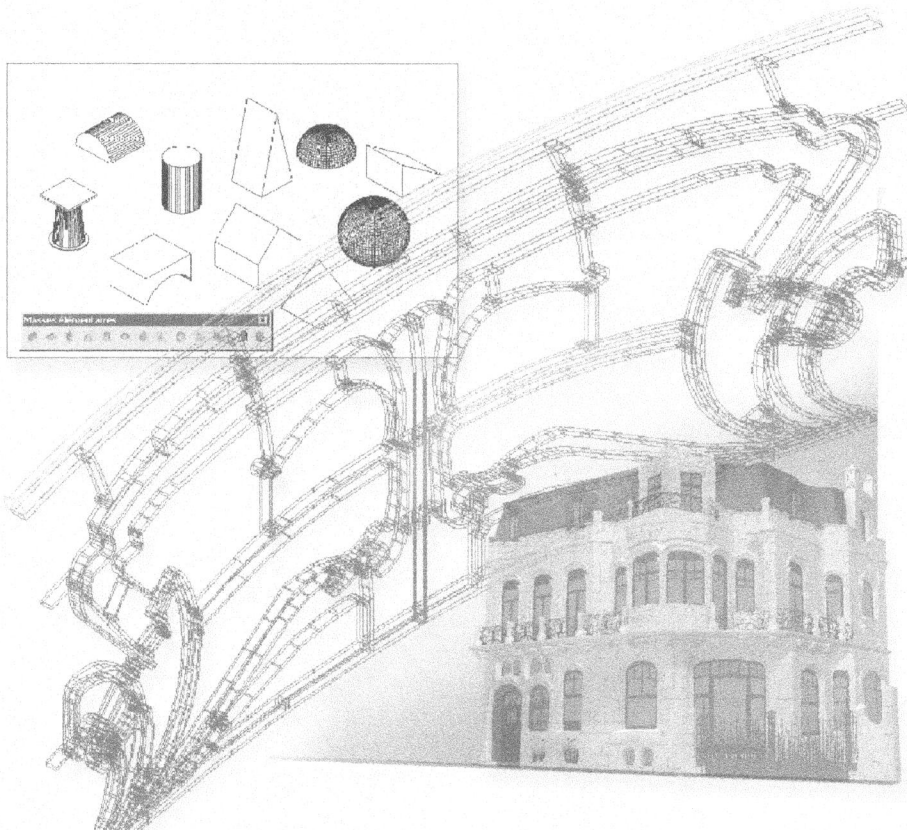

Les fonctions de dessin

Pour construire les éléments de base d'un dessin, AutoCAD met à disposition quatre groupes de fonctions de dessin :

- **la création d'objets constitués de lignes :** la ligne simple, la polyligne, les lignes de construction, la multiligne ;
- **la création d'objets constitués de courbes :** l'arc de cercle, l'arc elliptique, la polyligne, la courbe Spline ;
- **la création de formes géométriques de base :** le cercle, l'ellipse, le rectangle, le polygone régulier, le point, la polyligne contour ;
- **la création d'objets pleins :** la polyligne avec épaisseur, l'anneau.

Quelle technique de dessin utiliser ?

Avant d'aborder en détail chacune des fonctions de dessin, il est intéressant de voir quelle sont les différentes techniques disponibles pour réaliser une figure de base constituée de quelques lignes. Par la suite, en fonction de la complexité du dessin il conviendra de choisir une technique plutôt qu'une autre. Ainsi, dans le cas de l'exemple illustré à la figure 4.1, il est possible de réaliser ce dernier de trois manières différentes :

- en entrant directement les données à l'aide de coordonnées et des modes Ortho et Polaire ;
- en utilisant des lignes de construction comme guides ;
- en traçant les lignes principales et en coupant les parties superflues.

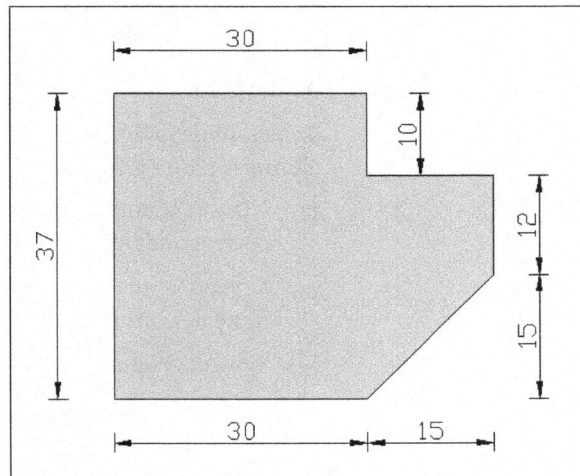

Fig.4.1

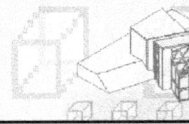

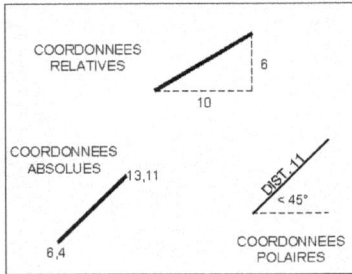

Fig.4.2

Entrer les données en mode direct avec les coordonnées

Les différentes entités d'un dessin d'AutoCAD sont situées par rapport à un système de référence XYZ. L'entrée des données peut se faire en utilisant le curseur à l'écran (mode dynamique) ou en entrant des coordonnées ou des distances au clavier (mode non dynamique). Trois types de coordonnées peuvent être utilisés (fig.4.2) :

▸ **les coordonnées absolues** : de type (X,Y) ou (X,Y,Z), chaque point est situé par rapport à l'origine (0,0,0) du système de référence ;

▸ **les coordonnées relatives cartésiennes** : de type (@X,Y), chaque point est situé à une distance X et Y du dernier point entré ;

▸ **les coordonnées relatives polaires** : de type (@Distance‹Angle), chaque point est situé à une distance D et un angle A du dernier point entré.

Plusieurs méthodes sont disponibles pour créer un dessin en mode direct avec l'usage des coordonnées :

▸ **Sans le mode dynamique**

  ▪ Entrer les coordonnées complètement au clavier dans la zone de commande avec l'usage des signes « , », « @ » et « ‹ ».

  ▪ Utiliser les assistants Ortho et Polaire pour indiquer la direction et entrer la distance au clavier dans la zone de commande.

▸ **Avec le mode dynamique**

  ▪ Entrer toutes les valeurs (longueurs, angles...) dans les info-bulles. Utiliser la touche Tab pour passer d'un champ à l'autre.

  ▪ Utiliser les assistants Ortho et Polaire pour définir les angles et entrer les distances via les info-bulles.

Exemple 1 :

Le dessin de la figure 4.1 peut être réalisé directement en utilisant les coordonnées par la méthode suivante (sans mode dynamique) (fig.4.3) :

[1] Utiliser la commande **Ligne** (Line) du menu **Dessin** (Draw) ou l'icône correspondante.

[2] Rentrer le premier point en coordonnées absolues : rentrer 5,5 sur la ligne de commande puis appuyer sur Entrée (Enter)

[3] Rentrer les points suivants en coordonnées polaires ou relatives :

  ▸ Spécifier le point suivant (To point) : @30‹0

  ▸ Spécifier le point suivant (To point) : @15,15

  ▸ Spécifier le point suivant (To point) : @12‹90

- ▶ Spécifier le point suivant (To point) : @15<180
- ▶ Spécifier le point suivant (To point) : @10<90
- ▶ Spécifier le point suivant (To point) : @30<180
- ▶ Spécifier le point suivant (To point) : @37<270 puis
  Entrée

Il est également possible de tracer les mêmes lignes dans des directions précises en utilisant les modes Ortho et Polaire (voir chapitre 3). Ce qui est plus rapide car il n'est plus nécessaire de spécifier les directions.

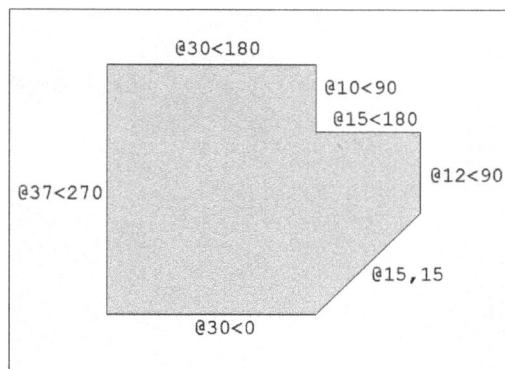

Fig.4.3

Exemple 2 :

Le dessin de la figure 4.1 peut également être réalisé directement en utilisant les coordonnées, mais en activant cette fois le mode dynamique (fig.4.4) :

1. Activer le mode dynamique en activant le bouton **DYN** dans la zone d'état.

2. Utiliser la commande **Ligne** (Line) du menu **Dessin** (Draw) ou l'icône correspondante.

3. Entrer « 5, » dans le premier champ de l'info-bulle puis appuyer sur Tab et entrez 5 dans le second champ.

4. Entrer 30 dans le premier champ de l'info-bulle, appuyer ensuite sur la touche Tab et entrer 0 dans le second champ (si le mode Ortho est activé la direction 0 est donnée directement par le curseur).

5. Entrer « @ » puis « 15, » puis « 15 ».

6. Entrer « 12 » puis « Tab » et ensuite « 90 » (ou mode Ortho).

7. Entrer « 15 » puis « Tab » et ensuite « 180 » (ou mode Ortho).

8. Entrer « 10 » puis « Tab » et ensuite « 90 » (ou mode Ortho).

9. Entrer « 30 » puis « Tab » et ensuite « 180 » (ou mode Ortho).

10. Taper « C » pour clore le contour.

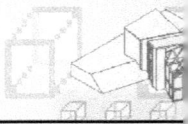

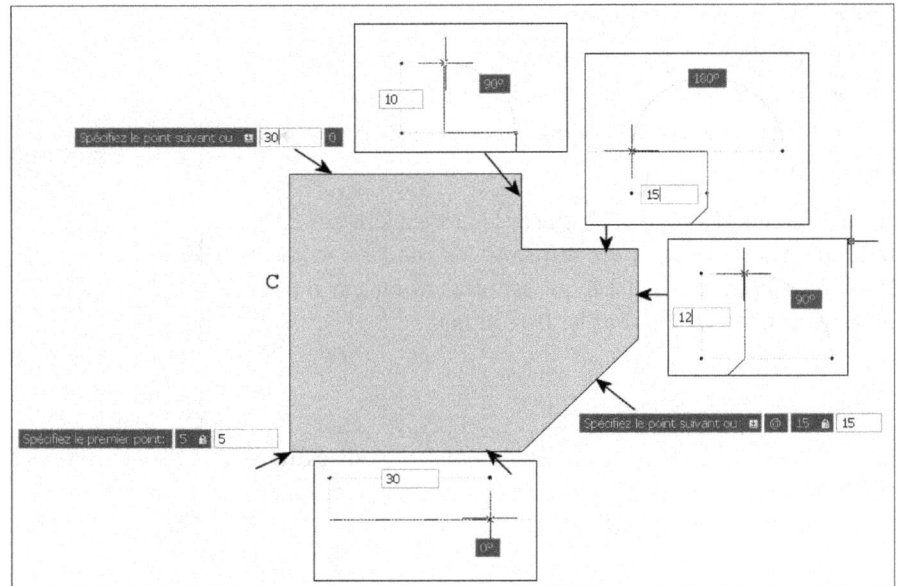

Fig.4.4

Utiliser des lignes de construction et des calques

Dans la technique traditionnelle du dessin, il est courant de tracer dans un premier temps des lignes de construction qui servent de guides pour le dessin final. Avec AutoCAD, la procédure peut être identique. Elle est même facilitée par l'utilisation de plusieurs calques. La méthode est la suivante :

1. Définir un calque « construction » par la commande **CALQUE** (Layer) (fig.4.5).

2. Tracer les lignes principales du dessin par la commande **LIGNE** (Line) ou **DROITE** (Xline), dans le menu **Dessin** (Draw) ou la barre d'outils.

3. Copier éventuellement ces lignes par la commande **DECALER** (Offset) du menu **Modification** (Modify) ou l'option **Décalage** (Offset) de la commande **DROITE** (Xline).

4. Créer un calque « résultat » par la commande **CALQUE** (Layer) et rendre ce calque courant.

5. Tracer le dessin final en utilisant les lignes de construction comme guides. L'accrochage avec précision à des points particuliers peut s'effectuer grâce à l'utilisation des options **ACCROBJ** (Osnap).

6. Désactiver le calque « construction » pour ne visualiser que le résultat final.

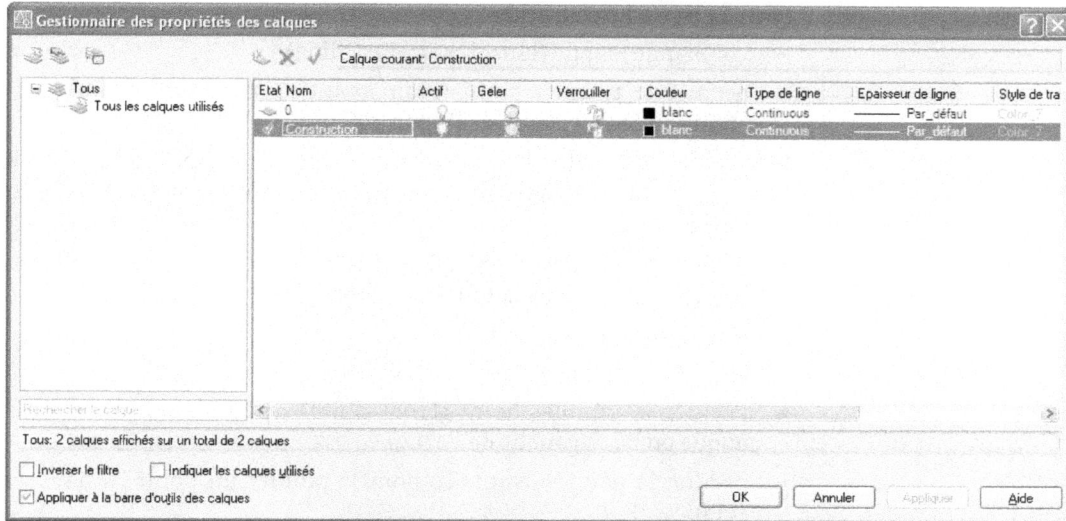

Fig.4.5

Exemple :

Le dessin de la figure 4.1 peut être réalisé en utilisant la méthode des lignes de construction.

La procédure est la suivante :

1. Définir les limites du dessin par la commande **LIMITES** (Limits) : 0,0 et 42,29.7.

2. Créer un calque (layer) « construction » par la commande **Calque** (Layers) du menu **Format** ou l'icône correspondante de la barre d'outils **Calque** (Layer). Cliquer sur **Nouveau** (New) et entrer le nom «construction» dans le champ **Nom** (Name). Sélectionner ensuite la ligne « construction » dans la liste **Nom de calque** (Layer Name) et cliquer sur **Définir courant** (Current) pour rendre ce calque courant. Sortir de la boîte **Gestionnaire des Propriétés des calques** (Layer Properties Manger) en cliquant sur **OK**.

3. Tracer à travers toute la feuille une ligne horizontale (en bas) et une ligne verticale (à gauche). Il est également possible d'utiliser la commande **DROITE** (Xline) avec les options **Hor.** et **Ver.** pour créer des lignes horizontales ou verticales.

Pour la ligne horizontale :

- ▶ Commande : Ligne (Line) ou Droite (Xline).
- ▶ Spécifier le premier point (From point) : pointer un point quelconque en bas à gauche de l'écran.
- ▶ Spécifier le point suivant (To point) : activer d'abord la touche F8 pour dessiner de manière orthogonale puis pointer un point à droite de l'écran.
- ▶ Spécifier le point suivant (To point) : enfoncer la touche Entrée (Enter) pour sortir de la fonction Ligne (Line).

Pour la ligne verticale :

- ▶ Commande : Ligne (Line) ou Droite (Xline).
- ▶ Spécifier le premier point (From point) : pointer un point quelconque en bas à gauche de l'écran.
- ▶ Spécifier le point suivant (To point) : pointer un point en haut de l'écran.
- ▶ Spécifier le point suivant (To point) : enfoncer la touche Entrée (Enter) pour sortir de la fonction Ligne (Line).

4. Créer des copies parallèles aux deux lignes de base par la commande **Décaler** (Offset) du menu **Modification** (Modify) ou par l'option **Décaler** (Offset) de la commande **Droite** (Xline).

- ▶ Commande : **Décaler** (Offset).
- ▶ Spécifier la distance de décalage (Offset distance) : entrer la valeur 15 puis Entrée.
- ▶ Sélectionner l'objet à décaler (Select object to offset) : pointer la ligne horizontale.
- ▶ Spécifier un point sur le côté à décaler (Side to offset) : pointer un point quelconque au-dessus de la ligne.
- ▶ Sélectionner l'objet à décaler (Select object to offset) : appuyer deux fois sur Entrée pour sortir de la fonction et rentrer à nouveau.
- ▶ Spécifier la distance de décalage (Offset distance) : entrer la valeur 12 puis Entrée.
- ▶ Sélectionner l'objet à décaler (Select object to offset) : pointer la deuxième ligne horizontale.
- ▶ Spécifier un point sur le côté à décaler (Side to offset) : pointer un point quelconque au-dessus de la ligne.

- ► Sélectionner l'objet à décaler (Select object to offset) : appuyer deux fois sur Entrée pour sortir de la fonction et rentrer à nouveau.
- ► Spécifier la distance de décalage (Offset distance) : entrer la valeur 10 puis Entrée.
- ► Sélectionner l'objet à décaler (Select object to offset) : pointer la deuxième ligne horizontale.
- ► Spécifier un point sur le côté à décaler (Side to offset) : pointer un point quelconque au-dessus de la ligne.
- ► Sélectionner l'objet à décaler (Select object to offset) : appuyer deux fois sur Entrée pour sortir de la fonction et rentrer à nouveau.
- ► Spécifier la distance de décalage (Offset distance) : entrer la valeur 30 puis Entrée.
- ► Sélectionner l'objet à décaler (Select object to offset) : pointer la ligne verticale.
- ► Spécifier un point sur le côté à décaler (Side to offset) : pointer un point quelconque à droite de la ligne.
- ► Sélectionner l'objet à décaler (Select object to offset) : appuyer deux fois sur Entrée pour sortir de la fonction et rentrer à nouveau.
- ► Spécifier la distance de décalage (Offset distance) : entrer la valeur 15 puis Entrée.
- ► Sélectionner l'objet à décaler (Select object to offset) : pointer la deuxième ligne verticale.
- ► Spécifier un point sur le côté à décaler (Side to offset) : pointer un point quelconque à droite de la ligne.
- ► Sélectionner l'objet à décaler (Select object to offset) : appuyer sur Entrée pour sortir de la fonction (fig.4.6).

5. Créer un calque (layer) « résultat » par la commande **Calques** (Layers) du menu **Format**. Cliquer sur **Nouveau** (New) et entrer le nom « résultat » dans le champ Nom (Name). Sélectionner ensuite la ligne « résultat » dans la liste Nom de calque (Layer Name) et cliquer sur Courant (Current) pour rendre ce calque courant. Changer la couleur du calque par l'option Couleur (Color). Sortir de la boîte de dialogue **Gestionnaire des propriétés des calques** (Layer Properties Manager) en cliquant sur OK.

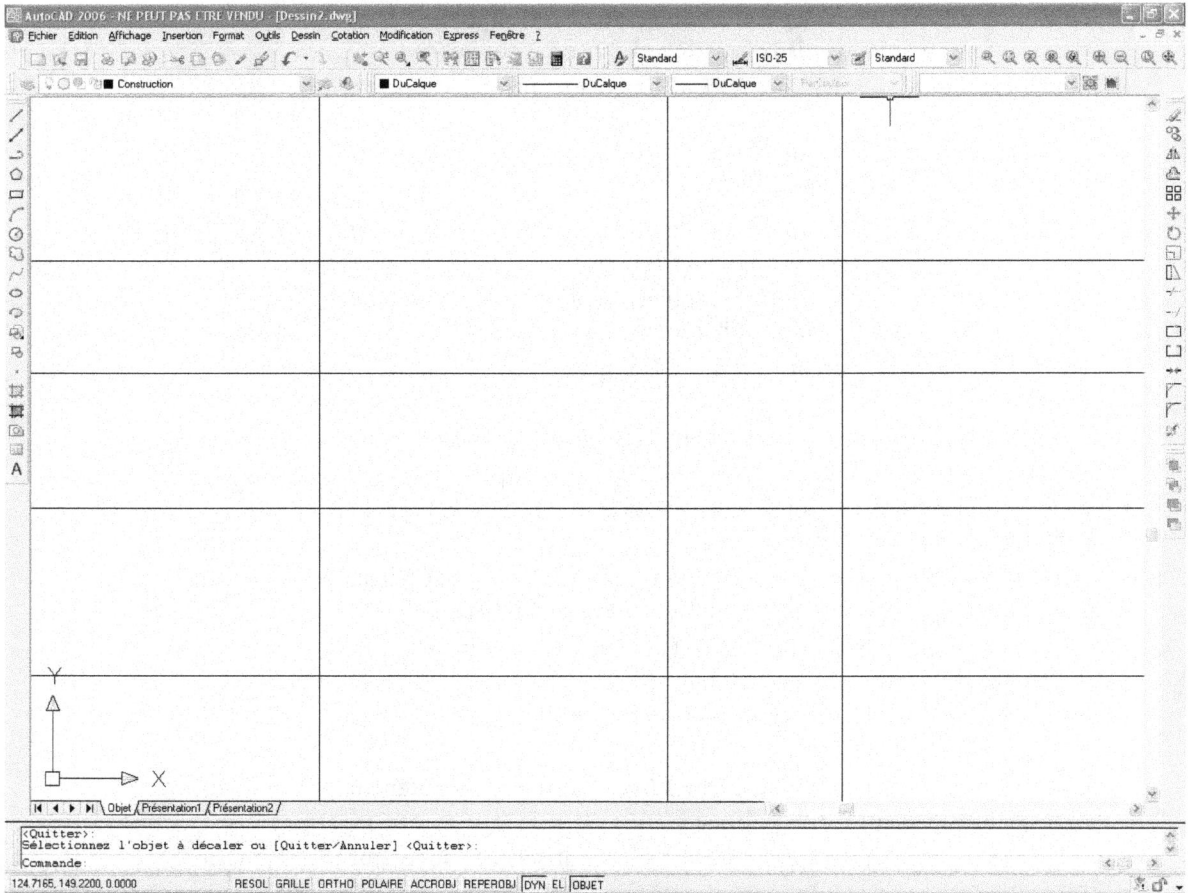

Fig.4.6

6 Pour pouvoir pointer avec précision des points caractéristiques (par exemple des intersections) se trouvant sur les lignes de construction, il existe une série d'outils accessibles à partir de l'option **Accrochage aux objets** (Object Snap Settings) du menu **Outils** (Tools). Dans la boîte de dialogue qui s'affiche à l'écran, il convient d'activer le champ situé à gauche de **Intersection** et de confirmer par OK (fig.4.7). Cet outil permet de pointer avec précision l'intersection de deux objets.

[7] Tracer le dessin définitif en s'appuyant sur les lignes de construction. Utiliser à cet effet, la commande **Ligne** (Line) du menu **Dessin** (Draw) ou l'icône correspondante de la barre d'outils **Dessin** (Draw).

▶ Commande : **Ligne** (Line).

▶ **Spécifier le premier point** (From point point) : pointer l'intersection 1.

▶ **Spécifier le point suivant** (To point) : pointer l'intersection 2.

▶ **Spécifier le point suivant** (To point) : pointer l'intersection 3.

▶ **Spécifier le point suivant** (To point) : pointer l'intersection 4.

▶ **Spécifier le point suivant** (To point) : pointer l'intersection 5.

▶ **Spécifier le point suivant** (To point) : pointer l'intersection 6.

▶ **Spécifier le point suivant** (To point) : pointer l'intersection 7.

▶ **Spécifier le point suivant** (To point) : pointer l'intersection 8.

▶ **Spécifier le point suivant** (To point) : Entrée pour terminer (fig. 4.8).

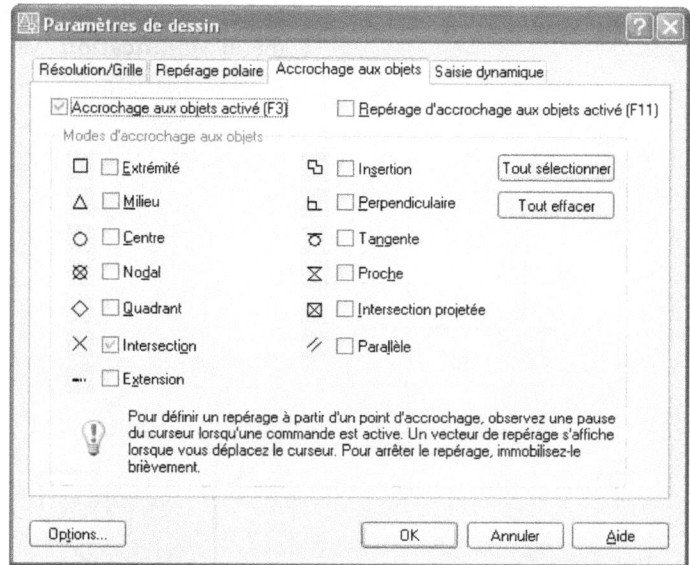

Fig.4.7

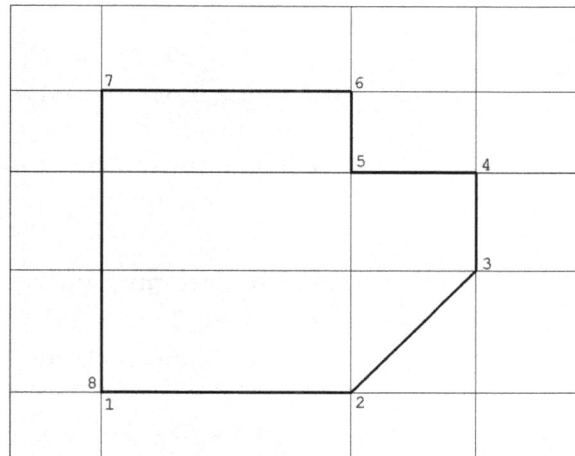

Fig.4.8

Tracer les lignes principales et couper les parties superflues

Outre la méthode des lignes de construction, il est également courant dans le dessin traditionnel de tracer les lignes principales du dessin puis de gommer les traits superflus. Avec AutoCAD, la procédure peut être iden-

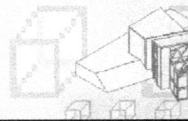

tique avec l'utilisation des fonctions **Décaler** (Offset) et **Ajuster** (Trim) du menu **Modification** (Modify) ou de la barre d'outils du même nom (fig.4.9) :

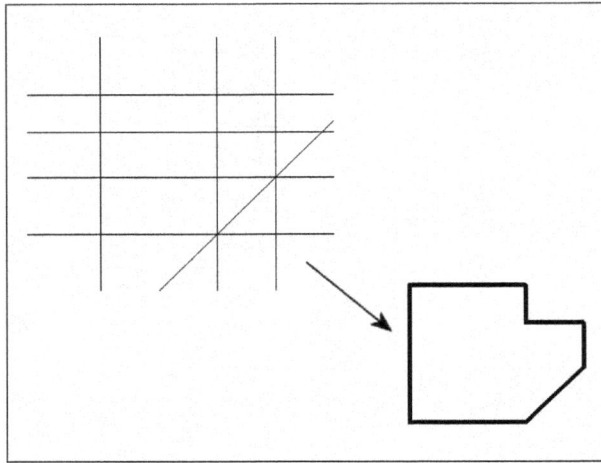

1. Tracer les lignes principales du dessin par la commande **Ligne** (Line) ou **Droite** (Xline).

2. Copier éventuellement ces lignes par la commande **Décaler** (Offset) ou l'option **Décalage** (Offset) de la commande **Droite** (Xline).

3. Couper les parties superflues par la commande **Ajuster** (Trim).

Exemple :

Reprendre l'exercice du point 2.2 jusqu'à la fin du dessin des lignes de construction (point 4) et rajouter la ligne de construction oblique. Pour supprimer les parties de lignes superflues, utiliser la commande **Ajuster** (Trim) du menu **Modification** (Modify) ou de la barre d'outils du même nom (fig.4.10) :

Fig.4.9

▸ Commande : **Ajuster** (Trim).

▸ **Sélectionner les bords de coupe** (Select cutting edges) : sélectionner les frontières A et B qui serviront de bords de coupe, puis appuyer sur Entrée.

▸ **Sélectionner l'objet à ajuster** (Select object to trim) : pointer les parties de lignes à couper, soit celles situées au-dessus de A et au-dessous de B. Appuyer ensuite sur Entrée pour terminer (fig.4.11).

Refaire la même procédure pour les autres lignes :

▸ Commande : **Ajuster** (Trim).

▸ **Sélectionner les bords de coupe** (Select cutting edges) : sélectionner les frontières C et D qui serviront de bords de coupe, puis appuyer sur Entrée.

▸ **Sélectionner l'objet à ajuster** (Select object to trim) : pointer les parties de lignes à couper, soit celles situées à gauche de C et à droite de D. Appuyer ensuite sur Entrée pour terminer.

Refaire la même procédure pour les dernières lignes :

▸ Commande : **Ajuster** (Trim).

▸ **Sélectionner les bords de coupe** (Select cutting edges) : sélectionner la frontière F, E et G puis appuyer sur Entrée.

▸ **Sélectionner l'objet à ajuster** (Select object to trim) : pointer les segments restant. Appuyer ensuite sur Entrée pour terminer.

Avec un peu d'expérience, il est conseillé de sélectionner directement l'ensemble du dessin et de supprimer en continu les parties superflues.

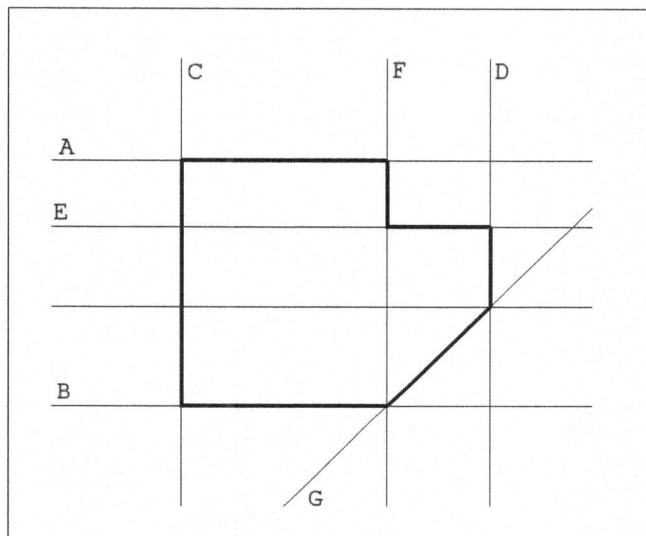

Fig.4.10

Création d'objets constitués de lignes

Dessiner des lignes et des polylignes

Une ligne simple est constituée d'un ou de plusieurs segments reliés entre eux. Chaque segment est considéré comme un objet à part entière, ce qui permet de le modifier indépendamment des autres.

Une polyligne est un ensemble de lignes interconnectées et formant une entité unique. Elle offre plusieurs avantages par rapport à la ligne comme dans le cas, par exemple, de la création de copies décalées (fig.4.12).

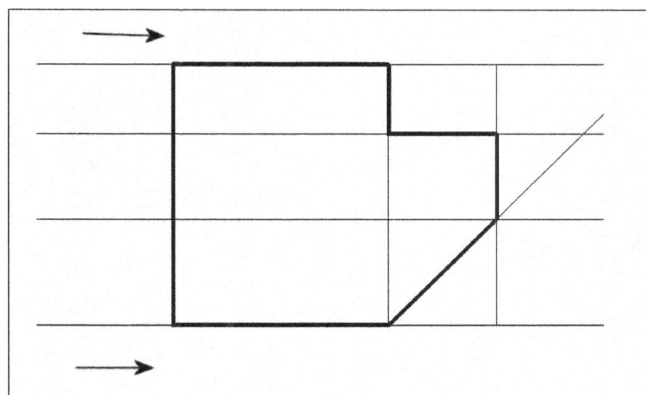

Fig.4.11

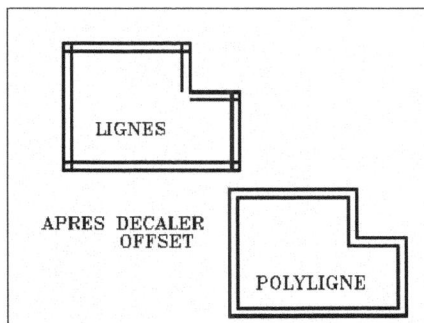

Fig.4.12

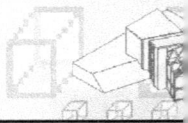

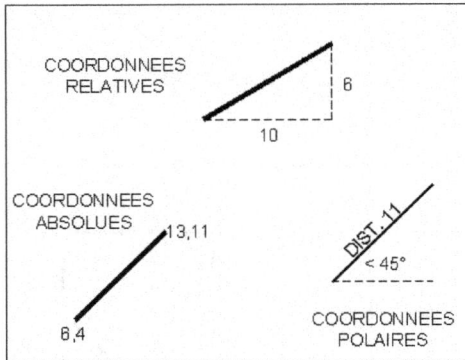

Fig.4.13

L'entrée des données peut se faire soit graphiquement à l'écran par la souris, soit numériquement par le clavier à l'aide des types de coordonnées suivantes (2D dans le cas présent) (fig.4.13) :

▸ **Absolues :** de type (X, Y), chaque point est situé par rapport à l'origine (0,0) du système de référence. Exemple : (6,4) et (13,11).

▸ **Relatives :** de type (@X, Y), chaque point est situé à une distance X et Y du dernier point entré. Exemple : @10, 6

▸ **Polaires :** de type (@Distance<Angle), chaque point est situé à une distance D et un angle A du dernier point entré. Exemple : @11<45

La procédure à suivre est la suivante :

1 Sélectionner la commande **Ligne** ou **Polyligne** à l'aide d'une des méthodes suivantes :

Menu : choisir le menu déroulant **Dessin** (Draw) puis l'option **Ligne** (Line) ou **Polyligne** (Polyline).

Icône : choisir l'icône **Ligne** (Line) ou **Polyligne** (Polyline) de la barre d'outils **Dessiner** (Draw).

Clavier : taper la commande **Ligne** (Line) ou **Polylign** (pline).

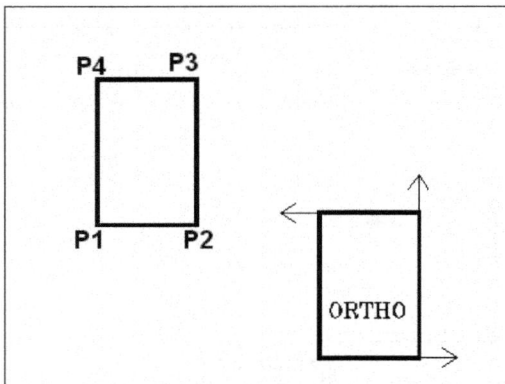

Fig.4.14

2 Spécifier le point de départ : pointer un point (P1) ou entrer les coordonnées absolues (ex : 0,0,0).

3 Spécifier le point suivant : pointer le point P2 ou entrer les coordonnées absolues (ex : 2,0,0), ou les coordonnées relatives (ex : @2,0), ou les coordonnées polaires (ex : @2<0).

4 Spécifier le point suivant : point P3 (ou 2,3,0), (ou @0,3) (ou @3<90).

5 Spécifier le point suivant : point P4 (ou 0,3,0), (ou @-2,0) (ou @2<180).

6 Spécifier le point suivant : taper C pour clore le contour ou appuyer sur Entrée si le contour ne doit pas être fermé (fig. 4.14).

REMARQUE

Pour dessiner des lignes orthogonales, utiliser le mode Ortho. Dans ce cas, il suffit d'orienter le curseur dans la bonne direction et de taper simplement la longueur du segment au clavier sans devoir utiliser les coordonnées relatives ou polaires.

Pour dessiner des lignes orthogonales qui ne sont pas horizontales ou verticales, il convient d'utiliser le mode Polaire qui permet d'orienter directement le curseur dans une des directions préalablement déterminée (fig. 4.15).

L'utilisation des modes Ortho et Polaire ainsi que l'entrée des données dans la zone de commande peuvent être simplifiées par l'utilisation du mode dynamique (DYN) (fig.4.16).

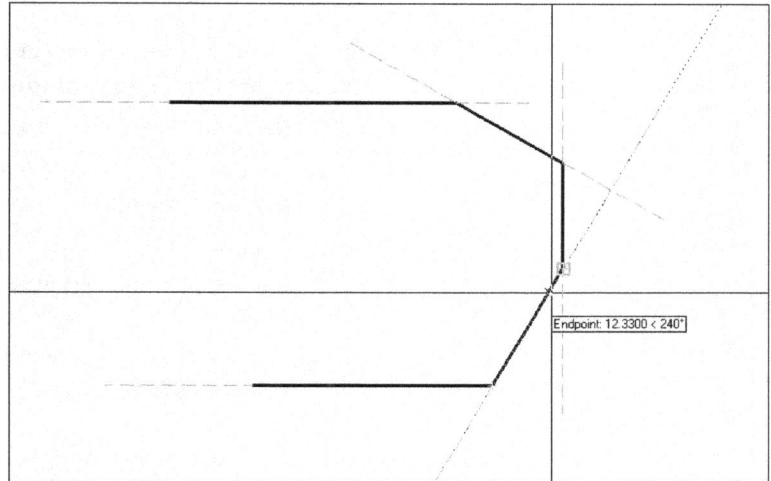

Fig.4.15

Dans le cas du dessin d'une polyligne avec des segments droits, les options sont les suivantes :

▶ **Arc** : passe du mode « lignes » ou mode « arcs » et entraîne l'affichage d'une nouvelle série d'options (voir plus loin dans le texte).

▶ **Clore** (Close) : fermeture d'un contour par retour au point d'origine à partir du dernier point défini.

▶ **Demi-largeur** (Halfwidth) : permet de déterminer la largeur à partir de l'axe de la ligne jusqu'au nu extérieur.

▶ **Longueur** (Length) : permet de tracer une ligne dans la même direction que la précédente, mais avec une longueur déterminée. Si la ligne intervient après un arc, elle est dessinée tangente à l'arc.

▶ **Annuler** (Undo) : supprime le dernier segment (ligne ou arc) dessiné de la polyligne.

▶ **Largeur** (Width) : permet de déterminer l'épaisseur de la polyligne.

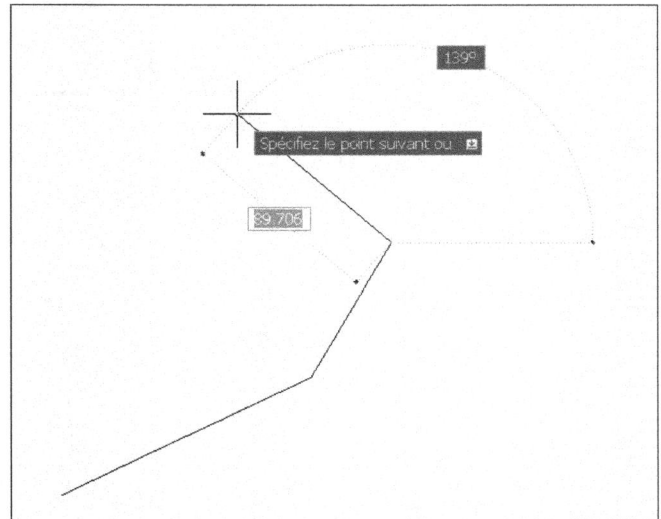

Fig.4.16

Transformer une polyligne en lignes ou des lignes en une polyligne

Pour transformer une polyligne en lignes, la procédure est toute simple, il suffit de sélectionner la polyligne et de cliquer sur l'icône **Décomposer** (Explode) de la barre d'outils **Modification** (Modify).

Pour transformer un ensemble de lignes (qui doivent être jointives) en une polyligne, la procédure est la suivante (fig.4.17) :

1. Sélectionner la première ligne (1).

2. Exécuter la commande de modification de polylignes à l'aide d'une des méthodes suivantes :

Menu : choisir le menu déroulant **Modification** (Modify) puis l'option **Objet** (Object) puis **Polyligne** (Polyline).

Icône : choisir l'icône **Editer polyligne** (Edit Polyline) dans la barre d'outils **Modifier II** (Modify II).

Clavier : taper la commande **PEDIT**.

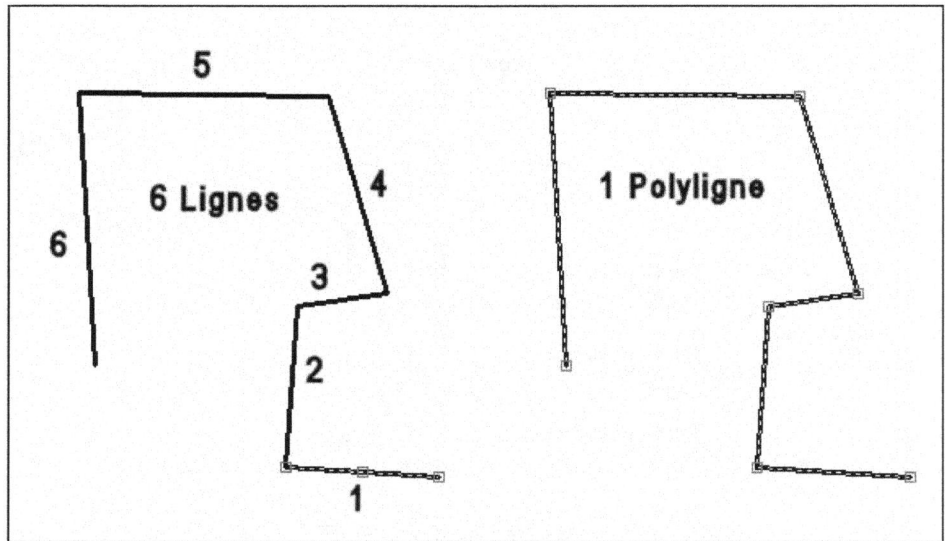

Fig.4.17

3. Comme l'entité sélectionnée n'est pas une polyligne, AutoCAD demandera d'abord si vous désirez transformer la ligne en polyligne. Il convient de répondre Oui (Yes).

4. Sélectionner l'option **Joindre** (Join) en tapant J au clavier.

5. Sélectionner les autres segments (2, 3, 4, 5, 6).

6. Appuyer deux fois sur Entrée (Enter). L'ensemble des lignes forme à présent une polyligne.

> *REMARQUE* .
>
> Pour accélérer la procédure, il suffit de définir la variable système **PEDITACCEPT** sur 1. Dans ce cas, l'objet sélectionné est automatiquement converti en polyligne et il ne faut plus confirmer.

Dessiner des lignes de construction

AutoCAD permet de créer des lignes qui s'étendent à l'infini dans une ou dans les deux directions. Ces lignes infinies peuvent servir de lignes de construction pour définir plus facilement d'autres objets. Elles ne modifient pas les dimensions totales du dessin. Elles peuvent être modifiées au même titre que les autres objets. Deux commandes permettent de créer ces lignes de construction :

▸ **Droite** (Xline) : ligne infinie dans les deux directions
▸ **Demi-droite** (Ray) : ligne infinie dans une direction

La procédure pour tracer des droites de construction est la suivante :

1. Exécuter la commande de dessin de droites à l'aide d'une des méthodes suivantes :

Menu : choisir le menu déroulant **Dessin** (Draw) puis l'option **Droite** (Construction Line).

Icône : choisir l'icône **Droite** (Construction Line) dans la barre d'outils **Dessiner** (Draw).

Clavier : taper la commande **Droite** (Xline).

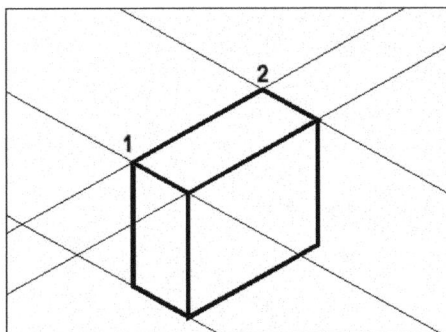

Fig.4.18

2. Désigner le point qui sera l'origine de la droite (point 1).

3. Spécifier le second point par lequel la droite doit passer (point 2).

4. Définir les autres droites souhaitées.

5. Appuyer sur Entrée pour terminer l'opération (fig.4.18).

Les options sont les suivantes :

▸ **Horizontal(e) - Vertical(e) :** permet de créer des droites parallèles aux axes X ou Y du système de coordonnées en cours et passant par un point à spécifier.

▸ **Angle :** permet de créer une droite formant un angle donné avec l'axe horizontal ou avec une ligne de référence.

▸ **Bissectrice** (Bisectrice) : permet de créer une droite correspondant à la bissectrice de l'angle spécifié. Il convient de désigner le sommet et les lignes formant l'angle concerné.

▸ **Décalage** (Offset) : permet de créer une droite parallèle à la ligne de référence sélectionnée et à une distance déterminée de celle-ci. Il convient ainsi de spécifier la valeur du décalage, de désigner la ligne de référence, puis d'indiquer de quel côté la droite doit se situer par rapport à la ligne de référence.

La procédure pour tracer des rayons de construction est la suivante :

1. Exécuter la commande de dessin de rayons à l'aide d'une des méthodes suivantes :

🗏 Menu : choisir le menu déroulant **Dessin** (Draw) puis l'option **Demi-droite** (Ray).

⌨ Clavier : taper la commande **Demidroite** (Ray).

2. Désigner le point de départ du rayon (point 1).

3. Spécifier le second point par lequel le rayon doit passer (point 2).

[4] Définir les autres rayons souhaités. Tous les rayons passent obligatoirement par le premier point désigné.

[5] Appuyer sur Entrée pour terminer l'opération (fig.4.19).

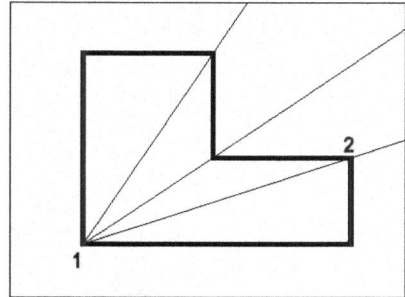

Fig.4.19

Dessiner des multilignes

Une multiligne est constituée d'un ensemble de lignes parallèles (entre une et seize) appelées « éléments ». Chaque élément est placé à une distance donnée par rapport à une ligne de référence. Il est possible de créer plusieurs styles de multilignes et de définir la couleur et le type de ligne de chaque élément. L'utilisation des multilignes s'effectue en trois étapes :

▸ la définition des styles de multilignes (MLSTYLE) ;

▸ le dessin d'objets à l'aide de multilignes (MLI(g)NE) ;

▸ la finition des multilignes (MLEDIT).

Procédure pour créer un style de multiligne :

[1] Ouvrir la boîte de dialogue **Styles des multilignes** (Multiline Style), par l'une des méthodes suivantes :

Menu : choisir le menu déroulant **Format** puis l'option **Styles des multilignes** (Multiline Style).

Clavier : taper la commande **Mlstyle** (Mlstyle).

[2] Cliquer sur **Nouveau** (New) puis entrer un nom dans le champ **Nouveau Style** (New Style). Par exemple : Mur29. Cliquer ensuite sur **Continuer** (Continue) (fig.4.20).

[3] Entrer les détails dans le champ **Description**. Par exemple : Mur extérieur de 29 cm.

[4] Le champ **Elements** contient deux lignes par défaut. Pour réaliser un mur de 29 cm, composé d'une brique de 9 cm, d'un isolant de 6 cm et d'un bloc de 14 cm, il convient de construire une multiligne composée de 4 éléments. En cliquant deux fois sur **Ajouter** (Add) on dispose des 4 éléments nécessaires.

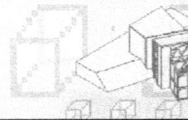

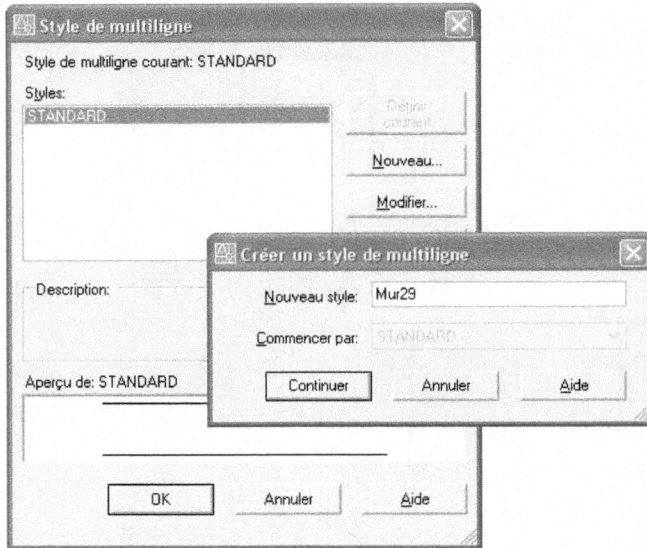

Fig.4.20

5 Sélectionner le premier élément dans le champ **Elements** puis spécifier la distance voulue (par exemple : 14.5), par rapport à l'axe, dans le champ **Décalage** (Offset). Confirmer par **OK**. Faire de même pour les autres éléments, avec les distances : 5.5, -0.5 et -14.5 cm (fig.4.21).

6 Spécifier pour chaque élément une couleur et un type de ligne.

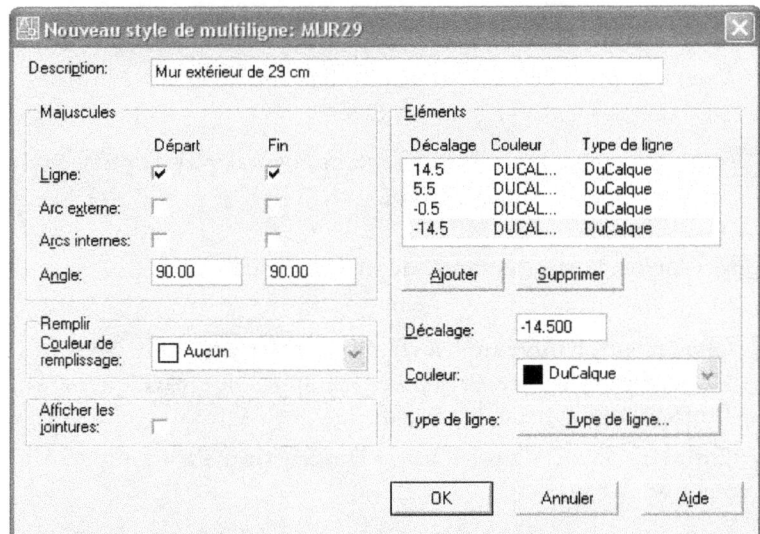

Fig.4.21

7 Indiquer le type d'extrémité voulu (une ligne ou un arc de cercle) dans la zone **Extrémités** (Caps) et spécifier l'angle d'orientation correspondant. Dans le cas de notre mur de 29 cm, nous allons activer les cases **Départ** (Start) et **Fin** (End) du champ **Ligne** (Line).

8 Le champ **Remplir** (Fill) permet d'afficher une couleur de fond pour toute la multiligne. La couleur peut être sélectionnée dans la liste déroulante.

9 Cocher ou non la case **Afficher les jointures** (Display joints) pour afficher une ligne au niveau de chaque sommet de la multiligne.

10 Cliquer sur **OK** pour confirmer et revenir à la boîte de dialogue **Styles des multilignes** (Multiline Style).

11 Cliquer éventuellement sur le bouton **Ajouter** (Add) pour ajouter un autre style à la liste des styles.

12 Cliquer sur **Enregistrer** (Save) pour sauvegarder le style dans un fichier externe (extension.mln). Cliquer sur **OK**.

Procédure pour tracer une multiligne :

1 Exécuter la commande à l'aide d'une des méthodes suivantes :

Menu : choisir le menu déroulant **Dessin** (Draw) puis l'option **Multilignes** (Multiline).

Icône : choisir l'icône **Multilignes** (Multiline) dans la barre d'outils **Dessiner** (Draw).

Clavier : taper la commande **Mligne** (MLine).

2 Taper « s » (st) dans la zone commande pour sélectionner un style de multiligne. Par exemple : Mur29.

3 Taper « j » dans la zone commande pour définir le type de justification voulu (fig.4.22) :

▶ **Dessus** (Top) : pour pointer le haut de la multiligne.

▶ **Nulle** (Zero) : pour pointer l'axe de la multiligne.

▶ **Dessous** (Bottom) : pour pointer le bas de la multiligne.

4 Taper « e » (s) dans la zone de commande pour définir l'échelle de la multiligne. Ainsi, un style de multiligne créé en cm devra subir un changement d'échelle de 0.01 pour être utilisé dans un plan en mètres.

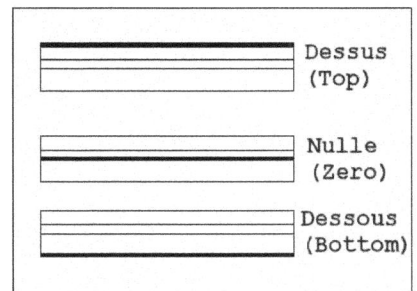

Fig.4.22

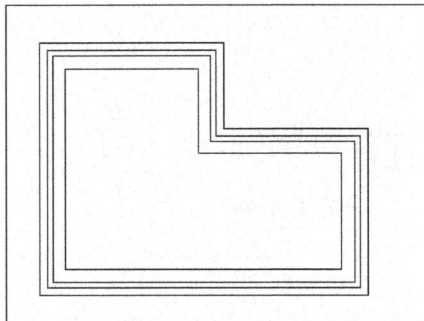

Fig.4.23

5. Tracer la multiligne en désignant le point de départ puis les points suivants.

6. Spécifier le dernier point, puis entrer « c » pour fermer la multiligne ou appuyer sur Entrée pour terminer l'opération (fig.4.23).

Procédure pour modifier une multiligne :

Il est possible de modifier une multiligne en ajoutant ou en supprimant des sommets, ou en choisissant le type d'intersection parmi les nombreuses possibilités offertes.

1. Exécuter la commande de modification à l'aide d'une des méthodes suivantes :

Menu : choisir le menu déroulant **Modification** (Modify) puis **Objet** (Object) puis l'option **Multiligne** (Multiline).

Icône : choisir l'icône **Editer multiligne** (Edit Multiline) dans la barre d'outils **Modifier II** (Modify II).

Clavier : taper la commande **MLEDIT**.

2. Dans la boîte de dialogue **Outils d'édition des multilignes** (Multiline Edit Tools), sélectionner l'option souhaitée (fig 4.24) :

- ▶ Croix fermée (Closed Cross)
- ▶ Croix ouverte (Open Cross)
- ▶ Croix fusionnée (Merged Cross)
- ▶ T fermé (Closed Tee)
- ▶ T ouvert (Open Tee)
- ▶ T fusionné (Merged Tee)
- ▶ Joindre coin (Corner Joint)
- ▶ Ajouter sommet (Add Vertex)

> ▶ Supprimer sommet (Delete Vertex)
> ▶ Couper Une (Cut Single)
> ▶ Couper Tout (Cut All)
> ▶ Souder Tout (Weld All)

3 Cliquer sur **OK** pour confirmer le choix.

4 Sélectionner la ou les multilignes à modifier (fig.4.25).

REMARQUE

Il est également possible de modifier la multi-ligne à l'aide des commandes **Ajuster** (Trim) et **Prolonger** (Extend).

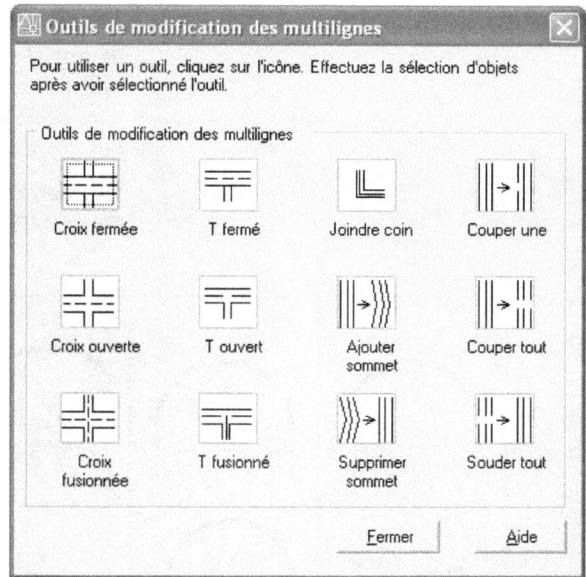

Fig.4.24

Création d'objets constitués de courbes

Dessiner des arcs de cercle

AutoCAD permet la création d'arcs de cercle à l'aide de dix techniques différentes. La méthode par défaut consiste à désigner trois points à l'écran, dont un point de départ et un point d'extrémité. Les arcs sont tracés par défaut dans le sens trigonométrique (fig.4.26).

La procédure pour dessiner un arc est la suivante :

1 Exécuter la commande de dessin d'arc à l'aide d'une des méthodes suivantes :

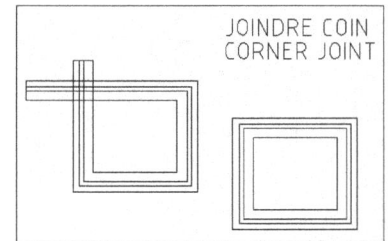

Fig.4.25

Menu : choisir le menu déroulant **Dessin** (Draw) puis l'option **Arc**.

Icône : choisir l'icône Arc dans la barre d'outils **Dessiner** (Draw).

Clavier : taper la commande **Arc**.

2   Sélectionner l'option de dessin souhaitée. Dans le cas de l'option par défaut, il suffit de pointer un point de départ, un deuxième point et un point d'extrémité. Dans le cas de la figure 4.27, pour refermer l'ouverture dont la dimension n'est pas spécifiée, il convient d'utiliser l'une des deux options suivantes :

Départ/Fin/Angle (Start/End/Angle) avec un angle de 180° ou **Départ/Fin/Direction** (Start/End/Direction) avec une direction de 0°.

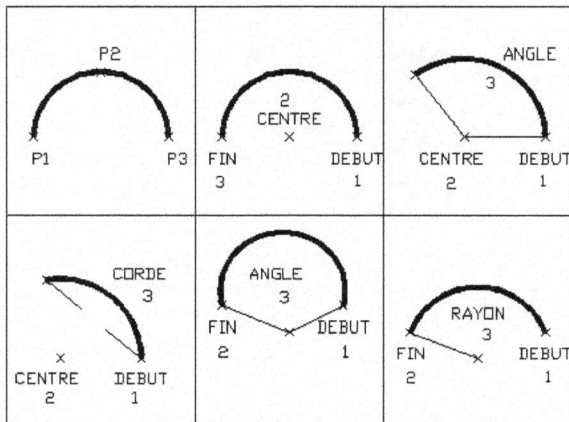

Fig.4.26

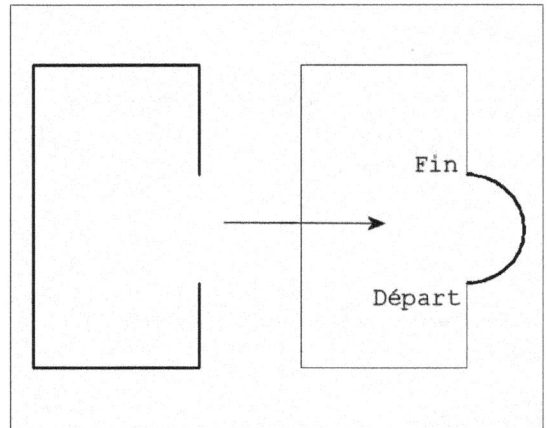

Fig.4.27

Les options peuvent être regroupées en 4 classes :

▶ **Classe 1** : 3-Points : arc passant par 3 points P1, P2, P3.

▶ **Classe 2** : Départ/Centre (Start/Center/) : point de départ (PT) et centre (C) plus au choix

   ▪ Fin (end) : point final (F)

   ▪ Angle : angle inscrit (A)

   ▪ Longueur (chordlen) : longueur de corde (L)

▶ **Classe 3** : Départ/Fin (Start/End/) : point de départ et point final plus au choix

   ▪ Angle : angle inscrit

   ▪ Rayon (radius) : rayon (R)

   ▪ Direction : direction de la tangente (D)

▶ **Classe 4 :** Centre/Départ (Center/Start/) : centre et point de départ plus au choix

   ▪ Fin (end) : point final

   ▪ Angle : angle inscrit

   ▪ Longueur (chordlen) : longueur de corde

▶ **Continuer** (Continue) : permet de continuer une ligne ou un arc, déjà en place, par un autre arc.

> ### *REMARQUE*
>
> Il est également possible de créer des arcs de cercle en coupant des parties de cercles par la commande **Ajuster** (Trim). Le dessin du verre de la figure 4.28 a été réalisé de cette manière.
>
> AutoCAD permet également de créer des arcs elliptiques constitués de parties d'ellipses (voir la commande **ELLIPSE** plus loin dans le texte).

Fig.4.28

Dessiner des courbes Splines

Une Spline est une courbe régulière passant par une série donnée de points. Il existe plusieurs types de Splines dont la courbe NURBS utilisée dans AutoCAD. Les courbes splines sont très pratiques pour représenter des courbes de formes irrégulières comme c'est le cas en cartographie ou dans le dessin automobile. La forme de la courbe Spline peut être contrôlée par un facteur de tolérance qui définit l'écart admissible entre la courbe et les points d'interpolation spécifiés à l'écran. Plus la valeur de tolérance est faible, plus le tracé de la spline est fidèle aux points désignés.

La procédure pour créer une courbe Spline est la suivante :

1 Exécuter la commande de dessin de spline à l'aide d'une des méthodes suivantes (fig.4.29) :

   Menu : choisir le menu déroulant **Dessin** (Draw) puis l'option **Spline**.

   Icône : choisir l'icône **Spline** dans la barre d'outils **Dessiner** (Draw).

   Clavier : taper la commande **Spline**.

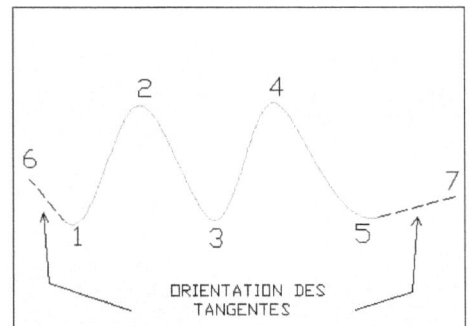

Fig.4.29

2 Indiquer le point de départ de la spline (point 1).

3 Désigner autant de points que nécessaire pour créer la spline (exemple : points 2 à 5) et appuyer sur Entrée pour terminer la courbe.

4 Retourner à l'origine et définir l'orientation de la tangentes de départ de la courbe (point 6).

5 Retourner à la fin de la courbe et définir l'orientation de la tangentes de fin (point 7).

Les options sont les suivantes :

▶ **Objet** (Object) : permet de convertir une polyligne en spline.

▶ **Clore** (Close) : permet de créer une courbe fermée.

▶ **Tolérance** (Tolerance) : permet de contrôler la précision de passage de la courbe sur les points de contrôle. Une valeur 0 force la courbe à passer par chaque point de contrôle.

Modifier des courbes Splines

Une courbe spline peut être modifiée en agissant sur ses points d'interpolation (points de base de la courbe) ou sur ses points de contrôle (reliés par le polygone de contrôle). Ces différents points sont également visibles en activant les poignées (grips). Outre la possibilité d'ajouter, de détruire ou de déplacer des points de contrôle, il est également possible de fermer ou d'ouvrir une spline, de modifier les conditions de tangence et de changer l'ordre des points définissant la courbe.

Procédure :

1 Exécuter la commande de modification à l'aide d'une des méthodes suivantes :

 Menu : choisir le menu déroulant **Modification** (Modify) puis le sous-menu **Objet** (Object) puis l'option **Spline**.

 Icône : choisir l'icône **Editer Spline** (Edit Spline) dans la barre d'outils **Modifier II** (Modify II).

 Clavier : taper la commande **EDITSPLINE** (Splinedit).

2 Sélectionner la spline à modifier. En fonction de la façon dont l'entité a été créée, AutoCAD affiche une série d'options différentes.

③ Sélectionner l'option souhaitée. Ainsi, si l'on souhaite, par exemple, déplacer le quatrième point d'interpolation de la courbe (fig.4.30), il convient de choisir l'option **Lissée** (Fit Data) puis **Déplacer sommet** (Move).

④ Entrer plusieurs fois la lettre « N » pour sélectionner le quatrième point d'interpolation.

⑤ Déplacer ce point à l'aide du curseur ou en spécifiant les coordonnées correspondant à la position voulue.

⑥ Entrer la lettre « Q » (X) pour sortir de la commande.

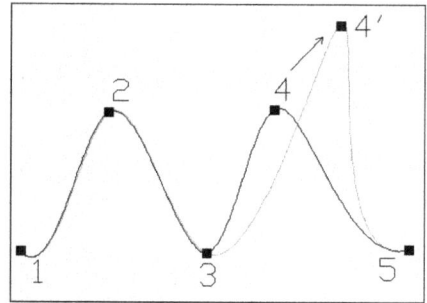

Fig.4.30

Options

▸ **Lissée** (Fit data) : cette option n'est disponible que pour les splines qui ne proviennent pas d'une polyligne et pour celles qui disposent encore de leurs points d'interpolation. La sélection de cette option conduit à une nouvelle série d'options : Ajouter, Clore, Supprimer...

■ **Ajouter** (Add) : permet d'ajouter des points d'interpolation sur la courbe. Il convient de sélectionner le point qui précède celui à créer, puis de donner la position du point à créer.

■ **Clore** (Close) : permet de fermer une spline ouverte.

■ **Ouvrir** (Open) : permet d'ouvrir une spline fermée.

■ **Supprimer** (Delete) : permet d'enlever des points d'interpolation.

■ **Déplacer** (Move) : permet de changer la position des points d'interpolation.

■ **Purger** (Purge) : permet de supprimer les données de tolérance et de tangence définies lors de la création de la spline.

■ **Tangentes** (Tangents) : permet de modifier les points de tangence du début et de la fin de la courbe.

■ **Tolérance** (Tolerance) : permet de changer le degré de tolérance.

▸ **Clore** (Close) : permet de fermer une spline ouverte.

▸ **Déplacer sommet** (Move vertex) : permet de déplacer les points de contrôle.

▸ **Affiner** (Refine) : permet d'adoucir la courbe par l'ajout de points de contrôle. Cette option offre les possibilités suivantes :

■ **Ajouter point de contrôle** (Add control point) : permet d'ajouter un point de contrôle après le point sélectionné.

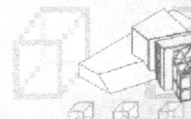

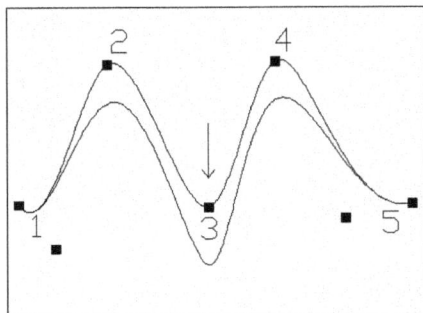

Fig.4.31

■ **Elever ordre** (Elevate Order) : permet d'augmenter d'une façon uniforme le nombre de points de contrôle sur la spline.

■ **Poids** (Weight) : permet de modifier le poids relatif du point de contrôle sélectionné. Plus le poids est élevé, plus le point de contrôle exercera une traction sur la spline (fig.4.31).

▶ **Inverser** (Reverse) : permet d'inverser l'ordre des points de contrôle.

▶ **Annuler** (Undo) : permet d'annuler les effets de la dernière commande.

▶ **Quitter** (Exit) : permet de terminer la commande.

Dessiner des polylignes avec des arcs

L'option Arc de la commande Polyligne permet également de tracer des figures avec des parties courbes.

La procédure est la suivante :

1 Sélectionner la commande **Polyligne** à l'aide d'une des méthodes suivantes :

Menu : choisir le menu déroulant **Dessin** (Draw) puis l'option **Polyligne** (Polyline).

Icône : choisir l'icône **Polyligne** (Polyline) de la barre d'outils **Dessiner** (Draw).

Clavier : taper la commande **Polylign** (pline).

2 Spécifier le point de départ : par exemple 10,10 (fig.4.32).

3 La largeur courante est de 0.0000. Spécifier le point suivant ou [Arc/Demi-larg/LOngueur/annUler/LArgeur] : activer le mode Ortho, orienter le curseur vers la droite et entrer la valeur 5.

4 Spécifier le point suivant ou [Arc/Clore/Demi-larg/LOngueur/ annUler/LArgeur] : taper A puis Entrée.

5. Spécifier l'extrémité de l'arc ou [Angle/CEntre/CLore/DIrection/DEmi-larg/LIgne/Rayon/Second-pt/annUler/LArgeur] : A8.

6. Spécifier l'angle décrit : -180 8.

7. Spécifier l'extrémité de l'arc ou [CEntre/Rayon] : R 8.

8. Spécifier le rayon de l'arc : 4 8.

9. Spécifier la direction de corde de l'arc ‹0› : 0 8.

10. Spécifier l'extrémité de l'arc ou [Angle/CEntre/CLore/DIrection/DEmi-larg/LIgne/Rayon/Second-pt/annUler/LArgeur] : LI.

11. Spécifier le point suivant ou [Arc/Clore/Demi-larg/LOngueur/annUler/LArgeur] : 5 8.

12. Spécifier le point suivant ou [Arc/Clore/Demi-larg/LOngueur/annUler/LArgeur] : 10 8.

13. Spécifier le point suivant ou [Arc/Clore/Demi-larg/LOngueur/annUler/LArgeur] : 18 8.

14. Spécifier le point suivant ou [Arc/Clore/Demi-larg/LOngueur/annUler/LArgeur] : C 8.

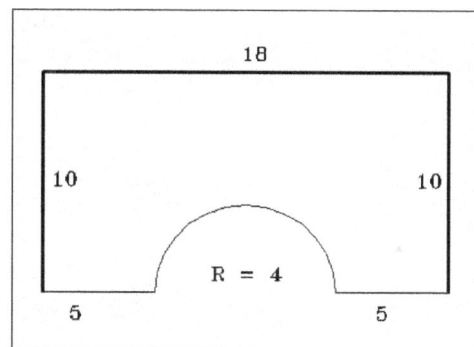

Fig.4.32

Les options pour les arcs de polyligne sont les suivantes :

▶ **Angle :** permet de préciser l'angle inscrit à l'arc, dans le sens inverse à celui des aiguilles d'une montre. Pour avoir le sens contraire, il suffit de donner un angle négatif.

▶ **Centre** (Center) : permet de préciser le centre de l'arc.

▶ **Fermer** (Close) : fermeture d'une polyligne par un arc.

▶ **Direction** : permet de définir une direction de départ pour l'arc.

▶ **Ligne** (Line) : permet le passage du mode « arc » au mode « ligne ».

▶ **Rayon** (Radius) : permet de définir le rayon de l'arc.

▶ **Second pt** : permet de construire un arc passant par trois points.

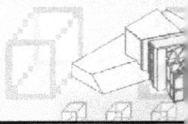

Création de formes géométriques

Dessiner un cercle

Le cercle est un objet de base très couramment utilisé en dessin. AutoCAD permet de créer celui-ci de plusieurs façons différentes : en spécifiant le centre et un rayon (méthode par défaut), le centre et le diamètre, en spécifiant deux points pour indiquer le diamètre, trois points pour définir sa circonférence. Il est également possible de créer un cercle tangent à deux (plus une valeur de rayon) ou à trois objets du dessin. La désignation des points demandés peut se faire à l'aide des coordonnées ou en se servant des points d'accrochage.

La procédure pour dessiner un cercle est la suivante :

1. Exécuter la commande de dessin d'un cercle à l'aide d'une des méthodes suivantes (fig.4.33) :

   Menu : choisir le menu déroulant **Dessin** (Draw) puis l'option **Cercle** (Circle).

   Icône : choisir l'icône **Cercle** (Circle) de la barre d'outils **Dessiner** (Draw).

   Clavier : taper la commande **Cercle** (Circle).

2. Pointer le centre (ou entrer les coordonnées) : P1.

3. Entrer la valeur du rayon ou pointer un deuxième point : P2.

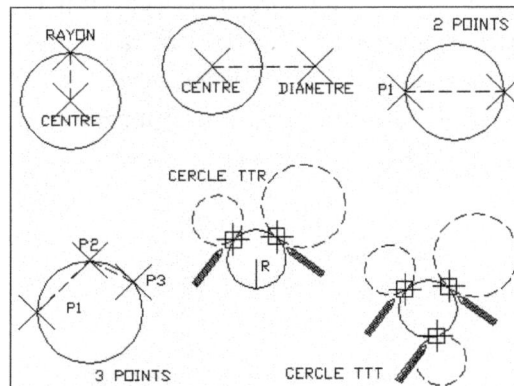

Fig.4.33

Les options de dessin sont les suivantes :

▶ **Centre et Rayon (Cen,Rad) :** entrer les coordonnées du centre et la valeur du rayon ou pointer graphiquement par la souris ou le stylet.

▶ **Centre et Diamètre (Cen,Dia) :** entrer les coordonnées du centre et la valeur du diamètre ou pointer graphiquement.

▶ **2 POINTS** : donner deux points (P1 et P2) qui seront les extrémités du diamètre.

▶ **3 POINTS** : donner trois points (P1,P2,P3) sur la circonférence du cercle.

▶ **TTR** : permet de dessiner un cercle en spécifiant la valeur du rayon et en pointant deux objets (lignes, cercles, arcs, etc.) auxquels le cercle doit être tangent.

▶ **TaTaTan** : permet de dessiner un cercle en pointant trois objets (lignes, arcs, cercles, etc.) auxquels le cercle doit être tangent.

L'exemple qui suit illustre l'utilisation de cercles de types Centre/Rayon et TTR.

La procédure est la suivante :

Etape 1

▶ Tracer un axe vertical et deux axes horizontaux distants de 100 mm.

▶ Tracer le cercle inférieur rayon 20 mm et le cercle supérieur de rayon 30 mm.

Etape 2

▶ Tracer deux cercles TTR de rayon 100 mm. Pour celui de droite pointer les cercles de tangences en A et B juste à gauche de l'axe vertical. Pour le cercle de gauche pointer les cercles de tangences en C et D juste à droite de l'axe vertical (fig.4.34).

Etape 3

▶ Décaler les 4 cercles de 10 mm vers l'intérieur.

Etape 4

▶ Ajuster les grands cercles.

▶ Ajouter 2 cercles TTR de rayon 15 mm.

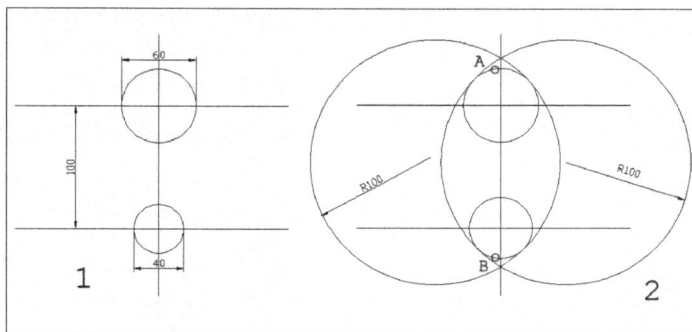

Fig.4.34

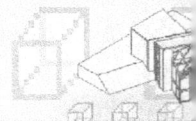

Etape 5

▶ Ajuster les cercles pour finaliser la pièce (fig.4.35).

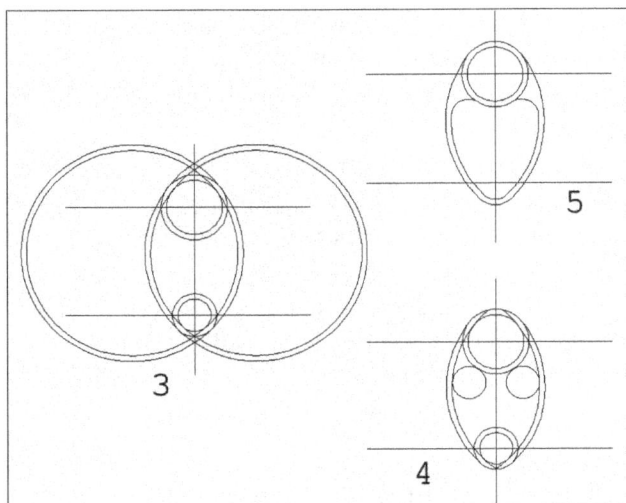

Fig.4.35

Dessiner une ellipse

AutoCAD permet de tracer des vraies ellipses (représentation mathématique exacte) ou une représentation polyligne d'une ellipse (mettre au préalable la variable **PELLIPSE** sur 1). La méthode de dessin par défaut consiste à désigner les extrémités du premier axe et à définir une distance (demilongueur) du second axe.

La procédure pour dessiner une ellipse est la suivante :

1. Exécuter la commande de dessin de l'ellipse à l'aide d'une des méthodes suivantes :

    Menu : choisir le menu déroulant **Dessin** (Draw) puis l'option **Ellipse**.

    Icône : choisir l'icône Ellipse de la barre d'outils **Dessiner** (Draw).

    Clavier : taper la commande **Ellipse**.

2. Dans le cas de l'option par défaut **Axe-Fin** (Axis-End) (fig.4.36), désigner la première extrémité du premier axe (point P1).

3 Indiquer la seconde extrémité du premier axe (point P2).

4 Pointer l'extrémité du deuxième axe (point P3).

5 Dans le cas de l'option **Centre**, taper C pour activer l'option, puis pointer le centre de l'ellipse : P1.

6 Pointer l'extrémité du premier axe (point P2).

7 Pointer l'extrémité du deuxième axe (point P3).

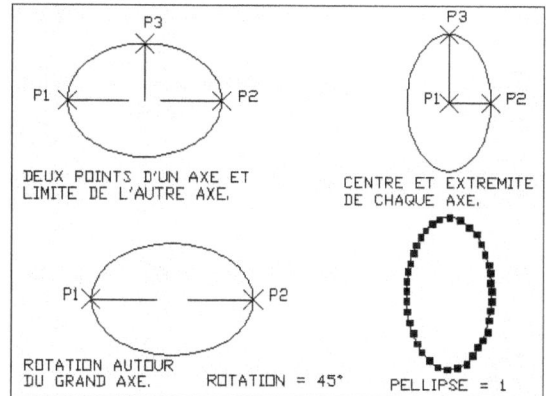

Fig.4.36

La procédure pour dessiner un arc elliptique est la suivante :

1 Sélectionner l'option **Arc** de la commande **Ellipse** ou cliquer sur l'icône **Arc elliptique** (Ellipse Arc) de la barre d'outils **Dessin** (Draw).

2 Pointer les 3 extrémités des axes de l'ellipse : P1, P2 et P3.

3 Pointer la direction de l'angle de départ : P4

4 Pointer la direction de l'angle d'arrivé : P5 (fig.4.37).

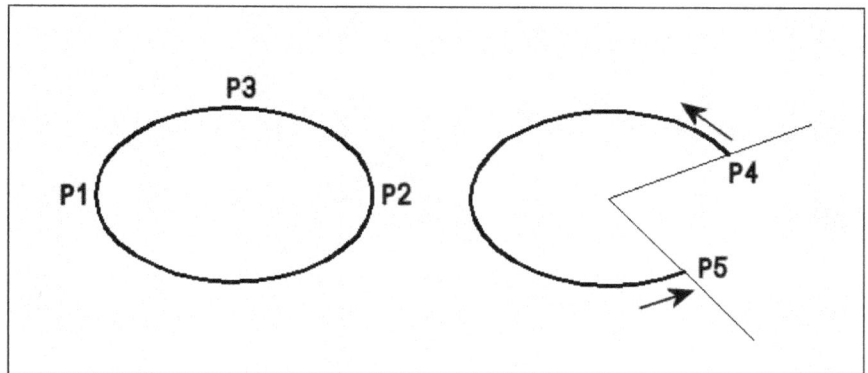

Fig.4.37

Dessiner un rectangle

Un rectangle est une polyligne fermée ayant la forme d'un rectangle. Plusieurs méthodes sont disponibles pour définir la taille du rectangle : coordonnées relatives, longueur et largeur, définition de l'aire. Avant de dessiner celui-ci, il est possible de définir quelques paramètres permettant par exemple d'arrondir ou de couper les angles.

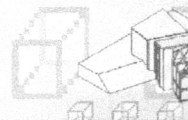

La procédure pour créer un rectangle est la suivante :

☐1 Exécuter la commande de dessin du rectangle à l'aide d'une des méthodes suivantes (fig.4.38) :

▤ Menu : choisir le menu déroulant **Dessin** (Draw) puis l'option **Rectangle**.

🖱 Icône : choisir l'icône **Rectangle** de la barre d'outils **Dessiner** (Draw).

⌨ Clavier : taper la commande **Rectangle** (Rectang).

☐2 Pointer l'origine du rectangle : P1

☐3 Taper éventuellement sur R pour orienter le rectangle dans une direction donnée. Entrer la valeur de l'angle.

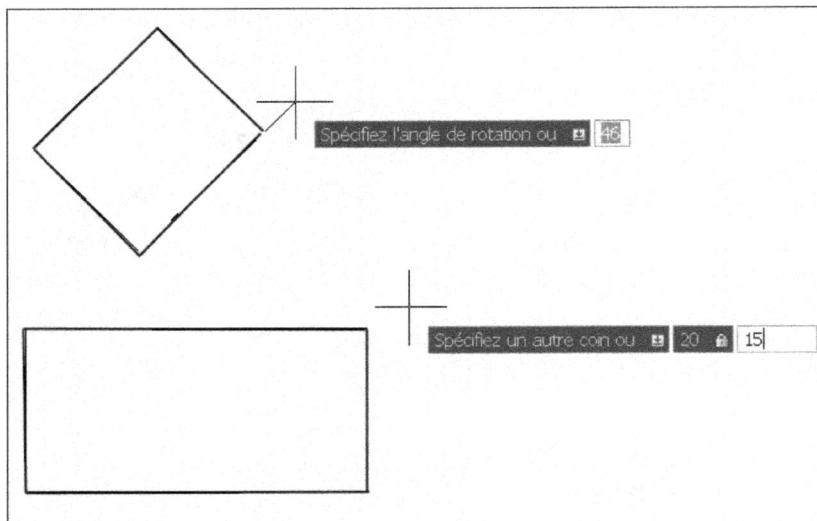

Fig.4.38

☐4 Utiliser l'une des options suivantes pour définir la taille du rectangle

Sans mode dynamique

▸ Utiliser les valeurs relatives (@x,y) pour définir la longueur et la largeur. Exemple : un rectangle de 20 sur 10 demande comme coordonnées @20,10.

Ou

- ▶ Taper **C** (D) pour l'option **Cotes** (Dimensions)
- ▶ Spécifier la longueur du rectangle : par exemple 20
- ▶ Spécifier la largeur du rectangle : par exemple 10.
- ▶ Spécifier un autre coin : il faut pointer la direction du second point par rapport au premier (à gauche ou à droite, en haut ou en bas).

Ou

- ▶ Taper A pour activer l'option **Aire** (Area).
- ▶ Entrer l'aire du rectangle en unités courantes <100.0000> : 1008
- ▶ Calculer les cotes du rectangle en fonction de la [Longueur/lArgeur] <Longueur> : faire 8 pour accepter la longueur.
- ▶ Entrer la longueur du rectangle <10.0000> : 15 8

Avec mode dynamique

- ▶ Entrer la première longueur du rectangle : 20.
- ▶ Appuyer sur la touche Tab pour passer dans le champ suivant.
- ▶ Entrer la largeur du rectangle : 10.
- ▶ Appuyer sur Entrée.

Les options sont les suivantes :

- ▶ **Chanfrein** (Chamfer) : permet de chanfreiner les côtés du rectangle en spécifiant deux distances (voir chapitre 6 pour plus de détails).
- ▶ **Elevation** : permet de spécifier la hauteur de création du rectangle.
- ▶ **Raccord** (Fillet) : permet d'arrondir les sommets du rectangle en spécifiant un rayon.
- ▶ **Hauteur** (Thickness) : permet de spécifier la hauteur d'extrusion du rectangle.
- ▶ **Largeur** (Width) : permet de spécifier l'épaisseur des côtés du rectangle.

Dessiner un polygone régulier

Un polygone est une polyligne fermée de forme régulière et composée de 3 à 1024 côtés. La grandeur du polygone peut être déterminée par l'une des trois méthodes suivantes (fig.4.39) :

- ▶ Le polygone est inscrit dans un cercle imaginaire (I) : cette méthode est utile si l'on connaît la distance entre le centre du polygone et chacun des sommets. Cette distance correspond au rayon du cercle dans lequel le polygone est inscrit.

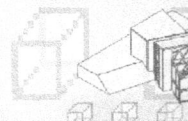

- Le polygone est circonscrit à un cercle (C) : cette méthode est utile si l'on connaît la distance entre le centre du polygone et le milieu de chaque côté. Cette distance correspond au rayon du cercle inscrit dans le polygone.
- Par la longueur d'un côté.

La procédure pour dessiner un polygone est la suivante :

1. Exécuter la commande de dessin du polygone à l'aide d'une des méthodes suivantes :

   Menu : choisir le menu déroulant **Dessin** (Draw) puis l'option **Polygone** (Polygon).

   Icône : choisir l'icône **Polygone** (Polygon) de la barre d'outils **Dessiner** (Draw).

   Clavier : taper la commande **Polygone** (Polygon).

2. Déterminer le nombre de côtés souhaités : exemple 6.

3. Indiquer le centre du polygone (point P1).

4. Entrer I ou C pour créer le polygone.

5. Spécifier le rayon (ex : 5).

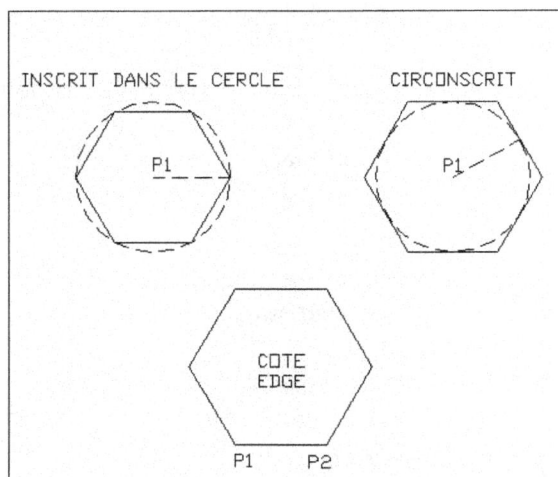

Fig.4.39

Exercice : tracer la figure 4.40 en cinq opérations et sans lignes de construction :

Commande : **Polygone** (polygon). Entrer le nombre de côtés ‹4› : 3.

Spécifier le centre du polygone ou [Côté] : P1.

Entrer une option [Inscrit dans le cercle/Circonscrit au cercle] ‹I› : I.

Spécifier le rayon du cercle : 10.

Commande : **Polygone** (polygon). Entrer le nombre de côtés ‹3› :

Spécifier le centre du polygone ou [Côté] : C.

Spécifier la première extrémité du côté : P2.
Spécifier la deuxième extrémité du côté : P3.

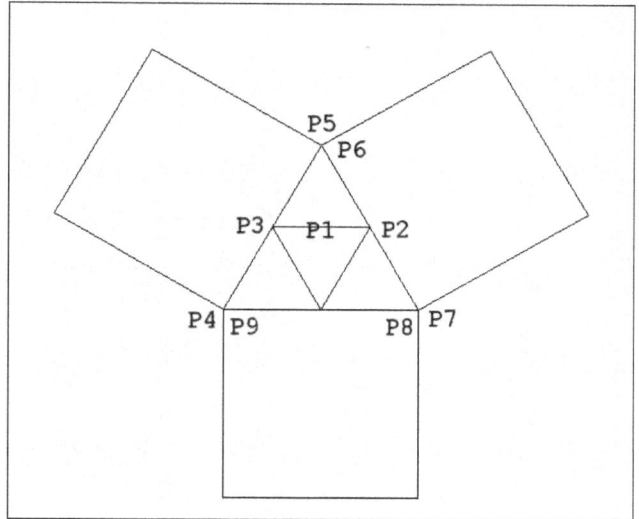

Fig.4.40

Commande : **Polygone** (polygon). Entrer le nombre de côtés ‹3› : 4.

Spécifier le centre du polygone ou [Côté] : C.

Spécifier la première extrémité du côté : P4. Spécifier la deuxième extrémité du côté : P5.

Commande : **Polygone** (polygon). Entrer le nombre de côtés ‹4› :

Spécifier le centre du polygone ou [Côté] : C.

Spécifier la première extrémité du côté : P6. Spécifier la deuxième extrémité du côté : P7.

Commande : **Polygone** (polygon). Entrer le nombre de côtés ‹4› : 4.

Spécifier le centre du polygone ou [Côté] : C.

Spécifier la première extrémité du côté : P8. Spécifier la deuxième extrémité du côté : P9.

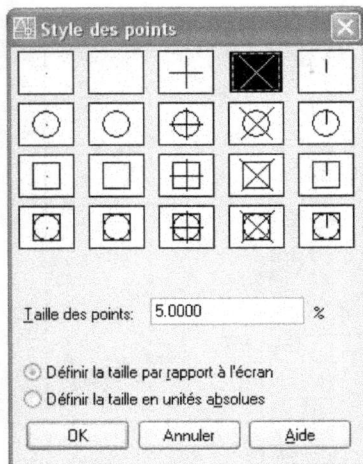

Fig.4.41

Dessiner un point

Un point est un outil permettant de repérer facilement des lieux significatifs dans le dessin. L'utilisateur a la possibilité de définir le style du point et sa taille. Il est possible de s'accrocher ensuite à un point par la commande **ACCROBJ** (OSNAP) et l'option **NODAL** (NODE). Les points peuvent également être utilisés pour mettre des marques de division sur les objets.

La procédure pour définir le style et la taille des points est la suivante :

[1] Exécuter la commande de définition du style à l'aide d'une des méthodes suivantes (fig.4.41) :

Menu : choisir le menu déroulant **Format** puis l'option **Style des points** (Point Style).

Clavier : taper la commande **DDPTYPE**.

[2] Sélectionner un style de point.

[3] Spécifier la taille voulue dans le champ **Taille des points** (Point Size) : En % par rapport à la taille de l'écran ou en unités de travail.

[4] Cliquer sur **OK** pour confirmer.

La procédure pour dessiner un point est la suivante :

[1] Exécuter la commande de dessin d'un point à l'aide d'une des méthodes suivantes :

Menu : choisir le menu déroulant **Dessin** (Draw) puis l'option **Point** et ensuite **Point Unique** (Single Point) ou **Point Multiple** (Multiple Point).

Icône : choisir l'icône **Point** de la barre d'outils **Dessiner** (Draw).

Clavier : taper la commande **Point**.

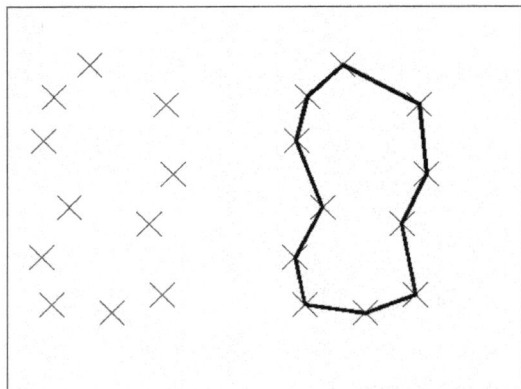

Fig.4.42

[2] Désigner l'emplacement du ou des points (fig.4.42).

[3] Appuyer sur Entrée pour terminer l'opération.

La procédure pour insérer des points sur un objet à intervalles réguliers est la suivante :

☐ Cliquer sur le menu **Dessin** (Draw) puis sur **Point** et ensuite sur **Diviser** (Divide).

☐ Sélectionner une ligne, un cercle, une ellipse, une polyligne, un arc ou une spline.

☐ Entrer le nombre de segments souhaités : 6 8. Un point est placé entre chaque segment (fig.4.43).

La procédure pour insérer des points selon des intervalles mesurés sur un objet est la suivante :

☐ Cliquer sur le menu **Dessin** (Draw) puis sur **Point** et ensuite sur **Mesurer** (Measure).

☐ Sélectionner une ligne, un arc, un cercle ou une polyligne.

☐ Entrer un intervalle ou spécifier deux points à l'écran : 10 8. Les points sont placés sur l'objet à des intervalles spécifiés.

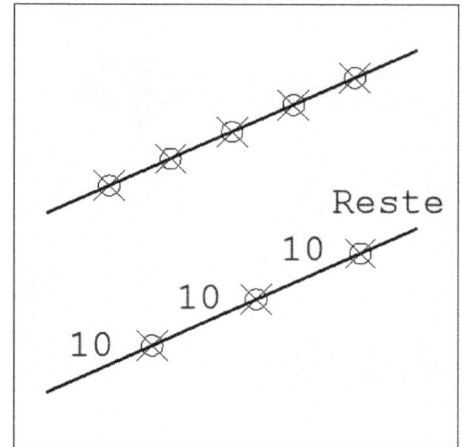

Fig.4.43

Création de formes avec épaisseur

Dessiner une polyligne avec épaisseur

Une polyligne est une entité constituée d'une série de segments de droite et d'arc considérée comme un tout. Il est possible de définir pour chaque segment une épaisseur déterminée, constante ou non. Cette caractéristique permet de dessiner des objets aux formes très variées, comme une flèche.

La procédure pour dessiner une flèche est la suivante :

☐ Exécuter la commande de dessin d'une polyligne à l'aide d'une des méthodes suivantes :

Menu : choisir le menu déroulant **Dessin** (Draw) puis l'option **Polyligne** (Polyline).

Icône : choisir l'icône **Polyligne** (Polyline) de la barre d'outils **Dessiner** (Draw).

Clavier : taper la commande **Polyligne** (Polyline).

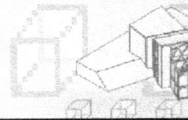

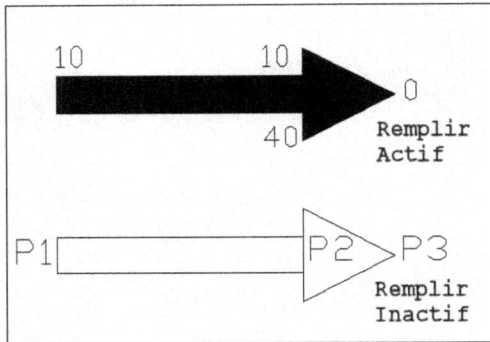

Fig.4.44

2. Pointer le premier point de la polyligne à l'endroit souhaité. Les options de la polyligne s'affichent ensuite à l'écran (point P1).

3. Taper « LA » (w) pour déterminer l'épaisseur de la polyligne. Entrer l'épaisseur de départ puis l'épaisseur d'arrivée du segment. Par exemple 10 et 10.

4. Pointer l'extrémité du segment (point P2).

5. Taper à nouveau « LA » (w) pour définir une nouvelle épaisseur. Entrer 40 comme épaisseur de départ et 0 comme épaisseur d'arrivée.

6. Pointer l'extrémité du segment (point P3).

7. Appuyer sur Entrée pour terminer la commande. Le résultat est le dessin d'une flèche (fig.4.44).

Dessiner un anneau ou un disque plein

AutoCAD permet de dessiner facilement des couronnes ou des disques grâce à la commande **ANNEAU** (Donut). Pour créer un anneau, il convient de définir les diamètres interne et externe et de désigner le centre. Pour dessiner un anneau en forme de disque, il suffit de spécifier un diamètre interne de valeur 0.

La procédure pour créer un anneau est la suivante :

1. Exécuter la commande de dessin d'un anneau à l'aide d'une des méthodes suivantes :

Menu : choisir le menu déroulant **Dessin** (Draw) puis l'option **Anneau** (Donut).

Clavier : taper la commande **ANNEAU** (Donut).

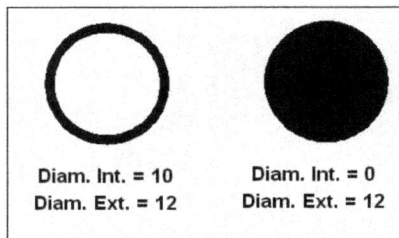

2. Spécifier la valeur du diamètre intérieur (ex :10). Entrer une valeur de 0 pour un disque.

3. Spécifier le diamètre extérieur (ex :12).

4. Pointer le(s) centre(s) du ou des anneaux ou appuyer sur Entrée pour quitter la commande (fig.4.45).

Fig.4.45

Générer des contours fermés

Pour créer automatiquement une polyligne fermée à partir d'entités qui se chevauchent et qui délimitent une frontière, AutoCAD dispose de la commande **CONTOUR** (Boundary). Pour générer cette polyligne particulière, il suffit de pointer à l'intérieur de la zone désirée qui se met en surbrillance.

Cette fonction est utile dans beaucoup d'applications : mécanique (pour générer rapidement une pièce), architecture (pour calculer rapidement la surface des locaux), cartographie (pour délimiter facilement des contours digitalisés), etc.

Il est largement conseillé de définir un calque (layer) spécifique pour la création des polylignes frontière afin de pouvoir les manipuler plus facilement.

La procédure de création est la suivante :

☐1 Exécuter la commande de création de polyligne frontière à l'aide d'une des méthodes suivantes :

    Menu : choisir le menu déroulant **Dessin** (Draw) puis l'option **Contour** (Boundary).

    Clavier : taper la commande **CONTOUR** (Boundary).

☐2 Sélectionner le bouton **Choisir les points** (Pick Points) en haut dans la boîte de dialogue **Créer un contour** (Boundary Creation) (fig.4.46).

☐3 Pointer un point à l'intérieur de la zone souhaitée (P1). La frontière générée s'affiche en pointillé.

☐4 Appuyer sur Entrée pour sortir de la commande. AutoCAD a créé une polyligne superposée à la frontière détectée.

☐5 Pour visualiser la frontière ainsi créée, il suffit éventuellement de la déplacer par la commande **Déplacer** (Move) et l'option **Dernier** (Last) pour la sélectionner ou d'utiliser et d'activer des calques (layers) différents (fig.4.47).

Fig.4.46

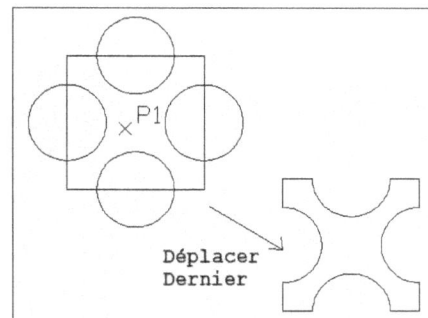

Fig.4.47

CHAPITRE 5

CONSTRUIRE UN DESSIN À PARTIR D'OBJETS EXISTANTS

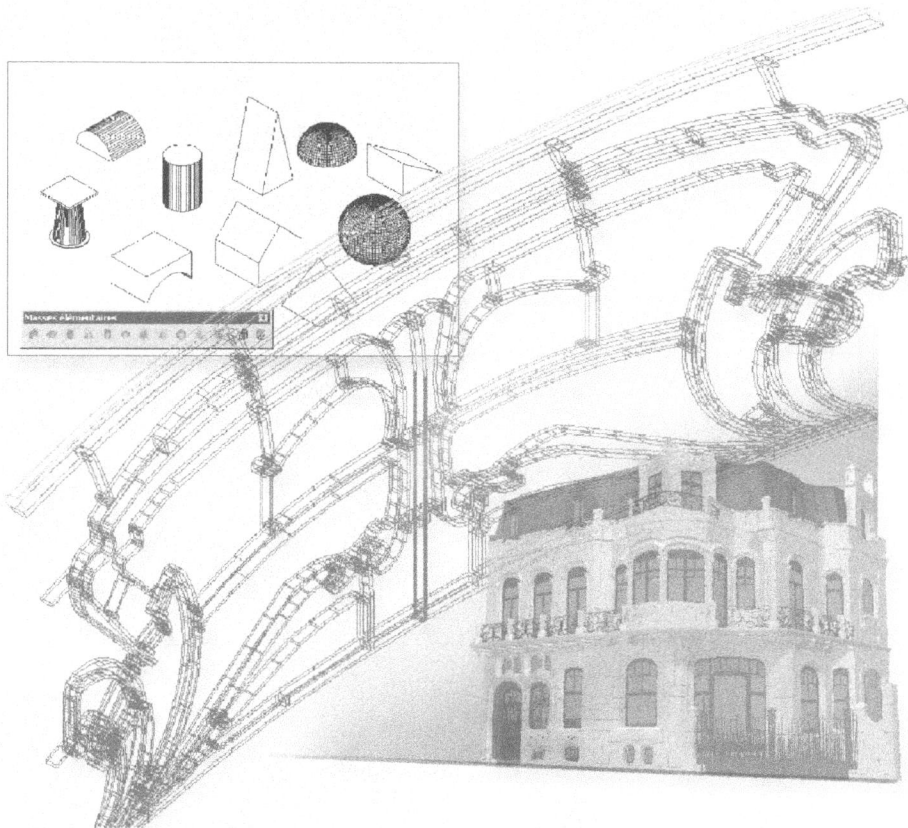

La construction d'un dessin

Il existe une multitude d'outils dans AutoCAD pour construire un nouveau dessin. Parmi ceux-ci, il en existe plusieurs basés sur la copie d'objets existants (fig.5.1) :

▸ **La copie simple ou multiple** : pour copier une ou plusieurs fois un ou plusieurs objets d'un point à plusieurs autres du dessin. La commande utilisée est **COPIER** (COPY) avec l'option **Multiple**.

▸ **La copie parallèle** : pour copier un objet parallèlement à lui-même et à une certaine distance. La commande utilisée est **DECALER** (OFFSET).

▸ **La copie-miroir** : pour créer une copie-miroir d'un objet suivant un axe de symétrie. La commande utilisée est **MIROIR** (MIRROR).

▸ **La copie en réseau** : pour créer une série de copies d'un objet sous la forme d'un réseau polaire ou rectangulaire. La commande utilisée est **RESEAU** (ARRAY).

▸ **La copie à l'aide du Presse-papiers de Windows** : pour copier un objet d'un dessin AutoCAD vers un autre dessin AutoCAD, ou vers une autre application.

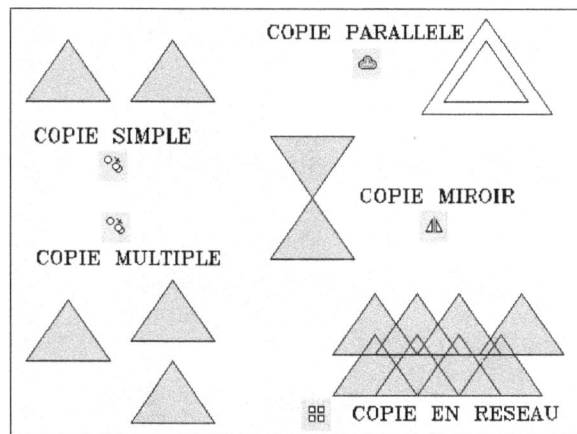

Fig.5.1

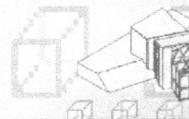

Copier un objet

Pour copier un ou plusieurs objets à l'intérieur d'un dessin, il suffit d'effectuer la sélection et de définir ensuite le point de départ et le point d'arrivée de la copie. Ces points peuvent être déterminés par des coordonnées ou par le pointeur sur l'écran avec l'aide éventuelle des outils d'accrochage. La copie peut être simple ou multiple suivant les besoins. Les procédures qui suivent illustrent la copie simple d'un cercle sur le côté d'un carré, et la copie multiple du même cercle aux quatre coins du carré.

La procédure pour effectuer une copie simple est la suivante :

[1] Exécuter la commande de copie à l'aide d'une des méthodes suivantes (fig.5.2) :

Menu : choisir le menu déroulant **Modification** (Modify) puis l'option **Copier** (Copy).

Icône : choisir l'icône **Copier des objets** (Copy Object) de la barre d'outils **Modification** (Modify).

Clavier : taper la commande **Copier** (Copy).

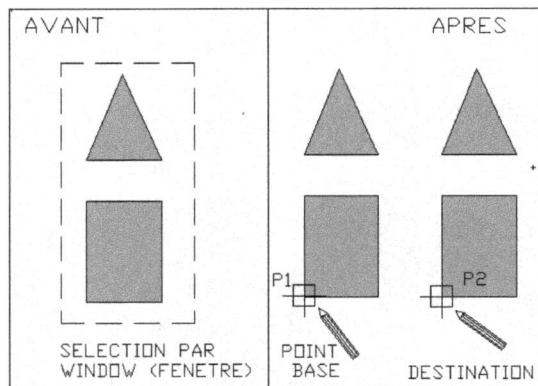

Fig.5.2

[2] Sélectionner les objets à copier et appuyer sur Entrée.

[3] Spécifier le point de base (point de départ) (P1).

[4] Spécifier le point de destination de la copie (P2).

[5] Appuyer sur Entrée.

La procédure pour effectuer plusieurs copies est la suivante :

[1] Exécuter la commande de copie à l'aide d'une des méthodes suivantes (fig.5.3) :

Menu : choisir le menu déroulant **Modification** (Modify) puis l'option **Copier** (Copy).

Icône : choisir l'icône **Copier des objets** (Copy Object) de la barre d'outils **Modification** (Modify).

⌨ Clavier : taper la commande **Copier** (Copy).

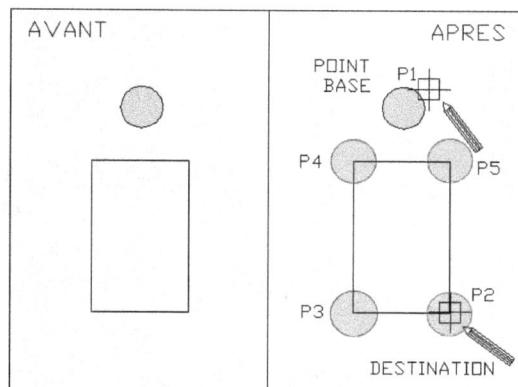

② Sélectionner les objets à copier et appuyer sur Entrée.

③ Spécifier le point de base (point de départ) (P1).

④ Spécifier le point de destination de la copie (P2).

⑤ Spécifier les autres points de destination (P3, P4, P5).

⑥ Appuyer sur Entrée pour terminer.

Fig.5.3

Copier parallèlement un objet

Lors de la réalisation d'un dessin, il arrive fréquemment que des objets soient parallèles les uns aux autres. La création de ces objets peut être accomplie facilement grâce à la commande **DECALER** (Offset), qui permet de créer une ou plusieurs copies d'un objet parallèle à lui-même et à une distance donnée. A part le cas de la ligne droite, les dimensions de la copie sont supérieures ou inférieures à l'objet de base en fonction de la position de la copie. La copie peut s'effectuer en spécifiant une distance ou en indiquant un point de passage. La copie peut se placer sur le même calque ou sur un autre. Il est aussi possible d'effacer l'objet source après le décalage.

La procédure pour effectuer une copie en spécifiant une distance est la suivante :

① Exécuter la commande de copie à l'aide d'une des méthodes suivantes (fig.5.4) :

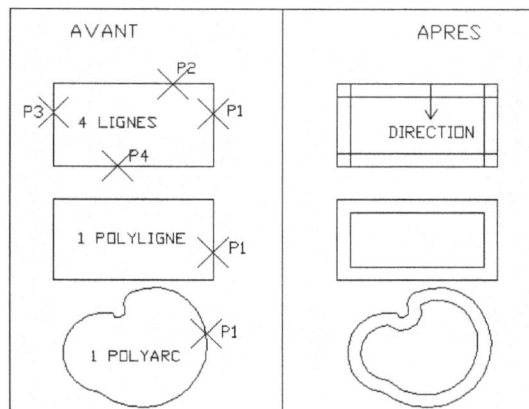

▤ Menu : choisir le menu déroulant **Modification** (Modify) puis l'option **Décaler** (Offset).

◎ Icône : choisir l'icône **Décaler** (Offset) de la barre d'outils **Modification** (Modify).

⌨ Clavier : taper la commande **Décaler** (Offset).

② Entrer la distance à laquelle l'objet doit être copié. Elle peut être définie par une valeur rentrée au clavier ou par deux points désignés à l'écran. Exemple : 20.

Fig.5.4

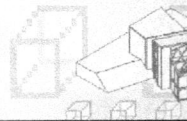

3 Sélectionner l'objet à copier.

4 Spécifier de quel côté l'objet doit être copié.

5 Sélectionner un autre objet ou appuyer sur Entrée pour terminer l'opération.

La procédure pour effectuer une copie en spécifiant un point de passage est la suivante :

1 Exécuter la commande de copie à l'aide d'une des méthodes suivantes (fig.5.5) :

Menu : choisir le menu déroulant **Modification** (Modify) puis l'option **Décaler** (Offset).

Icône : choisir l'icône **Décaler** (Offset) de la barre d'outils **Modification** (Modify).

Clavier : taper la commande **Décaler** (Offset).

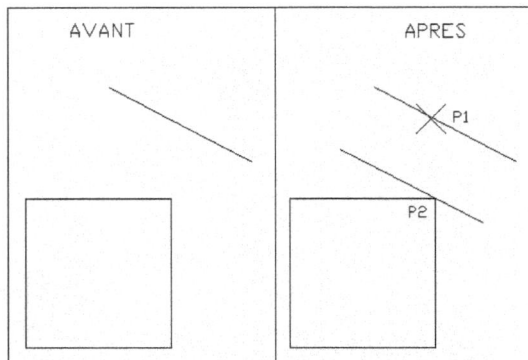

2 Entrer « p » (t) pour activer l'option **Par** (Through).

3 Sélectionner l'objet à copier.

4 Spécifier le point par lequel la copie doit passer.

5 Appuyer sur Entrée pour terminer l'opération.

La procédure pour effectuer des copies multiples en spécifiant une distance est la suivante :

1 Exécuter la commande de copie à l'aide d'une des méthodes suivantes :

Menu : choisir le menu déroulant **Modification** (Modify) puis l'option **Décaler** (Offset).

Icône : choisir l'icône **Décaler** (Offset) de la barre d'outils **Modification** (Modify).

Clavier : taper la commande **Décaler** (Offset).

Fig.5.5

2. Entrer la distance à laquelle l'objet doit être copié. Elle peut être définie par une valeur rentrée au clavier ou par deux points désignés à l'écran. Exemple : 20.

3. Sélectionner l'objet à copier.

4. Sélectionner l'option multiple en entrant M.

5. Spécifier de quel côté l'objet doit être copié.

6. Cliquer autant de fois que nécessaire pour avoir le nombre de copies souhaitées.

Les autres options sont les suivantes :

▶ **Effacer** (Erase) : permet d'effacer l'objet source après l'opération de décalage.

▶ **Calque** (Layer) : permet de déterminer si les objets décalés sont créés sur le calque courant ou sur le calque de l'objet source.

Créer une copie-miroir d'un objet

Une copie-miroir d'un objet est un objet identique au premier, mais placé dans une position opposée. Il convient de désigner deux points à l'écran de façon à définir un axe de symétrie. Après la copie, l'objet original peut être conservé ou supprimé.

La procédure pour créer une copie miroir est la suivante :

1. Exécuter la commande de copie-miroir à l'aide d'une des méthodes suivantes (fig.5.6) :

Menu : choisir le menu déroulant **Modification** (Modify) puis l'option **Miroir** (Mirror).

Icône : choisir l'icône **Miroir** (Mirror) de la barre d'outils **Modification** (Modify).

Clavier : taper la commande **Miroir** (Mirror).

2. Sélectionner les objets à copier symétriquement.

3. Désigner le premier point de l'axe de symétrie (P1).

4. Désigner le deuxième point (P2).

5. Entrer « n » pour conserver l'original ou « o » (y) pour le supprimer.

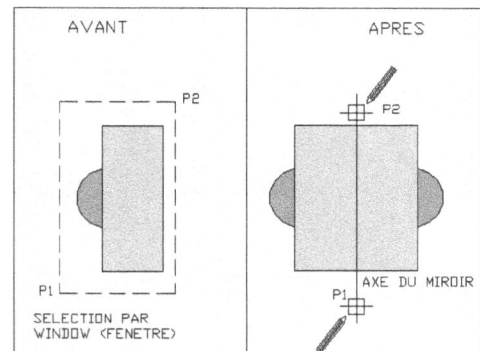

Fig.5.6

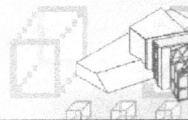

La commande **Miroir** (Mirror) a également pour effet d'inverser les textes et les attributs. Pour éviter qu'un texte ne soit inversé, il suffit avant d'utiliser la fonction **Miroir** de désactiver la variable MIRRTEXT (à rentrer au clavier) en lui donnant la valeur zéro.

Comment réaliser une copie d'objets en réseau

La copie en réseau d'un objet permet de créer plusieurs copies de cet objet en les disposant de façon rectangulaire (parallèle au curseur) ou circulaire. Dans le cas d'un réseau rectangulaire, il convient de préciser le nombre de lignes et de colonnes souhaitées et de spécifier la distance qui les sépare les unes des autres. Dans le cas d'un réseau polaire, il suffit d'indiquer le nombre d'exemplaires souhaité et la position du centre de la copie.

La procédure pour créer un réseau rectangulaire droit est la suivante :

1. Exécuter la commande de copie en réseau à l'aide d'une des méthodes suivantes (fig.5.7) :

    Menu : choisir le menu déroulant **Modification** (Modify) puis l'option **Réseau** (Array).

    Icône : choisir l'icône **Réseau** (Array) de la barre d'outils **Modification** (Modify).

    Clavier : taper la commande **Réseau** (Array).

2. Dans la boîte de dialogue **Réseau** (Array) cocher l'option **Réseau rectangulaire** (Rectangular Array).

3. Sélectionner le(s) objet(s) à copier en réseau en cliquant sur le bouton **Choix des objets** (Select objects).

4. Spécifier le nombre de rangées dans le champ **Rangées** (Row). Exemple : 2.

5. Spécifier le nombre de colonnes dans le champ **Colonnes** (Columns). Exemple : 3.

6. Indiquer la distance entre les lignes dans le champ **Décalage de rangée** (Row offset). Exemple : 6.

7 Indiquer la distance entre les colonnes dans le champ **Décalage de colonne** (Column offset). Exemple : 6.

8 Cliquer sur **OK** pour confirmer (fig.5.8).

9 Pour créer un réseau rectangulaire incliné (fig.5.9), la procédure est identique aux étapes 1 à 7. Il suffit d'ajouter en plus, la valeur d'inclinaison dans le champ **Angle du réseau** (Angle of array).

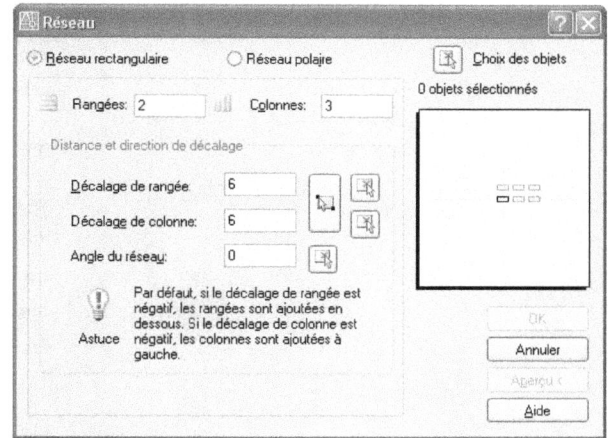

Fig.5.7

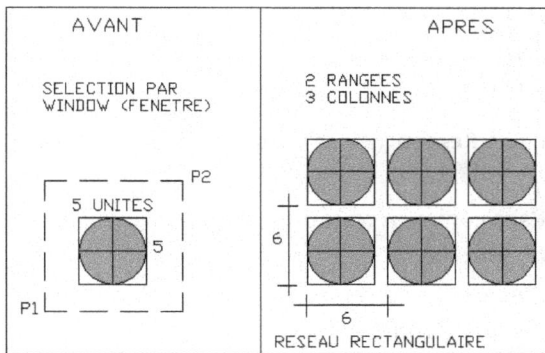

Fig.5.8

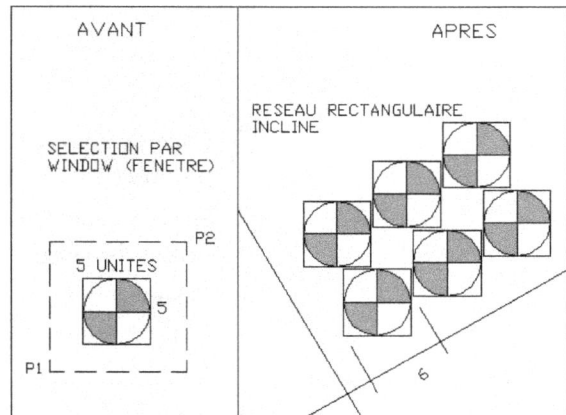

Fig.5.9

La procédure pour créer un réseau polaire (circulaire) est la suivante :

1 Exécuter la commande de copie en réseau à l'aide d'une des méthodes suivantes (fig.5.10) :

Menu : choisir le menu déroulant **Modification** (Modify) puis l'option **Réseau** (Array).

Icône : choisir l'icône **Réseau** (Array) de la barre d'outils **Modification** (Modify).

Clavier : taper la commande **Réseau** (Array).

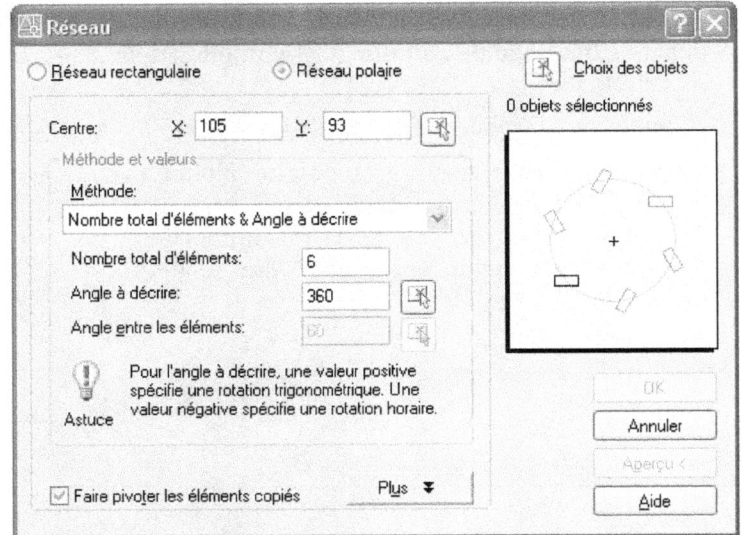

Fig.5.10

[2] Dans la boîte de dialogue **Réseau** (Array). Choisir l'option **Réseau polaire** (PolarArray).

[3] Sélectionner le(s) objet(s) à copier en réseau, en cliquant sur le bouton **Choix des objets** (Select objects).

[4] Désigner le point correspondant au centre du réseau polaire (P1) en cliquant sur le bouton **Centre** (Center point).

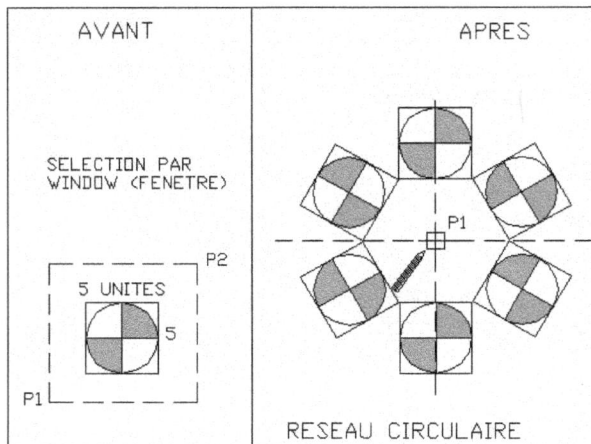

Fig.5.11

[5] Spécifier le nombre d'éléments formant le réseau (objet original compris) dans le champ **Nombre total d'éléments** (Total number of items). Exemple : 6.

[6] Définir l'angle décrit par le réseau (valeur comprise entre 0 et 360°) dans le champ **Angle à décrire** (Angle to fit). L'angle par défaut est de 360°.

[7] Activer le champ **Faire pivoter les éléments copiés** (Rotate items as copied) pour indiquer si les objets doivent tourner ou non pendant l'opération de copie (fig.5.11).

[8] Cliquer sur **OK**.

Les options complémentaires sont les suivantes :

Méthode et valeurs (Method and values) :

Indique la méthode et les valeurs employées pour positionner des objets dans le réseau polaire.

▶ **Méthode** (Method) : définit la méthode utilisée pour positionner des objets. Ce paramètre permet d'activer certains champs de la zone **Méthode et Valeurs** et de les éditer si nécessaire. Par exemple, si la méthode est Nombre total d'éléments & Angle à décrire, les champs associés sont accessibles pour indiquer des valeurs ; le champ **Angle** entre les éléments n'est pas disponible.

▶ **Nombre total d'éléments** (Total number of items) : définit le nombre d'objets qui apparaissent dans le réseau obtenu. La valeur par défaut est 4.

▶ **Angle à décrire** (Angle to fill) : détermine la taille du réseau en définissant l'angle décrit entre les points de base des premier et dernier éléments du réseau. Une valeur positive indique une rotation trigonométrique, tandis qu'une valeur négative indique une rotation horaire. La valeur par défaut est 360. La valeur nulle (0) n'est pas autorisée.

▶ **Angle entre les éléments** (Angle between items) : définit l'angle décrit entre les points de base des objets en réseau et le centre du réseau. Entrer une valeur positive. La valeur par défaut de la direction est 90.

▶ **Angle à décrire** (Angle to fill) : ferme temporairement la boîte de dialogue Réseau afin de définir l'angle décrit entre les points de base du premier et du dernier élément du réseau. AutoCAD demande de sélectionner un point par rapport à un autre point dans la zone de dessin AutoCAD.

▶ **Angle entre les éléments** (Angle between items) : ferme temporairement la boîte de dialogue **Réseau** afin de définir l'angle décrit entre les points de base des objets en réseau et le centre du réseau. AutoCAD demande de sélectionner un point par rapport à un autre point dans la zone de dessin AutoCAD.

▶ **Faire pivoter les éléments copiés** (Rotate items as copied) : fait pivoter les éléments du réseau, comme indiqué dans la zone d'aperçu.

Plus/Moins (More/Less) :

Active et désactive l'affichage d'options complémentaires dans la boîte de dialogue **Réseau**. Lorsqu'on clique sur **Plus** (More), des options supplémentaires sont affichées et le nom de ce bouton devient **Moins** (Less) (fig.5.12).

▶ **Point de base de l'objet** (Object base point) : spécifie un nouveau point de référence (base) qui reste à distance constante du centre du réseau au fur et à mesure de la disposition en réseau des objets. Pour construire un

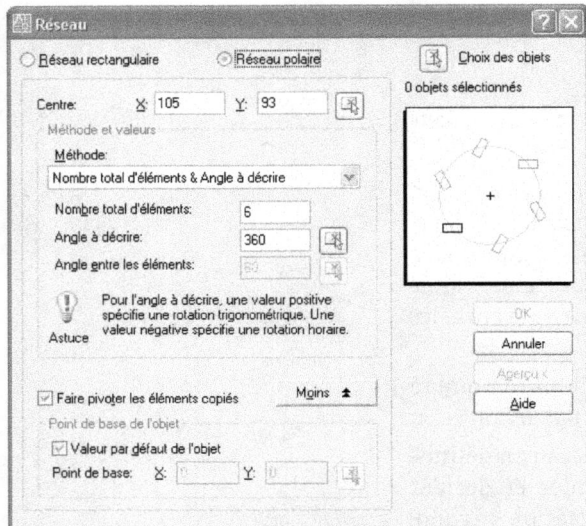

Fig.5.12

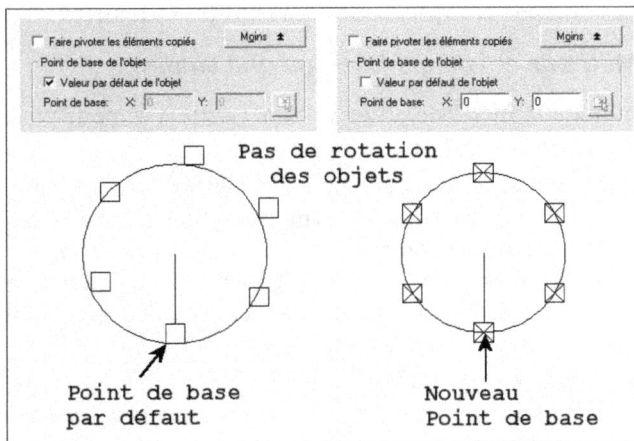

Fig.5.13

réseau polaire, AutoCAD détermine la distance entre le centre du réseau et un point de référence (base) sur le dernier objet sélectionné (fig.5.13). Le point utilisé dépend du type de l'objet, comme le montre le tableau suivant :

Paramètre de point de base par objet	
Type d'objet	**Point de base par défaut**
Arc, cercle, ellipse	Centre
Polygone, rectangle	Premier coin
Anneau, ligne, polyligne, polyligne 3D, demi-droite, spline	Point de départ
Bloc, texte multilignes, texte sur une ligne	Point d'insertion
Droites	Milieu
Region	Point de poignée

▶ **Valeur par défaut de l'objet** (Object default) : utilise le point de base par défaut de l'objet pour positionner l'objet en réseau. Pour définir le point de base manuellement, il faut désactiver cette option.

▶ **Point de base** (Base point) : définit une nouvelle coordonnée de point de base X et Y. Cliquer sur le bouton **Choisir le point de base** (Pick base point) pour fermer temporairement la boîte de dialogue et indiquer un point. Une fois le point indiqué, la boîte de dialogue **Réseau** réapparaît.

Comment copier/coller des objets

Pour utiliser des objets provenant d'un autre dessin AutoCAD ou d'une autre application, il suffit de copier ces objets à l'aide du Presse-papiers de Windows et de les coller ensuite dans le dessin en cours. La copie peut s'effectuer de deux manières différentes :

▶ la copie simple : fonction **COPIERPRESS** (COPYCLIP) ;
▶ la copie avec point de base : fonction **COPIERBASE** (COPYBASE).

De même pour coller l'objet, il existe trois possibilités :

▶ le collage simple, avec ou sans point de base ;
▶ le collage avec transformation de l'objet en bloc ;
▶ le collage avec conservation des coordonnées d'origine. Dans ce cas l'objet doit être collé dans un autre dessin.

Il est aussi possible de glisser/déposer un objet.

Procédure pour copier les objets dans le Presse-papiers :

[1] Exécuter la commande de copie à l'aide d'une des méthodes suivantes :

Menu : choisir le menu déroulant **Edition** (Edit) puis l'option **Copier** (Copy) ou **Copier avec point de base** (Copy with Base Point).

Icône : choisir l'icône **Copier** (Copy) de la barre d'outils standard.

Clavier : taper la commande **Copierpress** (Copyclip) ou **Copierbase** (Copybase).

[2] Sélectionner le(s) objet(s) à copier ou sélectionner le point de base puis les objets à copier.

[3] Appuyer sur Entrée pour sortir de la fonction.

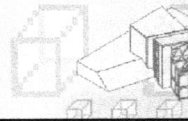

Procédure pour coller les objets dans le dessin :

1 Exécuter la commande de collage à l'aide d'une des méthodes suivantes (fig.5.14) :

Menu : choisir le menu déroulant **Edition** (Edit) puis l'option **Coller** (Paste) ou **Coller en tant que bloc** (Paste as Block) ou **Coller vers les coordonnées d'origine** (Paste to Original Coordinates).

Icône : choisir l'icône **Coller** (Paste) de la barre d'outils standard.

Clavier : taper la commande **Collerpress** (Pasteclip) ou **Collerbloc** (Pasteblock) ou **Colleorig** (Pasteorig).

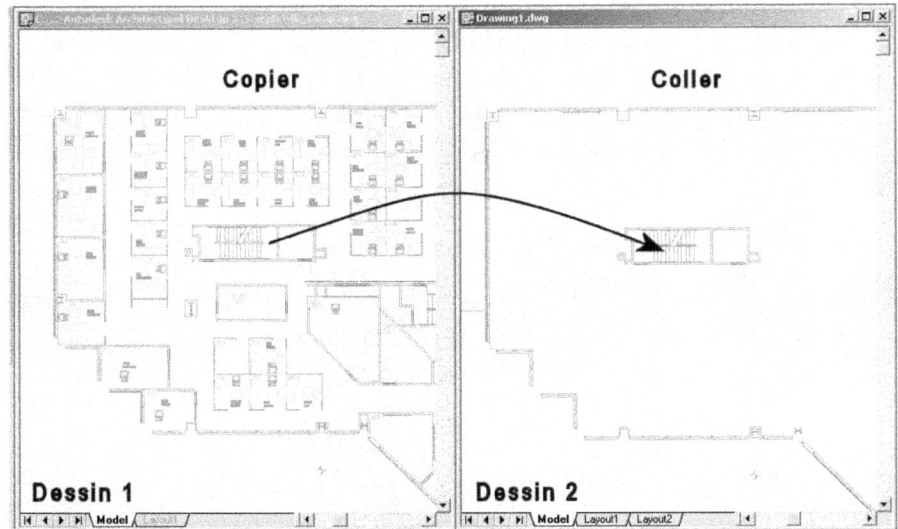

Fig.5.14

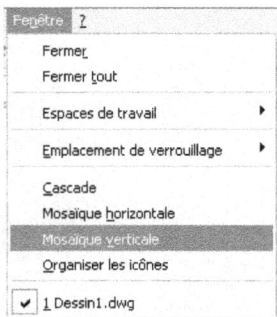

Fig.5.15

2 Pointer le point d'insertion de l'objet dans le cas d'un collage sous forme de bloc où dans le cas où l'objet a été copié avec une origine.

3 Appuyer sur Entrée pour sortir de la fonction.

Comment glisser/déposer des objets

Pour glisser/déposer un objet d'un dessin vers un autre, il faut d'abord ouvrir les deux dessins via l'option **Mosaïque vertiale** (Tile Vertically) du menu **Fenêtre** (Window) (fig.5.15) puis suivre la procédure suivante :

1 Sélectionner l'objet dans la première fenêtre.

2. Cliquer sur l'objet avec la touche gauche de la souris

3. En gardant la touche gauche enfoncée, déplacer l'objet vers la deuxième fenêtre

4. Relâcher la touche gauche de la souris (fig.5.16).

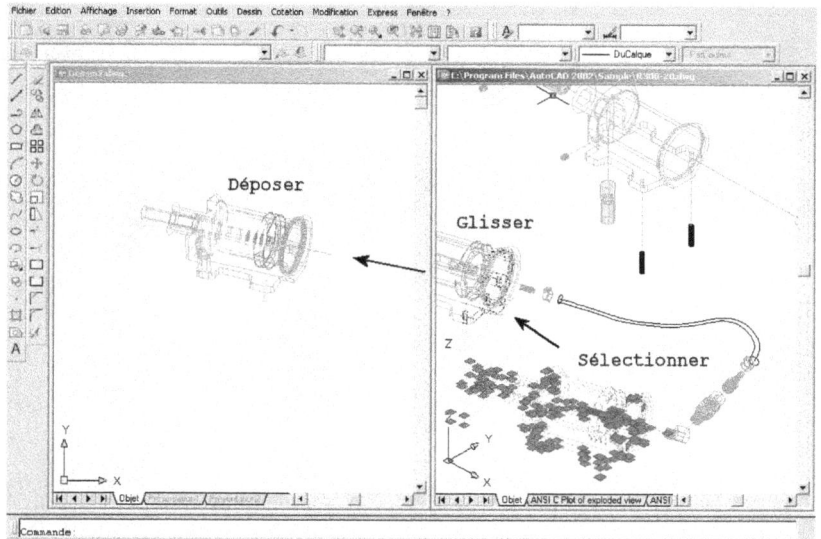

Fig.5.16

Exercice : dessin d'une partie de scie électrique

La scie représentée à la figure 5.17 est composée de 26 dents dont les sommets se trouvent sur un cercle de diamètre 160 mm.

La procédure est la suivante :

1. Tracer les axes avec la fonction **Droite** (Construction Line).

2. Tracer les cercles de diamètres 40, 70, 140 et 160 mm (fig.5.18).

3. Dans le paramétrage des angles polaires, entrer 15% comme valeur d'incrémentation.

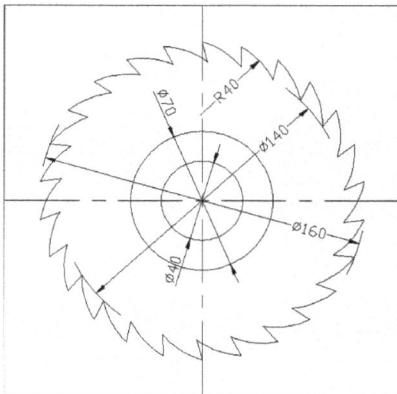

Fig.5.17

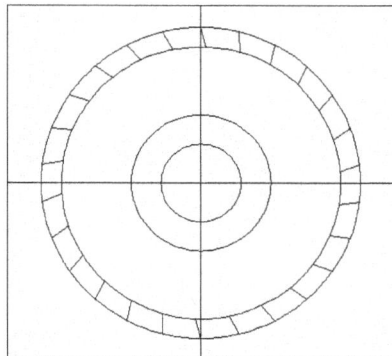

Fig.5.18

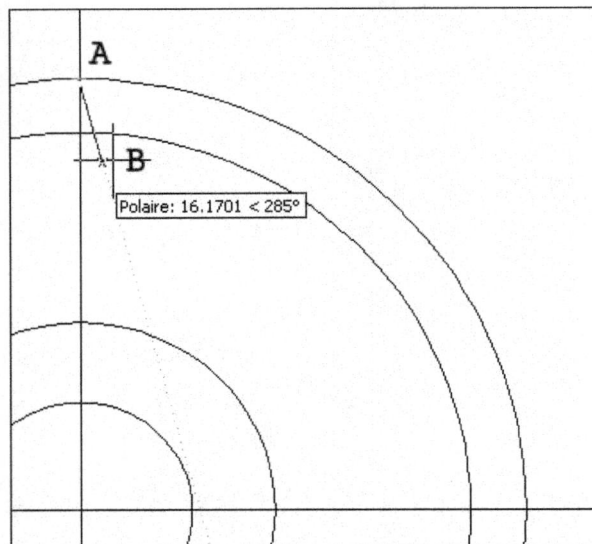

Fig.5.19

4. Tracer le segment AB qui fait un angle de 15% avec la verticale (fig.5.19).

5. Couper la partie superflue du segment.

6. A l'aide de la commande **Réseau** (Array), effectuer 26 copies du trait oblique (fig.5.20).

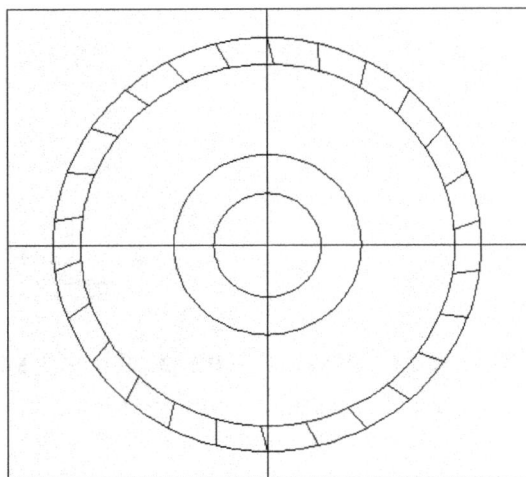

Fig.5.20

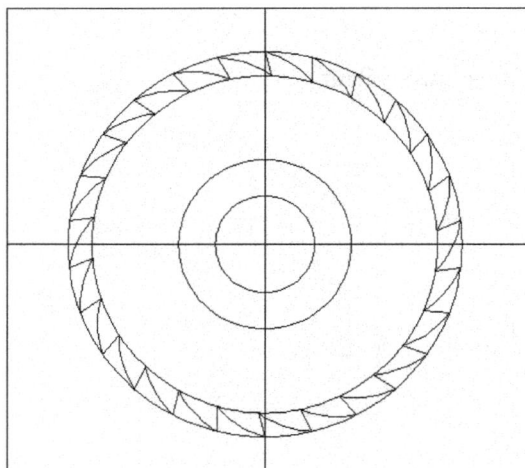

Fig.5.22

7. Tracer la courbe CD d'une dent à l'aide de la fonction **Arc** et de l'option **Départ, Fin, Rayon** (Start, End, Radius) (fig.5.21).

8. A l'aide de la commande **Réseau** (Array), effectuer 26 copies de l'arc CD (fig.5.22).

9   Hachurer la figure et tracer les traits d'axes (fig.5.23).

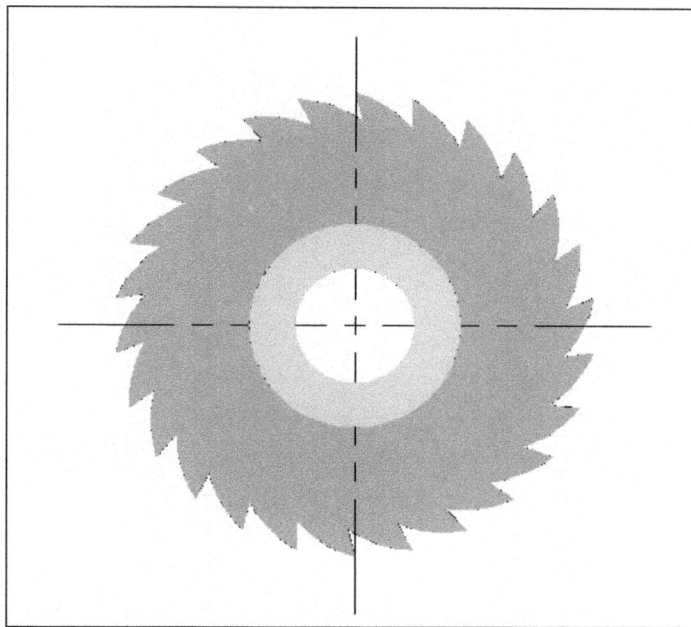

Fig.5.23

CHAPITRE 6
MODIFIER UN DESSIN

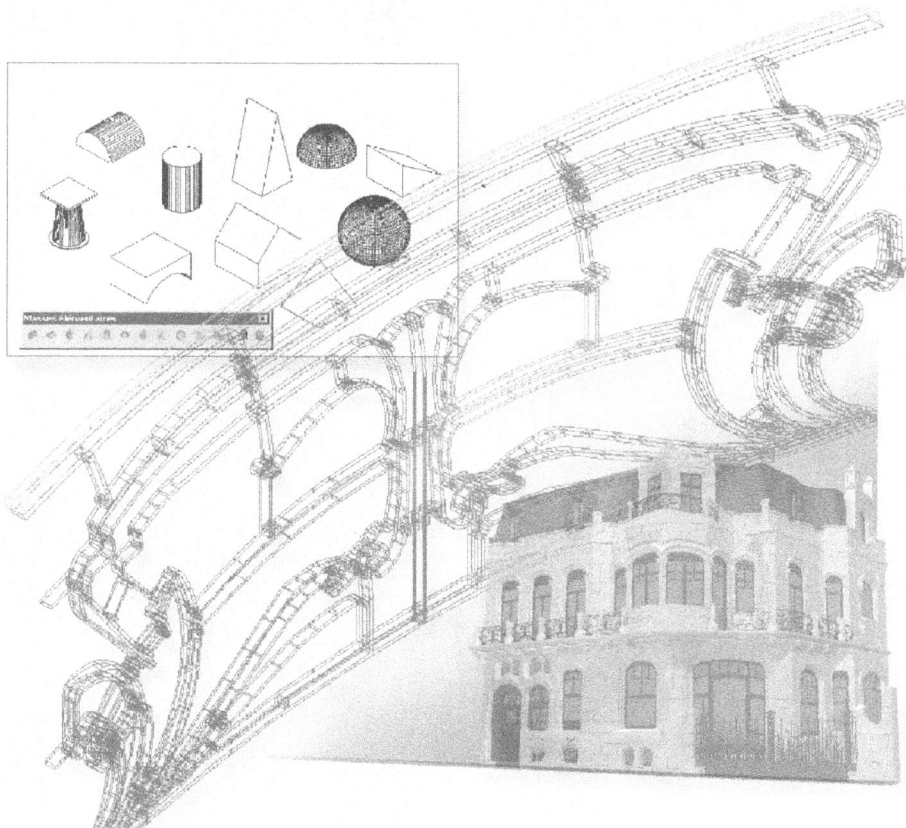

Après avoir abordé les différentes techniques disponibles dans AutoCAD pour créer des objets et construire un dessin, ce chapitre a comme objectif de parcourir les outils permettant de modifier les objets ainsi créés.

Quatre types de modification sont principalement abordés ici :

▸ **Le re-dimensionnement des objets** : étirement, mise à l'échelle, prolongement, modification de longueur.

▸ **La finition des objets** : ajustage, coupure, jonction, chanfreinage, filetage.

▸ **Le déplacement des objets** : translation, rotation, alignement.

▸ **Les propriétés des objets** : couleur, type de ligne, épaisseur.

Les modifications propres à des entités particulières (cotation, hachurage, textes, etc.) sont abordés dans les chapitres traitant de ces sujets.

Allonger ou rétrécir un objet

Pour allonger ou rétrécir un objet ou un groupe d'objets dans une direction donnée, il convient de sélectionner par une fenêtre de sélection la partie à modifier et de désigner un point de base et un point de destination. En fonction de la partie sélectionnée, il est possible pour un même objet d'avoir des résultats très différents. L'exemple de la figure 6.1 illustre trois modifications différentes pour une même pièce dans un bâtiment.

La procédure pour étirer un objet est la suivante :

[1] Exécuter la commande d'étirement à l'aide d'une des méthodes suivantes (fig.6.2) :

Menu : choisir le menu déroulant **Modification** (Modify) puis l'option **Etirer** (Stretch).

Icône : choisir l'icône **Etirer** (Stretch) de la barre d'outils **Modification** (Modify).

Clavier : taper la commande **Etirer** (Stretch).

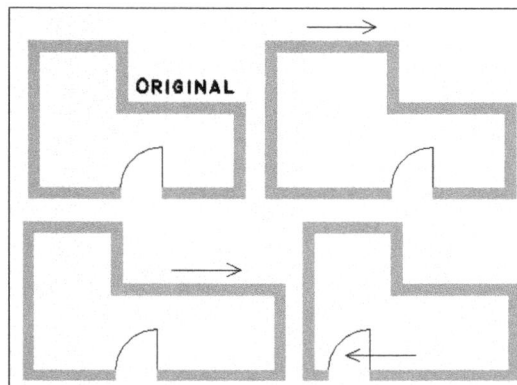

Fig.6.1

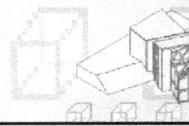

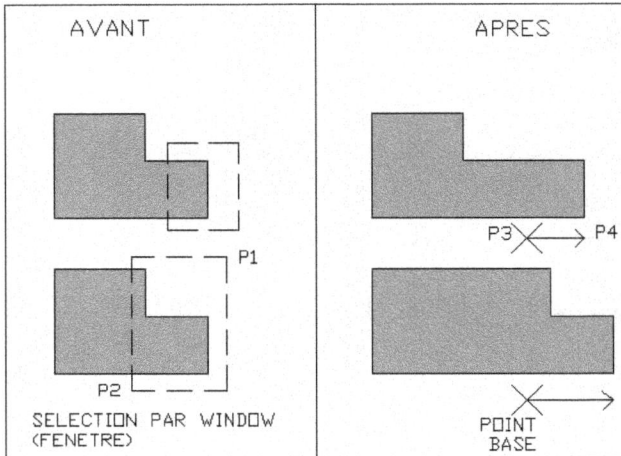

Fig.6.2

2. Sélectionner la partie à étirer à l'aide d'une fenêtre de sélection globale (crossing) (P1, P2). Appuyer sur Entrée pour terminer la sélection.

3. Choisir un point de base (P3) de l'étirement.

4. Désigner un point de destination (P4). Dans le cas d'un déplacement précis, le point de destination peut être défini à l'aide des coordonnées polaires (ex. : @20<0) ou à l'aide du mode Ortho ou Polaire avec une valeur de distance.

REMARQUE

Pour déplacer un objet par étirement, il suffit de sélectionner uniquement cet objet dans la fenêtre de sélection globale. Il est ainsi très facile de déplacer, par exemple, une porte dans un mur. Les hachures et la cotation suivent également la modification (fig.6.3).

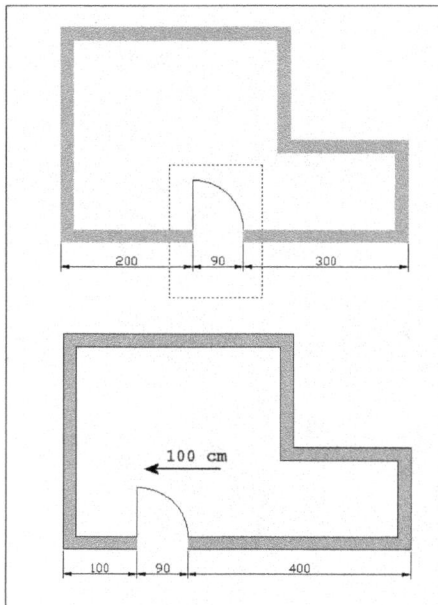

Fig.6.3

Il est également possible d'étirer un objet à l'aide de ses poignées (grips). Il suffit de cliquer sur la poignée qui servira de point de base et d'effectuer le déplacement souhaité.

Pour sélectionner deux poignées à la fois, il convient d'appuyer sur la touche Maj puis de les pointer une à une.

Changer l'échelle des objets

La modification de l'échelle d'un objet dans AutoCAD a pour effet de changer les dimensions de l'objet sélectionné dans toutes les directions. Pour réaliser un changement d'échelle il convient d'indiquer un facteur d'échelle qui peut être supérieur à 1 (pour agrandir l'objet) ou inférieur à 1 (pour réduire la taille). Ainsi pour doubler la taille d'un objet il convient d'appliquer le facteur 2, tandis que pour réduire la taille de moitié il convient d'appliquer un facteur 0.5. Le changement d'échelle peut s'effectuer sur l'objet sélectionné ou sur une copie de celui-ci.

La procédure pour modifier l'échelle d'un objet est la suivante :

1 Exécuter la commande de changement d'échelle à l'aide d'une des méthodes suivantes (fig.6.4) :

Menu : choisir le menu déroulant **Modification** (Modify) puis l'option **Echelle** (Scale).

Icône : choisir l'icône **Etirer** (Scale) de la barre d'outils **Modification** (Modify).

Clavier : taper la commande **Echelle** (Scale).

2 Sélectionner l'objet dont on veut changer l'échelle.

3 Choisir un point de base (P1) pour le changement d'échelle. Ce point restera fixe lors du redimensionnement de l'objet.

4 Spécifier un facteur d'échelle et appuyer sur Entrée. Exemple : 0.5 ou 1.5.

Les options sont les suivantes :

Copier (Copy) : permet de créer une copie des objets sélectionnés pour la mise à l'échelle. Il convient d'activer cette option après avoir spécifié le point de base.

Référence (Reference) : permet de définir l'échelle des objets sélectionnés en fonction d'une longueur de référence et d'une nouvelle longueur définie (fig.6.5).

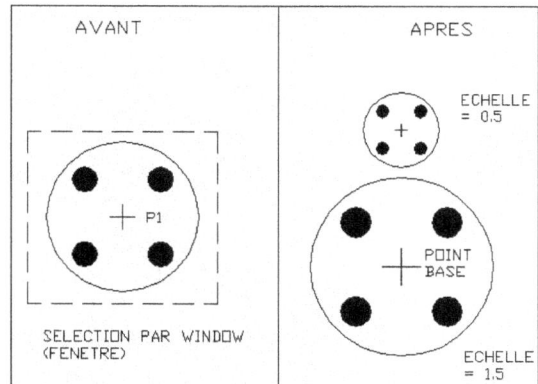

Fig.6.4

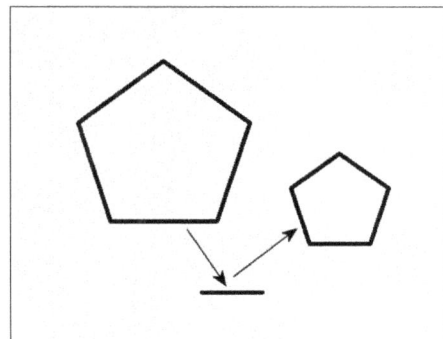

Fig.6.5

▶ Spécifier la longueur de référence‹I› : Spécifier la longueur de départ pour mettre à l'échelle les objets sélectionnés. Par exemple AB.

▶ Spécifier la nouvelle longueur ou [Points] : Spécifier la longueur d'arrivée pour mettre à l'échelle les objets sélectionnés ou taper p pour définir une longueur entre deux points. Dans ce dernier cas, par exemple CD.

Prolonger des objets

Il est possible de prolonger des objets jusqu'à un contour défini par d'autres objets ou jusqu'au point d'intersection apparent avec ces objets. Les objets à prolonger peuvent être des lignes, polylignes ouvertes, splines, rays, arcs simples ou elliptiques. Les frontières peuvent être les mêmes types d'objets avec en plus les cercles et les polylignes fermées.

La procédure pour prolonger des objets est la suivante :

1. Exécuter la commande de prolongement à l'aide d'une des méthodes suivantes (fig.6.6) :

    Menu : choisir le menu déroulant **Modification** (Modify) puis l'option **Prolonger** (Extend).

    Icône : choisir l'icône **Prolonger** (Extend) de la barre d'outils **Modification** (Modify).

    Clavier : taper la commande **Prolonge** (Extend).

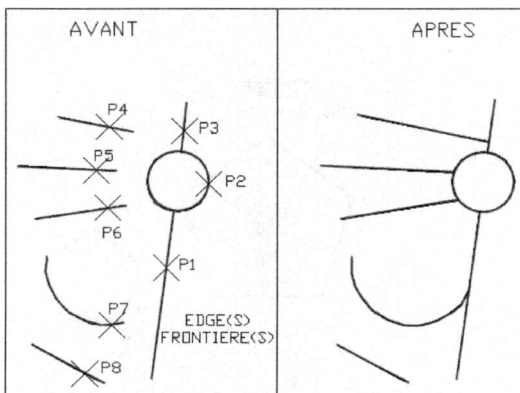

2. Sélectionner les frontières contre lesquelles on souhaite prolonger les objets (P1 à P3). Appuyer sur Entrée.

3. Sélectionner les objets à prolonger (P4 à P8) et appuyer sur Entrée. La sélection peut se faire en pointant les objets, en les sélectionnant par une fenêtre de capture ou en utilisant l'option **Trajet** (Fence).

Fig.6.6

REMARQUE

En cliquant directement sur la touche Entrée (Enter) après la sélection de la commande **Prolonger** (Extend), tous les objets du dessin sont considérés comme frontières et il n'est plus nécessaire de les sélectionner.

La procédure pour prolonger des objets jusqu'au point d'intersection apparent est la suivante :

1. Exécuter la commande de prolongement à l'aide d'une des méthodes suivantes (fig.6.7) :

Menu : choisir le menu déroulant **Modification** (Modify) puis l'option **Prolonger** (Extend).

Icône : choisir l'icône **Prolonger** (Extend) de la barre d'outils **Modification** (Modify).

Clavier : taper la commande **Prolonge** (Extend).

2. Sélectionner la frontière contre laquelle on souhaite prolonger les objets. Entrer « C » (E) pour activer l'option **Côté** (Edge).
3. Entrer « PR » (E) pour activer l'option **Prolongement** (Extend).
4. Sélectionner les lignes à prolonger et appuyer sur Entrée.

Les options sont les suivantes :

▶ **Trajet** (Fence) : option de sélection qui permet de sélectionner tous les objets qui traversent le trajet en question. Le trajet de sélection est composé d'un ensemble de segments temporaires que l'on trace comme une polyligne composée de deux ou plusieurs segments.

▶ **Capture** (Crossing) : option de sélection qui permet de sélectionner les objets intégralement ou partiellement présents à l'intérieur d'une zone rectangulaire définie par deux points.

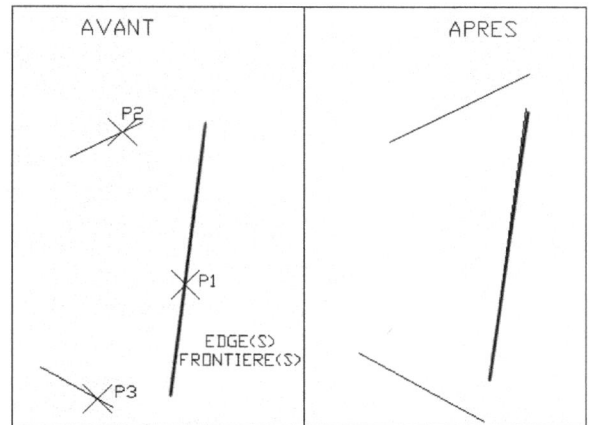

Fig.6.7

▸ **Projection** (Project) : permet de déterminer le mode de projection à utiliser pour le prolongement des objets qui ne sont pas situés dans le même plan que les frontières sélectionnées. Les options suivantes sont disponibles :

■ **Aucune** (None) : seuls les objets qui se croisent en 3D sont pris en compte.

■ **Scu** (Ucs) : les objets sont projetés sur le plan courant et les prolongements sont réalisés sans tenir compte de leur intersection en 3D.

■ **Vue** (View) : les objets sont allongés en fonction de la vue courante sans tenir compte de leur intersection en 3D.

▸ **Côté** (Edge) : permet de déterminer l'effet des frontières. Les options sont les suivantes :

■ **Prolongement** (Extend) : les frontières sont considérées comme infinies dans l'espace 3D.

■ **Pas de prolongement** (No extend) : les frontières sont limitées. Seuls les objets qui croisent la frontière sont traités.

▸ **Annuler** (Undo) : permet d'annuler la dernière modification apportée par PROLONGER.

Ajuster la dimension d'un objet

Pour ajuster avec précision un objet, AutoCAD permet d'enlever facilement des parties d'objets par rapport à des frontières formées par un ou plusieurs autres objets (lignes, cercles, ellipses, etc.). Cette possibilité est très largement utilisée pour finaliser rapidement et avec précision un dessin. Les exemples de la figure 6.8 illustrent quelques applications possibles en architecture et mécanique.

La procédure d'ajustement est la suivante :

1. Exécuter la commande d'ajustement à l'aide d'une des méthodes suivantes (fig.6.9) :

Menu : choisir le menu déroulant **Modification** (Modify) puis l'option **Ajuster** (Trim).

Icône : choisir l'icône **Ajuster** (Trim) de la barre d'outils **Modification** (Modify).

Clavier : taper la commande **Ajuster** (Trim).

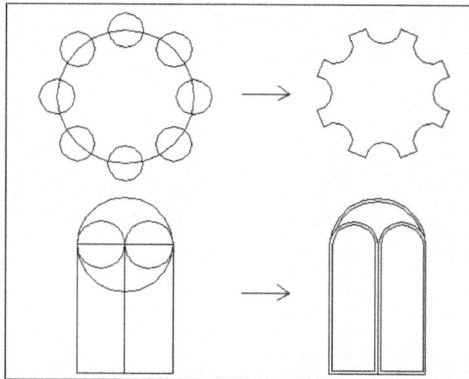

Fig.6.8

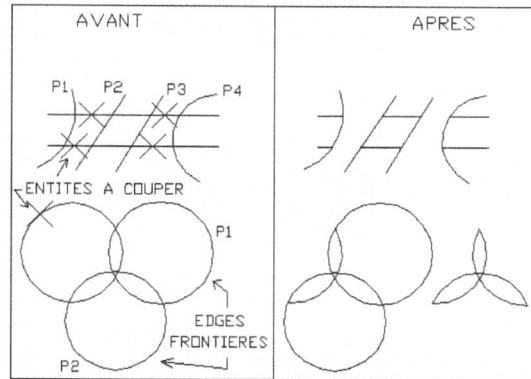

Fig.6.9

2 Sélectionner les frontières P1, P2, P3... et appuyer sur Entrée.

3 Sélectionner les parties d'objets à couper et appuyer sur Entrée. La sélection peut se faire en pointant les objets, en les sélectionnant par une fenêtre de capture ou en utilisant l'option Trajet (Fence).

REMARQUE

En cliquant directement sur la touche Entrée (Enter) après la sélection de la commande **Ajuster** (Trim), tous les objets du dessin sont considérés comme frontières de coupe et il n'est plus nécessaire de les sélectionner.

La procédure pour ajuster des objets par rapport à des frontières virtuelles est la suivante :

1 Exécuter la commande d'ajustement à l'aide d'une des méthodes suivantes (fig.6.10) :

Menu : choisir le menu déroulant **Modification** (Modify) puis l'option **Ajuster** (Trim).

Icône : choisir l'icône **Ajuster** (Trim) de la barre d'outils **Modification** (Modify).

Clavier : taper la commande **Ajuster** (Trim).

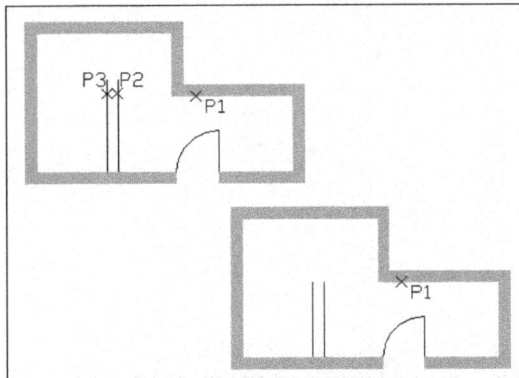

Fig.6.10

2. Sélectionner la frontière P1 et appuyer sur Entrée.

3. Entrer « C » (E) pour activer l'option **Côté** (Edge) et appuyer sur Entrée.

4. Entrer « PR » (E) pour activer l'option **Prolongement** (Extend) et appuyer sur Entrée.

5. Sélectionner les objets à couper en cliquant du côté approprié P2, P3 et appuyer sur Entrée.

REMARQUE

Il est possible de passer de la fonction **Ajuster** (Trim) à la fonction **Prolonger** (Extend) et vice versa en appuyant sur la touche Maj (Shift).

Les options sont les suivantes :

▶ **Trajet** (Fence) : option de sélection qui permet de sélectionner tous les objets qui traversent le trajet en question. Le trajet de sélection est composé d'un ensemble de segments temporaires que l'on trace comme une polyligne composée de deux ou plusieurs segments.

▶ **Capture** (Crossing) : option de sélection qui permet de sélectionner les objets intégralement ou partiellement présents à l'intérieur d'une zone rectangulaire définie par deux points.

▶ **Projection** (Project) **:** permet de déterminer le mode de projection à utiliser pour l'ajustement des objets qui ne sont pas situés dans le même plan que les frontières sélectionnées. Les options suivantes sont disponibles :

  ■ **Aucune** (None) : seuls les objets qui se croisent en 3D sont pris en compte.

  ■ **Scu** (Ucs) : les objets sont projetés sur le plan courant et les prolongements sont réalisés sans tenir compte de leur intersection en 3D.

  ■ **Vue** (View) : les objets sont allongés en fonction de la vue courante sans tenir compte de leur intersection en 3D.

▸ **Côté** (Edge) : permet de déterminer l'effet des frontières. Les options sont les suivantes :

▪ **Prolongement** (Extend) : les frontières sont considérées comme infinies dans l'espace 3D.

▪ **Pas de prolongement** (No extend) : les frontières sont limitées. Seuls les objets qui croisent la frontière sont traités.

▸ **Annuler** (Undo) : permet d'annuler la dernière modification apportée par Ajuster (Trim).

▸ **Effacer** (Erase) : permet de supprimer les objets sélectionnés. Cette option offre une méthode pratique de suppression des objets non voulus sans quitter la commande **Ajuster** (Trim).

Modifier la longueur d'un objet

Il est possible de modifier la longueur d'un objet (ligne, polyligne ou spline ouverte, arc de cercle, arc elliptique) de plusieurs manières différentes :

▸ en précisant la longueur totale voulue ;

▸ en précisant la longueur à ajouter à partir d'une extrémité ;

▸ en exprimant la nouvelle longueur sous la forme d'un pourcentage de la longueur actuelle ;

▸ en prolongeant dynamiquement l'une des extrémités de l'objet.

La procédure est la suivante :

[1] Exécuter la commande de modification de longueur à l'aide d'une des méthodes suivantes (fig.6.11) :

Menu : choisir le menu déroulant **Modification** (Modify) puis l'option **Modifier la longueur** (Lengthen).

Clavier : taper la commande **Modiflong** (Lengthen).

[2] Pour un déplacement dynamique, entrer « **DY** » puis appuyer sur Entrée.

[3] Sélectionner l'objet à prolonger.

[4] Faire glisser l'extrémité la plus proche du point de sélection et indiquer la position de la nouvelle extrémité.

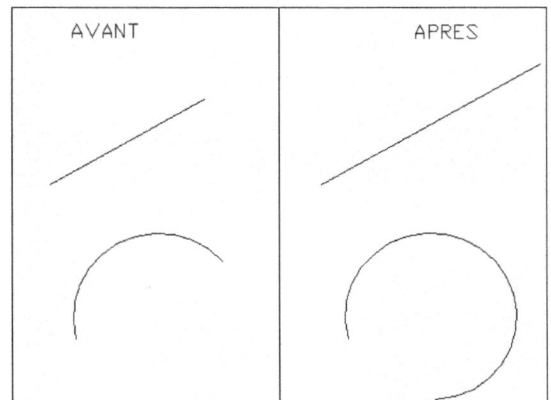

Fig.6.11

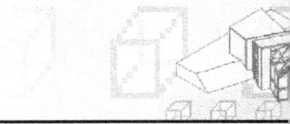

Les options sont les suivantes :

▸ **Différence** (Delta) : permet d'allonger ou de raccourcir l'objet d'une valeur déterminée. L'extrémité modifiée est celle située le plus près du point de sélection de l'objet.

▸ **Pourcentage** (Percent) : permet d'allonger ou de raccourcir un objet à l'aide d'une valeur exprimée en pourcentage. Une valeur de 200 % double la longueur de l'objet.

▸ **Total** : permet de déterminer la nouvelle longueur totale de l'objet.

▸ **Dynamique** (Dynamic) : permet d'allonger ou de raccourcir graphiquement l'objet sélectionné.

Couper des objets

Il est possible de supprimer une partie d'un objet en précisant deux points de coupure sur celui-ci. La détermination de ces deux points peut se faire de plusieurs manières :

▸ Deux points distincts, pour couper une partie de l'objet :

  ▪ en sélectionnant l'objet d'abord puis les deux points (Sel, 2 Pts) ;

  ▪ en sélectionnant l'objet et un deuxième point. Le point de sélection est aussi considéré comme le premier point (Sel, 2nd).

▸ Deux points superposés, pour couper l'objet en deux parties :

  ▪ en sélectionnant l'objet. Le point de sélection est aussi le point de coupure (Sel Pt) ;

  ▪ en sélectionnant l'objet puis un point de coupure (Select 1 st).

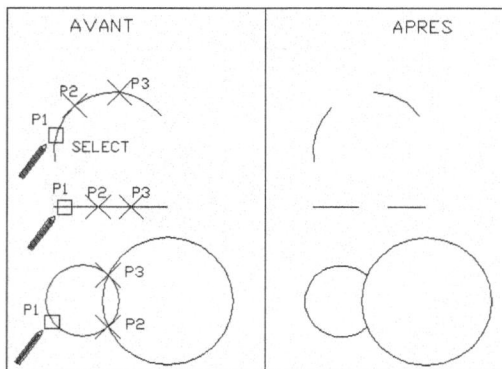

Fig.6.12

La procédure pour couper un objet est la suivante :

1. Exécuter la commande de coupure à l'aide d'une des méthodes suivantes (fig.6.12) :

Menu : choisir le menu déroulant **Modification** (Modify) puis l'option **Coupure** (Break).

Icône : choisir l'icône **Coupure** (Break) de la barre d'outils **Modification** (Modify).

Clavier : taper la commande **Coupure** (Break).

2️⃣ Sélectionner l'objet à couper (P1). Ce point sera aussi le premier point de la coupure.

3️⃣ Sélectionner le deuxième point de la coupure (P2).

Raccorder des objets

L'opération de raccordement permet de relier deux objets par un arc de cercle d'un rayon donné. Ce rayon doit être défini en premier lieu car il est égal à zéro par défaut. La modification du rayon ne s'applique pas aux raccords existants, elle n'agit en effet que lors de l'opération suivante. Plusieurs possibilités de raccordement sont possibles :

▸ raccordement de deux segments de droite ;

▸ raccordement de cercles et d'arcs de cercle ;

▸ raccordement d'une polyligne complète ;

▸ raccordement de lignes parallèles.

La procédure pour raccorder deux entités avec ajustement est la suivante :

1️⃣ Exécuter la commande de raccordement à l'aide d'une des méthodes suivantes (fig.6.13) :

Menu : choisir le menu déroulant **Modification** (Modify) puis l'option **Raccord** (Fillet).

Icône : choisir l'icône **Raccord** (Fillet) de la barre d'outils **Modification** (Modify).

Clavier : taper la commande **Raccord** (Fillet).

2️⃣ Entrer « R » pour activer l'option **Rayon** (Radius) et appuyer sur Entrée.

3️⃣ Spécifier le rayon du raccord. Exemple 2. Appuyer sur Entrée.

4️⃣ Sélectionner le premier puis le second objet à raccorder. Pour sélectionner plusieurs couples d'objets, il convient au préalable d'activer l'option **Multiple**.

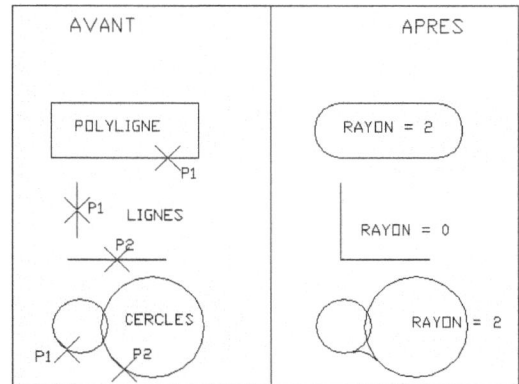

Fig.6.13

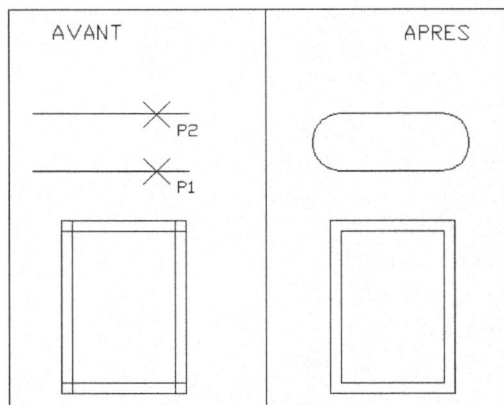

Fig.6.14

REMARQUES

- Il est possible de raccorder des lignes parallèles. Dans ce cas, le rayon de l'arc de raccord est obligatoirement égal à la moitié de la distance entre les deux droites. Ce rayon n'est pas à préciser car AutoCAD le détecte automatiquement lors de la sélection des deux objets (fig.6.14).

- Il est possible d'obtenir en une seule opération un raccord (congé ou fillet) à toutes les intersections d'une polyligne. Il suffit dans ce cas de sélectionner l'option **Polyligne**.

- L'utilisation de la commande **Raccord** (Fillet) permet parfois de finaliser plus rapidement un dessin qu'avec la commande **Ajuster** (Trim). En effet, avec un rayon de raccord égal à zéro, il est très facile d'ajuster certains dessins comme l'illustre la figure 6.14. Pour avoir rapidement un raccord de rayon nul, il suffit d'appuyer sur la touche Maj tout en sélectionnant les deux lignes.

La procédure pour raccorder deux entités sans ajustement est la suivante :

1. Exécuter la commande de raccordement à l'aide d'une des méthodes suivantes (fig.6.15) :

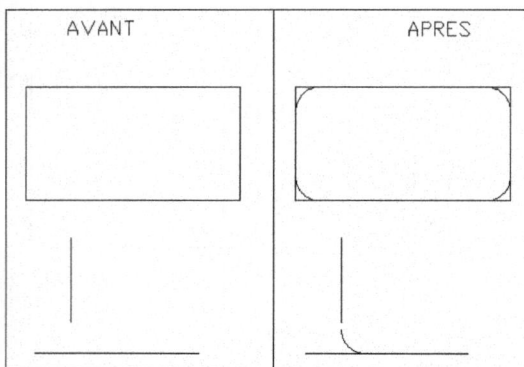

    Menu : choisir le menu déroulant **Modification** (Modify) puis l'option **Raccord** (Fillet).

    Icône : choisir l'icône **Raccord** (Fillet) de la barre d'outils **Modification** (Modify).

    Clavier : taper la commande **Raccord** (Fillet).

2. Entrer « R » pour activer l'option **Rayon** (Radius) et appuyer sur Entrée.

3. Spécifier le rayon du raccord. Exemple 2. Appuyer sur Entrée.

4. Entrer « A » (T) pour activer l'option **Ajuster** (Trim).

5. Entrer « N » pour indiquer qu'on ne souhaite pas ajuster les objets.

6. Sélectionner le premier puis le second objet à raccorder.

Fig.6.15

Chanfreiner des objets

Le chanfrein est une fonction de dessin qui permet de créer un coin ou une arête biseautés entre deux lignes ou deux surfaces. Pour réaliser un chanfrein il convient de spécifier à quel niveau il faut relier les lignes (en indiquant les distances correspondantes par rapport au point d'intersection) ou préciser à quel endroit la ligne de chanfrein commence et l'angle décrit par rapport à la première ligne.

Plusieurs possibilités existent pour chanfreiner deux objets :

▶ chanfreinage avec définition de deux distances ;

▶ chanfreinage avec définition d'une distance et d'un angle ;

▶ chanfreinage d'une polyligne complète.

La procédure pour chanfreiner deux objets avec définition de distance est la suivante :

1. Exécuter la commande de chanfreinage à l'aide d'une des méthodes suivantes (fig.6.16) :

   Menu : choisir le menu déroulant **Modification** (Modify) puis l'option **Chanfrein** (Chamfer).

   Icône : choisir l'icône **Chanfrein** (Chamfer) de la barre d'outils **Modification** (Modify).

   Clavier : taper la commande **Chanfrein** (Chamfer).

2. Entrer « E » (D) pour activer l'option **Ecarts** (Distance) et appuyer sur Entrée.

3. Spécifier la première distance du chanfrein. Exemple 2. Appuyer sur Entrée.

4. Spécifier la seconde distance du chanfrein. Exemple 3. Appuyer sur Entrée.

5. Sélectionner les lignes à chanfreiner (P1, P2). Pour sélectionner plusieurs couples d'objets à chanfreiner, il convient au préalable d'activer l'option **Multiple**.

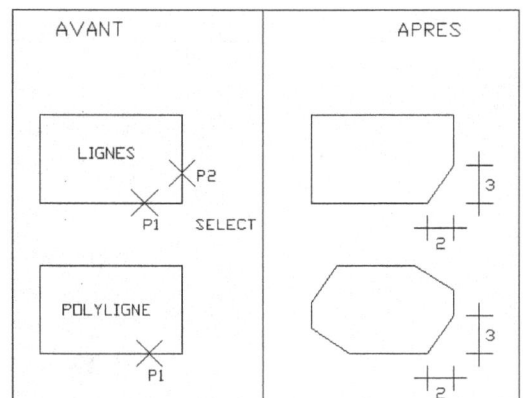

Fig.6.16

Procédure pour chanfreiner deux objets avec définition d'une distance et d'un angle :

1️⃣ Exécuter la commande de chanfreinage à l'aide d'une des méthodes suivantes (fig.6.17) :

Menu : choisir le menu déroulant **Modification** (Modify) puis l'option **Chanfrein** (Chamfer).

Icône : choisir l'icône **Chanfrein** (Chamfer) de la barre d'outils **Modification** (Modify).

Clavier : taper la commande **Chanfrein** (Chamfer).

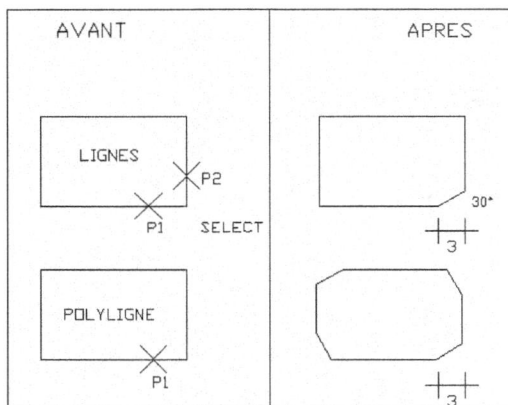

Fig.6.17

2️⃣ Entrer « A » pour activer l'option Angle et appuyer sur Entrée.

3️⃣ Spécifier la distance permettant de définir le point de départ du chanfrein sur la première ligne. Exemple 3.

4️⃣ Spécifier l'angle décrit par rapport à la première ligne. Exemple 30. Appuyer sur Entrée.

5️⃣ Sélectionner la première et la seconde ligne (P1, P2).

Procédure pour chanfreiner deux objets sans ajustement :

1️⃣ Exécuter la commande de chanfreinage à l'aide d'une des méthodes suivantes (fig.6.18) :

Menu : choisir le menu déroulant **Modification** (Modify) puis l'option **Chanfrein** (Chamfer).

Icône : choisir l'icône **Chanfrein** (Chamfer) de la barre d'outils **Modification** (Modify).

Clavier : taper la commande **Chanfrein** (Chamfer).

2. Entrer « AJ » (T) pour activer l'option **Ajuster** (Trim).

3. Entrer « N » pour indiquer qu'il ne faut pas ajuster.

4. Entrer « E » (D) pour activer l'option **Ecarts** (Distance) et appuyer sur Entrée.

5. Spécifier la première distance du chanfrein. Exemple 2. Appuyer sur Entrée.

6. Spécifier la seconde distance du chanfrein. Exemple 3. Appuyer sur Entrée.

7. Sélectionner les lignes à chanfreiner (P1, P2).

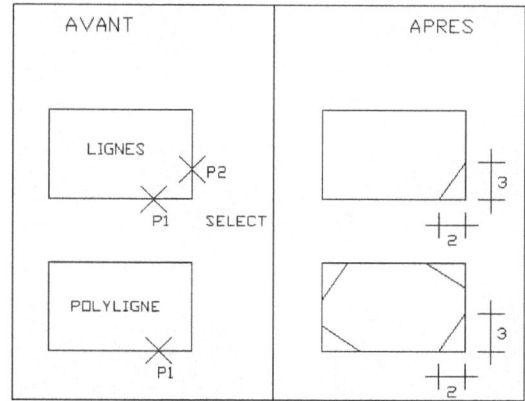

Fig.6.18

Les options sont les suivantes :

▶ **Polyligne** (Polyline) : permet d'obtenir en une seule opération un chanfrein à toutes les intersections d'une polyligne. Il suffit dans ce cas de sélectionner une seule fois la polyligne.

▶ **Ecart** (Distance) : permet de définir la distance à partir de l'intersection et chaque extrémité du chanfrein.

▶ **Angle** : permet de définir le chanfrein à l'aide d'une distance et d'un angle.

▶ **Ajuster** (Trim) : permet d'ajuster ou non les segments de droite à chanfreiner. Par défaut, les droites chanfreinées sont ajustées.

▶ **Méthode** (Method) : permet de définir la méthode par défaut pour chanfreiner : par distances ou par angle.

▶ **Multiple** : permet de chanfreiner les arêtes de plusieurs jeux d'objets. AutoCAD affiche à plusieurs reprises l'invite principale et l'invite de choix du second objet, jusqu'à ce que l'on appuie sur Entrée pour mettre fin à la commande.

Joindre des objets

La commande **Joindre** (Join) permet d'assembler des objets identiques en un seul objet. Il est également possible de créer des ellipses et des cercles complets à partir d'arcs et d'arcs elliptiques. On peut joindre les objets suivants :

▶ Arcs

▶ Arcs elliptiques

▶ Lignes

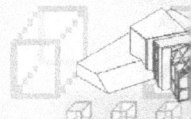

▸ Polylignes

▸ Splines

L'objet auquel on souhaite joindre des objets identiques est appelé objet source. Les objets à joindre doivent être situés sur le même plan.

REMARQUE

En joignant deux arcs ou plus (circulaires ou elliptiques), les arcs sont joints dans le sens anti-horaire, à partir de l'objet source.

La procédure pour joindre deux objets est la suivante :

1 Exécuter la commande de jonction à l'aide d'une des méthodes suivantes (fig.6.19) :

Menu : choisir le menu déroulant **Modification** (Modify) puis l'option **Joindre** (Join).

Icône : choisir l'icône **Joindre** (Join) de la barre d'outils **Modification** (Modify).

Clavier : taper la commande **Joindre** (Join).

2 Sélectionner l'objet source : une ligne, une polyligne, un arc, un arc elliptique ou une spline. Selon le type d'objet source, l'une des invites suivantes apparaît :

▸ **Ligne**

Sélectionner les lignes à joindre à la source (Select lines to join to source) : sélectionner une ou plusieurs lignes et appuyer sur Entrée.

Les objets ligne doivent être colinéaires (situés sur la même ligne infinie) même s'ils peuvent être séparés par des espaces.

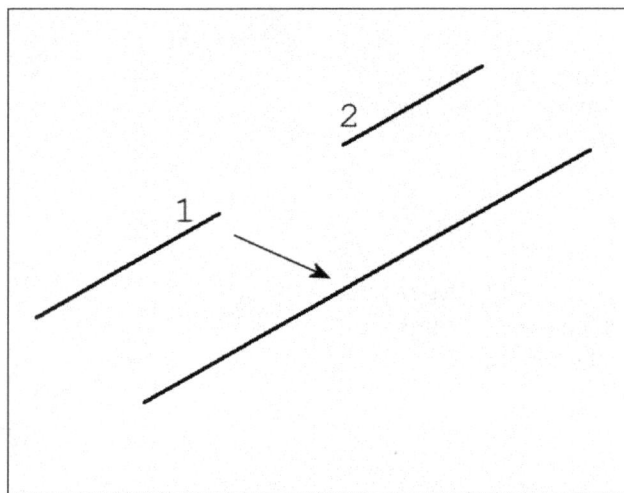

Fig.6.19

► **Polyligne**

Sélectionner les objets à joindre à la source (Select objects to join to source) : sélectionner un ou plusieurs objets et appuyer sur Entrée.

Les objets peuvent être des lignes, des polylignes ou des arcs. Les objets ne peuvent pas être séparés par des espaces et doivent se situer sur le plan parallèle au plan XY du SCU.

► **Arc**

Sélectionner les arcs à joindre à la source ou [fErmer] (Select arcs to join to source or [cLose] : sélectionner un ou plusieurs arcs et appuyer sur Entrée ou taper e.

Les objets arc doivent être situés sur le même cercle imaginaire et peuvent être séparés par des espaces. L'option **fErmer** convertit l'arc source en cercle.

► **Arc elliptique**

Sélectionner les arcs elliptiques à joindre à la source ou [fErmer] (Select elliptical arcs to join to source or [cLose]) : sélectionner un ou plusieurs arcs elliptiques et appuyer sur Entrée ou taper e.

Les arcs elliptiques doivent être situés sur la même ellipse et peuvent être séparés par des espaces. L'option **fErmer** convertit l'arc elliptique source en une ellipse complète.

► **Spline**

Sélectionner les splines à joindre à la source : sélectionner une ou plusieurs spline et appuyer sur Entrée.

Les objets spline doivent être situés sur le même plan et doivent être contigus (bout à bout).

Déplacer des objets

Les différents objets créés dans AutoCAD peuvent être déplacés par translation, par rotation et par alignement. Pour effectuer ces opérations avec précision, il est conseillé d'utiliser les fonctions d'accrochage aux objets (Osnap), les coordonnées ou les poignées (Grips). Pour déplacer plusieurs objets à la fois, il peut aussi être utile d'effectuer un groupement d'objets.

L'utilisation des grips

En sélectionnant un objet avant de choisir une commande particulière, une série de poignées (ou grips) apparaissent sur l'objet (par défaut en couleur bleue). Ces poignées permettent d'effectuer plus rapidement les modifications voulues (fig.6.20). Pour déplacer les objets à l'aide des poignées, il suffit de cliquer sur celle qui servira de point de base et de sélectionner le type de modification voulu (translation ou rotation). Les remarques suivantes sont à prendre en compte :

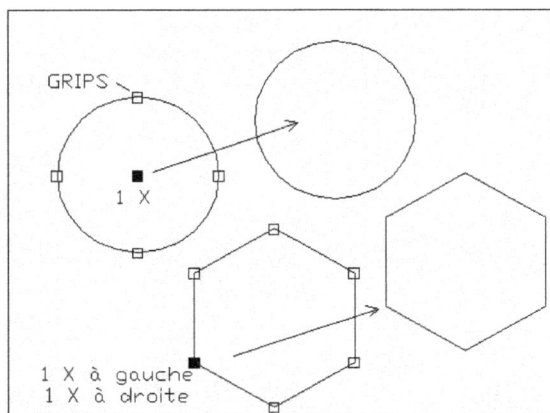

▸ **Sélection du point de base :**

■ Pour le point de base situé au centre de l'objet (ligne, cercle, ellipse, etc.) : cliquer une fois sur la poignée.

■ Pour le point de base situé ailleurs (rectangle, polygone, etc.) : cliquer une fois avec la touche gauche de la souris, puis une fois avec la touche droite.

▸ **Sélection de la commande**

■ Pour la translation : la commande est active directement après la sélection du point de base central.

■ Pour la rotation : cliquer une fois de plus sur la touche droite de la souris après avoir sélectionné le point de base.

Fig.6.20

La sélection des objets par groupe

Un groupe est un ensemble d'objets auquel on attribue un nom. Les éléments regroupés peuvent être utilisés comme toute autre entité, donc déplacés, et ils peuvent faire partie de plusieurs groupes à la fois. Dans un groupe il est possible d'éditer séparément chacun des objets.

La procédure pour créer un groupe :

1 Taper la commande **Groupe** (Group) au clavier (fig.6.21).

2 Dans la boîte de dialogue **Grouper des objets** (Object Grouping) spécifier le nom du groupe dans la zone **Nom de groupe** (Group Name).

③ Entrer une description dans le champ correspondant.

④ Indiquer si le groupe est sélectionnable en cochant ou non la case **Sélectionnable** (Selected).

⑤ Cliquer sur le bouton **Nouveau** (New).

⑥ Sélectionner dans le dessin les objets à regrouper et appuyer sur Entrée.

⑦ Cliquer sur **OK** dans la boîte de dialogue pour confirmer l'ensemble.

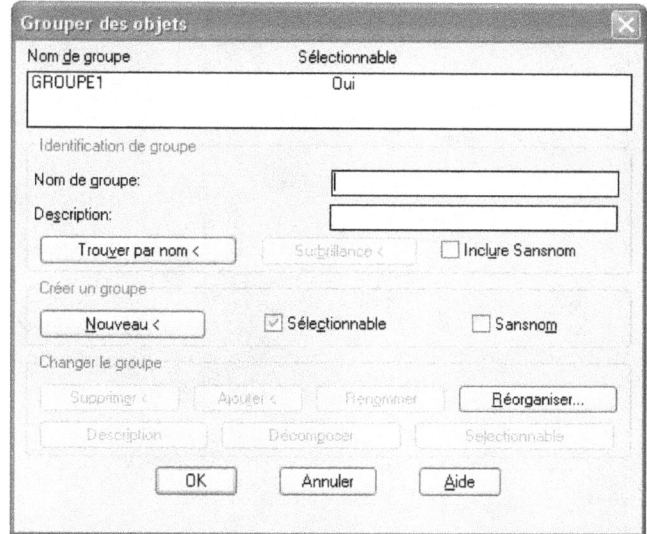

Fig.6.21

REMARQUES

- Il est possible d'ajouter de nouveaux objets au groupe, d'en exclure certains, mais aussi de renommer et d'exploser les groupes. Il convient pour cela de lancer à nouveau la commande Group(e) et de sélectionner le groupe à modifier dans la liste Nom de groupe (Group Name).

- Lors de la copie d'un groupe, AutoCAD lui attribue un nom par défaut de type « Ax ». Ce dernier n'est pas visible dans la zone Nom de groupe (Group Name), sauf si l'option Inclure Sansnom (Include Unnamed) est sélectionnée.

La sélection rapide des objets

A l'aide de la boîte de dialogue **Quick Select** (Sélection rapide), il est possible de définir des jeux de sélection par propriété (par exemple, la couleur) et par type d'objet. Par exemple, on peut sélectionner dans un dessin tous les cercles rouges à l'exception de tout autre objet, ou inversement tous les objets à l'exception des cercles rouges.

Pour créer un jeu de sélection à l'aide de l'option Quick Select (Sélection Rapide), la procédure est la suivante (fig.6.22) :

① Dans le menu **Outils** (Tools), choisir l'option **Sélection rapide** (Quick Select).

② Dans la boîte de dialogue **Sélection rapide** (Quick Select) sous **Appliquer à** (Apply To), choisir **Dessin entier** (Entire Drawing).

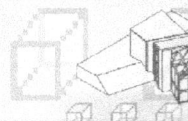

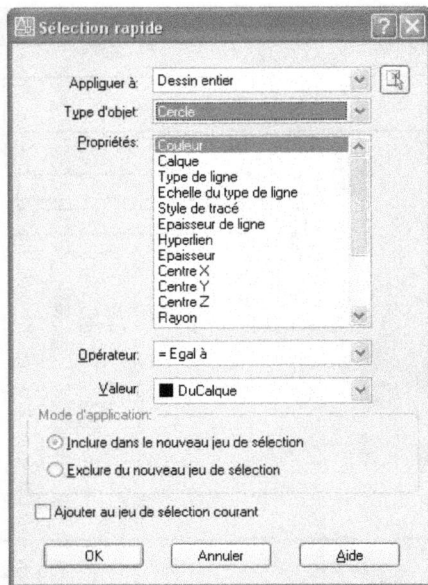

[3] Sous **Type d'objet** (Object Type), choisir **Cercle** (Circle).

[4] Sous **Propriétés** (Properties), choisir **Couleur** (Color).

[5] Sous Opérateur (Operator), choisir « = **Egal à** » (Equals).

[6] Sous **Valeur** (Value), choisir **Rouge** (Red).

[7] Sous **Mode d'application** (How to Apply), choisir **Inclure au jeu de sélection courant** (Inclure in new selection set).

[8] Cliquer sur **OK**.

AutoCAD sélectionne tous les cercles rouges du dessin et ferme la boîte de dialogue **Sélection rapide** (Quick Select).

Fig.6.22

Déplacer un objet par translation

Lors d'un déplacement par translation, les objets restent parallèles à eux-mêmes. L'exemple qui suit montre la procédure pour déplacer un cercle sur un carré.

La procédure de déplacement est la suivante :

[1] Exécuter la commande de déplacement à l'aide d'une des méthodes suivantes (fig.6.23) :

Menu : choisir le menu déroulant **Modification** (Modify) puis l'option **Déplacer** (Move).

Icône : choisir l'icône **Déplacer** (Move) de la barre d'outils **Modification** (Modify).

Clavier : taper la commande **Déplacer** (Move).

[2] Sélectionner l'objet à déplacer, dans notre exemple le cercle.

[3] Sélectionner le point de base du déplacement P1 par l'option d'accrochage **Centre** (Center).

4 Désigner le point de destination P2 par l'option d'accrochage **Milieu** (Midpoint).

Effectuer la rotation d'un objet

Il est possible de faire pivoter un objet autour d'un point de base en spécifiant un angle de rotation relatif ou absolu. Le sens de rotation des objets (trigonométrique ou horaire) dépend du paramètre **Direction** défini dans la boîte de dialogue **Contrôle des unités** (Units Control) accessible à partir du menu **Format.**.

La procédure de rotation est la suivante :

1 Exécuter la commande de rotation à l'aide d'une des méthodes suivantes (fig.6.24) :

Menu : choisir le menu déroulant **Modification** (Modify) puis l'option **Rotation** (Rotate).

Icône : choisir l'icône **Rotation** (Rotate) de la barre d'outils **Modification** (Modify).

Clavier : taper la commande **Rotation** (Rotate).

2 Sélectionner le(s) objet(s) à faire pivoter.

3 Déterminer un point de base (P1).

4 Définir l'angle de rotation (ex. :45°).

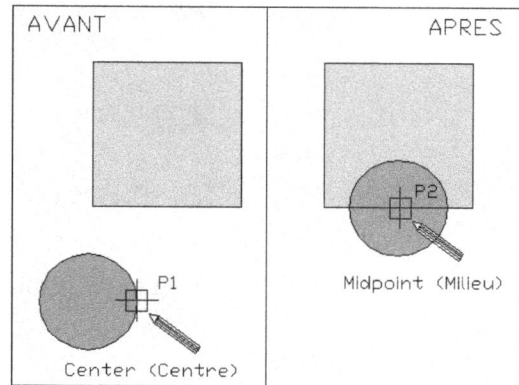

Fig.6.23

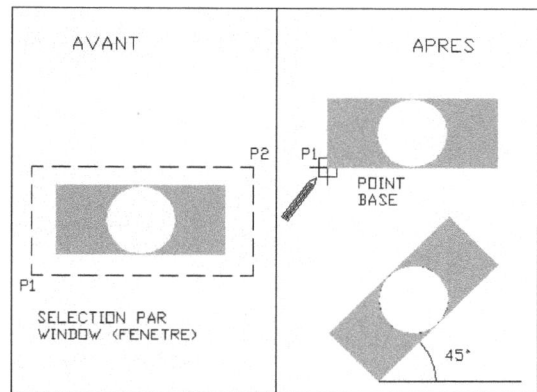

Fig.6.24

La procédure pour effectuer une rotation-copie est la suivante :

1 Exécuter la commande de rotation à l'aide d'une des méthodes suivantes (fig.6.25) :

Menu : choisir le menu déroulant **Modification** (Modify) puis l'option **Rotation** (Rotate).

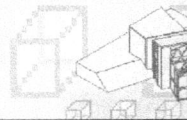

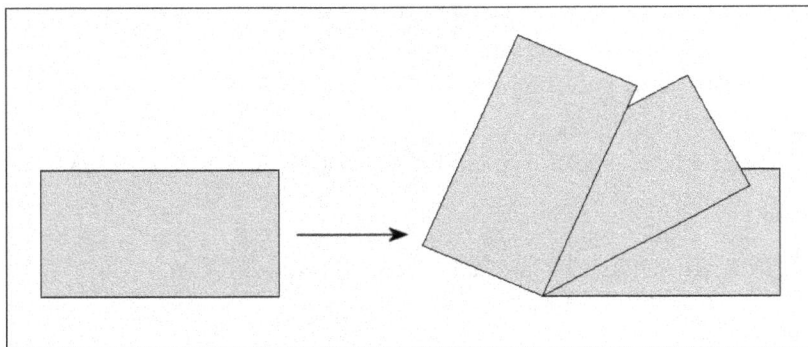

Icône : choisir l'icône **Rotation** (Rotate) de la barre d'outils **Modification** (Modify).

Clavier : taper la commande **Rotation** (Rotate).

2 Sélectionner le(s) objet(s) à faire pivoter.

3 Déterminer un point de base (P1).

4 Taper C (Copier) pour activer l'option **Copier** (Copy).

5 Définir l'angle de rotation (ex. :45°).

Fig.6.25

La procédure pour faire pivoter un objet par rapport à une référence est la suivante :

1 Exécuter la commande de rotation à l'aide d'une des méthodes suivantes (fig.6.26) :

Menu : choisir le menu déroulant **Modification** (Modify) puis l'option **Rotation** (Rotate).

Icône : choisir l'icône **Rotation** (Rotate) de la barre d'outils **Modification** (Modify).

Clavier : taper la commande **Rotation** (Rotate).

2 Sélectionner le(s) objet(s) à faire pivoter.

3 Déterminer un point de base (P1).

4 Entrer « R » pour activer l'option **Référence** (Reference).

5 Définir l'angle de référence par une valeur ou en pointant par exemple deux points (P2, P3) à l'aide du mode d'accrochage « int ».

6 Déterminer le nouvel angle de rotation par une valeur ou en pointant un point (P4).

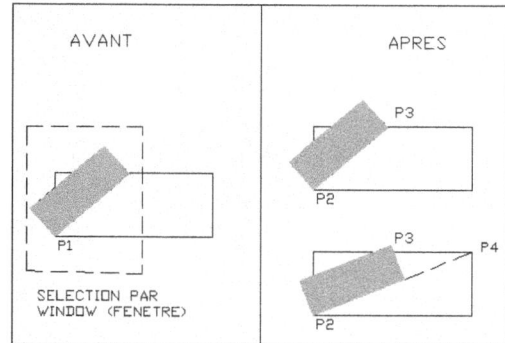

Fig.6.26

Aligner des objets

Au lieu d'effectuer séparément une série de transformations (déplacement, rotation, miroir, etc.) sur un objet, il est possible de les combiner en une opération à l'aide d'une fonction d'alignement. Il suffit de spécifier deux ou trois paires de points de références (source et destination) pour définir la transformation. Elle peut s'effectuer dans l'espace 2D ou 3D.

La procédure d'alignement est la suivante :

1 Exécuter la commande d'alignement à l'aide d'une des méthodes suivantes :

Menu : choisir le menu déroulant **Modification** (Modify) puis le sous-menu **Opérations 3D** (3D Opérations) puis l'option **Aligner** (Align).

Clavier : taper la commande **Aligner** (Align).

2 Sélectionner l'objet à aligner à l'aide d'une fenêtre de sélection.

3 Déterminer un point de base sur l'objet à déplacer (P1) en utilisant les outils d'accrochage.

4 Indiquer le point de destination correspondant sur l'autre objet (P2). Ce premier point permet de positionner l'objet avec précision. Les points suivants permettent d'orienter l'objet par rapport à ce premier point.

5 Spécifier le deuxième point d'origine (P3) et le point de destination correspondant (P4).

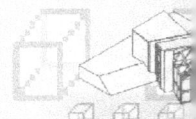

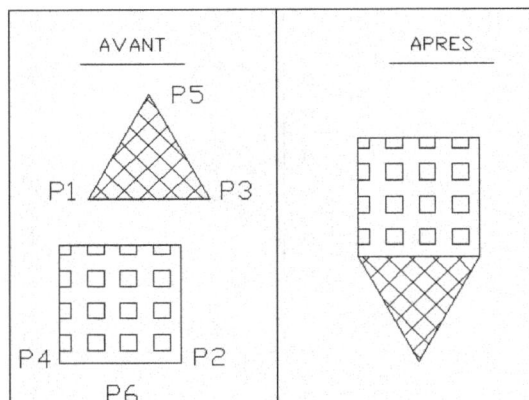

Fig.6.27

6 Spécifier éventuellement le troisième point d'origine (P5) et le point de destination correspondant (P6) (fig.6.27). Si deux points sont suffisants il convient d'appuyer sur Entrée après le deuxième point de destination et de répondre O (Y) ou N à la question **Mettre les objets à l'échelle des points d'alignement** (Scale objects based on alignment points). Une réponse Oui (Yes) va modifier l'échelle de l'objet en fonction des points désignés (fig.6.28).

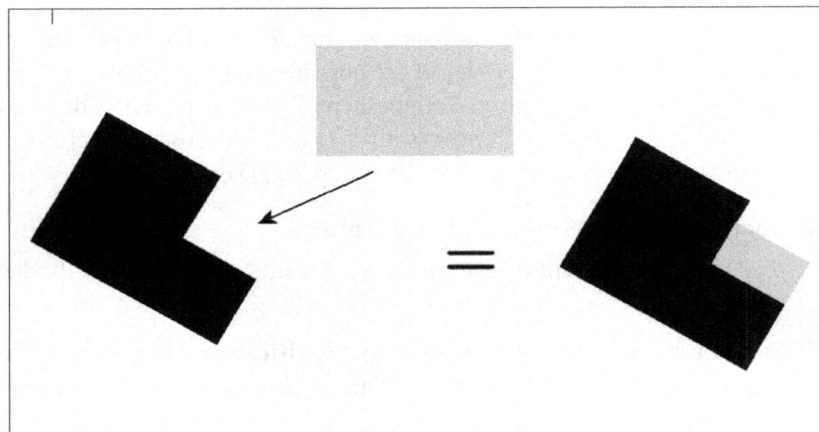

Fig.6.28

Définir et modifier la couleur des objets

AutoCAD permet de définir une couleur pour tous les nouveaux objets en cliquant sur la liste **Contrôle de la couleur** (Color control) située sur la barre d'outils **Propriétés des objets** (Object properties). Il est ensuite possible de choisir une couleur spécifique ou de sélectionner **Ducalque** (Bylayer) afin de dessiner de nouveaux objets de la couleur affectée au calque courant.

AutoCAD offre la possibilité de changer la couleur d'un objet, existant dans le dessin, de plusieurs manières :

▶ Par l'option **Propriétés** (Properties) du menu **Modification** (Modify).

▶ Par l'option **Calque** (Layer) du menu **Format**.

▶ Par la liste déroulante **Contrôle de la couleur** (Color control) de la barre d'outils **Standard**.

▶ Par l'outil **Copier les propriétés** (Match Properties) de la barre d'outil principale pour transférer les propriétés d'un objet vers un autre.

La procédure pour changer la couleur d'un objet par les propriétés est la suivante :

1 Exécuter la commande de modification de couleur à l'aide d'une des méthodes suivantes (fig.6.29) :

Menu : choisir le menu déroulant **Modification** (Modify) puis l'option **Propriétés** (Properties).

Icône : choisir l'icône **Propriétés** (Properties) dans la barre d'outils **Standard**.

Clavier : taper la commande **PROPRIETES** (Properties).

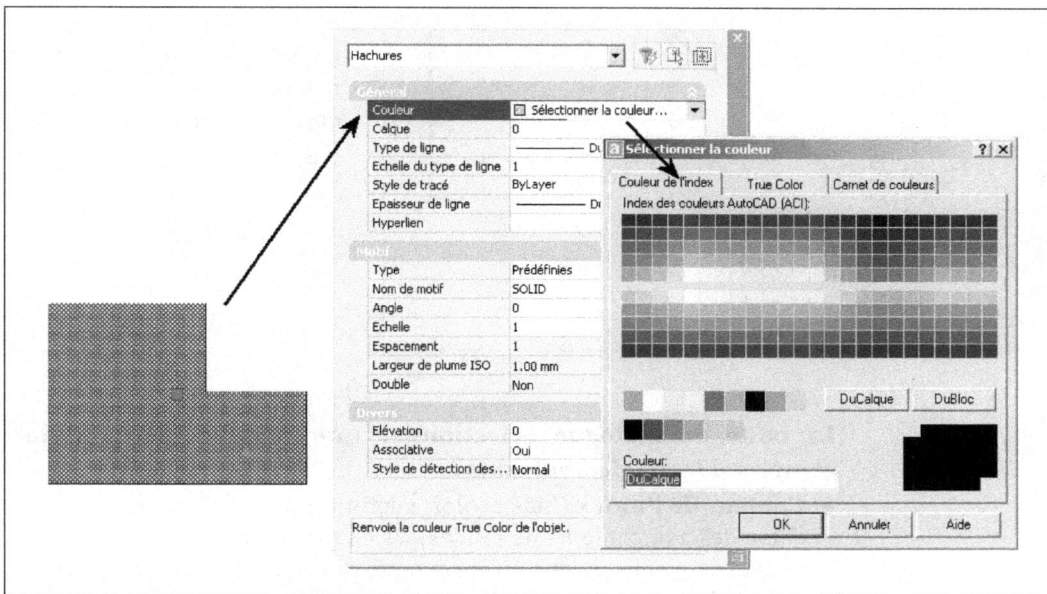

Fig.6.29

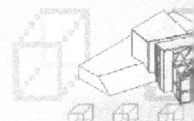

2. Sélectionner le ou les objets à modifier par l'une des méthodes suivantes :

- ▶ sélectionner un ou plusieurs objets dans le dessin
- ▶ sélectionner l'ensemble du dessin puis dans la liste déroulante de la boîte de dialogue **Propriétés** (Properties) sélectionner le type d'objets (ligne, cercle, etc.).
- ▶ cliquer sur l'icône **Sélection rapide** (Quick select) pour lancer la procédure de sélection rapide.

3. Cliquer sur le champ **Couleur** (Color), qui fait apparaître une liste déroulante à droite sur la même ligne. Choisir une couleur ou cliquer sur **Sélectionner la couleur** (Select color) pour afficher la boîte de dialogue **Sélectionner la couleur** (Select Color).

4. Cliquer sur **OK** pour refermer la dernière boîte de dialogue.

Fig.6.30

REMARQUE

Une autre méthode plus rapide consiste à cliquer sur l'objet dans le dessin puis à sélectionner une couleur dans la liste **Contrôle de la couleur** (Color control) située sur la barre d'outils **Propriétés des objets** (Object Properties) (fig.6.30).

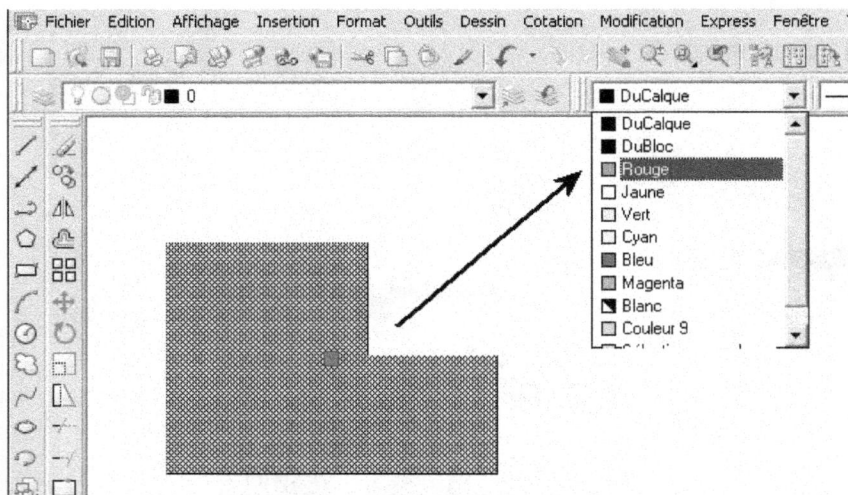

La boîte de dialogue Sélectionner une couleur (Select Color) comprend les onglets suivants :

- ▶ **Couleur de l'index** (Index color) : définit des paramètres de couleur à l'aide des 255 couleurs de l'index des couleurs AutoCAD (ACI). Si l'on sélectionne une couleur ACI, son nom ou son numéro apparaît en tant que couleur courante dans la zone Couleur (Color) (fig.6.31).

▸ **True Color** (True Color) : définit des paramètres de couleur à l'aide des couleurs True Color (24 bits), avec le modèle de couleurs Teinte, Luminosité, Saturation (TLS) ou avec le modèle Rouge, Vert, Bleu (RVB). La fonctionnalité True Color permet d'utiliser plus de 16 millions de couleurs (fig.6.32)

▸ **Carnet de couleurs** (Color Books) : définit des couleurs en utilisant des carnets de couleurs tiers (comme PANTONE ou RAL) ou des carnets définis par l'utilisateur. Quand on sélectionne un carnet de couleurs, l'onglet **Carnet de couleurs** affiche son nom (fig.6.33).

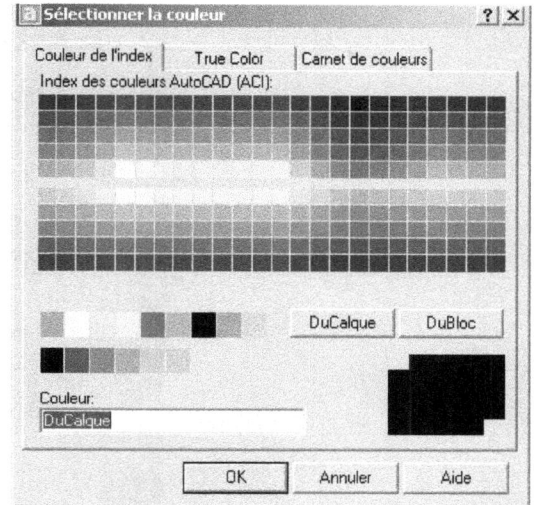

Fig.6.31

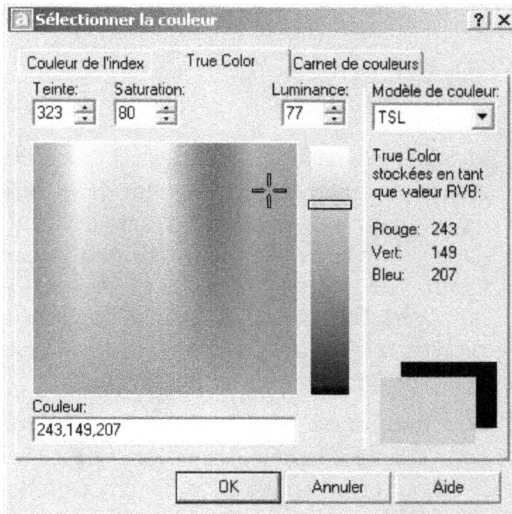

Fig.6.32

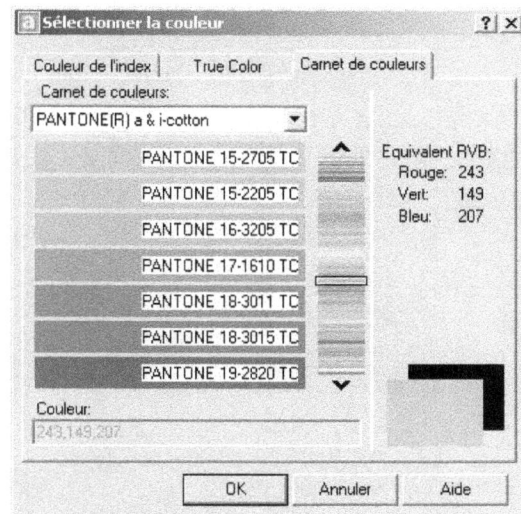

Fig.6.33

Définir le type de ligne des objets

AutoCAD offre la possibilité d'attribuer un type de ligne aux différents objets créés. Un type de ligne est une succession de motifs composés de tirets, de points et d'espaces. De même, un type de ligne complexe est une

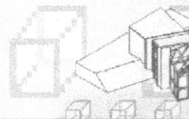

suite de combinaisons de symboles. Il est possible d'associer un type de ligne aux différents objets du dessin et aux calques (layers). Lorsque l'on attribue un type de ligne à un objet, celui-ci remplace le type de ligne associé au layer (calque) auquel l'objet appartient.

Pour pouvoir utiliser les différents types de ligne, il faut avant tout que le fichier qui les contient soit chargé en mémoire.

La procédure pour charger les types de ligne est la suivante :

1. Exécuter la commande de sélection de type de ligne à l'aide d'une des méthodes suivantes :

Menu : choisir le menu déroulant **Format** puis l'option **Type de ligne** (Linetype).

Icône : choisir la liste déroulante **Contrôle des Types de ligne** (Linetype Control) dans la barre d'outils **Propriétés objet** (Object Properties).

Clavier : taper la commande **DDLTYPE**.

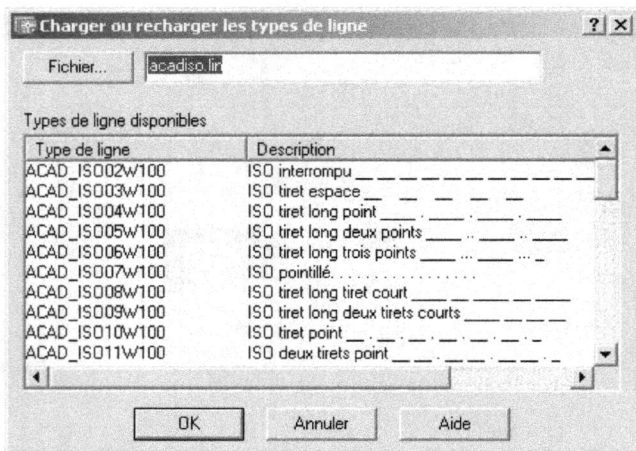

Fig.6.34

2. Si les types de ligne n'ont pas encore été chargés en mémoire, il convient de le faire en cliquant sur le bouton Charger (Load) dans la boîte de dialogue **Gestionnaire des types de ligne** (Linetype Properties Manager). La boîte de dialogue **Charger ou recharger les types de ligne** (Load or Reload Linetypes) s'affiche à l'écran (fig.6.34).

3. Sélectionner un ou plusieurs types de ligne dans la liste affichée ou cliquer sur **Fichier** (File) pour charger un autre fichier de bibliothèque de types de ligne. Deux bibliothèques sont fournies en standard avec AutoCAD : acad.lin et acadiso.lin.

Pour charger tous les types de ligne, il suffit de cliquer dans la fenêtre de sélection puis d'activer les touches Ctrl-A.

4. Cliquer sur **OK** après avoir sélectionné les types de ligne. AutoCAD les charge en mémoire. La liste disponible s'affiche dans la boîte de dialogue **Gestionnaire des types de ligne** (Linetype Properties Manager).

⑤ Cliquer sur le type de ligne souhaité. En choisissant **Ducalque** (Bylayer), l'objet prend le type de ligne défini dans le calque (layer). En choisissant un autre type de ligne, l'objet prend les caractéristiques du type de ligne sélectionné et ne tient plus compte de celui défini lors de la création du calque (layer).

⑥ Entrer l'échelle désirée dans le champ **Echelle de l'objet courant** (Linetype Scale) situé dans la zone **Détails** (Details). Plus l'échelle est réduite, plus les motifs sont nombreux par unité de dessin. L'échelle par défaut est 1.

⑦ Cliquer sur **OK** pour refermer la boîte de dialogue.

Modifier le type de ligne des objets

AutoCAD offre la possibilité de changer le type de ligne d'un objet, existant dans le dessin, de plusieurs manières :

▸ Par l'option **Propriétés** (Properties) du menu **Modification** (Modify).

▸ Par l'option **Calque** (Layer) du menu **Format**.

▸ Par la liste déroulante **Contrôle des types de ligne** (Linetype Control) de la barre d'outils **Propriétés des objets** (Object Properties).

▸ Par l'outil **Copier les propriétés** (Match Properties) de la barre d'outils principale pour transférer les propriétés d'un objet vers un autre.

La procédure pour modifier le type de ligne d'un objet par les propriétés est la suivante :

① Exécuter la commande de modification de type de ligne à l'aide d'une des méthodes suivantes (fig.6.35) :

Menu : choisir le menu déroulant **Modification** (Modify) puis l'option **Propriétés** (Properties).

Icône : choisir l'icône **Propriétés** (Properties) dans la barre d'outils standard.

Clavier : taper la commande **PROPERTIES** (Proprietes).

② Sélectionner le ou les objets à modifier par l'une des méthodes suivantes :

▸ sélectionner un ou plusieurs objets dans le dessin ;

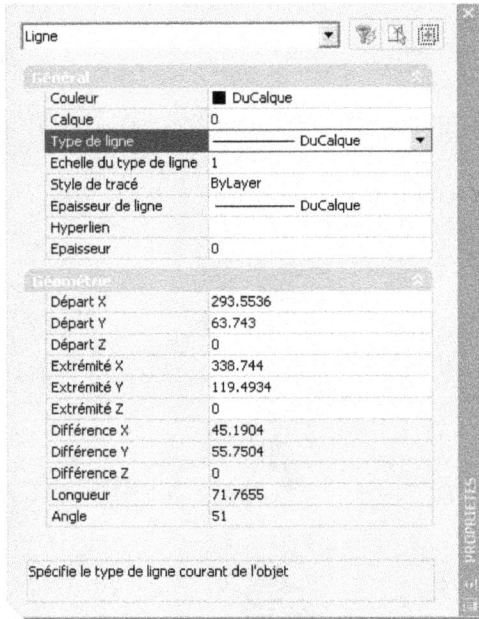

Ligne	
Général	
Couleur	DuCalque
Calque	0
Type de ligne	DuCalque
Echelle du type de ligne	1
Style de tracé	ByLayer
Epaisseur de ligne	DuCalque
Hyperlien	
Epaisseur	0
Géométrie	
Départ X	293.5536
Départ Y	63.743
Départ Z	0
Extrémité X	338.744
Extrémité Y	119.4934
Extrémité Z	0
Différence X	45.1904
Différence Y	55.7504
Différence Z	0
Longueur	71.7655
Angle	51

Spécifie le type de ligne courant de l'objet

Fig.6.35

▸ sélectionner l'ensemble du dessin puis dans la liste déroulante de la boîte de dialogue **Propriétés** (Properties) sélectionner le type d'objets (ligne, cercle, etc.) ;

▸ cliquer sur l'icône **Sélection rapide** (Quick select) pour lancer la procédure de sélection rapide (voir point 9.3).

3 Cliquer sur le texte **Type de ligne** (Linetype), ce qui fait apparaître un bouton permettant l'affichage de la liste des types de ligne.

4 Sélectionner un type de ligne.

5 Refermer la boîte de dialogue **Propriétés** (Properties).

REMARQUE

Une autre méthode consiste à cliquer sur l'objet à modifier puis à sélectionner le type de ligne dans la liste déroulante **Contrôle des types de ligne** (Linetype Control) de la barre d'outils **Propriétés des objets** (object Properties Toolbar) (fig.6.36).

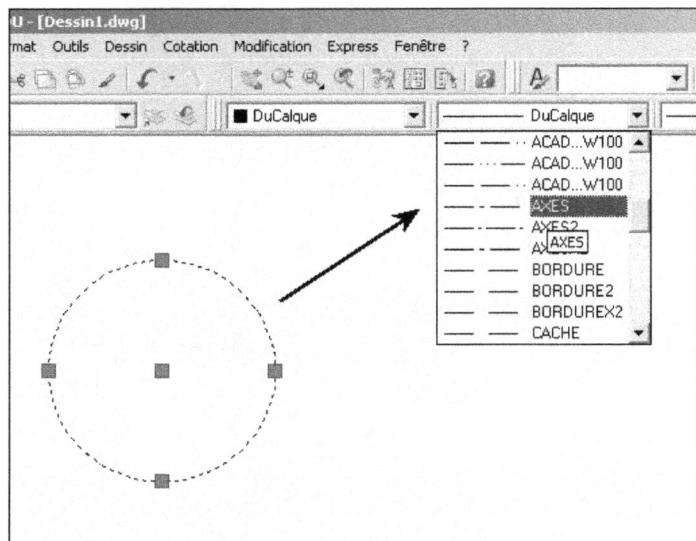

Fig.6.36

Pour modifier l'échelle l'échelle des types de ligne deux méthodes sont possibles :

▶ **Pour l'ensemble des types de ligne** : modifier la valeur dans le champ **Facteur d'échelle global** (Global scale factor) de la boîte de dialogue **Gestionnaire des types de ligne** (Linetype Manager) (fig.6.37).

▶ **Pour une ou plusieurs lignes en particulier** : modifier la valeur dans le champ **Echelle du type de ligne** (Linetype scale) dans la boîte de dialogue **Propriétés** (Properties) (fig.6.38).

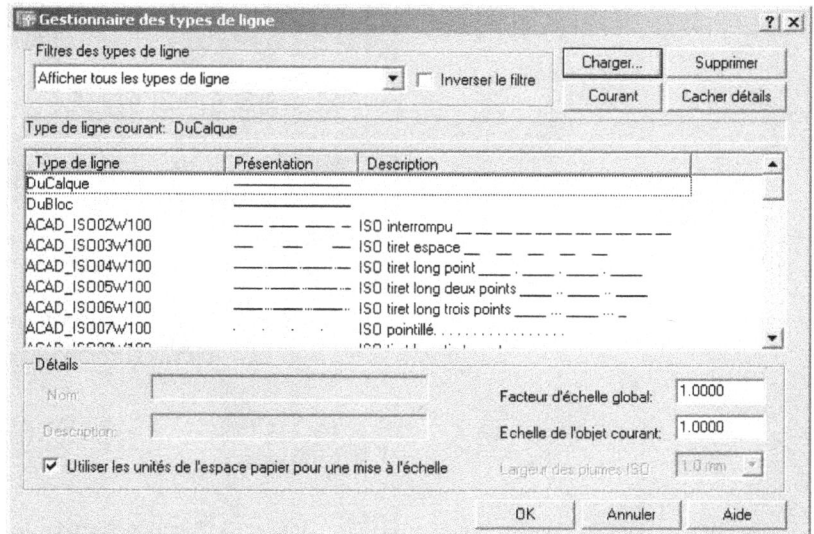

Fig.6.37

Définir et modifier l'épaisseur des traits

Outre la possibilité de définir une épaisseur de trait via les styles de tracé (voir chapitre 11), AutoCAD permet également de définir ponctuellement une épaisseur de trait et de la modifier. Pour définir une épaisseur de trait pour tous les nouveaux objet, il suffit de cliquer sur la liste **Contrôle de l'épaisseur de ligne** (Lineweight Control) située sur la barre d'outils **Propriétés des objets** (Objects properties). Il est ensuite possible de choisir une épaisseur spécifique ou de sélectionner **Ducalque** (Bylayer) afin de dessiner de nouveaux objets avec l'épaisseur affectée au calque courant.

AutoCAD offre également la possibilité de changer l'épaisseur d'un objet, existant dans le dessin, de plusieurs manières :

▶ Par l'option **Propriétés** (Properties) du menu **Modification** (Modify).

▶ Par l'option **Calque** (Layer) du menu **Format**.

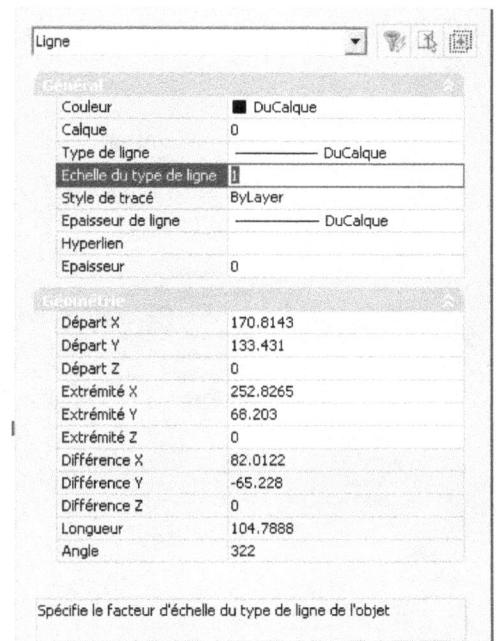

Fig.6.38

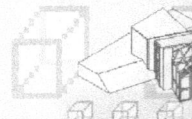

▸ Par la liste déroulante **Contrôle de l'épaisseur de ligne** (Lineweight Control) de la barre d'outils **Standard**.

▸ Par l'outil **Copier les propriétés** (Match Properties) de la barre d'outil principale pour transférer les propriétés d'un objet vers un autre.

La procédure pour changer l'épaisseur de ligne d'un objet par les propriétés est la suivante :

1. Exécuter la commande de modification de couleur à l'aide d'une des méthodes suivantes (fig.6.39) :

Menu : choisir le menu déroulant **Modification** (Modify) puis l'option **Propriétés** (Properties).

Icône : choisir l'icône **Propriétés** (Properties) dans la barre d'outils **Standard**.

Clavier : taper la commande **PROPRIETES** (Properties).

2. Sélectionner le ou les objets à modifier par l'une des méthodes suivantes :

   ▸ sélectionner un ou plusieurs objets dans le dessin ;

   ▸ sélectionner l'ensemble du dessin puis dans la liste déroulante de la boîte de dialogue **Propriétés** (Properties) sélectionner le type d'objets (ligne, cercle, etc.) ;

   ▸ cliquer sur l'icône **Sélection rapide** (Quick select) pour lancer la procédure de sélection rapide.

3. Cliquer sur le champ **Epaisseur de ligne** (Color), qui fait apparaître une liste déroulante à droite sur la même ligne. Choisir une épaisseur dans la liste.

4. Cliquer sur **OK** pour refermer la dernière boîte de dialogue.

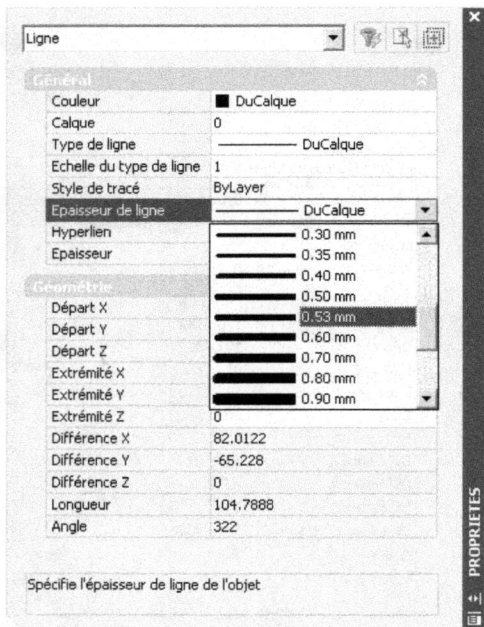

Fig.6.39

Une autre méthode plus rapide consiste à cliquer sur l'objet dans le dessin puis à sélectionner une épaisseur dans la liste **Contrôle de l'épaisseur de ligne** (Lineweight Control) située sur la barre d'outils **Propriétés des objets** (Objects Properties).

Pour faire apparaître l'épaisseur de trait dans la fenêtre de dessin AutoCAD, il suffit de cliquer sur le bouton **EL** (LW) situé sur la barre d'état.

Récupérer des dessins endommagés

Il arrive que par suite d'une erreur de manipulation ou d'une défaillance du système, le fichier de dessin présente certaines anomalies qui peuvent entraîner l'impossibilité d'édition ou d'impression du dessin. Si, dans certains cas, il suffit d'ouvrir à nouveau le dessin pour le récupérer, dans d'autres par contre le fichier peut être endommagé et il est nécessaire d'utiliser d'autres procédures. A partir d'AutoCAD 2006, une procédure plus directe est également disponible. En effet, dans le cas d'une défaillance du programme ou du système, un gestionnaire de récupération du dessin s'ouvre automatiquement lors du prochain lancement d'AutoCAD.

La procédure pour récupérer un dessin à partir du Gestionnaire de récupération du dessin est la suivante :

En cas de défaillance du programme ou du système, le Gestionnaire de récupération du dessin s'ouvre automatiquement lors du prochain lancement d'AutoCAD (fig.6.40). Il affiche la liste de tous les fichiers de dessin qui étaient ouverts au moment où le problème est survenu. Il convient ensuite de :

1. Cliquer deux fois sur un nœud de dessin pour afficher la liste de tous les dessins et fichiers de sauvegarde disponibles. Pour chaque dessin, il est possible de choisir parmi les types de fichiers suivants, s'ils existent :

   ▶ Le fichier de dessin récupéré qui a été enregistré lors de l'échec du programme (DWG, DWS).

   ▶ Le fichier d'enregistrement automatique, également appelé fichier « autosave » (SV$).

   ▶ Le fichier de sauvegarde du dessin (BAK).

   ▶ Le fichier de dessin original (DWG, DWS).

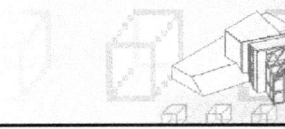

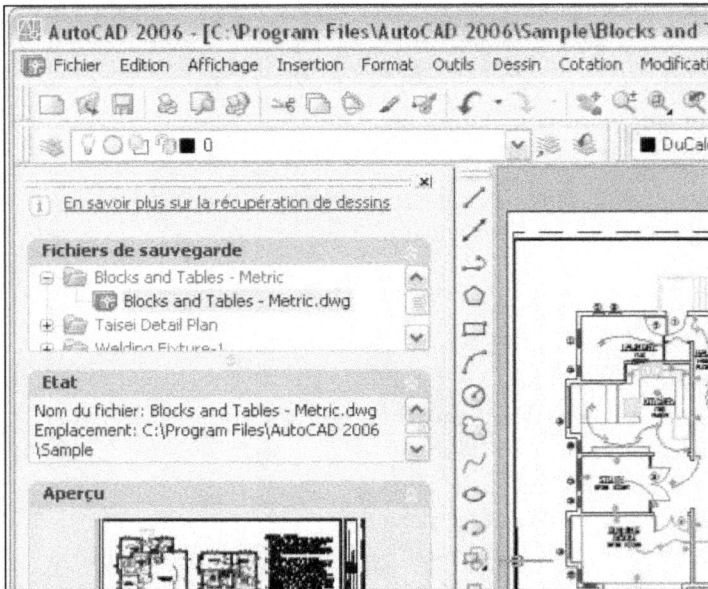

Fig.6.40

[2] Cliquer deux fois sur un fichier pour l'ouvrir. Si le fichier dessin est endommagé, le dessin est automatiquement réparé, si possible.

[3] Si la fenêtre **Récupération de dessin** est refermée avant d'avoir traité tous les dessins concernés, il est possible de l'ouvrir ultérieurement à l'aide de la commande **RECUPDESSIN** (Drawingrecovery) ou via le menu **Fichier** (Files) en cliquant sur **Utilitaires de dessin** (Drawing Utilities) puis sur **Gestionnaire de récupération du dessin** (Drawing Recovery Manager).

La procédure pour vérifier l'intégrité des fichiers est la suivante :

Il est possible de vérifier l'intégrité d'un fichier grâce à un contrôle de diagnostic.

La procédure est la suivante :

[1] Exécuter la commande de contrôle à l'aide d'une des méthodes suivantes :

Menu : choisir le menu déroulant **Fichier** (File) puis l'option **Utilitaires de dessin** (Drawing Utilities) et enfin **Contrôle** (Audit).

Clavier : taper la commande **CONTRÔLE** (Audit).

[2] Entrer « O » (Y) ou « N » (N) au message Corriger les erreurs détectées ? (Fix any errors detected ?). Une réponse positive permettra l'examen du fichier. Si le fichier contient des erreurs, un diagnostic est affiché avec détermination du nombre d'erreurs trouvées et corrigées. Toutes les erreurs ne peuvent cependant pas être corrigées par cette commande. Il est conseillé d'utiliser la commande **RECUPERER** (Recover) pour tenter de corriger le dessin.

La procédure pour corriger un fichier de dessin endommagé est la suivante :

Dans le cas où il n'est pas possible de récupérer correctement un fichier par les deux méthodes précédentes, AutoCAD dispose encore d'une commande (Récupérer/Recover) permettant l'analyse et la correction automatique des données d'un dessin endommagé.

La procédure est la suivante :

1. Exécuter la commande de récupération à l'aide d'une des méthodes suivantes :

   Menu : choisir le menu déroulant **Fchier** (Files) puis l'option **Utilitaires de dessin** (Drawing Utilities) et enfin **Récupérer** (Recover).

   Clavier : taper la commande **RECUPERER** (Recover).

2. Dans la boîte de dialogue **Sélectionner un fichier** (Select file), sélectionner le fichier à corriger et cliquer sur **Ouvrir** (Open)..

3. AutoCAD analyse le fichier et corrige les erreurs éventuelles. Une fois le dessin récupéré, il s'affiche à l'écran.

La procédure pour récupérer un dessin à partir de la copie de sauvegarde est la suivante :

A chaque sauvegarde du dessin en cours de réalisation, AutoCAD crée une copie de sauvegarde. Il s'agit d'un fichier portant le même nom que le dessin mais avec une extension .bak. En cas de sortie anormale du programme, AutoCAD essaie de renommer ce fichier de sauvegarde pour qu'il ne soit pas remplacé par le fichier altéré. Il lui attribue alors l'extension .bk1 (à la place de .bak).

Pour récupérer un dessin en cas de défaillance du système, il convient donc de copier le fichier xxx.bak dans un autre fichier yyy.dwg et puis d'ouvrir ce dernier dans AutoCAD.

CHAPITRE 7
CRÉER DES SYMBOLES

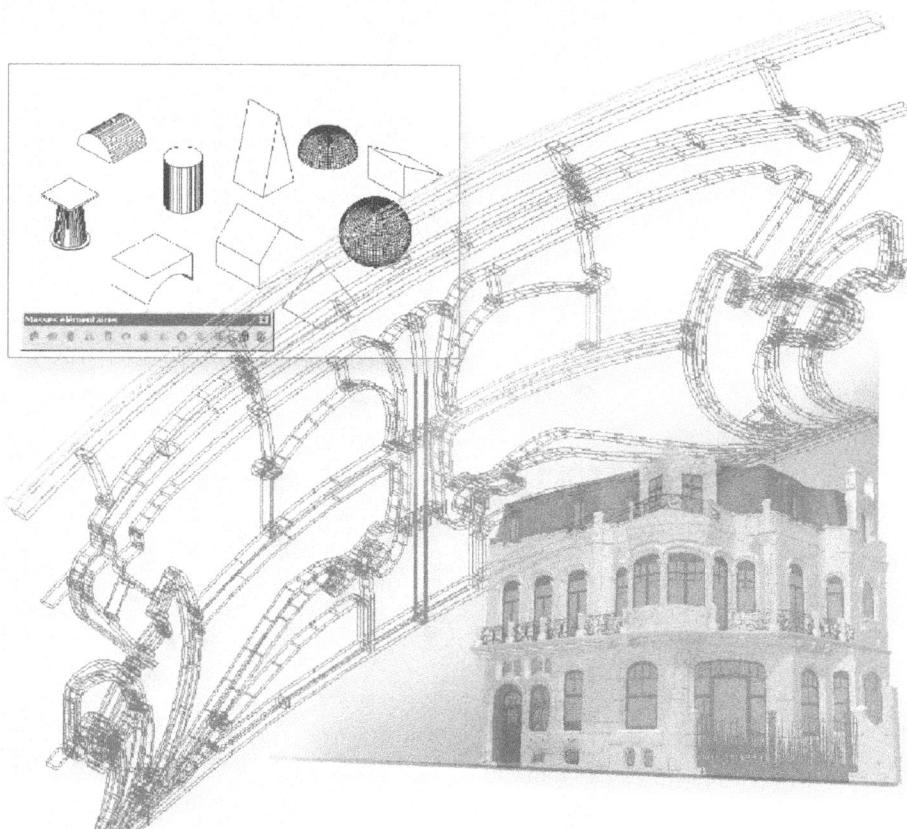

Le concept de Bloc (Block)

La notion de bloc

Un bloc (ou symbole dans le langage courant) est un ensemble d'entités (lignes, cercles, arcs, etc.) regroupées en un objet complexe et identifié par un nom spécifique. Tous les éléments du bloc sont traités comme un objet unique.

Le bloc permet ainsi de concevoir des symboles électriques, de tuyauterie, de mobilier... qu'il conviendra ensuite d'insérer dans le dessin en les appelant par leur nom (fig.7.1).

A chaque insertion d'un bloc, il est possible de modifier l'échelle originale et l'angle de rotation.

En fonction du type d'application, il est possible d'envisager les sortes de blocs suivantes :

▸ **Blocs du plan** (ou blocs internes) : il s'agit de blocs qui sont sauvés uniquement dans le dessin en cours, et donc utilisables dans ce seul dessin ou via le DesignCenter.

▸ **Blocs sur disque** (ou blocs externes) : il s'agit de blocs sauvés comme objets séparés sur disque et qui sont disponibles pour tous les dessins d'AutoCAD.

Fig.7.1

L'imbrication de blocs

Les références de bloc qui renferment d'autres blocs sont appelées blocs imbriqués. L'utilisation de blocs à l'intérieur d'autres blocs peut simplifier l'organisation d'une définition de bloc complexe.

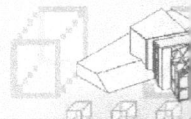

Les blocs imbriqués sont utiles pour construire un bloc unique à partir de différents composants. A titre d'exemple, un assemblage de type mobilier peut comporter des chaises et une table qui à son tour peut être composée de quatre pieds et d'une tablette. La seule restriction à laquelle les blocs imbriqués sont assujettis est qu'il n'est pas possible d'insérer des blocs qui se réfé-rencent eux-mêmes.

La structure des blocs imbriqués peut être comparée à une famille avec un parent et des enfants. Chaque enfant à ses propres caractéristiques de couleur, type de ligne, calque.... Il en est de même du parent. Ainsi, si chaque enfant a par exemple été créé sur un calque spécifique, il est possible de geler le calque d'un enfant en particulier et de le rendre ainsi invisible. Les autres enfants seront toujours visibles.

En revanche, si le parent est inséré sur son propre calque et que ce dernier est ensuite gelé, tous les enfants seront aussi gelés (donc invisibles) même si leurs calques respec-tifs sont dégelés. L'exemple de la figure 7.2. illustre un ensemble « table-chaise ». Ce bloc (le parent) est composé de 8 blocs « chaise » (calque chaise) et d'un bloc « table » (calque table). Le bloc parent est situé sur le calque « mobilier ». Si l'on éteint le calque « table », seule la composante « table » du bloc disparaît (fig.7.3). Si l'on éteint le calque « mobilier », l'ensemble disparaît (fig.7.4).

Fig.7.2

Fig.7.3

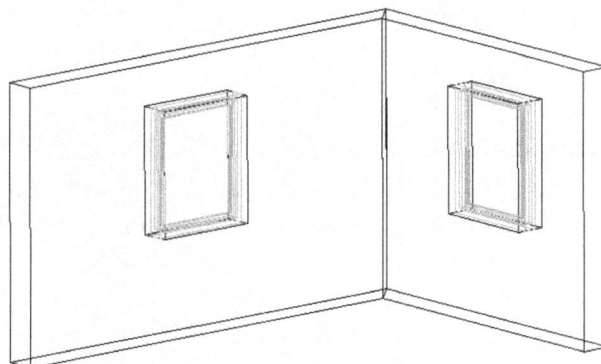

Fig.7.4

Combinaison 2D-3D

L'usage des calques permet également la combinaison des vues 2D et 3D d'un bloc, ce qui peut être utile pour la production des plans. En effet, un grand nombre d'objets ont une représentation différente en plan et en 3D. C'est le cas du bloc porte par exemple (fig.7.5) ou du bloc chaise décrit précédemment (fig.7.6). Il est ainsi possible d'organiser chaque bloc avec des calques 2D et des calques 3D. Il suffit, en fonction des vues, de geler (éteindre) les calques non désirés. Cela peut se faire de façon très simple grâce aux fonctions d'enregistrement et de restauration d'états du **Gestionnaire des états de calques** (Layer Properties Manager) (fig.7.7 et 7.8).

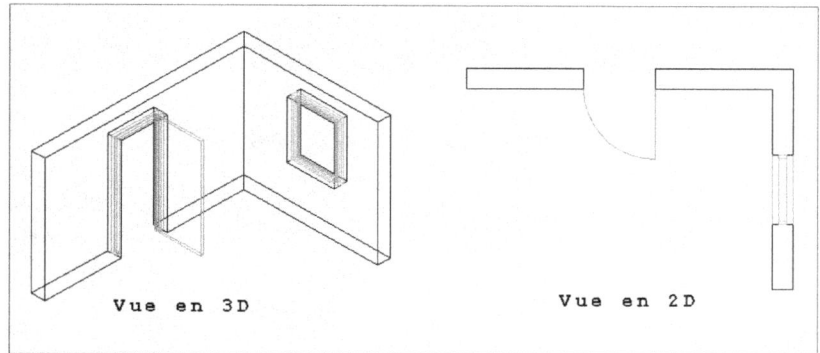

Vue en 3D   Vue en 2D

Fig.7.5

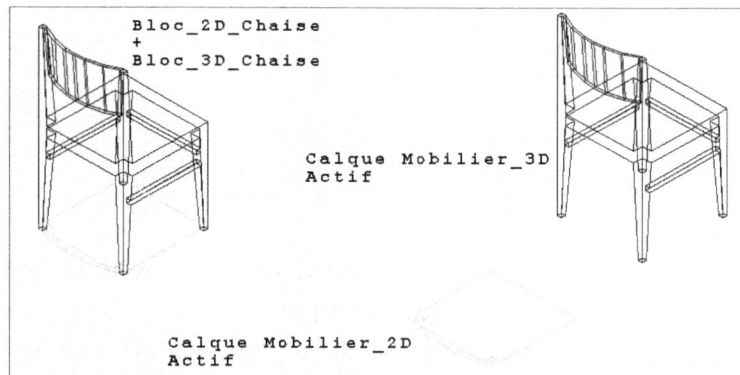

Bloc_2D_Chaise
+
Bloc_3D_Chaise

Calque Mobilier_3D
Actif

Calque Mobilier_2D
Actif

Fig.7.6

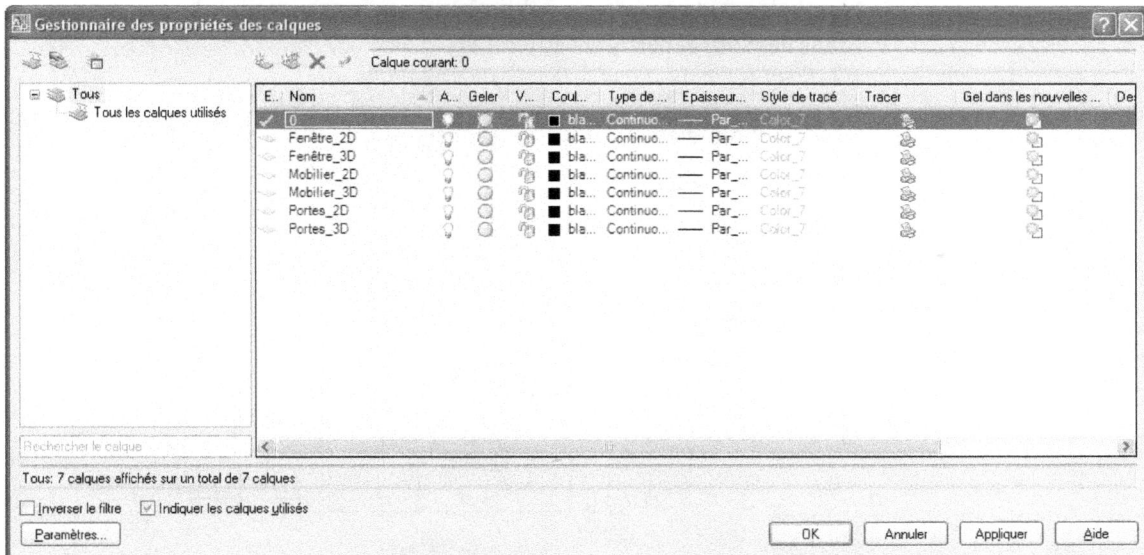

Fig.7.7

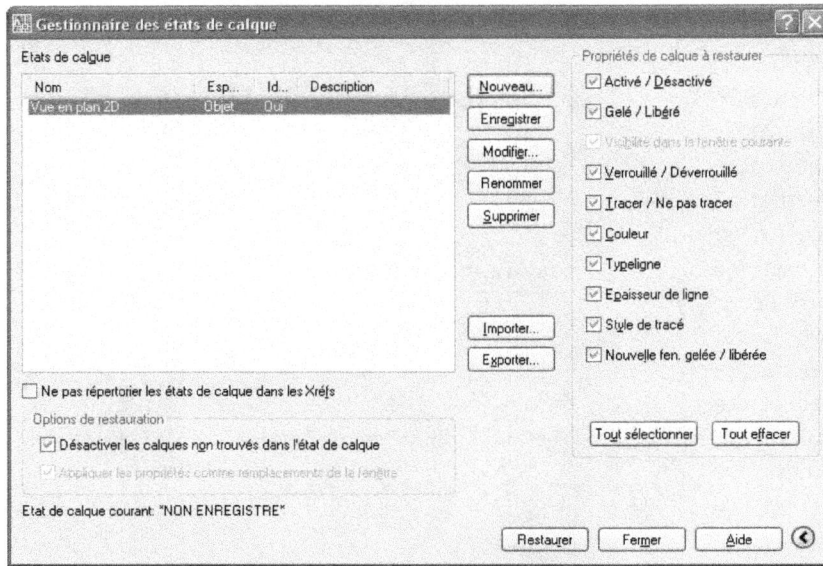

Fig.7.8

La création de bibliothèques de blocs

Les blocs peuvent être utilisés pour construire des bibliothèques de symboles. Ainsi dans le cas de l'architecture, par exemple, on peut créer une bibliothèque électrique, de plomberie, sanitaire, de mobilier, etc. (fig.7.9).

Dans le cas de wbloc, pour ne pas mélanger, sur disque, l'ensemble des symboles constituant ces bibliothèques il est conseillé de les regrouper dans des sous-répertoires différents :

c :\R2008\bib\elec

c :\R2008\bib\plom

c :\R2008\bib\san

Fig.7.9

Une autre méthode consiste à les insérer par catégories dans des fichiers AutoCAD séparés (elec.dwg, plomberie.dwg, etc.) qui peuvent être affichés ensuite dans le DesignCenter. Il suffira ensuite de simplement glisser le symbole sélectionné de la zone d'affichage du DesignCenter vers le dessin AutoCAD (fig. 7.10). Pour une plus grande facilité d'utilisation il est aussi possible de créer, à partir du DesignCenter, une palette d'outils avec le contenu d'un fichier de symboles.

Les caractéristiques des blocs

Chaque bloc peut être constitué d'entités ayant chacune des propriétés différentes de couleur, de type de ligne et de calque. Selon la valeur de ces propriétés (Spécifique, DuCalque (Bylayer) ou DuBloc (Byblock), chaque bloc gardera ou non ces propriétés lors de son insertion dans le dessin en cours (voir plus loin dans le texte).

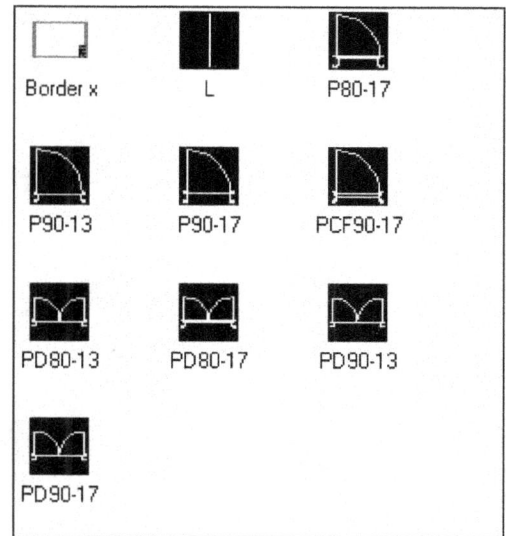

Fig.7.10

L'utilisation des blocs dans d'autres fonctions

Les blocs ne servent pas uniquement pour la création de symboles, ils peuvent également servir à d'autres fins, comme :

▸ dans la commande **Mesurer** (Measure) : personnaliser le marqueur de division ;

▸ dans la commande **Diviser** (Divide) : personnaliser le marqueur de division ;

▸ dans la commande **Cotation** (Dimension) : personnaliser les terminaisons des cotes ;

▸ dans la commande **Superhach** (Superhatch) : motif pour la création de hachures personnalisées (Express Tools).

La création d'un bloc

Un bloc est donc un ensemble d'entités regroupées en un seul objet et caractérisé par un nom qui lui est propre. Il peut être sauvegardé uniquement dans le dessin en cours ou séparément sur disque. Dans ce dernier cas, il est possible d'insérer le bloc dans n'importe quel dessin. Avant de créer un Bloc, il convient de le dessiner avant tout à l'écran comme un dessin normal.

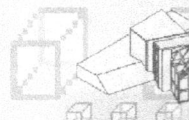

La procédure pour créer un bloc et l'associer au dessin courant est la suivante :

1. Dessiner le bloc, par exemple une chaise (fig.7.11).

2. Exécuter la commande de création de bloc à l'aide d'une des méthodes suivantes :

Menu : choisir le menu déroulant **DESSIN** (Draw) puis l'option **Bloc** (Block) et enfin la commande **Créer** (Make).

Icône : choisir l'icône **Créer Bloc** (Make Block) de la barre d'outils **Dessiner** (Draw).

Clavier : taper la commande **BLOC** (Block).

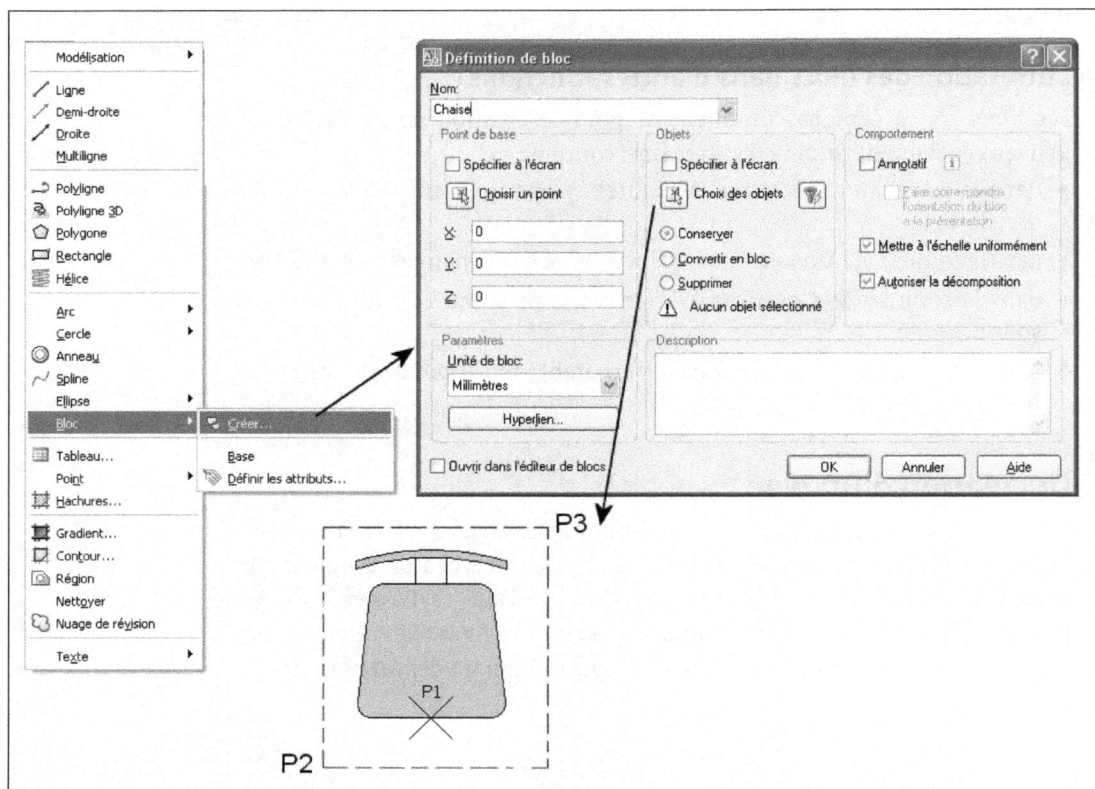

Fig.7.11

3. La boîte de dialogue **Définition de bloc** (Block Definition) s'affiche à l'écran.

Entrer le nom du Bloc (par exemple Chaise) dans le champ **Nom** (Name).

4. Cliquer sur **Choisir un point** (Select Point) pour désigner le point d'insertion à l'écran P1. Il s'agit du point par lequel le Bloc « Chaise » sera inséré par la suite dans le dessin.

5. Cliquer sur **Choix des objets** (Select Object) pour sélectionner les objets qui constitueront le bloc. Par exemple par l'option Fenêtre (Window) : points P2, P3. AutoCAD les transfère en mémoire vive dans la table des symboles. Les objets sélectionnés disparaissent ou non de l'écran graphique en fonction des options suivantes :

- **Conserver** (Retain) : conserve les objets sélectionnés (en tant qu'objets distincts) dans le dessin, une fois le bloc créé.

- **Convertir en bloc** (Convert to block) : convertit les objets sélectionnés en occurrence de bloc dans le dessin, une fois le bloc créé.

- **Supprimer** (Delete) : supprime les objets sélectionnés du dessin, une fois le bloc créé.

Quelle que soit l'option sélectionnée le bloc est créé en mémoire.

6. Dans le champ **Unités de bloc** (Block unit) sélectionner l'unité utilisée pour la création du bloc. Si le bloc a été dessiné en centimètre, il faut sélectionner Centimètres. Ce paramètre est important pour permettre une adaptation automatique de l'échelle du bloc dans le cas d'une insertion dans un plan avec une autre échelle.

7. Activer ou non le champ **Annotatif** (Annotative) pour adapter automatiquement le bloc à l'échelle du dessin (voir chapitre 13).

8. Activer ou non le champ **Mettre à l'échelle uniformément** (Scale uniformly) pour spécifier si la référence de bloc peut, ou non, être mise à l'échelle non uniformément lors d'une insertion. Ce champ n'est pas actif si **Annotatif** a été sélectionné.

9. Activer ou non le champ **Autoriser la décomposition** (Allow exploding) pour spécifier si la référence de bloc peut, ou non, être décomposée lors de l'insertion.

10. Cliquer sur **OK**. Le bloc « Chaise » est créé.

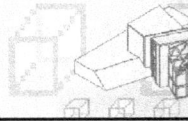

La procédure pour créer un bloc dans un fichier de dessin séparé est la suivante :

1. Dessiner le bloc, par exemple une chaise.

2. Sur la ligne de commande, entrer **WBLOC**.

3. Dans la boîte de dialogue **Créer un fichier bloc** (Write Block), désigner l'élément à enregistrer dans un fichier sous la forme d'un Wbloc. Par exemple, Objets (Objects) s'il s'agit d'un nouvel objet (fig.7.12). Un Wbloc peut être créé à partir des entités suivantes :

- **Bloc** (Block) : pour enregistrer un bloc interne, existant déjà dans le dessin, sous la forme d'un Wbloc. Cette méthode permet de convertir les blocs internes en blocs externes.

- **Dessin entier** (Entire drawing) : pour enregistrer le dessin courant en tant que Wbloc. Le fichier enregistré est nettoyé de tous les éléments non utilisés (bloc, calque...). C'est une bonne méthode pour purger un dessin.

- **Objects** (Objet) : pour enregistrer un objet (autre qu'un bloc) du dessin (exemple, une chaise) en tant que Wbloc.

Fig.7.12

4. Sous **Point de base** (Base point), cliquer sur le bouton **Spécifier un point** (Pick point) pour définir le point de base.

5. Sous **Objets** (Objects), cliquer sur le bouton **Choix des objets** (Select objects) pour sélectionner l'objet à enregistrer dans un fichier bloc.

6. Sélectionner le type de traitement souhaité pour les objets ayant servi à créer le Wbloc :

   ▪ Conserver (Retain)

   ▪ Convertir en bloc (Convert to block)

   ▪ Supprimer (Delete).

7. Entrer le nom du nouveau fichier, par exemple CHAISE.

8. Sélectionner l'emplacement sur le disque dur.

9. Définir les unités d'insertion pour le Wbloc.

> **CONSEIL**
>
> La fonction **Wbloc(k)** permet également de sauvegarder séparément sur le disque un calque particulier. Il suffit pour cela de geler tous les calques sauf celui à sauvegarder, d'exécuter la commande **Wbloc(k)** et finalement de sélectionner le contenu du calque.

Définir l'unité d'insertion des blocs

Avant d'insérer un bloc dans un dessin, il est important de définir l'unité du dessin courant pour l'insertion des blocs. Cela est nécessaire quelle que soit la méthode d'insertion utilisée.

La procédure est la suivante (fig.7.13) :

1. Dans le menu **Format**, sélectionner l'option **Contrôle des unités** (Units).

2. Dans la section **Echelle d'insertion** (Insertion scale), sélectionner l'unité du dessin courant. Par exemple : Mètres.

3. Cliquer sur **OK** pour confirmer.

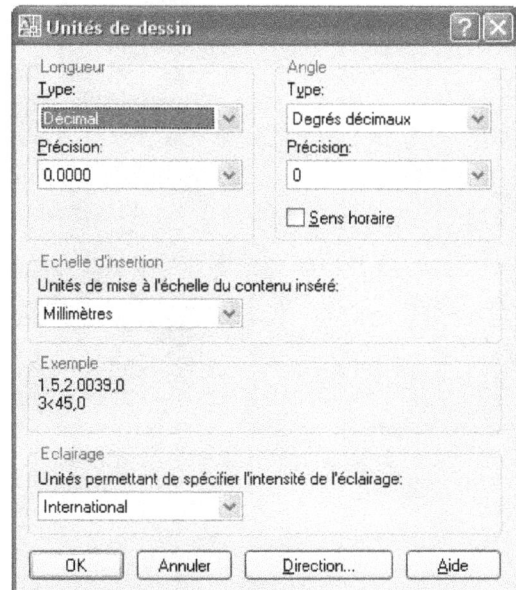

Fig.7.13

Si le bloc doit apparaître de façon identique quelle que soit l'unité ou l'échelle du dessin il faut le définir comme annotatif (voir chapitre 13).

Insérer un bloc ou un Wbloc dans un dessin

Tout Bloc créé dans le dessin en cours ou sauvegardé en Wbloc sur le disque peut être inséré n'importe où dans le dessin avec un facteur d'échelle différent et un angle de rotation déterminé. Ainsi, une fois le bloc appelé, il faut spécifier le point d'insertion, les facteurs d'échelle et l'angle de rotation du Bloc.

La procédure pour insérer un bloc dans le dessin est la suivante :

[1] Exécuter la commande d'insertion de bloc à l'aide d'une des méthodes suivantes (fig.7.14) :

Menu : choisir le menu déroulant **INSERTION** (Insert) puis l'option **Bloc** (Block).

Icône : choisir l'icône **Insérer Bloc** (Insert Block) de la barre d'outils **Dessiner** (Draw).

Clavier : taper la commande **INSERER** (Insert).

[2] Dans la boîte de dialogue **Insérer** (Insert), sélectionner le bloc interne dans la liste **Nom** (Name) ou cliquer sur **Parcourir** (Browse) pour spécifier l'emplacement d'un Wbloc. Par exemple le bloc CHAISE.

[3] Pour spécifier à l'écran les caractéristiques d'insertion du bloc (Point d'insertion, Echelle, Rotation) activer le champ **Spécifier à l'écran** (Specify on Screen). Dans le cas contraire, il faut spécifier les paramètres dans la boîte de dialogue.

[4] Appuyer ensuite sur **OK**.

[5] Indiquer à l'écran le point d'insertion P1 et spécifier l'échelle (appuyer sur Entrée pour accepter les valeurs par défaut) et l'angle de rotation.

Il est également possible d'insérer des blocs à partir du DesignCenter (voir chapitre 10) et de la palette d'outils (voir point 4)

Dans le cas de l'insertion d'un bloc annotatif, la boîte de dialogue **Sélectionner l'échelle d'annotation** s'affiche à l'écran (voir chapitre 13).

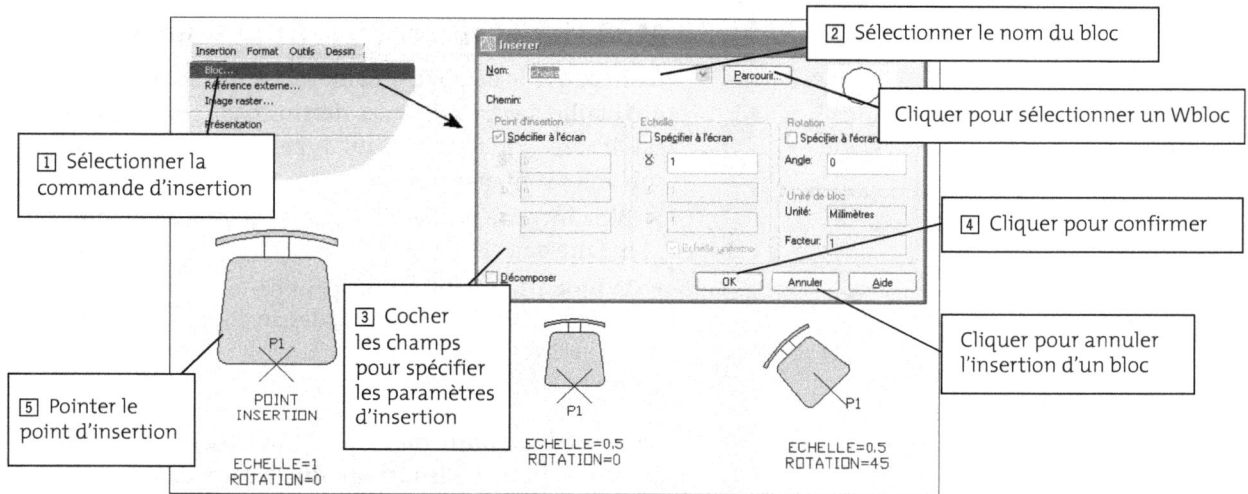

Fig.7.14

Insérer un bloc à partir de la palette d'outils

La palette d'outils est une interface très pratique pour pouvoir insérer des blocs internes dans le dessin en cours et dans d'autres dessins. Pour pouvoir l'utiliser de manière efficace, il est souhaitable de créer d'abord une nouvelle palette afin de ne pas mélanger les blocs avec d'autres entités.

La procédure est la suivante :

1. Sauver le dessin en cours contenant les blocs.

2. Effectuer un clic droit sur la barre verticale bleue de la palette et sélectionner l'option **Nouvelle palette** (New palette) (fig.7.15).

3. Entrer un nom. Par exemple : Blocs Mobilier.

4. Sélectionner le bloc à insérer dans la palette.

5. Glisser et déposer le bloc dans la palette (fig.7.16).

6. Le bloc peut à présent être inséré dans n'importe quel dessin. Il suffit de cliquer sur le symbole puis de pointer sa position dans le dessin.

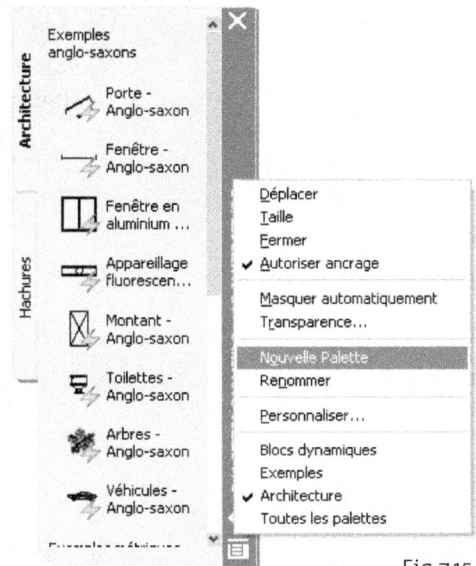

Fig.7.15

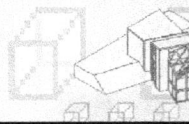

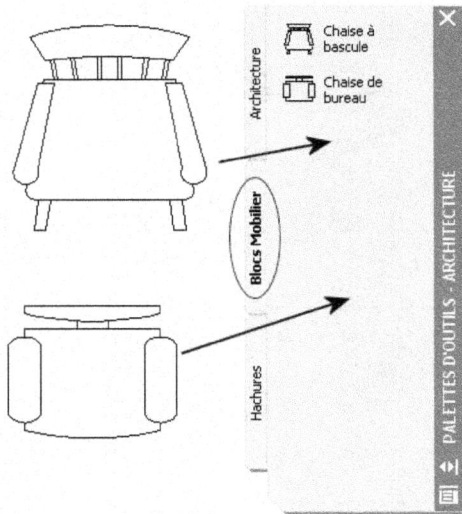

Fig.7.16

Modifier et mettre à jour des blocs

Il arrive que le dessin d'un bloc (ou Wbloc) soit modifié et qu'il faille mettre à jour les dessins dans lesquels ce bloc est inséré. En fonction du type de bloc, les options suivantes sont disponibles :

- ▶ **Bloc interne :** la modification et la mise à jour doivent se faire dans le dessin courant
- ▶ **Wbloc :** la modification peut se faire dans le fichier source du Wbloc ou dans le dessin courant où le Wbloc est inséré.

La procédure pour modifier et mettre à jour un bloc ou un Wbloc à l'intérieur du dessin courant est la suivante :

1. Dans le menu **Outils** (Tools) sélectionner la commande **Edition sur place des Xréfs et des blocs** (Xref and Block In-place Editing) puis **Edition des références dans le dessin** (Edit Reference In-place).

2. Sélectionner le bloc ou le Wbloc dans le dessin (Exemple : la chaise). La boîte de dialogue **Edition des références** (Reference Edit) s'affiche à l'écran (fig.7.17).

3. Cliquer sur **OK**.

4. En fonction du champ coché au bas de la boîte de dialogue (Sélectionner automatiquement ou Inviter à sélectionner) sélectionner ou non les éléments du bloc à modifier et appuyer sur Entrée ou **OK**. La barre d'outils **Editref** (Refedit) s'affiche. Le contenu du bloc devient accessible.

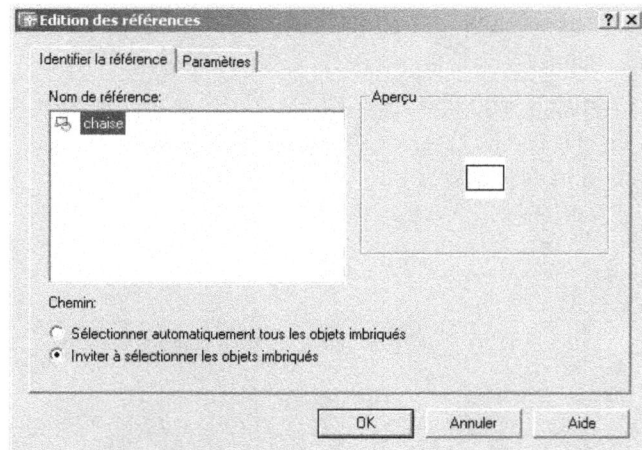

Fig.7.17

5. Effectuer les modifications.

6. Cliquer sur l'icône **Enregistrer** (Save) pour enregistrer les modifications dans la définition du bloc. Toutes les occurrences du bloc modifié se mettent à jour.

Fig.7.18

La barre d'outils Editref (Refedit) comprend les options suivantes (fig.7.18) :

▶ Pour ajouter des objets du bloc au jeu de modification.

▶ Pour ôter des objets du bloc au jeu de modification.

▶ Pour ignorer les modifications apportées.

▶ Pour enregistrer les modifications apportées.

REMARQUE

Une autre méthode consiste à utiliser l'éditeur de bloc. Il suffit pour cela d'effectuer un clic droit sur le bloc et de choisir **Editeur de bloc** (Block Editor) (voir point 11).

La procédure pour modifier le fichier source d'un Wbloc est la suivante :

1. Ouvrir le fichier du Wbloc par la commande **Ouvrir** (Open) du menu **Fichier** (Files).

2. Modifier le contenu du dessin en ne changeant pas l'origine du fichier.

3. Sauvegarder le dessin du Wbloc par la commande **Enregistrer** (Save) du menu **Fichier** (Files).

La procédure pour mettre le Wbloc modifié à jour dans le dessin courant est la suivante :

1. Taper la commande -**INSERER** (–INSERT) sur la ligne de commande.

   (Mettre le signe « - » avant la commande.)

2. Entrer le nom du Bloc : CHAISE=

   (Mettre le signe « = » après le nom du bloc). Le bloc est redéfini et le dessin est régénéré à l'écran.

3. Spécifier le point d'insertion (Insertion point) : appuyer sur la touche Echap (Esc) pour sortir de la commande. La procédure d'insertion est interrompue, les blocs étant déjà insérés dans le dessin.

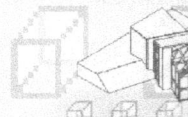

La procédure pour mettre à jour un Wbloc à partir du DesignCenter est la suivante :

1. Dans la barre d'outil Standard, cliquer sur **DesignCenter**.
2. Dans l'arborescence, cliquer sur le dossier qui contient le fichier dessin d'où provenait le Wbloc.
3. Dans la zone de contenu (sur le côté droit), cliquer avec le bouton droit de la souris sur le fichier dessin du Wbloc (fig.7.19).
4. Dans le menu contextuel, cliquer sur **Insérer le bloc** (Insert Block).
5. Dans la boîte de dialogue d'insertion, cliquer sur **OK**.
6. Dans la zone d'alerte, cliquer sur **Oui** (Yes) pour remplacer la définition de bloc existante.
7. Appuyez sur Echap pour mettre fin à la commande.

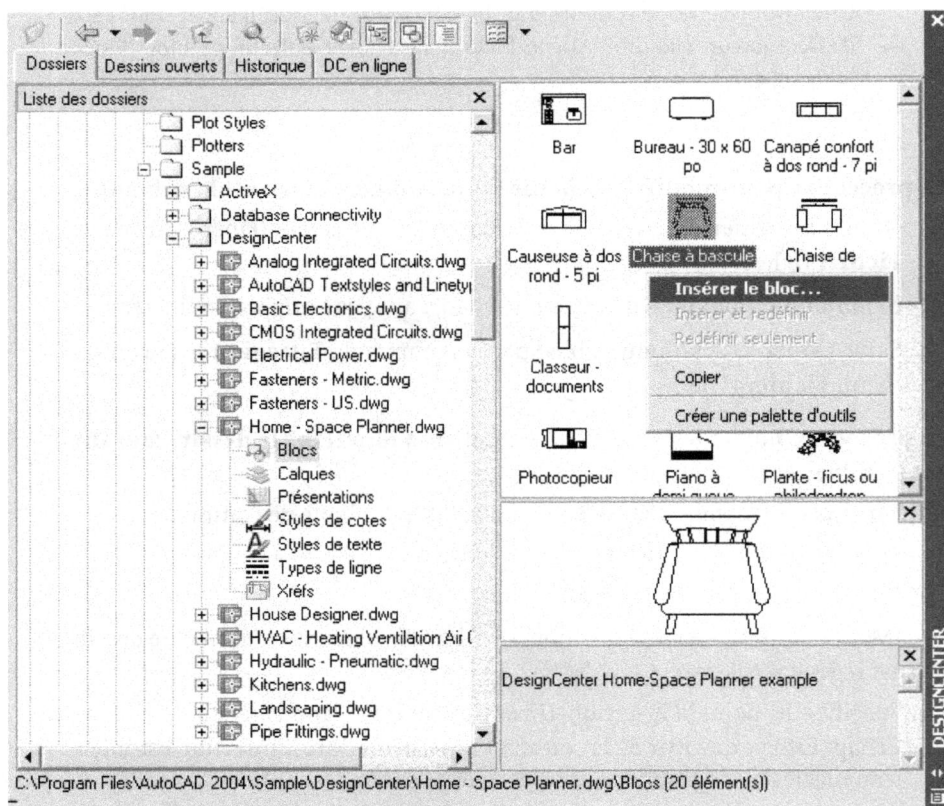

Fig.7.19

Comment définir la propriété des blocs

Chaque entité constituant le bloc peut avoir des propriétés différentes au niveau couleur, type de ligne et layer (plan). Selon les valeurs d'origine de ces propriétés, l'insertion du bloc peut provoquer ou non une modification de l'aspect de chacune de ces entités. Les cas sont les suivants :

▶ Toute entité d'un bloc créé sur le Calque (layer) « o » (avec la couleur, le type de ligne et l'épaisseur DUCALQUE (BYLAYER) se placera, lors de l'insertion du bloc, sur le calque (layer) en cours et prendra les caractéristiques de ce calque (couleur, type de ligne et épaisseur).

▶ Toute entité d'un bloc créé sur un autre calque (layer) que « o » (avec la couleur, le type de ligne et l'épaisseur DUCALQUE (BYLAYER) restera placée sur ce calque (layer), et gardera ses propriétés lors de l'insertion du bloc sur n'importe quel autre calque (layer).

▶ Toute entité d'un bloc créé sur un autre calque (layer) que « o » (mais avec la couleur, le type de ligne et l'épaisseur DUBLOC (BYBLOCK) prendra les caractéristiques du calque (layer) d'insertion (couleur, type de ligne et épaisseur). L'option DUBLOC (BYBLOCK) permet ainsi d'avoir le même effet, pour l'insertion de blocs, que le calque (layer) « o ».

Le tableau suivant résume ces différents cas :

Pour que les objets d'un bloc	Créent des objets sur ces calques	Créer ces objets avec ces propriétés
Conservent les propriétés d'origine	Tous sauf 0 (zéro)	Tout sauf DUBLOC ou DUCALQUE
Héritent des propriétés du calque courant	0 (zéro)	BYLAYER
Héritent d'abord des propriétés individuelles, puis des propriétés du calque	Tous	DUBLOC

Comment renommer un bloc

Lors du travail dans AutoCAD, il peut arriver pour des raisons diverses de devoir changer ou corriger le nom d'un bloc. La commande **Renommer** (Rename) permet cette modification (fig.7.20).

1. Exécuter la commande Renommer à l'aide d'une des méthodes suivantes :

   Menu : choisir le menu déroulant **FORMAT** puis l'option **Renommer** (Rename).

   Clavier : taper la commande **RENOMMER** (Rename).

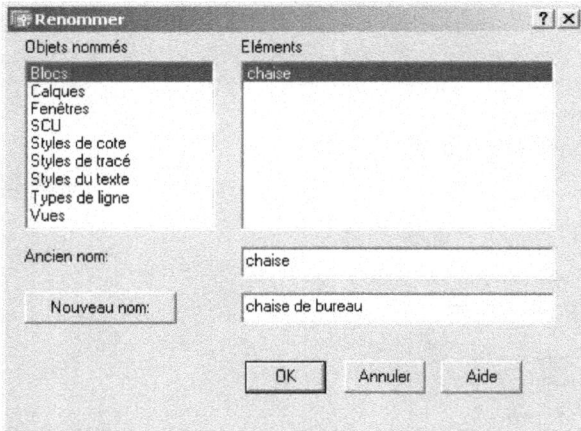

2. Dans la boîte de dialogue **Renommer** (Rename), cliquer sur **Bloc**(k) dans la colonne **Objets nommés** (Named Objects) puis choisir le nom du bloc dans la colonne **Eléments** (Items).

3. Taper le nouveau nom dans le champ **Nouveau nom** (Rename To) puis cliquer sur le bouton **Nouveau nom** (Rename To).

4. Cliquer sur **OK**.

Fig.7.20

Comment purger un bloc

Lors du travail dans AutoCAD, il peut arriver que certains blocs internes ne sont pas utilisés dans le dessin en cours. Il ne sert donc à rien de les conserver car ils prennent de la mémoire. Pour les supprimer, AutoCAD dispose de la commande **PURGER** (PURGE).

Voici la procédure à suivre :

1. Exécuter la commande Purger à l'aide d'une des méthodes suivantes (fig.7.21) :

   Menu : choisir le menu déroulant **Fichier** (File) puis l'option **Utilitaires de dessin** (Drawing Utilities) puis **Purger** (Purge) puis **Bloc**(k)s.

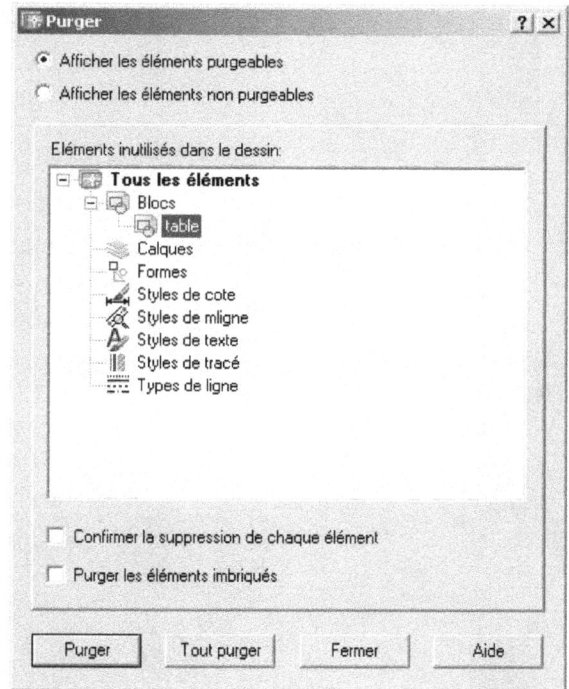

Clavier : taper la commande **PURGER** (Purge).

[2] Sélectionner le bloc dans la liste et cliquer sur **Purger** (Purge).

[3] A la question **Voulez-vous purger le bloc ?** (Do you want to purge block ?) répondre par **Oui** ou **Non** puis cliquer sur **Fermer** (Close). AutoCAD ne pose cette question que si le champ **Confirmer la suppression de chaque élément** (Confirm each item to be purged) est cochée. Sinon il purge le(s) bloc(s) automatiquement.

Utiliser les bibliothèques de symboles

AutoCAD 2008 est livré avec une série de bibliothèques de symboles pour l'architecture, l'équipement électrique, l'HVAC, etc., ainsi qu'un accès Internet via le DesignCenter pour le téléchargement de symboles (voir chapitre 10 pour plus de détails). Trois opérations sont disponibles :

▶ Utiliser les bibliothèques existantes.

▶ Compléter les bibliothèques existantes.

▶ Créer une nouvelle bibliothèque.

Fig.7.21

Utiliser une bibliothèque existante

La procédure pour utiliser une bibliothèque existante est la suivante :

[1] Exécuter la commande d'accès aux bibliothèques à l'aide d'une des méthodes suivantes :

Menu : choisir le menu déroulant **OUTILS** (Tools) puis l'option **Palettes** puis **DesignCenter**.

Icône : choisir l'icône **DesignCenter** de la barre d'outils principale.

Clavier : taper la commande **ADCENTER**.

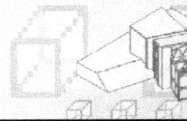

2⃣ Cliquer sur le bouton **Début** (Home).

3⃣ Dans l'arborescence de gauche, sélectionner la bibliothèque souhaitée. Par exemple : Home Space Planner (fig.7.22). Cliquer sur **Bloc**, AutoCAD affiche le contenu de la bibliothèque dans la fenêtre de droite.

4⃣ Sélectionner le symbole souhaité et l'insérer dans le dessin. Deux méthodes sont disponibles pour cela :

- ▪ Cliquer sur le symbole et le glisser directement dans le dessin.
- ▪ Cliquer avec la touche droite de la souris sur le symbole, puis sélectionner **Insérer le bloc** (Insert Block).

  La taille du symbole dépend d'une part de l'unité choisie lors de la création du symbole et d'autre part de l'unité d'insertion choisie dans le dessin en cours (voir point 3).

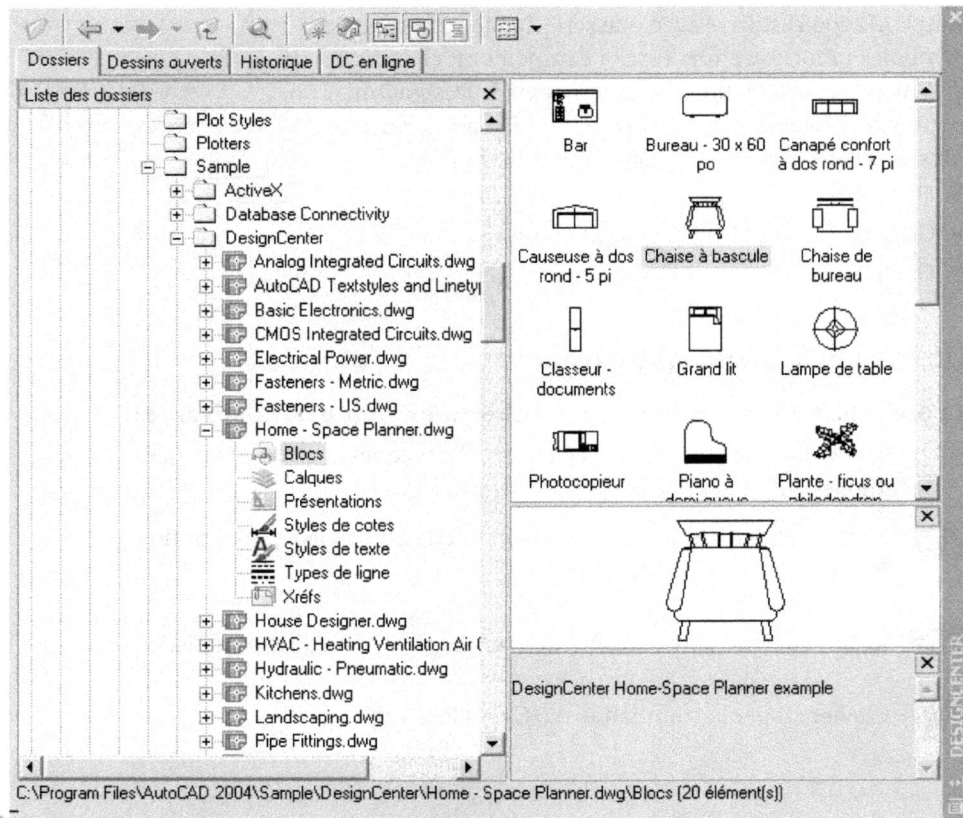

Fig.7.22

Compléter une bibliothèque existante

Les bibliothèques livrées avec AutoCAD 2008 sont stockées dans des fichiers de dessin dwg qui se trouvent par défaut dans le sous-répertoire DesignCenter du répertoire Sample d'AutoCAD.

La procédure pour compléter une bibliothèque est la suivante :

1. Ouvrir le fichier de la bibliothèque souhaitée. Par exemple, Kitchens (fig.7.23).

2. Créer un nouveau symbole et l'insérer dans le dessin. Sélectionner **Centimètres** (**Centimeters**) dans le champ **Unités d'insertion** (Insert Unit).

3. Sauver le dessin. Le fichier de la bibliothèque est ainsi complété.

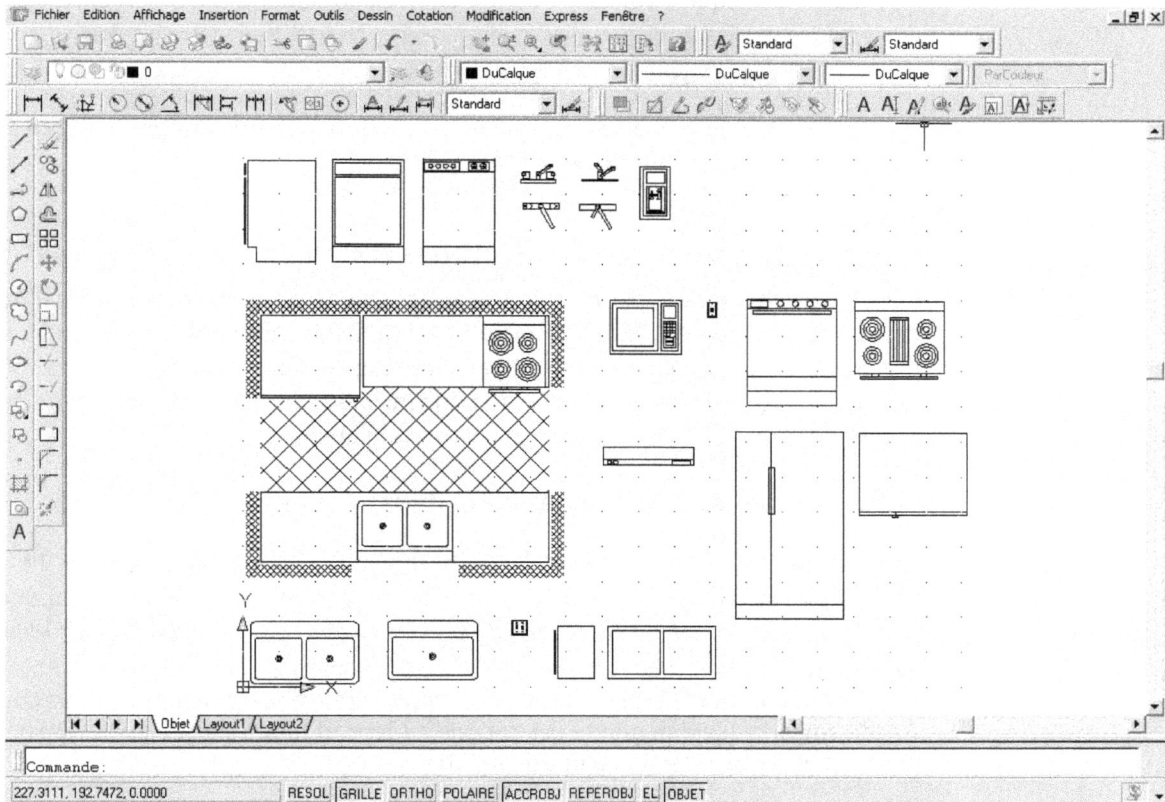

Fig.7.23

Créer une nouvelle bibliothèque

Pour créer une nouvelle bibliothèque, il suffit d'ouvrir un nouveau fichier vierge et d'y insérer les symboles souhaités.

La procédure est la suivante :

1. Créer un nouveau fichier de dessin par la commande **Nouveau** (New).
2. Créer les symboles souhaités en n'oubliant pas de mentionner l'unité d'insertion.
3. Insérer les symboles dans le dessin.
4. Sauvegarder le dessin sous un nom significatif. Par exemple : Voitures. Le répertoire de destination peut être DesignCenter comme pour les autres fichiers de bibliothèque, ou un autre répertoire.
5. La bibliothèque « Voitures » est à présent disponible via le DesignCenter.

> **REMARQUE**
>
> La création d'une palette d'outils constitue aussi un excellent moyen de créer une bibliothèque de symboles.

La création de blocs dynamiques

Les blocs dynamiques permettent d'accéder à plusieurs variations à partir d'un seul bloc, de réduire considérablement les bibliothèques de blocs encombrantes et de modifier la géométrie d'un bloc pendant et après l'insertion. Par exemple, on peut avoir un seul bloc pour différentes dimensions d'un même type de fenêtre ou un seul bloc pour les différentes vues d'un équipement sanitaire.

Le processus de création des blocs dynamiques

Pour rendre un bloc dynamique, il faut lui ajouter des paramètres et des actions :

- Les **paramètres** définissent les propriétés personnalisées du bloc dynamique en précisant les positions, les distances et les angles de la géométrie dans le bloc.
- Les **actions** définissent la manière dont la géométrie d'une référence de bloc dynamique est déplacée ou modifiée lorsque la référence est manipulée dans un dessin. Lorsque l'on ajoute des actions au bloc, il faut les associer à des paramètres et généralement à une géométrie.

Le processus de création peut être représenté par la succession des étapes suivantes :

Etape 1. Elaborer le contenu du bloc dynamique avant de le créer

Avant de créer un bloc dynamique, il faut savoir à quoi il ressemblera et comment il sera utilisé dans un dessin. Il faut également décider comment ces objets seront modifiés. Par exemple, on peut créer un bloc dynamique pouvant être redimensionné et faire en sorte qu'une géométrie supplémentaire s'affiche lorsque la référence de bloc est modifiée. C'est le cas d'une table à laquelle s'ajouteraient automatiquement des chaises lors d'une modification de la longueur.

Etape 2. Dessiner la géométrie

Pour dessiner la géométrie du bloc dynamique, on peut utiliser la zone de dessin classique d'AutoCAD ou l'éditeur de blocs. Il est également possible d'utiliser une géométrie présente dans un dessin ou une définition de bloc existante.

Etape 3. Prévoir la façon dont les divers éléments du bloc vont fonctionner ensemble

Avant d'ajouter des paramètres et des actions à la définition de bloc, il convient de comprendre leurs dépendances les uns par rapport aux autres et par rapport à la géométrie du bloc. Lorsque l'on ajoute une action à la définition d'un bloc, il faut associer cette action à un paramètre et à un jeu de sélection de géométrie. Cela crée une dépendance qui doit être configurée de façon adéquate pour que la référence de bloc puisse fonctionner correctement dans un dessin.

Etape 4. Ajouter des paramètres

L'ajout de paramètres à une définition de bloc dynamique s'effectue dans l'éditeur de blocs. Dans l'éditeur de blocs, les paramètres ont une apparence similaire aux cotes. Les paramètres définissent les propriétés personnalisées du bloc (par exemple la taille). Les paramètres indiquent également les positions, les distances et les angles pour la géométrie dans la référence de bloc.

Etape 5. Ajouter des actions

Les actions définissent la manière dont la géométrie d'une référence de bloc dynamique est déplacée ou modifiée lorsque l'on manipule les propriétés personnalisées d'une référence de bloc dans un dessin. Un bloc dynamique contient habituellement au moins une action.

Etape 6. Définir la manière de manipuler la référence de bloc dynamique

Il est possible d'indiquer comment la référence de bloc dynamique sera manipulée dans le dessin. Pour cette opération, l'on dispose des poignées et des propriétés personnalisées. Lorsque l'on crée une définition de bloc dynamique, il faut indiquer quelles poignées sont affichées et déterminer comment elles modifient la référence de bloc dynamique.

Etape 7. Enregistrer le bloc et le tester dans un dessin

Une fois réalisé, il faut enregistrer la définition de bloc dynamique et quitter l'éditeur de blocs. Il est ensuite utile d'insérer la référence de bloc dynamique dans un dessin et de tester la fonctionnalité du bloc.

La création d'un bloc dynamique

La création d'un bloc dynamique comporte donc plusieurs étapes : la géométrie, les paramètres, les actions. Pour illustrer ce processus, prenons l'exemple d'une porte à laquelle on souhaite pouvoir apporter les modifications suivantes : changer le sens d'ouverture, modifier la taille, aligner avec une entité existante.

La procédure est la suivante :

1. Réaliser le dessin de la porte avec une ouverture de 60cm (fig.7.24).

2. Créer le bloc avec Porte comme nom et le point inférieur gauche comme point d'insertion.

3. Cocher les options **Convertir en bloc** (Convert to block) et **Ouvrir dans l'éditeur de blocs** (Open in Block Editor).

4. Sélectionner l'onglet **Paramètre** (Parameter) dans la palette d'outils de création de blocs.

5. Cliquer sur l'option **Paramètre linéaire** (Linear Parameter).

6. Pour définir ce paramètre, placer l'origine en 1 et l'extrémité en 2. La direction 1-2 donne le sens d'étirement possible du bloc Porte.

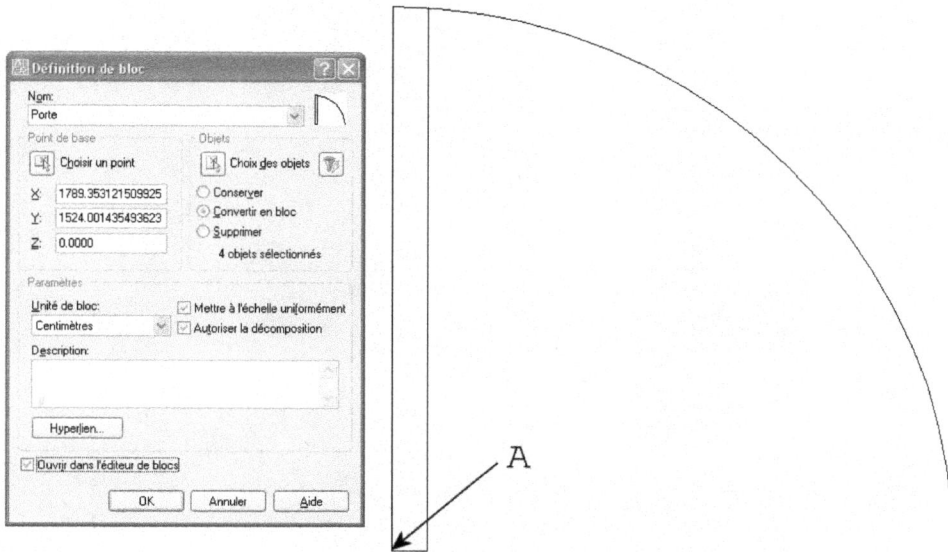

Fig.7.24

7. Placer ensuite le paramètre en 3 (fig.7.25). Le but de ce paramètre est de pouvoir modifier la largeur de la porte.

8. Pour pouvoir modifier le sens d'ouverture de la porte, il convient de sélectionner le **Paramètre d'inversion** (Flip Parameter) toujours dans l'onglet **Paramètres** (Parameters). Ce paramètre doit être placé sur l'axe de symétrie vertical de la porte.

9. Appuyer sur la touche Maj (Shift) du clavier et sur la touche droite de la souris. Sélectionner **Milieu entre deux points** (Mid between 2 points) dans le menu contextuel.

10. Pointer les positions 1, 2 et 3. Il faut que le point 3 crée un axe de symétrie vertical.

11. Placer l'icône **Etat d'inversion** (Flip state) près du point 3 (fig.7.26).

12. Pour pouvoir aligner le bloc avec un objet existant dans le dessin, il faut ajouter le paramètre d'alignement (Alignment Parameter). Sélectionner celui-ci dans l'onglet **Paramètres** (Parameters) et pointer les points 1 et 2. Le point 1 constitue l'origine de l'alignement et le point 2 donne la direction d'alignement (fig.7.27).

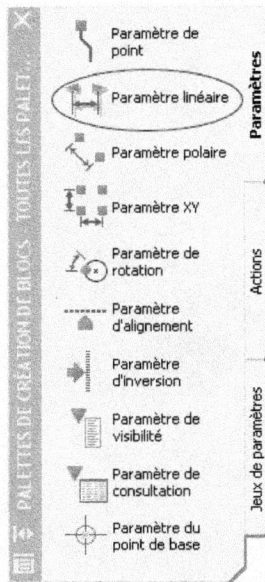
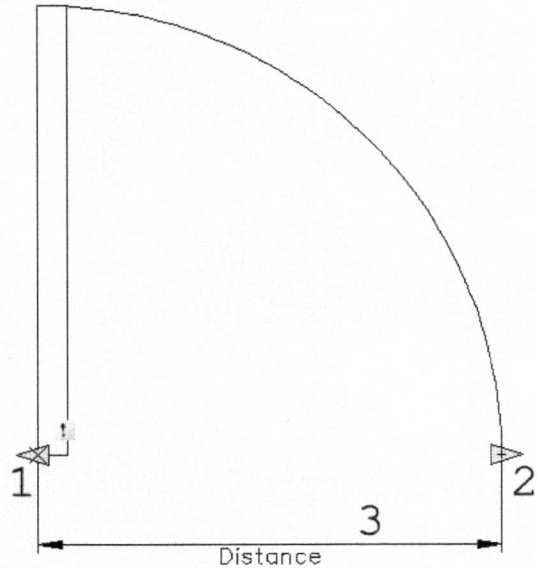

Fig.7.25

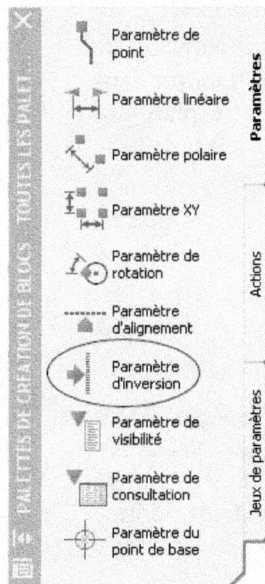
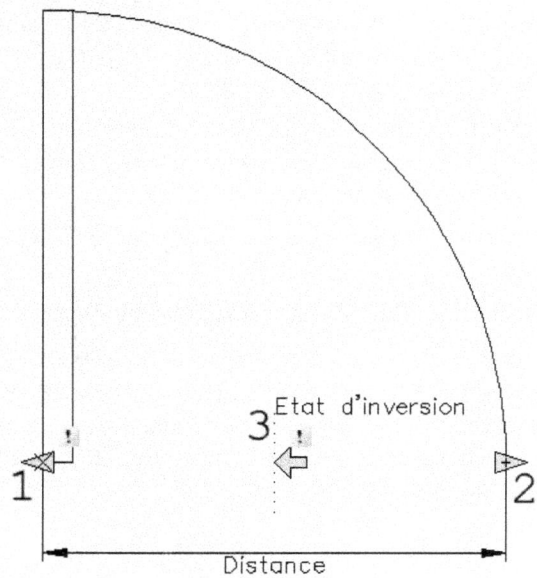

Fig.7.26

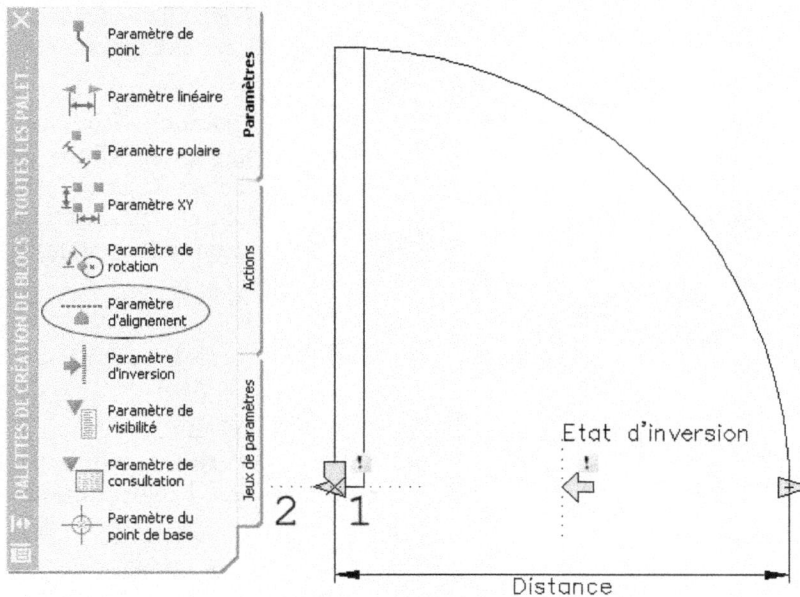

Fig.7.27

13. Avant d'ajouter les actions, il convient de définir les limites pour le paramètre linéaire. Cela permet de spécifier les largeurs possibles pour la porte. Il faut donc ouvrir la palette des propriétés et sélectionner le paramètre distance dans le dessin.

14. Entrer les valeurs suivantes (fig.7.28) :

Section **Jeu de valeurs** (Value set)

Dist incrément : 10

Dist minimum : 60

Dist maximum : 90

Section **Divers** (Misc)

Nombre de poignées (Number of Grips) : 1

15. Après la définition des paramètres, il faut ajouter les actions pour que le bloc réagisse correctement aux modifications souhaitées. Ainsi, pour modifier par exemple la largeur de la porte il faut que l'arc de cercle change de taille (action de mise à l'échelle) et que le rectangle à gauche soit étiré vers le haut (action d'étirement).

Jeu de valeurs	
Type de dist	Incrément
Dist incrément	10.0000
Dist minimum	60.0000
Dist maximum	90.0000

Divers	
Emplacement de base	Point de départ
Propriétés d'affichage	Oui
Actions de chaîne	Non
Nombre de poignées	1

Fig.7.28

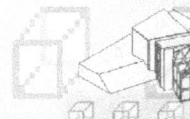

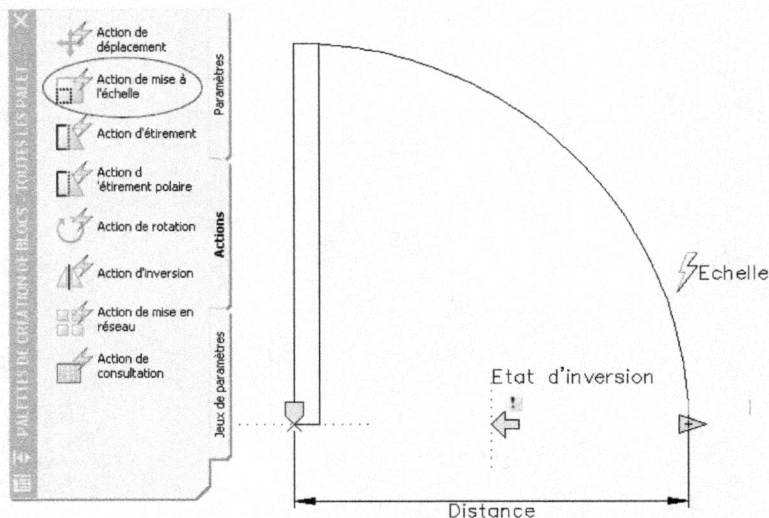

Fig.7.29

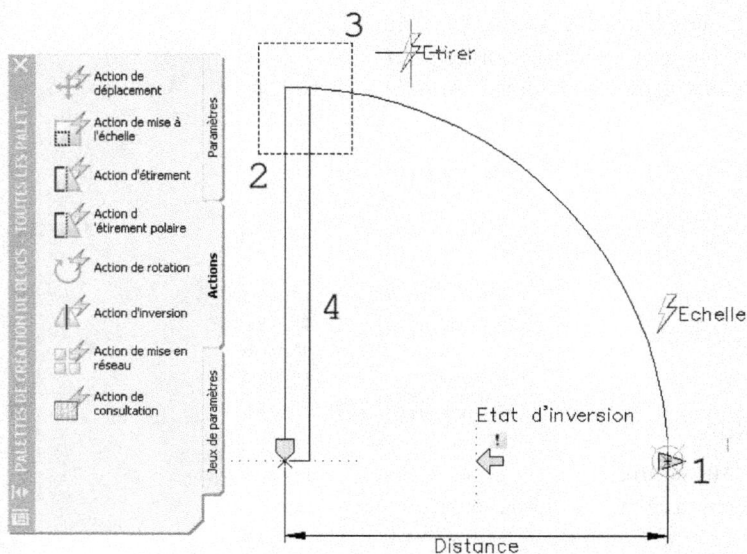

Fig.7.30

16. Activer l'onglet **Actions** et sélectionner **Action de mise à l'échelle** (Scale Action).

17. Sélectionner le paramètre **Distance** et comme réponse à la question **Choix des objets** (Select objects), sélectionner l'arc et le paramètre **Etat d'inversion** (Flip state).

18. Appuyer sur Entrée et placer l'icône de l'action **Echelle** (Scale) à droite de la porte (fig.7.29).

19. Sélectionner l'option **Action d'étirement** (Stretch Action) dans l'onglet **Actions**.

20. Sélectionner la poignée, marquée par un point rouge à droite, à droite du paramètre Distance.

21. Pointer les points 2 et 3 pour définir le cadre d'étirement.

22. Sélectionner les lignes de définition de l'ouvrant de la porte (4).

23. Appuyer sur Entrée et placer l'icône **Etirer** (Stretch) en haut de la porte (fig.7.30).

24. Sélectionner l'action d'étirement et dans la palette des propriétés entrer **90** dans le champ **Remplacements** (Overrides) > **Décalage d'angle** (Angle offset). Cette valeur est importante car la géométrie devant être étirée (l'ouvrant de la porte) est placée à 90 degrés par rapport au paramètre **Distance** (fig.7.31). Appuyer sur Esc pour désactiver la sélection.

25 Pour ajouter une action d'inversion au paramètre d'inversion, il suffit d'effectuer un double clic sur le composant **Etat d'inversion** (Flip State parameter) car c'est la seule action compatible avec cet état.

Remplacements	
Variateur de distance	1.0000
Décalage d'angle	90

Fig.7.31

26 Sélectionner l'ensemble de la géométrie de la porte avec les paramètres et les actions et appuyer sur Entrée.

27 Placer l'icône **Inverser** (Flip) prêt du centre de la porte (fig.7.32).

28 Pour refermer l'éditeur, cliquer sur le bouton **Fermer l'éditeur de blocs** (Close Block Editor).

29 Répondre **Oui** (Yes) pour sauvegarder le bloc.

30 Sélectionner le bloc et cliquer sur la poignée d'alignement dans le coin inférieur gauche de la porte.

31 Positionner le bloc à l'endroit souhaité, il sera aligné avec l'entité survolée (fig.7.33).

32 Sélectionner la poignée de changement de taille et la déplacer vers la gauche pour adapter la taille de la porte (60 cm) à l'ouverture (90 cm) dans le mur (fig.7.34).

33 Pour changer le sens d'ouverture, cliquer sur la poignée d'inversion située au centre de la porte.

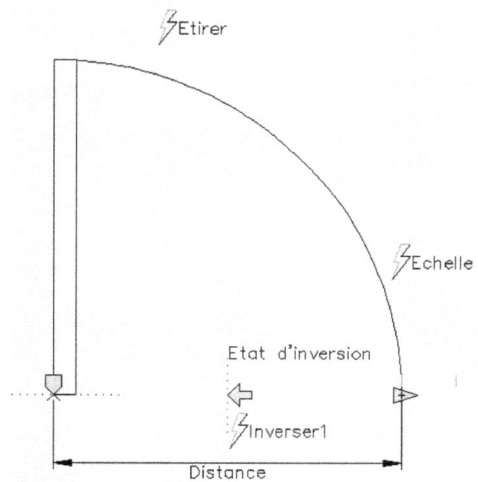

Fig.7.32

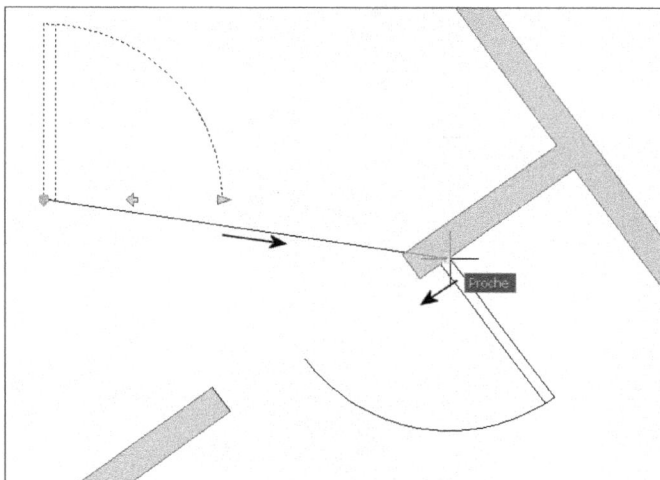

Fig.7.33

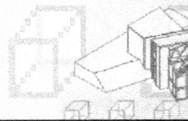

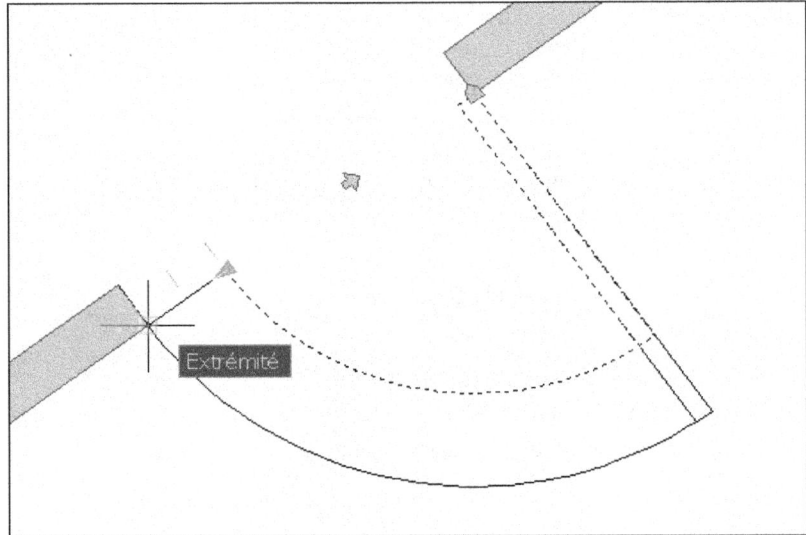

Fig.7.34

La création d'un bloc dynamique multi-vue

Un autre avantage des blocs dynamiques est la possibilité de créer des blocs multi-vue. Il s'agit d'un bloc qui comprend plusieurs vues du même objet qui peuvent être affichées à la demande.

Dans le cas d'un composant sanitaire (par exemple un évier), la procédure est la suivante :

1. Réaliser les différentes vues de l'évier et les transformer en bloc : Evier-plan, Evier-face et Evier-profil (fig.7.35).

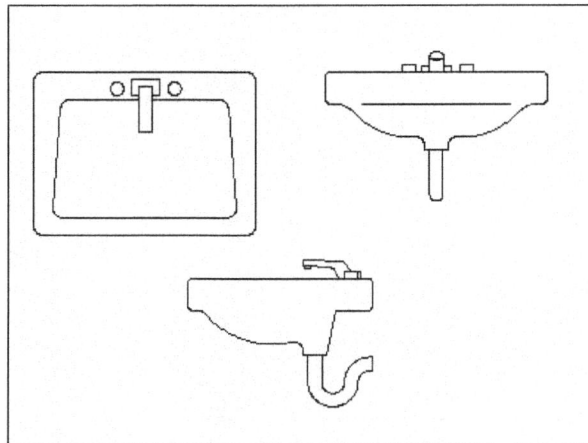

Fig.7.35 (Doc.Autodesk)

2. Dans le menu **Outils** (Tools) sélectionner l'option **Editeur de blocs** (Edit block definition).

3. Dans le champ **Bloc à créer ou à modifier** (Block to create or edit) entrer Evier-MV et cliquer sur **OK** (fig.7.36).

4. Dans la barre d'outils **Dessin** (Draw) cliquer sur **Insérer bloc** (Insert block) et sélectionner Evier-plan. Zoomer l'évier.

5. Insérer de la même manière les blocs Evierface et Evier-profil avec comme point d'origine le milieu de la ligne supérieure du bloc Evier-plan.

6. Dans l'onglet **Paramètres** (Parameters) sélectionner **Paramètre de point de base** (Base point parameter) et pointer le point milieu supérieur du bloc Evier-plan (fig.7.37).

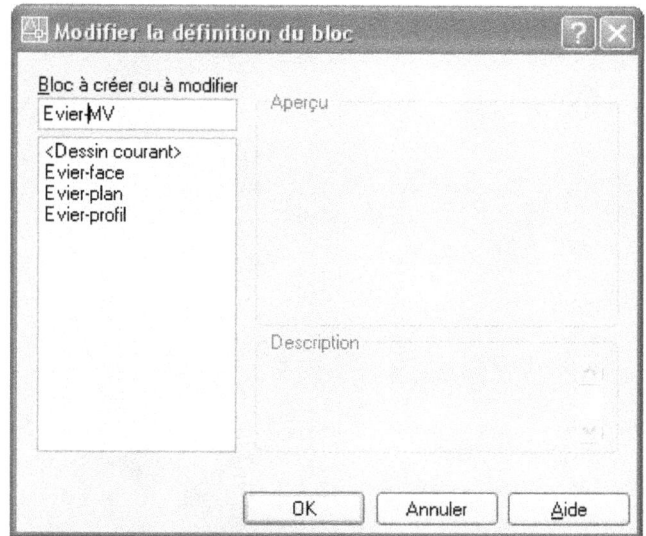

Fig.7.36

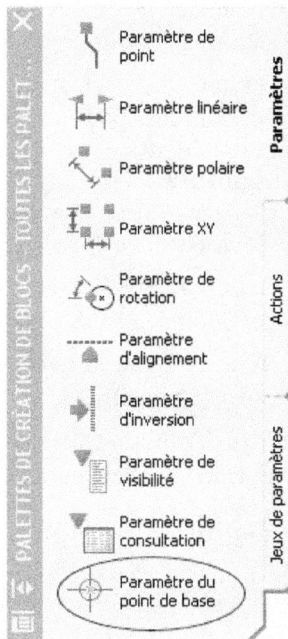

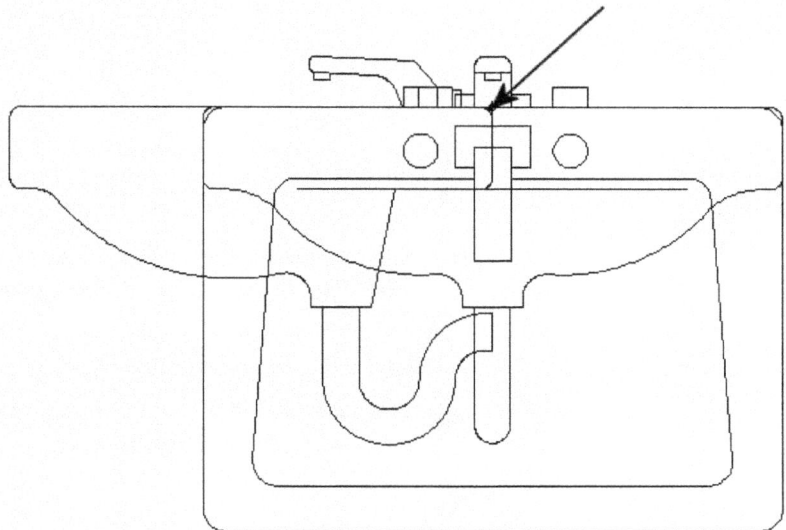

Fig.7.37

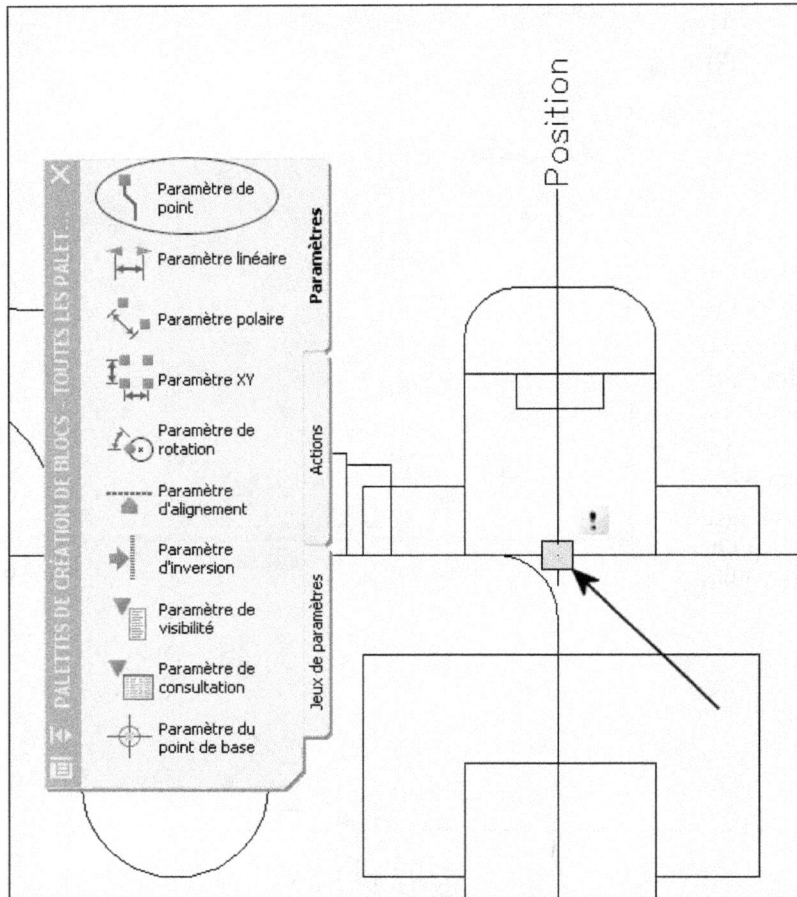

Fig.7.38

7. Dans l'onglet **Paramètres** (Parameters) sélectionner **Paramètre de point** (Point parameter) et pointer le point milieu supérieur du bloc Evier-plan. Placer la légende verticalement (fig.7.38).

8. Dans l'onglet **Actions** sélectionner **Action de déplacement** (Move Action).

9. Sélectionner le paramètre **Position** puis par une fenêtre de sélection toute la géométrie et les paramètres. Appuyer sur Entrée.

10. Placer l'icône **Déplacer** (Move) à droite de **Position** (fig.7.39).

11. Dans l'onglet **Paramètres** (Parameters) sélectionner **Paramètre de visibilité** (Visibility parameter) et placer l'icône à gauche de position.

12. Double-cliquer le paramètre de visibilité pour afficher la boîte de dialogue **Etats de visibilité** (Visibility states). Cliquer sur **Renommer** (Rename) et entrer Plan.

13. Cliquer sur **Nouveau** (New) et dans la boîte de dialogue **Nouvel état de visibilité** (New visibility state) entrer Face. Cliquer sur **OK** (fig.7.40).

14. Cliquer sur **Nouveau** (New) et dans la boîte de dialogue **Nouvel état de visibilité** (New visibility state) entrer Profil. Cliquer sur **OK**.

15. Dans la boîte de dialogue **Etats de visibilité** (Visibility states) double-cliquer sur **Plan** pour le rendre courant (fig.7.41). Cliquer sur **OK**.

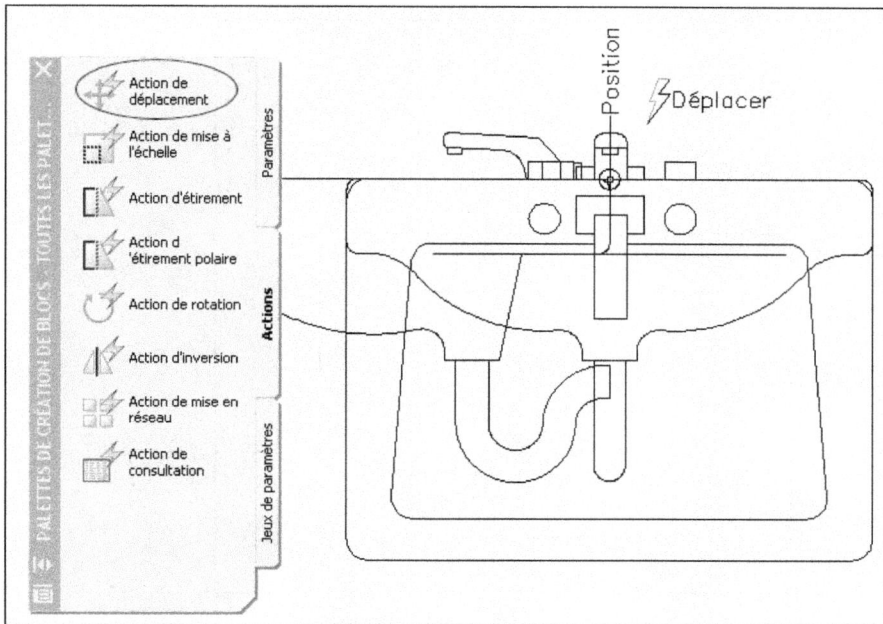

Fig.7.39

16. Il faut à présent associer les différentes vues du bloc avec les états de visibilité. Dans la barre d'outils supérieure de l'éditeur de bloc, cliquer sur **Masquer** (Make invisible) et sélectionner les vues Face et Profil. Appuyer sur Entrée (fig.7.42).

17. Dans la barre d'outils supérieure de l'éditeur de bloc, cliquer sur Face dans la liste de visibilité puis sur **Masquer** (Make invisible). Sélectionner ensuite les vues Plan et Profil. Appuyer sur Entrée.

18. Dans la barre d'outils supérieure de l'éditeur de bloc, cliquer sur Face dans la liste de visibilité puis sur **Masquer** (Make invisible). Sélectionner ensuite les vues Plan et Face. Appuyer sur Entrée.

19. Cliquer sur **Fermer l'éditeur de bloc** (Close bloc editor) et répondre Oui (Yes) pour sauvegarder le bloc.

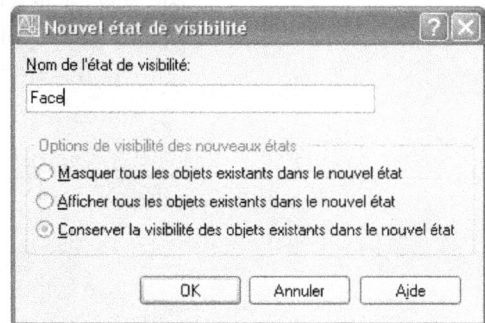

Fig.7.40

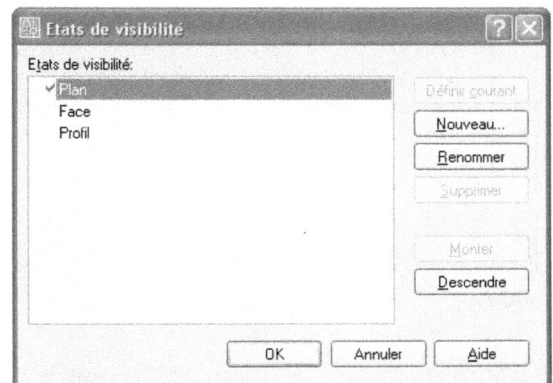

Fig.7.41

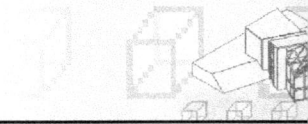

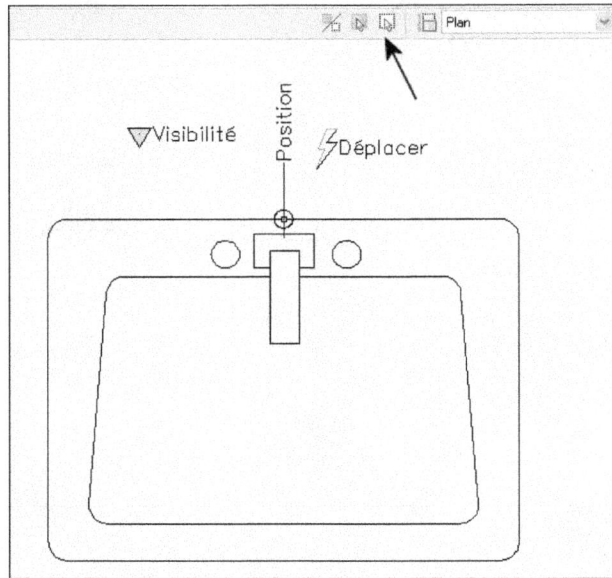

Fig.7.42

20. Insérer le bloc dans le dessin et double-cliquer dessus pour faire apparaître les poignées.

21. Cliquer sur la poignée de visibilité et sélectionner l'état de visibilité souhaité (fig.7.43).

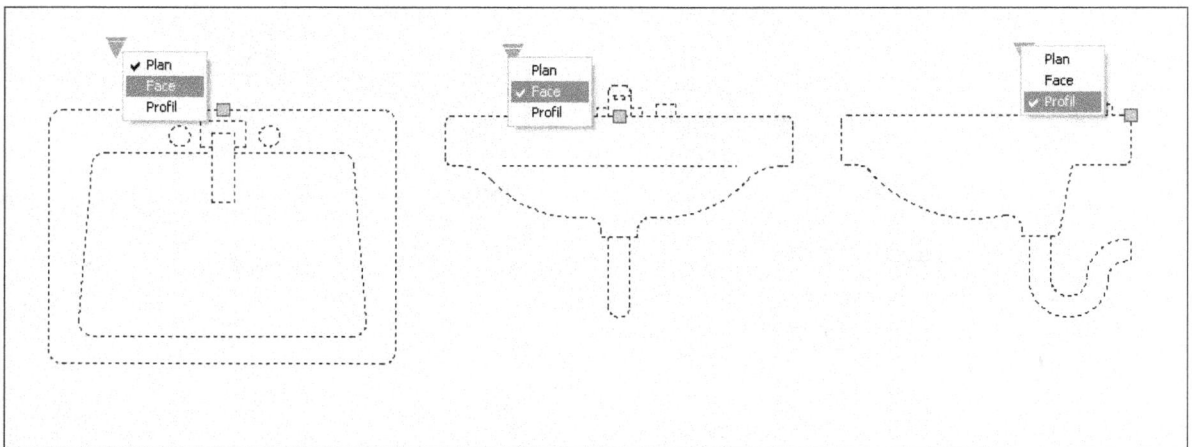

Fig.7.43

Types de paramètres et d'actions dans les blocs dynamiques

Les paramètres définissent les propriétés personnalisables du bloc dynamique. Ils indiquent également les positions, les distances et les angles pour la géométrie dans la référence de bloc. Les paramètres définissent et limitent également les valeurs qui ont une incidence sur le comportement de la référence de bloc dynamique dans un dessin. Certains paramètres peuvent posséder un jeu de valeurs fixes, des valeurs minimum et maximum ou des valeurs d'incrément. Par exemple, un paramètre linéaire utilisé dans un bloc représentant une porte peut avoir le jeu de valeurs défini suivant : 60, 70, 80 et 90. Si la référence de bloc est insérée dans un dessin, on ne peut modifier la porte qu'à partir d'une de ces valeurs. La liste des paramètres disponibles est la suivante :

Type de paramètre	Description	Actions prises en charge
Point	Définit un emplacement X et Y dans le dessin. Dans l'éditeur de blocs, ressemble à une cote superposée.	Déplacement, étirement
Linéaire	Affiche la distance entre deux points d'ancrage. Limite le mouvement de la poignée le long d'un angle prédéfini. Dans l'éditeur de blocs, il ressemble à une cote alignée.	Déplacement, mise à l'échelle, étirement, mise en réseau
Polaire	Affiche la distance entre deux points d'ancrage et indique une valeur d'angle. Il est possible d'utiliser les poignées ainsi que la palette Propriétés pour changer la valeur de distance et l'angle. Dans l'éditeur de blocs, il ressemble à une cote alignée	Déplacement, mise à l'échelle, étirement, étirement polaire, mise en réseau
XY	Affiche les distances X et Y à partir du point de base du paramètre. Dans l'éditeur de blocs, il s'affiche comme une paire de cotes (Alignement horizontal et Alignement vertical).	Déplacement, mise à l'échelle, étirement, mise en réseau
Rotation	Définit un angle. Dans l'éditeur de blocs, il s'affiche comme un cercle.	Rotation
Inversion	Inverse les objets. Dans l'éditeur de blocs, il s'affiche comme un axe de symétrie. Les objets peuvent être inversés par rapport à cet axe. Il affiche une valeur indiquant si la référence de bloc a été inversée ou non.	Inversion

(Suite)

Type de paramètre	Description	Actions prises en charge
Alignement	Définit des emplacements X et Y ainsi qu'un angle. Un paramètre d'alignement s'applique toujours à la totalité du bloc et n'a besoin d'aucune action associée. Il permet à la référence de bloc de pivoter automatiquement autour d'un point pour s'aligner avec un autre objet du dessin. Un paramètre d'alignement modifie la propriété de rotation du bloc de référence. Dans l'éditeur de blocs, il ressemble à une ligne d'alignement.	Aucune (l'action est implicite et contenue dans le paramètre)
Visibilité	Contrôle la visibilité des objets du bloc. Un paramètre de visibilité s'applique toujours à la totalité du bloc et n'a besoin d'aucune action associée. Dans un dessin, il faut cliquer sur la poignée pour afficher la liste des états de visibilité disponibles pour la référence du bloc. Dans l'éditeur de blocs, il s'affiche comme du texte avec une poignée associée.	Aucune (l'action est implicite et contrôlée par des états de visibilité)
Rechercher	Définit une propriété personnalisée que l'on peut spécifier ou définir pour évaluer une valeur à partir d'une liste ou d'un tableau que l'on définit. Il peut être associé à une seule poignée de consultation. Dans une référence de bloc, il faut cliquer sur la poignée pour afficher la liste des valeurs disponibles. Dans l'éditeur de blocs, il s'affiche comme du texte avec une poignée associée.	Rechercher
Base	Définit un point de base pour la référence de bloc dynamique en fonction de la géométrie du bloc. Il ne peut pas être associé à des actions, mais peut appartenir au jeu de sélection d'une action. Dans l'éditeur de blocs, il s'affiche comme un cercle contenant des réticules.	Aucune

Quant aux actions, elles définissent la manière dont la géométrie d'une référence de bloc dynamique est déplacée ou modifiée lorsque l'on manipule les propriétés personnalisées d'une référence de bloc dans un dessin. Un bloc dynamique contient habituellement au moins une action.

En général, lorsque l'on ajoute une action à une définition de bloc dynamique, il convient d'associer l'action à un paramètre, à un point principal du paramètre et à une géométrie. Un point principal est le point d'un paramètre qui entraîne l'exécution de son action associée lorsqu'il est modifié. La géométrie associée à une action est appelée jeu de sélection.

Chaque type d'action peut être associé à des paramètres spécifiques. Le tableau suivant répertorie les paramètres auxquels on peut associer chaque type d'action :

Type d'action	Description	Paramètre
Déplacer	L'action de déplacement est similaire à l'application de la commande DEPLACER (Move). Dans une référence de bloc dynamique, une action de déplacement provoque le déplacement des objets à une distance et à un angle donnés.	Point, linéaire, polaire, XY
Echelle	L'action de mise à l'échelle est similaire à l'application de la commande ECHELLE (Scale). Dans une référence de bloc dynamique, une action de mise à l'échelle entraîne la mise à l'échelle du jeu de sélection du bloc lorsque le paramètre associé est modifié en déplaçant les poignées ou à l'aide de la palette Propriétés.	Linéaire, polaire, XY
Etirer	Dans une référence de bloc dynamique, une action d'étirement entraîne le déplacement et l'étirement des objets à une distance spécifiée, dans un emplacement donné.	Point, linéaire, polaire, XY
Etirement polaire	Dans une référence de bloc, une action d'étirement polaire fait pivoter, déplace et étire les objets selon un angle et une distance donnés lorsque le point principal du paramètre polaire associé est modifié au moyen d'une poignée ou de la palette Propriétés.	Polaire
Rotation	L'action de rotation est similaire à l'application de la commande ROTATION (Rotate). Dans une référence de bloc dynamique, une action de rotation entraîne la rotation de ses objets associés lorsque le paramètre associé est modifié au moyen d'une poignée ou de la palette Propriétés.	Rotation
Inversion	Une action d'inversion permet d'inverser une référence de bloc dynamique par rapport à un axe donné appelé ligne de réflexion.	Inversion
Réseau	Dans une référence de bloc dynamique, une action de mise en réseau entraîne la copie et la mise en réseau de ses objets associés dans un motif rectangulaire, lorsque le paramètre associé est modifié à l'aide d'une poignée ou de la palette Propriétés.	Linéaire, polaire, XY

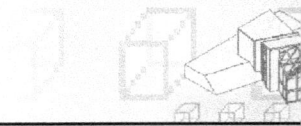

La notion d'attribut

Un attribut est une entité du dessin qui contient du texte dans le but d'enrichir et de caractériser les blocs contenus dans ce dessin. L'attribut permet donc de compléter le bloc par des informations portant, par exemple, sur le prix, le modèle, le code produit, la couleur, le matériau, etc. Il n'y a pas de limites au nombre d'attributs par bloc.

L'attribut fait partie intégrante du bloc, ce qui signifie qu'il est copié, déplacé, supprimé..., en même temps que celui-ci.

Pour utiliser un attribut il faut d'abord créer une définition d'attribut par la commande **ATTDEF**. Il s'agit d'une entité du dessin qui décrit les caractéristiques de l'attribut. Cette définition apparaît à l'écran comme une chaîne de caractères appelée **Etiquette d'attribut** (Attribute Tag).

Il est possible par la suite d'extraire des informations sur les attributs du dessin par la commande **EATTEXT**. Cette commande envoie les informations de l'attribut dans un tableau AutoCAD ou dans un fichier disque qui peut ensuite être récupéré par des programmes de traitement propres à l'utilisateur, ou par EXCEL et ACCESS par exemple.

Un attribut peut aussi être invisible, c'est-à-dire non visible à l'écran ou sur le traceur. Cette option ne limite en rien la possibilité d'extraction de l'information contenue dans cet attribut.

Comment créer des attributs et les intégrer à un bloc

Pour pouvoir utiliser un attribut, il faut l'inclure dans un bloc, c'est-à-dire qu'il doit faire partie de celui-ci au même titre que les autres entités graphiques le composant. Il est conseillé d'inclure le ou les attributs dans un bloc lors de la création de celui-ci et non pas par la suite.

La création d'un bloc avec ses attributs se fait en quatre étapes :

- ▶ la création du dessin du bloc (exemple : une vanne) ;
- ▶ la définition des attributs (exemple : un attribut constant **MODEL** et un attribut variable **NUM**) ;
- ▶ la création du bloc (exemple : VANNE) avec sélection des entités graphiques et des attributs ;
- ▶ l'insertion du bloc dans le dessin avec réponse aux questions associées aux attributs.

Procédure pour créer une définition d'attribut :

Après le dessin des différentes entités composant un bloc, comme une Vanne par exemple, la création des attributs complétant le graphisme s'effectue de la manière suivante :

1. Ouvrir la boîte de dialogue **Définition d'attribut** (Attribute Definition), à l'aide d'une des méthodes suivantes (fig.7.44) :

   Menu : choisir le menu déroulant **DESSIN** (Draw) puis l'option **Bloc** (Block) et ensuite **Définir les attributs** (Define Attribute).

   Clavier : taper la commande **ATTDEF**.

2. Définir le mode de l'attribut, par exemple Constant.

3. Définir la valeur de l'étiquette (Tag), par exemple Modèle.

4. Définir la valeur par défaut (Value), par exemple VA10-.

5. Définir les caractéristiques du texte (justification, style, hauteur et rotation).

6. Cocher le champ **Spécifier à l'écran** (Specify On-screen) pour indiquer l'emplacement de l'attribut dans la zone de dessin.

7. Cliquer sur **OK**.

8. Pointer le point l'emplacement du texte (P1) dans le dessin (fig.7.45).

9. Définir un deuxième attribut, par exemple en mode Vérifié (Verify).

10. Définir la valeur de l'étiquette (Tag), par exemple Num.

11. Définir le message à afficher (Prompt) lors de l'insertion du bloc avec attributs, par exemple « Quel est le numéro de la vanne ? ».

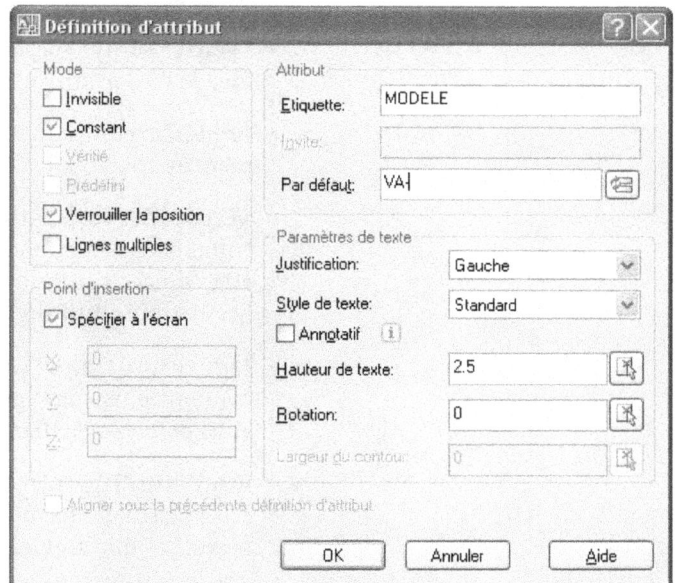

Fig.7.44

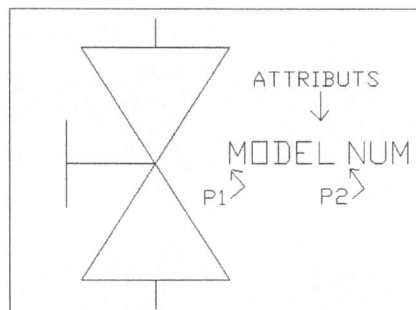

Fig.7.45

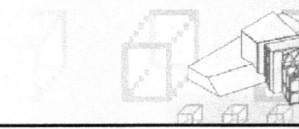

⑫   Définir les caractéristiques du texte (justification, style, hauteur et rotation).

⑬   Cliquer sur OK.

⑭   Pointer le point l'emplacement du texte (P2) dans le dessin.

Options

▶ **Invisible** : le texte comprenant la valeur de l'attribut n'apparaît pas à l'écran lors de l'insertion du bloc dans le dessin.

▶ **Constant** : la valeur de l'attribut est fixe pour toute insertion du bloc dans le dessin. La valeur d'un attribut constant ne peut pas être modifiée par la suite.

▶ **Vérifie** (Verify) : permet de vérifier et de modifier la valeur de l'attribut lors de l'insertion du bloc dans le dessin.

▶ **Prédéfinir** (Preset) : l'attribut prend la valeur par défaut, mais contrairement au mode Constant, il est possible de modifier la valeur par la suite.

▶ **Verrouiller la position** (Lock position) : verrouille la position de l'attribut dans la référence du bloc. Lorsqu'il est déverrouillé, l'attribut peut être déplacé par rapport au reste du bloc à l'aide des poignées d'édition. Les attributs multilignes peuvent être redimensionnés.

▶ **Lignes multiples** (Multiple lines) : indique que la valeur d'attribut peut contenir plusieurs lignes de texte. Lorsque cette option est sélectionnée, vous pouvez spécifier une largeur de contour pour l'attribut.

▶ **Etiquette** (Tag) : identifie le titre d'un attribut dans le dessin. L'étiquette est constituée de toute combinaison de caractères à l'exception d'espaces. Les minuscules deviennent automatiquement des majuscules.

▶ **Invite** (Prompt) : indique le message d'invite qui apparaît lorsque vous insérez un bloc contenant cette définition d'attribut. Si vous ne spécifiez pas l'invite, l'étiquette est utilisée comme invite par défaut. Si vous sélectionnez Constant dans la zone Mode, l'option **Invite** n'est pas disponible.

▶ **Valeur par défaut** (Default) : indique la valeur par défaut de l'attribut.

▶ **Bouton Insérer un champ** (Insert field) : affiche la boîte de dialogue Champ. Vous pouvez insérer un champ en tout ou partie de la valeur d'un attribut. Ce bouton n'est pas visible si l'option Lignes multiples est activée. Le champ se définit dans ce cas dans l'éditeur de texte.

▶ **Bouton Ouvrir l'éditeur de texte multiligne** (Open Multiline Editor) : affiche l'éditeur de texte et la barre d'outils Format du texte. En fonction du paramètre de la variable système **ATTIPE**, la barre d'outils **Format** du texte est affichée dans sa forme réduite ou complète.

Après le dessin des différentes entités composant un bloc, et la définition des attributs, il reste à créer le bloc qui va intégrer l'ensemble.

La procédure est la suivante (fig.7.46) :

[1] Sélectionner la commande Bloc à l'aide d'une des méthodes suivantes :

Menu : choisir le menu déroulant **DESSIN** (Draw) puis l'option **Bloc** (Block) puis **Créer** (Make).

Icône : choisir l'icône **Créer Bloc** (Make Block) de la barre d'outils **Dessiner** (Draw).

Clavier : taper la commande **BLOC** (Block).

[2] Entrer le nom du Bloc, par exemple Vanne.

[3] Désigner le point d'insertion à l'écran P1. Il s'agit du point par lequel le Bloc sera inséré par la suite dans le dessin.

[4] Sélectionner les objets qui constitueront le bloc. Dans le cas de notre exemple, sélectionner par une fenêtre (P2-P3) les entités graphiques (la vanne) et les deux attributs.

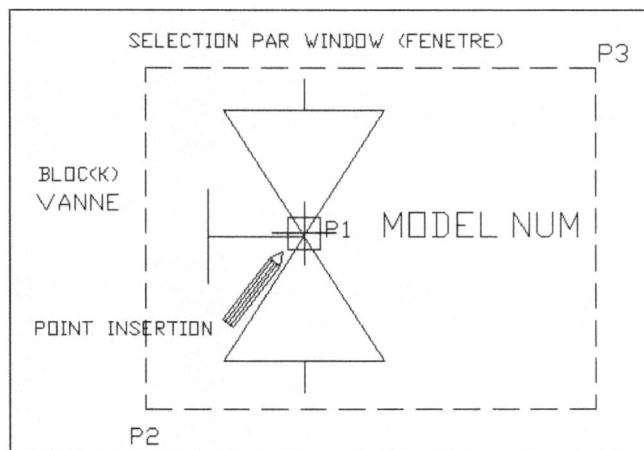

Fig.7.46

⑤ Sauvegarder éventuellement le bloc ainsi créé dans un fichier sur disque par la commande **Wbloc(k)**.

Procédure pour insérer un bloc avec ses attributs dans le dessin :

Après l'insertion du bloc proprement dit dans le dessin, AutoCAD affiche les questions définies lors de la création des attributs, dans la zone « commande » en bas de l'écran, ou via une boîte de dialogue si la variable **ATTDIA** (à rentrer au clavier) est égale à 1. Cette dernière option est conseillée dans le cas où de nombreux attributs variables ont été définis. La procédure d'insertion est la suivante :

① Exécuter la commande d'insertion de bloc à l'aide d'une des méthodes suivantes (fig.7.47) :

Menu : choisir le menu déroulant **INSERER** (Insert) puis l'option **Bloc** (Block).

Icône : choisir l'icône **Insérer Bloc** (Insert Block) de la barre d'outils **Dessiner** (Draw).

Clavier : taper la commande **INSERER** (Insert).

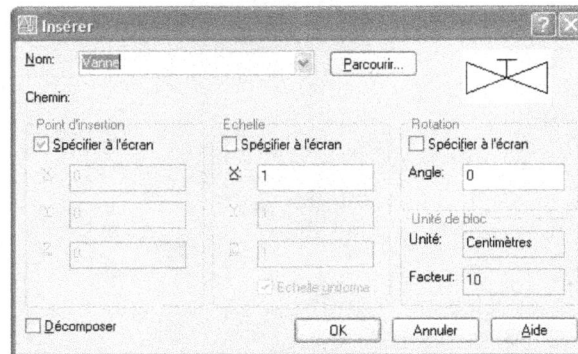

Fig.7.47

② Dans la boîte de dialogue **Insérer un bloc** (Insert), sélectionner le Bloc (Block) ou cliquer sur **Parcourir** (Browse) pour spécifier l'emplacement du bloc sur disque. Prendre par exemple, Vanne.

3. Pour spécifier à l'écran les caractéristiques d'insertion du bloc (Point d'insertion, Echelle, Rotation) activer le champ **Spécifier à l'écran** (Specify on Screen). Appuyer ensuite sur **OK**.

4. Indiquer à l'écran le point d'insertion P1 et spécifier l'échelle (appuyer sur Entrée pour accepter les valeurs par défaut) et l'angle de rotation.

5. La boîte de dialogue **Entrer les attributs** (Enter Attributes) s'affiche ensuite à l'écran. Répondre à la question « Numéro de la vanne ? ». Appuyer ensuite sur **OK** (fig.7.48).

6. Utiliser la même procédure pour insérer les différents symboles.

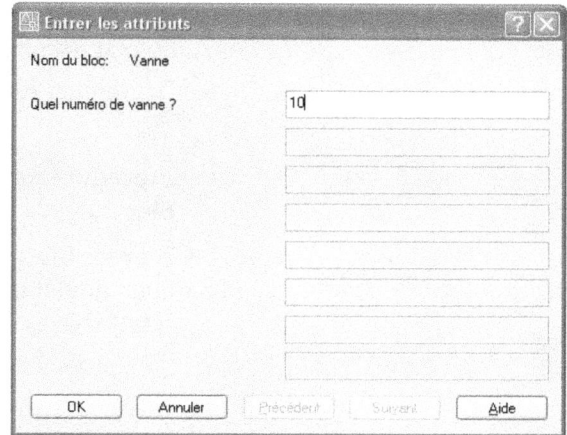

Fig.7.48

Comment modifier les attributs

La modification d'un attribut peut s'effectuer à plusieurs niveaux en fonction du stade de sa création. Il est ainsi possible de modifier :

▸ la définition d'un attribut avant son intégration dans un bloc ;

▸ la définition d'un attribut après intégration dans un bloc ;

▸ la valeur d'un attribut inséré dans un dessin.

Procédure pour modifier une définition d'attribut avant intégration dans un bloc :

1. Cliquer deux fois sur l'attribut. La boîte de dialogue **Editer une définition d'attribut** (Edit Attribute Definition) s'affiche à l'écran (fig.7.49).

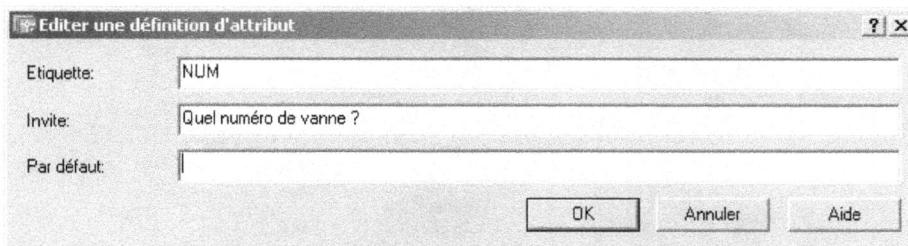

Fig.7.49

2 . Dans la boîte modifier l'étiquette (tag), le message (prompt), la valeur par défaut (default).

3 Cliquer sur **OK** pour terminer.

Procédure pour modifier une définition d'attribut intégrée dans un bloc :

Pour modifier un attribut intégré dans un bloc et inséré dans un dessin, ou pour ajouter ou effacer un attribut, il convient de suivre la procédure qui suit :

1 Sélectionner la fonction de modification par l'une des méthodes suivantes :

Menu : dans le menu **Modification** (Modify), choisir l'option **Objet** (Object) puis **Attribut** (Attribute) et ensuite **Gestionnaire des attributs de bloc** (Block Attribute Manager).

Icône : cliquer sur l'icône **Gestionnaire des attributs de bloc** (Block Attribute Manager) de la barre d'outils **Modification II.**

Clavier : taper la commande **GESTATTB** (Battman).

2 Dans le **Gestionnaire des attributs de bloc**, sélectionner un bloc dans la liste associée au champ Bloc ou cliquer sur le bouton **Sélectionner bloc** (Select block), puis sélectionner un bloc dans la zone de dessin.

3 Dans la liste des attributs, cliquer deux fois sur l'attribut à modifier ou le sélectionner et cliquer sur le bouton **Editer** (Edit) (fig.7.50).

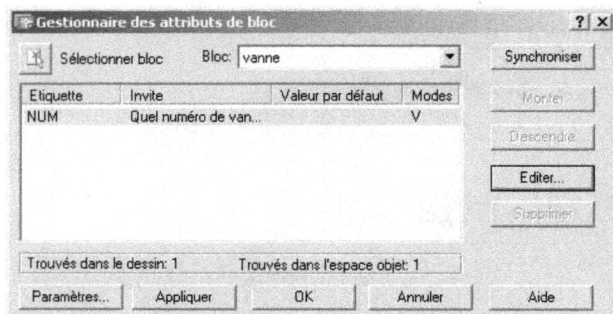

Fig.7.50

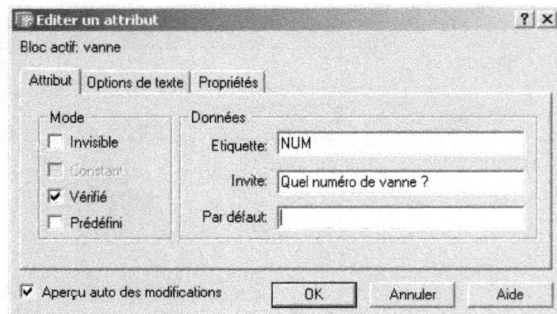

Fig.7.51

[4] Dans la boîte de dialogue **Editer un attribut** (Edit Attribute), modifiez l'attribut comme souhaité, puis cliquer sur **OK** (fig.7.51-7.52-7.53).

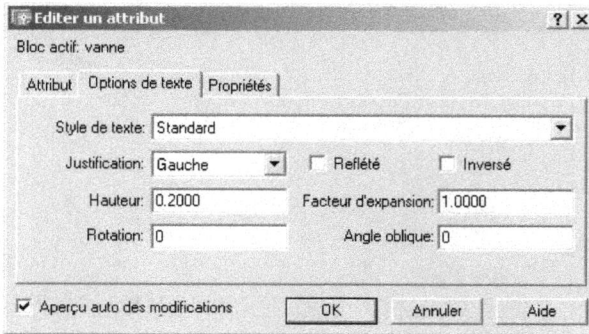

Fig.7.52

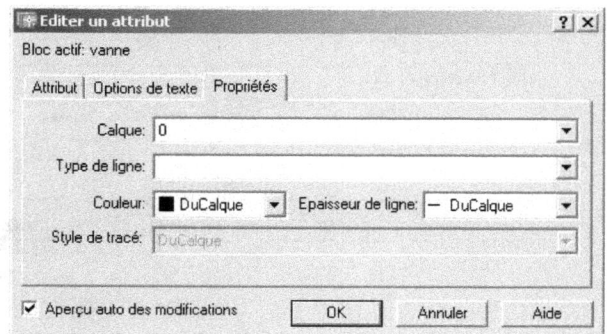

Fig.7.53

Procédure pour modifier la valeur des attributs insérés dans un dessin :

Après l'insertion des blocs avec leurs attributs, il est possible de modifier la valeur des attributs indépendamment des blocs auxquels ils sont associés. Il est ainsi permis de modifier la valeur de l'attribut, sa position, sa hauteur, son orientation, son style, sa couleur et le calque (layer) sur lequel il se situe. La modification des attributs peut se faire individuellement ou globalement.

La procédure est la suivante :

[1] Ouvrir la boîte de dialogue Editer les attributs (Edit Attributes), à l'aide d'une des méthodes suivantes :

Menu : choisir le menu déroulant **MODIFICATION** (Modify) puis l'option **Objet** (Object) puis **Attribut** (Attribute) et enfin **Unique** (Single) ou **Global**.

Icône : choisir l'icône **Editer des attributs** (Edit Attribute) de la barre d'outils **Modification II** (Modify II).

Clavier : taper la commande **EATTEDIT**.

[2] Sélectionner le bloc contenant les attributs à modifier. La boîte de dialogue **Editeur d'attributs étendu** (Enhanced Attribute Editor) s'affiche à l'écran (fig.7.54).

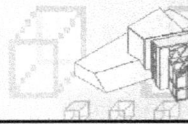

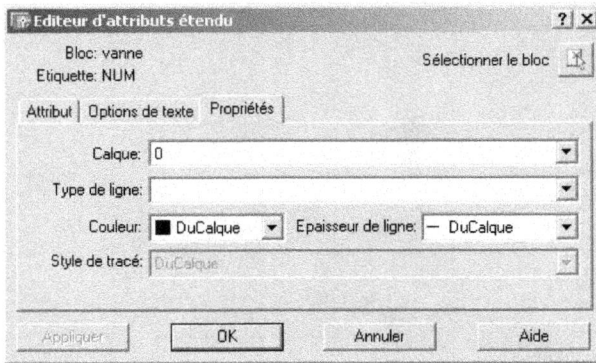

Fig.7.54

3   Modifier les valeurs des attributs et/ou les propriétés des attributs (police, couleur, calque...) puis cliquer sur **OK** (fig.7.55-7.56)

Fig.7.55

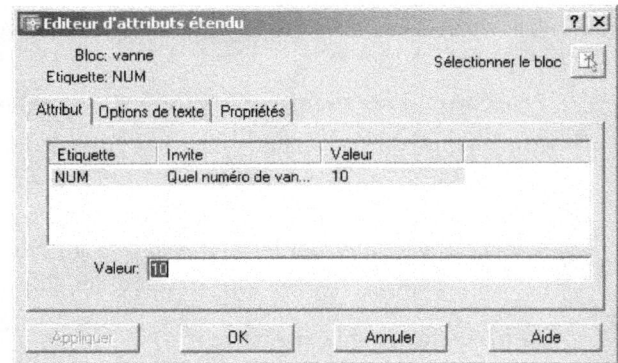

Fig.7.56

Comment extraire des informations relatives aux attributs

AutoCAD permet d'extraire des informations relatives aux attributs d'un dessin et de les placer dans un tableau AutoCAD ou dans un fichier, en vue de les lire ou importer par la suite dans une application de type base de données ou tableur.

Depuis AutoCAD 2008, l'extraction des attributs est un cas particulier des méthodes d'extraction des données d'AutoCAD. Le chapitre 12 donne les détails sur les différentes méthodes.

CHAPITRE 8
HABILLER UN DESSIN

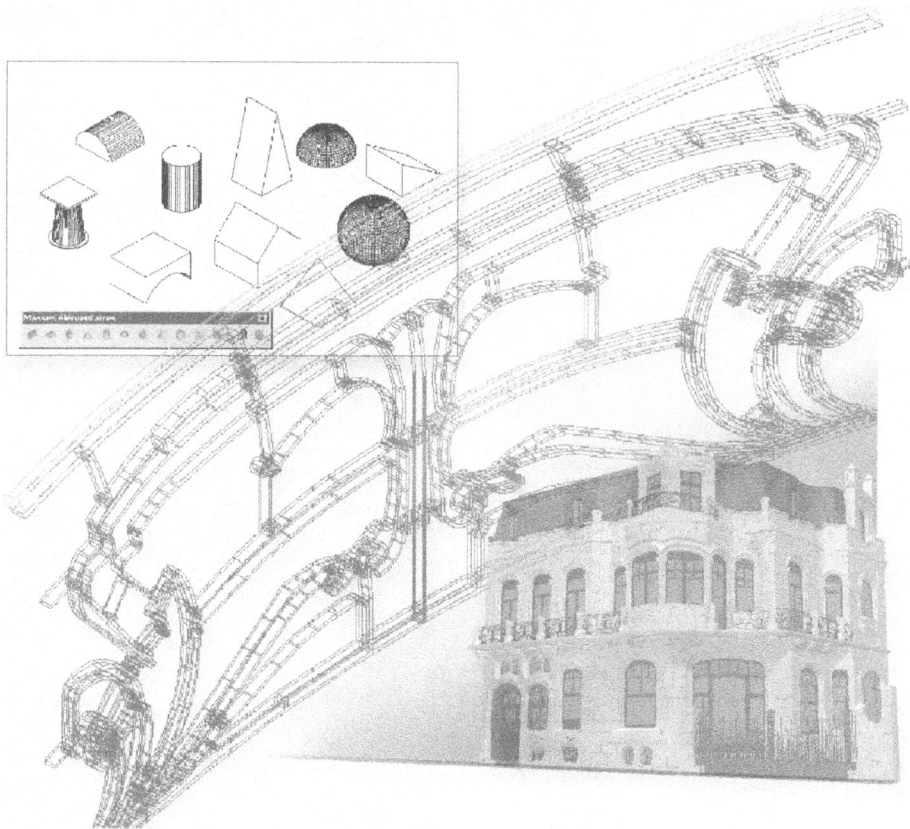

L'habillage du plan

Après la réalisation du dessin au niveau des formes géométriques, il est essentiel, pour des raisons de compréhension, d'habiller celui-ci en y ajoutant des hachures, des textes, des cotes (voir chapitre 8), des lignes d'axe, etc. Le présent chapitre traite en particulier des techniques de hachurage des surfaces et d'ajout de textes.

AutoCAD est fourni en standard avec une collection de 53 motifs de hachures standard et 14 motifs conformes à la norme ISO. Depuis la version AutoCAD 2004, il est également possible de remplir des surfaces avec un remplissage de type gradient qui permet de simuler la réflexion de la lumière sur un objet figurant dans le dessin et de créer certains effets. AutoCAD est aussi fourni avec une collection de 30 polices de type Shape (extension .shx), une collection de 16 polices PostScript Type 1 (extension .pbf) et une collection de 38 polices de type TrueType (extension .ttf).

Hachurer une surface

Il existe plusieurs méthodes pour hachurer une surface :

▶ hachurage automatique d'une surface avec désignation d'un point interne à la surface ;

▶ hachurage automatique d'une surface par la technique glisser/déposer à partir de la palette d'outils ;

▶ hachurage manuel d'une surface avec désignation des différentes frontières de la surface en question.

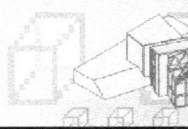

La procédure pour hachurer automatiquement une surface est la suivante :

Pour hachurer une surface, AutoCAD dispose d'une fonction spécifique **BHATCH** (FHACH) qui détermine automatiquement la frontière. La détermination d'un seul point à l'intérieur d'un contour fermé est suffisante pour déterminer la frontière.

1. Exécuter la commande de hachurage à l'aide d'une des méthodes suivantes (fig.8.1) :

   Menu : choisir le menu déroulant **Dessin** (Draw) puis l'option **Hachures** (Hatch).

   Icône : choisir l'icône **Hachures** (Hatch) de la barre d'outils Dessin (Draw).

   Clavier : taper la commande **FHACH** (Bhatch).

2. Dans la boîte de dialogue **Hachures et gradient** (Hatch and Gradient), choisir le motif de la hachure dans la liste déroulante **Motif** (Pattern) ou la boîte de dialogue **Palette de motifs de hachures** (Hatch Pattern Palette) accessible en cliquant sur l'icône composée de trois points.

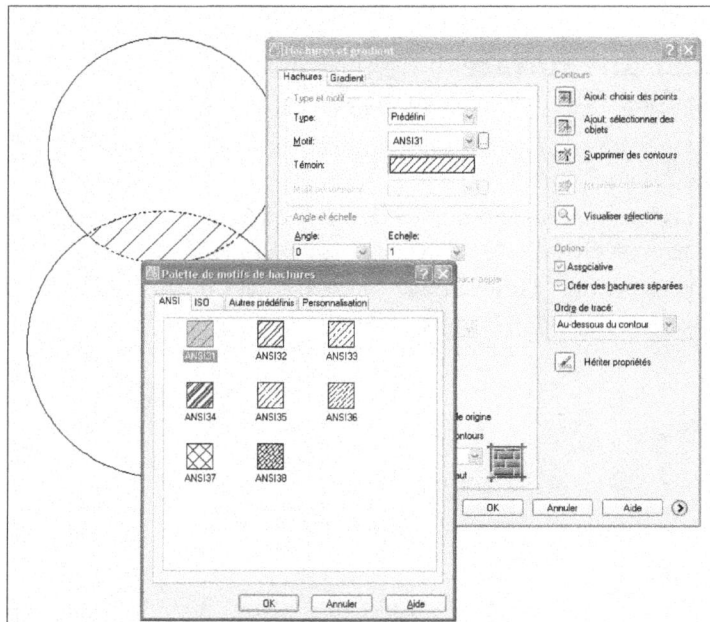

Fig.8.1

Cette dernière comprend quatre onglets :

- **ANSI** : comprend les modèles ANSI.
- **ISO** : comprend les modèles ISO.
- **Autres Prédéfinis** (Other Predefined) : comprend les autres modèles d'AutoCAD.
- **Personnalisation** (Custom) : comprend les modèles définis par l'utilisateur ou téléchargé sur Internet.

Par exemple : le motif de brique AR-B816.

3   Cliquer sur OK pour refermer la boîte de sélection.

4   Sélectionner éventuellement l'origine pour le hachurage. Par défaut AutoCAD calcule le motif des hachures à partir de l'origine du système de coordonnées SCU. En fonction du motif utilisé (par exemple des briques) il peut être intéressant de spécifier une autre origine. Il suffit pour cela d'activer le champ **Origine spécifiée** (Specified origin) puis de cliquer sur le bouton **Cliquer pour définir une nouvelle origine** (Click to set new origin) qui permet de pointer dans le dessin (fig.8.2).

5   Pour sélectionner la zone à hachurer, cliquer sur le bouton **Ajout : Choisir les points** (Add : Pick Points). AutoCAD revient à la feuille de dessin.

6   Désigner un point dans la zone à hachurer (P1) et appuyer sur Entrée pour revenir à la boîte de dialogue.

7   Cliquer sur le bouton **Aperçu** (Preview) pour contrôler le hachurage. AutoCAD affiche la zone hachurée. Appuyer sur Echap (Esc) pour revenir à la boîte de dialogue.

8   Modifier éventuellement l'échelle (Scale) si le hachurage est trop dense.

9   Cliquer sur OK pour valider l'opération de hachurage

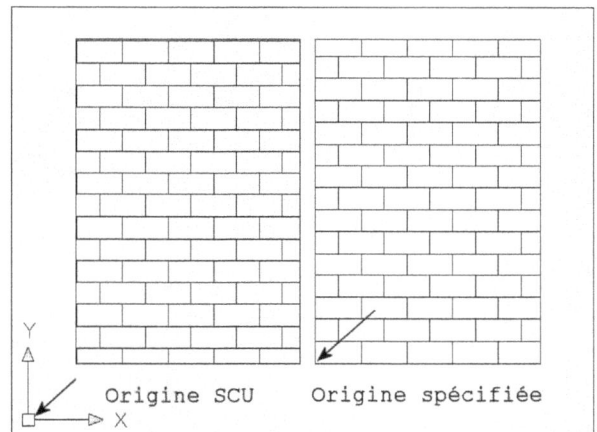

Fig.8.2

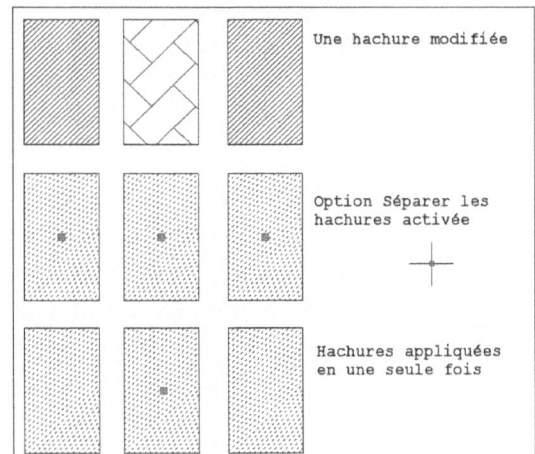

Fig.8.3

REMARQUE

Dans le cas où l'on applique simultanément le même motif de hachures à plusieurs zones du dessin, on peut spécifier que chaque zone soit traitée comme un objet distinct. Cela permet par la suite de modifier la hachure dans une zone sans changer les autres hachures (fig.8.3).

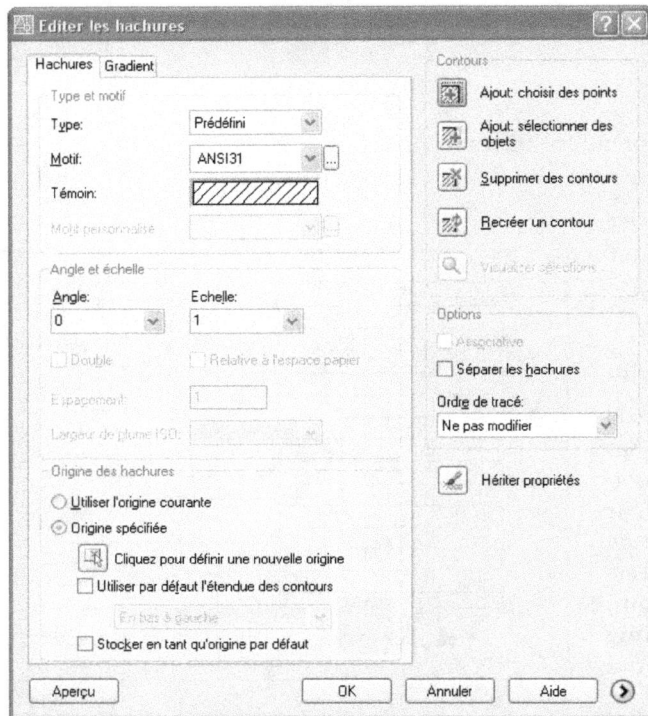

Fig.8.4

Les options sont les suivantes (fig.8.4) :

Section Type et Motif (Type and pattern)

▶ **Type** : section permettant de choisir une des trois méthodes de sélection des motifs de hachurage.

- **Prédéfini** (Predefined) : permet de choisir un motif prédéfini dans AutoCAD. Les motifs sont disponibles en cliquant dans la liste déroulante Motif (Pattern) ou sur l'icône située à droite de celui-ci.

- **Défini par l'utilisateur** (User-defined) : permet de créer un motif de hachurage constitué de lignes. Il est dans ce cas possible de déterminer l'orientation des lignes et leur espacement.

- **Personnalisé** (Custom) : permet de choisir un motif défini dans un autre fichier de hachures.

▶ **Motif** (Pattern) : affiche le nom du motif de hachurage sélectionné.

▶ **Témoin** (Swatch) : affiche un aperçu du motif sélectionné. On peut cliquer sur le témoin pour afficher la boîte de dialogue Palette de motifs de hachures.

▶ **Motif personnalisé** (Custom Pattern) : affiche la liste des motifs personnalisés disponibles.

Section Angle et échelle (Angle and scale)

▶ **Echelle** (Scale) : permet de définir l'échelle du motif de hachurage.

▶ **Angle** : permet de définir l'angle de rotation du motif de hachurage.

▶ **Double** : pour les motifs définis par l'utilisateur, cette option permet de dessiner un jeu de lignes positionné à 90 degrés par rapport aux lignes originales, ce qui crée d'autres hachures. Cette option est disponible si l'on a défini le type sur Défini par l'utilisateur dans l'onglet **Hachures**.

▶ **Relative à l'espace papier** (Relative to paper space) : met le motif de hachures à l'échelle en fonction des unités de l'espace papier. Cette option permet d'afficher les motifs de hachures selon une échelle adaptée à une présentation. Elle n'est disponible qu'à partir d'une présentation.

▶ **Espacement** (Spacing) : permet de définir l'écart entre les lignes d'une hachure définie par l'utilisateur (User-defined).

▶ **Largeurs de plume ISO** (ISO Pen Width) : permet de définir l'écart entre les lignes dans le cas d'une hachure ISO.

Section Origine des hachures (Hatch origin)

Contrôle l'emplacement de départ de la génération du motif de hachures. Certaines hachures, comme les motifs de brique, doivent être alignées sur un point du contour de hachures. Par défaut, toutes les origines de hachures correspondent à l'origine du SCU courant.

▶ **Utiliser l'origine courante** (Use current origin) : utilise l'origine par défaut qui est définie au départ sur 0,0 (variable Hporigin).

▶ **Origine spécifiée** (Specified origin) : spécifie une nouvelle origine des hachures.

▶ **Utiliser par défaut l'étendue des contours** (Default to boundary extents) : calcule une nouvelle origine en fonction des contours rectangulaires des hachures. On peut choisir entre les quatre coins des contours et leur centre.

▶ **Stocker en tant qu'origine par défaut** (Store as default origin) : enregistre la valeur de la nouvelle origine des hachures dans la variable système HPORIGIN.

Section Contour (Boundaries)

▶ **Ajout : choisir des points** (Add : Pick points) : détermine un contour à partir d'objets existants formant une zone fermée autour du point spécifié. La boîte de dialogue se ferme temporairement et le programme invite à sélectionner un point.

▶ **Ajout : sélectionner des objets** (Add : Select objects) : détermine un contour à partir des objets sélectionnés qui forment une zone fermée. La boîte de dialogue se ferme temporairement et le programme invite à sélectionner des objets.

▶ **Recréer un contour** (Recreate boundary) : crée une polyligne ou une région autour des hachures ou du remplissage sélectionnés et l'associe facultativement avec l'objet de hachures (fig.8.5).

▶ **Supprimer des contours** (Remove boundaries) : supprime la définition du contour de tout objet précédemment ajouté (fig.8.6).

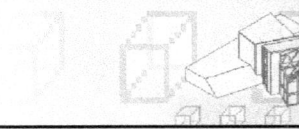

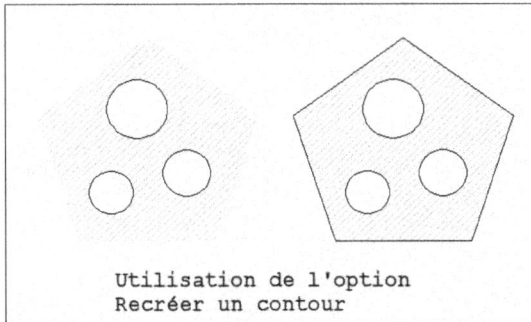

Utilisation de l'option
Recréer un contour

Fig.8.5

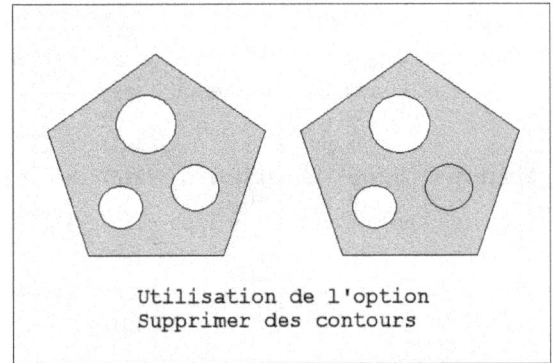

Utilisation de l'option
Supprimer des contours

Fig.8.6

▸ **Visualiser sélections** (View Selections) : ferme temporairement la boîte de dialogue et affiche les contours actuellement définis avec les paramètres de hachures ou de remplissage courants. Cette option n'est pas disponible lorsque aucun contour n'est défini.

Section Options

Contrôle plusieurs options de hachures ou de remplissage couramment utilisées.

▸ **Annotatif** (annotative) : permet de définir l'échelle d'annotation des hachures (voir chapitre 13).

▸ **Associative** : détermine si les hachures ou le remplissage sont associatifs ou non. Des hachures associatives ou un remplissage associatif sont mis à jour lorsque l'on modifie leurs contours.

▸ **Séparer les hachures** (Create separate hatches) : détermine si un ou plusieurs objets de hachures sont créés lorsque plusieurs contours fermés sont spécifiés.

▸ **Ordre de tracé** (Draw order) : affecte l'ordre de tracé aux hachures ou au remplissage. On peut placer des hachures ou un remplissage derrière tous les autres objets, devant tous les autres objets, derrière le contour de hachures ou devant le contour de hachures.

▸ **Hériter propriétés** (Inherit Properties) : hachure ou remplit les contours spécifiés à l'aide des propriétés de hachures ou de remplissage d'un objet de hachures sélectionné.

Section Ilots

On peut contrôler les hachures dans les îlots (zones fermées à l'intérieur du contour de hachures) à l'aide des trois styles de hachures suivants : Normal, Extérieur et Ignorer (fig.8.7).

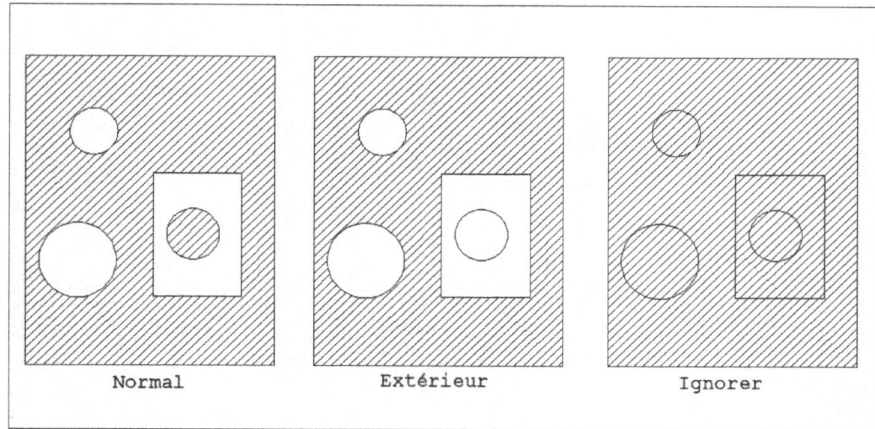

Fig.8.7

- ▶ Le style **Normal** (valeur par défaut) permet de hachurer la zone à partir du bord externe. S'il rencontre un contour interne, le hachurage est désactivé jusqu'à ce qu'il en rencontre un autre. Si l'on utilise le style de hachures Normal, les îlots ne sont pas hachurés. En revanche, les îlots dans les îlots sont hachurés, comme le montre l'exemple.

- ▶ Le style **Extérieur** (Outer) permet de hachurer la zone entre le contour externe et le premier contour interne.

- ▶ Le style **Ignorer** (Ignore)permet de hachurer l'ensemble de la zone, sans tenir compte des contours internes.

La procédure pour hachurer manuellement une surface délimitée par des frontières est la suivante :

Pour hachurer une surface, il est également possible de sélectionner manuellement les différentes frontières délimitant la zone à hachurer. Dans ce cas, le hachurage d'une zone impose que les limites de celle-ci se rejoignent à leur extrémité. Ainsi le hachurage de la partie ABED d'un rectangle ACFD ne peut se faire correctement que si le côté AC est composé des droites AB et BC et le côté DF des droites DE et EF. De même le hachurage de la zone d'intersection des cercles A et B ne peut se faire correctement qu'après coupure des deux cercles en leurs points d'intersection P1 et P2 (fig.8.8).

1️⃣ Exécuter la commande de hachurage à l'aide d'une des méthodes suivantes :

Menu : choisir le menu déroulant **Dessin** (Draw) puis l'option **Hachures** (Hatch).

Icône : choisir l'icône **Hachures** (Hatch) de la barre d'outils **Dessin** (Draw).

Clavier : taper la commande **FHACH** (Bhatch).

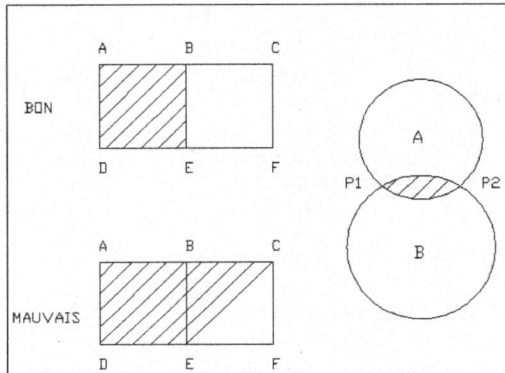

Fig.8.8

[2] Dans la boîte de dialogue **Hachures et gradient** (Boundary Hatch and Fill), choisir le motif de la hachure dans la liste déroulante **Motif** (Pattern) ou la boîte de dialogue **Palette de motifs de hachures** (Hatch Pattern Palette) accessible en cliquant sur l'icône composée de trois points.

[3] Cliquer sur le bouton **Ajout : Sélectionner les objets** (Add : Select Objects). AutoCAD revient à la feuille de dessin.

[4] Sélectionner les différentes frontières délimitant la zone à hachurer. Appuyer ensuite sur Entrée.

[5] Cliquer sur le bouton **Aperçu** (Preview) pour contrôler le hachurage. AutoCAD affiche la zone hachurée. Appuyer sur Echap (Esc) pour revenir à la boîte de dialogue.

[6] Modifier éventuellement l'échelle (Scale) si le hachurage est trop dense.

[7] Cliquer sur OK pour valider l'opération de hachurage.

La procédure pour hachurer manuellement un contour défini par des points est la suivante (fig.8.9) :

Dans certains cas, il est utile de pouvoir hachurer une zone, souvent irrégulière, en désignant simplement une série de points.

[1] Sur l'invite de commande, taper –**hachures** (–hatch).

[2] Entrer P pour sélectionner l'option Propriétés (Properties).

[3] Entrer le motif souhaité. Par exemple, entrer terre pour sélectionner le motif Earth.

[4] Spécifier l'échelle et l'angle du motif.

[5] Taper e (w) pour spécifier l'option Dessiner (Draw).

6. Entrer n pour ignorer le contour de poly-lignes une fois la zone de hachures définie ou o pour créer une polyligne.

7. Spécifier les points qui définissent le contour. Entrer c pour fermer le contour de la polyligne, puis appuyez sur Entrée pour accepter le contour.

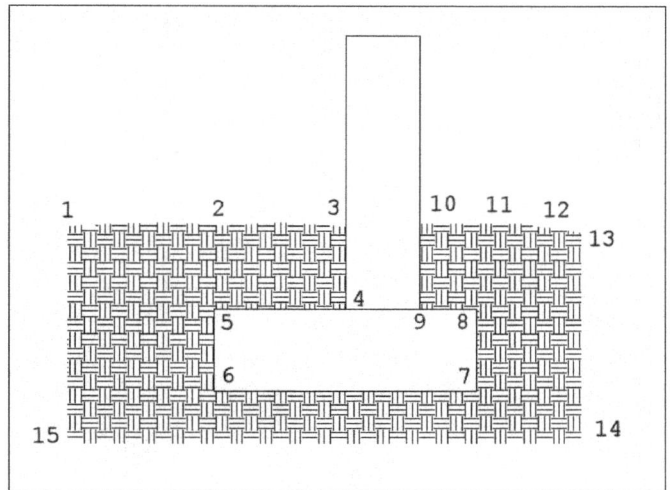

Fig.8.9

Hachurer à l'aide de la palette d'outils

Les palettes d'outils sont des zones à onglets dans la fenêtre **Palettes d'outils**, qui permettent d'organiser, de partager et de placer des blocs et des hachures. Les hachures peuvent être glissées dans la palette à partir du DesignCenter (voir chapitre 10) et il est possible de modifier les propriétés de chacune des hachures (échelle, angle...).

Pour modifier les propriétés d'une hachure, il convient de :

1. Ouvrir la palette d'outils en cliquant sur l'icône **Palette d'outils** dans la barre d'outils principale.

2. Cliquer sur l'onglet des hachures.

3. Sélectionner une hachure (fig.8.10).

4. Effectuer un clic droit et sélectionner l'option **Propriétés** (Properties).

5. Modifier les propriétés (échelle, angle, couleur...) dans la boîte de dialogue **Propriétés de l'outil** (Tool Properties) (fig.8.11).

6. Cliquer sur OK.

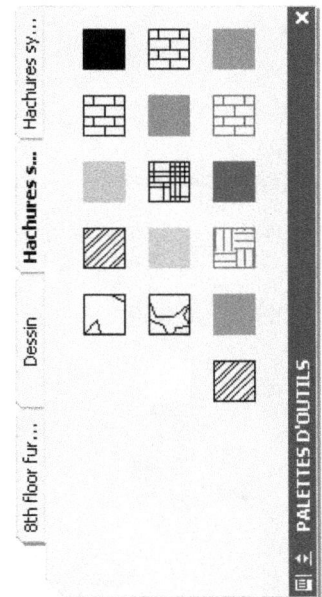

Fig.8.10

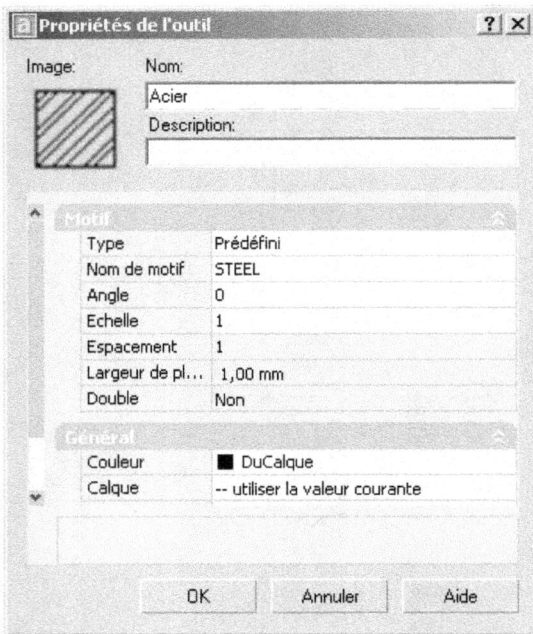

Fig.8.11

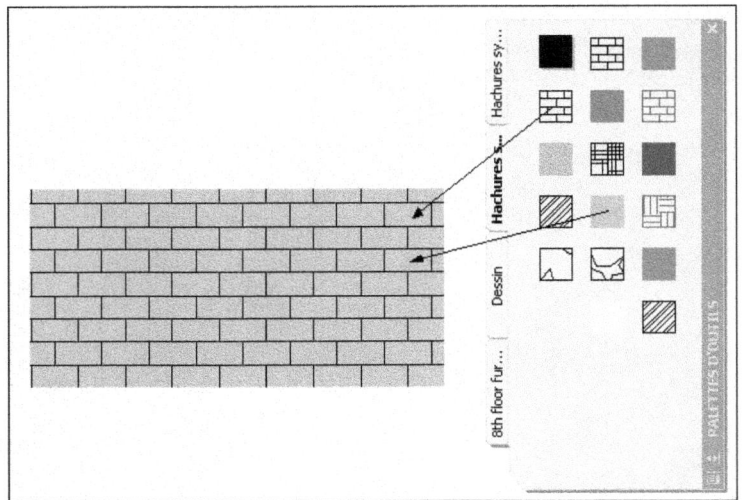

Fig.8.12

REMARQUE

Il est possible de copier/coller une hachure dans la palette d'outils, puis de modifier les propriétés de la copie. Cela permet d'avoir par exemple une gamme d'hachures identiques mais avec des échelles différentes.

Pour hachurer une zone à partir de la palette d'outils, il convient de :

1. Sélectionner la hachure avec la touche gauche de la souris.

2. En gardant la touche enfoncée, glisser le motif dans la zone à hachurer. Le contour doit être fermé sinon AutoCAD affiche « Contour de hachures correct introuvable ».

3. Il est possible de placer plusieurs hachures l'une sur l'autre (fig.8.12).

Création de zones avec gradient

Un remplissage avec gradient est un remplissage avec hachures qui produit un effet de surface éclairée présentant des couleurs fondues. La couleur dans un remplissage avec gradient crée une transition régulière du clair au sombre ou inversement, et ce dans les deux sens. Il suffit de sélectionner un motif prédéfini (par exemple, un balayage linéaire, sphérique ou radial) et ensuite de spécifier un angle pour le motif. Dans un remplissage avec gradient à deux couleurs, la transition se fait à la fois du clair au sombre et de la première couleur vers la seconde.

Les remplissages avec gradient sont appliqués aux objets comme le sont les remplissages pleins, et peuvent être associés ou non à leurs contours. Un remplissage associé est automatiquement actualisé lorsque le contour est modifié.

Pour créer un remplissage avec gradient d'une couleur, la procédure est la suivante :

1. Exécuter la commande de hachurage à l'aide d'une des méthodes suivantes :

   Menu : choisir le menu déroulant **Dessin** (Draw) puis l'option **Gradient**.

   Icône : choisir l'icône **Gradient** de la barre d'outils **Dessin** (Draw).

   Clavier : taper la commande **Gradient**.

2. Dans la boîte de dialogue **Hachures et gradient** (Boundary Hatch and Fill), cliquer sur **Ajout : choisir les points** (Add : Pick Points) ou **Ajout : sélectionner les objets** (Hold : Select Objects).

3. Spécifier un point interne ou sélectionner un objet dans le dessin, puis appuyer sur Entrée.

4. Sélectionner l'option **Une couleur** (One color) ou **Deux couleurs** (Two color) (fig.8.13).

5. Pour changer de couleur, cliquer sur le bouton [...] en regard de la couleur pour ouvrir la boîte de dialogue **Sélectionner une couleur** (Select Color).

6. Utiliser le curseur de défilement d'ombrage/de teinte (Shade/Tint) pour régler la couleur.

   - Déplacer le curseur vers **Teinte** (Tint) pour créer une transition de couleur tirant sur le blanc.
   - Déplacer le curseur vers **Ombrage** (Shade) pour créer une transition de couleur tirant sur le noir.

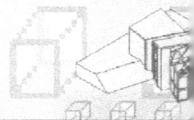

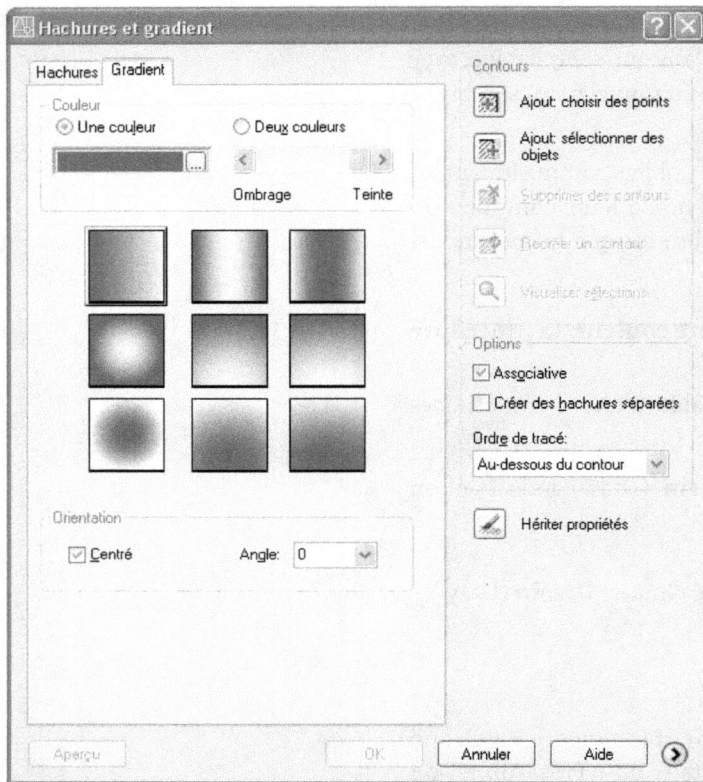

Fig.8.13

7. Cliquer sur un motif, puis définir les options suivantes :

- Sélectionner **Centré** (Centered) pour créer un remplissage symétrique, ou désactiver cette option pour déplacer la « lumière » vers le haut et vers la gauche.
- Spécifier un angle pour la « zone de lumière ».

8. Examiner le remplissage en cliquant sur Aperçu. Appuyer sur Entrée ou cliquer avec le bouton droit de la souris pour revenir à la boîte de dialogue et apporter d'autres modifications.

9. Dès que les résultats sont satisfaisants, cliquer sur OK pour créer le remplissage avec gradient (fig.8.14).

Modifier le hachurage d'une surface

Le hachurage d'une surface peut être modifié tant au niveau de son contour que du motif. En effet, grâce à sa propriété d'associativité, toute modification du contour d'une zone hachurée entraîne automatiquement un ajustement de la hachure au nouveau contour. De même, tout déplacement d'une figure située à l'intérieur de la zone hachurée entraîne un ajustement des hachures (fig.8.15).

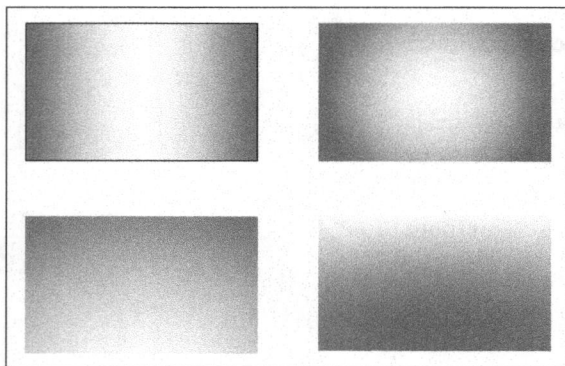

Fig.8.14

En ce qui concerne la modification de la hachure en elle-même, la procédure est la suivante :

[1] Exécuter la commande de modification à l'aide d'une des méthodes suivantes :

Menu : choisir le menu déroulant **Modification** (Modify) puis l'option **Objet** (Object) et ensuite **Hachures** (Hatch).

Icônes : choisir l'icône **Editer motif de hachurage** (Edit Hatch) de la barre d'outils **Modification II** (Modify II) ou cliquer deux fois sur l'hachure à modifier.

Clavier : taper la commande **EDITHACH** (Hatchedit).

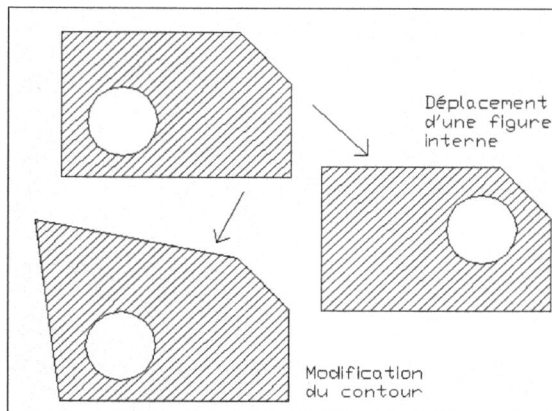

Fig.8.15

[2] Sélectionner la hachure à modifier. La boîte de dialogues **Editer les hachures** (Hatch edit) s'affiche à l'écran.

[3] Modifier les différents paramètres souhaités.

[4] Cliquer sur OK.

> ### REMARQUE
>
> Il est possible d'ajuster un objet hachuré comme n'importe quel autre objet. A l'aide de la fonction **Ajuster** (Trim) sélectionner les arêtes, puis la partie de la zone hachurée que l'on souhaite ajuster (fig.8.16).

Comment calculer l'aire d'une hachure

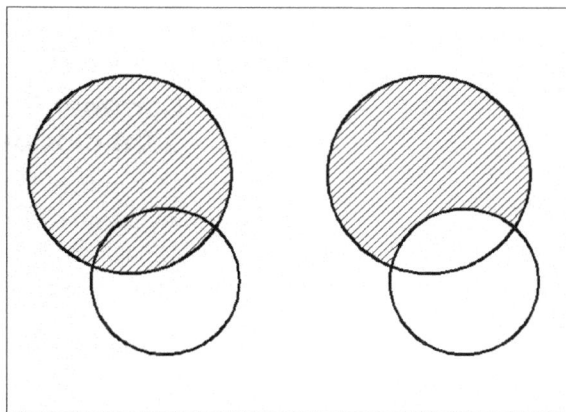

Fig.8.16

Il est possible de mesurer rapidement l'aire d'une hachure grâce à la nouvelle propriété **Aire** (Area) de la palette **Propriétés** (Properties). Il suffit pour cela de cliquer sur la hachure avec le bouton droit de la souris et de choisir **Propriétés** (Properties) pour voir son aire. Dans l'exemple de la figure 8.17, c'est l'aire de la hachure située à l'intérieur du cercle qui est affichée. Si l'on sélectionne plusieurs hachures, c'est leur aire cumulée qui est affichée.

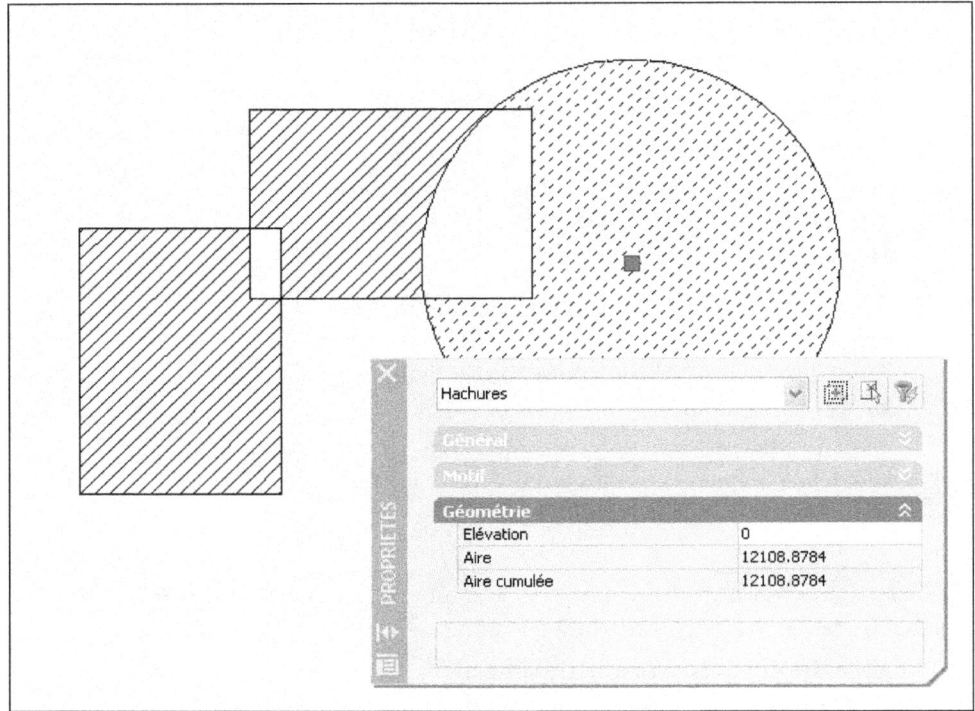

Fig.8.17

Comment créer une hachure personnalisée à l'aide d'un bloc ou d'une image

La commande **SUPERHATCH** (Super Hachures) permet d'utiliser une image, un bloc, une référence externe ou un objet Nettoyage comme motif de hachure. Cette commande très polyvalente permet de donner libre cours à son imagination pour créer des motifs personnalisés.

Il convient de :

1 Exécuter la commande de création d'une hachure personnalisée à l'aide d'une des méthodes suivantes :

Menu : choisir le menu déroulant **Express** puis l'option **Draw** (Dessin) et ensuite **Super Hatch** (Super hachures).

Icônes : choisir l'icône **Super Hatch** (Super Hachures) de la barre d'outils standard **Express**.

Clavier : taper la commande **SUPERHATCH**.

2. Choisir une option dans la boîte de dialogue **SuperHatch** :

- **Image** : ouvre la boîte de dialogue **Select Image File** (Sélectionner un fichier image) permettant de définir l'image du motif de hachure.

- **Bloc** (Block) : ouvre une boîte de dialogue permettant de sélectionner le bloc du motif de hachure.

- **Attacher une Xréf** (Xref Attach) : ouvre la boîte de dialogue **Sélectionner un fichier de référence** (Select Reference File) permettant de définir un fichier de référence externe comme motif de hachure.

- **Nettoyer** (Wipeout) : sélectionne un objet Nettoyage comme motif de hachure.

- **Sélectionner existant** (Select existing) : sélectionne une image, un bloc, une référence externe ou un objet Nettoyage existant comme motif de hachure.

- **Tolérance d'erreur des courbes** (Curve error tolerance) : définit la tolérance d'erreur des courbes.

- Aide.

3. Dans le cas de l'option Image :

- Sélectionner une image dans la boîte de dialogue **Sélectionner un fichier Image** (Select Image File).

- Indiquer un point d'insertion.

- Définir un facteur d'échelle.

- Accepter ou non l'emplacement de l'image.

- Indiquer un point à l'intérieur de la zone à hachurer.

4. Dans le cas d'un Bloc ou d'une référence externe (fig.8.18) :

- Sélectionner un bloc, par exemple : rond.

- Indiquer un point d'insertion : point P1.

- Définir un facteur d'échelle X : 1.

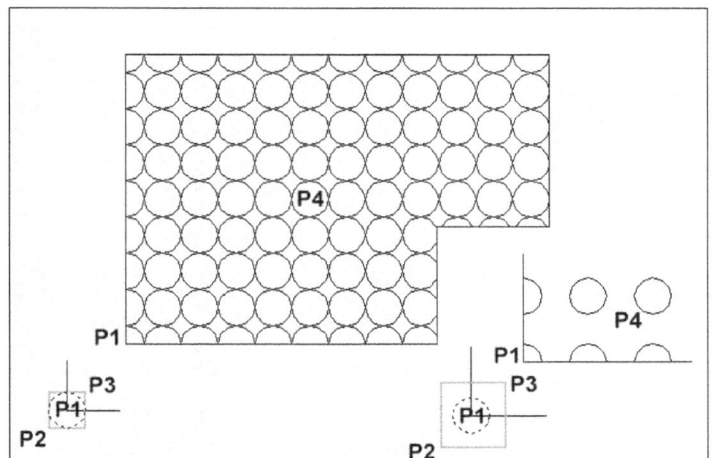

Fig.8.18

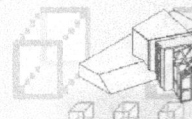

- Définir un facteur d'échelle Y : 1.
- Spécifier l'angle de rotation : 0
- Sélectionner une fenêtre autour du bloc pour définir les écarts des colonnes et des lignes en mosaïque : P2 et P3 ou accepter le cadre par défaut en mauve.
- Pointer à l'intérieur du contour à hachurer (P4) puis appuyer sur Entrée

Eyrolles	Style standard Police = txt
Eyrolles	Police = Arial
Eyrolles	Angle d'inclinaison = 15
ꙅɘlloɿγƎ	Renversé
Eʎɿoꞁꞁɘƨ	Reflété
Eyrolles	Facteur d'expansion = 2

Fig.8.19

Créer et modifier un style de texte

Avant de créer un texte dans un dessin, il peut être intéressant pour des raisons de lisibilité de créer des styles de textes différents. Un style de texte comprend les caractéristiques suivantes (fig.8.19 et tableau) :

Paramètre	Valeur	Description
Nom du style (Style Name)	Standard	Nom du style avec maximum 31 caractères
Nom de la police (Font Name)	txt.shx	Nom du fichier associé à la police (graphisme du caractère)
Style de police (Font Style)	Standard	Aspect de la police : régulier, gras, italique…
Hauteur (Height)	0	Hauteur des caractères Une valeur différente de 0 ne permettra plus de modifier la hauteur lors de l'écriture d'un texte avec ce style
Reflété (Upside down)	N	Texte écrit à l'envers
Renversé (Backwards)	N	Texte inversé par rapport à la ligne de base
Vertical	Off	Affichage vertical ou horizontal des caractères. Ne fonctionne pas avec toutes les polices.
Facteur d'expansion (Width Factor)	1	Expansion ou compression des caractères
Angle oblique (Oblique Angle)	0	Angle d'inclinaison des caractères par rapport à la verticale

La procédure pour créer un style de texte est la suivante :

1. Exécuter la commande de création de style à l'aide d'une des méthodes suivantes (fig.8.20) :

Menu : choisir le menu déroulant **Format** puis l'option **Style de texte** (Text Style).

Icônes : choisir l'icône **Style de texte** (Text style) de la barre d'outils **Texte** (Text).

Clavier : taper la commande **STYLE**.

Tableau de bord: cliquer sur l'icône **Style de texte** de la palette **Texte.**

2. Dans la boîte de dialogue **Style de texte** (Text Style) cliquer sur **Nouveau** (New) et entrer le nom du nouveau style dans le champ **Nom de style** (Style Name) (31 caractères maximum) de la boîte **Nouveau style de texte** (New Text Style). Par exemple : STYLE1.

3. Dans le champ **Nom de la police** (Font Name) sélectionner le nom de la police souhaitée : Arial.

4. Choisir l'aspect de la police dans le champ **Style de Police** (Font Style) : Gras.

5. Dans le champ **Hauteur** (Height) entrer la hauteur du texte souhaité (voir conseil).

6. Activer ou non le champ annotatif (voir chapitre 13).

7. Modifier les paramètres de la section **Effets** (Effects suivant le tableau descriptif précédent.

8. Cliquer sur **Appliquer** (Apply). Le style ainsi défini devient le style courant.

9. Cliquer sur **Fermer** (Close) pour sortir de la boîte de dialogue.

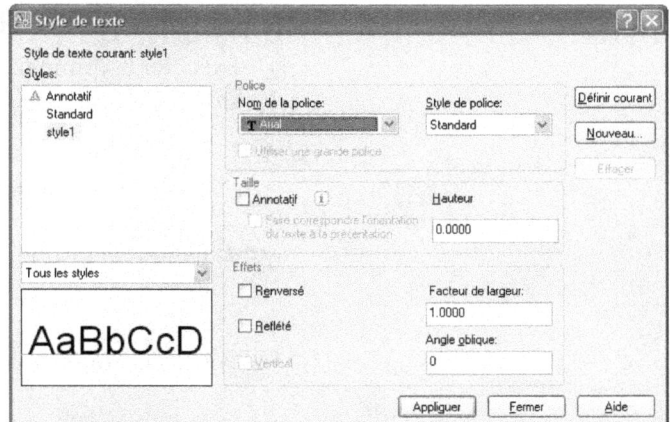

Fig.8.20

CONSEIL

Dans le cas où une valeur de hauteur de texte a été entrée dans le champ Hauteur (Height), il ne sera plus possible de spécifier une autre hauteur lors de l'écriture d'un texte par la commande Text(e). Il y a donc intérêt de rentrer une valeur 0 pour pouvoir rentrer une hauteur au moment voulu.

La procédure pour modifier un style de texte est la suivante :

Pour modifier les caractéristiques d'un style, il suffit de modifier les paramètres définis ci-dessus et de sauver la modification sous le même nom de style. Tous les textes écrits avec ce style seront modifiés automatiquement.

Pour modifier le style courant, il suffit de sélectionner un autre nom de style dans la boîte de dialogue **Style de texte** (Text Style) du menu Format ou dans la liste des styles du panneau Texte dans le tableau de bord.

Pour renommer le nom d'un style de texte, il convient de sélectionner l'option **Renommer** (Rename) du menu Format puis de choisir **Style de texte** dans la zone **Types** (Named Objects). Sélectionner ensuite le nom du style à modifier dans la zone **Eléments** (Items) et entrer le nouveau nom dans le champ **Renommer en** (Rename To).

Créer un nouveau texte sur une ligne

Le texte est un élément important du dessin car il contribue à la lisibilité de ce dernier. Il peut être utilisé pour un libellé, pour un cartouche, pour une légende ou pour une description. Il est possible d'écrire une ligne de texte ou un paragraphe de texte.

La procédure pour créer une ligne de texte est la suivante :

1. Exécuter la commande de création de texte à l'aide d'une des méthodes suivantes :

   Menu : choisir le menu déroulant **Dessin** (Draw) puis l'option **Texte** (Text) et ensuite **Ligne** (Single-Line Text).

   Icônes : choisir l'icône **Texte sur une seule ligne** (Single Line Text) de la barre d'outils **Texte** (Text).

   Clavier : taper la commande **TXTDYN** (Dtext).

   Tableau de bord: cliquer sur l'icône **Ligne** du panneau texte.

2. Désigner le point d'insertion du texte dans le dessin (P1). Le texte s'écrira par défaut à droite de ce point. Pour définir une autre caractéristique d'insertion, il convient de faire appel à l'option **Justifier** (Justify), qui permet d'aligner le texte à droite, au centre... (fig.8.21).

3. Préciser la hauteur du texte. Taper par exemple 25. Cette option n'est disponible que si la hauteur associée au style de texte courant est égale à zéro.

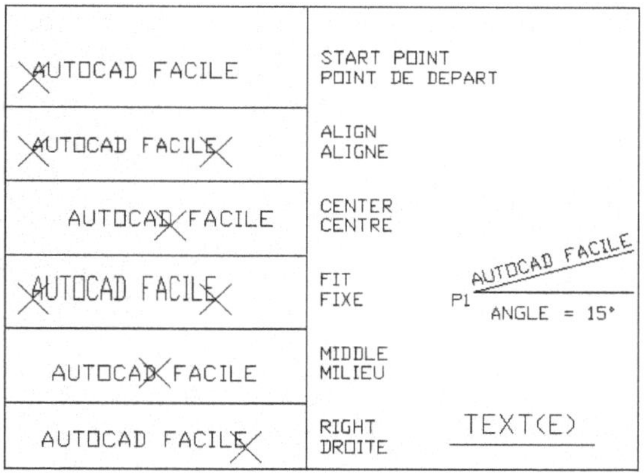

4. Définir l'angle de rotation du texte de manière interactive à l'écran ou via une valeur au clavier. Par exemple : o.

5. Entrer le texte sur la ligne de commande et appuyer sur Entrée. Dans le cas du texte dynamique, il est possible d'écrire plusieurs lignes de texte en appuyant chaque fois sur Entrée. Pour terminer le texte dans ce cas, il suffit d'appuyer deux fois sur Entrée.

Fig.8.21

Les options sont les suivantes :

▸ **Point de départ** (Start point) : point de départ du texte. Celui-ci sera justifié à gauche (valeur par défaut).

▸ **Justifier** (Justify) : permet de sélectionner d'autres modes de justification du texte (voir ci-après).

  ■ **Aligné** (Align) : texte aligné entre deux points.

  ■ **Centré** (Center) : texte centré horizontalement sur le point donné.

  ■ **Fixé** (Fit) : même option que Aligné mais la hauteur du texte peut être précisée en plus. La largeur de chaque caractère est dans ce cas adaptée en fonction de la place disponible.

  ■ **Milieu** (Middle) : même option que Centré mais le texte est également centré verticalement.

  ■ **Droite** (Right) : texte justifié à droite.

  ■ **Hx, Mx, Bx** (Tx, Mx, Bx) : permet de déterminer le type d'alignement du texte avec les options complémentaires suivantes : **Haut Gauche** (Top Left), **Haut Centre** (Top Center), **Haut Droite** (Top Right), **Milieu Gauche** (Middle Left), **Milieu Centre** (Middle Center), **Milieu Droite** (Middle Right), **Bas Gauche** (Bottom Left), **Bas Centre** (Bottom Center), **Bas Droite** (Bottom Right).

▸ **Hauteur** (Height) : permet de préciser la hauteur des caractères. Cette option n'apparaît que si le style de texte en cours a un paramètre de hauteur égal à o.

▸ **Angle de rotation** (Rotation angle) : permet de spécifier l'orientation du texte. Les angles sont mesurés par défaut dans le sens contraire des aiguilles d'une montre.

▶ **Texte** (Text) : permet de taper le texte à incorporer dans le dessin. Le texte n'apparaît qu'après avoir appuyé sur Return.

▶ **Style** : permet de sélectionner un style de texte, créé au préalable par la commande **STYLE** (en majuscules).

Créer un paragraphe de texte (ou texte multiligne)

Avant de saisir ou d'importer du texte, il convient de spécifier les coins opposés d'un cadre de texte qui définit la largeur des paragraphes de l'objet texte multiligne. La longueur de l'objet texte multiligne dépend de la quantité de texte, plutôt que de la longueur du cadre.

L'Editeur de texte intégré (fig.8.22) affiche le cadre avec une règle en haut et la barre d'outils Format du texte. L'Editeur de texte multiligne est transparent de sorte que, pendant la saisie de texte, il est possible de voir si celui-ci chevauche d'autres objets. Pour désactiver la transparence lors de la session, il suffit de cocher la case Arrière-plan opaque dans le menu Options. Il est également possible de rendre opaque l'arrière plan de l'objet de texte multiligne fini et définir ses couleurs.

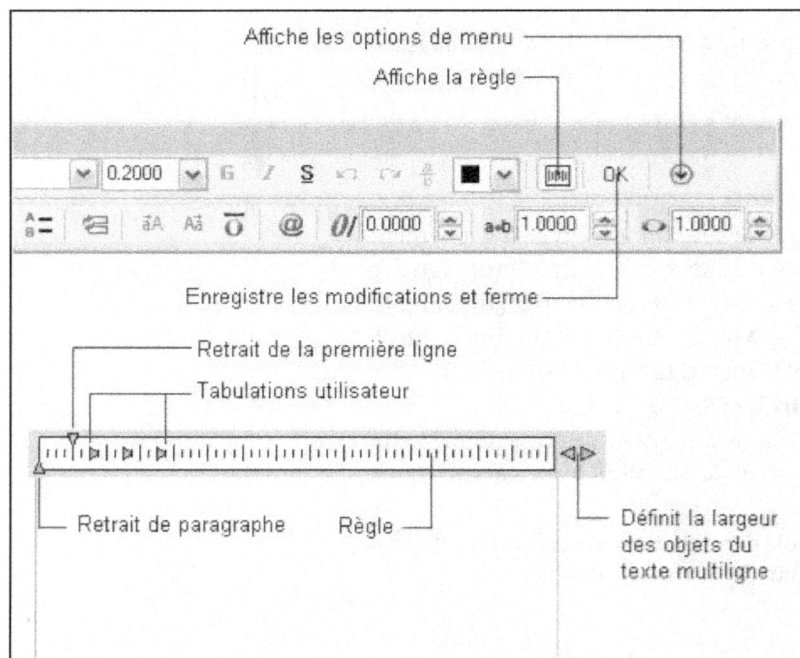

On peut définir des tabulations et mettre du texte en retrait pour gérer l'aspect des paragraphes dans l'objet texte multiligne.

On peut également insérer des champs dans un texte multiligne. Un champ est un texte défini pour afficher des données susceptibles de changer. Lorsque le champ est mis à jour, la valeur la plus récente du champ s'affiche.

La plupart des caractéristiques du texte sont gérées par le style du texte, qui définit la police par défaut ainsi que d'autres options, comme l'espacement des lignes, la justification et la couleur.

Fig.8.22

On peut utiliser le style de texte actif ou en sélectionner un nouveau. Le style de texte STANDARD est utilisé par défaut.

A l'intérieur de l'objet texte multiligne, on peut modifier le style de texte en cours en appliquant à des caractères un formatage tel que le soulignement, l'attribut gras ou un changement de police. On peut également créer du texte empilé, comme des fractions ou des tolérances géométriques, et insérer des caractères spéciaux, y compris les caractères Unicode, pour des polices TrueType. Il est aussi possible de formater le texte en plusieurs colonnes.

Les propriétés de Texte

Dans la palette Propriétés, on peut consulter et modifier les propriétés d'un objet texte multiligne, y compris les propriétés spécifiques au texte :

▶ La justification détermine l'emplacement d'insertion du texte par rapport au cadre et définit la direction du flux de texte lors de sa saisie.

▶ Les options d'espacement gèrent l'espacement entre les lignes de texte.

▶ L'option Largeur définit la largeur du cadre et détermine donc l'endroit à partir duquel le texte passe à la ligne suivante.

▶ L'arrière-plan insère un arrière-plan opaque afin de masquer les objets situés sous le texte.

La procédure pour créer un paragraphe de texte est la suivante :

☐1 Exécuter la commande de création de paragraphe à l'aide d'une des méthodes suivantes :

Menu : choisir le menu déroulant **Dessin** (Draw) puis l'option **Texte** (Text) et ensuite **Texte Multiligne** (Multiline Text).

Icône : choisir l'icône **Texte Multiligne** (Multiline Text) de la barre d'outils **Dessin** (Draw) ou de la barre d'outils Text(e).

Clavier : taper la commande **TEXTMULT** (Mtext).

Tableau de bord: choisir l'icône **Texte Multiligne** (Multiline Text) sur le panneau **Texte** (Text).

☐2 Spécifier les coins opposés d'un cadre pour définir la largeur de l'objet texte multiligne.

L'Editeur de texte intégré s'affiche (fig.8.23).

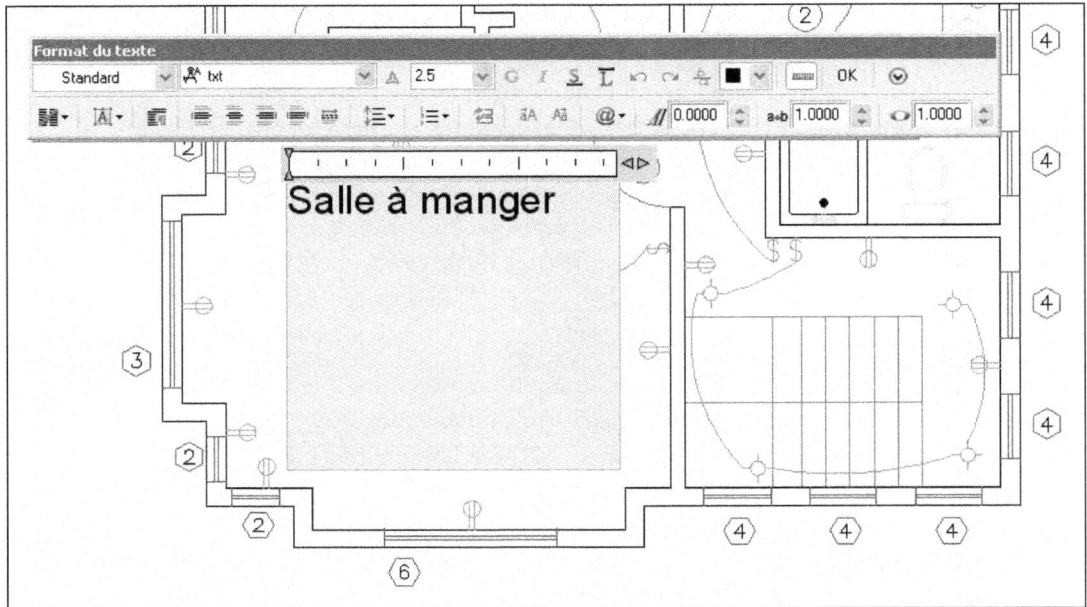

Fig.8.23

3️⃣ Pour mettre en retrait la première ligne de chaque paragraphe, glisser le curseur de mise en retrait de la première ligne le long de la règle. Pour mettre en retrait les autres lignes de chaque paragraphe, glisser le curseur de paragraphe.

4️⃣ Pour définir des tabulations, cliquer sur la règle à l'endroit où l'on souhaite placer une tabulation.

5️⃣ Si l'on souhaite utiliser un autre style de texte que celui par défaut, cliquer sur la flèche près de la commande Style de texte dans la barre d'outils, puis sélectionner un style.

6️⃣ Saisir le texte.

7️⃣ Pour remplacer le style de texte actif, sélectionner le texte comme suit :

- Pour sélectionner une ou plusieurs lettres, cliquer avec le périphérique de pointage et glisser le curseur sur les caractères.
- Pour sélectionner un mot, cliquer deux fois dessus.
- Pour sélectionner un paragraphe, cliquer trois fois dessus.

8️⃣ Dans la barre d'outils, procéder comme suit pour modifier le format :

- Pour appliquer une police différente au texte sélectionné, il faut la choisir dans la liste.
- Pour modifier la hauteur du texte sélectionné, entrer une valeur dans le champ **Hauteur** (Height).

- Pour mettre le texte d'une police TrueType en gras ou en italique, ou pour créer du texte souligné ou surligné dans n'importe quelle police, cliquer sur le bouton approprié de la barre d'outils. Les polices SHX ne peuvent pas être mises en gras ou en italique.

- Pour appliquer une couleur au texte sélectionné, la choisir dans la liste des couleurs. Cliquer sur Autres pour afficher la boîte de dialogue Sélectionner une couleur.

⑨ Pour enregistrer les modifications et quitter l'éditeur, cliquer sur OK dans la barre d'outils.

Pour ajouter un arrière-plan opaque ou insérer du texte dans un objet texte multiligne, la procédure est la suivante :

① Cliquer deux fois sur un objet texte multiligne pour ouvrir l'Editeur de texte intégré.

② Dans l'éditeur, cliquer avec le bouton droit de la souris. Cliquer sur l'option **Masque d'arrière-plan** (Background Mask).

③ Dans la boîte de dialogue **Masque d'arrière-plan** (Background Mask), sélectionner l'option **Utiliser le masque d'arrière-plan** (Use background Mask).

④ Entrer la valeur du facteur de décalage de bordure. La valeur se base sur la hauteur du texte. Un facteur égal à 1,0 correspond exactement à l'objet texte multiligne. Un facteur égal à 1,5 (facteur par défaut) agrandit l'arrière-plan de 0,5 fois la hauteur du texte (fig.8.24).

⑤ Sous **Couleur de remplissage** (Fill color), sélectionner l'une des options suivantes :

- Sélectionner l'option **Utiliser la couleur d'arrière-plan du dessin** (Use drawing background color).

- Sélectionner une couleur d'arrière-plan ou cliquer sur **Sélectionner une couleur** (Select color) pour ouvrir la boîte de dialogue **Sélectionner la couleur** (Select Color).

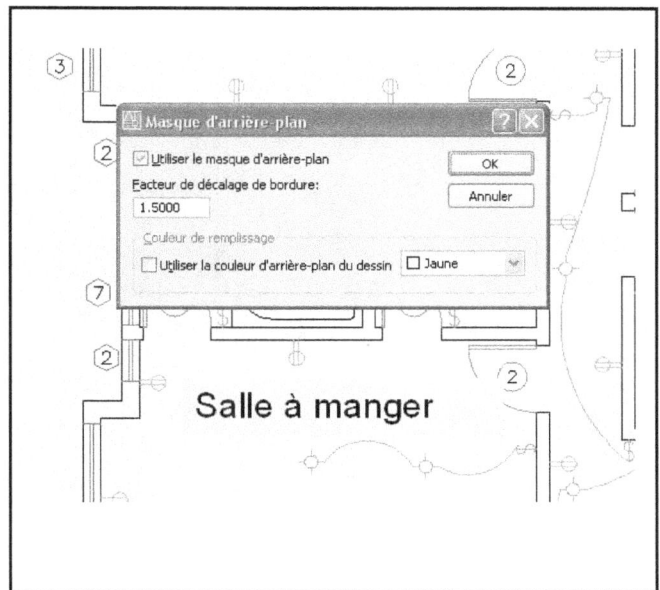

Fig.8.24

⑥ Cliquer sur **OK** pour revenir à l'éditeur.

⑦ Pour enregistrer les modifications et quitter l'éditeur, cliquer sur OK dans la barre d'outils.

Contrôler le format des paragraphes

La boîte de dialogue **Paragraphe** (Paragraph) permet de définir l'aspect du paragraphe, c'est-à-dire : le retrait des paragraphes et des premières lignes des paragraphes, les tabulations, les retraits, et l'alignement des paragraphes, l'espacement des paragraphes et l'espacement des lignes des paragraphes. Les options sont les suivantes (fig.8.25) :

- **Tabulation** (Tab): affiche les options de définition des tabulations, y compris pour ajouter et supprimer des tabulations. Les options comprennent les tabulations gauche, centre, droite et décimales. Vous pouvez également définir les tabulations avec le bouton de sélection des tabulations sur la règle de l'éditeur de texte intégré.

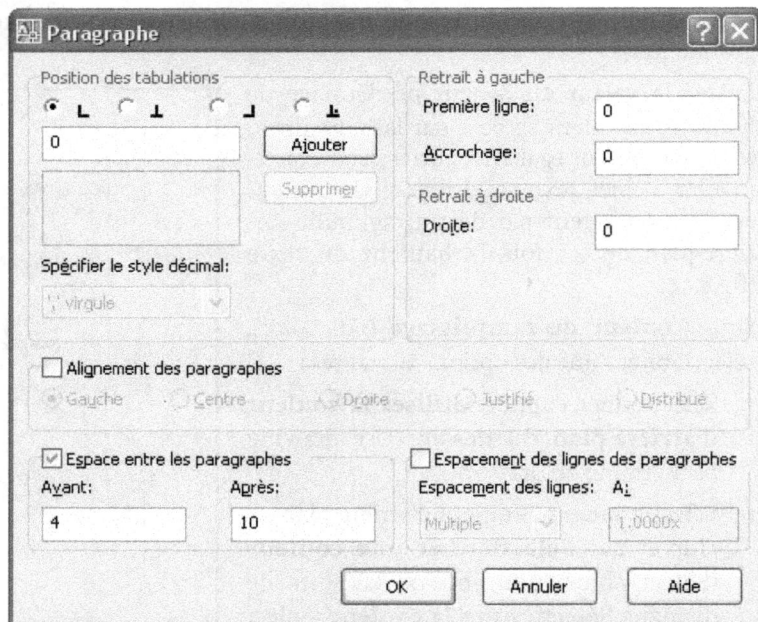

Fig.8.25

- **Style décimal** (Specify Decimal Style) : définit le style décimal selon le paramètre régional courant de l'utilisateur. Les styles décimaux disponibles sont le point, la virgule et l'espace. Ce paramètre est conservé avec le dessin même si le paramètre régional est modifié.

- **Retrait à gauche** (Left Indent) : permet de définir la valeur de retrait de la première ligne ou le retrait d'accrochage des paragraphes sélectionnés ou courants.

- **Retrait à droite** (Right Indent) : applique le retrait au paragraphe entier sélectionné ou courant.

- **Alignements des paragraphes** (Paragraph Alignment) : définit les propriétés d'alignement des paragraphes courants ou sélectionnés.

- **Espace entre les paragraphes** (Paragraph Spacing) : indique l'espacement avant ou après les paragraphes courants ou sélectionnés. La distance entre deux paragraphes est déterminée par le total de la valeur d'espace entre les paragraphes Après pour le paragraphe supérieur et la valeur d'espace entre les paragraphes Avant pour le paragraphe inférieur.

- **Espacement des lignes des paragraphes** (Paragraph Line Spacing) : permet de définir l'espacement entre des lignes individuelles des paragraphes courants ou sélectionnés.

Ainsi, pour modifier par exemple l'espace entre deux paragraphes, la procédure est la suivante :

1. Sélectionner les paragraphes concernés dans le texte multiligne.

2. Dans la barre d'outils **Format du texte** (Text Formatting), cliquer sur le bouton **Paragraphe** (Paragraph).

3. Dans la boîte de dialogue **Paragraphe** (Paragraph), cliquer sur **Espacement entre les paragraphes** (Paragraph Spacing) puis, sous **Après** (After), saisissez une valeur.

4. Cliquer sur **OK** pour confirmer.

Définir l'espacement entre les lignes d'un texte multiligne

L'espacement des lignes d'un texte multiligne correspond à l'espace entre la base d'une ligne de texte et celle de la ligne de texte suivante. L'augmentation de l'espacement s'applique à l'ensemble de l'objet texte multiligne et non aux lignes sélectionnées.

Vous pouvez le définir en indiquant un multiple de l'espacement des lignes simple ou une valeur absolue. Un espacement des lignes simple est égal à 1,66 fois la hauteur des caractères du texte.

Le style d'espacement des lignes par défaut, Au moins, augmente automatiquement l'espacement des lignes afin d'accepter les caractères qui sont trop grands pour l'espacement défini pour l'objet texte multiligne. Utilisez l'autre style d'espacement des lignes, Exactement, pour aligner du texte dans des tableaux.

Pour que l'espacement des lignes soit identique dans tous les textes multilignes, attribuez la même valeur aux options Exactement et Facteur d'espacement des lignes de chaque texte multiligne.

Pour modifier l'espacement des lignes d'un texte multiligne, la procédure est la suivante :

[1] Sélectionner le texte multiligne à modifier.

[2] Effectuer un clic droit et sélectionnez l'option **Propriétés** (Properties).

[3] Dans la palette **Propriétés**, sélectionner l'une des valeurs suivantes pour **Style d'espacement des lignes** (Line space style) :

- **Au moins** (At least) : ajuste automatiquement les lignes du texte en fonction de la hauteur du plus grand caractère contenu dans la ligne. Un espace plus important est inséré entre les lignes d'un texte qui comporte de grands caractères. Il s'agit du paramètre par défaut.

- **Exactement** (Exactly) : définit un espacement des lignes identique pour toutes les lignes du texte, indépendamment des différences de format comme la police ou la hauteur du texte.

[4] Modifier l'espacement des lignes en entrant une nouvelle valeur pour l'une des options suivantes. Les options d'espacement de deux lignes permettent de configurer le même élément de plusieurs façons :

- **Facteur d'espacement des lignes** (Line space factor) : fixe l'espacement des lignes à un multiple de l'espacement d'une ligne. Un espacement des lignes simple est égal à 1,66 fois la hauteur des caractères du texte.

- **Espacement entre les lignes** (Line space distance) : fixe l'espacement des lignes à une valeur absolue mesurée en unités du dessin. Les valeurs valides sont comprises entre 0.0833 et 1.3333.

L'espacement entre les lignes d'un paragraphe particulier peut aussi être défini à l'aide de l'option **Espacement des lignes** (Line spacing) du menu **Format du texte** (Text Formatting) (fig.8.26).

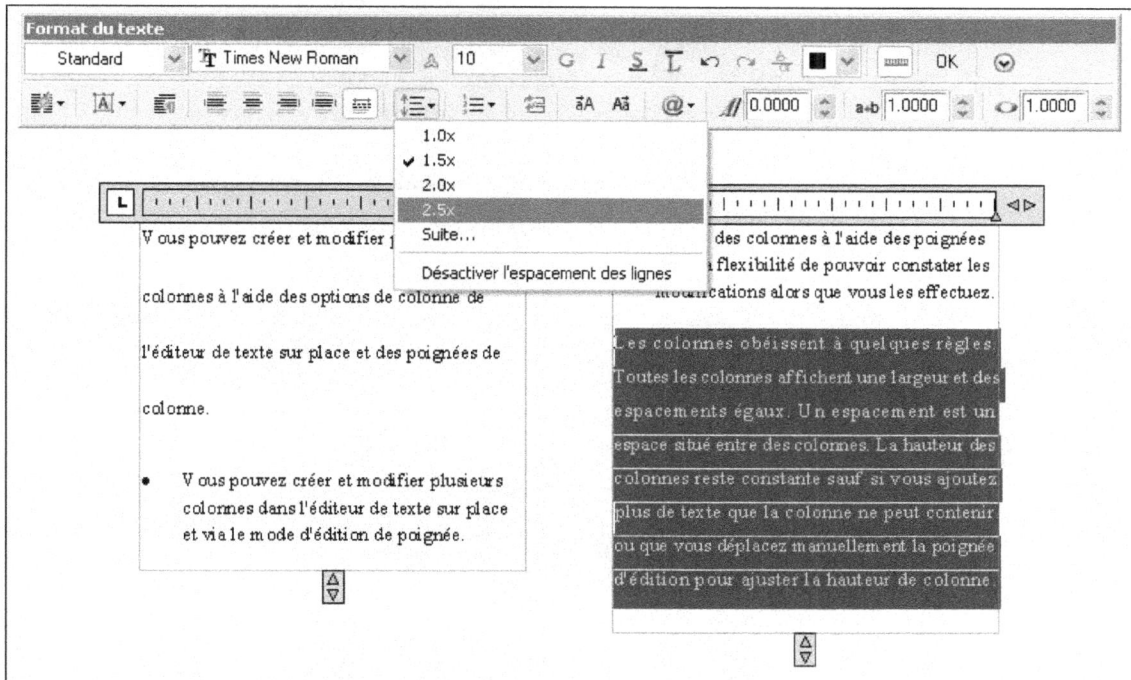

Fig.8.26

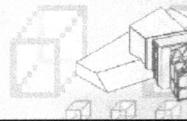

Créer et modifier des colonnes dans du texte multiligne

Vous pouvez créer et modifier plusieurs colonnes dans l'éditeur de texte multilignes et via le mode d'édition de poignée. L'édition des colonnes à l'aide des poignées offre la flexibilité de pouvoir constater les modifications alors que vous les effectuez.

Les colonnes obéissent à quelques règles. Toutes les colonnes affichent une largeur et des espacements égaux. Un espacement est un espace situé entre des colonnes. La hauteur des colonnes reste constante sauf si vous ajoutez plus de texte que la colonne ne peut en contenir ou que vous déplacez manuellement la poignée d'édition pour ajuster la hauteur de colonne.

Vous pouvez sélectionner des colonnes statiques ou dynamiques, désactiver les colonnes et changer la largeur des colonnes et des espacements à l'aide de la palette Propriétés. Changer la largeur des colonnes dans la palette a le même effet que changer la largeur à l'aide des poignées. La palette est le seul endroit où vous pouvez également changer le paramètre d'espacement.

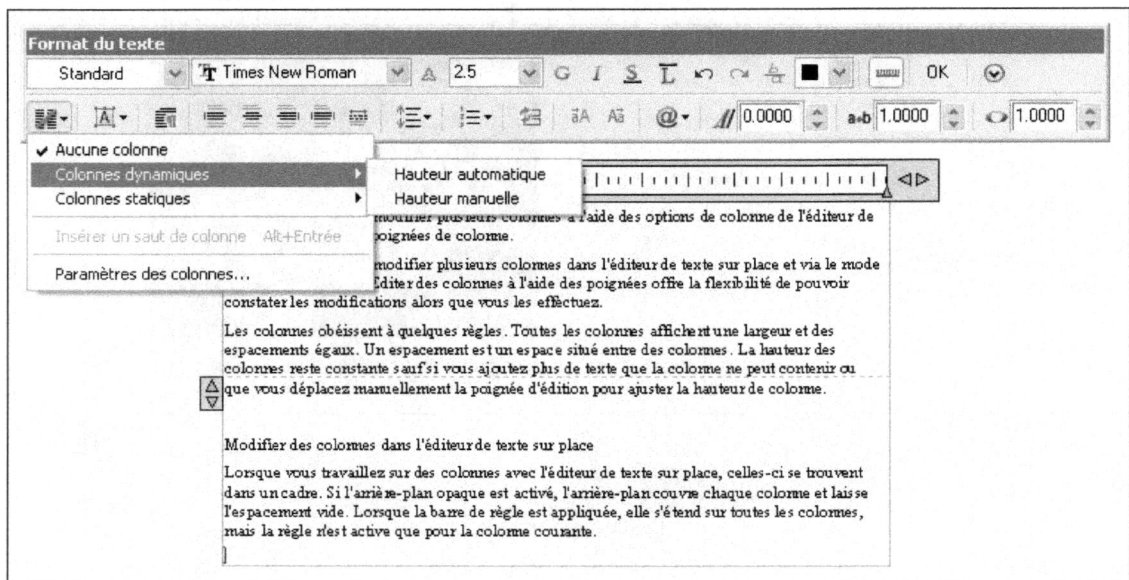

Fig.8.27

Pour créer plusieurs colonnes dans l'éditeur de texte sur place, la procédure est la suivante :

1. Cliquer deux fois sur un texte multiligne pour lequel vous souhaitez créer des colonnes. L'éditeur de texte sur place s'affiche alors à l'écran.

2. Dans l'éditeur de texte sur place, sélectionner une option et une sous-option de colonne dans la liste des colonnes. Vous pouvez choisir entre des colonnes dynamiques et statiques (fig.8.27). Les colonnes dynamiques modifient le nombre de colonnes en fonction de la taille du texte. Ainsi si l'on réduit la hauteur de la zone de texte, le nombre de colonnes augmente (fig.8.28). Les colonnes statiques spécifient le nombre de colonnes à utiliser. Ce nombre reste fixe même si la taille du texte est modifiée (fig.8.29).

3. Ajuster la hauteur de colonne en déplaçant les flèches situées en bas à gauche de la première colonne. Les flèches situées sur la règle en haut à droite ajustent uniquement la largeur d'espacement et non pas la largeur de colonne.

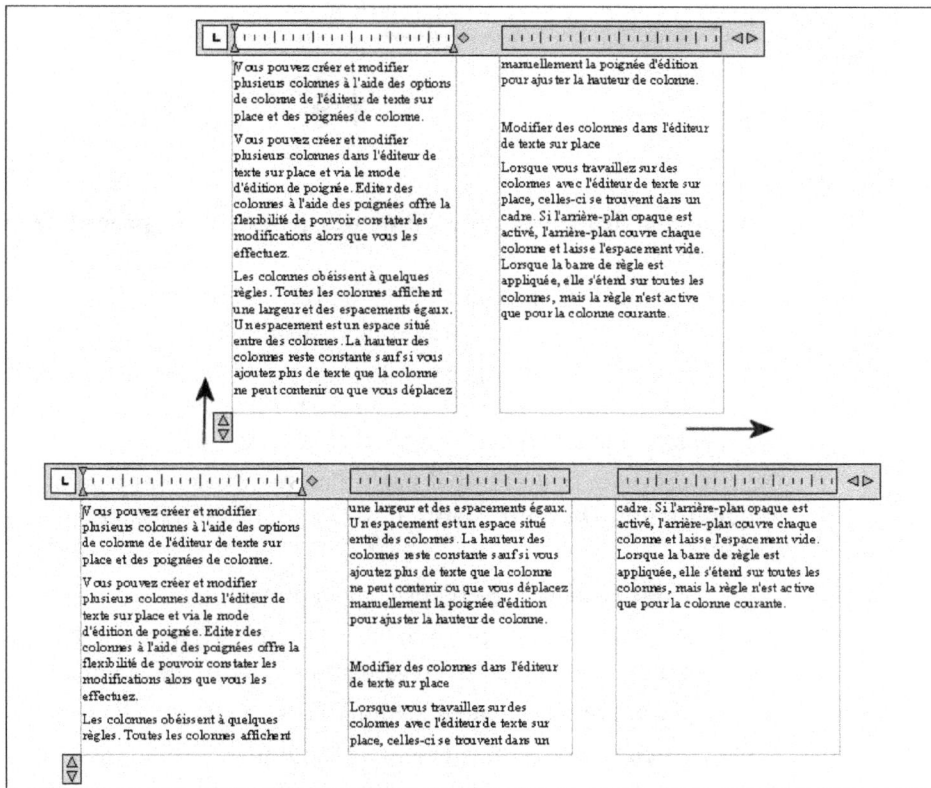

Fig.8.28

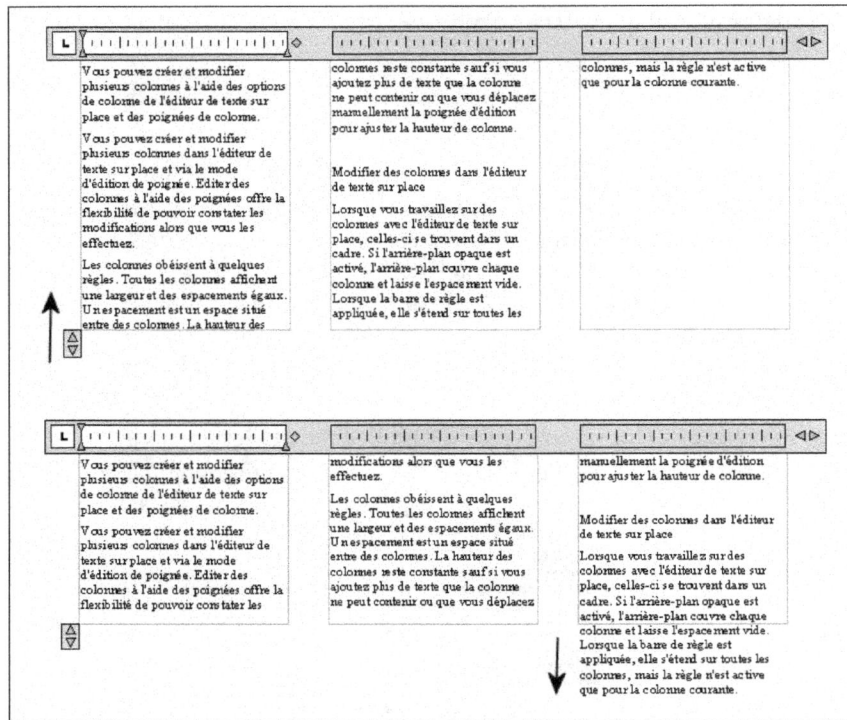

Fig.8.29

Pour ajuster les colonnes à l'aide des poignées, la procédure est la suivante :

1. Sélectionner une zone en dehors de l'objet Texte multiligne. La barre d'outils de l'éditeur de texte sur place disparaît.

2. Cliquer une fois dans la zone de texte pour afficher les poignées. Les poignées contrôlent l'emplacement du texte, la largeur d'espacement et le déplacement vertical et horizontal des colonnes.

Dans le cas de la figure 8.30, il s'agit d'un texte avec des colonnes dynamiques (option **Hauteur menuelle**). La signification des poignées est la suivante :

- **Poignée de gauche** : déplacement du texte.
- **Poignée de droite** : modification de la largeur du texte. Les colonnes se déplacent en gardant un espace équivalent entre elles.
- **Flèche centrale** : modification de la largeur des colonnes.
- **Flèches en bas** : ajustement de la hauteur des colonnes.

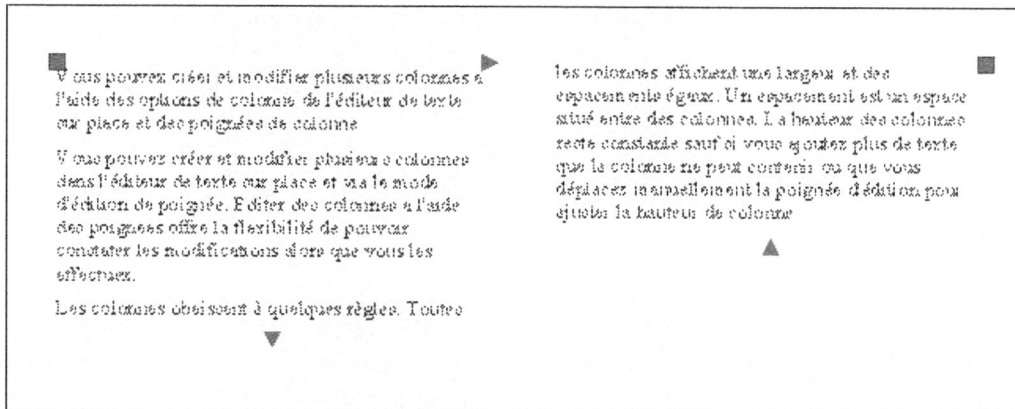

Fig.8.30

Pour créer ou modifier les colonnes à l'aide de la boîte de dialogue Paramètres de colonnes, la procédure est la suivante :

1. Cliquer deux fois sur un texte multiligne pour lequel vous souhaitez créer ou modifier des colonnes. L'éditeur de texte sur place s'affiche alors à l'écran.

2. Dans l'éditeur de texte sur place, sélectionner l'option **Colonnes** (Columns) puis **Paramètres des colonnes** (Column Settings). La boîte de dialogue affiche des options permettant de configurer les colonnes, comme le type, le nombre de colonnes, la hauteur, la largeur et la taille de l'espacement (fig.8.31).

   - **Type de colonne** (Column Type) : affiche les types de colonnes possibles pour celle que vous voulez créer.

   - **Nombre de colonnes** (Column Number) : définit le nombre de colonnes. Cette option est active uniquement lorsque vous sélectionnez Colonnes statiques.

   - **Hauteur** (Height) : affiche la hauteur du textmult lorsque l'option Hauteur automatique est sélectionnée avec Colonnes dynamiques ou statiques.

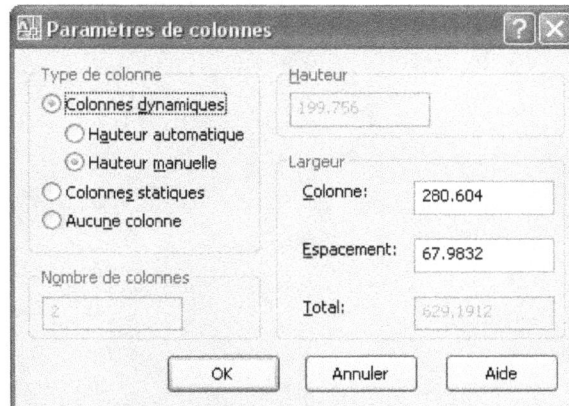

Fig.8.31

■ **Largeur** (Width) : affiche et spécifie les valeurs de largeur des colonnes de contrôle et de l'espacement. La valeur de l'espacement correspond à cinq fois la hauteur de texte du textmult par défaut. Affiche également la valeur totale de la largeur de l'objet textmult. En lecture seule lorsque l'option Colonnes dynamiques est sélectionnée.

Modifier un texte

Les textes peuvent subir les mêmes modifications que tous les autres objets d'AutoCAD. Il est en effet possible de déplacer un texte, de le faire tourner, d'en faire des copies, etc. A part ces fonctions générales, il est également possible de modifier le contenu et l'aspect d'un texte.

La procédure pour modifier le contenu et l'aspect d'une ligne de texte est la suivante :

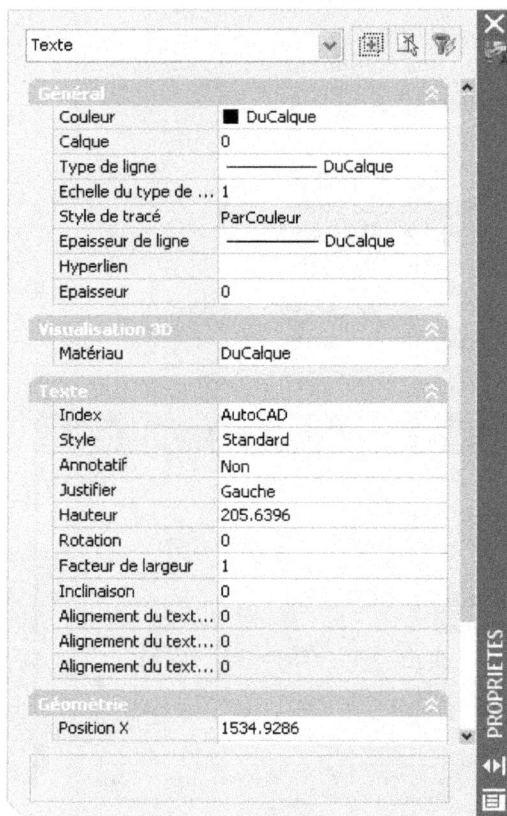

[1] Exécuter la commande de modification à l'aide d'une des méthodes suivantes (fig.8.32) :

Menu : choisir le menu déroulant **Modification** (Modify) puis l'option **Propriétés** (Properties).

Icône : choisir l'icône **Propriétés** (Properties) de la barre d'outils principale.

Clavier : taper la commande **PROPRIETES** (Properties).

[2] Sélectionner la ligne de texte à modifier.

[3] Dans la boîte de dialogue **Propriétés** (Properties), modifier les paramètres souhaités (contenu, hauteur, style, etc.) dans la section Text(e).

[4] Cliquer sur OK.

Fig.8.32

Il est aussi possible de modifier uniquement le contenu du texte en cliquant sur l'icône **Editer Texte** (Edit Text) de la barre d'outils **Texte** (Text) ou en cliquant deux fois sur le texte.

La procédure pour modifier un paragraphe de texte est la suivante :

1. Exécuter la commande de modification à l'aide d'une des méthodes suivantes :

   Menu : choisir le menu déroulant **Modification** (Modify) puis l'option **Objet** (Object) et ensuite **Texte** (Text) et **Modifier** (Edit).

   Icône : choisir l'icône **Editer Texte** (Edit Text) de la barre d'outils **Texte** (Text) ou cliquer deux fois sur le texte.

   Clavier : taper la commande **DDEDIT**.

2. Sélectionner le paragraphe de texte à modifier.

3. Dans l'éditeur de textes, apporter les modifications nécessaires au niveau du contenu et des propriétés.

4. Cliquer sur OK.

Modifier l'échelle globale des textes

Certains dessins peuvent contenir des centaines de textes à mettre à l'échelle. Cette opération serait longue s'il fallait l'appliquer à chaque objet séparément. La fonction **ECHELLETEXTE** (Scaletext) permet de mettre chaque texte à l'échelle à l'aide du même facteur d'échelle tout en conservant sa position. Cette fonction est donc différente de la commande **ECHELLE** (Scale) qui utilise un point d'origine unique pour tous les textes.

La procédure de mise à l'échelle est la suivante :

1. Exécuter la commande de mise à l'échelle à l'aide d'une des méthodes suivantes :

   Menu : choisir le menu déroulant **Modification** (Modify) puis l'option **Objet** (Object) et ensuite **Texte** (Text) et **Echelle** (Scale).

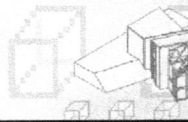

Icône : choisir l'icône **Mettre le texte à l'échelle** (Scale Text) de la barre d'outils **Texte** (Text).

Clavier : taper la commande **ECHELLETEXTE** (Scaletext).

2 Sélectionner le texte à modifier.

3 Sélectionner le point de base pour le changement d'échelle. Dans le cas présent, il s'agit du point de justification du texte : la justification en cours (option **Existant**) ou une autre (droite, milieu, etc.). Chaque texte va être modifié par rapport à son propre point de justification.

4 Donner une nouvelle hauteur pour les textes, effectuer une correspondance objet ou rentrer un facteur d'échelle (fig.8.33).

■ **Correspondance objet** : redimensionne les objets texte sélectionnés pour que leur taille corresponde à celle d'un objet texte sélectionné. Il faut pour cela, sélectionner un objet texte ayant la hauteur voulue, puis sélectionner l'objet texte à mettre en correspondance.

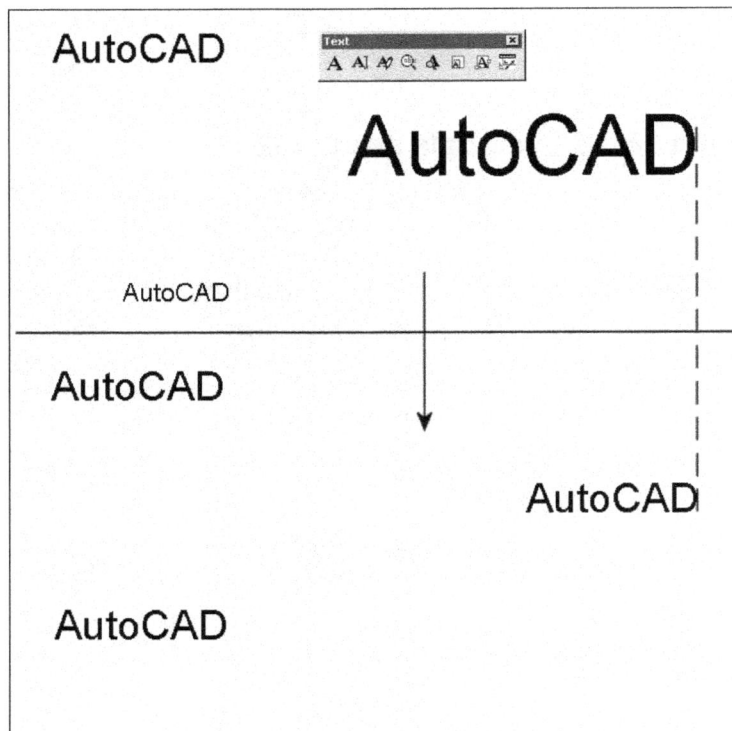

Fig.8.33

- **Facteur d'échelle** : définit l'échelle des objets texte sélectionnés en fonction du facteur d'échelle numérique spécifié. L'option Référence définit l'échelle des objets texte sélectionnés en fonction d'une longueur de référence et d'une nouvelle longueur. Il faut pour cela entrer la longueur à utiliser comme distance de référence, puis entrer une autre longueur que celle de référence. Le texte sélectionné est mis à l'échelle en fonction du rapport entre la nouvelle longueur et la longueur de référence définies. Si la nouvelle longueur est inférieure à la longueur de référence, la taille des objets texte sélectionnés est réduite.

Modifier la justification des textes

Il est parfois utile de pouvoir redéfinir le point d'insertion d'un texte dans un tableau ou une légende, sans déplacer le texte en lui-même. Par exemple, justifier un texte à droite et non plus à gauche.

La procédure pour modifier la justification est la suivante :

1. Exécuter la commande de modification de justification à l'aide d'une des méthodes suivantes :

   Menu : choisir le menu déroulant **Modification** (Modify) puis l'option **Objet** (Object) et ensuite **Texte** (Text) et **Justifier** (Justify).

   Icône : choisir l'icône **Justifier texte** (Justify Text) de la barre d'outils **Texte** (Text).

   Clavier : taper la commande **JUSTIFIERTEXTE** (Justifytext).

2. Sélectionner les textes à justifier et appuyer sur Entrée.
3. Sélectionner le nouveau mode de justification : droite, milieu, centre...

Contrôler l'ordre d'affichage des entités du dessin

Par défaut, les différents objets d'un dessin sont tracés en suivant l'ordre dans lequel ils ont été créés. La commande **ORDRETRACE** (Draworder) modifie l'ordre du tracé, par exemple, en plaçant un objet (un texte) devant un autre (une hachure).

Il est ainsi possible d'obtenir un affichage et un tracé corrects dans le cas d'une superposition de deux objets ou plus. Cette fonction est nécessaire lorsqu'une image tramée ou une hachure solide recouvre des objets (ils sont alors cachés).

La procédure est la suivante :

1. Exécuter la commande de modification de l'ordre d'affichage à l'aide d'une des méthodes suivantes (fig.8.34) :

Menu : choisir le menu déroulant **Outils** (Tools) puis l'option **Ordre d'affichage** (Display Order).

Icône : choisir l'icône **Ordretrace** (Draworder) de la barre d'outils **Modification II** (Modify II).

Clavier : taper la commande **ORDRETRACE** (Draworder).

2. Sélectionner le(s) objet(s) dont on souhaite modifier l'ordre d'affichage.

3. Choisir l'affichage souhaité : En avant (Bring to Front), En arrière (Send to Back), Au dessus de l'objet (Bring Above Object), Au-dessous de l'objet (Send Under Object).

Options (au clavier) :

▶ **Dessus** (Above Object) : Permet de déplacer un objet au-dessus d'un objet de référence.

▶ **Dessous** (Under Object) : Permet de déplacer un objet au-dessous d'un objet de référence.

▶ **Bas** (Back) : Permet de déplacer l'objet sélectionné au-dessous de tous les autres dans l'ordre du dessin.

▶ **Haut** (Front) : Permet de déplacer l'objet sélectionné au-dessus de tous les autres dans l'ordre du dessin.

Fig.8.34

REMARQUES

Lorsque l'on affiche un dessin qui a été préalablement enregistré selon un ordre de tracé déterminé, l'affichage est régénéré en fonction de l'ordre dans lequel les objets ont été initialement créés. Pour afficher les objets dans l'ordre de tracé que l'on a spécifié à l'aide de la commande **ORDRETRACE** (Draworder), il faut utiliser la commande **REGEN**. Elle permet de régénérer l'affichage de la fenêtre sélectionnée.

Lorsque plusieurs objets sont sélectionnés pour être réordonnés, l'ordre d'affichage relatif de ceux-ci est conservé. La méthode de sélection n'a aucun impact sur l'ordre du dessin.

La nouvelle commande **TEXTEPREMIERPLAN** permet de placer tout texte et toute cote devant tous les autres objets du dessin (fig.8.35).

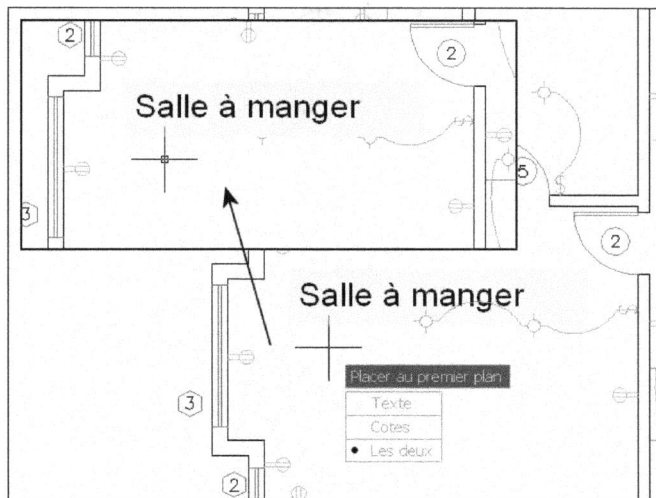

Fig.8.35

CHAPITRE 9
LES COTATIONS
ET LES LIGNES DE REPÈRE

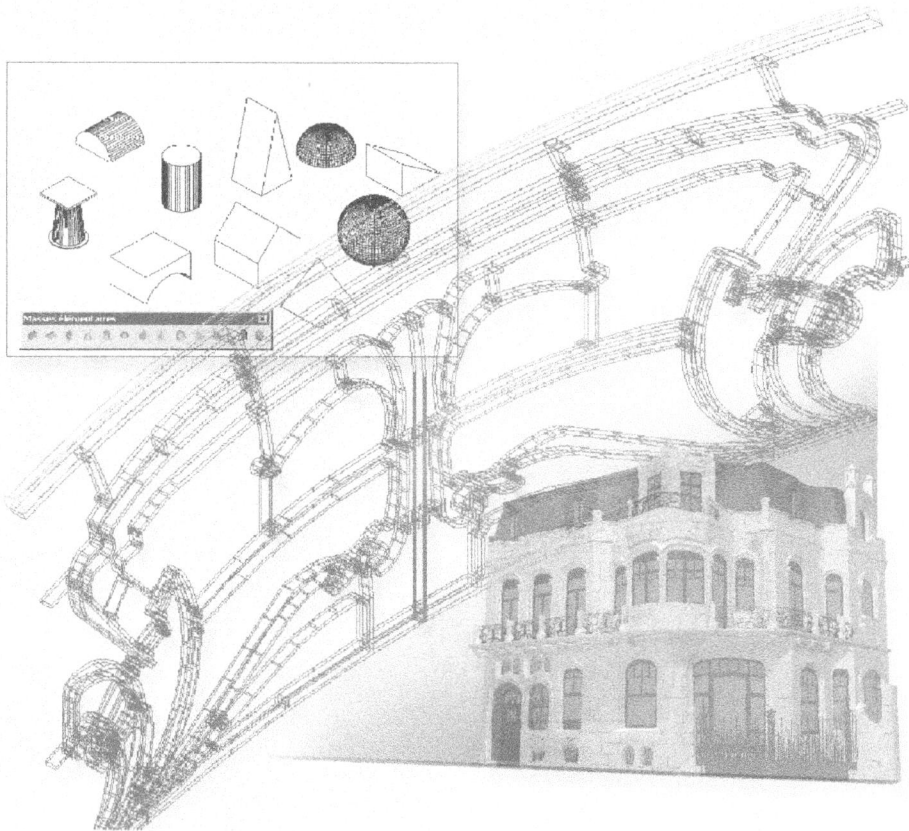

Les types de cotation

Ce chapitre porte sur les possibilités de cotation des longueurs et des angles des différentes entités comprises dans le dessin.

Trois types de cotation sont disponibles (fig.9.1) :

- ▶ **la cotation linéaire** : horizontale, verticale, alignée, en coordonnées cartésiennes (ordinate), en parallèle (baseline), en série (continue)
- ▶ **la cotation radiale** : rayon, diamètre
- ▶ **la cotation angulaire**.

AutoCAD insère les cotes sur le calque (layer) courant. Chaque cote peut avoir un style de cote différent. Celui-ci définit les différentes caractéristiques (couleur, style de texte, type de flèche, etc.) de la cote.

Une cote est composée de quatre éléments qui peuvent être paramétrés séparément dans la définition du style de cote. Ces éléments sont (fig.9.2) :

- ▶ **la ligne de cote** (dimension line) : indique la dimension prise en compte ;
- ▶ **les lignes d'attache** (extension lines) : relient l'élément mesuré à la ligne de cote ;
- ▶ **les symboles d'extrémités** : matérialisent le début et la fin de la ligne de cote ;
- ▶ **le texte de cote** : indique la dimension de l'objet mesuré.

La réalisation des cotations s'effectue à travers trois outils distincts (fig.9.3) :

- ▶ la définition du style de la cote, c'est-à-dire son aspect à l'aide la boîte de dialogue **Gestionnaire des styles de cote** (Dimension Style Manager) ;

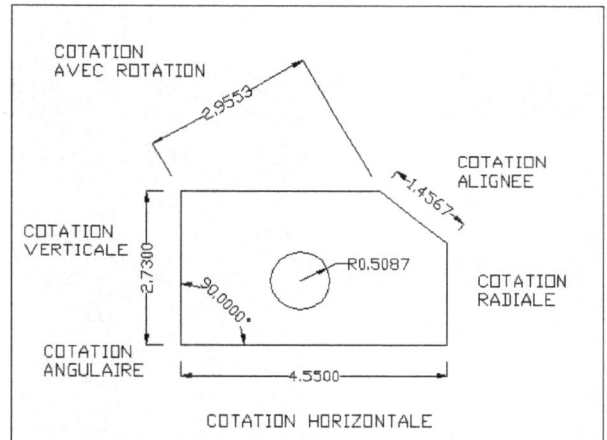

Fig.9.1

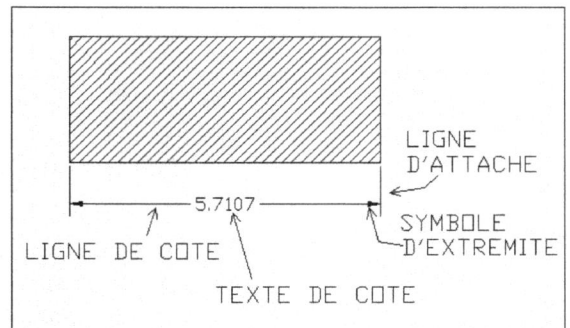

Fig.9.2

▶ la création de cotes à l'aide du menu **Cotation** (Dimension) ou de la barre d'outils correspondante ;

▶ la modification des cotes à l'aide des commandes d'édition d'AutoCAD ou des poignées (grips).

La cotation peut s'effectuer dans l'espace objet ou dans l'espace papier. Comme les objets sont créés dans l'espace objet, il est conseillé d'effectuer la cotation au même endroit et de réserver l'espace papier pour les annotations et le cartouche. La nouvelle fonction **Annotatif** (Annotative) (voir chap 13) rend ce choix encore plus évident.

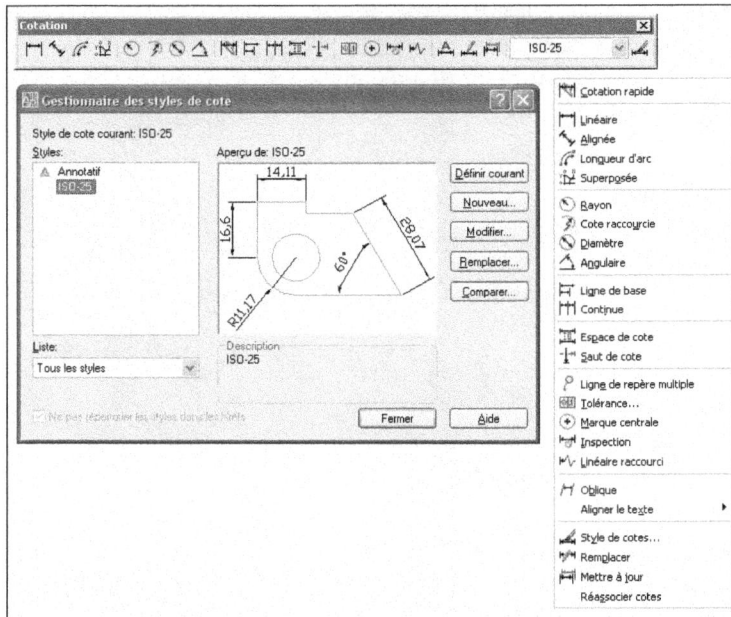

Fig.9.3

Définir un style de cotation

Un « style de cote » correspond à un ensemble de paramètres définissant l'aspect d'une cote. Lors de la création d'une cote dans le dessin, elle adopte automatiquement le style courant. Si aucun style particulier n'est défini par l'utilisateur, AutoCAD applique le style par défaut (Standard). La définition d'un style de cote s'effectue à l'aide de la boîte de dialogue Dimension Style Manager (Gestionnaire des styles des cotes). Les différents paramètres permettant de définir le style de la cote y sont regroupés en sept catégories :

▶ **Lignes** (Lines) : pour définir l'aspect de la ligne de cote et des lignes d'attache.

▶ **Symboles et flèches** (Symbols and Arrows) : permet de définir l'aspect des extrémités, des axes et marques centrales.

▶ **Texte** (Text) : pour définir l'aspect et la position du texte de la cote.

▶ **Ajuster** (Fit) : pour définir plus finement la position des lignes de cote, des lignes d'attache et du texte. En particulier quand il manque de la place pour placer l'ensemble.

▶ **Unités principales** (Primary Units) : pour définir le format et la précision des unités de cotation linéaires et angulaires.

▶ **Unités alternatives** (Alternate Units) : pour définir le format et la précision des unités alternatives.

▶ **Tolérances** (Tolerances) : pour définir les valeurs et la précision des écarts de tolérance.

La procédure pour définir un nouveau style de cote est la suivante :

1️⃣ Ouvrir la boîte de dialogue permettant de définir les styles de cotes à l'aide d'une des méthodes suivantes :

    Menu : choisir le menu déroulant **Format** ou **Cotation** (Dimension) puis l'option **Style de cotes** (Dimension Style).

    Icône : choisir l'icône **Styles des cotes** (Dimension Styles) de la barre d'outils **Cotation** (Dimension).

    Clavier : taper la commande **DDIM**.

    Tableau de bord: choisir l'icône **Style de cotes** (Dimension Style) du panneau cotes (dimensions).

2️⃣ Cliquer sur **Nouveau** (New) pour définir un nouveau style. Dans la boîte **Nouveau style de cote** (Create New Dimension Style) taper le nom dans le champ **Nouveau style** (New Style Name), sélectionner le style de départ et indiquer la cible pour le nouveau style (toutes les catégories de dimensions ou une en particulier). Activer ou non le champ **Annotatif** (Annotative) (voir chap 13). Cliquer sur **Continuer** (Continue) pour confirmer les choix (fig.9.4).

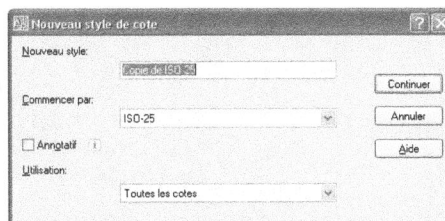

Fig.9.4

3️⃣ Définir les différents paramètres dans la boîte de dialogue **New Dimension Style** (Nouveau style de cote).

4️⃣ Cliquer sur OK pour fermer la boîte.

5️⃣ Cliquer sur **Définir courant** (Set Current) pour mettre le style courant, puis sur **Fermer** (Close) pour fermer la boîte de dialogue.

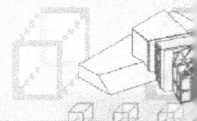

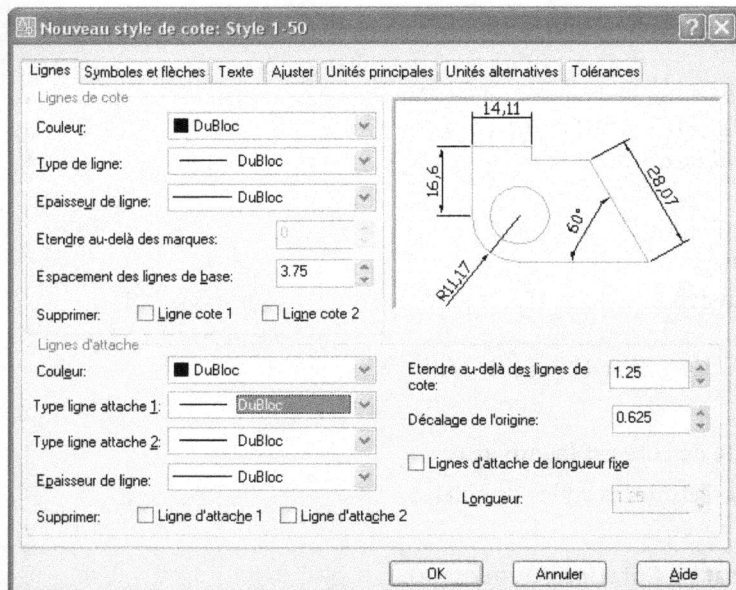

Fig.9.5

Les principales modifications sont les suivantes :

1. Changer l'aspect de la ligne de cote :
   - Cliquer sur l'onglet **Lignes** (Lines) (fig.9.5).
   - Dans la section **Ligne de cote** (Dimension Line), sélectionner la couleur via le champ **Couleur** (Color), le type de ligne via le champ **Type de ligne** (Linetype) et l'épaisseur via le champ **Epaisseur de ligne** (Lineweight).

2. Changer l'espacement entre les lignes d'une cotation de base :
   - Cliquer sur l'onglet **Lignes** (Lines).
   - Dans la section **Ligne de cote** (Dimension Line), sélectionner **Espacement des lignes de base** (Baseline spacing) et entrer une valeur.

3. Changer l'aspect des lignes d'extension :
   - Cliquer sur l'onglet **Lignes** (Lines).
   - Dans la section **Ligne d'attache** (Extension Line), sélectionner la couleur via le champ **Couleur** (Color), le type de ligne via le champ **Type de ligne** (Linetype) et l'épaisseur via le champ **Epaisseur de ligne** (Lineweight).

4. Changer la taille des lignes d'attache :
   - Cliquer sur l'onglet **Lignes** (Lines).
   - Dans la section **Ligne d'attache** (Extension Line), déterminer la distance de dépassement de la ligne d'attache par rapport à la ligne de cote via le champ **Etendre au-delà des lignes de cote** (Extend beyond dim lines) (fig.9.6).

- Dans la section **Ligne d'attache** (Extension Line), déterminer la distance entre la ligne d'attache et l'objet à coter via le champ **Décalage de l'origine** (Offset from origin).

- Dans la section **Ligne d'attache** (Extension Line), cocher le champ **Ligne d'attache de longueur fixe** (Fixed length extension lines) pour avoir des lignes d'attache dont la longueur est fixe et définie via le champ **Longueur** (Length) (fig.9.7).

5. Choisir le type de symbole pour les extrémités de la ligne de cote :

- Cliquer sur l'onglet **Symboles et flèches** (Symbols and Arrows).

- Dans la section **Pointes de flèche** (Arrowheads), sélectionner le type de symbole dans le champ **1e, 2e** (1st, 2nd) et la taille du symbole dans le champ **Taille de la flèche** (Arrow size).

6. Définir l'aspect des marques centrales des cercles :

- Cliquer sur l'onglet **Symboles et flèches** (Symbols and Arrows).

- Dans la section **Marques de centre** (Center Marks), sélectionner dans **Type** : **Marque** (Mark) pour avoir une croix centrale ou **Ligne** (Line) pour avoir des axes. Dans le champ **Taille** (Size) entrer la taille des marques.

7. Définir le symbole de longueur d'arc :

- Cliquer sur l'onglet **Symboles et flèches** (Symbols and Arrows).

- Dans la section **Symbole de longueur d'arc** (Arc length symbol), sélectionner la position du symbole : devant le texte, au-dessus du texte ou aucun symbole (fig.9.8).

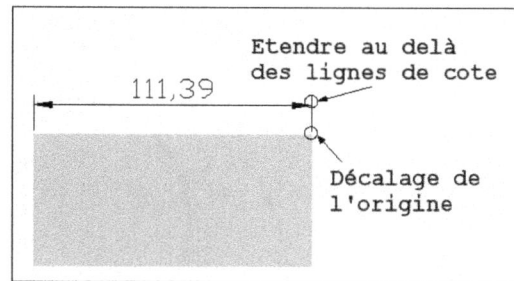

Fig.9.6

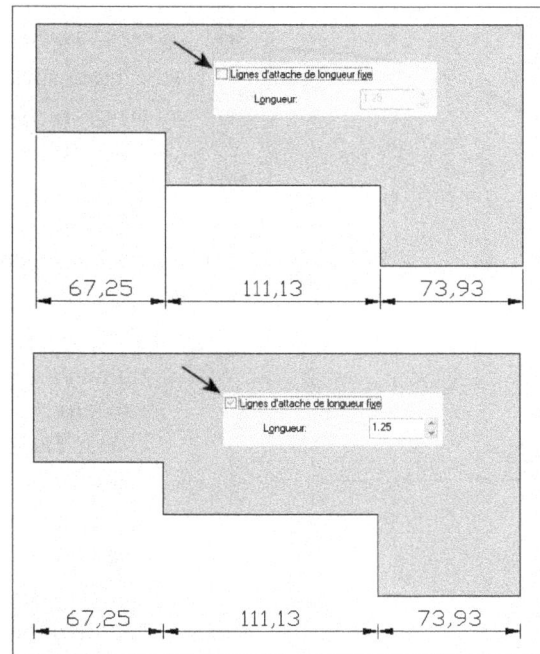

Fig.9.7

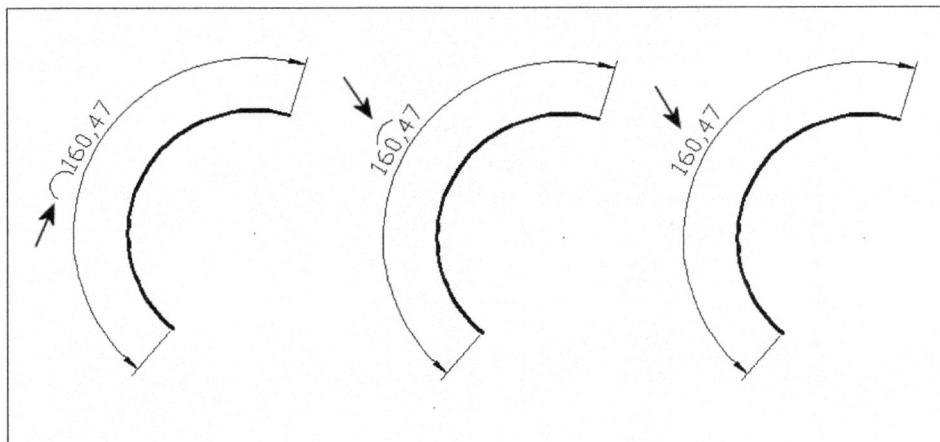

Fig.9.8

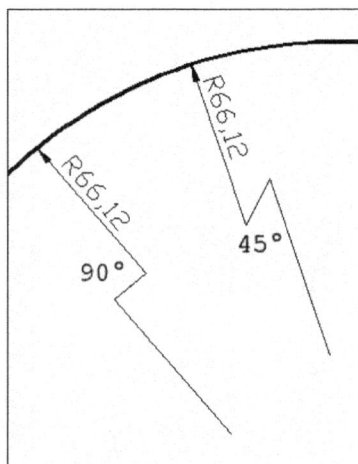

Fig.9.9

8. Définir l'aspect d'une cote de rayon raccourcie :

- Cliquer sur l'onglet **Symboles et flèches** (Symbols and Arrows).
- Dans la section **Raccourcissement de la cote du rayon** (Radiusdimension jog), entrer la valeur de l'angle de la cote raccourcie dans le champ **Angle de raccourcissemen**t (Jog angle) (fig.9.9).

9. Déterminer l'aspect et l'alignement du texte des cotes

- Cliquer sur l'onglet **Texte** (Text) (fig.9.10).
- Dans la section **Apparence du texte** (Text Appearance), sélectionner le style du texte de la cote via le champ **Style** (Text Style), la **couleur** via le champ **Couleur** (Text Color) et la hauteur via le champ **Hauteur** (Text Height).
- Dans la section **Position du texte** (Text Placement), contrôler la position du texte de la cote le long de la ligne de cote via les champs **Vertical** et **Horizontal** (fig.9.11).
- Dans la section **Alignement du texte** (Text Alignment), contrôler l'alignement du texte de la cote via les champs **Horizontal**, **Aligné par rapport à la ligne de cote** (Aligned with dimension line) et **Norme ISO** (ISO Standard).

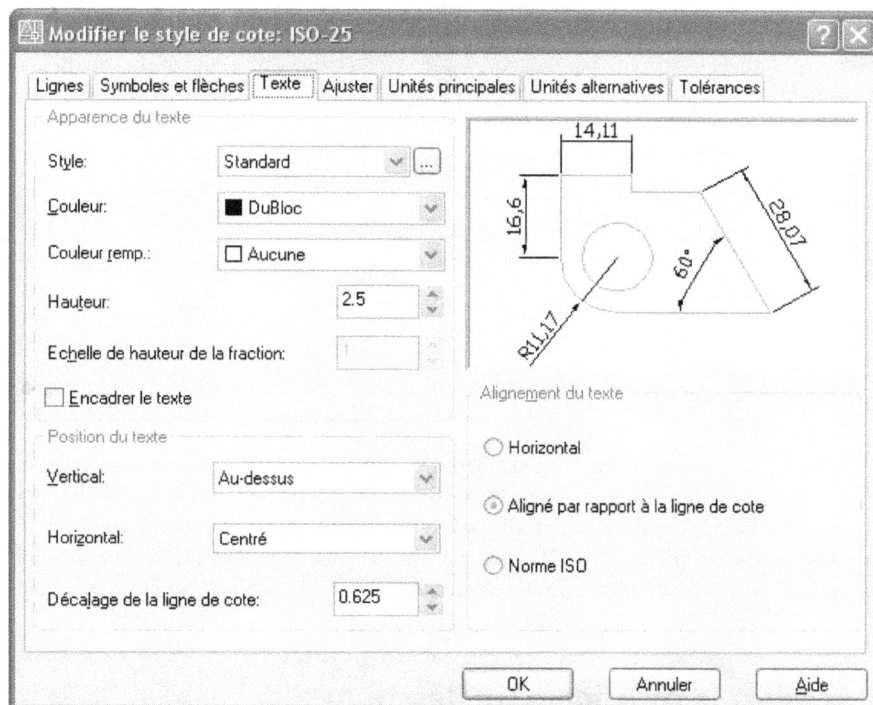

Fig.9.10

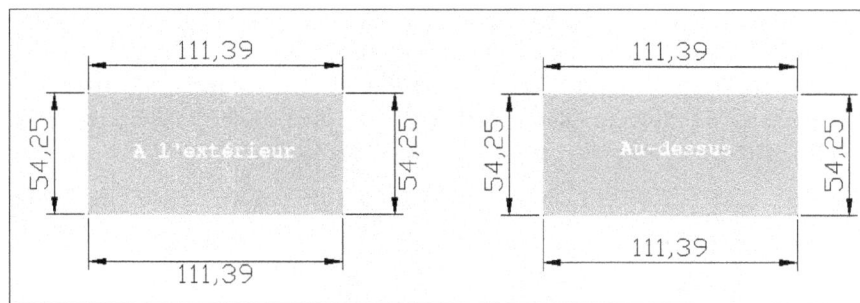

Fig.9.11

[10] Définir un facteur d'échelle globale pour tous les composants de la cote :

- Cliquer sur l'onglet **Ajuster** (Fit).

- Dans la section **Echelle des objets de cotation** (Scale for Dimension Features), rentrer le facteur d'échelle dans le champ **Utiliser l'échelle générale de** (Use overall scale of). Une valeur 2, par exemple, va doubler la grandeur de la cotation. Cette option permet en une opération de passer d'une cotation pour le 1/100 vers une cotation pour le 1/50, par exemple, et vice versa. Pour rendre le comportement des cotes annotatif, cocher le champ **Annotatif** (voir chapitre 13).

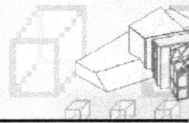

11 Déterminer le format et la précision des unités de cotation :

- Cliquer sur l'onglet **Unités principales** (Primary Units).
- Dans la section **Cotes linéaires** (Linear Dimensions), définir le format et la précision des unités via les champs **Format d'unités** (Unit format) et **Précision** (Precision). Par exemple : Décimale et 0.00.
- Dans la section **Cotes angulaires** (Angular Dimensions), définir le format et la précision des cotes angulaires via les champs **Format des unités** (Units format) et **Précision** (Precision). Par exemple Degrés décimaux et 0.00.

CONSEIL

Lors de la première cotation d'un dessin sans définition particulière d'un style, il arrive couramment que la cote soit illisible ou beaucoup trop grande. Pour obtenir rapidement une cotation acceptable il suffit de modifier l'échelle globale de la cotation via le champ **Utiliser l'échelle générale de** (Use overall scale of) de l'onglet **Ajuster** (Fit).

Réaliser la cotation d'un dessin

Pour réaliser la cotation d'un dessin il convient de choisir le style de la cote via la boîte de dialogue **Gestionnaire des styles de cote** (Dimension Style Manager), de choisir le type de cotation via le menu **Cotation** (Dimension) ou la barre d'outils correspondante, puis de sélectionner l'objet à coter et enfin de définir l'emplacement de la ligne de cote.

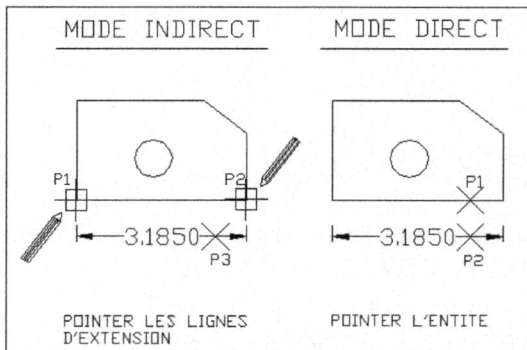

Fig.9.12

La sélection de l'objet à coter peut s'effectuer de deux manières différentes (fig.9.12) :

- **En mode direct** : appuyer sur Entrée et sélectionner l'objet (une ligne, un segment de polyligne, ...) à coter. Cette méthode n'est pas utilisable pour la cotation de la distance entre deux points non reliés par une entité de dessin.

▶ **En mode indirect** : pointer le point de départ de chacune des deux lignes d'attache (c'est-à-dire l'origine et l'extrémité de la distance à coter). Il est conseillé dans ce cas d'utiliser les options d'accrochage aux objets (OSNAP) pour une cote exacte.

La procédure pour créer une cote linéaire (horizontale ou verticale) ou alignée est la suivante :

Ce type de cotation permet de définir des cotes horizontales, verticales ou alignées par rapport à l'objet à mesurer.

1. Exécuter la commande cotation à l'aide d'une des méthodes suivantes (fig.9.13) :

    Menu : choisir le menu déroulant **Cotation** (Dimension) puis l'option **Linéaire** (Linear) ou **Alignée** (Aligned).

    Icône : choisir l'icône **Cotation linéaire** (Linear Dimension) ou **Cotation alignée** (Aligned Dimension) de la barre d'outils **Cotation** (Dimension).

    Tableau de bord : choisir l'icône **Linéaire** (linear) du panneau cotes (Dimensions)

    Clavier : taper la commande **COTLIN** (Dimlinear) ou **COTALI** (Dimaligned).

2. Appuyer sur Entrée pour sélectionner l'objet à coter ou désigner le point de départ des deux lignes d'attache.

3. Editer éventuellement le texte de la cote en entrant « TE » (t) au clavier. Taper le nouveau texte et cliquer sur OK.

4. Changer éventuellement l'angle d'orientation du texte en entrant « a » au clavier. Spécifier l'angle d'orientation voulu.

5. Définir l'emplacement de la ligne de cote.

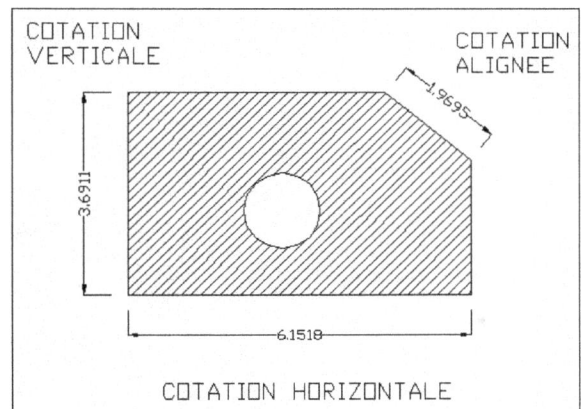

Fig.9.13

La procédure pour réaliser une cotation en parallèle ou en série est la suivante :

Ce type de cotation permet d'afficher les cotes en parallèle à partir d'une ligne de base commune ou les cotes en série sans chevauchement.

1. Exécuter la commande cotation à l'aide d'une des méthodes suivantes :

Menu : choisir le menu déroulant **Cotation** (Dimension) puis l'option **Ligne de base** (Baseline) ou **Continue**.

Icône : choisir l'icône **Cotation de ligne de base** (Baseline) ou **Cotation continue** (Continue Dimension) de la barre d'outils **Cotation** (Dimension).

Tableau de bord: choisir l'icône **Ligne de base** (Baseline) du panneau **cotes** (Dimensions)

Clavier : taper la commande **COTLIGN** (Dimbaseline) ou **COTCONT** (Dimcontinue).

2. Dans le cas d'une cotation linéaire en parallèle, à partir d'une même ligne de base, AutoCAD commence automatiquement la nouvelle cote à partir de l'origine de la première ligne d'attache de la dernière cote effectuée ou d'une autre cote à sélectionner.

Dans le cas des cotes en série, AutoCAD commence automatiquement la nouvelle cote à partir de l'extrémité de la dernière ligne de cote effectuée ou d'une autre cote à sélectionner.

3. Activer le mode d'accrochage aux extrémités pour sélectionner le point P3 comme origine de la seconde ligne d'attache de la deuxième cote. AutoCAD affiche automatiquement la deuxième cote au-dessous (cote parallèle) ou à côté de la première ligne de cote (fig.9.14).

4. Utiliser à nouveau le mode d'accrochage aux extrémités pour sélectionner l'origine de la ligne d'attache suivante (P4).

5. Appuyer deux fois sur Entrée pour quitter la commande.

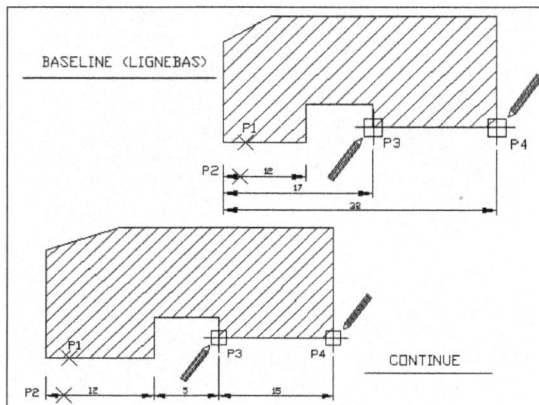

Fig.9.14

La procédure pour réaliser une cotation radiale (rayon ou diamètre) est la suivante :

Ce type de cotation permet d'indiquer les dimensions des rayons et des diamètres des arcs et des cercles.

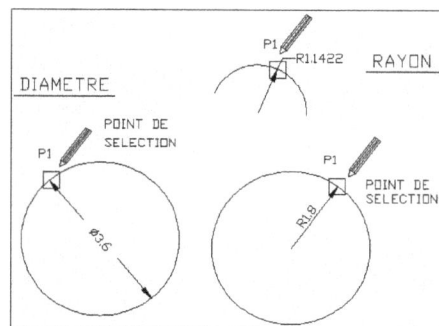

Fig.9.15

[1] Exécuter la commande cotation radiale à l'aide d'une des méthodes suivantes (fig.9.15) :

Menu : choisir le menu déroulant **Cotation** (Dimension) puis l'option **Rayon** (Radius) ou **Diamètre** (Diameter).

Icône : choisir l'icône **Cote de rayon** (Radius Dimension) ou **Cote de diamètre** (Diameter Dimension) de la barre d'outils **Cotation** (Dimension).

Tableau de bord: choisir l'icône **Rayon** (Radius) du panneau **Cotes** (Dimensions)

Clavier : taper la commande **COTRAYON** (Dimradius) ou **COTDIA** (Dimdiameter).

[2] Sélectionner l'arc ou le cercle à coter.

[3] Editer éventuellement le texte de la cote en entrant « TE » (t) au clavier. Taper le nouveau texte et cliquer sur OK.

[4] Changer éventuellement l'angle d'orientation du texte en entrant « a » au clavier. Spécifier l'angle d'orientation voulu.

[5] Définir l'emplacement de la ligne de cote.

REMARQUE

Si le centre d'un arc ou d'un cercle est situé hors des contours du dessin, il est possible de mesurer et d'afficher son rayon à l'aide d'une cote raccourcie (icône Cote raccourcie de la barre d'outils **Cotation**).

Après avoir sélectionné un objet, il faut spécifier l'origine et l'emplacement de la ligne de cote, ainsi que l'emplacement de la cote raccourcie sur la ligne. La cote radiale raccourcie est représentée par une ligne en zigzag dans la direction de l'arc (fig.9.16).

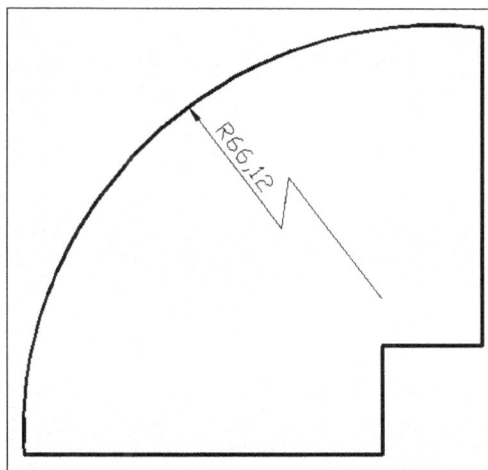

Fig.9.16

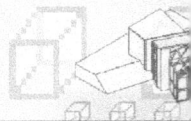

La procédure pour réaliser une cotation angulaire est la suivante :

Ce type de cotation permet de mesurer l'angle formé par deux lignes (deux rayons d'un cercle ou d'un arc, ou deux lignes) ou défini par trois points.

1. Exécuter la commande cotation angulaire à l'aide d'une des méthodes suivantes (fig.9.17) :

Menu : choisir le menu déroulant **Cotation** (Cotation) puis l'option **Angulaire** (Angular).

Icône : choisir l'icône **Cotation angulaire** (Angular Dimension) de la barre d'outils **Cotation** (Dimension).

Tableau de bord : choisir l'icône **Angulaire** (Angular) du panneau **Cotes** (Dimensions)

Clavier : taper la commande **COTANG** (Dimangular).

2. Dans le cas d'un cercle ou d'un arc, sélectionner un premier point puis un deuxième point sur le cercle ou l'arc. Dans le cas de deux droites, sélectionner la première puis la deuxième droite. Dans le cas de trois points, appuyer sur Entrée. Déterminer ensuite le sommet de l'angle, puis deux points pour les extrémités de l'angle (fig.9.18).

3. Editer éventuellement le texte de la cote en entrant « TE » (t) au clavier. Taper le nouveau texte et cliquer sur OK.

4. Changer éventuellement l'angle d'orientation du texte en entrant « a » au clavier. Spécifier l'angle d'orientation voulu.

5. Définir l'emplacement de la ligne de cote, qui dans ce cas a la forme d'un arc.

Procédure pour réaliser une cotation en coordonnées cartésiennes :

Ce type de cotation permet de mesurer la distance (en X et Y) entre un point de référence et un élément du dessin. La cote est constituée d'une valeur de coordonnée cartésienne (X ou Y) et d'une ligne de repère. Il est conseillé de déterminer l'emplacement de l'origine (UCS) avant le début de la cotation.

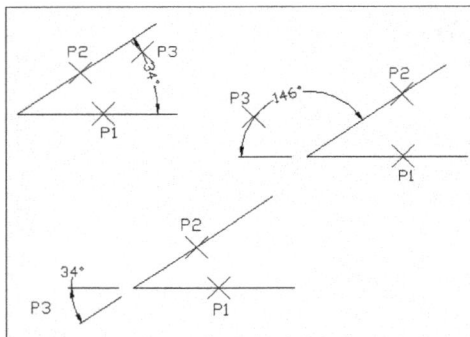

Fig.9.17

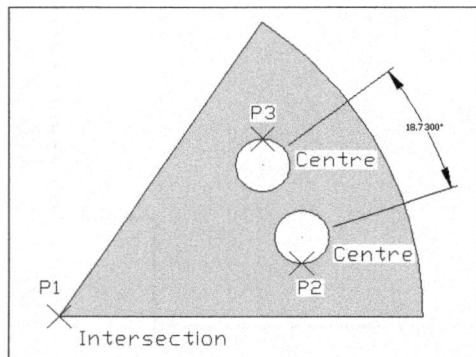

Fig.9.18

La procédure est la suivante :

1. Placer l'origine de la cotation à la position souhaitée à l'aide du système SCU (UCS).

2. Exécuter la commande cotation radiale à l'aide d'une des méthodes suivantes (fig.9.19) :

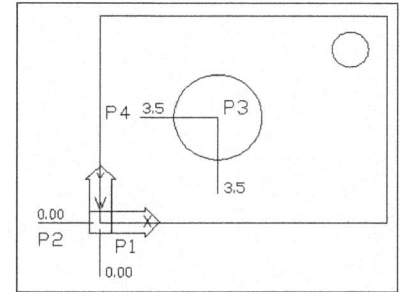

Fig.9.19

   Menu : choisir le menu déroulant **Cotation** (Dimension) puis l'option **Superposée** (Ordinate).

   Icône : choisir l'icône **Cotation Superposée** (Ordinate Dimension) de la barre d'outils **Cotation** (Dimension).

   Tableau de bord : choisir l'icône **Superposée** (Ordinate) du panneau **Cotes** (Dimensions)

   Clavier : taper la commande **COTORD** (Dimordinate).

3. Désigner le point de référence (0,0) à l'aide du mode d'accrochage Intersection (P1).

4. Choisir le type de coordonnées **Abscisse** (X-Datum) ou **Ordonnée** (Y-Datum). Par exemple : Ordonnée (Y-Datum).

5. Activer le mode orthogonal (F8) pour tracer la ligne de repère de manière horizontale.

6. Indiquer l'extrémité de la ligne de repère (P2).

7. Exécuter à nouveau l'étape 2.

8. Désigner le point à coter (par exemple le centre du cercle) à l'aide du mode d'accrochage Centre (P3).

9. Indiquer l'extrémité de la ligne de repère (P4).

10. Faire de même pour les abscisses.

La procédure pour effectuer une cotation rapide est la suivante :

La cotation rapide est particulièrement utile pour créer une série de cotes de ligne de base ou continues ou pour coter une série de cercles et d'arcs.

1. Exécuter la commande de cotation rapide à l'aide d'une des méthodes suivantes (fig.9.20) :

   Menu : choisir le menu déroulant **Cotation** (Cotation) puis l'option **Cotation rapide** (Quick Dimension).

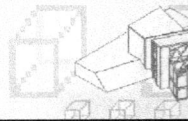

Icône : choisir l'icône **Cotation rapide** (Quick Dimension) de la barre d'outils **Cotation** (Dimension).

Tableau de bord : choisir l'icône **Cotation rapide** (Quick Dimension) du panneau **Cotes** (Dimensions)

Clavier : taper la commande **COTRAP** (Qdim).

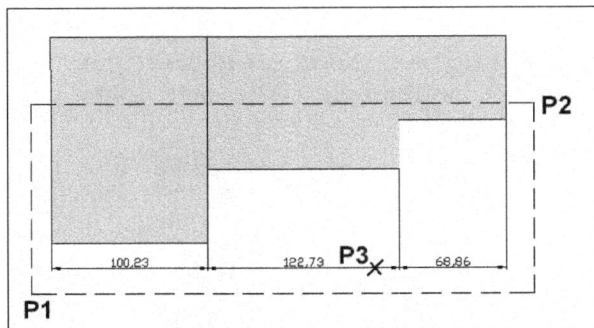

Fig.9.20

2️⃣ Sélectionner les objets à coter et appuyer sur Entrée (P1 à P2).

3️⃣ Spécifier la position de la ligne de cote (P3) ou sélectionner une option.

La procédure pour coter la longueur d'un arc est la suivante :

Les cotes de longueur d'arc mesurent la distance le long d'un arc ou d'un segment d'arc de polyligne. Elles sont habituellement utilisées pour mesurer la distance de trajet autour d'une caméra ou pour indiquer la longueur d'un câble. Pour les différencier des cotes linéaires ou angulaires, elles affichent un symbole d'arc par défaut.

1️⃣ Exécuter la commande de longueur d'un arc à l'aide d'une des méthodes suivantes :

Menu : choisir le menu déroulant **Cotation** (Cotation) puis l'option **Longueur d'arc** (Arc length).

Icône : choisir l'icône **Longueur d'arc** (Arc length) de la barre d'outils **Cotation** (Dimension).

Tableau de bord : choisir l'icône **Longueur d'arc** (Arc Lenght) du panneau **Cotes** (Dimensions)

⌨️ Clavier : taper la commande **ARCCOTE** (Dimarc).

2️⃣ Sélectionner les objets à coter (un arc ou un segment d'arc de polyligne).

3️⃣ Spécifier la position de la ligne de cote.

Modifier les cotes

Il est possible de modifier les cotes de plusieurs manières dans AutoCAD :

▸ **A l'aide des commandes d'édition** : changer l'échelle (scale), étirer (stretch), ajuster (trim), prolonger (extend), etc. Il est important dans ce cas de sélectionner les points de définition des cotes concernées.

▸ **A l'aide de commandes spécifiques aux cotations** : incliner les lignes d'attache, faire pivoter le texte de la cote, remplacer le texte de la cote, etc.

▸ **En modifiant le style général de la cotation** : permet de modifier tous les paramètres définis lors de la création d'un style.

▸ **En modifiant les propriétés d'une cotation** : permet de modifier le style pour une cotation en particulier.

La procédure pour modifier la position du texte de la cote est la suivante :

1️⃣ Sélectionner le texte de la cote à déplacer.

2️⃣ Placer le curseur sur la poignée (grips) correspondant au texte. Elle devient rouge.

3️⃣ Déplacer la poignée (fig.9.21).

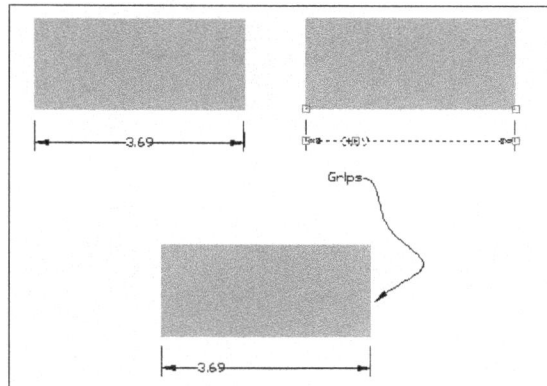

Fig.9.21

La procédure pour remplacer le texte de la cote est la suivante :

1️⃣ Exécuter la commande **COTEDIT** (Dimedit) au clavier (ligne de commande) ou sélectionner l'icône **Modifier la cote** (Dimension Edit) de la barre d'outils **Cotation** (Dimension).

2️⃣ Entrer « n » (New) pour définir le nouveau texte.

3️⃣ Taper le texte dans la boîte de dialogue **Editeur de texte** multilignes (Edit MText). Les signes <> représentent le texte de la cote. Pour rentrer un préfixe, taper le texte avant les signes et pour rentrer un suffixe,

taper le texte après. Pour remplacer le texte de la cote, il suffit de supprimer les signes et de taper la nouvelle valeur. Appuyer ensuite sur OK.

4️⃣ Sélectionner les cotes auxquelles le nouveau texte s'applique et appuyer sur Entrée.

REMARQUE

Il est aussi possible de remplacer le texte de la cote à l'aide du champ **Remplacement du texte** (Text override) de la section **Texte** (Text) de la boîte de dialogue **Propriétés** (Properties).

La procédure pour redéfinir le style d'une cote est la suivante :

1️⃣ Exécuter la commande de modification à l'aide d'une des méthodes suivantes (fig.9.22) :

Menu : choisir le menu déroulant **Modification** (Modify) puis l'option **Propriétés** (Properties).

Icône : choisir l'icône **Propriétés** (Properties) de la barre d'outils principale.

Clavier : taper la commande **DDMODIFY**.

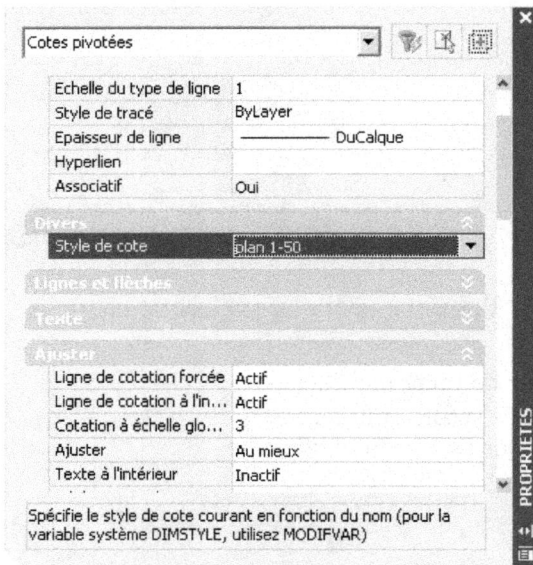

2️⃣ Sélectionner la cote à modifier.

3️⃣ Sélectionner les options à modifier dans la boîte de dialogue **Propriétés** (Properties).

4️⃣ Cliquer sur OK. La modification du style n'aura un effet que sur la cote sélectionnée.

Fig.9.22

La procédure pour modifier le style de toutes les cotes est la suivante :

La technique la plus simple pour modifier le style de toutes les cotes est de modifier le style en lui-même et de sauvegarder les modifications ainsi réalisées sous le même nom de style. L'ensemble des cotes correspondant à ce style sont automatiquement mises à jour dans le dessin.

1 Exécuter la commande de modification de style à l'aide d'une des méthodes suivantes :

Menu : choisir le menu déroulant **Cotation** (Dimension) puis l'option **Styles**.

Icône : choisir l'icône **Styles des cotes** (Dimension Styles) de la barre d'outils **Cotation** (Dimension)

Tableau de bord : choisir l'icône **Styles des cotes** (Dimension Styles) du panneau **Cotes** (Dimensions)

Clavier : taper la commande **DDIM**.

2 Sélectionner, dans la liste **Styles**, le style à redéfinir puis cliquer sur **Modifier** (Modify).

3 Effectuer les modifications nécessaires dans les différents onglets.

4 Cliquer sur **Définir courant** (Set current) puis sur **Fermer** (Close) pour appliquer les modifications et sortir du gestionnaire des styles de cote.

Après avoir placé une cote, il peut parfois être nécessaire de modifier les informations qu'elle représente. Vous pouvez ainsi ajouter une ligne de raccourcissement à une cote linéaire pour indiquer que la valeur de cote ne représente pas la valeur réelle de la cote ou ajouter une cote d'inspection pour indiquer la fréquence à laquelle une pièce fabriquée doit être vérifiée.

Il vous arrivera peut-être de vouloir modifier une cote simplement pour la rendre plus facile à lire. Vous pouvez vous assurer que les lignes d'attache ou de cote ne masquent pas les objets et vous pouvez espacer les cotes linéaires de façon régulière.

Les possibilités sont les suivantes :

► **Raccourcissement des cotes** : vous pouvez ajouter des lignes de raccourcissement aux cotes linéaires. Les lignes de raccourcissement représentent une valeur de cote qui n'affiche pas la mesure réelle. En général, la valeur de mesure réelle de la cote est plus petite que la valeur affichée.

► **Coupures de cote** : les coupures de cote vous permettent de faire en sorte que les lignes de cote, d'attache ou de repère apparaissent comme si elles faisaient partie du dessin.

► **Ajustement de l'espacement des cotes** : vous pouvez ajuster automatiquement les cotes linéaires et angulaires dans un dessin de façon à ce qu'elles soient espacées ou alignées régulièrement sur la ligne de cote.

► **Cote d'inspection** : les cotes d'inspection vous permettent de signaler la fréquence à laquelle les pièces fabriquées doivent être vérifiées pour que la valeur de cote et les tolérances des pièces soient dans la plage spécifiée.

Le raccourcissement des cotes

Vous pouvez ajouter des lignes de raccourcissement aux cotes linéaires. Les lignes de raccourcissement représentent une valeur de cote qui n'affiche pas la mesure réelle. En général, la valeur de mesure réelle de la cote est plus petite que la valeur affichée.

Le raccourcissement est constitué de deux lignes parallèles et d'une ligne oblique qui forme deux angles de 40 degrés. La hauteur du raccourcissement est déterminée par la valeur de la taille de raccourcissement linéaire du style de cote.

Une fois que vous avez ajouté un raccourcissement à une cote linéaire, vous pouvez le positionner à l'aide des poignées. Pour repositionner un raccourcissement, sélectionnez la cote, puis la poignée. Déplacez la poignée à un autre point de la ligne de cote. Vous pouvez également ajuster la hauteur du symbole de raccourcissement sur une ligne de cote depuis la palette **Propriétés**, sous **Lignes & flèches**.

Pour ajouter un raccourcissement à une cote linéaire, la procédure est la suivante :

1. Dans la barre d'outils des cotations, cliquer sur la fonction **Linéaire raccourci** (Jogged Linear).

2. Sélectionner une cote linéaire.

3. Spécifier un point sur la ligne de cote sur lequel placer le raccourcissement ou appuyez sur Entrée pour positionner le raccourcissement au milieu de la ligne de cote sélectionnée (fig.9.23).

Pour repositionner un raccourcissement à l'aide des poignées, la procédure est la suivante :

1. Sans commande active, sélectionnez la cote linéaire qui comporte le raccourcissement à repositionner.

2. Sélectionner la poignée au milieu du raccourcissement.

3. Déplacer le réticule le long de la ligne de cote et cliquer pour repositionner le raccourcissement (fig.9.24).

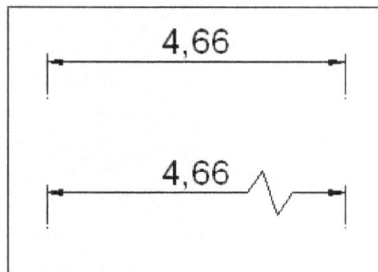

Fig.9.23

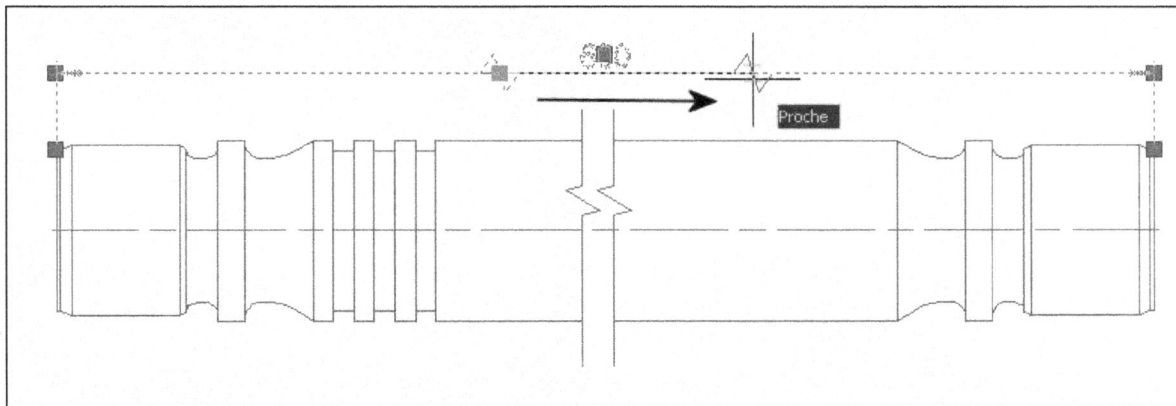

Fig.9.24

Pour supprimer un raccourcissement, la procédure est la suivante :

1. Dans la barre d'outils des cotations, cliquer sur la fonction **Linéaire raccourci** (Jogged Linear).

2. Entrer s (Supprimer) et appuyer sur Entrée.

3. Sélectionner la cote linéaire de laquelle vous voulez supprimer le raccourcissement.

Pour modifier la hauteur d'un raccourcissement à l'aide la palette Propriétés, la procédure est la suivante :

4. Sans commande active, sélectionner la cote linéaire qui comporte le raccourcissement dont vous voulez changer la hauteur.

5. Cliqueravec le bouton droit de la souris sur la fenêtre de dessin. Cliquer sur **Propriétés** (Properties).

6. Dans la palette Propriétés, développer la section **Lignes & flèches** (Lines and Arrows).

7. Sélectionner **Facteur de hauteur du raccourcissement** (Jog height factor) et entrez la nouvelle hauteur du raccourcissement (fig.9.25).

8. Appuyer sur Entrée et sortez de la palette Propriétés.

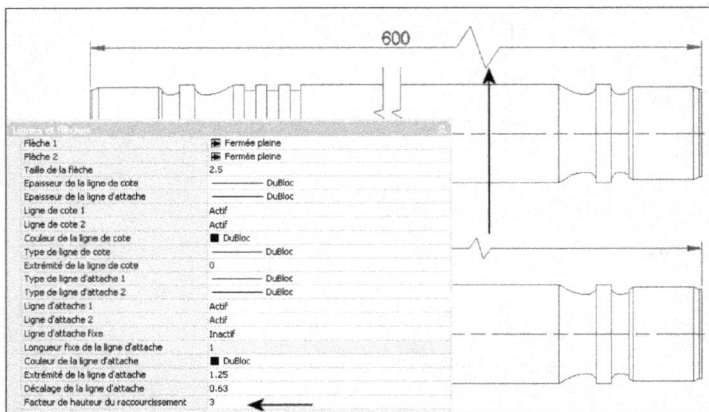

Fig.9.25

Les coupures de cotes

L'intersection de cotes ou de lignes d'attache n'est en général pas considérée comme une bonne pratique de dessin. Il est donc conseillé de les interrompre.

Les coupures de cote peuvent être ajoutées à une cote ou une ligne de repère multiple automatiquement ou manuellement. La méthode que vous choisissez pour placer les coupures de cote dépend du nombre d'objets qui coupent une cote ou une ligne de repère multiple.

Vous pouvez ajouter des coupures de cote aux objets de cote et de ligne de repère suivants :

► Cotes linéaires (alignées et pivotées).

► Cotes angulaires (2 et 3 points).

▸ Cotes radiales (rayon, diamètre et raccourcis).

▸ Cotes de longueur d'arc.

▸ Cotes superposées.

▸ Lignes de repère multiples (droites uniquement).

Les objets de cote et de ligne de repère suivants n'acceptent pas les coupures de cote :

▸ Lignes de repère multiples (splines uniquement).

▸ Lignes de repères héritées (droites ou splines).

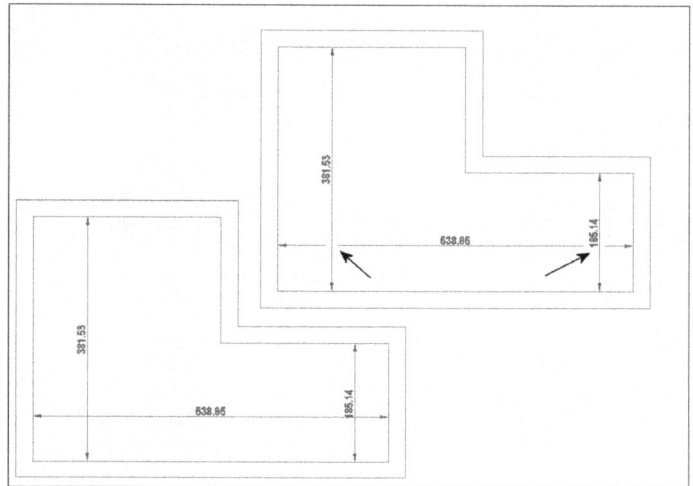

Fig.9.26

Pour créer automatiquement des coupures de cote pour chaque objet sécant, la procédure est la suivante :

[1] Dans la barre d'outils **Cotation** (Dimension), cliquersur l'option **Saut de cote**.(Dimension Break).

[2] Sélectionner une cote ou une ligne de repère multiple.

[3] Entrer a (Auto) et appuyez sur Entrée. La ligne de cote sélectionnée est interrompue aux endroits où elle rencontre d'autres cotes (fig.9.26).

Pour créer une coupure de cote à partir d'un objet sécant, la procédure est la suivante :

[1] Dans la barre d'outils **Cotation** (Dimension), cliquer sur l'option **Saut de cote**.(Dimension Break).

[2] Sélectionner une cote ou une ligne de repère multiple.

[3] Sélectionner un objet qui coupe la cote ou la ligne de repère multiple. Appuyer sur Entrée (fig.9.27).

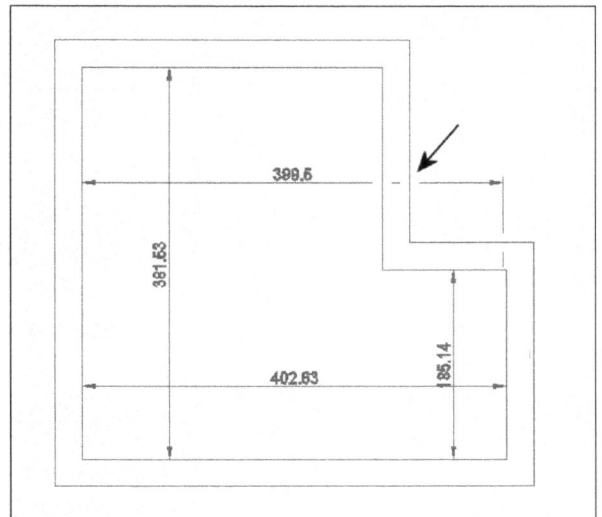

Fig.9.27

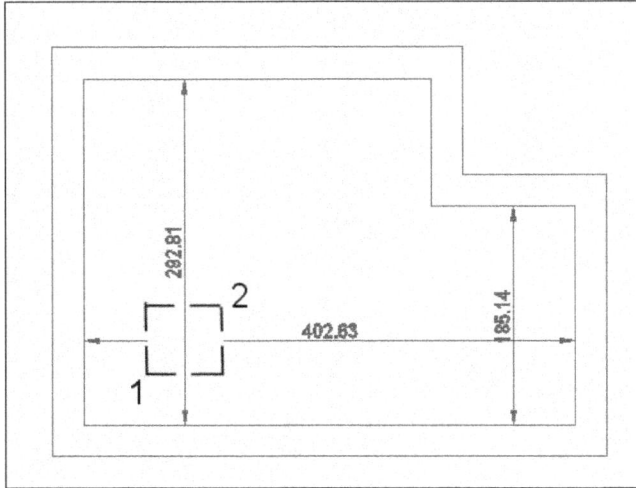

Fig.9.28

Pour créer une coupure de cote manuelle, la procédure est la suivante :

1. Dans la barre d'outils **Cotation** (Dimension), cliquer sur l'option **Saut de cote** (Dimension Break).

2. Sélectionner une cote ou une ligne de repère multiple.

3. Entrer m (Manuel) et appuyez sur Entrée.

4. Spécifier le premier point sur la ligne de cote, d'attache ou de repère pour la coupure de cote.

5. Spécifier de même le second point (fig.9.28).

Pour créer des coupures de cote pour plusieurs cotes ou lignes de repère multiples en même temps, la procédure est la suivante :

1. Dans la barre d'outils **Cotation** (Dimension), cliquer sur l'option **Saut de cote** (Dimension Break).

2. Entrer m (Multiple) et appuyer sur Entrée.

3. Sélectionner les cotes ou les lignes de repère multiples auxquelles ajouter des coupures de cote.

4. Entrer c (Coupure) et appuyer sur Entrée.

Pour supprimer toutes les coupures de cote d'une cote ou d'une ligne de repère multiple, la procédure est la suivante :

1. Dans la barre d'outils **Cotation** (Dimension), cliquer sur l'option **Saut de cote** (Dimension break).

2. Sélectionner une cote ou une ligne de repère multiple.

3. Entrer r (Restaurer) et appuyer sur Entrée.

Pour supprimer toutes les coupures de cote de plusieurs cotes ou lignes de repère multiples, la procédure est la suivante :

1. Dans la barre d'outils **Cotation** (Dimension), cliquer sur l'option **Saut de cote** (Dimension Beak).

2️⃣ Entrer m (Multiple) et appuyez sur Entrée.

3️⃣ Sélectionner les cotes ou les lignes de repère multiples desquelles supprimer les coupures de cote.

4️⃣ Entrer r (Restaurer) et appuyez sur Entrée.

L'espacement des cotes

Vous pouvez ajuster automatiquement les cotes linéaires et angulaires dans un dessin de façon à ce qu'elles soient espacées ou alignées régulièrement sur la ligne de cote.

Pour espacer régulièrement des cotes linéaires et angulaires automatiquement, la procédure est la suivante :

1️⃣ Dans la barre d'outils **Cotation** (Dimension), cliquer sur l'option **Espace de cote**.(Dimension Space).

2️⃣ Sélectionner la cote à utiliser comme cote de base pour espacer régulièrement des cotes.

3️⃣ Sélectionner la cote suivante à espacer de la cote de base.

4️⃣ Sélectionner d'autres cotes, puis appuyer sur Entrée.

5️⃣ Entrer a (Auto) et appuyer sur Entrée (fig.9.29).

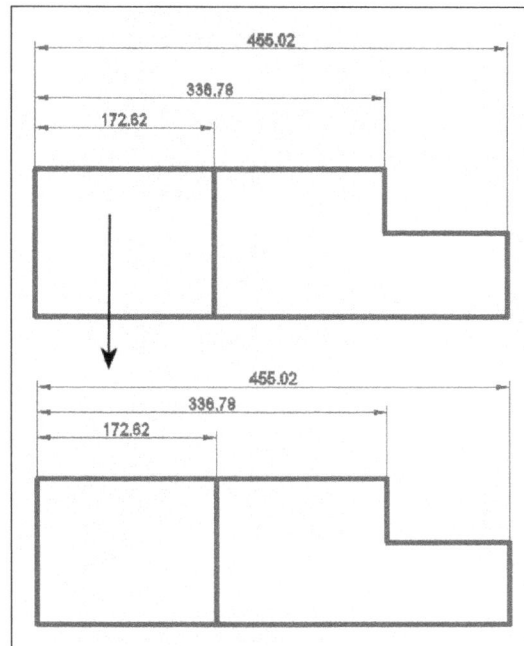

Fig.9.29

Pour espacer régulièrement les cotes linéaires et angulaires avec une certaine distance, la procédure est la suivante :

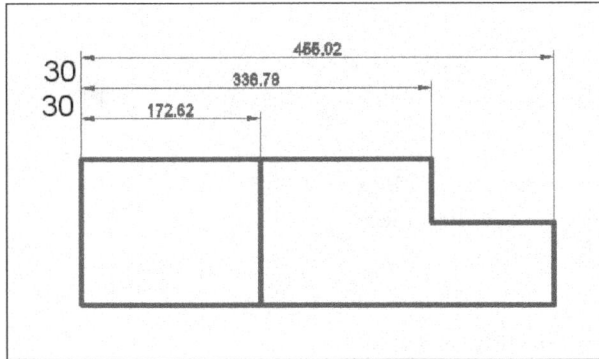

Fig.9.30

[1] Dans la barre d'outils **Cotation** (Dimension), cliquer sur l'option **Espace de cote** (Dimension Space).

[2] Sélectionner la cote à utiliser comme cote de base pour espacer régulièrement des cotes.

[3] Sélectionner la cote suivante à espacer de la cote de base.

[4] Sélectionner d'autres cotes, puis appuyez sur Entrée.

[5] Entrer une valeur d'espacement (par exemple : 30) et appuyer sur Entrée (fig.9.30).

Pour aligner des cotes linéaires et angulaires parallèles, la procédure est la suivante :

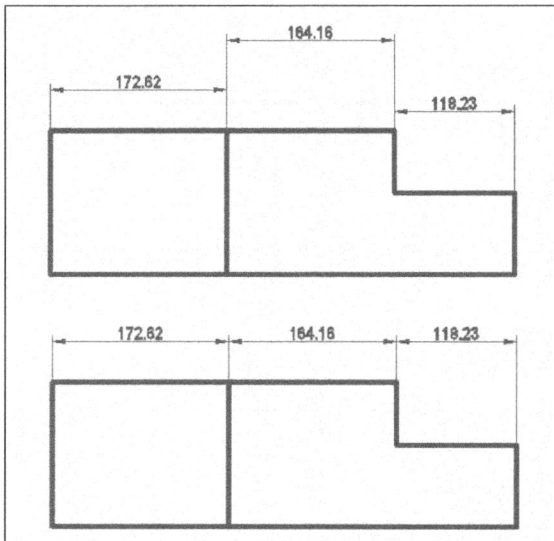

Fig.9.31

[1] Dans la barre d'outils **Cotation** (Dimension), cliquer sur l'option **Espace de cote** (Dimension Space).

[2] Sélectionner la cote à utiliser comme cote de base pour espacer régulièrement des cotes.

[3] Sélectionner la cote suivante à aligner.

[4] Sélectionner d'autres cotes, puis appuyer sur Entrée.

[5] Entrer o comme distance et appuyer sur Entrée (fig.9.31).

Les cotes d'inspection

Les cotes d'inspection vous permettent de signaler la fréquence à laquelle les pièces fabriquées doivent être vérifiées pour que la valeur de cote et les tolérances des pièces soient dans la plage spécifiée.

Lorsque vous manipulez des pièces qui doivent être conformes à une valeur de tolérance ou de cote avant de les assembler dans le produit final, vous pouvez utiliser une cote d'inspection pour spécifier la fréquence à laquelle la pièce doit être vérifiée.

Vous pouvez ajouter une cote d'inspection à n'importe quel type d'objet de cote. Une cote d'inspection se compose d'un cadre et de valeurs texte. Le cadre lui-même est composé de deux lignes parallèles qui se rejoignent en formant un arrondi ou un carré. Les valeurs texte sont séparées par des lignes verticales. Une cote d'inspection peut contenir trois champs différents d'information ; une étiquette d'inspection, une valeur de cote et un taux d'inspection.

Les champs d'une cote d'inspection sont les suivants (fig.9.32) :

▶ **Etiquette d'inspection :** texte identifiant chaque cote d'inspection. L'étiquette apparaît dans la partie la plus à gauche de la cote d'inspection.

▶ **Valeur de cote:** la valeur de cote affichée est la valeur de cote avant l'ajout de la cote d'inspection. La valeur de cote peut contenir des tolérances, du texte (préfixe et suffixe) et la valeur mesurée. La valeur de cote apparaît au centre de la cote d'inspection.

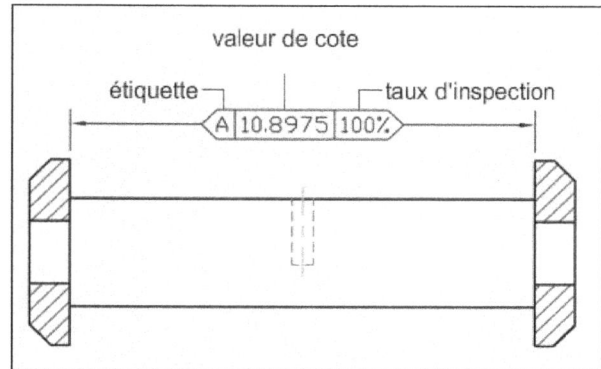

Fig.9.32

▶ **Taux d'inspection :** texte indiquant la fréquence à laquelle la valeur de cote doit être vérifiée ; la fréquence est exprimée en pourcentage. Le taux apparaît dans la partie la plus à droite de la cote d'inspection.

Pour créer une cote d'inspection, la procédure est la suivante :

[1] Dans la barre d'outils **Cotation** (Dimension), cliquer sur l'option Inspection.

[2] Dans la boîte de dialogue **Cote d'inspection** (Inspection Dimension), cliquer sur **Sélectionner les cotes** (Select dimensions) (fig.9.33).

[3] Sélectionner la cote à transformer en cote d'inspection. Appuyer sur Entrée pour revenir à la boîte de dialogue.

[4] Sous la section **Forme** (Shape), spécifier le type du cadre.

[5] Sous la section **Etiquette/Cote d'inspection** (Label/Inspection rate), spécifier les options voulues.

[6] Activer la case à cocher **Etiquette** (Label) et entrer le texte de l'étiquette dans la zone de texte.

[7] Activer la case à cocher **Taux d'inspection** (Inspection rate) et entrer le taux voulu dans la zone de texte Taux d'inspection.

[8] Cliquer sur OK.

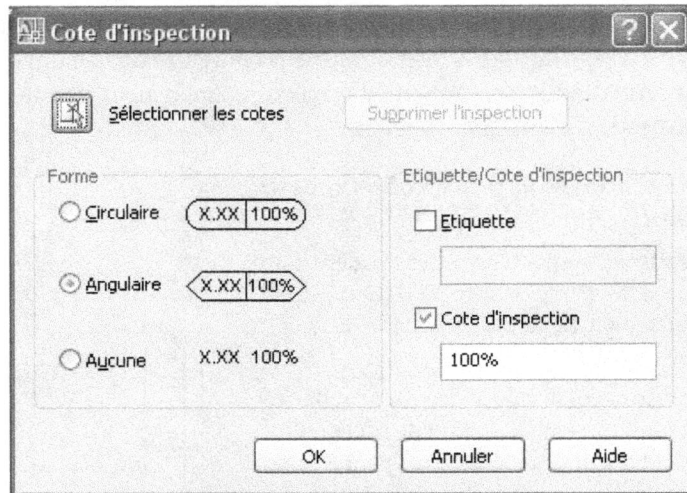

Fig.9.33

La cotation associative

Depuis la version AutoCAD 2002, la relation entre les objets géométriques et les cotes qui indiquent leurs dimensions devient complètement associative. Cela signifie qu'elles ajustent automatiquement leur position, leur orientation et la dimension indiquée lorsque les objets géométriques auxquels elles sont associées sont modifiés.

Le type d'association est réglé par la variable **DIMASSOC** qui peut prendre trois valeurs :

▸ 2 : la cotation est associative (valeur par défaut)

▸ 1 : la cotation n'est pas associative. Cela signifie qu'elle ne s'adapte pas automatiquement à toute modification des objets géométriques.

▶ o : la cotation est décomposée. Chaque composant d'une cote devient un objet distinct.

Les cotes créées par la commande de cotation rapide ne sont pas associatives mais peuvent être associées individuellement à l'aide de la commande **COTREASSOCIER** (DIMREASSOCIATE).

Pour réassocier une cote non associative la procédure est la suivante (fig.9.34) :

1 Exécuter la commande à l'aide d'une des méthodes suivantes :

Menu : choisir le menu déroulant **Cotation** (Dimension) puis l'option **Réassocier cotes** (Reassociate Dimensions).

Clavier : taper la commande **COTREASSOCIER** (DIMREASSOCIATE).

2 Sélectionner la cotation (pt A).

3 Sélectionner la première ligne d'attache (pt. B).

4 Sélectionner la seconde ligne d'attache (pt. C).

Lors de l'opération d'association, une croix indique que l'attache n'est pas associée et un carré indique que l'attache est associée.

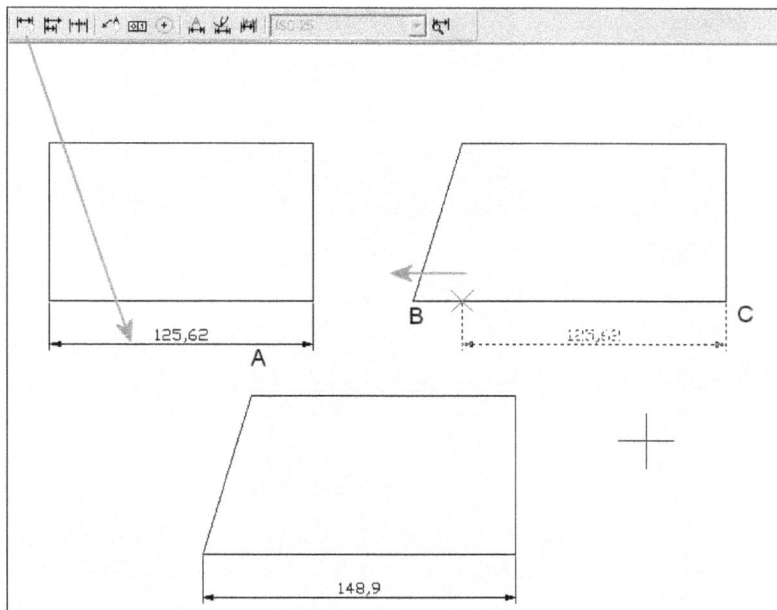

Fig.9.34

Les lignes de repère

Principe

Dans les versions précédentes d'AutoCAD, l'utilisation de la fonction Ligne de repère donnait naissance à deux objets distincts : la ligne de repère et le texte, le bloc ou la tolérance qui lui est associé(e). Avec la version 2008, lorsque vous créez une ligne de repère multiple, vous créez un seul objet.

Une ligne de repère est une ligne ou une spline dont une extrémité comporte une pointe de flèche et l'autre extrémité, un texte multiligne ou un bloc. Le texte ou le bloc peuvent être reliés à la ligne de repère par une courte ligne horizontale appelée ligne de guidage (fig.9.35). Les lignes de guidage et de repère sont associées au bloc ou à l'objet de texte multiligne, de sorte que lorsque la ligne de guidage est déplacée, le contenu et la ligne de repère le sont également.

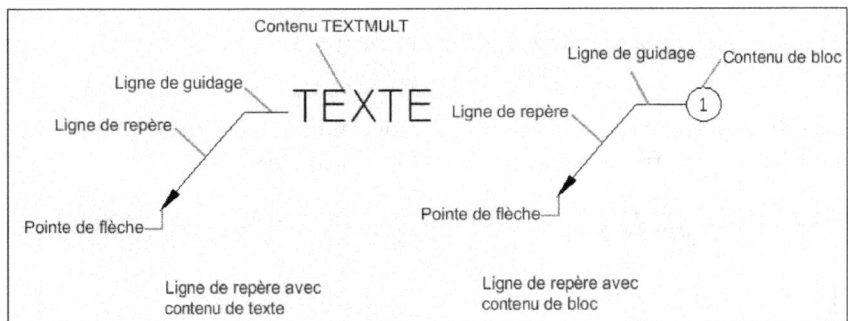

Fig.9.35

La procédure générale est la suivante :

1. Créer un style de ligne de repère multiple.
2. Créer des lignes de repère multiples.
3. Modifier des lignes de repère multiples.
4. Aligner ou regrouper des lignes de repère multiples.
5. Créer des lignes de repère « annotatif ».

Créer un style de ligne de repère multiple

L'apparence d'une ligne de repère est déterminée par le style de ligne de repère multiple qui lui est appliqué. Vous pouvez utiliser le style de ligne de repère multiple par défaut, STANDARD, ou créer vos propres styles de ligne de repère multiple.

Le style de ligne de repère multiple peut définir le formatage des lignes de guidage, des lignes de repère, des têtes de flèche et du contenu. Par exemple, le style de ligne de repère multiple STANDARD utilise une ligne de repère droite avec une tête de flèche pleine fermée et un contenu de texte multiligne.

Pour définir un style de ligne de repère, la procédure est la suivante :

[1] Activer la fonction de création d'un Style de ligne de repère multiple par l'une des options suivantes :

Icône : cliquer sur l'icône **Style de ligne de repère multiple** (Multileader Style) dans la barre d'outils **Ligne de repère multiple** (Multileader).

Tableau bord : cliquer sur l'icône **Gestionnaire des styles de lignes de repère multiples** (Multileader style Manager) dans la section **Lignes de repère multiples** (Multileaders).

Clavier : entrer la commande **STYLELI-GNEDEREPMULT**.

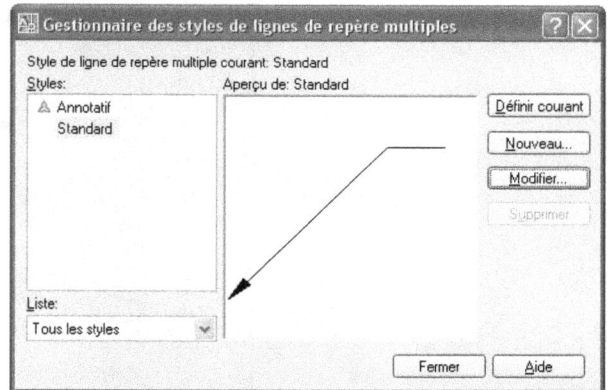

Fig.9.36

[2] Dans le **Gestionnaire des styles de lignes de repère multiples**, cliquer sur **Nouveau** (New) (fig.9.36).

[3] Dans la boîte de dialogue **Créer un style de ligne de repère multiple** (Create New Multileader Style), spécifier le nom du nouveau style de ligne de repère. Exemple : Flèche et Texte (fig.9.37).

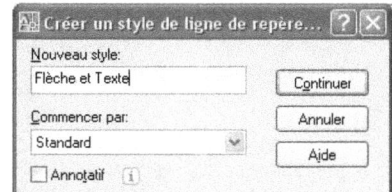

Fig.9.37

[4] Dans l'onglet **Format de la ligne de repère** (Leader Format) de la boîte de dialogue **Modifier le style de ligne de repère multiple** (Modify Multileader Style), sélectionner ou désélectionner les options suivantes (fig.9.38) :

- **Type** : détermine le type de ligne de guidage. Vous pouver choisir une ligne de guidage droite, une ligne de guidage spline ou aucune ligne de guidage.

- **Couleur** (Color) : détermine la couleur de la ligne de guidage.

- **Type de ligne** (Linetype) : détermine le type de la ligne de guidage.

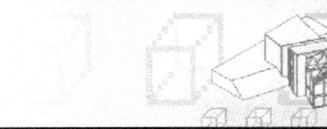

- **Epaisseur de ligne** (Lineweight) : détermine l'épaisseur de la ligne de guidage.

5. Spécifier un symbole et une taille pour la tête de flèche de la ligne de repère multiple.

6. Spécifier éventuellement la taille de la coupure lorsqu'une coupure de cote est ajoutée à une ligne de repère multiple.

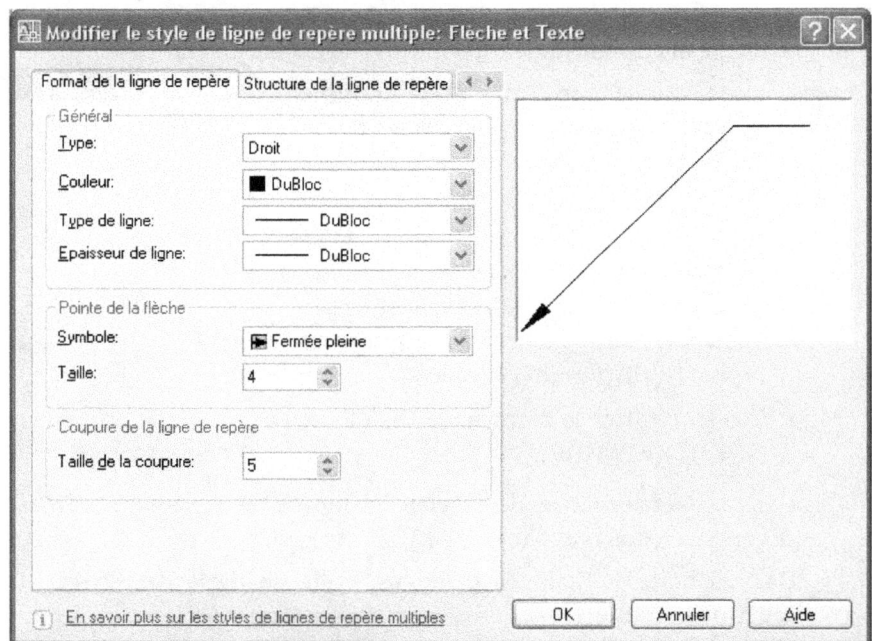

Fig.9.38

7. Dans l'onglet **Structure de la ligne de repère multiple** (Leader Structure), sélectionner ou désélectionner les options suivantes (fig.9.39):

- **Nombre max. de points de ligne de repère** (Maximum leader points) : spécifie un nombre de points maximum pour la ligne de guidage de la ligne de repère multiple. Par exemple : 2

- **Premier et Second angle de segment** (First and second segment angle) : spécifie l'angle des premier et deuxième points de la ligne de guidage. Par exemple : 45

- **Inclure automatiquement la ligne de guidage** (Automatically include landing) : attache une ligne de guidage horizontale au contenu de la ligne de repère multiple.

- **Définir la distance de la ligne de guidage** (Set landing distance) : détermine la distance fixe de la ligne de guidage de la ligne de repère multiple.

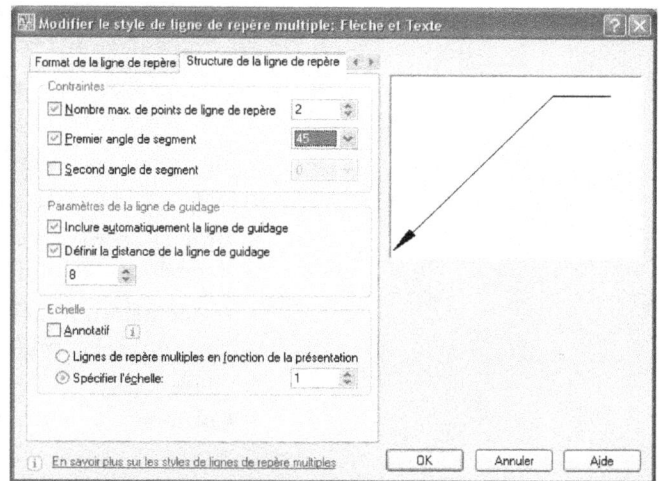

Fig.9.39

8. Dans l'onglet **Contenu** (Content), spécifier le contenu (texte ou bloc) de la ligne de repère multiple. Si l'objet de ligne de repère multiple comprend du contenu de texte, sélectionner ou désélectionner les options suivantes (fig.9.40) :

- **Texte par défaut** (Default text) : définit le texte par défaut du contenu de ligne de repère multiple. Vous pouvez insérer un champ ici.

- **Style de texte** (Text style) : indique un style de texte prédéfini pour le texte de l'attribut. Cette zone de liste déroulante contient les styles de texte actuellement chargés.

- **Angle du texte** (Text angle) : spécifie l'angle de rotation du texte de ligne de repère multiple.

- **Couleur de texte** (Text color) : spécifie la couleur du texte de ligne de repère multiple.

- **Hauteur du texte** (Text height) : définit la hauteur d'affichage du texte dans l'espace papier.

- **Cadre du Texte** (Frame text) : place le contenu (texte) de la ligne de repère multiple dans une zone de texte.

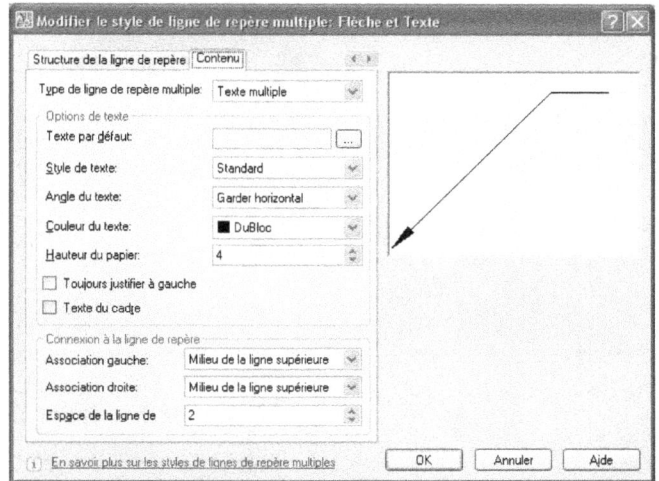

Fig.9.40

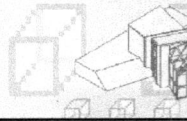

- **Association** (Attachment). Contrôle l'attachement de la ligne de guidage au texte de ligne de repère multiple.
- **Espace avec la ligne de guidage** (Landing gap). Spécifie la distance entre la ligne de guidage et le texte de ligne de repère multiple.

Si un contenu de bloc est spécifié, sélectionnez ou désélectionnez les options suivantes (fig.9.41) :

- ▶ **Bloc source** (Source block) : spécifie le bloc utilisé pour le contenu de ligne de repère multiple. Par exemple : Cercle.
- ▶ **Association** (Attachment) : indique comment le bloc est attaché à l'objet ligne de repère multiple. Vous pouvez attacher le bloc en spécifiant son étendue, son point d'insertion ou son centre.
- ▶ **Couleur** (Color) : spécifie la couleur du contenu du bloc de ligne de repère multiple. DuBloc est sélectionné par défaut.

9 Cliquer sur OK.

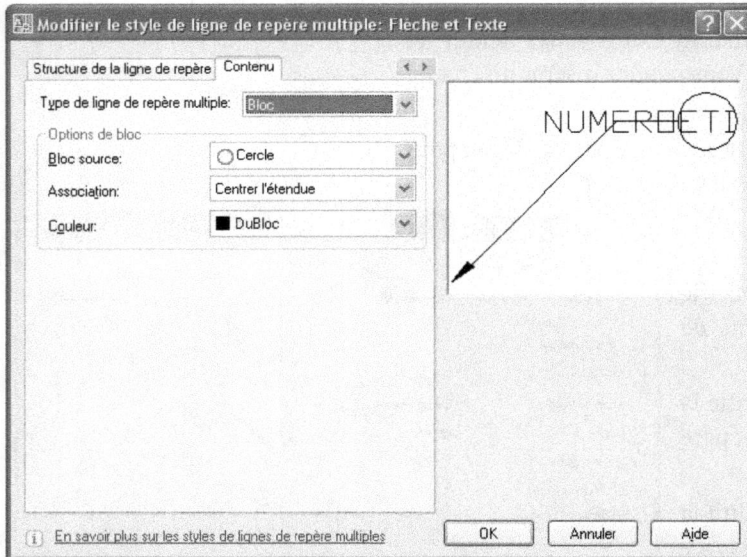

Fig.9.41

Pour appliquer un style de ligne de repère à une ligne de repère existante, la procédure est la suivante :

1 Sélectionner la ligne de repère multiple à laquelle vous voulez appliquer un nouveau style.

2 Dans la barre d'outils **Ligne de repère multiple** (Multileader) ou dans la section **Lignes de repère multiples** (Multileader) du Tableau de bord, sélectionner le style de ligne de repère multiple souhaité dans la liste déroulante.

Créer et modifier des lignes de repère

Vous pouvez créer une ligne de repère multiple en spécifiant d'abord la tête de flèche, d'abord la queue ou d'abord le contenu. Si un style de ligne de repère multiple a été défini, la ligne de repère multiple peut être créée à partir de ce style.

Une ligne de repère multiple peut contenir, comme son nom l'indique, plusieurs lignes de repère de sorte qu'une note puisse pointer vers plusieurs objets dans votre dessin. Vous pouvez aussi ajouter des lignes de repère à une ligne de repère déjà existante ou supprimer des lignes de repère de cet objet.

Pour créer une ligne de repère, la procédure est la suivante :

1. Activer la fonction de création d'une ligne de repère multiple par l'une des options suivantes (fig.9.42) :

   Icône : cliquer sur l'icône **Ligne de repère multiple** (Multileader) dans la barre d'outils **Ligne de repère multiple** (Multileader).

   Tableau bord : cliquer sur l'icône **Lignes de repère multiples** (Multileader) dans la section **Lignes de repère multiples** (Multileaders).

   Clavier : entrer la commande **LIGNEDEREPMULT** (MLEADER)

2. Spécifier l'emplacement de la pointe de flèche de la ligne de repère (1).
   Spécifier l'emplacement de la ligne de guidage de la ligne de repère (2).

3. Entrer le contenu du texte (3).

   Ou

2. Entrer L pour activer l'option **Ligne de guidage de la ligne de repère en premier** (Leader landing first).

3. Spécifier l'emplacement de la ligne de guidage (4).

4. Spécifier l'emplacement de la pointe de flèche de la ligne de repère (5).

5. Entrer le texte (6).

   Ou

2. Entrer C pour activer l'option **Contenu en premier** (Content first).

3. Spécifier l'emplacement du texte (7-8).

4. Entrer le texte.

5. Spécifier l'emplacement de la pointe de flèche de la ligne de repère (9).

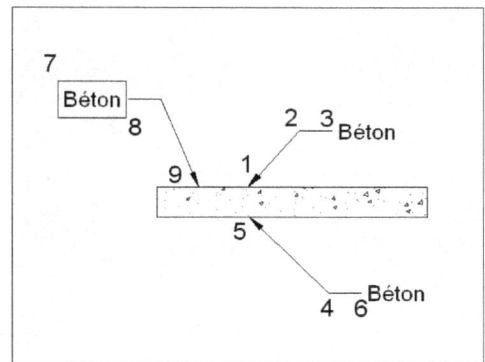

Fig.9.42

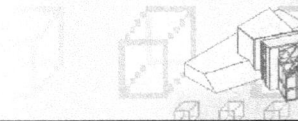

Les options sont les suivantes :

▶ **Type de ligne de repère :** permet d'indiquer le type de ligne de repère à utiliser (droite, sine, aucune).

▶ **Ligne de guidage :** permet d'utiliser une ligne de guidage (Oui/Non) et de changer la distance de la ligne de guidage horizontale.

▶ **Type de contenu :** permet d'indiquer le type de contenu qui sera utilisé (Bloc, Textmult, Aucun).

▶ **Nombre maximal de points :** permet d'indiquer le nombre maximal de points pour la nouvelle ligne de repère.

▶ **Premier angle :** permet de spécifier la contrainte du premier angle sur la nouvelle ligne de repère.

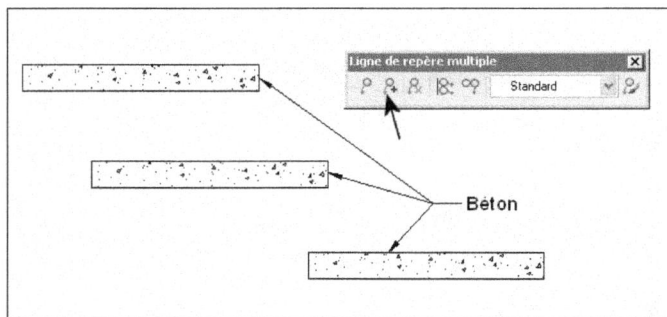

▶ **Second angle :** permet de spécifier la contrainte du second angle sur la nouvelle ligne de repère.

Pour créer plusieurs lignes de repère à partir de la même annotation, la procédure est la suivante (fig.9.43) :

1. Dans la barre d'outils **Ligne de repère multiple** (Multileader) ou dans la section **Lignes de repère multiples** (Multileaders) du Tableau de bord, cliquer sur **Ajouter une ligne de repère** (Add leader).

2. Sélectionner la ligne de repère multiple à compléter.

3. Spécifier l'extrémité de la nouvelle ligne de repère.

Fig.9.43

Pour modifier le texte d'une ligne de repère :

1. Cliquer deux fois sur le texte à modifier. L'Editeur de texte intégré apparaît pour les textes à une ou plusieurs lignes. La barre d'outils Format du texte n'est pas disponible pour un texte à une seule ligne.

2. Modifier le texte.

Pour supprimer des lignes de repère d'une annotation :

1 Sélectionner la ligne de repère multiple.

2 Dans la barre d'outils **Ligne de repère multiple** (Multileader) ou dans la section **Lignes de repère multiples** (Multileaders) du Tableau de bord, cliquer sur **Supprimer une ligne de repère** (Remove leader).

3 Sélectionner la ou les lignes de repère que vous souhaitez supprimer.

4 Appuyer sur Entrée.

Pour aligner et espacer les lignes de repère :

1 Dans la barre d'outils **Ligne de repère multiple** ou dans la section **Lignes de repère multiples** (Multileaders) du Tableau de bord, cliquer sur **Aligner les lignes de repère multiples** (Align Multileaders).

2 Sélectionner les lignes de repère multiples à aligner. Appuyer sur Entrée.

3 Sélectionner une ligne de repère (A) comme référence pour l'alignement. L'extrémité de la ligne de repère est la position de démarrage de l'alignement (fig.9.44-9.45).

4 Pointer un second point pour indiquer la direction de l'alignement (B).

5 Si vous vouler changer l'espacement des objets de ligne de repère multiple, entrer O (options) et spécifier une des méthodes d'espacement suivantes :

- **Distribuer** (Distribute) : permet d'espacer régulièrement le contenu entre deux points sélectionnés (fig.9.46).

- **Utiliser courant** (Use current) : permet d'utiliser l'espacement courant entre les lignes de repère multiples.

- **Rendre parallèle** (Make leader segments Parallel) : permet de placer le contenu de sorte que chacun des derniers segments de ligne des lignes de repère multiples sélectionnées soient parallèles.

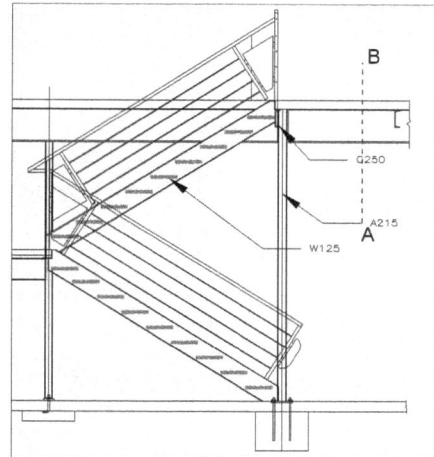
Fig.9.44

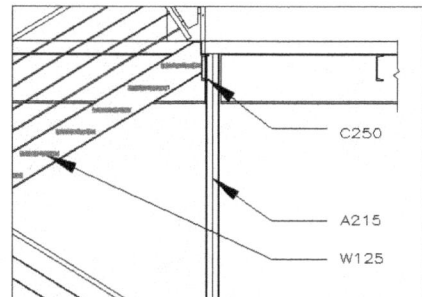
Fig.9.45

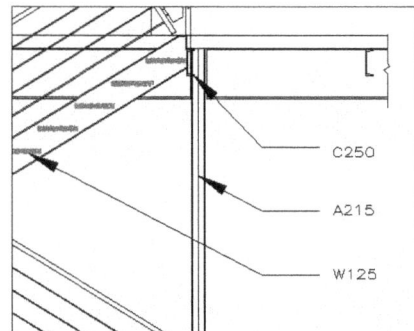
Fig.9.46

- **Spécifier l'espacement** (Specify spacing) : permet de définir l'espacement entre les lignes de repère multiples.

Pour collecter plusieurs notes à attacher à une ligne de repère multiple :

1. Dans la barre d'outils **Ligne de repère multiple** (Multileaders) ou dans la section **Lignes de repère multiples** (Multileaders) du Tableau de bord, cliquer sur **Recueillir ligne de repère multiple** (Collect multileaders).

2. Sélectionner les lignes de repère multiples dans l'ordre dans lequel vous souhaitez qu'elles soient collectées. La dernière ligne de repère multiple sélectionnée conserve sa ligne de guidage. Appuyer sur Entrée.

REMARQUE

Cette commande ne fonctionne qu'avec des lignes de repère avec Bloc et non avec du texte multiligne (fig.9.47-9.48).

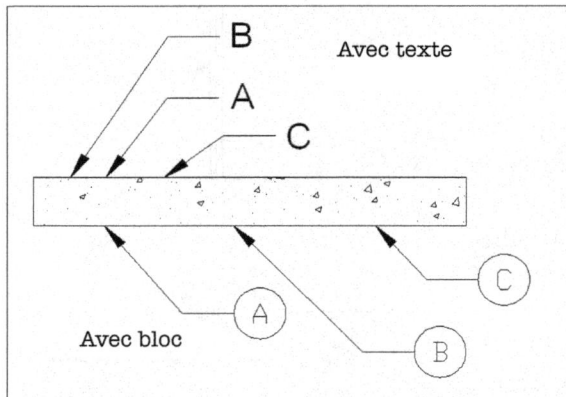

Fig.9.47

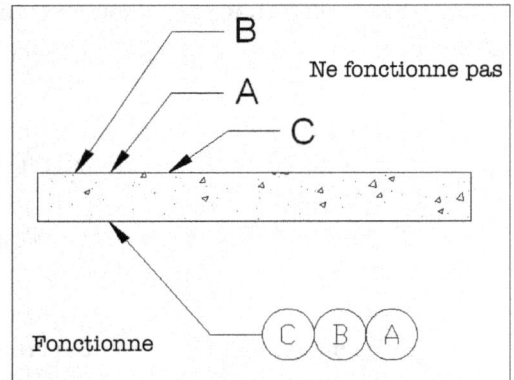

Fig.9.48

Les lignes de repère multiples annotatives

Pour rappel, la propriété « Annotatif » d'une annotation vous permet d'automatiser le processus de mise à l'échelle de celle-ci. Les objets annotatifs sont définis à une hauteur de papier et s'affichent dans les fenêtres de présentation et dans l'espace objet à la taille déterminée par l'échelle d'annotation définie pour ces espaces.

Pour créer un style de ligne de repère multiple annotatif, la procédure est la suivante :

1. Cliquer sur le menu **Format** puis **Style de ligne de repère multiple** (Multileader style).

2. Dans la boîte de dialogue **Gestionnaire des styles de lignes de repère multiples** (Multileader Style Manager), cliquer sur **Nouveau** (New).

3. Dans la boîte de dialogue **Créer un style de ligne de repère multiple** (Create New Multileader style), entrer un nom de style, puis sélectionner Annotatif.

4. Cliquer sur le bouton **Continuer** (Continue).

5. Dans la boîte de dialogue **Modifier le style de ligne de repère multiple** (Modify Multileader Style), choisir l'onglet approprié et effectuer les modifications nécessaires pour définir le style de repère multiple.

6. Dans l'onglet **Structure de la ligne de repère multiple** (Leader Structure), sélectionner **Annotatif** (Annotative).

7. Cliquer sur OK.

8. Cliquer éventuellement sur **Définir courant** (Set Current) pour définir ce style comme le style de ligne de repère multiple.

9. Cliquer sur **Fermer** (Close).

CHAPITRE 10

LA GESTION DES DESSINS AVEC AUTOCAD DESIGNCENTER

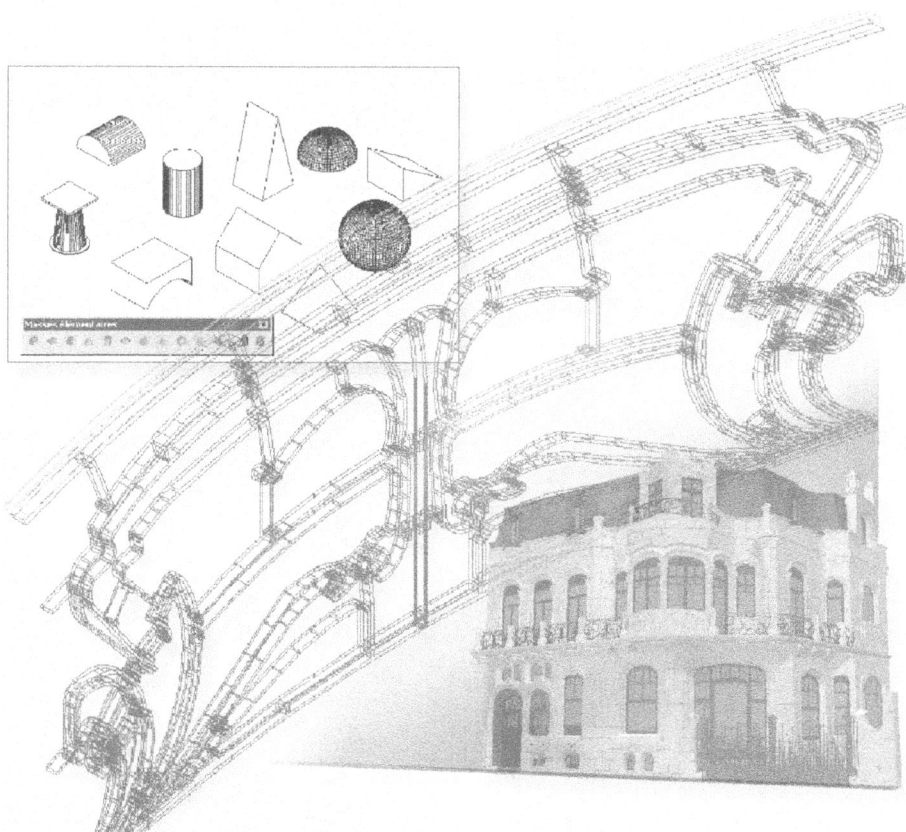

Introduction

Le DesignCenter™ est un outil performant qui permet d'organiser facilement l'accès à des dessins, des blocs, des hachures et à d'autres contenus de dessin. Il permet aussi de faire glisser le contenu d'un dessin source vers le dessin courant et de faire glisser des dessins, des blocs et des hachures vers une palette d'outils. Les dessins source peuvent se trouver sur le poste de travail, sur un réseau ou sur un site Web. En outre, si plusieurs dessins sont ouverts, on peut simplifier son processus de travail à l'aide de DesignCenter en copiant et en collant d'autres contenus, tels des définitions de calque, des présentations et des styles de texte d'un dessin dans un autre.

Le DesignCenter permet donc de :

▸ rechercher un contenu de dessin, tel que des dessins ou des bibliothèques de symboles, sur son ordinateur, sur une unité du réseau ou sur une page Web ;

▸ visualiser des tables de définition pour des objets nommés tels que des blocs et des calques, dans n'importe quel fichier dessin, puis insérer, attacher ou copier/coller les définitions dans le dessin courant ;

▸ mettre à jour (redéfinir) une définition de bloc ;

▸ créer des raccourcis pour les dessins, les dossiers et les sites Internet dont on se sert fréquemment ;

▸ ajouter un contenu tel que des Xréfs, des blocs et des hachures à un dessin ;

▸ ouvrir des fichiers de dessin dans une nouvelle fenêtre ;

▸ faire glisser des dessins, des blocs et des hachures vers une palette d'outils pour y accéder facilement.

Pour afficher AutoCAD DesignCenter, utiliser l'une des méthodes suivantes :

Menu : choisir **Outils** (Tools) puis **Palettes** puis **DesignCenter**.

Icône : sélectionner l'icône **DesignCenter** dans la barre d'outils principale.

Clavier : taper la commande **ADCENTER**.

Description de la fenêtre du DesignCenter

La fenêtre DesignCenter est divisée en deux (fig.10.1) :

▶ **l'arborescence dans la partie gauche (❶)** : utile pour rechercher des sources de contenu et afficher le contenu dans la zone appropriée

▶ **la zone de contenu dans la partie droite (❷)** : utile pour ajouter des éléments à un dessin ou à une palette d'outils.

Dans la zone de contenu, il est possible d'afficher un aperçu ou une description d'un dessin, d'un bloc, d'un motif de hachures ou d'une Xréf sélectionnés.

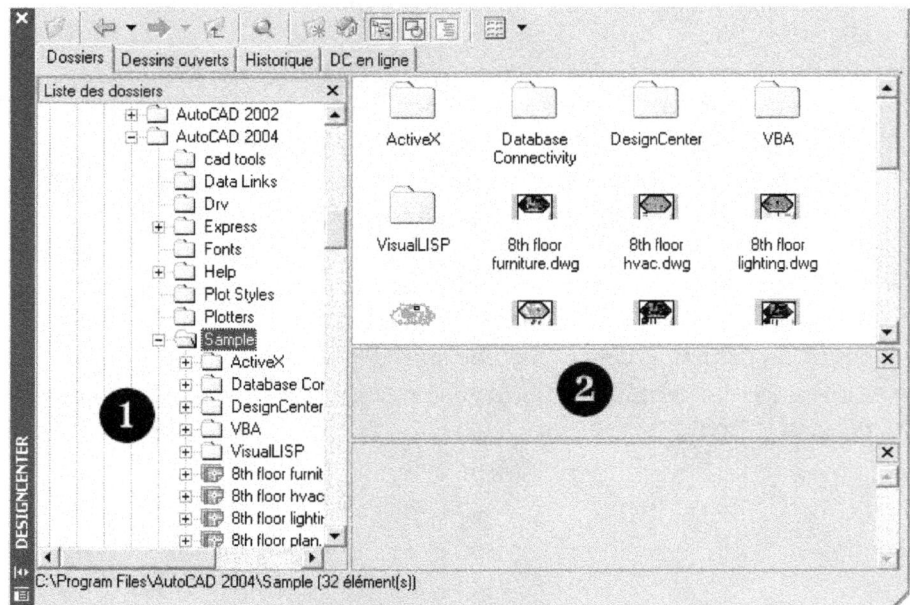

Fig.10.1

Il est possible de déterminer la taille, l'emplacement et l'apparence de DesignCenter :

▶ Redimensionner DesignCenter en faisant glisser la barre entre la zone de contenu et l'arborescence ou en faisant glisser un bord, comme pour toute autre fenêtre.

▶ Ancrer la fenêtre DesignCenter en la faisant glisser vers les zones d'ancrage droite ou gauche de la fenêtre d'AutoCAD jusqu'à ce qu'elle soit ancrée à un bord. Il est aussi possible d'ancrer la fenêtre DesignCenter en cliquant deux fois sur sa barre de titre.

▶ Libérer le DesignCenter de son ancrage en faisant glisser la zone au-dessus de la barre d'outils hors de la zone d'ancrage. Appuyer sur la touche Ctrl tout en faisant glisser la fenêtre pour la libérer de son ancrage.

▶ Activer ou désactiver le masquage et l'affichage automatiques de DesignCenter en cliquant sur le bouton Masquer automatiquement (Auto-hide), situé dans le bas de la barre de titre de DesignCenter.

Lorsque l'option de masquage et d'affichage automatiques de DesignCenter est activée, l'arborescence de DesignCenter et la zone de contenu disparaissent lorsque l'on déplace son curseur en dehors de la fenêtre DesignCenter. Seule la barre de titre apparaît. Lorsque l'on déplace son curseur à nouveau sur la barre de titre, la fenêtre DesignCenter est restaurée.

Accéder au contenu du DesignCenter

Pour accéder au contenu du DesignCenter la procédure est la suivante :

1. Si DesignCenter n'est pas encore ouvert, cliquer sur DesignCenter dans le menu **Outils** (Tools) ou sur l'icône de la barre d'outils principale.

2. Dans la barre d'outils DesignCenter, cliquer sur l'un des onglets suivants :

   ▪ **L'onglet Dossiers** (Folders) : affiche une hiérarchie d'icônes de navigation comprenant (fig.10.2) :

     ▫ Réseaux et ordinateurs

     ▫ Adresses Web (URL)

     ▫ Unités de disque de l'ordinateur

     ▫ Dossiers

     ▫ Dessins et fichiers de support associés

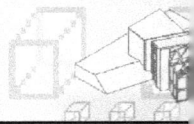

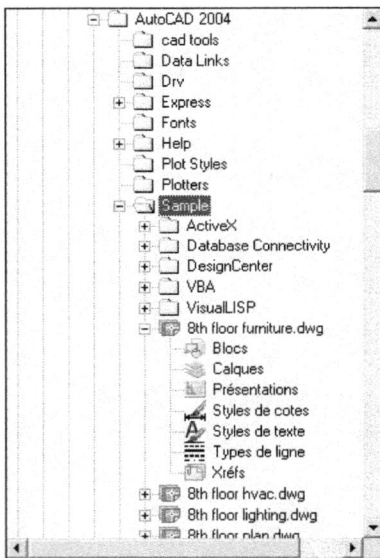

■ Xréfs, présentations, styles de hachures et objets nommés, y compris les blocs, les calques, les types de ligne, les styles du texte, les styles de cote et les styles de tracé d'un dessin.

Il convient de sélectionner un élément dans l'arborescence pour afficher son contenu dans la zone de contenu. Pour afficher et masquer les autres niveaux de la hiérarchie, il suffit de cliquer sur les signes plus (+) ou moins (–). Il est également possible de cliquer deux fois sur un élément pour afficher les niveaux inférieurs.

■ **L'onglet Dessins ouverts** (Open Drawings) : affiche la liste des dessins ouverts. Il faut sélectionner un fichier de dessin, puis cliquer sur l'une des tables de définition (bloc, calque...) dans la liste pour charger le contenu dans la zone de contenu.

■ **L'onglet Historique** (History) : affiche la liste des fichiers précédemment ouverts avec le DesignCenter. Il faut cliquer deux fois sur un fichier de dessin dans la liste pour rechercher ce fichier de dessin dans l'arborescence de l'onglet **Dossiers** et charger son contenu dans la zone de contenu.

■ **L'onglet DC en ligne** (DC online) : fournit le contenu de la page Web DesignCenter Online. Il peut s'agir de blocs, de bibliothèques de symboles, de contenu d'un fabricant et de catalogues en ligne (fig.10.3).

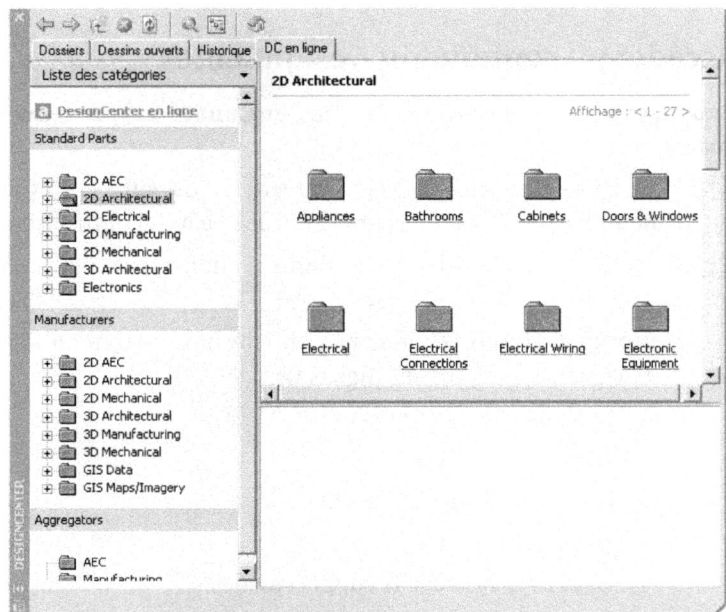

Fig.10.2

Fig.10.3

Ajouter du contenu avec le DesignCenter

L'affichage du contenu

La partie droite de la fenêtre DesignCenter affiche le contenu de l'élément sélectionné à gauche : un répertoire, un fichier, une table (fig.10.4). Il est aussi possible de faire apparaître les différents degrés de détail en cliquant deux fois sur un élément de la zone de contenu. Par exemple, si l'on clique deux fois sur l'image d'un dessin, on affiche plusieurs icônes, notamment une icône pour les blocs. En cliquant ensuite deux fois sur l'icône Blocs on fait apparaître les images de chaque bloc contenu dans le dessin sélectionné.

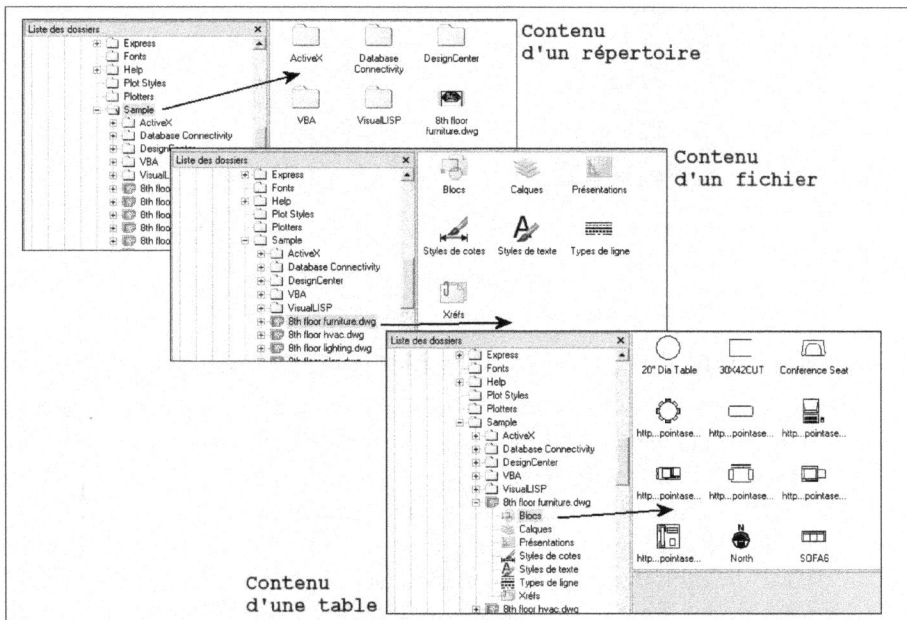

Fig.10.4

Il est possible d'ajouter un composant de la zone de contenu au dessin courant de différentes façons :

▶ Faire glisser un élément dans la zone graphique d'un dessin pour l'ajouter en utilisant des paramètres par défaut, s'ils existent.

▶ Cliquer avec le bouton droit de la souris sur un élément de la zone de contenu pour afficher un menu contextuel avec plusieurs options.

▶ Cliquer deux fois sur un bloc pour afficher la boîte de dialogue Insérer ; cliquer deux fois sur une hachure pour afficher la boîte de dialogue Hachures et remplissage de contour.

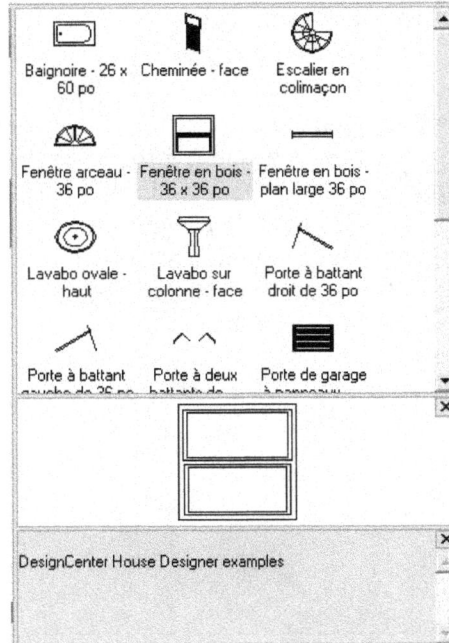

Fig.10.5

Il est en outre possible d'afficher l'aperçu d'un contenu graphique tel qu'un dessin, une Xréf ou un bloc dans la zone de contenu. On peut aussi faire apparaître une description textuelle, s'il en existe une (fig.10.5).

Mise à jour des définitions de bloc avec DesignCenter

Contrairement aux Xréfs, lorsque le fichier source d'une définition de bloc est modifié, les définitions de bloc des dessins contenant ce bloc ne sont pas mises à jour automatiquement. Le DesignCenter permet de mettre à jour une définition de bloc dans le dessin courant. Le fichier source d'une définition de bloc peut être un fichier de dessin ou un bloc imbriqué dans un dessin de bibliothèque de symboles. Pour effectuer la mise à jour, il convient de cliquer sur **Redéfinir seulement** (Redefine only) ou sur **Insérer et redéfinir** (Insert and Redefine) dans le menu contextuel qui apparaît lorsque l'on clique avec le bouton droit de la souris sur un bloc ou sur un fichier de dessin dans la zone de contenu.

Ouverture de dessins avec le DesignCenter

Le DesignCenter permet d'ouvrir un dessin de la zone de contenu en utilisant le menu contextuel, en appuyant sur la touche Ctrl tout en faisant glisser un dessin ou en faisant glisser une icône de dessin vers un emplacement situé en dehors de la zone graphique d'une zone de dessin (fig.10.6). Le nom du dessin s'ajoute à l'historique DesignCenter pour permettre d'y accéder rapidement lors de sessions ultérieures.

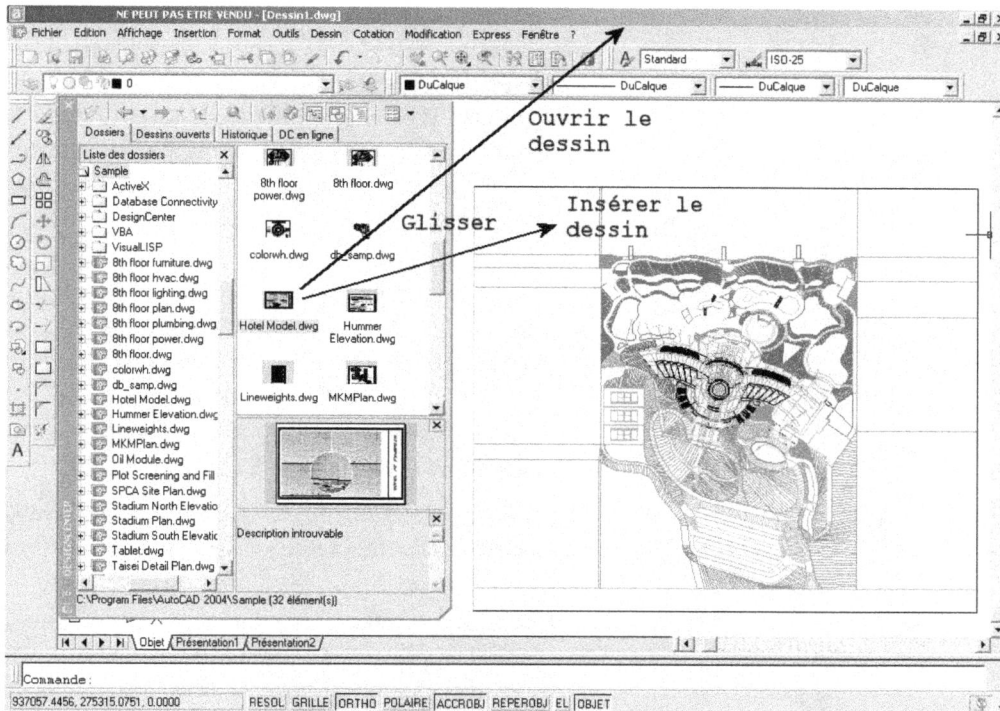

Fig.10.6

Ajout d'éléments de DesignCenter à une palette d'outils

Il est possible d'ajouter des dessins, des blocs et des hachures du DesignCenter à la palette d'outils courante.

Pour créer une palette d'outils comprenant un contenu DesignCenter, la procédure est la suivante :

1. Si DesignCenter n'est pas encore ouvert, cliquer sur **DesignCenter** dans le menu **Outils** (Tools) ou sur l'icône de la barre d'outils principale.

2. Effectuer l'une des opérations suivantes :

   - Cliquer avec le bouton droit de la souris sur un élément dans l'arborescence de DesignCenter, puis cliquer sur **Créer une palette d'outils** (Create Tool Palette) dans le menu contextuel (fig.10.7). La nouvelle palette d'outils contient les dessins, les blocs ou les hachures issus de l'élément sélectionné.

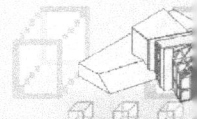

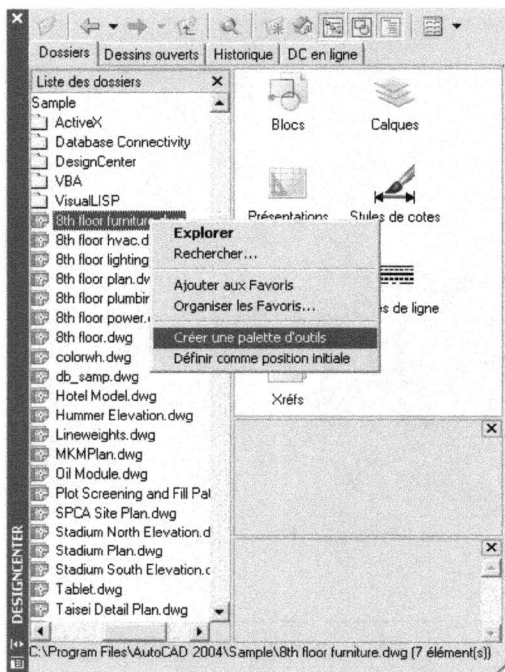

Fig.10.7

- Cliquer avec le bouton droit de la souris sur l'arrière-plan de la zone de contenu de DesignCenter, puis cliquer sur **Créer une palette d'outils** (Create Tool Palette) dans le menu contextuel. La nouvelle palette d'outils contient les dessins, les blocs ou les hachures issus de la zone de contenu de DesignCenter.

- Cliquer avec le bouton droit de la souris sur un dessin dans la zone de contenu ou l'arborescence de DesignCenter, puis cliquer sur Créer **une palette d'outils de blocs** (Create Tool Palette of Blocks) dans le menu contextuel. La nouvelle palette d'outils contient les blocs issus du dessin sélectionné.

Pour charger la zone de contenu de DesignCenter avec une bibliothèque de symboles, la procédure est la suivante :

1. Si DesignCenter n'est pas encore ouvert, cliquer sur **DesignCenter** dans le menu **Outils** (Tools) ou sur l'icône correspondante dans la barre d'outils principale.

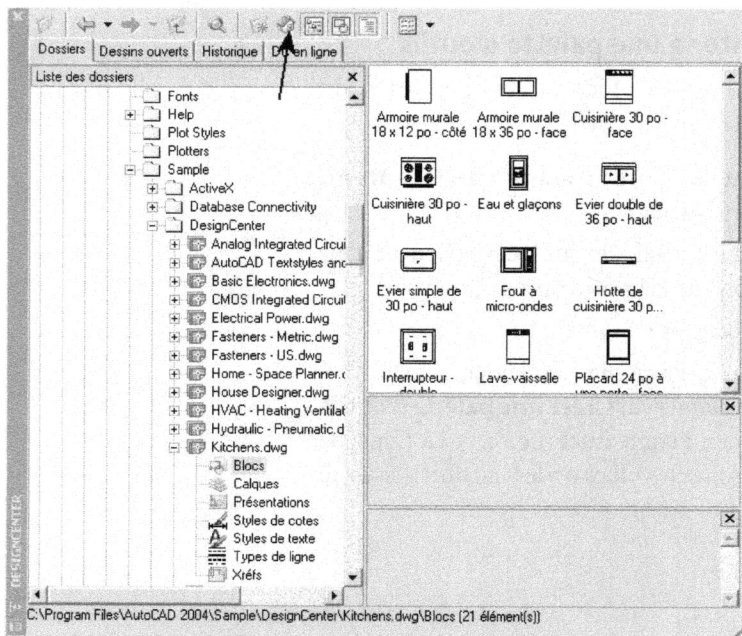

2. Dans la barre d'outils de **DesignCenter**, choisir l'icône **Début** (Home).

3. Dans la zone de contenu, cliquer deux fois sur le dessin de bibliothèque de symboles que l'on souhaite charger dans la zone de contenu de DesignCenter, puis sur l'icône Blocs. La bibliothèque de symboles sélectionnée est chargée dans la zone de contenu de DesignCenter (fig.10.8).

Fig.10.8

Pour charger la zone de contenu de DesignCenter avec des motifs de hachures, la procédure est la suivante :

1 Si DesignCenter n'est pas encore ouvert, cliquer sur **DesignCenter** dans le menu **Outils** (Tools) ou sur l'icône correspondante dans la barre d'outils principale.

2 Dans la barre d'outils de **DesignCenter**, choisir l'icône **Rechercher** (Search).

3 Dans la boîte de dialogue **Rechercher** (Search), sélectionner **Fichiers de motifs de hachures** (Hatch Pattern Files) dans la zone **Rechercher** (Look for).

4 Dans la zone **Rechercher le nom** (Search for the name) de l'onglet **Fichiers de motifs de hachures** (Hatch Pattern Files), entrer ∗.

5 Cliquer sur **Rech. Maintenant** (Search Now).

6 Cliquer deux fois sur le fichier de motif de hachures trouvé. Le fichier de motif de hachures sélectionné est chargé dans DesignCenter (fig.10.9).

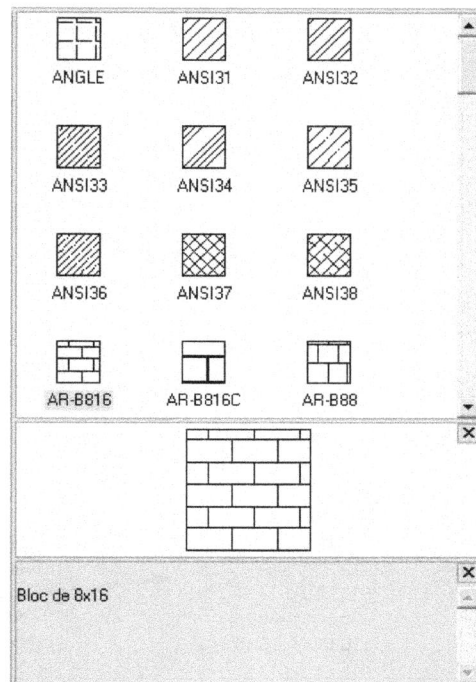

Fig.10.9

L'insertion de blocs

AutoCAD DesignCenter offre deux méthodes pour insérer des blocs dans un dessin :

▶ **Facteur d'échelle et angle de rotation par défaut** : cette méthode utilise la fonction de mise à l'échelle automatique, qui compare les unités du dessin à celles du bloc et, si nécessaire, met à l'échelle l'occurrence de celui-ci selon le rapport entre ces deux unités. Lorsque l'on insère des objets, AutoCAD les met à l'échelle selon la valeur **Echelle d'insertion** (Insertion scale) définie dans la boîte de dialogue **Unités de dessin** (Drawing Units) du dessin en cours.

▶ **Coordonnées, facteur d'échelle et angle de rotation déterminés** : cette méthode donne accès à la boîte de dialogue **Insérer** (Insert), dans laquelle on peut définir des paramètres pour l'occurrence de bloc sélectionnée.

Pour insérer un bloc avec un facteur d'échelle et un angle de rotation par défaut, la procédure est la suivante :

1 Dans la partie droite de la fenêtre du DesignCenter, sélectionner le bloc à insérer avec le bouton gauche du périphérique de pointage, puis le glisser dans le dessin ouvert.

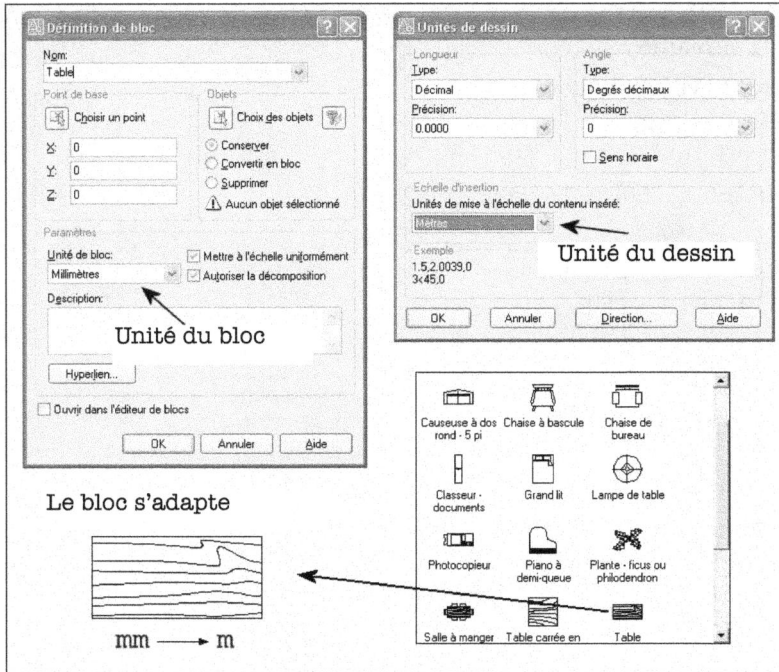

Fig.10.10

2. Relâcher le bouton du périphérique de pointage à l'endroit où il convient de placer le bloc. Le bloc est inséré avec un facteur d'échelle et un angle de rotation par défaut. L'échelle du bloc dépend d'une part de l'unité définie lors de la création du bloc et d'autre part de l'unité d'insertion définie dans le dessin en cours (Menu Format > Contrôle des unités > Echelle d'insertion (fig.10.10).

Pour insérer un bloc avec des coordonnées, un facteur d'échelle et un angle de rotation déterminés, la procédure est la suivante :

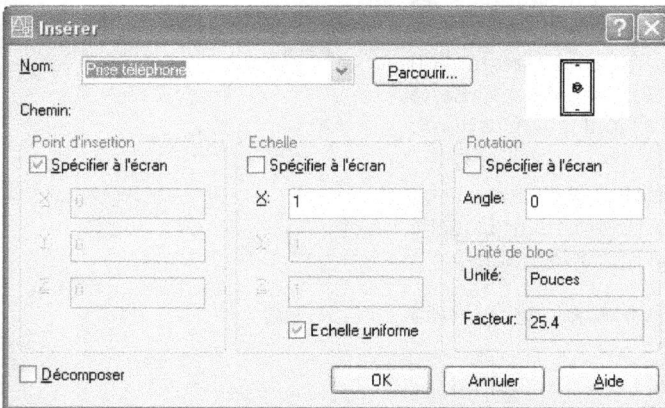

Fig.10.11

1. Dans la partie droite de la fenêtre du DesignCenter, sélectionner le bloc à insérer à l'aide d'un double clic.

2. Dans la boîte de dialogue **Insérer** (Insert), entrer les valeurs du point d'insertion, de l'échelle et de l'angle de rotation ou sélectionner **Spécifier à l'écran** (Specify On-screen) (fig.10.11).

3. Pour dissocier éventuellement les objets qui forment le bloc, sélectionner **Décomposer** (Explode).

4. Cliquer sur OK pour insérer le bloc avec les paramètres spécifiés. Il est également possible d'insérer un bloc en cliquant deux fois dessus.

Le DesignCenter Online

Le DesignCenter Online permet d'accéder à des contenus prêts à l'emploi tels que des blocs, des bibliothèques de symboles, du contenu de fabricants et des catalogues en ligne. Ce contenu peut être utilisé dans des applications de conception courantes pour rendre la création des dessins plus aisée.

Pour accéder à DesignCenter Online, il suffit de cliquer sur l'onglet **DC en ligne** (DC Online) dans le DesignCenter. Une fois que la fenêtre DesignCenter Online est ouverte, il reste à rechercher et à télécharger le contenu à utiliser dans les dessins.

La fenêtre **DesignCenter Online** comporte un volet droit et un volet gauche. Le volet droit est appelé la zone de contenu. La zone de contenu affiche les éléments ou les dossiers sélectionnés dans le volet gauche. Le volet gauche peut afficher l'une des quatre vues suivantes (10.12) :

▸ **Liste des catégories** (Category Listing) : affiche les dossiers contenant des bibliothèques de pièces normalisées, le contenu propre à un fabricant et des sites de fournisseurs de contenu sur le Web.

▸ **Recherche** (Search) : recherche un contenu en ligne. Il est possible de rechercher des éléments à l'aide d'opérateurs booléens et de chaînes de recherche constituées de plusieurs mots.

▸ **Paramètres** (Settings) : contrôle le nombre de catégories et d'éléments affichés sur chaque page dans la zone de contenu après une recherche de dossier ou une navigation dans des dossiers.

▸ **Ensembles** (Collections) : indique les types de contenu propres à une activité affichés dans DesignCenter Online.

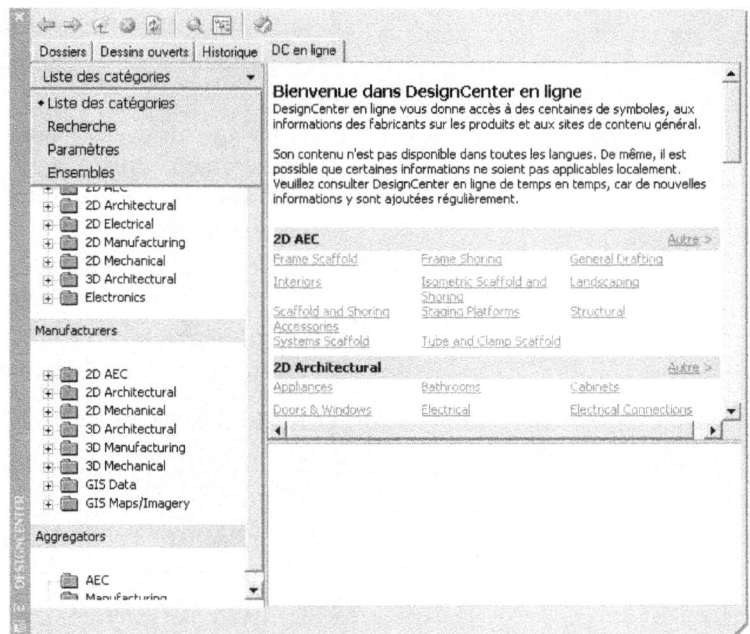

Fig.10.12

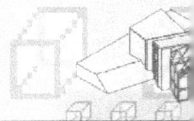

Il faut choisir la vue en cliquant sur l'en-tête située en haut du volet gauche. Une fois que l'on a sélectionné un dossier dans le volet gauche, son contenu est chargé dans la zone de contenu. On peut sélectionner un élément dans la zone de contenu pour le charger dans la zone d'aperçu. Il est possible de télécharger des éléments en les faisant glisser de la zone d'aperçu vers son dessin ou une palette d'outils, ou en les enregistrant sur son ordinateur.

Le DesignCenter Online est une fonction interactive qui nécessite une connexion Internet pour fournir des éléments d'information. Chaque fois que DesignCenter Online est connecté, il envoie des informations à Autodesk afin que les informations correctes soient renvoyées. Toutes les informations sont envoyées de façon anonyme pour en assurer la confidentialité. Les informations suivantes sont envoyées à Autodesk :

▶ Nom du produit.

▶ Numéro de version du produit.

▶ Langue du produit.

▶ Identificateur aléatoire. Cet identificateur est utilisé pour conserver les vues Collections et Paramètres chaque fois que l'on utilise DesignCenter Online.

Dans le DesignCenter Online, le contenu est classé en dossiers qui correspondent à une activité. Ces dossiers sont classés en trois catégories :

▶ **Pièces normalisées** (standard Parts) : Symboles génériques standard fréquemment utilisés dans la conception. Ces symboles comprennent les blocs pour les applications d'architecture, de mécanique et de système d'information géographique (SIG).

▶ **Fabricants** (Manufacturers) : Blocs et modèles 3D pouvant être recherchés et téléchargés en cliquant sur un lien vers un site Web de fabricant.

▶ **Fournisseurs** (Aggregators) : On peut rechercher des symboles et des blocs dans des listes de bibliothèques de fournisseurs de catalogues.

Pour télécharger un contenu depuis le Web, il convient de :

1. Sélectionner la bonne catégorie dans le volet de gauche. Par exemple du mobilier intérieur (fig.10.13).

2. Dans la liste de droite sélectionner un fournisseur. Par exemple Herman Miller.

3. Dans le volet inférieur droit, cliquer sur l'adresse Web du fournisseur.

4. Dans la page Web rechercher le menu pour télécharger les blocs 3D. Dans le cas d'Herman Miller il s'agit du chemin Choose your site > Architects and Designers > Download > 3D Models.

5. Cliquer sur le composant.

6. Glisser le composant dans AutoCAD.

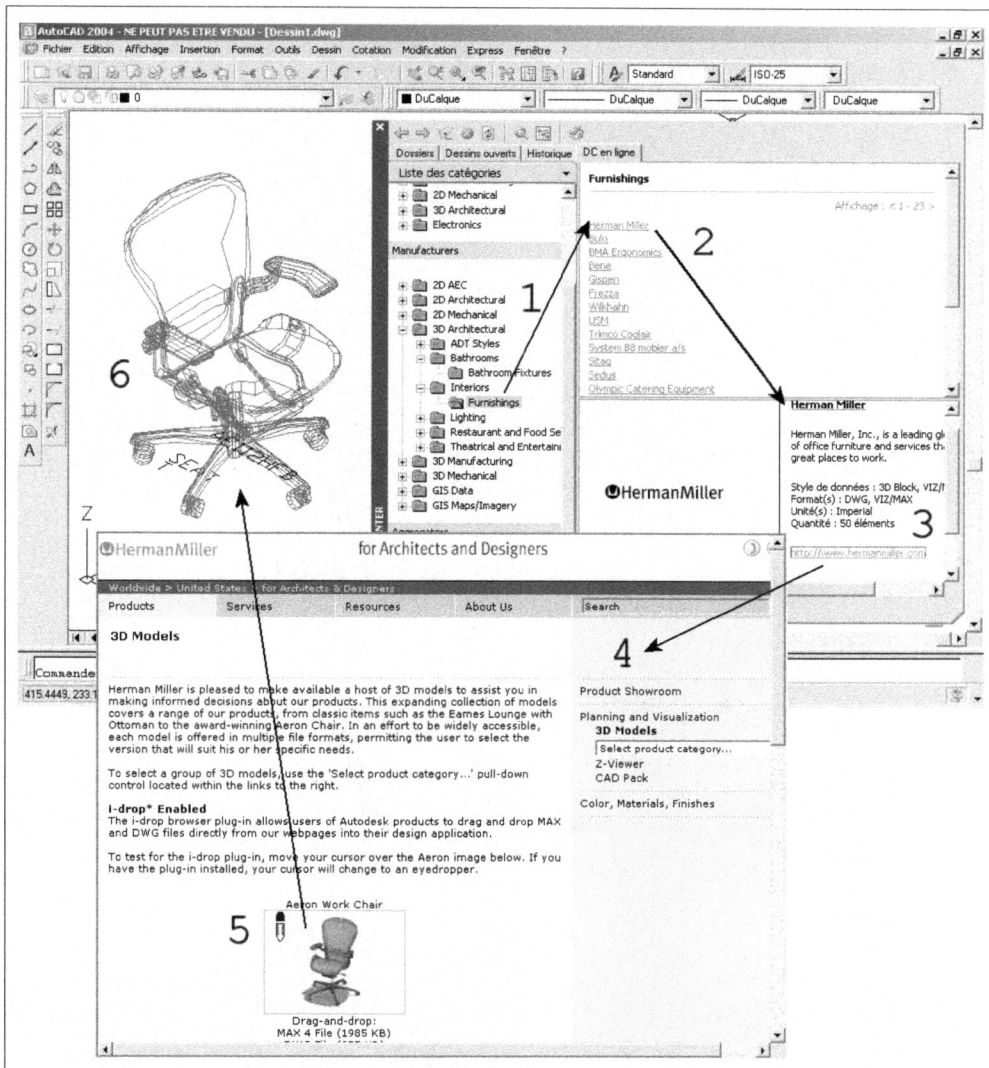

Fig.10.13

CHAPITRE 11
LES RÉFÉRENCES EXTERNES

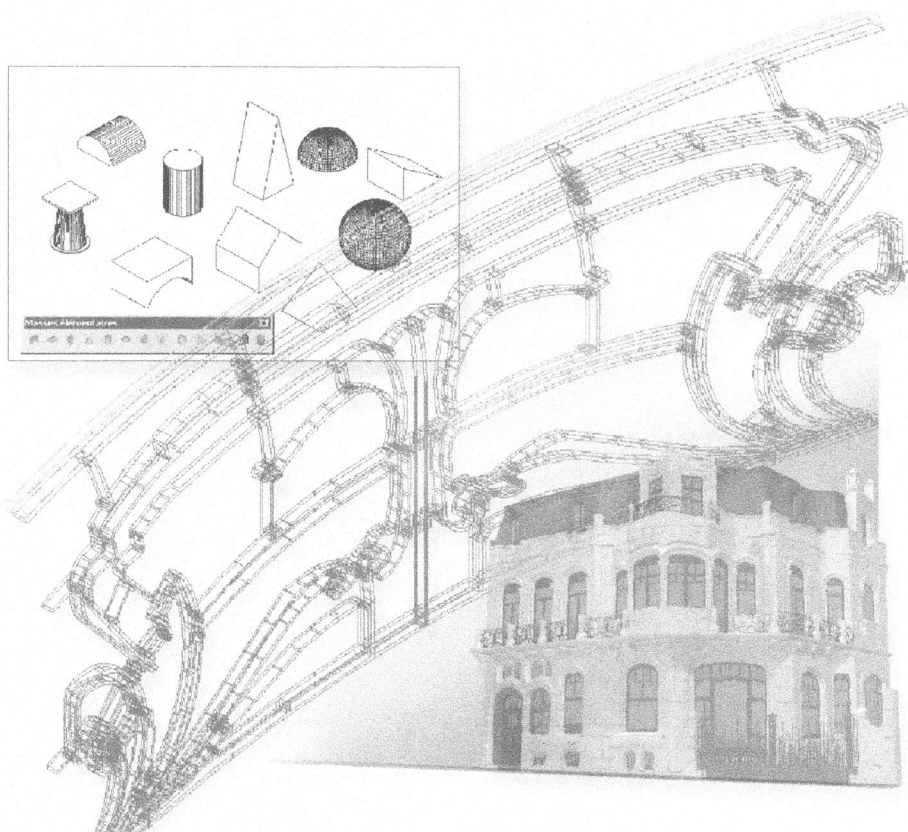

Le principe et les types de références externes

Les références externes (Xréfs) sont des outils très performants pour créer des dessins composites à partir d'autres dessins. Elles sont principalement utilisées soit pour créer des plans d'assemblages de vues différentes d'un projet, soit pour superposer différentes informations d'un projet et contrôler la cohérence d'ensemble. Dans le premier cas on peut imaginer un architecte qui dessine les différentes vues d'un projet d'habitation (plans, coupes, élévations, perspectives...) dans des fichiers séparés et qui souhaite ensuite les combiner dans un plan d'assemblage (fig.11.1).

Dans le second cas, on peut imaginer un bureau d'études multidisciplinaire dans lequel différents services (architecture, stabilité, techniques spéciales, mobilier...) travaillent sur un même projet. La superposition des différents fichiers correspondants à ces différentes disciplines permet au responsable de projet de contrôler la cohérence d'ensemble de celui-ci (fig.11.2).

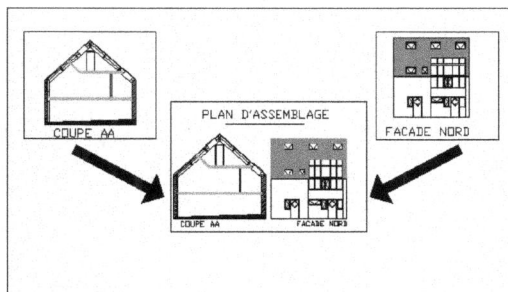

Fig.11.1

Les références externes ressemblent beaucoup aux blocs. La différence essentielle entre les deux concepts est que les blocs sont insérés de manière permanente dans le dessin en cours, tandis que les Xréfs n'y sont qu'attachées. Ce qui signifie, que les seules informations incluses dans le dessin, sont le point d'insertion de la référence et le chemin d'accès du fichier correspondant. Cette caractéristique permet d'avoir des fichiers d'assemblage de très faible capacité.

Une autre caractéristique des Xréfs, est qu'elles permettent d'insérer des dessins dynamiques qui peuvent être modifiés à tout moment. Ainsi, dans l'exemple de l'architecte, lorsque celui-ci ouvrira son dessin d'assemblage, AutoCAD utilisera systématiquement la

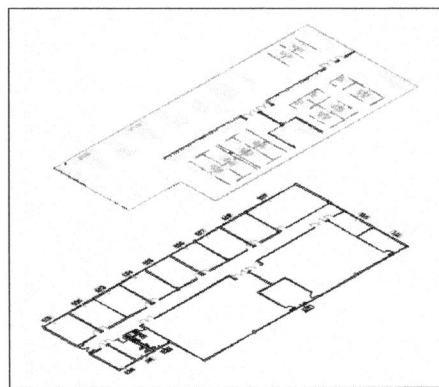

Fig.11.2

dernière version des différents fichiers insérés. Dans le cas du bureau d'études, le responsable du projet pourra à tout moment voir l'évolution du travail en cours dans les différents services. Il lui suffira de regénérer les Xréfs sur son écran pour avoir son dessin mis à jour. De plus, toute modification d'une Xréf sera automatiquement signalée au responsable par une info bulle dans le coin inférieur droit de l'écran.

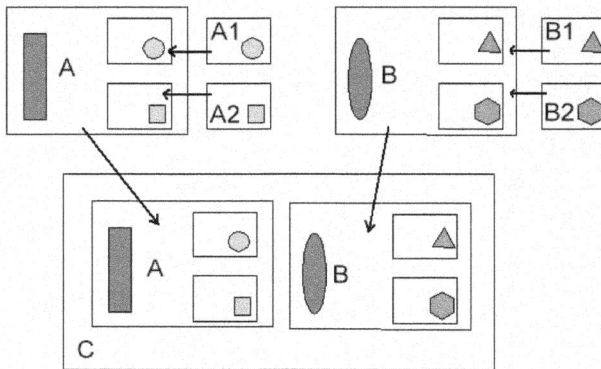

Fig.11.3

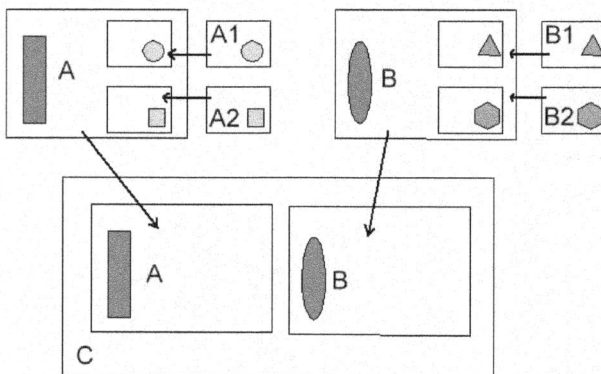

Fig.11.4

Types de Xréfs

Les références externes peuvent être utilisées de deux manières différentes, d'une part comme attachement et d'autre part comme superposition :

Attachement d'une Xréf :

L'attachement consiste à insérer des Xréfs, au dessin en cours, en tenant compte d'éventuelles autres Xréfs insérées dans les précédentes. Il est ainsi possible d'insérer des Xréfs en cascade. Dans l'exemple de la figure 11.3, le plan d'assemblage permet de visualiser toute la chaîne des Xréfs utilisées : A, A1, A2, B, B1, B2.

Superposition d'une Xréf :

La superposition consiste à insérer des Xréfs, au dessin en cours, en ne prenant pas en compte les Xréfs imbriquées à celles-ci. Dans l'exemple de la figure 11.4, le plan d'assemblage ne permet de visualiser que le premier niveau des Xréfs utilisées, c'est-à-dire les Xréfs A et B. Les autres niveaux (A1, A2, B1, B2) imbriqués aux précédents niveaux ne sont pas affichés. Cette technique est très utile pour permettre à chaque intervenant d'un projet d'avoir ses propres Xréfs sans que celles-ci ne s'affichent dans le plan final.

Ainsi un géomètre peut, par exemple, pour réaliser le plan d'implantation d'un bâtiment, insérer par superposition dans son dessin des plans de détails du terrain existant sans que ceux-ci ne soient visibles dans le plan de l'architecte.

Effectuer l'attachement ou la superposition de références externes

Comme signalé plus haut dans le texte, les Xréfs attachées au dessin en cours permettent de créer des dessins à l'aide d'autres dessins. En attachant des dessins comme Xréfs, par opposition à l'insertion de fichiers dessin comme blocs, les modifications apportées au dessin de référence externe sont affichées dans le dessin hôte dès qu'il est ouvert. Le dessin hôte reflète toujours les dernières modifications apportées aux fichiers de références.

La procédure pour attacher ou superposer une référence externe est la suivante :

1. Exécuter la commande d'attachement à l'aide d'une des méthodes suivantes :

   Menu : choisir le menu déroulant **INSERTION** (Insert) puis l'option **Référence Dwg** (Dwg References).

   Icône : choisir l'icône **Attacher une Xref** (Attach Xref) de la barre d'outils **Insertion** (Insert).

   Clavier : taper la commande **XATTACHER** (XATTACH).

2. Dans la boîte de dialogue **Sélectionner un fichier de référence** (Select Référence file), choisir un fichier puis cliquer sur **Ouvrir** (Open).

3. Dans la boîte de dialogue **Référence externe** (External Reference), sous **Type de référence** (Reference Type), sélectionner l'option **Attachement** (Attachment) ou l'option **Superposition** (Overlay) (fig.11.5).

4. Spécifier le type de chemin : absolu (complet), relatif (partiellement spécifié) ou nul. Dans le cas d'une Xréf imbriquée, un chemin relatif fait toujours référence à l'emplacement de son hôte immédiat et pas nécessairement au dessin actuellement ouvert.

5. Spécifier les paramètres : point d'insertion, facteur d'échelle et l'angle de rotation.

6. Cliquer sur OK.

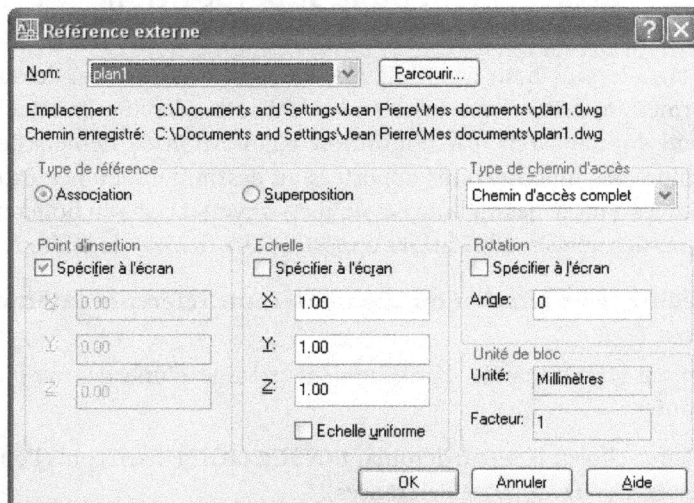

Fig.11.5

Détacher ou recharger des références externes

Détacher des Xréfs

Il est possible de supprimer les attachements des Xréfs pour les enlever complètement du dessin. Il est également possible d'effacer les occurrences des Xréfs individuelles. Il suffit de cliquer sur le bouton **Détacher** (Detach) pour supprimer les Xréfs et tous les symboles qui en dépendent. Si toutes les occurrences d'une xref sont effacées du dessin, AutoCAD supprime la définition de la xref lors de la prochaine ouverture du dessin. Lorsqu'une xref est détachée, elle est supprimée de la liste et de l'arborescence en même temps que les Xréfs imbriquées, le cas échéant, à moins que la référence existe à un autre niveau de l'arborescence. Il n'est pas possible de détacher une Xréf imbriquée.

La procédure pour détacher une Xréf est la suivante :

1. Exécuter la commande de détachement à l'aide d'une des méthodes suivantes :

Menu : choisir le menu déroulant **Insertion** (Insert) puis l'option **Références externes** (Xref Manager).

Icône : choisir l'icône **Référence externe** (External Reference) de la barre d'outils **Référence** (Reference).

Clavier : taper la commande **XREF**.

[2] Dans la palette **Références externes** (Xref Manager), sélectionner une **Xref**, effectuer un clic droit puis cliquer sur le bouton **Détacher** (Detach).

[3] Cliquer sur OK.

Recharger des Xréfs

Si un utilisateur modifie un dessin de référence externe alors que l'on travaille sur un dessin hôte auquel cette Xréf est attachée, il est possible de mettre à jour le dessin de référence externe à l'aide de l'option **Recharger** (Reload). Lorsque l'on procède au rechargement, le dessin de référence externe sélectionné est mis à jour dans le dessin hôte. En outre, si l'on a déchargé momentanément une Xréf, il est possible de recharger le dessin de référence externe à tout moment.

La procédure pour recharger une Xréf est la suivante :

[1] Exécuter la commande de rechargement à l'aide d'une des méthodes suivantes :

Menu : choisir le menu déroulant **Insertion** (Insert) puis l'option **Références externes** (Xref Manager).

Icône : choisir l'icône **Référence externe** (External Reference) de la barre d'outils **Référence** (Reference).

Clavier : taper la commande **XREF**.

[2] Dans la palette **Références externes** (Xref Manager), sélectionner une **Xréf**, effectuer un clic droit puis cliquer sur le bouton **Recharger** (Reload).

[3] Cliquer sur OK.

Rendre une référence externe permanente

Il est possible de rendre une référence externe permanente dans un dessin en l'ajoutant (c'est-à-dire en la copiant) dans celui-ci. Cette fonction est très pratique lorsqu'il s'agit d'archiver les dessins, de sorte que leurs Xréfs ne puissent être modifiées. Elle permet également de transmettre plus facilement le travail réalisé au client final qui souvent ne souhaite pas s'encombrer d'un dessin décomposé en plusieurs fichiers.

La procédure pour rendre une Xréf permanente est la suivante :

1. Exécuter la commande d'ajout à l'aide d'une des méthodes suivantes :

   Menu : choisir le menu déroulant **Insertion** (Insert) puis l'option **Références externes** (Xref Manager).

   Icône : choisir l'icône **Référence externe** (External Reference) de la barre d'outils **Référence** (Reference).

   Clavier : taper la commande **XREF**.

2. Dans la palette **Références externes** (Xref Manager), sélectionner une Xref, puis cliquer sur le bouton **Lier** (Bind) puis choisir l'option souhaitée : **Ajouter** (Bind) ou **Insérer** (Insert) (fig.11.6). La différence entre les deux, porte sur la manière de nommer les calques et les symboles. Par exemple, si l'on dispose d'une Xréf nommée COUPE contenant un calque nommé BLEU, il porte le nom COUPE|BLEU. Ce nom devient COUPEoBLEU après l'avoir ajouté (bind) au dessin en cours. Le numéro dans $#$ est automatiquement incrémenté si une définition de table de symboles locale possédant le même nom existe déjà. Dans le second cas, après l'ajout par insertion, le calque dépendant de la Xréf COUPE|BLEU devient le calque défini localement nommé BLEU. Les objets du calque COUPE|BLEU ont donc été transférés sur le calque BLEU du dessin en cours. Il y a donc fusion du contenu des calques dans cette deuxième méthode.

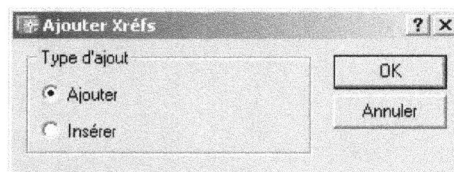

3. Cliquer sur OK.

Fig.11.6

Notification de Xréfs modifiées

Lorsque l'on attache des Xréfs à un dessin, AutoCAD vérifie périodiquement si les fichiers référencés ont été modifiés depuis le dernier chargement ou rechargement des Xréfs. Le comportement de notification des Xréfs est géré par la variable système XREFNOTIFY.

Par défaut, si un fichier référencé a été modifié, un message-bulle apparaît près de l'icône de Xréf, dans le coin inférieur droit de la fenêtre de l'application (la barre d'état système) (fig.11.7). Le message-bulle répertorie les noms des dessins référencés qui ont été modifiés (trois au maximum), ainsi que le nom de chaque personne travaillant sur les Xréfs si cette information est disponible.

Après la disparition du message-bulle, un point d'exclamation est ajouté à l'icône de Xréf. Si l'on clique sur le message-bulle ou sur l'icône de Xréf, le Gestionnaire des références externes s'ouvre.

Par défaut, AutoCAD vérifie toutes les cinq minutes si des Xréfs ont été modifiées. Il est possible de modifier la fréquence de vérification en définissant la variable de registre système XNOTIFYTIME à l'aide de la syntaxe (setenv « XNOTIFYTIME » « n »), n représentant le nombre de minutes.

La variable XREFNOTIFY peut prendre les valeurs suivantes :

▸ 0 : désactive les notifications concernant les Xréfs.

▸ 1 : active les notifications concernant les Xréfs. Vous avertit que des Xréfs sont associées au dessin courant, en affichant l'icône Xréf dans le coin inférieur droit de la fenêtre d'application (zone de notification, dans la partie système de la barre d'état). Lorsque vous ouvrez un dessin, elle vous indique qu'il manque des Xréfs en affichant l'icône Xréf portant un point d'exclamation de couleur jaune.

▸ 2 : active les notifications et les info-bulles concernant les Xréfs. Affiche l'icône Xréf comme indiqué pour la valeur 1 ci-dessus. Affiche également des info-bulles, dans la même zone, lorsque des Xréfs sont modifiées.

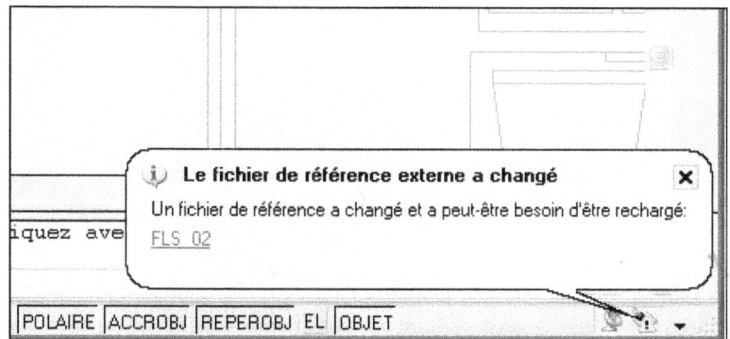

Fig.11.7

Modifier des références externes dans une fenêtre distincte

La méthode la plus simple et la plus directe pour modifier des Xréfs consiste à ouvrir le fichier dessin référencé dans une fenêtre distincte. Cette méthode permet d'accéder à tous les objets du dessin référencé. Au lieu de rechercher la Xréf à l'aide de la boîte de dialogue **Sélectionner un fichier**, on peut la sélectionner directement dans le dessin.

Pour modifier une Xréf dans une fenêtre distincte, la procédure est la suivante :

[1] Sélectionner le Xref, effectuer un clic droit et pointer l'option **Ouvrir Xréf** (Open Xref).

[2] Dans la nouvelle fenêtre, modifier le contenu du fichier de dessin ouvert.

[3] Enregistrer le dessin puis fermer la fenêtre.

Modifier des références externes au sein du dessin courant

Il est aussi possible de modifier les références externes à partir du dessin courant, à l'aide de la fonction d'édition des références au sein du dessin. Cette possibilité est pratique pour effectuer des modifications mineures sans avoir à passer d'un dessin à un autre.

Prenons par exemple le cas de la restauration d'un bâtiment de bureaux impliquant des travaux à la fois sur ce bâtiment et sur le site contigu. La majeure partie des travaux consiste à créer une voie d'accès entre le parking et l'entrée principale du bâtiment. Les dessins du projet comprennent un plan du site qui référence le plan des sols du bâtiment. En éditant la référence dans le dessin même, il est à présent possible de la modifier dans le contexte visuel du dessin courant. Cela permet à la fois d'effectuer les modifications du site et d'apporter des changements mineurs au plan des sols à partir d'un seul dessin, rapidement et efficacement.

Procédure pour modifier une Xréf au sein du dessin :

[1] Dans le menu **Outils** (Tools), choisir **Edition sur place des Xréfs et des blocs** (Xref and Block Edit) puis **Edition des références dans le dessin** (In place Edit Reference).

2. Dans le dessin en cours, sélectionner la référence à modifier.

Si l'objet que l'on sélectionne dans cette référence fait partie de références imbriquées, toutes les références disponibles pour la sélection sont affichées dans la boîte de dialogue **Edition des références** (Référence Edit).

3. Dans cette boîte de dialogue, sélectionner la référence à modifier.

4. Pour afficher les noms de calque et de symbole avec le préfixe $#$, cliquer sur l'onglet **Paramètres** (Parameters) puis sélectionner **Créer des noms de calque, de styles et de blocs uniques** (Enable unique layer and symbol names).

5. Pour pouvoir sélectionner les définitions d'attribut des références de bloc lors de la modification de blocs comportant des attributs, sélectionner **Afficher les définitions d'attribut pour la modification** (Display attribute definitions for editing).

6. Cliquer sur OK. La barre d'outils **Refedit** (Editref) s'affiche.

7. Effectuer les modifications.

8. Cliquer sur l'icône **Enregistrer** (Save) pour enregistrer les modifications dans la référence.

La barre d'outils **Refedit** (Editref) comprend les options suivantes (fig. 11.8) :

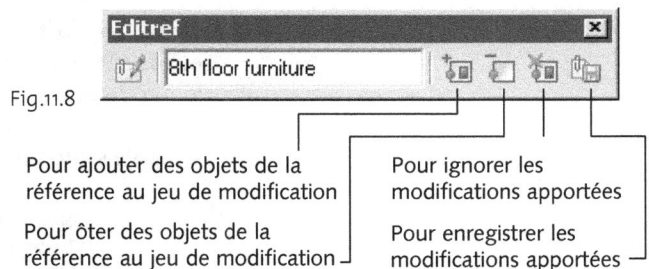

Fig.11.8

Pour ajouter des objets de la référence au jeu de modification

Pour ôter des objets de la référence au jeu de modification

Pour ignorer les modifications apportées

Pour enregistrer les modifications apportées

Paramétrage des Xréfs à partir de la boîte de dialogue Options

La boîte de dialogue **Options** (Menu Outils > Options) comprend une série de paramètres contrôlant les modifications et le chargement des références externes. Ils se trouvent dans l'onglet **Ouvrir et Enregistrer** (Open and Save) et dans la section **Références externes** (External References) (fig.11.9) :

▸ **Chargement sur demande des Xréf (Demand load Xrefs)** : contrôle le chargement sur demande des Xréfs. Le chargement sur demande

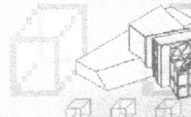

améliore les performances, puisqu'il charge uniquement les parties du dessin référencé nécessaires à la régénération du dessin courant. (Variable système XLOADCTL). Les options sont les suivantes :

■ **Désactivé** (Disabled) : Désactive le chargement sur demande.

■ **Activé** (Enabled) : Active le chargement sur demande et améliore les performances d'AutoCAD. Pour améliorer le processus de chargement lorsque vous travaillez avec des Xréfs délimitées contenant un index d'espace ou de calque, choisir Activé. Lorsque cette option est choisie, aucun autre utilisateur ne peut modifier le fichier s'il est référencé.

■ **Activé avec copie** (Enabled with copy) : active le chargement sur demande, mais utilise une copie du dessin référencé. Les autres utilisateurs peuvent modifier le dessin d'origine.

▸ **Conserver les modifications des calques Xréf** (Retain changes to Xrefs layers) : enregistre les modifications apportées aux propriétés et aux états des calques dépendants des Xréfs. Lorsque le dessin est rechargé, les propriétés courantes des calques dépendants des Xréfs sont conservées. Ce paramètre est enregistré dans le dessin. (Variable système VISRETAIN).

▸ **Permettre édition des réf. du dessin courant par d'autres utilisateurs** (Allow other users to Refedit current drawing) : détermine si le fichier de dessin courant peut être modifié s'il est référencé par un ou plusieurs autres dessins. Ce paramètre est enregistré dans le dessin. (Variable système XEDIT).

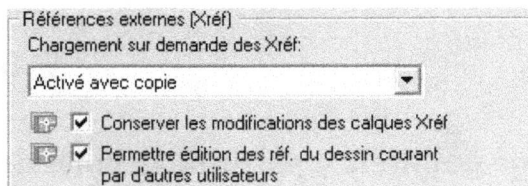

Fig.11.9

Insérer des images « raster » dans le dessin

Depuis Autocad 14, il est possible d'insérer des images dans des fichiers de dessin. Toutefois, comme pour les Xréfs, elles ne font pas vraiment partie du fichier de dessin. L'image est liée au fichier de dessin par l'intermédiaire d'un chemin d'accès ou d'un ID de document de gestion de données. Il est possible de modifier ou supprimer ces chemins d'accès à n'importe quel moment. En attachant des images reliées à d'autres images par un chemin d'accès, il est facile d'en placer plusieurs dans le dessin, sans augmenter fortement la taille du fichier.

Dès que l'on a attaché une image, on peut la rattacher plusieurs fois en la traitant comme un bloc. Chaque image insérée possède son propre contour de délimitation et ses propres paramètres de luminosité, de contraste, d'estompe et de transparence. Chaque image peut être sectionnée en plusieurs portions que l'on peut réorganiser indépendamment dans votre dessin.

Il est possible de définir le facteur d'échelle de l'image tramée lorsque l'on l'attache. Ainsi, l'échelle des objets de l'image correspond à celle des objets créés dans le dessin AutoCAD. Le facteur d'échelle de l'image par défaut est égal à 1 et l'unité par défaut de toutes les images est « Sans unité ». Quand on sélectionne une image à attacher, l'image est insérée selon un facteur d'échelle d'une unité de mesure d'image correspondant à une unité de mesure AutoCAD. Pour définir le facteur d'échelle de l'image, il faut connaître l'échelle des objets sur l'image, ainsi que l'unité de mesure que l'on souhaite utiliser pour définir une unité AutoCAD. Le fichier image doit contenir des informations sur la résolution définissant les PPP (ou nombre de points par pouce) ainsi que le nombre de pixels de l'image.

Si une image comporte des informations sur la résolution, AutoCAD les combine avec le facteur d'échelle et l'unité de mesure AutoCAD que l'on a indiquée afin de mettre à l'échelle l'image dans le dessin. Si aucune information de résolution n'est définie avec le fichier image attaché, la liste Unité AutoCAD courante (Current AutoCAD Unit) est automatiquement définie par Sans Unité (Unitless). Dans ce cas, AutoCAD calcule que la largeur initiale de l'image correspond à une unité. Après insertion, la largeur de l'image en unités AutoCAD est égale au facteur d'échelle. Pour mettre l'image à l'échelle et la placer dans le dessin de façon dynamique, sélectionner Sans unité (Unitless) dans la liste Unité AutoCAD courante.

La procédure d'insertion est la suivante :

[1] Exécuter la commande d'ancrage à l'aide d'une des méthodes suivantes (fig.11.10) :

[icône] Menu : choisir le menu déroulant **Insertion** (Insert) puis l'option **Référence d'Image raster** (Raster Image).

[icône] Icône : choisir l'icône **Attacher une Image** de la barre d'outils **Insertion** (Insert).

[icône] Clavier : taper la commande **Image**.

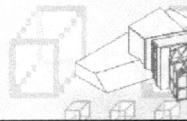

2. Dans la boîte de dialogue **Sélectionner un fichier image** (Select Image File), sélectionner le fichier contenant l'image à insérer. Cliquer ensuite sur **Ouvrir** (Open).

3. Dans la boîte de dialogue **Image** spécifier la méthode d'insertion. Par exemple **Spécifier à l'écran** (Specify on-screen). Cliquer sur **OK**.

4. Spécifier un point d'insertion à l'écran.

5. Spécifier un facteur d'échelle.

6. Spécifier un angle de rotation.

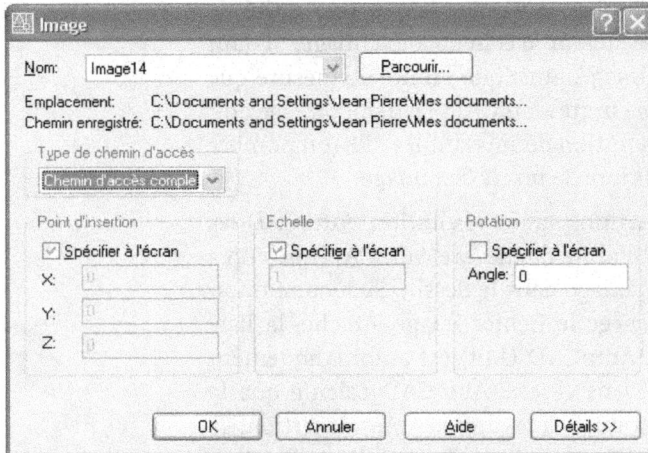

Fig.11.10

REMARQUES

- Les options **Détacher**, **Recharger** ou **Décharger** sont identiques à celles des références externes.

- En cliquant deux fois sur l'image, il est possible de modifier la luminosité et le contraste de l'image à partir des options de la boîte de dialogue **Ajuster l'image** (Image adjust).

- La fonction **Cadreimage** (Imageframe) permet de contrôler si les cadres des images s'affichent et sont tracés. Les valeurs sont les suivantes :

  - 0 : Les cadres de l'image ne s'affichent pas et ne sont pas tracés. Par la même occasion, l'image n'est plus sélectionnable dans le dessin.

  - 1 : Les cadres de l'image s'affichent et sont tracés.

  - 2 : Les cadres de l'image s'affichent mais ne sont pas tracés.

Insérer un fichier DWF ou DGN comme calque sous-jacent

Pour vous aider à élaborer un projet, il est à présent possible d'afficher des informations issues de fichiers DWF ou DGN (Microstation) sous la forme d'un fond de plan encore dénommé « calque sous-jacent » dans AutoCAD.

Les fichiers de calque sous-jacent DWF ou DGN sont référencés et placés dans des fichiers de dessin comme le sont les fichiers d'image raster, mais ils ne font pas réellement partie du fichier de dessin. Comme les fichiers raster, le calque sous-jacent DWF/DGN est lié au fichier de dessin par un chemin d'accès. Les chemins DWF/DGN liés peuvent être modifiés ou supprimés à tout moment. En attachant les calques sous-jacents DWF/DGN à l'aide de chemins DWF/DGN liés, vous pouvez utiliser des fichiers DWF/DGN dans votre dessin en n'augmentant que très légèrement la taille du fichier de dessin.

Bien que les fichiers de calque sous-jacent DWF soient des reproductions de leur dessin source, ils ne sont pas aussi précis que les fichiers de dessin. Les calques sous-jacents DWF peuvent présenter des différences mineures en matière de précision.

Lorsqu'un fichier DWF/DGN est attaché en tant que calque sous-jacent, toute structure de calques qu'il peut comporter est aplanie dans un seul calque. Le calque sous-jacent est placé sur le calque de dessin courant.

Comme l'insertion s'effectue de la même manière qu'une image Raster, vous pouvez ensuite détacher celui-ci, le décharger ou le recharger, rechercher et enregistrer un nouveau chemin de recherche.

Les informations suivantes sont aussi disponibles pour chaque calque sous-jacent :

- ▸ Nom du fichier DWF ou DGN
- ▸ Etat (chargé, déchargé ou introuvable)
- ▸ Taille du fichier
- ▸ Type du fichier
- ▸ Date et heure de la dernière modification du fichier
- ▸ Nom du chemin enregistré

Pour insérer un fichier DWF ou DGN la procédure est la suivante :

1. Sélectionner la fonction d'insertion à l'aide de l'une des méthodes suivantes :

Menu : choisir le menu déroulant **INSERTION** (Insert) puis l'option **Calque sous-jacent DWF/DGN** (DWF/DGN Underlay)

Icône : choisir l'icône **Insérer un calque sous-jacent DWF/DGN** (Insert a DWF underlay) de la barre d'outils **Insertion** (Insert).

Clavier : taper la commande **DWFATTACH** ou **DGNATTACH**.

2. Dans la boîte de dialogue **Sélectionner le fichier DWF/DGN** (Select DWF File), sélectionner le fichier souhaité et cliquer sur **Ouvrir** (Open).

3. Dans la boîte de dialogue **Attacher le calque sous-jacent DWF/DGN** (Attach DWF/DGN underlay) spécifier la méthode d'insertion : à l'écran ou dans les différents champs de la boîte de dialogue. Par exemple à l'écran (fig.11.11).

4. Spécifier le point d'insertion : 0,0

5. Spécifier le facteur d'échelle ou [Unité] < 1 > : 1

6. Spécifier la rotation < 0 > : 0

7. Le fond de plan (ou calque sous-jacent) s'affiche à l'écran (fig.11.12). Il s'agit d'un plan de plantation.

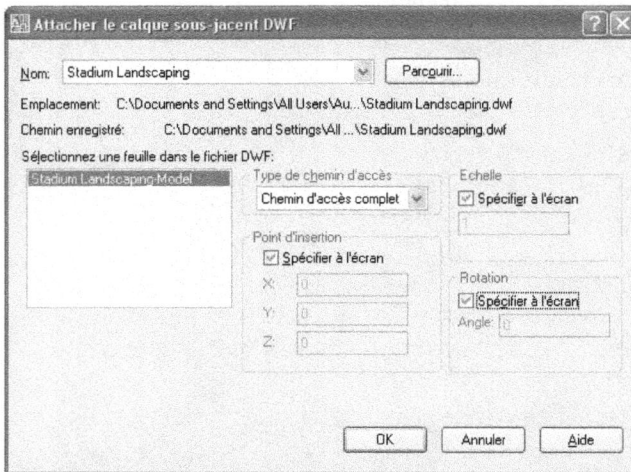

Fig.11.11

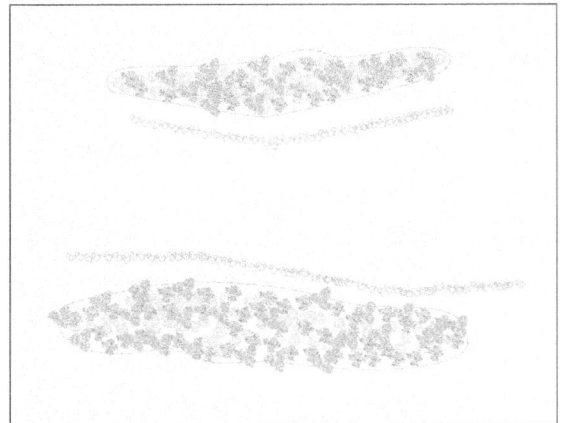

Fig.11.12

Plusieurs paramètres sont disponibles pour travailler avec les calques sous-jacents:

DWFFRAME (ou DGNFRAME): variable système qui détermine si le cadre sous-jacent DWF ou DGN est visible. Les valeurs sont les suivantes:

▸ 0: Le cadre sous-jacent DWF ou DGN n'est ni visible, ni tracé.

▸ 1: Le cadre sous-jacent DWF ou DGN est affiché et son tracé est autorisé.

▸ 2: Le cadre sous-jacent DWF ou DGN est affiché, mais son tracé n'est pas autorisé.

DWFOSNAP (ou DGNOSNAP): variable système qui détermine si l'accrochage aux objets est actif pour la géométrie des calques sous-jacents DWF ou DGN attachés au dessin. Les valeurs sont les suivantes:

▸ 0 : Désactive l'accrochage aux objets pour la géométrie de tous les ancrages de calques sous-jacents DWF ou DGN

▸ 1 : Active l'accrochage aux objets pour la géométrie de tous les ancrages de calques sous-jacents DWF ou DGN

Contour de délimitation

Vous pouvez utiliser un contour de délimitation rectangulaire ou polygonal pour délimiter l'affichage d'un calque sous-jacent DWF ou DGN dans un dessin.

Pour délimiter un calque sous-jacent DWF ou DGN, la procédure est la suivante:

1. Cliquer avec le bouton droit de la souris sur un objet faisant partie du calque sous-jacent DWF ou DGN. Cliquer sur **Délimitation DWF ou DGN** (DWF ou DGN Clip).

2. Sur la ligne de commande, entrer N (Nouveau contour).

3. Entrer P (Polygonal) ou R (Rectangulaire), puis dessiner le contour du calque sous-jacent (fig.11.13).

Si vous dessinez un contour polygonal, AutoCAD vous invite à indiquer des sommets consécutifs. Pour achever le dessin d'un polygone, appuyez sur Entrée ou cliquez dans la zone de dessin avec le bouton droit de la souris.

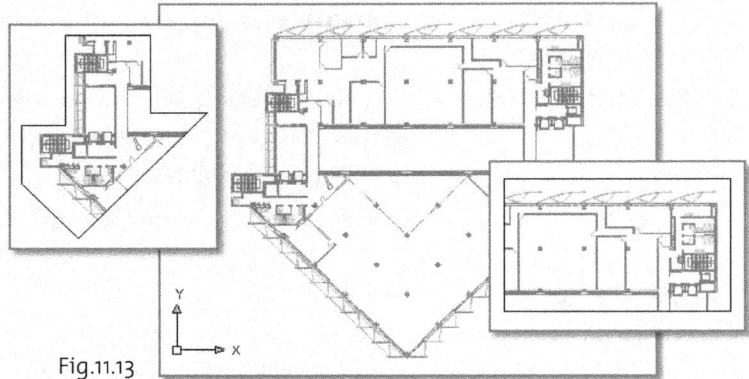

Fig.11.13

Affichage des calques d'un fichier DWF

Tout fichier DWF attaché en tant que calque sous-jacent, peut lui-même comporter une structure de calques qu'il est possible de gérer.

Pour gérer les calques d'un calque sous-jacent DWF, la procédure est la suivante :

1. Cliquez avec le bouton droit de la souris sur un objet faisant partie du calque sous-jacent DWF. Cliquez sur **Calques DWF** (DWF Layers).

2. Dans la boîte de dialogue **Calques DWF** (DWF Layers), sélectionnez les calques à désactiver (fig.11.14).

3. Cliquez sur OK pour confirmer.

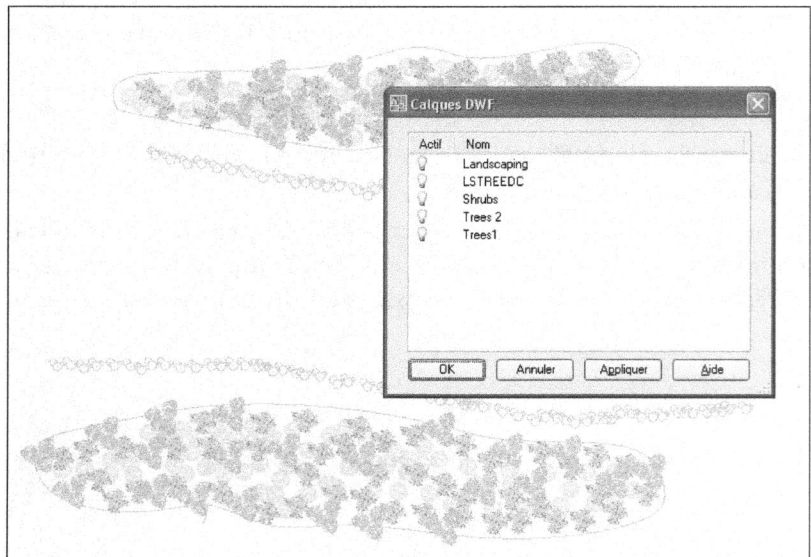

Fig.11.14

CHAPITRE 12

LES TABLEAUX
ET LES CHAMPS

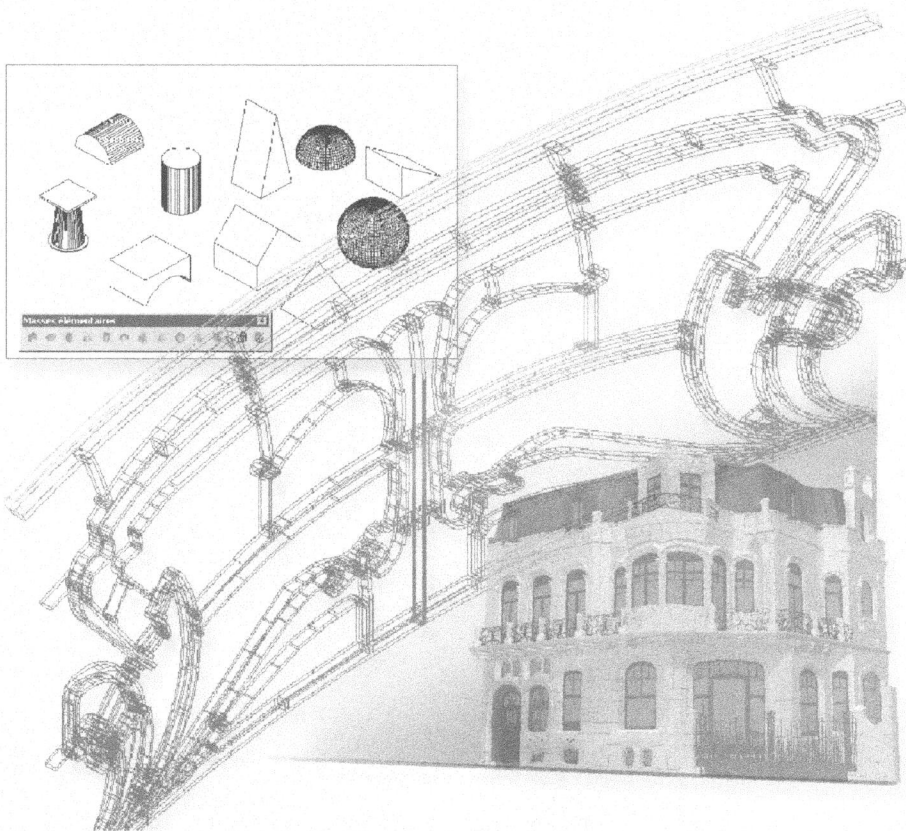

Les tableaux

Un tableau est un réseau de cellules rectangulaires qui peuvent contenir des annotations, du texte primaire mais aussi des blocs et des formules. A partir d'AutoCAD 2005, il suffit d'insérer un objet tableau au lieu de dessiner une grille constituée de lignes distinctes.

Il est possible de formater le tableau en spécifiant le nombre et la taille des rangées et des colonnes ou en définissant un nouveau style et en enregistrant les paramètres pour une utilisation ultérieure.

La création d'un tableau

Il est possible de créer un tableau de trois manières différentes :

▶ un tableau vide ;

▶ un tableau à partir d'une feuille de calcul liée ;

▶ un tableau à partir d'une extraction de données.

La création d'un tableau vide peut s'effectuer à l'aide la méthode suivante (fig.12.1) :

1 Cliquer sur le menu **Dessin** (Draw) et sélectionner l'option **Tableau** (Table).

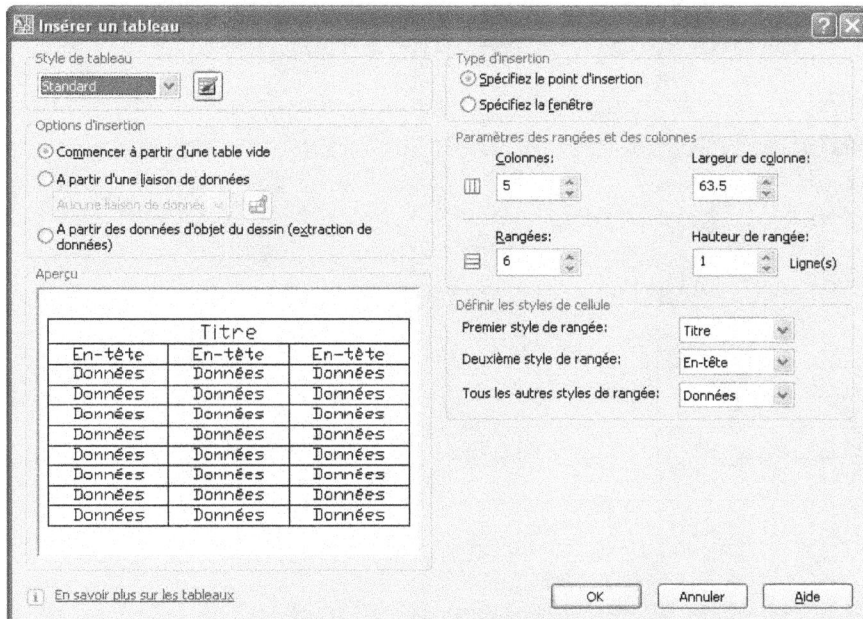

Fig.12.1

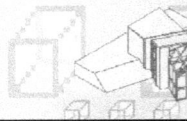

2. Dans la boîte de dialogue **Insérer un tableau** (Insert Table), sélectionner un style de tableau dans la liste ou cliquer sur le bouton [...] pour en créer un.

3. Sélectionner **Commencer à partir d'une table vide** (Start from empty table).

4. Sélectionner une méthode d'insertion :

   ▪ Spécifier un point d'insertion pour le tableau.

   ▪ Spécifier la fenêtre qui contiendra le tableau.

5. Définir le nombre de colonnes et leur largeur.

   Si l'on a utilisé la méthode d'insertion de fenêtre, on peut sélectionner le nombre de colonnes ou leur largeur, mais pas les deux.

6. Définir le nombre de rangées et leur hauteur.

   Si l'on a utilisé la méthode d'insertion de fenêtre, le nombre de rangées est déterminé par la taille de la fenêtre spécifiée et par la hauteur des rangées.

7. Cliquer sur OK.

8. En fonction de la méthode d'insertion choisie, pointer l'origine du tableau dans le dessin ou deux points pour spécifier la fenêtre.

9. AutoCAD ouvre l'éditeur de texte et permet d'entrer le titre du tableau (fig.12.2).

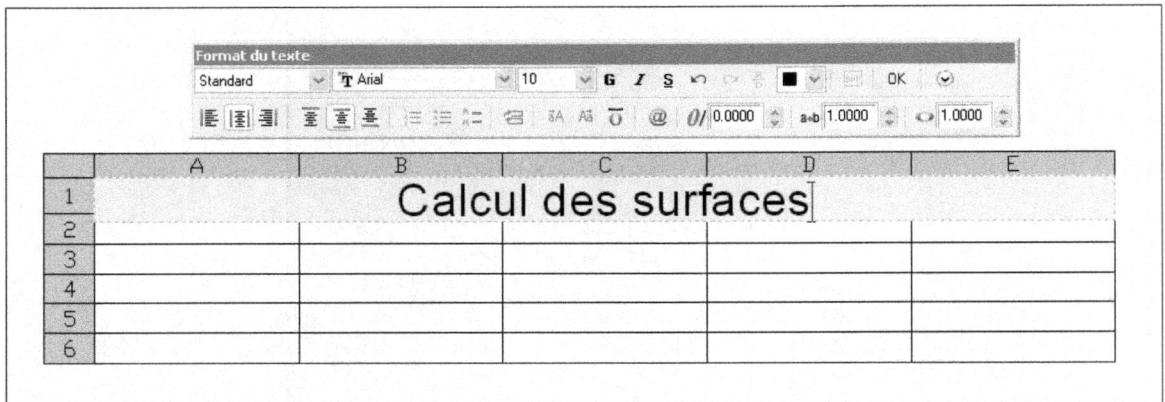

Fig.12.2

La création d'un tableau à partir d'une feuille de calcul liée peut s'effectuer à l'aide de la méthode suivante :

1. Exécuter la commande de création d'un tableau à l'aide de l'une des méthodes suivantes :

Menu : cliquer sur le menu **Dessin** (Draw) et sélectionner la fonction **Tableau** (Table).

Icône : cliquer sur l'icône **Tableau** (Table) de la barre d'outils **Dessin** (Draw).

Tableau de bord : cliquer sur l'icône **Tableau** (Table) du Panneau **Tableaux** (Tables).

Clavier : entrer la commande **TABLEAU** (TABLE).

2. Cliquer sur **A partir d'une liaison de données** (From a data link).

3. Sélectionner une liaison de données déjà établie dans le menu déroulant ou cliquer sur le bouton [...] pour créer une nouvelle liaison de données à l'aide du gestionnaire de liaisons de données. Par exemple, à partir du gestionnaire de liaisons de données (fig.12.3).

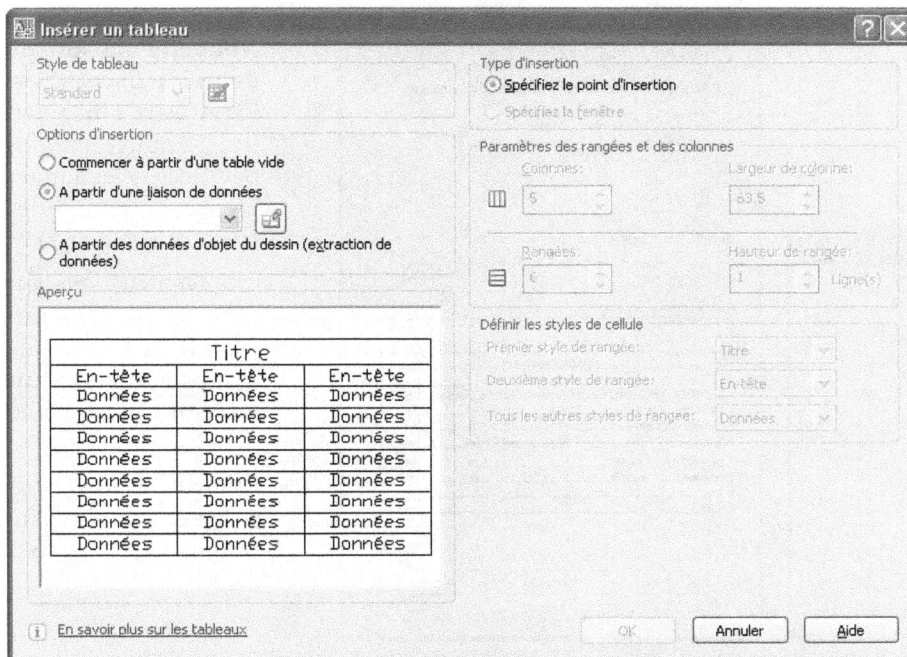

Fig.12.3

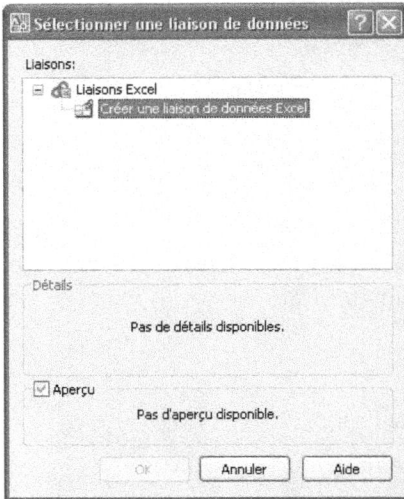

Fig.12.4

[4] Dans la boîte de dialogue **Sélectionner une liaison de données** (Select a Data Link), cliquer sur **Créer une liaison de données Excel** (Create a new Excel Data Link) (fig.12.4).

[5] Entrer un nom dans le champ **Nom** (Name) de la boîte de dialogue **Entrer un nom de liaison de données** (Enter Data Link Name) et cliquer sur **OK** (fig.12.5).

[6] Cliquer sur **Rechercher un fichier** (Browse for a file) dans la boîte de dialogue **Nouvelle liaison de données Excel** (New Excel Data Link) (fig.12.6).

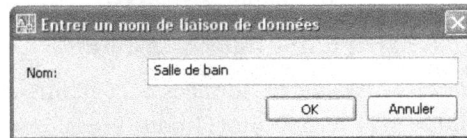

Fig.12.5

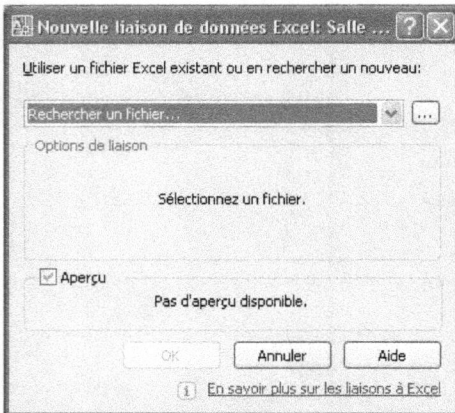

Fig.12.6

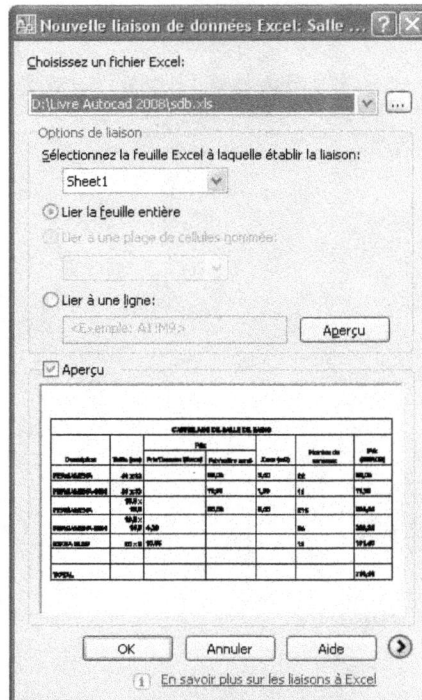

Fig.12.7

[7] Sélectionner un fichier Excel.

[8] La boîte de dialogue **Nouvelle liaison de données Excel** (New Excel Data Link) s'affiche à nouveau. Vous pouvez y sélectionner la plage des cellules souhaitées (fig.12.7).

[9] Cliquer deux fois sur OK. Le résultat s'affiche dans la boîte de dialogue **Insérer un tableau** (Insert Table) (fig.12.8).

[10] Cliquer sur OK pour spécifier un point d'insertion pour le tableau dans le dessin.

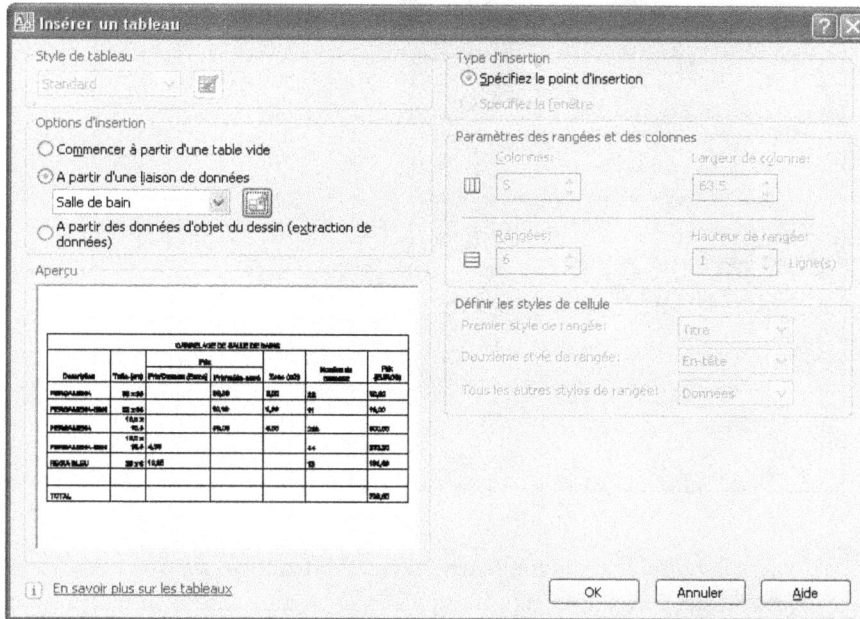

Fig.12.8

La création d'un tableau à partir d'une extraction de données peut s'effectuer à l'aide de la méthode suivante :

1. Exécuter la commande d'extraction des données à l'aide de l'une des méthodes suivantes :

   Menu : cliquer sur le menu **Outils** (Tools) et sélectionner la fonction **Extraction de données** (Data Extraction).

   Icône : cliquer sur l'icône **Extraction de données** (Data Extraction) de la barre d'outils **Modification II** (Modify II).

   Tableau de bord : cliquer sur l'icône **Extraction de données** (Data Extraction) du panneau **Attributs du bloc** (Block Attributes)

   Clavier : entrer la commande **EXTRACTDONNEES** (DATAEXTRA-CTION)

2. Sur la page **Début** (Begin) de l'assistant d'extraction de données, cliquer sur **Créer une nouvelle extraction de données** (Create a new data extraction). Si vous voulez utiliser un fichier de gabarit (DXE ou BLK), cliquer sur **Utiliser une extraction précédente comme gabarit** (Edit an existing data extraction). Cliquer sur **Suivant** (Next) (fig.12.9).

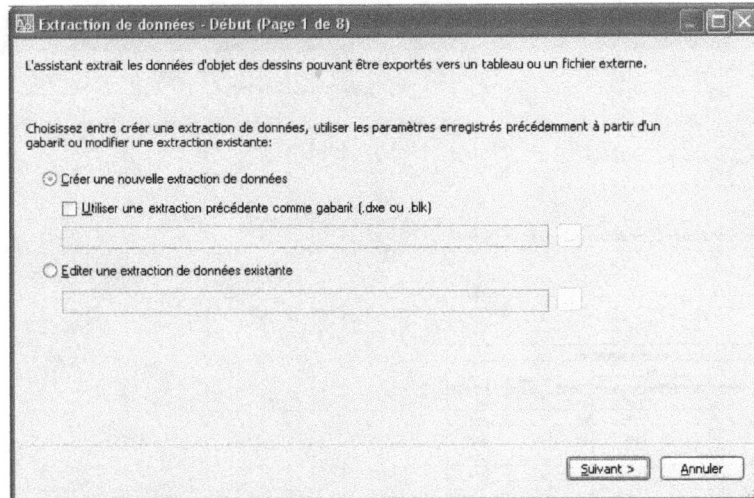

Fig.12.9

③ Dans la boîte de dialogue **Enregistrer l'extraction de données sous** (Save Data Extraction As), indiquer le nom du fichier d'extraction de données. Cliquer sur **Enregistrer** (Save).

④ Sur la page **Définir la source de données** (Define Data Source), indiquer les dessins ou les dossiers dont vous voulez extraire les données. Cliquer sur **Suivant** (Next) (fig.12.10).

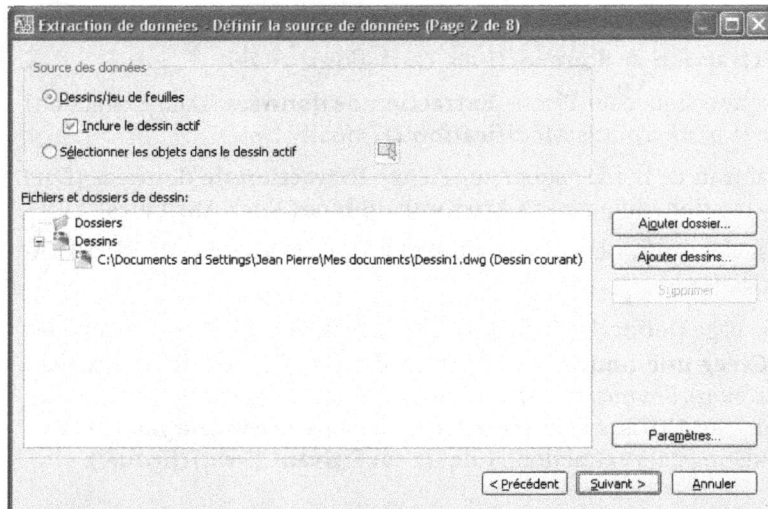

Fig.12.10

5. Sur la page **Choix des objets** (Select objects), sélectionner les objets dont vous voulez extraire les données. Par exemple les cercles. Cliquer sur **Suivant** (Next) (fig.12.11).

6. Sur la page **Sélectionner les propriétés** (Select Properties), sélection-nerles propriétés dont vous voulez extraire les données. Par exemple, les éléments géométriques. Cliquer sur **Suivant** (Next) (fig.12.12).

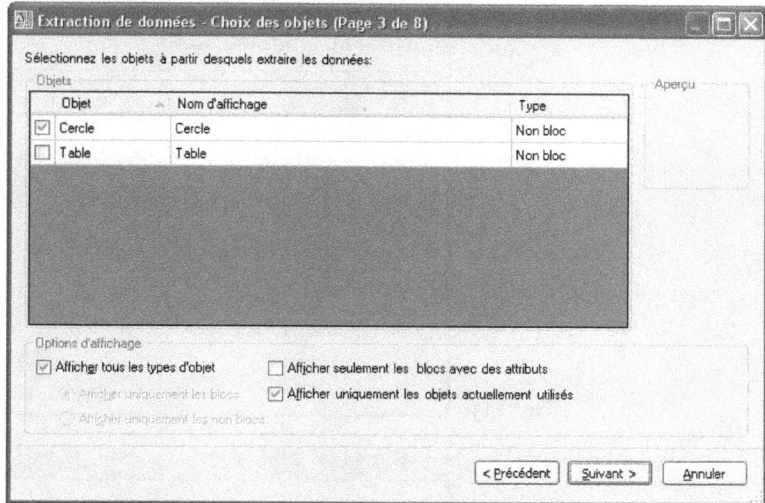

Fig.12.11

7. Sur la page **Affinage des données** (Refine Data), organiser les colonnes, le cas échéant. Cliquer sur **Suivant** (Next) (fig.12.13).

8. Sur la page **Choix de la sortie** (Choose Output), cliquer sur **Insérer le tableau d'extraction des données dans le dessin** (Insert data extraction table into drawing) pour créer une table d'extraction de données. Cliquer sur **Suivant** (Next).

9. Sur la page **Style de tableau** (Table style), choisir un style de tableau si un style est défini dans le dessin courant ou si un style est appliqué à la table. Entrer le titre du tableau, le cas échéant. Cliquer sur **Suivant** (Next) (fig.12.14).

10. Dans la page Fin (Finish), cliquer sur **Fin** (Finish).

11. Cliquer sur un point d'insertion dans le dessin pour créer le tableau.

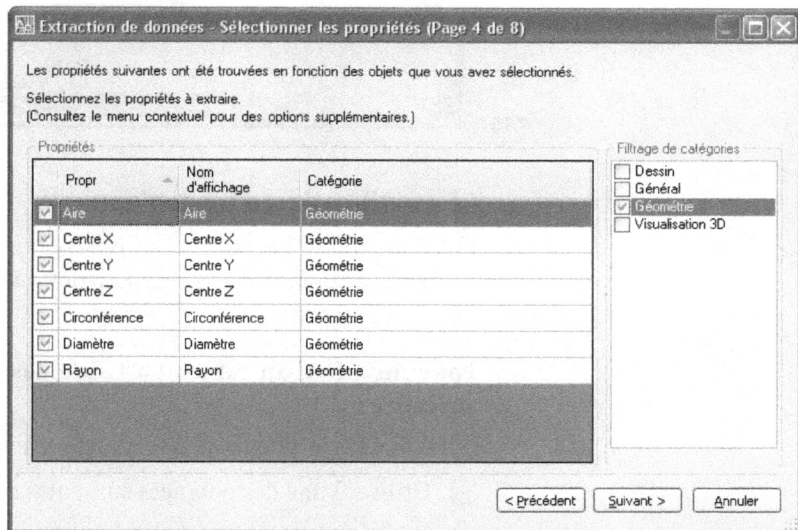

Fig.12.12

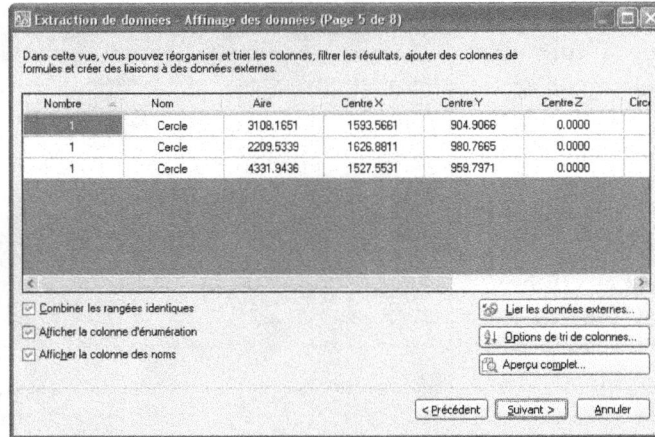

Fig.12.13

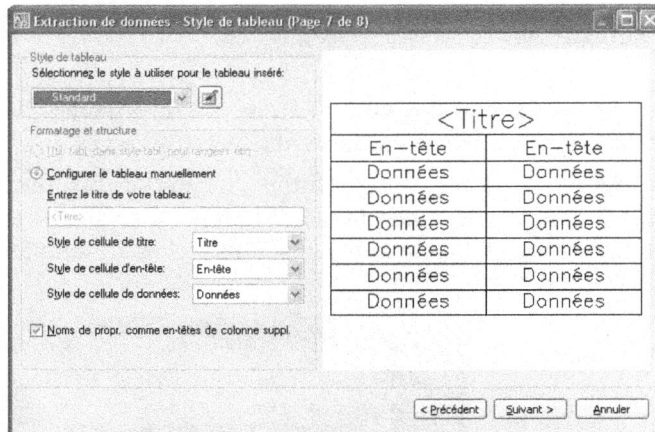

Fig.12.14

La modification d'un tableau

Plusieurs méthodes sont disponibles pour modifier un tableau existant : à l'aide des poignées, à l'aide de la palette Propriétés, par un clic droit et un menu contextuel.

Pour modifier un tableau à l'aide des poignées, la procédure est la suivante :

1. Cliquer sur une ligne de grille pour sélectionner le tableau (fig.12.15).

2. Utiliser l'une des poignées suivantes :

- Poignée supérieure gauche : pour déplacer le tableau

- Poignée supérieure droite : pour modifier la largeur du tableau et de toutes les colonnes proportionnellement

- Poignée inférieure gauche : pour modifier la hauteur du tableau et de toutes les rangées proportionnellement

- Poignée inférieure droite : pour modifier la hauteur et la largeur du tableau, ainsi que celles des colonnes et des rangées proportionnellement

- Poignée de colonne (située au-dessus de la rangée d'en-tête de colonne) : pour modifier la largeur de la colonne à gauche de la poignée et élargir ou rétrécir le tableau en conséquence

- Touche Ctrl + une poignée de colonne : pour élargir ou rétrécir les colonnes adjacentes sans modifier la largeur du tableau.

La largeur minimale d'une colonne correspond à la largeur d'un caractère unique. La hauteur minimale d'une rangée dans un tableau vide correspond à la hauteur d'une ligne de texte à laquelle s'ajoutent les marges de la cellule.

3. Appuyer sur Echap pour annuler la sélection.

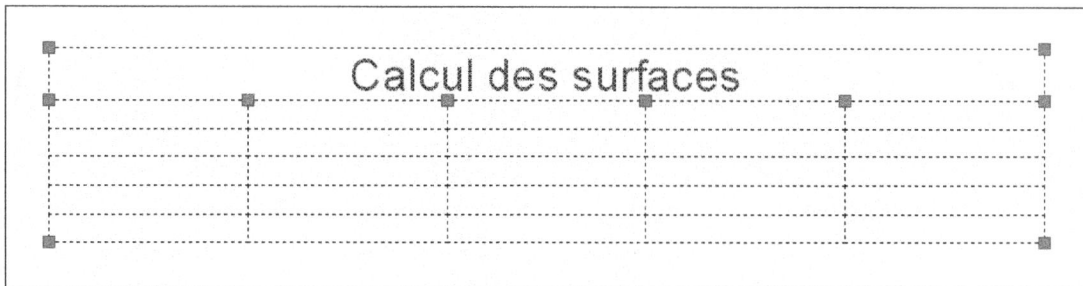

Fig.12.15

Pour modifier les cellules d'un tableau à l'aide des poignées, la procédure est la suivante :

1. Sélectionner une ou plusieurs cellule(s) à modifier à l'aide d'une des méthodes suivantes (fig.12.16) :

- Cliquer dans une cellule.

- Maintenir la touche Maj enfoncée et cliquer sur une autre cellule pour sélectionner ces deux cellules ainsi que celles qui les séparent.

- Cliquer dans la cellule sélectionnée, faire glisser la souris sur les cellules à sélectionner, puis relâcher le bouton.

2. Pour modifier la hauteur de rangée de la cellule sélectionnée, faire glisser la poignée supérieure ou inférieure.

Si plusieurs cellules sont sélectionnées, la hauteur de rangée change dans les mêmes proportions pour chaque rangée.

3. Pour modifier la largeur de colonne de la cellule sélectionnée, faire glisser la poignée gauche ou droite.

Si plusieurs cellules sont sélectionnées, la largeur de colonne change dans les mêmes proportions pour chaque colonne.

4. Pour fusionner les cellules sélectionnées, cliquer sur le bouton droit de la souris, puis sur **Fusionner les cellules** (Merge Cells).

Si l'on sélectionne des cellules dans plusieurs rangées ou colonnes, on peut effectuer une fusion par ligne ou par colonne.

5. Appuyer sur Echap pour annuler la sélection.

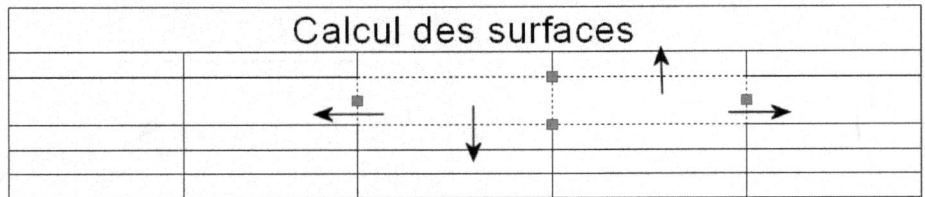

Fig.12.16

Pour modifier un tableau à l'aide de la palette Propriétés, la procédure est la suivante :

1. Cliquer sur une ligne de grille pour sélectionner le tableau.

2. Cliquer sur le menu **Outils** (Tools) puis sur **Propriétés** (Properties).

3. Dans la palette **Propriétés** (Properties), cliquer sur la valeur à modifier et entrer ou sélectionner une nouvelle valeur (fig.12.17).

La propriété est modifiée dans le tableau sélectionné.

4. Déplacer le curseur à l'extérieur de la palette Propriétés, puis appuyer sur Echap pour annuler la sélection.

Pour modifier la largeur de colonne ou la hauteur de rangée d'un tableau, la procédure est la suivante :

1. Cliquer dans une cellule de la colonne ou de la rangée à modifier.

   Maintenir la touche Maj enfoncée et cliquer sur une autre cellule pour sélectionner ces deux cellules ainsi que celles qui les séparent.

2. Cliquer sur le menu **Outils** (Tools) puis sur **Propriétés** (Properties).

3. Dans la palette **Propriétés**, sous **Cellule** (Cell), cliquer sur la valeur de la largeur ou de la hauteur de cellule, puis entrer une nouvelle valeur.

4. Appuyer sur Echap pour annuler la sélection.

Pour ajouter des colonnes ou des rangées dans un tableau, la procédure est la suivante :

1. Cliquer dans une cellule du tableau, à l'endroit où l'on souhaite ajouter une colonne ou une rangée.

   On peut sélectionner plusieurs cellules pour ajouter plusieurs colonnes ou rangées.

2. Cliquer avec le bouton droit de la souris et utiliser l'une des options suivantes :

   - **Insérer des colonnes** (Insert Columns) > **Droite** (Right) : Insère une colonne à droite de la cellule sélectionnée.

   - **Insérer des colonnes** (Insert Columns) > **Gauche** (Left) : Insère une colonne à gauche de la cellule sélectionnée.

   - **Insérer des rangées** (Insert Rows) > **Au-dessus (Above)** : Insère une rangée au-dessus de la cellule sélectionnée.

   - **Insérer des rangées** (Insert Rows) > **En dessous** (Below) : Insère une rangée en dessous de la cellule sélectionnée.

3. Appuyer sur Echap pour annuler la sélection.

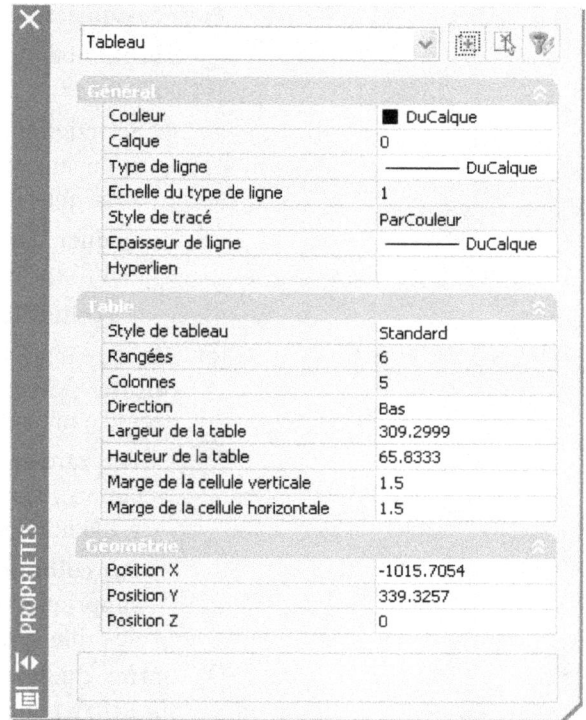

Fig.12.17

Pour fusionner les cellules d'un tableau, la procédure est la suivante :

1. Sélectionner les cellules à fusionner à l'aide d'une des méthodes suivantes :

   - Sélectionner une cellule, puis cliquer dans une autre cellule en appuyant sur la touche Maj pour sélectionner ces deux cellules, ainsi que celles qui les séparent.

   - Cliquer dans une cellule sélectionnée, glisser la souris sur les cellules à sélectionner, puis relâcher le bouton.

     La cellule fusionnée qui en résulte doit être rectangulaire.

2. Cliquer sur le bouton droit de la souris. Cliquer sur **Fusionner les cellules** (Merge Cells). Si l'on souhaite créer plusieurs cellules fusionnées, il convient d'utiliser l'une des options suivantes :

   - **Par rangée** (By Row) : fusionne les cellules horizontalement en supprimant les lignes de grille verticales, sans modifier les lignes de grille horizontales.

   - **Par colonne** (By Column) : fusionne les cellules verticalement en supprimant les lignes de grille horizontales, sans modifier les lignes de grille verticales.

3. Entrer du texte dans la nouvelle cellule fusionnée ou appuyer sur Echap pour annuler la sélection.

Pour supprimer des colonnes ou des rangées d'un tableau, la procédure est la suivante :

1. Cliquer dans une cellule de la colonne ou de la rangée à supprimer.

   Maintenir la touche Maj enfoncée et cliquer sur une autre cellule pour sélectionner ces deux cellules ainsi que celles qui les séparent.

2. Cliquer avec le bouton droit de la souris et utiliser l'une des options suivantes :

   - **Supprimer les colonnes** (Delete Columns) : supprime les colonnes spécifiées.

   - **Supprimer les rangées** (Delete Rows) : supprime les rangées spécifiées.

3. Appuyer sur Echap pour annuler la sélection.

Pour exporter un tableau, la procédure est la suivante :

1. Sélectionner un tableau, cliquer sur le bouton droit de la souris, puis choisir **Exporter** (Export) dans le menu contextuel qui s'affiche.

2. Sélectionner le tableau à exporter.
   Une boîte de dialogue standard de sélection de fichiers apparaît.

3 Entrer un nom de fichier et sélectionner un emplacement.
Les données du tableau sont exportées au format de fichier CSV. La mise en forme du tableau et du texte est perdue.

Pour verrouiller et déverrouiller des cellules, la procédure est la suivante :

1 Dans un tableau, sélectionner une ou plusieurs cellules à verrouiller ou déverrouiller. Pour cela, utiliser l'une des méthodes suivantes :

▪ Cliquer dans une cellule.

▪ Maintenir la touche Maj enfoncée et cliquer sur une autre cellule pour sélectionner ces deux cellules ainsi que celles qui les séparent.

▪ Cliquer dans la cellule sélectionnée, faites glisser la souris sur les cellules à sélectionner, puis relâcher le bouton.

2 Utiliser l'une des options suivantes (fig.12.18) :

▪ Pour déverrouiller une ou plusieurs cellules : dans la barre d'outils Table, cliquer sur l'icône **Verrouillage** (Locking) puis **Déverrouillé** (Unlocked).

▪ Pour verrouiller une ou plusieurs cellules : dans la barre d'outils Table, cliquer sur **Verrouillage** (Locking) puis **Données et format verrouillés** (Content and Format Locked).

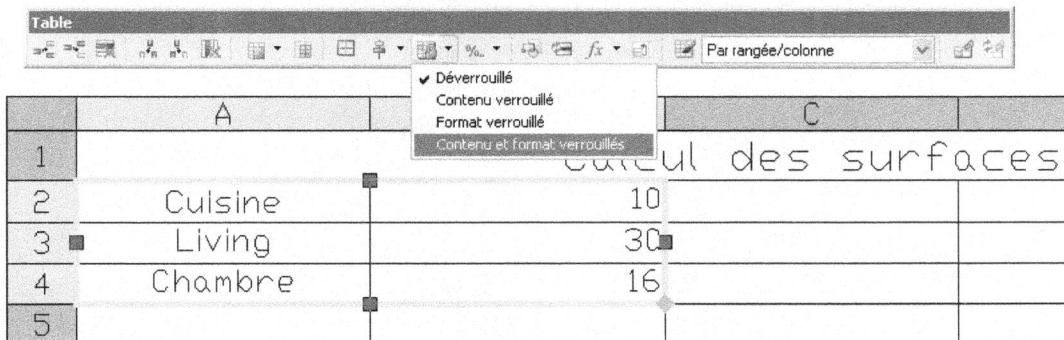

Fig.12.18

Pour diviser un tableau en plusieurs tableaux à l'aide des poignées, la procédure est la suivante :

1. Cliquer sur une ligne de grille pour sélectionner le tableau.

2. Cliquer sur la poignée triangulaire au centre de la ligne du bas du tableau et déplacer la poignée vers le haut ou vers le bas (fig.12.19).

Lorsque le triangle pointe vers le bas, le saut de tableau est inactif. Les nouvelles lignes seront ajoutées au bas du tableau.

Lorsque le triangle pointe vers le haut, le saut de tableau est actif. La position courante du bas du tableau représente la hauteur maximale du tableau. Les nouvelles lignes seront ajoutées à un second tableau à droite du tableau principal.

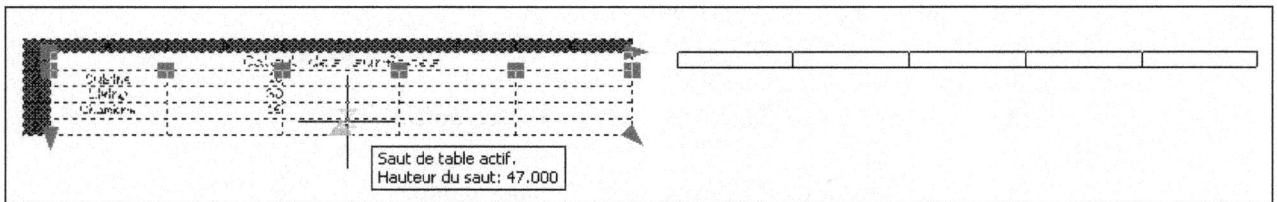

Fig.12.19

Le style d'un tableau

L'apparence du tableau est contrôlée par son style. Il est possible d'utiliser le style de tableau par défaut (STANDARD) ou de créer ses propres styles. Plusieurs caractéristiques sont prises en compte par les styles :

▸ Le style d'un tableau peut définir la mise en forme des rangées. Par exemple, dans le style Standard, la première rangée du tableau est une rangée de titres qui se compose d'une rangée de cellules fusionnées contenant du texte centré. La deuxième rangée contient les en-têtes de colonnes ; les autres rangées contiennent les données.

▸ Le style d'un tableau peut spécifier différents types de justification et d'apparence pour le texte et les lignes de grille de chaque type de rangée. Par exemple, un style de tableau peut définir une taille de texte plus importante pour la rangée de titre ou un alignement centré pour la rangée d'en-têtes de colonnes et un alignement à gauche pour les rangées de données.

▸ Le tableau peut être lu du haut vers le bas ou du bas vers le haut. Le nombre de colonnes et de rangées est quasiment illimité.

▸ Les propriétés de bordure d'un style de tableau permettent de contrôler l'affichage des lignes de grille qui divisent le tableau en cellules. Les bordures de la rangée de titres, de la rangée d'en-têtes de colonnes et des rangées de données peuvent avoir des épaisseurs de lignes et des couleurs différentes ; en outre, on peut décider de les afficher ou de les masquer. L'aperçu affiché dans la boîte de dialogue Style de tableau (Table style) est mis à jour en fonction des options de bordures sélectionnées.

▸ L'apparence du texte dans les cellules du tableau est contrôlée par le style de texte spécifié dans le style de tableau courant. On peut utiliser n'importe quel style de texte dans le dessin pour en créer un nouveau. Il est également possible d'utiliser le DesignCenter pour copier les styles du tableau à partir d'autres dessins.

Pour définir ou modifier un style de tableau, la procédure est la suivante :

1. Cliquer sur le menu **Format** puis sur **Style de tableau** (Table style).

2. Dans la boîte de dialogue **Style de tableau** (Table style), cliquer sur le bouton **Nouveau** (New).

3. Dans la boîte de dialogue **Créer un nouveau style de tableau** (Create New Table Style), entrer un nom, sélectionner un style dans **Commencer par** (Start with), afin de fournir les paramètres par défaut du nouveau style de tableau, puis cliquer sur **Continuer** (Continue).

4. Dans la boîte de dialogue **Nouveau style de tableau** (New table style), indiquer la direction du tableau (fig.12.20) : En bas (Down) ou En haut (Up). Si l'on sélectionne En haut, le tableau doit être lu du bas vers le haut ; la rangée de titres et les en-têtes de colonnes figurent au bas du tableau.

5. Pour définir l'apparence des cellules de données, des cellules d'en-têtes de colonnes ou de la cellule de titre, effectuer le choix dans la liste **Styles de cellule**.

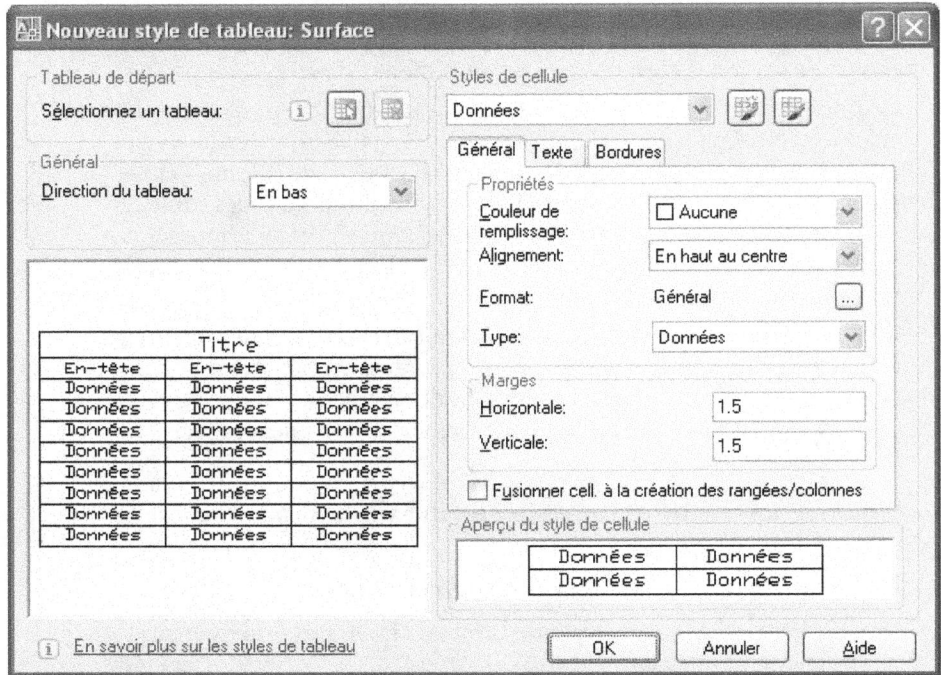

Fig.12.20

6 Sur l'onglet **Général**, sélectionner ou désélectionner les options suivantes pour le style de cellule courant :

■ **Couleur de remplissage** (Fill color): permet de spécifier la couleur de remplissage. Sélectionner **Aucun** (None) ou une couleur d'arrière-plan ou cliquer sur l'option Sélect. couleur pour afficher la boîte de dialogue **Sélectionner la couleur** (Select color).

■ **Alignement** (Alignment) : permet de spécifier l'alignement du contenu des cellules. Centre fait référence à un alignement horizontal tandis que Milieu fait référence à un alignement vertical.

■ **Format** : permet de définir le type et la mise en forme des données pour les rangées d'un tableau. Cliquer sur le bouton [...] pour afficher la boîte de dialogue Format des cellules du tableau dans laquelle vous pouvez poursuivre la définition des options de formatage.

■ **Type** : permet de spécifier le style de cellule (étiquette ou données) qui est utilisé lors de l'insertion du texte par défaut dans un style de tableau contenant un tableau de départ. Egalement utilisé lors de la création d'un outil de tableau dans la palette d'outils.

- **Marges - Horizontales** (Horizontal Margins) : définit la distance séparant le texte ou le bloc de la cellule et les bordures gauche et droite de la cellule.

- **Marges - Verticales**. (Vertical Margins): définit la distance séparant le texte ou le bloc de la cellule et les bordures supérieure et inférieure de la cellule.

- **Fusionner cell. à la création des rangées/colonnes** (Merge cells on row/column creation): permet de fusionner la nouvelle colonne ou cellule créée avec le style de cellule courant dans une cellule.

7. Sur l'onglet **Texte**, sélectionner ou désélectionner les options suivantes pour le style de cellule courant (fig.12.21) :

- **Style de texte** (Text style): permet d'indiquer le style du texte. Sélectionner un style de texte ou cliquer sur le bouton [...] pour ouvrir la boîte de dialogue Style de texte (Text Style) et en créer un.

- **Hauteur de texte** (Text height): permet d'indiquer la hauteur du texte. Entrer la hauteur du texte. Cette option n'est disponible que si la hauteur du style de texte sélectionné est égale à 0 (le style de texte par défaut STANDARD possède une hauteur de texte égale à 0). Si le style de texte sélectionné possède une hauteur de texte fixe, cette option n'est pas disponible.

Fig.12.21

- **Couleur de texte** (Text color): permet d'indiquer la couleur du texte. Sélectionner une couleur ou cliquer sur **Sélectionner une couleur** (Select color) pour afficher la boîte de dialogue correspondante.

- **Angle du texte** (Text angle) : Définit l'angle du texte. L'angle de texte par défaut est 0 degré. Vous pouvez entrer un angle compris entre -359 et +359 degrés.

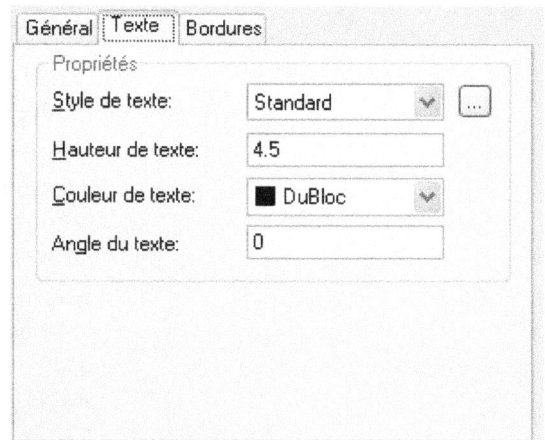

8 Utiliser l'onglet **Bordures** (Borders) pour déterminer l'apparence des lignes de la grille du tableau pour le style de cellule courant. Définir les options suivantes (fig.12.22) :

- **Epaisseur de ligne** (Lineweight) : permet de définir l'épaisseur de ligne à utiliser pour les bordures affichées. Si vous utilisez une épaisseur de ligne importante, il se peut que vous ayez à modifier les marges de cellule afin de pouvoir afficher le texte.

- **Type de ligne** (Linetype) : permet de définir le type de ligne à appliquer aux bordures que vous spécifiez en cliquant sur le bouton de bordure correspondant. Les types de ligne standard, DuBloc, DuCalque et Continu sont affichés, mais vous pouvez choisir Autres pour charger un type de ligne personnalisé.

- **Couleur** (Color) : permet de spécifier la couleur à utiliser pour les bordures affichées. Cliquez sur **Sélectionner une couleur** pour afficher la boîte de dialogue **Sélectionner une couleur**.

- **Ligne double** (Double line) : permet de spécifier que la ligne des bordures sélectionnées sera double. Changez l'espacement entre les lignes en entrant une valeur dans la zone **Espacement**.

- **Boutons d'affichage des bordures** : permet d'appliquer les options de bordure sélectionnées. Cliquez sur un bouton pour appliquer les options de bordure sélectionnées aux bordures de la cellule, soit les bordures extérieures, les bordures intérieures, la bordure du bas, la bordure de gauche, la bordure du haut, la bordure de droite, ou à aucune bordure. L'aperçu dans la boîte de dialogue est mis à jour vous permettant de voir le résultat obtenu.

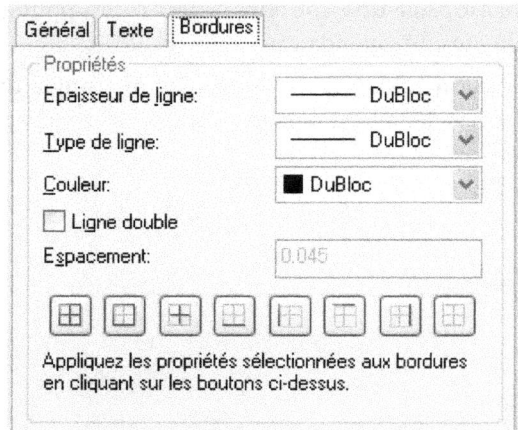

9 Cliquer sur **OK**.

Fig.12.22

Pour appliquer un nouveau style à un tableau, la procédure est la suivante :

1. Cliquer sur une ligne de grille pour sélectionner le tableau.

2. Cliquer sur le menu **Outils** (Tools) puis sur **Propriétés** (Properties).

3. Dans la palette **Propriétés** (Properties), sous **Tableau** (Table), cliquer sur la valeur **Style de tableau** (Table style) et sélectionner un style (fig.12.23).

   Le nouveau style est appliqué au tableau. Si le style de tableau précédent possédait une rangée de titres et que le nouveau n'en possède pas, le texte du titre est placé dans la première cellule du tableau et les autres cellules de la première rangée ne sont pas utilisées.

4. Appuyer deux fois sur Echap pour annuler la sélection.

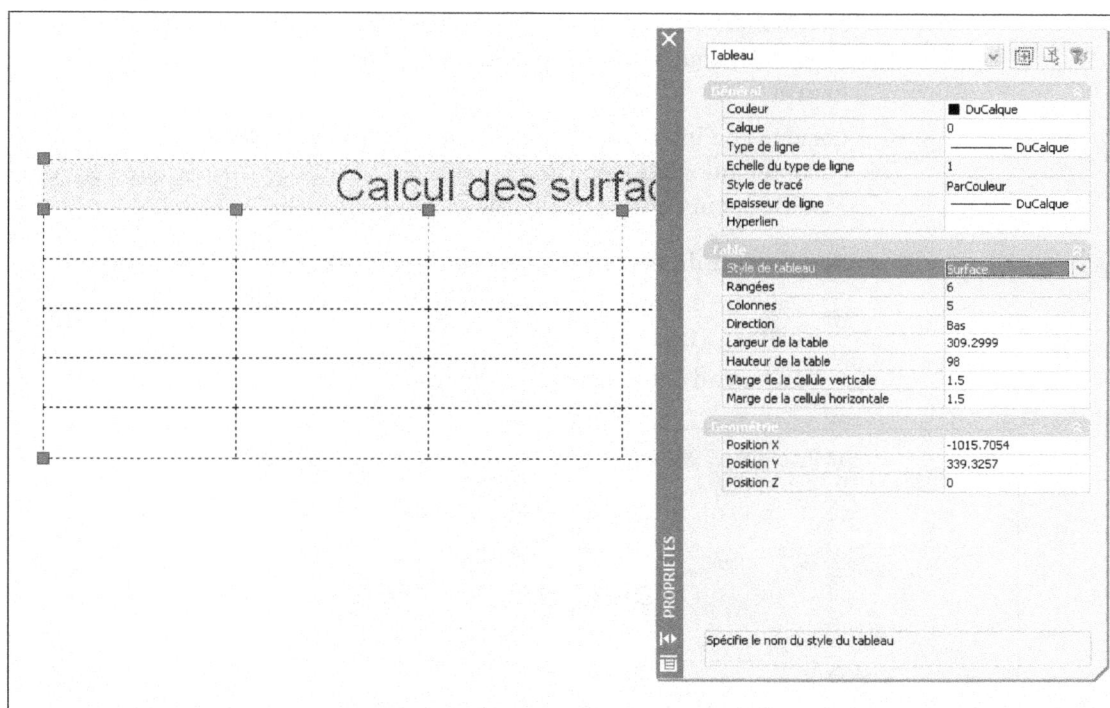

Fig.12.23

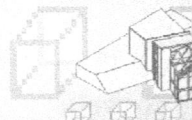

Pour modifier le style appliqué aux nouveaux tableaux, la procédure est la suivante :

1. Cliquer sur le menu **Format** puis sur **Style de tableau** (Table style).
2. Dans la boîte de dialogue **Style de tableau** (Table style), sélectionner un style, puis cliquer sur **Définir courant** (Set current).
3. Cliquer sur **Fermer** (Close).

   Le style courant est appliqué aux nouveaux tableaux créés.

La définition du contenu d'un tableau

Les données contenues dans une cellule d'un tableau peuvent se composer de texte ou d'un bloc.

Lors de la création du tableau, la première cellule est mise en surbrillance, la barre d'outils **Format du texte** (Text format) s'affiche et l'on peut commencer à entrer du texte. La hauteur de rangée de la cellule augmente en conséquence. Pour passer à la cellule suivante, il faut appuyer sur Tab ou utiliser les touches fléchées pour se déplacer vers la gauche, la droite, le haut et le bas.

Lorsque l'on insère un bloc dans une cellule d'un tableau, soit le bloc peut s'adapter automatiquement à la taille de la cellule, soit la cellule peut être modifiée pour s'adapter à la taille du bloc.

Pour entrer du texte dans un tableau, la procédure est la suivante :

1. Faire un double clic dans une cellule du tableau et commencer à entrer du texte (fig.12.24).

   La barre d'outils **Format** du texte s'affiche.

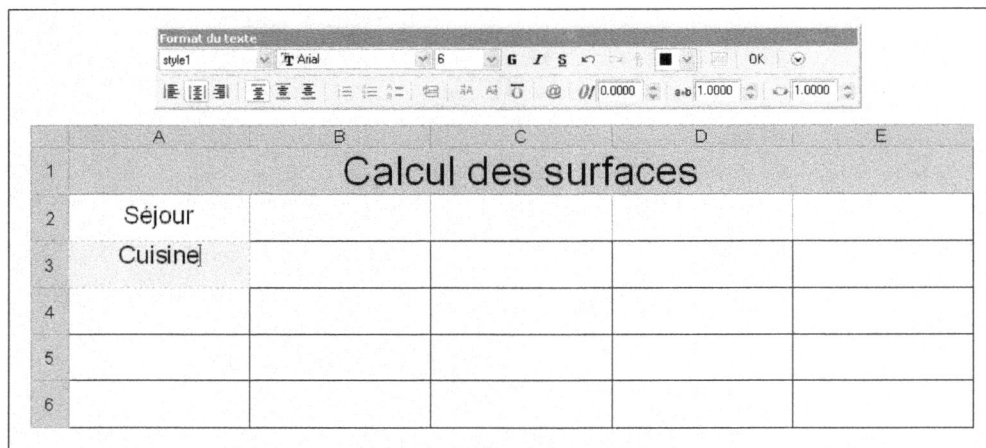

Fig.12.24

2. Utiliser les touches fléchées pour déplacer le curseur dans le texte d'une cellule.

3. Pour créer un saut de ligne à l'intérieur d'une cellule, appuyer sur les touches Alt + Entrée.

4. Pour remplacer le style de texte spécifié dans le style de tableau, cliquer sur la flèche située en regard de **Contrôle de style de texte** (Style) dans la barre d'outils, puis sélectionner un nouveau style.

    Le style sélectionné est appliqué au texte de la cellule et à tout nouveau texte qui y est saisi.

5. Pour ignorer la mise en forme dans le style de texte courant, commencer par sélectionner le texte comme suit :

    - Pour sélectionner un ou plusieurs caractères, cliquer avec le périphérique de pointage et glisser le curseur sur les caractères.

    - Pour sélectionner un mot, cliquer deux fois dessus.

    - Pour sélectionner tout le texte d'une cellule, cliquer trois fois dessus. On peut également cliquer sur le bouton droit de la souris, puis cliquer sur **Tout sélectionner** (Select All).

6. Dans la barre d'outils, il faut procéder comme suit pour modifier le format :

    - Pour appliquer une police différente au texte sélectionné : choisir la police dans la liste.

    - Pour modifier la hauteur du texte sélectionné : entrer une valeur dans le champ **Hauteur** (Text height).

    - Pour mettre le texte d'une police TrueType en gras ou en italique, ou pour créer du texte souligné dans n'importe quelle police : cliquer sur le bouton approprié de la barre d'outils.

    - Pour appliquer une couleur au texte sélectionné : choisir la couleur dans la liste des couleurs.

7. Utiliser les touches du clavier pour se déplacer d'une cellule à une autre :

    - Appuyer sur Tab pour passer à la cellule suivante. Dans la dernière cellule du tableau, appuyer sur la touche Tab pour ajouter une rangée.

    - Appuyer sur les touches Maj + Tab pour passer à la cellule précédente.

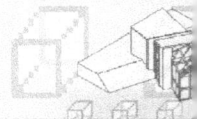

- Lorsque le curseur est placé en début ou en fin de cellule, utiliser les touches fléchées pour le déplacer vers des cellules adjacentes.

- Lorsque du texte apparaît en surbrillance dans une cellule, appuyer sur une touche fléchée pour supprimer la sélection et déplacer le curseur au début ou à la fin de la cellule.

- Appuyer sur la touche Entrée pour se déplacer d'une cellule vers le bas.

8 Pour enregistrer les modifications et quitter, cliquer sur le bouton OK dans la barre d'outils ou appuyer sur Ctrl + Entrée.

Pour définir ou modifier les formats de données, la procédure est la suivante :

1 Dans un tableau, cliquer sur les cellules dont vous voulez redéfinir les données et la mise en forme.

2 Dans la barre d'outils **Table**, cliquer sur **Format de données** (Data Format).

3 Choisir un type de données et d'autres options à appliquer aux cellules de tableau sélectionnées : angle, devise, date...

4 Saisir des données dans les cellules de tableau sélectionnées. Le type de données et le format que vous choisissez déterminent le mode d'affichage des données.

5 Cliquer sur **OK**.

Pour modifier les propriétés des cellules d'un tableau, la procédure est la suivante :

1 Cliquer dans la cellule que vous souhaitez modifier.
Maintenir la touche Maj enfoncée et cliquez sur une autre cellule pour sélectionner ces deux cellules ainsi que celles qui les séparent.

2 Utiliser l'une des méthodes suivantes :

- Pour modifier une ou plusieurs propriété(s) de la palette **Propriétés**, cliquer sur la valeur à changer, puis entrez ou sélectionnez une autre valeur.

■ Pour restaurer les propriétés par défaut, cliquer avec le bouton droit de la souris. Cliquer sur Supprimer tous les remplacements de propriétés.

Pour copier les propriétés d'une cellule dans d'autres cellules, la procédure est la suivante :

1. Cliquer dans la cellule dont vous souhaitez copier les propriétés.

2. Dans la barre d'outils **Table**, cliquer sur **Adapter à la cellule** (Match cell). Le curseur prend l'apparence d'un pinceau.

3. Pour copier les propriétés dans une autre cellule du tableau dans le dessin, cliquer dans la cellule.

4. Cliquer avec le bouton droit de la souris ou appuyer sur Echap pour arrêter la copie des propriétés.

Pour modifier l'épaisseur de ligne, le type de ligne ou la couleur des bordures des cellules d'un tableau, la procédure est la suivante :

1. Cliquer dans la cellule que vous souhaitez modifier. Maintenir la touche Maj enfoncée et cliquer sur une autre cellule pour sélectionner ces deux cellules ainsi que celles qui les séparent.

2. Dans la barre d'outils **Table**, cliquer sur **Bordures de cellules** (Cell Borders).

3. Dans la boîte de dialogue **Propriétés de la bordure des cellules** (Cell Border Properties), sélectionnez une épaisseur de ligne, un type de ligne et une couleur. Pour spécifier une bordure à ligne double, sélectionner Double-ligne. Utiliser la commande **DUBLOC** pour définir les propriétés de bordure, afin qu'elles correspondent aux paramètres de style appliqué au tableau (fig.12.25).

4. Cliquer sur l'un des boutons de type de bordure pour spécifier les bordures de cellule à modifier ou sélectionner une bordure dans l'aperçu.

5. Cliquer sur **OK**.

6 Déplacez le curseur à l'extérieur de la palette Propriétés, puis appuyez sur Echap pour annuler la sélection ou sélectionner une autre cellule.

Pour modifier le texte d'une cellule d'un tableau, la procédure est la suivante :

1 Cliquer deux fois à l'intérieur de la cellule dont vous voulez modifier le texte ou sélectionner la cellule, cliquer avec le bouton droit de la souris et choisir **Modifier le texte de la cellule** (Modify Text in Cell). Lorsqu'une cellule est sélectionnée, vous pouvez appuyer sur F2 pour modifier le texte qu'elle contient.

2 Utiliser la barre d'outils **Format du texte** (Edit Text) ou le menu contextuel pour apporter des modifications.

3 Pour enregistrer les modifications et quitter, cliquer sur le bouton **OK** dans la barre d'outils.

4 Pour annuler une sélection dans le tableau, appuyer sur Echap.

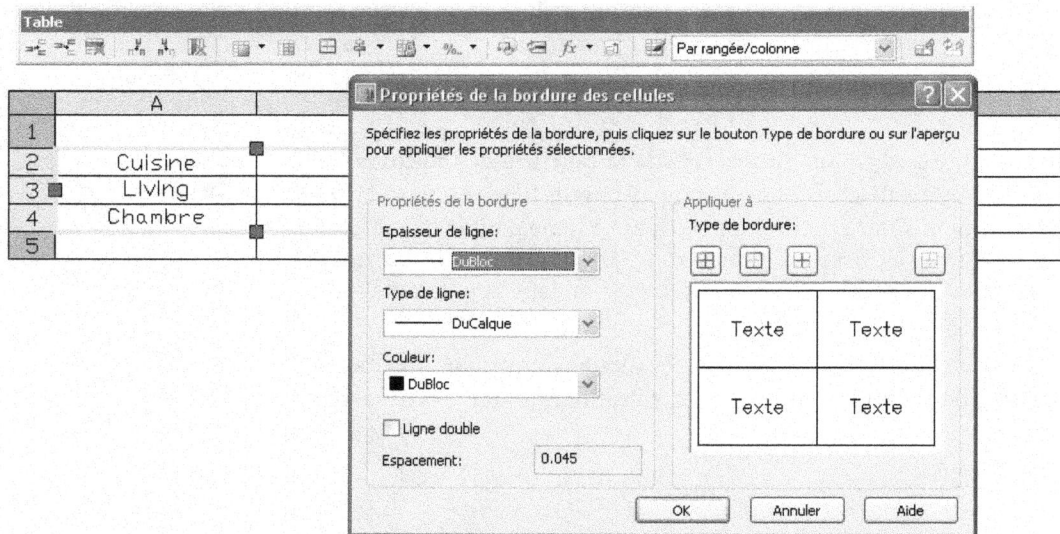

Fig.12.25

Pour insérer un bloc dans une cellule d'un tableau, la procédure est la suivante :

[1] Cliquer à l'intérieur de la cellule pour la sélectionner et cliquer sur le bouton droit de la souris. Cliquer sur **Insérer** (Insert) puis sur **Bloc** (Block) (fig.12.26).

[2] Dans la boîte de dialogue **Insérer** (Insert) sélectionner un bloc dans la liste des blocs du dessin ou cliquer sur **Parcourir** (Browse) pour rechercher un bloc dans un autre dessin.

[3] Spécifier les propriétés suivantes du bloc :

■ **Alignement global des cellules** (Cell alignment) : spécifie l'alignement du bloc dans la cellule du tableau. Le bloc est aligné au centre, en haut ou en bas, en fonction des bordures supérieure et inférieure de la cellule. Le bloc est aligné au centre, à gauche ou à droite en fonction des bordures gauche et droite de la cellule.

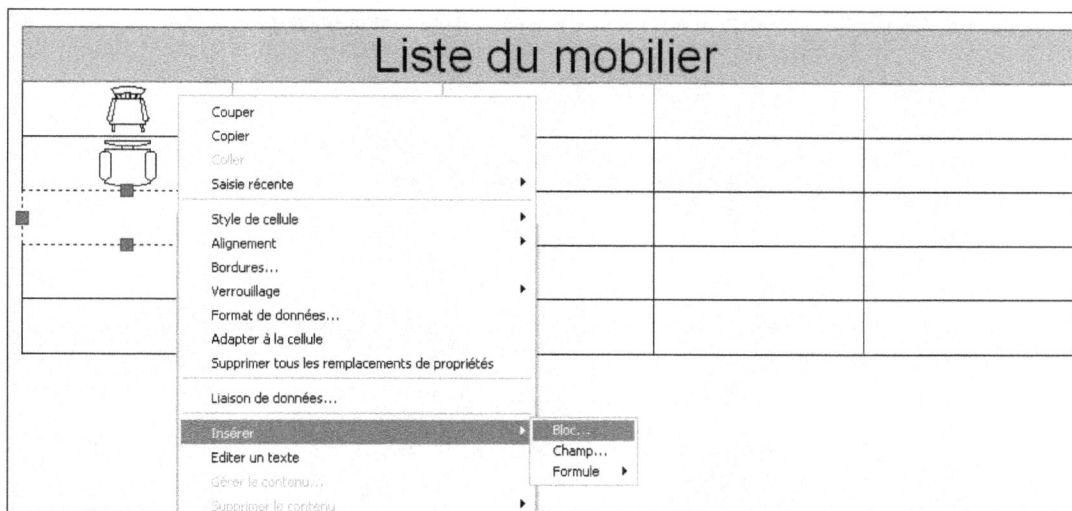

Fig.12.26

- **Echelle** (Scale) : spécifie l'échelle de la référence du bloc. Entrer une valeur ou sélectionner **Ajustement automatique** (AutoFit) pour adapter le bloc à la taille de la cellule sélectionnée.
- **Angle de rotation** (Rotation angle) : spécifie l'angle de rotation du bloc.

4 Cliquer sur OK (fig.12.27).

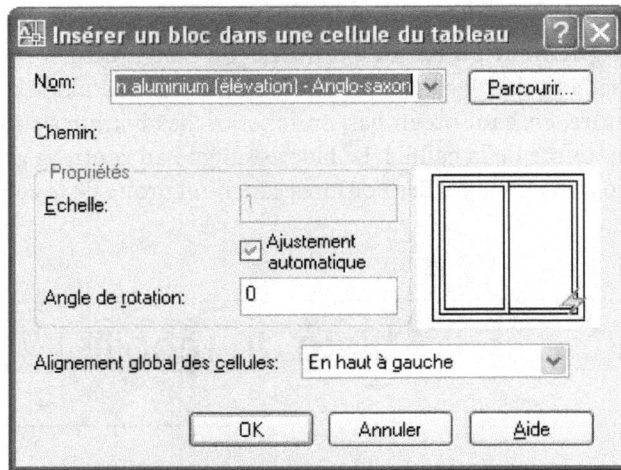

Fig.12.27

Pour insérer un champ dans une cellule d'un tableau, la procédure est la suivante :

1 Cliquer deux fois dans la cellule.

2 Cliquer sur le bouton droit de la souris et sélectionner **Insérer** (Insert) puis **Champ** (Field) ou appuyer sur les touches Ctrl + F.

3 Dans la boîte de dialogue **Champ** (Field), sélectionner une catégorie dans la liste des catégories de champs afin d'afficher les noms de champs de cette catégorie (fig.12.28). Exemple : Objets.

4. Sélectionner un champ. Exemple : Objet.

5. Dans **Type d'objets** (Object type), cliquer sur le bouton pour sélectionner un objet dans le dessin. Par exemple la polyligne.

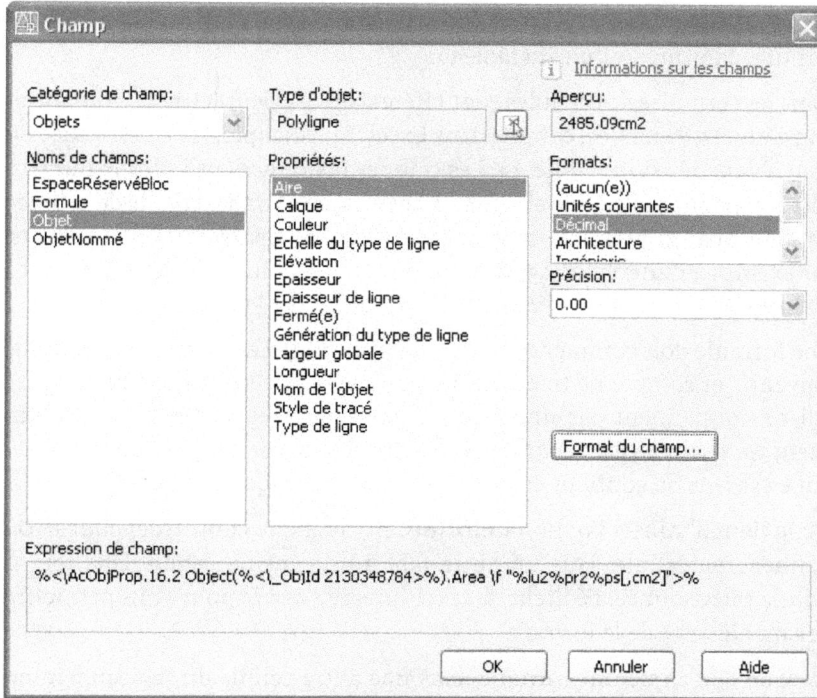

Fig.12.28

Fig.12.29

6. Sélectionner le format ou d'autres options disponibles pour ce champ (fig.12.29).

7. Cliquer sur OK (fig.12.30).

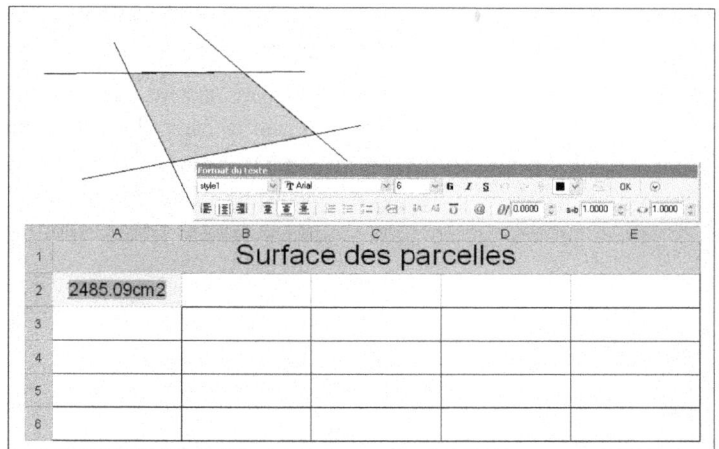

Fig.12.30

L'utilisation de formules dans les tableaux

Les cellules d'un tableau peuvent contenir des formules de calcul basées sur la valeur des autres cellules du tableau. Lorsqu'une cellule de tableau est sélectionnée, on peut insérer des formules à partir du menu contextuel. On peut également ouvrir l'éditeur de texte intégré et saisir manuellement une formule dans une cellule du tableau.

Dans les formules, les cellules sont référencées par leur lettre de colonne et leur numéro de rangée, comme dans Excel. Par exemple, la cellule située en haut à gauche est la cellule A1. Les cellules fusionnées utilisent le numéro correspondant à la cellule située en haut à gauche. Un intervalle de cellules est défini par sa première et sa dernière cellule, séparées par deux points. Par exemple, l'intervalle A5 :C10 comprend les cellules des rangées 5 à 10 incluses dans les colonnes A, B et C.

Une formule doit commencer par le signe égal (=). Les formules de somme, moyenne et compte ne tiennent pas compte des cellules vides ni de celles qui ne contiennent pas une valeur numérique. Les autres formules affichent un symbole d'erreur (#) si l'une des cellules de l'expression arithmétique est vide ou contient des données non numériques.

Il convient d'utiliser l'option **Cellule** (Cell) du menu contextuel pour sélectionner une cellule dans un autre tableau du même dessin. Une fois la cellule sélectionnée, l'éditeur de texte intégré s'ouvre pour vous permettre de saisir le reste de la formule.

Lorsque l'on copie une formule dans une autre cellule du tableau, l'intervalle change pour refléter le nouvel emplacement. Par exemple, si la formule de la cellule A10 représente la somme des cellules A1 à A9 et qu'on la copie en B10, l'intervalle des cellules change pour indiquer qu'il représente la somme des cellules B1 à B9.

Si l'on ne veut pas qu'une référence de cellule change lorsque l'on copie et colle la formule, il faut ajouter le symbole $ à la colonne ou à la rangée appartenant à la référence de la cellule. Par exemple, si l'on entre $A10, la colonne reste identique et la rangée change. Si l'on entre A10, la colonne et la rangée restent identiques. Le principe est donc identique au fonctionnement d'Excel.

Pour calculer par exemple la somme des valeurs comprises dans un intervalle de cellules du tableau, la procédure est la suivante :

1. Sélectionner la cellule dans laquelle on souhaite placer la formule en cliquant à l'intérieur.

2. Cliquer sur le bouton droit de la souris et cliquer sur **Insérer** (Insert) puis sur **Formule** (Formula) et sélectionner **Somme** (Sum) (fig.12.31).

3. Après le message « Sélectionner le premier angle de l'intervalle de cellules du tableau » (Select first corner of table cell range), cliquer dans la première cellule de l'intervalle.

	A	B	C	D	E
1	Surface des surfaces				
2	Longueur	Largeur	Surface		
3	4.55	3.75	17.062500		
4	6	5.2	31.2000		
5					
6			=Sum(C3:C4)		

Fig.12.31

4. Après le message « Sélectionner le second angle de l'intervalle de cellules du tableau » (Select second corner of table cell range), cliquer dans la dernière cellule de l'intervalle. L'éditeur de texte intégré s'ouvre et affiche la formule dans la cellule.

5. Modifier la formule si nécessaire.

6. Pour enregistrer les modifications et quitter l'éditeur, utiliser l'une des méthodes suivantes :

   - Cliquer sur OK dans la barre d'outils.
   - Cliquer sur le dessin à l'extérieur de l'éditeur.
   - Appuyer sur les touches Ctrl + Entrée.

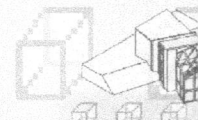

La cellule affiche la somme des valeurs comprises dans l'intervalle de cellules. Les cellules vides et celles qui ne contiennent pas une valeur numérique sont ignorées.

Pour saisir manuellement une formule dans une cellule du tableau, la procédure est la suivante :

1. Cliquer deux fois dans une cellule de tableau. L'éditeur de texte intégré s'ouvre.

2. Entrer une formule (une fonction ou une expression arithmétique), comme dans les exemples suivants :

   - *=somme(a1:a25,b1)* Calcule la somme des valeurs comprises dans les 25 premières rangées de la colonne A et dans la première rangée de la colonne B.

   - *=moyenne(a100:d100)* Calcule la moyenne des valeurs des 4 premières colonnes de la rangée 100.

   - *=compte(a1:m500)* Affiche le nombre total de cellules des colonnes A à M dans les rangées 1 à 500.

   - *=(a6+d6)/e1*. Ajoute les valeurs des cellules A6 et D6 et divise le total par la valeur de la cellule E1.

3. Utiliser deux points pour définir un intervalle de cellules et une virgule pour les cellules individuelles. Une formule commence toujours par le signe égal (=) et peut contenir l'un des signes suivants : plus (+), moins (-), multiplication (∗), division (/), exposant (ˆ) et parenthèses ().

4. Enregistrer vos modifications en cliquant sur OK dans la barre d'outils. La cellule affiche le résultat du calcul.

Pour désactiver l'affichage des lettres de colonnes et des numéros de rangées dans les tableaux, la procédure est la suivante :

1. Sur la ligne de commande, entrer **TABLEINDICATOR**.

2. A l'invite Entrez une nouvelle valeur, entrer 0.

Lorsque la commande **TABLEINDICATOR** est définie sur 1, l'éditeur de texte intégré affiche les lettres de colonnes et les numéros de rangées lorsqu'une cellule de tableau est sélectionnée (fig.12.32).

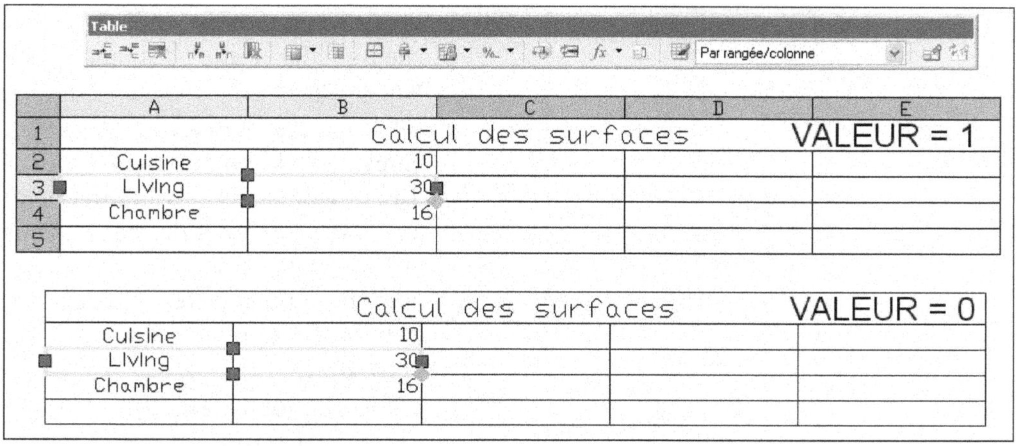

Fig.12.32

Pour changer la couleur d'arrière-plan des lettres de colonnes et des numéros de rangées des tableaux, la procédure est la suivante :

1. Cliquer sur une ligne de grille pour sélectionner un tableau.

2. Cliquer sur le bouton droit de la souris. Cliquer sur Couleur de l'indicateur du tableau.

3. Dans la boîte de dialogue **Sélectionner une couleur** (Select color), sélectionner une couleur.

4. Cliquer sur OK. La couleur, la taille et le style du texte ainsi que la couleur de la ligne sont contrôlés par les paramètres des en-têtes de colonne dans le style du tableau courant.

Pour insérer un champ Formule dans une cellule du tableau, la procédure est la suivante :

1. Cliquer dans la cellule de tableau.

2. Dans la barre d'outils **Table**, cliquer sur **Insérer un champ** (Insert Field).

3. Dans la boîte de dialogue **Champ** (Field), dans la liste **Catégorie de champ** (Field Category), sélectionner **Objets** (Objects).

4. Dans **Noms de champs** (Field names), sélectionner **Formule** (Formula)

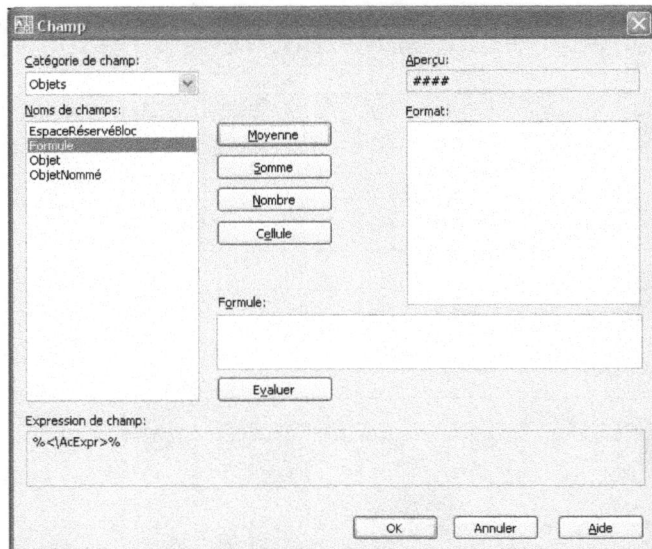

Fig.12.33

5 Pour saisir une formule, utiliser une ou plusieurs fois l'une des méthodes suivantes (fig.12.33) :

■ Cliquer sur **Moyenne** (Average), **Somme** (Sum) ou **Compte** (Count). La boîte de dialogue **Champ** (Field) se ferme temporairement. Pour définir un intervalle, cliquer à l'intérieur de la première et de la dernière cellule. Le résultat est ajouté à la formule.

■ Cliquer sur **Cellule** (Cell). La boîte de dialogue **Champ** (Field) se ferme temporairement. Sélectionner une cellule dans un tableau du dessin. La référence de la cellule est ajoutée à la formule.

6 Cliquer sur OK.

7 Enregistrer vos modifications en cliquant sur OK dans la barre d'outils. La cellule affiche le résultat du calcul.

Pour remplir automatiquement des cellules avec des données incrémentées, la procédure est la suivante :

1 Cliquer deux fois dans une cellule de tableau.

2 Entrer une valeur numérique, par exemple, 1 ou 01/01/2007.

3 Appuyer sur la flèche vers le bas et entrer éventuellement la valeur numérique suivante. Par exemple : 3.

4 Dans la barre d'outils Format du texte, cliquer sur OK.

5 Sélectionner la ou les cellules dont vous voulez incrémenter les données.

6 Cliquer sur la poignée dans le coin inférieur droit des cellules sélectionnées. Pour modifier les options de remplissage automatique, cliquer avec le bouton droit de la souris sur la poignée de remplissage

automatique en bas à droite de la ligne de cellules sélectionnée, puis choisir l'une des options suivantes (fig.12.34) :

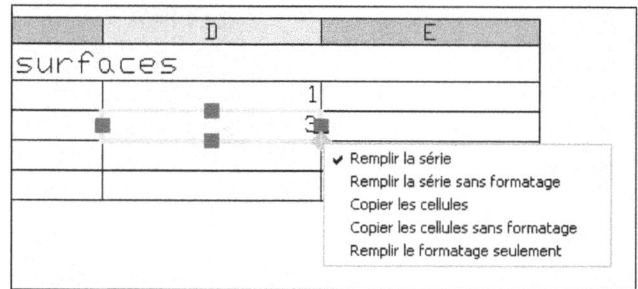

Fig.12.34

- **Remplir la série** (Fill Series) : Recherche un motif dans la ligne de cellules sélectionnée et remplit les cellules sélectionnées avec le format et la valeur de la cellule suivante. Si seulement une cellule est sélectionnée pour incrémenter les données à partir de celle-ci, les données s'incrémenteront de 1 unité.

- **Remplir la série sans formatage** (Fill Series Without Formatting): a le même comportement que l'option ci-dessus sans formatage.

- **Copier les cellules** (Copy Cells): copie le format et les valeurs des cellules sélectionnées.

- **Copier les cellules sans formatage** (Copy Cells Without Formatting) : a le même comportement que l'option ci-dessus sans formatage.

- **Remplir le formatage seulement** (Fill Formatting Only) : ne remplit les cellules sélectionnées qu'avec le formatage de la cellule. Les valeurs de cellule sont ignorées.

7. Faites glisser la poignée sur les cellules que vous voulez incrémenter automatiquement. Un aperçu de la valeur de chaque cellule s'affiche à droite de la poignée sélectionnée (fig.12.35).

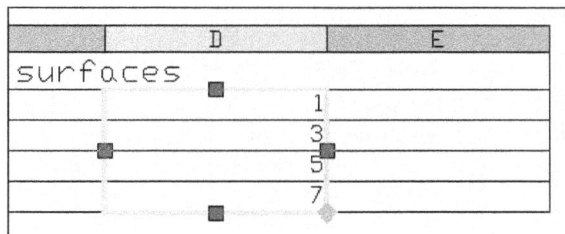

Fig.12.35

Les liaisons de données dans les tableaux

Un tableau peut être lié aux données d'un fichier Microsoft Excel (.xls, .xlsx ou .csv). Il peut être lié à une feuille de calcul Excel entière ou à une rangée, une colonne, une cellule ou à une plage de cellules.

REMARQUE

Microsoft Excel doit être installé pour utiliser les liaisons de données Microsoft Excel. Pour établir une liaison à un type de fichier .XLSX, Microsoft Excel 2007 doit être installé.

Vous pouvez exporter des données Microsoft Excel dans un tableau de trois façons :

▸ En tant que formules avec des formats de données pris en charge attachés.

▸ En tant que données calculées à partir de formules calculées dans Excel (avec des formats de données pris en charge non attachés).

▸ En tant que données calculées à partir de formules calculées dans Excel (avec des formats de données pris en charge attachés).

Un tableau contenant des liaisons de données affiche des indicateurs autour des cellules liées. Si vous placez le curseur de la souris sur la liaison de données, des informations concernant celle-ci s'affichent.

Si une feuille de calcul liée a été modifiée, par exemple, si une rangée ou une colonne y a été ajoutée, le tableau dans le dessin peut être mis à jour en conséquence à l'aide de la commande **MAJLIAISONDONNEES**. De même, si une modification a été apportée à un tableau du dessin, vous pouvez mettre à jour la feuille de calcul liée à l'aide de la même commande.

Par défaut, les liaisons de données sont verrouillées pour éviter que des modifications malencontreuses soient apportées à la feuille de calcul. Vous pouvez verrouiller des cellules pour empêcher la modification des données ou du format, ou des deux. Pour déverrouiller une liaison de données, cliquez sur **Verrouillage** dans la barre d'outils **Tableau**.

Pour créer une liaison vers un tableau dans une feuille de calcul externe, la procédure est la suivante :

1. Sélectionner le menu **Outils** (Tools) et cliquer sur **Liaisons de données** (Data Links) puis sur **Gestionnaire de liaisons de données** (Data Link Manager), ou cliquer sur l'option **Gestionnaire de liaisons de données** (Data Link Manager) de la palette **Tableaux** (Table) du tableau de bord (fig.12.36).

2. Dans l'arborescence du gestionnaire de liaisons de données, cliquer sur **Créer une liaison de données Excel** (Create a new Excel Data Link).

3. Dans la boîte de dialogue **Entrer un nom de liaison de données** (Enter Data Link Name), entrer le nom de la liaison de données. Par exemple : Salle de bain. Cliquer sur **OK**.

4. Cliquer sur le bouton […] pour rechercher le fichier .XLS ou .CSV avec lequel établir la liaison. En particulier, pour établir une liaison à un type de fichier .XLSX, Microsoft Excel 2007 doit être installé.

5. Dans la boîte de dialogue **Nouvelle liaison de données Excel** (New Excel Data Link), sélectionner une option de liaison (une feuille entière, une plage ou une plage de cellules nommée Excel). Cliquer sur OK (fig.12.37).

6. Sélectionner la nouvelle liaison de données dans l'arborescence du gestionnaire de liaisons de données. Cliquer sur **OK**.

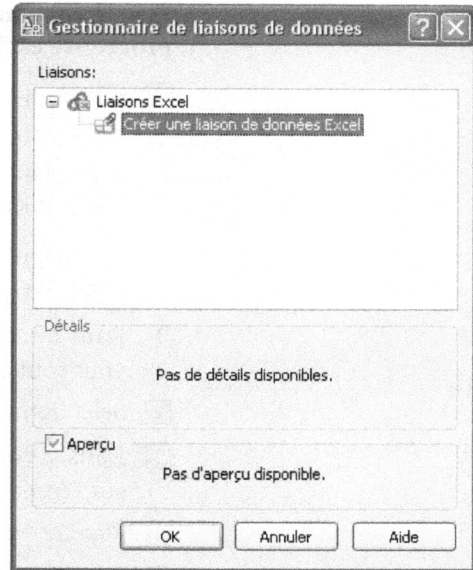

Fig.12.36

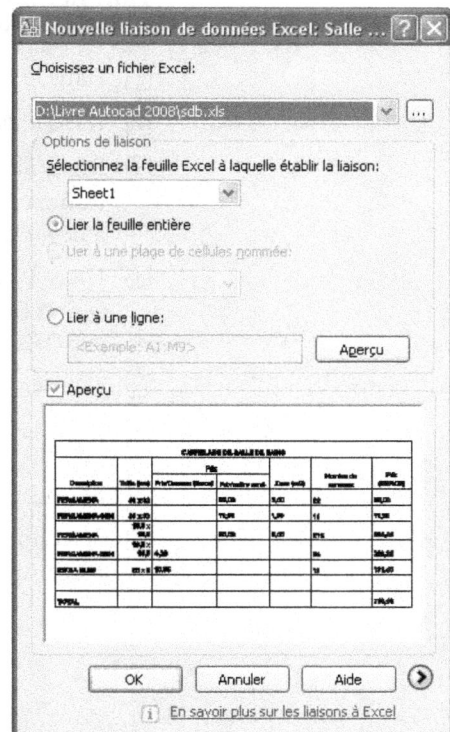

Fig.12.37

Pour supprimer une liaison vers une feuille de calcul externe, la procédure est la suivante :

1. Cliquer à l'intérieur d'une cellule du tableau lié pour la sélectionner.

2. Cliquer avec le bouton droit de la souris et choisir **Liaisons de données** (Data Link) puis **Détacher la liaison de données** (Delete Data Link).

Pour configurer une plage de cellules nommée dans Microsoft Excel, la procédure est la suivante :

1. Dans Microsoft Excel, ouvrir la feuille de calcul ou le classeur auquel vous souhaitez accéder.

2. Sélectionner la plage de cellules qui constituera la plage liée.

3. Dans la zone Nom, entrer le nom de la ligne de cellules, puis appuyer sur Entrée.

4. Répéter les étapes 2 et 3 si vous souhaitez spécifier d'autres plages liées.

5. Dans le menu **Fichier** (Microsoft Excel), choisir **Enregistrer**.

Pour lier un tableau à une plage de cellules nommée dans Microsoft Excel, la procédure est la suivante :

1. Dans le tableau, sélectionner les cellules à lier.

2. Dans la barre d'outils **Table**, cliquer sur **Lier la cellule** (Link Cell).

3. Dans l'arborescence du gestionnaire de liaisons de données, sélectionner **Cliquez ici pour créer une liaison de données Excel** (Create a new Data Link).

4. Dans la boîte de dialogue **Entrer un nom de liaison de données** (Enter Data Link Name), entrer le nom de la liaison de données. Cliquer sur **OK**.

5. Cliquer sur le bouton [...] pour rechercher le fichier .xls ou .csv à lier.

6. Dans la boîte de dialogue **Nouvelle liaison de données Excel** (New Excel Data Link), choisir **Lier à une plage de cellules nommée** (Link to a named range). Cliquer sur **OK**.

7. Sélectionner la nouvelle liaison de données dans l'arborescence du gestionnaire de liaisons de données. Cliquer sur **OK**.

Pour lier un tableau à des cellules dans Microsoft Excel, la procédure est la suivante :

1. Dans le tableau, sélectionner les cellules à lier.

2. Dans la barre d'outils **Table**, cliquer sur **Lier la cellule** (Link Cell).

3. Dans l'arborescence du gestionnaire de liaisons de données, sélectionner **Cliquez ici pour créer une liaison de données Excel** (Create a new Excel Data Link).

4. Dans la boîte de dialogue **Entrer un nom de liaison de données** (Enter Data Link Name), entrer le nom de la liaison de données. Cliquer sur **OK**.

5. Cliquer sur le bouton [...] pour rechercher le fichier .xls ou .csv vers lequel établir la liaison.

6. Dans la boîte de dialogue **Nouvelle liaison de données Excel** (New Excel Data Link), choisir **Lier à une plage** (Link to Range). Entrer une plage correcte de la feuille de calcul Excel (par exemple, A1:D17). Cliquer sur **OK**.

7. Sélectionner la nouvelle liaison de données dans l'arborescence du gestionnaire de liaisons de données. Cliquer sur **OK**.

Pour mettre à jour les données modifiées entre un dessin et une feuille de calcul Microsoft Excel, la procédure est la suivante :

1. Cliquer sur le menu **Outils** (Tools) puis sur **Liaisons de données** (Data Link).

2. Cliquer sur **Mettre à jour les liaisons de données** (Update Data Links).

Pour ouvrir une feuille de calcul externe à partir d'une liaison de données, la procédure est la suivante :

1. Sélectionner une cellule dans le tableau lié ou une ligne de cellules liées.

2. Cliquer avec le bouton droit de la souris et choisir **Liaisons de données** (Data Links) puis **Ouvrir le fichier de liaison de données** (Open Data Link File).

Les champs

Introduction

Un champ est un texte contenant des instructions susceptibles de changer durant le cycle de vie du dessin. Lorsqu'un champ est mis à jour, les données les plus récentes s'affichent. Par exemple, la valeur du champ de nom de fichier est le nom du fichier. Si le nom du fichier change, le nouveau nom de fichier s'affiche lorsque le champ est mis à jour. De même si le champ représente la surface d'un cercle, et que ce dernier change de rayon, la dernière valeur de la surface sera affichée lors de la mise à jour du champ. Les champs peuvent être insérés dans toutes sortes de textes (à l'exception des tolérances), y compris du texte dans les cellules de tableau, les attributs et les définitions d'attributs Lorsqu'une commande de texte est active, l'option **Insérer un champ** (Insert Field) est disponible dans le menu contextuel.

Modification de l'apparence d'un champ

Le texte du champ utilise le même style de texte que l'objet texte dans lequel il est inséré. Par défaut, les champs s'affichent avec un arrière-plan légèrement gris et non tracé (variable système **FIELDDISPLAY**).

Les options de formatage de la boîte de dialogue **Champ** (Field) permettent de contrôler l'apparence du texte affiché. Les options disponibles dépendent du type de champ. Par exemple, le format des champs de date contient des options permettant d'afficher le jour de la semaine et l'heure. Le format des champs d'objets nommés contient des options de capitalisation.

Modification d'un champ

Le champ étant inclus dans un objet texte, il ne peut pas être sélectionné directement. L'objet texte doit être sélectionné et une commande d'édition doit être active. Lorsqu'un champ est sélectionné, l'option **Modifier le champ** (Edit Field) est disponible dans le menu contextuel ; il est aussi possible de cliquer deux fois sur le champ pour faire apparaître la boîte de dialogue **Champ** (Field). Les modifications s'appliquent à tout le texte du champ.

Insertion de champs

Il est possible d'insérer un champ dans un texte ou dans une table.

Pour insérer un champ dans un texte, la procédure est la suivante :

1. Cliquer deux fois sur le texte pour afficher la boîte de dialogue d'édition de texte.

2. Positionner le curseur à l'endroit souhaité dans le texte et cliquer avec le bouton droit de la souris. Sélectionner l'option **Insérer un champ** (Insert Field).

   Pour un accès au clavier, appuyer sur les touches Ctrl + F.

3. Dans la catégorie **Champ** (Field category) de la boîte de dialogue **Champ** (Field), sélectionner **Tout** (All) ou sélectionner une catégorie. Par exemple : Date et heure.

   Les champs de la catégorie sélectionnée s'affichent dans la liste des noms de champs.

4. Dans la liste **Noms de champs** (Field names), sélectionner un champ. Par exemple : Date.

   La valeur courante de la plupart des champs s'affiche dans une zone de texte grisée à droite dans la boîte de dialogue. La valeur courante d'un champ de date s'affiche dans la liste **Exemples** (Examples) (fig.12.38).

5. Sélectionner un format et toute autre option. Par exemple : M/d/yyyy (fig.12.39).

6. Cliquer sur OK pour insérer le champ.

   Le champ affiche sa valeur courante dans le texte lorsque la boîte de dialogue **Champ** (Field) se referme.

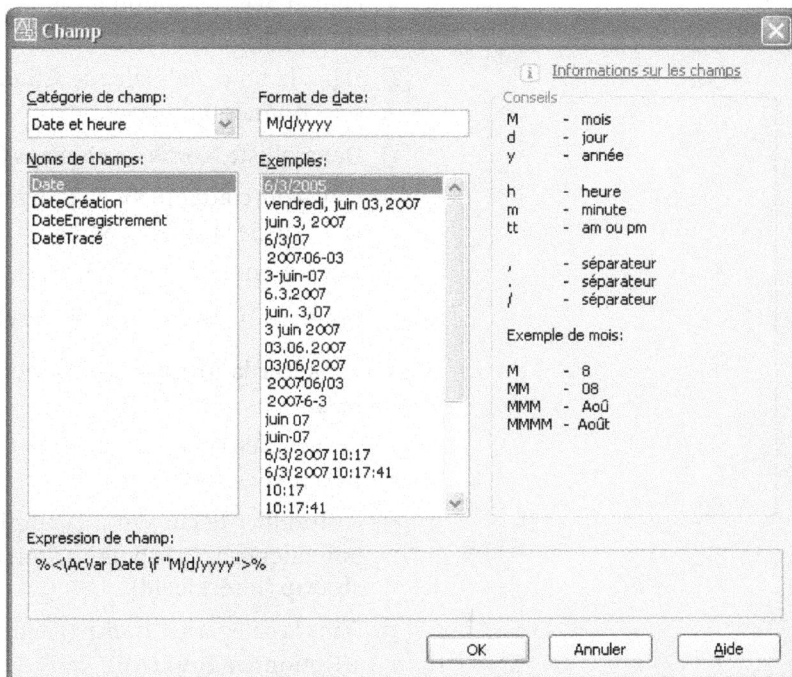

Fig.12.38

Fig.12.39

Pour insérer un champ dans une table, la procédure est la suivante :

1. Cliquer deux fois à l'intérieur de la cellule d'un tableau pour la sélectionner en vue de l'éditer.

2. Positionner le curseur à l'endroit souhaité pour l'insertion du champ et cliquer avec le bouton droit de la souris. Sélectionner ensuite **Insérer un champ** (Insert Field).

3. Dans la boîte de dialogue **Champ** (Field), sélectionner **Tout** (All) ou sélectionner une catégorie.

4. Dans la liste **Noms de champs** (Field names), sélectionner un champ.

   La valeur courante du champ s'affiche dans une zone de texte grisée à la droite de la catégorie Champ.

5. Sélectionner un format et toute autre option.

6. Cliquer sur **OK** pour insérer le champ.

Pour insérer la propriété d'un objet dans un champ, la procédure est la suivante :

1. Cliquer deux fois sur un objet texte pour afficher la boîte de dialogue d'édition de texte.

2. Positionner le curseur à l'endroit souhaité pour l'insertion du champ puis cliquer avec le bouton droit de la souris et sélectionner **Insérer un champ** (Insert Field).

3. Dans la catégorie **Champ** (Field) de la boîte de dialogue **Champ** (Field), sélectionner **Tout** (All).

4. Dans la liste **Noms de champs** (Field names), sélectionner **Objet** (Object).

5. Dans **Type d'objet** (Object type), cliquer sur le bouton et sélectionner un objet dans le dessin.

6. Dans la catégorie **Propriété** (Property) de la boîte de dialogue **Champ** (Field), sélectionner la propriété dont on souhaite afficher la valeur dans le texte.

   Par exemple, le champ peut indiquer le rayon d'un cercle sélectionné.

7. Sélectionner un format pour le texte.

8. Cliquer sur **OK**.

   La valeur courante de la propriété de l'objet s'affiche dans le texte.

Chapitre 13
Les objets annotatifs

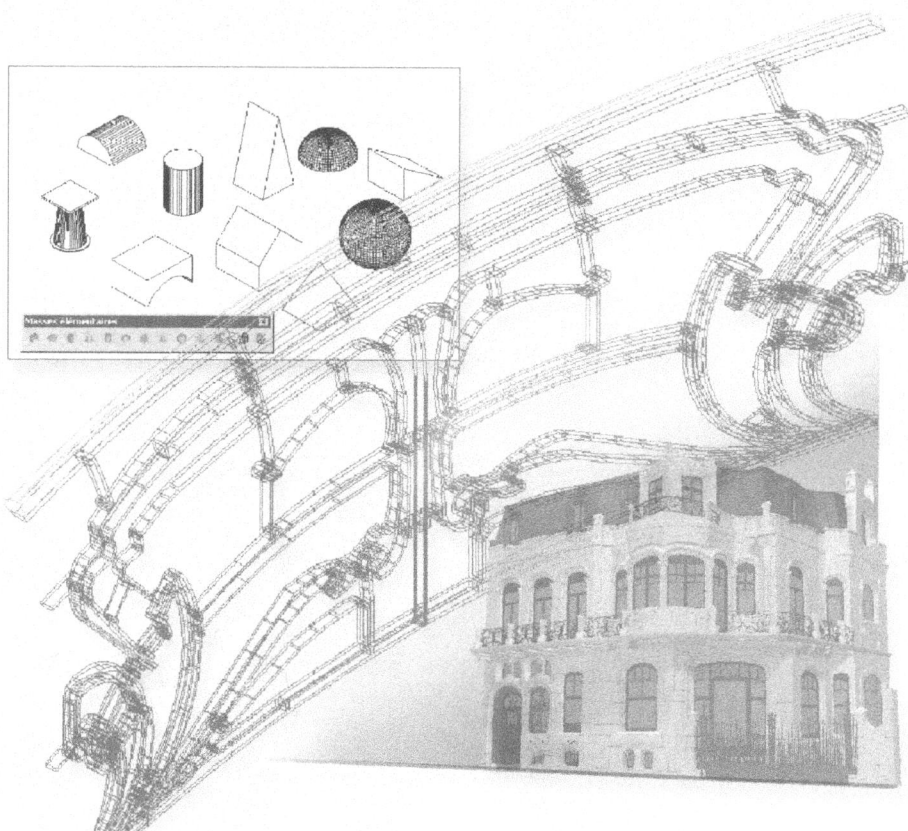

Introduction

Depuis AutoCAD 2008, les objets couramment utilisés pour annoter des dessins (cotations, textes, hachures, etc.) sont dotés d'une nouvelle propriété dénommée **Annotatif**. Cette propriété vous permet d'automatiser le processus de mise à l'échelle des annotations afin qu'elles soient affichées ou tracées selon la taille appropriée dans l'espace papier.

Au lieu de créer plusieurs annotations de différentes tailles sur des calques distincts, vous pouvez activer la propriété **Annotatif** par objet ou par style et définir l'échelle d'annotation pour les fenêtres de présentation ou l'espace objet. L'échelle d'annotation détermine la taille des objets annotatifs en fonction de la géométrie de l'objet dans le dessin.

L'exemple de la figure 13.1 illustre deux fenêtres, à des échelles différentes, placées sur une présentation de l'espace papier. L'aspect de la cotation, du texte et de l'hachure sont à présent identiques grâce à la propriété Annotatif.

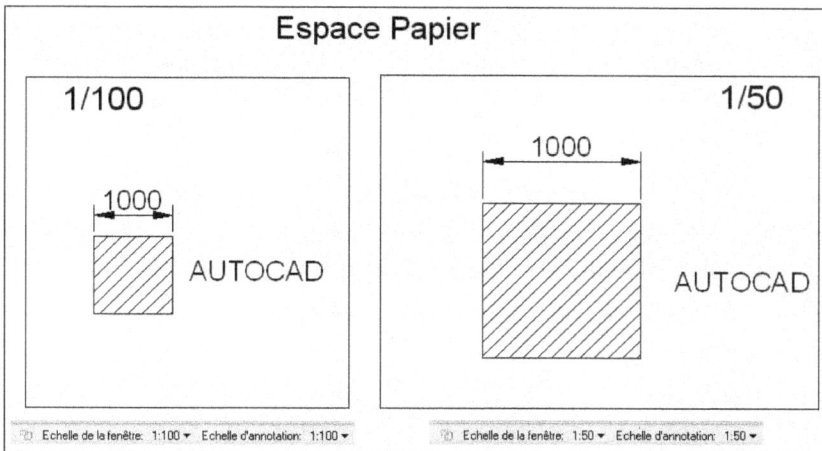

Fig.13.1

L'exemple de la figure 13.2 illustre le même dessin dans l'espace objet. Les objets y sont représentés en fonction de l'échelle d'impression 1/50. Ainsi par exemple, la hauteur du texte affichée est de 125 mm pour un texte écrit avec une hauteur de 2.5 mm. L'affichage correspond donc bien au 1/50. Sans

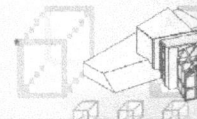

le caractère annotatif, le même texte aurait une hauteur de 2.5 mm dans l'espace objet.

Les objets suivants sont couramment utilisés pour annoter des dessins et contiennent une propriété Annotatif :

- Texte
- Cotes
- Hachures
- Tolérances
- Lignes de repère multiples
- Blocs
- Attributs

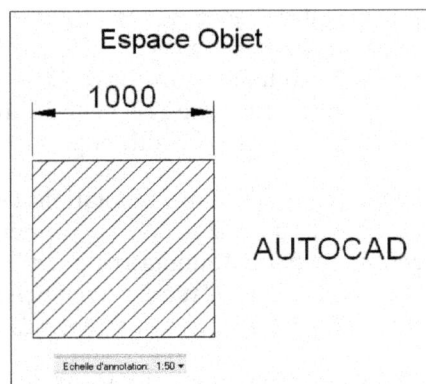

Fig.13.2

Flux de travail d'annotation de dessins

Les étapes suivantes représentent le flux de travail typique d'annotation d'un dessin pour que vos annotations soient automatiquement mises à l'échelle.

1. Créez des styles annotatifs.
2. Créez des objets annotatifs à l'aide des styles annotatifs.
3. Dans l'espace objet, définissez l'échelle d'annotation en fonction de l'échelle à laquelle les annotations seront tracées ou affichées.
4. Dans l'espace papier, créez ou ouvrez une présentation existante.
5. Créez des fenêtres.
6. Définissez l'échelle d'annotation pour chaque fenêtre. (Pour chaque fenêtre, l'échelle d'annotation et l'échelle de fenêtre doivent être identiques).

Si certains objets annotatifs doivent être affichés à une autre échelle, il convient d'ajouter individuellement l'échelle supplémentaire aux objets annotatifs.

Création de styles et d'objets annotatifs

Vous pouvez réduire le nombre d'étapes requises pour annoter un dessin en utilisant des styles annotatifs. Ainsi, les styles de texte, de cote, de ligne de repère multiple créent des objets annotatif. Les boîtes de dialogue servant à définir ces objets contiennent toutes une case à cocher Annotatif qui vous permet de rendre les styles annotatifs. A titre d'exemple pour commencer, nous allons aborder l'annotation de type texte.

Pour créer un style de texte annotatif, la procédure est la suivante (fig.13.3) :

1. Dans le menu **Format** sélectionnez **Style de texte** (Text Style) ou cliquez sur l'icône **Style de texte** (Text Style) dans le panneau Texte du Tableau de bord.

2. Dans la boîte de dialogue **Style de texte** (Text Style), cliquez sur **Nouveau** (New).

3. Dans la boîte de dialogue **Nouveau style de texte** (New Text Syle), entrez un nom de style. Par exemple : Nom de pièce.

4. Cliquez sur **OK**.

5. Dans la boîte de dialogue **Style de texte** (Text style), sous **Taille** (Size), sélectionnez **Annotatif** .

6. Dans le champ **Hauteur du texte sur le papier** (Paper Text Height), entrez la hauteur à laquelle le texte s'affichera dans l'espace papier et donc sur la feuille imprimée. Par exemple : 4. Ce qui correspond à 4 mm si l'unité est le millimètre.

7. Cliquez sur **Appliquer** (Apply).

8. Cliquez éventuellement sur **Définir courant** (Set Current) pour définir ce style comme style de texte courant.

9. Cliquez sur **Fermer** (Close).

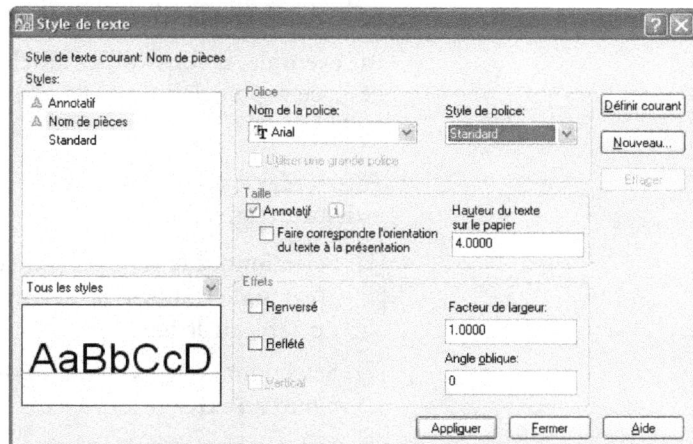

Fig.13.3

Pour rendre annotatif un style de texte non annotatif existant, la procédure est la suivante :

1. Dans le menu **Format** sélectionnez **Style de texte** (Text style) ou cliquez sur l'icône **Style de texte** (Text style) dans le panneau Texte du Tableau de bord.

2. Dans la boîte de dialogue **Style de texte** (Text style), dans la liste Styles, sélectionnez un style.

3. Sous **Taille** (Size), sélectionnez **Annotative**.

4. Dans le champ **Hauteur du texte sur le papier** (Paper Text Height), entrez la hauteur à laquelle le texte s'affichera dans l'espace papier.

5. Cliquez sur **Appliquer** (Apply).

6. Cliquez éventuellement sur **Définir courant** (Set Current) pour définir ce style comme style de texte courant.

7. Cliquez sur **Fermer** (Close).

Ecrire du texte annotatif

Vous pouvez créer du texte annotatif en utilisant un style de texte annotatif qui définit la hauteur du texte dans l'espace papier.

L'échelle d'annotation courante détermine automatiquement le format d'affichage du texte dans les fenêtres de l'espace objet ou de l'espace papier.

Par exemple, si vous voulez afficher du texte à une hauteur de 4 mm dans l'espace papier, définissez une hauteur de papier de 4 mm pour le style de texte.

Pour créer un texte annotatif d'une seule ligne, la procédure est la suivante (fig.13.4) :

1. Sélectionnez le style de texte dans la liste **Contrôle de style de texte** (Text Style Control) de la barre d'outils **Style** ou dans la palette **Texte** du Tableau de bord.

2. Sélectionnez la fonction **Texte ligne** (Single Line Text) dans la barre d'outils **Texte** (Text) ou dans la palette **Texte** du Tableau de bord.

3. Indiquez le point d'insertion du premier caractère.

4. Spécifiez l'angle de rotation du texte.

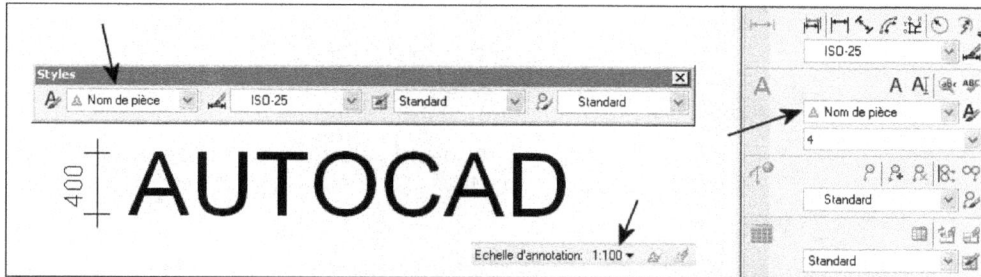

Fig.13.4

5 Entrez le texte.

Dans l'espace objet, ce texte aura une hauteur de 400 mm pour un dessin en mm avec une échelle d'annotation de 1/100.

Pour créer du texte annotatif multiligne, la procédure est la suivante (fig.13.5) :

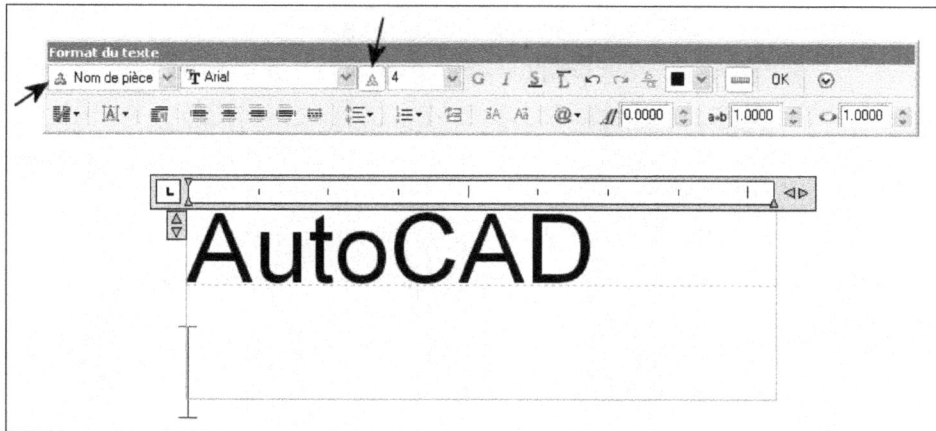

Fig.13.5

1 Dans la barre d'outil **Dessin** (Draw), cliquez sur l'icône **Texte multiligne** (Multiline Text).

2 Spécifiez les coins opposés d'une zone de contour pour définir la largeur de l'objet texte multiligne. L'Editeur de texte intégré s'affiche.

③ Effectuez l'une des opérations suivantes :

- Dans la barre d'outils **Format du texte** (Text Formatting), sur l'option **Style de texte** (Text Style), cliquez sur la flèche et sélectionnez un style de texte annotatif dans la liste.

- Cliquez sur le bouton **Annotatif** dans la barre d'outils pour créer du texte multiligne annotatif.

④ Entrez le texte.

⑤ Dans la barre d'outils **Format du texte** (Text Formatting), cliquez sur OK.

Pour changer du texte multiligne existant et le rendre annotatif ou non annotatif, la procédure est la suivante :

① Cliquez deux fois sur un objet texte multiligne. L'Editeur de texte intégré s'affiche.

② Cliquez sur le bouton **Annotatif** dans la barre d'outils pour rendre le texte multiligne existant annotatif ou non annotatif. Lorsque le bouton est sélectionné (enfoncé), le texte est annotatif. Dans le cas contraire, le texte est non annotatif.

③ Cliquez sur OK pour enregistrer les modifications.

Pour modifier la hauteur à laquelle le texte annotatif s'affichera dans l'espace papier et donc sur la feuille imprimée, la procédure est la suivante :

① Dans le dessin, sélectionnez un objet texte.

② Effectuez un clic droit et sélectionnez **Propriétés** (Properties) dans le menu contextuel qui s'affiche.

③ Dans la palette **Propriétés**, sous **Hauteur du texte sur le papier** (Paper Text Height), entrez une nouvelle valeur (fig.13.6).

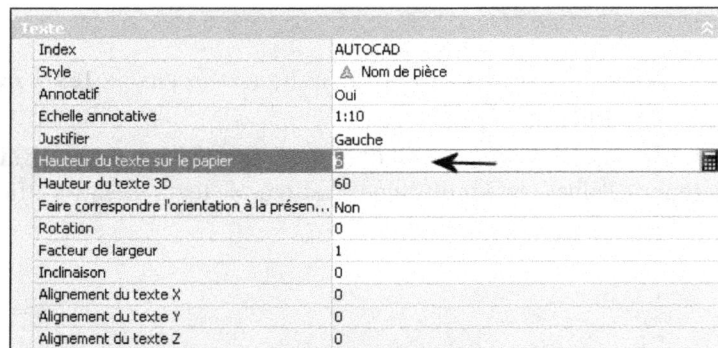

Texte	
Index	AUTOCAD
Style	⚠ Nom de pièce
Annotatif	Oui
Echelle annotative	1:10
Justifier	Gauche
Hauteur du texte sur le papier	3
Hauteur du texte 3D	60
Faire correspondre l'orientation à la présen...	Non
Rotation	0
Facteur de largeur	1
Inclinaison	0
Alignement du texte X	0
Alignement du texte Y	0
Alignement du texte Z	0

Fig.13.6

Les représentations à l'échelle

Lorsque vous créez un objet annotatif dans votre dessin (par exemple un texte), il prend en compte une échelle d'annotation, à savoir l'échelle d'annotation courante au moment où vous avez créé l'objet. Vous pouvez ensuite, en fonction de vos besoins, prendre en charge d'autres échelles d'annotation pour les mêmes objets annotatifs. Dans ce cas, vous ajoutez des représentations d'échelle à l'objet.

Ainsi, si vous écrivez dans l'espace objet un texte annotatif avec une échelle d'annotation courante de 1/50, cette échelle constituera une propriété du texte que vous venez d'écrire. Si vous souhaitez ensuite que ce texte s'affiche correctement à une autre échelle (par exemple : 1/100) vous devez d'abord ajouter cette nouvelle échelle aux propriétés de votre texte.

Il est aussi important de souligner ici que les échelles d'annotation 1/100, 1/50... ne sont valables que pour le dessin en millimètre. Pour les autres unités de dessin il faut calculer au préalable le bon facteur d'échelle et l'ajouter éventuellement à la liste s'il n'est pas repris.

Ces différents points sont repris ci-après.

Ajouter ou supprimer des échelles d'annotation pour les objets annotatifs

La procédure est la suivante :

1 Sélectionnez la fonction d'ajout ou de suppression d'échelles par l'une des méthodes suivantes :

Menu : dans le menu **Modification** (Modify), sélectionnez **Echelle de l'objet annotatif** (Annotative Object Scale), puis cliquez sur l'une des options : **Ajouter échelle courant** (Add Current Scale) ou **Supprimer échelle courante** (Delete Current Scale) ou **Ajouter/Supprimer échelles** (Add/Delete Scale).

Tableau de bord : dans le panneau **Echelle d'annotation** (Annotation scaling), sélectionnez une des options : **Ajouter échelle courante** (Add Current Scale), **Supprimer échelle courante** (Delete Current Scale) et **Ajouter/Supprimer échelles** (Add/Delete Scale).

Clavier : entrez la commande **ECHELLEOBJET**.

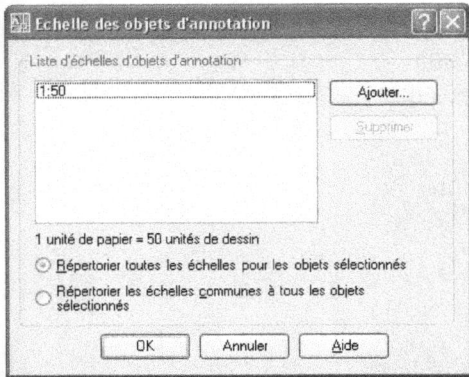

Fig.13.7

Fig.13.8

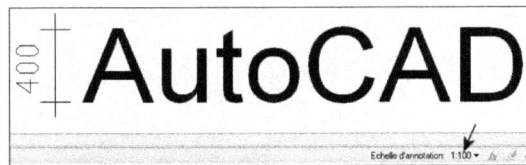

Fig.13.10

2 Sélectionnez les objets annotatifs et appuyez sur Entrée pour confirmer. Dans le cas de l'option **Ajouter/ Supprimer échelles** (Add/Delete Scale), la boîte de dialogue **Echelle des objets d'annotation** (Annotation Object Scale) s'affiche à l'écran (fig.13.7).

3 Cliquez sur **Ajouter** (Add).

4 Dans la boîte de dialogue **Ajouter des échelles à l'objet** (Add Scales to Object), sélectionnez une ou plusieurs échelles à ajouter à l'objet. (Pour sélectionner plusieurs échelles, maintenez la touche Maj enfoncée.). Par exemple : 1/100 (fig.13.8).

5 Cliquez sur **OK**.

6 Dans la boîte de dialogue **Echelle de l'objet annotatif** (Annotation Object Scale), cliquez sur **OK**.

7 En sélectionnant l'échelle 1/100, le texte va à présent également s'afficher à la bonne échelle (fig.13.9).

Fig.13.9

Affichage des objets annotatifs dans l'espace objet et l'espace papier

Dans les exemples illustrés aux figures 13.9 et 13.10, l'affichage s'effectue dans l'espace objet. Le texte illustré est annotatif avec une hauteur papier de 4 mm. Pour une échelle de 1/50, le texte sera affiché automatiquement à l'écran avec une hauteur de 200 mm. Ce qui est exact, car lors de l'impression à l'échelle 1/50 il sera imprimé avec une hauteur de 4 mm. De façon semblable, pour échelle de 1/100, le texte sera affiché à l'écran avec une hauteur de 400 mm.

Dans le cas de l'espace papier, le texte sera affiché à l'écran avec une hauteur de 4 mm quelle que soit l'échelle (1/50 ou 1/100) (fig.13.11).

Affichage des objets en fonction de l'échelle

Pour une fenêtre de l'espace objet ou de présentation, vous pouvez afficher tous les objets annotatifs ou uniquement ceux qui prennent en charge l'échelle d'annotation courante. Cela permet de réduire le nombre de calques utilisés pour gérer la visibilité de vos annotations.

Pour choisir le paramètre d'affichage des objets annotatifs, utilisez le bouton **Visibilité de l'annotation** à droite de la barre d'état du dessin ou de l'application (fig.13.12).

La gestion des échelles

Lors de la sélection d'une échelle d'annotation, il arrive que l'échelle souhaitée ne se trouve pas dans la liste. Il est dés lors utile de compléter la liste des échelles. La procédure est la suivante :

1. Dans le menu **Format**, sélectionnez l'option **Liste des échelles** (Scale List). La boîte de dialogue **Modifier la liste d'échelles** (Edit Scale List) s'affiche à l'écran. Elle comprend à gauche une liste des échelles disponibles (fig.13.13).

2. Cliquez sur **Ajouter** (Add) pour ajouter une nouvelle échelle.

3. Dans la boîte de dialogue **Modifier** (Add Scale) entrez le nom qui apparaîtra dans la liste. Par exemple : 1:200 (fig.13.14).

4. Dans **Unités de papier** (Paper Units) et **Unités de dessin** (Drawing Units) entrez les valeurs de l'échelle : 1 = 200. Cette valeur est valable pour le dessin en millimètres.

5. Cliquez deux fois sur OK pour fermer les deux boîtes de dialogues.

Dans le cas du travail dans une autre unité que le millimètre, par exemple en centimètres ou en mètres, la solution la plus simple consiste à changer la liste des échelles en redéfinissant les valeurs existantes.

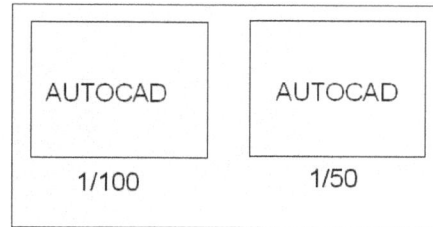

Fig.13.11

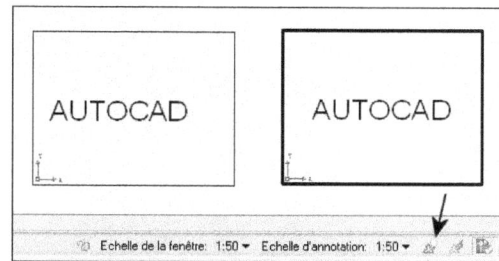

Fig.13.12

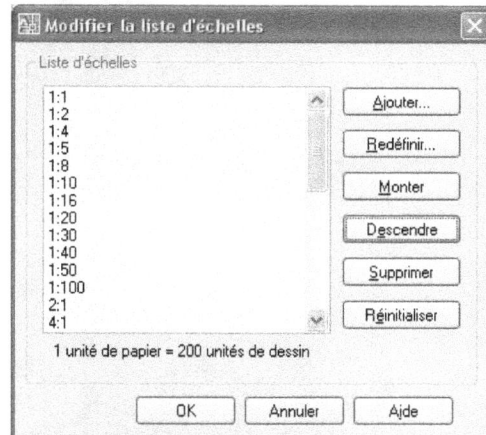

Fig.13.13

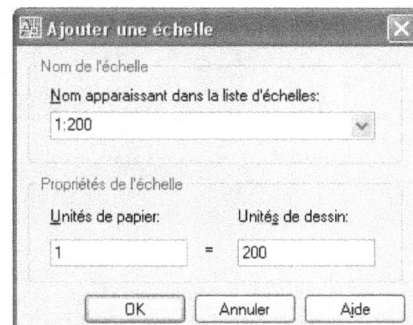

Fig.13.14

Ainsi pour une échelle de 1/100 avec le mètre comme unité, il convient de définir **Unité de papier** (Paper units) = 10 et **Unité de dessin** (Drawing units) = 1. Donc pour 1 m il faut imprimer 10 mm.

Si vous devez utiliser plusieurs unités, une solution simple consiste à ajouter l'unité dans le nom. Par exemple : 1:100 (m) (fig.13.15-13.16).

Lors de l'utilisation de l'échelle d'annotation 1 :100 m dans l'espace objet par exemple, les objets annotatifs s'adaptent automatiquement en fonction de l'unité utilisée. Ainsi dans le cas de l'exemple de la figure 13.17, l'unité du dessin est le mètre et le texte AutoCAD est écrit avec un style annotatif dont la hauteur est de 4 mm. La hauteur du texte affiché est ainsi de 0.4 m.

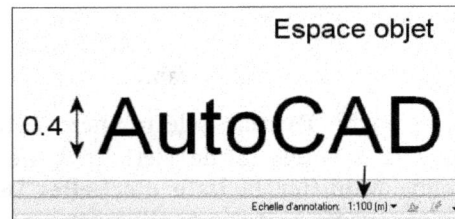

Fig.13.17

REMARQUE

Il convient de ne pas oublier d'ajouter les nouvelles échelles créées aux objets afin de les visualiser dans les différentes fenêtres d'affichage.

Les autres objets annotatifs : les cotations

Vous pouvez créer des cotes annotatives pour les dimensions de votre dessin en utilisant des styles de cote « annotatifs ».

Les styles de cote annotatifs créent des cotes au sein desquelles tous les éléments de la cote, tels que le texte, l'espacement et les flèches sont mis à l'échelle de manière uniforme par l'échelle d'annotation.

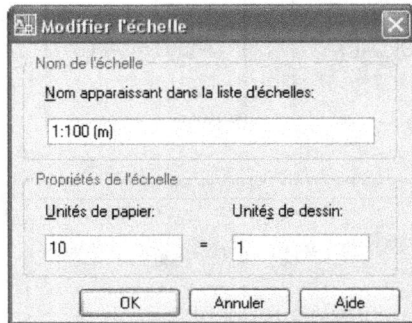

Fig.13.15

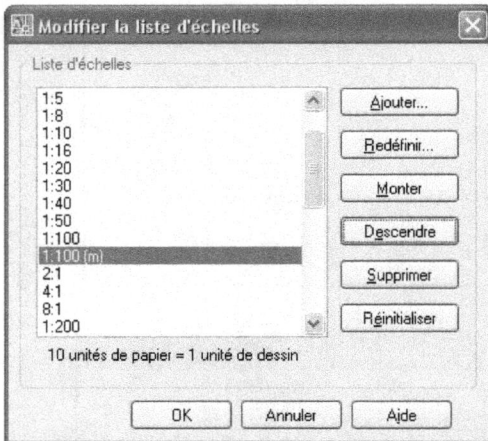

Fig.13.16

Vous pouvez également rendre annotative une cote non annotative existante en définissant la propriété Annotatif de la cote sur Oui.

Pour créer un style de cote annotatif, la procédure est la suivante :

1. Dans le menu **Format** sélectionnez **Style de cotes** (Dimension style) ou cliquez sur l'icône **Style de cotes** (Dimension Style) dans le panneau **Cote** du **Tableau de bord**.

2. Dans la boîte de dialogue **Gestionnaire des styles de cote** (Dimension style Manager), cliquez sur **Nouveau** (New) :

3. Dans la boîte de dialogue **Nouveau style de cote** (Create New Dimension Style), entrez un nom de style.

4. Sélectionnez **Annotatif (Annotative)** (fig.13.18).

5. Cliquez sur le bouton **Continuer (Continue)**.

6. Dans la boîte de dialogue **Nouveau style de cote (New Dimension Style)**, choisissez l'onglet approprié et apportez les modifications nécessaires pour définir le style de cote.

7. Cliquez sur OK.

8. Cliquez éventuellement sur **Définir courant** (Set Current) pour définir ce style comme style de cote courant.

9. Cliquez sur **Fermer** (Close).

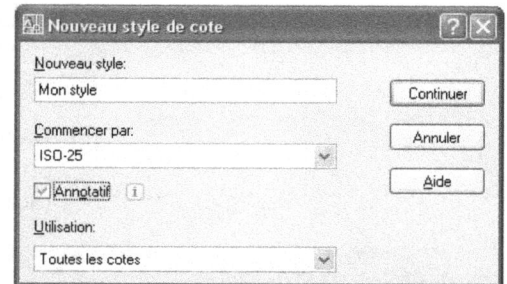

Fig.13.18

REMARQUE

Si dans le style de cote vous utilisez un composant qui est lui-même annotatif, la valeur définie dans le style ne sera pas prise en compte. Par exemple, si vous utilisez un style de texte annotatif pour le texte de la cote, ce sera la taille définie dans le style de texte qui primera sur la taille définie dans le style de cote (fig.13.19). D'ailleurs, il ne sera pas possible de définir une hauteur de texte pour la cote, si vous avez choisi le style de texte avant de définir la hauteur.

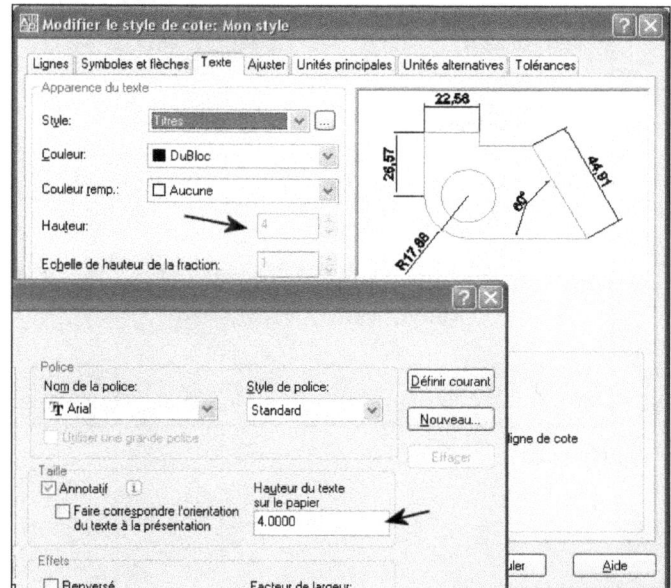

Fig.13.19

Pour rendre un style de cote existant annotatif, la procédure est la suivante :

1. Dans le menu **Format** sélectionnez **Style de cotes** (Dimension Style) ou cliquez sur l'icône **Style de cotes** (Dimension Style) dans le panneau **Cote** (Dimension) du **Tableau de bord**.

2. Dans la boîte de dialogue **Gestionnaire des styles de cote** (Dimension Style Manager), dans la liste **Styles**, sélectionnez un style. S'il existe une icône à côté d'un nom de style de cote, cela indique que le style est déjà annotatif.

3. Cliquez sur **Modifier** (Modify).

4. Dans la boîte de dialogue **Modifier le style de cote** (Modify Dimension Style), dans l'onglet **Ajuster** (Fit), sous **Echelle des objets de cote** (Scale for dimension features), sélectionnez **Annotative (fig.13.20)**.

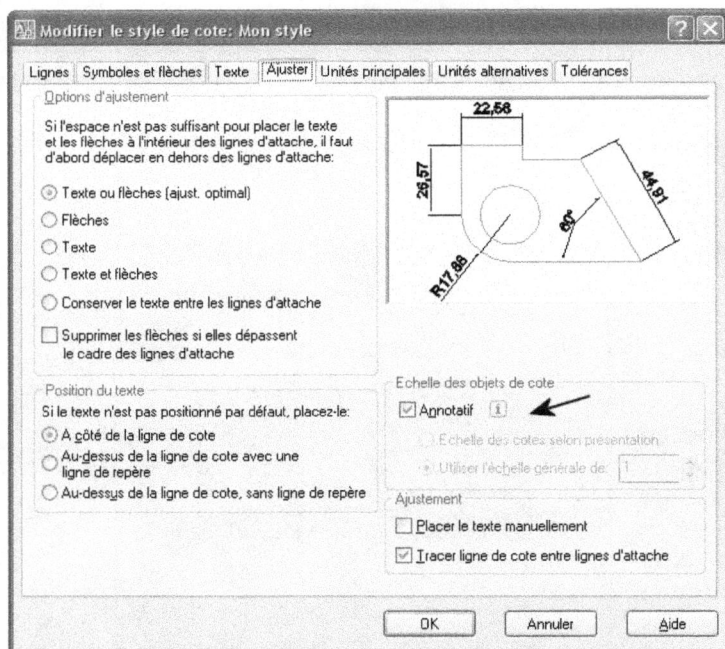

5. Cliquez sur **OK**.

6. Cliquez éventuellement sur **Définir courant** (Set Current) pour définir ce style comme style de cote courant.

7. Cliquez sur **Fermer** (Close).

Pour créer une cote annotative, la procédure est la suivante :

1. Sélectionnez un style de cote annotatif sur la barre d'outils **Cotation** (Dimension) ou dans le panneau **Cote** (Dimension) du Tableau de bord pour le rendre actif.

2. Choisissez un type de cote.

3. Appuyez sur Entrée pour sélectionner l'objet à coter, ou précisez l'origine de la première et de la seconde ligne d'attache.

4. Définissez l'emplacement de la ligne de cote (fig.13.21).

Fig.13.20

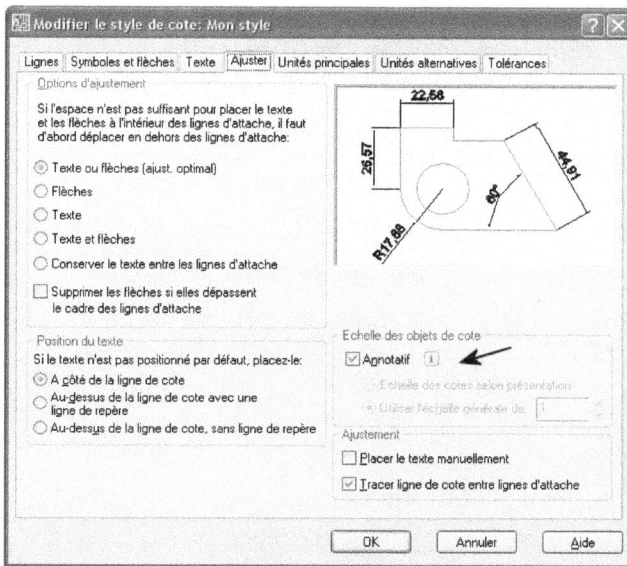

Fig.13.21

Pour rendre une cote existante annotative ou non annotative, la procédure est la suivante :

1. Sélectionnez une cote dans un dessin.

2. Effectuez un clic droit et sélectionnez l'option **Propriétés** (Properties) dans le menu contextuel.

3. Dans la palette **Propriétés**, sous **Divers** (Misc), sélectionnez **Annotative**.

4. Dans la liste déroulante, sélectionnez **Oui** (Yes) ou **Non** (No).

Les lignes de repère annotatif

Les lignes de repères et les lignes de repères multiples permettent d'ajouter des légendes aux dessins. Vous pouvez créer des lignes de repère annotatif et des lignes de repère multiples annotatif en utilisant, respectivement, un style de cote annotatif et un style de ligne de repère multiple annotatif.

Pour créer un style de ligne de repère multiple annotatif, la procédure est la suivante :

1. Dans le menu **Format** sélectionnez **Style de ligne de repère multiple** (Multileader Style) ou cliquez sur l'icône **Gestionnaire des styles de ligne de repère multiple** (Multileader style Manager) dans le panneau **Ligne de repère multiple** (Multileader) du **Tableau de bord**.

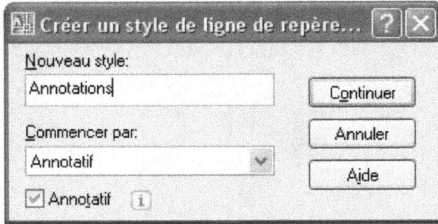

Fig.13.22

2 Dans la boîte de dialogue **Gestionnaire des styles de lignes de repère multiples** (Multileader Style Manager), cliquez sur **Nouveau** (New).

3 Dans la boîte de dialogue **Créer un style de ligne de repère multiple** (Create New Multileader Style), entrez un nom de style.

4 Sélectionnez **Annotatif** (Annotative) (fig.13.22).

5 Cliquez sur le bouton **Continuer** (Continue).

6 Dans la boîte de dialogue **Modifier le style de ligne de repère multiple** (Modify Multileader Style), choisissez l'onglet approprié et effectuez les modifications nécessaires pour définir le style de repère multiple.

7 Cliquez sur OK.

8 Cliquez éventuellement sur **Définir courant** (Set Current) pour définir ce style comme le style de ligne de repère multiple.

9 Cliquez sur **Fermer** (Close).

Pour rendre annotatif un style de ligne de repère multiple existant, la procédure est la suivante :

1 Dans le menu **Format**, sélectionnez **Style de ligne de repère multiple** (Multileader Style) ou cliquez sur l'icône **Gestionnaire des styles de ligne de repère multiple** (Multileader style Manager) dans le panneau **Ligne de repère multiple** (Multileader) du **Tableau de bord**.

2 Dans la boîte de dialogue **Gestionnaire des styles de lignes de repère multiples** (Multileader Style Manager), dans la liste Styles, sélectionnez un style. Une icône à côté d'un nom de style de ligne de repère multiple indique si le style est déjà annotatif.

3 Cliquez sur **Modifier**.

4 Dans la boîte de dialogue **Modifier le style de ligne de repère multiple** (Modify Multileader Style), dans l'onglet **Structure de la ligne de repère** (Leader Structure), sous **Echelle** (Scale), sélectionnez **Annotative**.

5 Cliquez sur OK.

6 Cliquez éventuellement sur **Définir courant** (Set Current) pour définir ce style comme le style de ligne de repère multiple.

7 Cliquez sur **Fermer** (Close).

Pour créer une ligne de repère multiple annotative, la procédure est la suivante :

1 Sélectionnez un style dans la barre d'outils **Ligne de repère multiple** (Multileader) ou dans le panneau **Lignes de repère multiples** (Multileader) du Tableau de bord.

2 Cliquez sur l'icône **Ligne de repère multiple** (Multileader).

3 Pointez un point pour la tête de la ligne de repère.

4 Pointez un second point pour la ligne de repère.

5 Entrez le texte.

6 Dans la barre d'outils **Format du texte** (Text Formatting), cliquez sur OK.

Pour rendre une ligne de repère ou une ligne de repère multiple existante annotative ou non annotative, la procédure est la suivante :

1 Sélectionnez une ligne de repère ou une ligne de repère multiple dans un dessin.

2 Effectuez un clic droit et sélectionnez l'option **Propriétés** (Properties) dans le menu contextuel.

3 Dans la palette **Propriétés**, sous **Divers** (Misc), sélectionnez **Annotative** .

4 Dans la liste déroulante, sélectionnez **Oui** (Yes) ou **Non** (No).

Les blocs et les attributs annotatifs

Si vous voulez utiliser des objets géométriques pour annoter votre dessin, l'idéal est de les combiner dans une définition de bloc annotatif. C'est le cas par exemple de pictogrammes qui quelle que soit l'unité ou l'échelle du dessin doivent apparaître de façons identiques.

Pour définir le format d'impression papier d'un bloc annotatif, le plus simple est de définir le bloc dans l'espace papier ou dans l'espace Objet avec une échelle d'annotation définie sur 1:1.

Lorsque vous créez ou utilisez des blocs annotatifs ou des objets annotatifs dans des blocs, tenez compte des points suivants :

▶ Les blocs non annotatifs peuvent contenir des objets annotatifs qui sont mis à l'échelle en fonction du facteur d'échelle du bloc en plus de l'échelle d'annotation.

▶ Les blocs annotatifs ne peuvent pas résider dans des blocs annotatifs.

▶ Les références de bloc annotatif sont mises à l'échelle de manière uniforme en fonction de l'échelle d'annotation courante et de l'échelle que l'utilisateur a appliquée à la référence de bloc.

▶ Les blocs qui contiennent des objets annotatifs ne doivent pas être mis à l'échelle manuellement.

▶ Vous devez insérer des références de bloc annotatif avec un facteur d'unité de 1.

▶ Vous ne pouvez pas modifier la propriété Annotatif d'une référence de bloc individuelle.

▶ Vous pouvez définir l'orientation des blocs annotatifs pour qu'elle corresponde à celle de l'espace papier.

D'autre part, vous pouvez utiliser la variable système **ANNOTATIVEDWG** pour indiquer si le dessin entier doit ou non se comporter comme un bloc annotatif lorsqu'il est inséré dans un autre dessin. La variable système **ANNOTATIVEDWG** passe en lecture seule si le dessin contient des objets annotatifs.

Il faut aussi souligner que le paramètre **INSUNITS** est ignoré lors de l'insertion de blocs annotatifs dans le dessin. Cela signifie qu'il n'y a pas de mise à l'échelle automatique du bloc lors de l'insertion.

Pour créer une définition de bloc annotatif, la procédure est la suivante (fig. 13.23) :

1. Cliquez sur l'icône **Créer bloc** (Create Block) dans la barre d'outils **Dessin** (Draw).

2. Dans la boîte de dialogue **Définition de bloc** (Block Definition), entrez un nom de bloc dans la zone **Nom** (Name).

③ Sous **Point de base** (Base point), indiquez le point d'insertion du bloc.

④ Sous **Objets** (Objects), sélectionnez les objets à inclure dans la définition de bloc. Appuyez sur Entrée pour terminer la sélection.

⑤ Sélectionnez l'option indiquant ce qu'il y a lieu de faire avec le dessin du bloc. Par exemple, **Convertir en bloc** (Convert to Block).

⑥ Sous **Comportement** (Behavior), sélectionnez **Annotatif** (Annotative).

⑦ Sous **Paramètres** (Settings), sélectionnez l'unité de bloc.

⑧ Cliquez sur **OK**.

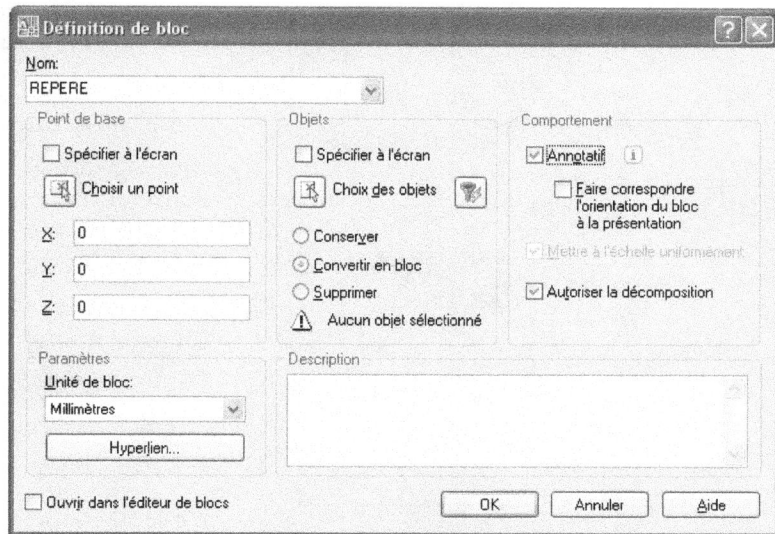

Fig.13.23

Dans l'exemple de la figure 13.24, il s'agit d'un repère constitué d'un cercle, d'une ligne et d'un texte non annotatif. Le bloc a été créé avec une échelle d'annotation 1 :1. L'affichage dans les deux fenêtres de l'espace papier est identique.

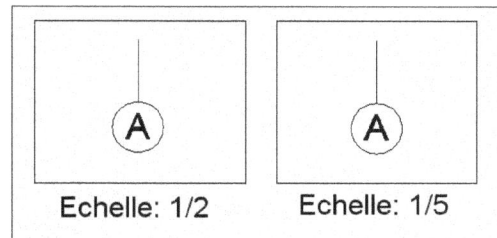

Fig.13.24

Pour rendre annotatives des références de bloc existantes, la procédure est la suivante :

① Cliquez sur l'icône **Créer bloc** (Make Block) dans la barre d'outils **Dessin** (Draw).

② Dans la boîte de dialogue **Définition de bloc** (Block Definition), cliquez sur la flèche, puis sélectionnez le nom du bloc à rendre annotatif.

③ Sous **Comportement** (Behavior), sélectionnez Annotatif.

④ Cliquez sur **OK**. Les références de bloc du dessin sont désormais annotatives.

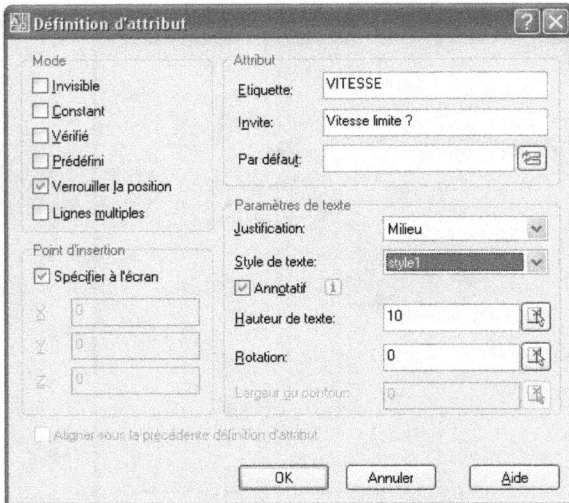

Fig.13.25

Fig.13.26

Pour créer une définition d'attribut annotatif, la procédure est la suivante (fig.13.25-13.26) :

1. Cliquez sur le menu **Dessin** (Draw) puis **Bloc** (Block) et **Définir les attributs** (Define Attributes).

2. Dans la boîte de dialogue **Définition d'attribut** (Attribute Definition), définissez les modes d'attribut, puis renseignez le contenu des zones Etiquette, Point d'insertion et Paramètres de texte.

3. Sous **Paramètres de texte** (Text Settings), sélectionnez **Annotatif** (Annotative).

4. Cliquez sur **OK**.

5. Spécifiez le point de départ.

6. Appuyez sur Entrée.

REMARQUES

- Vous pouvez définir des attributs annotatifs pour les blocs annotatifs et non annotatifs.

- Utilisez des attributs annotatifs avec des blocs non annotatifs lorsque vous voulez que la géométrie du bloc s'affiche sur l'espace papier selon l'échelle de la fenêtre et que le texte de l'attribut s'affiche à la hauteur de papier définie pour l'attribut.

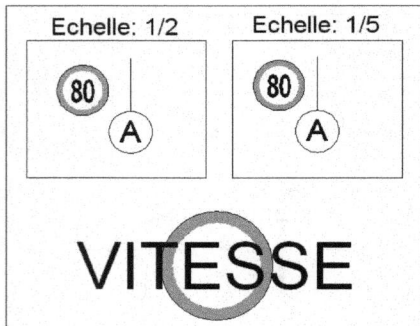

Les hachures annotatives

Il peut être utile d'utiliser des hachures annotatives pour représenter de manière symbolique un matériau, tel que du sable, du béton, de l'acier, de la terre, etc.

Pour créer une hachure annotative, la procédure est la suivante (fig.13.27) :

1. Cliquez sur la commande **Hachure** (Hatch) dans la barre d'outils **Dessin** (Draw).

2. Dans la boîte de dialogue **Hachures et gradient** (Hatch and Gradient), sélectionnez le type de hachure et définissez les paramètres habituels.

3. Spécifiez l'objet ou les objets que vous voulez hachurer.

4. Sous **Options**, sélectionnez **Annotative**.

5. Cliquez sur **OK**.

Dans l'illustration de la figure 13.28, les trois rectangles supérieurs ont été dessinés dans l'espace objet avec une échelle d'annotation de 1/100. Par la suite, les échelles suivantes ont été rajoutées aux hachures via le panneau des propriétés :

▶ Rectangle de gauche : rien

▶ Rectangle du milieu : échelle 1/50

▶ Rectangle de droite : échelle 1/20

Les trois rectangles ont ensuite été affichés aux échelles : 1/100 (ligne 1), 1/50 (ligne 2) et 1/20 (ligne 3) avec le bouton **Visibilité de l'annotation** (Annotation Visibility) actif.

L'illustration de la figure 13.29, montre les mêmes hachures dans l'espace papier avec le bouton **Visibilité de l'annotation** (Annotation Visibility) inactif.

Pour rendre annotative une hachure existante, la procédure est la suivante :

☐1 Dans le dessin, sélectionnez les hachures.

☐2 Effectuez un clic droit et sélectionnez l'option **Propriétés** (Properties).

☐3 Dans la palette **Propriétés**, sous **Motif** (Pattern), sélectionnez **Annotatif** (Annotative)

☐4 Dans la liste déroulante, cliquez sur **Oui** (Yes).

☐5 Dans **Echelle annotative** (Annotative Scale), sélectionnez les échelles auxquelles vous voulez afficher les hachures.

Fig.13.27

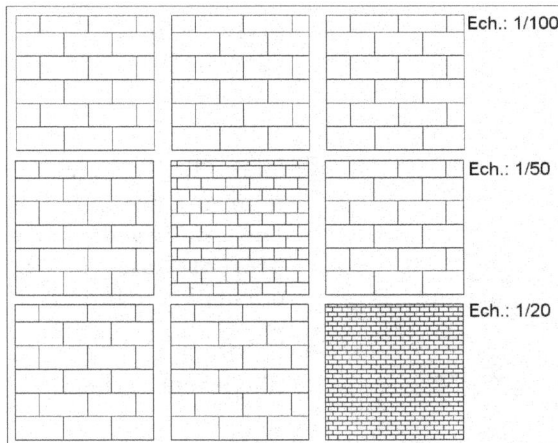

Fig.13.28

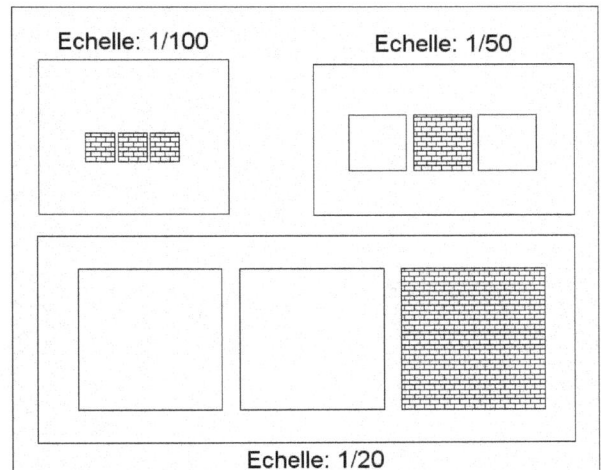

Fig.13.29

Les types de ligne annotatives

La variable **MSLTSCALE** permet de mettre à l'échelle les types de ligne affichés dans l'onglet **Objet** par l'échelle d'annotation. Les valeurs sont les suivantes :

- 0 : les types de ligne affichés dans l'onglet **Objet** ne sont pas mis à l'échelle par l'échelle d'annotation
- 1 : les types de ligne affichés dans l'onglet **Objet** sont mis à l'échelle par l'échelle d'annotation

Définition de l'orientation des annotations

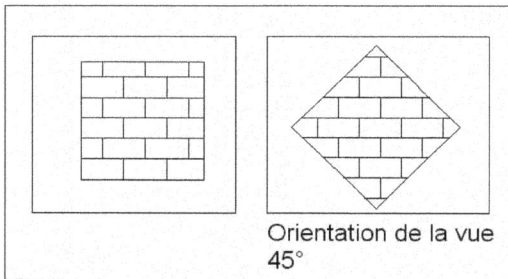

Orientation de la vue
45°

Fig.13.30

Les blocs et le texte annotatifs peuvent être définis de sorte que leur orientation corresponde à celle de la présentation. L'orientation des hachures annotatives correspond toujours à celle de la présentation (fig.13.30).

Même si la vue dans la fenêtre de présentation est déformée ou si la fenêtre est non planaire, l'orientation de ces objets dans les fenêtres de présentation correspond toujours à l'orientation de la présentation.

L'orientation des attributs annotatifs présents dans les blocs correspond à l'orientation du bloc.

Pour faire correspondre l'orientation de la présentation d'un style de texte annotatif, la procédure est la suivante (fig.13.31) :

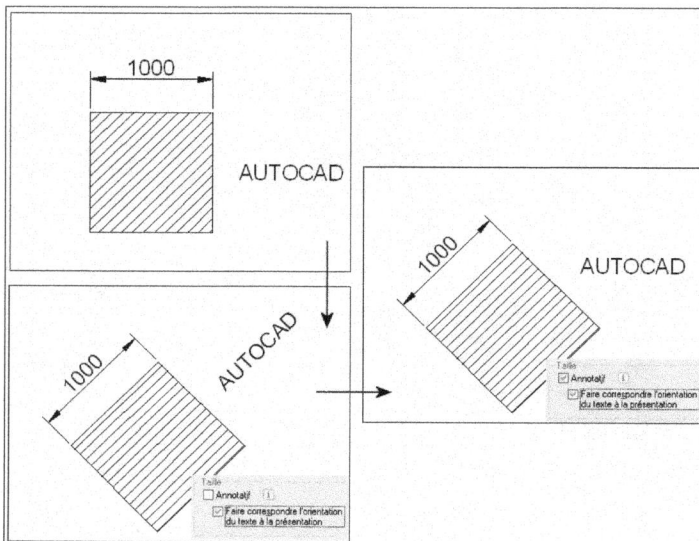

Fig.13.31

1. Dans la boîte de dialogue **Style de texte** (Text style), dans la liste **Styles**, sélectionnez un style de texte annotatif.
2. Sous **Taille** (Size), sélectionnez **Faire correspondre l'orientation du texte à la présentation** (Match text orientation to layout).
3. Cliquez sur **Appliquer** (Apply).
4. Cliquez sur **Fermer** (Close).

Pour faire correspondre l'orientation de la présentation d'une définition de bloc annotatif, la procédure est la suivante :

1. Dans la boîte de dialogue **Définition de bloc** (Block definition), sous **Nom** (Name), sélectionnez un bloc.

2. Sous **Comportement** (Behavior), sélectionnez **Annotatif**.

3. Sous **Comportement** (Behavior), sélectionnez **Faire correspondre l'orientation du bloc à la présentation** (Match block orientation to layout).

4. Cliquez sur **Fermer** (Close) (fig.13.32).

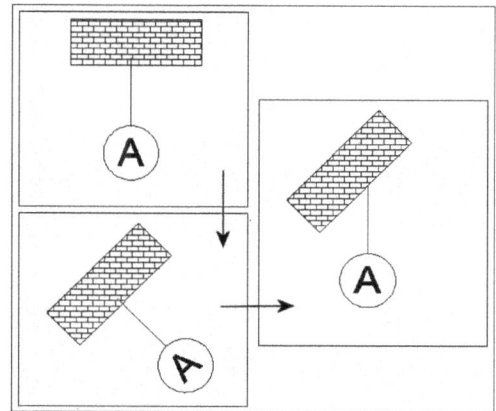

Fig.13.32

Fidélité visuelle des objets annotatifs

Lorsque vous travaillez avec des objets annotatifs, il est possible de préserver la fidélité visuelle de ces objets lorsqu'ils sont affichés dans AutoCAD 2007 et versions antérieures grâce à la variable système SAVEFIDELITY, qui doit être définie sur 1.

Les objets annotatifs peuvent avoir plusieurs représentations d'échelle. Lorsque la fidélité visuelle est activée, les objets annotatifs sont décomposés et les représentations d'échelle sont enregistrées dans des calques distincts sous la forme de blocs anonymes. Le nom qui est attribué aux représentations d'échelle est basé sur le nom du calque d'origine auquel est ajouté un numéro (fig.13.33). Si vous décomposez le bloc dans AutoCAD 2007 ou versions antérieures, puis ouvrez le dessin dans AutoCAD 2008 ou versions ultérieures, chaque représentation d'échelle devient un objet annotatif distinct, chacun doté d'une échelle d'annotation. Si vous travaillez dans AutoCAD 2007 et versions antérieures, il est déconseillé de modifier ou de créer des objets sur ces calques lorsque vous travaillez sur un dessin créé dans AutoCAD 2008 et versions ultérieures.

Lorsque cette option n'est pas sélectionnée, une seule représentation de l'espace objet s'affiche dans l'onglet **Objet**.

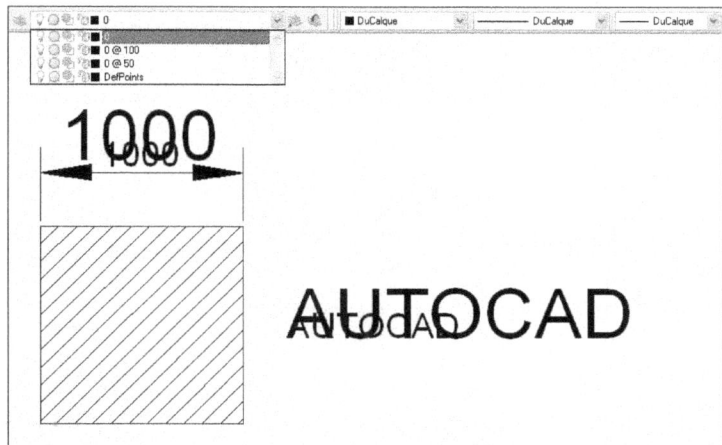

Fig.13.33

CHAPITRE 14
DESSINER EN ISOMÉTRIE 2D

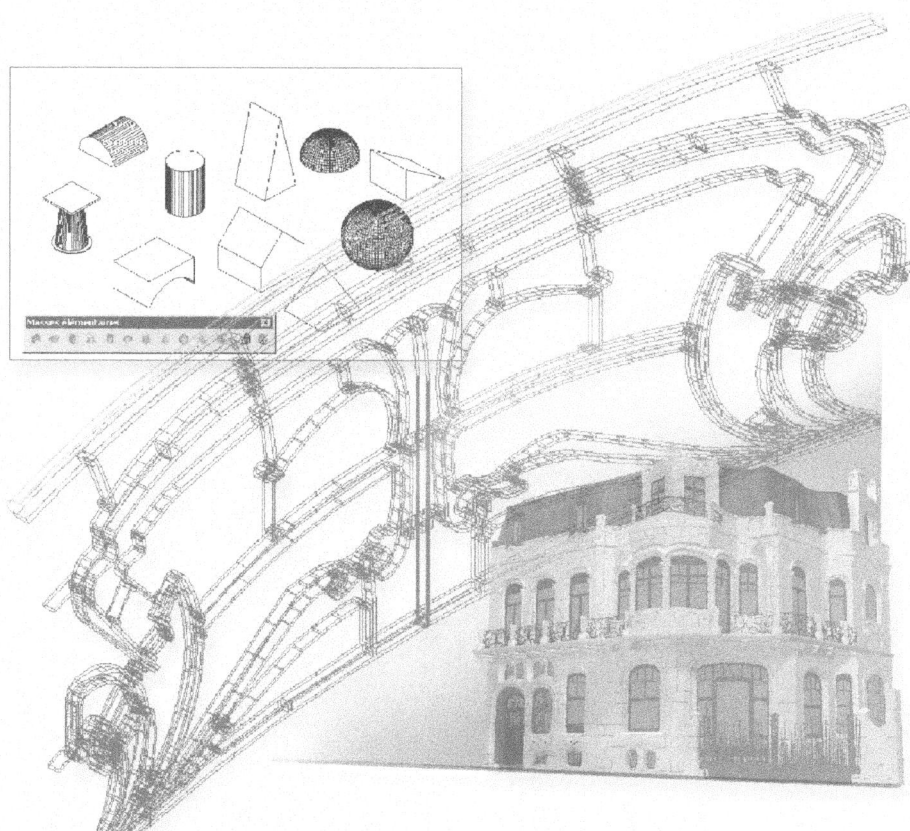

Le dessin isométrique

Le dessin isométrique fait partie de la famille des projections parallèles qui sont utilisées par les dessinateurs pour créer des dessins dits « industriels » en conservant les formes et en respectant l'échelle.

Le dessin isométrique se caractérise par le fait que la direction de la projection fait un angle égal avec chacun des trois axes principaux.

Dans le cas d'AutoCAD, le logiciel permet de se placer dans un repère isométrique, mais le dessin est conçu en deux dimensions directement par le dessinateur sur la base de ce repère d'aide. Il s'agit donc d'une simulation 2D d'un objet 3D. Aucun calcul n'est réalisé par le logiciel lui-même.

La création d'un repère isométrique

Principe

Le repère isométrique est un repère composé des axes XYZ dessinés en deux dimensions et faisant respectivement des angles de 30°, 90° et 150° avec l'horizontale. Ces axes sont visibles à l'écran par groupes de deux qui représentent chacun un des plans isométriques (gauche, haut et droite).

Comment créer un repère isométrique ?

1. Exécuter la commande de création à l'aide d'une des méthodes suivantes :

   Menu : choisir le menu déroulant **Outils** (Tools) puis l'option **Aides au dessin** (Drafting Settings)

   Clavier : taper la commande **DDAMODES** (Ddrmodes).

2. Dans la boîte de dialogue **Paramètres de dessin** (Drafting Settings) cocher les cases **Grille activée** (Grid On), **Accrochage à la grille** (Grid snap) et **Accrochage isométrique** (Isometric snap) disponibles dans l'onglet **Accrochage/Grille** (Snap/Grid).

3. Cliquer sur **OK**.

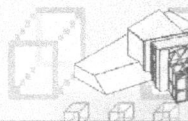

Comment définir le plan isométrique courant ?

La commande **ISOMETR** (Isoplane) permet de choisir le plan isométrique courant et la paire d'axes associés. Le dessin d'un cube, en isométrie, permet de mieux visualiser les différents plans disponibles (fig.14.1).

▸ **Gauche** (Left) : détermine le plan situé à gauche et défini par les axes à 90 et 150 degrés.

▸ **Haut** (Top) : détermine le plan supérieur défini par les axes à 30 et 150 degrés.

▸ **Droite** (Right) : détermine le plan situé à droite et défini par les axes à 30 et 90 degrés.

Ces trois axes peuvent être activés de trois manières différentes :

▸ la commande **ISOMETR** (Isoplane)

▸ la touche F5

▸ la combinaison des touches Ctrl-E

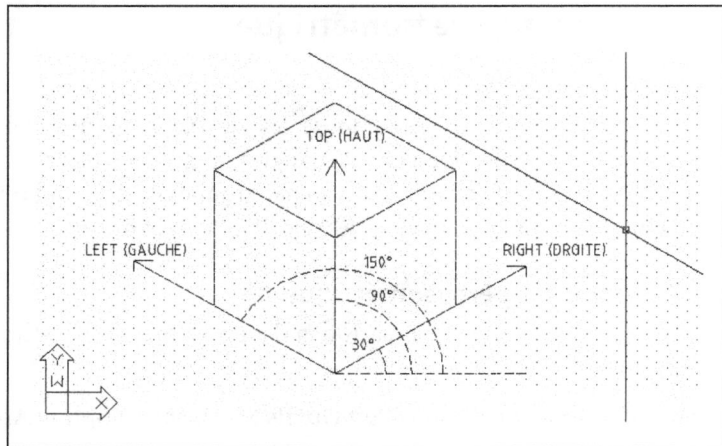

Fig.14.1

REMARQUES

Si le mode ORTHO est actif le curseur se déplace, dans chacun des plans, parallèlement aux axes du plan en cours.

Pour dessiner en isométrie, il suffit de suivre, en mode ORTHO, chacune des directions des trois axes.

Le dessin d'un cercle en isométrie

Principe

En étant dans le mode Isométrique, le dessin d'un cercle s'effectue via l'option **Isocercle** (Isocircle) de la commande **ELLIPSE**. Avant chaque dessin de cercle, il convient de se mettre dans le bon plan isométrique (gauche, droite ou haut).

Comment dessiner un cercle en isométrie ?

1. Se mettre dans le mode isométrique et choisir le bon plan.

2. Exécuter la commande de création d'un cercle isométrique à l'aide d'une des méthodes suivantes :

   Menu : choisir le menu déroulant **Dessin** (Draw) puis l'option **Ellipse** et enfin **Axe, Fin** (Axis, End).

   Icône : cliquer sur l'icône **Ellipse** de la barre d'outils **Dessiner** (Draw).

   Clavier : taper la commande **ELLIPSE**.

3. Entrer l'option « i » pour **Isocercle** (Isocircle).

4. Désigner le centre du cercle : P1.

5. Spécifier le rayon du cercle : P2 ou entrer une valeur (fig.14.2).

> #### REMARQUE
>
> Pour spécifier plus facilement le centre de l'ellipse, dans le cas de la figure 13.2, il est conseillé d'utiliser la fonction de repérage objet **REPEROBJ** (Otrack) ou la calculatrice et la fonction MEE, qui permet de trouver le centre d'une ligne fictive dont les extrémités sont la fin de deux autres entités.

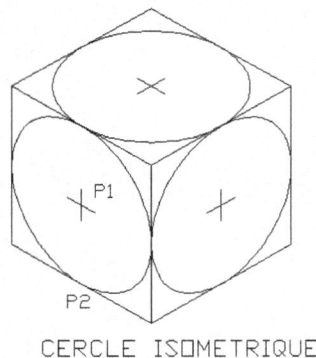

CERCLE ISOMETRIQUE

Fig.14.2

La création de symboles en isométrie

Principe

L'option isométrique étant, dans AutoCAD, un dessin en deux dimensions sans calcul de la part du logiciel, vous devez dans le cas de la création de symboles (blocs) dessiner ceux-ci également dans le contexte isométrique et tenir compte du choix des axes. Deux dessins sont donc nécessaires par symbole : un pour le plan de gauche (left) et un pour le plan de droite (right), le plan du haut (top) pouvant utiliser les deux dessins.

Comment créer un symbole en isométrie

Il suffit d'activer les points suivants :

- ▶ se mettre dans le style de résolution ISO ;
- ▶ sélectionner le bon plan (par Ctrl-E ou par le Menu) ;
- ▶ faire les dessins dans chaque plan ;
- ▶ créer les deux blocs par symbole.

Exemple :

Soit le dessin d'une VALVE (fig.14.3)

Commande : **RESOL** (Snap)
Spécifier le pas de résolution ou [ACtif/INactif/Rotation/STyle/Type] <10.0000> : ST
Entrer le style de pas de la grille [Standard/Isométrique] <I> : I
Spécifier l'espacement vertical <10.0000> : Entrée

Commande : **ISOMETR** (Isoplane)
Isométrique courante : Gauche
Entrer les paramètres du plan isométrique [Gauche/Haut/Droite] <Haut> : d

Commande : **LIGNE** (Line)
Spécifier le premier point : P1
Spécifier le point suivant ou [annUler] : P2
Spécifier le point suivant ou [annUler] : P3
Spécifier le point suivant ou [Clore/annUler] : P4
Spécifier le point suivant ou [Clore/annUler] : c

Commande : **BLOC** (Block)
Entrer le nom du bloc ou : VALVEDR
Spécifier le point de base pour l'insertion : P5
Choix des objets : sélectionner les objets

Suivre la même procédure pour la plan Gauche.

La création de textes en isométrie

Principe

Selon le même principe que pour les symboles, il faut créer un style de texte propre à chacun des plans isométriques gauche et droit, le plan du haut pouvant utiliser les deux styles (fig.14.4).

Comment créer des textes en isométrie ?

Pour le plan gauche (left), il faut incliner les caractères de 30° par rapport à la verticale.

La procédure est la suivante :

1. Sélectionner la commande **STYLE** via le menu **Format** ou via la ligne de commandes. La boîte Style de texte (Text Style) s'affiche à l'écran.

2. Cliquer sur **Nouveau** (New).

3. Entrer le nom du style dans la boîte **Nouveau style de texte** (New Text Style). Par exemple : ISOG.

4. Sélectionner une police, un style de police et éventuellement une hauteur.

5. Dans la zone des **Effets**, conserver les valeurs par défaut, sauf pour le champ « Oblique », où il convient d'indiquer la valeur 30 (fig.14.5).

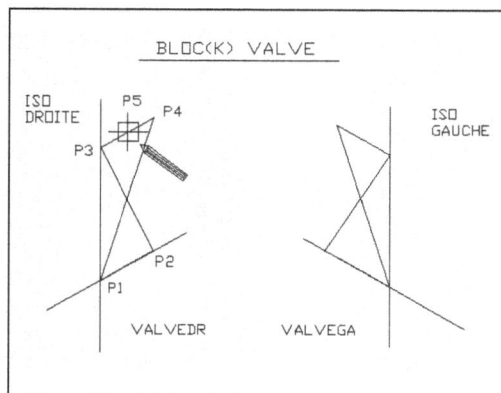

Fig.14.3

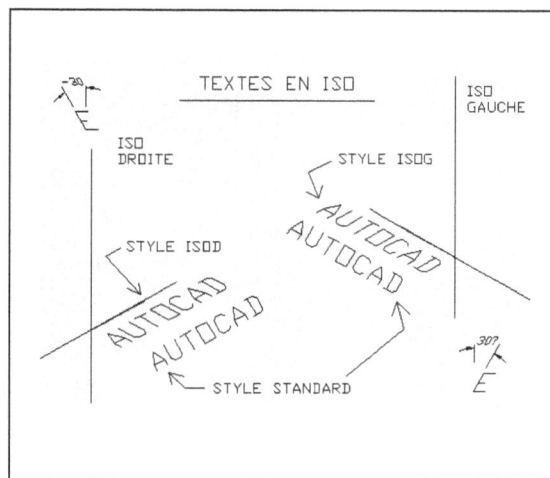

Fig.14.4

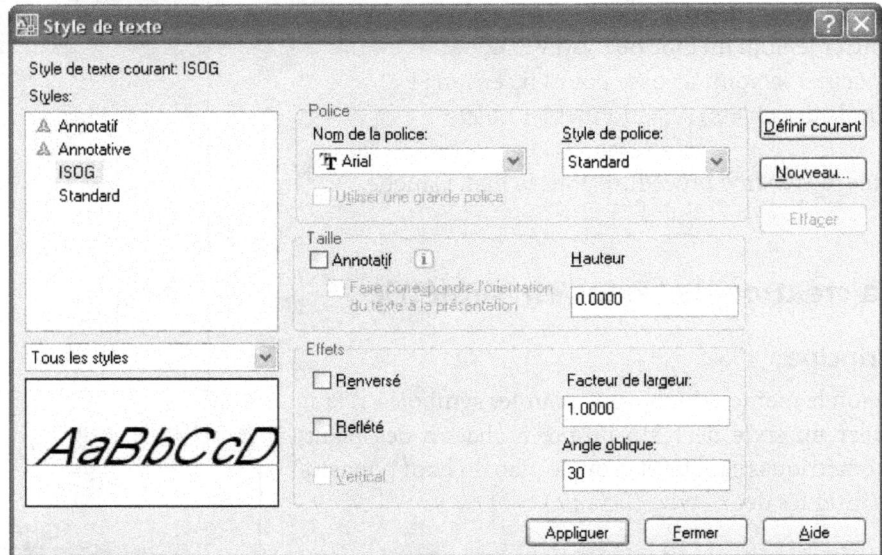

Fig.14.5

Pour le plan droit (right), il faut incliner les caractères de −30° par rapport à la verticale.

La procédure est la suivante :

1. Sélectionner la commande **STYLE** via le menu **Format** ou via la ligne de commandes. La boîte **Style de texte** (Text Style) s'affiche à l'écran.

2. Cliquer sur **Nouveau** (New).

3. Entrer le nom du style dans la boîte **Nouveau style de texte** (New Text Style). Par exemple : ISOD.

4. Sélectionner une police, un style de police et éventuellement une hauteur.

5. Dans la zone **Effets**, conserver les valeurs par défaut, sauf pour le champ « Oblique », où il convient d'indiquer la valeur −30.

La cotation d'un dessin en isométrie

Principe

AutoCAD ne contient pas une cotation particulière pour le style isométrique. Il faut donc adapter manuellement les différents constituants de la cotation pour donner à celle-ci un aspect isométrique.

Comment coter en isométrie ?

Les constituants suivants doivent être adaptés pour donner un aspect isométrique à la cotation :

Le dessin des flèches

Il convient de créer deux nouveaux blocs, en mode isométrique, pour remplacer les flèches standard (fig.14.6) :

▶ Utiliser le style ISO.

▶ Se placer dans le plan gauche (left).

▶ Faire le dessin d'une flèche, dans un carré de 1 x 1 unité, par la commande SOLID(E).

▶ Faire tourner le dessin de la flèche et de la ligne de 30° vers la gauche, en prenant le sommet de droite comme centre de rotation.

▶ Créer un bloc FLEG (par exemple) ayant la pointe droite de la flèche comme point d'insertion.

▶ Appliquer la même procédure pour le plan droit (right) : création du bloc FLED.

▶ Ouvrir l'onglet Symboles et flèches (Symbols and Arrows) dans la boîte de dialogue **Modifier le style de cote** (Modify Dimension Style) (fig.14.7).

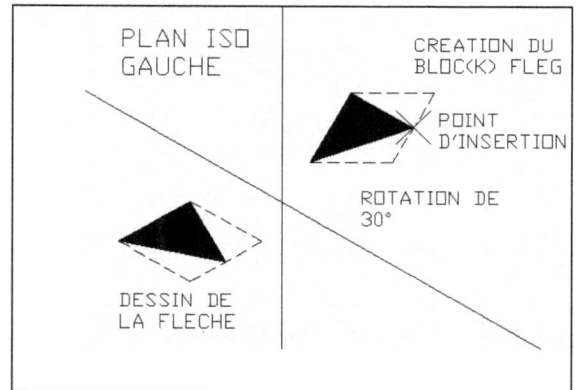

Fig.14.6

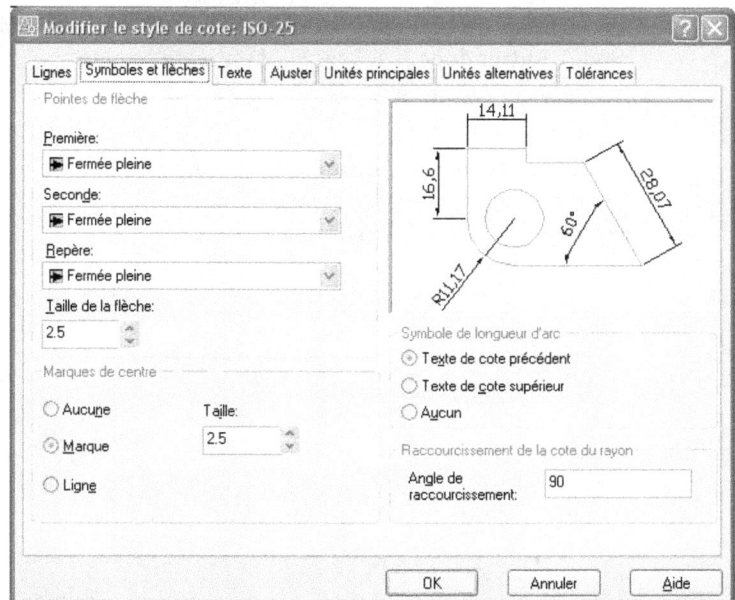

Fig.14.7

- Dans la zone **Pointes de flèches** (Arrowheads), cliquer sur Première (First) et choisir **Flèche utilisateur** (User Arrow) (fig.14.8).
- Sélectionner **FLEG** dans la liste déroulante **Sélectionner le bloc flèche personnalisé** (Select from Drawing Blocks).
- Faire de même pour le symbole de droite.

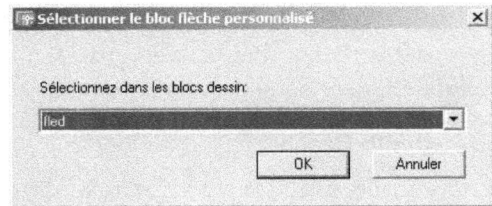

Fig.14.8

Le style du texte de cotation

Choisir le champ **Style** (Text style) dans l'onglet **Texte** (Text) de la boîte de dialogue **Modify Dimension Style** (Modifiez le style de cote).

Suivant le plan isométrique en cours, choisir le style ISOG ou ISOD.

La ligne de cote et les lignes d'extension

La ligne de cote et les lignes d'extension n'étant pas en mode ISO, les adaptations suivantes illustrent une possibilité de réalisation de l'aspect ISO :

- Adapter les symboles des flèches dans les champs **Première** (First) et **Seconde** (Second) de l'onglet **Symboles et flèches** (Symbols and Arrows) de la boîte de dialogue **Modifiez le style de cote** (Modify Dimension Style). Entrer donc FLEG ou FLED suivant le plan.
- Utiliser la cotation **Aligné** (Aligned).
- Faire tourner la ligne de cote par l'option **Oblique** du menu **Dimension** (Cotation). Pour le plan de gauche, l'angle de rotation est de 30° et pour le plan de droite, l'angle est de 150° (fig.14.9).

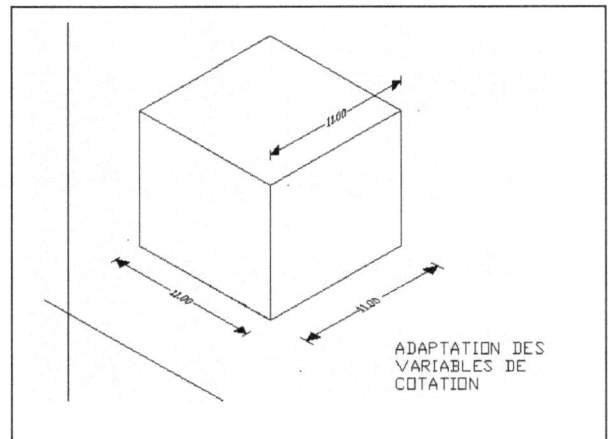

Fig.14.9

CHAPITRE 15

L'ENVIRONNEMENT 3D d'AutoCAD

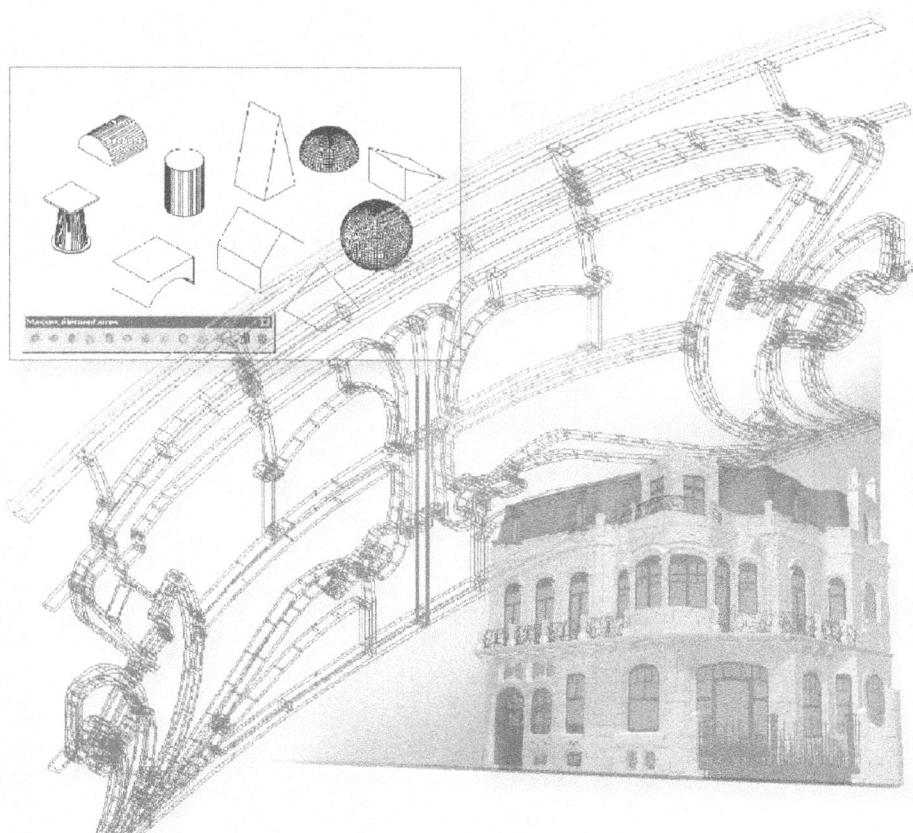

Le dessin en trois dimensions permet à tout concepteur d'étudier et de représenter son projet dans sa réalité tridimensionnelle. Cette possibilité permet d'assurer une meilleure cohérence au projet et d'en fournir une meilleure représentation.

Avant de pouvoir se lancer dans la conception 3D avec AutoCAD, il est important de comprendre avant tout l'environnement 3D disponible. Celui-ci comporte un ensemble d'éléments dont :

▶ L'interface utilisateur composée du tableau de bord et d'une série de barres d'outils pour les fonctions 3D.

▶ La création de plusieurs fenêtres à l'écran pour afficher des vues différentes.

▶ L'utilisation des systèmes de coordonnées 3D (statiques et dynamiques) pour pouvoir se repérer dans l'espace.

▶ Les modes de navigation dans le projet.

▶ La génération de vues en projection parallèle ou perspective.

▶ Les styles d'affichage des modèles 3D.

Démarrer AutoCAD et choisir son espace de travail 3D

Lors du lancement AutoCAD vous êtres invité à choisir un espace de travail. De quoi s'agit-il ?

Un espace de travail correspond à un ensemble de menus, de barres d'outils et de palettes qui sont regroupés et organisés de manière à vous permettre de travailler dans un environnement de dessin personnalisé, selon les différentes tâches que vous devez accomplir. AutoCAD 2008 dispose ainsi de trois espaces de travail par défaut :

▶ **Modélisation 3D** : pour travailler efficacement en 3D.

▶ **AutoCAD classique :** pour travailler en 2D comme dans les versions antérieures d'AutoCAD.

▶ **Dessin 2D et annotation** : pour travailler en 2D et annoter facilement son dessin.

▶ Pour démarrer en 3D, vous devez donc sélectionner **Modélisation 3D** (3D Modeling) dans la boîte de dialogue **Espaces de travail** (Workspaces), puis cliquez sur **OK** (fig.15.1).

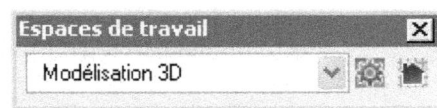

Fig.15.1

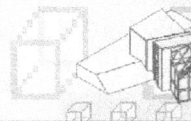

AutoCAD affiche ensuite un environnement de travail optimisé pour la 3D et qui n'a plus grand-chose à voir avec l'environnement classique d'AutoCAD. Il est composé d'un espace de travail en 3D, du tableau de bord et d'une palette de modélisation (fig.15.2).

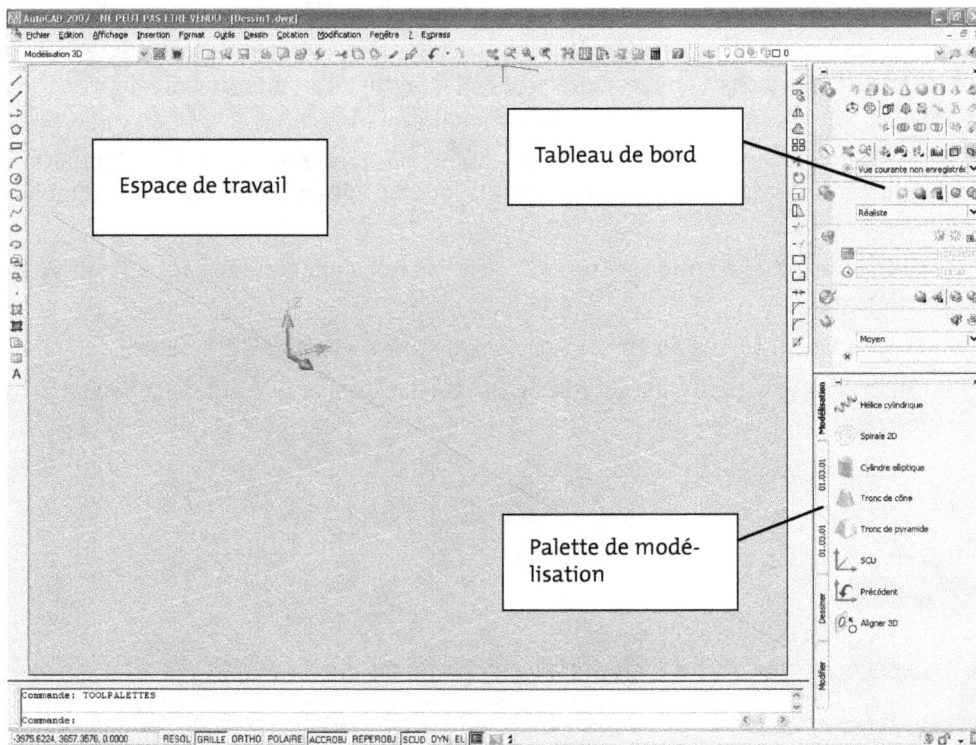

Fig.15.2

Le tableau de bord offre un élément d'interface unique pour réaliser l'ensemble des opérations de modélisation et de rendu. Cela évite d'afficher un grand nombre de barres d'outils et limite ainsi l'encombrement de la fenêtre de l'application. Ainsi, vous pouvez optimiser la zone disponible pour travailler en 3D de manière rapide et confortable à l'aide d'une seule interface.

Le tableau de bord est constitué de différents panneaux de configuration. Chaque panneau de configuration comporte des outils et des options associés qui sont similaires aux outils des barres d'outils et aux options des boîtes de dialogue.

Le tableau de bord comprend au niveau 3D les fonctionnalités suivantes (fig.15.3) :

▸ La création 3D de volumes (primitives 3D, extrusion, révolution, etc.)

▸ La modification des solides (opérations booléennes, section, épaisseur... etc.)

▸ La création de coupes et d'élévations

▸ La navigation 3D (Caméra, les vues, l'animation)

▸ Les styles visuels (utilisation, création, modification)

▸ La création de lumière (création de lumières artificielles et solaire, paramétrage)

▸ Les matériaux (utilisation, création, modification)

▸ Le rendu (utilisation et paramétrage, sauvegarde des images calculées)

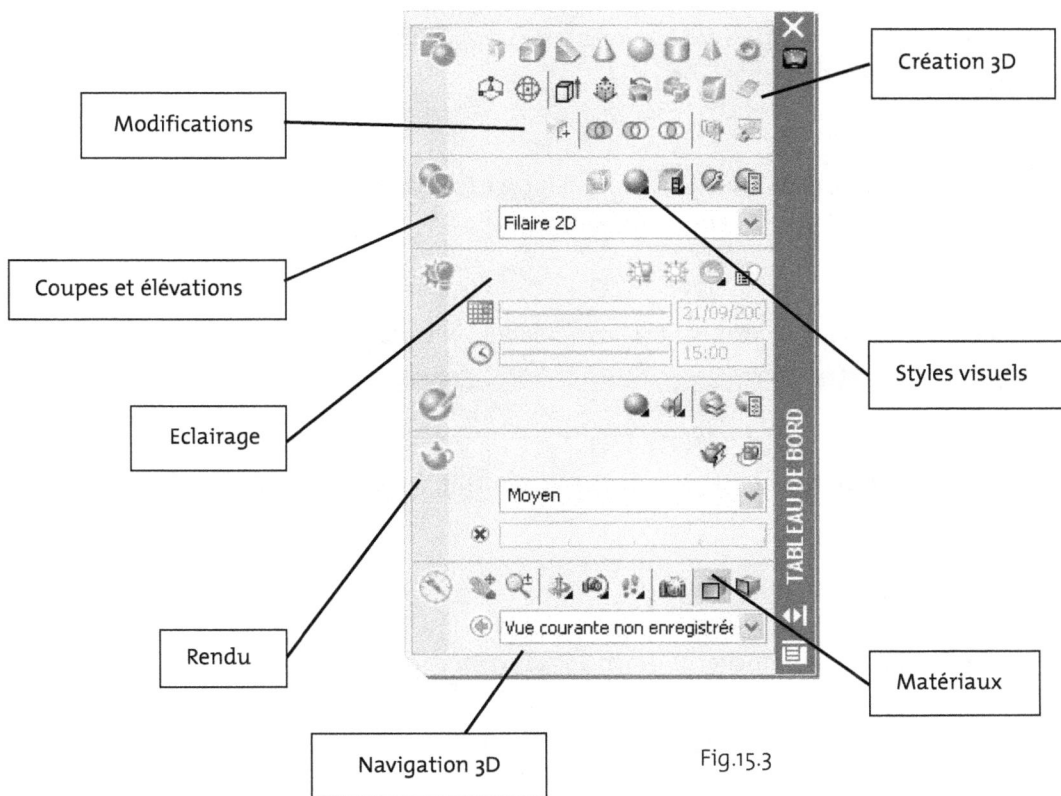

Fig.15.3

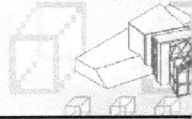

Ajouter des barres d'outils pour les fonctions 3D

Outre le tableau de bord, l'interface d'AutoCAD permet également d'ajouter une série de barres d'outils utiles pour le travail en 3D. Certaines reprennent des parties du tableau de bord, tandis que d'autres sont complémentaires au tableau de bord. Il s'agit de :

Ajustement de la caméra : pour modifier la position de la caméra (pivot, distance)

Edition de solides : pour la modification des objets solides.

Fenêtres : pour la gestion des fenêtres dans l'espace objet et dans l'espace de présentation.

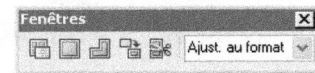

Lumières : pour la création des lumières ponctuelles, dirigées, distantes...

Mappage : pour la définition du type de mappage (planaire, sphérique, cylindrique...)

Modélisation : pour la création d'objets 3D solides et surfaciques.

Navigation et mouvement : pour naviguer dans le projet à l'aide du clavier ou de la souris.

Navigation 3D : pour afficher le projet à l'aide d'un panoramique 3D, d'un zoom 3D, de l'orbite, du pivot...

Orbite : pour un affichage dynamique des objets ou scènes 3D.

Rendu : pour le calcul du rendu de l'image et la définition des lumières, des matériaux, du mappage...

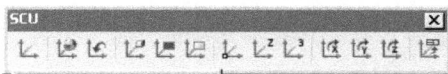

SCU I & II : pour la gestion des systèmes de coordonnées.

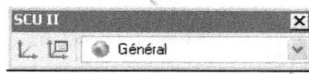

Styles visuels : pour un affichage filaire, avec faces cachées, conceptuel ou réaliste des objets de la scène.

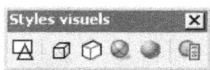

Vue : pour l'affichage des vues dans les différentes fenêtres.

Pour sélectionner ces différentes barres d'outils, il convient d'effectuer un clic droit de la souris sur n'importe quelle icône de l'interface d'AutoCAD et de sélectionner la barre d'outils souhaitée (fig.15.4).

Pour placer les barres d'outils sur votre écran, il suffit de pointer avec la touche gauche de la souris sur la ligne du titre de la barre et de glisser celle-ci à l'endroit souhaité puis de relâcher la souris (fig.15.5).

Fig.15.5

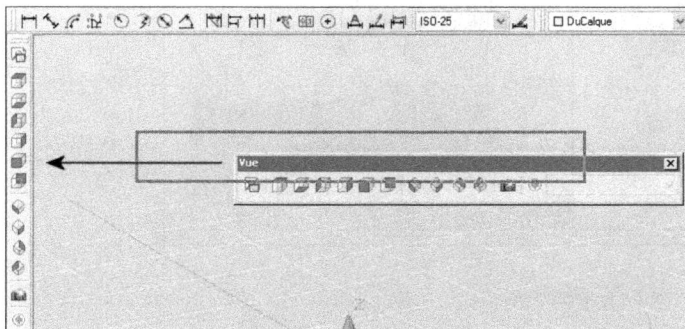

Fig.15.4

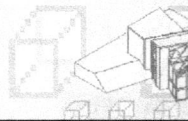

La configuration de l'interface AutoCAD ainsi réalisée peut être sauvegardée sous la forme d'un espace de travail utilisateur. La procédure est la suivante :

1. Dans la barre d'outils **Espace de travail** (Workspace) faites défiler la liste déroulante et sélectionnez **Enregistrer espace courant sous...** (Save Current As).

2. Entrez un nom dans la boîte de dialogue **Enregistrer l'espace de travail** (Save Workspace).

3. Cliquez sur le bouton **Enregistrer** (Save). Le nouvel espace de travail est à présent disponible dans la liste.

Gérer l'écran pour travailler en trois dimensions

Les fenêtres écran

Pour travailler confortablement en trois dimensions, AutoCAD permet de diviser l'écran de travail en plusieurs fenêtres distinctes et de visualiser des vues différentes d'un projet dans chacune d'elles. Toute modification dans une fenêtre se répercute automatiquement dans les autres (fig.15.6).

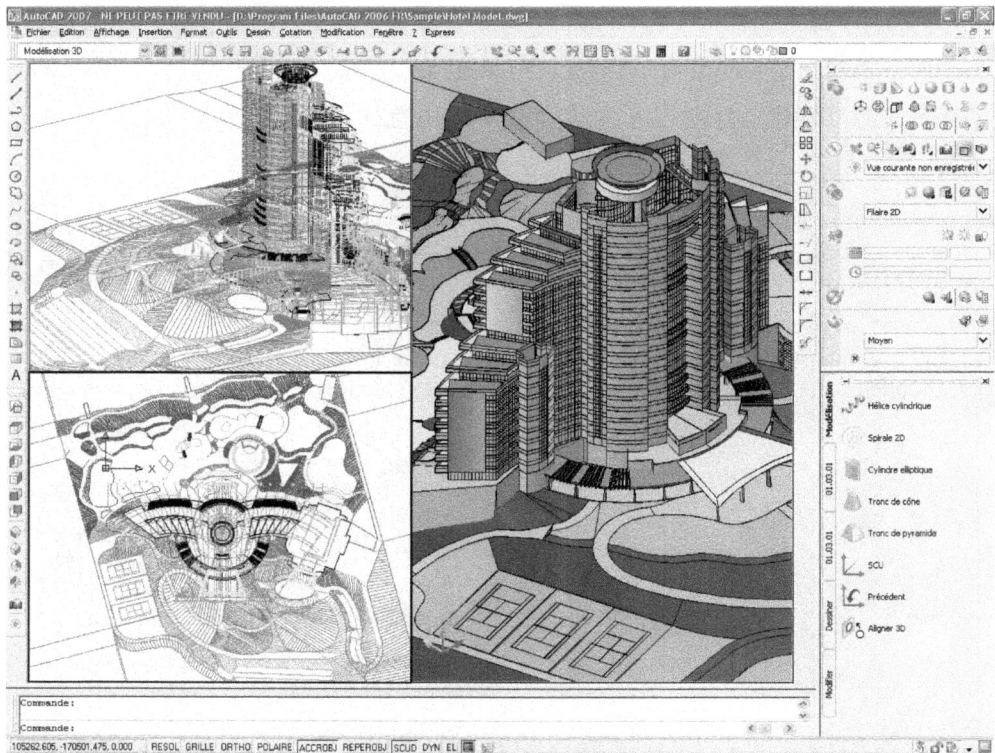

Fig.15.6

La fenêtre courante

Il est possible de travailler dans chacune des fenêtres, néanmoins une seule est active à la fois. Le curseur est représenté par deux axes dans la fenêtre active et par une flèche dans les autres fenêtres. Il suffit de pointer avec le stylet ou la souris dans une autre fenêtre pour la rendre active.

Les commandes actives

La plupart des commandes admettent le passage d'une fenêtre à l'autre. Ainsi il est possible de tracer une ligne dont l'origine est dans une fenêtre et l'extrémité dans une autre. Cela peut être utile pour des objets de grandes tailles où chaque fenêtre visualise une partie de l'objet (fig.15.7).

Cependant, il y a des situations où cela n'a pas de sens de changer de fenêtre au milieu d'une commande. Il s'agit par exemple des commandes : **RESOL** (SNAP) – **ZOOM** – **POINTVUE** (VPOINT) – **GRILLE** (GRID) – **PAN** – **VUEDYN** (DVIEW) – **FENETRES** (VPORTS).

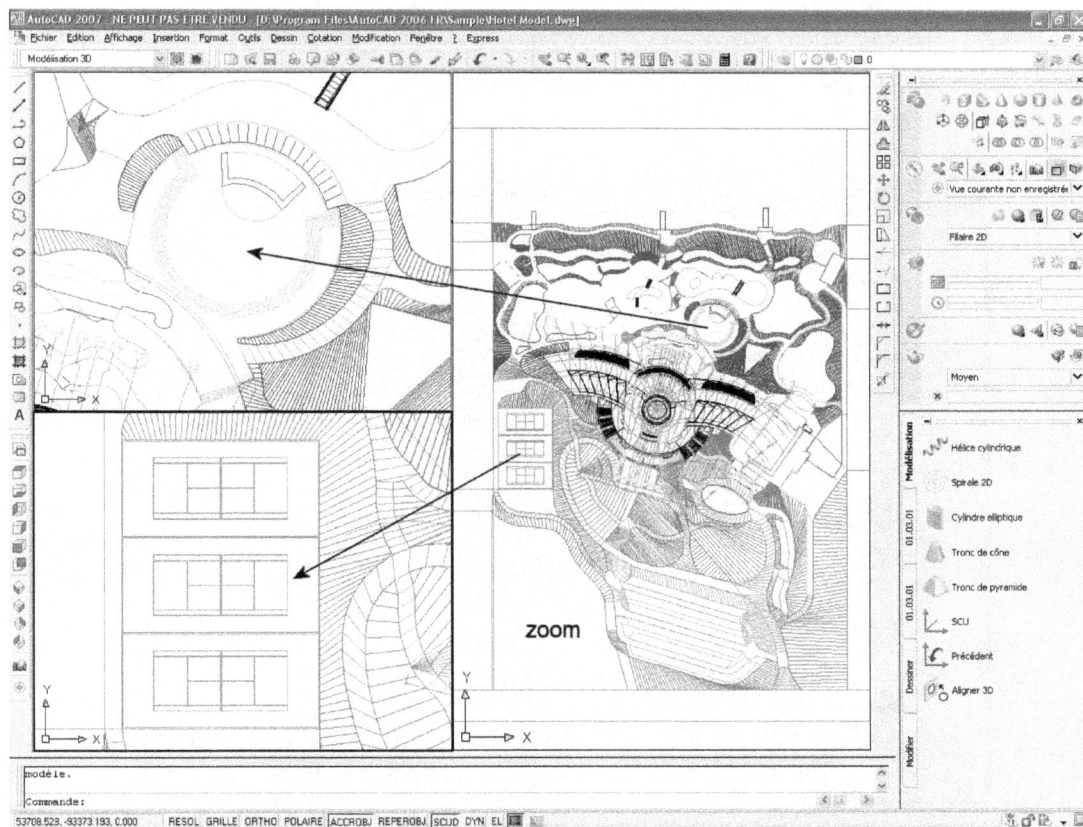

Fig.15.7

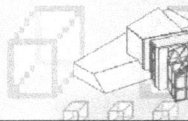

Comment créer une configuration de fenêtres dans l'espace objet ?

1. Exécutez la commande de création de fenêtres à l'aide de l'une des méthodes suivantes (fig.15.8) :

   Menu : choisissez le menu déroulant **Affichage** (View) puis l'option **Fenêtres** (Viewports).

   Icône : choisissez l'icône **Afficher la boîte de dialogue Fenêtres** (Display Viewports Dialog) dans la barre d'outils **Fenêtres** (Viewports).

   Clavier : tapez la commande **Fenetres** (Vports).

2. Sélectionnez l'option souhaitée : **Nouvelles fenêtres** (New Viewports) ou **1, 2, 3, 4** Fenêtres (Viewports). Dans le premier cas, la boîte de dialogue **Fenêtres** (Viewports) s'affiche à l'écran.

3. Sélectionnez **3D** dans le champ **Configuration** (Setup).

4. Dans la liste de gauche cliquez sur la configuration d'écran souhaitée. Par exemple : **Quatre : Egal à** (Four :Equal).

5. Dans la partie **Aperçu** (Preview), cliquez dans une fenêtre et sélectionnez le style visuel à partir de la liste déroulante du même nom.

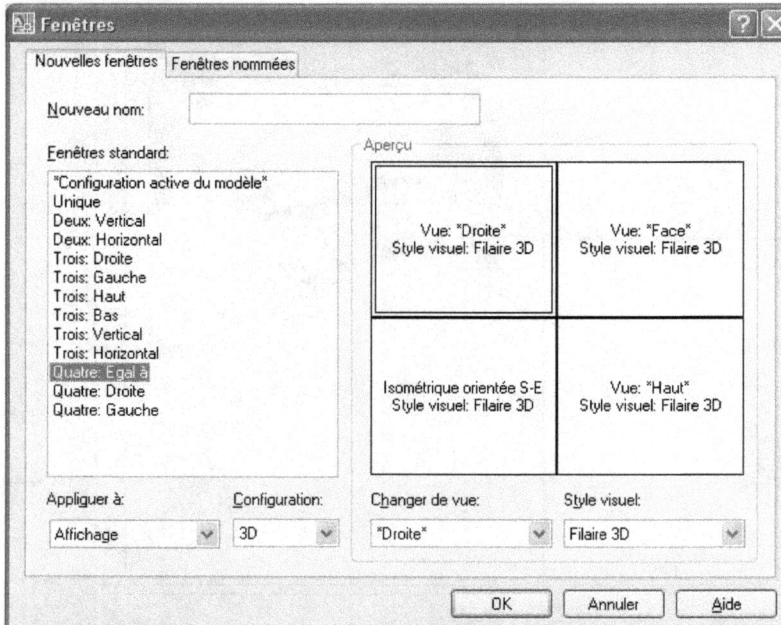

6. Cliquez sur OK.

Fig.15.8

OPTIONS

▶ **Nouvelles fenêtres (New Viewports) :** permet de choisir une configuration d'écran pré-programmée.

▶ **1,2,3,4 Fenêtres (Viewports) :** divise la fenêtre courante en 1, 2, 3 ou 4 fenêtres qui héritent des caractéristiques de Resol (Snap), Grille (Grid) et Vue (View) de la fenêtre originale. La fenêtre originale est bloquée pendant cette opération (fig.15.9).

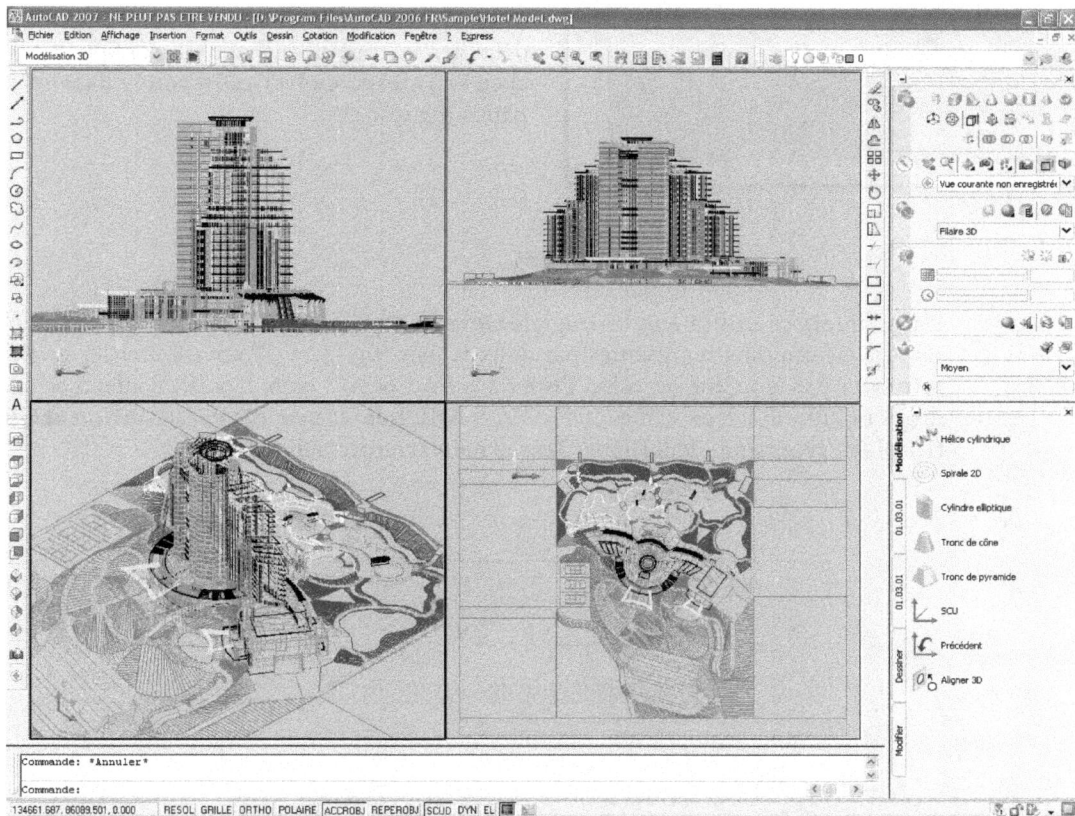

Fig.15.9

▶ **Joindre (Join) :** permet de joindre deux fenêtres écran en une fenêtre plus grande.

Il faut pointer la fenêtre dominante, puis la fenêtre à joindre. Les deux fenêtres doivent être adjacentes et former un rectangle.

▶ **1 Fenêtre (Single) :** permet de retourner à une fenêtre unique.

▶ **Fenêtres existantes (Named Viewports) :** affiche la configuration écran en cours et donne la liste des configurations sauvées.

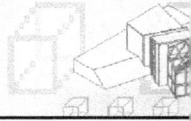

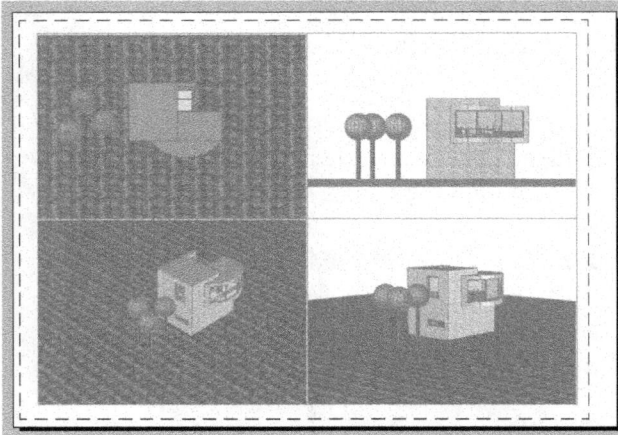

Fig.15.10

Dans l'interface utilisateur, les onglets **Objet** et **Présentation** sont masqués par défaut. Ils sont néanmoins représentés par deux icônes (fig.15.11). Pour afficher les onglets et retrouver par la même occasion l'interface d'AutoCAD 2006, il suffit d'effectuer un clic droit sur l'une des deux icônes et de choisir **Afficher les onglets Présentation et Objets** (Display Layout and Model Tabs) dans le menu contextuel.

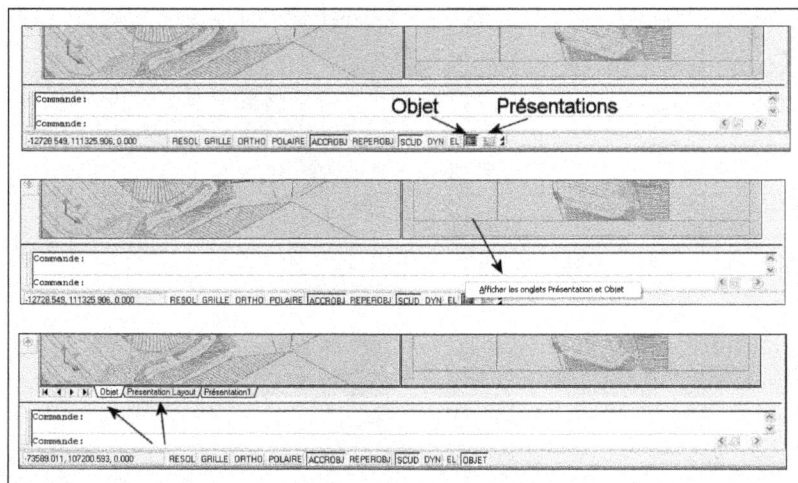

Fig.15.11

Comment sauvegarder une configuration de fenêtres ?

[1] Exécutez la commande de création de fenêtres à l'aide de l'une des méthodes suivantes :

🗔   Menu : choisissez le menu déroulant **Affichage** (View) puis **Fenêtres** (Viewports) et ensuite l'option **Fenêtres existantes** (Named Viewports).

👆   Icônes : cliquez sur l'icône **Afficher la boîte de dialogue Fenêtres** (Display Viewports Dialog) de la barre d'outils **Fenêtres** (Viewports).

⌨   Clavier : tapez la commande **Fenetre** (Vports).

[2] Sélectionnez l'onglet **Nouvelles fenêtres** (New Viewports) et entrer un nom dans le champ **Nouveau nom** (New name) pour sauvegarder la configuration. Par exemple : Quatre fenêtres (fig.15.12).

[3] Cliquez sur OK.

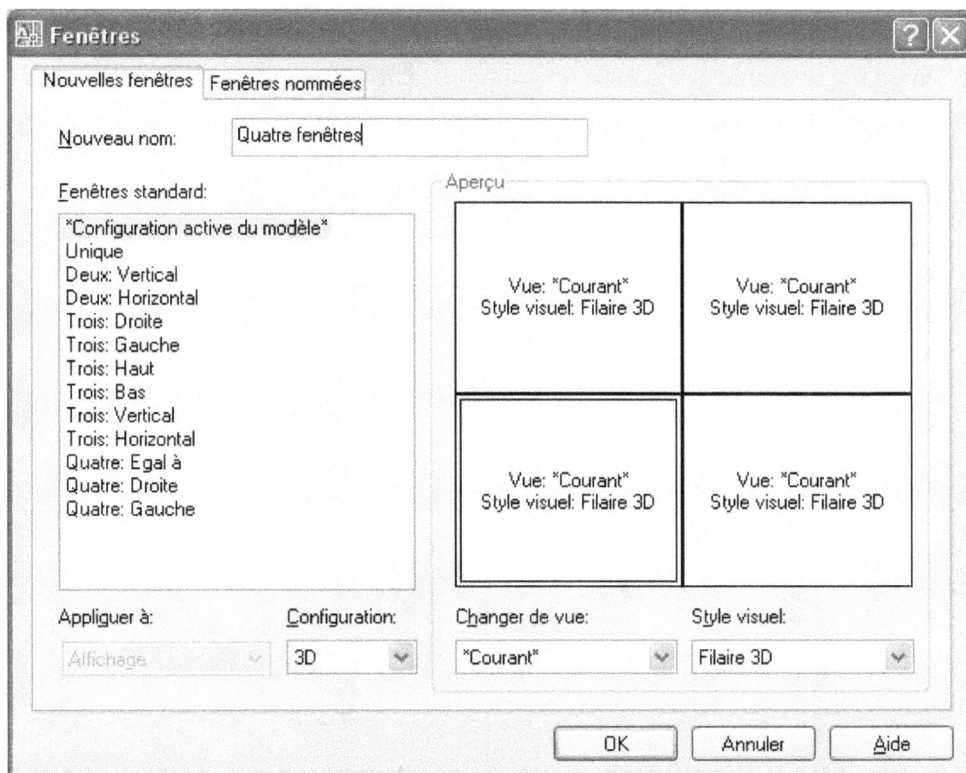

Fig.15.12

Cliquez avec le bouton droit de la souris sur le nom de la configuration pour y accéder :

▶ **Renommer** (Rename) : permet de changer le nom de la configuration.

▶ **Supprimer** (Delete) : permet de détruire une configuration qui a été sauvée auparavant.

Utiliser les systèmes de coordonnées

Les systèmes de coordonnées

Il est très important avant de travailler en 3D de comprendre le fonctionnement du système de coordonnées utilisateur afin de pouvoir saisir des coordonnées, créer des objets 3D sur des plans de construction 2D et pour pivoter des objets en 3D.

Au départ, le système de coordonnées utilisateur correspond au système cartésien avec le point (0,0,0) comme origine et les axes X et Y comme plan de l'écran (fig.15.13). L'axe Z se dirige de l'écran vers l'utilisateur. Ce système est appelé le système de coordonnées générales (SCG/WCS). Dès que l'utilisateur déplace ce système pour l'orienter selon ses besoins, il prend le nom de système de coordonnées utilisateurs (SCU/UCS).

L'origine de ce nouveau système peut être choisie librement par l'utilisateur, et les axes peuvent avoir une orientation quelconque. Ce système permet de dessiner dans n'importe quel plan de l'espace avec beaucoup de facilités (fig.15.14).

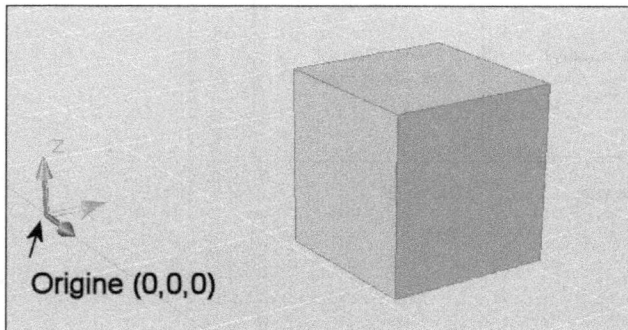

Origine (0,0,0)

Fig.15.13

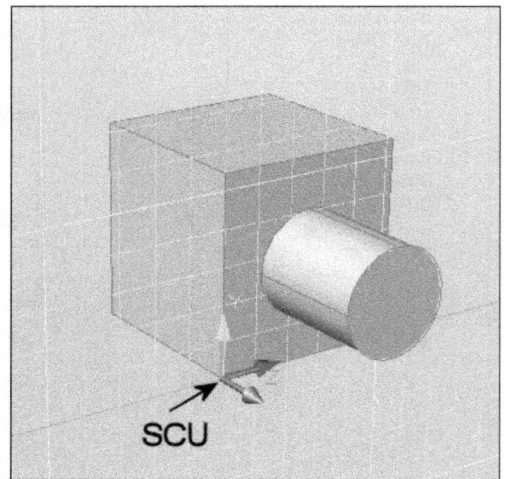

SCU

Fig.15.14

Le système SCU peut être défini manuellement à l'aide d'une série d'options ou dynamiquement en mode temporaire par sélection d'un plan sur un modèle solide. Dans ce dernier cas il convient d'activer le bouton SCUD sur la barre d'état (fig.15.15).

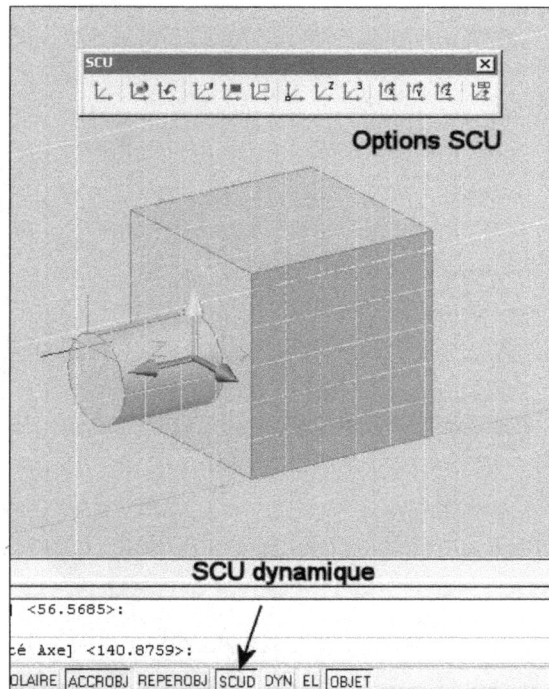

Fig.15.15

Les symboles d'orientation des repères

Pour aider l'utilisateur à visualiser le système SCU (UCS) dans lequel il se trouve, AutoCAD affiche à l'écran un symbole représentant l'orientation des systèmes de coordonnées XYZ. L'aspect de ce symbole dépend du style visuel en cours. Dans le cas du style Filaire 2D (2D Wireframe) le repère est représenté par 3 axes filaires de couleur noire, dans les autres cas il s'agit d'un repère 3D coloré en rouge (axe X), vert (axe Y) et bleu (axe Z) (fig.1.16).

L'icône SCU (UCS) peut être visible ou non et placée ou non à l'origine du système SCU (UCS) en cours. Ces options sont disponibles à partir de l'option **Affichage** (Display) - **Icône SCU** (UCS Icon) du menu **Affichage** (View). L'affichage peut également être défini à l'aide de l'onglet **Paramètres** (Settings) de la boîte de dialogue **SCU** (UCS) accessible via la commande **SCU existant** (Named UCS) du menu **Outils** (Tools) (fig. 15.17).

OPTIONS

▶ **ACtif (ON) :** active le système des symboles.

▶ **Origine (Origin) :** place le symbole à l'origine du système SCU (UCS) en cours.

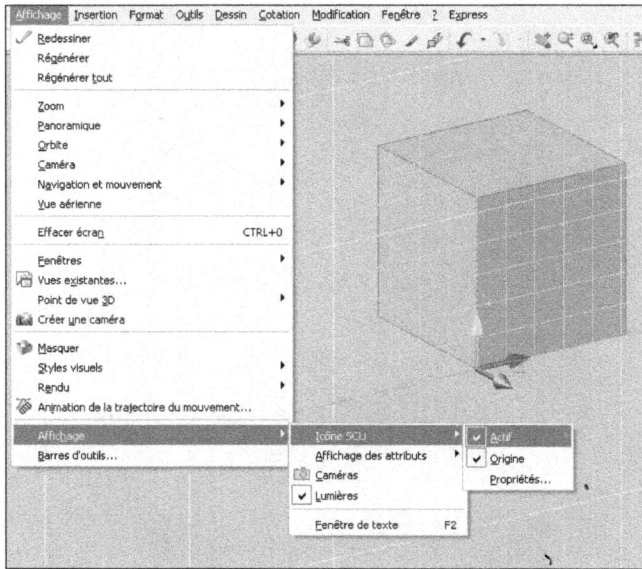

Fig.15.16

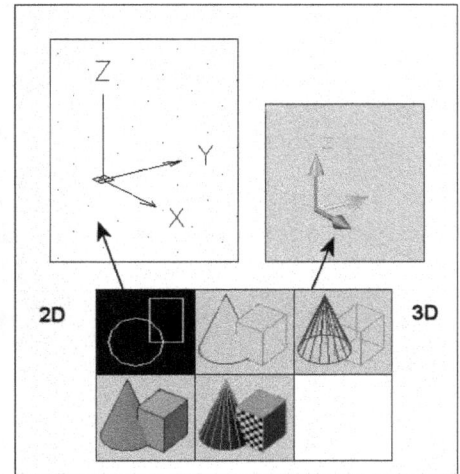

Fig.15.17

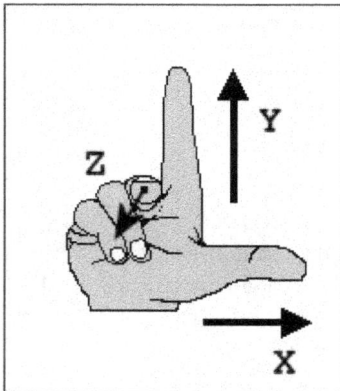

Fig.15.18

La règle de la main droite

Le système des coordonnées XYZ est défini dans AutoCAD suivant la règle de la main droite. Il faut placer la main droite devant l'écran, pointer le pouce dans le sens de l'axe OX positif, pointer l'index dans le sens de l'axe OY positif. Les autres doigts repliés donnent le sens de l'axe OZ.

La main droite permet également de définir le sens de rotation positif autour d'un axe. Il faut placer la main droite autour de l'axe, pointer le pouce dans le sens positif de l'axe. Les autres doigts repliés sur l'axe donnent le sens de rotation positif (fig.15.18).

La création d'un système SCU (UCS) statique

Il existe plusieurs manières pour définir un système de coordonnées utilisateur SCU (UCS) :

▶ En spécifiant une nouvelle origine, un nouveau plan XY ou un nouvel axe Z.

▶ En adoptant l'orientation d'un objet existant.

▶ En alignant le système SCU (UCS) avec la direction de vision.

▶ En faisant tourner le système SCU (UCS) autour d'un de ses axes.

Ces différentes options sont contrôlées par la commande SCU (UCS). La procédure est la suivante.

1 Exécutez la commande de création d'un nouveau système SCU (UCS) à l'aide de l'une des méthodes suivantes :

Menu : choisissez le menu déroulant **Outils** (Tools) puis l'option **Nouveau SCU** (Niew UCS).

Icône : choisissez l'icône souhaitée dans la barre d'outils **SCU** (UCS).

Clavier : tapez la commande **SCU** (UCS).

2 Sélectionnez l'option souhaitée pour définir l'emplacement du nouveau système de coordonnées :

▸ **Origine (Origin) :**

Permet de déplacer l'origine du système SCU (UCS), les axes X,Y,Z restant inchangés. La nouvelle origine (P1) peut être déterminée en pointant graphiquement dans le plan à l'aide des outils d'accrochage ou éventuellement à l'aide des coordonnées absolues (ex : 5, 6, 7) (fig.15.19).

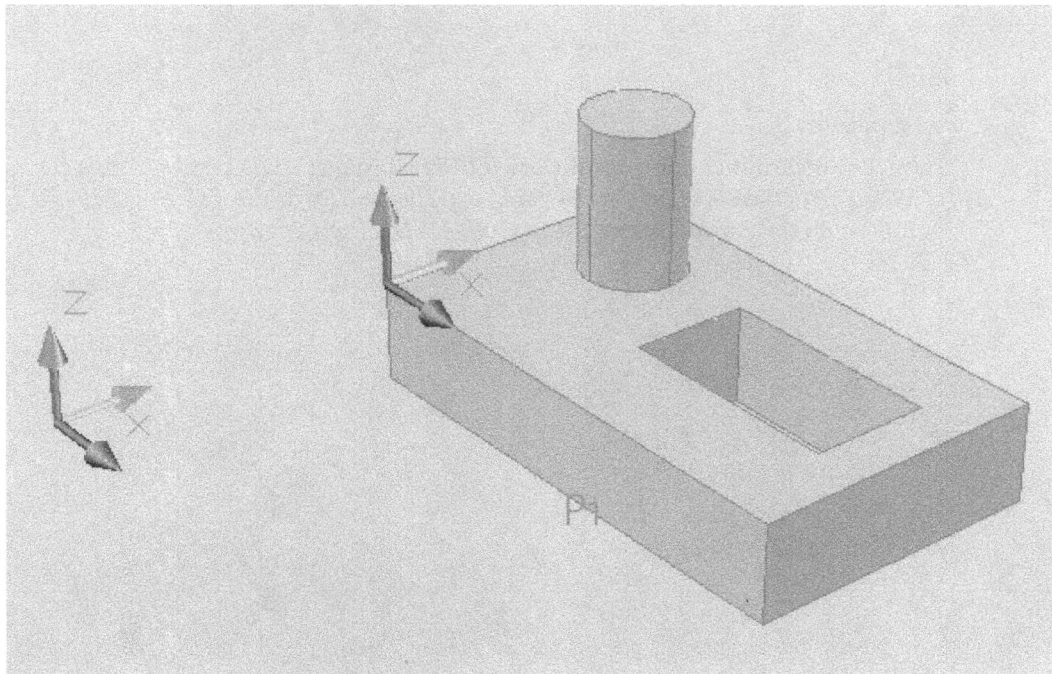

Fig.15.19

▶ **Axe Z (Zaxis) :**

Permet de déplacer l'origine du système SCU (P1) et de spécifier une direction Z particulière (P2). Le système détermine lui-même l'orientation des axes X et Y (fig.15.20).

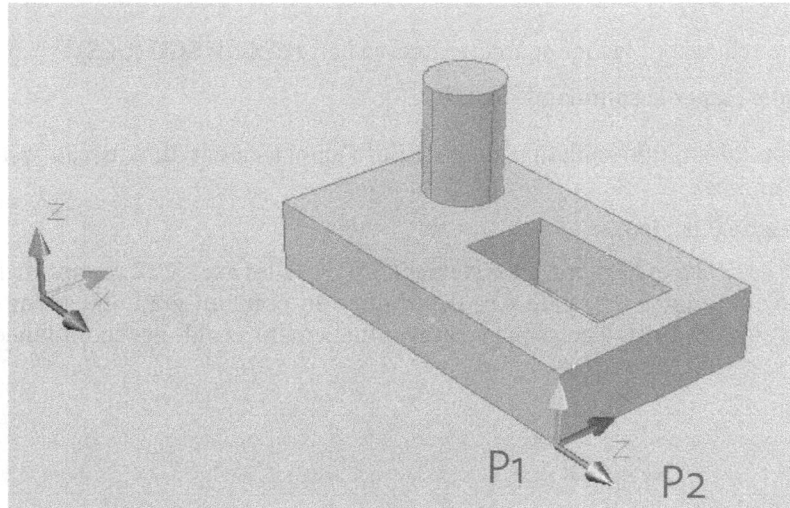

Fig.15.20

▶ **3 points :**

Permet de déterminer une nouvelle origine (P1) ainsi que la direction positive des axes X et Y (P2 et P3). L'axe Z se détermine par la règle de la main droite. Cette méthode des trois points peut être considérée comme la plus générale (fig.15.21).

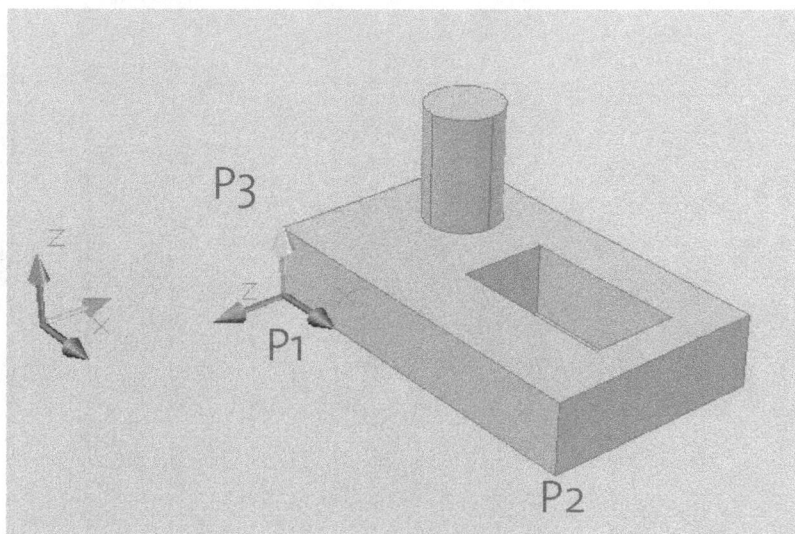

Fig.15.21

▶ **Face :**

Permet de définir un nouveau système de coordonnées en fonction d'une face sélectionnée. La sélection peut s'effectuer sur une face ou sur une arête (P1) de l'objet (fig.15.22).

▶ **Objet (Object) :**

Permet de déterminer un nouveau système SCU en pointant un objet. L'origine du SCU sera située au sommet le plus proche de l'endroit où l'objet a été sélectionné (P1) (fig.15.23).

▶ **Vue (View) :**

Permet de déterminer un système dont le plan XY est perpendiculaire à la direction de vision (fig.15.24).

▶ **Rotation d'axe X, Y, Z (X/Y/Z Rotate) :**

Permet de faire tourner le système SCU autour des axes X, Y ou Z (fig.15.25-15.26-15.27).

▶ **Précédent (Previous) :**

Permet de retourner au système SCU précédent.

▶ **Général (World) :**

Superpose le système SCU (UCS) en cours au système SCG (WCS).

▶ **Appliquer (Apply) :**

Permet d'appliquer le système de coordonnées courant à la fenêtre sélectionnée.

▶ **NOMmé (Named) :** contient les options suivantes :

■ **Restaurer (Restore) :**

Permet de rappeler une configuration SCU sauvée au préalable.

■ **Enregistrer (Save) :**

Permet de sauver la configuration SCU en cours.

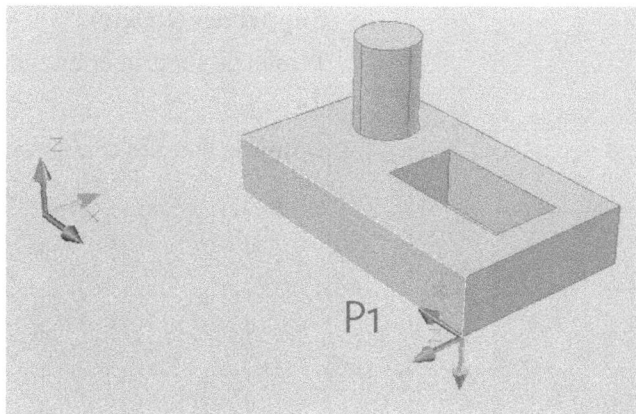

Fig.15.22

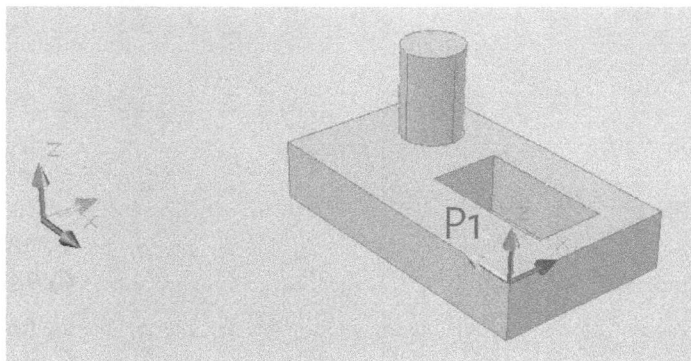

Fig.15.23

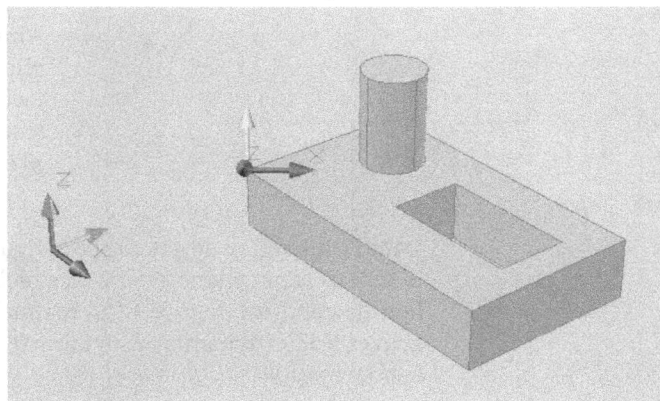

Fig.15.24

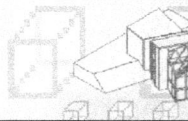

- **Supprimer (Delete) :**

  Permet de supprimer une configuration SCU (UCS) sauvegardée.

- **? :**

  Donne la liste des configurations SCU (UCS) enregistrées.

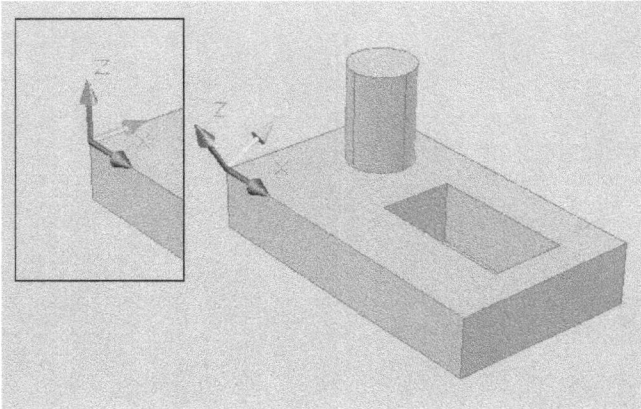

Fig.15.25

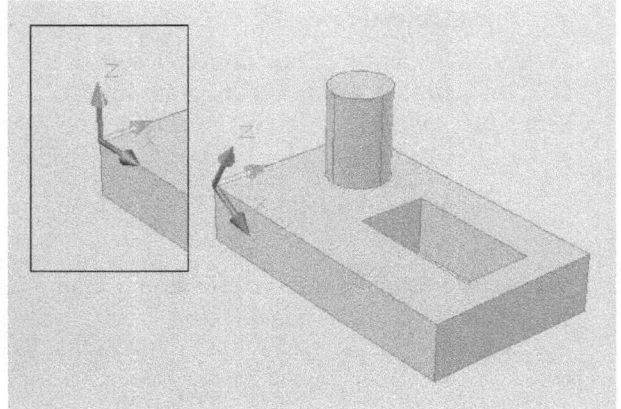

Fig.15.26

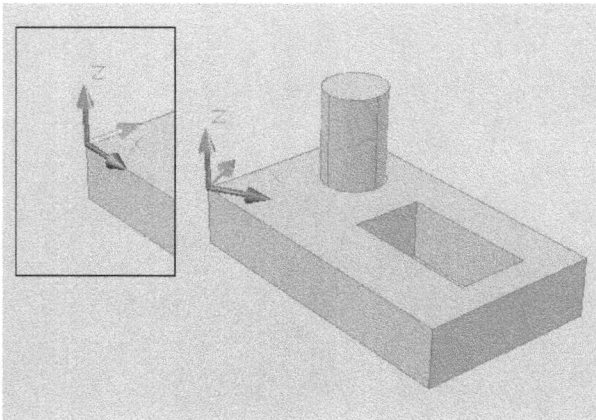

Fig.15.27

Comment utiliser le système SCU (UCS) dynamique ?

La fonction SCU dynamique vous permet d'aligner temporairement et automatiquement le plan XY du SCU avec une face d'un modèle solide lors de la création d'objets.

Ainsi, lorsqu'une commande de dessin est en cours, alignez le SCU en déplaçant votre pointeur sur une face, plutôt qu'en utilisant la commande SCU classique. A la fin de la commande, le SCU retrouve l'emplacement et l'orientation qu'il avait précédemment.

Dans l'illustration de gauche de la figure 15.28, le SCU n'est pas aligné avec la face inclinée. Au lieu de repositionner le SCU manuellement, activez le SCU dynamique sur la barre d'état ou appuyez sur F6.

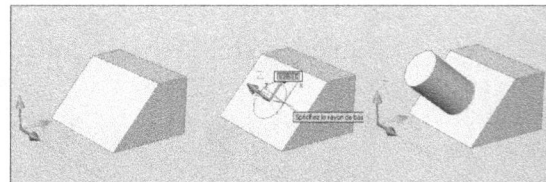

.Fig15.28

Lorsque vous déplacez le pointeur sur une face, comme le montre l'illustration du centre, le curseur change afin d'indiquer la direction des axes SCU dynamiques. Vous pouvez alors créer aisément des objets sur la face d'angle, comme le montre l'illustration de droite.

REMARQUES

- Pour afficher les étiquettes XYZ sur le curseur, cliquez avec le bouton droit de la souris sur le bouton SCUD et choisissez Afficher les étiquettes XY sur le réticule (Display Crosshair labels).

- L'axe X du SCU dynamique est situé le long d'une arête de la face et la direction positive de l'axe X pointe toujours vers la moitié droite de l'écran. Seules les faces avant d'un solide sont détectées par le SCU dynamique.

- Si les modes Grille et Accrochage sont activés, ils sont temporairement alignés sur le SCU dynamique. Les limites de l'affichage de la grille sont définies automatiquement.

- Les types de commandes pouvant utiliser un SCU dynamique sont les suivants :
  - Géométrie simple : Ligne, polyligne, rectangle, arc, cercle
  - Texte : Texte, texte multiligne, tableau
  - Références : Insertion, xréf
  - Solides : Primitives et POLYSOLIDE
  - Modification : Rotation, copie miroir, alignement
  - Autre : SCU, aire, manipulation des outils poignées

Comment modifier l'aspect du réticule en 3D ?

Le réticule qui constitue le pointeur de la souris dans la zone de dessin d'AutoCAD peut être paramétré à l'aide des options de l'onglet **Modélisation 3D** (3D Modeling) de la boîte de dialogue **Options** (Menu Outils (Tools) >> Options). Les options sont les suivantes (fig.15.29) :

▶ **Afficher l'axe Z dans le réticule** (Show Z axis in crosshairs) : contrôle si l'axe **Z** est affiché par le réticule.

▶ **Etiqueter les axes dans le réticule standard** (Label axes in standard crosshairs) : contrôle si les étiquettes d'axe sont affichées avec le réticule.

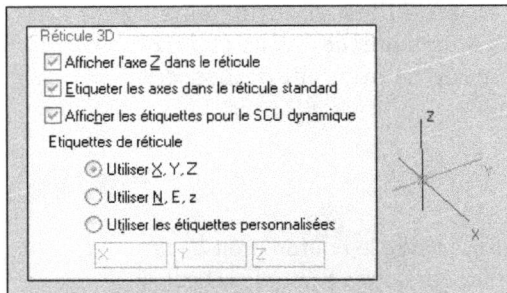

Fig.15.29

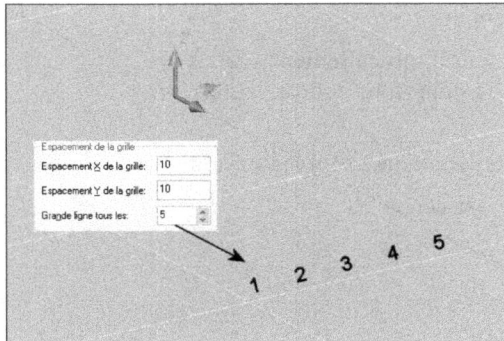

Fig.15.30

▶ **Afficher les étiquettes pour le SCU dynamique** (Show labels for dynamic UCS) : affiche les étiquettes d'axe sur le réticule pour le SCU dynamique, même si les étiquettes d'axe sont désactivées dans la zone Etiqueter les axes dans le réticule standard.

▶ **Etiquettes de réticule** (Crosshair labels) : Choisissez les étiquettes à afficher avec le réticule.

▶ **Utiliser X, Y, Z** (Use X, Y, Z) : étiquette les axes X, Y et Z.

▶ **Utiliser N, E, z** (Use N, E, z) : étiquette les axes avec des abréviations pour le nord, l'est et l'élévation Z.

▶ **Utiliser les étiquettes personnalisées** (Use custom labels) : étiquette les axes avec les caractères que vous spécifiez.

L'utilisation de la grille en 3D

La grille classique d'AutoCAD peut aussi être utilisée en 3D. Lorsque le style visuel est autre que Filaire 2D les options suivantes permettent de contrôler l'affichage de la grille :

▶ **Grande ligne tous les** (Major line every) : spécifie la fréquence des grandes lignes de grille par rapport au petites lignes de grille. Les lignes de grille plutôt que les points de grille sont affichées lorsque le style visuel est autre que Filaire 2D (fig.15.30).

▶ **Grille adaptative** (Adaptive grid) : limite la densité de la grille lors d'un zoom arrière ou augmente la densité lors d'un zoom avant (fig.15.31).

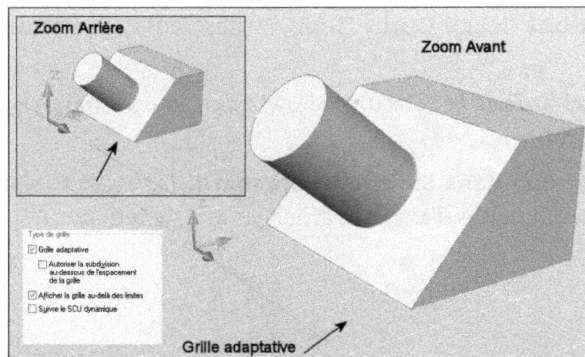

Fig.15.31

▶ **Autoriser la sous-division sous l'espacement de la grille** (Allow subdivision below grid spacing) : génère des lignes de grille supplémentaires, à espacement plus proche, lors d'un zoom avant. La fréquence de ces lignes de grille est déterminée par la fréquence des grandes lignes de grille.

▶ **Afficher la grille au-delà des limites** (Display grid beyond Limits) : affiche la grille au-delà de la zone spécifiée par la commande **LIMITES** (Limits).

▶ **Suivre le SCU dynamique** (Follow Dynamic UCS) : modifie le plan de grille afin qu'il suive le plan XY du SCU dynamique (fig.15.32).

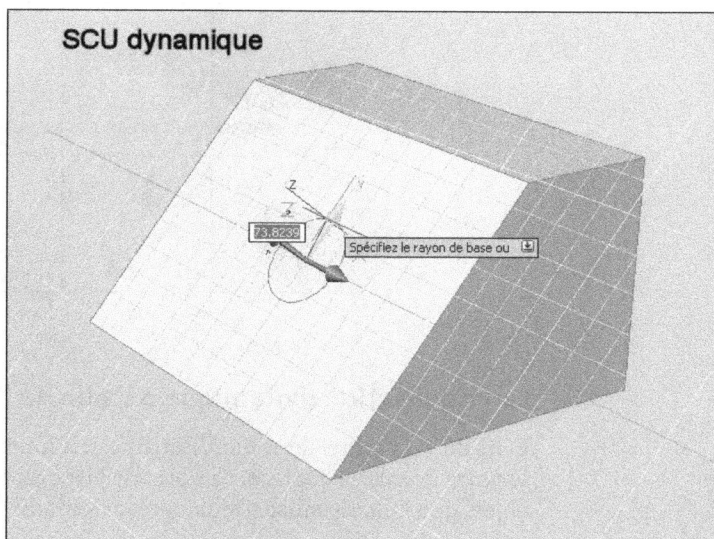

Fig.15.32

Pour activer ces paramètres il suffit d'effectuer un clic droit sur le bouton **Grille** (Grid) puis de sélectionner l'option **Paramètres** du menu contextuel.

Visualiser les objets en 3D

La visualisation en 3D

Outre l'utilisation de la Caméra (voir chapitre 11), AutoCAD permet de visualiser les objets 3D sous la forme de projection parallèle et de projection perspective, et cela de n'importe quel point de vue. Les deux méthodes principales sont :

▶ La sélection de points de vues prédéfinis à l'aide des options de la barre d'outils **Vue** (View).

▶ La visualisation dynamique du modèle 3D, en mode isométrique ou perspective, à l'aide de la commande 3DOrbite.

Comment sélectionner un point de vue prédéfini ?

Pour afficher rapidement une vue en projection parallèle, AutoCAD dispose d'une série de points de vue prédéfinis. Le choix s'effectue de la manière suivante :

1 Choisissez le menu **Affichage** (View) puis l'option **Point de vue 3D** (3D Views) ou utiliser la barre d'outils **Vue** (View).

2 Choisissez l'option souhaitée (fig.15.33) :

▶ les six vues planes standard : Avant, arrière... (Top, Bottom...);

▶ les quatre vues isométriques standard : SO, SE... (SW, SE...).

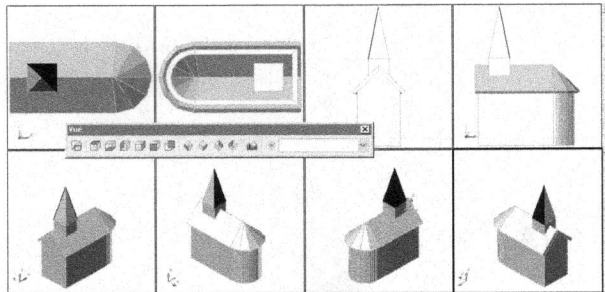

Fig.15.33

La visualisation dynamique à l'aide de l'Orbite 3D

L'Orbite 3D permet de se déplacer autour d'une cible. La cible de la vue reste fixe alors que le point de vue se déplace. Le point de visée est le centre de la fenêtre, et non le centre des objets que l'on visualise. Deux options sont disponibles :

▶ **Orbite contrainte** : contraint Orbite 3D le long du plan XY ou de l'axe Z (ORBITE3D).

▶ **Orbite libre** : ne contraint l'orbite dans aucune direction particulière, sans référence aux plans. Le point de vue n'est pas contraint le long du plan XY de l'axe Z (ORBITE-LIBRE3D).

Comment utiliser l'orbite contrainte ?

L'orbite contrainte est beaucoup plus souple que l'orbite libre dont elle comprend aussi toutes les options. Vous pouvez afficher le dessin entier ou sélectionner un ou plusieurs objets avant de lancer la commande. Elle peut être activée à l'aide de l'une des options suivantes (fig.15.34) :

▱ Menu : choisissez le menu déroulant **Affichage** (View) puis l'option **Orbite (Orbit)** et **Orbite contrainte** (Constrained Orbit)

🖱 Icône : cliquez sur l'icône **Orbite contrainte** de la barre d'outils **Orbite** (Orbit) ou **Navigation 3D** (3D Navigation).

⌨ Clavier : tapez la commande **ORBITE3D** (3DORBIT).

▶ **Périphérique de pointage** : appuyez sur Maj tout en cliquant sur la roulette de la souris pour accéder temporairement au mode Orbite 3D.

▶ **Tableau de bord** : panneau de configuration Navigation 3D, Orbite contrainte.

Lorsque ORBITE3D est active, la cible de la vue reste stationnaire et le positionnement du point de visée se déplace autour de la cible. Cependant, du point de vue de l'utilisateur, il semble que le modèle 3D pivote à mesure que le curseur de la souris est déplacé. C'est pourquoi vous pouvez spécifier n'importe quelle vue du modèle.

Si vous déplacez le curseur horizontalement, la caméra se déplace parallèlement au plan XY du système de coordonnées général (SCG). Si vous déplacez le curseur verticalement, la caméra se déplace le long de l'axe Z.

REMARQUES

- Il est impossible de modifier des objets lorsque la commande ORBITE3D est active.
- Pour passer en orbite libre, il suffit d'appuyer sur la touche Maj (Shift) (fig.15.34).

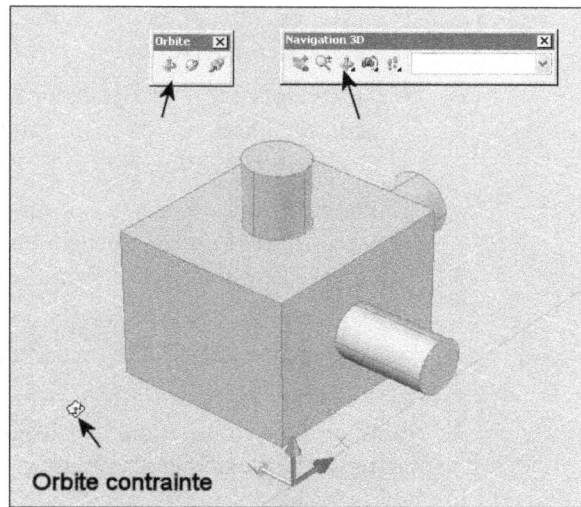

Orbite contrainte

Fig.15.34

Lorsque l'orbite contrainte est active, vous pouvez accéder aux autres options et modes de la commande ORBITE3D depuis le menu contextuel en cliquant dans la zone de dessin avec le bouton droit de la souris. Les options sont les suivantes :

▶ **Mode courant** (Current Mode) : affiche le mode courant, c'est-à-dire Orbite contraint.

▶ **Activer la cible auto. de l'orbite** (Enable Orbit Auto Target) : maintient la cible sur les objets affichés et non au centre de la fenêtre. Cette option est activée par défaut.

▶ **Autres modes de navigation** (Other Navigation Modes) : permet de choisir l'un des modes de navigation 3D suivants :

- **Orbite contrainte** (Constrained Orbit) (1) : contraint l'orbite au plan XY ou à la direction Z.

- **Orbite libre** (Free Orbit) (2) : l'orbite n'est plus contrainte au plan XY ni à la direction Z, mais peut prendre toutes les directions..

- **Orbite continue** (Continuous Orbit) (3) : le curseur prend la forme d'une sphère encerclée par deux lignes continues. Vous pouvez donner aux objets un mouvement continu.

- **Ajuster la distance** (Adjust Distance) (4) : simule un rapprochement ou un éloignement de la caméra par rapport à l'objet.

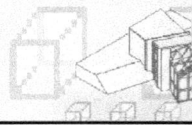

■ **Pivot** (Swivel) (5) : donne au curseur la forme d'une flèche courbe, puis simule le pivotement d'une caméra.

■ **Navigation** (Walk) (6) : transforme le curseur en signe plus et vous permet de naviguer dans un modèle à une hauteur définie au-dessus du plan XY, en contrôlant de façon dynamique l'emplacement et la cible de la caméra.

■ **Mouvement** (Fly) (7) : transforme le curseur en signe plus et vous permet de vous déplacer librement dans un modèle sans être limité à une hauteur définie au-dessus du plan XY.

■ **Zoom** (8) : transforme le curseur en loupe avec un signe plus (+) et un signe moins (–), et simule un rapprochement ou un éloignement de la caméra par rapport à l'objet. Cette option fonctionne de la même manière que l'option Ajuster la distance.

■ **Panoramique** (Pan) (9) : change la forme du curseur en main et déplace la vue dans la direction de déplacement de la souris.

▶ **Paramètres de l'animation** (Animation Settings) : ouvre la boîte de dialogue Paramètres de l'animation dans laquelle vous pouvez spécifier les paramètres d'enregistrement d'un fichier d'animation (voir chapitre 11).

▶ **Zoom Fenêtre** (Zoom Window) : transforme le curseur en icône de fenêtre pour vous permettre de sélectionner une zone spécifique à zoomer. Une fois le curseur transformé, choisissez un point de départ et un point final pour définir la fenêtre de zoom. Un zoom avant est effectué sur la zone que vous avez sélectionnée.

▶ **Zoom Etendu** (Zoom Extents) : centre la vue et détermine ses dimensions afin que tous les objets soient affichés.

▶ **Zoom Précédent** (Zoom Previous) : affiche la vue précédente.

▶ **Parallèle** (Parallel) : affiche les objets en projection parallèle. Les formes de votre dessin restent toujours identiques et n'apparaissent pas déformées même lorsqu'elles sont rapprochées.

▶ **Perspective** : affiche les objets en projection perspective de sorte que toutes les lignes parallèles convergent. Les objets semblent s'éloigner tandis que certaines portions sont agrandies et paraissent plus proches. Les formes sont légèrement déformées quand l'objet est proche.

▶ **Redéfinir la vue** (Reset View) : renvoie la vue courante avant la première exécution de la commande ORBITE3D.

▶ **Vues prédéfinies** (Preset Views) : affiche la liste des vues prédéfinies telles que Haut, Bas et Isométrique orientée S-O. Choisissez une vue dans la liste afin de modifier la vue courante de votre objet.

- ▸ **Vues existantes** (Named Views) : affiche la liste des vues existantes dans le dessin. Choisissez une vue existante dans la liste pour modifier la vue courante de votre modèle.

- ▸ **Styles visuels** (Visual Styles) : propose différentes méthodes pour l'ombrage des objets (voir chapitre 9).

- ▸ **Masqué 3D** (3D Hidden) : affiche les objets à l'aide d'une représentation filaire 3D et masque les lignes correspondant aux faces arrière.

- ▸ **Filaire 3D** (3D Wireframe) : affiche les objets en matérialisant leurs contours à l'aide de lignes et de courbes.

- ▸ **Conceptuel** (Conceptual) : ajoute une ombre aux objets et lisse les arêtes entre les faces des polygones. L'effet est moins réaliste, mais les détails du modèle sont plus faciles à voir.

- ▸ **Réaliste** (Realistic) : ajoute une ombre aux objets et lisse les arêtes entre les faces des polygones.

- ▸ **Aides de repérage visuel** (Visual Aids) : offre des aides pour la visualisation des objets.

- ▸ **Boussole** (Compass) : dessine une sphère 3D composée de trois lignes représentant les axes X, Y et Z.

- ▸ **Grille** (Grid) : affiche un réseau de lignes à deux dimensions similaire à du papier millimétré. Cette grille est orientée selon les axes X et Y.

- ▸ **Icône de SCU** (UCS Icon) : affiche une icône SCU 3D ombrée. Chaque axe est désigné X, Y ou Z. L'axe X est rouge, l'axe Y est vert et l'axe Z est bleu.

Comment utiliser l'Orbite libre ?

1 Sélectionnez l'objet ou les objets à afficher avec l'orbite libre.

Il est possible d'afficher l'ensemble du modèle : en ne sélectionnant aucun objet. Cependant, ne visualiser que des objets sélectionnés améliore les performances.

2 Exécutez la commande à l'aide de l'une des options suivantes :

Menu : choisissez le menu déroulant **Affichage** (View) puis l'option **Orbite** (Orbit) puis **Orbite libre** (Free Orbit).

Icône : cliquez sur l'icône **Orbite libre** (Free orbit) de la barre d'outils **Orbite** (Orbit) ou de la barre d'outils **Navigation 3D** (3D Navigation).

Clavier : tapez la commande **ORBITELIBRE3D** (3DFOrbit).

Périphérique de pointage : appuyez sur les touches Maj+Ctrl et cliquez sur la roulette de la souris pour accéder temporairement au mode ORBITELIBRE3D.

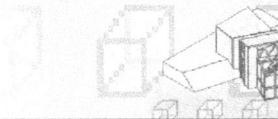

La vue en orbite libre 3D fait apparaître un arcball, un cercle divisé en quatre quadrants par des cercles de plus petite taille. Lorsque l'option **Activer la cible auto.** de l'orbite est désélectionnée dans le menu contextuel, la cible de la vue reste stationnaire. Le point de visée se déplace autour de la cible. Le point de visée est le centre de l'arcball, et non le centre des objets que vous visualisez. Contrairement à l'orbite contrainte, l'orbite libre n'applique pas de contrainte de changement de vue le long de l'axe XY ou de la direction Z.

[3] Cliquez et faire glisser le curseur de la souris pour donner une rotation à la vue. Au fur et à mesure que le curseur se déplace sur les différentes parties de l'arcball, l'icône du curseur change. Lorsque l'on clique pour effectuer le glissement, l'aspect du curseur indique la rotation de la vue comme suit :

Lorsque le curseur se déplace à l'intérieur de l'arcball, il prend la forme d'une sphère encerclée. En cliquant et en déplaçant le curseur quand il a la forme d'une sphère, il est possible de manipuler librement la vue. Le curseur se comporte comme s'il était accroché à une sphère entourant les objets et qu'il se déplaçait sur les parois de la sphère tout autour du point visé.

Lorsque le curseur se déplace à l'extérieur de l'arcball, il prend la forme d'une flèche circulaire entourant une sphère de petite taille. Si l'on clique à l'extérieur de l'arcball et que l'on fait glisser le curseur autour de l'arcball, la vue se déplace autour d'un axe, perpendiculaire à l'écran, qui passe par le centre de l'arcball. Cette forme de curseur s'appelle « roulis ».

Si l'on glisse le curseur jusqu'à l'intérieur de l'arcball, il prend la forme d'une petite sphère encerclée et la vue se déplace librement, comme décrit ci-dessus. Si l'on ramène le curseur à l'extérieur de l'arcball, on revient à un roulis.

Lorsque l'on fait passer le curseur au-dessus d'un des petits cercles sur le côté gauche ou droit de l'arcball, il prend la forme d'une ellipse horizontale entourant une petite sphère. En cliquant sur l'un de ces points et en déplaçant le curseur, la vue effectue une rotation autour de l'axe vertical, ou axe Y, qui passe par le centre de l'arcball. L'axe Y est représenté sur le curseur par une ligne verticale.

Lorsque l'on fait passer le curseur au-dessus d'un des petits cercles, en haut ou en bas de l'arcball, il prend la forme d'une ellipse verticale entourant une petite sphère. En cliquant sur l'un de ces points et en déplaçant le curseur, la vue effectue une rotation autour de l'axe horizontal, ou X, qui passe par le centre de l'arcball. L'axe X est représenté sur le curseur par une ligne horizontale.

Lorsque la commande est active, vous pouvez accéder aux autres options de la commande Orbite libre 3D depuis le menu contextuel en cliquant dans la zone de dessin avec le bouton droit (voir les options de l'Orbite contrainte).

L'utilisation de plans de délimitation dans une vue en orbite 3D

Un plan de délimitation est un plan invisible. Les objets ou les parties de ces derniers qui s'étendent au-delà d'un plan de délimitation ne sont pas affichés dans la vue. Il y a deux plans de délimitation disponibles : un avant et un arrière.

Si les plans de délimitation sont actifs lorsque l'on quitte la vue en orbite 3D, ils resteront affichés dans les vues 2D et 3D.

Comment définir des plans de délimitation ?

1. Entrez **VUEDYN** (DVIEW) sur la ligne de commande.

2. Sélectionnez les objets de référence pour la vue.

3. Sur la ligne de commande, entrez **DEL (CL)** (Délimitation/Clip).

4. Entrez AV (F) pour définir un plan de délimitation avant (fig.15.35) ou AR (B) pour définir un plan de délimitation arrière (fig.15.36) ou appuyez sur la touche Entrée.

5. Réglez la position du plan de délimitation en faisant glisser le curseur ou en indiquant une distance à partir de l'objet visé.

6. Appuyez sur Entrée pour quitter la commande.

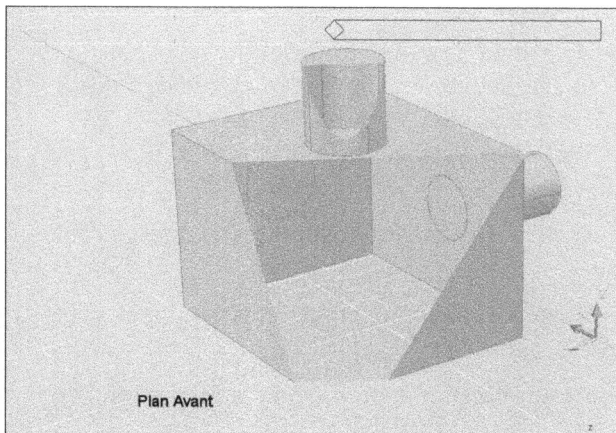

Plan Avant

Fig.15.35

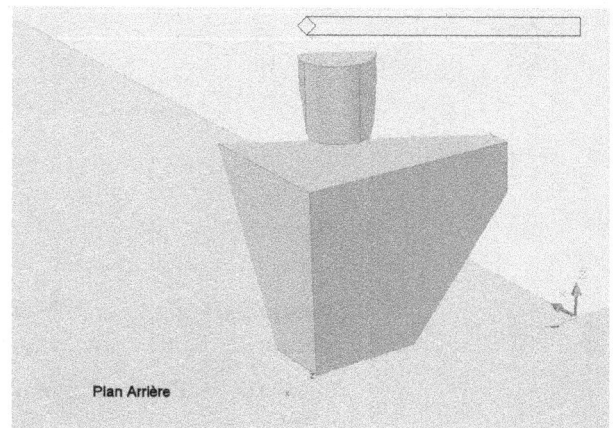

Plan Arrière

Fig.15.36

Lorsque l'on quitte la commande, les plans de délimitation restent. Il est possible d'appliquer une rotation à la vue en orbite 3D et continuer d'afficher les plans de délimitation. Lorsque l'on fait pivoter la vue, différentes parties des objets sont délimitées quand elles passent dans les plans de délimitation. Utiliser le menu contextuel **Orbite 3D** pour activer ou désactiver les plans de délimitation.

Si les plans de délimitation sont activés lorsque l'on quitte la commande **3DORBIT(E)**, ils le restent dans les vues 2D et 3D.

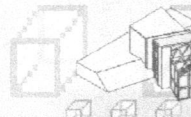

Comment désactiver les plans de délimitation ?

1. Entrez **VUEDYN** (DVIEW) sur la ligne de commande.
2. Sélectionnez les objets de référence pour la vue.
3. Sur la ligne de commande, entrez **DEL** (CL).
4. Sur la ligne de commande, entrez **IN** (OFF) (INactif).

L'affichage des objets

Les styles d'affichage

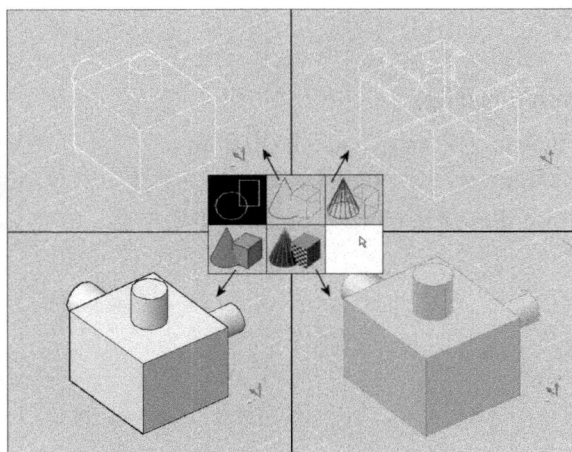

Fig.15.37

Lors de la création d'objets en 3D, AutoCAD peut afficher ceux-ci de différentes manières appelées Styles visuels. Ceux-ci permettent de personnaliser le style de présentation des objets. Ils sont constitués par un ensemble de paramètres qui définissent l'affichage des arrêtes et des ombres dans la fenêtre d'AutoCAD.

Cinq styles visuels par défaut sont proposés (fig.15.37) :

▶ **Filaire 2D** (2D Wireframe) : affiche les objets en matérialisant leurs contours à l'aide de lignes et de courbes. Les images raster, les objets OLE, les types et les épaisseurs de ligne sont visibles.

▶ **Filaire 3D** (3D Wireframe) : affiche les objets en matérialisant leurs contours à l'aide de lignes et de courbes.

▶ **Masqué 3D** (3D Hidden) : affiche les objets à l'aide d'une représentation filaire 3D et masque les lignes correspondant aux faces arrière.

▶ **Réaliste** (Realistic) : ajoute une ombre aux objets et lisse les arêtes entre les faces des polygones. Les matériaux attachés aux objets sont affichés.

▶ **Conceptuel** (Conceptual) : ajoute une ombre aux objets et lisse les arêtes entre les faces des polygones. L'option Ombrage utilise le style de face Gooch, une transition entre les couleurs froides et les couleurs chaudes plutôt que du foncé au clair. L'effet est moins réaliste, mais les détails du modèle sont plus faciles à voir.

Chacun de ces styles peut être personnalisé à l'aide d'une série de paramètres et il est également possible de créer des nouveaux styles. Ces points sont abordés au chapitre 9.

Pour activer un de ces styles, vous pouvez utiliser la méthode suivante :

[1] Cliquez dans la fenêtre pour en faire la fenêtre courante.

[2] Sélectionnez le style visuel par l'une des méthodes suivantes (fig.15.38) :

Tableau de bord : panneau de configuration **Style visuel** (Visual style), cliquez sur l'image d'exemple du style visuel.

Icône : sélectionnez le style dans la barre d'outils **Styles visuels**.

Clavier : entrez la commande : **STYLESVISUELS** (VSCURRENT).

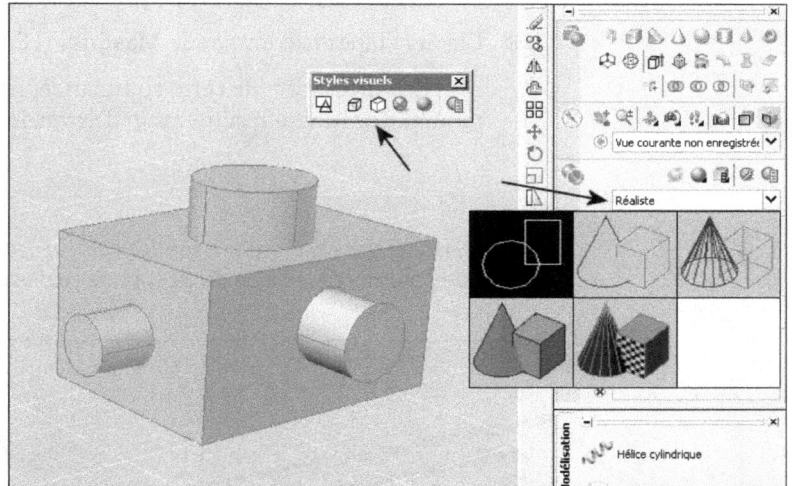

Fig.15.38

REMARQUES

Vous pouvez sélectionner un style visuel et modifier ses paramètres à tout moment. Les changements que vous apportez sont répercutés dans les fenêtres dans lesquelles le style visuel est appliqué.

Dans les styles visuels ombrés, les faces sont éclairées par deux sources distantes qui suivent le point de vue à mesure que vous vous déplacez autour du modèle. Cet éclairage par défaut est conçu pour illuminer toutes les faces dans le modèle afin de pouvoir les distinguer visuellement. L'éclairage par défaut n'est disponible que lorsque d'autres sources de lumière, dont le soleil, sont désactivées.

Travailler en mode Filaire 2D

Le mode Filaire 2D est le plus ancien mode d'affichage d'AutoCAD. Il est surtout utilisé en 2D mais il peut également être utile en 3D pour avoir un affichage précis avec éventuellement un affichage en pointillé des lignes cachées.

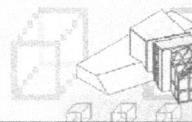

Comment supprimer les lignes cachées en mode Filaire 2D ?

Exécutez la commande de suppression à l'aide de l'une des méthodes suivantes (fig.15.39) :

- Menu : choisissez le menu déroulant **Affichage** (View) puis l'option **Masquer** (Hide).
- Icône : choisissez l'icône **Masquer** (Hide) de la barre d'outils **Rendu** (Render).
- Clavier : tapez la commande **Masquer** (Hide).

Lors de l'utilisation de cette commande, les arêtes ne sont cachées que temporairement. Lors d'une régénération d'écran, les arêtes cachées réapparaissent.

REMARQUE

L'aspect des objets 3D en mode Filaire 2D et masqué peut être contrôlé par une série de paramètres à l'aide du gestionnaire de styles visuels (voir chapitre 9).

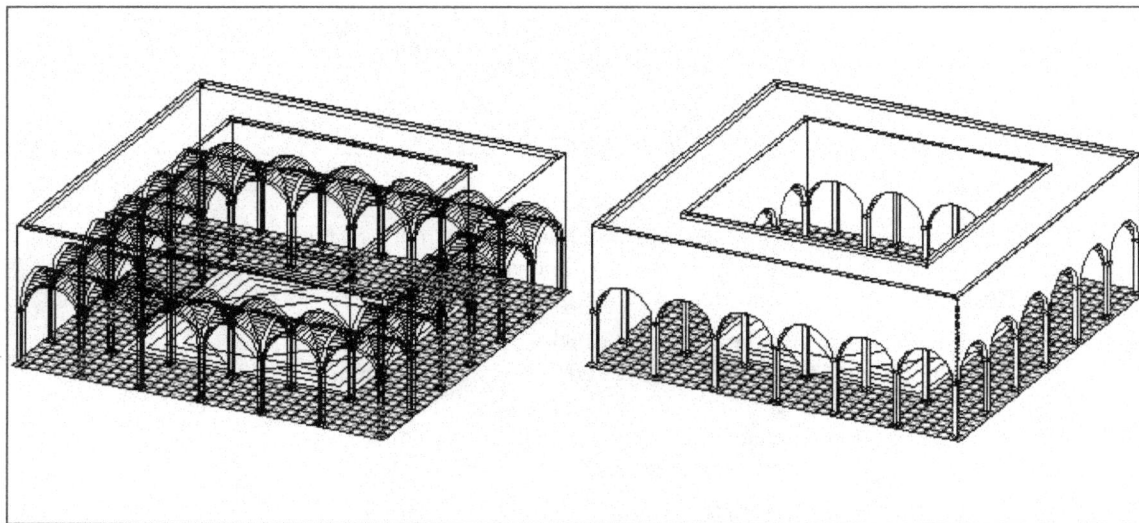

Fig.15.39

CHAPITRE 16
LES OBJETS FILAIRES EN 3D

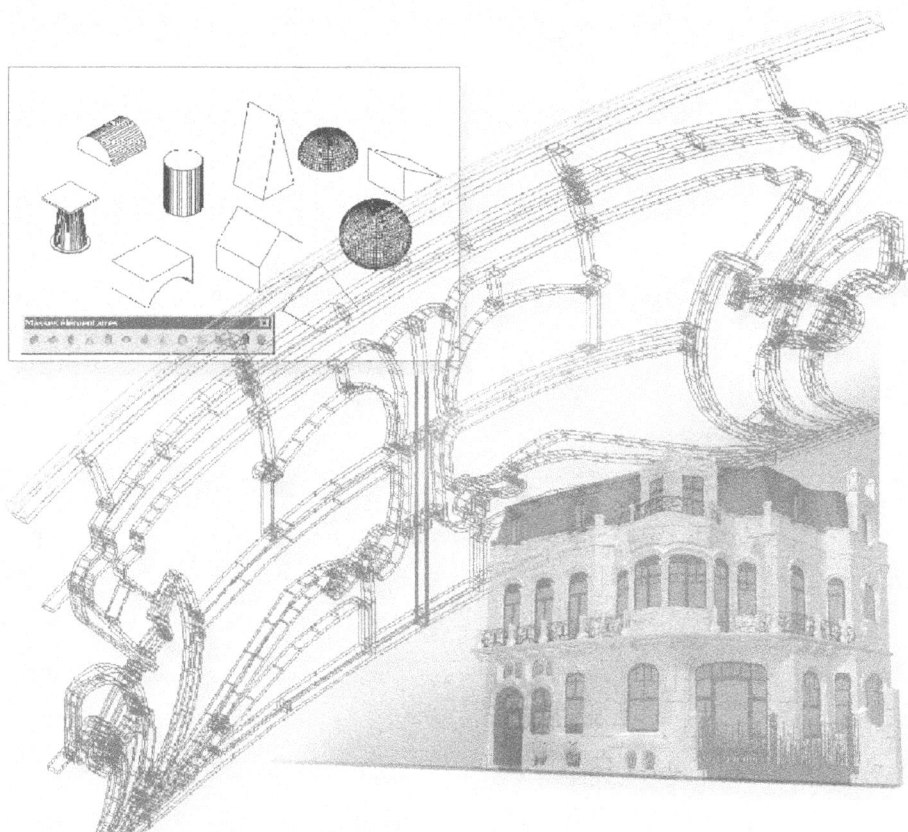

Les entités filaires 2D

La plupart des composants servant à générer des objets 3D sont des entités utilisées couramment en dessin 2D : lignes, arcs, cercles... Les seuls entités filaires véritablement 3D sont la Spline, la Polyligne 3D et l'hélice cylindrique. La position des différentes entités est la suivante :

▸ **Arc**

Il est toujours situé dans un plan qui correspond au plan X-Y en cours ou qui lui est parallèle. Le premier point spécifié de l'arc correspond à son élévation. Si les outils d'accrochage sont utilisés pour désigner les autres points, ils sont projetés parallèlement à l'axe Z.

▸ **Cercle**

Il est toujours situé dans un plan qui correspond au plan X-Y en cours ou qui lui est parallèle. Le premier point spécifié du cercle correspond à son élévation. Si les outils d'accrochage sont utilisés pour désigner les autres points (cercles 2P ou 3P), ils sont projetés parallèlement à l'axe Z, sauf si le second point sert à définir la valeur du rayon. Dans ce dernier cas, le rayon est égal à la distance réelle entre les deux points.

▸ **Ellipse**

Elle est toujours située dans un plan qui correspond au plan X-Y en cours ou qui lui est parallèle. Le premier point spécifié de l'ellipse correspond à son élévation. Si les outils d'accrochage sont utilisés pour désigner les autres points, ils sont projetés parallèlement à l'axe Z.

▸ **Ligne**

Une ligne peut être tracée à partir de n'importe quel point dans l'espace 3D vers n'importe quel autre point dans l'espace 3D à l'aide des outils d'accrochage ou des coordonnées.

▸ **Cotations**

Les cotations sont toujours placées dans le plan X-Y courant même si les objets ou les points sélectionnés sont situés dans d'autres plans. Dans le cas d'une cotation linéaire, la dimension horizontale est parallèle à l'axe des X et la cotation verticale à l'axe des Y (fig.16.1).

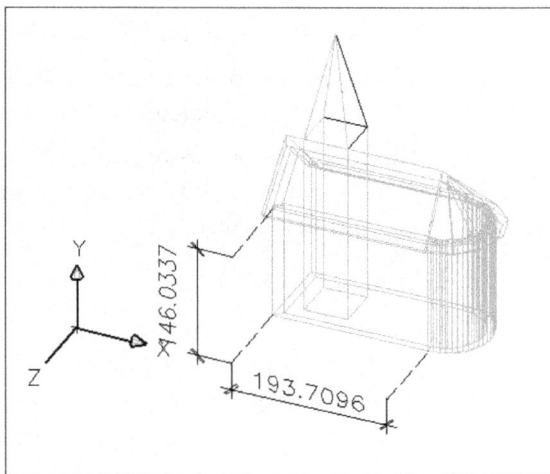

Fig.16.1

▸ **Point**

Un point peut être placé n'importe où dans l'espace 3D. Le graphisme (par l'option style de point) qui accompagne le point est placé dans un plan parallèle au plan X-Y courant.

▸ **Polyligne 2D**

Les polylignes et les objets assimilés (rectangle, polygone, anneau) sont situés dans le plan X-Y courant ou dans un plan qui lui est parallèle. Le premier point spécifié de la polyligne correspond à son élévation. Si les outils d'accrochage sont utilisés pour désigner les autres points, ils sont projetés parallèlement à l'axe Z.

▸ **Droite (Xline) et Demi-droite (Ray)**

La droite et la demi-droite, qui sont habituellement utilisées comme lignes de construction, peuvent être situées n'importe où dans l'espace 3D.

▸ **Texte**

Le texte est toujours situé dans un plan qui correspond au plan X-Y en cours ou qui lui est parallèle. Le premier d'insertion du texte correspond à son élévation.

Spécifier des points dans l'espace 3D

Il existe plusieurs méthodes pour spécifier des points dans l'espace 3D :

▸ **Par pointage à l'aide de l'accrochage aux objets (osnap)** : il suffit d'activer les options d'accrochage souhaitées et de pointer les éléments de références dans l'espace 3D. Il convient de souligner que en fonction du type d'entité et de sa position par rapport au système SCU (UCS), toutes les options d'accrochage ne sont pas disponibles en 3D :

   ▪ **Lignes** : toutes les options sont disponibles sauf Tangent et Quadrant ;

   ▪ **Courbes parallèles au SCU (UCS)** : toutes les options sont disponibles ;

   ▪ **Courbes non parallèles au SCU (UCS)** : toutes les options sont disponibles sauf Tangent, Perpendiculaire, Quadrant et Proche.

▸ **Par coordonnées absolues X, Y, Z** : il suffit de rentrer les coordonnées X, Y, Z des différents points. L'utilisation du symbole @ permet de désigner un point relativement au point précédent.

Par exemple (fig.16.2) :

Ligne (Line)

Premier point : **2, 2, 0** (coordonnées absolues)

Point suivant : **5, 2, 2** (coordonnées absolues)

Point suivant : **@0, 3** (coordonnées relatives)

Point suivant : **@5, 0** (coordonnées relatives)

Point suivant : **@4<30** (coordonnées polaires)

▶ **Par coordonnées cylindriques** : lors de la définition d'un point, il convient d'entrer les coordonnées en utilisant le format suivant :

X ‹ [angle depuis l'axe X] , Z

– *X* indique la distance depuis l'origine du SCU (0,0,0).

– *Angle depuis axe X* représente l'angle par rapport à l'axe *X* dans le plan *XY*.

– *Z* indique la distance depuis l'origine (0,0,0) le long de l'axe *Z*.

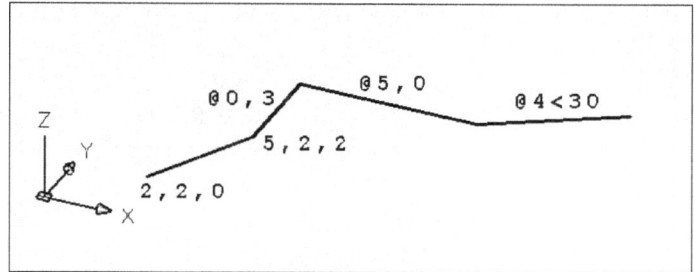

Fig.16.2

Par exemple, **2‹20,4** représente un emplacement situé à 2 unités le long de l'axe *X* par rapport à l'origine du SCU, mesuré à 20 degrés à partir de l'axe *X* et à 4 unités dans la direction *Z* positive. Pour définir un emplacement par rapport au dernier point mentionné, il suffit de mettre le symbole devant l'expression, soit : **@2‹20,4** (fig.16.3).

▶ **Par coordonnées sphériques :** lors de la définition d'un point, il convient d'entrer les coordonnées en utilisant le format suivant :

X ‹ [angle par rapport à l'axe X] ‹ [angle par rapport au plan XY]

– *X* représente la distance mesurée à partir de l'origine du SCU (0,0,0).

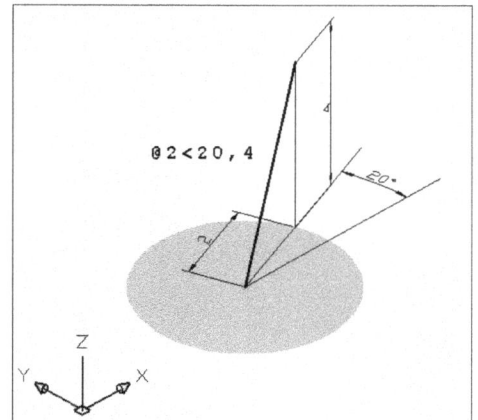

Fig.16.3

– *Angle depuis axe X* représente l'angle par rapport à l'axe *X* dans le plan *XY*.

– *Angle depuis plan XY* représente l'angle par rapport au plan *XY*.

Par exemple, **5‹20 ‹45** représente un point situé à 5 unités par rapport à l'origine du SCU, à un angle de 20 degrés par rapport à l'axe positif *X* dans le plan *XY* et à 45 degrés par rapport au plan *XY*. Pour définir un emplacement par rapport au dernier point mentionné, il suffit de mettre le symbole devant l'expression, soit : **@5‹20‹45** (fig.16.4).

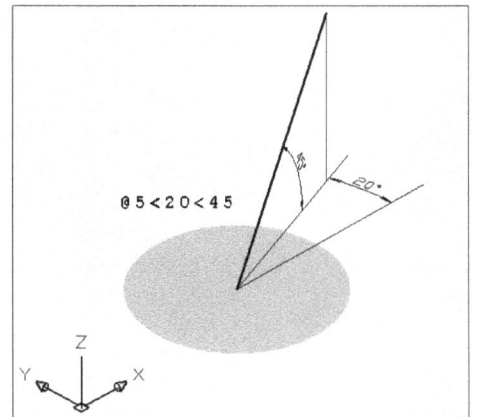

Fig.16.4

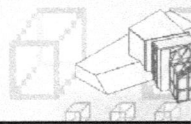

▶ **Filtres de coordonnées X, Y, Z :** les filtres de coordonnées sont utiles pour définir un nouveau point à l'aide de la valeur *X* d'un point, de la valeur *Y* d'un second point et de la valeur *Z* d'un troisième point. Les filtres de coordonnées fonctionnent de la même façon en 3D qu'ils le font en 2D. Pour définir un filtre sur la ligne de commande, entrer un point et une ou plusieurs des lettres *X*, *Y* et *Z*. AutoCAD reconnaît les filtres suivants : .X , .Y, .Z, .XY, .XZ, .YZ.

Après avoir indiqué la première coordonnée, AutoCAD demande les suivantes. Si l'on entre .X au message invitant à entrer un point, le système invite à entrer les valeurs *Y* et *Z* ; si l'on entre .XY le système demande d'entrer la valeur Z.

Les filtres de coordonnées sont couramment utilisés pour localiser le centre d'un cercle et la projection d'un point 3D sur le plan *XY* du système SCU (UCS) en cours.

Exemple (fig.16.5) : placez un cercle 10 unités au-dessus du centre d'un rectangle :

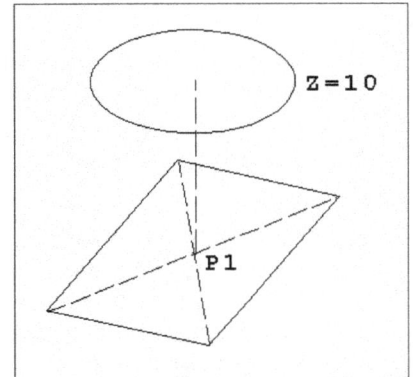

Fig.16.5

■ **Cercle (Circle)**

Centre : .XY

Pointer l'intersection P1

Valeur de Z : 10

Utilisation des accrochages aux objets 3D dans les vues en plan

Par défaut, la valeur Z d'un point d'accrochage aux objets est déterminée par la position de l'objet dans l'espace. Toutefois, lors de l'utilisation des accrochages aux objets sur la vue en plan d'un bâtiment ou la vue de dessus d'une pièce, une valeur Z constante est plus appropriée.

Si vous activez la variable système OSNAPZ (valeur = 1), tous les accrochages aux objets sont projetés sur le plan XY du SCU courant ou, si la valeur ELEV est définie sur une valeur différente de zéro, sur un plan parallèle au plan XY, à l'élévation spécifiée.

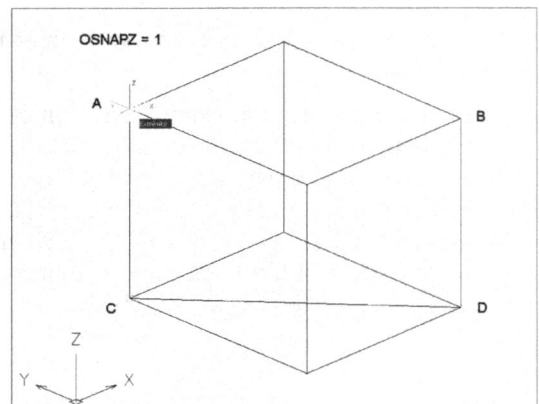

Fig.16.6

Lorsque vous dessinez ou modifiez des objets, sachez toujours si la variable OSNAPZ est activée ou désactivée. Etant donné qu'il n'existe aucun rappel visuel, vous pourriez obtenir des résultats inattendus.

Dans l'exemple de la figure 16.6 en pointant les points A et B la ligne se trace entre les points C et D qui sont les projections sur le plan SCU des points A et B.

Les modifications d'entités filaires 2D

La plupart des fonctions de modifications 2D sont également disponibles en 3D avec parfois néanmoins certaines modifications. Les principales fonctions sont les suivantes :

▶ **Déplacer (Move) et Copier (Copy) :**

Les points de base et de destination peuvent être placés n'importe où dans l'espace 3D. Le déplacement ou la copie peut se faire à l'aide des méthodes abordées précédemment. Par exemple, pour déplacer un objet dans la direction des Z de 25 unités, il suffit de définir comme origine la coordonnée (0,0,0) et comme destination la coordonnée (0,0,25). L'objet ne subira donc aucun déplacement dans le plan XY mais bien un déplacement de 25 dans la direction Z (fig.16.7). Pour un déplacement plus élaboré, voir la commande Déplacer 3D.

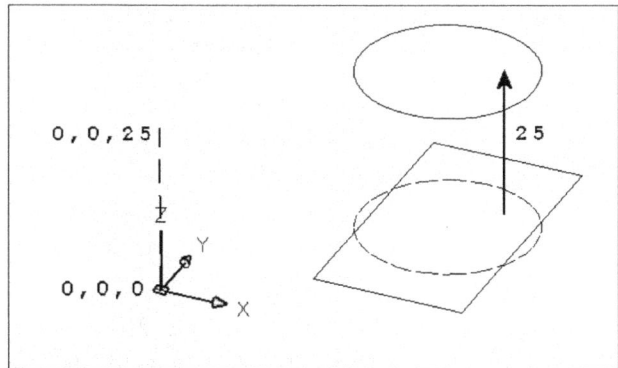

Fig.16.7

D'autre part, il est également possible de déplacer ou de copier des objets en activant le mode polaire qui fonctionne dans la direction Z (+Z ou –Z) (fig.16.8).

▶ **Décaler (Offset) :**

La copie est placée parallèlement à l'objet d'origine. Ce dernier ne doit pas être parallèle au plan X-Y courant.

▶ **Raccord (Fillet) et Chanfrein (Chamfer) :**

Les deux objets à raccorder ou chanfreiner doivent être situés dans le même plan. Il est ainsi possible d'agir sur les couples d'objets suivants (fig.16.9) :

A&B – A&C – A&D – A&E – B&C – C&D – C&E – D&E – E&F – E&G – F&G.

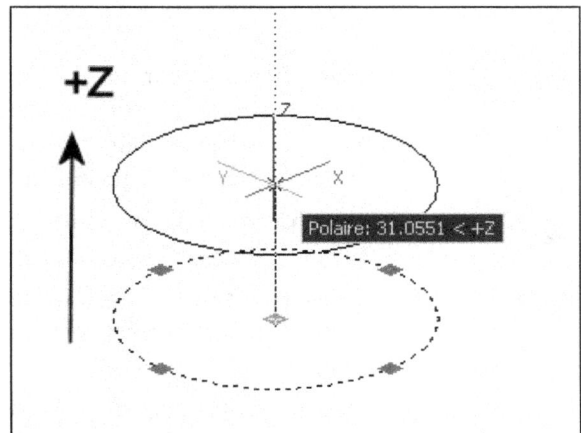

Fig.16.8

Par contre, il n'est pas possible d'agir sur les couples suivants :

A&F – A&G – B&D – B&E – B&F – B&G – C&F – C&G – D&F – D&G.

▶ **Coupure (Break) :**

C'est une fonction pleinement 3D qui permet de couper tout objet filaire en deux points ou en un point comme en 2D.

▶ **Ajuster (Trim) et Prolonger (Extend) :**

Le principe de fonctionnement étant identique pour les deux fonctions, l'explication porte sur **Ajuster** (Trim). Lors de l'utilisation de cette fonction, deux options sont disponibles : **Projection** et **Côté** (Edge). Trois choix sont disponibles pour l'option Projection :

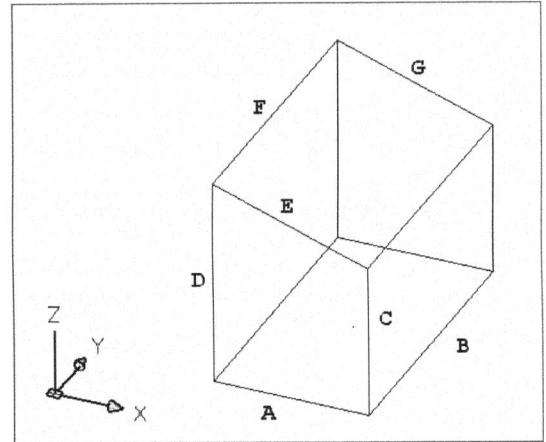

Fig.16.9

- **Aucune** (None) : le bord de coupe et l'objet à ajuster doivent être situés dans le même plan

- **SCU** (UCS) : le bord de coupe et l'objet à ajuster ne doivent pas être situés dans le même plan. Le bord de coupe est projeté perpendiculairement dans le plan X-Y de l'objet à ajuster (fig.16.10).

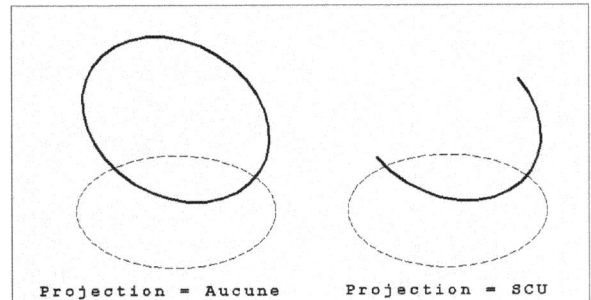

Projection = Aucune   Projection = SCU

Fig.16.10

- **Vue** (View) : le bord de coupe est projeté dans la direction du point de vue et ajuste l'objet à l'endroit ou aux endroits où ils se coupent visuellement.

L'option **Côté** (Edge) comporte deux choix (fig.16.11) :

- **Prolongement** (Extend) : le bord de coupe et l'objet à ajuster ne doivent pas se couper.

- **Pas de prolongement** (No extend) : le bord de coupe et l'objet à ajuster doivent se couper.

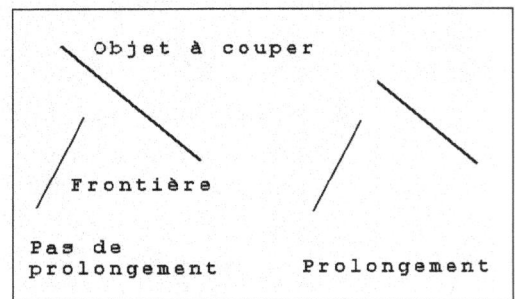

Fig.16.11

▶ **Rotation (Rotate) :**

La rotation s'effectue par rapport à un axe perpendiculaire au plan X-Y courant. Le point de base de la rotation indique la position de l'axe de rotation (fig.16.12). Pour une rotation plus élaborée, voir la commande Rotation 3D (voir p. 160).

▶ **Miroir (Mirror) :**

Le miroir s'effectue par rapport à un plan perpendiculaire au plan X-Y courant. Les deux points spécifiés pour définir l'axe de symétrie, déterminent la position de ce plan (fig.16.13). Pour un effet miroir plus élaboré, voir la commande Miroir 3D (voir p. 163).

▶ **Réseau (Array) :**

Dans le cas du réseau rectangulaire, les rangées sont situées dans la direction de l'axe Y courant et les colonnes dans la direction de l'axe X courant. Pour le réseau polaire, les copies sont dans le plan X-Y. Il est possible d'effectuer un réseau dans une autre direction en orientant d'abord le plan SCU X-Y dans la direction souhaitée. Pour une copie Réseau plus élaborée, voir la commande Réseau 3D (voir p. 164).

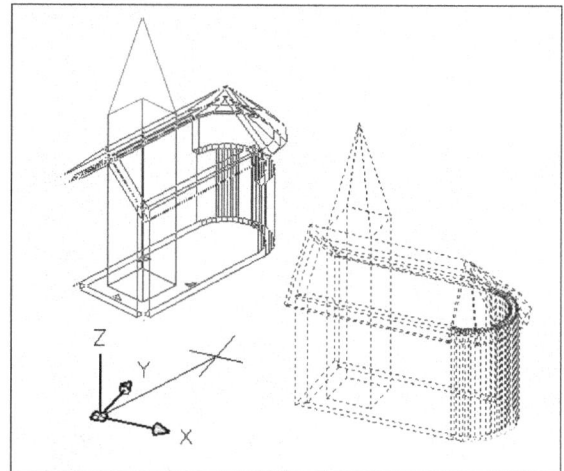

Fig.16.12

Les entités filaires 3D

La polyligne 3D

Comme la polyligne 2D, la polyligne 3D est composée d'une série de segments mais qui ne doivent pas être situés dans le même plan. La polyligne 3D se distingue de la polyligne 2D par quelques autres caractéristiques :

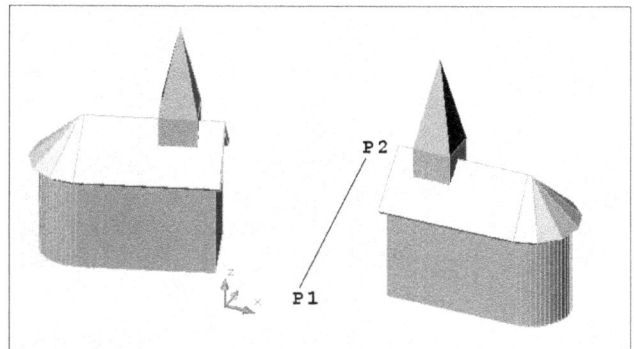

Fig.16.13

▶ Elle ne peut comporter de segments d'arc.

▶ Il n'est pas possible de définir l'épaisseur d'un segment en particulier.

▶ Le type de ligne est toujours **Continu** (Continuous).

Le tracé s'effectue de la manière suivante (fig.16.14) :

▶ Menu **Dessin** (Draw) puis Polyligne 3D ou tapez la commande **POLY3D** (3DPoly).

▶ Spécifiez le point de départ de la polyligne : indiquez un point (P1).

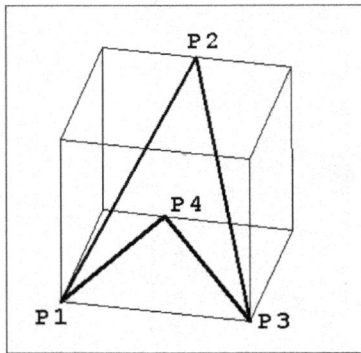

Fig.16.14

▸ Spécifiez l'extrémité de la ligne ou annUler] : indiquez un point ou entrez une option (P2)

▸ Spécifiez l'extrémité de la ligne ou [annUler] : indiquez un point ou entrez une option (P3)

▸ Spécifiez l'extrémité de la ligne ou [Clore/annUler] : indiquez un point ou entrez une option (P4)

La commande **PEDIT** permet ensuite de transformer la polyligne 3D en une courbe B-spline.

La courbe Spline

Une Spline est une courbe régulière passant par une série donnée de points pouvant être situés n'importe où dans l'espace 3D. Il existe plusieurs types de Splines dont la courbe NURBS utilisée dans AutoCAD. Les courbes splines sont très pratiques pour représenter des courbes de formes irrégulières comme c'est le cas en cartographie ou dans le dessin automobile. La forme de la courbe Spline peut être contrôlée par un facteur de tolérance qui définit l'écart admissible entre la courbe et les points d'interpolation spécifiés à l'écran. Plus la valeur de tolérance est faible, plus le tracé de la spline est fidèle aux points désignés. Pour créer une courbe il suffit de suivre la procédure suivante :

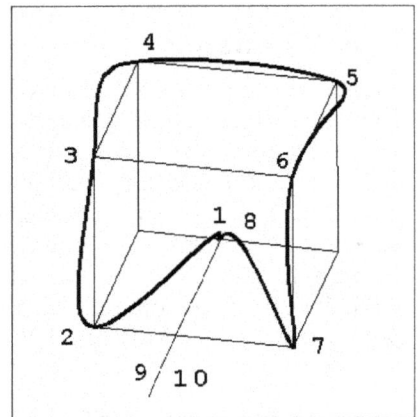

Fig.16.15

1. Exécutez la commande de dessin de spline à l'aide de l'une des méthodes suivantes (fig.16.15) :

    Menu : choisissez le menu déroulant **DESSIN** (Draw) puis l'option **Spline**.

    Icône : choisissez l'icône **Spline** dans la barre d'outils **Dessiner** (Draw).

    Clavier : tapez la commande **Spline**.

2. Indiquer le point de départ de la spline : pointer le point 1 ou entrer les coordonnées X,Y,Z.

3. Désigner autant de points que nécessaire pour créer la spline (exemple : points 2 à 8) et appuyer sur Entrée pour terminer.

4. Définir l'orientation des tangentes de départ et de fin de la spline (points 9 et 10).

OPTIONS

▸ **Object** : permet de convertir une polyligne en spline.

▸ **Clore** (Close) : permet de créer une courbe fermée.

▸ **Tolérance** (Tolerance) : permet de contrôler la précision de passage de la courbe sur les points de contrôle. Une valeur o force la courbe à passer par chaque point de contrôle.

▸ **SplFrame** : variable, à entrer au clavier, permettant de contrôler l'affichage du polygone de contrôle de la courbe. Une valeur o n'affiche pas le polygone, tandis qu'une valeur ı l'affiche.

Une courbe spline peut être modifiée en agissant sur ses points d'interpolation (points de base de la courbe) ou sur ses points de contrôle (reliés par le polygone de contrôle). Ces différents points sont également visibles en activant les poignées (grips). Outre la possibilité d'ajouter, de détruire ou de déplacer des points de contrôle, il est également possible de fermer ou d'ouvrir une spline, de modifier les conditions de tangence et de changer l'ordre des points définissant la courbe. Pour modifier une courbe spline, la procédure est la suivante :

1 Exécutez la commande de modification à l'aide de l'une des méthodes suivantes :

Menu : choisissez le menu déroulant **Modification** (Modify) puis le sous-menu **Object** (Objet) puis l'option **Spline**.

Icône : choisissez l'icône **Editer Spline** (Edit Spline) dans la barre d'outils **Modifier II** (Modify II).

Clavier : tapez la commande **EDITSPLINE** (SPLINEDIT).

2 Sélectionnez la spline à modifier. En fonction de la façon dont l'entité a été créée, AutoCAD affiche une série d'options différentes.

3 Sélectionnez l'option souhaitée. Ainsi, si l'on souhaite, par exemple, déplacer le quatrième point d'interpolation de la courbe (fig.16.16), il convient de choisir l'option **Lissée** (Fit Data) puis **Déplacer sommet** (Move).

4 Entrez plusieurs fois la lettre « n » (suivNt/next) pour sélectionner le quatrième point d'interpolation.

5 Déplacez ce point à l'aide du curseur ou en spécifiant les coordonnées correspondant à la position voulue.

6 Entrez la lettre « x » (s) pour sortir de la commande.

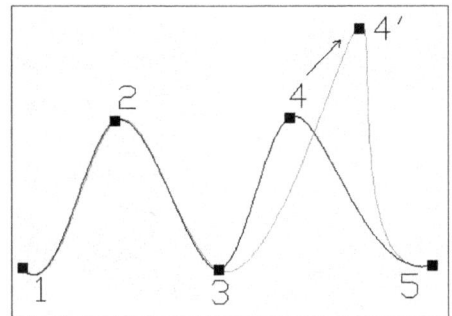

Fig.16.16

OPTIONS

▸ **Lissée** (Fit data) : cette option n'est disponible que pour les splines qui ne proviennent pas d'une polyligne et pour celles qui disposent encore de leurs points d'interpolation. La sélection de cette option conduit à une nouvelle série d'options :

▸ **Ajouter** (Add) : permet d'ajouter des points d'interpolation sur la courbe. Il convient de sélectionner le point qui précède celui à créer, puis de donner la position du point à créer.

▸ **Clore** (Close) : permet de fermer une spline ouverte.

▸ **Ouvrir** (Open) : permet d'ouvrir une spline fermée.

▸ **Supprimer** (Delete) : permet d'enlever des points d'interpolation.

▸ **Déplacer** (Move) : permet de changer la position des points d'interpolation.

▸ **Purger** (Purge) : permet de supprimer les données de tolérance et de tangence définies lors de la création de la spline.

▸ **Tangentes** (Tangents) : permet de modifier les points de tangence du début et de la fin de la courbe.

▸ **Tolerance** : permet de changer le degré de tolérance.

▸ **Clore** (Close) : permet de fermer une spline ouverte.

▸ **Déplacer sommet** (Move vertex) : permet de déplacer les points de contrôle.

▸ **Affiner** (Refine) : permet d'adoucir la courbe par l'ajout de points de contrôle. Cette option offre les possibilités suivantes :

> ▪ **Ajouter point de contrôle** (Add control point) : permet d'ajouter un point de contrôle après le point sélectionné.

> ▪ **Elever ordre** (Elevate Order) : permet d'augmenter d'une façon uniforme le nombre de points de contrôle sur la spline.

> ▪ **Poids** (Weight) : permet de modifier le poids relatif du point de contrôle sélectionné. Plus le poids est élevé, plus le point de contrôle exercera une traction sur la spline (fig.16.17).

Fig.16.17

▸ **Inverser** (rEverse) : permet d'inverser l'ordre des points de contrôle.

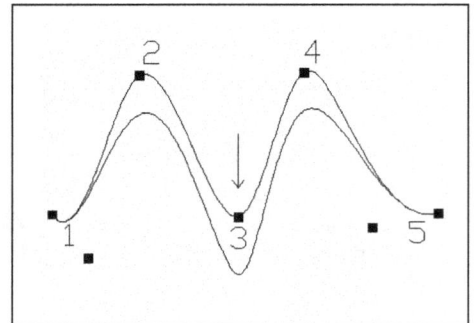

▶ **Annuler** (Undo) : permet d'annuler les effets de la dernière commande.

▶ **Sortie** (eXit) : permet de terminer la commande.

L'hélice

Une hélice est une spirale 2D ou 3D ouverte. Elle peut être utilisée comme une trajectoire pour la création de solides. Par exemple, vous pouvez avoir besoin de balayer un cercle le long de la trajectoire hélicoïdale afin de créer un modèle solide d'un ressort.

Lorsque vous créez une hélice, vous pouvez spécifier ce qui suit :

▶ Rayon de base

▶ Rayon supérieur

▶ Hauteur

▶ Nombre de tours

▶ Hauteur des tours

▶ Direction du basculement

Si vous spécifiez la même valeur pour le rayon de base et le rayon supérieur, vous créez une **hélice cylindrique**. Par défaut, le rayon supérieur est défini avec la même valeur que le rayon de base. Vous ne pouvez pas spécifier la valeur 0 pour le rayon de base et le rayon supérieur. Si vous indiquez des valeurs différentes pour le rayon supérieur et le rayon de base, vous créez une **hélice conique**. Si vous définissez une valeur de hauteur de 0, vous créez une spirale 2D plate.

Pour créer une hélice la procédure est la suivante (fig.16.18) :

1️⃣ Utilisez l'une des méthodes suivantes pour activer la fonction :

📰 Menu : cliquez sur la fonction **Hélice** (Helix) du menu **Dessin** (Draw).

🖱 Icône : cliquez sur l'icône **Hélice** (Helix) de la barre d'outils de modélisation.

⌨ Clavier : entrez la commande **HELICE** (HELIX).

◯◯◯ Tableau de bord : dans le **Panneau de configuration Création 3D** (cliquez sur l'icône pour le développer), sélectionnez **Hélice** (Helix).

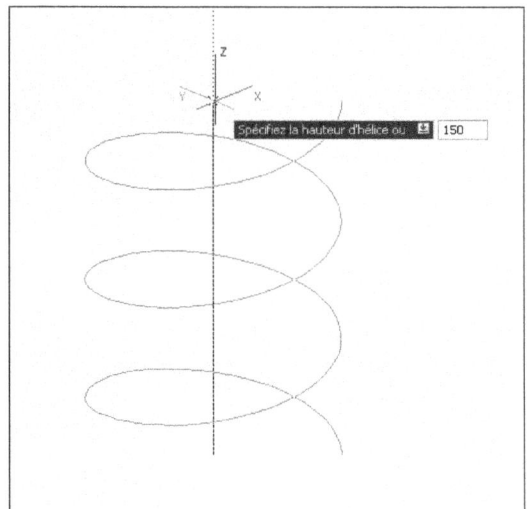

2️⃣ Indiquez le centre pour la base de l'hélice.

3️⃣ Choisissez le rayon de base.

4️⃣ Spécifiez le rayon supérieur ou appuyez sur Entrée pour choisir la même valeur que pour le rayon de base.

5️⃣ Entrez la hauteur de l'hélice.

Fig.16.18

> **Modifications d'une hélice**
>
> Vous pouvez utiliser les poignées d'une hélice pour changer les paramètres suivants :
>
> ▨ Point de départ
>
> ▨ Rayon de base
>
> ▨ Rayon supérieur
>
> ▨ Hauteur
>
> ▨ Emplacement

Lorsque vous utilisez une poignée pour changer le rayon de base d'une hélice, le rayon supérieur est mis à l'échelle pour maintenir le rapport courant. Utilisez la palette Propriétés pour changer le rayon de base indépendamment du rayon supérieur.

Vous pouvez utiliser la palette **Propriétés** (fig.16.19) pour changer d'autres propriétés d'hélice, comme :

▶ Nombre de tours (Tours)

▶ Hauteur des tours

▶ Direction du basculement – Sens horaire ou trigonométrique

▶ Avec la propriété Contrainte, vous pouvez spécifier que les propriétés Hauteur, Tours ou Hauteur des tours de l'hélice soient contraintes. La propriété Contrainte a une incidence sur la manière dont l'hélice change lorsque ces propriétés sont modifiées.

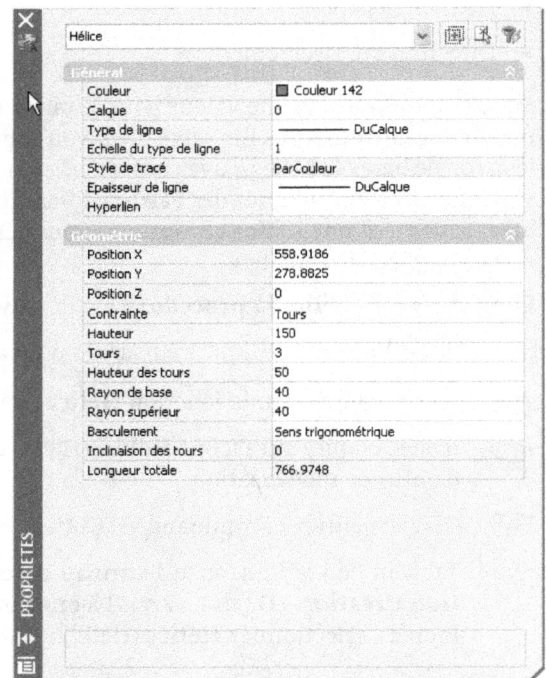

Fig.16.19

CHAPITRE 17
CRÉATION ET ASSEMBLAGE DE SOLIDES PRIMITIFS 3D

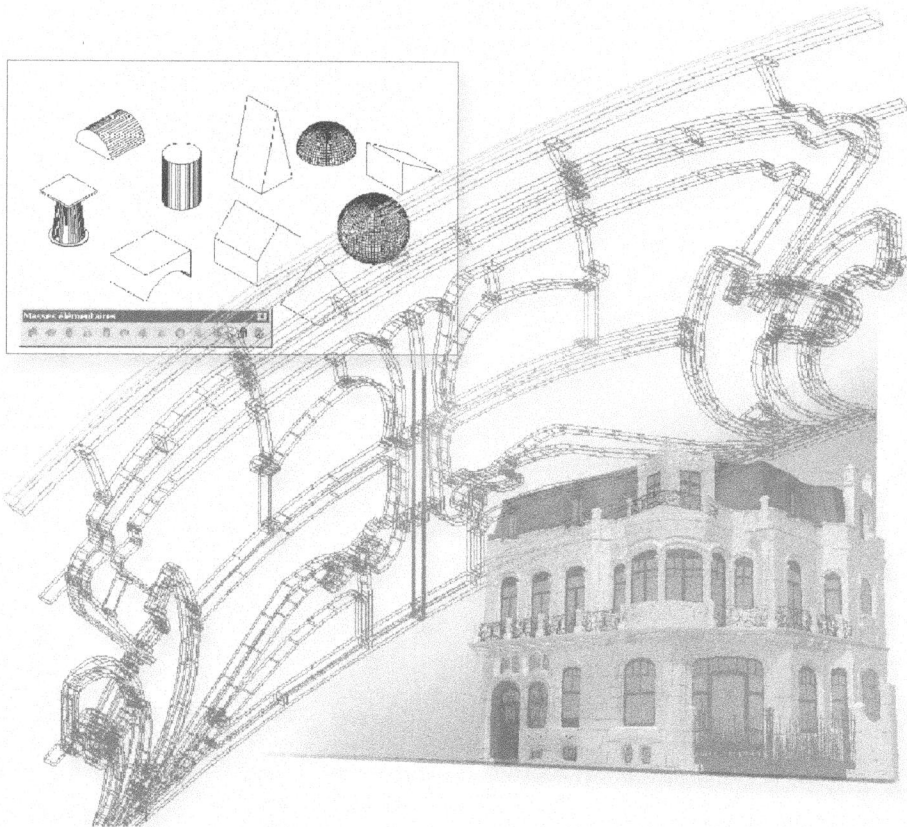

Vous pouvez créer les formes solides de base du parallélépipède, du cône, du cylindre, de la sphère, du tore, du biseau et de la pyramide. Ces formes sont appelées des solides primitifs. Les options sont les suivantes (fig.17.1) :

- **Solide en forme de parallélépipède**. La base du parallélépipède est toujours dessinée parallèlement au plan XY du SCU courant (plan de construction).

- **Solide en forme de biseau**.

- **Solide en forme de cône**. Il peut avoir une base circulaire ou elliptique s'estompant vers un point. Il est aussi possible de créer un tronc de cône s'estompant vers une face plane circulaire ou elliptique parallèle à sa base.

- **Solide en forme de cylindre**. La base peut être circulaire ou elliptique.

- **Solide en forme de sphère**.

- **Solide en forme de pyramide**. Le nombre de côtés peut être compris entre 3 et 32.

- **Solide en forme de tore**. Il peut se présenter sous la forme d'un anneau comparable aux chambres à air de pneumatiques.

Les dimensions de chacun des solides peuvent être définies par l'utilisateur grâce à une série de paramètre. Chaque solide peut ensuite être modifié ou redimensionné à l'aide des poignées. Les solides peuvent ensuite être assemblés à l'aide d'opérations booléennes.

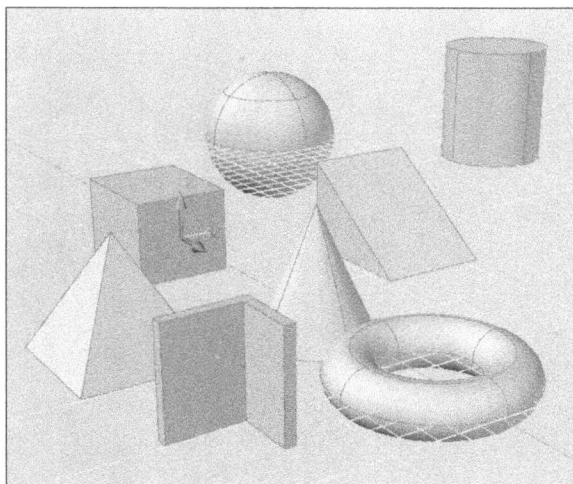

Fig.17.1

La création de solides primitifs 3D

La création d'un solide en forme de parallélépipède

PRINCIPE

Vous pouvez créer un solide en forme de parallélépipède. La base du parallélépipède est toujours dessinée parallèlement au plan XY du SCU courant (plan de construction).

Vous pouvez utiliser l'option **Cube** de la commande pour créer un parallélépipède ayant des côtés de même longueur.

Si vous utilisez l'option **Cube** ou **Longueur** lors de la création d'un parallélépipède, vous pouvez également spécifier la rotation de ce dernier dans le plan XY lorsque vous cliquez pour indiquer la longueur.

Vous pouvez également utiliser l'option **Centre** pour créer un parallélépipède à l'aide du centre spécifié.

Vous pouvez créer le solide en entrant des valeurs au clavier ou en pointant des points à l'écran.

Pour créer un solide en forme de parallélépipède, la procédure est la suivante :

[1] Exécutez la commande de création du solide à l'aide d'une des méthodes suivantes :

Menu : cliquez sur le menu **Dessin** (Draw) puis **Modélisation** (Modeling) puis **Boîte** (Box).

Icône : cliquez sur l'icône **Boîte** (Box) de la barre d'outils **Modélisation** (Modeling).

Tableau de bord : cliquez sur l'icône Boîte (Box) du Panneau de configuration **Création 3D**.

Clavier : entrez la commande **BOITE** (BOX).

[2] Si vous utilisez la méthode de pointage, spécifiez le premier point de la base : A.

[3] Spécifiez le coin opposé de la base : B (fig.17.2).

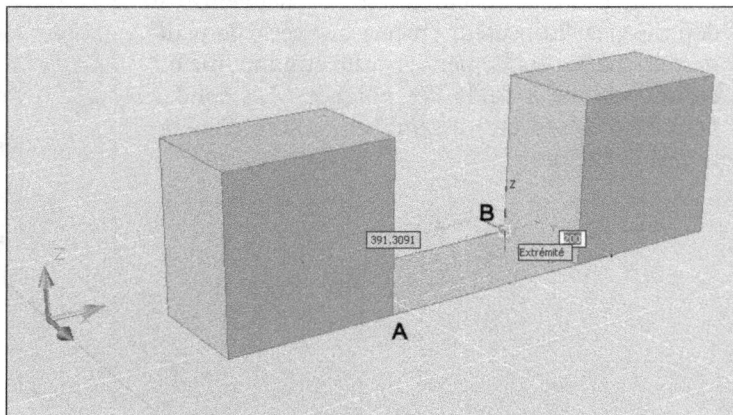

Fig.17.2

4. Spécifiez la hauteur : C (fig.17.3).

5. Si vous entrez les dimensions, activez le mode dynamique en cliquant sur le bouton DYN sur la barre d'état.

6. Spécifiez le premier point de la base : A.

7. Entrez la longueur en tapant la dimension. Exemple : 200 (fig.17.4).

8. Appuyez sur la touche Tab pour passer à l'autre dimension.

9. Entrez la largeur en tapant la dimension. Par exemple : 300 (fig.17.5).

10. Entrez la hauteur en tapant la dimension. Par exemple : 300 (fig.17.6).

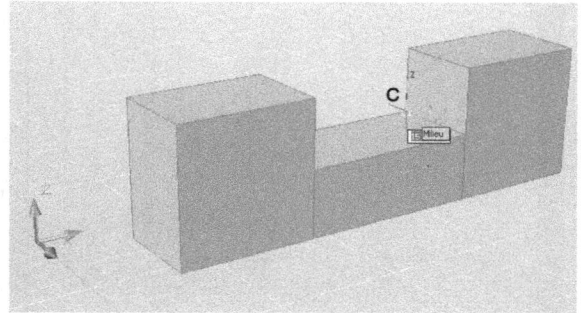

Fig.17.3

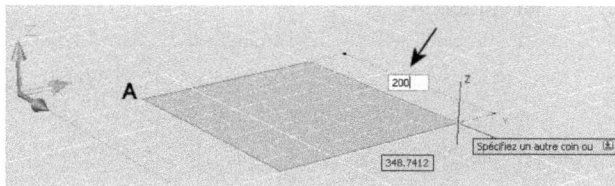

Fig.17.4

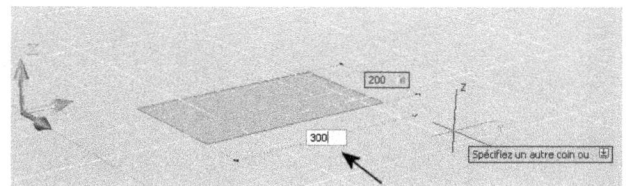

Fig.17.5

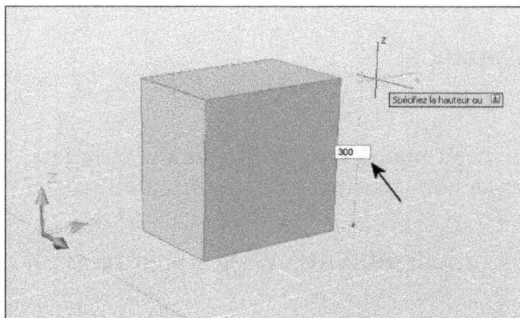

Fig.17.6

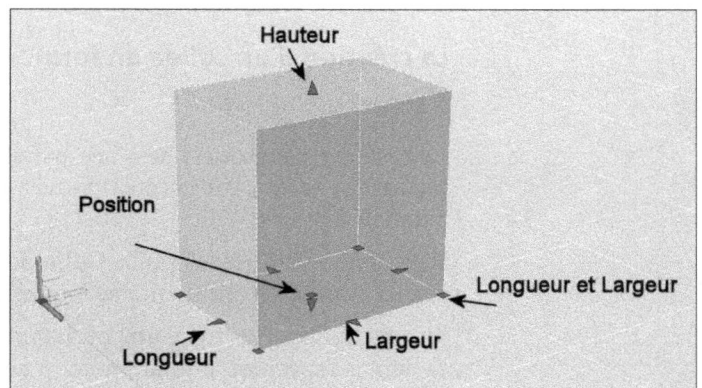

Fig.17.7

Modification des dimensions du parallélépipède

Vous pouvez utiliser les poignées disponibles (fig.17.7) ou la palette Propriétés (fig.17.8) pour modifier la forme et la taille du solide tout en conservant sa forme de base originale.

Si vous utilisez les poignées, AutoCAD affiche la valeur du déplacement et la nouvelle valeur totale. Vous pouvez passer d'une valeur à l'autre par la touche Tab (fig.17.9).

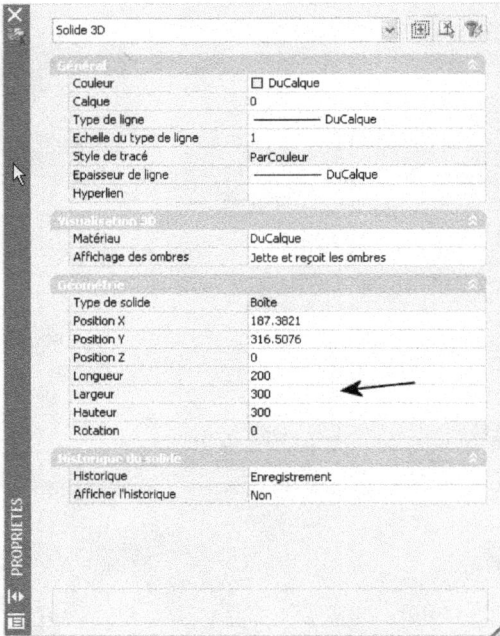

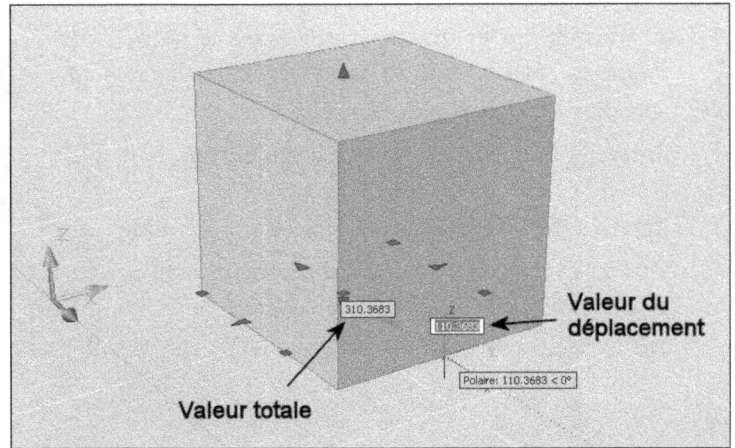

Fig.17.8

Valeur du déplacement

Valeur totale

Fig.17.9

La création d'un solide en forme de biseaux

PRINCIPE

La base des biseaux est dessinée parallèlement au plan XY du SCU courant et la face inclinée se trouve sur le côté opposé au premier coin spécifié. La hauteur du biseau est parallèle à l'axe Z.

Vous pouvez utiliser l'option **Cube** de la commande **BISEAU** (Wedge) pour créer un biseau ayant des côtés de même longueur.

Si vous utilisez l'option **Cube** ou **Longueur** lors de la création d'un biseau, vous pouvez également spécifier la rotation de ce dernier dans le plan XY lorsque vous cliquez pour indiquer la longueur.

Vous pouvez également utiliser l'option **Centre** pour créer un biseau à l'aide du centre spécifié.

Pour créer un solide en forme de biseau, la procédure est la suivante :

1. Exécutez la commande de création du solide à l'aide d'une des méthodes suivantes :

    Menu : cliquez sur le menu **Dessin** (Draw) puis **Modélisation** (Modeling) puis **Biseau** (Wedge).

    Icône : cliquez sur l'icône **Biseau** (Wedge) de la barre d'outils **Modélisation** (Modeling).

○○○ Tableau de bord : cliquez sur l'icône Biseau (Wedge) du Panneau de configuration **Création 3D**.

⌨ Clavier : entrez la commande **BISEAU** (Wedge).

2 Si vous utilisez la méthode de pointage, spécifiez le premier point de la base.

3 Spécifiez le coin opposé de la base.

4 Spécifiez la hauteur.

5 Si vous entrez les dimensions, activez le mode dynamique en cliquant sur le bouton DYN sur la barre d'état.

6 Spécifiez le premier point de la base : A.

7 Entrez la longueur en tapant la dimension. Exemple : 200 (fig.17.10).

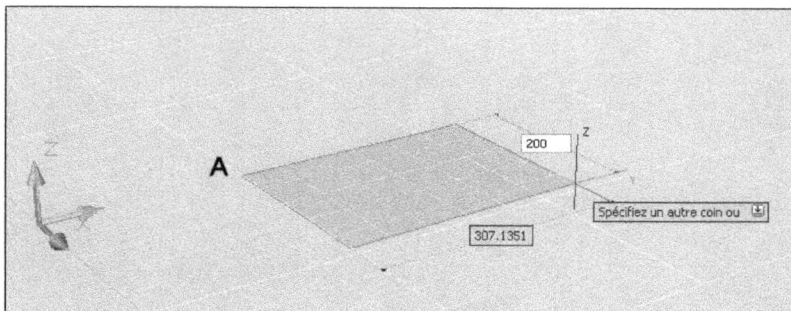

Fig.17.10

8 Appuyez sur la touche Tab pour passer à l'autre dimension.

9 Entrez la largeur en tapant la dimension. Par exemple : 300 (fig.17.11).

10 Entrez la hauteur en tapant la dimension. Par exemple : 250 (fig.17.12).

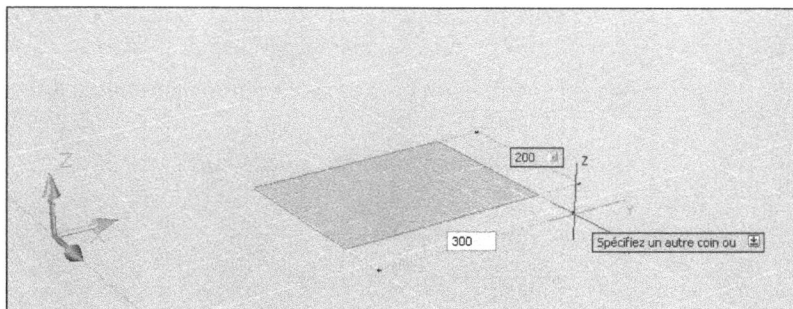

Fig.17.11

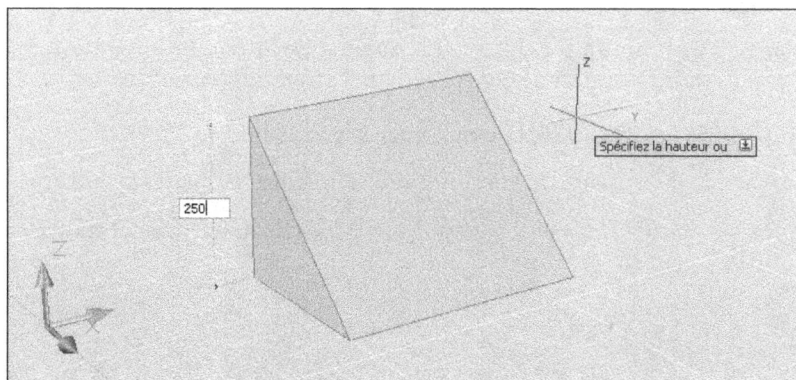

Fig.17.12

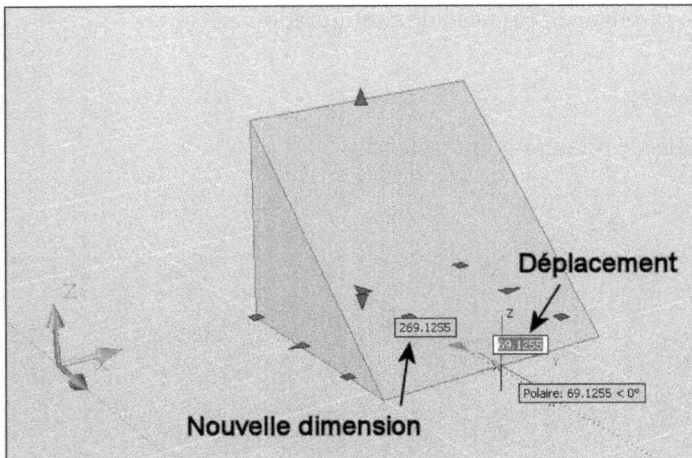

Fig.17.13

Modification des dimensions du biseau

Vous pouvez utiliser les poignées disponibles ou la palette Propriétés pour modifier la forme et la taille du solide tout en conservant sa forme de base originale.

Si vous utilisez les poignées, AutoCAD affiche la valeur du déplacement et la nouvelle valeur totale. Vous pouvez passer d'une valeur à l'autre par la touche Tab (fig.17.13).

La création d'un solide en forme de cône

PRINCIPE

Vous pouvez créer un solide en forme de cône avec une base circulaire ou elliptique s'estompant vers un point. Vous avez également la possibilité de créer un tronc de cône s'estompant vers une face plane circulaire ou elliptique parallèle à sa base.

Par défaut, la base du cône repose sur le plan XY du SCU courant. La hauteur du cône est parallèle à l'axe Z.

Dans le cas d'un cône à base circulaire, le cercle de base peut être défini de différentes façons :

▶ un point central et un rayon.

▶ 3 points.

▶ 2 points.

▶ 2 points de tangence plus un rayon.

Dans le cas d'un cône à base elliptique, l'ellipse de base peut être définie en pointant les extrémités des deux axes ou en pointant le centre et deux extrémités d'axes.

Pour créer un solide en forme de cône, la procédure est la suivante :

[1]   Exécutez la commande de création du solide à l'aide d'une des méthodes suivantes :

Menu : cliquez sur le menu **Dessin** (Draw) puis **Modélisation** (Modeling) puis **Cône** (Cone).

Icône : cliquez sur l'icône **Cône** (Cone) de la barre d'outils **Modélisation** (Modeling).

Tableau de bord : cliquez sur l'icône **Cône** (Cone) du Panneau de configuration **Création 3D**.

Clavier : entrez la commande **CONE**.

2. Dans le cas d'un cône avec une base circulaire, sélectionnez l'option souhaitée (Centre + rayon, 2 points, 3 points ou Ttr). Par exemple l'option par défaut.

3. Spécifiez le centre de la base.

4. Indiquez le rayon ou le diamètre de la base.

5. Spécifiez la hauteur du cône.

6. Dans le cas de l'option Ttr, sélectionnez les deux points de tangence puis entrez la valeur du rayon.

7. Spécifiez la hauteur (fig.17.14).

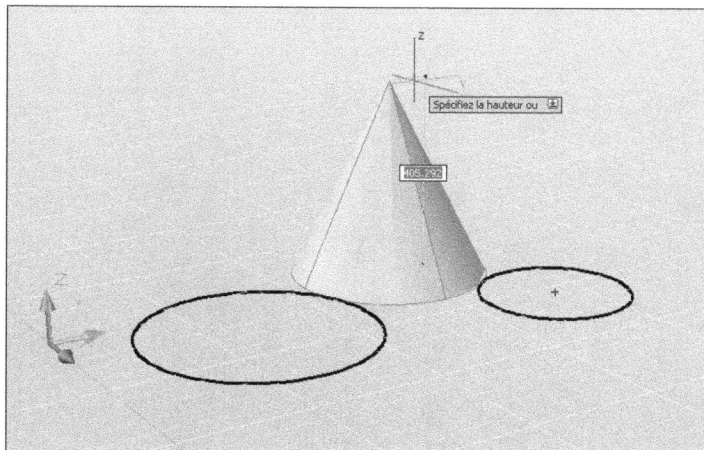

Fig.17.14

Pour créer un solide en forme de tronc de cône, la procédure est la suivante :

1. Exécutez la commande de création du solide à l'aide d'une des méthodes mentionnées au point précédent.

2. Spécifiez le centre de la base.

3. Indiquez le rayon ou le diamètre de la base.

4. Entrez r (Rayon supérieur).

5. Spécifiez le rayon supérieur (fig.17.15).

6. Spécifiez la hauteur du cône.

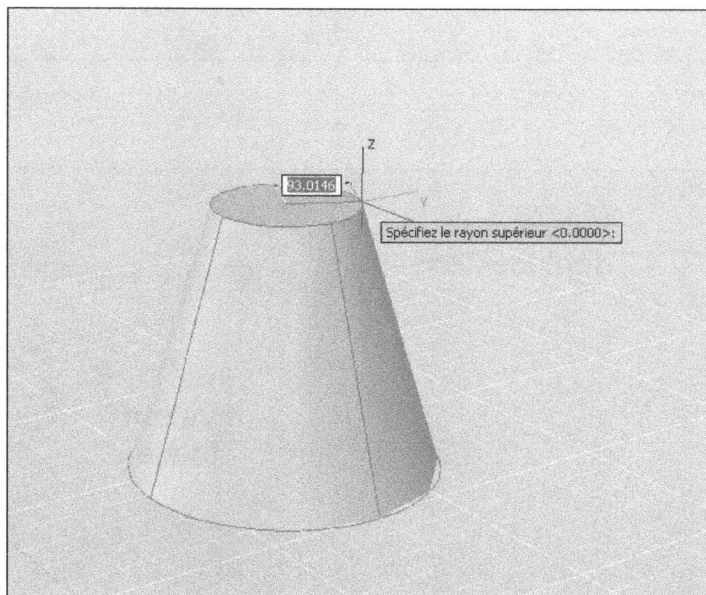

Fig.17.15

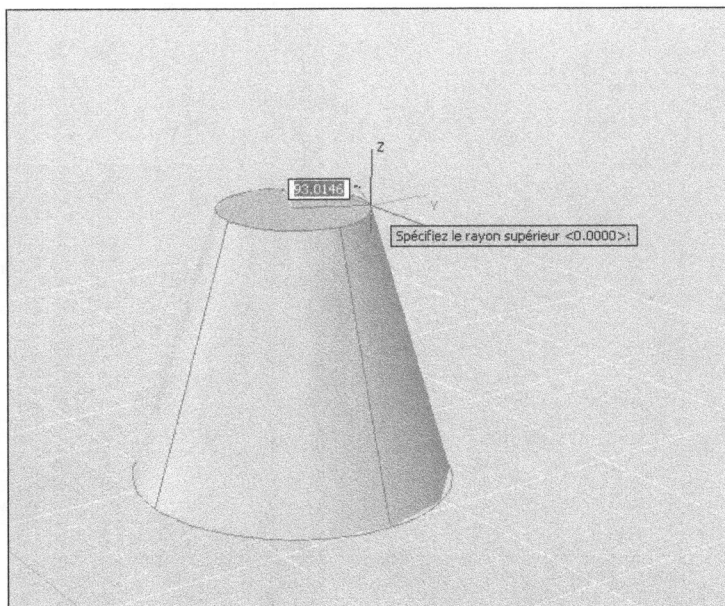

Fig.17.16

Pour créer un solide en forme de cône avec la hauteur et l'orientation spécifiées par l'extrémité de l'axe, la procédure est la suivante :

1. Exécutez la commande de création du solide à l'aide d'une des méthodes mentionnées au point précédent.

2. Spécifiez le centre de la base.

3. Indiquez le rayon ou le diamètre de la base.

4. Sur la ligne de commande, entrez A.

5. Spécifiez l'extrémité de l'axe du cône. L'extrémité peut se situer n'importe où dans l'espace 3D (fig.17.16).

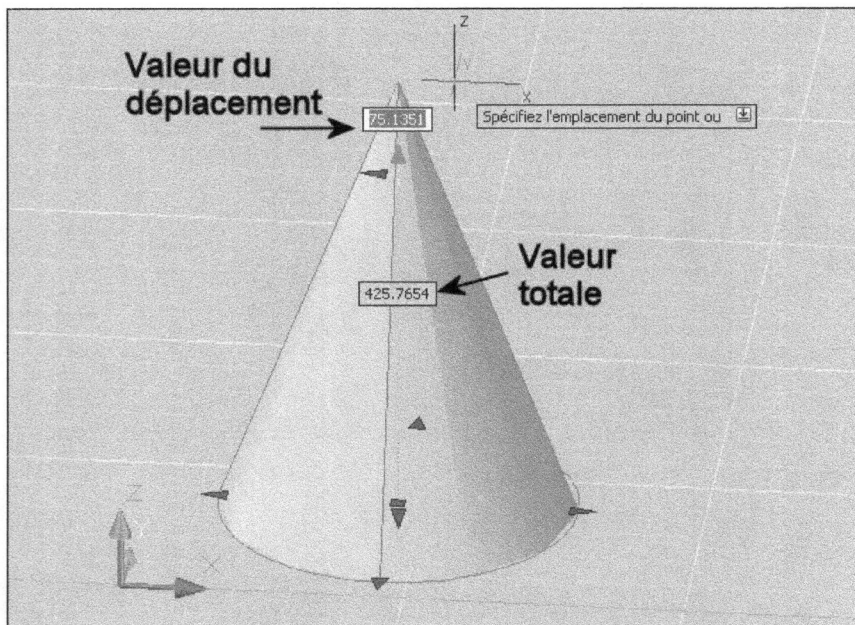

Modification des dimensions du cône

Vous pouvez utiliser les poignées disponibles ou la palette Propriétés pour modifier la forme et la taille du solide tout en conservant sa forme de base originale.

Si vous utilisez les poignées, AutoCAD affiche la valeur du déplacement et la nouvelle valeur totale. Vous pouvez passer d'une valeur à l'autre par la touche Tab (fig.17.17).

Fig.17.17

La création d'un solide en forme de cylindre

Principe

Vous pouvez créer un solide en forme de cylindre avec une base circulaire ou elliptique. Par défaut, la base du cône repose sur le plan XY du SCU courant. La hauteur du cône est parallèle à l'axe Z.

Dans le cas d'un cylindre à base circulaire, le cercle de base peut être défini de différentes façons :

▶ un point central et un rayon

▶ 3 points

▶ 2 points

▶ 2 points de tangence plus un rayon

Dans le cas d'un cylindre à base elliptique, l'ellipse de base peut être définie en pointant les extrémités des deux axes ou en pointant le centre et deux extrémités d'axes.

Pour créer un solide en forme de cylindre, la procédure est la suivante :

1. Exécutez la commande de création du solide à l'aide d'une des méthodes suivantes :

Menu : cliquez sur le menu **Dessin** (Draw) puis **Modélisation** (Modeling) puis **Cylindre** (Cylinder).

Icône : cliquez sur l'icône **Cylindre** (Cylinder) de la barre d'outils **Modélisation** (Modeling)

Tableau de bord : cliquez sur l'icône **Cylindre** (Cylinder) du Panneau de configuration **Création 3D**.

Clavier : entrez la commande **CYLINDRE** (Cylinder)

2. Dans le cas d'un cylindre avec une base circulaire, sélectionnez l'option souhaitée (Centre + rayon, 2 points, 3 points ou Ttr). Par exemple l'option par défaut.

3. Spécifiez le centre de la base.

4. Indiquez le rayon ou le diamètre de la base.

5. Spécifiez la hauteur.

Pour créer un solide en forme de cylindre avec la hauteur et l'orientation spécifiées par l'extrémité de l'axe, la procédure est la suivante :

1. Exécutez la commande de création du cylindre à l'aide d'une des méthodes mentionnées au point précédent.

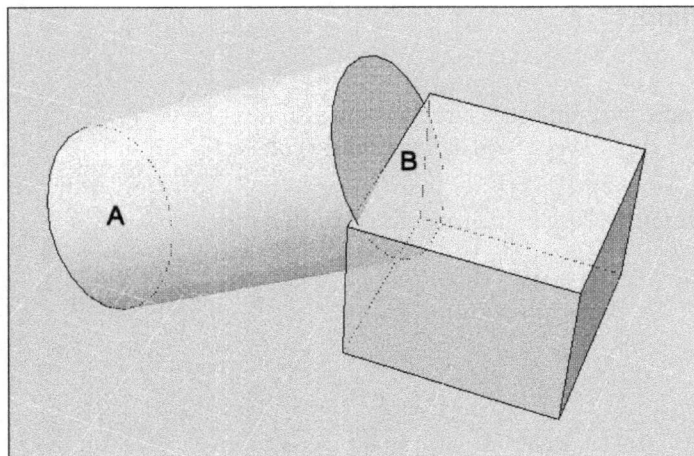

Fig.17.18

2. Spécifiez le centre de la base.

3. Indiquez le rayon ou le diamètre de la base.

4. Sur la ligne de commande, entrez A.

5. Spécifiez l'extrémité de l'axe du cylindre. L'extrémité peut se situer n'importe où dans l'espace 3D (fig.17.18).

Pour créer un solide en forme de cylindre avec la hauteur définie par deux points, la procédure est la suivante :

1. Exécutez la commande de création du cylindre à l'aide d'une des méthodes mentionnées au point précédent.

2. Spécifiez le centre de la base.

3. Indiquez le rayon ou le diamètre de la base.

4. Sur la ligne de commande, entrez 2P.

5. Spécifiez le premier point : A, puis le second point : B (fig.17.19).

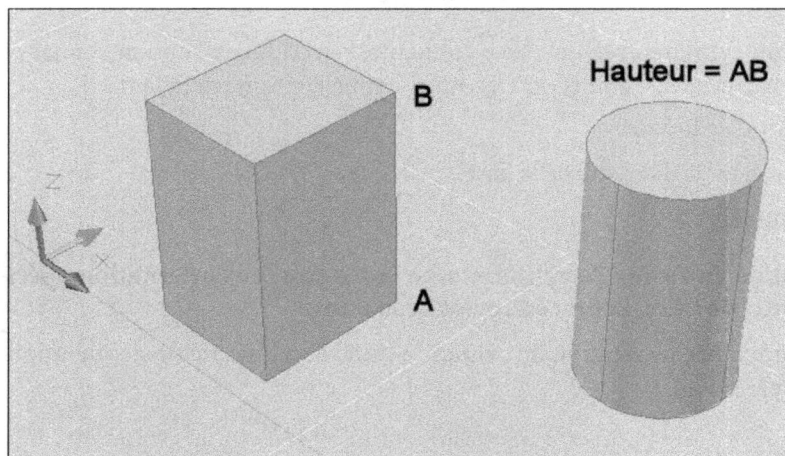

Fig.17.19

Modification des dimensions du cylindre

Vous pouvez utiliser les poignées disponibles ou la palette Propriétés pour modifier la forme et la taille du solide tout en conservant sa forme de base originale.

Si vous utilisez les poignées, AutoCAD affiche la valeur du déplacement et la nouvelle valeur totale. Vous pouvez passer d'une valeur à l'autre par la touche Tab (fig.17.20).

La création d'un solide en forme de sphère

PRINCIPE

Lorsque vous spécifiez le centre, la sphère est positionnée de manière à ce que son axe central soit parallèle à l'axe Z du système de coordonnées utilisateur (SCU) courant.

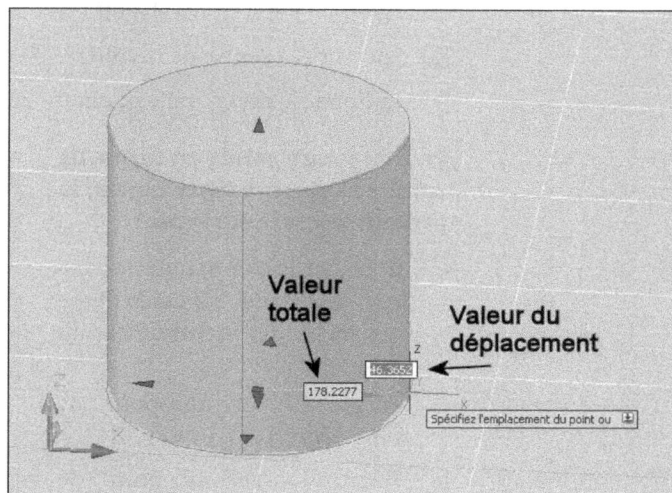

Fig.17.20

Vous pouvez utiliser l'une des options suivantes pour définir la sphère :

▸ 3P (Trois points). Définit la circonférence de la sphère en spécifiant trois points dans l'espace 3D. Les trois points spécifiés définissent également le plan de la circonférence.

▸ 2P (Deux points). Définit la circonférence de la sphère en spécifiant deux points dans l'espace 3D. Le plan de la circonférence est défini par la valeur Z du premier point.

▸ TTR (tangente tangente rayon). Définit la sphère comme étant tangente à deux objets, plus une valeur de rayon. Les points de tangence spécifiés sont projetés dans le SCU courant.

Pour créer un solide en forme de sphère, la procédure est la suivante :

1   Exécutez la commande de création du solide à l'aide d'une des méthodes suivantes :

Menu : cliquez sur le menu **Dessin** (Draw) puis **Modélisation** (Modeling) puis Sphère (Sphere).

Icône : cliquez sur l'icône **Sphère** (Sphere) de la barre d'outils **Modélisation** (Modeling)

Tableau de bord : cliquez sur l'icône **Sphère** (Sphere) du Panneau de configuration **Création 3D**.

Clavier : entrez la commande **SPHERE**.

2. Sélectionnez l'option souhaitée (Centre + rayon, 2 points, 3 points ou Ttr). Par exemple l'option par défaut.

3. Spécifiez le centre de la sphère.

4. Indiquez le rayon ou le diamètre de la sphère.

Pour créer un solide en forme de sphère tangent à deux objets, la procédure est la suivante :

1. Exécutez la commande de création de la sphère à l'aide d'une des méthodes mentionnées au point précédent.

2. Pointez le premier point de tangence : A (fig.17.21).

3. Pointez le second point de tangence : B.

4. Entrez la valeur du rayon.

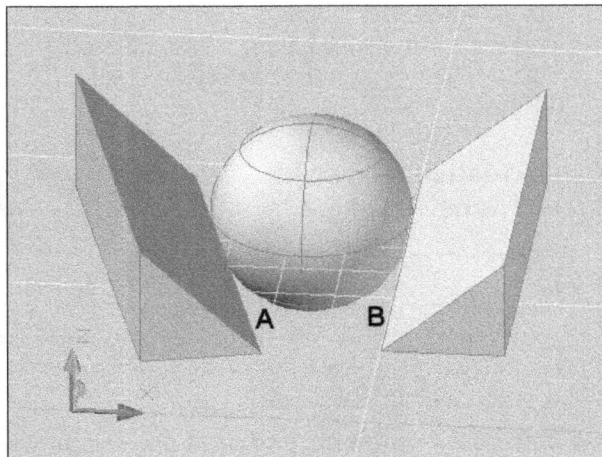

Fig.17.21

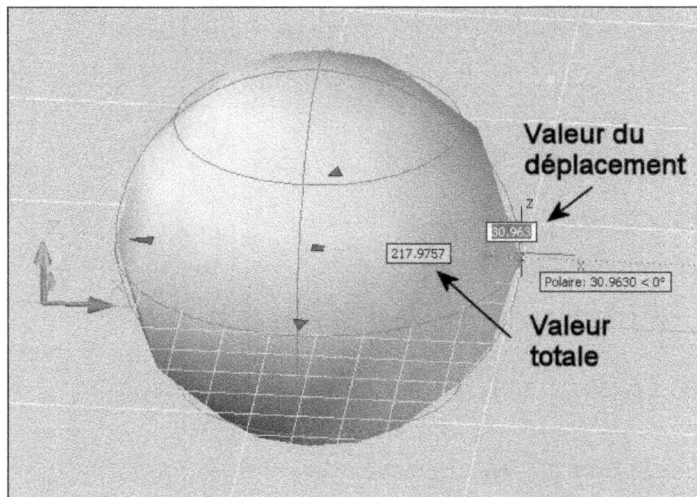

Fig.17.22

Modification des dimensions de la sphère

Vous pouvez utiliser les poignées disponibles ou la palette Propriétés pour modifier la forme et la taille du solide tout en conservant sa forme de base originale.

Si vous utilisez les poignées AutoCAD affiche la valeur du déplacement et la nouvelle valeur totale. Vous pouvez passer d'une valeur à l'autre par la touche Tab (fig.17.22).

La création d'un solide en forme de pyramide

PRINCIPE

Vous pouvez créer un solide en forme de pyramide avec un nombre de côtés compris entre 3 et 32. La valeur par défaut est 4.

Outre la spécification de la hauteur de la pyramide, vous pouvez utiliser l'option **Extrémité Axe** de la commande pour spécifier l'emplacement de l'extrémité de l'axe de la pyramide. Cette extrémité correspond au point supérieur de la pyramide ou au centre de la face supérieure si l'option Rayon supérieur est utilisée. L'extrémité de l'axe peut se trouver n'importe où dans l'espace 3D. L'extrémité de l'axe définit la longueur et l'orientation de la pyramide.

Vous pouvez aussi utiliser l'option **Rayon supérieur** pour créer un tronc de cône d'une pyramide se terminant en face plane comportant le même nombre de côtés que la base.

Pour créer un solide en forme de pyramide, la procédure est la suivante :

[1] Exécutez la commande de création du solide à l'aide d'une des méthodes suivantes :

- Menu : cliquez sur le menu **Dessin** (Draw) puis **Modélisation** (Modeling) puis Pyramide (Pyramid).

- Icône : cliquez sur l'icône **Pyramide** (Pyramid) de la barre d'outils **Modélisation** (Pyramid)

- Tableau de bord : cliquez sur l'icône **Pyramide** (Pyramid) du Panneau de configuration **Création 3D**.

- Clavier : entrez la commande **PYRAMIDE** (Pyramid)

[2] Sélectionnez l'option souhaitée (Centre + rayon, Arête, Côté). Par exemple l'option par défaut.

[3] Spécifiez le centre de la base.

[4] Indiquez le rayon.

[5] Spécifiez la hauteur de la pyramide ou sélectionnez l'option souhaitée (2Point, extrémité Axe, rayon Supérieur).

Pour créer un solide en forme de tronc de cône d'une pyramide, la procédure est la suivante :

[1] Exécutez la commande de création de la pyramide à l'aide d'une des méthodes mentionnées au point précédent.

[2] Spécifiez le centre de la base ou sélectionnez une autre option. Par exemple : Côté (Edge).

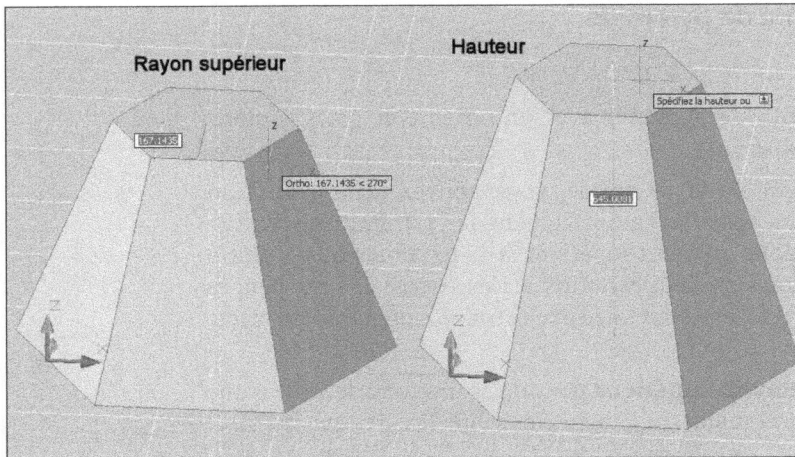

Fig.17.23

3. Entrez le nombre de côtés : 6

4. Pointez le centre et indiquez le rayon ou le diamètre de la base.

5. Entrez r (Rayon supérieur).

6. Spécifiez le rayon supérieur.

7. Spécifiez la hauteur de la pyramide (fig.17.23).

Modification des dimensions de la pyramide

Vous pouvez utiliser les poignées disponibles ou la palette Propriétés pour modifier la forme et la taille du solide tout en conservant sa forme de base originale.

Si vous utilisez les poignées AutoCAD affiche la valeur du déplacement et la nouvelle valeur totale. Vous pouvez passer d'une valeur à l'autre par la touche Tab (fig.17.24).

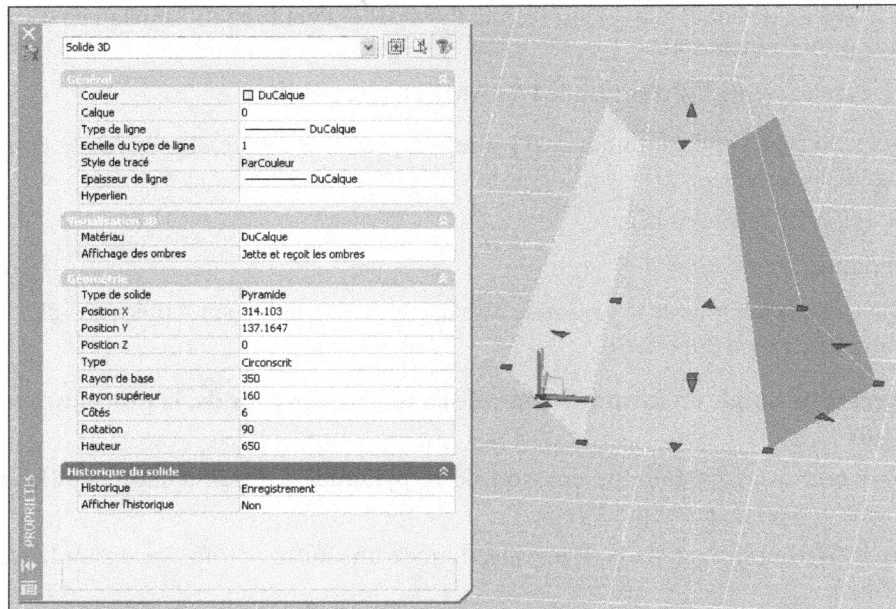

Fig.17.24

La création d'un solide en forme de tore

PRINCIPE

Un tore est défini par deux valeurs de rayon, l'une pour le tube et l'autre pour la distance entre le centre du tore et le centre du tube.

L'option 3P (Trois points) de la commande **TORE** permet de définir la circonférence du tore par spécification de trois points dans l'espace 3D.

Le tore est tracé parallèlement et à la bissection du plan XY du SCU courant (ce n'est pas forcément vrai si vous utilisez l'option **3P** [Trois points] de la commande **TORE**).

Un tore peut présenter une intersection. Ce type de tore n'est pas creux au centre car le rayon du tube est supérieur à celui du tore.

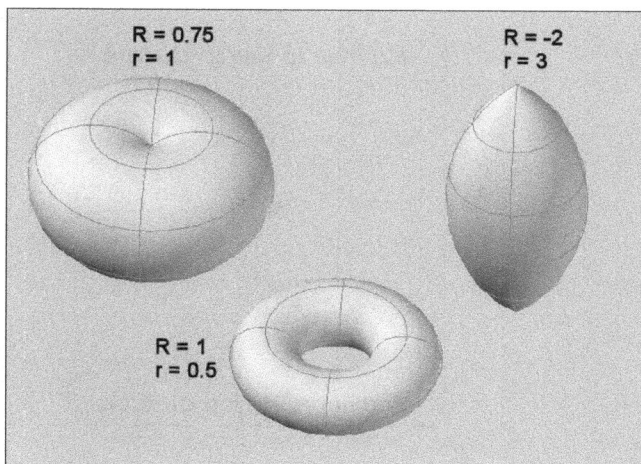

Fig.17.25

Un tore peut avoir la forme d'un ballon de rugby, il convient dans ce cas d'indiquer un rayon négatif pour le tore et un rayon positif de valeur supérieure pour le tube (fig.17.25).

Pour créer un solide en forme de tore, la procédure est la suivante :

1. Exécutez la commande de création du solide à l'aide d'une des méthodes suivantes :

   Menu : cliquez sur le menu **Dessin** (Draw) puis **Modélisation** (Modeling) puis **Tore** (Torus).

   Icône : cliquez sur l'icône **Tore** (Torus) de la barre d'outils **Modélisation** (Modeling)

   Tableau de bord : cliquez sur l'icône **Tore** (Torus) du Panneau de configuration **Création 3D**.

   Clavier : entrez la commande **TORE** (Torus).

2. Spécifiez le centre du tore.

3. Spécifiez le rayon ou le diamètre du tore.

4. Spécifiez le rayon ou le diamètre du tube.

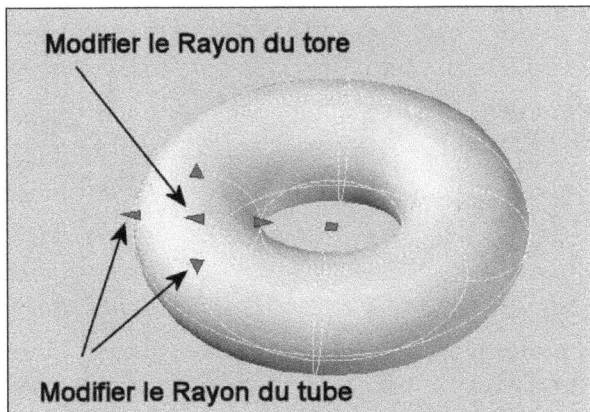

Modifier le Rayon du tore

Modifier le Rayon du tube

Fig.17.26

Modification des dimensions du tore

Vous pouvez utiliser les poignées disponibles ou la palette Propriétés pour modifier la forme et la taille du solide tout en conservant sa forme de base originale.

Si vous utilisez les poignées, AutoCAD affiche la valeur du déplacement et la nouvelle valeur totale. Vous pouvez passer d'une valeur à l'autre par la touche Tab (fig.17.26).

La création d'un polysolide

PRINCIPE

Un polysolide est un solide ayant un profil rectangulaire et qui est tracé de la même manière qu'une polyligne. Il sert à créer des murs par exemple. Vous pouvez spécifier la hauteur et la largeur du profil ainsi que la justification (gauche, centre, droite).

La commande **POLYSOLIDE** vous permet également de créer un polysolide à partir d'une ligne existante, d'une polyligne 2D, d'un arc ou d'un cercle.

Dessin d'un polysolide

Pour créer un polysolide, la procédure est la suivante :

1. Exécutez la commande de création du solide à l'aide d'une des méthodes suivantes :

   Menu : cliquez sur le menu **Dessin** (Draw) puis **Modélisation** (Modeling) puis Polysolide (Polysolid).

   Icône : cliquez sur l'icône **Polysolide** (Polysolid) de la barre d'outils **Modélisation** (Modeling)

   Tableau de bord : cliquez sur l'icône **Polysolide** (Polysolid) du Panneau de configuration **Création 3D**.

   Clavier : entrez la commande **POLYSOLIDE** (Polysolid)

2. Spécifiez les paramètres de largeur, hauteur et justification.

3. Spécifiez un point de départ.

4. Spécifiez le point suivant.

⑤ Répétez l'étape 4 pour continuer le tracé ou sélectionnez l'option Arc pour tracer un segment courbe.

⑥ Appuyez sur Entrée pour terminer (fig.17.27).

Dessin d'un polysolide à partir de courbes

Pour créer un polysolide à partir d'un objet existant, la procédure est la suivante :

① Exécutez la commande de création d'un polysolide à l'aide d'une des méthodes mentionnées au point précédent.

② Entrez O, puis appuyez sur Entrée.

③ Sélectionnez une ligne, une polyligne 2D, un arc ou un cercle (fig.17.28).

④ Une fois le solide créé, l'objet d'origine peut être supprimé ou conservé en fonction du paramètre défini pour la variable système **DELOBJ**.

Modification d'un polysolide

Vous pouvez utiliser les poignées disponibles pour modifier la forme et la taille du polysolide. Dans le cas de la figure 17.29, la poignée inférieure gauche a été déplacée horizontalement pour élargir la base du polysolide.

Dans le cas de la figure 17.30, la poignée supérieure droite a été déplacée vers le bas pour biseauter la partie supérieure du polysolide.

Dans le cas de la figure 17.31, les deux poignées supérieures du profil ont été sélectionnées en même temps (garder la touche Maj enfoncée) pour augmenter la hauteur du polysolide.

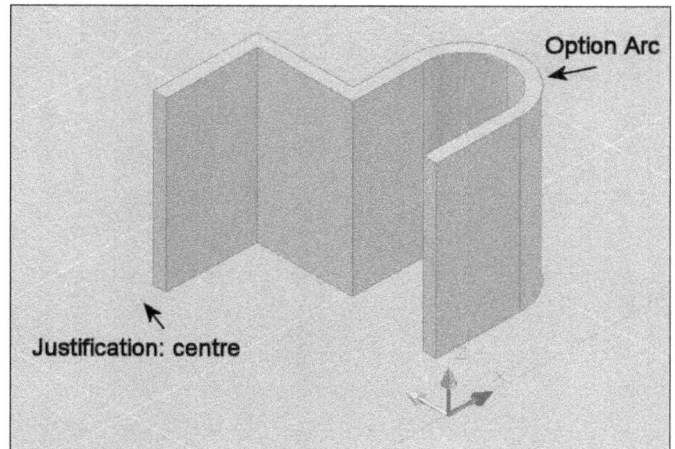

Fig.17.27

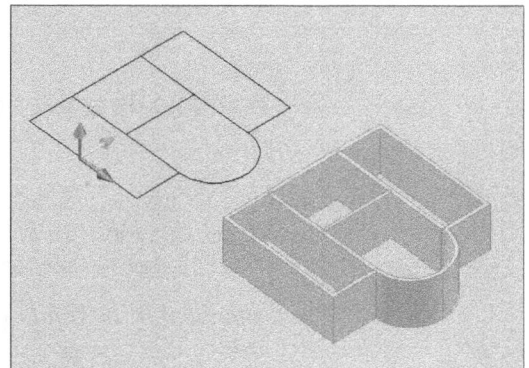

Fig.17.28

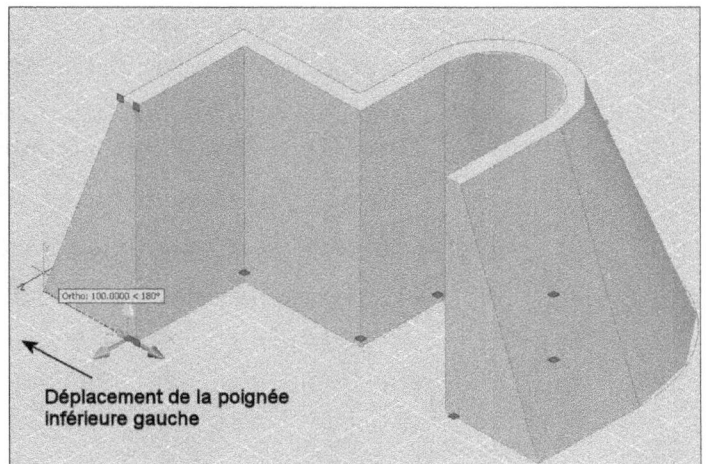

Fig.17.29

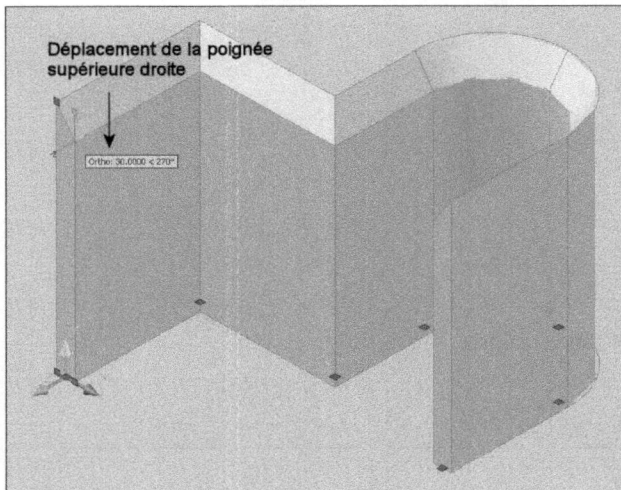

Fig.17.30

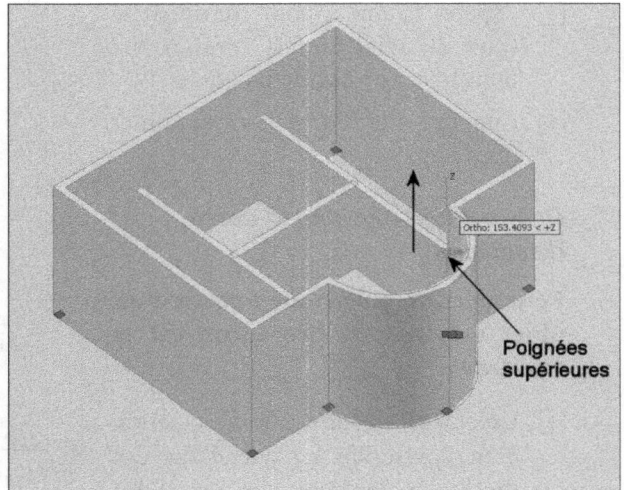

Fig.17.31

L'assemblage de solides primitifs 3D

PRINCIPE

Un solide composite est créé par l'assemblage de solides existants à l'aide d'opérations booléennes de type Union, Soustraction ou Intersection. Il s'agit d'une technique très simple qui permet de créer facilement des objets plus complexes.

Comment créer un solide composite par union d'autres solides ?

L'union de plusieurs objets solides engendre un objet unique avec fusion des volumes. Il n'y a donc pas superposition de matière comme dans le simple assemblage de solides. La procédure d'union est la suivante :

1 Exécutez la commande d'union de solides à l'aide de l'une des méthodes suivantes :

Menu : choisissez le menu déroulant **Modification** (Modify) puis l'option **Edition des solides** (Solids Editing) puis **Union**.

Tableau de bord : panneau de configuration **Création 3D** puis **Union**.

Icône : choisissez l'icône **Union** de la barre d'outils **Modélisation** (Modeling).

Clavier : tapez la commande **UNION**.

2 Désignez les objets à réunir puis appuyez sur Enter. Par exemple : un cône et un cube (fig.17.32).

Comment créer un solide composite par soustraction de solides ?

La soustraction de solides permet de supprimer la partie commune entre un objet (ou un ensemble d'objets) et un autre. La procédure de soustraction est la suivante :

1 Exécutez la commande de soustraction de solides à l'aide de l'une des méthodes suivantes :

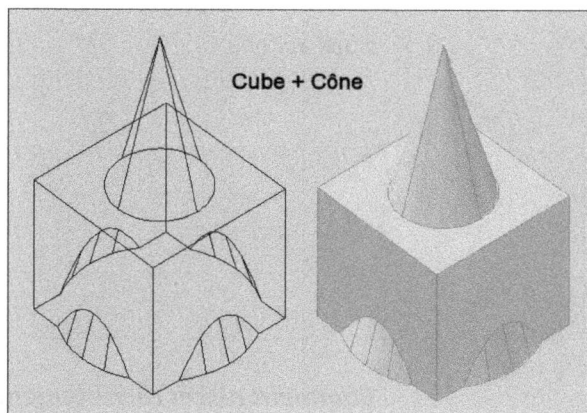

Fig.17.32

📧 Menu : choisissez le menu déroulant **Modification** (Modify) puis l'option **Edition des solides** (Solids Editing) puis **Soustraction** (Subtract).

○◉○ Tableau de bord : panneau de configuration **Création 3D** puis **Soustraction**.

🖱 Icône : choisissez l'icône **Soustraction** (Subtract) de la barre d'outils **Modélisation** (Modeling).

⌨ Clavier : tapez la commande **SOUSTRAC-TION** (SUBTRACT).

2 Désignez le ou les objets auxquels vous souhaitez appliquer une opération de soustraction. Appuyez sur Entrée. Par exemple un cube.

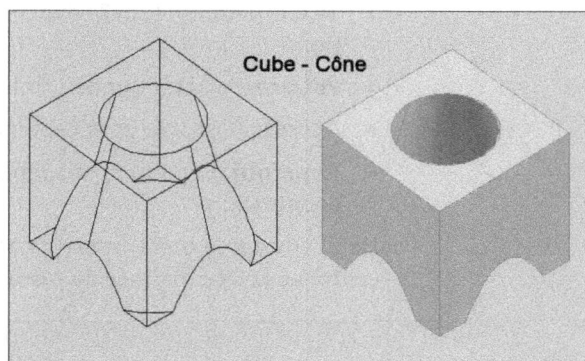

Fig.17.33

3 Sélectionnez le ou les objets à retrancher. Par exemple un cône (fig.17.33).

Comment créer un solide composite par intersection de solides ?

L'intersection de solides permet de créer un solide composite en conservant uniquement la partie commune entre deux ou plusieurs solides. La procédure est la suivante :

1 Exécutez la commande d'intersection de solides à l'aide de l'une des méthodes suivantes :

📧 Menu : choisissez le menu déroulant **Modification** (Modify) puis l'option **Edition de solides** (Solids Editing) puis **Intersection**.

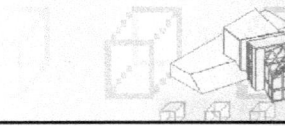

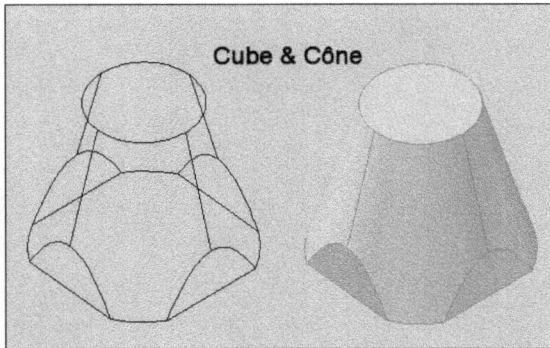

Cube & Cône

Fig.17.34

○○○ Tableau de bord : panneau de configuration **Création 3D** puis **Intersection.**

Icône : choisissez l'icône **Intersection** de la barre d'outils **Modélisation** (Modeling).

Clavier : tapez la commande **INTERSECT**.

[2] Sélectionnez les objets dont on souhaite conserver la partie commune. Par exemple un cube et un cône (fig.17.34).

Comment placer correctement les solides ?

Pour rappel, il existe une série d'outils d'aide dans AutoCAD pour placer facilement des objets par rapport à d'autres :

▸ **SCUD** (DUCS) : le SCU dynamique, pour activer interactivement le plan de construction

▸ **Polaire** (Polar) : pour définir les directions

▸ **Accrobj** (Osnap) : pour capter des points caractéristiques des objets

▸ **Reperobj** (Otrack) : pour repérer des points dans le dessin à l'aide de chemins d'alignements.

Dans l'exemple de la figure 17.35 ces différents outils ont été activés pour trouver le centre de la face inclinée du biseau afin d'y placer un cylindre (fig.17.36).

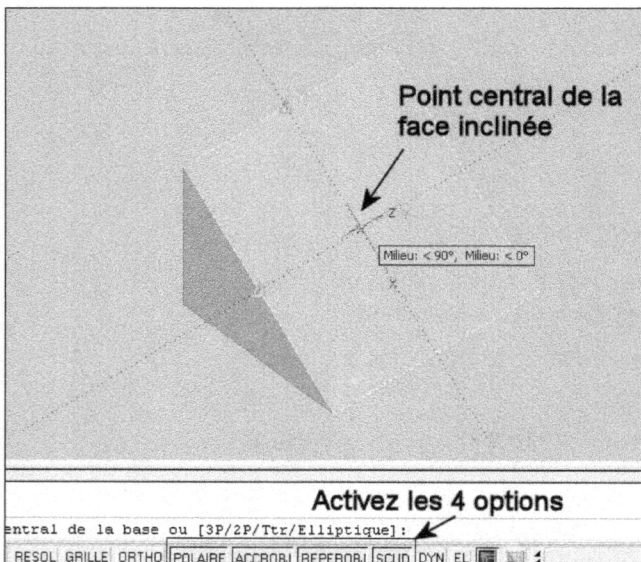

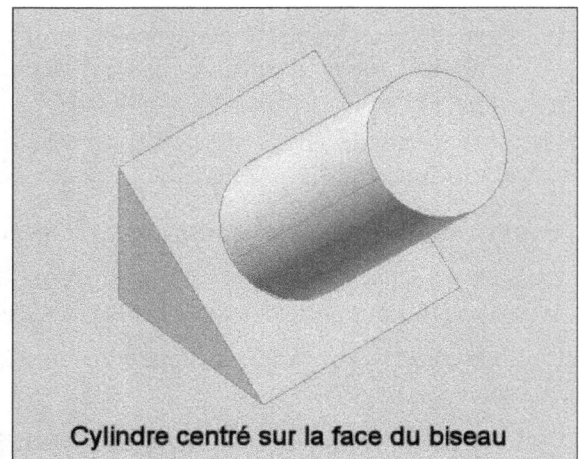

Point central de la face inclinée

Milieu: < 90°, Milieu: < 0°

Activez les 4 options

entral de la base ou [3P/2P/Ttr/Elliptique]:

RESOL GRILLE ORTHO POLAIRE ACCROBJ REPEROBJ SCUD DYN EL

Fig.17.35

Cylindre centré sur la face du biseau

Fig.17.36

Historique de construction des solides

PRINCIPE

Par défaut, les solides 3D enregistrent un historique de leurs formes d'origine. Cet historique vous permet de visualiser les formes d'origine qui constituent un solide composé et de les modifier en cas de besoin.

Pour qu'un solide composé puisse enregistrer un historique de ses composants d'origine, la propriété Historique des solides individuels d'origine doit être définie sur Enregistrement. Il s'agit de la valeur par défaut, mais celle-ci peut être modifiée dans la zone Historique du solide de la palette Propriétés ou par l'intermédiaire de la variable système **SOLIDHIST**.

Pour les solides composés, définissez la propriété Afficher l'historique sur Oui pour afficher une représentation filaire des formes d'origine (dans un état estompé) des différents solides d'origine qu'utilise le composé. Vous pouvez aussi utiliser la variable système **SHOWHIST** pour afficher les formes d'origine.

Activation de l'historique et de l'affichage

Pour spécifier qu'un solide doit enregistrer un historique de ses formes d'origine (fig.17.37) :

☐1 Si la palette **Propriétés** n'est pas affichée, choisissez **Outils** (Tools) puis **Palettes** et **Propriétés** (Properties).

☐2 Dans votre dessin, sélectionnez un solide.

☐3 Dans la zone **Historique du solide** (Solid History) de la palette **Propriétés**, sous **Historique** (History), choisissez **Enregistrement** (Record).

Pour afficher les solides d'origine qui forment un solide composé (fig.17.38) :

☐1 Si la palette **Propriétés** n'est pas affichée, choisissez **Outils** (Tools) puis **Palettes** et **Propriétés** (Properties).

☐2 Dans votre dessin, sélectionnez un solide 3D composé.

☐3 Dans la zone **Historique du solide** (Solid History) de la palette Propriétés, sous **Afficher l'historique** (Show History), choisissez **Oui** (Yes).

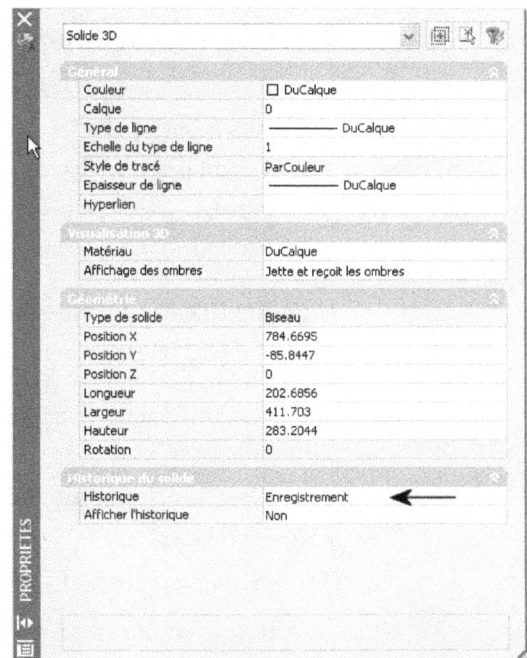

Fig.17.37

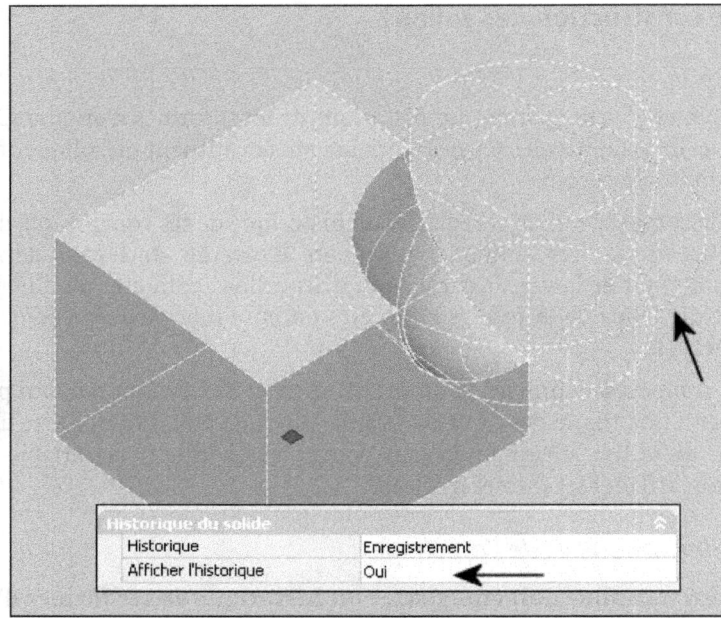

Fig.17.38

Pour supprimer l'historique d'un solide :

1. Si la palette **Propriétés** n'est pas affichée, choisissez **Outils** (Tools) puis **Palettes** et **Propriétés** (Properties).

2. Dans un dessin, sélectionnez un solide 3D.

3. Dans la zone **Historique du solide** (Solid History) de la palette **Propriétés** (Properties), sous **Historique** (History), choisissez **Aucun** (None).

Modification de formes individuelles d'un solide composé

Vous pouvez sélectionner les formes individuelles d'origine d'un solide composé en maintenant la touche Ctrl enfoncée. Si la forme d'origine est un solide primitif, des poignées s'affichent pour vous permettre de modifier sa forme et sa taille dans le composé.

Pour sélectionner et modifier un solide individuel inclus dans un solide composé (fig.17.39) :

1. Appuyez sur la touche Ctrl et maintenez-la enfoncée.

2. Cliquez sur un solide individuel inclus dans un solide composé.

3. Répétez l'étape 2 jusqu'à sélectionner la forme voulue.

4. Utilisez les poignées pour modifier le solide.

5. Désactivez éventuellement l'affichage de l'historique.

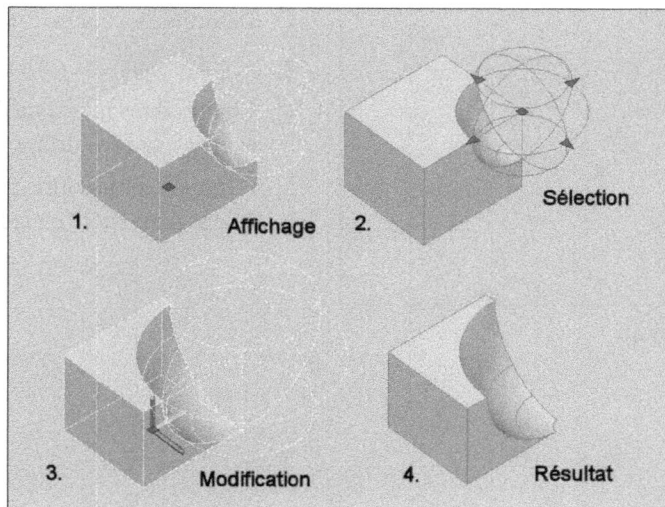

Fig.17.39

Ajout de solides par la fonction Appuyer-tirer sur des zones délimitées

PRINCIPE

Outre les opérations booléennes vous pouvez aussi ajouter ou percer des solides en appuyant ou en tirant sur des zones délimitées tout en maintenant enfoncées les touches Ctrl + Alt. Chaque zone doit être délimitée par des arêtes ou des lignes coplanaires.

Les zones délimitées peuvent être définies par les types d'objets suivants :

▶ Toute zone qui peut être hachurée en sélectionnant un point (avec une tolérance d'espace de zéro).

▶ Zones fermées par des objets linéaires et coplanaires sécants (y compris les arêtes et la géométrie des blocs).

▶ Polylignes fermées, régions, faces 3D et solides 2D qui se composent de sommets coplanaires.

▶ Zones créées par une géométrie (y compris les arêtes des faces) coplanaire à toute face d'un solide 3D.

PROCÉDURE

Pour appuyer sur une zone délimitée ou la tirer, la procédure est la suivante :

1. Modélisez le solide de base. Par exemple une boîte (fig.17.40).

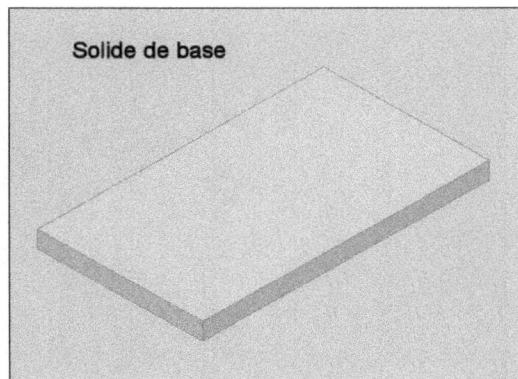

Fig.17.40

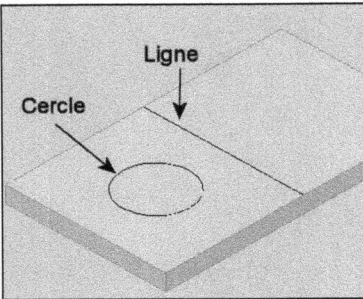

Fig.17.41

2. Délimitez les zones. Par exemple à l'aide d'un cercle et d'une ligne (fig.17.41).

3. Appuyez sur Ctrl + Alt et maintenez les touches enfoncées.

4. Cliquez dans une zone délimitée par des arêtes ou des lignes coplanaires. Par exemple la zone droite.

5. Faites glisser la souris pour tirer sur la zone délimitée. Cliquez ou entrez une valeur pour spécifier la hauteur (fig.17.42).

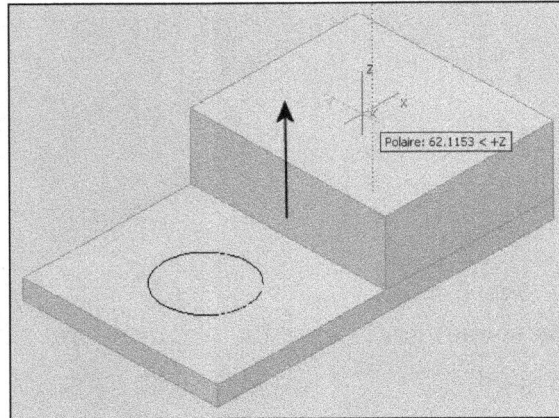

Fig.17.42

6. Cliquez dans une autre zone délimitée par des arêtes ou des lignes coplanaires. Par exemple dans le cercle.

7. Appuyez sur la zone pour réaliser un percement.

8. Cliquez ou entrez une valeur pour spécifier la profondeur (fig.17.43 et 17.44).

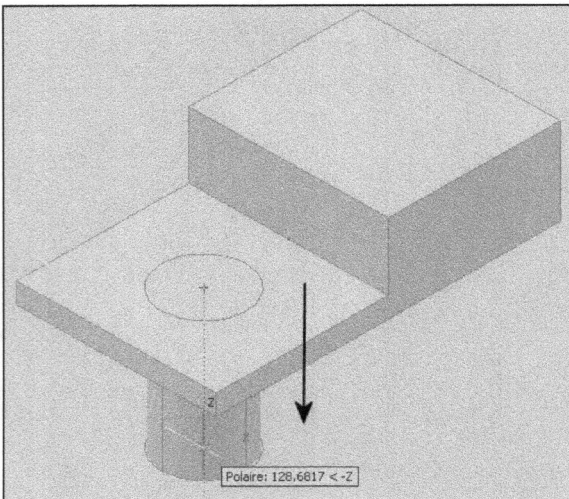

Fig.17.43   Fig.17.44

CHAPITRE 18

CRÉATION DE SOLIDES ET DE SURFACES À PARTIR DE LIGNES OU DE COURBES

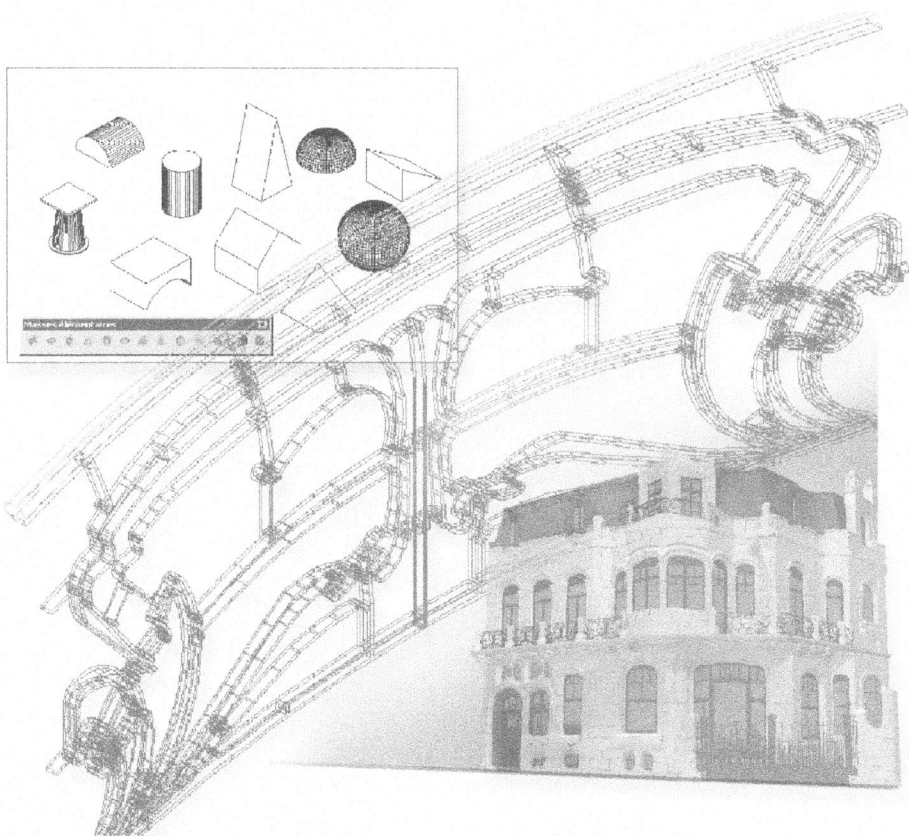

Outre les primitives 3D, vous pouvez aussi créer des solides et des surfaces à partir de lignes et de courbes existantes. Dans ce cas, vous pouvez utiliser ces objets pour définir à la fois le profil et la trajectoire pour le solide ou la surface.

En général une forme fermée engendre un solide et une forme ouverte engendre une surface. Les surfaces ne doivent pas être confondues avec les maillages (voir chapitre 6) qui ne sont que des approximations de surfaces.

Les principales techniques sont les suivantes (fig.18.1) :

▶ Création d'un solide ou d'une surface par **extrusion** d'un profil de base selon une hauteur, une direction ou un chemin.

▶ Création d'un solide ou d'une surface par **balayage** d'une courbe plane (profil) ouverte ou fermée le long d'une trajectoire 2D ou 3D ouverte ou fermée.

▶ Création d'un solide ou d'une surface par **lissage** via un jeu de deux courbes de coupe ou plus.

▶ Création d'un solide ou d'une surface par **révolution** d'objets ouverts ou fermés autour d'un axe. Les objets ayant subi une révolution définissent le profil du solide ou de la surface.

La création d'un solide ou d'une surface par extrusion

Vous pouvez extruder les objets et sous-objets suivants :

▶ Lignes

▶ Arcs

▶ Arcs elliptiques

▶ Polylignes 2D

▶ Splines 2D

▶ Cercles

▶ Ellipses

▶ Faces 3D

▶ Solides 2D

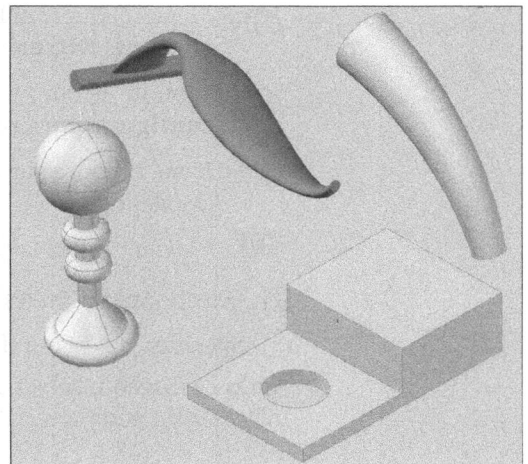

Fig 18.1

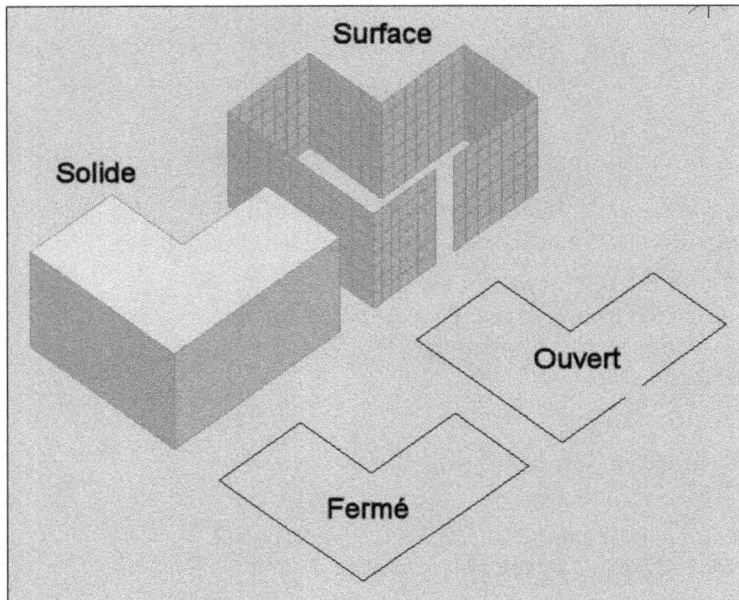

Fig.18.2

- ▶ Arêtes
- ▶ Régions
- ▶ Surfaces planes
- ▶ Faces planes sur des solides

Si vous extrudez un objet fermé, l'objet obtenu sera un solide et si vous extrudez un objet ouvert, l'objet obtenu sera une surface (fig.18.2).

Pour extruder des objets, vous pouvez utiliser l'une des méthodes suivantes :

1. Définissez une hauteur d'extrusion.
2. Sélectionnez un chemin d'extrusion (trajectoire).
3. Spécifiez un angle d'extrusion.
4. Définissez une direction et une longueur en pointant 2 points.

Comment extruder un objet suivant une épaisseur ?

1. Dessinez l'objet de base. Par exemple une polyligne.

Exécutez la commande d'extrusion à l'aide d'une des méthodes suivantes :

Menu : cliquez sur le menu **Dessin**(Draw), puis l'option **Modélisation** (Modeling) et ensuite **Extrusion** (Extrude).

Tableau de bord : cliquez sur l'icône **Extrusion** (Extrude) dans le **Panneau de configuration Création 3D**.

Icône : cliquez sur l'icône **Extrusion** (Extrude) de la barre d'outils **Modélisation** (Modeling).

Clavier : entrez la commande **EXTRUSION** (Extrude).

2. Sélectionnez le ou les objets à extruder, puis appuyez sur **Entrée**.
3. Spécifiez la hauteur (fig.18.3).

Après l'extrusion, l'objet d'origine peut être supprimé ou conservé en fonction du paramètre défini pour la variable système **DELOBJ**.

Comment extruder un objet suivant une épaisseur et un angle ?

La création d'une extrusion conique (avec un angle) est particulièrement utile pour concevoir des pièces dont les côtés doivent être inclinés selon un angle donné (par exemple, un moule de fonderie pour des pièces métalliques). Evitez d'utiliser des angles d'extrusion très grands. En effet, si l'angle est trop important, le profil risque de se réduire à un point avant la hauteur de l'extrusion indiquée. La procédure est la suivante :

Dessinez l'objet de base. Par exemple une polyligne.

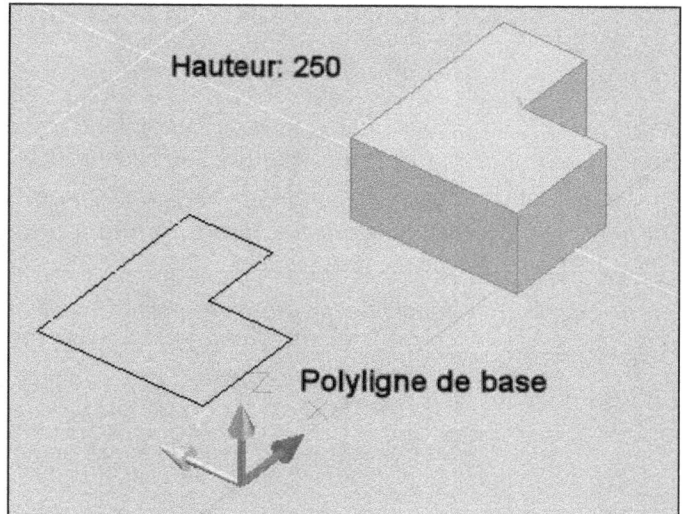

Fig.18.3

① Exécutez la commande d'extrusion à l'aide d'une des méthodes suivantes :

Menu : cliquez sur le menu **Dessin** (Draw), puis l'option **Modélisation** (Modeling) et ensuite **Extrusion** (Extrude).

Tableau de bord : cliquez sur l'icône **Extrusion** (Extrude) dans le **Panneau de configuration Création 3D**.

Icône : cliquez sur l'icône **Extrusion** (Extrude) de la barre d'outils **Modélisation** (Modeling).

Clavier : entrez la commande **EXTRUSION** (EXTRUDE).

② Sélectionnez le ou les objets à extruder, puis appuyez sur **Entrée**.

③ Entrez l'option **E** (T), puis appuyez sur **Entrée**.

④ Spécifiez l'angle d'extrusion (par exemple : 15°), puis appuyez sur **Entrée**.

⑤ Spécifiez la hauteur, puis appuyez sur **Entrée** (fig.18.4).

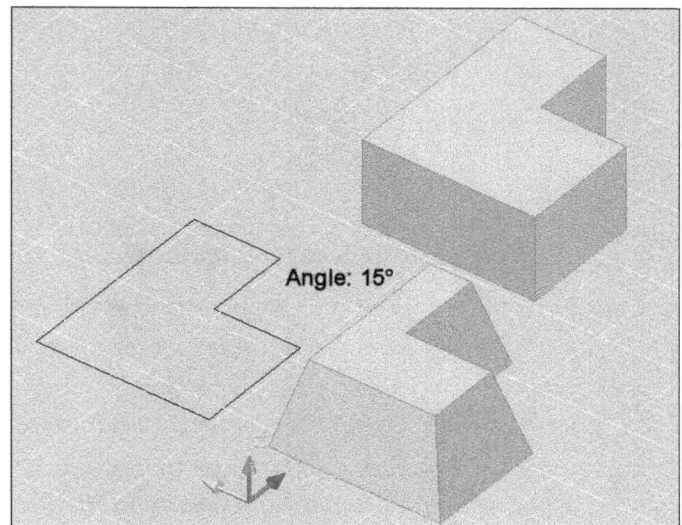

Fig.18.4

Comment extruder un objet suivant une trajectoire ?

L'option Chemin vous permet de spécifier un objet comme trajectoire pour l'extrusion. Le profil de l'objet sélectionné est extrudé le long de la trajectoire choisie pour créer un solide ou une surface. Pour obtenir les meilleurs résultats possibles, il est préférable que la trajectoire se trouve sur ou dans les limites de l'objet en cours d'extrusion.

L'extrusion diffère du balayage. Lorsque vous extrudez un profil le long d'une trajectoire, celle-ci est déplacée vers le profil si elle ne le coupe pas encore. Puis le profil est balayé le long de la trajectoire.

Il convient de souligner que l'utilisation d'une trajectoire avec la commande Balayage (Sweep) offre un plus grand contrôle sur l'opération et donne de meilleurs résultats.

Le solide extrudé commence sur le plan du profil et se termine sur un plan perpendiculaire à la trajectoire, à l'extrémité de celle-ci.

Les objets suivants peuvent constituer une trajectoire :

▶ Lignes

▶ Cercles

▶ Arcs

▶ Ellipses

▶ Arcs elliptiques

▶ Polylignes 2D

▶ Polylignes 3D

▶ Splines 2D

▶ Splines 3D

▶ Arêtes de solides

▶ Arêtes de surfaces

▶ Hélices

La procédure est la suivante :

1. Dessinez l'objet de base. Par exemple un cercle.

2. Dessinez la trajectoire. Par exemple un arc situé dans un plan perpendiculaire au cercle.

3. Exécutez la commande d'extrusion à l'aide d'une des méthodes suivantes :

    Menu : cliquez sur le menu **Dessin** (Draw), puis l'option **Modélisation** (Modeling) et ensuite **Extrusion** (Extrude).

    Tableau de bord : cliquez sur l'icône **Extrusion** (Extrude) dans le **Panneau de configuration Création 3D**.

Icône : cliquez sur l'icône **Extrusion** (Extrude) de la barre d'outils **Modélisation** (Modeling).

Clavier : entrez la commande **EXTRUSION** (EXTRUDE).

4 Sélectionnez le ou les objets à extruder, puis appuyez sur **Entrée**.

5 Entrez l'option **C** (P), puis appuyez sur **Entrée**.

6 Sélectionnez l'objet à utiliser comme trajectoire (fig.18.5).

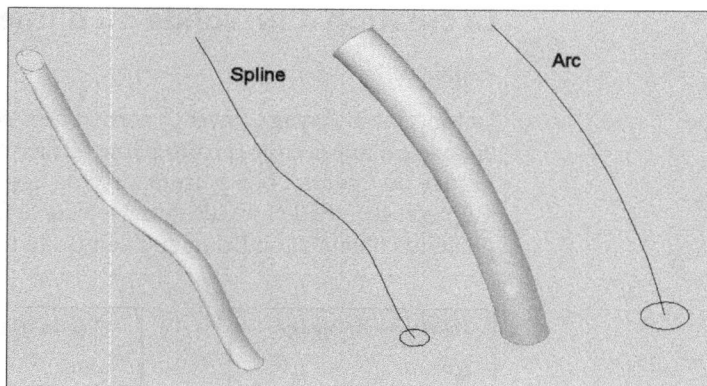

Fig.18.5

Comment extruder un objet suivant une direction et une longueur ?

L'option Direction vous permet de spécifier la longueur et la direction de l'extrusion par spécification de deux points. La procédure est la suivante :

1 Dessinez l'objet de base. Par exemple une polyligne.

2 Exécutez la commande d'extrusion à l'aide d'une des méthodes suivantes :

Menu : cliquez sur le menu **Dessin** (Draw), puis l'option **Modélisation** (Modeling) et ensuite **Extrusion** (Extrude).

Tableau de bord : cliquez sur l'icône **Extrusion** (Extrude) dans le **Panneau de configuration Création 3D**.

Icône : cliquez sur l'icône **Extrusion** (Extrude) de la barre d'outils **Modélisation** (Modeling).

Clavier : entrez la commande **EXTRU-SION** (EXTRUDE).

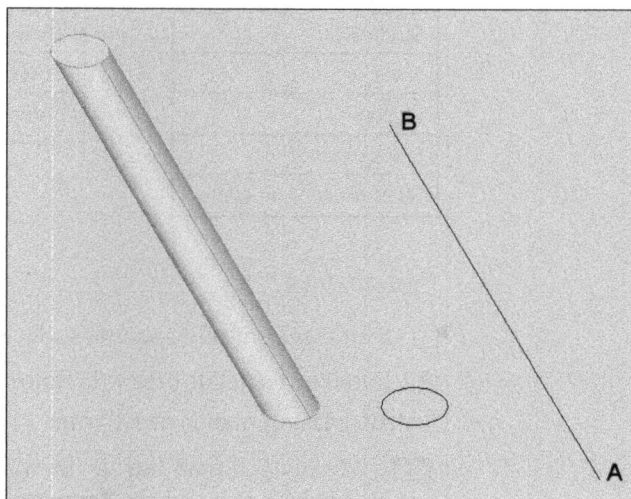

Fig.18.6

3 Sélectionnez le ou les objets à extruder, puis appuyez sur **Entrée**.

4 Entrez l'option **D,** puis appuyez sur **Entrée**.

5 Spécifiez deux points pour définir la longueur et la direction : A et B (fig.18.6).

La création d'un solide ou d'une surface par balayage

PRINCIPE

La fonction **Balayage** (Sweep) permet de créer un solide ou une surface en procédant au balayage d'une courbe (profil) plane fermée ou ouverte le long d'une trajectoire 2D ou 3D fermée ou ouverte. Elle permet ainsi de dessiner un solide ou une surface dans la forme du profil spécifié le long de la trajectoire définie. Il est possible de réaliser le balayage de plusieurs objets à condition qu'ils figurent tous sur le même plan.

Objets de balayage
Ligne
Arc
Arc elliptique
Polyligne 2D
Spline 2D
Cercle
Ellipse
Face plane 3D
Solide 2D
Trace
Région
Surface plane
Faces planes d'un solide

Objets utilisables en tant que trajectoire de balayage
Ligne
Arc
Arc elliptique
Polyligne 2
Spline 2
Cercle
Ellipse
3Spline 3D
Polyligne 3D
Hélice
Arêtes de solides ou de surface

PROCÉDURE

[1]   Pour créer un solide ou une surface par balayage, la procédure est la suivante :

[2]   Dessinez l'objet de base et la trajectoire. Par exemple un cercle et un arc.

Exécutez la commande de balayage à l'aide d'une des méthodes suivantes :

- Menu : cliquez sur le menu **Dessin** (Draw), puis l'option **Modélisation** (Modeling) et ensuite **Balayage** (Sweep).

- Tableau de bord : cliquez sur l'icône **Balayage** (Sweep) dans le **Panneau de configuration Création 3D**

- Icône : cliquez sur l'icône **Balayage** (Sweep) de la barre d'outils **Modélisation** (Modeling).

- Clavier : entrez la commande **BALAYAGE** (SWEEP).

3̲ Sélectionnez le ou les objets à balayer, puis appuyez sur **Entrée**.

4̲ Sélectionnez la trajectoire ou sélectionnez une option (fig.18.7).

OPTIONS

▸ **Alignement** (Alignment) : permet de spécifier si le profil à balayer doit être ou non aligné perpendiculairement à la direction de tangente de la trajectoire de balayage. Par défaut, le profil est aligné. Les options **Oui/Non** (Yes/No) permettent de spécifier si l'alignement doit se faire ou pas.

▸ **Point de base** (Base point) : permet de spécifier un point de base pour les objets à balayer. Si le point spécifié ne figure pas sur le plan des objets sélectionnés, il est projeté sur le plan.

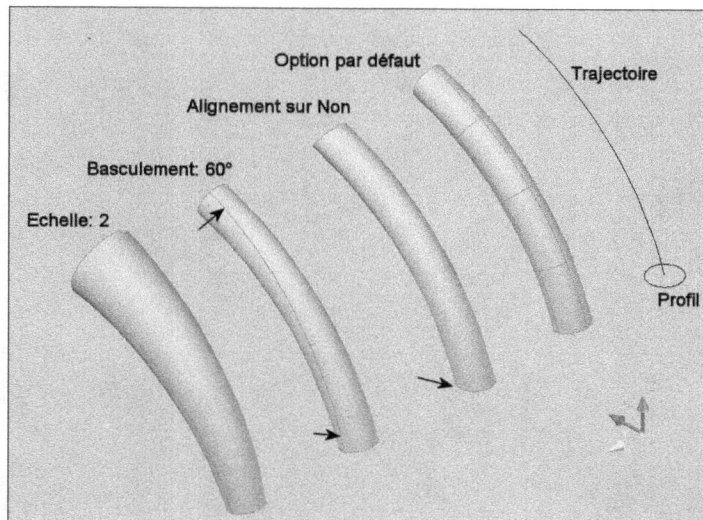

Fig.18.7

▸ **Echelle** (Scale) : permet de spécifier un facteur d'échelle pour l'opération de balayage. Le facteur d'échelle est appliqué de façon uniforme aux objets balayés du début à la fin de la trajectoire de balayage. L'option **Référence** (Reference), met à l'échelle les objets sélectionnés en fonction de la longueur référencée en choisissant des points ou en saisissant des valeurs.

▸ **Basculement** (Twist) : permet de définir un angle de basculement pour les objets balayés. Cet angle spécifie le degré de rotation sur toute la trajectoire de balayage. L'inclinaison spécifie si la ou les courbes balayées s'inclineront naturellement (pivoteront) le long d'une trajectoire de balayage non plane (polyligne 3D, spline 3D ou hélice).

Application : la création d'une porte

Dans cet exemple, nous allons créer une porte comportant la feuille de porte, le chambranle et la clenche. La procédure est la suivante :

1̲ Dessinez en 2D, à l'aide d'une polyligne fermée, le profil du chambranle. Il servira d'objet de balayage (fig.18.8).

2̲ Dessinez en 2D, à l'aide d'une polyligne ouverte le contour, de la porte. Il servira de trajectoire de balayage (fig.18.9).

3̲ Dessinez en 2D, à l'aide de polylignes ou de rectangles, la feuille de porte. Ces objets seront extrudés en 3D (fig.18.9).

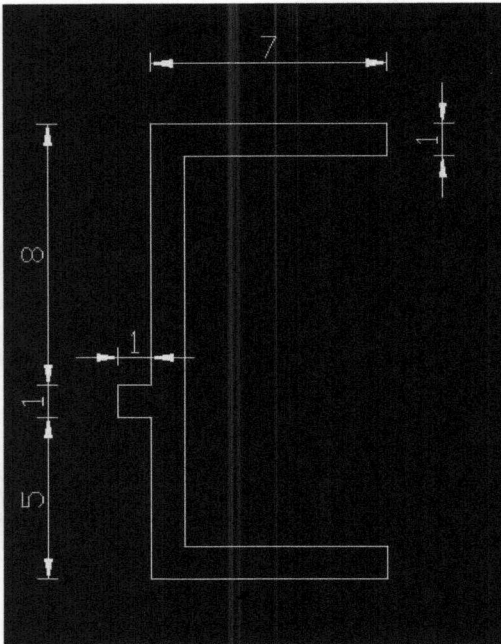

Fig.18.8

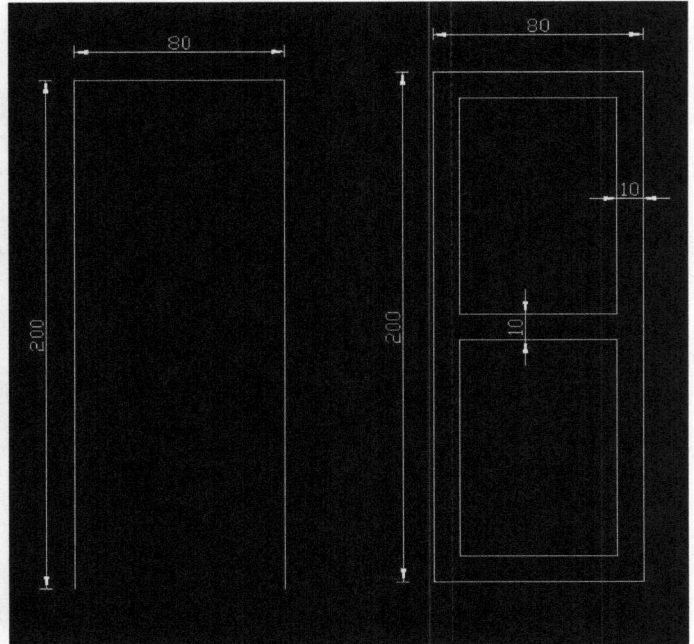

Fig.18.9

4. Dessinez en 2D le cercle et la polyligne pour créer la clenche (fig.18.10).

5. Pour créer le chambranle en 3D, il convient d'utiliser la fonction **Balayage** (Sweep).

6. Sélectionnez le profil du chambranle et appuyez sur Entrée.

7. Entrez B pour activer l'option **Point de Bas** (Base point) et pointez le point de passage de la trajectoire (fig.18.11).

8. Sélectionnez la trajectoire en pointant le côté droit du contour de la porte. Le chambranle en 3D est à présent créé (fig.18.12).

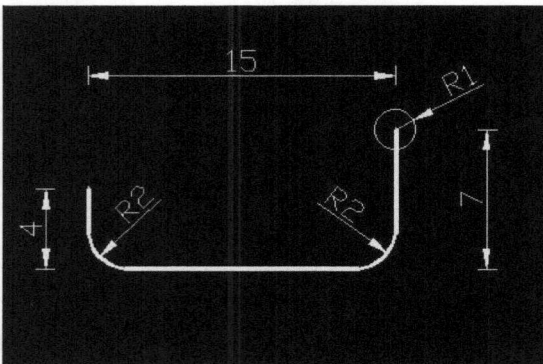

Fig.18.10

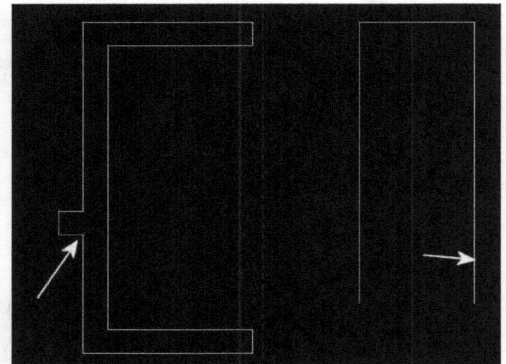

Fig.18.11

9. Pour la clenche, utilisez également la fonction **Balayage** (Sweep). Sélectionnez ensuite le cercle et appuyez sur Entrée.

10. Sélectionnez la trajectoire. La poignée est réalisée (fig.18.13).

    La feuille de porte peut être modélisée à l'aide de la fonction **Extrusion** (Extrude) et ensuite d'opérations booléennes de soustraction.

11. Cliquez sur l'icône de la fonction **Extrusion** (Extrude) et sélectionnez les trois rectangles. Appuyez sur Entrée.

12. Entrez la valeur 4 au clavier pour spécifier la hauteur d'extrusion. Appuyez sur Entrée. Les volumes sont ainsi créés.

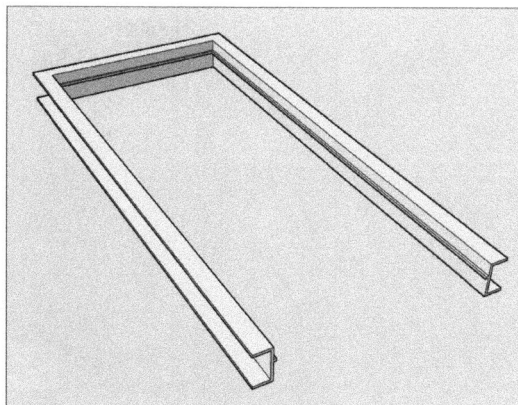

Fig.18.12

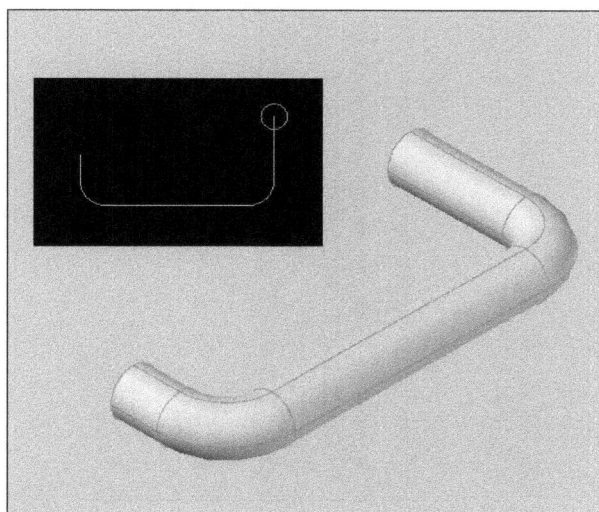

Fig.18.13

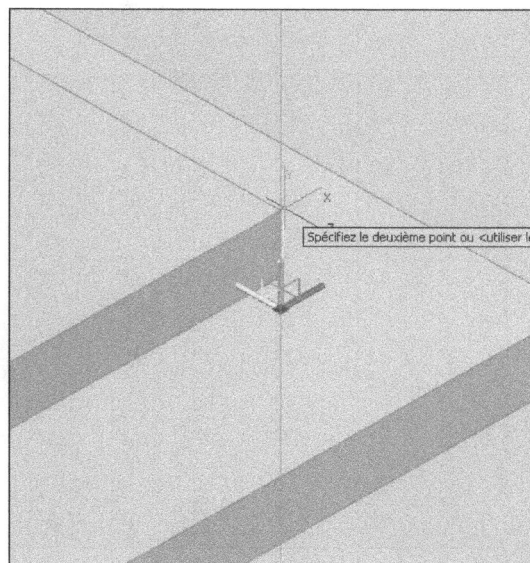

Fig.18.14

13. L'étape suivante consiste à creuser partiellement la porte de 1.5 cm de profondeur de part et d'autre. Il convient pour cela de déplacer de 2.5 cm vers le haut les deux rectangles intérieurs. Utilisez pour cela la fonction **Déplacer** 3D (3D Move) (fig.18.14).

14. Les deux volumes intérieurs vont servir à creuser la porte. Avant cela il faut en faire une copie miroir par rapport au plan central de la porte. Utilisez pour cela la fonction **Miroir 3D** (3D Mirror) via l'option **Opérations 3D** (3D operations) du menu **Modification** (Modify). L'option par défaut « 3 points » permet de définir le plan de symétrie (fig.18.15).

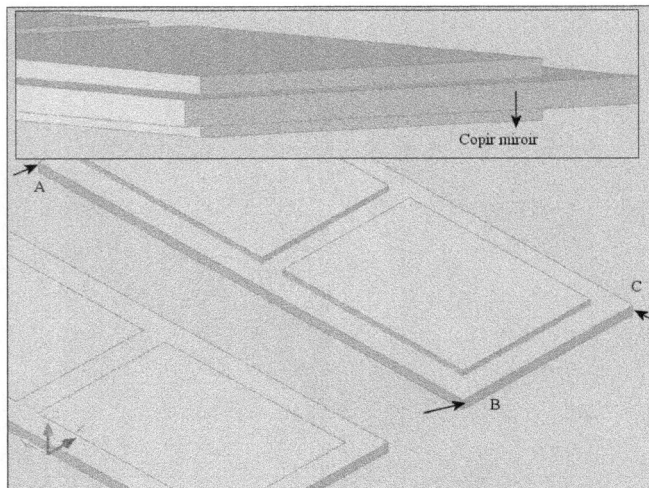

Fig.18.15

15 Pour terminer la feuille de porte, il reste à effectuer une opération booléenne de soustraction. Cliquez sur le bouton **Soustraction** (Substract) et sélectionnez le volume extérieur.

16 Appuyez sur Entrée et sélectionnez les quatre volumes intérieurs. La feuille de porte est à présent terminée (fig.18.16).

17 Il reste à assembler l'ensemble par simples déplacements et rotations (fig.18.17).

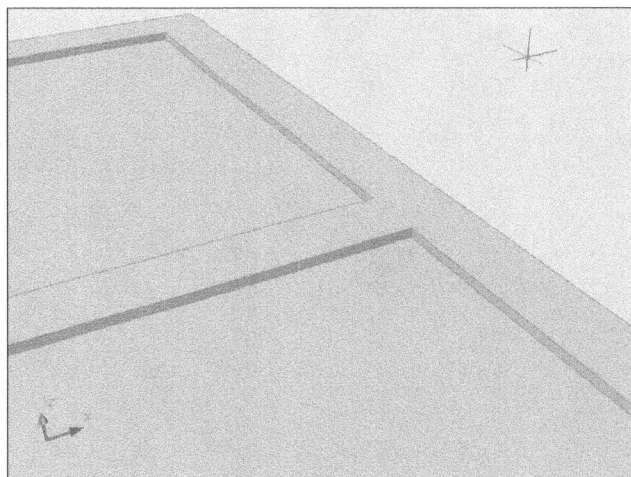

Fig.18.16

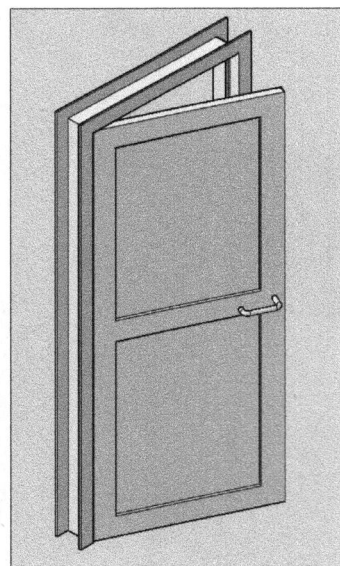

Fig.18.17

La création d'un solide ou d'une surface par lissage

PRINCIPE

La fonction **Lissage** (Loft) permet de créer des formes libres à partir de profils de coupes qui peuvent être ouvertes (création de surfaces) ou fermées (création de solides). Vous devez spécifier au moins deux coupes lorsque vous utilisez cette commande.

La fonction **Lissage** (Loft) peut être utilisée de trois façons différentes (fig.18.18) :

▶ Uniquement des coupes

▶ Des coupes et une trajectoire

▶ Des coupes et des courbes de guidage

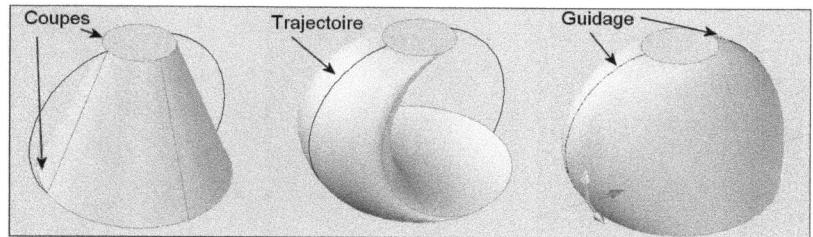

Fig.18.18

Vous pouvez utiliser les objets suivants lors de la création d'une surface ou d'un solide lissé :

Objets pouvant servir de coupes	Objets pouvant servir de trajectoire de lissage	Objets pouvant servir de guidages des lignes
	Ligne	Ligne
Arcs	Arc	Arc
Arc elliptique	Arc elliptique	Arc elliptique
Polyligne 2D	Spline	Spline 2D
Spline 2D	Hélice	Spline 3D
Cercle	Cercle	Polyligne 2D
Ellipse	Ellipse	Polyligne 3D
Points (première et dernière coupe uniquement)	Des polylignes 2D	Polyligne 3D

PROCÉDURE

Pour créer un solide ou une surface par lissage, la procédure est la suivante :

1. Dessinez les objets de base (les coupes) et suivant le cas, une trajectoire ou des courbes de guidage. Par exemple deux cercles comme coupes et deux arcs comme courbes de guidage.

2. Exécutez la commande de lissage à l'aide d'une des méthodes suivantes :

📋 Menu : cliquez sur le menu **Dessin** (Draw), puis l'option **Modélisation** (Modeling) et ensuite **Lissage** (Loft).

○⊙○ Tableau de bord : cliquez sur l'icône **Lissage** (Loft) dans le **Panneau de configuration Création 3D**.

🖉 Icône : cliquez sur l'icône **Lissage** (Loft) de la barre d'outils **Modélisation** (Modeling).

⌨ Clavier : entrez la commande **LISSAGE** (Loft).

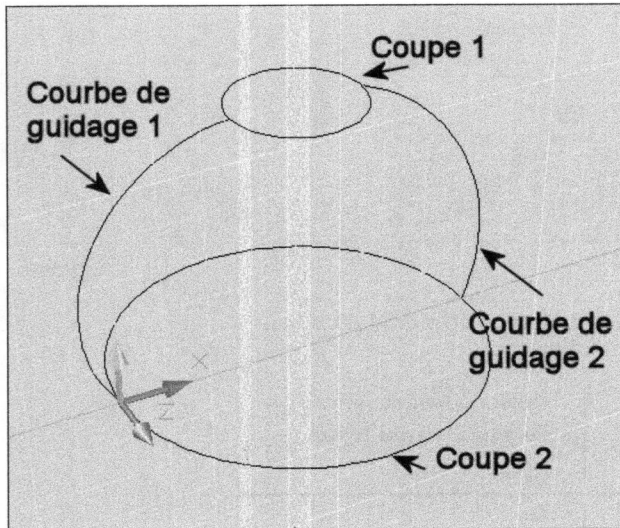

Fig.18.19

3. Sélectionnez les coupes dans l'ordre de lissage.

4. Entrez G pour sélectionner l'option **Guidages** (Guides).

5. Sélectionnez les courbes de guidage et appuyez sur Entrée (fig.18.19-18.20).

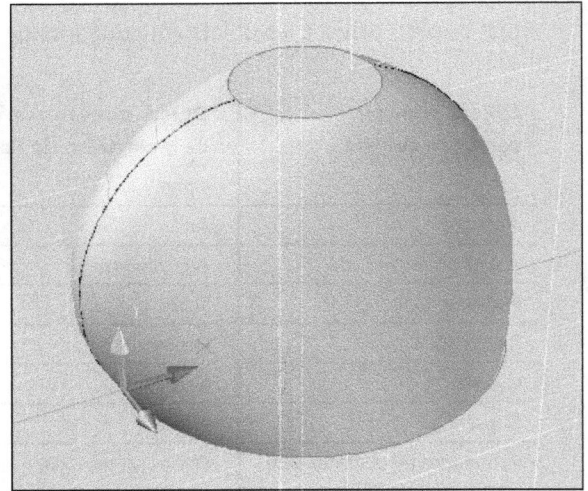

Fig.18.20

OPTIONS

▶ **Guidages** (Guides) : permet de spécifier les courbes de guidage qui gèrent la forme de la surface ou du solide lissé. Les courbes de guidage sont des lignes ou des courbes qui définissent ensuite la forme du solide ou de la surface en ajoutant des informations filaires supplémentaires à l'objet. Vous pouvez utiliser des courbes de guidage pour contrôler la façon dont les points sont associés aux coupes correspondantes afin d'éviter les résultats inattendus, tels que des plis sur la surface ou la surface le solide obtenu. Chaque courbe de guidage doit correspondre aux critères suivants pour fonctionner correctement :

▪ Couper chaque coupe

▪ Démarrer sur la première coupe

▪ Terminer sur la dernière coupe

Vous pouvez sélectionner un nombre illimité de courbes de guidage pour le solide ou la surface lissé.

▶ **Chemin** (Path) : permet de spécifier la trajectoire de la surface ou du solide lissé. La courbe de la trajectoire doit couper tous les plans des coupes (fig.18.21).

▶ **Coupes uniquement** (Cross-sections only) : permet de ne prendre en compte que les coupes (fig.18.22) et affiche la boîte de dialogue **Paramètres de lissage** (Loft Settings) pour définir d'autres paramètres (fig.18.23).

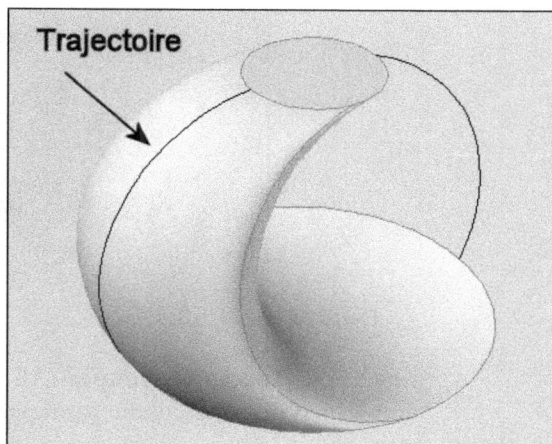

Fig.18.21

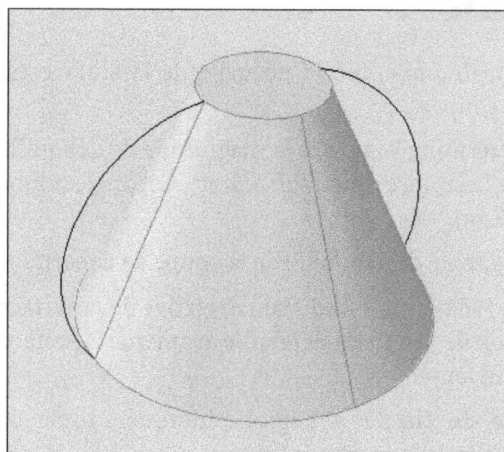

Fig.18.22

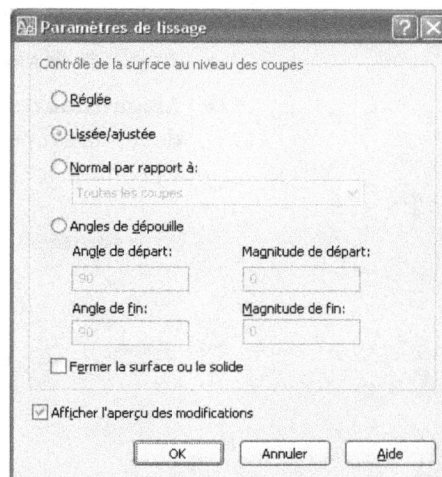

Fig.18.23

Les options de la boîte de dialogue Paramètres de lissage :

▶ **Réglée** (Ruled) : indique que la surface ou le solide est réglé (transition droite) entre les coupes et que ces dernières ont des arêtes aiguës (fig.18.24).

▶ **Lissée/ajustée** (Smooth Fit) : indique que la surface ou le solide est dessiné de façon lissée (adoucie) entre les coupes.

▶ **Normal par rapport à** (Normal to) : détermine la normale de la surface du solide ou de la surface lorsqu'elle traverse les coupes.

▶ **Coupe de départ** (Start cross section) : indique que la normale de la surface est perpendiculaire à la coupe de départ.

▶ **Coupe de fin** (End cross section) : indique que la normale de la surface est perpendiculaire par rapport à la coupe de fin.

▶ **Coupes de départ et de fin** (Start and End sections) : indique que la normale de la surface est perpendiculaire par rapport aux coupes de départ et de fin.

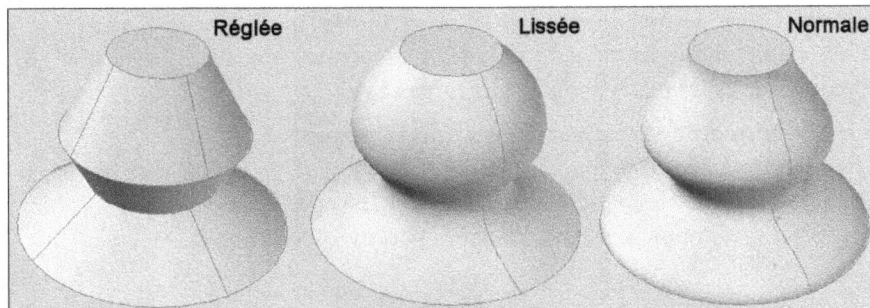

Fig.18.24

- ▶ **Toutes les coupes** (All cross sections) : indique que la normale de la surface est perpendiculaire par rapport à toutes les coupes.

- ▶ **Angles de dépouille** (Draft angles) : détermine l'angle et la magnitude de dépouille de la première et de la dernière coupe de la surface ou du solide lissé. Cet angle donne la direction de début de la surface (fig.18.25).

- ▶ **Angle de départ** (Start angle) : indique l'angle de dépouille de la coupe de départ.

- ▶ **Magnitude de départ** (Start magnitude) : détermine la distance relative de la surface depuis la coupe de départ dans la direction de l'angle de dépouille avant que la surface ne commence à pencher vers la coupe suivante.

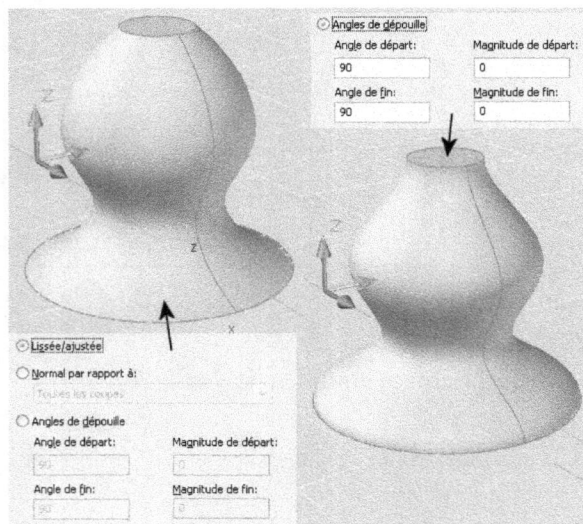

Fig.18.25

- ▶ **Angle de fin** (End angle) : indique l'angle de dépouille de la coupe de fin.

- ▶ **Magnitude de fin** (End magnitude) : détermine la distance relative de la surface depuis la coupe de fin dans la direction de l'angle de dépouille avant que la surface ne commence à pencher vers la coupe précédente.

- ▶ **Fermer la surface ou le solide** (Close surface or solid) : ferme et ouvre une surface ou un solide. Lorsque cette option est utilisée, les coupes doivent former une forme en tore de manière à ce que la surface ou le solide lissé puisse former un tube fermé.

- ▶ **Afficher l'aperçu des modifications** (Preview changes) : applique les paramètres courants à la surface ou au solide lissé et affiche un aperçu dans la zone de dessin.

Application : un rasoir

Dans cet exemple, nous allons créer un rasoir comportant le support de la lame et un manche. Le support sera créé par extrusion et le manche par lissage. La procédure est la suivante :

1. Pour créer le manche du rasoir nous allons utiliser la fonction **Lissage** (Loft). Le chemin est une spline et les coupes des cercles et des ellipses. Pour démarrer, tracez une grille pour définir les points de passage de la spline. Il suffit pour cela de tracer une ligne horizontale et une ligne verticale et d'effectuer les copies par la fonction **Décaler** (Offset). Les dimensions sont renseignées à la figure 18.26.

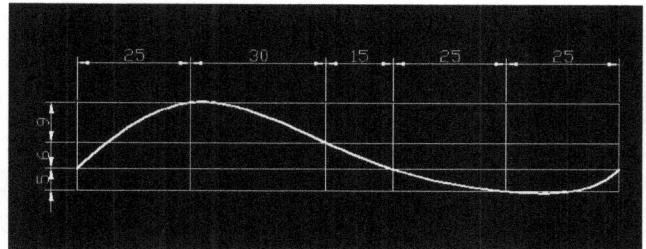

Fig.18.26

2. Tracez la spline comme indiquée à la figure 18.26. Les tangentes de départ et de fin font un angle de 45° avec l'horizontal.

3. Pour le support de la lame du rasoir, tracez un cercle de rayon de 3mm et avec le centre (point B) situé à 2 mm de l'extrémité de la spline (point A) (fig.18.27).

4. Tracez la droite CD, perpendiculaire à la tangente de la spline et passant par le point A.

5. Coupez la partie droite du cercle à l'aide de la fonction **Ajuster** (Trim) et en utilisant la droite que vous venez de créer comme frontière.

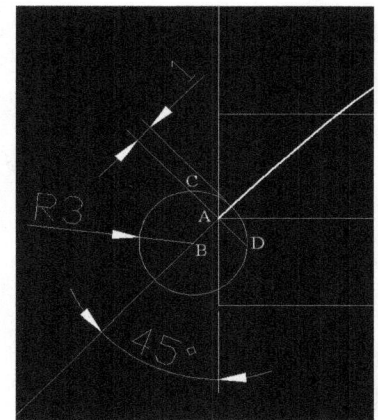

Fig.18.27

6. Transformez la partie restante du cercle et la droite CD en polyligne.

7. Extrudez la polyligne ainsi créée d'une hauteur de 36 mm. Le support de la lame du rasoir est ainsi créé en 3D.

8. Placez manuellement le repère SCU (UCS) perpendiculairement à la grille afin de pouvoir tracer correctement les cercles et les ellipses le long de la spline (fig.18.28).

9. Tracez le cercle à droite avec un rayon de 1.5 mm, l'ellipse centrale avec les rayons 10 et 5 mm et le cercle de gauche avec un rayon de 2.5 mm.

10. Replacez le repère SCU (USC) à sa position d'origine en cliquant sur l'icône **Général** de la barre d'outils **SCU** (UCS).

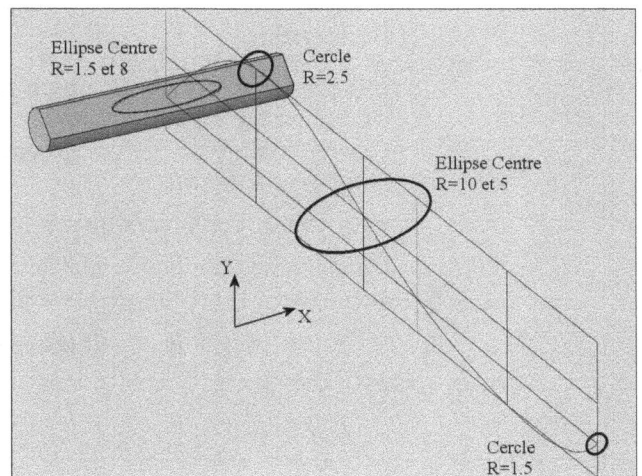

Fig.18.28

⑪ Activez le SCU dynamique en cliquant sur l'icône correspondante dans la barre d'état.

⑫ Tracez une ellipse de rayons 8 et 1.5 sur la face plane du support.

⑬ Pour créer le manche, utilisez la fonction **Lissage** (Loft) et sélectionnez les coupes (cercles et ellipses) dans l'ordre du lissage.

⑭ Appuyez sur Entrée.

⑮ Sélectionnez l'option **Chemin** (Path) et cliquez sur la spline. Le manche est à présent créé (fig.18.29-18.30).

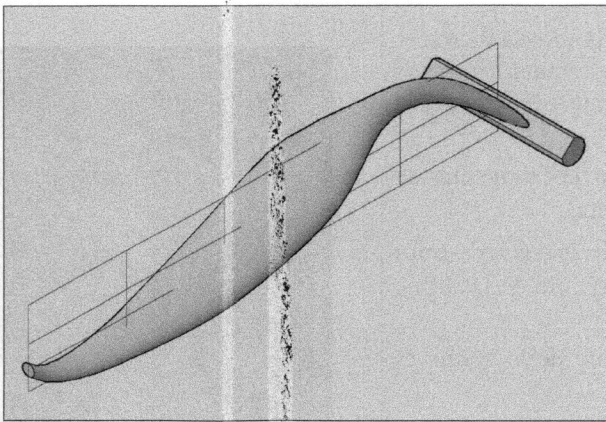

Fig.18.29

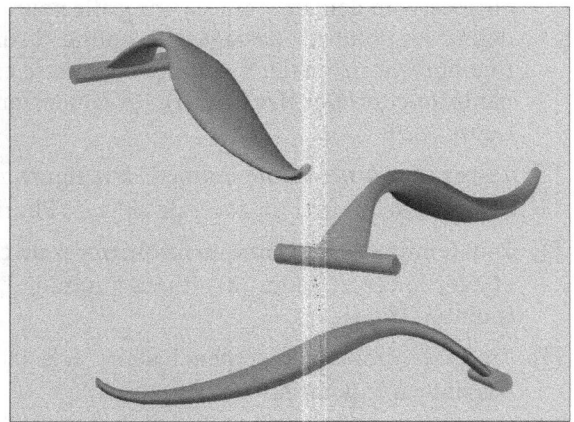

Fig.18.30

La création d'un solide ou d'une surface de révolution

PRINCIPE

Une surface de révolution ou un solide est généré par la révolution d'un objet fermé ou d'un objet ouvert autour d'un axe. Si vous appliquez une révolution à un objet fermé, l'objet obtenu est un solide. Si vous appliquez une révolution à un objet ouvert, l'objet obtenu est une surface.

Vous pouvez appliquer une révolution à plusieurs objets à la fois.

Lorsque vous appliquez une révolution à des objets, vous pouvez spécifier l'un des éléments suivants comme axe autour duquel la révolution des objets va avoir lieu :

▶ Axe défini par deux points que vous indiquez

▶ Axe X

▶ Axe Y

▶ Axe Z

▶ Axe défini par un objet (option **Objet**)

Vous pouvez utiliser les objets suivants avec la commande **REVOLUTION** :

Objets pouvant faire l'objet d'une révolution	Objets pouvant être utilisés comme axe de la révolution
Ligne	Ligne
Arc	Segment de polyligne linéaire
Arc elliptique	Arête linéaire d'une surface
Polyligne 2D	Arête linéaire d'un solide
Spline 2D	
Cercle	
Ellipse	
Faces 3D	
Solide 2D	
Trace	
Région	
Surface plane	
Face plane d'un solide	

PROCÉDURE

Pour créer un solide ou une surface de révolution, la procédure est la suivante :

☐1 Dessinez les objets de base et éventuellement l'axe de révolution.

☐2 Exécutez la commande de révolution à l'aide d'une des méthodes suivantes :

🖿 Menu : cliquez sur le menu **Dessin** (Draw), puis l'option **Modélisation** (Modeling) et ensuite **Révolution** (Revolve).

⊙⊙ Tableau de bord : cliquez sur l'icône **Révolution** (Revolve) dans le **Panneau de configuration Création 3D**.

⬭ Icône : cliquez sur l'icône **Révolution** (Revolve) de la barre d'outils **Modélisation** (Modeling).

⌨ Clavier : entrez la commande **REVOLUTION** (REVOLVE).

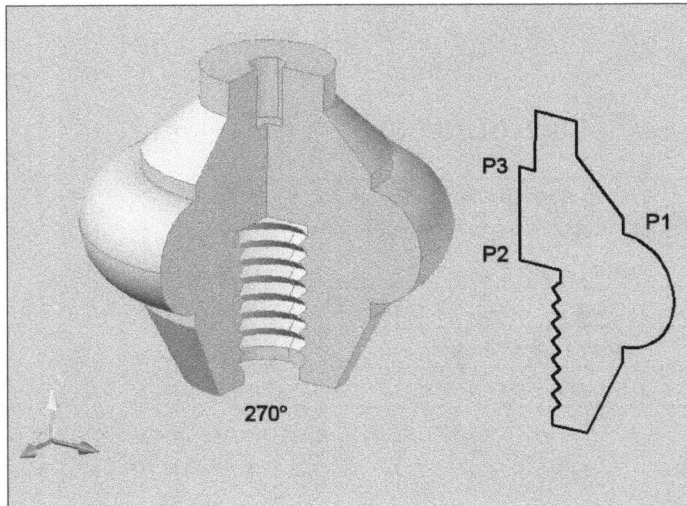

Fig.18.31

3. Sélectionnez le ou les objets auxquels appliquer la révolution. Par exemple : p1

4. Désignez deux points pour définir l'axe de révolution (P2 et P3). Lorsque vous définissez l'axe, veillez à désigner des points situés sur le même côté, par rapport à l'objet. La direction positive de l'axe est déterminée par le point de départ et l'extrémité.

5. Spécifiez l'angle de révolution : 270° par exemple (fig.18.31).

Application : création d'un verre

Dans cet exemple, nous allons créer un verre en définissant un profil de coupe et en utilisant la fonction révolution. La procédure est la suivante :

1. Tracez une grille pour définir les dimensions principales du verre (fig.18.32).

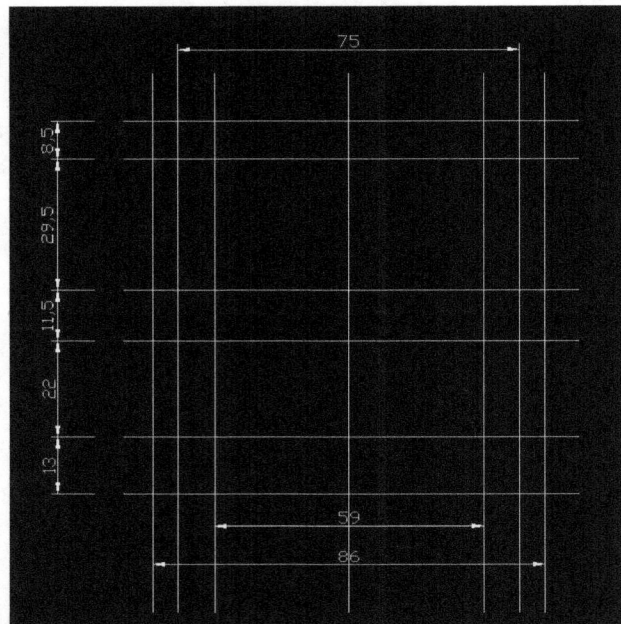

Fig.18.32

2. A l'aide des fonctions **Cercle et Arc**, tracez les
différentes courbes du verre (fig.18.33).

3. Découpez la partie droite du verre et transformez
la partie gauche en polyligne.

4. Donnez une épaisseur de 2mm au verre à l'aide
de la fonction **Décaler** (Offset) (fig.18.34).

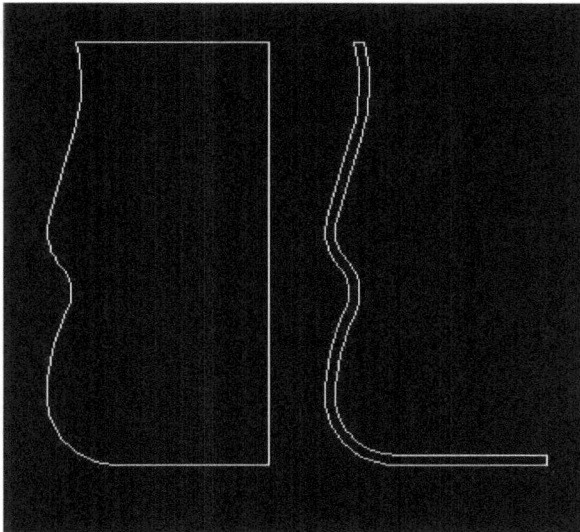

Fig.18.33

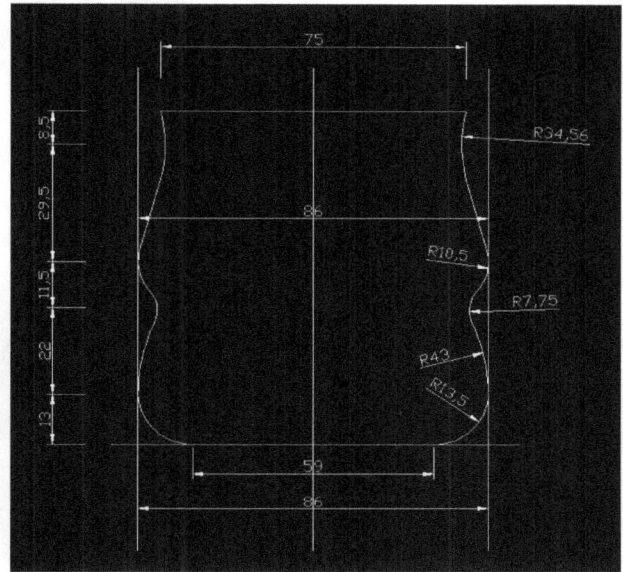

Fig.18.34

5. Utilisez la fonction **Révolution** (Revolve) pour
générer le verre en 3D (fig.18.35). Pour l'axe de
révolution pointez deux points en bas à droite
du verre.

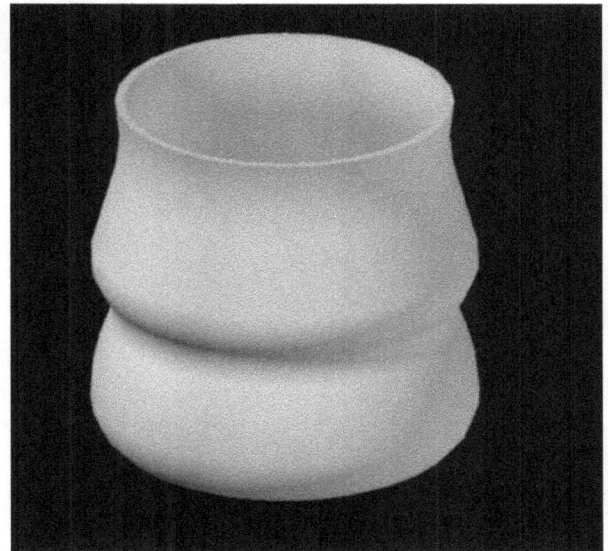

Fig.18.35

CHAPITRE 19
CRÉATION DE SOLIDES ET DE SURFACES PAR CONVERSION D'OBJETS

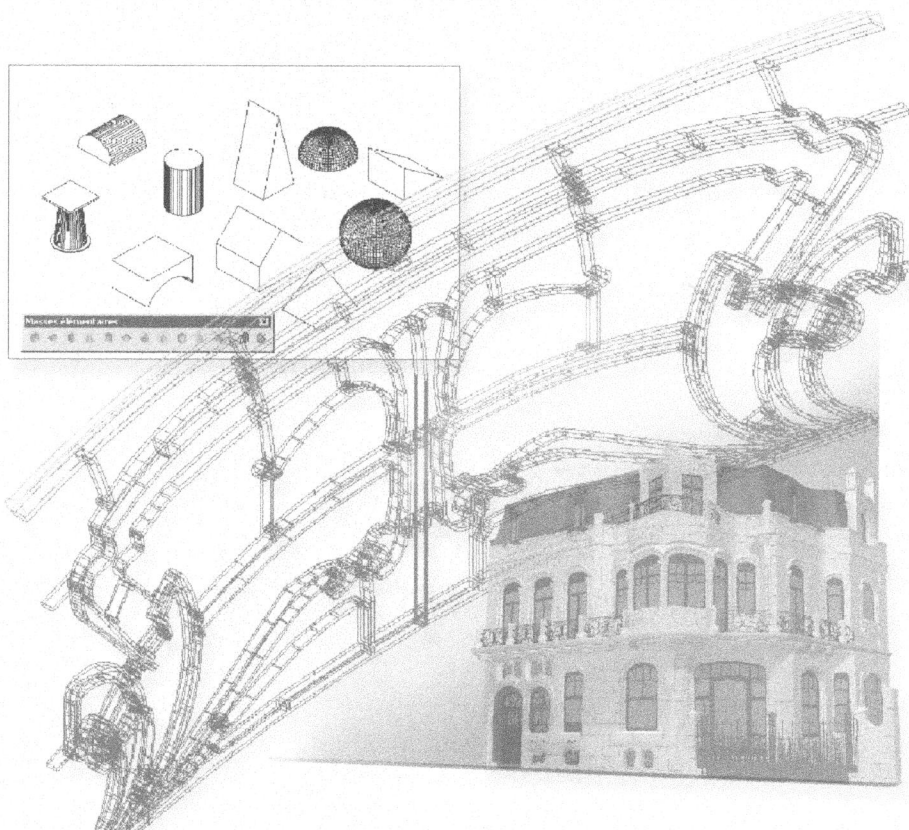

Outre les primitives 3D et la création de solides et des surfaces à partir de lignes et de courbes existantes, vous pouvez aussi créer des solides et des surfaces par simple conversion d'objets existants déjà dans le dessin. Les principales options sont les suivantes :

- Conversion d'objets en surfaces
- Conversion de solides en surfaces
- Conversion d'objets en solides
- Conversion de surfaces en solides

La création de surfaces à partir d'objets existants dans le dessin

PRINCIPE

Vous pouvez créer des surfaces à partir de différents types d'objets existants dans votre dessin. Trois fonctions sont disponibles pour la conversion en surfaces :

- **CONVENSURFACE** (Convtosurface) : permet de convertir l'un des objets suivants en surfaces
    - Solides 2D
    - Régions
    - Corps
    - Polylignes ouvertes de largeur nulle avec épaisseur
    - Lignes avec épaisseur
    - Arcs avec épaisseur
    - Faces planes 3D
- **DECOMPOS** (Explode) : permet de créer des surfaces à partir de solides 3D.
- **SURFPLANE** (Planesurf) : permet de créer une surface plane à l'aide de l'une des méthodes suivantes :
    - Sélectionnez un ou plusieurs objets formant une ou plusieurs zones fermées.
    - Spécifiez les coins opposés d'un rectangle.

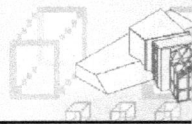

Comment convertir un ou plusieurs objets en surfaces ?

1. Exécutez la commande d'extrusion à l'aide d'une des méthodes suivantes :

- Menu : cliquez sur le menu **Modification** (Modify), puis l'option **Opérations 3D** (3D Operations) et ensuite **Convertir en surface** (Convert to Surface).

- Tableau de bord : cliquez sur l'icône **Convertir en surface** (Convert to surface) dans le **Panneau de configuration Création 3D**.

- Clavier : entrez la commande **CONVENSURFACE** (Convtosurface).

2. Sélectionnez les objets que vous voulez convertir.

3. Appuyez sur Entrée (fig.19.1).

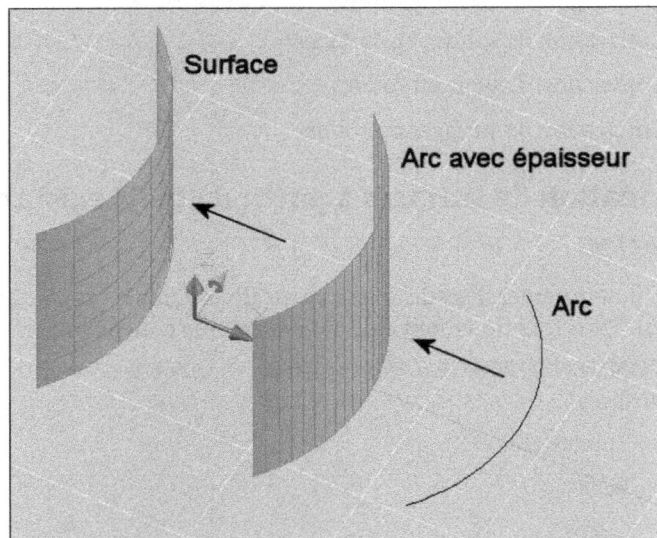

Fig.19.1

Comment créer une surface plane à partir d'un objet existant ?

1. Exécutez la commande de conversion à l'aide d'une des méthodes suivantes :

- Menu : cliquez sur le menu **Dessin** (Draw), puis l'option **Modélisation** (Modeling) et ensuite **Surface plane** (Plane Surface).

- Tableau de bord : cliquez sur l'icône **Surface plane** (Section Plane) dans le **Panneau de configuration Création 3D**.

- Icône : cliquez sur l'icône **Surface plane** (Planar Surface) de la barre d'outils **Modélisation** (Modeling).

- Clavier : entrez la commande **SURFPLANE** (Planesurf).

2 Entrez o.

3 Cliquez sur l'objet.

4 Appuyez sur Entrée (fig.19.2).

Comment créer une surface plane en spécifiant les coins de la surface ?

1 Sélectionnez la fonction **Surface plane** (Planesurf) à l'aide de l'une des méthodes précédentes.

2 Spécifiez le premier coin de la surface : A.

3 Spécifiez le deuxième angle de la surface : B (fig.19.3).

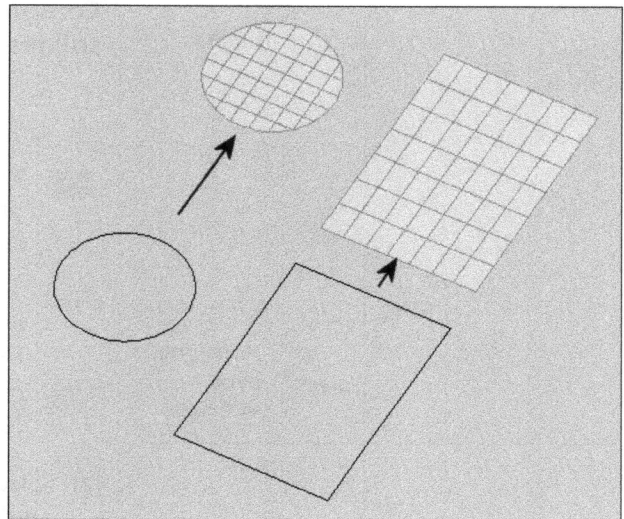

Fig.19.2

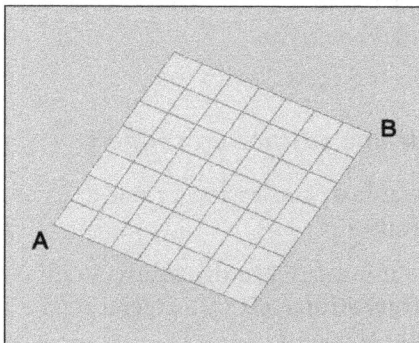

Fig.19.3

La création de solides à partir d'objets existants dans le dessin

PRINCIPE

Vous pouvez créer des solides à partir de différents types d'objets existants dans votre dessin. Deux fonctions sont disponibles pour la conversion en solides :

▸ **CONVENSOLIDE** (Convtosolid) : pour convertir les objets suivants en solides 3D extrudés

- Polylignes de largeur uniforme avec épaisseur
- Polylignes fermées de largeur nulle avec épaisseur
- Cercles avec épaisseur

▸ **EPAISSIR** (Thicken) : pour créer un solide 3D à partir de n'importe quel type de surface en épaississant cette dernière.

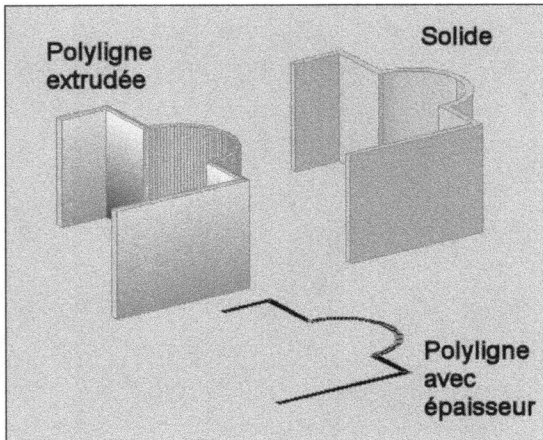

Fig.19.4

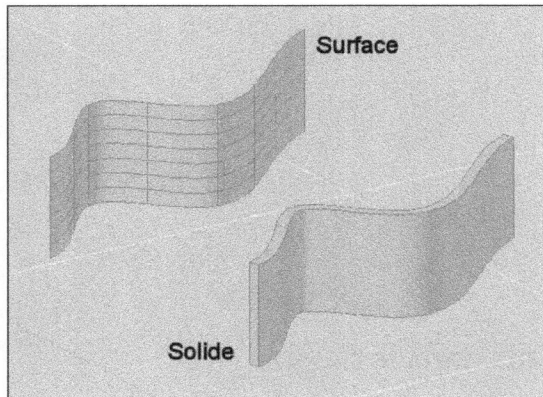

Fig.19.5

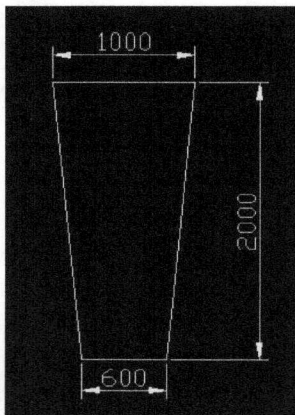

Fig.19.6

Comment convertir un ou plusieurs objets en solides ?

1. Exécutez la commande de conversion à l'aide de l'une des méthodes suivantes :

   - Menu : cliquez sur le menu **Modification** (Modify), puis l'option **Opérations 3D** (3D Operations) et ensuite **Convertir en solide** (Convert to solid).

   - Tableau de bord : cliquez sur l'icône **Convertir en solide** (Convert to solid) dans le **Panneau de configuration Création 3D**

   - Clavier : entrez la commande **CONVENSOLIDE** (Convtosolid)

2. Sélectionnez les objets (polyligne ou cercle avec épaisseur) que vous voulez convertir.

3. Appuyez sur Entrée (fig.19.4).

Comment convertir une surface en solide ?

1. Exécutez la commande de conversion à l'aide de l'une des méthodes suivantes :

   - Menu : cliquez sur le menu **Modification** (Modify), puis l'option **Opérations 3D** (3D Operations) et ensuite **Epaissir** (Thicken).

   - Tableau de bord : cliquez sur l'icône **Epaissir** (Thicken) dans le **Panneau de configuration Création 3D**.

   - Clavier : entrez la commande **EPAISSIR** (Thicken).

2. Sélectionnez les surfaces à épaissir et appuyez sur Entrée. Par exemple une spline extrudée.

3. Spécifiez l'épaisseur et appuyez sur Entrée (fig.19.5).

Application : une couverture pour un immeuble

Dans cet exemple nous allons créer une couverture arrondie pour un immeuble en forme de trapèze. La procédure est la suivante :

1. Créez le contour de l'immeuble à l'aide d'une polyligne (fig.19.6).

2. Extrudez le contour d'une hauteur de 900 cm à l'aide de la fonction **Extrusion** (Extrude).

3. Activez le SCU dynamique sur la barre d'état.

4. Tracez un arc de cercle avec l'option **Départ, Centre, Fin** (Start, Center, End) sur la face avant de l'immeuble.

5. Faites de même pour la face arrière (fig.19.7).

6. Reliez les deux arcs par une surface réglée à l'aide de la fonction **Lissage** (Loft) (fig.19.8-19.9).

7. Pour donner une épaisseur à la toiture, utilisez la fonction **Epaissir** (Thicken). Sélectionnez la surface et appuyez sur Entrée.

8. Entrez une valeur de 15 cm pour l'épaisseur (fig.19.10).

Fig.19.7

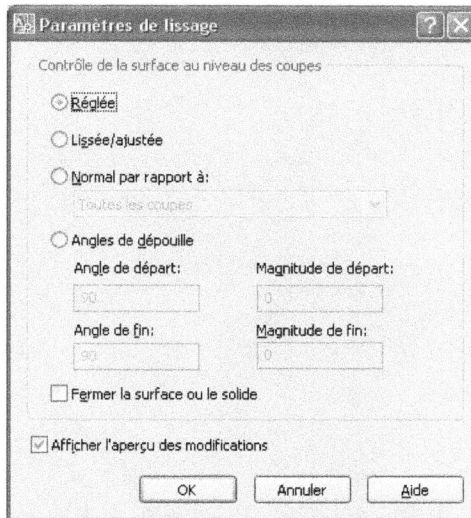

Fig.19.8

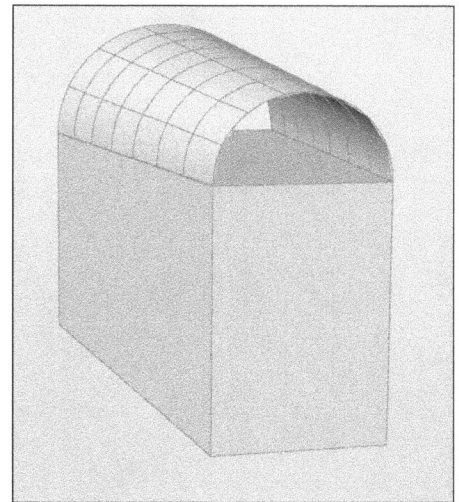

Fig.19.9

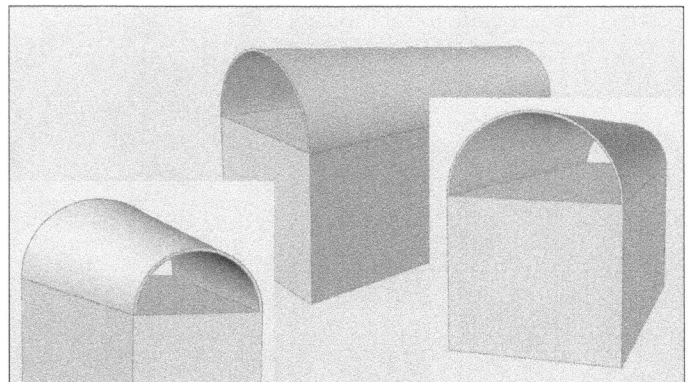

Fig.19.10

CHAPITRE 20
MODIFICATION DES SURFACES ET DES SOLIDES

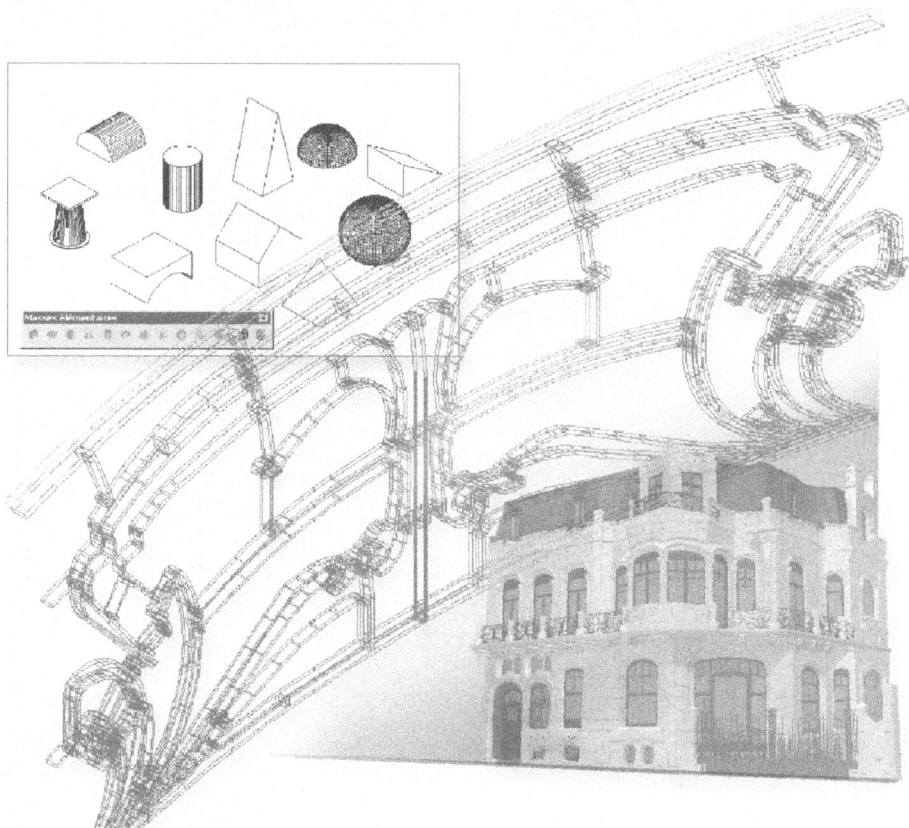

Le principe

Après avoir créé un modèle volumique, vous pouvez modifier son aspect en manipulant les solides et les surfaces de différentes façons : en cliquant et en faisant glisser les poignées, en utilisant les outils poignées disponibles, en modifiant les propriétés des objets dans la palette Propriétés, etc. Plusieurs modes de modification ont déjà été abordés dans les chapitres précédents. Il s'agit en particulier des modifications dimensionnelles des primitives 3D, des opérations booléennes et de l'historique des modifications. Dans ce chapitre nous aborderons donc les autres types de modifications concernant les objets et les sous-objets.

La manipulation des surfaces et des solides

Pour modifier facilement la forme et la taille de solides et de surfaces individuels, vous pouvez utiliser les poignées disponibles sur les objets après leur sélection ou utiliser la palette Propriétés. La façon dont vous manipulez le solide ou la surface à l'aide des poignées ou de la palette Propriétés dépend du type de solide ou de surface. On a ainsi les cas suivants :

- **Les primitifs solides 3D (boîte, biseau, pyramide, sphère, cylindre, cône et tore)** : vous pouvez utiliser les poignées disponibles ou la palette Propriétés pour modifier la forme et la taille de vos solides primitifs tout en conservant leur forme de base originale. Par exemple, vous pouvez modifier la hauteur d'un cône et le rayon de sa base, mais l'objet restera un cône.

- **Les solides et surfaces d'extrusion** : lorsque vous sélectionnez des solides ou des surfaces d'extrusion ils affichent des poignées sur leur profil. Le profil est la silhouette originale utilisée pour créer le solide ou la surface d'extrusion et qui définit la forme de l'objet. Vous pouvez utiliser ces poignées pour manipuler le profil de l'objet, ce qui modifie la forme de l'ensemble du solide ou de la surface (fig.20.1). Si une trajectoire a été utilisée pour l'extrusion, elle s'affiche et peut être manipulée avec des poignées (fig.20.2). En l'absence de trajectoire, une poignée de hauteur s'affiche au sommet du solide ou de la surface d'extrusion, qui vous permet de redéfinir la hauteur de l'objet.

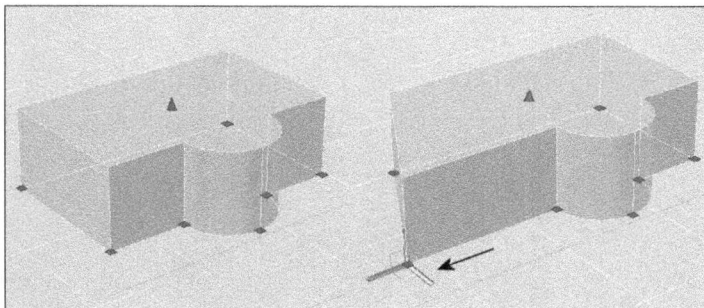

Fig.20.1

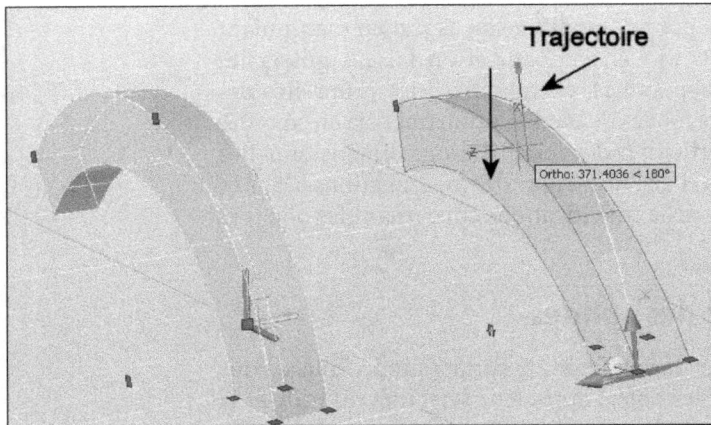

Fig.20.2

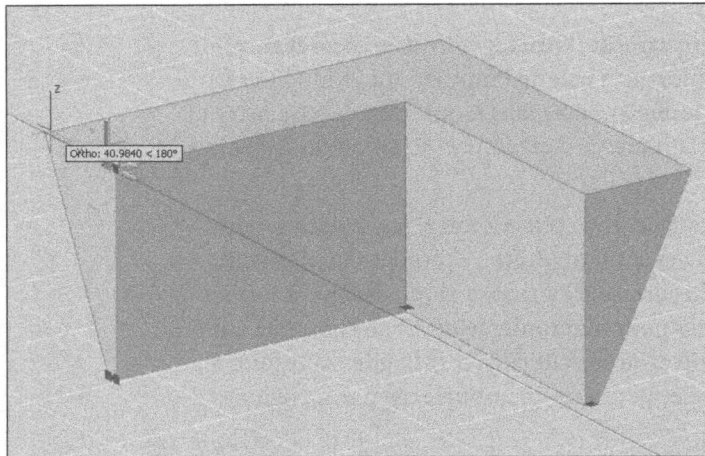

Fig.20.3

▶ **Polysolides** : vous pouvez utiliser les poignées disponibles pour modifier la forme et la taille des polysolides, y compris leur profil (fig.20.3). Les poignées peuvent être déplacées dans le plan XY du solide. Le profil d'un polysolide est toujours angulaire (rectangulaire par défaut).

▶ **Solides et surfaces de balayage** : les solides et les surfaces de balayage affichent des poignées sur le profil de balayage ainsi que sur la trajectoire de balayage. Vous pouvez utiliser ces poignées pour modifier le solide ou la surface (fig.20.4). Lorsque vous cliquez sur une poignée et la faites glisser sur le profil, les changements sont contraints en fonction du plan de la courbe du profil.

▶ **Solides et surfaces de lissage** : selon la façon dont le solide ou la surface de lissage a été créé, l'objet affiche des poignées sur les lignes ou les courbes de définition à savoir les coupes et la trajectoire. Vous pouvez cliquer et faire glisser les poignées sur les lignes ou les courbes de définition pour modifier le solide ou la surface (fig.20.5). Si le solide ou la surface de lissage contient une trajectoire, vous pouvez uniquement modifier la partie de la trajectoire qui se trouve entre la première et la dernière coupe.

Vous pouvez également utiliser la zone Géométrie de la palette Propriétés pour modifier le contour d'un solide ou d'une surface de lissage au niveau de ses coupes. Lorsque vous sélectionnez un solide ou une surface de lissage pour la première fois, la zone Géométrie de la palette Propriétés affiche les paramètres définis à l'aide de la boîte de dialogue Paramètres de lissage au moment de la création de l'objet. Vous ne pouvez pas utiliser des poignées pour modifier des surfaces ou des solides de lissage qui sont créés avec des courbes de guidage.

► **Solides et surfaces de révolution** : les solides et les surfaces de révolution affichent des poignées sur leur profil de révolution au début du solide ou de la surface. Vous pouvez utiliser ces poignées pour modifier le profil du solide ou de la surface. Une poignée est également affichée à l'extrémité de l'axe de révolution. Vous pouvez repositionner l'axe de révolution en sélectionnant cette poignée et en choisissant un autre emplacement (fig.20.6).

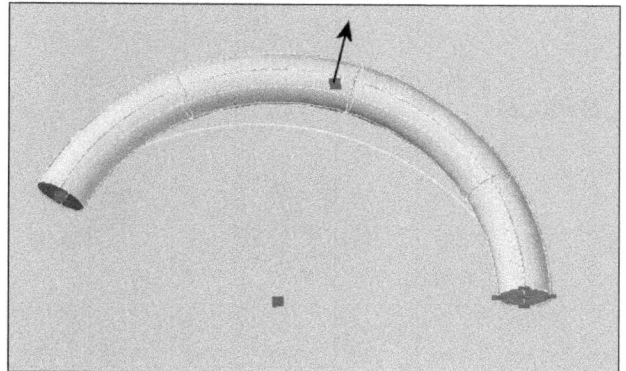

Fig.20.4

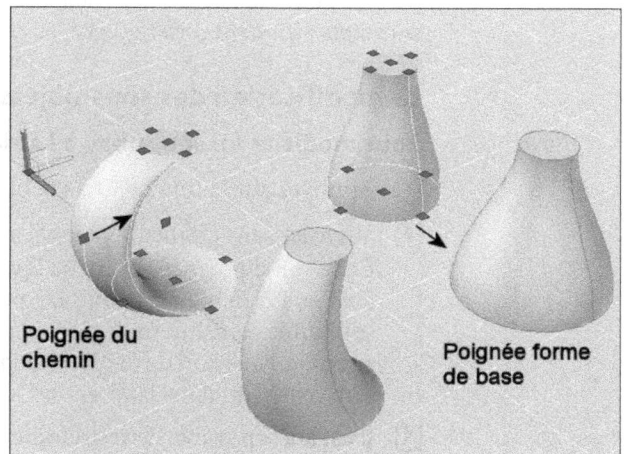

Poignée du chemin

Poignée forme de base

Fig.20.5

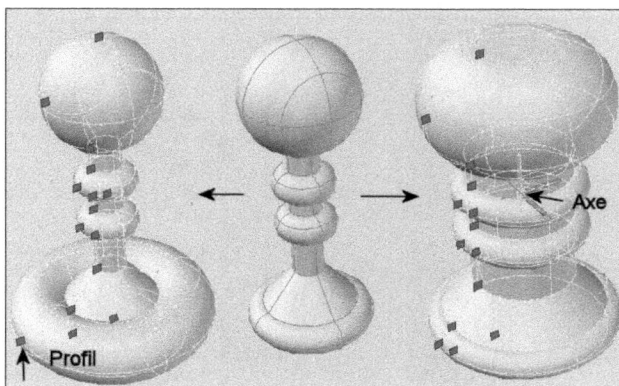

Axe

Profil

Fig.20.6

Fig.20.7

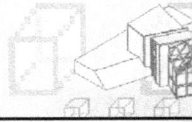

La sélection et les modifications des sous-objets 3D

La sélection des sous-objets

Chaque solide que vous créez est composé d'une série de sous-objets qui sont des faces, des arêtes et des sommets. Vous pouvez sélectionner et modifier ces sous-objets individuellement, ou créer un jeu de sélection comprenant un ou plusieurs type(s) de sous-objets et modifier ce jeu de sélection.

Vous pouvez sélectionner ces différents sous-objets en maintenant la touche Ctrl enfoncée, puis en cliquant sur ces sous-objets. Lorsque vous les sélectionnez, les faces, les arêtes et les sommets affichent différents types de poignées (fig.20.7).

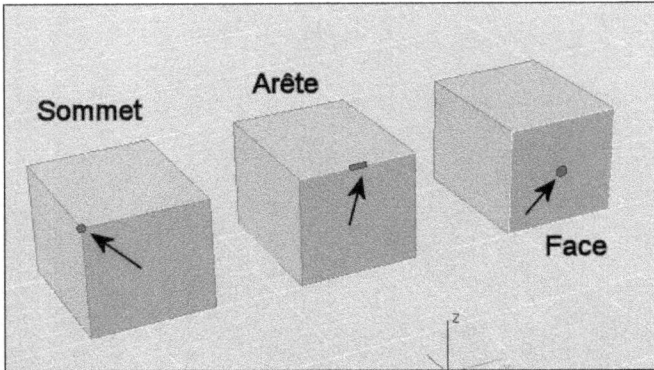

La modification des sous-objets à l'aide de poignées

Pour modifier un sous-objet à l'aide des poignées la procédure est la suivante :

1. Appuyez sur la touche Ctrl et cliquez sur un sommet, une arête ou une face.

2. Survolez sans cliquer la poignée représentant le sous-objet sélectionné. Un trièdre s'affiche sur la poignée (fig.20.8). Il est composé d'un axe X en rouge, d'un axe Y en vert et d'un axe Z en bleu. Chaque axe permet de restreindre le mouvement dans la direction souhaitée. Ainsi pour déplacer la poignée dans la direction X par exemple, il suffit de survoler l'axe X et de déplacer la poignée selon la longueur souhaitée. Le déplacement sera contraint dans la direction X (fig.20.9).

3. Il est aussi possible de restreindre le mouvement dans un des plans suivants : XY, YZ ou ZX. Il suffit pour cela de survoler un des carrés du trièdre pour activer le bon déplacement.

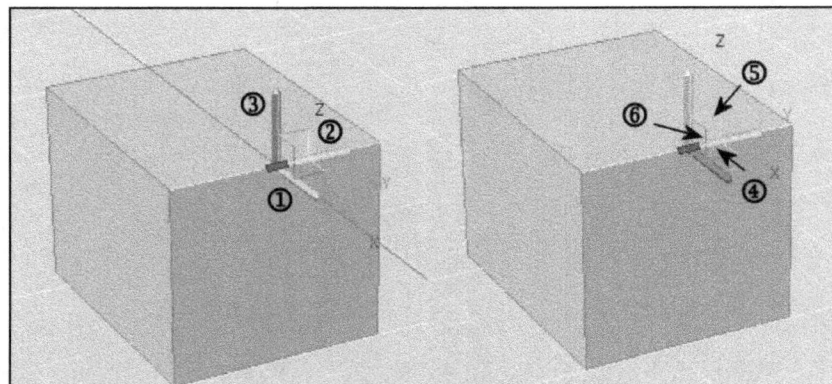

Fig.20.8

1-2-3 : montre le mouvement linéaire suivant X-Y-Z
4-5-6 : montre le mouvement planaire XY-YZ-ZX

Dans le cas particulier du déplacement d'une face, la forme du solide peut encore être contrôlée par l'utilisation de la touche Ctrl. Ainsi dans l'exemple de la figure 20.10, l'utilisation de la touche Ctrl permet d'effiler d'avantage le solide lors du déplacement de la face.

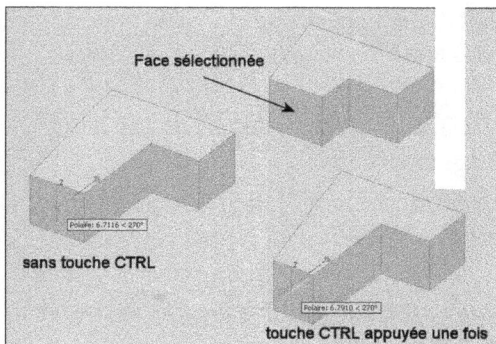

Fig.20.9

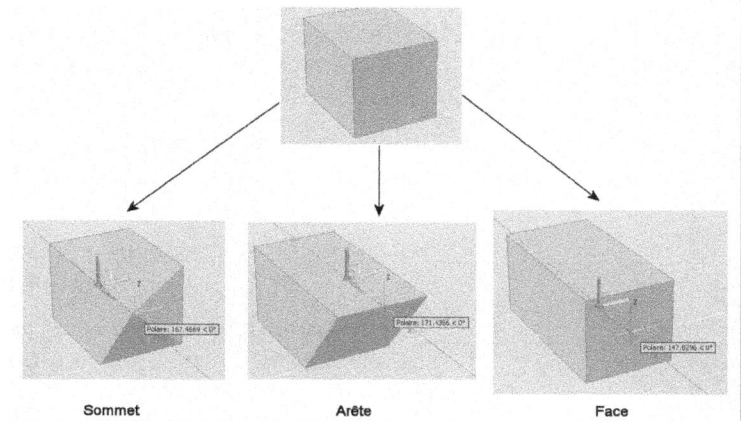

Fig.20.10

Le déplacement, la rotation et la mise à l'échelle des sous-objets

Vous pouvez déplacer, faire tourner ou mettre à l'échelle un sous-objet d'un solide 3D en sélectionnant le sous-objet puis en utilisant les fonctions **Déplacer** (Move), **Rotation** (Rotate) ou **Echelle** (Scale). Dans le cas de l'exemple de la figure 20.11, l'arête supérieure a d'abord été sélectionnée. Les opérations suivantes ont ensuite été exécutées :

▸ **Rotation** : sélection du point de base et définition de l'angle de rotation.

▸ **Déplacement** : sélection du point de base et du point de destination.

▸ **Changement d'échelle** : sélection du point de base et définition du facteur d'échelle.

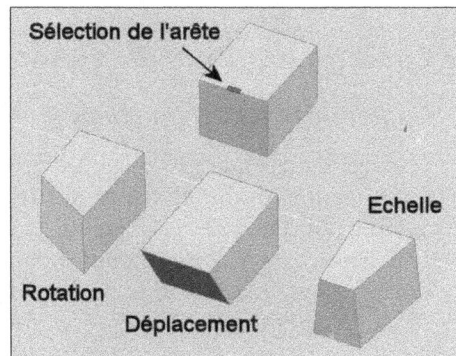

Fig.20.11

Il est important de souligner que vous ne pouvez déplacer, faire pivoter et mettre à l'échelle des sous-objets sur des solides 3D que si l'opération préserve l'intégralité du solide. Les règles et limitations suivantes s'appliquent au déplacement, à la rotation et à la mise à l'échelle de sous-objets :

▶ Lorsque vous utilisez des poignées pour modifier des sous-objets, les poignées ne sont pas affichées sur les sous-objets qui ne peuvent pas être déplacés, pivotés ou mis à l'échelle.

▶ Dans la plupart des cas, vous pouvez procéder au déplacement, à la rotation et à la mise à l'échelle de faces planes et non planes.

▶ Vous ne pouvez modifier une arête que s'il s'agit d'une ligne droite et qu'elle possède au moins une face plane adjacente. Les plans des faces planes adjacentes sont ajustés afin de pouvoir contenir l'arête modifiée.

▶ Vous ne pouvez pas déplacer, faire pivoter ou mettre à l'échelle des arêtes (ou leurs sommets) correspondant à des faces intérieures gravées.

▶ Vous ne pouvez modifier un sommet que s'il possède au moins une face plane adjacente. Les plans des faces planes adjacentes sont ajustés afin de pouvoir contenir le sommet modifié.

▶ Lorsque vous faites glisser un sous-objet, le résultat final peut différer de l'aperçu affiché durant la modification. Cela est dû au fait que le solide est amené à s'adapter à la modification afin de conserver sa topologie. Dans certains cas, la modification risque de ne pas être possible car elle peut changer la topologie du solide de façon trop importante.

▶ Si la modification entraîne le prolongement des surfaces splines, l'opération échoue généralement.

▶ Vous ne pouvez pas déplacer, faire pivoter ou mettre à l'échelle des arêtes non multiples (arêtes qui sont partagées par plus de deux faces) ou des sommets non multiples. De même, si certains sommets ou arêtes non multiples sont présents près des faces, des arêtes et des sommets que vous modifiez, l'opération risque de ne pas être possible.

Copier, supprimer et colorer des faces ou des arêtes de solides 3D

Copier des faces d'un solide

Les faces d'un solide 3D peuvent être copiées. AutoCAD copie les faces sélectionnées sous forme de régions ou de corps. Si l'on spécifie deux points, AutoCAD utilise le premier comme point de base et insère une copie unique à un emplacement défini par rapport à ce point de base. Si l'on n'indique qu'un seul point et que l'on appuie ensuite sur la touche Entrée, AutoCAD utilise le premier point sélectionné comme point de base ; le point suivant que l'on sélectionnera sera considéré comme le point de destination de la copie.

Pour copier une face de solide, la procédure est la suivante (fig.20.12) :

☐ Exécutez la commande **EDITSOLIDE** (SOLIDEDIT) à l'aide de l'une des méthodes suivantes :

🗐 Menu : dans le menu **Modification** (Modify), choisissez l'option **Edition de solides** (Solids Editing) puis **Copier des faces** (Copy faces).

🖿 Icônes : cliquez sur l'icône **Copier les faces** (Copy faces) de la barre d'outils **Edition des solides** (Solids Editing).

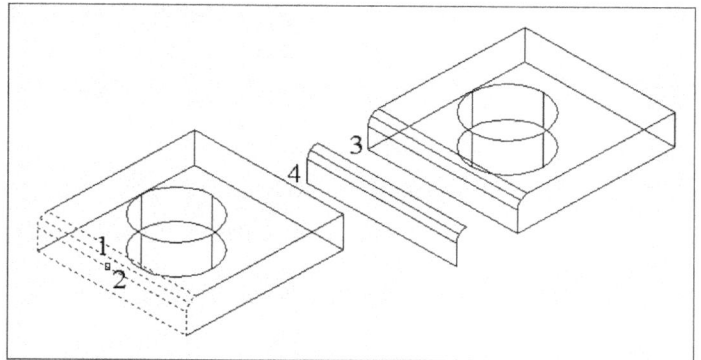

Fig.20.12

⌨ Clavier : tapez la commande **EDITSOLIDE** (SOLIDEDIT).

2️⃣ Désignez la face à copier : pointer 1.

3️⃣ Sélectionnez d'autres faces : pointer 2. Appuyez ensuite sur Entrée pour exécuter la copie.

4️⃣ Choisissez un point de base : pointer 3.

5️⃣ Désignez un second point, correspondant à la destination : pointer 4.

6️⃣ Appuyez sur Entrée pour exécuter l'opération.

Supprimer des faces d'un solide

Les faces et les raccords d'un solide 3D peuvent être supprimés. Par exemple, il est possible de supprimer des orifices et des raccords créés sur un solide 3D à l'aide de la commande **EDITSOLIDE**.

Dans l'exemple suivant, on va supprimer des raccords créés sur un solide.

Pour supprimer une face sur un solide, la procédure est la suivante (fig.20.13) :

☐ Exécutez la commande **EDITSOLIDE** (SOLIDEDIT) à l'aide de l'une des méthodes suivantes :

🗐 Menu : dans le menu **Modification** (Modify), choisissez l'option **Edition de solides** (Solids Editing) puis **Supprimer des faces** (Delete faces).

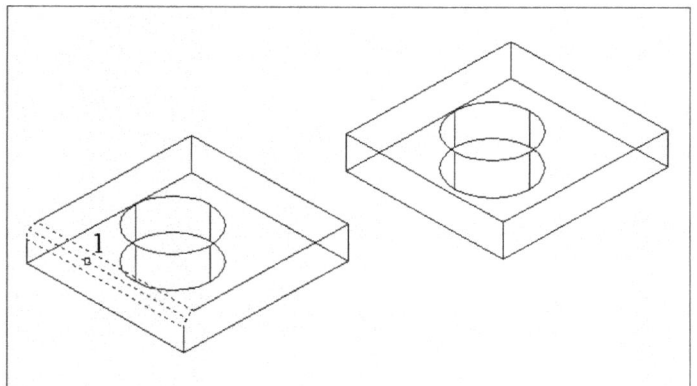

Fig.20.13

Icônes : cliquez sur l'icône **Supprimer les faces** (Delete faces) de la barre d'outils **Edition des solides** (Solids Editing).

Clavier : tapez la commande **EDITSOLIDE** (SOLIDEDIT)

2 Désignez la face à supprimer : pointer 1.

3 Sélectionnez d'autres faces ou appuyer sur Entrée pour exécuter la suppression.

4 Appuyez sur Entrée pour exécuter l'opération.

Colorier des faces d'un solide

AutoCAD permet de modifier la couleur des faces d'un solide 3D. Il est possible de sélectionner une couleur parmi les sept couleurs standard ou en choisir une autre dans la boîte de dialogue Sélectionner une couleur. Pour spécifier une couleur, il convient d'entrer son nom ou choisir un numéro compris entre 1 et 255 dans l'index des couleurs d'AutoCAD (ICA). Affecter une couleur à une face a pour effet immédiat d'appliquer la même couleur au calque sur lequel le solide réside.

Pour changer la couleur d'une face sur un solide 3D, la procédure est la suivante (fig. 20.14) :

1 Exécutez la commande **EDITSOLIDE** (SOLIDEDIT) à l'aide de l'une des méthodes suivantes :

Menu : dans le menu **Modification** (Modify), choisissez l'option **Edition de solides** (Solids Editing) puis **Colorer des faces** (Color faces).

Icônes : cliquez sur l'icône **Colorer des faces** (Color faces) de la barre d'outils **Edition des solides** (Solids Editing).

Clavier : tapez la commande **EDITSOLIDE** (SOLIDEDIT).

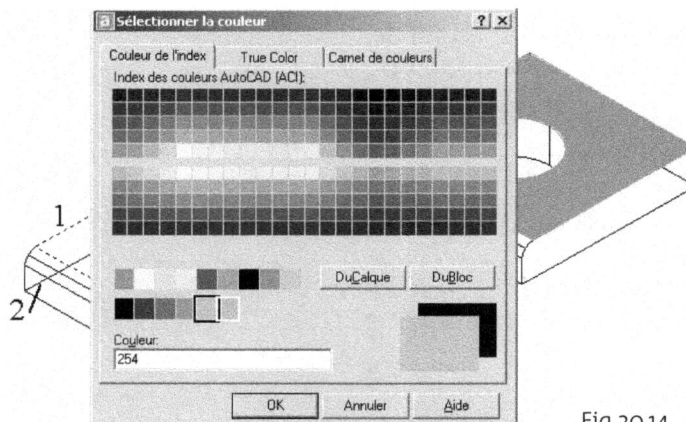

Fig.20.14

2. Sélectionnez la face dont on souhaite modifier la couleur : pointer 1.

3. Sélectionnez d'autres faces ou désactiver des faces : pointer 2. Appuyez ensuite sur Entrée pour exécuter l'opération.

4. Dans la boîte de dialogue **Sélectionner une couleur**, choisissez une couleur, puis cliquez sur OK.

5. Appuyez sur Entrée pour exécuter l'opération.

> *REMARQUE*
>
> Une autre méthode consiste à sélectionner la face à l'aide de la touche Ctrl puis à modifier la couleur via la palette des propriétés (fig.20.15).

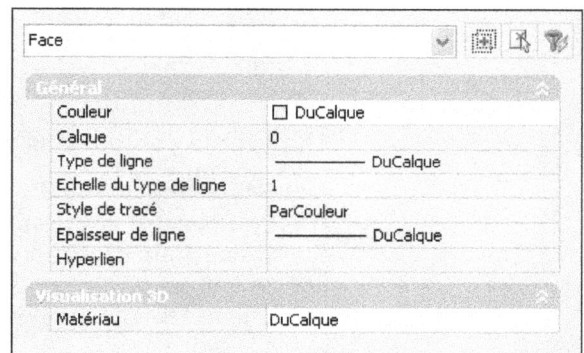

Fig.20.15

Copier des arêtes d'un solide en 3D

Les arêtes d'un solide en 3D peuvent être copiées. Toutes les arêtes des solides 3D se copient sous forme d'objets ligne, arc, cercle, ellipse ou spline. Si l'on spécifie deux points, AutoCAD utilise le premier comme point de base et insère une copie unique à un emplacement défini par rapport à ce point de base. Si l'on n'indique qu'un seul point et que l'on appuie ensuite sur la touche Entrée, AutoCAD utilise le premier point sélectionné comme point de base ; le point suivant que l'on sélectionnera sera considéré comme le point de destination de la copie.

Pour copier une arête d'un solide, la procédure est la suivante (fig.20.16) :

1. Exécutez la commande **EDITSOLIDE** (SOLIDEDIT) à l'aide de l'une des méthodes suivantes :

   Menu : dans le menu **Modification** (Modify), choisissez l'option **Edition de solides** (Solids Editing) puis **Copier des arêtes** (Copy edges).

   Icônes : cliquez sur l'icône **Copier des arêtes** (Copy edges) de la barre d'outils **Edition des solides** (Solids Editing).

   Clavier : tapez la commande **EDITSOLIDE** (SOLIDEDIT)

2. Désignez l'arête de la face à copier : pointer 1.

3. Sélectionnez d'autres arêtes : pointer 2 et 3. Appuyez ensuite sur Entrée pour exécuter l'opération.

4. Choisissez un point de base : pointer 4.

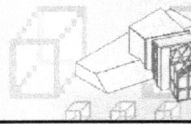

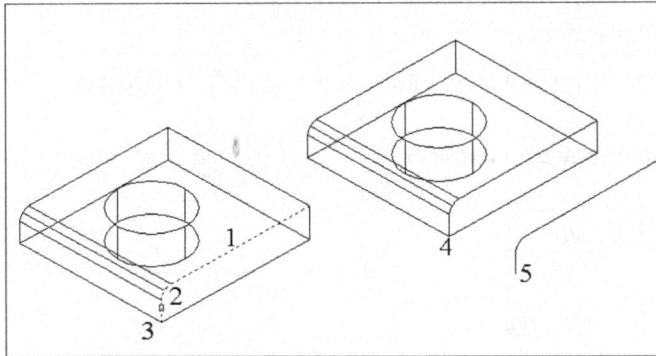

Fig.20.16

5 Désignez un second point, correspondant à la destination : pointer 5.

6 Appuyez sur Entrée pour exécuter l'opération.

Changer la couleur des arêtes d'un solide

AutoCAD offre la possibilité d'attribuer des couleurs aux différentes arêtes d'un solide en 3D. Il est possible de sélectionner une couleur parmi les sept couleurs standard ou en choisir une autre dans la boîte de dialogue « Sélectionner une couleur ». Pour spécifier une couleur, on peut entrer son nom ou choisir un numéro ICA (entre 1 et 255). Affecter une couleur à une arête a pour effet immédiat d'appliquer la même couleur au calque sur lequel le solide réside.

Pour changer la couleur d'une arête sur un solide 3D, la procédure est la suivante (fig.20.17) :

1 Exécutez la commande EDITSOLIDE (SOLIDEDIT) à l'aide de l'une des méthodes suivantes :

Menu : dans le menu **Modification** (Modify), choisissez l'option **Edition de solides** (Solids Editing) puis **Colorer des arêtes** (Color edges).

Icônes : cliquez sur l'icône **Colorer des arêtes** (Color edges) de la barre d'outils **Edition des solides** (Solids Editing)

Clavier : tapez la commande **EDITSOLIDE** (SOLIDEDIT)

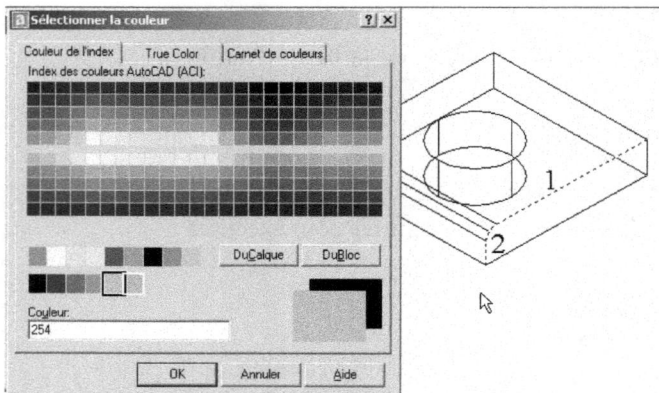

2 Désignez l'arête de la face à colorer : pointer 1 et 2.

3 Sélectionnez d'autres arêtes ou appuyer sur Entrée pour exécuter l'opération.

4 Dans la boîte de dialogue **Sélectionner une couleur**, choisissez une couleur, puis cliquez sur OK.

5 Appuyez sur Entrée pour exécuter l'opération.

Fig.20.17

Modifications particulières des solides 3D

Les solides peuvent encore être modifiés à l'aide d'une série de fonctions particulières. Il s'agit en particulier de graver des empreintes, de créer un gainage, de séparer des parties du solide et de nettoyer le solide.

Graver des empreintes sur les solides

On peut créer des faces ou des solides en 3D en appliquant des empreintes d'arc, de cercle, de ligne, de polyligne 2D ou 3D, d'ellipse, de spline, de région, de corps et de solide en 3D. Par exemple, si un cercle chevauche un solide en 3D, on peut inscrire sur le solide et sous forme d'empreinte la partie commune aux deux objets, délimitée par l'intersection des courbes. On est libre de supprimer ou de conserver le modèle original imprimé, en vue d'autres modifications. Il doit exister une intersection entre la ou les faces de l'objet à imprimer et le solide sélectionné pour que cette opération soit possible.

Pour appliquer une empreinte sur un solide en 3D, la procédure est la suivante (fig.20.18) :

☐ Dessiner l'empreinte sur le solide. Par exemple un cercle.

☐ Exécutez la commande **EDITSOLIDE** (SOLIDEDIT) à l'aide de l'une des méthodes suivantes :

🗔 Menu : dans le menu **Modification** (Modify), choisissez l'option **Edition de solides** (Solids Editing) puis **Apposer une empreinte aux arêtes** (Imprint Edges).

🖰 Icônes : cliquez sur l'icône **Empreinte** (Imprint) de la barre d'outils **Edition des solides** (Solids Editing)

⊙⊙⊙ Tableau de bord : dans le **Panneau de configuration Création 3D**, cliquez sur **Graver** (Imprint)

⌨ Clavier : tapez la commande **GRAVER** (Imprint)

☐ Sélectionnez le solide 3D : pointer 1.

☐ Sélectionnez l'objet à imprimer : pointer 2.

☐ Appuyez sur la touche Entrée pour conserver les objets initiaux ou entrer ⟨Y⟩ (O) pour les supprimer : Y (O).

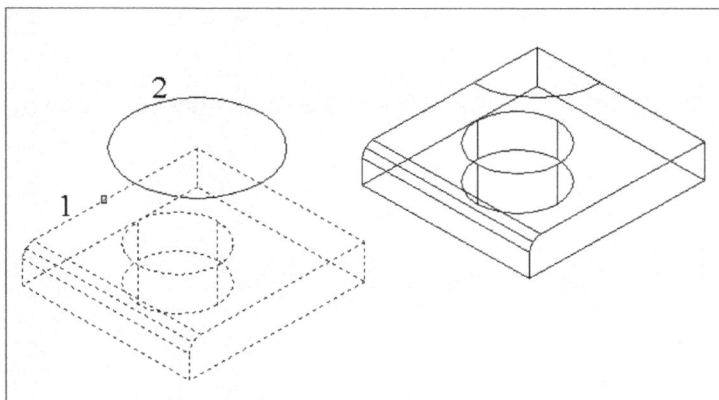

Fig.20.18

⌐6⌐ Sélectionnez d'autres objets à imprimer ou appuyez sur Entrée pour exécuter l'opération.

⌐7⌐ Appuyez sur Entrée pour exécuter l'opération. L'empreinte à ajouté une face sur le solide.

Il est ensuite possible d'effectuer des modifications à partir des nouvelles faces générées. Dans l'exemple de la figure 20.19, l'empreinte est une région qui a divisé les faces latérales en deux parties. La modification est un effilement des faces latérales supérieures. Dans l'exemple de la figure 20.20, l'empreinte est une droite verticale et la modification un effilement de la face de droite.

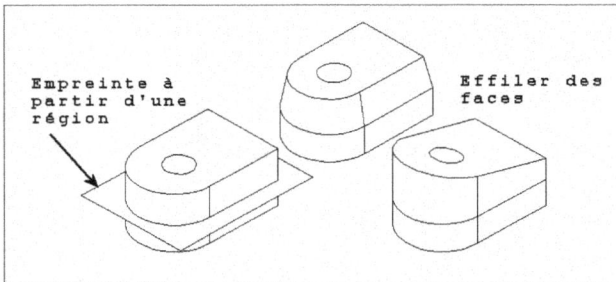

Fig.20.19

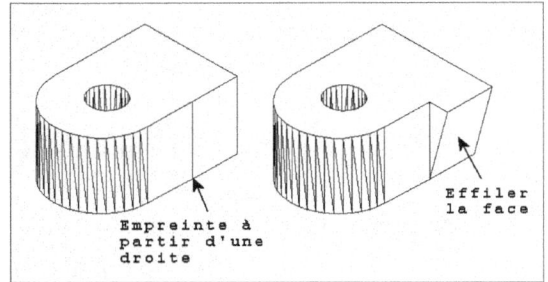

Fig.20.20

Séparer des solides 3D

Il est possible de séparer (décomposer) des solides composés. Il convient de noter que le solide 3D composé ne doit pas partager de zones ou volumes avec d'autres solides. Les solides résultant de la séparation conservent les calques et les couleurs du solide initial, une fois celui-ci décomposé. Les solides 3D imbriqués sont séparés sous leur forme la plus simple.

Pour décomposer un solide 3D composé, la procédure est la suivante (fig.20.21) :

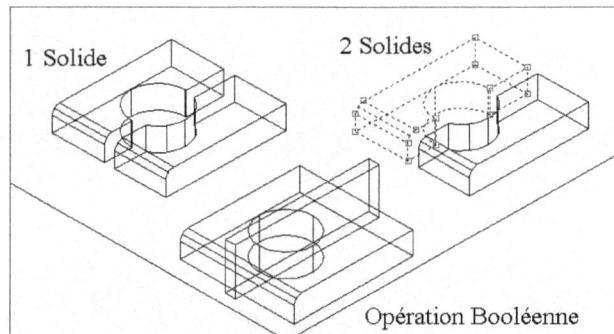

Fig.20.21

1. Exécutez la commande **EDITSOLIDE** (SOLIDEDIT) à l'aide de l'une des méthodes suivantes :

▤ Menu : dans le menu **Modification** (Modify), choisissez l'option **Edition de solides** (Solids Editing) puis **Séparer** (Separate).

⬡ Icônes : cliquez sur l'icône **Séparer** (Separate) de la barre d'outils **Edition des solides** (Solids Editing).

⌨ Clavier : tapez la commande **EDITSOLIDE** (SOLIDEDIT).

2. Sélectionnez le solide 3D désiré : pointer 1.

3. Appuyez sur Entrée pour exécuter l'opération.

Créer un gainage de solides 3D

AutoCAD offre la possibilité de créer une gaine, sorte de revêtement d'une épaisseur spécifique, à partir d'un solide en 3D. Ces nouvelles faces sont créées en décalant les faces existantes vers l'intérieur ou l'extérieur par rapport à leur position d'origine. Les faces tangentes sont traitées comme des faces uniques lors de ce type d'opération.

Dans l'exemple suivant, on va créer un gainage à l'intérieur d'un cylindre.

**Pour créer un gainage de solide 3D,
la procédure est la suivante (fig.20.22) :**

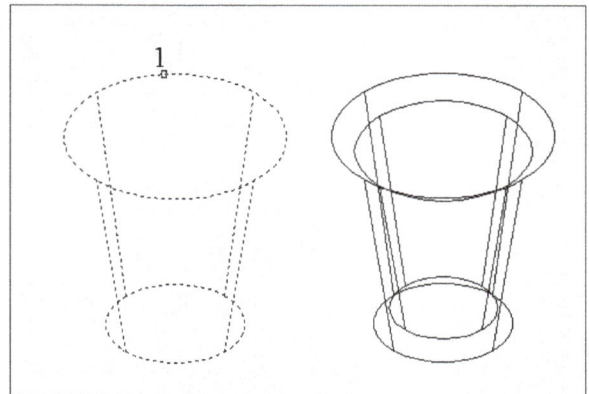

Fig.20.22

1. Exécutez la commande **EDITSOLIDE** (SOLIDEDIT) à l'aide de l'une des méthodes suivantes :

▤ Menu : dans le menu **Modification** (Modify), choisissez l'option **Edition de solides** (Solids Editing) puis **Gaine** (Shell).

⬡ Icônes : cliquez sur l'icône **Gaine** (Shell) de la barre d'outils **Edition des solides** (Solids Editing).

⌨ Clavier : tapez la commande **EDITSOLIDE** (SOLIDEDIT).

2. Sélectionnez le solide 3D désiré : pointer 1.

3. Désignez la face à exclure du processus de gainage.

4. Sélectionnez d'autres faces à exclure ou appuyez sur Entrée pour exécuter l'opération.

5. Indiquez la distance de décalage du gainage.

Si l'on entre une valeur positive, le gainage se crée dans la direction positive de la face.
Si l'on entre une valeur négative, il se crée dans la direction négative de la face.

6. Appuyez sur Entrée pour exécuter l'opération.

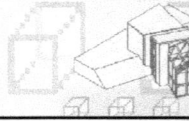

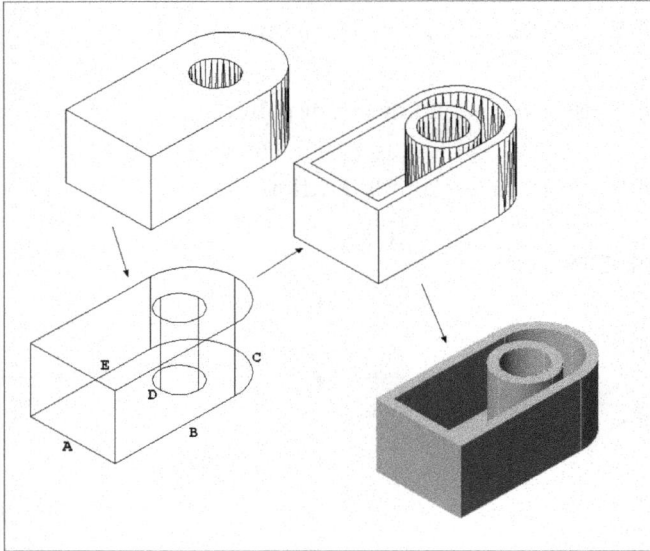

Fig.20.23

L'exemple de la figure 20.23, illustre un gainage sans face supérieure. La procédure est la suivante :

1. Sélectionnez le solide 3D.

2. Désignez les faces à exclure : par facilité sélectionner l'option **TOUT** (ALL)

3. Sélectionnez l'option **Ajouter** (Add) pour définir les faces à prendre en compte.

4. Sélectionnez les arêtes A, B, C, D et E. La face inférieure et toutes les faces latérales sont ainsi sélectionnées.

5. Appuyez sur Entrée et le gainage est réalisé.

Nettoyer des solides

Il est possible de supprimer des arrêtes ou des sommets si leurs deux côtés partagent la même définition de surface ou de sommet. AutoCAD vérifie le corps, les faces ou les arêtes du solide et fusionne les faces adjacentes partageant la même surface. Toutes les arêtes redondantes, constituées d'une empreinte ou inutilisées, existant sur le solide en 3D, sont supprimées.

Pour nettoyer un solide 3D, la procédure est la suivante (fig.20.24) :

1. Exécutez la commande **EDITSOLIDE** (SOLIDEDIT) à l'aide de l'une des méthodes suivantes :

   Menu : dans le menu **Modification** (Modify), choisissez l'option **Edition de solides** (Solids Editing) puis **Nettoyer** (Clean).

   Icônes : cliquez sur l'icône **Nettoyer** (Clean) de la barre d'outils **Edition des solides** (Solids Editing).

   Clavier : tapez la commande **EDITSOLIDE** (SOLIDEDIT)

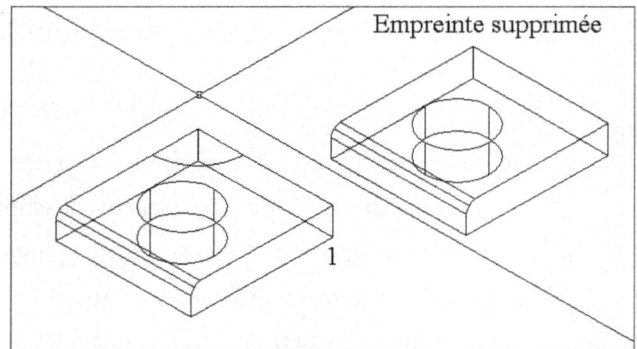

Empreinte supprimée

Fig.20.24

2 Sélectionnez le solide 3D : pointer 1.

3 Appuyez sur Entrée pour exécuter l'opération.

Vérifier la validité des solides

AutoCAD permet de vérifier la validité des solides 3D que l'on a créés. Tout solide 3D correctement défini peut être modifié. Si l'objet que l'on tente de modifier présente des anomalies, un message d'erreur ACIS s'affiche. Si le solide 3D n'est pas correct, il n'est pas possible de l'éditer.

Pour contrôler la validité d'un solide 3D, la procédure est la suivante :

1 Exécutez la commande **EDITSOLIDE** (SOLIDEDIT) à l'aide de l'une des méthodes suivantes :

  Menu : dans le menu **Modification** (Modify), choisissez l'option **Edition de solides** (Solids Editing) puis **Vérifier** (Check).

  Icônes : cliquez sur l'icône **Vérifier** (Check) de la barre d'outils **Edition des solides** (Solids Editing)

  Clavier : tapez la commande **EDITSOLIDE** (SOLIDEDIT).

2 Sélectionnez le solide 3D désiré.

3 Appuyez sur Entrée pour exécuter l'opération.

AutoCAD affiche un message indiquant si le solide est correctement défini ou non.

Raccords et chanfreins 3D

Principe

La commande **RACCORD** permet de définir des arrondis et des raccords sur les objets 3D sélectionnés. Avec la méthode par défaut, vous pouvez spécifier le rayon du raccord, puis sélectionner les arêtes à raccorder. De même, la commande **CHANFREIN** vous permet de biseauter les bords situés le long des faces adjacentes des solides 3D sélectionnés.

Après avoir utilisé la commande **RACCORD** ou **CHANFREIN** sur un solide, vous pouvez sélectionner le raccord ou le chanfrein et modifier ses propriétés dans la palette Propriétés.

Lorsque vous appliquez un raccord ou un chanfrein à une arête d'un solide, l'historique de ce dernier est supprimé.

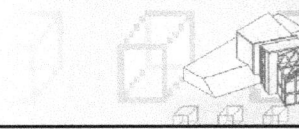

Création d'un raccord

Pour définir un raccord, il suffit de préciser un rayon de raccord et de sélectionner les arêtes sur lesquelles il sera créé. La procédure est la suivante :

[1] Exécutez la commande de définition d'un raccord à l'aide de l'une des méthodes suivantes (fig.20.25) :

📖 Menu : choisissez le menu déroulant **Modification** (Modify) puis l'option **Raccord** (Fillet).

🖱 Icône : choisissez l'icône **Raccord** (Fillet) de la barre d'outils **Modifier** (Modify).

⌨ Clavier : tapez la commande **RACCORD** (FILLET).

Fig.20.25

[2] Sélectionnez une arête du solide pour la création du raccord (P1).

[3] Spécifiez le rayon du raccord.

[4] Sélectionnez d'autres arêtes ou appuyer sur Entrée. L'option **Chaîne** (Chain) permet de repérer toutes les arêtes tangentes d'une même face à l'aide d'une seule sélection.

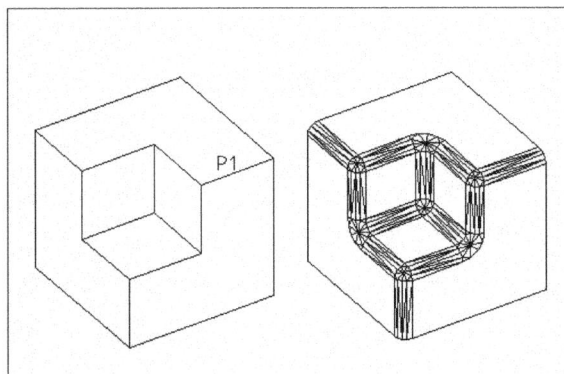

Edition d'un raccord

Pour modifier un raccord, le plus simple est de sélectionner le raccord avec l'aide de la touche Ctrl puis de modifier ses propriétés dans la palette **Propriétés** (fig.20.26).

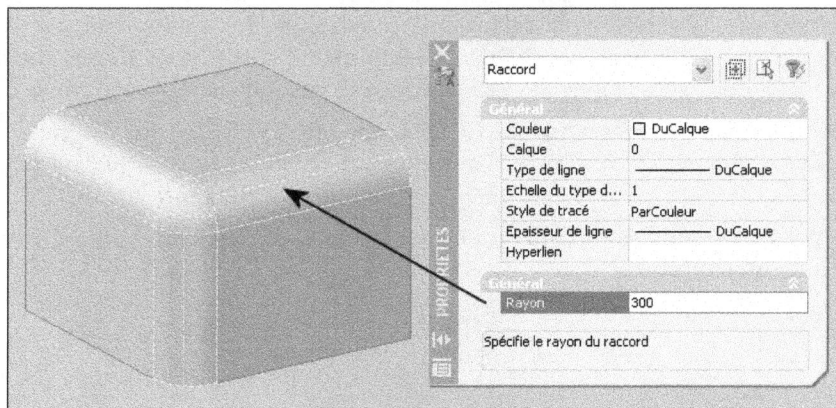

Fig.20.26.

Création d'un chanfrein

1. Exécutez la commande de chanfreinage à l'aide de l'une des méthodes suivantes (fig.20.27) :

   ▤ Menu : choisissez le menu déroulant **Modification** (Modify) puis l'option **Chanfrein** (Chamfer).

   ◧ Icône : choisissez l'icône **Chanfrein** (Chamfer) de la barre d'outils **Modifier** (Modify).

   ⌨ Clavier : tapez la commande **CHANFREIN** (CHAMFER).

2. Sélectionnez une arête du solide pour la création du chanfrein.

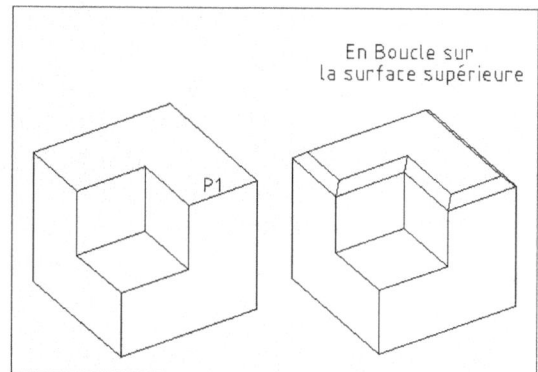

Fig.20.27

3. AutoCAD met en surbrillance l'une des deux faces adjacentes à l'arête sélectionnée. Si le chanfrein doit s'effectuer sur l'autre surface, tapez « N », sinon cliquez sur **OK** pour confirmer le premier choix.

4. Spécifiez la distance voulue sur la surface de base puis sur la surface adjacente. Exemple : 500 et 500.

5. Sélectionnez les arêtes à chanfreiner. L'option **Boucle** (Loop) permet de sélectionner toutes les arêtes autour de la surface de base.

Edition d'un chanfrein

Pour modifier un chanfrein, le plus simple est de sélectionner le raccord avec l'aide de la touche Ctrl puis de modifier ses propriétés dans la palette Propriétés (fig.20.28).

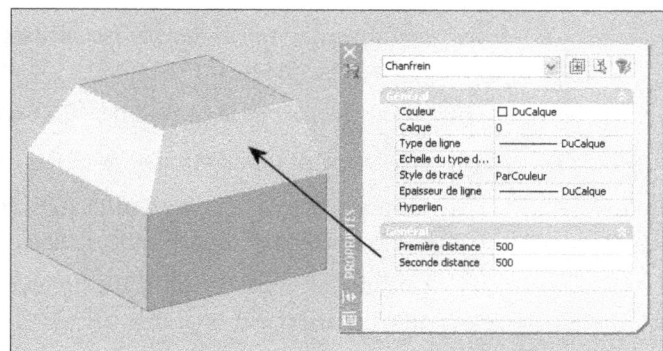

Fig.2028

Les modifications topologiques des solides

Principe

Comme pour les entités 2D, il est possible de modifier la position d'un objet 3D et d'en faire des copies multiples. Cinq fonctions spécifiques permettent de manipuler les objets dans l'environnement 3D. Il s'agit du déplacement en 3D, de la rotation en 3D, de la création de réseaux en 3D, de la création de copies-miroirs en 3D et de l'alignement d'objets en 3D.

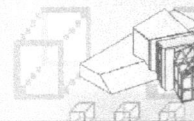

Le déplacement 3D d'un objet

Pour déplacer un objet en 3D, AutoCAD dispose d'un outil « poignée de déplacement » qui vous permet de déplacer un jeu de sélection d'objets (ou de sous-objets) librement ou en contraignant le mouvement à un axe ou un plan.

Après avoir sélectionné les objets et les sous-objets que vous voulez déplacer, placez l'outil poignée n'importe où dans l'espace 3D. Cet emplacement (indiqué par le cadre central de l'outil poignée) définit le point de base du mouvement et modifie temporairement la position du SCU pour le déplacement des objets sélectionnés. Vous pouvez ensuite déplacer les objets librement en faisant glisser l'outil poignée ou spécifier l'axe ou le plan à utiliser pour contraindre le déplacement (fig. 20.29).

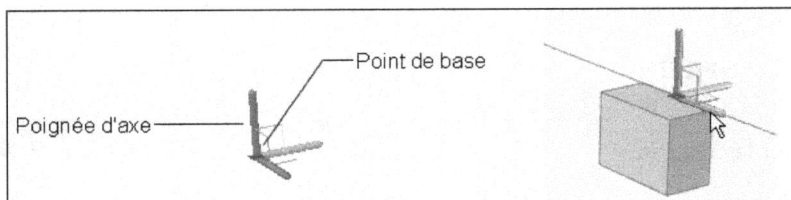

Fig.20.29

Pour déplacer des objets dans l'espace 3D le long d'un axe spécifié, la procédure est la suivante :

1. Exécutez la commande de déplacement 3D à l'aide de l'une des méthodes suivantes :

   Menu : choisissez le menu déroulant **Modification** (Modify), puis l'option **Opération 3D** (3D Operation), puis **Déplacer 3D** (3D Move).

   Icône : cliquez sur l'icône **Déplacer 3D** (3D Move) de la barre d'outils **Modélisation** (Modeling).

   Tableau de bord : dans le **Panneau de configuration Création 3D**, cliquez sur **Déplacer 3D** (3D Move).

   Clavier : tapez la commande **DEPLACER3D** (3DMOVE).

2. Sélectionnez les objets et sous-objets que vous voulez déplacer.

3. Appuyez sur la touche Ctrl et maintenez-la enfoncée pour sélectionner des sous-objets (faces, arêtes et sommets). Relâchez la touche Ctrl pour sélectionner des objets.

4. Une fois les objets sélectionnés, appuyez sur Entrée. L'outil poignée de déplacement est attaché au curseur.

5. Cliquez pour positionner l'outil poignée de déplacement, et spécifier ainsi le point de base du déplacement.

6. Placez le curseur au-dessus d'un identificateur d'axe sur l'outil poignée jusqu'à ce qu'il devienne jaune et que le vecteur s'affiche, puis cliquez sur l'identificateur d'axe.

7. Cliquez ou entrez une valeur pour spécifier la distance du déplacement (fig.20.30).

Pour déplacer des objets dans l'espace 3D le long d'un plan spécifié, la procédure est la suivante :

1. Exécutez la commande de déplacement 3D à l'aide de l'une des méthodes suivantes :

   Menu : choisissez le menu déroulant **Modification** (Modify), puis l'option **Opération 3D** (3D Operation), puis **Déplacer 3D** (3D Move).

   Icône : cliquez sur l'icône **Déplacer 3D** (3D MOve) de la barre d'outils **Modélisation** (Modeling).

   Tableau de bord : dans le **Panneau de configuration Création 3D**, cliquez sur **Déplacer 3D** (3D Move).

   Clavier : tapez la commande **DEPLACER3D** (3DMOVE).

2. Sélectionnez les objets et sous-objets que vous voulez déplacer.

3. Appuyez sur la touche Ctrl et maintenez-la enfoncée pour sélectionner des sous-objets (faces, arêtes et sommets). Relâchez la touche Ctrl pour sélectionner des objets.

4. Une fois les objets sélectionnés, appuyez sur Entrée. L'outil poignée de déplacement est attaché au curseur.

5. Cliquez pour positionner l'outil poignée de déplacement, et spécifier ainsi le point de base du déplacement.

6. Placez le curseur au-dessus du point où les deux lignes prolongeant les identificateurs d'axe (qui déterminent le plan) se rencontrent jusqu'à ce que les lignes deviennent jaunes, puis cliquez.

7. Cliquez ou entrez une valeur pour spécifier la distance du déplacement (fig.20.31).

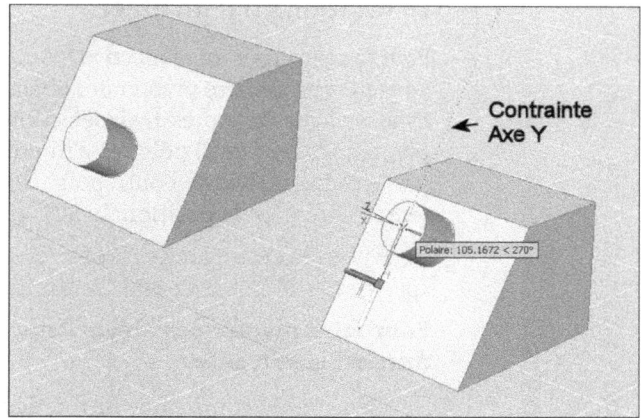

Fig.20.30

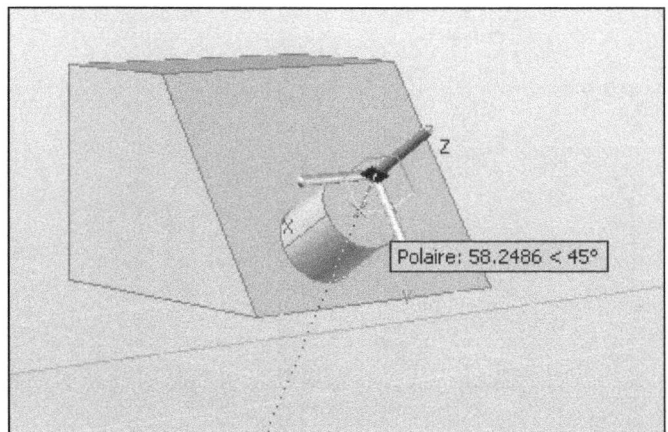

Fig.20.31

La rotation 3D d'un objet

Pour faire tourner un objet en 3D, AutoCAD dispose d'un outil « poignée de rotation » qui vous permet de faire pivoter des objets et des sous-objets librement ou en contraignant la rotation à un axe. Après avoir sélectionné les objets et les sous-objets que vous voulez faire pivoter, placez l'outil poignée n'importe où dans l'espace 3D. Cet emplacement (indiqué par le cadre central de l'outil poignée) définit le point de base du mouvement et modifie temporairement la position du SCU pour la rotation des objets sélectionnés.

Vous pouvez ensuite faire pivoter les objets librement en faisant glisser l'outil poignée ou spécifiez l'axe à utiliser pour contraindre la rotation (fig.20.32).

Pour faire pivoter des objets dans l'espace 3D le long d'un axe spécifié, la procédure est la suivante :

[1] Exécutez la commande de rotation 3D à l'aide de l'une des méthodes suivantes :

Menu : choisissez le menu déroulant **Modification** (Modify), puis l'option **Opération 3D** (3D Operation), puis **Rotation 3D** (3D Rotate).

Icône : cliquez sur l'icône **Rotation 3D** (3D Rotate) de la barre d'outils **Modélisation** (Modeling).

Tableau de bord : dans le **Panneau de configuration Création 3D**, cliquez sur **Rotation 3D** (3D Rotate).

Clavier : tapez la commande **ROTATION3D** (3DROTATE).

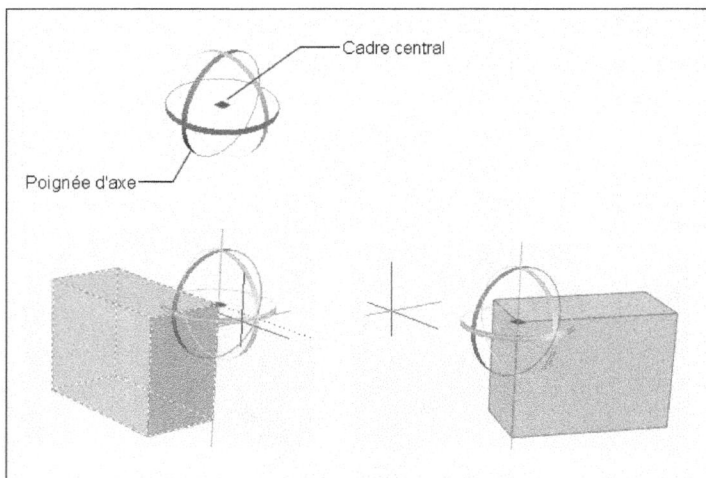

Fig.20.32

[2] Sélectionnez les objets et les sous-objets à faire pivoter.

[3] Appuyez sur la touche Ctrl et maintenez-la enfoncée pour sélectionner des sous-objets (faces, arêtes et sommets). Relâchez la touche Ctrl pour sélectionner des objets.

[4] Une fois les objets sélectionnés, appuyez sur Entrée. L'outil poignée de rotation est attaché au curseur.

[5] Cliquez pour positionner l'outil poignée de rotation, et spécifier ainsi le point de base du mouvement.

[6] Placez le curseur au-dessus d'un identificateur d'axe sur l'outil poignée jusqu'à ce qu'il devienne jaune et que le vecteur s'affiche, puis cliquez.

⑦ Cliquez ou entrez une valeur pour spécifier l'angle de rotation (fig.20.33).

L'alignement 3D d'un objet

L'alignement 3D d'objets permet de déplacer facilement un ou plusieurs objets sources pour les aligner sur un objet de référence. Pour cela, vous pouvez spécifier un, deux ou trois points pour l'objet source puis spécifier un, deux ou trois points d'arrivée. L'objet sélectionné est déplacé et pivote afin que les points de base et les axes X et Y de la source et de la destination soient alignés dans l'espace 3D. La commande **ALIGNER3D** (3D Align) fonctionne avec le SCU dynamique (SCUD), ce qui vous permet de faire glisser les objets sélectionnés et les aligner avec la face d'un objet solide de façon dynamique.

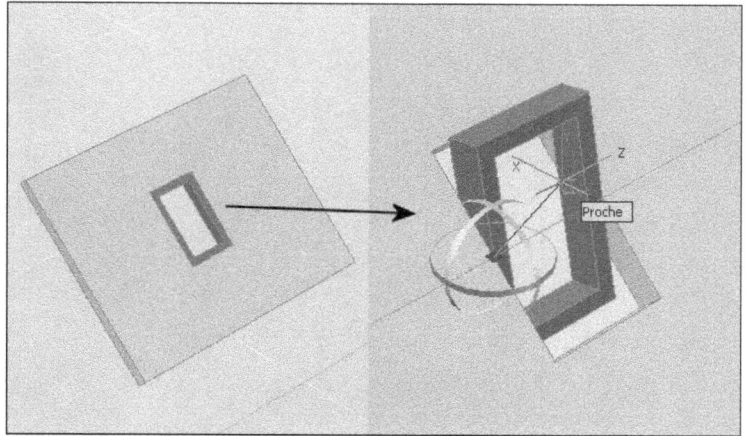

Fig.20.33

Pour aligner des objets avec d'autres objets à l'aide de deux couples de trois points, la procédure est la suivante :

① Exécutez la commande d'alignement 3D à l'aide de l'une des méthodes suivantes :

📁 Menu : choisissez le menu déroulant **Modification** (Modify), puis l'option **Opération 3D** (3D Operation), puis **Aligner 3D** (3D Align).

🖾 Icône : cliquez sur l'icône **Aligner 3D** (3D Align) de la barre d'outils **Modélisation** (Modeling).

✐ Palette d'outils : dans l'onglet **Modélisation** (Modeling), cliquez sur **Aligner 3D** (3D Align).

⌨ Clavier : tapez la commande **ALIGNER3D** (3DALIGN).

② Sélectionnez les objets à aligner et appuyez sur Entrée.

③ Spécifiez le plan de départ et l'orientation. Pour cela spécifiez d'abord le point de base (P1). Le point de base de l'objet source sera déplacé vers le point de base de l'arrivée.

④ Spécifiez un point sur l'axe X de l'objet (P2).

⑤ Spécifiez le troisième point (P3). Ce troisième point permet de spécifier l'orientation du plan XY de l'objet source qui sera aligné sur le plan d'arrivée.

⑥ Spécifiez le plan d'arrivée et l'orientation. Pour cela spécifiez d'abord le premier point d'arrivée. Ce point définit l'arrivée du point de base de l'objet source.

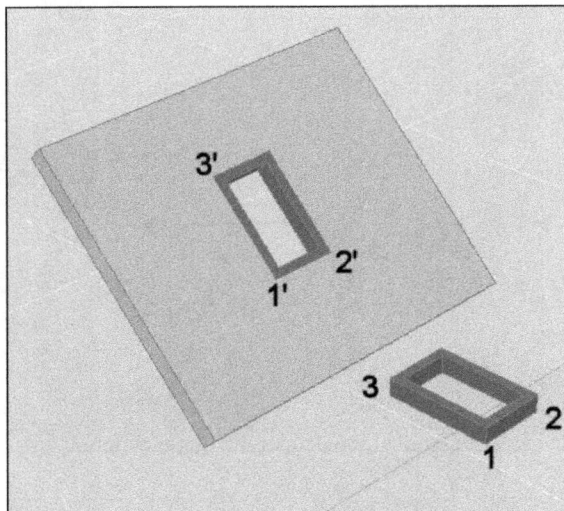

Fig.20.34

[7] Spécifiez le second point d'arrivée. Ce deuxième point spécifie une nouvelle direction de l'axe X.

[8] Spécifiez le troisième point d'arrivée. Ce point spécifie l'orientation du plan XY d'arrivée (fig.20.34).

Pour glisser des objets sélectionnés et les aligner avec la face d'un objet solide de façon dynamique, la procédure est la suivante :

[1] Activez le mode SCU dynamique.

[2] Exécutez la commande d'alignement 3D à l'aide de l'une des méthodes suivantes :

Menu : choisissez le menu déroulant **Modification** (Modify), puis l'option **Opération 3D** (3D Operation), puis **Aligner 3D** (3D Align).

Icône : cliquez sur l'icône **Aligner 3D** (3D Align) de la barre d'outils **Modélisation** (Modeling).

Palette d'outils : dans l'onglet **Modélisation** (Modeling), cliquez sur **Aligner 3D** (3D Align).

Clavier : tapez la commande **ALIGNER3D** (3DALIGN).

[3] Sélectionnez les objets à aligner et appuyez sur Entrée.

[4] Spécifiez un point de base (P1). Ce point de base de l'objet source sera déplacé vers le point de base de l'arrivée.

[5] Entrez C pour activer l'option **Continuer** (Continue) puis appuyez sur Entrée.

[6] Survolez la face à laquelle vous souhaitez aligner l'objet.

[7] Spécifiez le premier point d'arrivée (P2) et appuyez sur Entrée si la position de base est correcte, sinon pointez un second voir un troisième point pour orienter l'objet (fig.20.35).

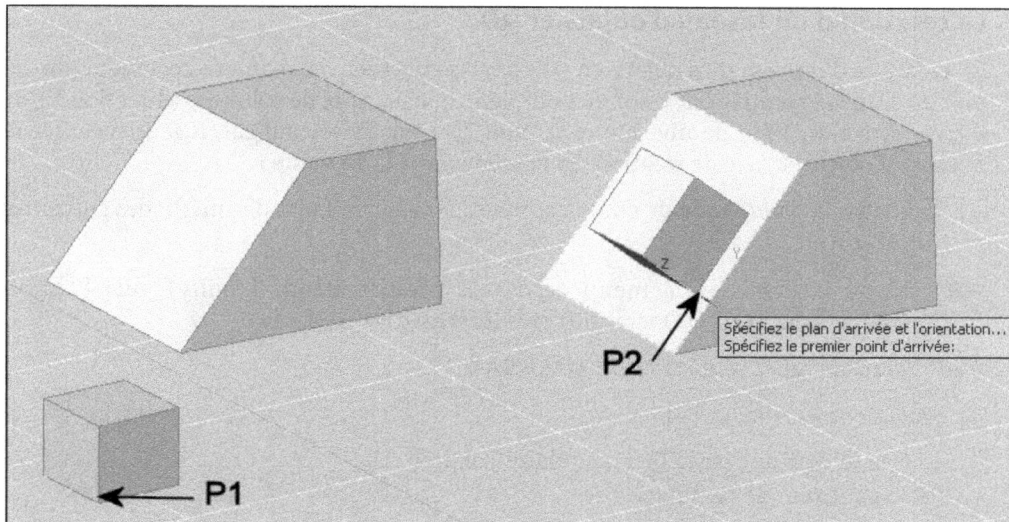

Fig.20.35

La copie-miroir en 3D

La copie-miroir d'un objet en 3D s'effectue par rapport à un plan de symétrie qui peut être : un plan défini par trois points dans l'espace, un plan parallèle au plan XY, YZ ou XZ et passant par un point au choix, le plan d'un objet 2D.

Pour créer un miroir 3D la procédure est la suivante :

[1] Exécutez la commande de copie-miroir à l'aide de l'une des méthodes suivantes (fig. 20.36) :

Menu : choisissez le menu déroulant **Modification** (Modify) puis l'option **Opérations 3D** (3D Operation) puis l'option **Miroir 3D** (3D Mirror).

Clavier : tapez la commande **MIRROR3D**.

[2] Sélectionnez l'objet à copier (P1).

[3] Désignez trois points pour définir le plan de symétrie (P2, P3, P4).

[4] Appuyez sur Entrée pour conserver l'objet d'origine ou entrez « o » (y) pour le supprimer.

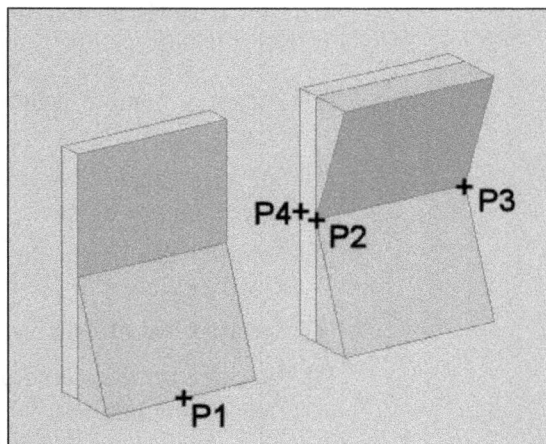

Fig.20.36

La création d'un réseau d'objets en 3D

La création d'un réseau d'objets en 3D peut s'effectuer de manière rectangulaire ou polaire. Dans le premier cas, il convient de définir le nombre de colonnes (direction X), de lignes (direction Y) et de niveaux (direction Z). Dans le second cas, il faut spécifier le nombre d'objets et l'axe de rotation. La procédure est la suivante :

1. Exécutez la commande de copie en réseau à l'aide de l'une des méthodes suivantes (fig.20.37) :

Menu : choisissez le menu déroulant **Modification** (Modify) puis l'option **Opérations 3D** (3D Operation) puis **Réseau 3D** (3D Array).

Clavier : tapez la commande **3DARRAY**.

2. Sélectionnez l'objet à copier.

3. Entrez le type de réseau [Rectangulaire/Polaire] ⟨R⟩ : par exemple Rectangulaire.

4. Spécifiez le nombre de lignes (rows) : 3.

5. Spécifiez le nombre de colonnes (columns) : 4.

6. Spécifiez le nombre de niveaux (levels) : 2.

7. Spécifiez la distance entre les lignes : 5.

8. Spécifiez la distance entre les colonnes : 5.

9. Spécifiez la distance entre les niveaux : 10.

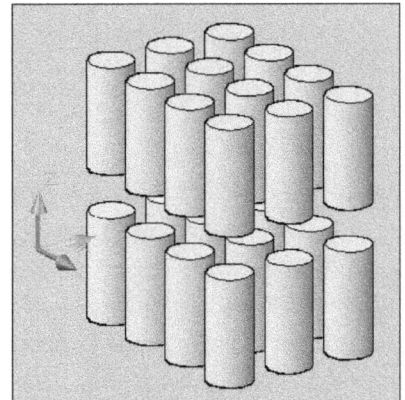

Fig.20.37

Dans le cas du réseau polaire (fig.20.38) :

1. Entrez le nombre d'éléments du réseau : 8.

2. Spécifiez l'angle à décrire (+=ccw, =cw) ⟨360⟩ : 360.

3. Rotation des objets du réseau ? [Oui/Non] ⟨O⟩ : O.

4. Spécifiez le centre du réseau : P1.

5. Spécifiez un deuxième point sur l'axe de rotation : P2.

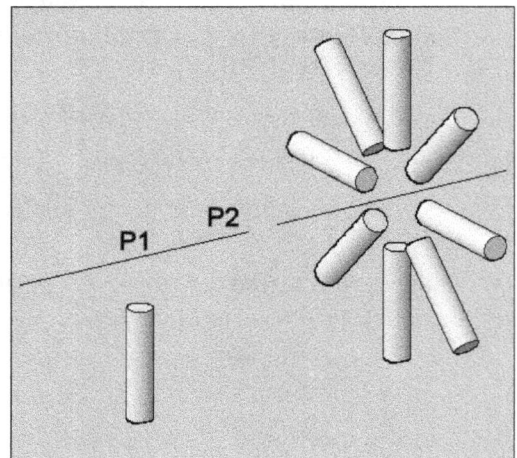

Fig.20.38

CHAPITRE 21
CRÉATION DE COUPES ET DE VUES

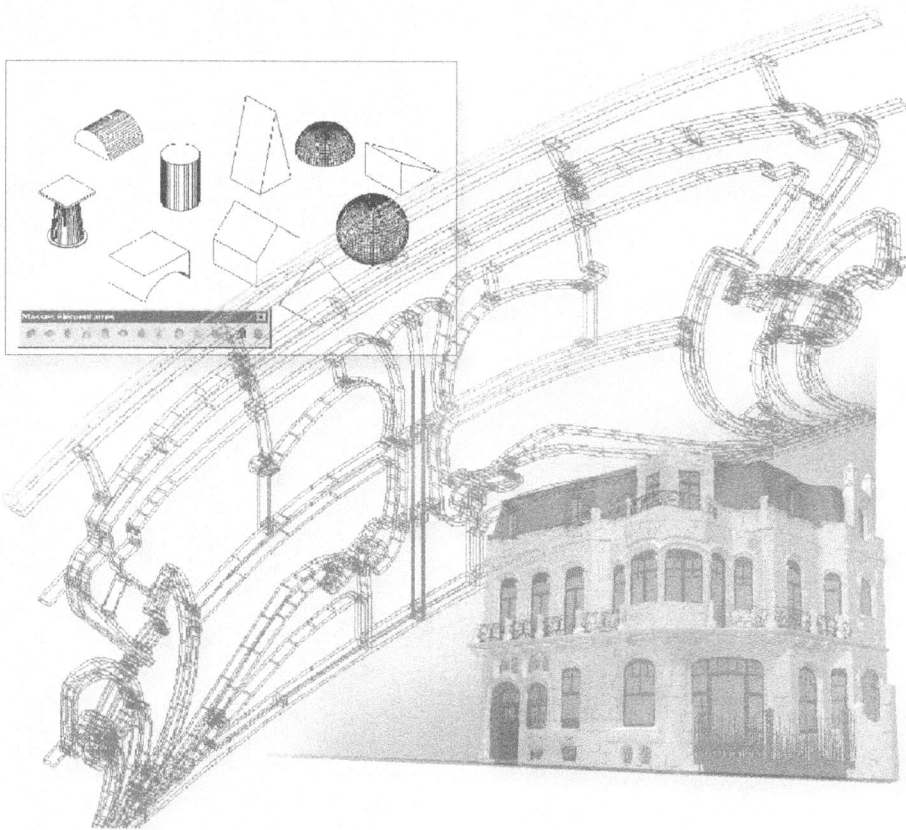

Le principe

Après la création du modèle 3D d'un projet, beaucoup de données ne sont souvent pas réutilisables et beaucoup de temps est nécessaire pour la réalisation des vues en plan. Grâce aux nouvelles fonctionnalités d'AutoCAD 2007, il est à présent très aisé de réutiliser les données qui ont servi à la conception d'un projet pour guider la production de plans.

Vous pouvez créer une coupe statique en utilisant l'intersection d'un plan et d'objets solides pour créer une région. Il s'agit de la fonction **COUPE** (SECTION). Vous pouvez également utiliser un plan sécant, appelé objet de coupe qui permet de voir des vues en coupe dans un modèle 3D en temps réel. Il s'agit dans ce cas de la fonction **PLANDE-COUPE** (SECTIONPLANE). Les vues en coupe peuvent ensuite être capturées sous la forme de représentations aplanies.

La création d'une coupe 2D statique

Pour effectuer une coupe dans un solide il suffit de spécifier le plan de la section à l'aide de trois points, d'un objet ou des plans XY, YZ et ZX. La section générée prend la forme d'une région (surface 2D) et peut être déplacée n'importe où dans le plan. La procédure est la suivante :

1. Entrez la commande **COUPE** (SECTION) au clavier.

2. Sélectionnez l'objet à couper.

3. Définissez le plan de coupe à l'aide de trois points (P1, P2, P3). Le premier point définit l'origine (0,0,0) de ce plan. Le deuxième point détermine l'axe X, et le troisième l'axe Y.

Il est ensuite possible de déplacer et d'habiller (hachures, cotation, etc.) la coupe générée (fig.21.1).

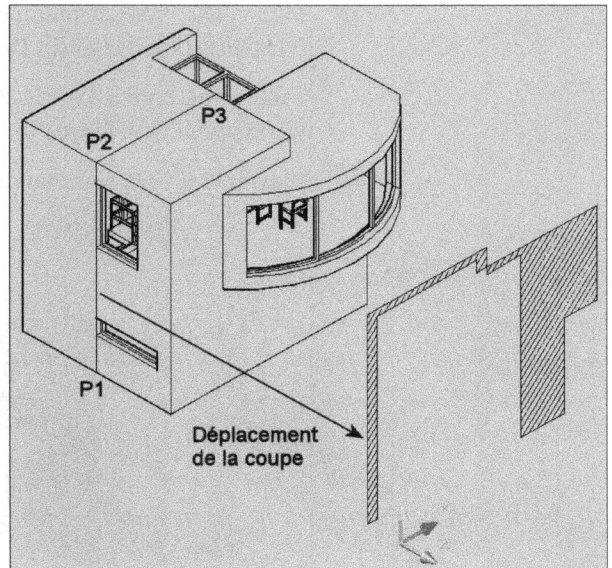

Fig.21.1

Les autres options sont les suivantes :

▸ **Axe Z** (Zaxis) : définit le plan de coupe en indiquant un point sur le plan sécant et un autre point sur l'axe Z du plan (perpendiculaire au plan).

▸ **Vue** (View) : aligne le plan de coupe avec le plan de visualisation de la fenêtre courante. La spécification d'un point définit l'emplacement du plan de coupe.

▸ **XY** : aligne le plan de coupe avec le plan XY du SCU courant. La spécification d'un point définit l'emplacement du plan de coupe.

▸ **YZ** : aligne le plan de coupe avec le plan YZ du SCU courant. La spécification d'un point définit l'emplacement du plan de coupe.

▸ **ZX** : aligne le plan de coupe avec le plan ZX du SCU courant. La spécification d'un point définit l'emplacement du plan de coupe.

Couper un solide en deux parties

Pour couper un solide en deux parties il suffit de spécifier un plan de coupe à l'aide de trois points, d'un objet ou des plans XY, YZ et ZX. Après la coupe, il est possible de conserver une seule ou les deux moitiés du solide d'origine. La procédure est la suivante :

1 Exécutez la commande de coupe à l'aide de l'une des méthodes suivantes (fig.21.2) :

Menu : choisissez le menu déroulant **Dessin** (Draw) puis l'option **Opérations 3D** (3D Operations) et enfin **Découper** (Slice).

Tableau de bord : dans le **Panneau de configuration Création 3D**, cliquez sur l'icône pour développer le panneau, puis sélectionnez **Section** (Slice).

Clavier : tapez la commande **SECTION** (SLICE).

2 Sélectionnez l'objet à couper.

3 Définissez le plan de coupe à l'aide de trois points (P1, P2, P3).

4 Désignez la moitié à conserver (P4) ou entrez « D » (B) pour garder les deux parties.

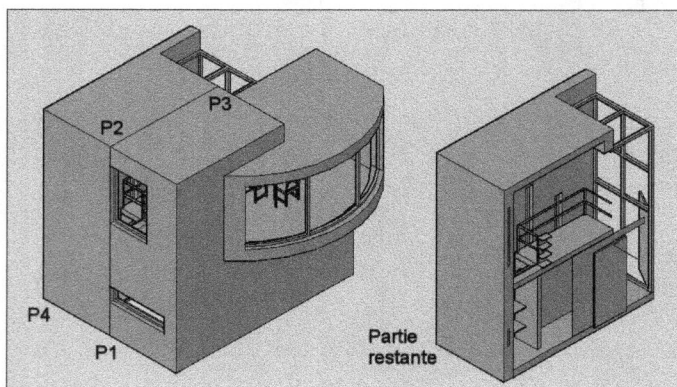

Fig.21.2

La création d'un plan de coupe

PRINCIPE

Trois méthodes sont disponibles pour créer un plan de coupe :

- ▶ **Alignement sur une face** : il s'agit de la méthode par défaut qui consiste à déplacer le curseur sur la face de votre modèle 3D, puis à cliquer pour positionner l'objet de coupe. Le plan de coupe est aligné automatiquement en fonction du plan de la face que vous avez sélectionnée.

- ▶ **Dessin du plan de coupe** : il convient de dessiner la ligne de coupe en pointant deux ou plusieurs points. Dans ce dernier cas, vous pouvez créer une ligne de coupe brisée.

- ▶ **Coupe orthogonale** : cette méthode vous permet de créer rapidement un objet de coupe aligné en fonction d'un plan orthogonal présélectionné.

Comment créer un plan de coupe aligné sur une face ?

Pour créer un objet de coupe en sélectionnant une face, la procédure est la suivante :

1. Exécutez la commande de coupe à l'aide de l'une des méthodes suivantes :

   Menu : choisissez le menu déroulant **Dessin** (Draw) puis l'option **Modélisation** (Modeling) et enfin **Plan de coupe** (Section Plane).

   Tableau de bord : dans le **Panneau de configuration Création 3D**, cliquez sur l'icône **Plan de coupe** (Section Plane).

   Clavier : tapez la commande **PLANDECOUPE** (SECTIONPLANE).

2. Cliquez pour sélectionner une face dans votre modèle (fig.21.3). Un objet de coupe est créé sur le plan de la face sélectionnée (fig.21.4).

3. Cliquez sur la ligne de coupe pour afficher ses poignées.

4. Sélectionnez une poignée pour déplacer le plan de coupe à travers l'objet 3D (fig.21.5). Un objet de coupe est créé dans l'état Plan de coupe. La coupe 3D est activée.

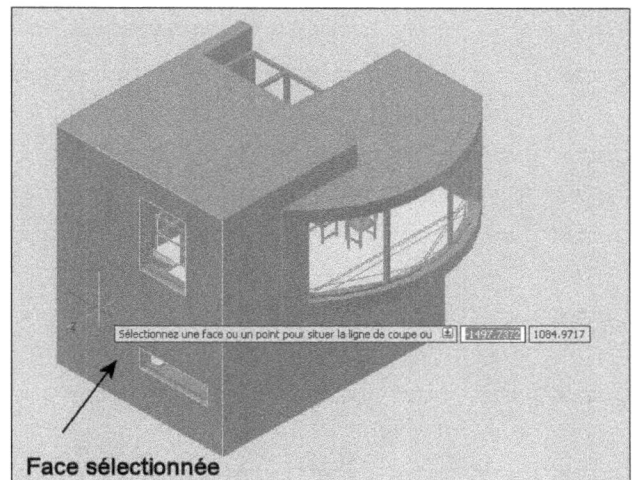

Face sélectionnée

Fig.21.3

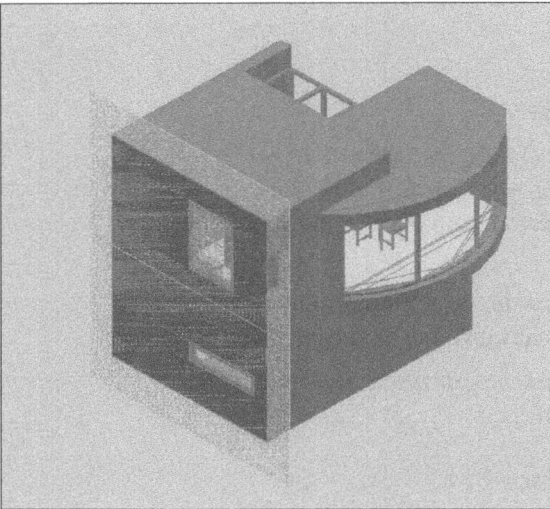

Fig.21.4

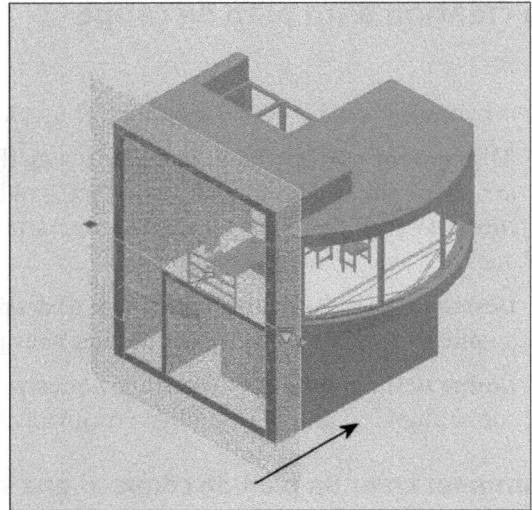

Fig.21.5

Comment dessiner un plan de coupe droit ou brisé ?

Pour créer un objet de coupe en sélectionnant une face, la procédure est la suivante :

[1] Affichez les objets à couper dans une vue plane et désactivez l'accrochage aux objets.

[2] Exécutez la commande de coupe à l'aide de l'une des méthodes suivantes :

Menu : choisissez le menu déroulant **Dessin** (Draw) puis l'option **Modélisation** (Modeling) et enfin **Plan de coupe** (Section Plane).

Tableau de bord : dans le **Panneau de configuration Création 3D**, cliquez sur l'icône **Plan de coupe** (Section Plane).

Clavier : tapez la commande **PLANDECOUPE** (SECTIONPLANE).

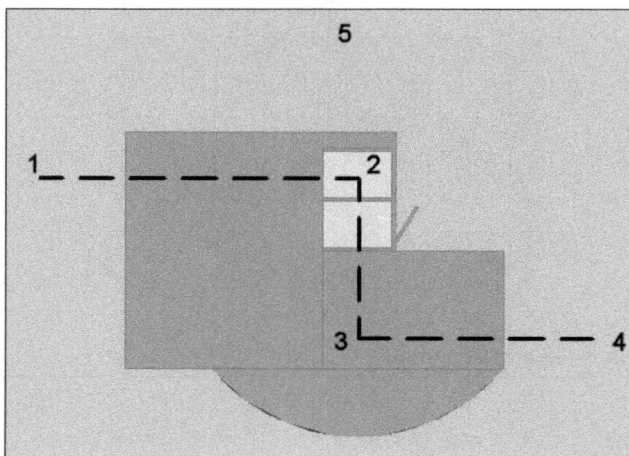

Fig.21.6

[3] Sélectionnez l'option **Dessiner coupe** (Draw section).

[4] Définissez la ligne de coupe droite ou brisée passant par les objets 3D (fig.21.6).

[5] Pointez un point pour définir la direction du plan de coupe.

[6] Cliquez sur la ligne de coupe pour afficher ses poignées (fig.21.7). Vous pouvez utiliser ses poignées pour redéfinir la ligne de coupe si nécessaire.

[7] Affichez la vue en 3D. La coupe 3D est désactivée (fig.21.8).

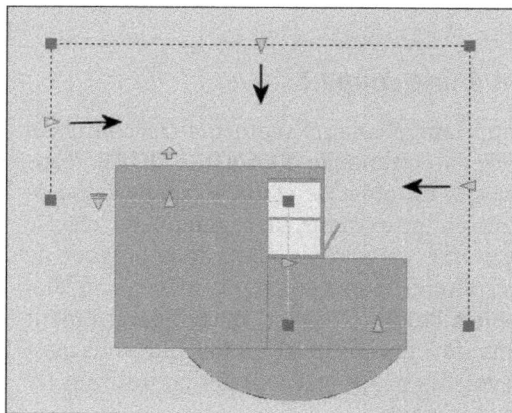

Fig.21.7

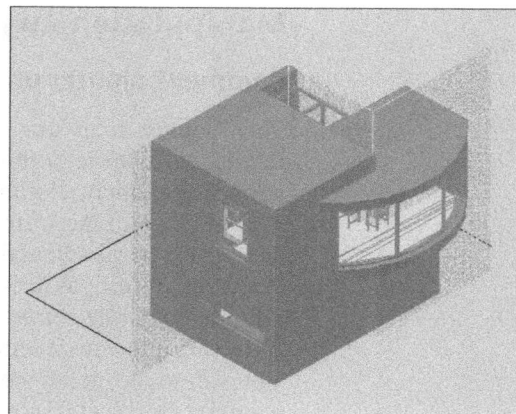

Fig.21.8

Comment créer un plan de coupe orthogonal ?

Pour créer un objet de coupe en sélectionnant une face, la procédure est la suivante :

[1] Exécutez la commande de coupe à l'aide de l'une des méthodes suivantes :

Menu : choisissez le menu déroulant **Dessin** (Draw) puis l'option **Modélisation** (Modeling) et enfin **Plan de coupe** (Section Plane).

Tableau de bord : dans le **Panneau de configuration Création 3D**, cliquez sur l'icône **Plan de coupe** (Section Plane).

Clavier : tapez la commande **PLANDECOUPE** (SLICE).

[2] Sélectionnez l'option Orthogonal (Orthographic) « O ».

[3] Sélectionnez une option d'alignement : Haut (Top), Bas (Bottom), Avant (Front), etc.

Un objet de coupe est créé. Il est centré dans une limite 3D imaginaire autour de tous les objets 3D du dessin. Il est placé sur le plan orthogonal sélectionné. La coupe 3D est activée. Dans l'exemple de la figure 21.9, l'option **Haut** (Top) a été sélectionnée. Cela signifie que la partie située au-dessus du plan de coupe horizontal, passant par le centre de gravité du volume imaginaire entourant tous les objets, est coupée.

Vous pouvez utiliser ses poignées pour redéfinir la ligne de coupe si nécessaire.

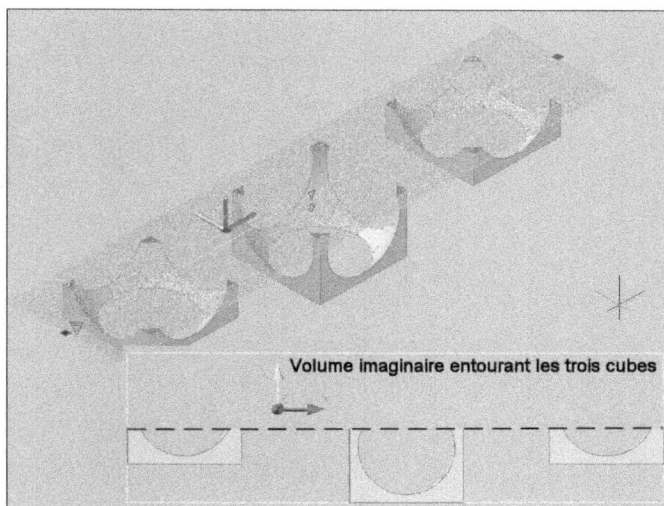

Volume imaginaire entourant les trois cubes

Fig.21.9

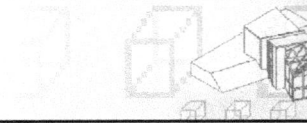

Manipulation du plan de coupe

Comment ajouter un raccourcissement à une coupe ?

Vous pouvez créer une ligne de coupe comportant plusieurs segments (raccourcissements) à l'aide de l'option Dessiner coupe de la commande **PLANDECOUPE**. Vous pouvez également ajouter un raccourcissement à un objet de coupe existant. Lorsque vous ajoutez un raccourcissement à un objet de coupe existant, un segment est créé. Ce dernier est perpendiculaire au segment sélectionné, dans la direction de la poignée de direction. Il n'est pas possible d'ajouter des raccourcissements aux lignes arrières ou latérales de l'objet de coupe. L'accrochage aux objets Proche (Nearest) est temporairement activé lorsque vous ajoutez des raccourcissements à une coupe. Une fois que vous avez ajouté des raccourcissements, vous pouvez revoir les coupes raccourcies en utilisant les poignées de l'objet de coupe. La procédure est la suivante :

1. Sélectionnez la ligne de coupe.

2. Effectuez un clic droit et choisissez **Ajouter un raccourcissement à la coupe** (Add jog to section) dans le menu contextuel.

3. Cliquez sur un point (A) de la ligne de coupe. Un nouveau segment est créé perpendiculairement au segment sélectionné et dans la direction de la poignée de direction.

4. Utilisez les poignées et les points pour réajuster éventuellement la ligne de coupe (fig.21.10).

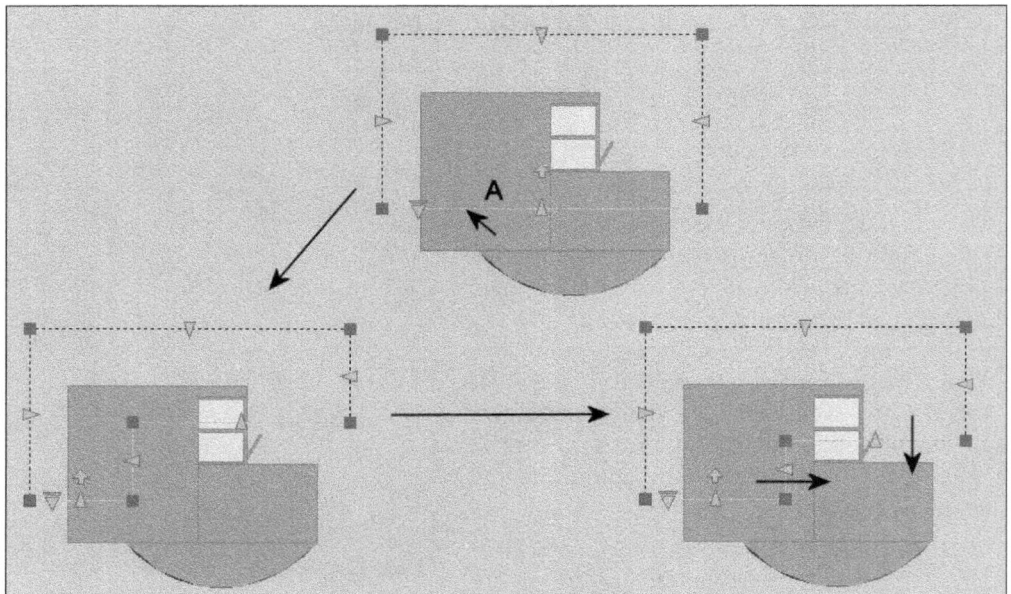

Fig.21.10

Comment définir les limites d'un plan de coupe ?

Les limites d'un plan de coupe peuvent se présenter de trois manières différentes : Plan de coupe, Limite de coupe et Volume de coupe. Selon l'état choisi, vous pouvez voir le plan sécant sous la forme d'un plan 2D, d'un parallélépipède 2D ou d'un parallélépipède 3D (fig.21.11). Les poignées vous permettent d'apporter des ajustements à la longueur, à la largeur et à la hauteur de la zone sécante. En cliquant sur la flèche, le menu déroulant propose ainsi les trois options suivantes :

▶ **Plan de coupe** (Section Plane) : l'indicateur du plan de coupe transparent et la ligne de coupe s'affichent. Le plan sécant s'étend à l'infini dans toutes les directions.

▶ **Limite de coupe** (Section Boundary) : un parallélépipède 2D montre l'étendue XY du plan sécant. Le plan sécant le long de l'axe Z s'étend à l'infini.

▶ **Volume de coupe** (Section Volume) : un parallélépipède 3D montre l'étendue du plan sécant dans toutes les directions.

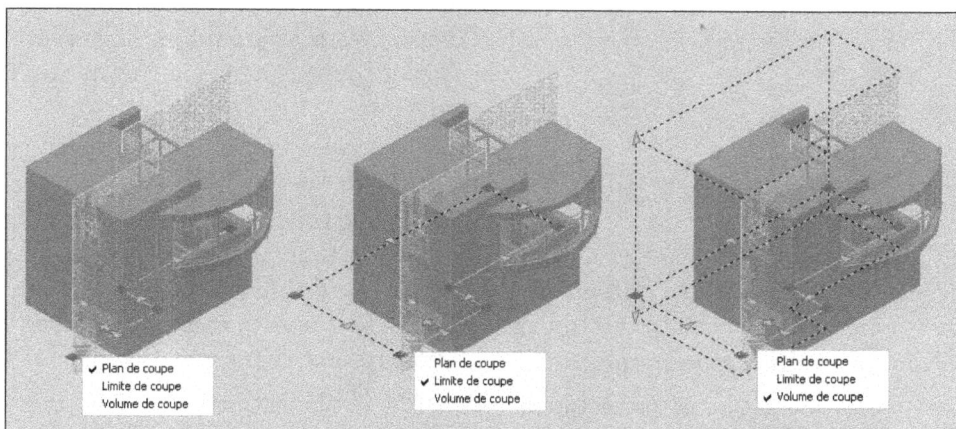

Fig.21.11

Comment activer le résultat des limites d'un plan de coupe ?

Après avoir défini un plan de coupe et modifié éventuellement ses limites, il peut être intéressant de visualiser le résultat de la coupe. La procédure est la suivante :

1. Sélectionnez la ligne de coupe.

2. Effectuez un clic droit et sélectionnez l'option **Activer la coupe 3D** (Activate live sectioning) dans le menu contextuel. Il en résulte que la partie de l'objet située en dehors des limites n'est plus visible (fig.21.12).

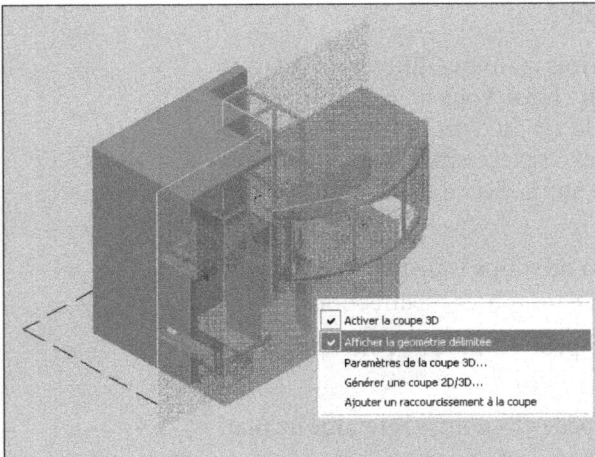

Fig.21.12

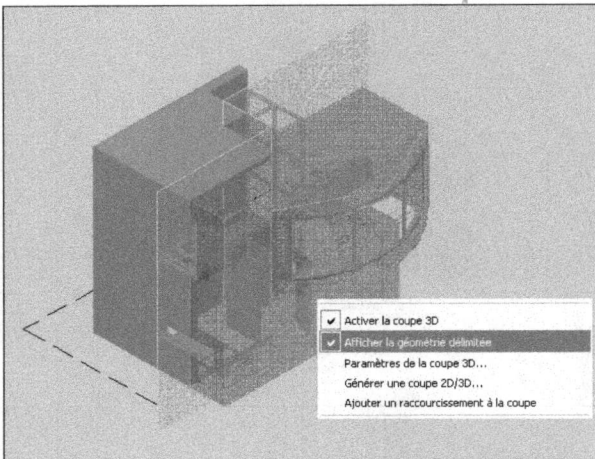

Fig.21.13

3. Vous pouvez néanmoins afficher la partie délimitée avec des propriétés spécifiques en sélectionnant l'option **Afficher la géométrie délimitée** (Show cut-away geometry) du menu contextuel (fig.21.13).

Modifications des paramètres du plan de coupe

Les paramètres du plan de coupe permettent de contrôler une série d'éléments dont la couleur des objets coupés, la couleur des contours des objets coupés, le type et la couleur des hachures, la transparence des faces, etc.

Pour modifier les paramètres d'un objet de coupe, la procédure est la suivante (fig.21.14) :

1. Cliquez avec le bouton droit de la souris sur l'objet de coupe. Cliquez sur **Paramètres de la coupe** (Live section settings).

2. Trois sections permettent de spécifier les propriétés de la coupe 3D :

   ■ **Limite d'intersection** (Intersection Boundary) : définit l'apparence des segments de ligne qui définissent la surface d'intersection du plan de l'objet de coupe. Vous pouvez ainsi changer la couleur, le type de ligne, l'échelle du type de ligne et l'épaisseur de ligne.

   ■ **Remplissage de l'intersection** (Intersection Fill) : définit le remplissage facultatif qui s'affiche à l'intérieur de la zone d'intersection de la surface coupée où l'objet de coupe forme une intersection avec l'objet 3D.

   ■ **Géométrie délimitée** (Cut-away Geometry) : définit l'aspect de la partie coupée de l'objet 3D par la coupe. Par défaut cette partie est affichée en rouge avec un taux de transparence de 50% (fig.21.15).

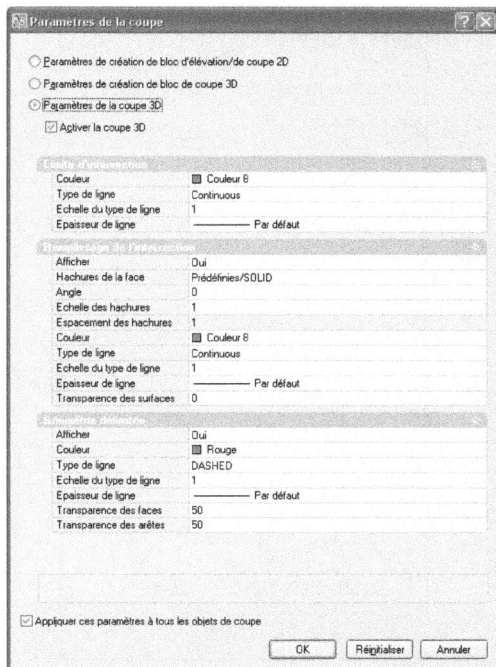

Fig.21.14

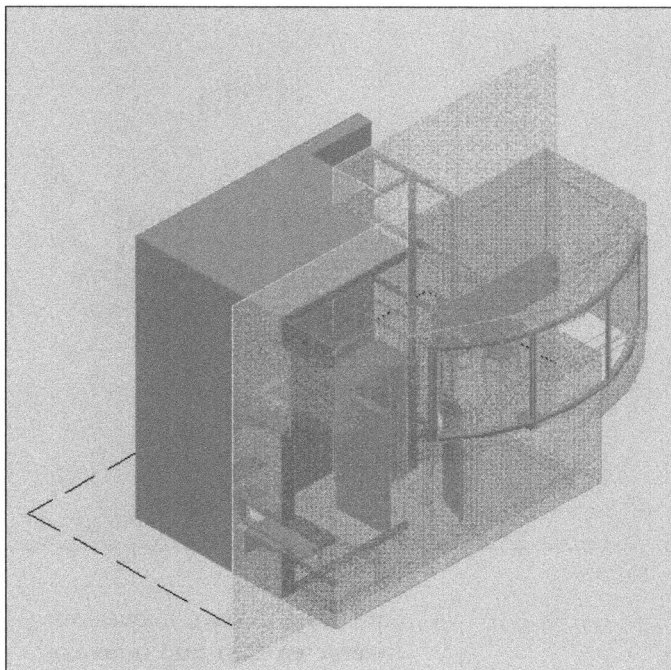

Fig.21.15

Générer des coupes 2D/3D

Après avoir défini un plan de coupe, vous pouvez générer une coupe 2D ou 3D. Ces coupes peuvent être insérées dans le dessin sous forme d'un bloc sans nom ou enregistrées dans un fichier externe en tant que wbloc. Les coupes générées sont créées en tant que blocs pouvant être renommés et modifiés à l'aide de la commande **MODIFBLOC** (BEDIT).

Pour générer une coupe 2D ou 3D, la procédure est la suivante :

1. Sélectionnez l'objet de coupe. Cliquez avec le bouton droit de la souris sur la ligne de coupe, puis choisissez **Générer une coupe 2D/3D** (Generate 2D/3D section) (fig.21.16).

2. Dans la boîte de dialogue **Génération d'une élévation/coupe** (Generate Section/Elevation), cliquez sur **Elévation/coupe 2D** (2D Section/Elevation) ou **Coupe 3D** (3D Section) (fig.21.17).

3. Cliquez sur **Inclure tous les objets** (Include all objects).

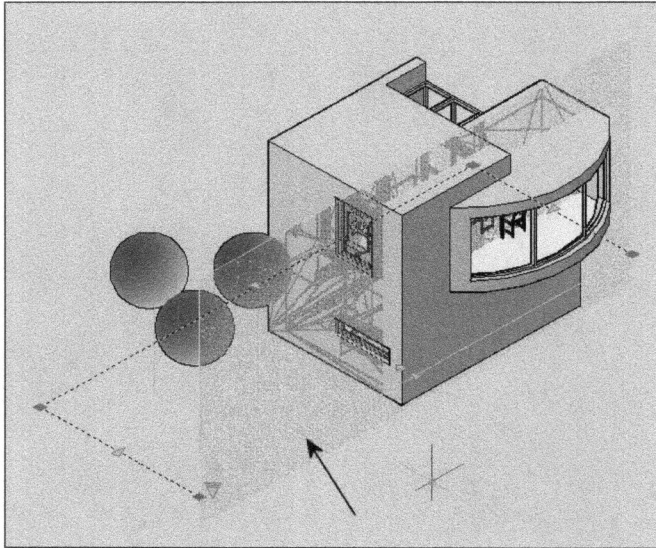

Fig.21.16

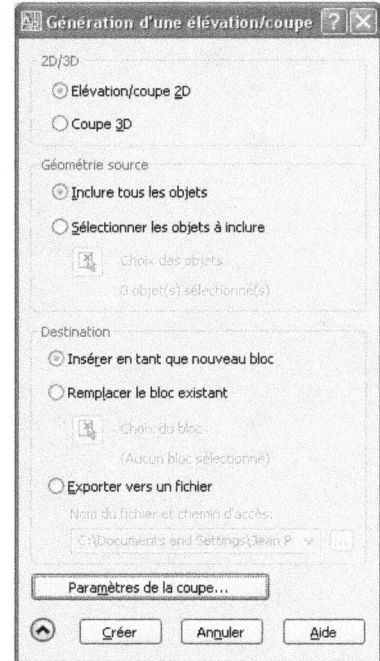

4. Sous **Destination**, cliquez sur **Insérer en tant que nouveau bloc** (Insert as new block).

5. Cliquez sur **Créer** (Create).

Fig.21.17

6. Spécifiez un point d'insertion à l'écran. Un bloc sans nom est inséré. Il est composé d'une géométrie 2D ou 3D (fig.21.18-21.19).

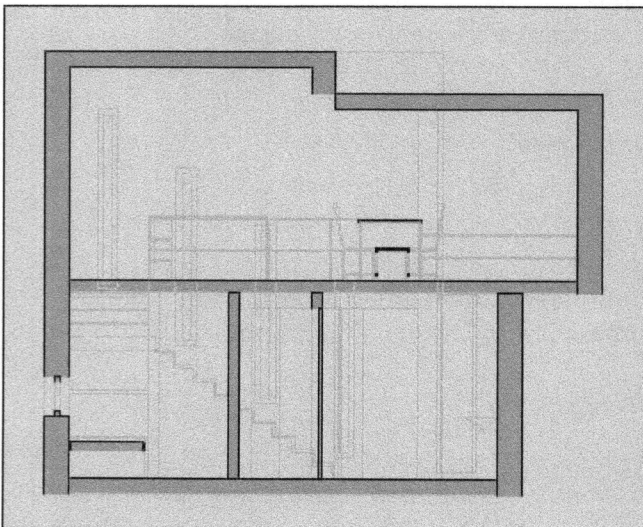

Fig.21.18

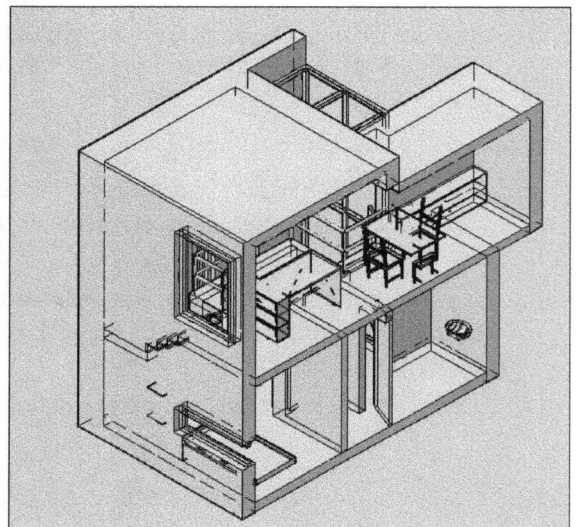

Fig.21.19

OPTIONS

Les options de la boîte de dialogue **Génération d'une élévation/coupe** (Generate Section/Elevation) sont les suivantes :

Section 2D/3D

- **Elévation/coupe 2D** (2D Section/Elevation) : permet de générer une coupe 2D.
- **Coupe 3D** (3D Section) : permet de générer une coupe 3D.

Section Géométrie source

- **Inclure tous les objets** (Include all objects) : permet d'inclure tous les objets 3D (solides, surfaces et régions 3D) dans le dessin, y compris ceux présents dans les xréfs et les blocs.
- **Sélectionner les objets à inclure** (Select objects to include) : permet de sélectionner manuellement (via le bouton Choix des objets) les objets 3D (solides, surfaces et régions 3D) dans le dessin à partir duquel générer une coupe.

Section Destination

- **Insérer en tant que nouveau bloc** (Insert as new block) : permet d'insérer la coupe générée en tant que bloc dans le dessin courant.
- **Remplacer le bloc existant** (Replace existing block) : permet de remplacer (via le bouton Choix du bloc) un bloc existant dans le dessin par la coupe générée.
- **Exporter vers un fichier** (Export to a file) : permet d'enregistrer la coupe dans un fichier externe.
- **Nom du fichier et chemin d'accès** (Filename and path) : permet de spécifier un nom de fichier et un chemin d'accès dans lesquels la coupe sera enregistrée.
- **Paramètres de la coupe** (Section Settings) : permet d'ouvrir la Boîte de dialogue Paramètres de la coupe.
- **Créer** (Create) : permet de créer la coupe.

Les options de la boîte de dialogue **Paramètres de la coupe** (Section Settings) sont les suivantes (fig.21.20) :

▸ **Paramètres de création de bloc d'élévation/de coupe 2D** (2D section / elevation block creation settings) : définit la façon dont une coupe 2D d'un objet 3D s'affiche lorsqu'elle est générée.

▸ **Paramètres de création de bloc de coupe 3D** (3D section block creation settings) : détermine la façon dont un objet 3D s'affiche lorsqu'il est généré.

▸ **Paramètres de la coupe 3D** (Live Section settings) : détermine la façon dont les objets sectionnés s'affichent dans le dessin lorsque la coupe 3D est activée.

▸ **Activer la coupe 3D** (Activate Live Section) : active la coupe 3D pour l'objet de coupe sélectionné.

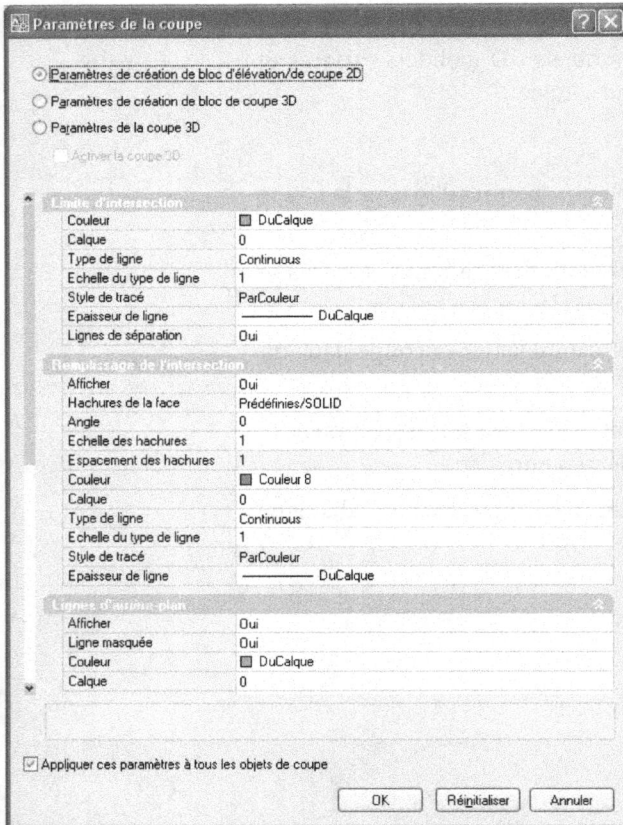

▸ **Limite d'intersection (Intersection Boundary) :** définit l'apparence des segments de ligne qui définissent la surface d'intersection du plan de l'objet de coupe.

▸ **Remplissage de l'intersection** (Intersection Fill) : définit le remplissage facultatif qui s'affiche à l'intérieur de la zone d'intersection de la surface coupée où l'objet de coupe forme une intersection avec l'objet 3D.

▸ **Lignes d'arrière-plan** (Background Lines) : contrôle l'affichage des lignes d'arrière-plan pour les coupes 2D et 3D. Pour les coupes 2D, gère également l'emplacement d'affichage des lignes masquées.

▸ **Lignes de premier plan** (Foreground lines) : contrôle l'affichage des lignes de premier plan.

▸ **Géométrie délimitée** (Cut-away Geometry) : contrôle l'affichage de la partie découpe dans le cas d'une coupe 3D.

▸ **Lignes de tangence de la courbe** (Curve Tangency Lines) : contrôle l'inclusion des lignes courbes tangentes au plan de coupe. S'applique uniquement aux sections 2D.

Fig.21.20

Aplanir une vue

Une vue aplanie permet d'obtenir les différentes vues en élévation d'un modèle 3D. Chaque vue obtenue est un bloc correspondant à une représentation aplanie du modèle 3D et projetée sur le plan XY. Ce processus revient à prendre un cliché du modèle 3D entier avec une caméra, puis à mettre à plat la photographie. Une fois que vous avez inséré le bloc, vous pouvez y apporter des modifications, car la vue aplanie est composée d'une géométrie 2D.

Une vue aplanie est générée avec les paramètres suivants :

▶ Tous les objets 3D de la fenêtre de l'espace objet sont capturés. Placez les objets ne devant pas être capturés sur des calques qui sont soit désactivés, soit gelés.

▶ Les vues aplanies sont créées en tant que blocs pouvant être renommés et modifiés à l'aide de la commande **MODIFBLOC** (BEDIT).

▶ Le bloc généré est basé sur les paramètres d'affichage des lignes de premier plan et lignes foncées de la boîte de dialogue **Aplanir la géométrie** (Flatshot).

▶ Les lignes masquées sont capturées et affichées dans le bloc à l'aide des paramètres d'affichage des lignes foncées (boîte de dialogue **Aplanir la géométrie**).

▶ Les objets 3D qui ont fait l'objet d'une coupe par des objets de coupe sont capturés dans leur intégralité. La commande **APLANIRGEOM** (FLATSHOT) capture ces objets comme s'ils n'avaient pas fait l'objet d'une coupe.

Pour créer une vue 2D aplanie d'un modèle 3D, la procédure est la suivante :

Configurez la vue du modèle 3D (vue orthogonale ou vue isométrique).

1. Exécutez la commande de coupe à l'aide de l'une des méthodes suivantes :

○⊙○ Tableau de bord : dans le **Panneau de configuration Création 3D**, cliquez sur l'icône **Aplanir la géométrie** (Flatshot).

⌨ Clavier : tapez la commande **APLANIRGEOM** (FLATSHOT).

2. Dans la boîte de dialogue **Aplanir la géométrie** (Flatshot), sous **Destination**, cliquez sur l'une des options. Par exemple : **Insérer en tant que nouveau bloc** (Insert as new block) (fig.21.21).

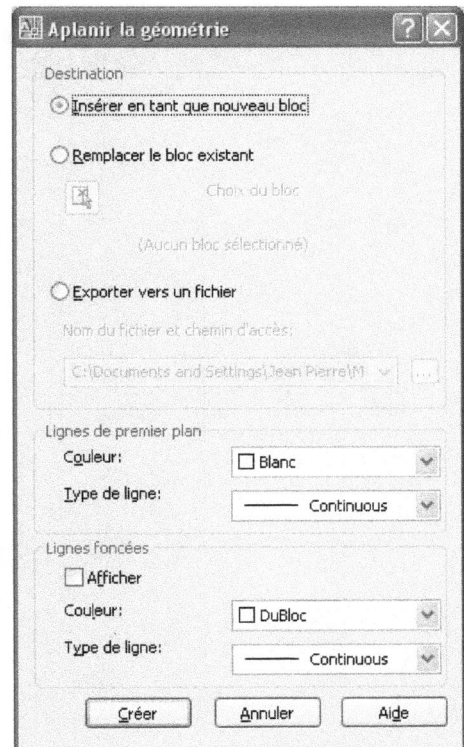

Fig.21.21

③ Changez la couleur et le type des lignes foncées et de premier plan. Par exemple : **Blanc** et **Continuous**.

④ Pour ne pas afficher les lignes cachées, enlevez la coche **Afficher** (Show).

⑤ Cliquez sur **Créer** (Create).

Spécifiez un point d'insertion à l'écran pour positionner le bloc. Ajustez le point de base, l'échelle et la rotation, s'il y a lieu. Un bloc est créé. Il s'agit d'une géométrie 2D qui est projetée sur le plan XY du SCU courant (fig.21.22-21.23).

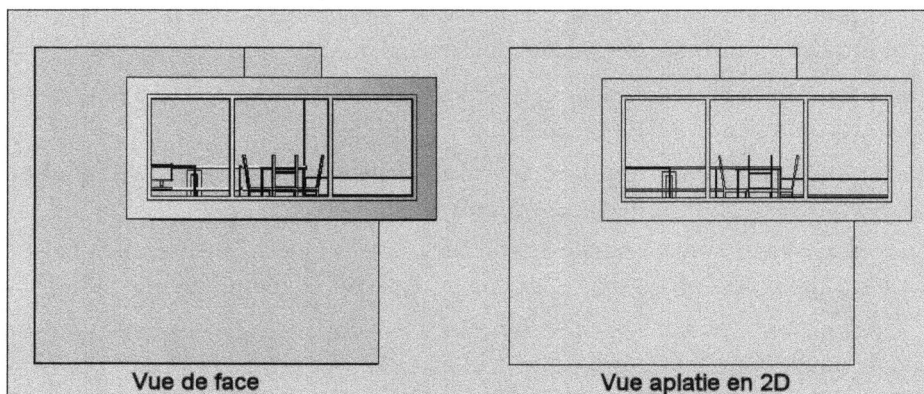

| Vue de face | Vue aplatie en 2D |

Fig.21.22

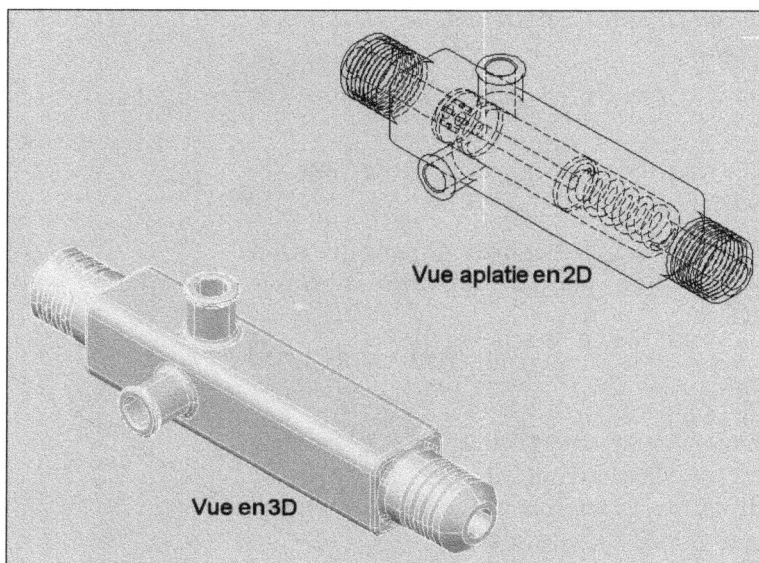

Vue aplatie en 2D

Vue en 3D

Fig.21.23

CHAPITRE 22
LES STYLES VISUELS

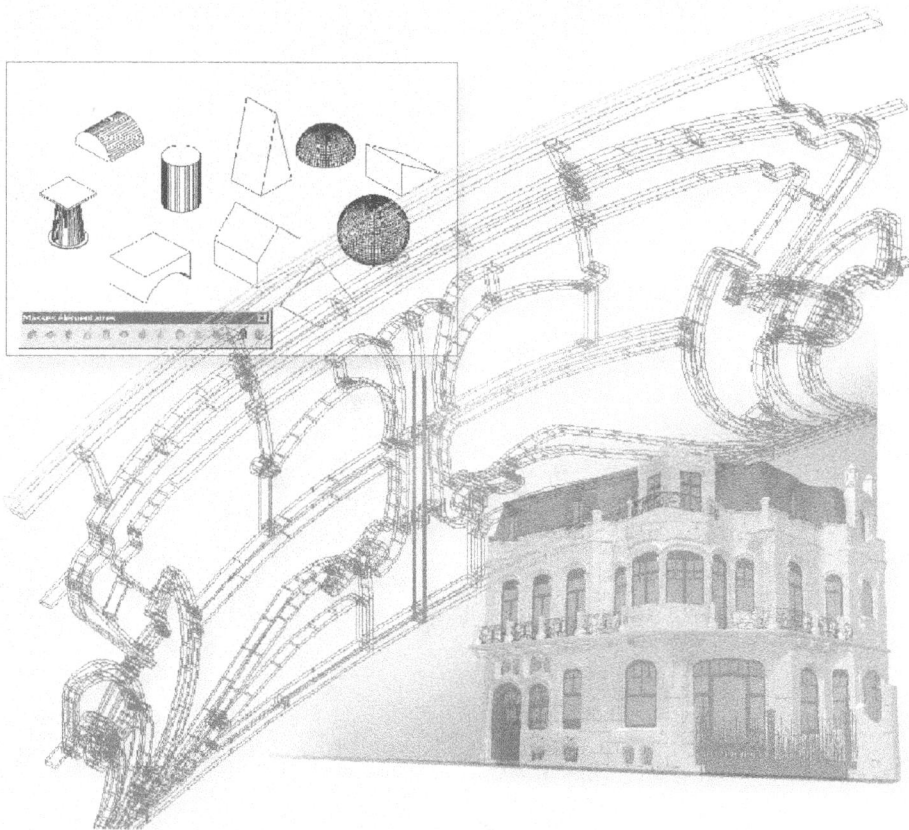

Les styles visuels

Un style visuel est un ensemble de paramètres qui définissent l'affichage des arrêtes, des faces et des ombres dans la fenêtre d'AutoCAD.

Cinq styles visuels par défaut sont disponibles via le Panneau de configuration Style visuel (fig.22.1) :

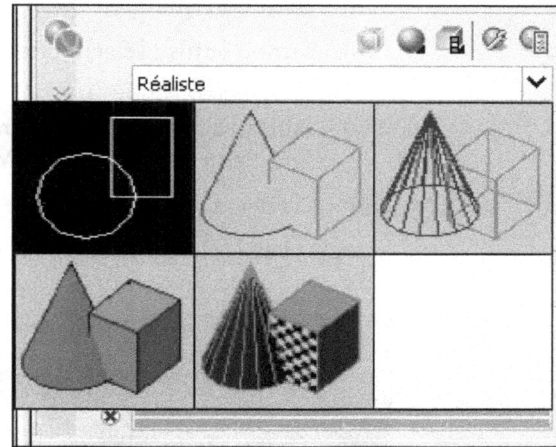

Fig.22.1

▶ **Filaire 2D** (2D Wireframe) : affiche les objets en matérialisant leurs contours à l'aide de lignes et de courbes. Les images bitmaps, les objets OLE, les types et les épaisseurs de ligne sont visibles avec ce type d'affichage.

▶ **Filaire 3D** (3D Wireframe) : affiche les objets en matérialisant leurs contours à l'aide de lignes et de courbes.

▶ **Masqué 3D** (3D Hidden) : affiche les objets à l'aide d'une représentation filaire 3D et masque les lignes correspondant aux faces arrière.

▶ **Réaliste** (Realistic) : ajoute une ombre aux objets et lisse les arêtes entre les faces des polygones. Les matériaux attachés aux objets sont affichés.

▶ **Conceptuel** (Conceptual) : ajoute une ombre aux objets et lisse les arêtes entre les faces des polygones. Cette option utilise l'ombrage Gooch, une transition entre les couleurs froides et les couleurs chaudes plutôt que du foncé au clair. L'effet est moins réaliste, mais les détails du modèle sont plus faciles à voir.

Dans les styles visuels ombrés, les faces sont éclairées par deux sources distantes qui suivent le point de vue à mesure que vous vous déplacez autour du modèle. Cet éclairage par défaut est conçu pour illuminer toutes les faces dans le modèle afin de pouvoir les distinguer visuellement. L'éclairage par défaut n'est disponible que lorsque d'autres sources de lumière, dont le soleil, sont désactivées.

Pour appliquer un style visuel à une fenêtre, la procédure est la suivante :

1. Cliquez dans une fenêtre pour en faire la fenêtre courante.

2. Sélectionnez le style visuel par l'une des méthodes suivantes (fig.22.2) :

Menu : choisissez le menu déroulant **Affichage** (View) puis l'option **Styles visuels** (Visual styles).

Barre d'outils : sélectionnez le style dans la barre d'outils **Styles visuels** (Visual styles)

Tableau de bord : dans le **Panneau de configuration Style Visuel**, ouvrez la liste déroulante **Styles visuels** (Visual styles).

Clavier : tapez la commande **STYLESVISUELS** (Vscurrent).

Le style visuel sélectionné est appliqué au modèle dans la fenêtre.

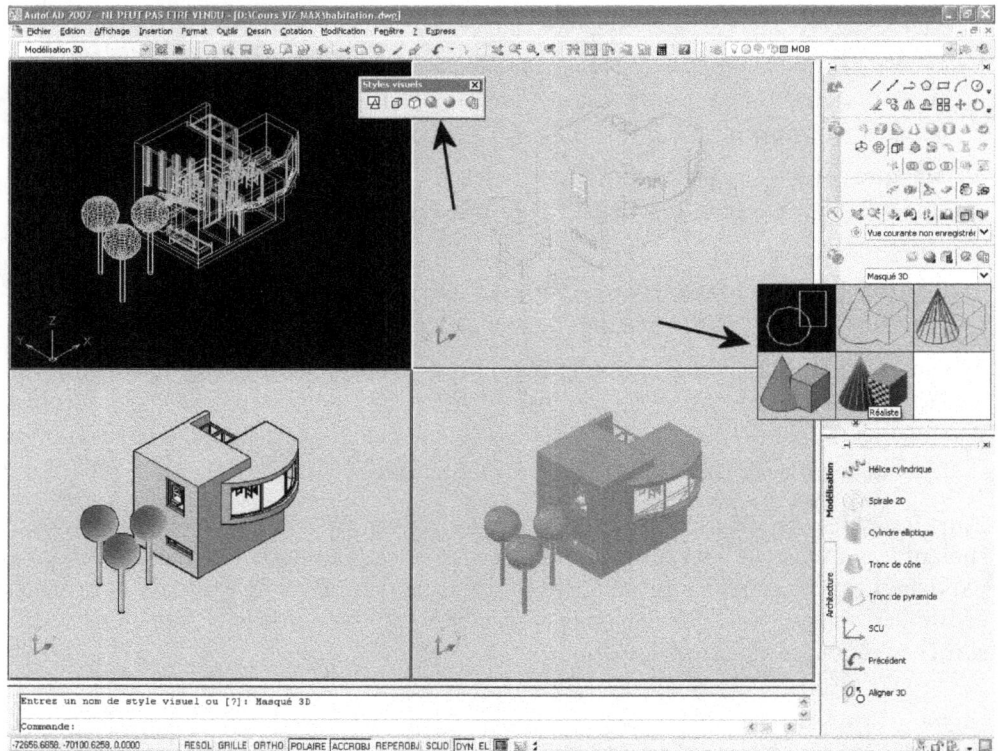

Fig.22.2

Le gestionnaire des styles visuels

Le gestionnaire des styles visuels permet de créer, d'appliquer, de modifier, de copier, d'exporter et de supprimer un style visuel. Il est disponible à partir de l'option **Styles visuels** (Visual styles) du menu déroulant **Affichage** (View), de la barre d'outils Styles visuels ou du Panneau de configuration Style Visuel du tableau de bord.

Le gestionnaire comprend dans sa partie supérieure les cinq styles prédéfinis et juste au-dessous une série de boutons avec les options suivantes (fig.22.3) :

▶ **Créer un style visuel** (Create New Visual style) : permet d'afficher la boîte de dialogue **Créer un style visuel** (Create New Visual Style), dans laquelle vous entrez un nom et une description facultative. Une nouvelle image d'exemple est placée à l'extrémité du panneau et est sélectionnée.

▶ **Appliquer le style visuel sélectionné à la fenêtre courante** (Apply Selected Visual style to current viewport) : permet d'appliquer le style visuel sélectionné à la fenêtre courante.

▶ **Exporter le style visuel sélectionné dans la palette d'outils** (Export the selected visual style to the Tool Palette) : permet de créer un outil pour le style visuel sélectionné et le placer sur la palette d'outils active. Si la fenêtre Palettes d'outils est fermée, elle s'ouvre et l'outil est placé sur la palette supérieure.

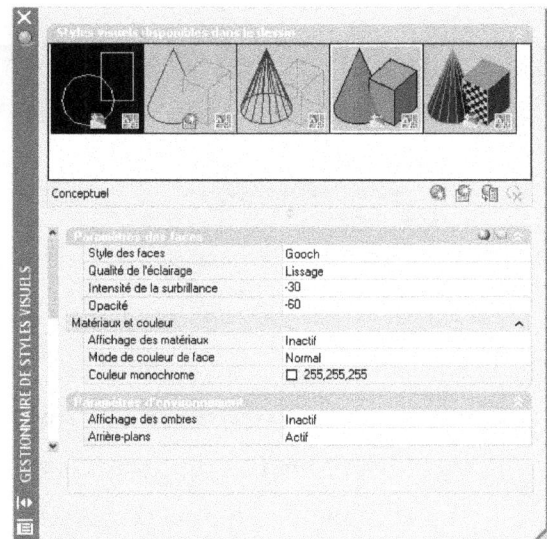

Fig.22.3

▶ **Supprimer le style visuel sélectionné** (Delete the selected visual style to the Tool Palette) : permet de supprimer le style visuel du dessin. Un style visuel par défaut ou en cours d'utilisation ne peut pas être supprimé.

Dans le cas de la création d'un nouveau style, trois méthodes sont disponibles :

▶ Création en utilisant le bouton **Créer** (Create) du Gestionnaire de styles visuels.

▶ Création par l'opération Copier/Coller d'un style existant.

▶ Création en modifiant directement l'apparence courante du modèle 3D en utilisant les outils du panneau de configuration **Styles visuels**.

Comment créer un nouveau style visuel par l'option « Créer » ?

[1] Dans la palette du **Gestionnaire de styles visuels**, cliquez sur l'icône **Créer** (Create).

[2] Entrez le nom et la description du nouveau style visuel et cliquez sur **OK** (fig.22.4). Un nouveau style est ajouté dans la liste des styles visuels disponibles dans le dessin (fig.22.5).

[3] Modifiez les différents paramètres désirés. Par exemple : dans la section **Paramètres d'arêtes** (Edge Settings), changez la couleur en Rouge.

Fig.22.4

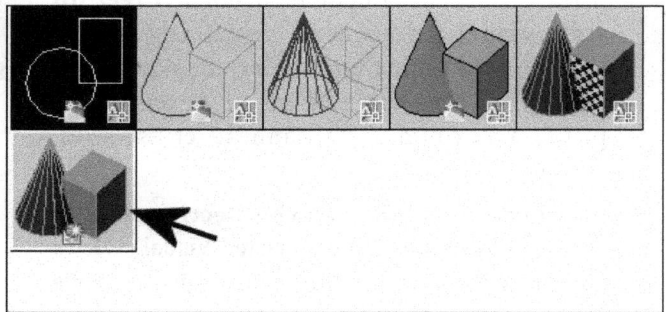

Fig.22.5

Les paramètres sont les suivants :

Paramètres des faces

Contrôle l'apparence des faces dans une fenêtre.

▸ **Style des faces** (Face style) : permet de définir l'ombrage sur les faces. Les options sont les suivantes (fig.22.6) :

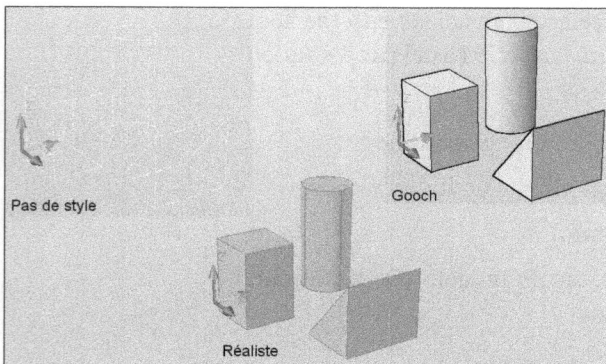

Fig.22.6

▪ **Pas de style de face :** la valeur Aucun (None) n'applique pas de style de face. Les autres paramètres sont désactivés.

▪ **Style de face réaliste :** valeur par défaut, le style est aussi proche que possible de l'apparence de la face en réalité.

▪ **Style de face Gooch :** Gooch utilise des couleurs chaudes et froides au lieu des paramètres foncés et clairs pour améliorer l'affichage des faces qui peuvent être ombrées et difficiles à voir dans un affichage réaliste.

▶ **Qualité de l'éclairage** (Lighting quality) : définit l'éclairage pour afficher les facettes sur le modèle ou non. Par défaut, elles sont lissées (fig.22.7).

▶ **Intensité de la surbrillance** (Highlight intensity) : contrôle la taille des surbrillances sur les faces sans matériaux (fig.22.8).

▶ **Opacité** (Opacity) : contrôle l'opacité ou la transparence des faces dans une fenêtre (fig.22.9)

Matériaux et couleur

Contrôle l'affichage des matériaux et la couleur sur les faces.

▶ **Affichage des matériaux** (Materials display) : contrôle si les matériaux et les textures sont affichés.

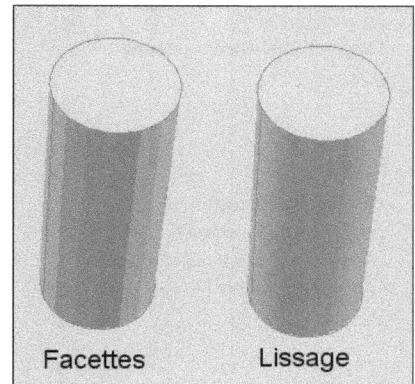

Facettes   Lissage

Fig.22.7

▶ **Mode de couleur de face** (Face color mode) : contrôle l'affichage des couleurs sur les faces. Les options sont les suivantes :

  ▪ **Normal** : n'applique pas de modificateur de couleur de face.

  ▪ **Monochrome** : affiche le modèle dans les ombres de couleur que vous spécifiez.

  ▪ **Teinte** (Tint) : modifie la valeur de teinte et de saturation des couleurs de face.

  ▪ **Désaturer** (Desaturate) : adoucit la couleur en réduisant son composant de saturation de 30 %.

▶ **Couleur monochrome/Couleur de la teinte** (Monochrome color) : affiche la boîte de dialogue Sélectionner la couleur dans laquelle vous pouvez sélectionner une couleur monochrome ou la teinte, selon le mode de couleur de face. Ce paramètre n'est pas disponible lorsque le mode de couleur de face est défini sur Normal ou Désaturer.

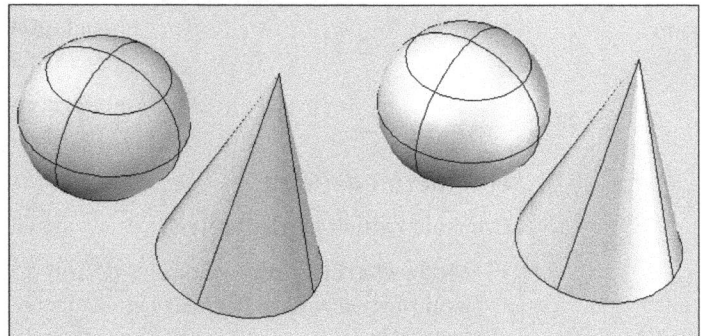

Fig.22.8

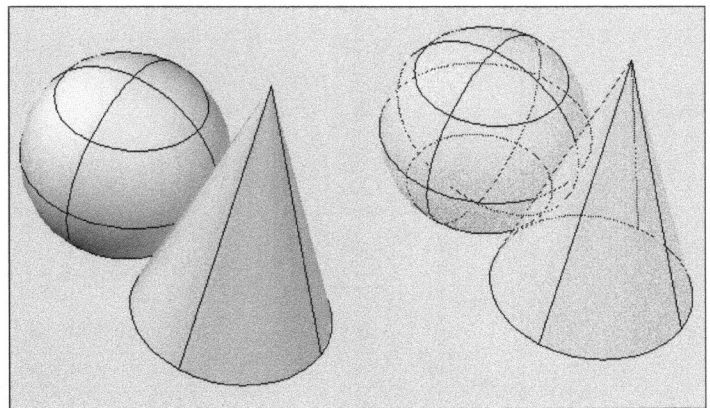

Fig.22.9

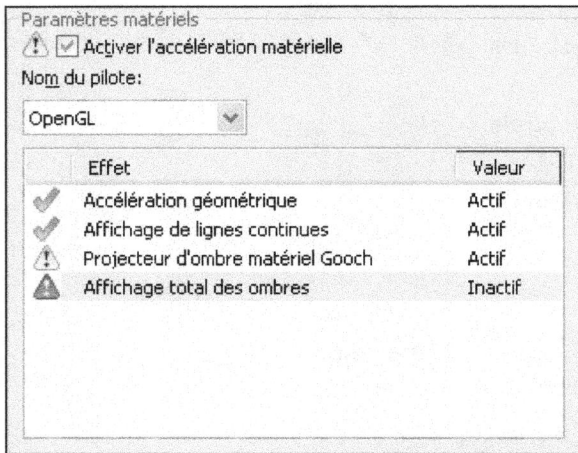

Fig.22.10

Paramètres d'environnement

Contrôle les ombres et l'arrière-plan.

▸ **Affichage des ombres** (Shadow display) : contrôle l'affichage des ombres. Les options sont : pas d'ombre, ombres sur le sol uniquement, ombres pleines. Il est conseillé de désactiver les ombres pour augmenter les performances. Pour afficher les ombres complètes, il convient d'activer l'accélération matérielle. Lorsque l'option **Accélération géométrique** est désactivée, les ombres complètes ne peuvent pas être affichées. (pour accéder à ces paramètres, entrez config3d sur la ligne de commande). Dans la boîte de dialogue Dégradation adaptative et ajustement des performances, choisissez Ajuster manuellement (fig.22.10).

▸ **Arrière-plans** (Background) : contrôle si les arrière-plans s'affichent dans la fenêtre ou non.

Paramètres d'arêtes

Contrôle l'affichage des arêtes.

▸ **Mode d'arête** (Edge mode) : définit l'affichage des arêtes sur Arêtes de facette, Isolignes ou Aucun (fig.22.11).

▸ **Couleur** (Color) : affiche la boîte de dialogue Sélectionner la couleur dans laquelle vous pouvez définir la couleur des arêtes.

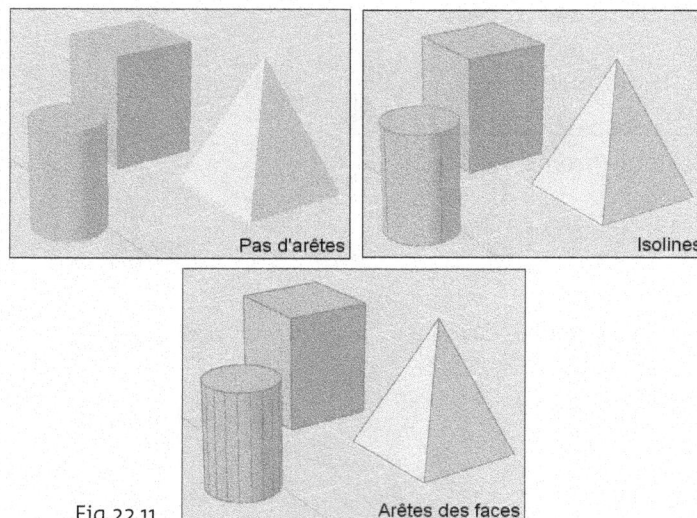

Fig.22.11

Modificateurs d'arêtes

Contrôle les paramètres qui s'appliquent à tous les modes d'arête à l'exception de l'option Aucun.

▶ **Bouton Saillie et Paramètre** (Overhang) : prolonge les lignes au-delà de leur intersection, pour donner un effet dessin manuel (fig.22.12). Ce bouton permet d'activer et de désactiver l'effet de saillie. Lorsqu'il est activé, vous pouvez modifier le paramètre.

▶ **Bouton Créneler et Paramètre** (Jitter) : donne l'apparence d'une esquisse aux lignes (fig.22.13). Les paramètres sont Faible, Moyen et Elevé ; ils peuvent être désactivés Ce bouton permet d'activer et de désactiver l'effet de crénelage. Lorsqu'il est activé, vous pouvez modifier le paramètre.

▶ **Angle du pli** (Crease angle) : définit l'angle auquel les arêtes de facette s'affichent dans une face, pour un effet de lissage.

▶ **Espace avec halo %** (Halo gap %) : spécifie la taille d'un espace à afficher à l'endroit où un objet est masqué par un autre objet. Cette option est disponible lorsque les styles visuels Conceptuel ou Masqué 3D, ou un style visuel basé sur ceux-ci, est sélectionné. Lorsque la valeur d'espace avec halo est supérieure à 0, les arêtes de silhouette ne sont pas affichées.

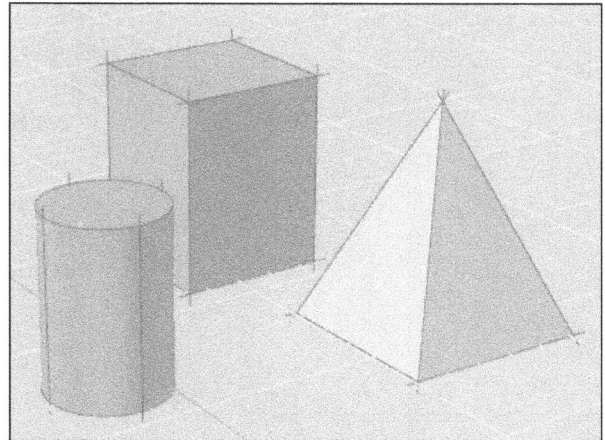

Fig.22.12

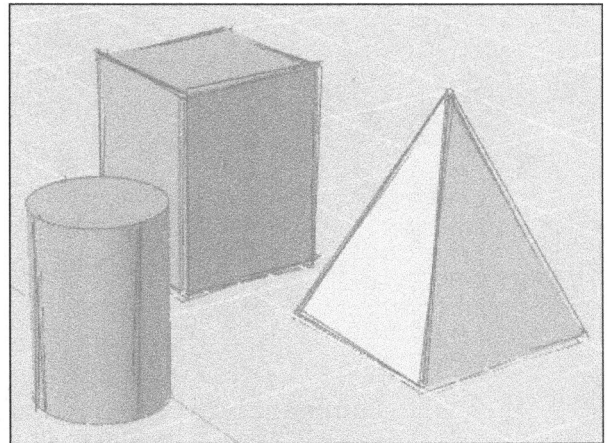

Fig.22.13

Arêtes de silhouette rapide

Contrôle les paramètres qui s'appliquent aux arêtes de silhouette Les arêtes de silhouette ne sont pas affichées sur les objets filaires ou transparents (fig.22.14).

▶ **Visible** : contrôle l'affichage des arêtes de silhouette.

▶ **Largeur** (Width) : spécifie la largeur à laquelle les arêtes de silhouette s'affichent.

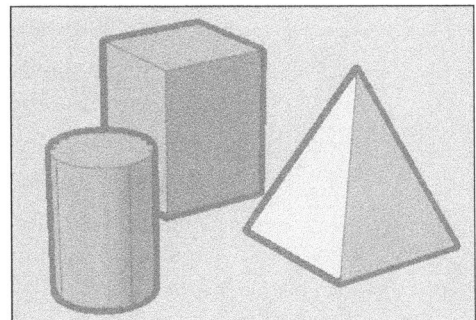

Fig.22.14

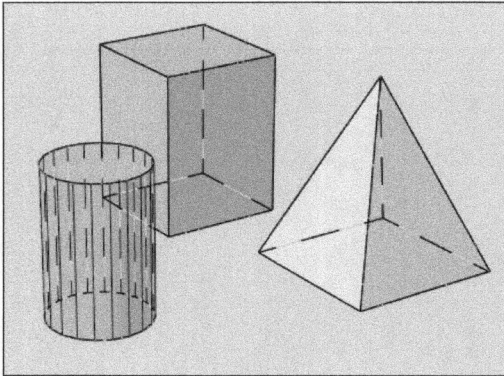

Fig.22.15

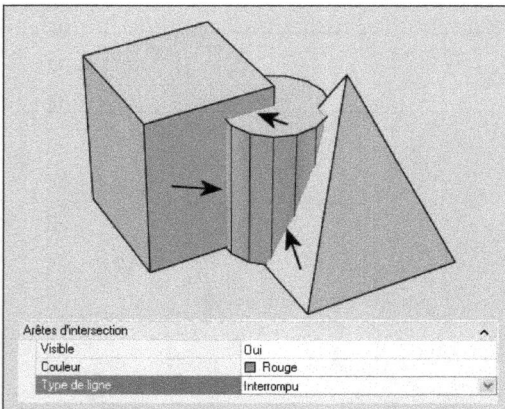

Fig.22.16

Arêtes foncées

Gère les paramètres qui s'appliquent aux arêtes foncées lorsque le mode d'arête est défini sur Arêtes de facette (fig.22.15).

- **Visible** (Visible) : contrôle si les arêtes foncées s'affichent ou non.
- **Couleur** (Color) : affiche la boîte de dialogue Sélectionner la couleur dans laquelle vous pouvez définir la couleur des arêtes foncées.
- **Type de ligne** (Linetype) : définit le type de ligne pour les arêtes foncées.

Arêtes d'intersection

Gère les paramètres qui s'appliquent aux arêtes d'intersection lorsque le mode d'arête est défini sur Arêtes de facette (fig.22.16).

- **Visible** : contrôle si les arêtes d'intersection s'affichent ou non. Pour augmenter les performances, il est conseillé de désactiver l'affichage des arêtes d'intersection.
- **Couleur** (Color) : affiche la boîte de dialogue Sélectionner la couleur dans laquelle vous pouvez définir la couleur des arêtes d'intersection.
- **Type de ligne** (Linetype) : définit un type de ligne pour les arêtes d'intersection.

Comment créer un nouveau style visuel par l'opération Copier/Coller ?

1. Dans la palette du Gestionnaire de styles, effectuez un clic droit sur l'icône d'un style et choisissez **Copier** (Copy).

2. Effectuez à nouveau un clic droit et choisissez **Coller** (Paste). Une icône est dupliquée dans la section Styles visuels disponibles dans le dessin (fig.22.17).

3. Sélectionnez l'icône dupliquée et effectuez un clic droit. Choisissez ensuite **Modifier le nom et la description** (Edit Name and Description).

4. Modifiez les différents paramètres désirés comme à la page 608.

Comment créer un nouveau style visuel en utilisant les outils du panneau de configuration Styles visuels ?

[1] Ouvrez complètement le panneau de configuration Styles visuels.

[2] Modifiez les paramètres tels qu'illustré dans la figure 22.18. Ces paramètres sont identiques à ceux détaillés au point à la page 608.

[3] Entrez la commande **ENREGIS-TRERSV** (VSSAVE) dans la ligne de commande et entrez le nom du nouveau style afin de pouvoir l'utiliser plus tard.

Comment exporter un style visuel ?

Les styles visuels sont stockés dans le dessin actif lors de leur création. Pour les rendre disponibles dans les autres dessins, il faut les exporter dans la palette d'outils. La procédure est la suivante :

[1] Ouvrez le dessin comportant le style visuel que vous voulez utiliser.

[2] Cliquez sur le menu **Outils** (Tools) puis **Palettes** et **Styles visuels** (Visual Styles) ou ouvrez le gestionnaire de styles visuels dans le Tableau de bord.

[3] Cliquez sur le menu **Outils** (Tools) puis **Palettes** et **Palettes d'outils** (Tool Palettes).

[4] Dans la fenêtre **Palettes d'outils** (Tool Palettes), cliquez sur l'onglet **Styles visuels** (Visual Styles).

[5] Dans le gestionnaire de styles visuels, sélectionnez l'image d'exemple du style visuel.

[6] Sous les images, cliquez sur le bouton **Exporter le style visuel sélectionné dans la palette d'outils** (Export to Active Tool Palette).

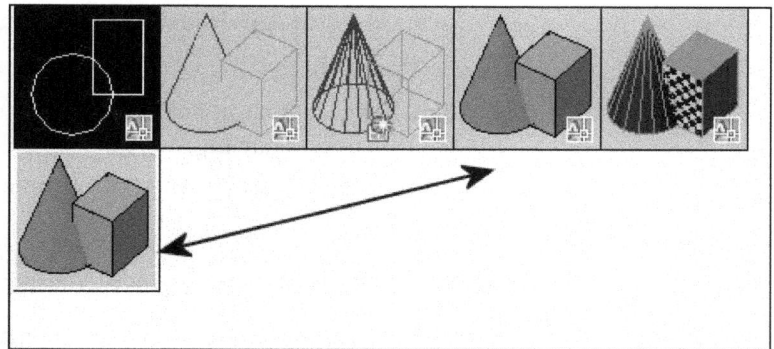

Fig.22.17

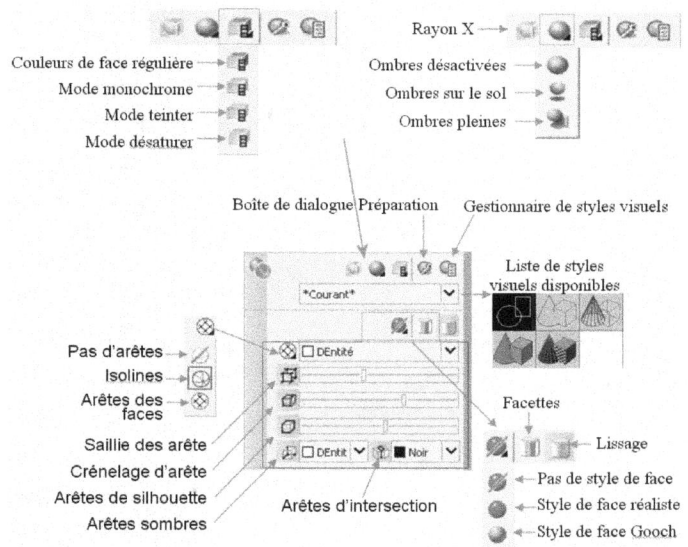

Fig.22.18

7. Ouvrez le dessin dans lequel vous voulez utiliser le style visuel.

8. Sélectionnez le style visuel dans la palette d'outils.

9. Cliquez avec le bouton droit de la souris et choisissez **Ajouter au dessin courant** (Add to Current Drawing).

Le style visuel est ajouté aux images d'exemple dans le Gestionnaire de styles visuels et le tableau de bord.

Exemple de style : esquisse à main levée

Pour créer un style visuel du type Esquisse à main levée, il convient de suivre la procédure suivante :

1. Ouvrez le gestionnaire de styles visuels.

2. Effectuez un clic droit sur l'icône du style **Masqué 3D** (3D Hidden) et choisissez **Copier** (Copy).

3. Effectuez à nouveau un clic droit et choisissez **Coller** (Paste). Une icône est dupliquée dans la section Styles visuels disponibles dans le dessin.

4. Sélectionnez l'icône dupliquée et effectuez un clic droit. Choisissez ensuite **Modifier le nom et la description** (Edit Name and Description) et entrez comme **Nom** : Esquisse et comme **Description** : Esquisse à main levée. Cliquez sur OK.

5. Modifiez les différents paramètres désirés comme indiqué ci-contre (fig.22.19) :

- **Style des faces** (Face Style) : Aucun
- **Affichage des ombres** (Shadow display) : Inactif
- **Mode d'arête** (Edge mode) : Facetter les arêtes
- **Couleur** (Color) : Blanc
- **Saillie** (Overhang) : 6
- **Créneler** (Jitter) : Moyen
- **Angle du pli** (Crease angle) : 40
- **Espace avec halo** (Halo gap) : 0
- **Arêtes de silhouette rapide** (Fast Silhouette Edges) – Visible : Oui (Yes)
- **Largeur** (Width) : 6
- **Arêtes foncées** (Obscured Edges) – Visible : Non (No)
- **Arêtes d'intersection** (Intersection Edges) – Visible : Non.

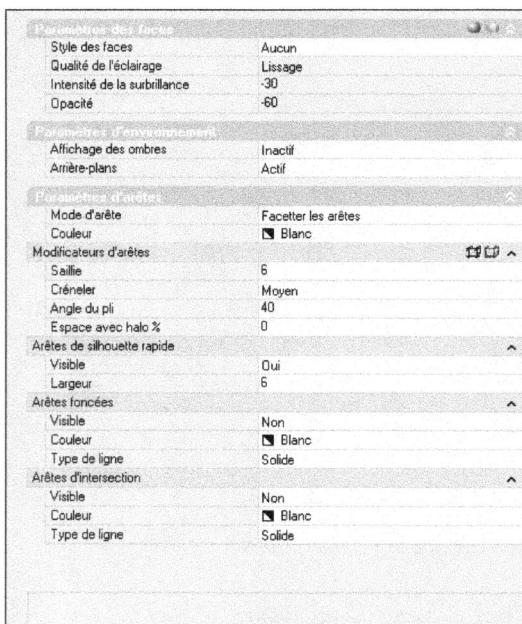

Paramètres des faces	
Style des faces	Aucun
Qualité de l'éclairage	Lissage
Intensité de la surbrillance	-30
Opacité	-60
Paramètres d'environnement	
Affichage des ombres	Inactif
Arrière-plans	Actif
Paramètres d'arêtes	
Mode d'arête	Facetter les arêtes
Couleur	Blanc
Modificateurs d'arêtes	
Saillie	6
Créneler	Moyen
Angle du pli	40
Espace avec halo %	0
Arêtes de silhouette rapide	
Visible	Oui
Largeur	6
Arêtes foncées	
Visible	Non
Couleur	Blanc
Type de ligne	Solide
Arêtes d'intersection	
Visible	Non
Couleur	Blanc
Type de ligne	Solide

Fig.22.19

6 Appliquez le nouveau style au dessin en cliquant sur le bouton **Appliquer le style visuel sélectionné à la fenêtre courante** (Apply Selected Visual Style to Current Viewport) (fig.22.20-22.21).

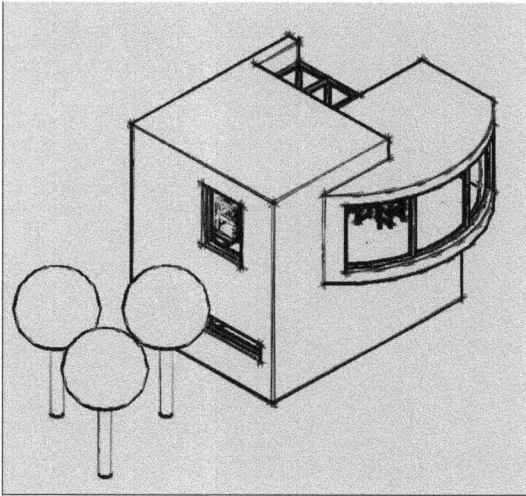

Fig.22.20

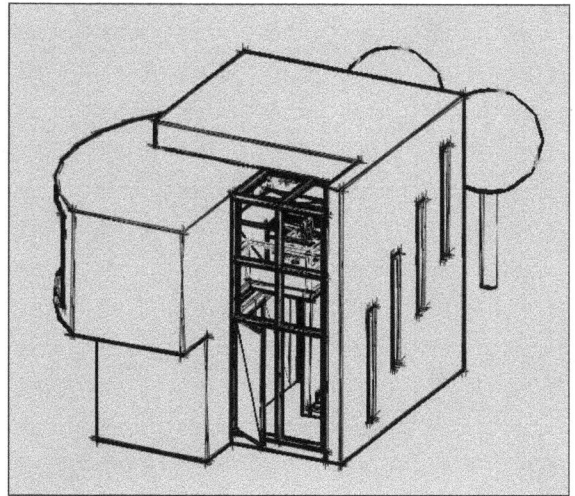

Fig.22.21

Le rendu réaliste

Outre l'utilisation des styles visuels, vous pouvez rendre votre projet encore plus réaliste grâce à l'utilisation des matériaux, de l'éclairage et des techniques de rendu. Ces différents aspects sont abordés en détail dans mon ouvrage « AutoCAD 3D – Modélisation et rendu » également publié aux Editions Eyrolles.

CHAPITRE 23
METTRE EN PAGE
ET IMPRIMER

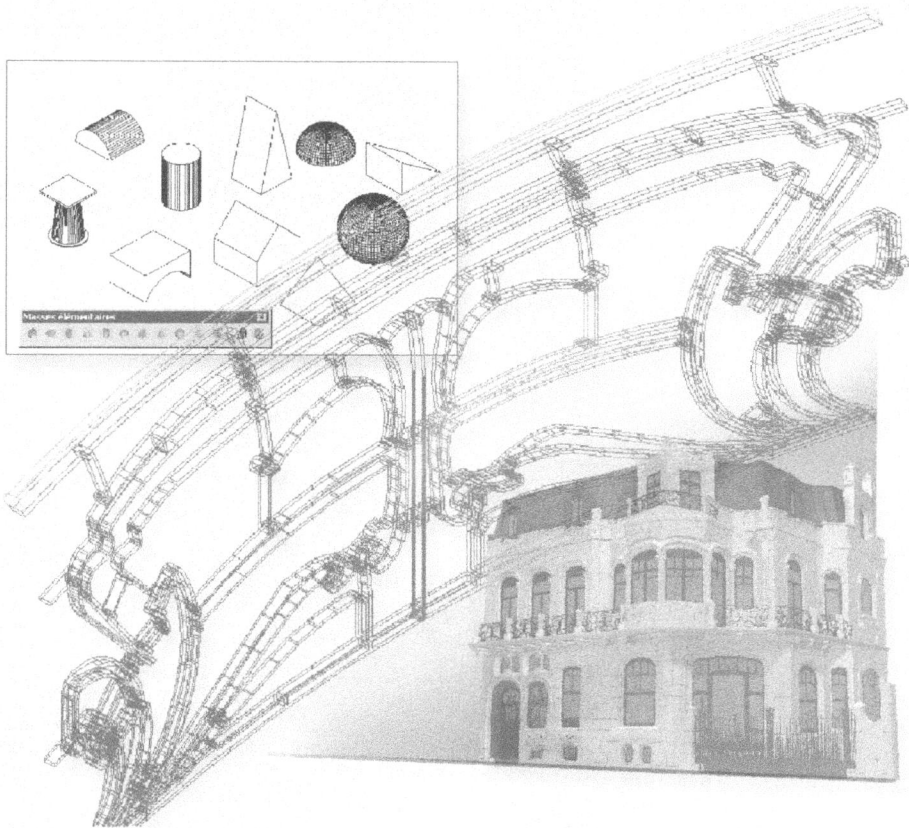

La mise en page et l'impression

Introduction

La mise en page et l'impression constituent les phases finales du travail avec AutoCAD. Il s'agit de deux étapes importantes car elles permettent de communiquer les projets réalisés à l'ensemble des personnes concernées. La clarté de la présentation et la justesse des échelles prises en compte sont essentielles pour une bonne compréhension des documents transmis.

La mise en page d'une feuille de dessin peut s'effectuer très facilement dans AutoCAD grâce à l'existence d'un environnement particulier dénommé « l'espace de présentation » (ou espace papier). Celui-ci permet de placer un cadre et un cartouche et de définir des fenêtres flottantes pouvant afficher n'importe quelle partie du dessin créé dans l'espace objet (fig.23.1).

L'opération d'impression permet de définir la configuration du tracé (échelle de traçage, épaisseur des traits, choix du périphérique, etc.) et d'envoyer le dessin vers un fichier d'impression ou un périphérique d'impression.

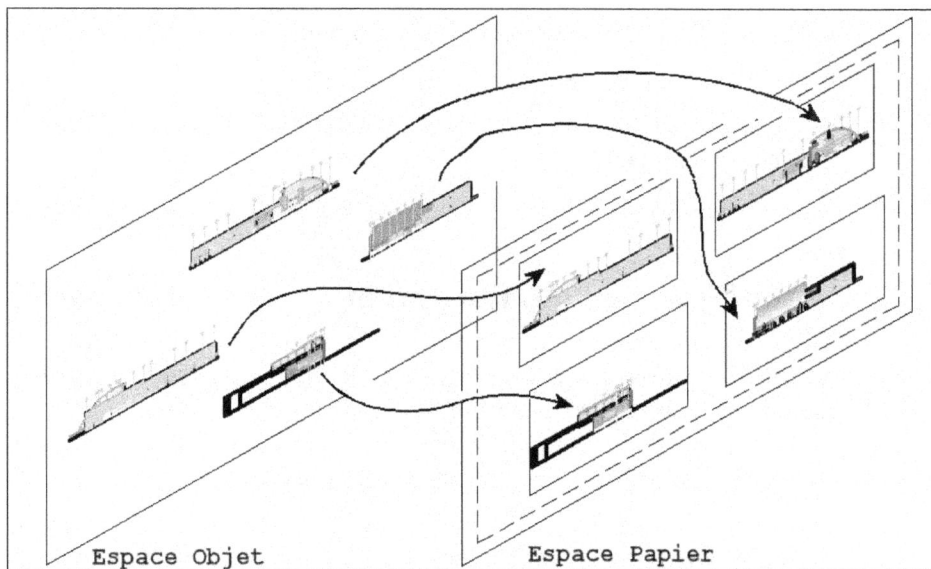

Espace Objet   Espace Papier

Fig.23.1

Utilisation de l'espace papier et l'espace objet

Lorsque le dessin créé dans l'espace objet est prêt à être configuré pour le traçage, il convient de basculer vers un onglet de présentation (layout) situé en bas à gauche de l'écran. Chaque onglet de présentation est associé à un espace papier dans lequel on peut créer des fenêtres et définir une mise en page pour chaque présentation à tracer. La mise en page n'est en fait qu'un ensemble de paramètres de tracé enregistrés avec la présentation. La configuration des paramètres de mise en page d'une présentation peut être enregistrée sous un nom, puis appliquée à une autre présentation. Il est également possible de créer une nouvelle présentation à partir d'un fichier gabarit de présentation déjà défini (.dwt ou.dwg).

En principe, le tracé d'une présentation se déroule en plusieurs étapes :

▶ Configuration d'un périphérique de traçage.

▶ La création de styles de tracé.

▶ Activation ou création d'une présentation.

▶ Définition de la mise en page de la présentation (périphérique de traçage, style du tracé, format de papier, aire de tracé, échelle du tracé et orientation du dessin).

▶ Insertion d'un cartouche.

▶ Création de fenêtres flottantes et positionnement dans la présentation.

▶ Définition de l'échelle des fenêtres flottantes.

▶ Au besoin, annotation, cotation ou création d'un élément de géométrie dans la présentation.

▶ Traçage de la présentation.

La configuration des traceurs et imprimantes

Outre l'utilisation d'une imprimante système configurée dans Windows, AutoCAD est aussi fourni avec plusieurs pilotes de traceur non système spécialisés. Pour réaliser une impression à l'aide de l'un de ces pilotes de traceur, il convient de configurer le traceur non système, qu'il soit local ou en réseau, à l'aide du Gestionnaire de traçage d'Autodesk®.

Le Gestionnaire de traçage d'Autodesk permet de configurer trois catégories d'imprimantes :

▶ L'imprimante (ou traceur) locale (ordinateur individuel) non système (c'est-à-dire non configurée dans Windows).

▶ L'imprimante (ou traceur) réseau non système.

▸ L'imprimante (ou traceur) système (pour modifier certains paramètres déjà définis dans Windows).

Dans le cas particulier d'une imprimante système Windows, la configuration se fait de la manière suivante :

1. Dans le menu **Fichier** (File) choisir **Gestionnaire de traçage** (Plotter Manager).

2. Cliquer deux fois sur l'icône **Assistant Ajouter un traceur** (Add-A-Plotter Wizard) (fig.23.2).

3. Une fois dans l'assistant **Ajouter un traceur** (Add Plotter) , il convient de lire l'introduction puis de cliquer sur **Suivant** (Next) pour ouvrir la page de début de configuration.

4. Dans la page de début (Begin) de l'assistant **Ajouter un traceur**, cliquer sur **Imprimante système** (System Printer). Cliquer sur **Suivant** (Next).

Fig.23.2

5. Dans la page **Imprimante système** (System Printer) de l'assistant **Ajouter un traceur**, sélectionner l'imprimante système à configurer.

   Cette liste présente toutes les imprimantes système définies sur le système. Si l'on souhaite connecter une imprimante absente de la liste, il faut préalablement l'ajouter par le biais de l'assistant Ajout d'imprimante du Panneau de configuration de Windows.

6. Cliquer sur **Suivant** (Next) pour aboutir à l'écran **Importer fichier PCP ou PC2** (Import Pcp or Pc2). Il permet d'utiliser les données de configuration d'un fichier PCP ou PC2 créé sous une version antérieure à AutoCAD 2000. Cliquer sur **Suivant** (Next), si cette option ne présente pas d'intérêt.

7. Dans la page de définition du nom du traceur (Plotter Name), entrer un nom identifiant le traceur en cours de configuration. Cliquer sur **Suivant** (Next).

8. Dans la page **Fin** (Finish), on peut modifier les paramètres par défaut du traceur en sélectionnant **Modifier la configuration du traceur** (Edit Plotter Configuration). Il est également possible de tester l'étalonnage du nouveau traceur configuré en sélectionnant **Calibrer le traceur** (Calibrate Plotter).

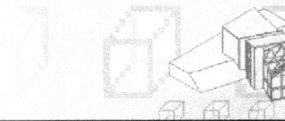

⑨ Cliquer sur **Terminer** (Finish) pour quitter cet assistant.

REMARQUE

Vous pouvez aussi tracer vos dessins dans un certain nombre de formats, dont DWF, PDF ou JPEG en utilisant des pilotes de traceur spécifiques.

Dans l'un et l'autre cas, un pilote de traceur non système est configuré pour imprimer les informations du fichier. Vous pouvez gérer les propriétés personnalisées de chaque pilote non système dans l'éditeur de configuration du traceur.

La création d'un style de tracé

Un style de tracé (Plot Style), permet de modifier l'apparence d'un dessin imprimé de manière élaborée. En modifiant le style de tracé d'un objet, il est possible d'intervenir sur sa couleur, ainsi que sur le type et l'épaisseur de ses lignes. On peut également définir des styles d'extrémité, de jointure ou de remplissage, ou encore des effets de sortie comme le panachage, les nuances de gris, le choix des plumes ou le tramage. Les styles de tracé permettent par ailleurs d'imprimer le même dessin de plusieurs manières.

Les caractéristiques des styles de tracé sont définies dans des tables de styles de tracé que l'on peut associer à l'onglet **Objet** (c'est-à-dire aux éléments de l'espace Objet), aux présentations et aux fenêtres des présentations (c'est-à-dire aux éléments de l'espace papier). Il est également possible d'associer un style à un calque ou à un objet en particulier.

Les modes de styles de tracé

Il existe deux modes de styles de tracé : le mode Dépendant de la couleur (Color-dependent Plot Style) et le mode **Nommé** (Named Plot Style). Chaque dessin ouvert dans AutoCAD est soit dans un mode soit dans l'autre. Le mode par défaut est **Dépendant de la couleur** (Color-dependent Plot Style).

Mode de style de tracé dépendant de la couleur

Les styles de tracé dépendants de la couleur sont basés sur la couleur de l'objet. Il existe 255 styles de tracé dépendant de la couleur. Chaque couleur représente ainsi un style de tracé différent. Dans une table de styles de tracé dépendant de la couleur, il n'est pas possible d'ajouter, supprimer ni renommer des styles de tracé. On peut y contrôler la manière dont tous les objets de la même couleur s'imprimont en mode dépendant de la couleur en adaptant le style de tracé correspondant à cette couleur d'objet. Dans un modèle dépendant de la couleur, on peut modifier le style de tracé utilisé par un objet en modifiant la couleur de l'objet. Les tables de styles de tracé dépendant de la couleur sont enregistrées dans des fichiers ayant l'extension .ctb.

Mode de style de tracé nommé

Les styles de tracé nommés sont indépendants de la couleur de l'objet. Il est ainsi possible d'attribuer n'importe quel style de tracé à un objet, quelle que soit sa couleur. En effet, en associant une couleur à une plume spécifique, on perd la possibilité de travailler avec cette couleur indépendamment de l'épaisseur et du type de ligne. Les styles de tracé nommés permettent d'utiliser la propriété de couleur de l'objet comme toute autre propriété. Les tables de styles de tracé nommés sont enregistrées dans des fichiers ayant l'extension .stb.

Par exemple, si l'on a un projet de construction à réaliser par étapes, on peut utiliser la procédure suivante :

► Créer une table de styles de tracé qui définit des styles de tracé, par exemple, Phase 1 et Phase 2 pour les objets concernés par les différentes phases du projet.

► Utiliser le rouge pour les objets de la Phase 1 et la gamme de gris pour ceux de la Phase 2.

► Dans la fenêtre des propriétés, affecter le style de tracé Phase 1 aux objets de la phase 1 et le style de tracé Phase 2 aux objets de la Phase 2.

Comment définir le mode de style de tracé pour les nouveaux dessins

Il est possible de modifier le mode des nouveaux dessins ou des dessins créés dans des versions antérieures d'AutoCAD qui n'ont pas encore été sauvegardés dans AutoCAD 2000 (ou 2002). Le mode du style de tracé est spécifié sur l'onglet **Traçage** (Plotting) de la boîte de dialogue **Options**.

Procédure :

1. Dans le menu **Outils** (Tools), choisir **Options** puis l'onglet **Tracer et Publier** (Plot and Publish).

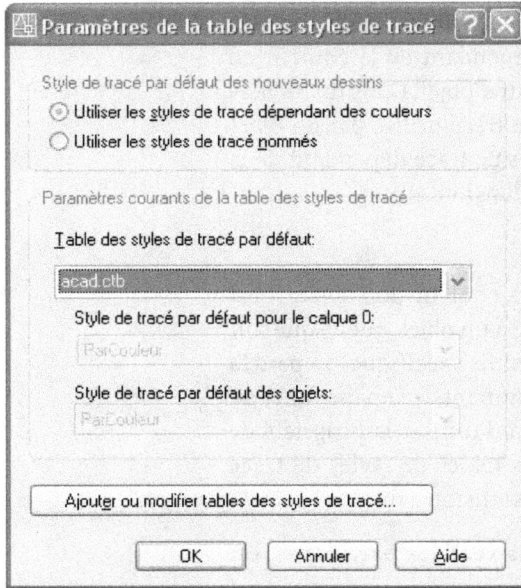

Fig.23.3

2 Cliquer sur le bouton **Paramètres de la table des styles de tracé** (Plot Style Table Settings).

3 Sous **Style de tracé par défaut des nouveaux dessins** (Default Plot Style Behavior for New Drawings), indiquer le mode de style de tracé a utiliser en sélectionnant l'une des options suivantes (fig.23.3) :

- Utiliser les styles de tracé dépendants des couleurs (Use Color Dependent Plot Styles).

- Utiliser les styles de tracé nommés (Use Named Plot Styles).

4 Sélectionner le style de tracé par défaut dans la liste **Table des styles de tracé par défaut** (Default plot style table).

5 Cliquer sur OK.

CONSEIL

Pour visualiser les effets de cette modification, il faut commencer un nouveau dessin ou ouvrir un dessin qui n'a pas encore été sauvegardé dans AutoCAD 2000-2008. Cette modification n'a donc pas d'incidence sur le dessin courant.

Comment créer une nouvelle table de styles de tracé

La création d'un style de tracé s'effectue à l'aide de tables de styles de tracé, qui sont de deux types : les tables de styles de tracé nommés et les tables de styles de tracé dépendant de la couleur.

Les tables de styles de tracé nommés contiennent des définitions de style de tracé nommées STYLE1, STYLE2, etc. On peut ajouter de nouveaux styles et au besoin, modifier leur nom pour en choisir un plus descriptif : par exemple, PHASE CONSTRUCTION 1, PHASE PAYSAGE, ou CANALISATIONS EAU.

Les tables de styles de tracé dépendant de la couleur contiennent 255 styles de tracé nommés Couleur 1, Couleur 2, etc. Chaque style de tracé est lié à une couleur ACI. Il n'est pas possible d'ajouter ou de supprimer des styles de tracé dépendant de la couleur, ni de modifier leur nom.

Les tables de styles de tracé renferment les définitions des styles de tracé et sont mémorisées sous forme de fichiers CTB et STB dans le dossier ../Documents and Settings/nom utilisateur/Application Data/ Autodesk/Autocad 2006/R16.2/fra/Plot styles.

Pour se familiariser avec la création d'un style de tracé, il est conseillé d'utiliser en premier lieu le style dépendant de la couleur.

Pour créer une table de styles de tracé dépendant de la couleur, la procédure est la suivante :

1. Dans le menu **Outils** (Tools), choisir **Assistants** (Wizards) puis **Ajouter des tables de styles de tracé dépendant des couleurs** (Add Color-Dependent Plot Style Table).

2. Dans la page **Début** (Begin) de l'assistant **Ajouter des tables de style de tracé dépendant des couleurs** (Add Color-Dependent Plot Style Table), choisir l'une des options suivantes, puis cliquer sur **Suivant** (Next).

   - **Commencer avec un brouillon** (Start from scratch) : crée une nouvelle table de styles de tracé.

   - **Utiliser un fichier CFG** (Use a CFG file) : crée une table de styles de tracé en utilisant les choix de plumes enregistrés dans le fichier CFG. Il convient de choisir cette option pour importer des paramètres si l'on n'a pas de fichier PCP ou PC2.

   - **Utiliser un fichier PCP ou PC2** (Use a PCP or PC2 file) : crée une table de styles de tracé en utilisant les choix de plumes enregistrés dans un fichier PCP ou PC2.

3. Si l'on importe les informations d'un fichier PCP ou PC2 (version antérieure à AutoCAD 2000), il faut indiquer dans la page **Rechercher nom de fichier** (Browse File Name), le chemin d'accès complet au fichier à utiliser, ou choisir **Parcourir** (Browse) pour localiser le fichier.

   Si l'on importe les informations d'un fichier CFG, il faut également préciser le traceur dont on souhaite utiliser les paramètres. Il est possible que le fichier CFG comporte des informations relatives à plusieurs traceurs.

4. Sélectionner par exemple, **Commencer avec un brouillon** (Start from scratch), cliquer ensuite sur **Suivant** (Next).

5. Dans la page **Nom de fichier** (File Name), indiquer le nom destiné à la table de styles de tracé dépendant des couleurs. Par exemple : style 1-100. Cliquer ensuite sur **Suivant** (Next).

6. Dans la page **Fin** (Finish), si l'on veut lier cette table de styles de tracé par défaut à tous les nouveaux dessins et aux dessins créés dans des versions antérieures à AutoCAD 2006, il faut sélectionner **Utiliser cette table pour les nouveaux dessins** (Use this plot style table for new and pre-AutoCAD 2000 drawings).

7. Pour modifier la table par défaut, cliquer sur **Editeur de la table des styles de tracé** (Plot Style Table Editor) (fig.23.4). Les principaux paramètres à modifier sont : **Couleur** (Color), pour imprimer tous les traits en N/B par exemple, et **Epaisseur de ligne** (Lineweight) pour donner une épaisseur de trait à chaque définition de couleur. Pour assigner une même valeur à l'ensemble des styles, il suffit d'effectuer un clic droit sur le paramètre puis de sélectionner l'option **Appliquer à tous les styles** (Apply to all styles) dans le menu contextuel.

8. Cliquer sur **Enregistrer et Fermer** (Save and Close).

9. Cliquer sur **Terminer** (Finish) pour créer la table de styles de tracé dépendant de la couleur et quitter l'Assistant.

   Le fichier CTB résultant apparaît dans le Gestionnaire des styles du tracé. La table des styles de tracé contient 255 styles, un pour chaque couleur AutoCAD. Il n'est pas possible d'ajouter, supprimer ni renommer les styles d'une table de styles de tracé dépendant de la couleur.

Pour créer une table de styles de tracé nommés (named plot style), la procédure est la suivante :

1. Dans le menu **Outils** (Tools), choisir **Assistants** (Wizards) puis **Ajouter des tables de style de tracé** (Add Plot Style Table).

2. Dans l'assistant **Ajouter des tables de style de tracé** (Add Plot Style Table), il convient de lire le texte d'introduction puis de cliquer sur **Suivant** (Next).

3. Dans la page **Début** (Begin), choisir l'une des options suivantes, puis cliquer sur **Suivant** (Next).

   - **Commencer avec un brouillon** (Start from scratch) : crée une nouvelle table de styles de tracé.

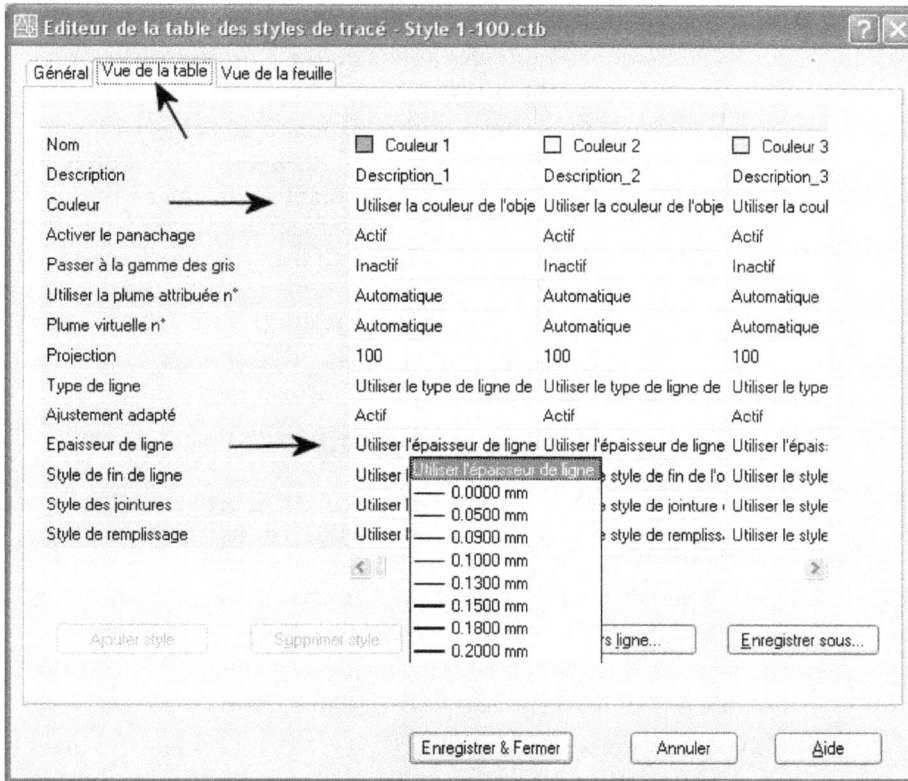

Fig.23.4

- **Utiliser une table des styles de tracé existante** (Use an existing plot style table) : crée une table de styles de tracé en utilisant une table de styles de tracé nommés existante. Cette nouvelle table comprend tous les styles de la table de styles nommés originale.

- **Utiliser ma configuration du traceur R14** (Use My R14 Plotter Configuration) : crée une table de styles de tracé en utilisant les choix de plumes enregistrés dans le fichier acadr14.cfg.

- **Utiliser un fichier PCP ou PC2** (Use a PCP or PC2 file) : crée une table de styles de tracé en utilisant les choix de plumes enregistrés dans un fichier PCP ou PC2.

4 Sélectionner par exemple : **Commencer avec un brouillon** (Start from scratch), cliquer ensuite sur **Suivant** (Next).

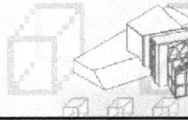

⑤ Dans la page **Choisir une table des styles de tracé** (Pick Plot Style Table), sélectionner **Table des styles de tracé nommés** (Named Plot Style Table). Cliquer sur **Suivant** (Next).

⑥ Dans le cas d'une importation d'informations d'un fichier CFG, PCP ou PC2, il convient d'indiquer dans la page **Rechercher nom de fichier** (Browse File name), le chemin d'accès complet au fichier à utiliser, ou choisir **Parcourir** (Browse) pour localiser le fichier. Dans le cas d'une importation d'informations d'un fichier CFG, il faut également préciser le traceur dont on souhaite utiliser les paramètres. Il est possible que le fichier CFG comporte des informations relatives à plusieurs traceurs.

⑦ Dans la page **Nom de fichier** (File Name), entrer le nom destiné à la table de styles de tracé, puis cliquer sur **Suivant** (Next).

⑧ Dans la page **Fin** (Finish), si l'on souhaite lier cette table de styles de tracé par défaut à tous les nouveaux dessins et aux dessins créés dans des versions antérieures à AutoCAD 2000, il faut activer **Utiliser cette table pour les nouveaux dessins** (Use this plot style table for new and pre-AutoCAD 2000 drawings). Ce champ n'est accessible que si l'on a choisi **Utiliser les styles de tracé nommés** (Use named plot styles) dans l'onglet **Traçage** (Plotting) de la boîte de dialogue **Options**.

⑨ Pour ajouter des styles à la table des styles, il faut cliquer sur **Editeur de la table des styles de tracé** (Plot Style Table Editor).

⑩ Cliquer sur **Ajouter style** (Add style) et entrer un nom de style dans le champ **Nom** (Name). Exemple : MUR pour créer un style à appliquer aux dessins de murs (fig.23.5).

⑪ Cliquer sur **Enregistrer et Fermer** (Save and close) puis sur **Terminer** (Finish) pour créer la table de styles de tracé nommés et quitter l'Assistant. Le fichier STB résultant apparaît dans le Gestionnaire des styles du tracé.

Comment utiliser des styles de tracé

Les styles de tracé peuvent être utilisés à plusieurs niveaux dans AutoCAD, à savoir :

▶ Pour la globalité de l'espace objet.

▶ Pour une présentation (layout) dans l'espace papier.

▶ Pour un objet particulier.

▶ Pour un calque.

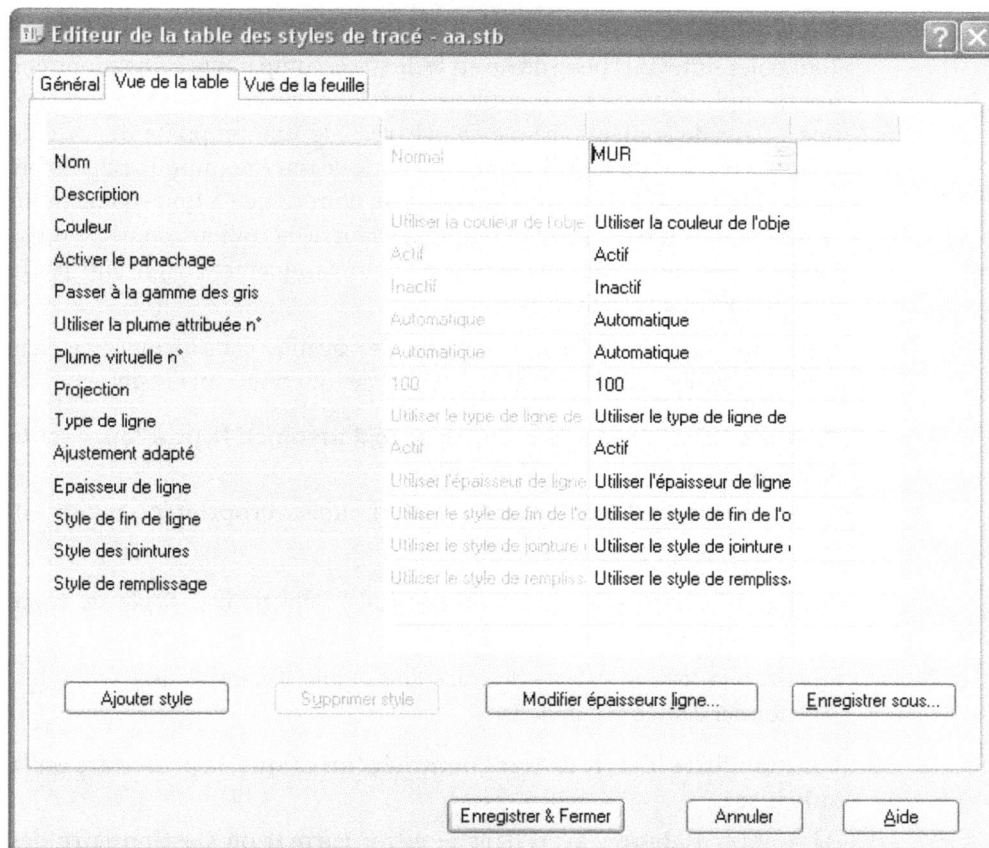

Fig.23.5

Pour associer une table de styles de tracé à l'onglet Objet ou à une présentation, la procédure est la suivante :

1. Choisir l'onglet **Objet** ou l'onglet de la présentation à laquelle on souhaite associer la table de styles de tracé.

2. Effectuer un clic droit sur l'onglet et sélectionner **Gestionnaire des mises en page** (Page setup manager).

3. Sélectionner **Objet** (Object) ou une présentation.

4. Cliquer sur **Modifier** (Modify).

5. Dans la boîte de dialogue **Mise en page** (Page setup), sous **Table des styles de tracé** (Plot style table), sélectionner une table de styles de tracé dans la liste proposée.

6. Cliquer sur **OK** puis sur **Fermer** (Close).

Modification de la propriété Style du tracé pour un objet ou un calque

Tout objet AutoCAD possède un style de tracé, comparable à une propriété, par exemple la propriété de couleur. De même que chaque calque possède une valeur de couleur, chaque calque possède une propriété de style de tracé. Dans le cas du travail en mode de style de tracé nommé, il est possible de modifier le style de tracé d'un objet ou d'un calque à tout moment. En revanche, si l'on travaille en mode dépendant de la couleur, on ne peut pas modifier le style de tracé car celui-ci est automatiquement déterminé par la couleur de l'objet ou du calque.

Il est important de rappeler que le choix de travailler dans un mode ou dans l'autre, doit être spécifié avant la création de tout nouveau dessin.

Pour modifier le style de tracé nommé d'un objet, la procédure est la suivante :

1. Dans le menu **Modification** (Modify), choisir **Propriétés** (Properties).
2. Sélectionner l'objet à modifier.
3. Dans la fenêtre **Propriétés** (Properties), sélectionner **Style de tracé** (Plot Style).
4. Dans la liste des styles de tracé de la table des styles de tracé, sélectionner celui qui convient.

Pour modifier le style de tracé nommé d'un calque, la procédure est la suivante :

1. Choisir **Calque** (Layer) dans le menu **Format** ou **Gestionnaire des propriétés de calques** (Page setup manager) dans la barre d'outils **Calques** (Layers).
2. Dans la boîte de dialogue **Gestionnaire des propriétés des calques** (Layer Properties Manager), sélectionner le calque à modifier (fig.23.6).
3. Dans la colonne **Style de tracé (**Plot Style), sélectionner un style de tracé pour le calque.
4. Cliquer sur **OK**.

Comment afficher des styles de tracé dans un dessin

Lorsque l'on fait appel à des styles de tracé, on a la possibilité d'afficher les modifications apportées aux propriétés d'objet au moment où l'on régénère le dessin. Il n'est donc pas indispensable d'imprimer le dessin pour voir le

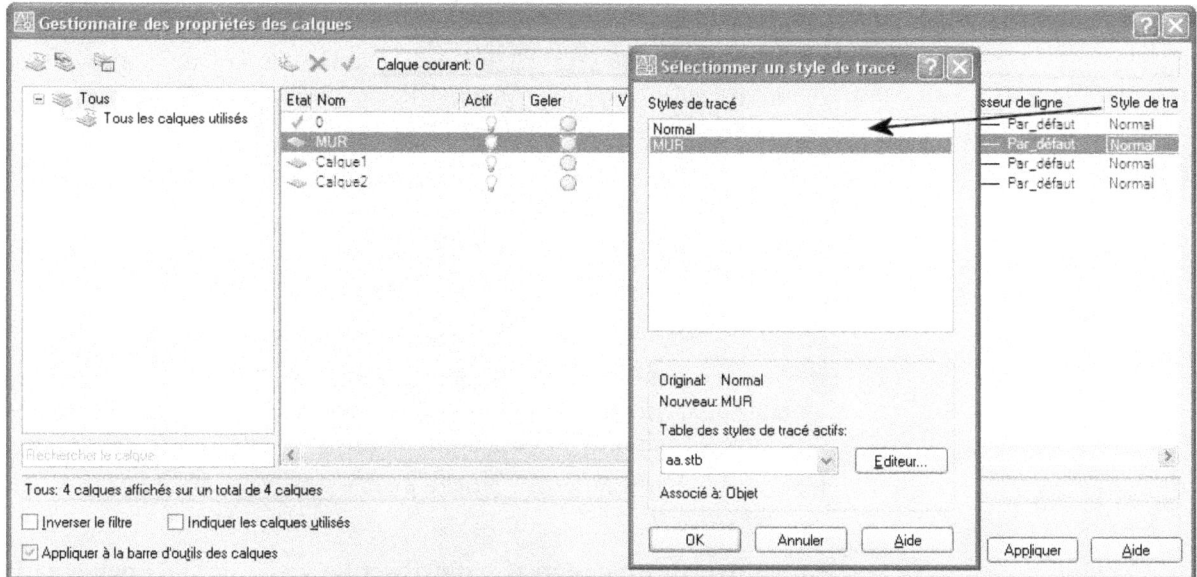

Fig.23.6

résultat. L'affichage des styles de tracé peut cependant ralentir les performances. Si l'on choisit de ne pas afficher les styles de tracé dans le dessin, on peut néanmoins les visualiser à l'aide de l'option **Aperçu total** (Full Preview) de la boîte de dialogue **Tracer** (Plot).

Pour afficher des styles de tracé dans un dessin, la procédure est la suivante :

1. Cliquer sur l'onglet de présentation à l'endroit où l'on souhaite afficher des styles de tracé.

2. Effectuer un clic droit sur l'onglet puis sélectionner **Gestionnaire des mises en pa**ge (Page setup manager) dans le menu contextuel.

3. Sélectionner la présentation et cliquer sur **Modifier** (Modify).

4. Dans la boîte de dialogue **Mise en page** (Page setup), sous **Table des styles de tracé** (Plot style table), activer le champ **Afficher style de tracé** (Display plot styles).

5. Cliquer sur **OK**.

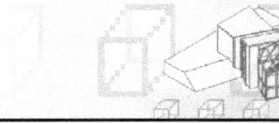

La conversion de styles

Pour convertir un dessin afin d'utiliser les styles de tracé nommés :

1. Sur la ligne de commande, taper **CONVERTPSTYLES**.

2. Cliquer sur OK lorsque la boîte d'alerte apparaît.

3. Dans la boîte de dialogue **Sélectionner un fichier,** sélectionner la table des styles de tracé nommés à utiliser dans l'onglet **Objet** et dans toutes les présentations qui utilisent des tables de styles du même nom.

4. Choisir Ouvrir. AutoCAD affiche un message confirmant que le dessin a été converti.

Pour convertir un dessin afin d'utiliser les styles de tracé dépendant de la couleur

1. Sur la ligne de commande, taper **CONVERTPSTYLES**.

2. Cliquer sur **OK**. AutoCAD affiche un message confirmant que le dessin a été converti.

La mise en page dans l'espace objet

Le cadre et le cartouche

Si l'environnement idéal pour réaliser une mise en page est l'espace papier, il est cependant possible de rester dans l'espace objet et d'imprimer son projet à partir de cet environnement. Dans ce cas, il faut savoir que le travail dans cet environnement s'effectue en vraie grandeur projet et donc que le dessin du cadre et du cartouche doivent tenir compte de cette propriété. Ainsi, si le plan a été réalisé par exemple avec le mètre comme unité et si l'impression devra se faire à l'échelle 1/50 sur une feuille A3, il convient de créer un cadre de 21 x 14,85 unités (ou m pour l'utilisateur). En effet, 21 m imprimé à l'échelle 1/50 donne bien 42 cm qui est la dimension d'un A3 (fig.23.7).

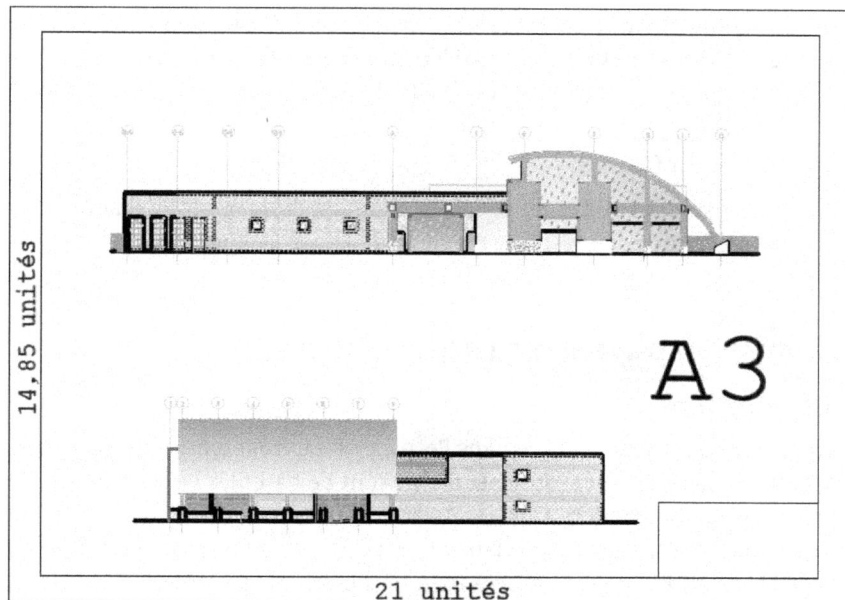

Fig.23.7

Effectuer la mise en page dans cet environnement demande donc de créer un cadre et un cartouche distincts par format de papier (A0, A1, A2...), par unité de travail (m, cm, mm) et par échelle de sortie (1/100, 1/50, 1/20...). Cela peut facilement représenter plus de 60 configurations différentes, alors que dans l'espace papier seul le format du papier exige une configuration distincte.

Le style de tracé

Il est possible d'attacher un style de tracé à l'onglet Model (Objet) selon la procédure suivante :

1. Cliquer avec la touche droite de la souris sur l'onglet **Objet** (Model).

2. Sélectionner **Gestionnaire des mises en page** (Page setup manager).

3. Sélectionner **Objet** (Object) puis cliquer sur **Modifier** (Modify).

4. Dans la boîte de dialogue **Mise en page** (Page setup), sélectionner un style de tracé dans la liste déroulante **Table des styles de tracé** (Plot style table).

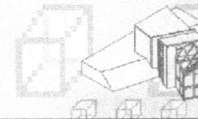

5. Répondre éventuellement Non à la question : **Voulez-vous appliquer cette table des styles de tracé à toutes les présentations** (Assign this plot style table to all layouts ?), afin de limiter ce style à l'onglet **Objet** (Model).

6. Cliquer sur **OK**.

7. Pour visualiser l'effet du style sélectionner, cliquer sur l'icône **Aperçu avant l'impression** (Print Preview) de la barre d'outils standard.

La mise en page dans l'espace papier

Introduction

Lorsque le dessin est terminé dans l'espace objet, il est temps de configurer celui-ci pour le traçage. Pour cela il convient de basculer vers un onglet de présentation (Layout). Chaque onglet de présentation est associé à un espace papier dans lequel on peut créer des fenêtres et définir une mise en page pour chaque présentation à tracer. La mise en page n'est en fait qu'un ensemble de paramètres de tracé enregistrés avec la présentation. La configuration des paramètres de mise en page d'une présentation peut être enregistrée sous un nom, puis appliquée à une autre présentation. Il est également possible de créer une nouvelle présentation à partir d'un fichier gabarit de présentation déjà défini (.dwt ou .dwg).

En principe, la mise en page se déroule en plusieurs étapes (fig.23.8) :

▶ Activation ou création d'une présentation.

▶ Définition du format de la présentation (périphérique de traçage, format de papier, aire de tracé, échelle du tracé et orientation du dessin).

▶ Insertion d'un cartouche.

▶ Mise en page du contenu à l'aide de fenêtres flottantes.

▶ Définition de l'échelle des fenêtres flottantes.

▶ Au besoin, annotation, cotation ou création d'un élément de géométrie dans la présentation.

REMARQUE

Si les onglets de présentation ne sont pas visibles, il convient d'effectuer un clic droit sur le bouton **Modèle** (Model) dans la barre d'état et de sélectionner **Afficher les onglets Présentaion et Objet** (Display Layout and Model Tabs)

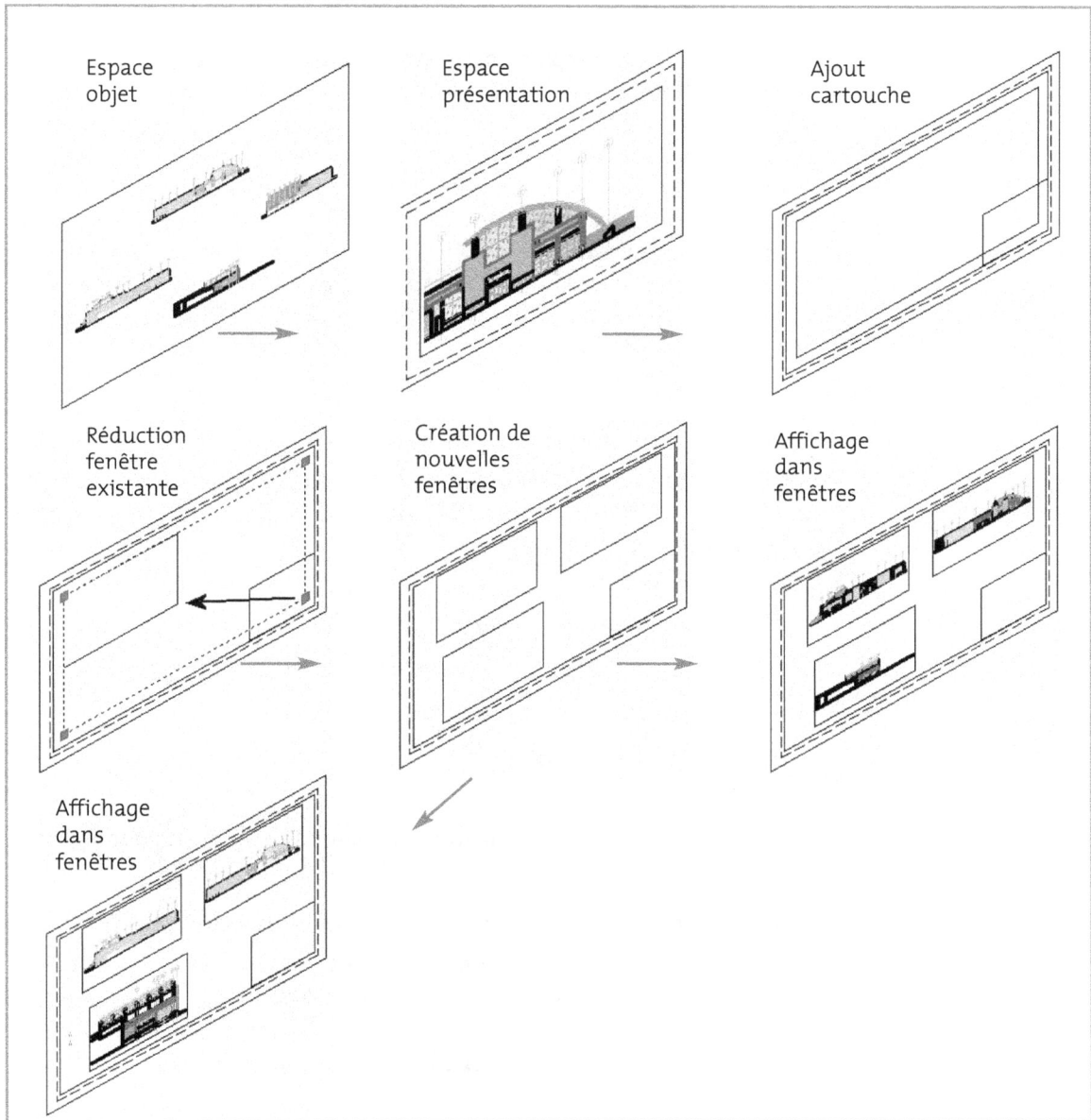

Espace
objet

Espace
présentation

Ajout
cartouche

Réduction
fenêtre
existante

Création de
nouvelles
fenêtres

Affichage
dans
fenêtres

Affichage
dans
fenêtres

Fig.23.8

Utilisation de l'espace papier

L'espace papier représente la zone graphique ou le « papier » sur lequel on organise le dessin avant le traçage. Depuis AutoCAD 2000, la conception et la manipulation des environnements d'espace papier, simples ou multiples, s'articulent autour d'onglets de présentation (layout). Pour accéder aux présentations, il suffit de cliquer sur un onglet situé dans la partie inférieure de la zone de dessin. Chaque présentation est une feuille de tracé ou une feuille d'un projet de dessin distincte. Lorsque l'on crée une présentation, on peut ajouter des fenêtres flottantes. Une fois que des fenêtres flottantes ont été créées dans une présentation, on peut y afficher le contenu et définir une échelle pour chacune des vues de la fenêtre et appliquer différentes visibilités aux calques qu'elle contient. Il est également possible d'associer une table de styles de tracé à une présentation ou à une fenêtre.

Préparation d'une feuille de présentation

Avant de réaliser la mise en page proprement dite, il convient de configurer la feuille de présentation. La boîte de dialogue **Mise en page** (Page setup) permet de configurer les points suivants :

- ► Le nom de la présentation.
- ► Le choix de l'imprimante qui sera utilisée pour l'impression.
- ► Le style de tracé à utiliser dans le cadre de la présentation.
- ► Le format du papier et son orientation.
- ► L'échelle utilisée. En général 1 :1.
- ► Le centrage du dessin.

L'ensemble de ces paramètres peut être sauvegardé sous un nom pour une utilisation ultérieure.

La configuration d'une Présentation s'effectue de la manière suivante :

1. Cliquer sur l'onglet **Présentation 1** (Layout 1), avec la touche droite de la souris, et sélectionner **Gestionnaire des mises en page** (Page setup manager)..

2. La boîte de dialogue **Gestionnaire des mises en page** (Page setup manager) s'affiche à l'écran.

3. Sélectionner la présentation à configurer et cliquer sur **Modifier** (Modify).

4. Dans la boîte de dialogue **Mise en page** (Page setup), sélectionner l'imprimante à utiliser dans la liste déroulante **Nom** (Name). Par exemple : DesignJet 750C (fig 23.9).

5 Cliquer éventuellement sur **Propriétés** (Properties) pour modifier la configuration courante du traceur.

6 Dans la zone **Table des styles de tracé** (Plot Style Table), sélectionner la table de style à utiliser, dans la liste déroulante. Par exemple : acad.ctb.

7 Cliquer éventuellement sur **Modifier** (Modify) si le style doit être modifié.

8 Cocher éventuellement le champ **Afficher styles de tracé** (Display plot style) pour visualiser à l'écran l'effet du style de tracé.

9 Sélectionner le format du papier dans la liste déroulante **Format de papier** (Paper Size). Par exemple : ISO A1.

10 Sélectionner l'orientation du papier. Par exemple : **Paysage** (Landscape).

11 Dans la zone **Aire de tracé** (Plot Area) sélectionner l'aire du dessin à tracer : Présentation (Layout), pour tracer le contenu de la présentation.

12 Sélectionner l'échelle du tracé dans la liste déroulante **Echelle du tracé** (Plot scale). Par défaut, les présentations sont tracées à l'échelle 1 :1.

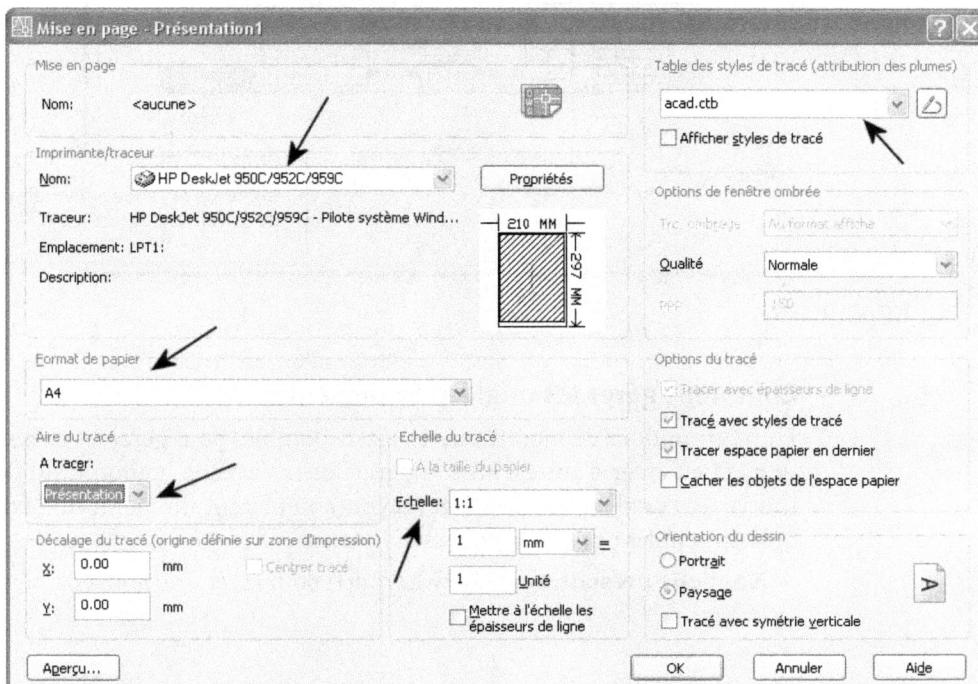

Fig.23.9

[13] Cliquer sur **OK** puis sur **Fermer** (Close) pour confirmer la configuration et retourner à l'écran AutoCAD. La fenêtre de présentation comprend 3 cadres (fig.23.10) :

- Un cadre blanc : la feuille de dessin selon le format sélectionné.
- Un cadre pointillé : la zone imprimable tenant compte des marges du traceur.
- Un cadre en trait plein : une fenêtre par défaut permettant de visualiser le contenu de l'espace objet. La façon dont le contenu apparaît dans cette fenêtre n'a pas d'importance pour le moment.

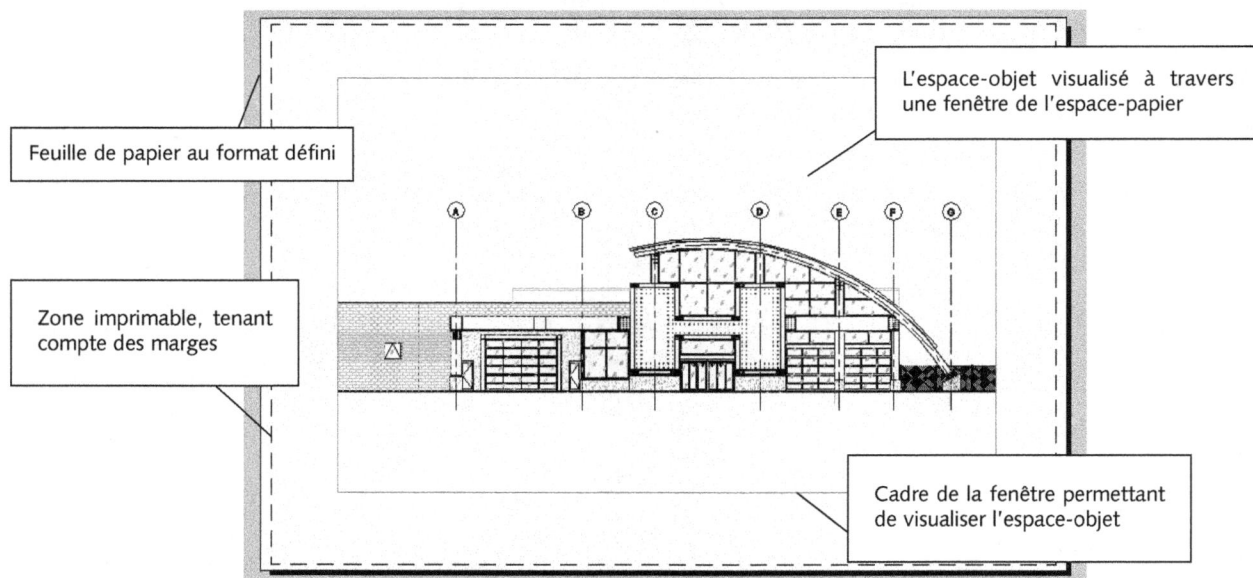

L'espace-objet visualisé à travers une fenêtre de l'espace-papier

Feuille de papier au format défini

Zone imprimable, tenant compte des marges

Cadre de la fenêtre permettant de visualiser l'espace-objet

Fig.23.10

Comment gérer les onglets de présentation

Plusieurs options de modification sont disponibles pour gérer les présentations et en créer d'autres. En effet, en cliquant avec le bouton droit de la souris sur l'onglet **Présentation** (Layout) on obtient un menu contextuel qui contient les options suivantes :

▶ **Nouvelle présentation** (New Layout) : pour créer une nouvelle présentation.

▸ **A partir du gabarit** (From template) : pour ajouter une nouvelle présentation à partir d'un fichier gabarit.

▸ **Supprimer** (Delete) : pour supprimer la présentation sélectionnée.

▸ **Renommer** (Rename) : pour renommer la présentation sélectionnée.

▸ **Déplacer ou Copier** (Move or Copy) : pour déplacer ou copier une présentation à la suite de la présentation courante.

▸ **Sélectionner toutes les présentations** (Select All Layouts) : pour sélectionner toutes les présentations.

▸ **Gestionnaire des mises en page** (Page setup manager) : pour modifier la configuration de la présentation courante.

▸ **Imprimer** (Plot) : pour imprimer la présentation courante.

Il est donc très facile, après avoir configuré une présentation de la recopier pour en créer d'autres identiques. Le nombre de présentations n'est pas limité.

Comment effectuer la mise en page à l'aide de fenêtres flottantes

Lors de la configuration d'une feuille de présentation, AutoCAD crée par défaut une fenêtre unique dans la présentation générée. Celle-ci occupe entièrement la zone de dessin. Il est cependant possible de créer plusieurs fenêtres et de personnaliser ainsi sa feuille de dessin en fonction des éléments à représenter.

Pour créer une ou plusieurs fenêtres flottantes, la procédure est la suivante :

1. Se placer dans la bonne présentation. Redimensionner, déplacer ou supprimer la fenêtre déjà existante dans la présentation. Il est possible d'utiliser les grips (poignées) pour redimensionner la fenêtre (fig.23.11). Par exemple, déplacer la poignée A vers B et la poignée C vers D.

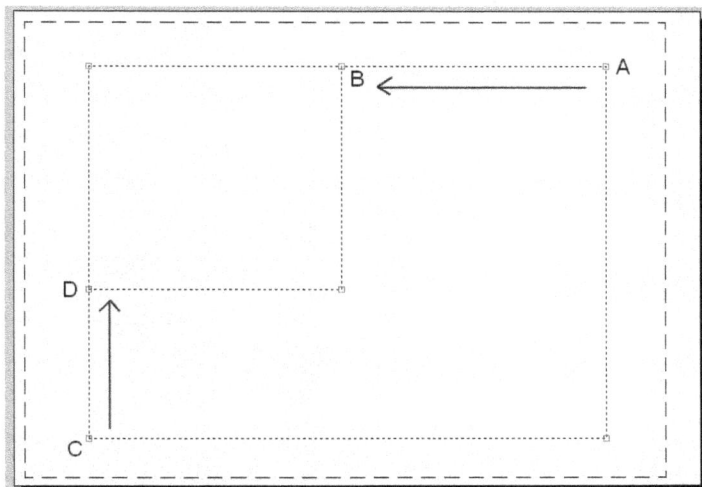

Fig.23.11

2. Pour ajouter d'autres fenêtres, sélectionner le menu Affichage (Vue), choisir **Fenêtres** (Viewports) puis 1, 2, 3, 4 Fenêtres (Viewports) ou **Nouvelles fenêtres** (New Viewports). Par exemple **1 fenêtre** (1 viewport).

3. Dans la présentation spécifier deux points (A et B) pour indiquer la position et les dimensions de la nouvelle fenêtre (fig.23.12).

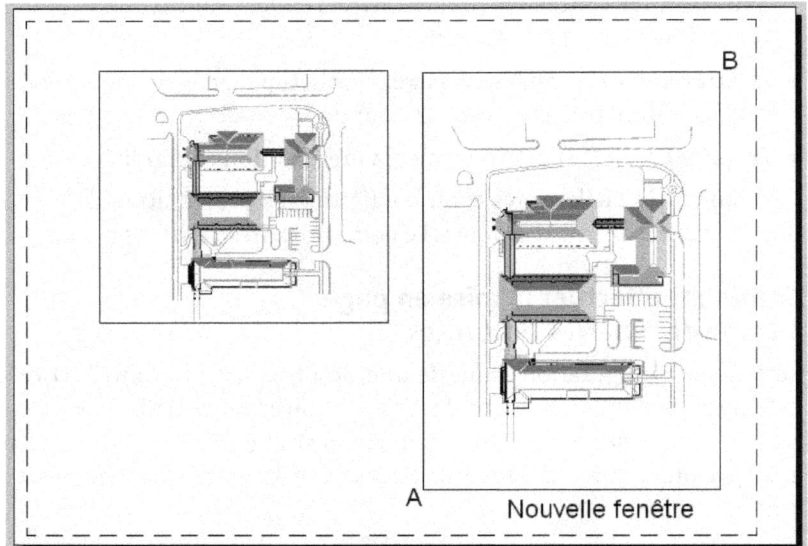

Fig.23.12

Pour créer une fenêtre polygonale, la procédure est la suivante :

1. Se placer dans une présentation.

2. Choisir **Viewports** (Fenêtres) dans le menu **Affichage** (View).

3. Sélectionner l'option **Fenêtre polygonale** (Polygonal Viewport).

4. Dessiner le contour sur la feuille de dessin. Fermer éventuellement celui-ci par l'option **Clore** (Close) (fig.23.13).

Pour associer une fenêtre à un contour fermé existant dans la présentation, la procédure est la suivante :

1. Faire le contour dans la présentation : un cercle, une polyligne fermée...

2. Choisir l'option **Fenêtres** (Viewport) dans le menu **Affichage** (View).

3. Sélectionner l'option **Objet** (Object), par exemple un cercle.

4. Sélectionner le contour dans le dessin, il se transforme en fenêtre (fig.23.14).

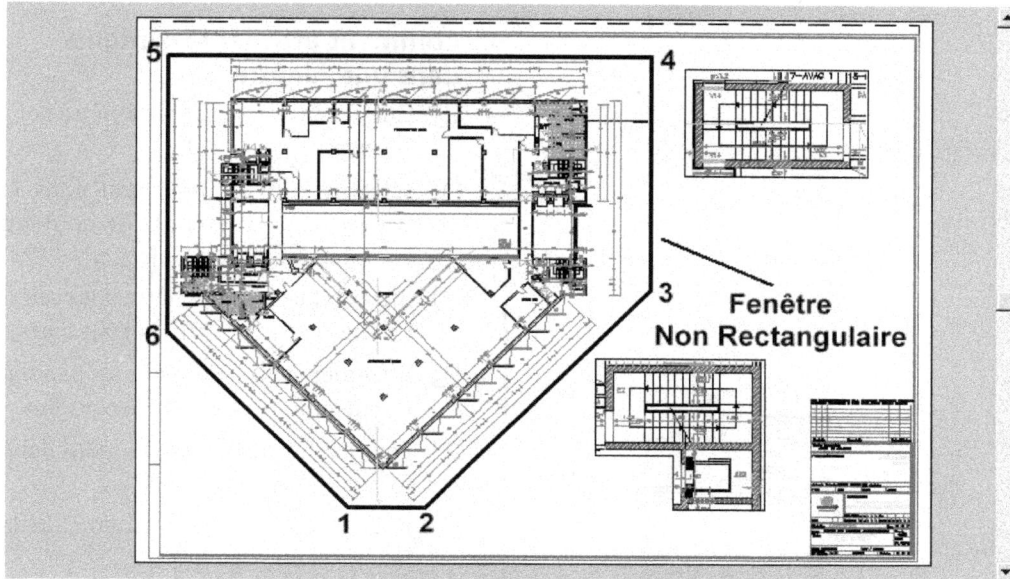

Fig.23.13

REMARQUE

Il est conseillé de placer ces différentes fenêtres sur un calque spécifique afin de pouvoir imprimer la présentation sans les cadres des fenêtres.

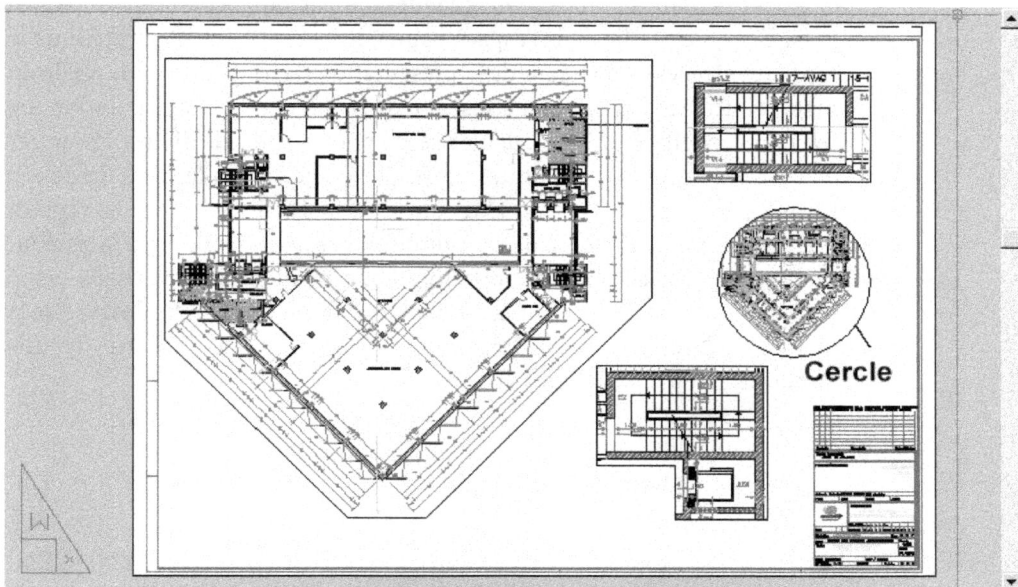

Fig.23.14

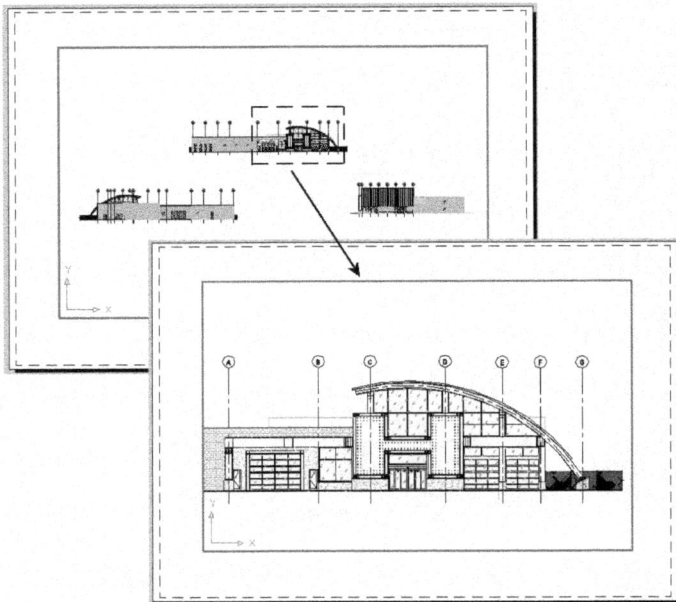

Fig.23.15

Comment afficher le contenu dans une fenêtre

1. Cliquer deux fois dans la fenêtre pour l'ouvrir.

2. Effectuer un zoom étendu dans la fenêtre pour y afficher le contenu complet de l'espace Objet

3. Effectuer un zoom fenêtre pour sélectionner la partie à afficher (fig.23.15).

4. Effectuer éventuellement un panoramique pour bien cadrer le contenu.

5. Refermer la fenêtre en cliquant deux fois en dehors de celle-ci.

6. Définir l'échelle du contenu de la fenêtre (voir page 644).

Comment contrôler l'échelle dans l'espace papier

Mise à l'échelle des vues par rapport à l'espace papier

Pour obtenir une mise à l'échelle précise lors du traçage du dessin, il convient de définir l'échelle de chaque vue par rapport à l'espace papier. Lorsque l'on travaille dans l'espace papier, le facteur d'échelle représente le rapport entre les dimensions de la présentation (layout) et la taille réelle du modèle affiché dans les fenêtres. En règle générale, la présentation est tracée à l'échelle 1 :1. Pour calculer ce rapport, il suffit de diviser les unités de l'espace papier par les unités de l'espace objet. Dans le cas d'un dessin réalisé en mètres et devant être imprimé à l'échelle 1/100, le rapport d'échelle sera 10 :1, c'est-à-dire 10 unités de l'espace papier (en mm) pour 1 unité de l'espace objet (en m). En effet, 1 m imprimé à l'échelle 1/100 correspond bien à 10 mm sur la feuille. Pour modifier l'échelle de tracé de la fenêtre, utiliser la fenêtre **Propriétés** (Properties) ou la barre d'outils **Fenêtres** (Viewports) (fig.23.16).

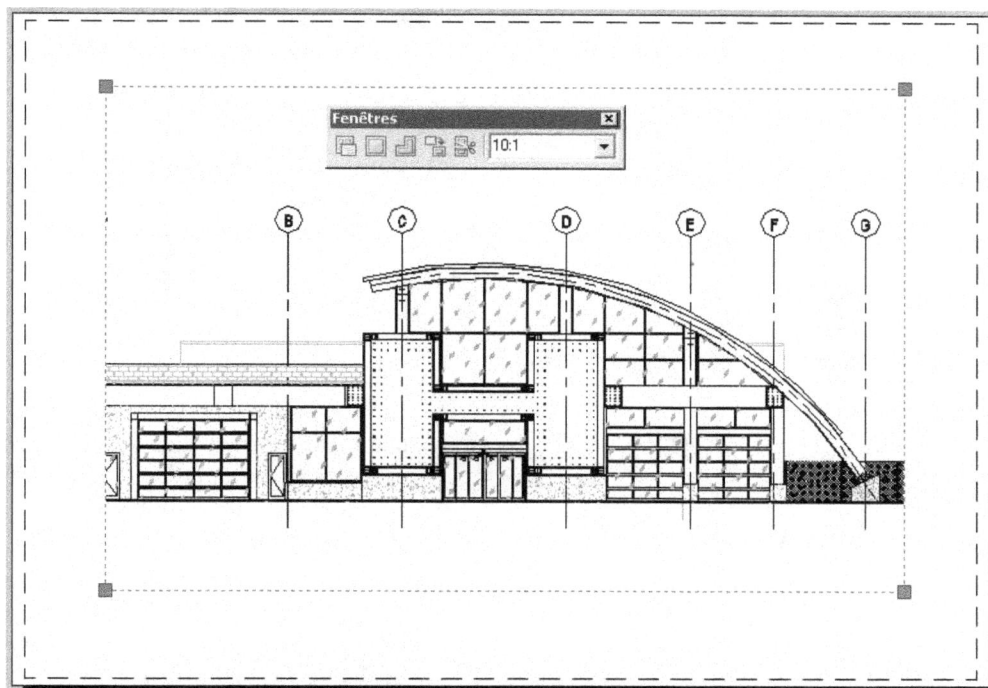

Fig.23.16

Unité espace objet	Échelle d'impression	Rapport
Mètre (m)	1/200	5
	1/100	10
	1/50	20
	1/10	100
Centimètre (cm)	1/200	0.05
	1/100	0.1
	1/50	0.2
	1/10	1
Millimètre (mm)	1/200	1/200 ou 0.005
	1/100	1/100 ou 0.01
	1/50	1/50 ou 0.02
	1/10	1/10 ou 0.1

Ce tableau donne quelques exemples de calcul de rapports. Prenons le cas d'un dessin en mètre à imprimer à l'échelle 1/200. Comme 1m=1000mm; le rapport est 1000/200=5. Dans le cas du centimètre on a 1cm=10mm et le rapport 10/200=1/20=0,05

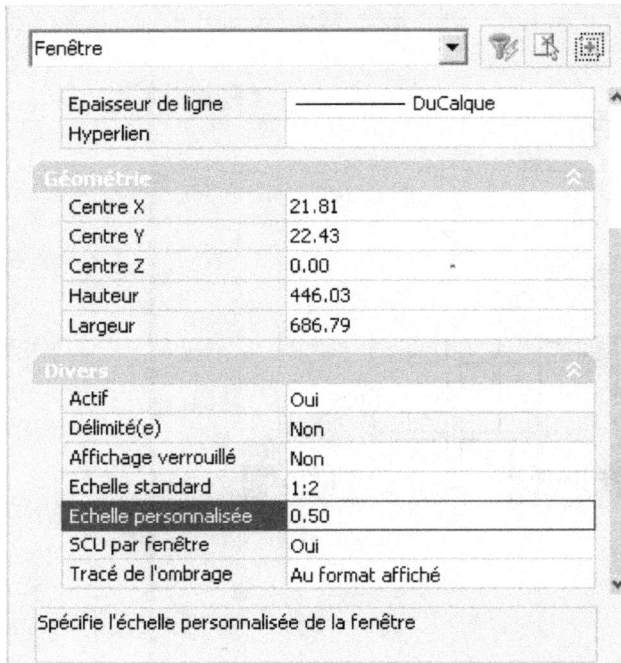

Fenêtre	▼

| Epaisseur de ligne | ———— DuCalque |
| Hyperlien | |

Géométrie

Centre X	21.81
Centre Y	22.43
Centre Z	0.00
Hauteur	446.03
Largeur	686.79

Divers

Actif	Oui
Délimité(e)	Non
Affichage verrouillé	Non
Echelle standard	1:2
Echelle personnalisée	0.50
SCU par fenêtre	Oui
Tracé de l'ombrage	Au format affiché

Spécifie l'échelle personnalisée de la fenêtre

Fig.23.17

Pour modifier l'échelle d'une fenêtre, la procédure est la suivante :

1. Sélectionner la fenêtre dont il faut modifier l'échelle.

2. Dans le menu **Outils** (Tools), choisir **Propriétés** (Properties) ou cliquer sur l'icône correspondante.

3. Dans la fenêtre **Propriétés**, sélectionner **Echelle standard** (Standard scale), puis choisir une nouvelle valeur dans la liste.

4. Si la valeur souhaitée n'existe pas, cliquer sur **Personnaliser** (Custom) et taper la valeur dans le champ **Echelle personnalisée** (Custom scale) situé au-dessous (fig.23.17).

5. Une autre méthode consiste à entrer l'échelle (ou plutôt la valeur du rapport) dans le champ **Contrôle de l'échelle de la fenêtre** (Viewport scale control) de la barre d'outils **Fenêtres**.

6. L'échelle sélectionnée est appliquée à la fenêtre.

Verrouillage de l'échelle des fenêtres

Une fois que l'on a défini les échelles des fenêtres, il peut encore arriver que si l'on effectue dans la fenêtre courante un zoom sur la géométrie de l'espace objet, pour des raisons de modifications. Il en résulte que l'échelle de la fenêtre est modifiée en conséquence. En verrouillant l'échelle de la fenêtre, on peut effectuer un zoom pour afficher différents niveaux de détails dans la fenêtre sans modifier son échelle. Le zoom du contenu de l'espace objet est effectué dans l'espace papier, et non dans la fenêtre de l'espace objet (fig.23.18).

L'échelle verrouillée est celle définie pour la fenêtre sélectionnée. Une fois l'échelle verrouillée, on peut continuer de modifier la géométrie dans la fenêtre sans que l'échelle de cette dernière n'en soit affectée. Si l'on active le verrouillage de l'échelle d'une fenêtre, la plupart des commandes d'affichage, comme Pointvue, Vuedyn, 3DOrbite, Repere et Vues, ne sont plus disponibles dans cette fenêtre.

Pour activer le verrouillage dans une fenêtre, la procédure est la suivante :

1. Dans la présentation, sélectionner la fenêtre dont il faut verrouiller l'échelle.

2. Cliquer sur le bouton droit de la souris.

3. Dans le menu contextuel qui s'affiche, sélectionner l'option **Verrouiller la vue** (Display locked), puis **Actif** (Yes).

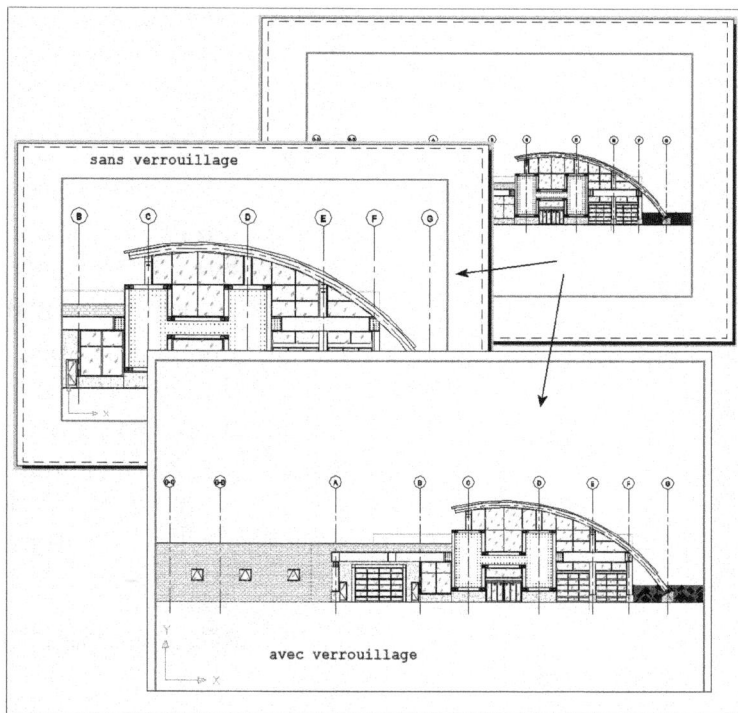

Fig.23.18

L'échelle de la fenêtre courante est verrouillée. Ainsi, si l'on modifie le facteur d'échelle dans la fenêtre, on agit uniquement sur les objets de l'espace papier.

Mise à l'échelle des objets d'annotation dans l'espace papier (présentation)

Comme nous l'avons abordé au chapitre 13, les objets couramment utilisés pour annoter des dessins sont dotés d'une propriété Annotatif. Cette propriété vous permet d'automatiser le processus de mise à l'échelle des annotations afin qu'elles soient affichées ou tracées selon la taille appropriée dans l'espace papier.

Au lieu de créer plusieurs annotations de différentes tailles sur des calques distincts, comme ce fut le cas dans les versions antérieures à AutoCAD 2008, vous pouvez activer la propriété Annotatif par objet ou par style et définir l'échelle d'annotation pour les fenêtres de présentation ou l'espace objet. L'échelle d'annotation détermine la taille des objets annotatifs en fonction de la géométrie de l'objet dans le dessin.

Pour définir l'échelle d'annotation pour une fenêtre de présentation, la procédure est la suivante:

1. Dans un onglet **Présentation**, sélectionnez une fenêtre.

2. Sur la droite de la barre d'état du dessin ou de l'application, cliquez sur la flèche affichée à côté de l'échelle d'annotation.

3. Sélectionnez une échelle dans la liste.

Dans le cas de l'exemple de la figure 23.19, on peut constater que le texte, la cotation et la hachure sont identiques dans les deux fenêtres. La première étant à l'échelle 1/100 et la seconde à l'échelle 1/50.

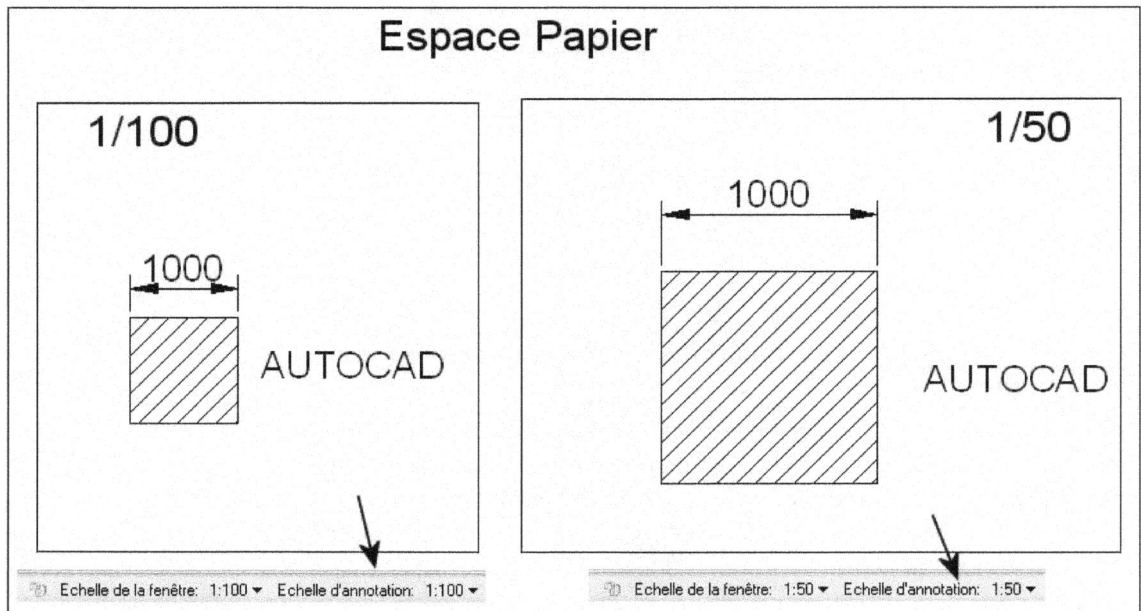

Fig.23.19

Comment passer entre l'espace objet et l'espace papier, et vice versa

Après avoir créé la présentation et les fenêtres flottantes, il est bien sûr toujours possible de continuer à travailler sur son dessin à partir de l'onglet **Objet** (Model) ou d'un onglet de présentation (Layout). Pour activer l'onglet **Objet**, il suffit de cliquer dessus. Pour passer de l'onglet **Objet** à l'espace papier, il suffit de cliquer sur un des onglets **Présentation** (Layout).

Une fois dans une présentation, on peut travailler indifféremment dans l'espace papier ou dans l'espace objet au travers d'une fenêtre. Dans ce dernier cas, il convient d'activer la fenêtre en cliquant deux fois à l'aide du périphérique de pointage alors que le curseur se trouve sur une fenêtre. Pour réactiver l'espace papier, il faut cliquer deux fois sur n'importe quelle zone de la présentation, en dehors d'une fenêtre flottante (fig.23.20). Il est aussi possible de basculer entre l'espace objet et l'espace papier d'une présentation en choisissant **PAPIER** (PAPER) ou **OBJET** (MODEL) sur la barre d'état. Lorsque l'on bascule vers l'espace objet après avoir choisi **OBJET** (MODEL) sur la barre d'état, la dernière fenêtre utilisée est activée.

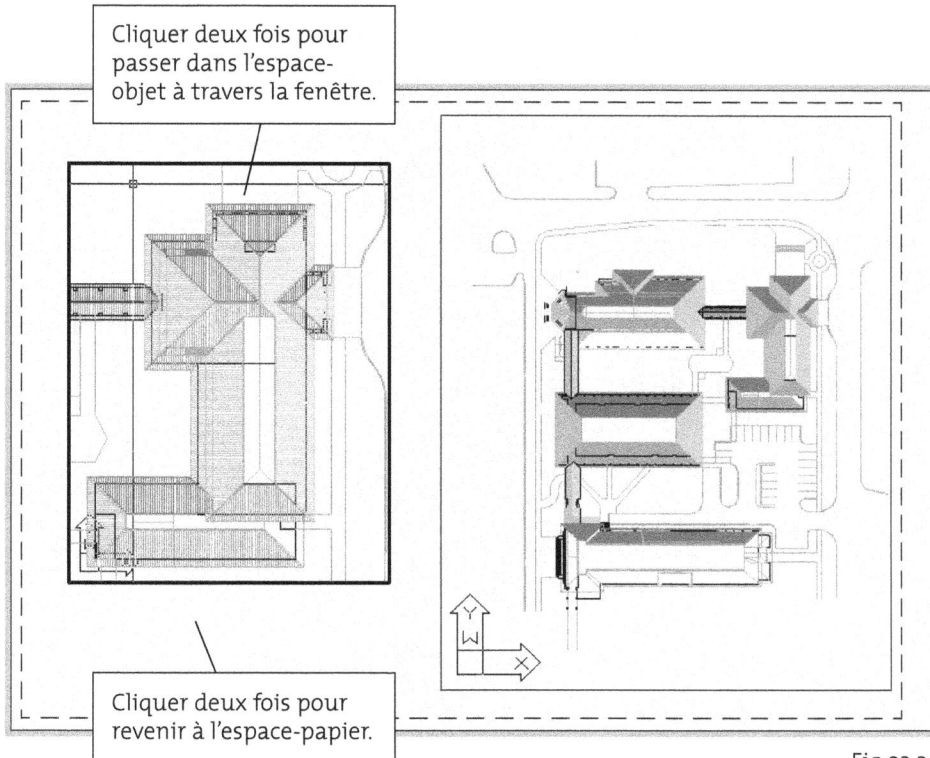

Cliquer deux fois pour passer dans l'espace-objet à travers la fenêtre.

Cliquer deux fois pour revenir à l'espace-papier.

Fig.23.20

Comment placer un cadre et un cartouche dans l'espace papier

Le cadre et le cartouche sont des éléments importants de la mise en page du dessin. Il est conseillé de les créer dans l'espace papier plutôt que dans l'espace objet et à l'échelle 1 = 1. Le cadre et le cartouche peuvent être créés sous la forme d'un bloc unique contenant des attributs pour le remplissage du cartouche. Il suffit ainsi de créer un bloc cadre-cartouche par format de papier : A4, A3, A2, A1 et A.

Outre cette première méthode qui permet de créer des cadres et des cartouches personnalisés, AutoCAD propose également une série de cartouches standard qu'il est possible d'insérer dans le dessin par l'une des méthodes suivantes :

▶ à l'aide de l'assistant de création d'une présentation : Insertion (Insert) › Présentation (Layout) › Assistant Créer une Présentation (Layout Wizard) ;

▶ à l'aide de l'utilisation d'un fichier gabarit (template) lors de l'ouverture d'un nouveau dessin ;

▶ à l'aide de la commande **MVSETUP**.

Procédure pour ajouter un cadre et cartouche fourni par AutoCAD :

1. Entrer la commande **MVSETUP** sur la ligne de commande.

2. Entrer « T » de carTouche (Title block) pour définir le cartouche.

3. Entrer « o » (origin) pour définir l'origine du cartouche. Pointer la nouvelle origine.

4. Appuyer sur Entrée pour afficher la liste des formats de papier standard.

5. Entrer le numéro correspondant au format de papier souhaité. Par exemple 2 pour le format ISO A3. AutoCAD insère le cadre et le cartouche (fig.23.21).

6. Entrer « O » (Y) ou « N » pour enregistrer ou non le cadre et le cartouche dans un fichier de dessin à part.

7. Appuyer sur Entrée pour sortir de la commande.

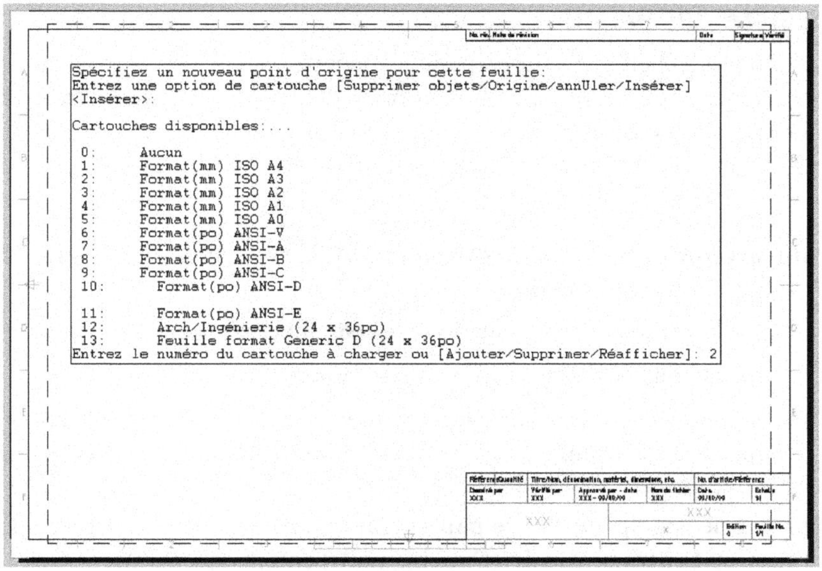
Spécifiez un nouveau point d'origine pour cette feuille:
Entrez une option de cartouche [Supprimer objets/Origine/annUler/Insérer]
<Insérer>:
Cartouches disponibles:...
0: Aucun
1: Format(mm) ISO A4
2: Format(mm) ISO A3
3: Format(mm) ISO A2
4: Format(mm) ISO A1
5: Format(mm) ISO A0
6: Format(po) ANSI-V
7: Format(po) ANSI-A
8: Format(po) ANSI-B
9: Format(po) ANSI-C
10: Format(po) ANSI-D
11: Format(po) ANSI-E
12: Arch/Ingénierie (24 x 36po)
13: Feuille format Generic D (24 x 36po)
Entrez le numéro du cartouche à charger ou [Ajouter/Supprimer/Réafficher]: 2

Fig.23.21

Comment gérer l'affichage des calques dans l'espace papier

Dans chacune des fenêtres créées dans l'espace papier, il peut être utile de pouvoir gérer individuellement l'affichage des calques. Ainsi dans une fenêtre on peut afficher le plan d'un bâtiment avec le mobilier, et dans une autre fenêtre le même plan avec uniquement la structure et les cloisons (fig.23.22).

Il est également possible de modifier les propriétés des calques dans chaque fenêtre. Ces différents aspects ont été abordés dans le chapitre 2.

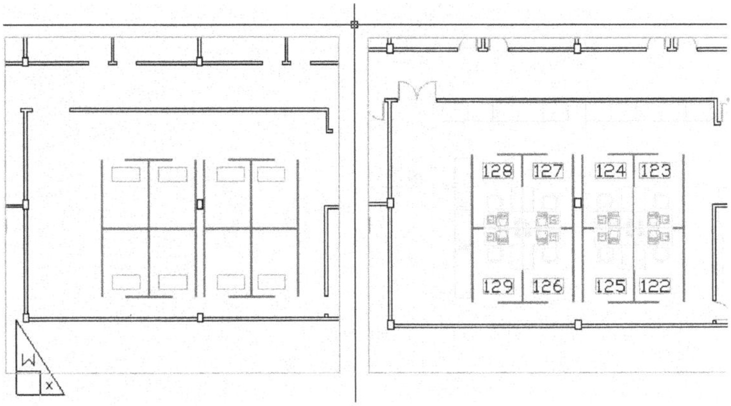
128
127
124
123
129
126
125
122
W
X

Fig.23.22

La liste des échelles

La liste des échelles à utiliser pour les fenêtres, les mises en page et le traçage peut être gérée à l'aide de la boîte de dialogue **Modifier la liste d'échelles** (Modify Scale List). Elle permet d'ajouter, de modifier et de supprimer des échelles ou de réorganiser la liste d'échelles afin d'afficher en premier les échelles les plus souvent utilisées.

Pour accéder à la boîte de dialogue Modifier la liste d'échelles, la procédure est la suivante :

1. Dans le menu **Format**, sélectionner **Liste d'échelles** (Scale List).
2. Dans la boîte de dialogue, cliquer sur **Ajouter** (Add) (fig.23.23).
3. Dans la boîte de dialogue **Ajouter une échelle** (Add Scale), entrer un nom dans le champ **Nom apparaissant dans la liste d'échelles** (Name appearing in scale list). Par exemple : « 1:5 » (fig.23.24).
4. Dans le champ **Unités de papier** (Paper units) entrer « 1 » et dans le champ **Unités de dessin** (Drawing units) entrer « 5 ».
5. Cliquer sur OK.

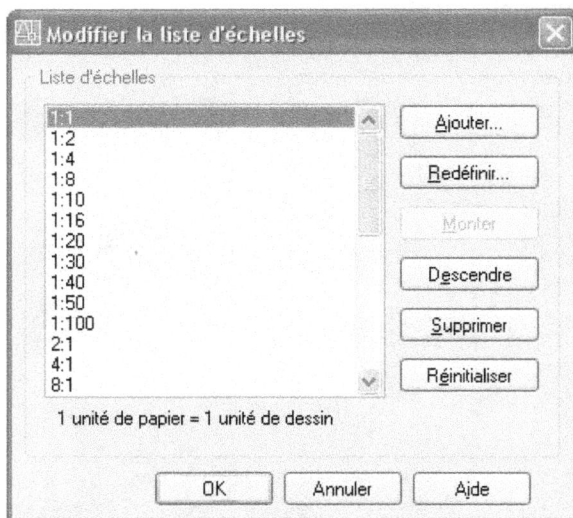

Fig.23.23

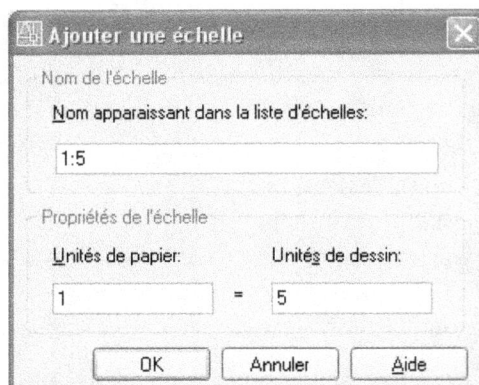

Fig.23.24

L'impression des documents

Une fois le traceur configuré, le style de tracé créé et la présentation terminée, le tracé du dessin est prêt à être lancé.

La procédure est la suivante :

[1] Exécuter la commande d'impression à l'aide d'une des méthodes suivantes :

Menu : choisir le menu déroulant **Fichier** (File) puis l'option **Imprimer** (Plot).

Icône : choisir l'icône **Imprimer** (Plot) de la barre d'outils standard.

Clavier : taper la commande **TRACEUR** (Plot).

[2] Dans la boîte de dialogue **Tracer** (Plot), le nom de la présentation courante apparaît dans la bordure supérieure bleue.

Dans le cas du tracé d'une présentation qui vient d'être mise en page, les paramètres sont en principe correct car ils ont déjà servi pour la mise en page en question. Il convient néanmoins de vérifier les points suivants (fig.23.25) :

- le choix de l'imprimante dans le champ **Nom** (Name) ;
- le choix de la table de style dans le champ **Table de styles de tracé** (Plot style table) ;
- le format du papier dans le champ **Format de papier** (Paper size) ;
- l'orientation du dessin sous **Orientation du dessin** (Drawing orientation) ;
- la zone du dessin à imprimer sous **Aire de tracé** (Plot area) ;
- l'échelle d'impression sous **Echelle du tracé** (Plot scale) : en général (1 :1) pour l'espace papier. Dans le cas d'une impression à partir de l'espace objet, il convient de spécifier le nombre de mm à tracer pour une unité de dessin. Ainsi pour tracer, par exemple un dessin en m à l'échelle 1/100, il convient de rentrer 10 = 1 (10 mm sur la feuille pour 1 m de dimension réelle).

③ Indiquer le nombre de copies dans le champ **Nombre de copies** (Number of copies).

④ Prévisualiser l'impression en cliquant sur le bouton **Full Preview** (Aperçu total).

⑤ Cliquer sur OK pour lancer le tracé.

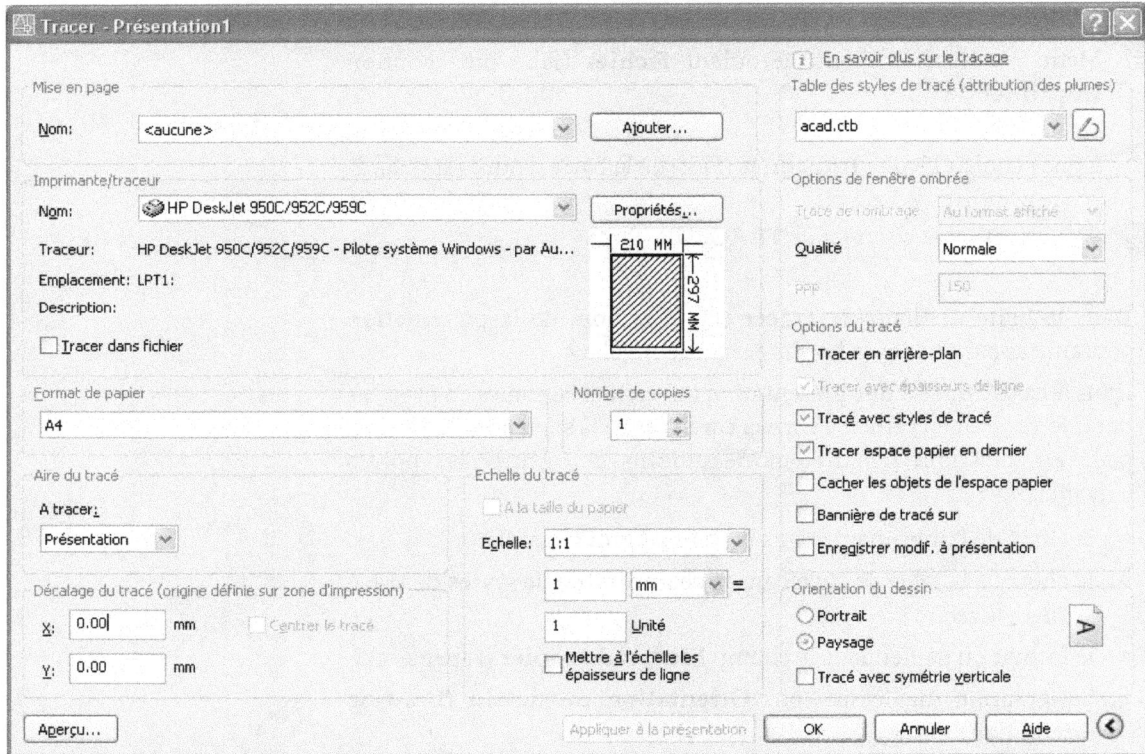

Fig.23.25

CONSEIL

Si l'on souhaite modifier les paramètres de tracé pour un seul tracé et conserver la présentation d'origine, il convient de désélectionner l'option **Enregistrer modif. à présentation** (Save changes to layout).

Publication de dessins au format DWF (Drawing Web Format)

Les fonctionnalités **DWF6-ePlot** (boîte de dialogue Tracer) et **Publier** (menu Fichier) permettent de générer des fichiers dessin électroniques au format DWF (Drawing Web Format). Dans le premier cas on obtient un fichier à feuille unique et dans le second cas un fichier multifeuille.

Les fichiers au format DWF offrent une représentation compacte et encapsulée des graphiques de dessins qui n'incluent pas le jeu complet des données de conception sous-jacentes. Les fichiers au format DWF peuvent, car ils sont compressés, être ouverts et transmis beaucoup plus rapidement que des fichiers de dessins AutoCAD traditionnels. Les fichiers DWF sont créés dans un format vectoriel (sauf le contenu des images raster insérées) garantissant la préservation de la précision. Les fichiers DWF constituent un moyen idéal de partager des dessins AutoCAD avec d'autres personnes ne disposant pas d'AutoCAD. Les dessins AutoCAD originaux sont sécurisés car, contrairement aux fichiers DWG, les fichiers DWF ne peuvent être modifiés.

Les destinataires de dessins au format DWF n'ont pas besoin de posséder ni même de connaître AutoCAD. Où qu'ils se trouvent dans le monde, ils peuvent afficher et imprimer des présentations de grande qualité à l'aide d'Autodesk DWF Viewer.

Pour imprimer un fichier DWF, la procédure est la suivante :

1. Dans le menu **Fichier** (File), choisir l'option **Imprimer** (Plot) (fig.23.26).

2. Dans la boîte de dialogue **Tracer** (Plot), sélectionner le traceur **DWF6-ePlot.pc3** dans la liste **Nom** (Name).

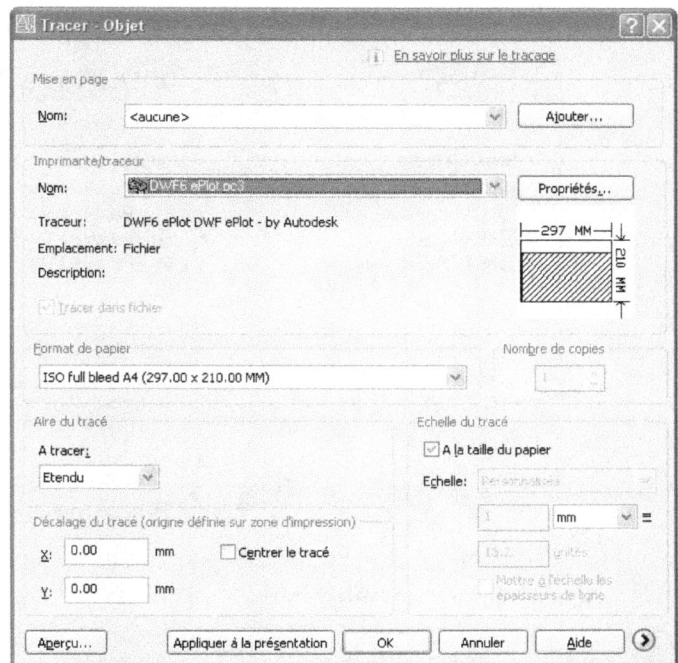

Fig.23.26

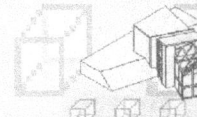

3. Configurer les autres options pour le tracé et cliquer sur OK.

4. Entrer le nom du fichier et l'emplacement d'un dossier local ou du réseau dans lequel on souhaite imprimer le fichier au format DWF.

5. Cliquer sur **Enregistrer** (Save).

Pour publier des feuilles de dessin au format DWF, la procédure est la suivante :

1. Après avoir ouvert un dessin enregistré, exécuter la commande de publication à l'aide d'une des méthodes suivantes :

Menu : choisir le menu déroulant **Fichier** (File) puis l'option **Publier** (Publish).

Icône : choisir l'icône **Publier** (Publish) de la barre d'outils standard.

Clavier : taper la commande **PUBLIER** (Publish).

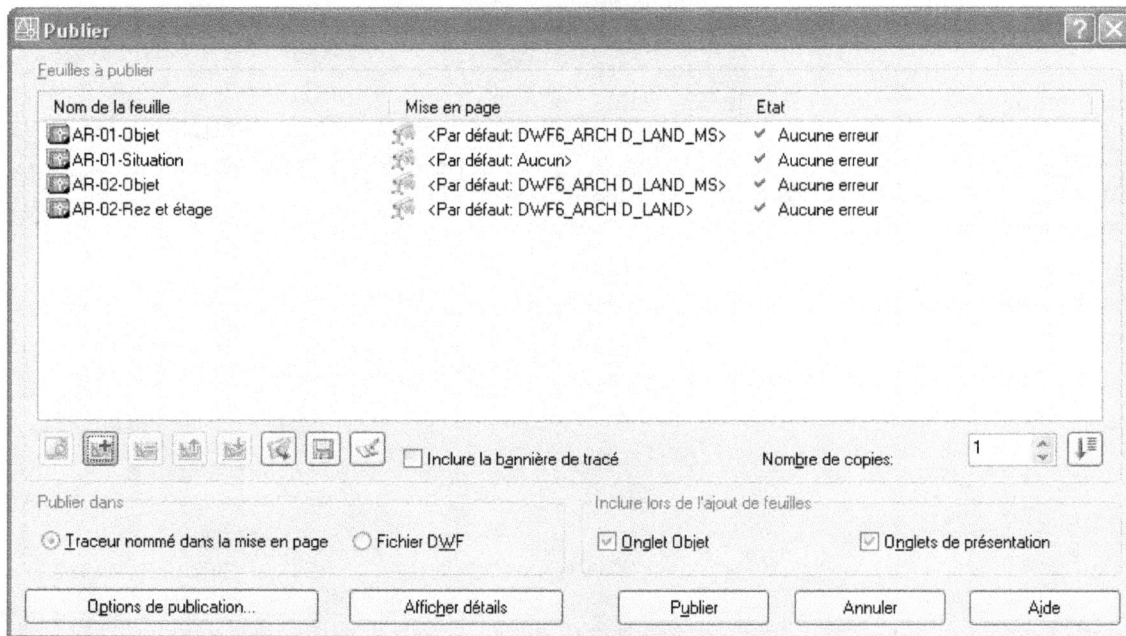

Fig.23.27

2. Dans la boîte de dialogue **Publier** (Publish) (fig.23.27), les présentations de dessins sont affichées dans la liste des feuilles à publier. Pour modifier cette liste, effectuer l'une des opérations de base suivantes :

- **Ajout de feuilles :** pour ajouter des feuilles provenant d'autres dessins, cliquer sur **Ajouter des feuilles** (ou faites glisser des dessins à partir du bureau). Dans la boîte de dialogue **Choix des dessins** (Select Drawings), sélectionner les dessins requis, puis cliquer sur **Sélectionner** (Select) pour les ajouter à la liste des feuilles de la boîte de dialogue **Publier** (Publish). Toutes les présentations d'un dessin deviennent des feuilles individuelles dans la liste des feuilles à publier.

  - **Suppression de feuilles** : pour supprimer des feuilles dans la liste, sélectionner une ou plusieurs feuilles dans la liste, puis cliquer sur **Supprimer les feuilles** (Remove Sheets).

  - **Réorganisation de feuilles** : pour réorganiser les feuilles d'un cran vers le haut ou vers le bas dans la liste, sélectionner une feuille et cliquer sur Monter ou Descendre. Les feuilles du jeu de dessins seront alors visualisées ou tracées dans l'ordre indiqué dans la liste.

3. Une fois la liste des feuilles de dessins assemblée et configurée comme souhaité, cliquer sur **Enregistrer la liste des feuilles** (Save list).

4. Dans la boîte de dialogue **Enregistrer la liste sous** (Save List As), saisir un nom pour la liste dans la zone **Nom de fichier** (File name), puis cliquer sur **Enregistrer** (Save). La liste des jeux de dessins est enregistrée sous la forme d'un fichier DSD (Drawing Set Descriptions).

5. Cliquer sur **Options de publication** (Publish Options) pour configurer la publication. Dans **Emplacement** (Location), indiquer le chemin pour l'emplacement du fichier DWF et dans **Type de fichier** (DWF type), sélectionner **Fichier DWF à plusieurs feuilles** (Multi-sheet DWF). Cliquer sur **OK**. (fig. 23.28)

6. Cocher le champ **Fichier DWF** (DWF file) pour publier dans un fichier au format DWF.

7. Cliquer sur **Publier** (Publish) pour lancer la création d'un jeu de dessins électroniques.

8. Pour visualiser le fichier DWF, il suffit de lancer le programme Autodesk DWF Viewer livré avec AutoCAD et d'ouvrir le fichier DWF.

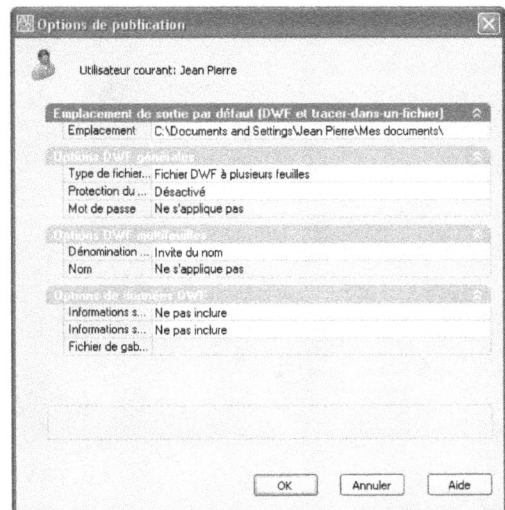

Fig.23.28

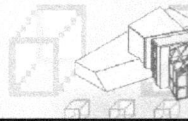

Pour publier un jeu de feuilles dans un fichier DWF, la procédure est la suivante :

1. Dans le gestionnaire du jeu de feuilles, sous **Feuilles** (Sheets), sélectionner le nœud ou le nom du jeu de feuilles.

2. Dans le coin supérieur droit du gestionnaire du jeu de feuilles, cliquer sur le bouton **Publier** (Publish) puis prendre l'option **Publier dans DWF** (Publish to DWF).

3. Entrer un nom de fichier pour la publication et cliquer sur **Sélectionner** (Select).

4. Pour visualiser le fichier DWF, il suffit de lancer le programme Autodesk DWF Viewer livré avec AutoCAD et d'ouvrir le fichier DWF (fig.23.29).

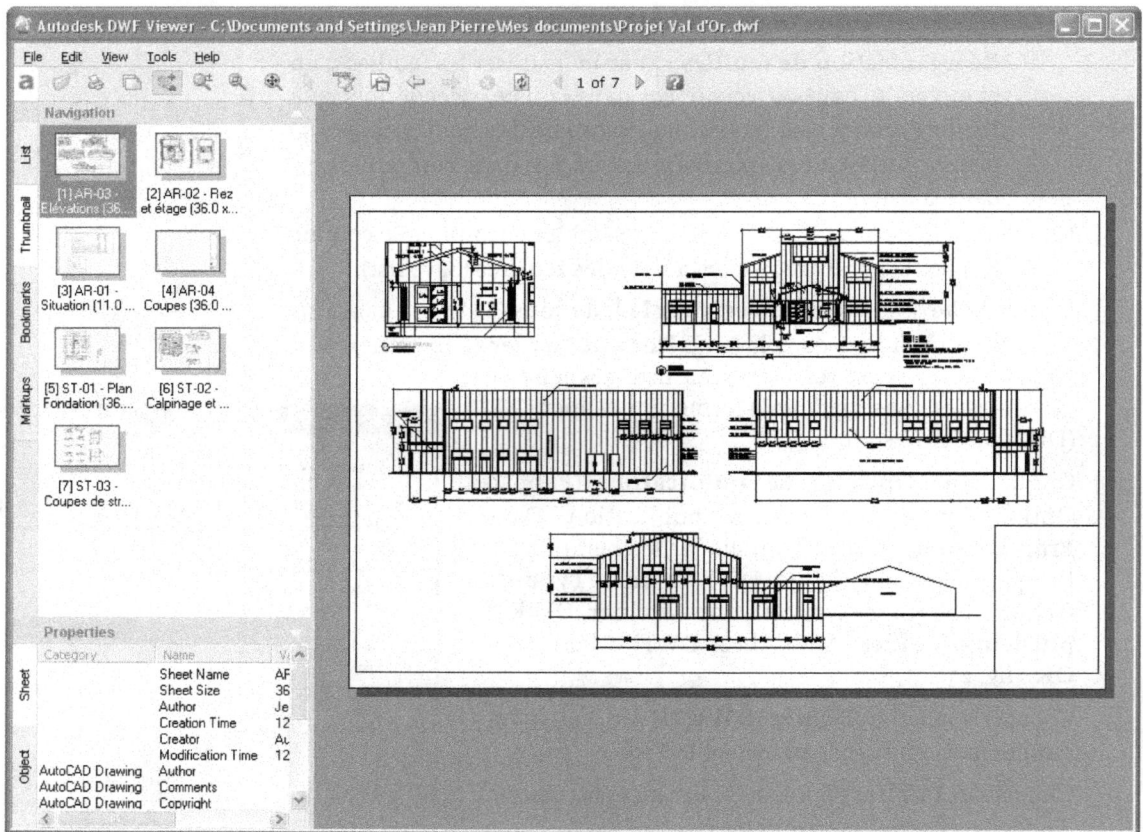

Fig.23.29

Publication de dessins au format PDF (Portable Document Format)

A l'aide du pilote DWG to PDF, vous pouvez créer des fichiers au format Adobe PDF (Portable Document Format) à partir de dessins. Ce format constitue la norme pour l'échange électronique d'informations. Les fichiers PDF peuvent aisément être distribués afin d'être consultés et imprimés avec l'application Adobe Reader, disponible gratuitement sur le site Web d'Adobe. Les fichiers PDF vous permettent de partager des dessins avec pratiquement tout le monde.

A l'instar des fichiers DWF6, les fichiers PDF sont générés dans un format vectoriel pour conserver la précision. Les dessins qui sont convertis en PDF peuvent aisément être distribués afin d'être visualisés et imprimés dans les versions 6 ou ultérieures d'Adobe Reader.

Pour personnaliser l'impression, utilisez la boîte de dialogue **Propriétés personnalisées** de l'éditeur de configuration du traceur. Pour afficher cette boîte de dialogue, cliquez sur l'onglet **Paramètres du périphérique et du document** et, dans l'arborescence, sélectionnez **Propriétés personnalisées**. Dans la zone **Personnalisation de l'accès**, cliquez sur **Propriétés personnalisées**.

Vous pouvez personnaliser la sortie PDF en spécifiant une résolution. Dans la boîte de dialogue Propriétés personnalisées de l'Editeur de configuration du traceur, vous pouvez spécifier pour les images raster et vectorielles une résolution comprise entre 150 ppp et 4800 ppp. Vous pouvez également spécifier des résolutions personnalisées pour le vecteur, le gradient, la couleur et la sortie noir et blanc.

Pour tracer un fichier PDF dans l'orientation Paysage vous pouvez sélectionner dans la liste Format papier, un format de papier dont la dimension la plus longue est mentionnée en premier. Exemple : ISO A1 (841 x 594 mm).

Au niveau de la taille, le format maximum lisible avec Acrobat Reader est de 5080 mm.

Transmission de fichiers sur Internet

Un des problèmes courants lors de l'envoi d'un dessin sur Internet est l'oubli de la part de l'expéditeur des fichiers associés (tels que les polices et les Xréfs). Dans certains cas, cet oubli peut empêcher le destinataire d'uti-

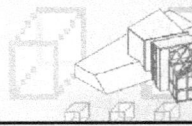

liser le dessin original. La fonction eTransmit permet de créer un jeu de transfert pour un dessin AutoCAD contenant automatiquement tous les fichiers qui lui sont associés (Xréfs, polices de caractères, etc.). Il est possible ensuite d'envoyer le jeu de transfert sur Internet ou l'envoyer en tant que pièce jointe d'un message électronique. Un fichier de rapport, automatiquement généré, contient des instructions détaillant les fichiers inclus dans le jeu de transfert et indiquant les actions à prendre pour les rendre utilisables avec le dessin original. Il est possible également d'ajouter des remarques à ce rapport et de spécifier une protection par mot de passe pour le jeu de transfert. De même on peut spécifier un dossier contenant les fichiers individuels du jeu de transfert ou créer un fichier zip ou un exécutable auto-extractible comprenant tous les fichiers.

La boîte de dialogue **Créer un transfert** (Create Transmittal) affiche deux onglets pour les fichiers dessin individuels, ou trois onglets pour les jeux de feuilles ou les fichiers dessin référencés par des jeux de feuilles. Ces onglets permettent de visualiser les fichiers à inclure dans le module de transfert.

▶ **Feuilles :** cet onglet est uniquement disponible lorsqu'un jeu de feuilles est ouvert. Il affiche une liste hiérarchique des feuilles dans le jeu de feuilles en cours. Lorsque l'on analyse une feuille, tous les fichiers principaux sont automatiquement inclus dans le module de transfert.

▶ **Arborescence des fichiers :** cet onglet affiche la liste des fichiers. On peut développer ou réduire chaque fichier dessin de la liste afin d'afficher leur fichier principal correspondant. Par défaut, les fichiers principaux sont automatiquement inclus dans le module de transfert, sauf si on les a décochés.

▶ **Table des fichiers :** cet onglet affiche une table des fichiers, l'emplacement de leurs dossiers ainsi que des informations sur les fichiers. Chaque fichier peut être sélectionné ou désélectionné, en permettant de contrôler directement le contenu du module de transfert. Les fichiers ne sont pas automatiquement sélectionnés ou désélectionnés.

Pour créer un jeu de transfert dans un dossier que l'on spécifie la procédure est la suivante :

1   Exécuter la commande de transfert à l'aide d'une des méthodes suivantes :

🗐   Menu : choisir le menu déroulant **Fichier** (File) puis l'option **eTransmit**.

Icône : choisir l'icône **eTransmit** de la barre d'outils standard.

Clavier : taper la commande **ETRANSMIT**.

2. Dans l'onglet **Arborescence des fichiers** (Files Tree) ou **Table des fichiers** (Files Table) de la boîte de dialogue **Créer un transfert** (Create Transmittal) (fig.23.30), cliquer sur l'option **Ajouter un fichier** (Add file).

3. (Facultatif) Dans la boîte de dialogue **Ajouter un fichier au transfert** (Add File To Transmittal), sélectionner les fichiers que l'on souhaite inclure. Cliquer sur **Ouvrir** (Open). Répéter cette étape pour les fichiers supplémentaires, le cas échéant.

4. Dans l'arborescence ou le tableau des fichiers de la boîte de dialogue **Créer un transfert** (Create Transmittal), désactiver les coches en regard des fichiers que l'on ne souhaite pas inclure. On peut cliquer sur un nœud du fichier dessin pour le développer et afficher ses fichiers principaux.

5. Cliquer sur **Config. de transfert.**(Transmittal Setups) puis sur **Modifier** (Modify).

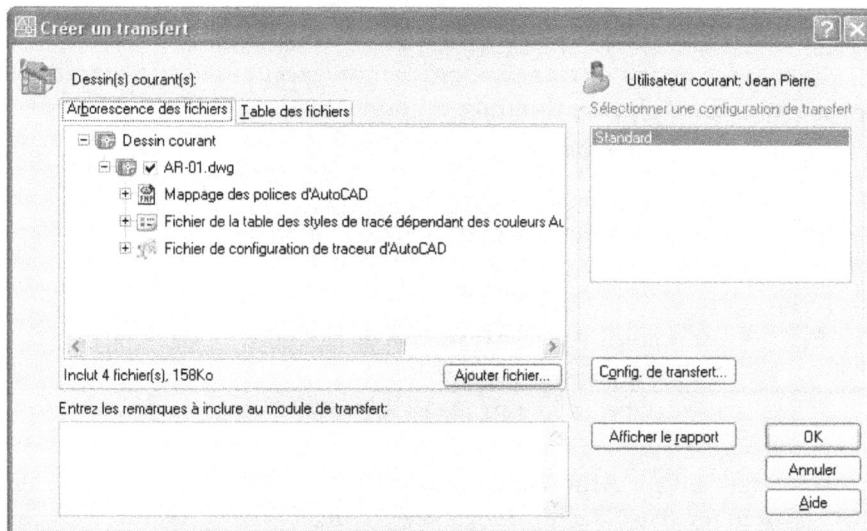

Fig.23.30

⑥ Dans la boîte de dialogue **Modifier la configuration de transfert** (Modify Transmittal Setup), cliquer sur la flèche pour afficher la liste sous **Type de module de transfert** (Transmittal package type), puis sélectionner **Dossiers (Jeu de fichiers)** (Folder (set of files)). De même, préciser les options de transfert supplémentaires que l'on souhaite utiliser.

⑦ Sous **Dossier du fichier de transfert** (Transmittal file folder), cliquer sur **Parcourir** (Browse) pour indiquer le dossier dans lequel doit être créé le module de transfert. Une boîte de dialogue standard de sélection de fichiers apparaît.

⑧ Rechercher le dossier dans lequel on souhaite créer le module de transfert. Cliquer sur **Ouvrir** (Open).

⑨ Cliquer sur **OK** pour fermer la boîte de dialogue **Modifier la configuration de transfert** (Modify Transmittal Setup).

⑩ Cliquer sur **Fermer** (Close) pour quitter la boîte de dialogue **Configurations de transfert** (Transmittal Setups).

⑪ (Facultatif) Dans la zone réservée aux remarques de la boîte de dialogue **Créer un transfert** (Create Transmittal), entrer des commentaires supplémentaires à inclure dans le fichier de rapport.

⑫ Cliquer sur **OK** pour créer le module de transfert dans le dossier spécifié.

Pour créer un jeu de transfert qui soit un exécutable auto-extractible ou un fichier Zip, la procédure est la suivante :

① Exécuter la commande de transfert à l'aide d'une des méthodes suivantes :

Menu : choisir le menu déroulant **Fichier** (File) puis l'option **eTransmit**.

Icône : choisir l'icône **eTransmit** de la barre d'outils standard.

Clavier : taper la commande **ETRANSMIT**.

② Dans l'onglet **Arborescence des fichiers** (Files Tree) ou **Table des fichiers** (Files Table) de la boîte de dialogue **Créer un transfert** (Create Transmittal), cliquer sur **Ajouter un fichier** (Add File).

3. (Facultatif) Dans la boîte de dialogue **Ajouter un fichier au transfert** (Add File To Transmittal), sélectionner les fichiers que l'on ne souhaite pas inclure. Cliquer sur **Ouvrir** (Open). Répéter cette étape pour les emplacements de dossier supplémentaires, le cas échéant.

4. Dans l'arborescence ou le tableau des fichiers de la boîte de dialogue **Créer un transfert** (Create Transmittal), désactiver les coches en regard des fichiers que l'on ne souhaite pas inclure. Dans l'onglet **Arborescence des fichiers** (Files Tree), on peut cliquer sur un nœud du fichier dessin pour le développer et afficher ses fichiers principaux.

5. Cliquer sur **Config. de transfert.** (Transmittal Setups) puis sur **Modifier** (Modify).

6. Dans la boîte de dialogue **Modifier la configuration de transfert** (Modify Transmittal Setup), cliquer sur la flèche pour afficher la liste sous **Type de module de transfert** (Transmittal type and location). Sélectionner l'option **Zip** (*.zip) ou **Exécutable auto-extractible** (*.exe). De même, préciser les options de transfert supplémentaires que l'on souhaite utiliser.

7. Sous **Dossier du fichier de transfert** (Transmittal file folder), cliquer sur **Parcourir** (Browse) pour indiquer le dossier dans lequel doit être créé le module de transfert. Une boîte de dialogue standard de sélection de fichiers apparaît.

8. Rechercher le dossier dans lequel on souhaite créer le module de transfert. Cliquer sur **Ouvrir** (Open).

9. Cliquer sur OK pour fermer la boîte de dialogue **Modifier la configuration de transfert** (Modify Transmittal Setup).

10. Cliquer sur **Fermer** (Close) pour quitter la boîte de dialogue **Configurations de transfert** (Transmittal Setups).

11. (Facultatif) Dans la zone réservée aux remarques de la boîte de dialogue **Créer un transfert** (Create Transmittal), entrer des commentaires supplémentaires à inclure dans le fichier de rapport.

12. Cliquer sur **OK** pour créer le module de transfert dans le dossier spécifié.

CHAPITRE 24
LES JEUX DE FEUILLES

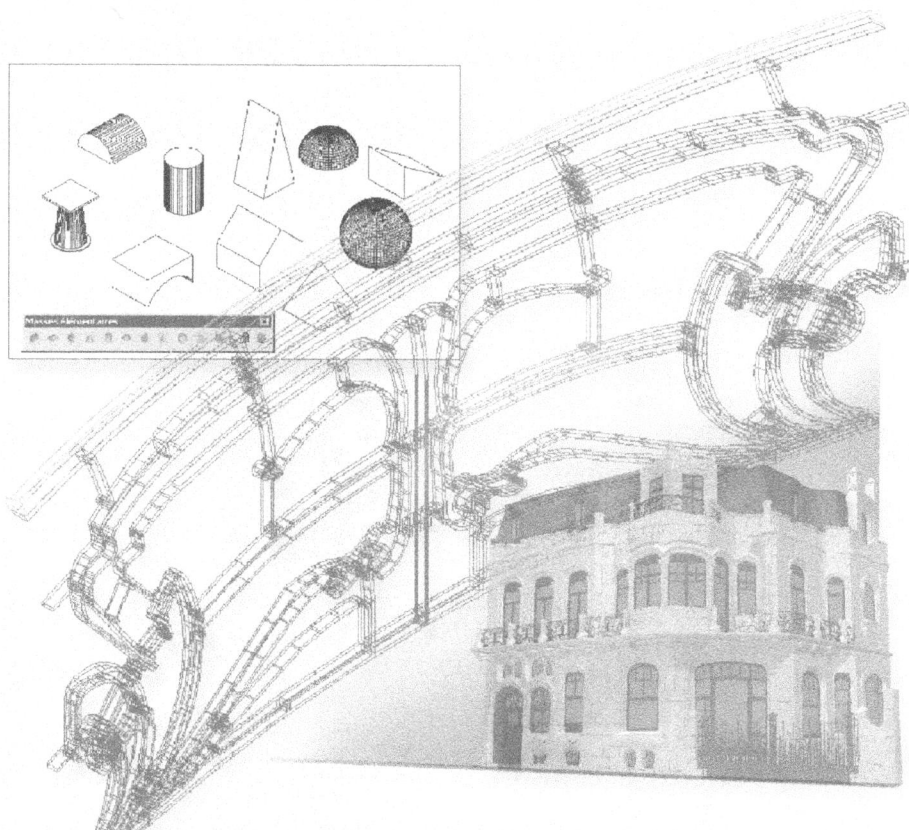

Notions de base

Les entreprises qui utilisent AutoCAD ont parfois besoin de plusieurs centaines de fichiers de dessin pour un même projet. Au cours du projet, les membres de l'équipe passent un temps considérable à assembler les jeux de feuilles, à en modifier la numérotation et à mettre à jour l'index correspondant. Le nouveau gestionnaire de jeux de feuilles, disponible depuis AutoCAD 2005, permet désormais de créer, gérer et partager de manière optimale des ensembles complets de dessins associés, à partir d'un seul emplacement.

Un jeu de feuilles est un ensemble organisé de feuilles issues de plusieurs fichiers de dessin. Chaque feuille correspond à une présentation (layout) sélectionnée issue d'un fichier dessin.

Les jeux de dessins (ou jeux de plans) constituent l'élément principal que se partagent la plupart des partenaires dans un projet de conception. Ils permettent de communiquer l'orientation générale du projet en matière de conception tout en fournissant la documentation et les spécifications relatives à ce dernier. Cependant, la gestion manuelle des jeux de dessins peut parfois être compliquée et fastidieuse. Avec le gestionnaire du jeu de feuilles, il devient plus simple de gérer les dessins sous forme de jeux de feuilles (fig.24.1).

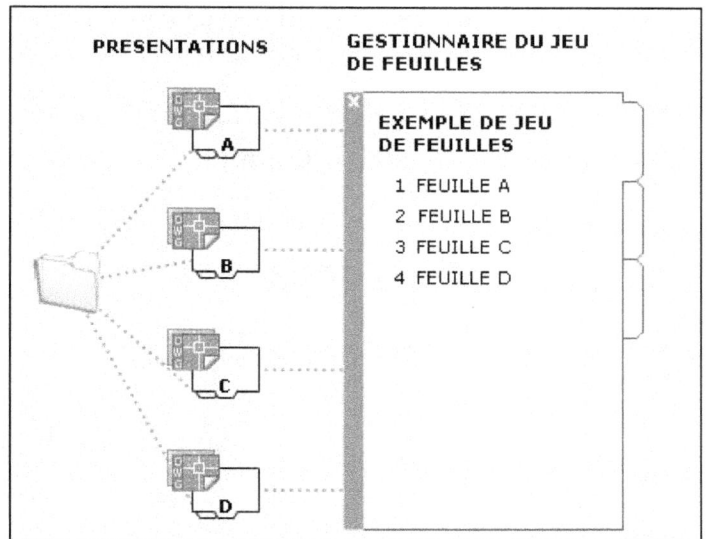

Fig.24.1
(Doc. Autodesk)

Pour travailler avec les jeux de feuilles, il est utile de comprendre les notions suivantes :

- **Le gestionnaire de jeux de feuille** est une fenêtre (palette d'outils) qui sert de centre de commande pour la création, la modification et l'exploitation des ensembles de feuilles.

- **Une feuille** est une présentation (layout) sélectionnée dans un dessin.

- **Un jeu de feuilles** est un ensemble organisé de feuilles issues de plusieurs fichiers de dessin. Chaque jeu de feuille peut être sauvegardé dans un fichier avec l'extension DST. Chaque jeu de feuilles peut aussi être publié, imprimé et transmis par eTransmit.

- **Un sous-ensemble de feuilles** est une collection organisée de plusieurs feuilles dans un jeu de feuilles. Exemple : sous-ensemble des plans d'architecture, sous-ensemble des plans de structure, etc (fig.24.2).

- **Une vue de feuille** est une vue nommée au sens classique d'AutoCAD, utilisée comme fenêtre flottante sur une feuille de présentation.

- **Un bloc d'annotation de vue** permet d'indiquer pour chaque vue de feuille, son titre, son échelle et son numéro. Ce bloc comporte des champs dynamiques qui se mettront à jour en fonction des modifications apportées dans le jeu de feuilles (fig.24.3).

- **Un bloc de renvoi** permet d'indiquer sur les vues de feuille des renvois vers d'autres feuilles qui peuvent contenir des détails ou des coupes, par exemple. Un bloc de renvoi est donc principalement constitué de repères de coupe ou de symboles de détail.

- **Une page de garde** est la première feuille d'un ensemble de feuilles. Il utilise une table dynamique et répertorie toutes les feuilles d'un même ensemble.

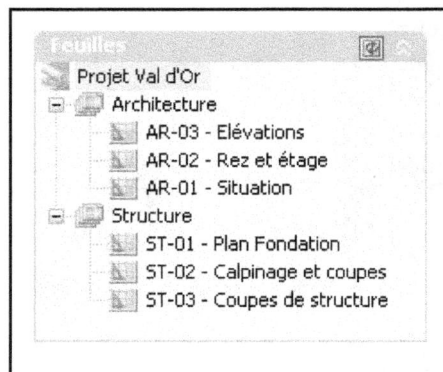

Fig.24.2

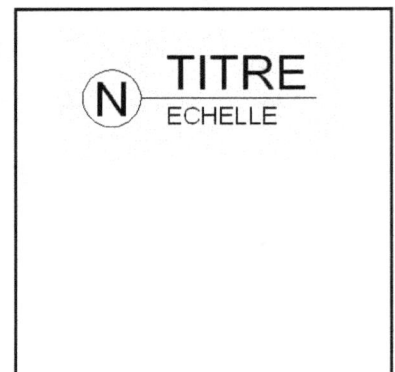

Fig.24.3

La création d'un jeu de feuilles

Les tâches de préparation

Avant de commencer à créer un jeu de feuilles, il convient d'accomplir les tâches suivantes :

▸ **Consolidation des fichiers dessin** : il convient de déplacer les fichiers dessin à utiliser dans le jeu de feuilles dans un nombre de dossiers limité afin de simplifier l'administration des jeux de feuilles.

▸ **Elimination des onglets de présentation multiples** : chaque dessin que l'on envisage utiliser dans le jeu de feuilles ne doit disposer que d'une présentation qui sera utilisée en tant que feuille dans le jeu de feuilles. Ce point s'avère important si plusieurs utilisateurs doivent accéder aux feuilles. En effet, il n'est possible d'ouvrir qu'une seule feuille du dessin à la fois.

▸ **Création d'un gabarit de création de feuille** : il est utile de créer ou de définir un fichier gabarit de dessin (DWT) que l'on utilisera pour créer des feuilles dans le jeu de feuilles. Ce fichier est appelé gabarit de création de feuille. Il est possible de spécifier ce fichier gabarit dans la boîte de dialogue Propriétés du jeu de feuilles ou Propriétés du sous-jeu.

▸ **Création d'un fichier des autres mises en page** : il est également utile de créer ou de définir un fichier DWT afin d'y stocker des mises en page pour le traçage et la publication. Ce fichier, appelé fichier des autres mises en page, peut permettre d'appliquer une mise en page unique à toutes les feuilles d'un jeu de feuilles ; les autres mises en page stockées dans chaque dessin sont alors ignorées.

Deux méthodes sont disponibles pour créer un jeu de feuilles à l'aide de l'assistant **Créer un jeu de feuilles** (Create Sheet Set) :

▸ **La création d'un jeu de feuilles à partir d'un exemple de jeu de feuilles** : lorsque l'on choisit cette méthode, le nouveau jeu de feuilles hérite de la structure et des paramètres par défaut de l'exemple utilisé. Une fois que l'on a créé un jeu de feuilles vide à l'aide de cette option, on peut importer des présentations ou créer des feuilles individuelles.

▸ **La création d'un jeu de feuilles à partir de fichiers dessin existants** : lorsque l'on choisit cette méthode, on spécifie un ou plusieurs dossiers contenant des fichiers dessin. Cette option permet de spécifier que l'organisation du sous-jeu de feuilles duplique la structure de dossiers des fichiers dessin. Les présentations contenues dans ces dessins peuvent être importées automatiquement dans le jeu de feuilles.

La création d'un jeu de feuilles

Dans le cas de la création d'un jeu de feuilles à partir de fichiers de dessin existants, il est utile de préparer correctement ces dessins : création de feuilles de présentation et de vues. A titre d'exemple, prenons un petit projet d'architecture comportant 6 fichiers et une présentation par fichier (fig.24.4) :

▶ Fichier AR-010.dwg contenant la présentation « Situation ».

▶ Fichier AR-02.dwg contenant la présentation « Rez et étage ».

▶ Fichier AR-03.dwg contenant la présentation « Elévations ».

▶ Fichier ST-01.dwg contenant la présentation « Plan fondation ».

▶ Fichier ST-02.dwg contenant la présentation « Calpinage et coupes ».

▶ Fichier ST-03.dwg contenant la présentation « Coupes de structure ».

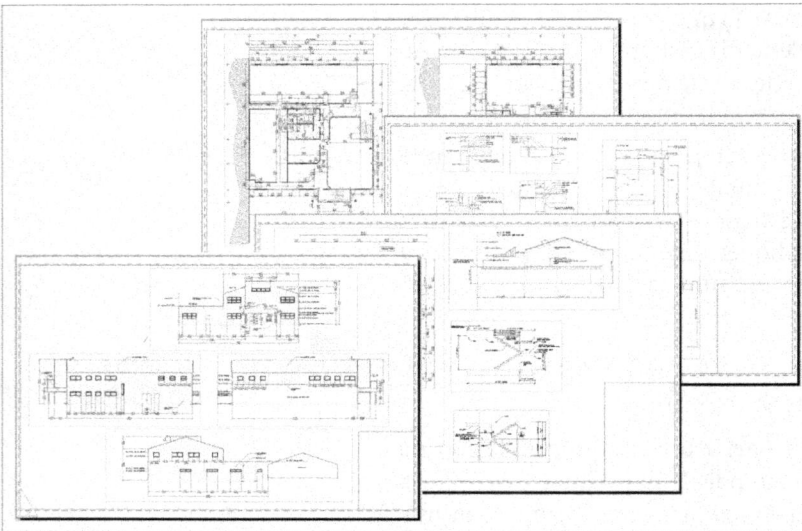

Il est utile de placer ces fichiers dans un répertoire unique.

Il peut être également utile de créer des vues nommées pour chacune des fenêtres présentes sur les feuilles de présentation. Ces vues seront également présentes dans le gestionnaire de jeu de feuilles.

Pour créer une vue nommée, la procédure est la suivante :

1. Dans le menu **Affichage** (View), sélectionner l'option **Vues existantes** (Named Views).

2. Dans la boîte de dialogue **Vue** (View), cliquer sur **Nouveau** (New).

Fig.24.4

3. Dans la boîte de dialogue **Nouvelle vue** (New View), entrer un nom dans le champ **Nom de la vue** (View name). Par exemple : Arrière. Dans le champ **Catégorie de vue** (View Category), entrer une catégorie, par exemple Elévation (fig.24.5).

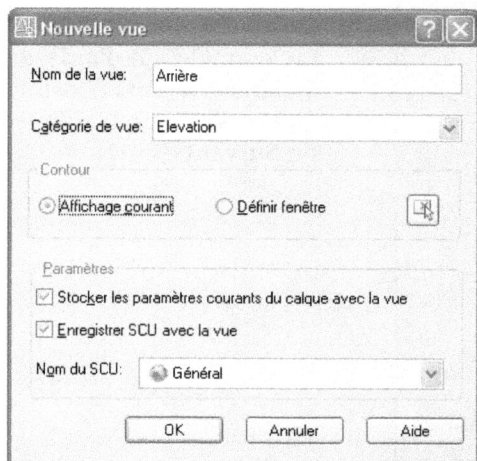

Fig.24.5

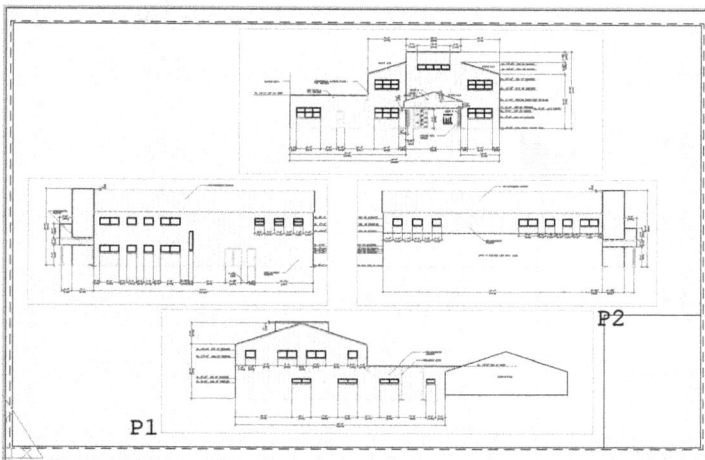

Fig.24.6

4 Cliquer sur **Définir fenêtre** (Define Window) pour délimiter la fenêtre de la vue dans le dessin. Pointer P1 et P2 (fig.24.6).

5 Cliquer sur **OK** pour refermer la boîte.

6 Procéder de manière identique pour les autres vues (fig.24.7).

Pour créer un nouveau jeu de feuilles, la procédure est la suivante :

1 Pour créer un nouveau jeu de feuilles, effectuer l'une des opérations suivantes :

- Cliquer sur le menu **Fichier** (Files) puis sur **Nouveau jeu de feuilles** (New Sheet Set).

- Dans le gestionnaire du jeu de feuilles, cliquer sur **Nouveau jeu de feuilles** (New Sheet Set) dans la liste déroulante.

2 Suivre les étapes de l'assistant **Créer un jeu de feuilles** (Create Sheet Set).

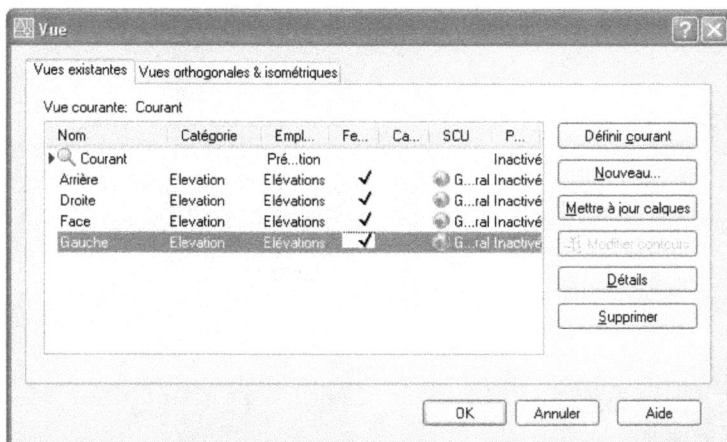

Fig.24.7

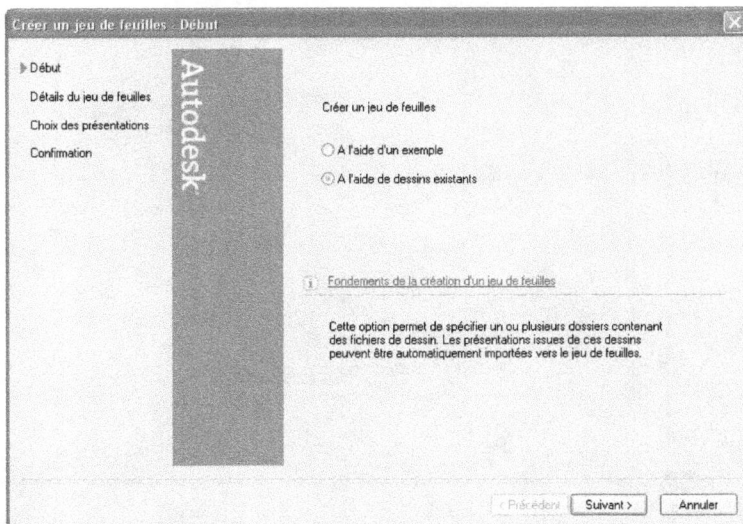

Fig.24.8

3 Choisir l'option de création. Par exemple : **A l'aide de dessins existants** (Existing drawings) (fig.24.8). Cliquer sur **Suivant** (Next).

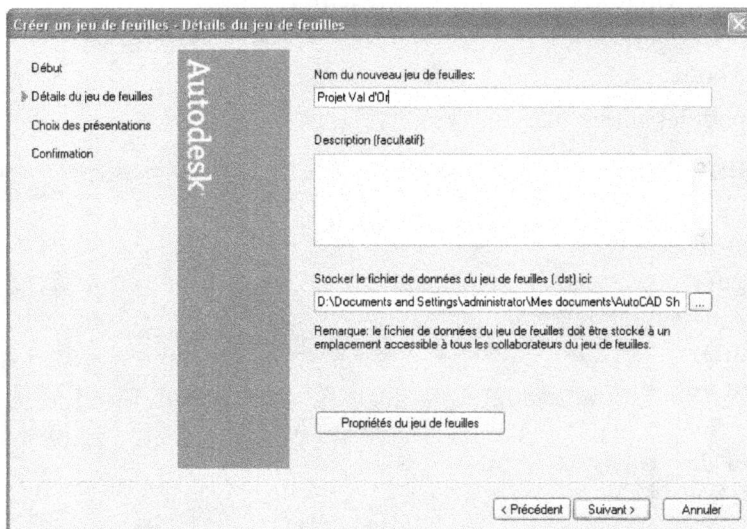

Fig.24.9

4 Entrer un nom dans le champ **Nom du nouveau jeu de feuilles** (Name of new sheet set). Par exemple projet Val d'Or (fig.24.9).

5 Indiquer le répertoire pour le stockage du jeu de feuilles. Cliquer sur **Suivant** (Next).

6 Sélectionner le dossier contenant les dessins à prendre en compte dans le jeu de feuilles. Cliquer sur **Parcourir** (Browse). Après sélection, la liste des fichiers et des présentations s'affiche dans l'assistant (fig.24.10).

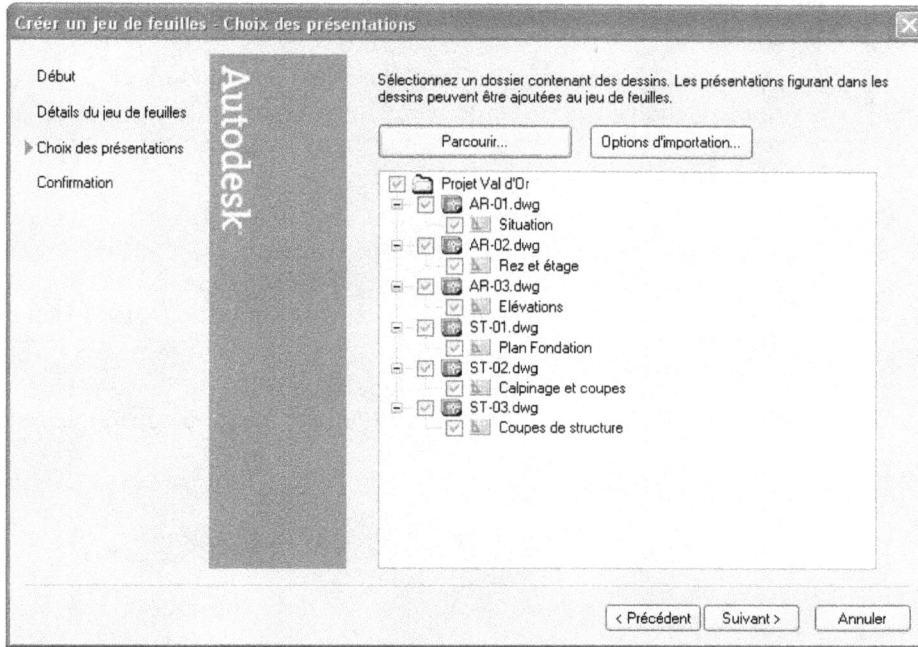

Fig.24.10

[7] Cliquer sur **Suivant** (Newt) puis sur **Terminer** (Finish).

[8] Les fichiers s'affichent dans le gestionnaire du jeu de feuilles. L'affichage comporte le nom du fichier suivi du nom de la présentation (fig.24.11).

Pour organiser le jeu de feuilles, il est possible de créer des groupes ou sous-jeu de feuilles. Les sous-jeux de feuilles sont souvent associés à une discipline, telle que l'architecture, la structure, la topographie, etc.

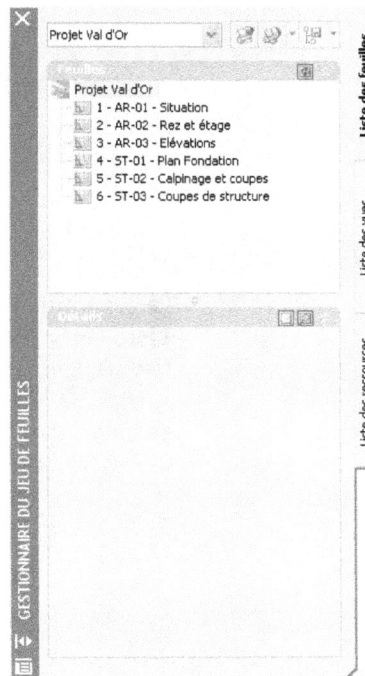

Fig.24.11

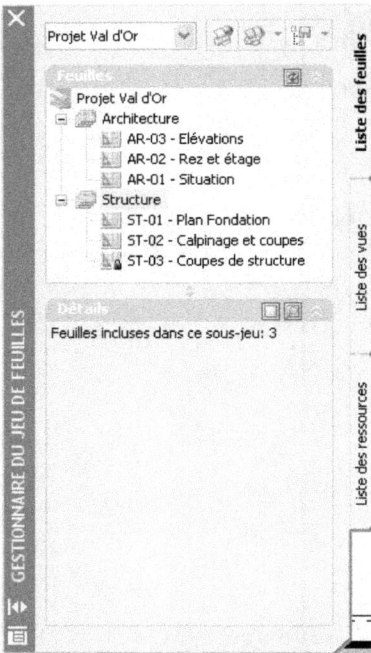

Fig.24.12

Fig.24.14

Pour créer un sous-jeu dans la liste des feuilles, la procédure est la suivante :

☐1 Dans l'onglet **Liste des feuilles** (Sheet list) du gestionnaire du jeu de feuilles, cliquer avec le bouton droit de la souris sur le nœud du jeu de feuilles (en haut de la liste) ou sur un sous-jeu existant. Cliquer sur **Nouveau sous-jeu** (New subset).

☐2 Dans le champ **Nom du sous-jeu** (Subset name) de la boîte de dialogue **Propriétés du sous-jeu** (Subset Properties), entrer le nom du nouveau sous-jeu et cliquer sur **OK**. Par exemple Architecture. Cliquer sur **OK** (fig.24.12). Le sou-jeu de feuille s'affiche dans le gestionnaire du jeu de feuilles.

☐3 Pour organiser les feuilles par groupe, il convient de déplacer chaque feuille dans le bon sous-jeu de feuille par un simple glisser-déposer (fig.24.13).

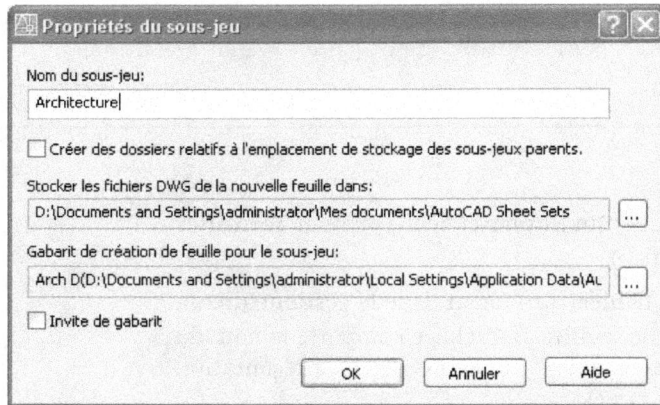

Fig.24.13

Le gestionnaire de jeu de feuilles comprend deux autres onglets. L'onglet **Liste des vue** (View list) affiche la liste des vues présentes dans les présentations. Pour afficher les vues, il convient de cliquer sur le « + » situé devant le nom de la présentation. Ensuite en cliquant sur le nom d'une vue, elle s'affiche dans la zone inférieure du gestionnaire, si l'option **Aperçu** (Preview) est activée (fig.24.14).

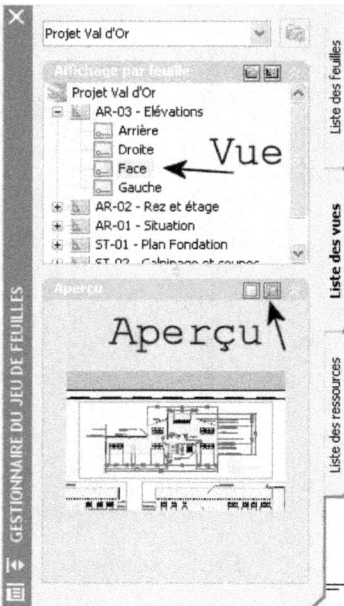

Si les feuilles peuvent être regroupées en sous-jeux, les vues peuvent être classées en catégories. Les catégories de vues sont souvent associées à une fonction. Par exemple, en architecture, on peut utiliser une catégorie de vues nommée **Plans** et une autre **Elévations**. La procédure est similaire à la création des sous-jeu.

Pour créer une catégorie de vues dans la liste des vues, la procédure est la suivante :

1. Dans l'onglet **Liste des vues** (View List du gestionnaire du jeu de feuilles, cliquer sur le bouton **Affichage par catégorie** (View by category).

2. Cliquer avec le bouton droit de la souris sur le nœud du jeu de feuilles (en haut de la liste). Cliquer sur **Nouvelle catégorie de vues** (New View Category).

3. Dans le champ **Nom de la catégorie** (Category name) de la boîte de dialogue **Catégorie de vues** (View Category), entrer le nom de la nouvelle catégorie de vues. Par exemple : Plans.

4. Si une liste de blocs s'affiche, sélectionner les blocs repères de vue à utiliser pour les vues contenues dans cette catégorie. Pour ajouter des blocs à la liste, cliquer sur le bouton **Ajouter des blocs** (Add Blocks).

REMARQUE

Les catégories peuvent également être créées lors de la création des vues nommées (voir au début de ce paragraphe). Dans ce cas, les catégories se retrouvent déjà dans le gestionnaire de jeu de feuilles (fig.24.15).

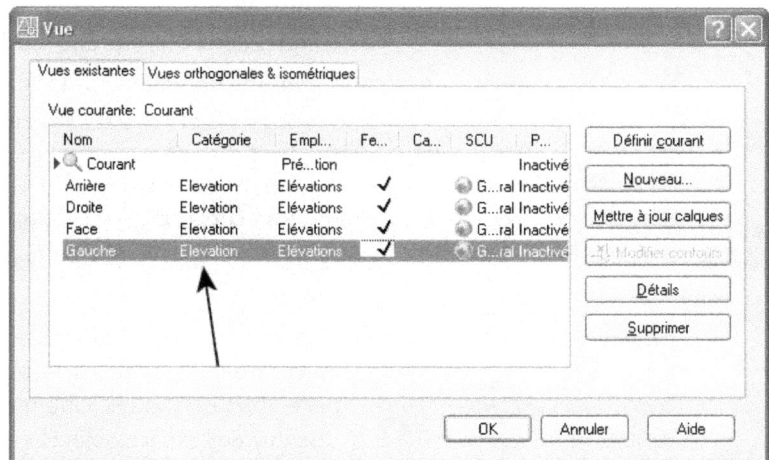

Fig.24.15

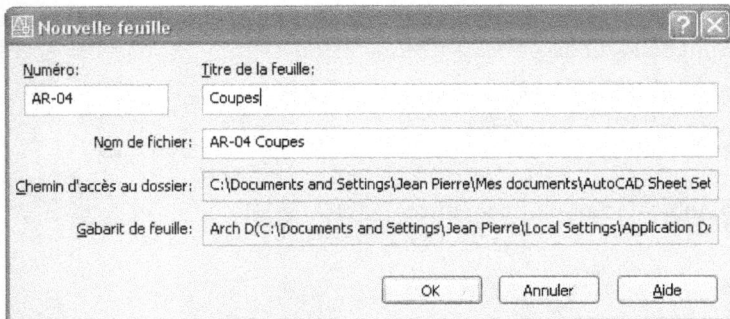

Fig.24.16

Pour créer une nouvelle feuille, la procédure est la suivante :

1. Dans l'onglet **Liste des feuilles** (Sheet List) du gestionnaire du jeu de feuilles, cliquer avec le bouton droit de la souris sur le nœud du jeu de feuilles, un nœud de sous-jeu ou un nœud de feuille. Cliquer sur **Nouvelle feuille** (New Sheet).

2. Dans la boîte de dialogue **Nouvelle feuille** (New Sheet), entrer le numéro et le titre de la feuille, puis cliquer sur OK. Par exemple : AR-04 – Coupes (fig.24.16).

3. Placer la feuille dans le groupe Architecture.

La nouvelle feuille est créée à partir du fichier gabarit de dessin spécifié comme fichier gabarit de création de nouvelle feuille par défaut dans **Propriétés du jeu de feuilles** (Sheet Set Properties).

Pour ajouter une vue à une feuille, la procédure est la suivante :

1. Dans le gestionnaire du jeu de feuilles, ouvrir un jeu de feuilles.

2. Dans l'onglet **Liste des feuilles** (View List), effectuer l'une des opérations suivantes :
   - Cliquer deux fois sur une feuille pour l'ouvrir. Par exemple : AR-03
   - Créer une nouvelle feuille et l'ouvrir.

3. Dans l'onglet **Liste des ressources** (Resource Drawings), cliquer sur le signe plus (+) situé en regard d'un dossier pour répertorier les dessins qu'il contient. Si la fenêtre est vide, cliquer sur **Ajouter un emplacement** (Add Location) et sélectionner un répertoire.

4. Dans la liste des fichiers dessin, effectuer l'une des opérations suivantes :
   - Pour ajouter une vue d'objet à une feuille, cliquer sur le signe + situé en regard d'un fichier dessin pour afficher la liste de ses vues d'espace objet existantes. Cliquer avec le bouton droit de la souris sur une vue de l'espace objet (fig.24.17).
   - Pour ajouter la totalité d'un dessin en tant que vue à une feuille, cliquer avec le bouton droit de la souris sur un fichier dessin.

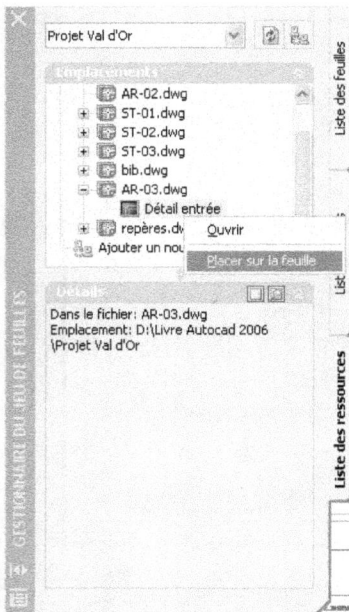

Fig.24.17

5 Cliquer sur **Placer sur la feuille** (Place on sheet).

6 Avant de placer la vue, cliquer avec le bouton droit de la souris et sélectionner l'échelle pour régler la vue de la feuille. Par exemple : 1 :50.

7 Spécifier le point d'insertion de la vue de la feuille.

La vue spécifiée est ajoutée à la feuille. Si un bloc d'étiquette est défini dans les propriétés du jeu de feuilles, une étiquette de vue, affichant les informations spécifiques à celle-ci, est automatiquement placée sur la feuille (fig.24.18).

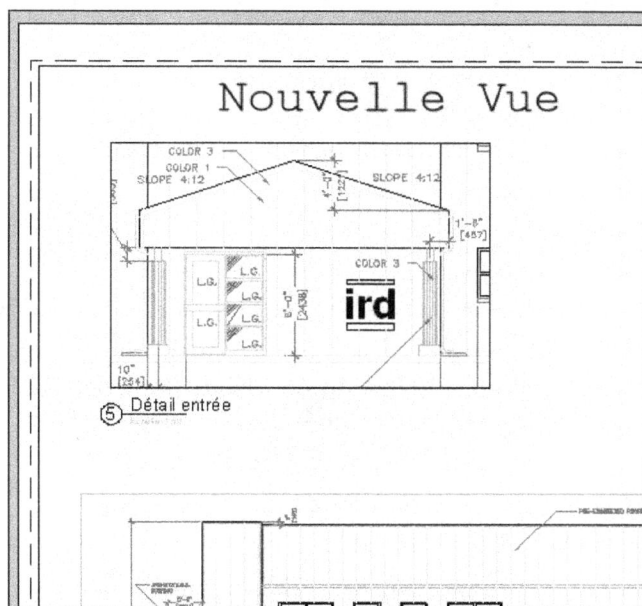

Fig.24.18

Les blocs d'étiquette de vue et de repère de vue

Pour rendre l'utilisation des vues encore plus performante, il est possible d'une part d'ajouter une étiquette de vue qui indique automatiquement sur le dessin, le nom et l'échelle de la vue et d'autre part un repère de vue qui permet de référencer une vue depuis n'importe quel dessin. Ainsi par exemple, on peut placer des repères de vues dans une vue en plan pour référencer les différentes vues d'élévation ou de coupe.

Pour créer un bloc servant de bloc repère de vue ou de bloc étiquette dans un jeu de feuilles, on peut utiliser un champ d'espace réservé pour afficher les informations telles que le titre de la vue ou le numéro de la feuille. Ces

blocs doivent être définis dans le fichier DWG ou DWT spécifié dans la boîte de dialogue **Propriétés du jeu de feuilles** (Sheet Set Properties).

Pour que le champ affiche les informations correctes sur une vue ou les feuilles sur lesquelles on l'insérera plus tard, il doit être inclus dans un attribut de bloc (pas un texte) lors de la définition du bloc. Pour créer la définition d'un attribut de bloc, il convient d'insérer un champ d'espace réservé en tant que valeur, sélectionner l'option **Prédéfini** et spécifier une étiquette.

Pour créer un bloc d'étiquette ou de repère de vue, la procédure est la suivante :

Fig.24.19

1. Créer le dessin du bloc. Par exemple un cercle prolongé par une ligne.

2. Ajouter les attributs. Pour l'étiquette de vue, il peut être utile de créer des attributs renseignant les informations suivantes (fig.24.19) :
   - le numéro de la vue ;
   - le titre de la vue ;
   - l'échelle de la vue.

3. Dans le menu **Dessin** (Draw) sélectionner **Bloc** (Block) puis **Définir attribut** (Definitive Attributes).

4. Dans la boîte de dialogue **Définition d'attribut** (Define attributes), entrer les valeurs suivantes pour définir le numéro de la vue (fig.24.20) :
   - **Mode** : Prédifini (Preset).
   - **Etiquette** (Tag) : N.
   - **Invite** (Prompt) : Numéro de vue.
   - **Valeur** (Value) : faire un clic droit et choisir Insérer un champ (Insert Field).

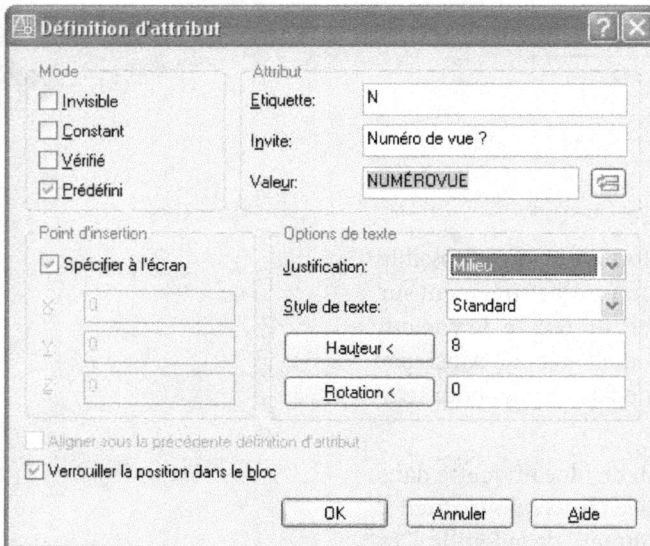

Fig.24.20

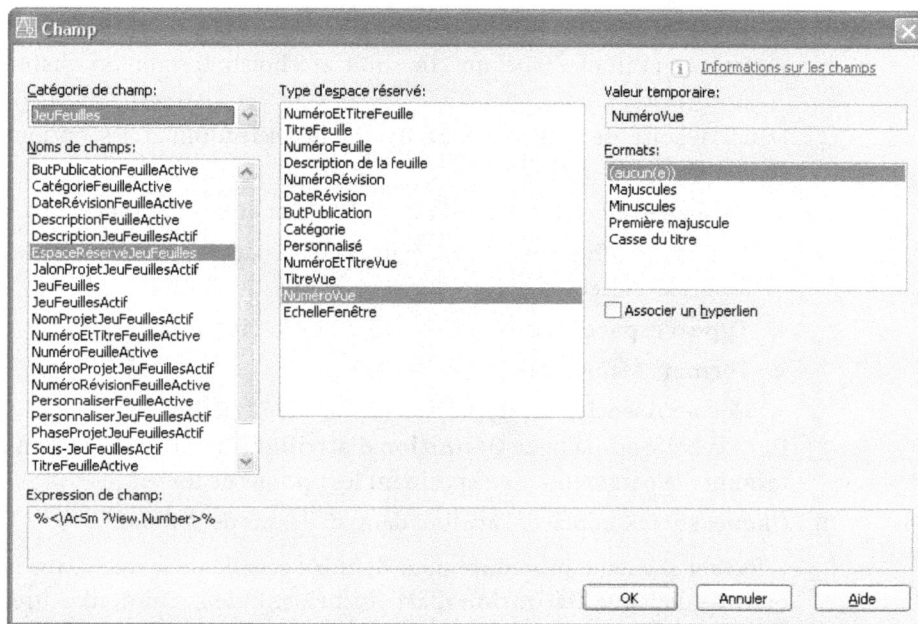

Fig.24.21

⑤ Dans la boîte de dialogue **Champ** (Field), sélectionner les options suivantes (fig.24.21) :

■ **Catégorie de champ** (Field category) : Jeux de feuilles (SheetSet).

■ **Noms de champs** (Field names) : EspaceRéservéJeuFeuilles (SheetSetPlaceholder).

■ **Type d'espace réservé** (Placeholder type) : NuméroVue (SheetNumber).

■ **Format** : Majuscules (Uppercase).

■ Cocher **Associer un hyperlien** (Associate Hyperlink).

⑥ Dans la boîte de dialogue **Définition d'attribut** (Attribute Definition), terminer le paramétrage en spécifiant les options de texte.

⑦ Cliquer sur **OK** et placer l'attribut dans le cercle.

⑧ Effectuer la même procédure pour définir le titre de la vue. Dans la boîte de dialogue **Définition d'attribut** (Attribute Definition), entrer les valeurs suivantes :

■ **Mode** : Prédifini (Preset)

■ **Etiquette** (Tag) : TITRE

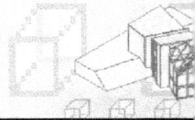

- **Invite** (Prompt) : Titre de la vue ?
- **Valeur** (Value) : faire un clic droit et choisir Insérer un champ (Insert Field).

9. Dans la boîte de dialogue **Champ** (Field), sélectionner les options suivantes :

- **Catégorie de champ** (Field category) : Jeux de feuilles (SheetSet)
- **Noms de champs** (Field names) : EspaceRéservéJeuFeuilles (SheetSetPlaceholder).
- **Type d'espace réservé** (Placeholder type) : TitreVue (ViewTitle).
- **Format** : Majuscules (Uppercase).
- Cocher **Associer un hyperlien** (Associate Hyperlink).

10. Dans la boîte de dialogue **Définition d'attribut** (Attribute Definition), terminer le paramétrage en spécifiant les options de texte.

11. Cliquer sur OK et placer l'attribut dans au-dessus de la ligne.

12. Effectuer la même procédure pour définir l'échelle de la vue. Dans la boîte de dialogue **Définition d'attribut** (Attribute Definition), entrer les valeurs suivantes :

- **Mode** : Prédifini (Preset).
- **Etiquette** (Tag) : ECHELLE.
- **Invite** (Prompt) : Echelle de la vue ?
- **Valeur** (Value) : taper Echelle, puis faire un clic droit et choisir Insérer un champ (Insert Field).

13. Dans la boîte de dialogue **Champ** (Field), sélectionner les options suivantes (fig.24.22) :

- **Catégorie de champ** (Field category) : Jeux de feuilles (SheetSet).
- **Noms de champs** (Field names) : EspaceRéservéJeuFeuilles (SheetSetPlaceholder).
- **Type d'espace réservé** (Placeholder type) : EchelleFenêtre (ViewportScale).
- **Format** : Utiliser le nom de l'échelle (Use scale name).
- Cocher **Associer un hyperlien** (Associate Hyperlink).

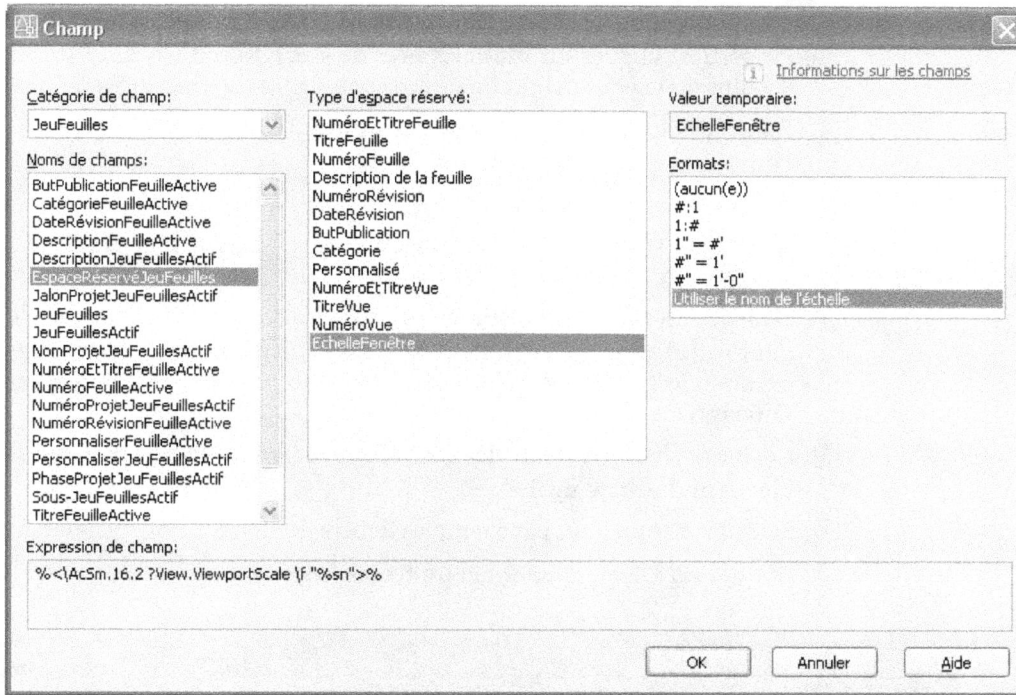

Champ

Informations sur les champs

Catégorie de champ:
JeuFeuilles

Type d'espace réservé:
- NuméroEtTitreFeuille
- TitreFeuille
- NuméroFeuille
- Description de la feuille
- NuméroRévision
- DateRévision
- ButPublication
- Catégorie
- Personnalisé
- NuméroEtTitreVue
- TitreVue
- NuméroVue
- EchelleFenêtre

Valeur temporaire:
EchelleFenêtre

Noms de champs:
- ButPublicationFeuilleActive
- CatégorieFeuilleActive
- DateRévisionFeuilleActive
- DescriptionFeuilleActive
- DescriptionJeuFeuillesActif
- EspaceRéservéJeuFeuilles
- JalonProjetJeuFeuillesActif
- JeuFeuilles
- JeuFeuillesActif
- NomProjetJeuFeuillesActif
- NuméroEtTitreFeuilleActive
- NuméroFeuilleActive
- NuméroProjetJeuFeuillesActif
- NuméroRévisionFeuilleActive
- PersonnaliserFeuilleActive
- PersonnaliserJeuFeuillesActif
- PhaseProjetJeuFeuillesActif
- Sous-JeuFeuillesActif
- TitreFeuilleActive

Formats:
- (aucun(e))
- #:1
- 1:#
- 1" = #'
- #" = 1'
- #" = 1'-0"
- Utiliser le nom de l'échelle

Expression de champ:
%<\AcSm.16.2 ?View.ViewportScale \f "%sn">%

OK   Annuler   Aide

Fig.24.22

[14] Dans la boîte de dialogue **Définition d'attribut** (Attribute Definition), terminer le paramétrage en spécifiant les options de texte.

[15] Cliquer sur **OK** et placer l'attribut dans le dessin au-dessous de la ligne.

[16] Créer le bloc « Titre vue » en sélectionnant les éléments graphiques et les trois attributs.

[17] Effectuer la même procédure pour créer des blocs Repère de coupe ou Repère d'élévation, etc.

[18] Sauvegarder le fichier contenant les différents blocs. Par exemple : Blocs-étiquettes.dwg.

Pour ajouter un bloc repère de vue à utiliser dans les vues, la procédure est la suivante :

[1] Dans le gestionnaire du jeu de feuilles, activer l'onglet **Liste des vues** (View list).

[2] Effectuer un clic droit sur le nœud du jeu de feuilles et sélectionner **Propriétés** (Properties).

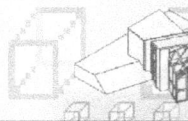

3 Dans la boîte de dialogue **Propriétés du jeu de feuilles** (Sheet Set Properties), cliquer sur **Blocs repères de vue** (Callout blocks). Cliquer ensuite sur le bouton [...], situé à droite sur la ligne (fig.24.23).

4 Dans la boîte de dialogue **Liste des blocs** (List of Blocks), effectuer l'une des opérations suivantes :

- Cliquer sur un bloc dans la liste des blocs.
- Cliquer sur le bouton **Ajouter** (Add) et spécifier le nouveau bloc à ajouter à la liste.

5 Dans le second cas, si la fenêtre est vide, il convient de cliquer sur le bouton [...] pour sélectionner un fichier contenant les blocs. Par exemple le fichier Blocs-étiquettes.dwg créé juste avant. Cliquer sur **Ouvrir** (Open).

6 Cocher le champ **Choisir des blocs dans le fichier de dessin** (Choose blocks in the drawing file).

7 Sélectionner un bloc, par exemple : Repère de coupe. Cliquer sur OK.

8 Cliquer sur **OK** pour refermer toutes les fenêtres.

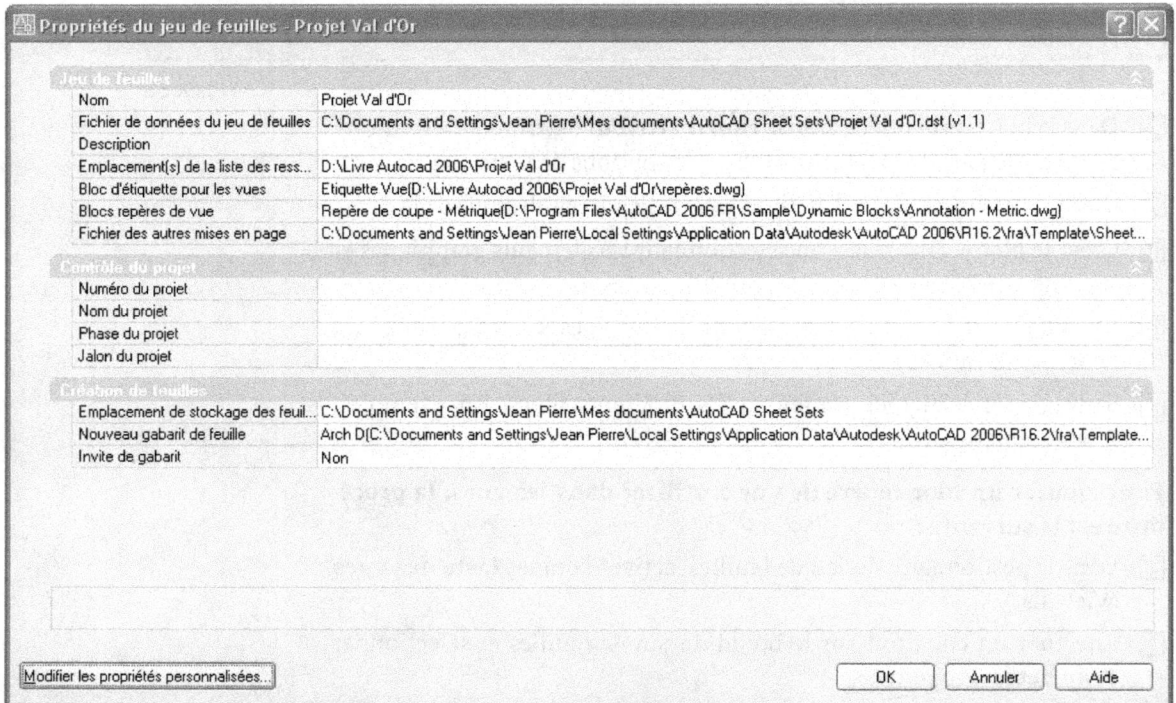

Fig.24.23

Pour ajouter un bloc d'étiquettes de vue à utiliser dans les vues, la procédure est la suivante :

1. Dans le gestionnaire du jeu de feuilles, activer l'onglet **Liste des vues** (View List).

2. Effectuer un clic droit sur le nœud du jeu de feuilles et sélectionner **Propriétés** (Properties).

3. Dans la boîte de dialogue **Propriétés du jeu de feuilles** (Sheet Set Properties), cliquer sur **Bloc d'étiquette pour les vues** (Label block for views). Cliquer ensuite sur le bouton [...], situé à droite sur la ligne.

4. Dans la boîte de dialogue **Sélectionner bloc** (Select Block), cliquer sur un bloc dans la liste des blocs.

5. Si la fenêtre est vide, il convient de cliquer sur le bouton [...] pour sélectionner un fichier contenant les blocs. Par exemple, le fichier Blocs-étiquettes.dwg créé précédemment. Cliquer sur **Ouvrir** (Open).

6. Cocher le champ **Choisir des blocs dans le fichier de dessin** (Choose blocks in the drawing file).

7. Sélectionner un bloc, par exemple : Titre vue. Cliquer sur **OK**.

8. Cliquer sur **OK** pour refermer toutes les fenêtres.

Pour insérer un bloc étiquettes ou repère de vue à une feuille, la procédure est la suivante :

1. Dans le gestionnaire du jeu de feuilles, ouvrir un jeu de feuilles.

2. Dans l'onglet **Liste des vues** (View list), cliquer avec le bouton droit de la souris sur la vue à laquelle associer une étiquette ou un repère de vue. Cliquer sur **Placer un bloc repère de vue** (Place Callout Block) ou **Placer un bloc étiquette de vue** (Place View Label Block).

3. Spécifier le point d'insertion du bloc repère de vue.

   Le bloc repère de vue est placé sur la feuille. Il affiche automatiquement les informations spécifiques à la vue à laquelle il est associé (fig.24.24).

Pour créer un tableau des feuilles dans une feuille de titre, la procédure est la suivante :

1. Dans le gestionnaire du jeu de feuilles, ouvrir un jeu de feuilles.

2. Dans l'onglet **Liste des feuilles**, cliquer deux fois sur la feuille à utiliser en tant que feuille de titre.

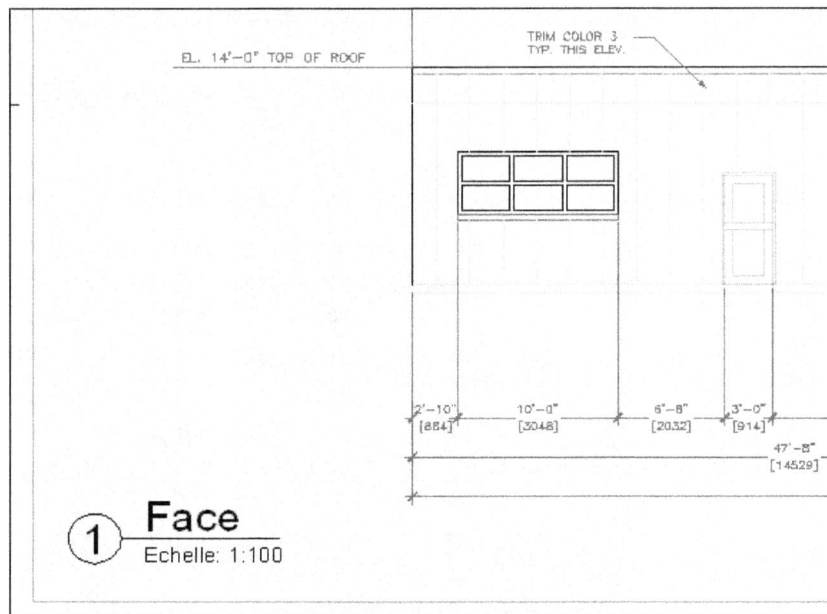

Fig.24.24

3️⃣ Cliquer avec le bouton droit de la souris sur le nœud du jeu de feuilles. Cliquer sur **Insérer un tableau des feuilles** (Insert Sheet List Table).

4️⃣ Dans la boîte de dialogue **Insérer un tableau des feuilles** (Insert Sheet List Table), entrer le titre du tableau et modifier la mise en page si nécessaire (fig.24.25).

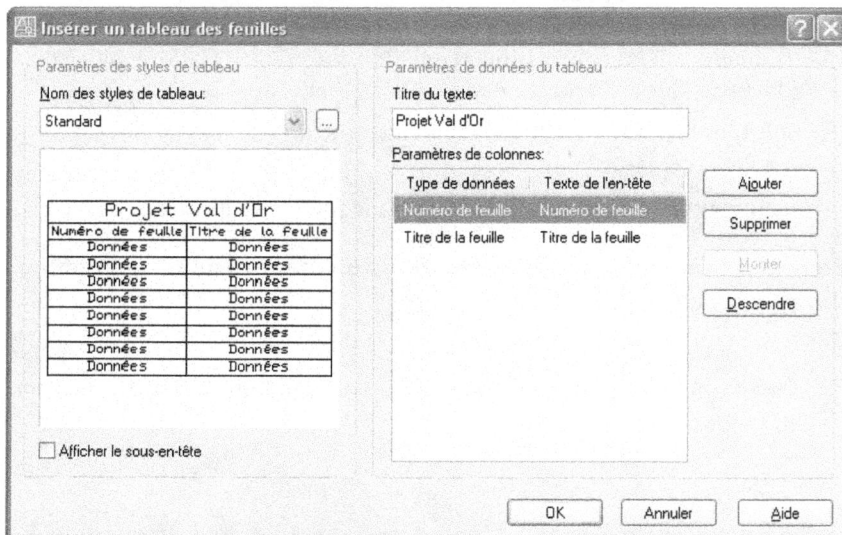

Fig.24.25

5 Cliquer sur **OK**.

6 Spécifier le point d'insertion du tableau.

Le tableau des feuilles génère automatiquement la liste de toutes les feuilles du jeu de feuilles (fig.24.26).

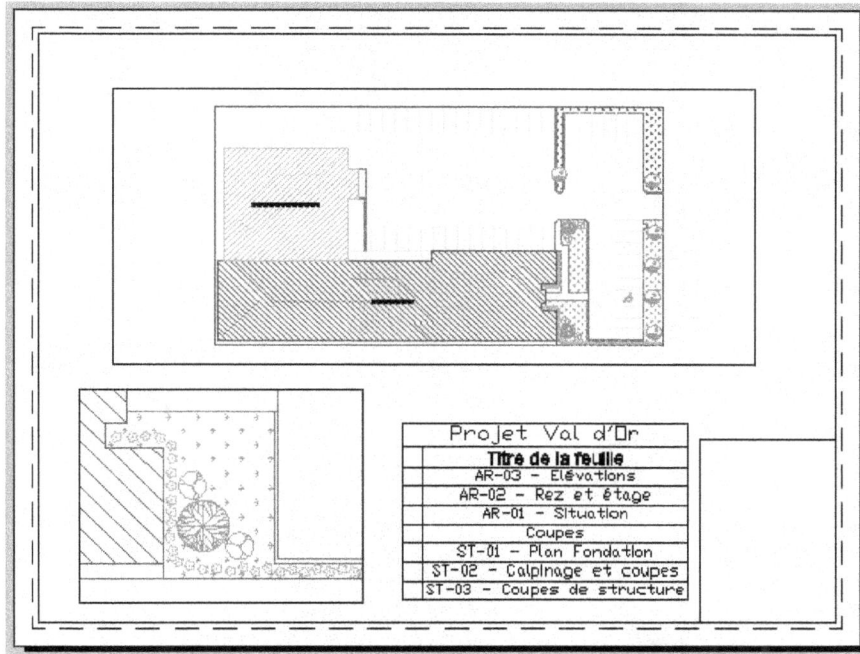

Projet Val d'Or		
Titre de la feuille		
AR-03 - Elévations		
AR-02 - Rez et étage		
AR-01 - Situation		
Coupes		
ST-01 - Plan Fondation		
ST-02 - Calpinage et coupes		
ST-03 - Coupes de structure		

Fig.24.26

CHAPITRE 25

ESPACE DE TRAVAIL ET GABARIT DE DESSIN

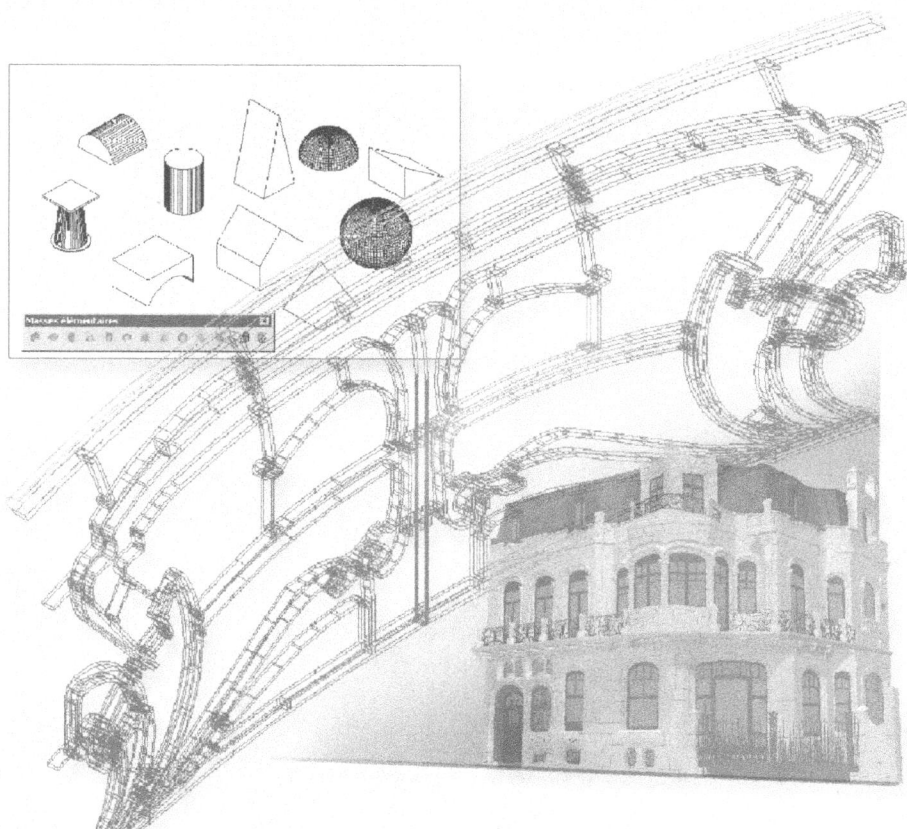

Depuis AutoCAD 2006, il est très facile de créer et d'enregistrer des espaces de travail optimisés ne contenant que les barres d'outils, palettes d'outils et menus que l'on utilise le plus souvent pour réaliser des tâches spécifiques. Il est ensuite possible de passer rapidement d'un espace de travail à un autre en fonction des tâches à effectuer.

La création ou la modification d'un espace de travail

La méthode la plus simple, pour créer ou modifier un espace de travail, consiste à définir les barres d'outils et les fenêtres ancrables les mieux adaptées à une tâche de dessin, puis à enregistrer cette configuration sous forme d'espace de travail dans le programme. Cet espace de travail est accessible chaque fois que l'on souhaite dessiner dans cet environnement.

Pour rappel, les fenêtres ancrables sont des fenêtres que l'on peut ancrer ou non dans une zone de dessin. Il est possible de définir la taille, l'emplacement ou l'aspect d'une fenêtre ancrable en modifiant ses propriétés dans le volet Contenu de l'espace de travail de la boîte de dialogue Personnaliser l'interface utilisateur. Les fenêtre ancrables sont les suivantes :

- ▸ Fenêtre de commande.
- ▸ Propriétés (palette).
- ▸ DesignCenter.
- ▸ Palette d'outils (fenêtre).
- ▸ Palette d'infos.
- ▸ Gestionnaire de connexion BD.
- ▸ Gestionnaire des jeux d'annotations.
- ▸ Calculatrice CalcRapide.

Pour créer un espace de travail via la boîte de dialogue Personnaliser l'interface utilisateur, la procédure est la suivante :

1. Cliquer sur le menu **Outils** (Tools) puis sur **Personnaliser** (Customize) et ensuite sur **Menus**.

2. Dans l'onglet **Personnaliser** (Customize) de la boîte de dialogue **Personnaliser l'interface utilisateur** (Customizations User Interface), accéder au volet **Personnalisations dans ‹nom de fichier›** (Customizations in ‹file name›), puis cliquer avec le bouton droit sur le nœud **Espaces de travail** (Workspaces) et sélectionner **Nouvel Espace de travail** (New Workspace).

Le nouvel espace de travail est placé au bas de l'arborescence des espaces de travail et porte le nom par défaut « Espace de travail1 » (Fig.25.1).

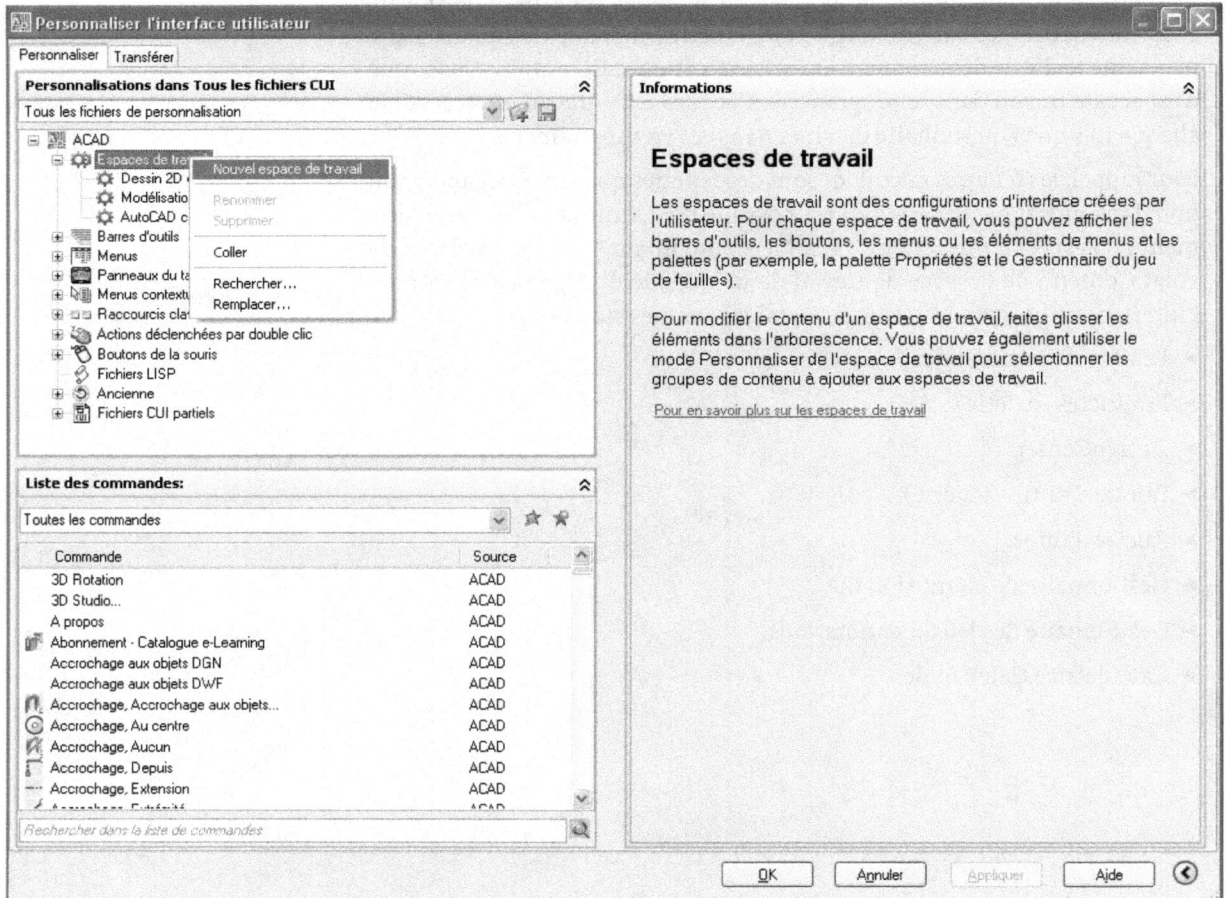

Fig.25.1

3 Effectuer l'une des opérations suivantes :

- Remplacer le texte Espace de travail par le nom de l'espace de travail souhaité. Par exemple : AutoCAD 3D.

- Cliquer avec le bouton droit sur **Espace de travail**. Cliquer sur **Renommer** (Rename). Entrer ensuite le nom du nouvel espace de travail.

4 Dans le volet **Contenu de l'espace de travail** (Workspace), cliquer sur **Personnaliser l'espace de travail** (Customize Workspace).

5 Dans le volet **Personnalisations dans ‹nom de fichier›** (Customizations in ‹file name›), cliquer sur le signe plus (+) situé à côté du nœud Barres d'outils, Menus ou Fichiers CUI partiels pour le développer.

6 Cliquer sur la case à cocher située en regard de chaque menu, barre d'outils ou fichier CUI partiel que l'on souhaite ajouter à l'espace de travail (fig.25.2).

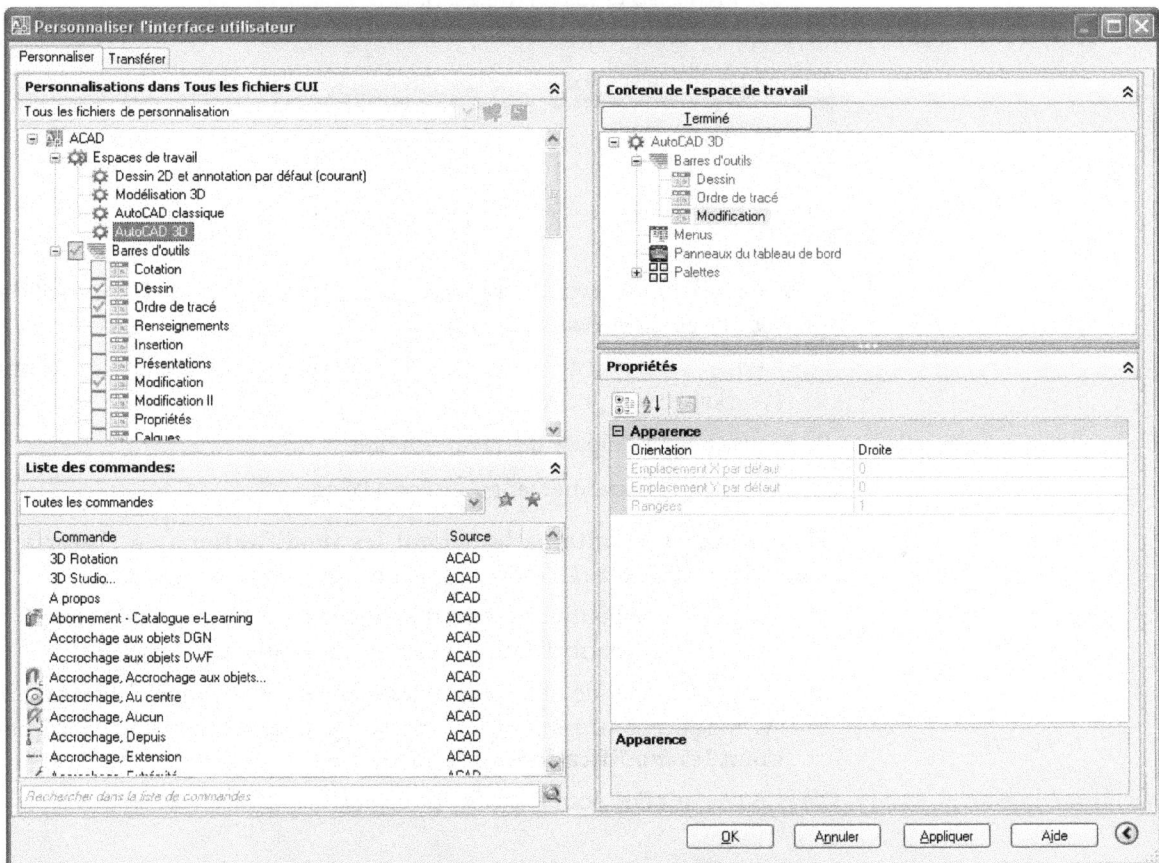

Fig.25.2

Dans le volet Contenu de l'espace de travail, les éléments sélectionnés pour être ajoutés à l'espace de travail apparaissent.

7. Dans le volet **Contenu de l'espace de travail** (Workspace Contents), cliquer sur **Terminé** (Finish).

8. Cliquer sur **OK**.

Pour créer un espace de travail à partir de la configuration de l'interface en cours, la procédure est la suivante :

1. Placer toutes barres d'outils et les fenêtres ancrables aux endroits souhaités.

2. Dans la barre d'outils **Espaces de travail** (Workspaces) sélectionner l'option **Enregistrer espace courant sous...** (Save Current As).

3. Dans la boîte de dialogue **Enregistrer l'espace de travail** (Save Workspace) entrer un nom dans le champ **Nom** (Name), puis cliquer sur **Enregistrer** (Save) (fig.25.3).

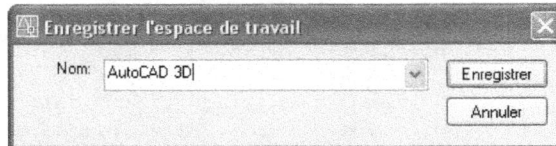

Fig.25.3

Pour définir un espace de travail comme espace de travail courant, la procédure est la suivante :

1. Cliquer dans la liste déroulante de la barre d'outils **Espaces de travail** (Workspaces).

2. Sélectionner l'espace de travail souhaité.

3. Le nouvel environnement s'affiche à l'écran.

Pour enregistrer automatiquement les modifications de l'interface dans l'espace de travail en cours, la procédure est la suivante :

1. Cliquer sur le bouton **Paramètres de l'espace de travail** (Workspace settings) de la barre d'outils **Espaces de travail** (Workspaces).

2. Dans la boîte de dialogue **Paramètres de l'espace de travail** (Workspace settings), cocher le champ **Enregistrer automatiquement les modifications** (Automatically save workspace changes).

3. Cliquer sur **OK** pour terminer (fig.25.4).

Personnaliser l'interface utilisateur

La nouvelle boîte de dialogue Personnaliser l'interface utilisateur permet de gérer les éléments personnalisables de l'interface utilisateur. Elle permet aussi de transférer l'ensemble des données d'un fichier MNU ou MNS vers un fichier IUP (CUI) de type XML. Ce fichier IUP remplace les fichiers de menu utilisés dans les versions antérieures à AutoCAD 2006.

La boîte de dialogue **Personnaliser** l'interface utilisateur comporte deux onglets. L'onglet **Personnaliser** permet de gérer les paramètres d'interface courants. L'onglet **Transférer** permet d'importer des menus et des paramètres.

La boîte de dialogue **Personnaliser l'interface utilisateur** contient un volet d'affichage dynamique. Le volet de gauche affiche les éléments de l'interface utilisateur dans une structure arborescente, celui de droite affiche les propriétés spécifiques à l'élément sélectionné. Lorsque l'on sélectionne un élément principal de l'interface utilisateur dans l'arborescence, sa description s'affiche dans le volet de droite.

La liste des commandes énumère toutes les commandes disponibles, y compris les macros personnalisées. Il est possible d'afficher et de modifier les icônes de bouton et les propriétés associées, et faire glisser les commandes vers les éléments de l'interface utilisateur dans l'arborescence afin de personnaliser les menus, les barres d'outils et les palettes.

Fig.25.4

Pour personnaliser une barre d'outils, la procédure est la suivante :

[1] Cliquer sur le menu **Outils** (Tools) puis sur **Personnaliser** (Customize) et ensuite sur **Menus** (Interface).

[2] Dans l'onglet **Personnaliser** (Customize) de la boîte de dialogue **Personnaliser l'interface utilisateur** (Customize User Interface), accéder au volet **Personnalisations dans ‹nom de fichier›** (Customizations in ‹file name›), puis cliquer deux fois sur **Barres d'outils** (Toolbars) pour afficher la liste des barres d'outils et encore deux fois sur la barre d'outils à modifier. Par exemple **Dessin** (Draw).

[3] Dans la section **Liste des commandes** (Command List), sélectionner **Dessiner** (Draw) dans le champ **Catégories** (Cayegories). La liste des commandes disponibles s'affiche.

④ Sélectionner la commande à ajouter à la barre d'outils, par exemple **Texte sur une ligne** (Single line text).

⑤ Glisser la commande à l'endroit souhaité de la barre d'outils **Dessin** (Draw).

⑥ Cliquer sur **Appliquer** (Apply), la nouvelle icône apparaît dans la barre d'outils **Dessin** (Draw) dans l'interface AutoCAD (fig.25.5).

Les fichiers gabarits

Lorsque l'on doit créer plusieurs dessins utilisant les mêmes conventions et paramètres par défaut, il est facile de gagner du temps en créant ou en personnalisant un fichier gabarit plutôt que de définir ces paramètres et

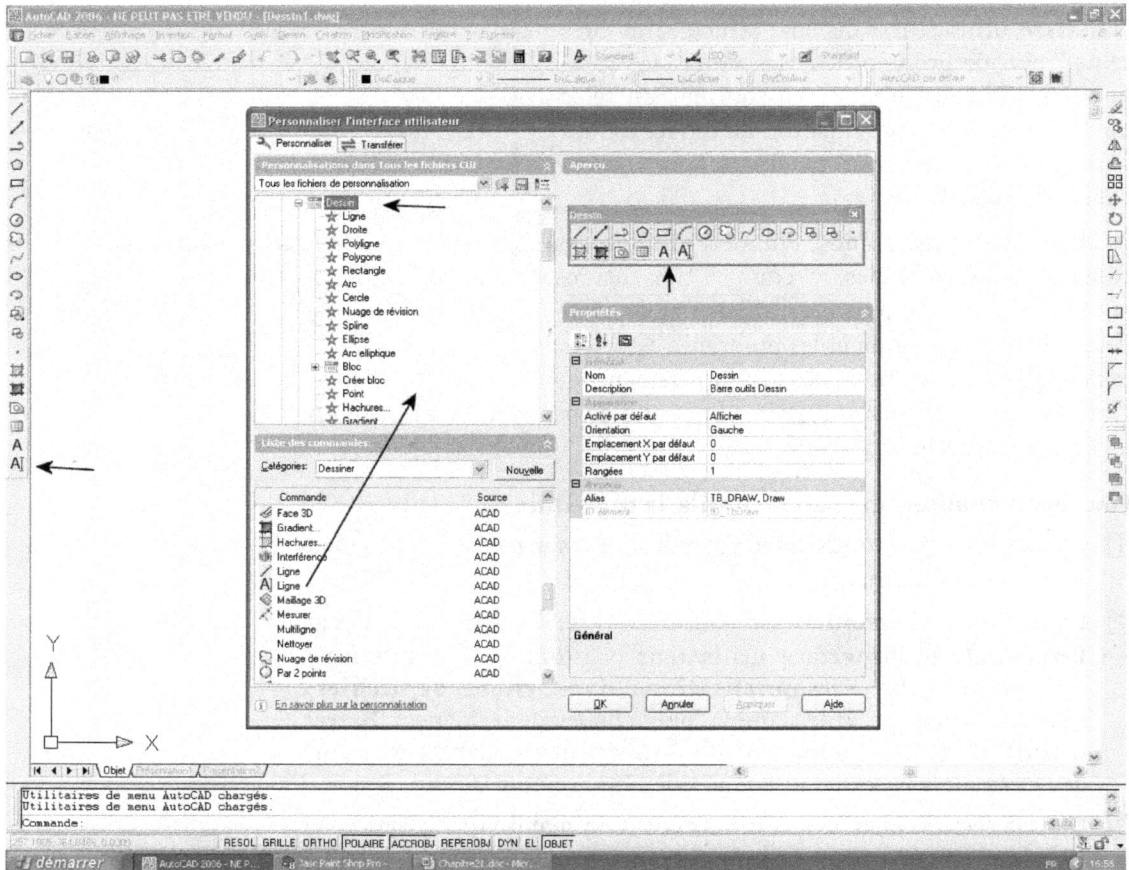

Fig.25.5

conventions chaque fois que l'on commence un nouveau dessin. Un fichier gabarit est un fichier de dessin classique qui contient tous les paramètres relatifs à un dessin et, dans certains cas, des calques prédéfinis, des styles de cote et des vues. Les fichiers des dessins gabarit se distinguent des autres fichiers dessins grâce à l'extension de fichier .dwt. Ils résident normalement dans le répertoire gabarit (Template).

Les conventions et les paramètres les plus couramment utilisés dans les fichiers gabarit sont les suivants :

▶ Type d'unité et précision.

▶ Cartouches, bordures et logos.

▶ Noms de calque.

▶ Grille d'accrochage, grille visible et options du mode orthogonal.

▶ Limites de la grille.

▶ Styles de cotes.

▶ Styles de texte.

▶ Types de ligne.

Pour créer un fichier gabarit, la procédure est la suivante :

1. Créer un nouveau dessin et y définir l'ensemble des paramètres ou ouvrir un fichier existant déjà paramétré.

2. Dans le menu **Fichier** (File) cliquer sur **Enregistrer sous** (Save As).

3. Dans la boîte de dialogue **Enregistrer le dessin sous** (Save Drawing As), sélectionner **Gabarit de dessin AutoCAD (∗.dwt)** (AutoCAD Drawing Template (∗.dwt)) dans la liste **Type de fichier** (Files of type). Ce qui ouvre le répertoire Template.

4. Entrer le nom du fichier dans le champ **Nom de fichier** (File name). Par exemple : Mon gabarit (fig.25.6).

5. Cliquer sur **Enregistrer** (Save).

Pour utiliser un fichier gabarit, la procédure est la suivante :

1. Dans le menu **Fichier** (File) cliquer sur **Nouveau** (New).

2. Dans la boîte de dialogue **Sélectionner un gabarit** (Select a Template) sélectionner un fichier dans la liste (fig.25.7).

3. Cliquer sur **Ouvrir** (Open). Le nouveau dessin s'ouvre et utilise le paramétrage du fichier gabarit.

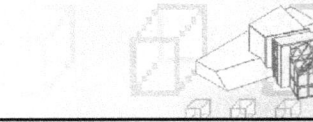

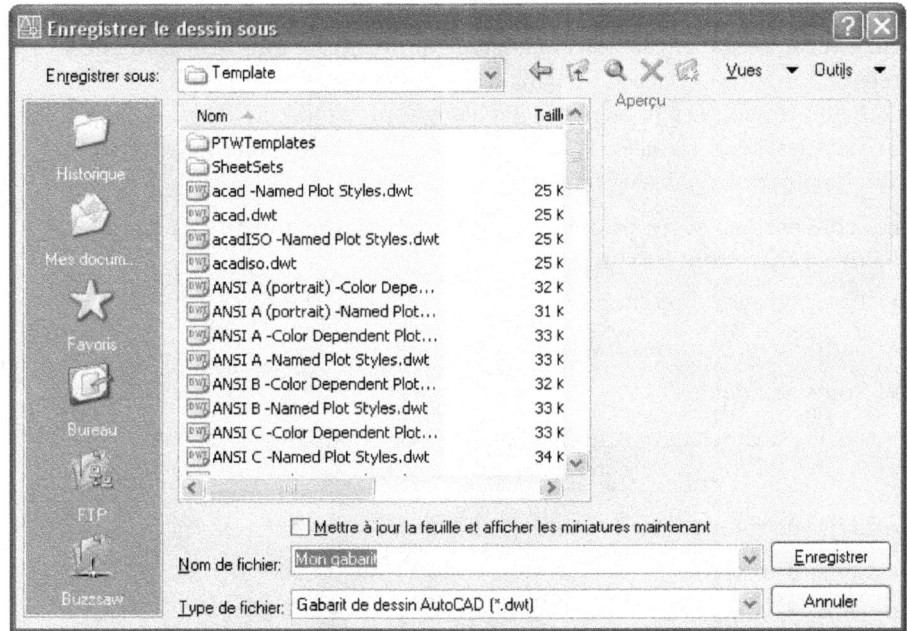

Fig.25.6

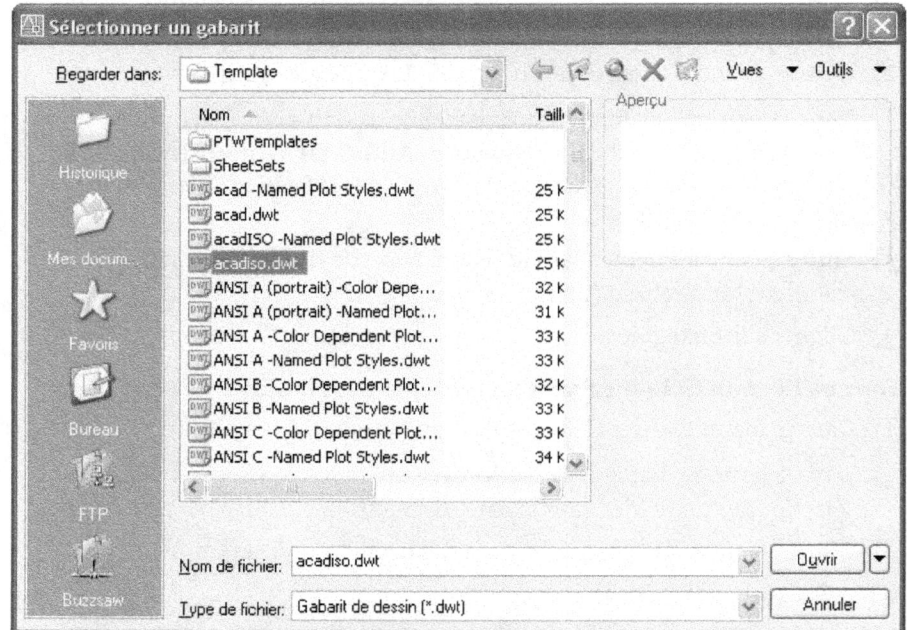

Fig.25.7

Migration vers AutoCAD 2006-2008

Bien que les techniques de personnalisation de base soient les mêmes que dans les versions précédentes du produit, l'environnement de personnalisation du logiciel a évolué depuis AutoCAD 2006.

Toutes les anciennes options de personnalisation sont encore disponibles. Il est toujours possible de créer, modifier et supprimer des éléments d'interface, ainsi que de créer des fichiers de personnalisation partielle. Toutefois, les tâches de personnalisation ne passent plus par la création ou la modification manuelle de fichiers texte MNU ou MNS. Elles s'effectuent désormais via l'interface du programme, dans la boîte de dialogue « Personnaliser l'interface utilisateur ».

Dans les versions du produit antérieures à AutoCAD 2006, on personnalisait l'interface utilisateur en modifiant un fichier MNU ou MNS dans un éditeur de texte ASCII tel que le Bloc-Notes. Le processus consistant à saisir et à vérifier manuellement les données de personnalisation dans le fichier texte pouvait s'avérer ennuyeux et générateur d'erreurs. Ainsi, une simple erreur de syntaxe (par exemple, une parenthèse manquante) dans le fichier texte pouvait invalider la totalité du fichier de menu et vous obliger à rechercher l'erreur dans tout le fichier texte.

Grâce à la boîte de dialogue « Personnaliser l'interface utilisateur », il suffit de faire glisser une commande vers un menu ou une barre d'outils ou de cliquer avec le bouton droit de la souris pour ajouter, supprimer ou modifier un élément d'interface utilisateur.

Les fichiers MNU et MNS utilisés par le passé ont été remplacés par un seul type de fichier, le fichier CUI au format XML. Grâce au format XML du fichier CUI, il est possible de suivre les différentes personnalisations. Lorsque l'on passe à une nouvelle version du programme, toutes vos personnalisations sont automatiquement intégrées dans la nouvelle version. Le format XML prend en charge un fichier de personnalisation compatible avec les versions antérieures.

Le tableau ci-dessous répertorie les anciens fichiers de menu qui accompagnaient le produit et indique les éléments correspondants dans AutoCAD 2006.

Correspondance entre les fichiers de menu et les fichiers CUI			
Fichier de menu	Description	Dans AutoCAD 2006/7/8	Description du changement
MNU	Fichier texte ASCII. Dans les versions antérieures, il définissait la plupart des éléments de l'interface utilisateur. Le fichier MNU principal, acad.mnu, était automatiquement chargé au démarrage du produit. Les fichiers MNU partiels ne pouvaient pas être chargés ou déchargés étant donné que vous en aviez besoin lors d'une session de dessin.	CUI (IUP)	Fichier XML définissant la plupart des éléments d'interface. Le fichier CUI principal, acad.cui, est automatiquement chargé au démarrage du produit. Les fichiers CUI partiels peuvent être chargés ou déchargés en fonction de vos besoins au cours d'une session de dessin.
MNS	Fichier de menu source Similaire au fichier texte ASCII MNU, mais sans commentaires ni mise en forme.	CUI (IUP)	Fichier XML définissant la plupart des éléments d'interface. Le fichier CUI principal, acad.cui, est automatiquement chargé au démarrage du produit. Les fichiers CUI partiels peuvent être chargés ou déchargés en fonction de vos besoins au cours d'une session de dessin.
MNC	Fichier texte ASCII compilé. Contenait des chaînes et des syntaxes de commande définissant la fonctionnalité et l'aspect des éléments d'interface utilisateur.	CUI (IUP)	Fichier XML définissant la plupart des éléments d'interface. Le fichier CUI principal, acad.cui, est automatiquement chargé au démarrage du produit. Les fichiers CUI partiels peuvent être chargés ou déchargés en fonction de vos besoins au cours d'une session de dessin.
MNL	Fichier de menu LISP. Contient des expressions AutoLISP utilisées par les éléments d'interface utilisateur.	MNL	Aucun changement.
MNR	Fichier de ressources de menu. Contient les bitmaps utilisés par les éléments de l'interface utilisateur.	MNR	Aucun changement.

Il est possible de faire migrer des fichiers MNU ou MNS personnalisés provenant de versions antérieures du produit à l'aide de la boîte de dialogue Personnaliser l'interface utilisateur. Le programme transfère l'ensemble des données contenues dans le fichier MNU ou MNS dans un fichier CUI sans modifier le fichier de menu initial. Le nouveau fichier CUI est un fichier XML doté du même nom que votre fichier de menu initial, mais avec une extension .cui.

Pour transférer des personnalisations antérieures, la procédure est la suivante :

1. Cliquer sur le menu **Outils** (Tools) puis sur **Personnaliser** (Customize) et ensuite **Importer les personnalisations** (Import Customization).

2. Dans le volet de droite de l'onglet **Transférer** (Transfer) de la boîte de dialogue **Personnaliser l'interface utilisateur** (Customize User Interface), cliquer sur la fonction **Ouvrir** (Open) dans la liste déroulante, pour ouvrir le fichier de personnalisation.

3. Dans la boîte de dialogue **Ouvrir** (Open), sélectionner le type de fichier (MNU, MNS, etc.) à partir duquel on veut exporter des personnalisations. Par exemple : Fichiers de menu.

4. Sélectionner le fichier à ouvrir. Par exemple : Design.mnu. Le fichier est converti automatiquement en Design.cui.

5. Dans le volet de gauche, cliquer sur le signe plus (+) situé à côté d'un élément d'interface pour le développer (par exemple : Menus). Développer le nœud correspondant dans le volet de droite.

6. Glisser un élément d'interface du panneau de droite vers l'emplacement approprié dans le panneau de gauche. Il est possible de faire glisser des menus vers des menus, des barres d'outils vers des barres d'outils, etc. Par exemple : Solide 3D (fig.25.8).

7. Enregistrer le fichier de personnalisation ainsi modifié.

8. Cliquer sur **OK**. Le menu ajouté est à présent disponible dans l'interface d'AutoCAD.

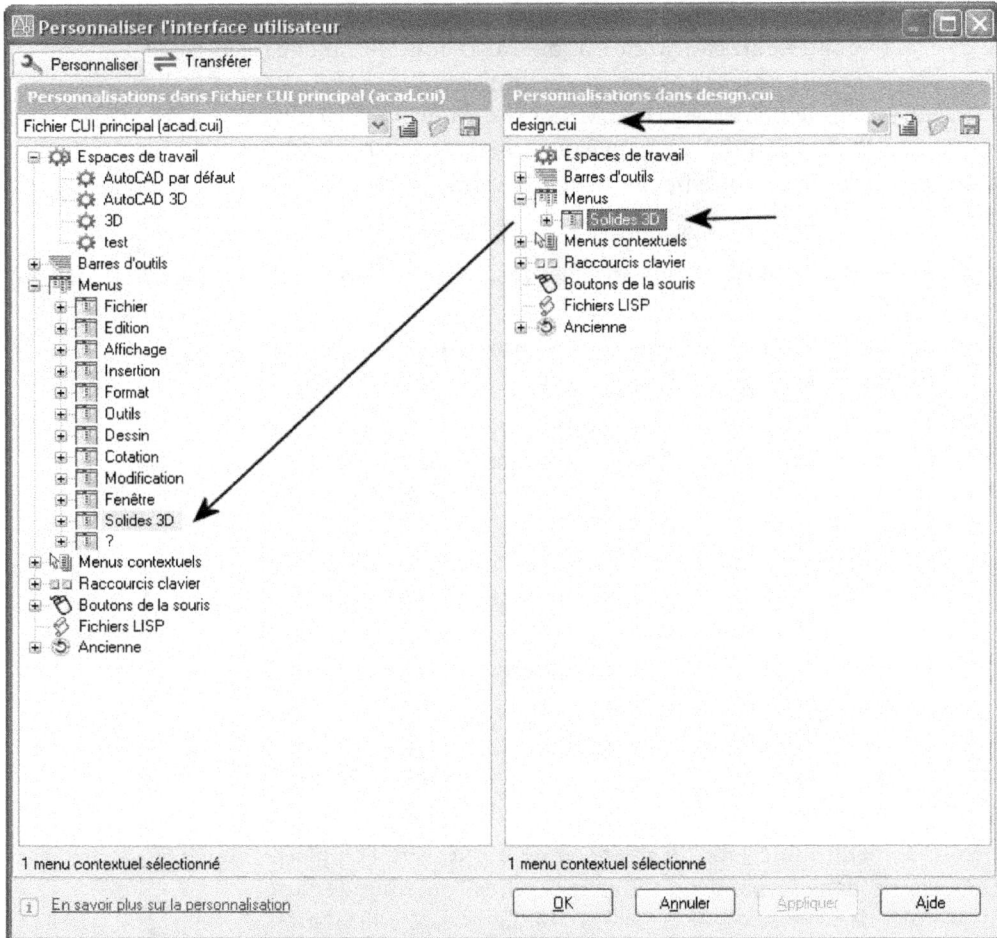

Fig.25.8

INDEX
TABLE DES MATIÈRES

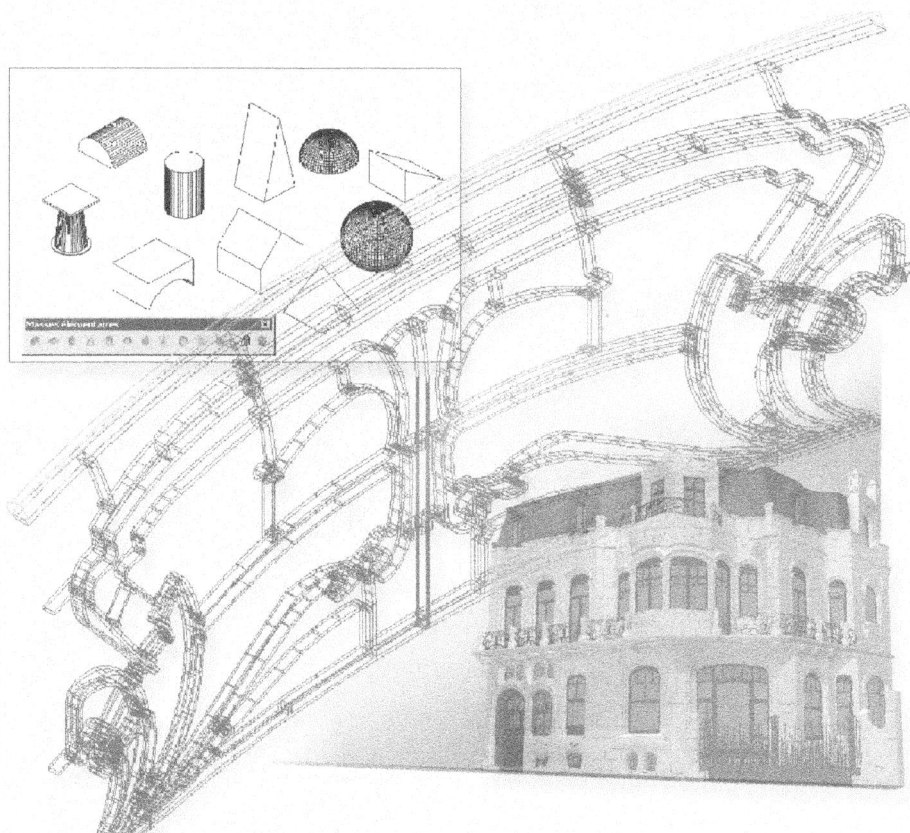

Index

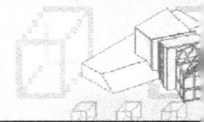

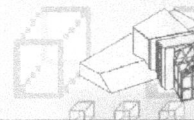

Table des matières